Technische Messungen

bei Maschinenuntersuchungen und zur Betriebskontrolle

Von

Professor Dr.-Ing. A. Gramberg

Frankfurt am Main

Siebente neubearbeitete Auflage

Mit 487 Abbildungen

Springer-Verlag

Berlin / Göttingen / Heidelberg

1953

ISBN 978-3-642-92943-4   ISBN 978-3-642-92942-7 (eBook)
DOI 10.1007/978-3-642-92942-7

Vorwort zur siebenten Auflage.

Dieses Buch erschien in erster Auflage 1905 als schmaler Band. Es lehnte sich an die Bedürfnisse der Kraftwerkbetriebe an, über die es nicht viel zu berichten gab. Im Kesselhaus hatte man das gesetzlich vorgeschriebene Manometer. Thermometer brauchte man kaum, solange das Speisewasser nicht vorgewärmt und der Dampf nicht überhitzt wurde. Waagen für Wasser und Kohle oder der neu aufgekommene Ados-Apparat, der die Kohlensäure im Rauchgas aufschrieb, waren Zeichen eines fortschrittlich geleiteten Betriebes. In der chemischen Fabrik und in Hüttenwerken wurde, wenn wir älteren Berichten Glauben schenken, überhaupt kaum gemessen, denn man verdiente auch so und scheute überflüssige Ausgaben. Die Vereinigten Staaten waren damals schon in manchem weiter.

Aus diesen Anfängen ist heute ein umfangreiches Fachgebiet geworden. Es gilt die Forderung: Alles messen, was meßbar ist, und versuchen, meßbar zu machen, was noch nicht meßbar ist. CARL BOSCH gab 1912 beim Bau des Stickstoffwerkes Oppau und später auch in Leuna den Auftrag, für die Betriebskontrolle eine eigene Abteilung einzurichten. Etwa seit dieser Zeit ist die Betriebskontrolle in ständigem Aufschwung. Dem Vorbild folgten bald andere Werke der Chemie und Hüttenindustrie; die meßtechnische Überwachung des Kesselbetriebes setzte ein, als mit dem Aufbau der Stromversorgung große Kraftwerke entstanden.

Im Einsatz und in der Weiterentwicklung der Geräte sind zwei Richtungen zu erkennen, die allerdings ineinander übergehen.

1. In einfacheren Betrieben scheut man Geräte, mit denen man bei Störungen nicht selbst zurechtkommt; man schätzt das Quecksilberthermometer, den mechanischen Indikator, den Schwimmerdampfmesser, deren Wirkung jeder übersehen kann.

2. Für Großbetriebe mit ausgebildeter Betriebskontrolle sind wissenschaftlich fundierte Geräte entwickelt worden, die der Forderung nach Fernanzeige in einer Meßzentrale oder nach Reglung gerecht werden, die aber bei der Handhabung Erfahrung verlangen und sich besser für regelmäßige Benutzung als für gelegentliche eignen, wie der Piezoindikator; auch schon die einfachen elektrischen Temperaturmessungen gehören hierher.

Dieses Buch bemüht sich, beiden Richtungen gerecht zu werden, in erster Linie allerdings wie bisher die alltäglichen Bedürfnisse zu befriedigen; für Geräte, die man bisweilen unter dem Namen der physikalischen zusammenfaßt, wird eine Einführung gegeben, die dem Anfänger nützlich sein wird. Die Raumfrage zwang zur Beschränkung, manche theoretische Bemerkung wurde gekürzt. Als längere theoretische Ableitung blieb die Psychrometertheorie; über sie ist erstmals 1920 in diesem Buch berichtet worden, an anderer Stelle wurde sie nicht veröffentlicht; so glaubte ich sie in gekürzter Form wieder bringen zu sollen, da sie viel verwendet wird.

Ich hoffe, daß das Buch wie bei früheren Auflagen Freunde finden wird. Es wurde ganz neu geschrieben, fast alle Abbildungen wurden ersetzt, außer der Kapitelfolge ist wenig von früher geblieben. Ist unter einer Abbildung eine Firma genannt, so besagt das nur, ihre Vorlage sei benutzt worden; deshalb können andere, in dem Verzeichnis Seite 437ff. genannte Firmen gleich Gutes liefern. Den im Verzeichnis genannten Firmen habe ich für die Hergabe von Material und dem Springer-Verlag für die sorgsame Ausstattung zu danken.

Frankfurt/Main, 10. Juni 1953
Gutleutstraße 89   **Anton Gramberg.**

Inhaltsverzeichnis.

II. Druck.

III. Zeit und Geschwindigkeit.

VI. Der Indikator.

VII. Temperatur.

VIII. Wärmemenge.

IX. Heizwert von Brennstoffen.

X. Technische Analyse.

I. Messung und Meßgerät.

1. Messen nach Einheiten. Eine Messung soll die zu messende Größe unter Benutzung einer Einheit zahlenmäßig festlegen: sie soll feststellen, wie oft die Einheit in der gemessenen Größe enthalten ist. Ist die Länge eines Stabes zu 3,5 m festgestellt, so ist das Meter die Einheit, nach der man mißt, sie ist ebenfalls eine Länge. Die Zahl 3,5 gibt an, daß ein Meter dreimal vollständig in der gemessenen Länge enthalten ist, außerdem bleibt noch 0,5 m übrig. Das Ergebnis der Messung ist hier, wie meist, eine benannte Zahl. Die Benennung ist die Einheit, mit der gemessen wurde.

Bei Geschwindigkeiten erscheint das Meßergebnis in Metern für die Sekunde. Durchläuft ein Eisenbahnzug den Weg 250 m in der Zeit 25 s, so hat man beide gemessene Zahlen zu dividieren, um die Geschwindigkeit zu erhalten: sie ist $\frac{250 \text{ m}}{25 \text{ s}} = 10$ [m/s]. Die Einheit: Meter je Sekunde ist eine abgeleitete Einheit, abgeleitet aus den beiden Grundeinheiten, dem Meter für die Länge und der Sekunde für die Zeit. Die Schreibweise [m/s] oder auch [ms^{-1}] für die abgeleitete Einheit hat den Vorzug der Kürze und zeigt, die Zahl der Meter sei durch die Zahl der Sekunden zu teilen, um die Geschwindigkeit zu erhalten. Wenn man die Benennung Sekundenmeter verwendet, so ist das sprachlich nicht schön, jedoch zulässig, kürzt man sie aber mit sm oder secm oder ähnlich ab, so ist das falsch.

Als Einheit der Arbeit dient das Meterkilogramm. Hebt man ein Gewicht von 3 kg um 5 m in die Höhe, so leistet man 5 m · 3 kg = 15 [m · kg] Arbeit. Die Schreibweise [m · kg] gibt wieder an, wie die Arbeitseinheit aus den Grundeinheiten entstanden ist, diesmal nämlich durch Multiplizieren. Die Schreibweise kg/m ist daher falsch. Wirkt ein Gewicht von 18 kg an einem Hebelarm von 4 m, so übt es ein Moment — Dreh-, Biegemoment od. dgl. — aus von 4 m · 18 kg = 72 [m · kg]. Zwei verschiedenartige Größen können also eine gleichlautende Benennung haben. Trotz dieser formalen Übereinstimmung bleiben sie verschiedenartige Größen. Im allgemeinen aber kennzeichnet die Benennung die Art der zu messenden Größe; eine Angabe mit der Benennung [m · kg] kann nicht eine Geschwindigkeit sein.

Ist eine Benennung genau geschrieben, so deutet man das durch eine eckige Klammer an und spricht dann von der *Dimension* der entsprechenden Einheit.

Die Beachtung der Dimension gewährt Vorteile bei Berechnung des Maßstabes von Abbildungen In einem Koordinatennetz seien Kräfte F

als Ordinaten dargestellt über den Wegen s des Angriffspunktes als Abszissen. Die Fläche F unter der Kurve stellt dann die geleistete Arbeit $P \cdot s$ dar. Um den Maßstab der Flächen zu finden, sind Maßstabgleichungen der Abszissen und der Ordinaten miteinander, das heißt links mit links und rechts mit rechts, zu multiplizieren, so ergibt sich Zahl und Benennung.

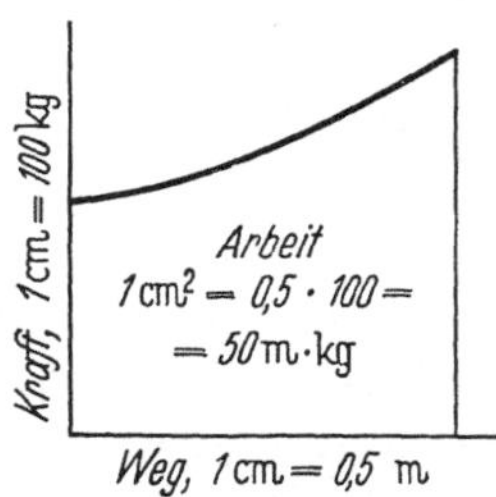

Abb. 1. Berechnung des Maßstabes von Schaubildern. Abszisse 1 cm = 0,5 m, Ordinate 1 cm = 100 kg, also Fläche: 1 cm² = 0,5 m · 100 kg = 50 m · kg.

In der Dimension werden die abgeleiteten Einheiten auf drei Grundeinheiten zurückgeführt; als Grundeinheiten gelten in der Technik das Meter, die Kilogramm-Kraft und die Sekunde. Die Physik verwendet statt dessen im cgs-System das Zentimeter, die Gramm-Masse und die Sekunde. Im technischen System ist das Kilogramm die Einheit der Kraft; es ist diejenige Kraft, die ein Kilogrammstück bei mittlerer Breite und am Meeresspiegel, also bei rd. 9,81 m/s² Schwerebeschleunigung, auf seine Unterstützung ausübt. Die technische Masseneinheit folgt aus der Formel Masse = Kraft: Beschleunigung zu 1 kg : 9,81 m/s², die Masseneinheit ist also $\frac{1}{9,81}\left[\frac{kg \cdot s^2}{m}\right]$; sie hat keinen besonderen Namen. Im cgs-System aber ist das Gramm die Masseneinheit. Wegen der Formel Kraft = Masse $\times$ Beschleunigung $= [g \cdot cm \cdot s^{-2}]$ ist also die Krafteinheit 1 $[g \cdot cm \cdot s^{-2}]$, sie heißt ein Dyn.

Die Einheit Kilogramm ist also doppeldeutig. Ein in Paris aufbewahrtes Platinstück stellt die Masse dar, die 1 kg heißt. Die Bautechnik mißt von alters her in Kilogrammen (früher in Pfunden) die Kräfte, die einen Brückenstab, einen Pfeiler belasten. Zur Unterscheidung schreibt man wohl 1000 kg_p, wenn eine Kraft P gemeint ist, im gleichen Fall das Kilogramm durch das Kilopond zu ersetzen, hat sich nicht durchgesetzt. Es ist natürlich richtig, daß jenes Platinstück eindeutig eine Masse darstellt; die von ihm dargestellte Kraft unter der Erdschwere, sein Gewicht, ändert sich mit dem Abstand von der Erdmitte, vom Pol zum Äquator, vom Tal zum Berg, ist also vieldeutig. Aber es ist aussichtslos, das Publikum, das Handwerk dazu zu bringen, den Unterschied einzusehen und statt des gewohnten Kilogramms von Kilopond zu sprechen. Für die Kraft haben wir einen Sinn, für die Masse kaum, die Kräfte am Hebel hat schon ARCHIMEDES bestimmt, den Massenbegriff hat erst NEWTON eingeführt, sie wird wesentlich in wissenschaftlichen Kreisen gebraucht, in ihnen ist eine Änderung leichter durchzuführen, und man hätte die Masse neu benennen sollen, nicht die Kraft. Selbst in diesem meßtechnischen Buch spielt die Masse nur an wenigen Stellen eine Rolle, die Kraft fortwährend. Wir belassen es also beim Kilogramm als Einheit der Kraft, Abkürzung kg, genauer kg_p. Eine kalte Wassermenge von 1 cbm übt auf die Unterlage 1000 kg Kraft aus, genauer 1000 kg_p; sie hat die Masse 1000 kg, genauer 1000 kg_i (inertia = Trägheit), oder (im technischen Maßsystem) 1000 : 9,81 = 102 kg s²/m, genauer 102 kg_p s²/m (L. 18).

Die Wärmegrößen fügen sich nicht der Dimensionsbestimmung; die Einheit der Wärmemenge Q wäre als Dimension durch $[m \cdot kg]$

auszudrücken, entsprechend der Äquivalenz. Die Temperatur ist jedoch (§ 63) nach KELVIN aus dem zweiten Hauptsatz nur so definiert, daß für $\log \dfrac{T}{T_0}$, also für das Verhältnis der gesuchten Temperatur T zu einer Normaltemperatur T_0, ein bestimmter, dimensionsloser Ausdruck abgeleitet werden kann; die Dimension von T bleibt demnach unbestimmt. Für die Entropie s ließe sich nur sagen, daß aus der Beziehung für umkehrbare Vorgänge $T \cdot ds = dQ$ folgt, das Produkt aus T und s müsse auf die Benennung [m · kg] führen. Nimmt man T als dimensionslos an, so führt das auf die Dimension [m · kg] für die Entropie; es ergeben sich dann aber gewisse begriffliche Widersprüche.

Meist läßt man daher die Wärmegrößen, wenn sie in eine Benennung eingehen, unverändert stehen; die Dimension der spezifischen Wärme ist dann [kcal/kg · grad], die der Wärmeleitzahl von Bau- oder Isolierstoffen ist $\left[\dfrac{\text{kcal}}{\text{m} \cdot \text{grad} \cdot \text{h}}\right]$.

Die Bezeichnung des Temperaturgrades mit ° ist für die Dimensionsbezeichnung unglücklich, da man die Null nicht gut in Potenzen, gar negative erheben kann; er schreibt sich auch schlecht mit der Maschine. Bestrebungen, zu einer besseren Bezeichnung zu kommen, sind erfolglos geblieben, man schreibt daher oft das Wort (grad) aus. Dem Verfasser dieses erscheint das einfache große [C], sprich Grad, für die absolute Temperatur [K], sprich Grad Kelvin, als ein brauchbarer Ersatz; nachdem nach Erlaß des Temperaturgesetzes nicht mehr der Celsiusgrad, sondern der (ihm gleiche) gesetzliche Grad gilt, verdient es CELSIUS wohl, daß sein Name, der lange in aller Munde war, festgehalten wird. Die Wärmeleitzahl heißt dann $\left[\dfrac{\text{kcal}}{\text{m} \cdot \text{C} \cdot \text{h}}\right]$ oder [kcal · m^{-1} · C^{-1} · h^{-1}].

Bei wärmetechnischen Rechnungen bedient man sich der Stunde statt der Sekunde als Zeiteinheit und spricht deshalb vom wärmetechnischen Maßsystem mit den Grundeinheiten [m], [kg] und [h], wozu dann noch die [kcal] und der [C] tritt. Um die mannigfachen Umrechnungen von dann leider drei Maßsystemen ineinander zu erleichtern — die nicht schwierig, aber verwirrend sind —, wird im Anhang dieses Buches eine Tabelle gegeben. Technisch verwendet wird von Einheiten des physikalischen Maßsystems das Kilowatt als Leistungseinheit, das in neuerer Zeit mehr und mehr die Pferdestärke verdrängt, $1\ \text{kW} = \dfrac{1000}{9{,}81} = 102\ \text{mkg/s}$, statt 1 PS = 75 mkg/s; 1 kWh = 860 kcal.

Das englische Maßsystem bedient sich des englischen Fußes, des englischen Pfundes als Masseneinheit und der Sekunde sowie ihrer Unter- und Oberteile zum Aufbau; das Pfund als Gewicht heißt poundal. Für die Temperatur dient der Grad Fahrenheit. Doch habe das poundal keine Bedeutung, weil man praktisch das Pfund als Kraft ansehe (wie bei uns das Kilogramm) und weil die Wissenschaft ohnehin mit den metrischen Einheiten rechne. Eine Übersicht gibt Tab. C am Ende des Buches.

Die Grundeinheiten werden von Amts wegen festgelegt und in ihrer Einheitlichkeit gesichert; das trifft zu für das Meter und für das Kilogramm, letzteres als Masse oder als Kraft betrachtet; beide beruhen auf den bekannten Pariser Normalien. Die Sekunde oder die Stunde sind durch den öffentlichen Zeitdienst festgelegt, und die öffentlichen Stromversorgungen fahren heute zeitgerecht 50 Perioden sekundlich (in USA 60). Die Kilokalorie ist gesetzlich festgelegt; in ihrer Größe dargeboten wird sie, indem die Physikalisch-Technische Reichsanstalt die Temperaturskala praktisch verwirklicht hat und Thermometer beglaubigt. Außerdem sind noch Ampere, Volt und Ohm, und damit das Kilowatt behördlich und international festgelegt, womit, wegen der theoretischen oder definitionsmäßigen Zusammenhänge, das ganze Maßsystem bei weitem überbestimmt ist.

Abgeleitete Einheiten werden bestimmt mit Hilfe von Meßmethoden, die in sich auf die behördlich festgelegten Einheiten zurückführen, so die Atmosphäre mittels der Kolbenpresse oder der Quecksilbersäule; darüber wird jedesmal berichtet werden.

2. Meßgeräte und ihre Eichung. Meßgeräte (Meßinstrumente) fassen die zum Messen einer gewissen Größe nötige Einrichtung, die man sonst von Fall zu Fall zusammenstellen müßte, ein für allemal übersichtlich, handlich und in Rücksicht größter erzielbarer Genauigkeit transportabel zusammen; die Teile werden im allgemeinen von einem Gehäuse staubdicht umschlossen. Wir unterscheiden Zeiger-, Ausgleich- und zählende Geräte.

Bei physikalischen Untersuchungen ist oft die größtmögliche Genauigkeit das maßgebende Ziel, bei technischen Messungen muß dieser Gesichtspunkt zurücktreten. Das Haupterfordernis ist hier, die Ablesungen schnell zu machen, einerseits wegen der großen Anzahl von Ablesungen, andererseits, weil Maschinen nicht ohne große Kosten längere Zeit zu Versuchszwecken betrieben werden können; auch handelt es sich oft um Feststellung schwankender Größen. Dem technischen Bedürfnis entsprechen daher am besten die Zeigergeräte, bei denen die zu messende Größe an einer Skala abgelesen oder auf einem Papier aufgeschrieben wird; diese Ablesung oder Aufschreibung kann auch in die Ferne übertragen werden.

Zeigergeräte zeigen den Augenblickswert einer Größe an, indem ein Zeiger (im weitesten Sinne, z. B. auch das Ende einer Flüssigkeitssäule, ein Lichtstrahl) auf einen gewissen Teilstrich einer Skala zeigt und dadurch den zugehörigen Wert der zu messenden Größe kennzeichnet. Die Skala kann gleichmäßig, erweitert oder verjüngt sein. Teilstriche gleichen Wertunterschiedes haben bei gleichmäßiger Skala überall denselben Abstand, bei erweiterter Skala nehmen die Abstände mit zunehmenden Skalenwerten zu, bei verjüngter ab.

Bei der gleichmäßigen Skala sind die Ablesungen in allen Bereichen absolut gleich genau: mit einem gewöhnlichen Zeichenmaßstab läßt sich der Abstand zweier feiner Linien auf 0,1 mm genau ablesen, gleichgültig, wie groß der Abstand ist; wie genau die Messung ist, hängt noch von der Genauigkeit des Maßstabes ab, die wir vorläufig als vollkommen unterstellen. Die relative Ablesegenauigkeit nimmt mit zunehmender Meßgröße zu, z. B. bei Ausmessung des Abstandes 10 mm ist der Ablesungsfehler $\pm \dfrac{0{,}1\ \text{mm}}{10\ \text{mm}} = \pm 0{,}01$ oder $\pm 1\%$, bei Ausmessung von 50 mm ist er $\pm \dfrac{0{,}1\ \text{mm}}{50\ \text{mm}} = \pm 0{,}002$ oder $\pm 0{,}2\%$. Liest man den Wert m mit einem möglichen Fehler $\pm \varDelta m$ ab, so ist der relative Ablesungsfehler $\pm \dfrac{\varDelta m}{m}$.

Die erweiterte Skala legt die Ablesegenauigkeit in die großen Werte, die Ablesung nahe der Null wird weniger genau; bei elektrischen Hitzdrahtgeräten erweitert sich die Skala quadratisch. Die Geräte sind brauchbar zur Prüfung der Konstanz einer Größe, etwa der Spannung in einer elektrischen Zentrale, schlecht brauchbar zur Beobachtung stark wechselnder Größen, etwa der Stromstärke in einer elektrischen Zentrale, deren Belastung zum Leerlauf sinken kann.

Eine verjüngte Skala findet sich am Rechenschieber; dessen Skala ist logarithmisch verjüngt und liefert daher in allen Bereichen gleiche relative Genauigkeit. Wenn sich im Abstande l vom Nullpunkt der Skalenteil m befindet, so ist also $l = a \cdot \log m$, worin a eine Konstante ist; nun ist nach Regeln der Differentialrechnung $dl = a\,\dfrac{1}{m}\,dm$ oder für kleine, aber endliche Werte $\varDelta l \sim a\,\dfrac{1}{m}\,\varDelta m$ die relative Ablesegenauigkeit ist also $\dfrac{\varDelta m}{m} = \dfrac{\varDelta l}{a}$, sie ist konstant, wenn der mögliche, in Millimetern ausgedrückte absolute Ablesefehler $\varDelta l$ überall gleich ist. Bei verjüngter Skala wird bei höheren Werten die absolute Ablesegenauigkeit kleiner. Ein anderes Beispiel verjüngter Skala sind gewisse Flüssigkeits-Manometer, bestehend aus einem einerseits geschlossenen, andererseits offenen U-Rohr. Die Verjüngung geht diesmal mit dem Kehrwert des Druckes p; wenn man das Gewicht der Flüssigkeitssäule unbeachtet läßt, ist $l = l_1/p$, wobei l_1 die Länge des geschlossenen Schenkels (mit gleichmäßiger Lichtweite gedacht) beim Druck $p = 1$ bedeutet. Diesmal wird dann $\dfrac{\varDelta p}{p} = p\,\dfrac{\varDelta l}{l_1}$; selbst die relative Meßgenauigkeit nimmt mit steigendem Druck ab, was meist unerwünscht ist.

Skalen mit unterdrücktem Nullpunkt beginnen erst mit einem höheren Wert als Null. Wie bei der erweiterten Skala ist der meistbenutzte Meßbereich besser hervorgehoben; es ist ein Nachteil, daß sich nicht mehr die *Nullpunktkontrolle* ausführen, das heißt nachprüfen läßt, ob der Zeiger in der Ruhelage auf Null einspielt, was für die Unversehrtheit des Gerätes spricht. Es gibt auch Geräte, deren bewegliches System nahe dem Nullpunkt labil ist; sie gestatten ebenfalls keine Nullpunktkontrolle (Abb. 16 und 266 bis 270). — Wenig angebracht ist es, wenn bei Manometern ein kleines Stück am Anfang der Teilung unterdrückt wird und ein Anschlagstift den Zeiger zwingt, auf einem künstlichen Nullpunkt zu stehen, der nicht der Nullpunkt der Skala ist; hier liegt die bewußte Absicht vor, das Instrument unversehrt erscheinen zu lassen. Der Anschlagstift soll etwas jenseits des Nullpunktes der ordnungsgemäß bis Null durchgeführten Skala sein.

Die Nullpunktkontrolle hat auch sonst Bedeutung. Manche Meßmethoden kranken geradezu daran, daß der Nullpunkt nicht konstant bleibt, sondern mit der Zeit wandert, oft bei elektrischen Geräten durch

Erwärmung der stromdurchflossenen Leiter, oft aus anderen bisweilen schwer durchschaubaren Gründen; solche *Nullpunktwanderung* hat zur Folge, daß das Gerät entsprechend häufig kontrolliert werden muß.

Die Genauigkeit der Ablesung läßt sich steigern durch Unterlegen der Skala mit einem Spiegel. Der parallaktische Fehler wird vermieden, wenn der Zeiger (am besten als Schneide ausgebildet) sich mit seinem Spiegelbild oder mit dem Bilde der beobachtenden Pupille deckt. Wo der Spiegel fehlt, sei der Zeiger dicht über der Skala. Die Genauigkeit der Ablesung kann bei gleichmäßiger Skala durch Anwendung eines Nonius (Abb. 109) gesteigert werden. Beeinträchtigt wird sie durch Schwankungen des Zeigers um eine Mittellage oder gar Zucken.

Für einige Betrachtungen über das Verhalten der Zeigergeräte bedienen wir uns folgender Unterscheidung. Es ist:

$x =$ zu messende Größe; im Einzelfall setzen wir hierfür den jeweils üblichen Buchstaben, etwa p für den Druck;

$m =$ Bezeichnung des Skalenteils, die mit x übereinstimmen soll; die Bestimmung von $x = f(m)$ heißt Eichung (S. 14) oder Prüfung;

$l =$ Abstand des Skalenteils vom Nullpunkt, in Längeneinheiten gemessen; die Beziehung $m = \varphi(l)$ entscheidet über Gleichmäßigkeit, Verjüngung, Erweiterung der Skala.

Die Genauigkeit der Messung von x wird durch die Genauigkeit der Ablesung m bedingt, ferner und meist überwiegend durch die Genauigkeit, mit der der Zeiger einspielt. Abweichungen der Zeigerstellung m vom wahren Sollwert x, die sich immer zeigen, werden durch die Eichung des Gerätes oder durch Erneuern der Skala unschädlich gemacht. Andererseits handelt es sich um Unterschiede in der Anzeige m bei mehrfacher Einstellung des gleichen zu messenden Wertes x; diese Einstellungsfehler $\pm \Delta x$ können entweder ganz unregelmäßig innerhalb eines gewissen Bereiches voneinander abweichen oder die Einstellung kann auf $x + \Delta x$ erfolgen, wenn der Zeiger von oben her kommt, im entgegengesetzten Fall auf $x - \Delta x$; man ist um $2\,\Delta x$ über den zu messenden Wert im unklaren. Δx heißt die Ungenauigkeit des Gerätes oder der Meßmethode. $\Delta x/x$ ist deren relative Ungenauigkeit.

Die Ungenauigkeit des Einspielens hängt von der Größe W der Widerstände ab, die nach Art der Reibung die genaue Einstellung hindern, andererseits von der Größe der Verstellkraft. Die Reibungswiderstände sind durch konstruktive Maßnahmen zu verringern (Entlastung der Lager, Kugel- oder Steinlager, Schneiden-, Kreuzfeder- oder Fadenaufhängung); bei gegebenen Reibungswiderständen muß die Verstellkraft möglichst groß sein (§ 3).

Das statische Verhalten der Meßgeräte sei am Beispiel des Plattenfeder-Manometers erläutert, das von jedem Kessel her aus der Anschauung bekannt, übrigens in § 16 beschrieben ist. Man prüft es auf seine Richtigkeit, indem man es an einen Raum anschließt, in dem sich verschiedene bekannte — etwa mit Hilfe eines besonders zuverlässigen Instrumentes festgestellte — Drucke erzeugen lassen, und indem man die Angabe des Zeigers mit dem wirklichen Druck vergleicht.

Bei einem vollkommenen Manometer würde die Skala so viel anzeigen, wie der Druck beträgt. Wenn man in Abb. 2 die Angabe des Zeigers als Abszisse und den richtigen Wert des Druckes als Ordinate, beide in gleichem Maßstabe, aufträgt, so ergibt sich eine unter 45° geneigte Gerade. Nach einigem Gebrauch wird das Gerät falsch zeigen: wenn man 10 at (Atmosphären, § 14) Druck heranbringt, so zeigt es 10,2 at. Diesen Wert und die entsprechenden Ablesungen bei anderen Drucken in ein Achsenkreuz eingetragen entsteht Abb. 2; die Kurve, die Kennlinie des Gerätes, weicht von der 45°-Linie ab. Die Eigenschaft eines Meßgerätes, im Lauf der Betriebsdauer seine Kennlinie nicht zu verändern, heißt seine *Zuverlässigkeit*. Wenn ein Gerät in dieser Weise falsch zeigt, so ist es trotzdem brauchbar, nur muß es geeicht werden. Die *Eichung* ist die Aufnahme der Kennlinie; ihr Ergebnis stellt man nach Abb. 2 oder

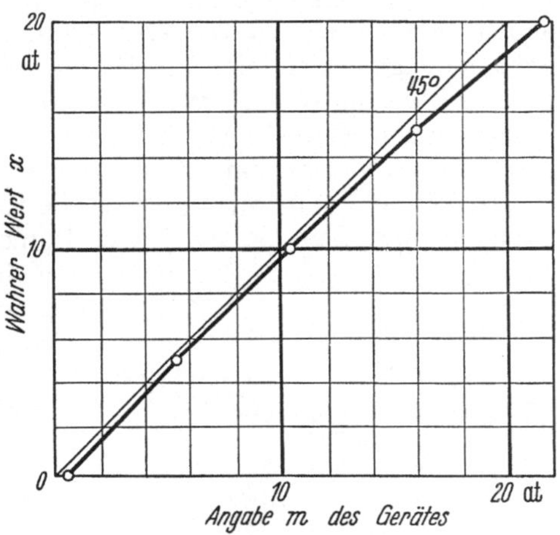

Abb. 2. Kennlinie eines Manometers.

besser nach Abb. 3 dar; in letzterer Abbildung ist die *Korrektion* (Berichtigung; das Fremdwort ist aber besser eindeutig) gegeben, die zum abgelesenen Wert arithmetisch hinzuzufügen ist, um den richtigen Wert zu erhalten, die Korrektion ist also die negativ genommene Abweichung der Instrumentenangabe vom wahren Wert. Da die Korrektionen kleine Werte sind, so kann man sie in größerem Maßstabe auftragen als die

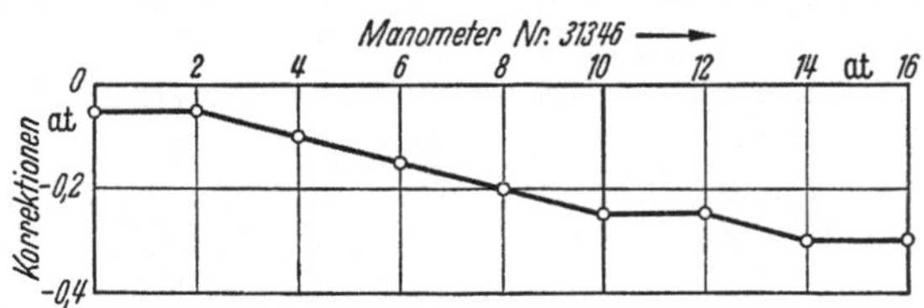

Abb. 3. Darstellung des Eichergebnisses.

Ablesungswerte, etwa im zehnfachen. Die Darstellung in Abb. 3 nach dem Zahlenbeispiel Tabelle 1, S. 10, sieht sonderbar sprunghaft aus, weil die Korrektion vergrößert ist. Unregelmäßigkeiten im Gang der Meßgeräte deuten sonst an, daß etwas nicht in Ordnung ist.

Man soll alle Geräte eichen, die einer Eichung fähig sind, möglichst vor und nach Anstellung der Versuche. Stimmen beide Eichungen genügend überein, so hat das Gerät sicher beim Transport oder bei den Versuchen keinen Schaden erlitten, der seine Gangart geändert haben könnte. Die Eichung vor den Versuchen verhütet, daß eine Versuchsreihe ganz vergebens gemacht ist, wenn ein wichtiges Gerät gegen Ende der Versuche zerbricht.

Bei Geräten mit ungleichmäßiger Skala hat man beim Anbringen einer Korrektion an der Ablesung vorsichtig zu sein. So gibt es bei Kühlmaschinen Manometer, die zugleich als Thermometer dienen, indem der Druck des gesättigten Dampfes auf seine Temperatur schließen läßt. Die Teilung pflegt für den Druck gleichmäßig, für die Temperatur aber verjüngt zu sein. Stimmt nun die Nullpunktkontrolle nicht, so liegt das seltener am Werk, meist hat sich einfach der Zeiger um einen kleinen Winkel verschoben, und die Korrektion macht überall diesen kleinen Winkel aus. Für den Druck ist die Korrektion konstant, man zieht so viel ab, um wieviel der Zeiger in der Ruhe von Null abweicht; für die Temperatur aber ist die Korrektion, wegen der Ungleichmäßigkeit der Teilung, an jedem Punkt eine andere, und man darf nicht einfach so viel Temperaturgrade zuzählen, wie die Abweichung von Null angibt.

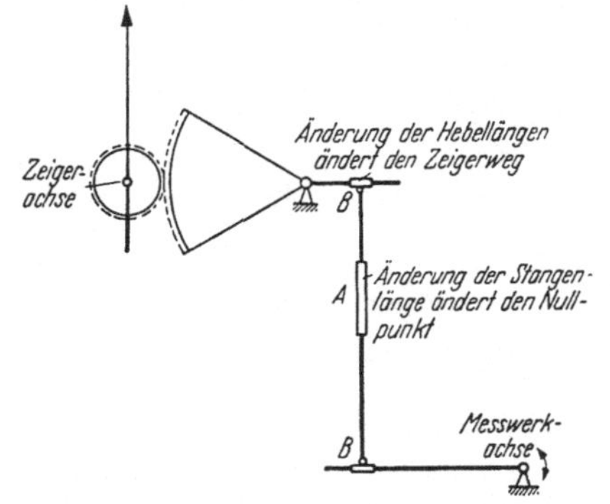

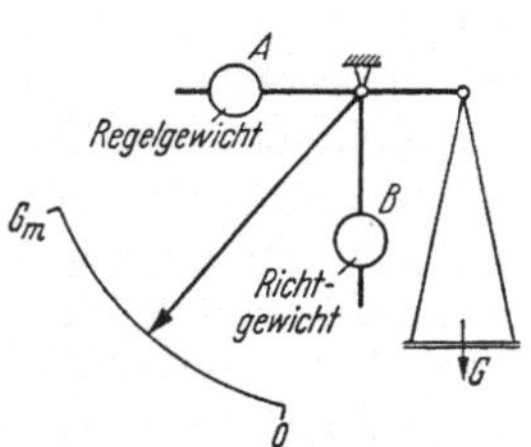

Abb. 4. Justiereinrichtungen in der Verbindung zwischen Meßwerk und Zeigerwerk, lassen Nullpunkt und Skalenwert einstellen.

Abb. 5. Justiereinrichtungen am Meßwerk, lassen die gleichen Größen einstellen.

Im Laboratorium und für maßgebende Versuche läßt sich die jeweilige Eichung nicht entbehren; bei der Herstellung und bei Reparaturen will man sich an eine vorhandene Skala so weit anpassen können, daß das Gerät wenigstens betriebsmäßig richtig wird. Zu dieser *Justierung* muß man es dem Nullpunkt, aber auch dem Strichabstand anpassen können. Bei gegebenem Meßwerk erreichen das die Stellvorrichtungen A und B, Abb. 4, die sich in zahlreichen Figuren (in Abb. 116, 131) wiederfinden, um die Verbindung zwischen Meßwerk und Zeigerwerk doppelt zu beeinflussen. Statt dessen findet man bei gewichtsbelasteten Meßwerken ein waagrecht und ein senkrecht laufendes Stellgewicht am Meßwerk selbst (Abb. 5, 180, 266, 382); dessen Verstellung sollte selbst meßbar, „dosierbar", sein, deshalb ist die Schraubenverstellung A in Abb. 4, besser als die Schiebeverstellung B; oder eine Skala sollte das Maß der Verstellung erkennen lassen.

Zeigt ein Gerät falsch, so ist es nicht unbrauchbar; anders ist es mit der Eigenschaft, die wir als *Ungenauigkeit* oder *Unempfindlichkeit* bezeichnen, wenn es also beim Steigen anders zeigt als beim Fallen. Belastet man das Manometer mit 10 at, so möge es 10,2 at an der Skala angezeigt haben; bringt man aber die Spannung erst auf 11 at und läßt sie vorsichtig auf 10 at zurückgehen, so möge der Zeiger auf 10,6 stehen, also höher als das erstemal. Der Unterschied von 0,4 zwischen beiden Ablesungen rührt von der Reibung her: ohne Reibung würde der Zeiger

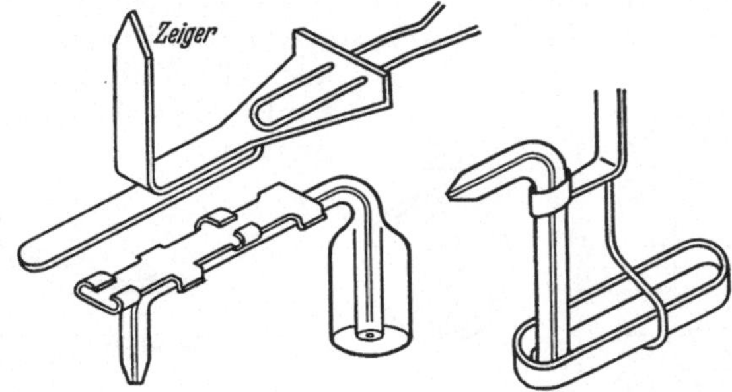

Abb. 6. Tintenfedern für schreibende Geräte. Oben schreibend, Heberwirkung, Nachteil: Schrift nicht sogleich gut lesbar, oder vorn schreibend, Kapillarwirkung; Kapillare 0,7 mm im Lichten. (Hartmann & Braun.) Vergleiche Abb. 48 und 317 b, sowie S. 12/13.

stets auf etwa 10,4 einstehen. Durch vorsichtiges Anklopfen ans Gerät beseitigt man die Reibung ganz oder teilweise.

Wegen der Reibung kann sich der Druck um 0,4 at ändern, ohne daß der Zeiger eine Änderung anzeigt, daher der Name Unempfindlichkeit für diese Eigenschaft; die Reibung hat auch zur Folge, daß wir bei einer gewissen Angabe des Zeigers über den Wert der Spannung innerhalb eines Spielraumes von 0,4 at unsicher sind, daher der Name Ungenauigkeit für die im Grunde gleiche Eigenschaft.

Die Reibung zu verringern dient die Kugel- oder Spitzenlagerung der bewegten Teile, in neuerer Zeit auch das *Kreuzfedergelenk*, dem genaue Zentrierung, Mangel von reibungsartigen Widerständen und Unveränderlichkeit nachgesagt wird. Die Reibung wird verstärkt durch das Schreibzeug der Schreibgeräte — worüber gleich Näheres — und durch Stopfbüchsen, die eine Anzeige dicht aus einem Raum abweichenden Druckes ins Freie führen sollen; besser verwendet man bei hin und her gehender Drehbewegung die Gummimanschette;

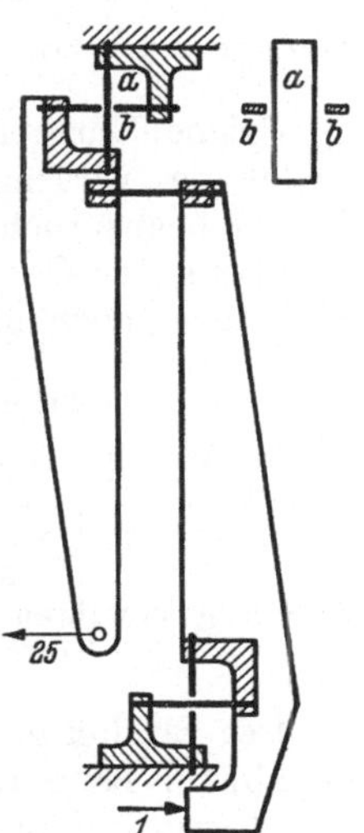

Abb. 7. Kreuzfedergelenk. Der Doppelhebel liefert 25fache Vergrößerung (HUGGENBERGER bei STABE: Z. VDI 1939, 1193; FREISE: ATM J. 031.14. Okt. 1943).

die magnetische Kupplung wirkt reibungslos und fehlerfrei, nur mit konstanter Nacheilung, wo beim Zähler eine stetig fortschreitende Bewegung übertragen wird (Abb. 231 b); bei hin und her gehenden Bewegungen (Abb. 268) wechselt die Nacheilung das Vorzeichen und ergibt Wirkungen ähnlich denen einer geringen Reibung.

Nun kann die Angabe des Gerätes noch von seinem vorhergehenden Zustand, von seiner *Vorgeschichte* abhängig sein. Wenn wir das Manometer nicht nur bis 11 at belasten, sondern 20 at einen Augenblick wirken lassen und dann vorsichtig wieder auf 10 at herabgehen, so bleibt der Zeiger diesmal auf 10,8 stehen; vorhin zeigte er ebenfalls im Abwärtsgang 10,6. Hatten wir den Druck von 20 at längere Zeit stehenlassen und gehen dann vorsichtig auf 10 at zurück, so bleibt der Zeiger sogar auf 11,1 stehen; sowohl die Größe des vorher wirkenden Druckes als auch die Zeitdauer ihrer Wirksamkeit hat also Einfluß auf die Angabe.

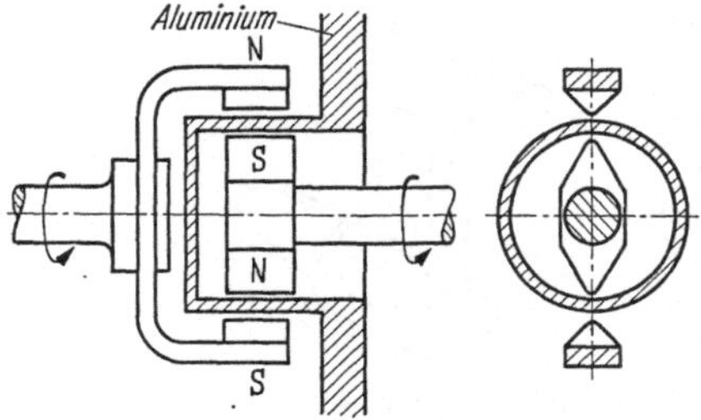

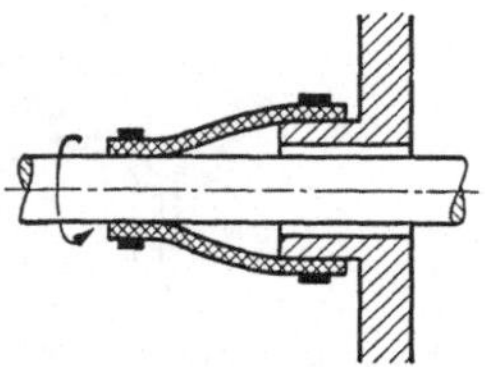

Abb. 8. Magnetkupplung statt Stopfbüchse, für fortschreitende Drehbewegung (Zählung) zuverlässig, bis sie außer Tritt fällt. Nacheilung bei pendelnder Bewegung (Zeigergerät) wirkt ähnlich wie Reibung.

Abb. 9. Dichtung mit Gummimanschette statt Stopfbüchse, geeignet für pendelnde Drehbewegung, vergleiche auch Abb. 16.

Solche Unregelmäßigkeiten rühren vermutlich davon her, daß die Feder, der wirksame Teil des Manometers, über die Elastizitätsgrenze hinaus beansprucht war; es sind elastische Nachwirkungen. Sie halten sich bei guten Geräten in engen Grenzen und sind durch Erschütterung nicht oder doch nicht ganz zu beseitigen.

Tabelle 1. Ergebnisse am Manometer Nr. 31346.

Wahrer Wert des Druckes	0	2	4	6	8	10	12	14	16	at
Angabe des aufwärts:	0	2	4	6,1	8,1	10,2	12,2	14,2	16,2	,,
Instrumentes: abwärts:	0,1	2,1	4,2	6,2	8,3	10,3	12,3	14,4	16,4	,,
Mittel:	0,05	2,05	4,1	6,15	8,2	10,25	12,25	14,3	16,3	,,
Abweichg. v. wahren Wert:	0,05	0,05	0,1	0,15	0,2	0,25	0,25	0,3	0,3	,,
Korrektion:	−0,05	−0,05	−0,1	−0,15	−0,2	−0,25	−0,25	−0,3	−0,3	,,

Der Einfluß der Temperatur auf den Gang der Meßgeräte bleibt zu erwähnen. Beim Indikator hat dieser Einfluß dazu geführt, daß man die älteren Indikatorformen durch den Kaltfeder-Indikator ersetzt hat, bei dem der eigentlich messende Teil, die Feder, der Wärmewirkung der zu indizierenden Maschine hinreichend entzogen ist (§ 55). Trotzdem bleibt noch ein Einfluß bestehen, nämlich der aus der Wärmedehnung des Kolbens entstehende. Allgemein kann man als Wirkungen der Wärme die folgenden benennen: Beeinflussung der elastischen Kraft namentlich von Meßfedern; Dehnung von Teilen, deren absolute Größe, oder Verschiedenheit der Dehnung von Teilen, deren relative Größe für das Meßergebnis maßgebend ist; meist hieraus folgend, als besonders schlimme Folge, Änderungen von Schwerpunktslagen relativ zur Aufhängeachse drehbarer Teile. Bei dieser Aufzählung ist an eine Einwirkung äußerer Wärmequellen oder auch einfach der Umgebungstemperatur gedacht; bei elektrischen Meßgeräten hat auch die innere Erwärmung der von Strömen durchflossenen Leiter Bedeutung, indem sie deren Leitungswiderstand verändert, verschieden je nach der Dichte der Umhüllung, das ergibt mannigfache Rückwirkungen.

Man braucht das Wort *Kompensation* für Einrichtungen, die Nebeneinflüsse auf ein Meßergebnis beseitigen sollen; am häufigsten werden Temperatureinflüsse wegkompensiert, mechanisch durch Bimetall beim Kompensationspendel und bei der Unruhe der Uhren. Bei elektrischen Schalttafelgeräten wird in sehr einfacher Form, bei Laborgeräten in etwas vollkommener Form der Einfluß verschiedener Raumtemperatur, soweit nötig, ausgeglichen, § 6; kompensiert wird auch der Temperatureinfluß auf die zweite Lötstelle beim Thermoelement, Abb. 395, der Einfluß wechselnder Temperatur der Fernleitungen bei Übertragung von Meßwerten, Abb. 383, 389. Endlich wird eine Kompensation nötig, wenn nicht das Meßgerät, sondern die Meßgröße selbst von der Temperatur beeinflußt wird; mechanisch gehört hierhin die Berichtigung nach Druck und Temperatur bei der Messung an Gasen, Wichtemesser Abb. 180, Zähler Abb. 243; verschiedene Kompensationen finden sich bei Abb. 75, 78, 83, 154, 437, 462, 470, 481.

Handelt es sich um laboratoriumsmäßige Gelegenheitsmessungen, so kann man bei beliebigem Zustand messen und an Hand einer Tabelle oder Kurve die Berichtigung anbringen; auch findet man wohl einen Drehknopf, der, auf die Temperatur eingestellt, die Geräteanzeige für heute berichtigt; ist aber der Meßwert aufzuschreiben (Abb. 481) oder zu zählen (Abb. 240, 243), so muß die Berichtigung dauernd und automatisch, eben durch eine Kompensationseinrichtung geschehen, es sei denn, man ziehe einen anderen Weg vor: die Temperatur durch einen Thermostaten auf dem Normalwert zu halten. Dieser Weg ist oft bequem, aber nicht immer gangbar, bei der Druckberichtigung fast nie.

Jede Kompensation ist eine Komplikation, solche macht gelegentlich Ärger und kostet immer Geld. Man überlege also, ob sie nötig ist in Anbetracht der sonstigen Meßgenauigkeit. Bei den elektrischen Meßgeräten § 6 ist darüber einiges gesagt.

Eine besondere Meßgenauigkeit ergeben bei passender Anordnung die *Ausgleichgeräte*, in denen man die zu messende Größe durch eine ihr gleichartige bekannte *kompensiert* und entweder die Gleichheit beider feststellt oder die letztverbleibenden Unterschiede nach einer empfindlichen Methode mißt. Das bekannteste Beispiel ist die einfache Waage, an der die Last durch Gewichte ausgeglichen oder der Rest durch die Neigung des Waagebalkens an einem Zeiger abgelesen wird (Nullmethode, Kompensation). Ähnlich werden mit der Wheatstoneschen Brücke Widerstände gemessen, entweder durch vollkommenen Ausgleich mit einem Nullgerät in der Brücke oder indem man zum Schluß den verbleibenden Brückenstrom mißt, um eine weitere Dezimale zu gewinnen. Im elektrischen Gebiet ist das Brückenviereck die klassische Kompensationsschaltung.

Unter Kompensation versteht man also zwei Dinge, die wenig miteinander zu tun haben.

Die Wirkung der Kompensation läßt sich auch so auffassen, daß sie einen kleinen gerade interessierenden Meßbereich herausschneidet, in dem nun ein empfindliches Meßgerät, mit kleinem Meßbereich und daher weiter Skalenteilung, die Anzeige übernimmt. Der unterdrückte Nullpunkt ist hier nochmals zu erwähnen. Bei der Brückenwaage bestimmt ein aufgesetztes Gewicht einen engen Meßbereich vom unteren zum oberen Anschlag der Zunge, praktisch etwa $^1/_2\%$ des aufgesetzten Gewichts. Bei der Anwendung der Elektrizität zum Messen der verschiedensten Größen spielen Kompensationsgeräte und -methoden eine große und zunehmend wichtiger werdende Rolle, Abb. 46, 47, 73, 78, 83. Es handelt sich dabei um Anzeigegeräte, die ihre Anzeige auf Grund einer selbsttätigen Kompensation machen, also in gewissem Maß, nicht freilich für schnell veränderliche Vorgänge, die Vorteile der Zeiger- und der Ausgleichgeräte miteinander verbinden.

In vielen Fällen genügt die Genauigkeit des Zeigergerätes, und dann bietet es vor dem Ausgleichgerät den Vorteil, daß es keine Bedienung verlangt und daß man Änderungen der Meßgröße gleich bemerkt: zum Wiegen hat die Neigungswaage weithin die Gewichtswaage verdrängt, seit sie (1922) zum eichpflichtigen Verkehr zugelassen ist; denn ihre (etwas geringere) Genauigkeit genügt für den täglichen Verkehr durchaus.

Die Eichung hat bei Ausgleichgeräten einen anderen Sinn als bei Zeigergeräten: eine Waage hat das vorgeschriebene Hebelverhältnis genau oder in gewissem Verhältnis falsch. Der Fehler ist insoweit der gleiche bei allen Belastungen; über den eigenartigen Einfluß der Durchbiegung des Balkens berichtet § 32. Dagegen läßt sich von einer Empfindlichkeit des Ausgleichgerätes ähnlich sprechen wie beim Zeigergerät. Eigenschwingungszahl und Dämpfung (§ 5) sind auch hier vorhanden, aber von anderer Bedeutung.

Schreibgeräte dienen zur Betriebskontrolle, um zu erkennen, ob über Nacht Unregelmäßigkeiten vorgekommen oder wie Unregelmäßigkeiten verlaufen sind. Oft soll die Fläche unter der geschriebenen Linie planimetriert werden, um den Mittelwert zu finden. Ist die Temperatur T über der Zeit t aufgetragen, so ist der Mittelwert $T_m = \dfrac{1}{t_2 - t_1} \displaystyle\int_{t_1}^{t_2} T \, dt$ ohne bestimmten physikalischen Sinn. Ist aber im Wärmezähler Abb. 414 die Temperatur über der erwärmten Wassermenge aufgetragen, so bedeutet das entsprechende Integral die von der Heizungsanlage umgesetzte Wärmemenge und bildet die Grundlage für eine Abrechnung. Ähnlich besteht bei Druckschreibern ein Unterschied zwischen der Registrierung über der Zeit oder über dem Weg.

Schreibgeräte müssen ein kräftiges Meßwerk haben, um die Reibung des Schreibstiftes auf dem Papier zu überwinden; beim Elektroschreiber ist das Meßwerk um zwei Zehnerpotenzen stärker als beim einfachen Zeigergerät. Nach den Regeln für Dampfkesselversuche sind Schreibgeräte an maßgebenden Stellen für den Abnahmeversuch nicht zugelassen; diese ältere Bestimmung erscheint unbillig gegenüber neueren Bauarten mit Fallbügel oder mit servomotorischer Betätigung des Meßwerkes. Wichtig ist, daß die geschriebene Linie nicht zu breit ist gegenüber der Diagrammhöhe; Tintenschreiber (Abb. 6) klecksen, wenn der Schreibstift Zitterungen macht, doch geben sie von den üblichen Schreibverfahren die geringste Reibung. Zum Indizieren dient gestrichenes Papier, darauf schreibt ein Silberstift recht fein, doch mit merklicher Reibung (Abb. 357). Sauber und mit geringer Reibung schreibt ein Saphir auf Wachspapier, bei dem weißes Wachs den bunten Untergrund verdeckt und vom Stift fortgekratzt wird; ganz ohne Reibung arbeiten Schreibmittel, bei denen der Stift vom Papier freiläuft und durch elektrische Spannung oder durch Aufspritzen einer Flüssigkeit einen feinen Strich zieht, Kanüle 0,1 μ Durchmesser (Fa. Holtzmann); doch werden solche Mittel kaum für den Betrieb verwendbar sein.

Wenn die Fläche unter der geschriebenen Linie einen physikalischen Sinn hat, etwa eine Wärmemenge, eine Arbeit darstellt, so kann man den Integralwert durch Planimetrieren der Fläche finden. *Zählende Geräte* machen diese Integrierung laufend von selbst, so daß sich zu jeder Zeit das Ergebnis, die bis dahin umgesetzte Menge, Arbeit, Wärme, ablesen läßt, sei es an umlaufenden Zeigern wie an der Uhr, sei es an springenden oder schleichenden Zahlenwerken. Die Wasser- und Gaszähler liefern die Zählung gewissermaßen von selbst nach der Natur ihrer Wirkung; bei der Durchflußmessung und ähnlichen Verfahren bedarf es einer besonderen Integrierung, wofür Reibgetriebe (Abb. 361) oder Tastgetriebe (Abb. 209) in Frage kommen. Wesentlich ist es, daß der zu integrierende Ausschlag der Meßgröße proportional ist, und zwar bis herunter zum Wert Null, dem sich der Ausschlag kontinuierlich nähern soll. Diese Bedingungen sind bei wenigen Zählgeräten erfüllt; die meisten haben nahe der Null, bisweilen bis zu unerfreulich hohen Werten hinauf, Abweichungen von der Proportionalität, sie haben nahe der Null keine Verstellkraft, oder sie beginnen erst bei einem Schwellenwert zu laufen, so daß schleichende Entnahmen bedeutende Meßfehler im Integralwert bringen können. Man gibt wohl den Geräten einen Vorimpuls, diesem Zweck dient die Leitung aa bei Abb. 272, 415; das Gerät steht dann dauernd gerade vor dem Anlaufen, solange die Meßgröße Null ist; zu gleichem Zweck versieht man Anemometer mit Vorstrom durch federgetriebenen Hilfsventilator.

Auf alle diese Gerätearten — Zeiger-, Ausgleich-, schreibende, zählende — bezieht sich das Maß- und Gewichts-Gesetz von 1935 und die von der Physikalisch-Technischen Reichsanstalt (PTR), jetzt Physikalisch-Technische Bundesanstalt (PTB), dazu erlassene *Eichordnung* von 1942 (letztere 395 Seiten Großformat mit fast 1000 Paragraphen). Danach unterliegen der Eichpflicht durch die Eichämter die Meßgeräte, die im öffentlichen Verkehr zur Bestimmung des Umfanges von Leistungen angewendet oder bereit gehalten werden, auch wenn das innerhalb eines Betriebes zur Ermittlung von Arbeitslohn oder auch nur zur Überprüfung von Arbeit geschieht. Die Vorschrift geht reichlich weit, für das Wägen wird darüber in § 32 einiges gesagt; die Zähler der öffentlichen Versorgung sind deshalb vorläufig ausgenommen; bis der Wirtschaftsminister ein anderes bestimmt, werden sie von den Versorgungswerken, also von Interessenten überwacht, aber nicht regelmäßig nachgeeicht; und die Strömungsmesser („Gasdurchfluß-Integratoren", Eich-O. § 401) sind praktisch ausgenommen, indem sie nur von der Bundesanstalt selbst geeicht werden dürfen. Durchflußmesser für Dampf sind vorläufig überhaupt nicht eichfähig, und für manche großen Meßgeräte scheitert zum mindesten die Nacheichung an der physischen Schwierigkeit.

Die Erteilung des Eichstempels erteilt dem Gerät einen gewissen öffentlichen Glauben. Der Stempel besagt, daß sich der Fehler des Gerätes in den vorgeschriebenen Eichfehlergrenzen hielt, aber auch, daß das Gerät einer Type zugehört, die sich voraussichtlich während der Nacheichfrist innerhalb des Verkehrsfehlers hält, der doppelt so groß ist wie der Eichfehler. Bei Ablauf der Nacheichfrist (2 bis 5 Jahre) muß das Gerät zur Nacheichung vorgestellt werden und darf dann nur den Verkehrsfehler, nun Nacheichfehler genannt, haben; sonst muß es nachgearbeitet werden, muß dabei aber wieder auf den halb so großen Eichfehler gebracht werden. Das bezieht sich überwiegend auf Waagen; Hohlmaße werden nicht nachgeeicht. Geeicht werden auch Aräometer und Thermometer, zumal Fieberthermometer, nicht aber Manometer; diese sind nur zur Beglaubigung zugelassen, was praktisch kaum einen Unterschied macht (Beglaubigungsordnung von 1944). Doch darf überhaupt nicht jedes Gerät amtlich geeicht werden, sondern es muß die betreffende Type entweder als ganze oder als Erzeugnis einer bestimmten Firma auf ihre Eigenschaften, insbesondere ihre Beständigkeit untersucht und freigegeben sein.

Den Begriff *Eichung* nimmt die Eichordnung für amtliche Zwecke in Anspruch; nur die amtliche Prüfung des Meßgerätes darauf hin, ob sich die Fehler in den vorgeschriebenen Grenzen halten, und namentlich die anschließende Anbringung eines Stempels zur Beglaubigung dieser Tatsache soll eine Eichung sein, irgendwelche Maßnahmen privater Hand sollen nicht so bezeichnet werden, sie sollen etwa Prüfung heißen. Gegen solche Umdeutung eines allgemein eingeführten Begriffes hat sich die Industrie gewehrt, und nur in engen, ganz von der amtlichen Eichung abhängigen Gebieten, zumal im Waagenbau, hat sich die Begriffsänderung eingeführt. Auch wir verwenden vorläufig den Begriff Eichung für alle, auch private Feststellungen über die Richtigkeit eines Meßgerätes und seine Fehler; zur Begründung diene, daß mit der amtlichen Ausdrucksweise an vielen Stellen des Buches der Sinn geradezu entstellt wurde. Es mag sich natürlich in Jahren die amtliche Nomenklatur so durchsetzen, daß man mit den Worten andere Begriffe verbindet, dann wird es tunlich sein, sich auch in der Literatur umzustellen. Vorläufig sei die amtliche als Sonderfall der Eichung im allgemeinen angesehen.

3. Statische Theorie der Zeigergeräte. Der Zeiger eines Zeigergerätes stellt sich auf den Skalenteil ein, bei dem die Verstellkraft R verschwindet. R kommt zustande als Unterschied der inneren und der äußeren Richtkraft und verschwindet beim Einspielen, weil diese beiden Kräfte dann einander gleich werden. Die *innere Richtkraft* P_i ist die von der zu messenden Größe auf das Zeigersystem ausgeübte Kraft, die im allgemeinen bestrebt ist, den Zeiger bis ans Skalenende oder darüber hinaus zu bewegen. Die *äußere Richtkraft* P_a ist die der Zeigerbewegung entgegenwirkende eigentlich messende Kraft, meist eines Gewichtes oder einer Feder. Beide Richtkräfte dürfen nur bei jeweils einer Zeigerstellung zum Ausgleich kommen, bei der nämlich die Verstellkraft

$$R = P_i - P_a = 0 \tag{1}$$

ist. — Auf optische und einige andere Meßgeräte beziehen sich diese Unterscheidungen nicht ohne weiteres, wohl aber auf Ausgleichgeräte. Die Balken- oder Brückenwaage findet ihre letzte Einspielung nach dem gleichen Gesetz. Kommt kein Ausgleich zustande, oder kommt er über eine längere Strecke der Skala statt nur in einem Punkt zustande, so kann man nicht eindeutig ablesen, das Gerät ist labil oder indifferent. Bei Kompensationsschaltungen gilt das Gesagte sinngemäß für die Gesamtanordnung.

Beim Quecksilbermanometer, Abb. 121, gibt der zu messende Druck die die Säule bewegende innere Richtkraft P_i. Diese bleibt unverändert, auch wenn die Säule auf und ab pendelt, also der Ausschlag l sich verändert[1]; sie ist demnach unabhängig von l und wird durch eine waagerechte Gerade P_{i1} dargestellt. Die äußere Richtkraft P_a ist das Gewicht der Quecksilbersäule oder der von ihr ausgeübte Druck, er ist der nicht ausgeglichenen Säulenhöhe, also dem Ausschlag l proportional, wird in Abb. 10 durch

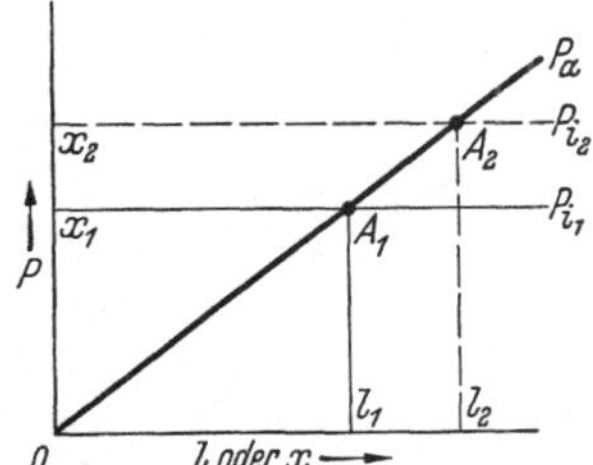

Abb. 10. Richtkräfte bei einem Gerät mit steigender äußerer Richtkraft.

die ansteigende Gerade P_a dargestellt. Beide Linien schneiden sich scharf und bestimmt im Punkte A_1, auf den sich die Säule einstellt, indem die Richtkräfte sich abgleichen. Bei einem höheren Druck ist P_i größer, aber wieder konstant in bezug auf l, entsprechend der Geraden P_{i2}; ihr entspricht der Schnittpunkt A_2 und daher der Ausschlag l_2. — Auch beim Indikator (§ 55) oder beim federbelasteten Kolbenmanometer ist die innere Richtkraft der von der Flüssigkeit auf den Kolben ausgeübte zu messende Druck multipliziert mit der Kolbenfläche. Bei einem bestimmten zu messenden Druck ist diese Kraft von der Kolbenstellung, also von der Zeigerstellung l, unabhängig, sie wird wieder durch die waagerechte Gerade P_{i1}, Abb. 10, dargestellt. Die äußere Richtkraft ist die von der Meßfeder auf den Kolben geübte Kraft P_a, die proportional dem Ausschlag l zunimmt. Der Zeiger wird sich auf den Ausschlag l_1 einstellen, der demnach mit x_1 zu beziffern ist. Für eine andere Spannung x_2 stellt sich der Ausschlag l_2 ein.

Anders liegen die Verhältnisse beim Schwimmermesser (§ 44); die belastende Kraft des Gewichtes ist die konstante äußere Richtkraft P_a, während die von einer bestimmten zu messenden Dampfmenge x_1 auf den Schwimmer ausgeübte innere Richtkraft P_i mit zunehmendem Aus-

---

[1] Man beachte die auf S. 6 gegebene Unterscheidung.

schlag abnimmt, mit abnehmendem Ausschlag schnell zunimmt, beiderseits asymptotisch der Achse sich nähernd (Abb. 11).

Jedesmal stellt sich derjenige Zeigerausschlag l ein, der dem Schnittpunkt A der Kurven P_a und P_i — letztere nach dem Wert der zu
messenden Größe wechselnd — zugeordnet ist.
Bei einer Ablenkung des Zeigers um einen kleinen
Betrag dl entsteht ein Unterschied zwischen P_a
und P_i entsprechend der Strecke BC, Abb. 12,
gleich dem algebraischen Unterschied der beiden
Zunahmen dP_a und dP_i, die sich bei dieser willkürlichen Ablenkung dl des Zeigers vom Sollwert
einstellt. Demnach ist die Verstellkraft, auf die
Einheit der Skalenlänge bezogen,

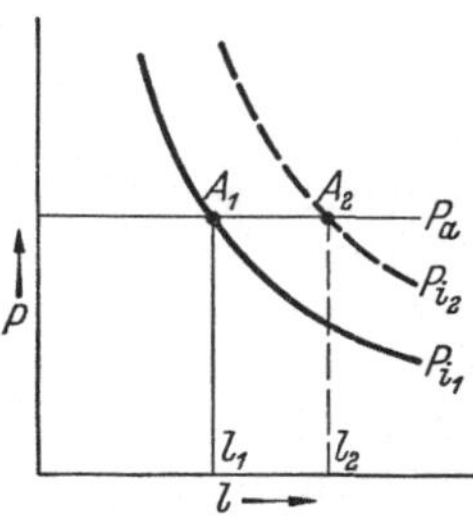

Abb. 11. Richtkräfte bei einem Gerät mit fallender
innerer Richtkraft
(Schwimmermesser,
Abb. 276).

$$R_1 = \frac{dP_a}{dl} - \frac{dP_i}{dl}. \tag{2}$$

Sie ist nach den Regeln der Differentialrechnung
oder empirisch zu bestimmen.

Jedem Wert x_0, x_1, x_2, ... der zu messenden Größe entspricht eine
andere Kurve P_{i0}, P_{i1}, P_{i2}, ... aus einer Kurvenschar. Wie die Kurvenschar in Abb. 12 gezeichnet ist, nimmt R_1 mit abnehmendem l ab, da
der Schnittwinkel von P_a mit den Kurven P_i immer spitzer wird; es
ergibt sich ein Bild wie Abb. 13; zu l_1 gehört A_1'. Für $l = 0$ berühren
sich P_a und P_{i0} in A_0, also wird nach Formel (2) dort $R_1 = 0$.

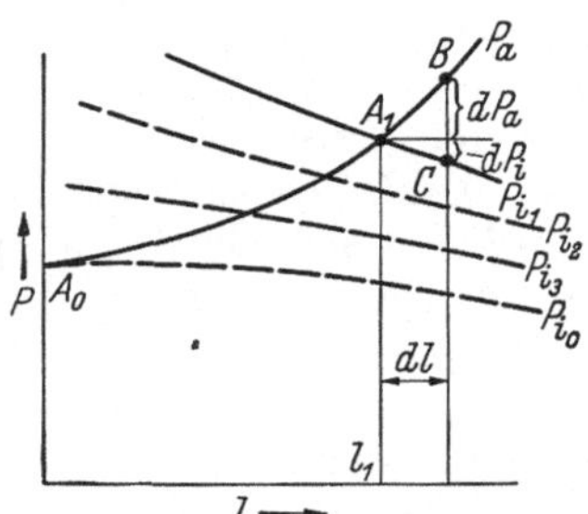

Abb. 12. Innere und äußere Richtkräfte, ihr
Unterschied liefert die Verstellkraft.

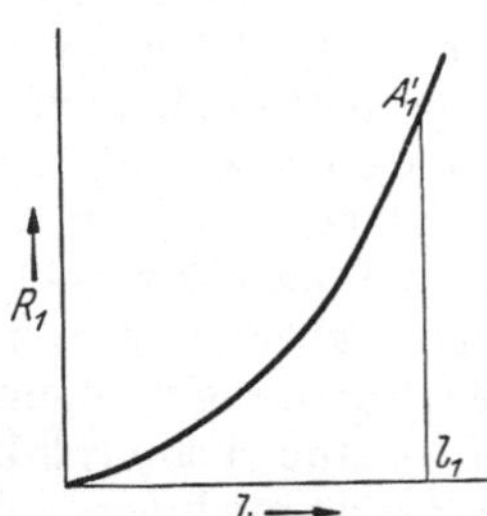

Abb. 13. Verlauf der Verstellkraft
nach Abb. 12.

Es ist zu vermeiden, daß irgendwo die P_i-Kurve sich mit einer Kurve
der P_a-Werte berührt, so daß $R_1 = 0$ wird; die Einspielung auf den
betreffenden Skalenwert erfolgt sonst mangelhaft; sie wird allgemein um
so ungenauer, je kleiner R_1 ist. Wenn nämlich in Abb. 14 die Reibungswiderstände einen gewissen (konstant und $\pm$ gleich angenommenen)
Wert W haben, so lassen sich die Kurven $P_a + W$ und $P_a - W$ neben
die Kurve P_a legen; die Unsicherheit der Einstellung ist jederzeit durch
den Abstand der Ordinaten l_1' und l_1'' gegeben, die sich als Schnittpunkte
mit der betreffenden P_i-Kurve ergeben; der Bereich der Unsicherheit,
in Abb. 14 stark gezeichnet, ist um so kleiner, je größer $\frac{dP_a}{dl} - \frac{dP_i}{dl}$ ist,

je steiler also P_i den Bereich von $P_a + W$ bis $P_a - W$ durchschneidet. Diese günstige Durchschneidung kann, wie Abb. 10 und 11 erkennen lassen, durch Zunahme der äußeren oder durch Abnahme der inneren Richtkraft bei wachsendem Ausschlag zustande kommen, oder durch beides.

Für kleine Werte von W, wie sie guten Meßgeräten eigen sind, gilt die folgende Ableitung für den Fehler Δl der Einspielung. In Abb. 15 ist das Dreieck bei A_1, Abb. 12, größer herausgezeichnet. In Bereichen, wo man die Teile der Kurven P_a und P_i als geradlinig ansehen kann, wird

$$- W = \overline{BZ} + \overline{ZC} = \overline{AZ} \cdot (\operatorname{tg}\beta - \operatorname{tg}\gamma) = \Delta l \left(\frac{d P_a}{d l} - \frac{d P_i}{d l} \right), \quad \Delta l = - \frac{W}{R_1}.$$

Das negative Vorzeichen ergibt für negative Werte von W ein positives Δl.

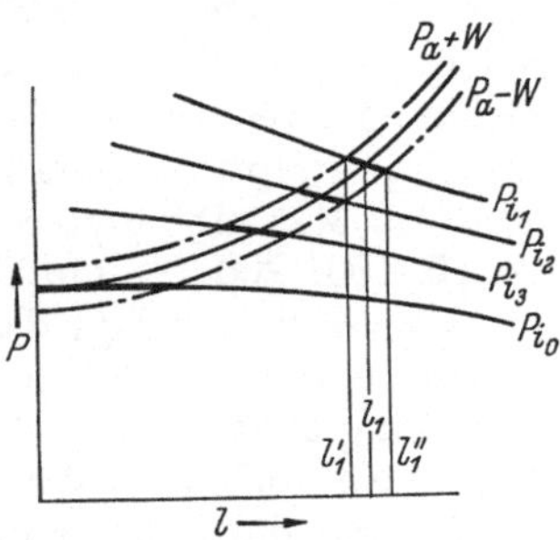

Abb. 14. Wirkung der Reibung W bei einem Gerät nach Abb. 16, Verstellkraft gegen Null verschwindend (Drosselgeräte § 41, Hitzdrahtgeräte der Elektrotechnik u. a.).

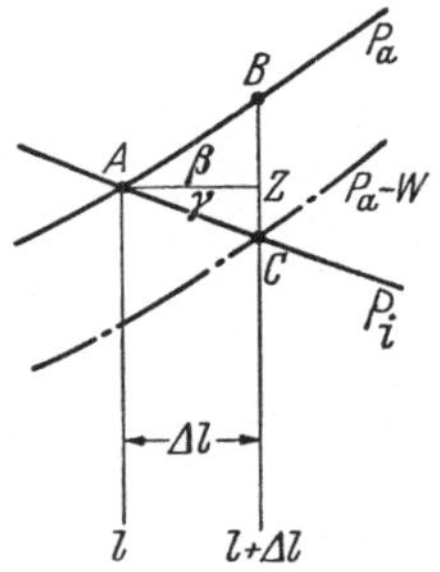

Abb. 15. Erläuterung zu Abb. 14.

Für $l = 0$, Punkt A_0 in Abb. 12, wird $\Delta l = \infty$, weil $R_1 = 0$ ist; wo die Kurven P_a und P_i sich berühren, wird der (absolute) Fehler in der Ablesung groß, selbst bei sehr kleinem Reibungswiderstand W. Wenn diese Berührung überdies bei $l = 0$ stattfindet, wird der relative Fehler des Einspielens

$$\frac{\Delta l}{l} = - \frac{W}{l R_1} \tag{3a}$$

besonders groß, nämlich theoretisch $\infty/0$. Das Gerät geht dann mangels einer Richtkraft nicht auf Null zurück. Das trifft zu für alle Meßgeräte, die auf das Quadrat der zu messenden Größe ansprechen und also den Wurzelwert der wirksamen Größe P_a anzeigen sollen. Die Hitzdrahtgeräte der Elektrotechnik gehören hierhin, sodann die „Flußmesser", die den durch ein Drosselgerät strömenden Flüssigkeits- oder Gasfluß aus dem dort eintretenden Wirkdruck als dessen Wurzel ermitteln wollen. Man sucht den Ausschlag des Gerätes proportional der Wurzel aus dem Wirkdruck zu machen; das führt aber immer auf Unstimmigkeiten nahe dem Nullpunkt, wie § 42 besprochen wird.

Es ist zu beachten, daß in solchen Fällen nicht die Genauigkeit der Ablesung wegen der engen Skalenteilung bei kleinen Meßwerten unbefriedigend ist, sondern daß die Verstellkraft fehlt. Daher ist auch die Einspielung mangelhaft. Es ist deshalb unmöglich, durch irgendeine mechanische Konstruktion, etwa eine Übersetzung, die Teilung in eine proportionale zu verwandeln; eine Verstellkraft von der Größe Null behält diesen Wert bei jeder Übersetzung, also muß bei jeder denkbaren Anordnung die Einstellung nahe der Null ungenau werden, zumal jede Übersetzung die Reibung vermehrt. Selbst elektrische Verstärkung hilft nichts.

Die Verhältnisse seien rein experimentell an dem GEHREschen Rohrdreieck erläutert, das die Ausarbeitung der eben gebrachten Erwägungen veranlaßte; das Rohrdreieck dient als Wirkdruckmesser, als Flußmesser (§ 42), sein Ausschlag soll proportional sein der Wurzel aus dem Druckunterschied, der auf die beiden Seiten des Quecksilberinhalts wirkt. Wie kommt dieser Zusammenhang zustande? Am Rohrdreieck hängt man die Meßfedern aus und bestimmt ihre Dehnung unter wechselnden Kräften; das ergibt die Gerade P_a in Abb. 17. Man gibt weiter Drucke von 0, 100, 200 … mm WS auf das Manometer, bringt das Dreieck in Stellungen 0, 20, 40 … mm vom Nullpunkt, und mißt durch Abstützen auf eine Waage die Kräfte P_i, die dabei auftreten; das ergibt die schräg ansteigende Kurvenschar. In den gekreuzten Schnittpunkten ermittelt man die Neigungen der sich schneidenden Linien; ihr Unterschied ist die Verstellkraft, wie in der unteren Kurve R_1 gegeben. Da P_i für den Druck Null und P_a bei $l = 0$ einander berühren, so ist dort die Verstellkraft Null. Übrigens geben die gekreuzten Punkte folgende Beziehung:

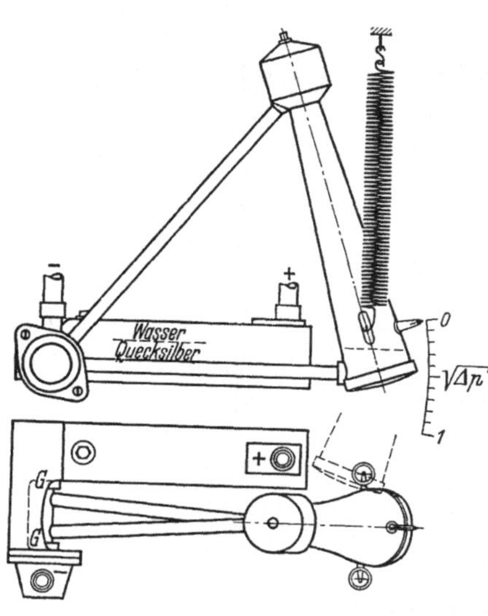

Abb. 16. GEHREsches Rohrdreieck, Wirkdruckmesser für Dampf. Wurzelbeziehung erreicht durch Gestalt des Gefäßes; Energieumsatz groß, weil Quecksilber nachläuft, wenn Gefäß sich senkt. Historisch als erster Dampfmesser (um 1900): Wurzelmessung, Nachlaufprinzip, Multiplikationsgetriebe Abb. 96, Gummimanschette GG Abb. 9 waren neu, ferner Integrierung des Flusses mit Reibrädern Abb. 98.

für $l = 0$ 25,6   35,6   50   60,6   70 mm Ausschlag
ist $p = 0$ 100   200   400   600   800 mm WS nötig.

Das Verhältnis $\Delta l : \sqrt{\Delta p}$ = 2,56   2,50   2,54   2,47   2,47   ist also leidlich konstant.

Die Ermittlung der Einheiten ist lehrreich. Im Original zu Abb. 17 war

waagerecht   25 mm im Diagramm = 10 mm Ausschlag
oder 100 mm ,,   ,,   = 40 mm   ,,
senkrecht 100 mm ,,   ,,   = 1 kg   Richtkraft.

Durch Dividieren der letzten beiden Zeilen ergibt sich

Neigungswinkel 45° oder tg = 1 entspricht 1 kg/40 mm oder 25 kg/m Richtkraft.

Also ist $dP/dl = 25 \cdot \mathrm{tg}\,\alpha$ [kg/m]. Weiter lag C 138,9 mm höher als B und 200 mm rechts davon also ist $dP_a/dl = 25 \cdot (138,9 : 200) = 17{,}38$ kg/m;

es ist das die Federkonstante der Meßfeder. Die Neigung der Kurve $P_i = 200$ mm WS im gekreuzten Punkt ($P_i = 200$, $l = 35,6$) ergibt der Prismenderivator (§ 10) zu $20°30'$, entsprechend dem Tangens $0,374$ und $dP_i/dl = 25 \cdot 0,374 = 9,35$. Danach ist $R_1 = 17,38 - 9,35 = 8,03$ kg/m $= 8,03$ g/mm oder $8,03$ kg/m, wie im unteren Teil eingetragen. — Das Verhalten des Rohrdreiecks hängt wesentlich davon ab, daß das Quecksilber in das (eigenartig gestaltete) Gefäß nachläuft, wenn dieses sinkt; hindert man das Quecksilber am Nachfließen, so ergibt sich ganz anderes.

Als Ergebnis dieser Betrachtungen läßt sich feststellen: Meßgeräte und Meßmethoden, die einem Wurzel- oder ähnlichen Potenzgesetz gehorchen, also eine erweiterte Teilung liefern, sind grundsätzlich nicht verwendbar, wenn die zu messende Größe der Null nahe kommt.

Wenn die Verbindung zwischen Meßwerk und Zeigerwerk nicht starr ist, so gehen noch seine Deformationen in die Betrachtung über die Verstellkraft ein. Das zeigt sich beim Quecksilbermanometer mit Schwimmeranzeige Abb. 268 und 270. Das Quecksilber als sehr flüssig stellt sich genau auf den richtigen Stand ein, solange kein Schwimmer vorhanden ist; für die Einsenkung des Schwimmers in den Quecksilberspiegel gelten aber Betrachtungen, die denen über das statische und dynamische Verhalten der Meßgeräte im allgemeinen analog sind: der Schwimmer mit Zeiger ist ein Meßgerät zur Anzeige des Spiegelstandes; erst Abweichungen vom Sollwert der Schwimmereinsenkung machen die Verstellkräfte frei. Konstruktiv ist zu beachten, daß diese Abweichungen und daher die Verstellkräfte um so größer werden und um so schneller entstehen, je enger der Ringraum um den Schwimmer herum ist. Übrigens stehen, solange Schwimmer und Zeiger nicht in der Sollstellung stehen, auch die beiden Quecksilberspiegel nicht richtig; nur ihr Unterschied ist richtig.

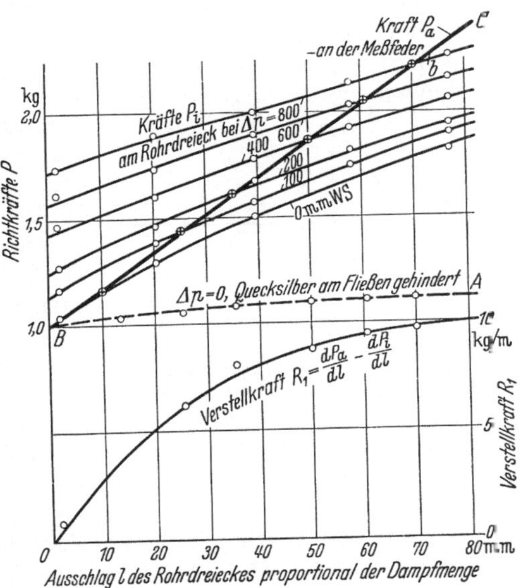

Abb. 17. Spiel der Kräfte am Rohrdreieck Abb. 16. Verkleinerung gegen Originalzeichnung 1:3,75.

4. Dynamisches Verhalten der Zeigergeräte. Es fragt sich nun, wie ein Meßgerät sich verhält, wenn die zu messende Größe sich ändert. Sie ändere sich von einem Wert, den sie konstant einhielt, sprungweise auf einen anderen Wert, den sie fortan konstant einhält; dann wünscht man, daß das Gerät sich möglichst prompt auf den neuen Wert einstellt und sein Zeiger in der neuen Stellung verharrt. Man denkt dabei am

besten an einen Indikator oder an ein federbelastetes Kolbenmanometer (§ 55).

So möge in Abb. 18 der starke Strich $XABY$ den Verlauf des Druckes
abhängig von der Zeit aufgetragen zeigen. Von A bis B ist er sehr schnell,
in unmeßbar kurzer Zeit, angestiegen. Dem Anstieg kann das Gerät nur
nach Maßgabe der Verstellkräfte folgen, die frei werden als jeweiliger
Unterschied der äußeren Richtkraft, gegeben durch den Verlauf ABC
des Druckes, gegenüber der inneren Richtkraft der Meßfeder, gegeben
durch die Schreibstiftstellung $\widehat{AC}$. Da also die senkrechten Abstände von
BC bis $\widehat{AC}$ ein Maß für die Verstellkraft sind, und da diese über der Zeit t
aufgetragen sind, so ist die schraffierte Fläche $ABC = \int R \cdot dt$ nach
dem Satz vom Antrieb ein Maß für die Geschwindigkeit, die das Getriebe bis C angenommen hat, wenn keine Energie durch Reibung verlorengeht. Die kinetische Energie in C läßt das Schreibzeug über C hin-
ausschießen, bis es in E zur Ruhe kommt und nun den umgekehrten

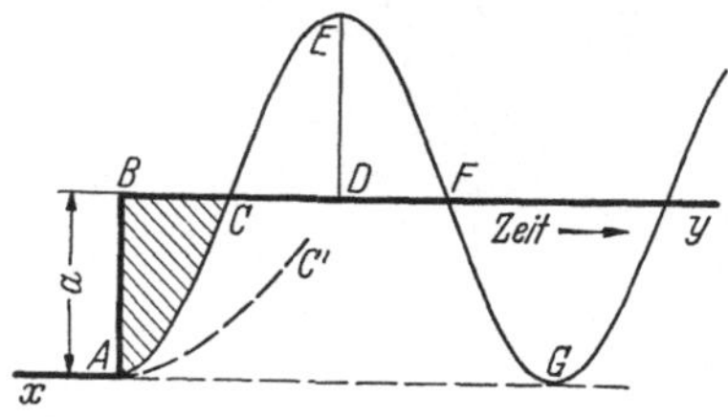

Abb. 18. Verhalten eines ungedämpften Gerätes, wenn Meßgröße XY den Sprung AB
macht, Schwingungen gleicher Weite entstehen.

Weg EFG macht. Das Spiel käme
nie zu Ende, wenn das Getriebe
widerstandslos wäre.

Ersetzt man die Feder durch eine
schwächere, so werden die gleichen
Verstellkräfte kleinere Beschleunigung liefern, und die Kurve AC' tritt
an Stelle von AC, ebenso wäre es,
wenn bei gleicher Feder die Masse
größer oder die innere Richtkraft
kleiner würde, letzteres etwa durch
Anwendung eines kleineren Kolbens (Abb. 329). Alle Möglichkeiten zu-
sammengenommen: die Schwingungen werden um so schneller, je
kleiner die Trägheit des Gerätes im Verhältnis zur Richtkraft ist. Diese
beiden zusammen bestimmen den Verlauf der Kurve AC bei dem widerstandslos gedachten Getriebe und bestimmen damit die Anzahl der in
einer Sekunde ausgeführten sinusförmigen Schwingungen des Zeigerwerkes, seine *Eigenschwingungszahl*. Ist m die Masse der bewegten Teile,
wobei die verschiedene Geschwindigkeit der verschiedenen Teile durch
Reduktion der Massen auf einen bestimmten Teil, etwa auf den Angriffspunkt der Meßfeder am Getriebe, zu berücksichtigen ist — und
ist c die Federkonstante der Feder, das heißt die Kraft, die an jenem
Angriffspunkt angreifen muß, um ihn um die Einheit des Weges aus
seiner Ruhelage zu verschieben, entgegen der wach werdenden Federspannung, so ist die Eigenschwingungszeit durch den Ausdruck

$$t_s = 2\pi \sqrt{m/c} \tag{4}$$

gegeben. Die Eigenschwingungszahl oder *Frequenz* $f = 1 : t_s$ nimmt zu
mit Verminderung der Trägheit oder der Masse der bewegten Teile und
mit Vermehrung der Richtkraft.

Nun hat jedes Meßgerät *Widerstände*; unvermeidlich sind jedenfalls die Reibung in irgendwelchen Lagerungen und der Widerstand der

Luft, in der das Triebwerk seine Bewegungen ausführt. Die Widerstände im Triebwerk dämpfen die Schwingungen und lassen die Ausschläge, die *Amplituden*, allmählich abklingen; nur bei sehr starker Dämpfung wird jedoch die Anzahl der in der Sekunde stattfindenden Schwingungen gegenüber der Eigenschwingungszahl des widerstandslos gedachten Instrumentes wesentlich verändert. Es entstehen Bewegungen des Zeigerwerkes, die durch Abb. 19 gegeben sind, in der die Kurve *1* wieder die ungedämpfte Schwingung Abb. 18 ist.

Widerstände jeder Art bringen die Schwingungen zum Verschwinden, indem sie die Geschwindigkeitsfläche *ABC* in Abb. 18 aufzehren. Aber für die Brauchbarkeit des Gerätes ist es ein wesentlicher Unterschied, ob die Widerstände mit Abnahme der Geschwindigkeit selbst abnehmen, etwa proportional der Geschwindigkeit oder proportional ihrem Quadrate oder einer anderen Potenz sind, wenn nur der Geschwindigkeit Null, dem Stillstand des Zeigerwerkes, ein Widerstand Null entspricht;

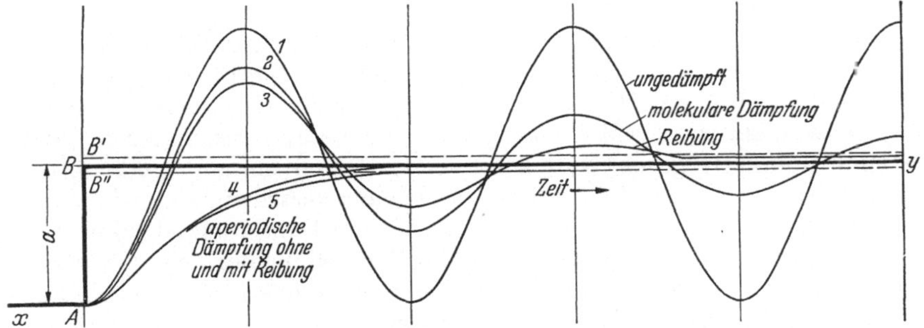

Abb. 19. Verhalten verschieden gedämpfter Geräte, wenn Meßgröße *XY* den Sprung *AB* macht.

oder ob die Widerstände nicht zugleich mit der Geschwindigkeit der Triebwerkbewegung gegen Null konvergieren, so daß sie also auch im Stillstand einen endlichen Wert haben. Letzteres ist bekanntlich die Eigenschaft der Reibung fester Körper aneinander, deren Betrag mehr oder weniger unabhängig von der Geschwindigkeit ist und der man sogar nachsagt, die Reibung der Ruhe sei größer als die der Bewegung. Die Widerstände hingegen, die von Flüssigkeiten oder von Gasen, namentlich von Luft, herrühren, werden zugleich mit der Geschwindigkeit zu Null, sie setzen daher nur der schnellen Bewegung wesentlichen Widerstand entgegen, die langsame Bewegung des Triebwerkes lassen sie ungestört; diese Art Widerstände bezeichnet man im Gegensatz zur Reibung im Triebwerk als dessen *Dämpfung* (im engeren Sinne). — Doch wird auch unter dem Namen Dämpfung (im weiteren Sinne) die Reibung und die eigentliche Dämpfung zusammengefaßt; man spricht dann von mechanischer und von molekularer Dämpfung und nennt ein Gerät, das beide Arten aufweist — was mehr oder weniger immer der Fall ist —, doppelt gedämpft.

Für die Brauchbarkeit des Gerätes ist es also wesentlich, ob die Schwingungen durch rein molekulare Dämpfung oder ob sie durch Reibung, allein oder in Verbindung mit ersterer, vernichtet werden. Im ersteren Fall kann der Verlauf nach Kurve *2*, im letzteren nach Kurve *3* vor sich gehen. Reibung bedingt Unempfindlichkeit des Gerätes (S. 8); sie bewirkt, daß der Zeiger nicht nur in der Soll-Lage BY in Ruhe verharren kann, sondern auch um so viel darüber oder darunter, wie dem Werte der Reibung entspricht. B' und B'' mögen die Angaben sein, die das Instrument macht, wenn man den Druck vorsichtig, von unten oder von oben her kommend, auf den Wert BY bringt. Die Schwingungen werden dann irgendwo zwischen B' und B'' zur Ruhe kommen, sobald die ausgelöste Geschwindigkeitsenergie aufgezehrt ist. — Die Reibung bewirkt also, daß wir innerhalb der durch B' und B'' gezogenen Grenzen über den wahren Wert der zu messenden Größe im unklaren bleiben. Wollte man im Interesse schneller Ablesung die Reibung verstärken, so würden wohl die Schwingungen schnell aufhören, zugleich aber würde sich der Abstand $B'B''$ verbreitern und also die Ablesung ungenauer werden. Die Reibung ist also, wie auch hieraus wieder hervorgeht, schädlich.

Das Verhalten eines reibungsfreien, jedoch (molekular) gedämpften Gerätes kann durch Kurve *2* dargestellt werden. Die Flächen über und unter der Soll-Lage BY werden kleiner und kleiner, werden jedoch nie verschwinden, eben weil der ausgeübte Widerstand zusammen mit der Geschwindigkeit gegen Null konvergiert. Bei einem rein gedämpften Gerät werden also die Schwingungen nie ganz verschwinden, jedoch um so schneller unmerklich werden, je stärker die Dämpfung ist, ohne daß selbst bei noch so starker Dämpfung die Endstellung des Zeigers von der Soll-Stellung abwiche. Nicht die Reibung, sondern die molekulare Dämpfung ist also das Mittel, durch das man im Interesse schnellen Ablesens die Schwingungen zum Verschwinden bringen soll.

Das Abklingen rein gedämpfter Schwingungen geschieht in der Weise, daß die aufeinanderfolgenden Amplituden zwei ober- und unterhalb der BN-Achse liegende Exponentialkurven berühren, deren Abstände y von der Linie BN durch den Ausdruck $y = a\,e^{-\frac{\varepsilon}{2m}t}$ dargestellt werden; der Dämpfungsfaktor ε gibt den Widerstand an, der im Angriffspunkt der Meßfeder — auf den auch m bezogen war — zu überwinden ist, wenn man den Angriffspunkt entgegen den Widerständen des Triebwerkes mit der Einheit der Geschwindigkeit bewegen will.

Man kann schreiben: $t = -2\,\frac{m}{\varepsilon}\ln\frac{y}{a}$. Die Zeitdauer, die vergeht, bis die Ausschläge auf einen gewissen Bruchteil y/a des Sprunges a herabgegangen sind, ist also proportional dem Verhältnis m/ε; sie läßt sich herabdrücken durch Vergrößern der Dämpfung oder durch Verringerung der Trägheit; die Federkonstante aber hat keinen Einfluß darauf, wie lange man mit der Ablesung warten muß, und so hat eine hohe Eigenschwingungszahl des Gerätes in dieser Hinsicht keinen unbedingten Vorteil.

Bei stärkerer Dämpfung kommt es dahin, daß die gesamte, durch das Nacheilen des Gerätes frei gewordene Energie schon in der ersten

Teilschwingung aufgezehrt wird; das Instrument ist *aperiodisch.* Sein
Verhalten wird dann durch Kurve *4* veranschaulicht: das Zeigerwerk
geht ohne Schwingungen sanft in seine neue Stellung über. Ein ganz
oder annähernd aperiodisches Verhalten des Zeigerwerkes ist eine sehr
erwünschte Eigenschaft des Gerätes. Neben dem Gesichtspunkt schneller
Ablesbarkeit ist auch noch anzuführen, daß die Schwingungen das Zeigerwerk abnutzen. — Man könnte die Dämpfung noch über das Eintreten
aperiodischen Verhaltens hinaus steigern; doch würde das Gerät dann
erst später in seine neue Ruhestellung kommen, also würde die Ablesung
unnütz verzögert werden.

Hat das aperiodisch gedämpfte Gerät noch Reibung, so macht es
eine Bewegung nach Kurve *5,* es bleibt um den Betrag der Reibung
von der Soll-Stellung entfernt.

Wo merkliche Reibung vorhanden ist, da ist ein ganz aperiodisches
Instrument weniger gut als ein schwächer, jedoch ausreichend gedämpftes: Es ist ein Verhalten nach Kurve *3* besser als ein solches nach Kurve *5.*
Denn man pflegt den Einfluß von Reibung zu eliminieren, oder wenigstens das Vorhandensein von Reibung festzustellen, indem man das
Instrument mehrfach in seine neue Lage kommen läßt und die Übereinstimmung der einzelnen Ablesungen prüft. Ein nach Kurve *3* gedämpftes Instrument kommt dann in wechselnden Stellungen zwischen den Linien B' und B'' zur Ruhe, läßt dadurch das Vorhandensein von Reibung
erkennen, und gestattet durch Mittelwertbildung, die Reibung unschädlich
zu machen. Ein nach Kurve *5* gedämpftes Instrument aber wird — wenn
man es nicht etwa abwechselnd von unten und von oben her in seine
neue Lage kommen lassen kann — immer die Lage B'' annehmen, es
e r s c h e i n t besonders gut, während man doch gerade bei ihm auch durch
mehrfaches Ablesen und Mittelwertbildung keine besseren Ergebnisse
erhält.

Nun ist aber ein Verlauf der zu messenden Größe nach dem Zuge
$XABY$, Abb. 19, mit einem senkrechten Sprung von A nach B,
praktisch unmöglich. Annähernd liegen solche Verhältnisse vor bei
elektrischen Meßgeräten; zwar kann auch eine Änderung der Stromstärke nicht ganz plötzlich erfolgen wegen der Ladungserscheinungen
und der Selbstinduktion; aber die Zeit, bis nach Herausreißen eines
Schalters ein neuer Zustand eintritt, ist sehr klein im Verhältnis zur
Eigenschwingungszahl jedes Meßgerätes, abgesehen vom Oszillographen;
man kann also Abb. 19 als für elektrische Instrumente näherungsweise
gültig ansehen. Wo aber bei Messung mechanischer Größen auch die
Wirkung mechanischer Trägheit ins Spiel kommt, da kann sich ein
neuer Zustand in den zu messenden Verhältnissen erst nach Verlauf
einer gewissen Zeit einstellen — auch der Übergang in einen neuen
Zustand findet in Form eines Schwingungsvorganges statt, der periodisch oder aperiodisch gedämpft ist. Wenn man die Spannung in einem
Luftbehälter steigert, so ist dazu Einfüllen von Luft nötig, was Zeit
erfordert; im allgemeinen wird sich der Druck im Behälter asymptotisch
seinem neuen Sollwert nähern. Wenn man an einem Nebenschluß-

Elektromotor die Drehzahl nachregelt, so nähert sie sich, wie ein Tachometer zeigt, asymptotisch dem neuen Wert.

In Abb. 20 ist das Verhalten von Meßgeräten dargestellt, wenn sich in dieser Art die zu messende Größe allmählich ändert; als Gesetz der Änderung ist eine Exponentialkurve AY angenommen, über die sich nun die Eigenschwingungen des Gerätes lagern. Eingezeichnet sind die Bewegungen eines ungedämpften, eines periodisch und eines aperiodisch gedämpften Gerätes, doch ist nur an reibungsfreie Geräte gedacht.

Jetzt hat die Eigenschwingungszahl des Gerätes eine größere Bedeutung als früher. Bei Abb. 18 und 19 konnte eine noch so große Eigenschwingungszahl nicht ändern, daß die Amplituden dauernd die Größe

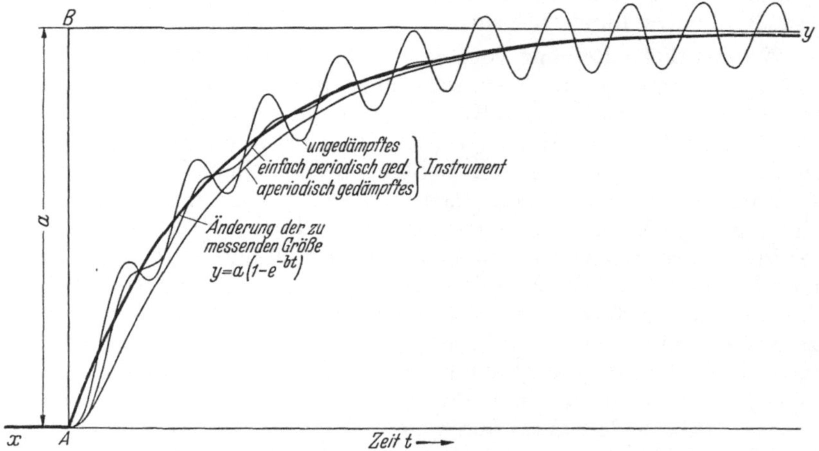

Abb. 20. Verhalten verschieden gedämpfter Meßgeräte, wenn sich die Meßgröße XY nicht im Sprung AB, sondern allmählich ändert (L. 122).

des Sprunges a beibehalten, wenn nicht Dämpfung für ihre Verminderung sorgt. In Abb. 20 aber fallen die Amplituden selbst beim ganz ungedämpften Gerät viel kleiner aus als der Sprung; und zwar fallen sie um so kleiner aus, je größer die Eigenschwingungszahl ist im Verhältnis zum Verlauf der erregenden Exponentialkurve. Man kann jetzt also durch einfache Erhöhung der Eigenschwingungszahl Eigenschaften der Meßgeräte erzielen, die denen von gut gedämpften gleich oder überlegen sind, ohne daß die Geräte überhaupt eine Dämpfung zu haben brauchen. Praktisch wird dann eine gewisse, wenn auch geringe Dämpfung zu Hilfe kommen. Jedoch sollte man von aperiodischer Dämpfung so weit fernbleiben, daß das Gerät noch schwache Schwingungen macht, wenn die zu messende Größe ihren neuen Wert erreicht; dann kann man durch mehrfaches Ablesen die Reibung eliminieren. Es hat keinen Zweck, das Gerät zu stark zu dämpfen; denn bevor die zu messende Größe ihren neuen Wert annähernd erreicht hat, kann man doch nicht ablesen. Das besagen auch die Betrachtungen des nächsten Paragraphen, zumal Abb. 29.

5. Periodisch schwankende Meßgrößen. Wenn die Meßgröße regelmäßigen Schwankungen unterliegt, so kann sich das Gerät also nicht in Ruhe auf einen neuen Wert einstellen; doch kann die Aufgabe bei der Messung verschieden sein: entweder man will den Mittelwert kennen oder man will die Schwankungen selbst verfolgen, etwa das Gesetz ergründen, dem sie gehorchen. Im ersten Fall muß das Meßgerät die Schwankungen nach Möglichkeit nicht mitmachen, im letzteren Fall soll es sie mitmachen und dann meist graphisch aufschreiben.

Um den Mittelwert zu messen, muß das Gerät genügend gedämpft sein. Am Manometer einer Dampfmaschine drosselt man die Manometerhähne ab, bis die Bewegung des Zeigers klein genug ist und die Ablesung gestattet. Doch pflegt man bei einem stärker schwankenden Gerät das arithmetische Mittel der äußersten Zeigerstellungen abzulesen; dieses ist nicht immer der zeitliche Mittelwert der beobachteten Größe; beim Frischdampf-Manometer einer Dampfmaschine hat der Druck während des größten Teils der Zeit seinen Höchstwert und zuckt nur während der kurzen Füllungszeit abwärts.

Der Manometerhahn ist kein ideales Drosselorgan; eng gestellt wirkt er als Düse, die Geschwindigkeit hängt von der Wurzel aus dem jeweiligen Druckunterschied zwischen Manometerinnerm und Prüfdruck ab, das Gerät zeigt also einen Wurzel-Mittelwert an. Soll es den einfachen Mittelwert zeigen, so muß man Kapillaren zum Abdrosseln verwenden, dünne Bohrungen also von einer Länge, die die nötige Dämpfung ergibt. Das gilt für Manometer, Abb. 118, 137, 138, aber auch für manch anderes gedämpfte Gerät.

Übrigens kommt der Zeiger auch zum Stillstand gegenüber periodischen Schwankungen durch Verminderung der Eigenschwingungszahl (Vergrößerung der Trägheit und Verkleinerung der verstellenden Kraft); doch ist das Gerät dann gegenüber Einzelimpulsen weniger brauchbar (§ 4). Immerhin braucht man bei Geräten zur Messung des Mittelwertes nicht auf allzu hohe Eigenschwingungszahl bedacht zu sein.

Auch das Thermometer folgt schnellen Temperaturschwankungen nicht. Hier rührt die Eigenschaft davon her, daß die Wärme Zeit braucht, um sich dem Quecksilber mitzuteilen; Thermometer und ihr Einbau haben eine thermische Trägheit.

Soll nicht der Mittelwert, sondern sollen die Schwankungen selbst gemessen werden, so kann das nur geschehen, indem Abweichungen der jeweiligen Triebwerkstellung vom Sollwert eine Verstellkraft frei machen und dadurch die Masse des Geräts beschleunigen. Trotzdem ist es denkbar, daß die schwankende Größe genau richtig angezeigt wird, indem nämlich die Anzeige immer etwas, aber immer gleich viel hinter der Meßgröße nacheilt; die folgenden Darlegungen wollen ermitteln, unter welchen Bedingungen sich solche gleichmäßige Nacheilung des Geräts hinter der Erscheinung erreichen läßt. Dazu gehört noch ein zweites: das Meßgerät muß geeicht werden, und zwar statisch, das heißt, an wechselnde Kraftwirkungen gedacht, es wird festgestellt, daß zur Kraft x ein bestimmter Ausschlag y des Zeigers oder Schreibwerks zugeordnet ist; der so ermittelte Maßstab $m = y/x$ soll dann auch für die Aufzeichnung der Meßgröße gelten, wenn diese regelmäßig schwankt. Auch hierfür sollen die Bedingungen gesucht werden.

Der untersuchte periodische Vorgang kann eine Schwingung sein; solche entsteht mehr oder weniger freiwillig je nach Resonanzverhältnissen etwa zwischen zwei Windkesseln in einer Wasser- oder Luft-

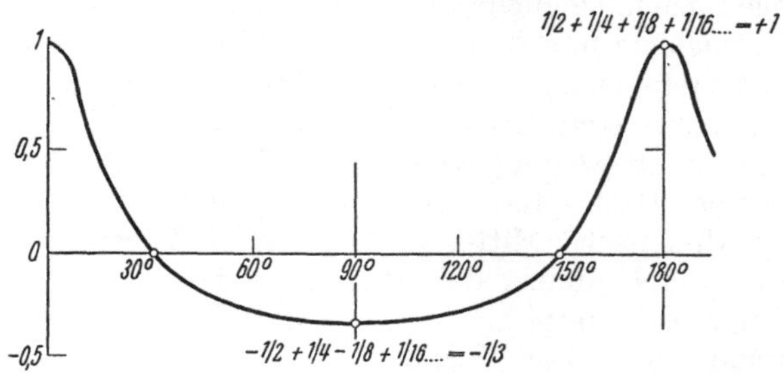

Abb. 21. Druckschwingungen in der Windhaube einer Kolbenpumpe, die Wassersäule zu einem (unendlich) großen Windkessel ist nahe in Resonanz mit der Drehzahl der Maschine. Harmonische Analyse lieferte zu beiden Seiten der Ausgleichslinie O die Reihe $y = \frac{1}{2}\cos 2x + \frac{1}{4}\cos 4x + \frac{1}{8}\cos 6x + \cdots$ Maxima: für $x = 0$ ist $y = 1$, für $x = \pi/2$ ist $y = -\,{}^1/_3$.

leitung, oder das Fundament einer Dampfturbine schwingt unter deren nie ganz vermeidbarer Unwucht; oder eine Brücke schwankt im Winde nach ihrer Eigenschwingzahl, vermutlich aber auch mit Oberschwingungen derselben oder — der einzelne Teil — mit dessen Eigenschwing-

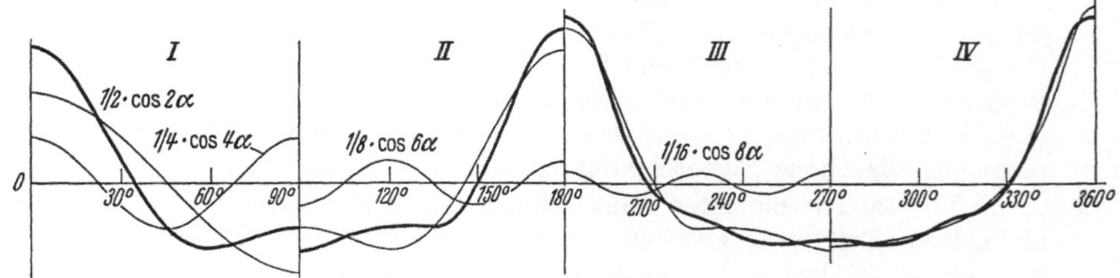

Abb. 22. Zusammensetzung des Druckverlaufes Abb. 21 aus den Gliedern. Feld I: erste zwei Glieder geben die starke Kurve. Feld II: das dritte, Feld III: das vierte Glied hinzugefügt, liefert den Druckverlauf schon befriedigend, Feld IV vergleicht das Ergebnis mit der richtigen Kurve: die Reihe konvergiert gut. Selbst die Spitze wird nach wenigen weiteren Gliedern fast erreicht sein.

zahl. Periodische Vorgänge spielen sich auch in den Zylindern von Kolbenmaschinen ab; der Indikator schreibt sie als Zeitdiagramm auf, er soll die Vorgänge gestalt- und maßstabgerecht wiedergeben. Solche periodischen Vorgänge verlaufen nicht so freiwillig wie die erstgenannten, ihr Ablauf wird durch Steuerung der Zündung, der Einspritzung von außen beeinflußt. Sie sind keine Schwingungen, wir wollen sie aber als solche behandeln. Beide Arten lassen sich mit dem harmonischen Analysator (§ 10) in die Harmonischen zerlegen, es zeigt sich, welche Harmonischen wesentlich für das Zustandekommen der periodischen Kurve sind, und gegenüber deren Frequenz muß das aufzeichnende

Gerät eine merklich höhere Eigenfrequenz, etwa die zwei- bis dreifache, haben. Außerdem muß es bestimmte Dämpfungsverhältnisse haben.

Jedes Diagramm eines periodischen Vorganges, wie des Druckverlaufs in einer Kolbenmaschine während eines Umlaufs, beim Viertakt während zweier Umläufe, läßt sich deuten als entstanden durch Überlagerung einer Serie von harmonischen (Sinus- oder Cosinus-)Bewegungen, deren erste die Diagrammlänge $2\pi = 360°$ und die Amplitude A hat (man spricht in diesem Sinn von 2π oder $360°$ auch beim Viertaktmotor, bei dem der Vorgang 720 Kurbelgrade umfaßt); ist $n/\min$ die Drehzahl der Maschine, so wird der Vorgang $n/60$ mal in der Sekunde durchmessen, er hat die Frequenz $f = n/60$ Hertz (beim Viertakt $f = n/30$ Hz); wenn die Zeit am Totpunkt mit $x = 0$ beginnt und dort mit $x = 2\pi = 360°$ wieder endet, so braucht besagte Sinus- oder Cosinus-Linie nicht gerade bei $x = o$, sie kann vorher oder nachher beginnen, in der Fase um den Winkel ε verschoben sein. Wir schreiben ihr die Gleichung $a_1 = A_1 \sin (x + \varepsilon_1)$ zu. Ihr

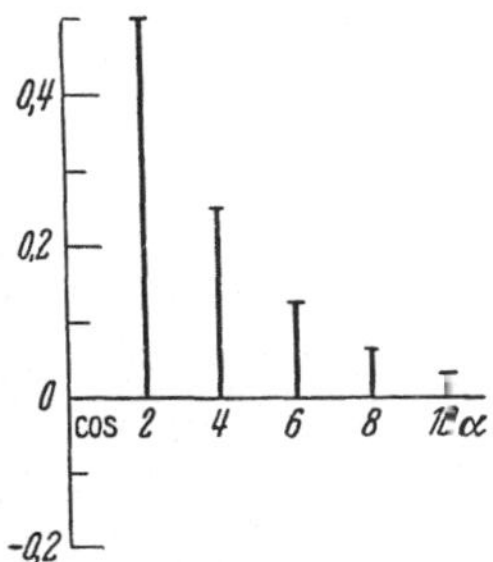

Abb. 23. Gleiche Reihe Abb. 22, dargestellt als Spektrum.

ist eine Oberschwingung doppelter Frequenz, anderer Amplitude und meist auch anderer Fase überlagert, $a_2 = A_2 \sin 2 (x + \varepsilon_2)$, dazu tritt die dritte, vierte $\cdots$ Harmonische, so daß für den ganzen Vorgang die Gleichung

$$y = A_1 \sin (x + \varepsilon_1) + A_2 \sin 2 (x + \varepsilon_2) + A_3 \sin 3 (x + \varepsilon_3) + \cdots$$

gilt; sie gibt das Diagramm bisweilen sehr schnell gut wieder, bisweilen nähern selbst viele Glieder nur mäßig an.

Wem die Zerlegung in der Form, wie auch der Harmonische Analysator sie gibt,

$$y = B_1 \cdot \sin x_1 + B_2 \cdot \sin x_2 + \cdots + C_1 \cdot \cos x_1 + C_2 \cdot \cos x_2 + \cdots$$

geläufiger ist, bedenke, daß $A \cdot \sin (x + \varepsilon) = (A \cdot \sin \varepsilon) \cdot \cos x + (A \cdot \cos \varepsilon) \cdot \sin x$ ist, die Formeln $B = A \cdot \cos \varepsilon$ und $C = A \cdot \sin \varepsilon$ vermitteln also den Übergang zwischen beiden Arten der Darstellung. Für uns ist es zweckmäßig, die Fasenverschiebung der Glieder gegen einander hervortreten zu lassen. — Bei Schwingungen ist die Zusammensetzung aus Grundschwingung und Oberschwingungen eine Tatsache, beispielsweise dadurch belegt, daß ein geübtes Ohr die Einzeltöne aus dem Gemisch heraushört; beim Druck im Brennkraftzylinder und in ähnlichen Fällen ist die Zerlegung durch harmonische Analyse eine nützliche Fiktion, nützlich, indem sie feststellt, wie gut ein gegebenes Gerät den Vorgängen folgen kann.

Besteht der untersuchte Vorgang aus einem Gemisch, genauer: einer Summe vieler solcher Schwingungen, so muß das Meßgerät sie alle gleich behandeln, muß also die verschiedenen Amplituden im gleichen Maßstab geben und darf die Teilschwingungen nicht gegeneinander verschieben.

Irgendeine Schwingung von der Frequenz f Hz steht zu der Eigenfrequenz $f_0 = \sqrt{c/m}/2\pi$ des Meßgeräts im Frequenzverhältnis $\varphi = f/f_0$; dann bedeutet $\varphi = 1$ den Zustand der Resonanz, der Wert $\varphi = 0$ kennzeichnet das statische Verhalten des Meßgerätes. Für $\varphi = 0$ lieferte die statische Eichung des Gerätes den Ausschlag A_0 als zu einem gewissen

Meßwert X zugeordnet, dann wird erstrebt, es solle stets der Ausschlag $A = A_0$ auftreten, wenn derselbe Meßwert X vorliegt, in welcher Schwingzahl, bei welchem Wert von φ er auch vorkomme: das Amplitudenverhältnis $\alpha = A/A_0$ soll stets $\alpha = 1$ sein. Immer kann das

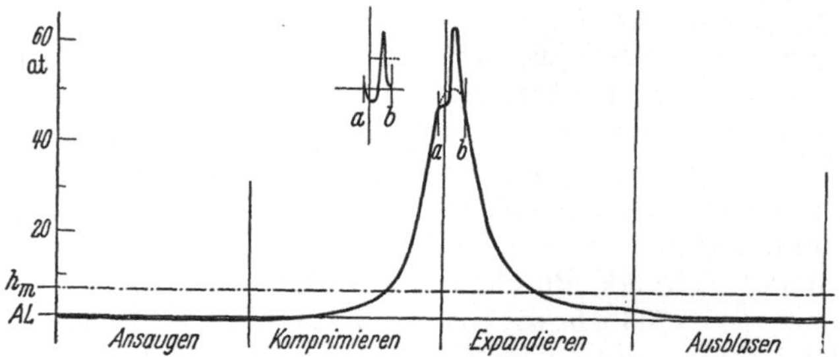

Abb. 24. Schleifenoszillogramm vom Druckverlauf im Hauptbrennraum einer Dieselmaschine, $n = 2015/\mathrm{min}$. Harmonische Analyse mit dem Mader-Analysator gab die in Abb. 25 gegebenen 2×10 Zahlen (Millimeter ursprünglicher Größe, Verkleinerung 9 zu 4); beim Zusammensetzen der 20 Kurven entstand das Oszillogramm praktisch genau, nur die Spitze zwischen a und b ist erst gemäß Punktierung ausgefahren. *Nebenbild:* Unterschied in der Spitze = Analyse minus Indikator; dies auf 2×40 Glieder rechnerisch analysiert gibt Spitze erst bis zur punktierten Höhe, 7 mm zu niedrig bei 65 mm Höhe der Spitze, also noch 7% falsch (53 statt 57 at). Spitzenwerte verlangen also zum Ausfahren, daß sehr hohe Frequenzen berücksichtigt werden.

nicht zutreffen, denn für $\varphi = 1$, Zustand der Resonanz, ist der Ausschlag $A = \infty$, also auch $\alpha = \infty$, sofern die Dämpfung $D = 0$ ist; sonst richtet sich der Ausschlag nach dem Wert der Dämpfung, überstarke Dämpfung hemmt jede Bewegung. Zwischen $\varphi = 0$ und $\varphi = 1$ ist bei ungedämpftem Meßwerk $\alpha > 1$, zumal wenn man sich der Resonanz nähert; für große Werte D wird $\alpha < 1$.

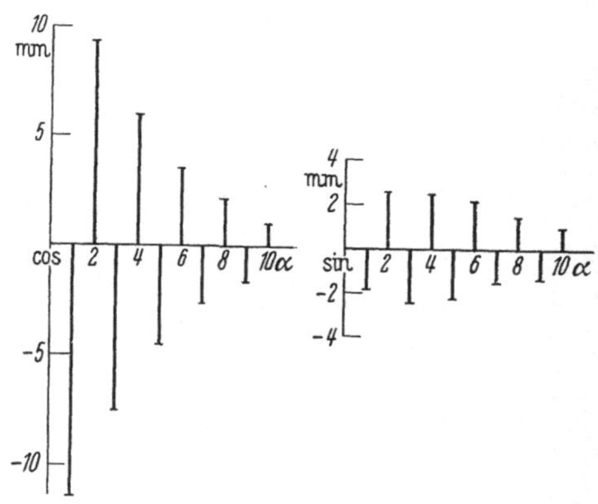

Abb. 25. Harmonische Analyse des Dieseldiagramms Abb. 24, dieses als quasi-Schwingung aufgefaßt, liefert die in Gestalt eines Spektrums gegebenen ersten 2×10 Glieder. Schlechte Konvergenz, zumal im Sinus. Ausführung der Analyse: Institut für praktische Mathematik T. H. Darmstadt, Prof. Dr. Walther.

Aus diesen Überlegungen entsteht die Frage, ob es einen Wert D gibt, bei dem über größere Bereiche von φ hin $\alpha = 1$ wird, so daß also für möglichst jeden Meßwert X das Meßwerk denselben Ausschlag gibt wie er bei der statischen Eichung für X erhalten wurde. Die Frage wird von der Theorie — von der wir nur die Ergebnisse geben — dahin beantwortet, daß dies beim Wert $D = 1/2 \sqrt{2} = 0{,}7$ erreicht wird.

Aus dem Frequenzverhältnis φ und der Dämpfung D, zwei unbenannten Zahlen, errechnet sich nämlich das Amplitudenverhältnis α nach der Formel $\alpha = \dfrac{1}{\sqrt{(1-\varphi)^2 + D^2\varphi^2}}$. Die numerische Auswertung in

Abb. 26 zeigt, daß nur für $D = 0,7$ über größeren Bereich der Frequenz hin $\alpha \sim 1$ ist, und zwar von $\varphi = 0$ ist bis etwa $\varphi = 0,5$. Denn in diesem Bereich schmiegt sich die Kurve $D = 0,7$ als einzige der Waagrechten $\alpha = 1$ gut an. Der Wert $\varphi = 0,5$ bedeutet, das Meßgerät habe die doppelte Eigenfrequenz wie die grade betrachtete Teilfrequenz des beobachteten Vorgangs; $\varphi = 0,25$ bezieht sich dann auf die halb so große Teilfrequenz und so fort.

Um also eine Schwingung der Frequenz f maßstabgerecht, im Maßstab der statischen Eichung wiederzugeben, muß das Meßgerät die Dämpfung $D = 0,7$ und mindestens eine Eigenschwingzahl $f_0 = 2f$, gleich der doppelten Frequenz haben; trifft das für die höchste Teilfrequenz zu, die in der harmonischen Analyse merklichen Einfluß hat, so trifft es für die kleineren Frequenzen, zumal die Grundfrequenz erst recht zu, und jede dieser sinusförmigen Teilschwingungen wird richtig wiedergegeben werden.

Ist jede Teilfrequenz eines Vorganges einzeln richtig wiedergegeben, $\alpha = 1$, so braucht die Summe der Teilfrequenzen, also der Gesamtvorgang trotzdem nicht richtig wiedergegeben zu sein; die Teilfrequenzen müssen auch in der Fase richtig zueinander liegen, sonst verzerrt sich die Gestalt des ausgemessenen Vorganges im Bild. Dabei kommt es nicht auf die

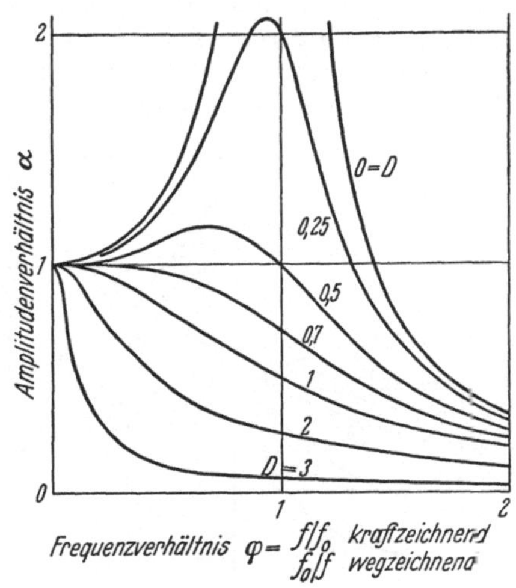

Abb. 26. Amplitudenverhältnis α abhängig von Frequenzverhältnis φ und bei verschiedener Dämpfung D. Bei kleiner Dämpfung, $D = 0,25$, große Schwingungen, zumal bei Resonanz von f mit f_0, bei $\varphi = 1$; bei starker Dämpfung, $D = 3$, ist für $\varphi = 0$, statisches Verhalten, richtig $\alpha = 1$; für $\varphi > 0$ kommen Schwingungen kaum zustande, $\alpha \sim 0$, selbst bei Resonanz; dazwischen günstige Verhältnisse bei $D = \frac{1}{2} \sqrt{2} \sim 0,7$; bis herauf zu $\varphi = 0,5$ werden dann die Amplituden fast richtig angezeigt. Also: es sei $D \sim 0,7$, dabei Eigenfrequenz des Gerätes doppelt so hoch wie größte Frequenz des Prüflings, und α wird richtig gezeigt werden. Aber selbst bei Resonanz, $\varphi = 1$, wird das Ergebnis nicht ganz schlecht. — Bei kraftzeigendem Gerät ist $\varphi = f/f_0$, bei wegzeigendem $\varphi = f_0/f$.

Gleichheit der Fasenwerte ε_1, $\varepsilon_2 \ldots$ an, denn diese Werte beziehen sich jeweils auf die Schwingdauer 2π der betreffenden Teilschwingung, zeitlich wäre also ε_2 halb so groß wie ε_1, und ε_3 nur $^1/_3$ so groß. Soll die Gestalt des Schaubildes die des Vorganges wiedergeben, so muß die Nacheilzeit $\tau = \varepsilon/2\pi\varphi$ für alle Teilfrequenzen die gleiche sein. τ ist in Bruchteilen der Schwingdauer $T = 2\pi \sqrt{m/c}$ des ungedämpften Systems gerechnet, wenn Schwingungen in Rede stehen; beim Indizieren ist T die Dauer eines Umlaufes, beim Viertakt die von zwei Umläufen; T ist stets die Zeit, nach der der Vorgang sich wiederholt.

Der Nacheilwinkel der Fase ist $\varepsilon = \text{arc tg} \dfrac{2D\varphi}{1-\varphi^2}$; dies in die relative Nacheilzeit $\tau = \varepsilon/2\pi\varphi$ eingeführt, liefert die numerische Auswertung nach Abb. 27. Gleiche zeitliche Nacheilung für alle Frequenzen bis herauf zur Hälfte der Resonanz entsteht am besten bei $D = 0,8$. Es ist ein glücklicher Zufall, daß die Bestwerte der Dämpfung, $D = 0,7$ wegen α und $D = 0,8$ wegen D, nahe beieinanderliegen. Eine Dämpfung um $D = 0,75$ herum ist in jeder Beziehung günstig.

Um einen komplizierten Schwingungs- oder Arbeitsvorgang richtig wiederzugeben, muß also die Eigenfrequenz des Geräts mindestens doppelt so groß sein wie die größte Teilfrequenz, die sich bei der harmonischen Analyse als wesentlich erweist, und ferner muß die Dämpfung $D = 0,75$ (meist sagt man: 0,7) sein. Wie ist letzteres nachzuprüfen oder zu erreichen?

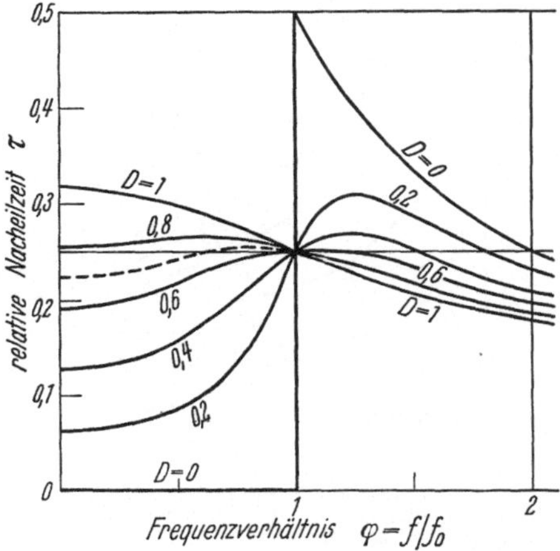

Abb. 27. Relative Nacheilzeit $\tau = \dfrac{\varepsilon}{2\pi f/f_0}$ mit dem Phasenverschiebungswinkel $\varepsilon = \operatorname{arc\,tg} \dfrac{2D\,f/f_0}{1-(f/f_0)^2}$, aufgetragen über dem Frequenzverhältnis $\varphi = f/f_0$; bei $D = 0,7$, günstig wegen Abb. 26, und $f/f_0 = 0,5$, noch zulässig nach Abb. 26, wird $\varepsilon = \operatorname{arc\,tg} 0,93$ entsprechend 0,75 rad oder 43° Nacheilwinkel; das Bild eilt dem Vorgang um 43° nach. Gilt für kraftzeigende Geräte.

Die Dämpfung des Meßgeräts ist äußerlich durch den Abfall der Amplitude von Schwingung zu Schwingung gegeben, wenn es, unbeeinflußt von außen, ausschwingt; bei rein molekularer Dämpfung ist der Energieverlust der Geschwindigkeit proportional und dann haben die aufeinanderfolgenden Ausschläge zueinander das gleiche Verhältnis, dessen Logarithmus ist das logarithmische Dekrement $\lambda = \ln(A_i/A_{i+1})$; aus ihm leitet die Schwingungstheorie die Dämpfung $D = \dfrac{\lambda}{\sqrt{4\pi^2 + \lambda^2}}$ ab. Mechanische Reibung, von der Geschwindigkeit unabhängig und namentlich bei kleiner Geschwindigkeit nicht verschwindend, soll unbeachtlich sein. Für $D = 0,7$ wird $\lambda = 2\pi D/\sqrt{1-D^2} = 6,16$; eine Schwingung mit dem logarithmischen Dekrement $\lambda = 6,16$ verläuft wie in Abb. 29 dargestellt. Soll ein Gerät Schwingungsvorgänge korrekt, unverzerrt aufzeichnen, so muß es nach Maßgabe von Abb. 29 zur Ruhe kommen, das heißt, eine Dämpfung dicht unterhalb der Aperiodizität haben.

Alles dies gilt für kraftzeichnende Geräte, an die auch in § 2 bis 4 in erster Linie gedacht war; sie machen den Großteil unserer Meßgeräte aus. Die untersuchten Erscheinungen wirken auf eine Meßfeder oder ein Meßgewicht, deren Kraft mißt die gesuchte Größe. Neben ihnen gibt es *wegzeichnende Geräte*, als deren Urtyp der Seismograph der Erdbebenforschung gelten kann; da ihm gewisse Erschütterungsmesser (§ 53, Abb. 315, 317, auch 319) ähneln, seien ihnen einige Worte gewidmet.

Natürlich macht auch beim kraftzeichnenden Gerät, beim Zugkraftmesser oder beim Indikator, das Schreibzeug schließlich einen Weg, aber beim wegzeichnenden Gerät wird der Weg als solcher aufgezeichnet.

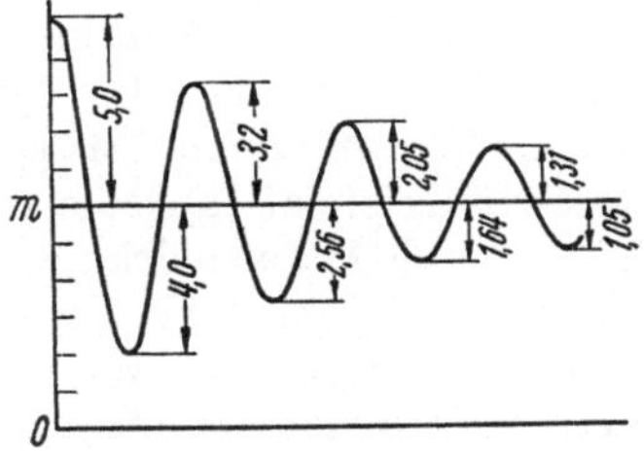

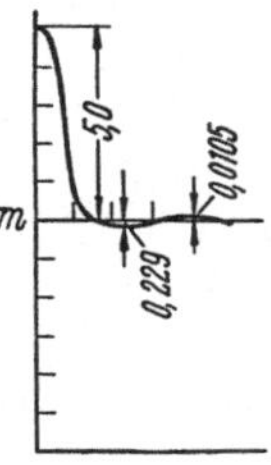

Abb. 28. Bild einer schwach gedämpften Schwingung, daraus das logarithmische Dekrement: A_1/A_2 $= 5,0 : 3,2 = 1,56$; ln $1,56 = 5,050 - 4,605 = 0,445$ $= \lambda$; hieraus $D = 0,223$.

Abb. 29. Günstigster Fall der Dämpfung: $A_1 : A_2 = 473$; $\lambda = 6,16$; $D = 0,7$. Der Ausschlag $5,0 : 473 = 0,0105$ ist in der Zeichnung übertrieben.

Beim Seismographen hängt eine schwere Masse im Gehäuse an einer Feder, die sie nur eben stützt, nicht eigentlich eine Meßfeder ist; eine Dämpfung wird auch vorhanden sein. Macht das Gehäuse einen Weg,

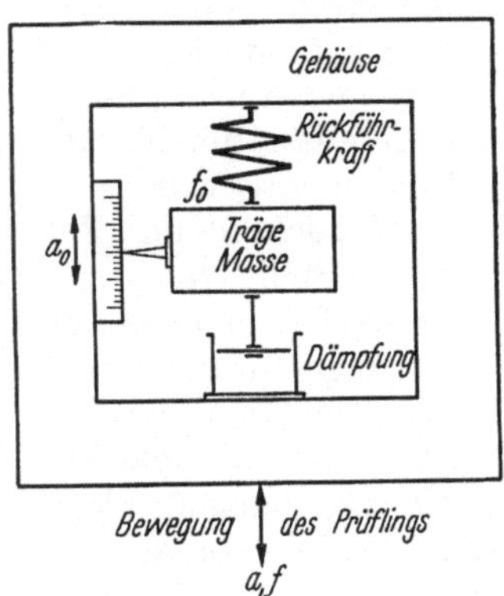

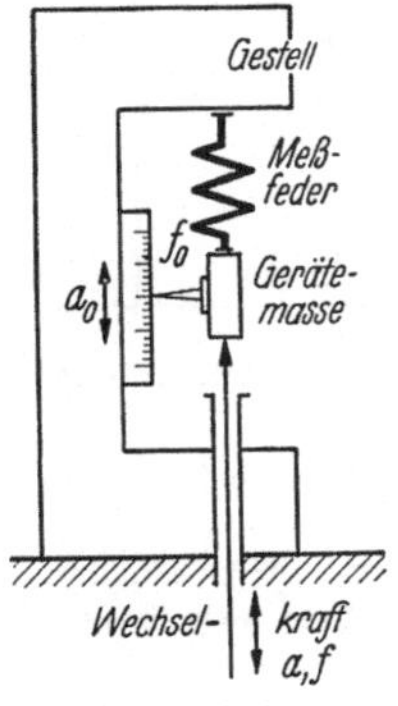

Abb. 30. Erschütterungsmesser (Seismometer) schematisch, als Beispiel von wegzeigenden oder Mitschwinggeräten. Im Gehäuse eine schwere Masse, an weicher Feder gedämpft aufgehängt, dieses Schwingsystem hat eine niedrige Eigenfrequenz f_0. Wird das Gehäuse, mit dem Prüfling verbunden, zu Schwingbewegungen mit der Amplitude A und der Frequenz f gezwungen, so soll die Masse im Raum stillstehen, also ihr Zeiger gegen das Gehäuse Ausschläge $A_0 = A$ aufschreiben. Also sollte das Amplitudenverhältnis $\alpha = A/A_0 = 1$ sein, hierfür die Bedingungen sind in Abb. 32 gegeben.

Abb. 31. Schema eines kraftmessenden Gerätes (Indikator). Bei ähnlicher äußerer Anordnung ganz verschiedene Wirkung als in Abb. 30:

	kraft-	wegzeigend
Gehäuse	fest	beweglich
Anzeige	mit	gegen Wirkrichtung
Masse	klein	groß
Feder	stark	schwach
Eigenfrequenz	groß	klein

während die Masse mehr oder weniger in Ruhe bleibt, so soll dieser Weg gemessen werden; er würde richtig, allerdings negativ, nach oben statt unten, gemessen werden, wenn die Masse gänzlich ruhte; die Feder ist schwach, denn sie soll die Masse möglichst wenig mitnehmen. Beim Indikator mißt die Feder, die unvermeidliche Masse soll möglichst klein sein; beim Seismographen wird die Ruhe einer möglichst schweren Masse durch die Einwirkung der unvermeidlichen Feder gestört.

In Abb. 30 und 31 sind ein kraftmessendes und ein wegmessendes Gerät miteinander verglichen. Trotz gleichen Aufbaus wirken beide Geräte einander entgegengesetzt. Wie so oft, tritt der Unterschied am besten bei einer Grenzbetrachtung hervor; bei langsamer Bewegung, $f \sim 0$, schreibt der Erschütterungsmesser nichts auf, denn Masse und Gehäuse gehen miteinander; der Kraftmesser zeichnet langsam wechselnde Kräfte ohne wesentliche Fälschung durch Massenwirkung auf; bei schneller Bewegung arbeitet der Seismograph fehlerfrei, der Indikator kann ihnen nicht folgen. Die Masse ist einmal das Wirksame, einmal ein unangenehmer Ballast; einmal erleichtert hohe Schwingzahl der zu messenden Erscheinung die Messung, einmal erschwert es sie; einmal muß eine niedere, einmal eine hohe Eigenfrequenz erstrebt werden.

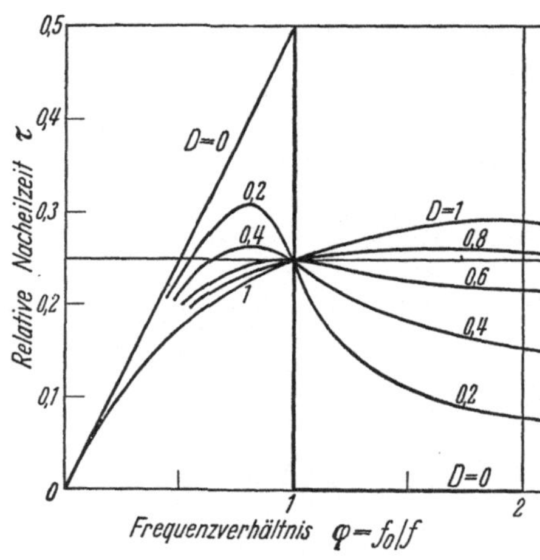

Abb. 32. Relative Nacheilzeit $\tau = \dfrac{\varepsilon}{2\pi\,f_0/f}$ mit $\varepsilon = \operatorname{arc\,tg} \dfrac{2D\,f/f_0}{1-(f/f_0)^2}$, aufgetragen über dem Kehrwert $\varphi = f_0/f$. Gilt für wegzeigende Geräte.

Bei wegzeichnenden Geräten tritt $\varphi = f_0/f$ (statt bisher f/f_0) als Frequenzverhältnis ein; trotzdem gilt Abb. 26 für das Amplitudenverhältnis α auch hier, weil auch in der Formel f_0/f an die Stelle von f/f_0 tritt. Wieder spielen sich die normalen Vorgänge links von $\varphi = 1$ ab, denn die Eigenschwingzahl des Geräts soll diesmal kleiner sein als die maßgebende Amplitude des Meßvorgangs. Eine Dämpfung $D = 0,7$ ist auch hierfür am Platze. Abweichend dagegen liegen die Verhältnisse für die Fase. Tritt $\varphi = f_0/f$ in die Formeln für ε und τ ein, die an sich unverändert gelten, so ergibt die numerische Rechnung Abb. 32, wesentlich abweichend von Abb. 27. Eine günstige Dämpfung tritt links von $\varphi = 1$ nicht hervor; der glückliche Zufall, daß α und τ beide zugleich bei einer bestimmten Dämpfung über einen größeren Bereich von φ hin konstant bleiben, wiederholt sich hier nicht. Das ist nicht gar so schlimm; präzis in bezug auf die Amplituden ausgewertet werden besonders die Ergebnisse kraftzeichnender Geräte, zumal des Indikators. Bei den eigentlichen Schwingungen interessiert oft nur die Frequenz, bei der die Amplitude groß wird, der Fall der Resonanz. Doch kann man beim wegzeichnenden Gerät auch mit sehr kleiner Dämpfung $D \sim 0$ auf erträgliche Verhältnisse kommen; man lese darüber S. 281 des Buches von KLOTTER (L. 31) nach. Überhaupt sei wegen alles Weiteren auf die Literatur verwiesen, der man die hier nur angedeuteten mathematischen Zusammenhänge entnehmen kann. Sie gelten sinngemäß auch für elektrische Schwingsysteme.

Die Theorie soll nicht so sehr einer vollständigen Berechnung der Geräte dienen; Nebeneinflüsse, wie namentlich die Reibung, überdecken bisweilen die theoretischen Erscheinungen; aber sie kann ein Gefühl dafür vermitteln, in welcher Richtung man ändern muß, um das Ziel zu erreichen. Sie hat die Erkenntnis vermittelt, wie wichtig es ist, der Dämpfung einen bestimmten Wert $D = 0,75$ zu geben; dadurch kann man bei bewegungzeichnenden Geräten höher, bei kraftzeigenden tiefer mit der Eigenfrequenz gehen als bei jeder anderen Dämpfung.

Doch ändert sich die Dämpfung mit Öl, Wasser oder Luft mit der Temperatur; die modernen Silikone und namentlich die Mucine (die Schleime im menschlichen Sputum, auch im Leder) sind in der Zähigkeit von der Temperatur weniger abhängig. Man achte auf Gleichhaltung der Temperatur bei Eichung und Versuch, will man hoffen, daß die beiden Forderungen erfüllt sind, auf deren Klarstellung es ankam: Die Diagrammform soll nicht verzerrt werden, und die statische Eichung soll für die Schwingungen jeder vorkommenden Frequenz, also auch für deren Gesamtheit, gelten.

6. Elektrische Hilfsmittel. Die elektrischen Meßgeräte und Meßmethoden gehören nicht eigentlich in den Rahmen dieses Buches. Elektrisches Gerät dient aber vielfach als Hilfsmittel ingenieurtechnischen Messens, und in diesem Sinne empfiehlt es sich, im Zusammenhang das zu besprechen, was sich sonst in den verschiedenen Kapiteln zerstreuen würde. Die Elektrizität am besten kann zwei Aufgaben lösen: die Übertragung von Meßwerten in die Ferne und die Beobachtung schnell veränderlicher Vorgänge. Aber auch in anderen Fällen ist die Elektrizität ein willkommener Helfer, bei der Messung der Temperatur oder des Säuregrades.

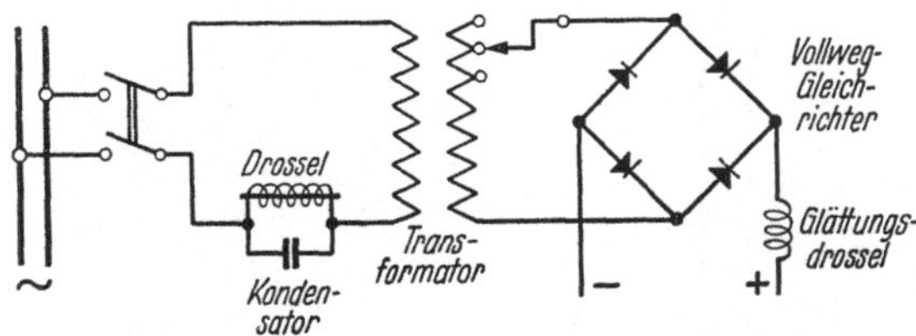

Abb. 33. Gleichstromversorgung aus dem Wechselstromnetz. Drossel liefert nacheilenden, Kondensator liefert voreilenden Strom in den Transformator so, daß beider algebraische Summe von der Spannung des Wechselstromes weitgehend unabhängig ist. Konstante Stromstärke primär bedeutet konstante Spannung sekundär (Konstanttransformator); diese Wechselspannung wird in vier Kupferoxydulgleichrichtern (GRAETZ-Schaltung, Abb. 37) in zerhackten Gleichstrom verwandelt, dieser in einer Drossel geglättet. Die Gleichstromseite darf weder offen sein noch Kurzschluß bekommen, sie muß nach den Vorschriften für Starkstromleitung isoliert sein. Fa. Hartmann & Braun.

Als *Stromquelle* für die Elektrizität kommt am bequemsten ein allgemeines Netz in Frage; ist es in der Spannung nicht genügend gleichmäßig, so halten *Konstant-Transformatoren* die Spannung auch dann auf etwa $1^0/_0$ fest, wenn bei Störung der allgemeinen Versorgung die Netzspannung um $10^0/_0$ sinkt, allerdings sind sie frequenzempfindlich. Um aus einem Wechselstromnetz einen Gleichstrom zu entnehmen dient das *Netzanschlußgerät*: der passend umgespannte Strom geht über Gleichrichter; da diese eine Richtung des Stromes durchlassen, werden, damit die andere nicht verlorengeht, vier Gleichrichter als Viereck geschaltet, der entstandene pulsierende Strom, eine Folge von gleichgerichteten Sinuslinien, wird durch eine Drossel geglättet; eine gewisse Unglattheit bleibt bestehen und kann zu störenden Induktionsströmen in benachbarten Leitern führen. Besser wird eine kleine Batterie beigeschaltet, die als Puffer dient und nur einige Male jährlich kräftig durchgeladen wird. Die Batterie hat noch den Vorteil, bei Störungen im Netz eine Reserve zu bilden; denn grade bei Störungen sind die Meßergebnisse interessant, um Verlauf und Ursache der Störung zu klären.

Eine mehrfach benutzte Stromquelle ist die *Fotozelle*; sie ähnelt äußerlich einer Glühlampe; im Glaskolben hat sie einen Belag etwa aus Zäsium, der Elektronen abgibt, also einen Strom erzeugt, wenn Licht auf ihn fällt; je nach Art des Belages reagiert die Zelle auf diese oder jene Wellenlänge. Es entstehen Ströme um 10 μA/Lumen; eine 10-W-Lampe liefert etwa 100 Lumen, und wenn ein Viertel davon auf die Fühlfläche konzentriert wird, erhält man 0,25 mA. Die Fotozelle ist für viele Zwecke ein angenehmer Erzeuger kleiner Ströme; man bedarf keines Gleichrichters, arbeitet in der beleuchtenden Glühlampe ebensogut mit Gleich- wie mit Wechselstrom. Von Schwankungen der Netzspannung ist man freilich auch nicht unabhängig, sie wirken, und zwar stark, auf die Leuchtstärke der Glühlampe; die Perioden des Wechselstroms werden aber durch die Wärmekapazität des Glühfadens geglättet.

Stromstärke und Spannung werden mit gleichartigen Geräten gemessen, in erster Linie mit dem *Drehspulgerät*; das Meßwerk von

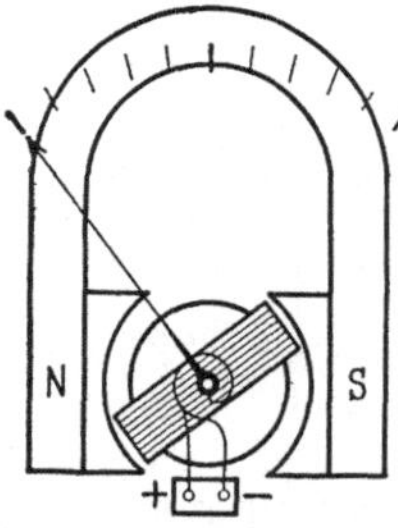

Abb. 34. Drehspulmeßwerk. Zwei Federn führen Strom zur Spule und ab, deren Feld stellt sich, entgegen der Richtkraft der Federn, passend zum Magnetfeld im Ringspalt. Ältere Ausführung, nicht veraltet, Magnet außen; neuere Ausführung, kompendiöser, Kernmagnet innen.

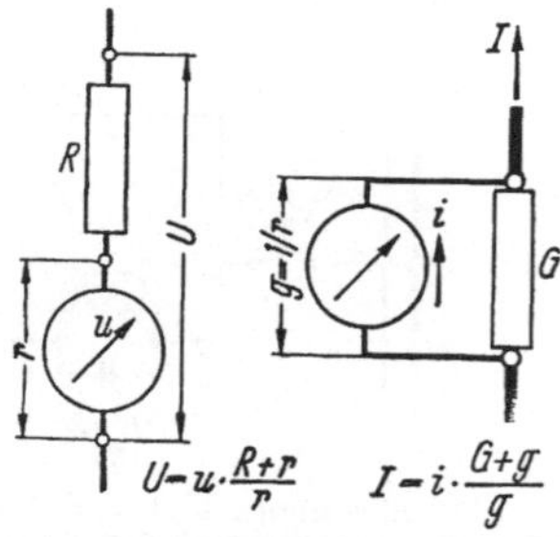

Abb. 35. Schaltung desselben Meßwerks vom Widerstand r und Leitwert $g = 1/r$, bei vollem Ausschlag für die Spannung u und den Strom $i = u/r$ bemessen, zum Messen (links) einer größeren Spannung U durch Vorschalten eines Widerstandes R oder (rechts) eines größeren Stromes I durch Nebenschalten eines Leitwerts G.

Universalgeräten kann je nach der Schaltung als Spannungs- oder als Stromzeiger wirken. Hat ein Gerät 50 Ohm Widerstand und verträgt die Spule 2 mA, so bedeutet voller Zeigerausschlag also 2 mA Strom, ebensogut aber $50 \cdot 2 = 100$ mV Spannung an den Klemmen des Gerätes, halber Ausschlag bedeutet 1 mA oder 50 mV. Das Gerät wird zur Messung höherer Spannungen befähigt durch Vorschalten eines bekannten Widerstandes, etwa 450 Ohm, voller Ausschlag bedeutet nun 1000 mV oder 1 V; um bis zu 250 V messen zu können, sind 124950 Ohm Vorschaltwiderstand nötig. Das Gerät wird zur Messung größeren Stromes befähigt durch Parallelschalten bekannter Widerstände; man rechnet nun besser mit der Leitfähigkeit; das Gerät allein hat $\frac{1}{50} = 0,02$ Siemens Leitfähigkeit, schaltet man 0,18 S = 5,56 Ohm parallel, so hat das Gesamtgerät 0,20 S = 5 Ohm, von jedem Strom gehen $^9/_{10}$ durch den Nebenwiderstand (Shunt), $^1/_{10}$ durchs Gerät selbst, der volle Ausschlag bedeutet nun 20 mA. Um bis 200 A zu messen, muß das Gesamtgerät die Leitfähigkeit 2000 S haben, der Shunt also 2000 — 0,02 = 1990,98 S. Durch den Shunt gehen 200 A bei 100 mV Spannungsabfall, entsprechend 20 W, die entstehende Wärme muß ohne übermäßige Erwärmung abgeführt werden können. Bei der Strommessung mißt das Gerät den Spannungsabfall, der am Shunt gemäß dem Ohmschen Gesetz entsteht; an sich reagiert die Spule immer auf die Stromstärke gemäß den Regeln von AMPERE.

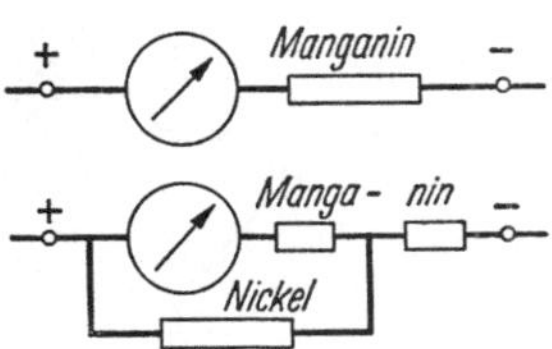

Abb. 36. Kompensierung des Temperatureinflusses bei Drehspulgeräten. Oben für Schalttafelgerät: Manganin-Widerstand vor Spule gesetzt vermindert Temperatureinfluß auf das Kupfer der Meßspule, vermindert auch Empfindlichkeit; beide lassen sich auf mittlerer Basis auf passende Werte bringen; unten für Präzisionsgerät: ein Teil des Ausgleichs wird in den Parallel-Nickelwiderstand gelegt (Tempt.-Koeff. 0,017 gegen 0,014 bei Cu); sogenannte temperaturfreie Schaltung.

Soll ein Gerät nur für eine der beiden Größen dienen, so läßt es sich hochzüchten; der Raum des Rähmchens wird so mit Draht ausgefüllt, daß möglichst viel Energie hineingeht; der Strommesser erhält wenige relativ starke, der Spannungsmesser zahlreiche dünnere Windungen, nur wächst mit deren Zahl auch das durch Isolation verlorengehende Volumen. Spezialgeräte, die immerhin noch technisch brauchbar sind, haben Skalenbereiche von 75 μA (1 μA = 1 Milliontel Ampere) oder von 6 mV. Wie genau man damit mißt, richtet sich nach der Klasse, für die das Gerät gebaut ist; gerade für die höheren Klassen muß der Temperatureinfluß auf das Kupfer der Spulenwicklungen durch Kunstschaltungen ausgeglichen werden, in denen Energie verlorengeht. Die Klasse heißt nach der Meßgenauigkeit in Hundertteilen des Skalenendwertes; normale Geräte gehören zur Klasse 2,5; 1,5 oder 1, Präzisionsgeräte zur Klasse 0,5 oder 0,2. Diese Zahlen beziehen sich auf den Skalen-Endwert und gelten im wesentlichen der *absoluten* Größe nach über die ganze Skala; arbeitet also ein Gerät der Klasse 1 bei 10% des Skalenendwerts, so kann der Fehler gegen 10$^0/_0$ ausmachen, der wahre Wert zwischen 9 und 11 liegen. Diese Bemerkung gilt für viele Meßgeräte und wirkt sich, wie wir sehen werden, bei Wasserzählern grotesk aus (Abb. 232). Man muß also Geräte passendem Meßbereichs verwenden, oder versuchen, die Genauigkeit durch Brücken- oder Kompensationsschaltungen (Nullmethoden) zu steigern; dabei stützt sich die Messung auf Widerstände, die von Natur genauer sind als Zeigergeräte (siehe unten). Da die genannten Geräte für 75 μA und 6 mV zur Klasse 0,5 gebaut werden, so kann man 0,5% von diesen Größen, man kann 0,4 μA oder 30 μV noch mit direktzeigenden Geräten messen. Doch sind meßempfindliche Geräte auch transportempfindlich und mögen schon beim Empfang die Genauigkeit nicht mehr haben.

Auch für Wechselstrom dienen die Drehspulgeräte, seit bequeme Gleichrichter vorhanden sind; sie werden ins Gerät eingebaut und mit ihm geeicht; die Eichung ist nur für die Eichfrequenz, meist 50 Hz, gültig. Bei Hochfrequenz bedient man sich als Ersatz für einen Gleichrichter des Thermokreuzes, die Lötstelle eines Thermoelements wird von einer Art Glühdraht erwärmt; die Angabe ist von der Frequenz unabhängig.

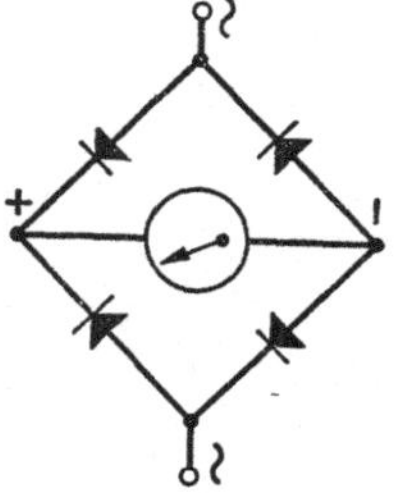

Abb. 37. Drehspulgerät im Gleichrichterviereck (GRAETZ-Schaltung, Abb. 33), um Wechselstrom zu messen; die positive wie die negative Phase des Wechselstroms machen den Zickzackweg durch die Brücke, in der Brücke haben sie gleiche Richtung.

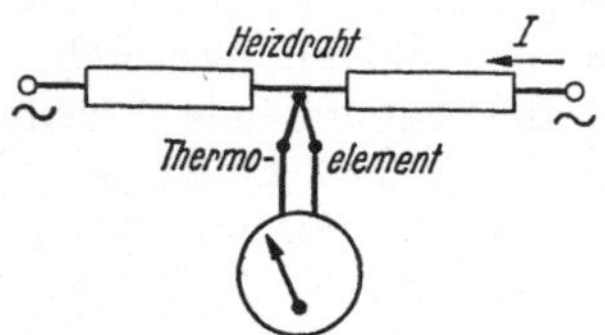

Abb. 38. Thermoumformer. Je nach Temperatur des Heizdrahts, also nach Stromstärke I, gibt das Thermoelement verschiedene Spannung ins Drehspulwerk. Frequenzunabhängig, deshalb für höhere Frequenzen als 50 Hz verwendet (Thermokreuz).

Wann man mit der Strom-, wann mit der Spannungsmessung besser, insbesondere genauer arbeitet, ist nicht immer leicht zu sagen. Oft hat man auch nicht die Wahl: das Thermoelement liefert eine Spannung, beim Widerstandsthermometer wird der Strom verändert; der Schleifenoszillograph reagiert auf den Strom, der Kathodenstrahl-Oszillograph auf die Spannung. Im Grunde kommt es darauf an, in den wirkenden Teil des Meßgeräts möglichst viel Energie hineinzubringen. Für die Zusammenstellung Stromquelle und Verbraucher besagt eine bekannte Regel, der größte Anteil der umlaufenden Energie komme in den Verbraucher, wenn dessen Widerstand gleich dem inneren Widerstand der Quelle gemacht werde; aber der größte Anteil ist nicht gleichbedeutend mit dem Maximum der Energie, und oft werden mehrere Verbraucher (Meßgeräte) von derselben Quelle bedient. Die Anwendung der Regel ist also unsicher. Solche Überlegungen in ihren Abwandlungen werden unter dem Begriff der *Anpassung* zusammengefaßt, sie sind, zumal für Wechselstrom, nicht immer einfach und werden oft wirksamer durch Probieren als durch Rechnen erledigt.

Die elektrischen Messungen mit dem Drehspulgerät werden gestört durch schwankende Spannung der Stromquelle; hierin ist das *Kreuzspulgerät* überlegen, das allerdings nicht gleiche Empfindlichkeit ergibt. Eine zweite Störungsquelle etwa bei Temperaturmessungen ist die wechselnde Temperatur und damit wechselnder Widerstand der kupfernen Zu-, womöglich Fernleitungen, sie läßt sich ebenfalls am besten mit dem Kreuzspulgerät ausgleichen. Mit seinen zwei Spulen gibt es eine große Möglichkeit, durch Kunstschaltungen die verschiedensten Zwecke zu erreichen.

Das Kreuzspulgerät hat zwei unter gewissem Winkel gekreuzte, parallel geschaltete Spulen, die miteinander im Ringspalt eines Magneten schwingen; die Spulen liefern ein magnetisches Feld mit Pol in der Winkelhalbierenden, wenn in beiden Spulen gleichviel Strom fließt, sonst verlagert sich der Pol zur Spule stärkeren Stromes, und der Spulenpol gleicht sich jeweils mit dem Pol des Magnetfeldes ab; der Zeiger zeigt das Verhältnis der beiden Stromstärken an. Liegen die Spulen einander parallel zu beiden Seiten der Achse, so entsteht das Parallelspulgerät der Firma Siemens & Halske. Ähnlich wirkt das T-Spulmeßwerk; bei ihm bewegt sich eine Hauptspule wie beim Drehspulwerk im Ringspalt, parallel dazu geschaltet ist eine Richtspule, in der Wicklungsebene senkrecht zur Hauptspule orientiert. In allen Fällen fehlt die Richtkraft durch Federn; die Richtspule, von konstantem Strom durchflossen, ergibt in Verbindung mit dem Magneten eine Richt

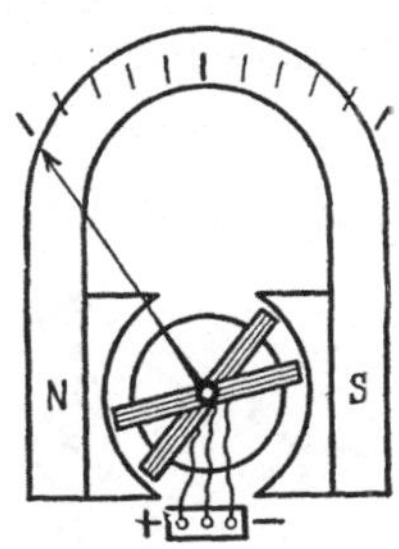

Abb. 39. Meßwerk eines Kreuzspulgerätes. Keine Richtkraft durch Federn, Stromzuführungen lose. Feld zwischen Magnetpolen und (feststehendem) Weicheisenkern inhomogen, weil Polschuhe exzentrisch ausgedreht. Eine Spule (Richtspule) mit konstantem Strom beaufschlagt, gibt Richtkraft. Auch mit Kernmagnet. Zuerst Fa. Hartmann & Braun, heute allgemein.

kraft, zu der sich die Hauptspule im Verhältnis der Stromstärken abgleicht; erst der Strom in der Richtspule löst auch ein Relais, das den Zeiger in der Ruhe gegen Null drückt. Meist wird gesagt, die Kreuzspulmeßwerke, namentlich an Widerstands-Thermometern, verglichen die Widerstände in den beiden Spulenkreisen miteinander; das kommt auf dasselbe hinaus, wenn beide Kreise von der gleichen Spannung beaufschlagt werden, für deren Größe sie dann in weitem Bereich unempfindlich sind; daß Schwankungen der Betriebsspannung die Angabe nicht beeinflussen (wohl aber die Empfindlichkeit, die Richtkraft), ist ein durchschlagender Vorzug der Kreuzspulgegen die Drehspulgeräte. Gegenüber dem (älteren) Kreuzspulwerk entsteht beim T-Spulwerk der Vorteil, daß die Hauptspule in zwei Teilspulen aufgelöst werden kann,

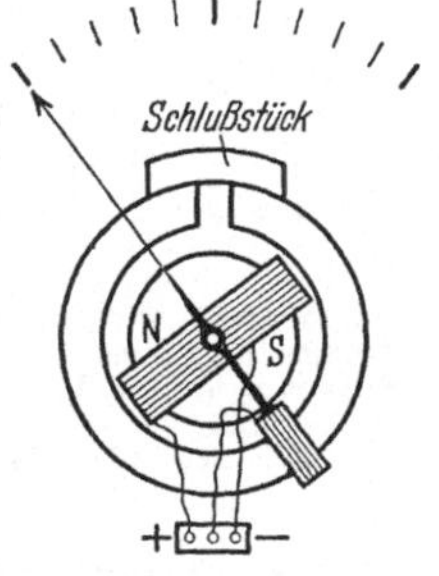

Abb. 40. Meßwerk eines T-Spulgerätes. Kernmagnet und Weicheisenring stehen fest. Richtspule umfaßt Ring, Meßspule wie bei Drehspulgerät. Wirkung ähnlich Abb. 39. Fa. AEG.

was beim Messen komplizierter Zusammenhänge (Wirkungsgradmesser, S. 385) vorteilhaft ist; in anderen Schaltungen ist die Symmetrie des Kreuzspulwerks angenehm.

Zum Vergleichen von Widerständen dient ursprünglich auch das Brückenviereck von WHEATSTONE; es ist in vielen Abarten eine der wichtigsten Meßschaltungen. Bekannt ist, daß der Brückenstrom Null wird, wenn die vier Widerstände im Verhältnis $a : b = c : d$ stehen. Haben im

Ausgleich alle vier Zweige des Vierecks den gleichen Widerstand R, so hat auch das·ganze Viereck den Widerstand R. Kommt eine Spannung U ans Viereck, so bleibt die Brücke stromlos; ändert sich aber einer der Zweigwiderstände um den kleinen Wert x auf $R + x$, so geht ein Strom i durch die Brücke, das Meßgerät schlägt aus; soll es den größtmöglichen Ausschlag geben, so muß sein Widerstand ebenfalls R sein, der Brückenstrom wird dann, solange x klein ist, $i = \dfrac{U}{R}\dfrac{x}{8R} = \dfrac{J}{8}\dfrac{x}{R}$.

Entweder wird der Brückenstrom, der bei größerem x nicht gradlinig

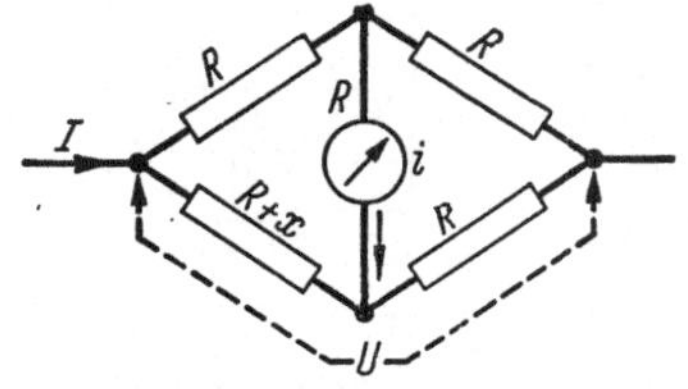

Abb. 41. Brückenviereck nach WHEATSTONE.

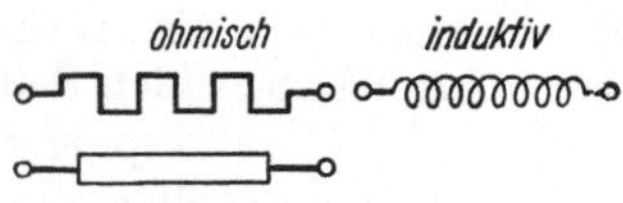

Abb. 42. Sinnbilder für Widerstände: oben die genormten Zeichen, unten übliche einfache Darstellung.

wächst, als Maß des Meßwertes benutzt; oder der Ausschlag wird rückgängig gemacht, kompensiert, ein Hilfswiderstand bringt den Meßzweig des Vierecks wieder auf R oder den benachbarten Zweig auf $R + x$; die Stellung des Hilfswiderstandes ist dann ein Maß des Meßwertes.

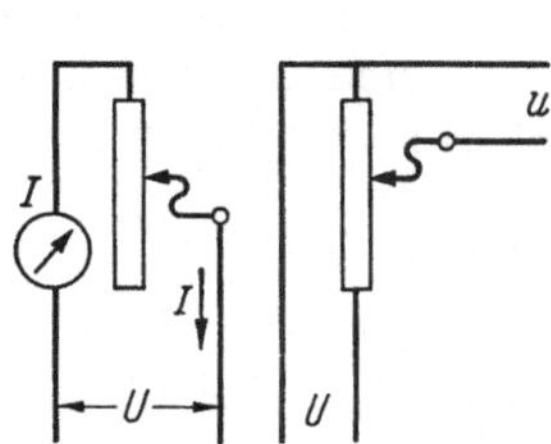

Abb. 43. Vorschaltwiderstand zum Verändern des Stromes i; Potentiometer zum Abgreifen einer Spannung u. Ausführung der Widerstände meist kreisrund, von einem radialen Läufer befahren, oder als Walze.

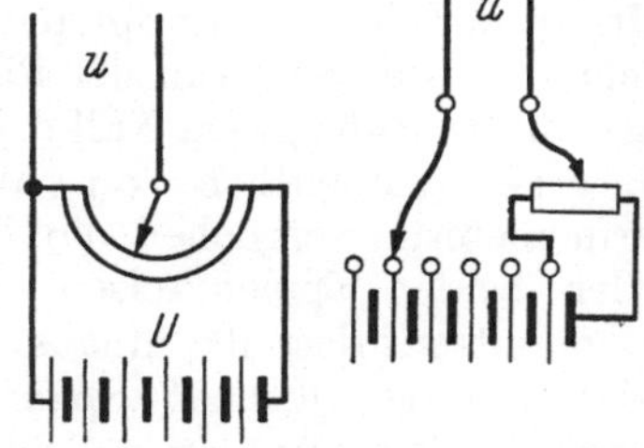

Abb. 44. Potentiometer zum kontinuierlichen oder feinstufigen Abgriff beliebiger Spannung von einer Batterie; rechts grob- und feinstufig.

Die Ablesemethode ist bequem, aber Schwankungen der an das Viereck gelegten Betriebsspannung gehen in voller Höhe in die Messung ein; auch bewegt sich das Gerät meist in den unteren Skalenbereichen, wo, wie dargelegt, die Anzeige mit merklichem Fehler behaftet ist. Die Nullmethode ist von der Betriebsspannung, auch von der Eichung des Meßgeräts unabhängig, und sie kann sehr genau sein. In der Brücke werden dann Widerstände miteinander verglichen; Widerstände als Geräte ohne bewegliche Teile sind nach der Natur der Sache genauer herstellbar und vor allem dauernd genauer zu halten als Zeigergeräte; sie rangieren schon als Betriebsgeräte in Klasse 0,5 oder 0,2. Präzisionswiderstände gehören in Klasse 0,1, und diese Zahlen beziehen sich nicht nur auf einen Skalen-Höchstwert, sie gelten schlechtweg. Und auch der Strom

Null läßt sich gut feststellen, am empfindlichsten mit dem Telephon, bei dem die Null allerdings bisweilen verwaschen, nur als Minimum, erscheint.

Viel benutzt werden Brückenschaltungen mit Kreuzspulgerät, zumal für Fernleitung, weil sich erreichen läßt, daß weder Schwankungen

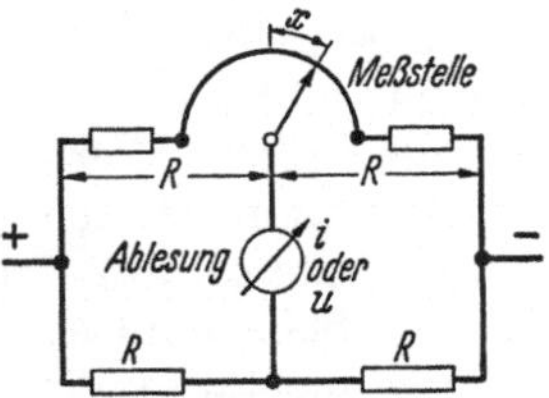

Abb. 45. Brückenviereck, Potentiometer in einer Ecke. Bei Mittelstellung des Schleifers vier gleiche Widerstände R, ist der Schleifer um x verschoben, so werden zwei Nachbarwiderstände $R + x$ und $R - x$, Brückenstrom $i = \dfrac{U}{4R^2}\,x$ $= \dfrac{I}{4R}\,x$, solange $x \ll R$.

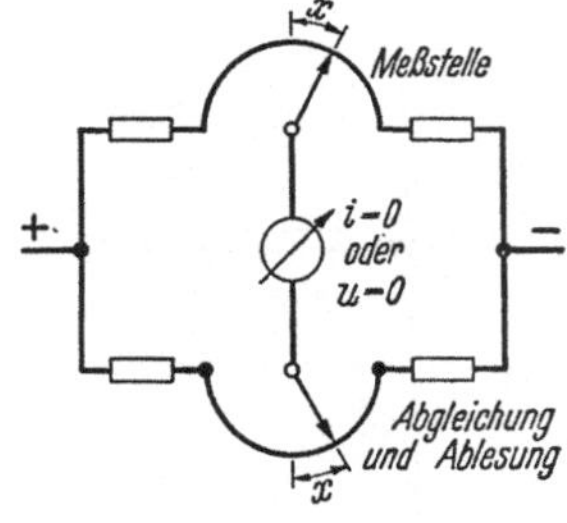

Abb. 46. Brückenviereck zur Fernübertragung in Nullschaltung, Gerät auf Null, wenn beide Schleifer übereinstimmend stehen.

in der Betriebsspannung noch in der Temperatur (dem Widerstand) der Fernleitungen die Anzeige beeinflussen. Das eben über Widerstände lobend Gesagte gilt dabei allerdings nicht, denn es werden nicht Widerstände, sondern in erster Linie Ströme verglichen, und zwar mit einem Gerät, das an sich weniger genau ist als das Drehspulgerät, nur eben sehr bequem.

Elektrische Schreibgeräte haben gleichartige Meßwerke, wie zeigende, mit Drehspule auf Strom oder auf Spannung geschaltet oder mit Kreuzspulwerk; um bei kontinuierlichem Schreiben gute Empfindlichkeit zu erreichen, müssen die Meßwerke um etwa zwei Zehnerpotenzen stärker sein als bei Zeigergeräten; man schreibt nur eine Größe auf, bei zweien müßten die Schreibzeuge zeitlich so weit gegeneinander versetzt sein, daß sie einander kreuzen können, was man wohl ausgeführt hat. Anders, wenn der Zeiger sich frei schwingend einstellt und dann durch einen Fallbügel gegen das Papier gedrückt wird, um eine Marke zu drucken; diese Ge-

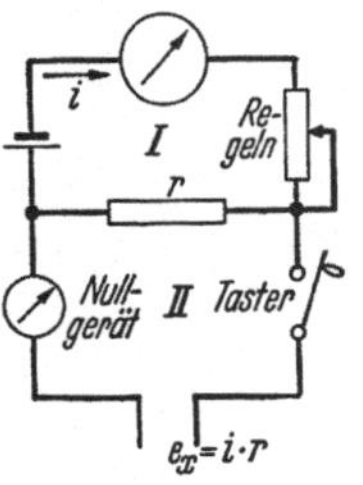

Abb. 47. Kompensationsschaltung nach LINDECK-ROTHE zur stromlosen Messung einer Spannung. Der Regelwiderstand wird verändert, bis beim Tasten das Nullgerät nicht anspricht; dann ist Kreis II stromlos, also $e_x = i\,r$; r ist bekannt, i wird abgelesen als Maß der Spannung. Zur Prüfung auf Stromlosigkeit gibt es einfache und empfindliche Mittel, magisches Auge, Telephon und andere.

räte messen wechselweise 6 Größen, je nach 30 s Einstellzeit, so daß jede Größe alle 180 s darankommt; Reibung kommt nicht anders in Frage als beim Zeigergerät, und ein Sechsfach-Schreiber ist billiger als 6 Einfach-Schreiber. Servomotorisch arbeitende Geräte, in USA sehr üblich, beobachten sogar bis zu 60 Meßgrößen (Fa. Meci, Abb. 77) und drucken alle 2s, jede Größe kommt nach 120 s wieder daran; solche Geräte, mit manchen Feinheiten ausgerüstet, sind teuer, ersetzen

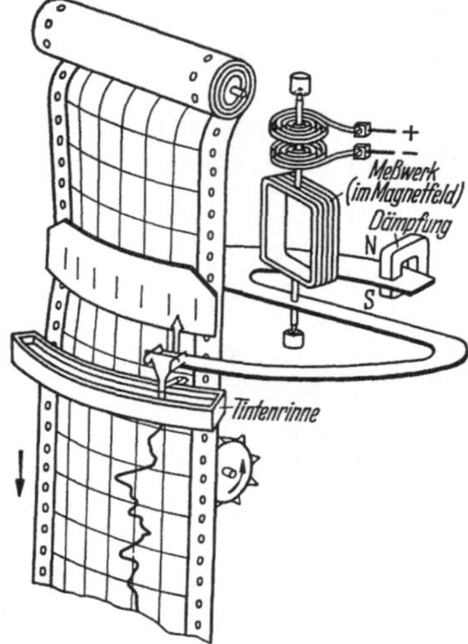

Abb. 48. Linienschreiber. Kräftiges Drehspulwerk verstellt den Zeiger und das Schreibzeug, das Tinte aus einer Rinne nimmt; Papier zylindrisch gebogen; Dämpfung durch Magneten (Fa. Hartmann & Braun).

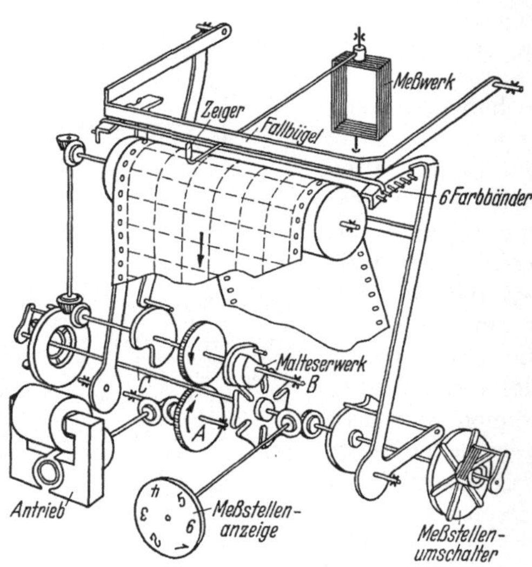

Abb. 49. Sechsfarbenpunktschreiber, nur für langsam veränderliche Größen. Freie Einstellung des Zeigers, Fallbügel drückt ihn gegen das grade zuständige Farbband. Antrieb durch Motor (oder Uhrwerk) über Welle A nach B, dort Betätigung Fallbügel und Papiervorschub. Malteserkreuz treibt Welle C diskontinuierlich, bringt von sechs Farbbändern das richtig gefärbte in Lage, zeigt in einem Fenster die Meßstellennummer und verbindet von sechs Meßstellen die richtige mit dem Meßwerk (Dreh- oder Kreuzspule). Fa. AEG.

aber 10 Sechsfach-Schreiber und können daher konkurrenzfähig sein, wo so viele Größen an einer Stelle zu messen sind — sofern man nicht die Verteilung auf mehrere Schreiber für übersichtlicher hält.

Bei Mehrfach-Schreibern dürfen sich die Meßgrößen nur mäßig schnell ändern. Für schnell veränderliche Werte dienen die Oszillographen zum Messen, Zeigen und Schreiben, letzteres auf fotografischem Wege. Der Schleifen-Oszillograph reagiert auf die Stromstärke, der Kathodenstrahl-Oszillograph auf die Spannung.

Der *Kathodenstrahl-Oszillograph* ist ein transportables Kästchen, beispielsweise $30 \times 25 \times 45$ cm groß, in dem alles Erforderliche untergebracht ist; wegen der Transformatoren wiegt er um 30 kg. Äußerlich hat der Kasten eine Reihe von Drehknöpfen zum Schalten und Regeln. Er ist trotz seines Preises von 1500 bis 2000 DM ein übliches Requisit der Laboratorien und der Betriebskontrolle geworden.

Die Braunsche Röhre des Oszillographen liefert einen gerichteten und gebündelten Strahl von Elektronen, der auf dem Schirm von 8 bis 10 cm Durchmesser einen leuchtenden Punkt erscheinen läßt; zwei Plattenpaare lenken den Strahl ab, eines im senkrechten, eines im waagrechten Sinne, je nach der Spannung, die auf das Plattenpaar gebracht wird, etwa im Maßstab 2 mm/Volt, dem vollen Ausschlag entsprechen 25 V Spannung; beide Plattenpaare zusammen weisen dem Lichtpunkt also irgendeine Stelle auf dem Schirm an, und wenn die Spannung bei beiden Paaren wechselt, so wandert der Strahl, im allgemeinen scheinbar regellos und kaum verfolgbar. Bei periodischen Vorgängen aber kann man ihn zwingen, immer denselben Weg zu beschreiben und dadurch ein Stehbild zu geben, eine bestimmte Figur dauernd zu befahren. Wird bei einer Kraftmaschine senkrecht der Druck im Zylinder, waagrecht der Kolbenweg als Spannung abgebildet, auf die beiden Plattenpaare gegeben, so erscheint das übliche Indikator-Diagramm (§ 54).

Um einen periodischen Vorgang über der Zeit als Abszisse im Stehbild darzustellen, bedient man sich einer Kippschaltung. Das Urbild dazu ist die Leidener Flasche, die sich, von der Elektrisiermaschine aufgeladen, über eine Funkenstrecke regelmäßig entlädt, sobald die Spannung dazu ausreicht; über

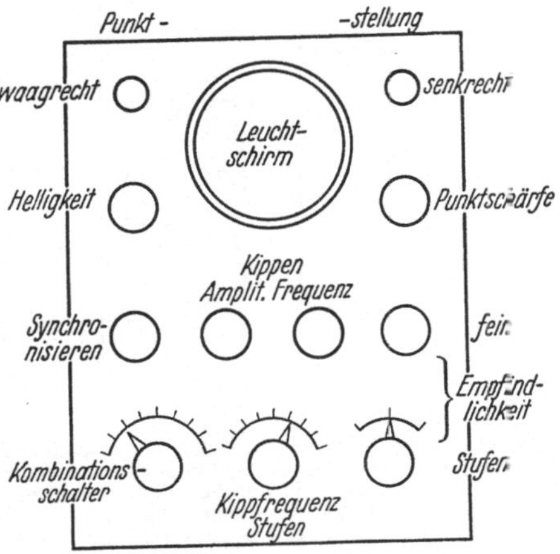

Abb. 50. Vorderseite eines Kathodenstrahloszillographen, mit Leuchtschirm der Röhre und mit Regelknöpfen, um Spannungen, Widerstände, Kondensatoren einzustellen. Philips GM 3152, andere ähnlich.

eine kurze Funkenstrecke entlädt sie sich häufig, über eine lange weniger oft. In der Kippschaltung lädt sich ein Kondensator über einen

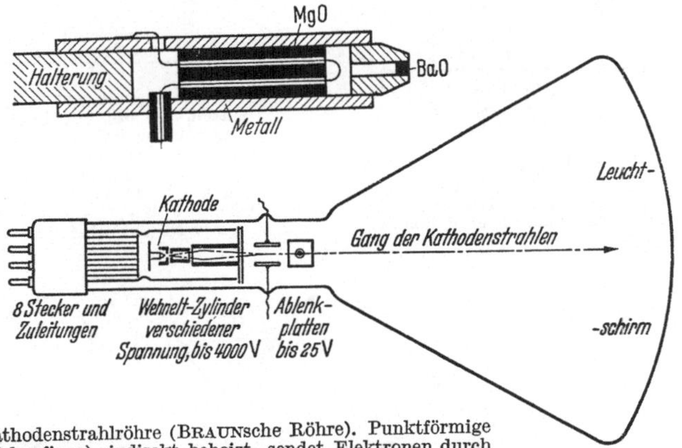

Abb. 51. Kathodenstrahlröhre (BRAUNsche Röhre). Punktförmige Kathode (Nebenfigur), indirekt beheizt, sendet Elektronen durch die WEHNELT-Zylinder, auch als Gitter und als Anode bezeichnet, hindurch, die sie vermöge ihrer hohen Spannung zum Strahl vereinigen und als Punkt auf dem Schirm abbilden, Zinkblendebelag läßt ihn aufleuchten. Zwei Paar Ablenkplatten, im allgemeinen als Meßplatten und Zeitplatten dienend, lenken nach zwei Richtungen ab. Über die Kathode ist eine Regelelektrode geschoben, die bei passender Spannung (40 V) den Strom kurz unterbricht, dadurch Zeitgabe möglich.

Widerstand hinweg auf, bis die Spannung ausreicht, um in einem Thyratron, einer gasgefüllten Röhre, durchzuschlagen, dann entlädt er sich durch das Thyratron hindurch bis auf eine Löschspannung,

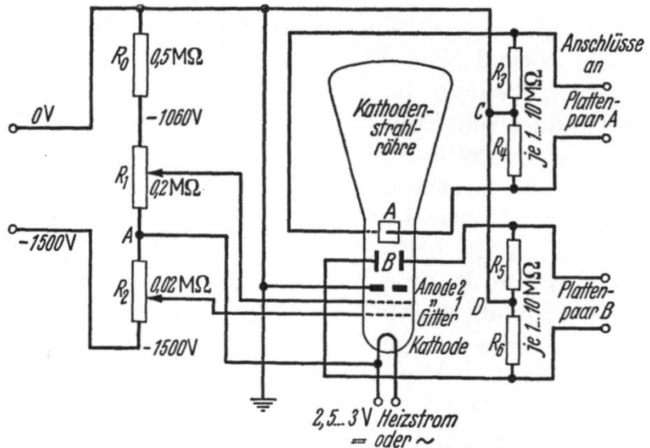

Abb. 52. Beispiel für die Schaltung einer Kathodenstrahlröhre. Betriebsspannung 1500 V Hochfrequenz, im Oszillographen selbst gewonnen, durch Widerstände R_0 R_1 R_2 unterteilt, Anschluß bei A legt Potential der Kathode fest, demgegenüber wird das des Gitters und der Anode 1 etwas tiefer und höher einstellbar festgelegt. (Die Elektronen gehen von − nach +.) Anode 2 liegt am Erdpotential, also besteht ein beschleunigendes Gefälle von fast 1500 V zwischen Kathode und Anode. Verzweigungen C und D mit symmetrischen Widerständen R_3 bis R_6 zwingen die Plattenpaare A und B, die durch die Versuchsgrößen beaufschlagt werden, um das Erdpotential zu pendeln, von der Anode 2 zu den Platten ist also kein Potentialgefälle, keine Beschleunigung, die Platten lenken nur ab. Die Widerstände legen also Potentiale in Abhängigkeit zueinander fest, ohne, zumal durch R_3 bis R_6 hindurch, wesentliche Stromverluste zu bringen. — Hier ist also nicht, wie in der Röhrentechnik üblich, das Kathodenpotential auf Null gehalten. Radio Corporation of America, nach Juhasz und Geiger.

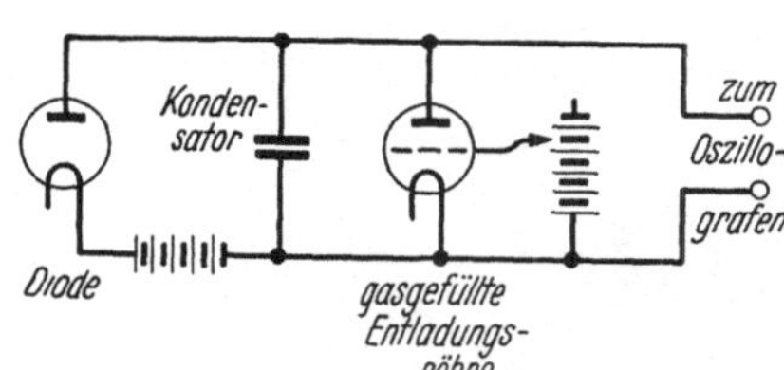

Abb. 53. Zeitgeber in Kippschaltung. Die Diode lädt den Kondensator auf Spannung, bis diese genügt, um in der Entladungsröhre durchzuschlagen, dies je nach der Gitterspannung, die einstellbar ist.

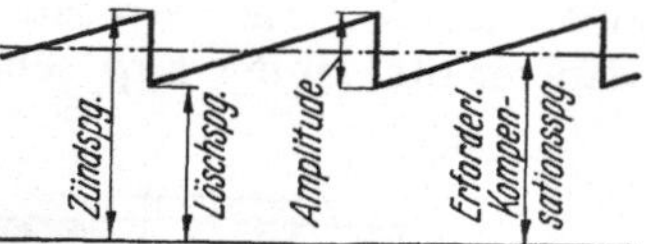

Abb. 54. Spannungsverlauf auf den Zeitplatten, die mit der Kippschaltung bedient werden, zwischen Zünd- und Löschspannung. Zeitplatten werden auf mittlere Spannung einkompensiert, [sie stellt den Bildpunkt auf Schirmmitte; Amplitude des Kippens lagert sich darüber, sie wird auf Schirmbreite eingestellt.

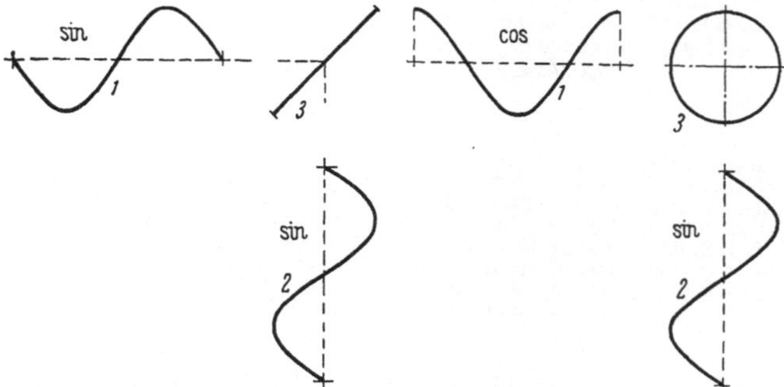

Abb. 55. Zusammensetzung zweier Sinusspannungen im Oszillographen, die Plattenpaare, nach 1 und 2 mit gleicher Amplitude beaufschlagt, fügen sich zur Geraden oder dem Kreis 3 zusammen, je nachdem, ob sie in gleicher Phase (beide Sinus) oder um 90° versetzt (Sinus und Cosinus) laufen.

das Spiel beginnt von neuem; das Aufladen geschieht allmählich, das heißt in kleinen Bruchteilen von Sekunden, und zwar bei richtiger Bemessung proportional der Zeit, die Entladung erfolgt fast momentan, selbst in der Sprechweise der Elektrizitätslehre. Dieser Verlauf, auf ein Plattenpaar der Röhre geschaltet, liefert eine waagrechte Strecke, durch Kippen und Erlöschen begrenzt. Wird nun in senkrechter Richtung das Bild eines periodischen Vorgangs dargestellt, so läßt es sich zum Stehbild einer Periode machen, indem man die Spieldauer der Kippschaltung gleich der Periodendauer der beobachteten Erscheinung macht, indem man also beiden gleiche Frequenz gibt. Dazu wird die Kapazität des aufzuladenden Kondensators verändert, oder ein Vorschaltwiderstand ändert die (sehr kleine) Stromstärke der Aufladung, oder die Gitterspannung am Thyratron wird geändert. Praktisch: man dreht an einem Knopf, bis das flackernde Bild auf dem Schirm zur Ruhe kommt, dann sind beide Ausschlagrichtungen miteinander synchronisiert. Die plötzliche Entladung zieht einen etwas störenden waagrechten Strich durch das Bild; bei neueren Geräten ist dieser Rücklauf unterdrückt.

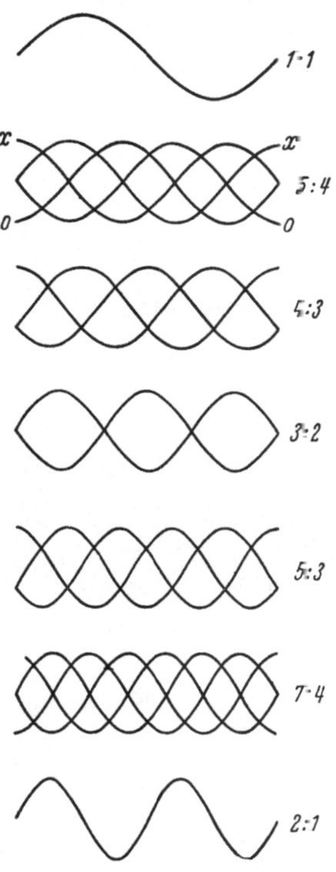

Abb. 57. Bild einer Sinusspannung, durch den Zeitgeber (Kippgerät) zum Stehen gebracht, das Verhältnis: Periode der beobachteten Spannung zu der der Zeitgabe, ist angegeben, es geht von 1:1 bis 2:1, auch die zwischenliegenden sind geschlossene Figuren, bei 5:4 springt die rechts mit x oder o endende Linie nach links und läuft weiter.

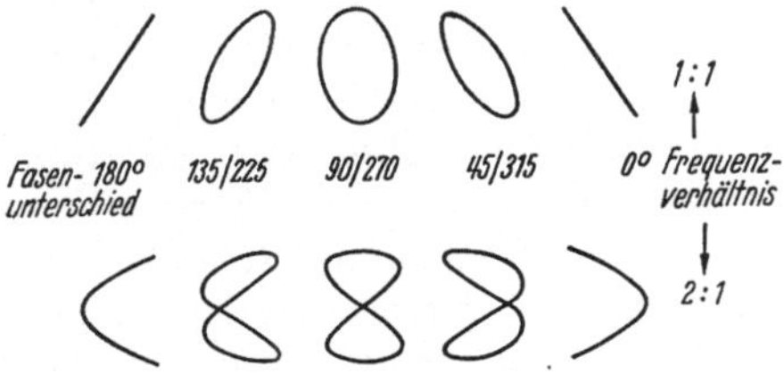

Abb. 56. Gleicher Vorgang, die Plattenpaare haben verschiedene Spannung, Meßplatten > Zeitplatten, daher Ellipse statt Kreis, sowie verschiedene Phase und unten auch verschiedene Frequenz.

Auf diese Weise lassen sich auch zwei sinusartig verlaufende Vorgänge auf ihre Frequenz vergleichen, insbesondere auf gleiche Frequenz einstellen; zwei schwingende Saiten lassen sich auf gleichen Ton bringen, indem man sie auf die beiden Plattenpaare wirken läßt, Abb. 373. Bei gleicher Frequenz beider Schwingungen erscheint auf dem Schirm eine schrägliegende Ellipse, die im Sonderfall zu einem Kreis entartet, wenn beide Saiten gleiche Amplitude ergeben, oder zu einer Geraden, wenn sie in der Fase übereinstimmen. Stehen die Frequenzen beider Saiten nicht im Verhältnis 1 zu 1, sondern wie 1 zu 2, 1 zu 3, 2 zu 3, kurz in einem ganzzahligen Verhältnis zueinander, so erscheinen statt der Ellipse regelmäßige Gebilde, wie solche aus der Akustik als Lissajousche Figuren bekannt sind.

Die Schirmbilder lassen sich auch fotografisch festhalten, mit einer nicht zu lichtschwachen, mittels einer Halterung vor den Schirm gesetzten Kamera, am besten einer Spiegelreflexkamera, mit der sich das Bild bis zum Augenblick der Aufnahme verfolgen läßt. —

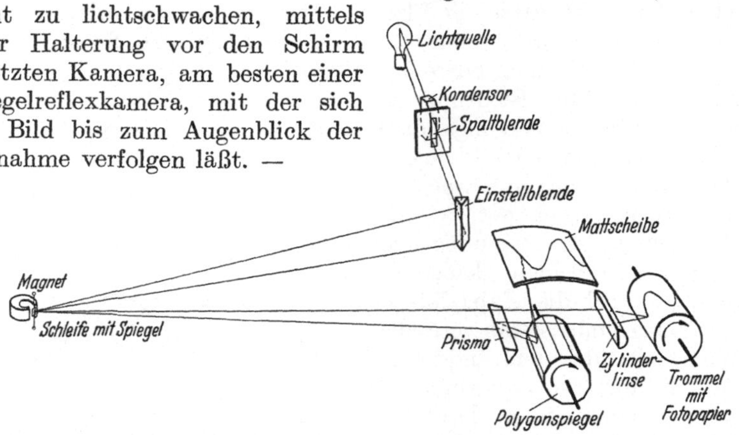

Abb. 58. Schleifenoszillograph. Schleife mit Spiegel verdreht sich im Magnetfeld, wenn Strom durchgeht. Punktförmige Lichtquelle wird optisch auf dem Spiegel und wieder auf der Trommel als Punkt abgebildet, Spiegelbewegung läßt den Punkt axial senkrecht auf der Trommel wandern, über die Trommel läuft Photopapier mit Geschwindigkeit bis 4 m/s. Geräte mit 6 und mehr Schleifen schreiben photographisch auf einem Papier mehrere Vorgänge, dazu Marken, wie Zeit, Totpunkt. Zur Betrachtung auf der Mattscheibe verwandelt der Polygonspiegel das zeitliche Nacheinander in räumliches Nebeneinander, bei periodischen Vorgängen ergibt passende Drehzahl des Spiegels ein auf der Mattscheibe stehendes Bild des Vorganges; das Gleiche auch hier mit Kippschaltung erreichbar. Vgl. Abb. 372, 373. Fa. Siemens & Halske und andere.

Mit dem Kathodenstrahl-Oszillographen sind nur Beharrungszustände gut zu verfolgen, die in beschriebener Weise ein Stehbild geben. Einzelvorgänge, etwa Anlaufvorgänge, geben auf der Platte ein Gewirr von Linien, die schwer in Zusammenhang zu bringen sind, auch reicht die Lichtstärke des Einzelpunktes nicht immer aus, zumal zum Fotografieren. In dieser Hinsicht, aber auch in anderer, ist der mechanisch-optisch arbeitende *Schleifen-Oszillograph* dem mit Kathodenstrahlen arbeitenden überlegen; er trägt 6, aber auch mehr Vorgänge, bis zu 30 gleichzeitig, über der Zeit auf, und zwar fortlaufend auf ein Papierband, so daß die sich ändernden Vorgänge einfach aneinandergereiht werden; das Verhältnis der Strichstärke zur Diagrammhöhe pflegt günstiger zu sein, deshalb und wegen besserer Eichmöglichkeit liefert der Schleifen-Oszillograph genauere Meßergebnisse als das Kathodenstrahlgerät, das zum Beobachten unübertrefflich ist. Nachteile des Schleifengerätes sind: er ist nicht ein handliches Kästchen,

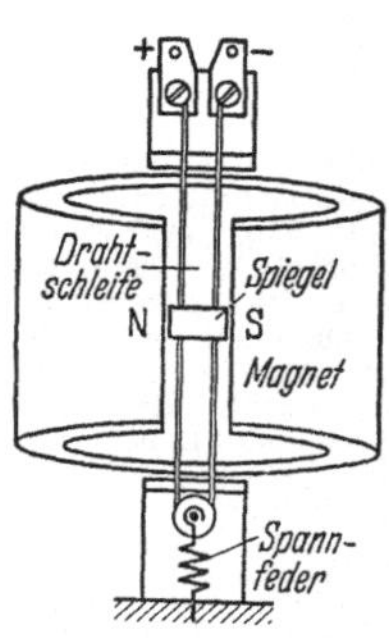

Abb. 59. Meßschleife zu Abb. 57. Beispielsweise: Widerstand 1 Ohm, höchste Stromstärke 100 mA, größter Ausschlag des Spiegels 3°.

sondern ein schwerfälliges Tischgerät, und er hat eine Eigenfrequenz meist um 4000 Hz herum, während bei den Elektronenstrahlen von Masse und daher von begrenzter Eigenschwingzahl kaum zu reden ist. Bei einer Brennkraft-Maschine entspricht die Drehzahl 2400/min im

Viertakt einer Frequenz $2400/2 \cdot 60 = 20$ Hz, von den Oberschwingungen der Frequenz 40, 60, 80 ... hat die 89ste die Frequenz 2000 Hz, das ist die Hälfte von 4000 und nach Abb. 26, 27 grade noch verzerrungsfrei, während nach Abb. 24 im normalen Dieseldiagramm so viel Obertöne kaum genügen, um die Spitze einigermaßen auszufahren; beim Klopfen und derart steilen Vorgängen wird der Schleifen-Oszillograph unzureichend.

Die Einzelteile des Schleifen-Oszillographen sind auf einem Tisch von $1^1/_2$ m Länge aufgebaut. Die Schleife im Feld eines Stahlmagneten macht mit dem daran befestigten Spiegel kleine Drehbewegungen, wenn Strom durch sie geht. Der Lichtstrahl einer Lampe wird optisch so geführt, daß nach mehreren Umwegen ein Punkt auf dem ablaufenden Streifen Fotopapier quer zur Laufrichtung des Papiers je nach dem Schleifenstrom wandert. Oder ein Polygonspiegel läßt auf einer Mattscheibe ein Bild entstehen, das wieder bei bestimmter Drehzahl des Spiegels zum Stehbild wird.

7. Elektrische Abbildung von Meßwerten und ihre Fortleitung. In weitem Maß dient in der Meßtechnik der elektrische Strom als Hilfsmittel, das sich auszeichnet durch die Möglichkeit bequemer Fernübertragung; durch die bequeme Anwendung eines registrierenden Geräts für verschiedenartige, ihrer Intensität nach in elektrische Form gebrachte Größen; durch bequeme Ausführung mathematischer Operationen in Kunstschaltungen; durch bequeme Summierung der umgesetzten Mengen in Zählern, die wegen ihrer Herstellung im großen vergleichsweise billig sind. Bei der Fernmessung braucht es sich keineswegs um große Entfernungen zu handeln; sollen die verschiedenen Meßgrößen eines Dampfkessels an dessen Vorderseite zusammengezogen werden, so ergeben sich Leitungslängen, die mit anderen als elektrischen Hilfsmitteln nicht bequem zu überwinden sind, erst recht, wenn die Ablesungen von mehreren Kesseln in einer Meßzentrale zusammenlaufen.

Um sich dieser Vorteile des elektrischen Stroms bei Messung mechanischer oder thermischer Größen zu bedienen, muß man also die gemessene Größe elektrisch *abbilden* in dem Sinn, daß zu jedem Wert der Meßgröße ein bestimmter elektrischer Wert zugeordnet ist. Die Abbildung kann proportional oder nach einem anderen Gesetz erfolgen. In vielen Fällen, jedenfalls zum Zählen, ist zu fordern, daß zum Meßwert Null auch der Abbildungswert Null gehört, auf welchen Wert die Abbildung kontinuierlich übergehen sollte.

Dreht sich die Achse des Meßgeräts, so soll das die Spannung oder die Stromstärke eines Gleich- oder Wechselstroms planmäßig beeinflussen. Dazu dient ein Ohmscher Widerstand, von dem ein veränderbarer Teil in den Stromkreis eingeschaltet wird, um die Stromstärke zu verringern; um kontinuierlich auf Null zu kommen, wäre ein unendlich großer Widerstand nötig, auf den man aber nicht kontinuierlich kommen kann; die Schaltung eignet sich nicht zum Zählen, sie gibt den Kehrwert der Meßgröße. Eine andere, häufigere Schaltung für den Widerstand wird als Spannungsteilung oder *Potentiometer* bezeichnet. Der Widerstand liegt im Stromkreis und wird ganz vom Strom durchflossen, in ihm fällt die Spannung ab; durch Verschiebung eines Abgriffs wird wechselnde Spannung entnommen und wird als solche,

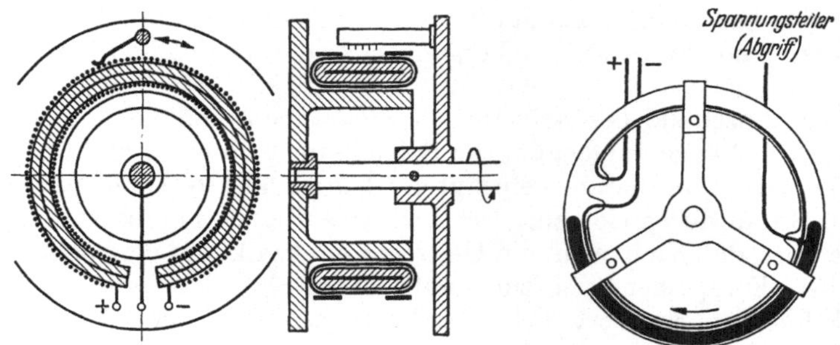

Abb. 60. Käfigwiderstand und Ringrohr als Widerstände namentlich für potentiometrischen Abgriff. In explosibler Atmosphäre Käfig, bei Schiffen Ringrohr unbrauchbar. Um zwei Geräte zu betreiben, zeigend und schreibend, verwendet man am besten zwei Käfige oder zwei Ringrohre.

oder es wird das Verhältnis der beiden Teilspannungen beiderseits des Abgriffs zur Messung benutzt, Abb. 62, 63. Im einzelnen sind zahlreiche Schaltungen denkbar, auch in Kombination mit Brückenschaltungen und mit Kreuzspulgeräten.

Praktisch verwirklicht wird der Widerstand als drehbarer Zylinder, auf dessen Umfang Widerstandsdrähte liegen; auf

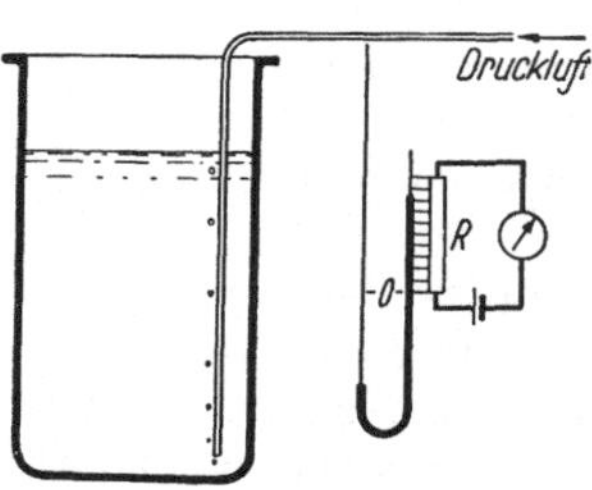

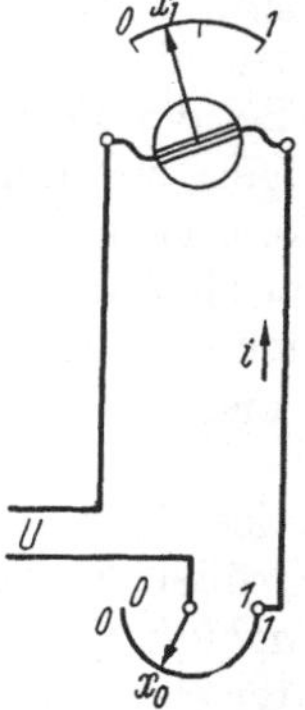

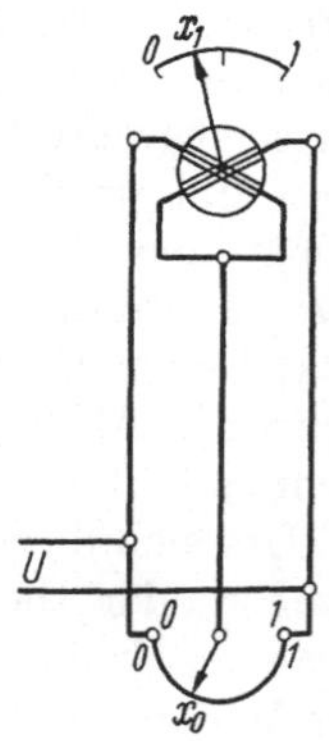

Abb. 61. Elektrische Abbildung eines Flüssigkeitsstandes. Quecksilber im Manometer schließt Widerstände kurz. Statt dessen auch: Druckanzeige mit Ringwaage, diese betätigt einen Käfig, Abb. 135.

Abb. 62. Widerstandsgeber mit Drehspulgerät. Soll außerdem gezählt werden, so muß i (und x_1) proportional x_0, also der Widerstand (unter Beachtung der Leitungswiderstände) umgekehrt proportional der Stellung x_0 sein. Zählung nahe Null mangelhaft, da Widerstand nicht kontinuierlich auf Null geht. Anzeige von U abhängig.

Abb. 63. Spannungsteiler (Potentiometer) mit Kreuzspulgerät. Nicht für Zählung üblich, U in weiten Grenzen einflußlos; läßt sich auch als Brückenschaltung auffassen.

ihnen schleift eine Art von Bürste als Kontakt. Um kleine Käfige derart herzustellen, wird lackierter Draht auf einen Pappzylinder gewickelt, der Zylinder wird flach gedrückt und zur Walze gebogen. Die Drähte werden dann oberflächlich von Lack befreit und zweckmäßig vergoldet; Gold hat schmierende Eigenschaften und schützt in aggressiver Atmosphäre vor Oxydation. Auf der Oberfläche liegen die Drähte dicht bei dicht, doch lassen sie sich auch systematisch so wickeln, daß eine bestimmte Funktion, etwa der Wurzelwert abgebildet wird; besser werden solche Funktionswerte erreicht, wenn man gelegentlich mit der Drahtstärke wechselt, denn es kommt darauf an, überall ein gutes **Auflösungsvermögen** zu erzielen, das ist der kleine Drehwinkel, bei dem der Widerstandswert wieder springt. Man kommt bis auf 1,0 Bogengrad herab, wozu dann Drähte von 0,05 mm Durchmesser dienen; so wird die Anzeige des Mutter- auf die Tochterkompasse übertragen. Ähnlich wie der Käfig wirkt das Quecksilber-Ringrohr; bei dessen Verdrehung wird der Platindraht diesseits oder jenseits mehr freigelegt, also wieder an einem insgesamt konstanten Widerstand der Abgriff verlegt. Das Ringrohr ist dem Käfig in der chemischen Fabrik überlegen, auf Schiffen ist es nicht verwendbar (L. 59, 61).

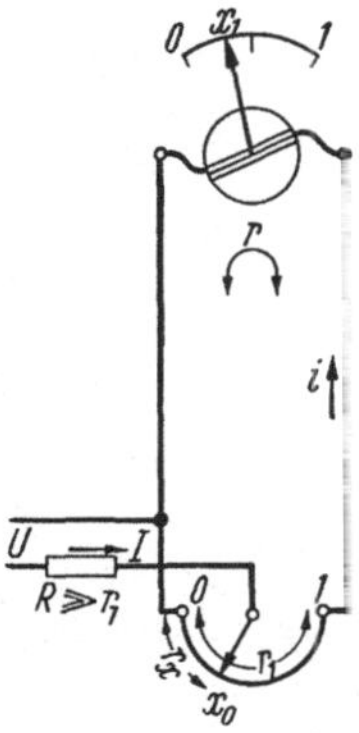

Die Potentiometerschaltung als Geber mit dem Kreuzspulgerät als Zeiger oder Schreiber verlangt drei Fernleitungen, das ist der Kosten halber unerwünscht; die Angabe wird aber nicht beeinflußt von wechselnder Spannung der Stromquelle und kaum von wechselnder Temperatur der Leitungen, sofern nur alle drei Leitungen die **gleiche** Widerstandsänderung erleiden; auch kommt man kontinuierlich von Null bis Eins, wenn auch nicht proportional. In diesen Beziehungen ist der einfache Vorschaltwiderstand unterlegen, nur kommt er mit zwei Leitungen aus.

Mannigfaltige Schaltungen ergeben sich aus der Vereinigung der Brücken- mit der Kreuzspulschaltung; die Kreuzspulen können in beiden Diagonalen der Brücke liegen, eine also in Reihe oder parallel mit der Stromquelle (Abb. 414, Wärmemengenmesser), man kann Sonderaufgaben lösen, beispielsweise beim Psychrometer die Angabe der Temperaturdifferenz unabhängig von der Temperatur oder in gewünschtem Sinn von ihr abhängig machen (Abb. 423, 424). Man erreicht größere Empfindlichkeit gegenüber der reinen Kreuzspulschaltung, dabei gleiche Unabhängigkeit von der Betriebsspannung (L. 46).

Ein eindeutiger Zusammenhang zwischen der Einstellung eines Widerstandes und der Anzeige eines Meßgerätes ist also leicht erreicht. Schwierigkeiten entstehen, wenn die Stellung des Widerstandes die Stärke eines Flusses bedeutet und wenn diese über die Zeit integriert werden soll, um jederzeit die insgesamt durchgegangene Menge an einem Zählwerk abzulesen. Dann muß die Stromstärke der Einstellung des Widerstandes proportional folgen, und vor allem muß sie kontinuierlich gegen Null gehen; bei Null soll das Zählwerk stillstehen. Diese Bedingungen werden von den einfachsten Schaltungen mit Drehspuloder Kreuzspulgerät, mit Vorschaltwiderstand oder Potentiometer,

Abb. 64. Spannungsteilung mit Drehspulgerät; Vorschaltwiderstand R ist groß gegenüber allen anderen, macht die Stromentnahme I aus dem Netz konstant, $I = U/R$, dann gilt $i\,(r + r_1 - r_x) = (I - i)\,r_x$, also $i = \dfrac{I}{r + r_1} r_x$, proportional der Stellung x; nahe der Null merklicher Fehler.

Abb. 62 und 63, nicht erfüllt. Eine einfache, häufig ausreichende Abhilfe zeigt Abb. 64; ein großer Vorschaltwiderstand R ist vor den Regelwiderstand gesetzt, so ist aus dem ganzen Regelbereich ein Stück herausgeschnitten, das als gradlinig verlaufend gelten kann. Allerdings bleibt die Abhängigkeit von der Betriebsspannung U, und vor allem zeigt sich

für $r_x = 0$, daß die Formel $i = \dfrac{J}{r+r_1}\, r_x$ eben nur eine Annäherung ist,

es bleibt ein Reststrom bestehen; bemißt man aber R so, daß gerade der Anlaufstrom des Zählers bleibt, so wäre aus der Not eine Tugend gemacht. — Derartige Kunstschaltungen gibt es in großer Mannigfaltigkeit.

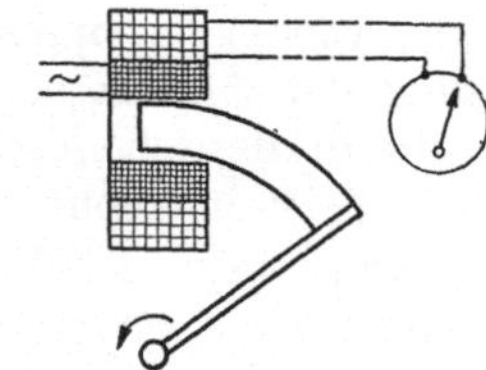

Abb. 66. Transformator, durch Einführen
eines Eisenkerns beeinflußt.

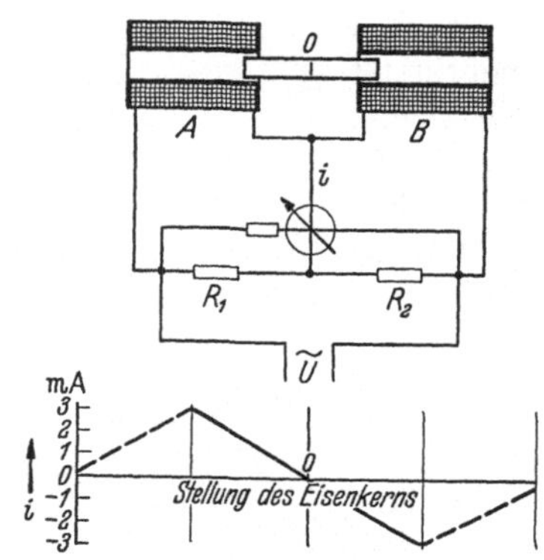

Abb. 65. Induktiver Geber mit Wechselstrombrücke. Brücke besteht aus den Widerständen $R_1 R_2$ und den Spulen AB; Induktion in A und B ändert sich differentiell mit Stellung des Eisenkerns, in Mittelstellung ist $i = 0$, Seitenstellungen geben Ströme i nach unterer Abbildung, linear laufend, die im elektrodynamischen Doppelspulgerät (ähnlich Kreuzspulgerät) gemessen werden; dessen Richtspule hat einen Vorschaltwiderstand. Angaben unabhängig von U.

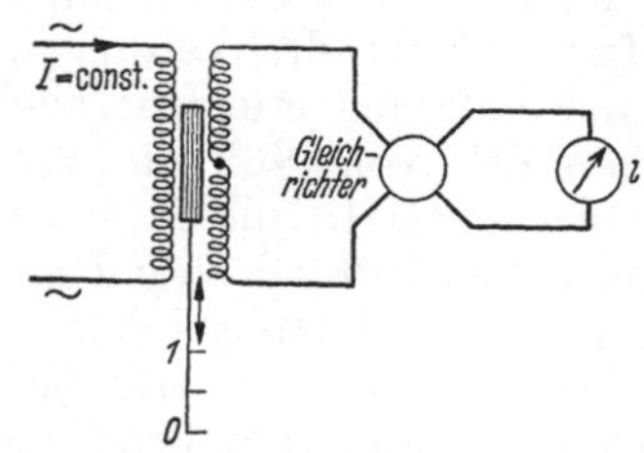

Abb. 67. Differentialtransformator, zum
Anzeigen der Stellung.

Bei allen diesen Geräten ist an die Verwendung von Gleichstrom gedacht; solcher dient auch für Widerstandsthermometer. Er hat vor Wechselstrom den Vorteil, daß die Meßleitungen und -geräte einander nicht beeinflussen; bei Wechselstrom muß man bei der Führung der Leitungen auf Vermeidung von Induktion achten; wo in einer Meßzentrale zahlreiche Leitungen zusammenlaufen, ist das schwer zu erreichen. Die Geräte arbeiten mit 12 oder 24 V Spannung, der Strom aus dem allgemeinen Netz wird herabgespannt und gleichgerichtet.

Wechselstrom läßt sich durch die Induktions- und Kapazitätserscheinungen zum Abbilden verwenden. Wird ein Weicheisenkern in eine von Wechselstrom durchflossene Spule eingetaucht, so verstärkt sich die Induktion, der Wechselstromwiderstand der Spule steigt und ihre Stromaufnahme sinkt; jeder Stellung des Kerns ist eine Stromstärke zugeordnet. Wirksamer wird die Vorrichtung in Gestalt des Differentialtransformators: der Weicheisenkern bewegt sich in der Achse zweier Spulen, die in benachbarte Zweige eines Brückenvierecks kommen, ein

Strom- oder Spannungsmesser in der Brücke folgt der Stellung des Kerns. Die Wirkung wird der Eintauchtiefe proportional, ist das durch Streuung von Kraftlinien nicht der Fall, so wird der Kern passend gestaltet; außerdem geht die Wirkung mit der Zahl der Stromwechsel, höhere Frequenz als $f = 50$ Hz führt also auf kleinere Abmessungen der Geräte. Meist wird der Wechselstrom nachher nicht als solcher gemessen, sondern wird gleichgerichtet, obwohl zum Zählen die Wechselstromzähler im Vorteil sind.

Bei langsamer Änderung der Meßgröße mag der bewegliche Kern erhebliche Wege machen und dabei erhebliche Änderungen der Stromstärke liefern, die mit den elementaren Meßmitteln zu beobachten sind. Wenn die Meßgröße schnell schwankt und demnach oszillographisch beobachtet werden soll, dann ergeben sich mehrfach andere Bedingungen. Für die Bewegungen der mechanischen Massen — im Beispiel also des Stahlkerns, der sich in den Spulen bewegt, Abb. 65, 67 — sind die Betrachtungen des § 5 maßgebend, sie können sich von der Sollbewegung nach Amplitude und Fase weit entfernen. Man beschränkt also die Bewegungen mechanischer Massen weitgehend, man macht die Messungen möglichst weglos; in den Geräten Abb. 282, 298, 321 bewegt sich dann der wirkende Teil nur um Bruchteile von Millimetern, und man wird die entstehenden Ströme meist elektrisch verstärken müssen.

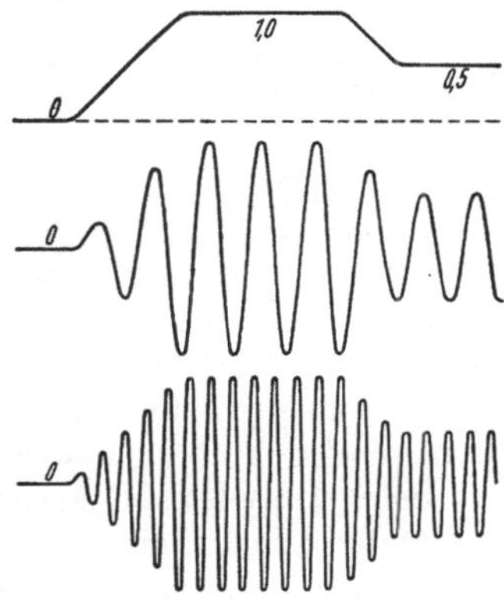

Abb. 68. Meßgröße (oben) abgebildet durch Modulation einer Wechselspannung kleinerer] oder größerer Frequenz.

Werden wechselnde Größen durch Wechselstrom abgebildet, so kann jede Änderung erst nach Ablauf einer halben Periode, also bei normalfrequentem Wechselstrom, frühestens nach $^1/_{100}$ s dargestellt werden. Ein Wechselstrom gibt ja die Meßgröße wieder, indem seine Amplitude mit der Meßgröße wächst, diese moduliert den *Trägerstrom*, wie das vom Radio bekannt ist; dazu muß die Trägerfrequenz mehrfach so groß sein wie die maßgebenden Teilfrequenzen der Meßgröße. Nur für mäßig schnell veränderliche Vorgänge läßt sich der überall greifbare Wechselstrom mit der Frequenz $f = 50$ Hz verwenden, schneller sich ändernde verlangen höhere Trägerfrequenzen.

Die höheren Trägerfrequenzen sind im allgemeinen nicht greifbar, sie werden durch einen Schwingkreis mit Rückkopplung erzeugt; dessen Frequenz liegt einstellbar fest, die Amplitude wird durch die Meßgröße bestimmt; die so erzeugten modulierten hochfrequenten Schwingungen werden verstärkt, gleichgerichtet (demoduliert) und der Kathodenstrahlröhre zugeleitet, die sie sichtbar macht (§ 8). Die Trägerfrequenz ist für die Messung belanglos, wenn sie nur hoch genug ist, um Änderungen eindeutig wiederzugeben.

Gramberg, Messungen. 7. Aufl.

4

Wie induktiv, so läßt sich ein Trägerstrom auch kapazitiv beeinflussen. Um einen Drehkondensator zu betätigen, wären ziemlich große Wege nötig; aber die Kapazität eines Kondensators ändert sich auch mit dem Abstand der Platten voneinander; sehr kleine Bewegungen ändern die Kapazität ausreichend, um einen Verstärker zu betätigen und den Trägerstrom zu modulieren, Abb. 282.

Widerstandsänderungen auf kleinem Weg gibt auch eine Säule von Kohleplättchen, wenn sie gepreßt wird; sie hat eine Vorspannung von etwa 25% des Enddrucks, um die Störungen der losen Berührung auszuschalten. Wechselstrom und Gleichstrom ist anwendbar.

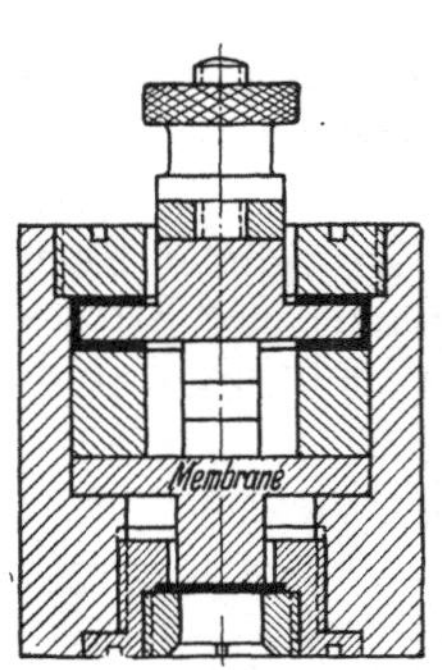

Abb. 69. Wegarmer Kraftgeber mit Kohlewiderständen.

Die genannten Verfahren bilden die Meßgröße letzten Endes elektrisch in Gestalt der Stromstärke ab; beim Weitergeben in größere Ferne werden die Leitungen teuer, denn sie sollen wenig Widerstand haben; zum Zählen sind viele Schaltungen nicht geeignet. Hier haben die *Impulsverfahren* Vorteile, sie dienen namentlich bei der Überwachung der elektrischen Landesnetze. Ähnlich wie in der Telefonie ist es bei großen Entfernungen vorteilhaft, komplizierte und teure Geräte zu verwenden, wenn dadurch an den noch teureren Leitungen gespart wird.

Beim Impuls zeit - Fernmeßverfahren zeigt am Gebeort ein Zeiger die Meßgröße an; ein umlaufender Geber schließt den Strom bei Null, der Zeiger löst den Kontakt, dessen Dauer also ein Maß des Meßwertes ist. Der Leitungswiderstand hat keinen Einfluß, die Stromdauern können mit mechanischer Kupplung ein Zählwerk ein- und ausschalten, man kann mehrere Meßwerte wechselweise über einen Draht geben, wenn die Meldung nicht zu häufig verlangt wird. — Beim Impuls zahl- Verfahren gibt der Sender Stromstöße geringer Häufigkeit und Dauer, die im Empfänger in Drehbewegung umgeformt werden; die Gesamtzahl der angekommenen Stöße gibt das Ergebnis, namentlich zum Zählen; mehrere Meldungen können sich beim Empfänger summieren, wenn dafür gesorgt ist, daß nicht zwei Impulse zusammenfallen. — Beim Impuls frequenz-Verfahren läuft ein Zählrad schneller, wenn die Meßgröße steigt, und gibt je Umlauf eine bestimmte Zahl Stromstöße; im Empfänger legt jeder Stromstoß einen Kontakt um, der zwei Kondensatoren abwechselnd je auf eine Batterie und auf ein Dreh- oder Kreuzspulgerät schaltet; abwechselnd erhalten die Kondensatoren eine bestimmte Ladung, die sich dann über das Meßgerät entlädt; dieses zeigt die Meßgröße an, wenn es träge genug ist, sich auf den Mittelwert einzustellen; die Zahl der Stöße wird gezählt. Diese und ähnliche Ausführungsformen spielen mit ihren Einzelheiten in die Nachrichtentechnik hinein, es möge hier ihre Erwähnung genügen.

Eigenartig wirkt die Abbildung von Kräften mit dem Piezoquarz. Aus einem Quarzkristall werden Plättchen so herausgeschnitten, daß eine ihrer elektrischen Achsen, von Kante zu Kante der Sechsecksäule gehend, senkrecht auf den Grundflächen der Plättchen steht; diese sind zur Ableitung des Stromes versilbert. Meist ein Paar solcher Plättchen wird unter mechanische Vorspannung gesetzt und damit der Nullpunkt festgelegt; dann entsteht eine bestimmte Elektrizitätsmenge Q Coulomb für jedes hinzukommende Kilogramm Belastung. Demnach ergibt sich eine Potentialerhöhung, eine Spannung gegen Erde im Betrage $U = Q : C$ Volt, wenn C Farad die Kapazität der Leiterteile ist, auf die Q sich ausbreitet, das ist die metallisierte Fläche des Quarzes selbst, die Leitung zu einem Röhrenvoltmeter (Abb. 83), und das Gitter von dessen Röhre, die meist zugleich den Eingang zu einem Verstärker bildet; denn ein Röhrenvoltmeter ist nötig, da die entstandene Spannung U ohne Stromverbrauch gemessen werden muß, und ohne Verstärkung geht es bei den kleinen entstehenden Elektrizitäts-

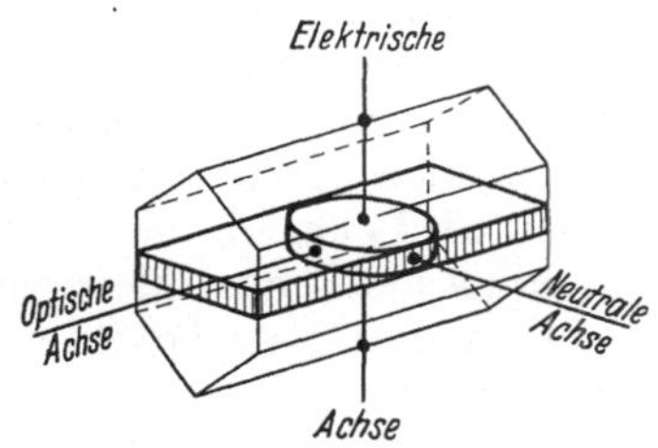

Abb. 70. Druckkörper aus Quarz, gemäß einer elektrischen Achse aus dem Kristall herausgeschnitten. Vgl. Abb. 283 und 371.

mengen nicht ab. In dieser Weise arbeiten die quarzbetätigten Meßdosen und Indikatoren. Der Piezoquarz als Meßmittel eignet sich für Wechselbelastungen, wenig für statische; eine durch Druck erzeugte Ladung bleibt theoretisch erhalten, bis der Druck aufhört; praktisch verringert sich die Ladung durch Ableitung, weil trotz bester Vorsorge die Isolierung unvollkommen bleibt. Hierüber ist am Ende von § 8 Weiteres gesagt.

8. Meßenergie; Servomotoren und Verstärker. Beim Messen wird Energie umgesetzt oder verbraucht; Zeigergeräte brauchen für die Einstellung Energie, Strömungsmesser außerdem dauernd, auch zählende Geräte brauchen dauernd Energie, manche sogar, wenn nichts nutzbar hindurchgeht.

Bei der Einstellung nimmt das bewegliche System eines Zeigergerätes so viel Arbeit auf, wie zum Zusammendrücken der messenden Feder, zum Heben des messenden Gewichtes oder der Flüssigkeitssäule erforderlich ist. Die Arbeit ist durch die Fläche unter der Kurve der äußeren Richtkraft P gegeben, diese über dem Weg l aufgetragen, also durch $\int P\, dl$. Bei Bewegungen des beweglichen Systems findet also ein Energieumsatz im Innern des Gerätes statt, dessen Wert sich durch Wahl einer größeren und längeren Meßfeder, an die die übrigen Teile entsprechend angepaßt sind, vergrößern läßt; mit der Größe des Energieumsatzes wird der Einfluß von Störungen durch Reibung und andere Zufälligkeiten verringert. Insofern wächst also mit zunehmendem Energieumsatz des Gerätes meist die Genauigkeit der Ablesung, jedoch nur dann, wenn sich die störenden Einflüsse, insbesondere die Reibung, nicht zugleich vergrößern. Eine Vergrößerung der richtenden Kräfte ist daher einer Vergrößerung der Wege meist vorzuziehen.

Außerdem haben gewisse Zeigergeräte und alle zählenden Geräte dauernden Energieverbrauch. Das statische Voltmeter braucht beim

Einspielen Energie zur Aufladung und gibt sie beim Rückgang auf Null wieder her; das Drehspulvoltmeter verbraucht außerdem dauernd die Energie des durchgehenden Stromes. Strömungsmesser haben dauernd den Energieverbrauch entsprechend dem Druckverlust des Flüssigkeitsstromes. Zählende Geräte, wie Wasserzähler, Gaszähler, Elektrizitätszähler, haben wesentlich nur die letztere Form des dauernden Energieverbrauches.

Bei manchen Geräten, so bei gewissen Dampfmessern und bei Wechselstromgeräten, ist der Energieverbrauch nicht gering. Er ist dann zu beachten wegen der Meßfehler, der dauernde Verbrauch auch wegen der entstehenden Kosten. Man beachte, ob dieser Energieverlust mitgemessen wird oder ob nicht, ob also der Energiewert vor oder hinter der Entnahmestelle das Meßergebnis liefert. Beim Wechselstrom-Wattmeter ist dies stets beachtet worden, es ergab sich eine verschiedene Schaltung für Erzeuger und Verbraucher und eine Korrektion; bei neueren Wattmetern ist die Energieaufnahme so verringert, daß die Korrektion oft unwesentlich ist.

Die Meßenergie wird der Stelle entnommen, an der gemessen wird. Stehen dort nur beschränkte Energiemengen zur Verfügung, so kann die Energieentnahme einen merklichen Fehler in die Messung bringen, indem zwar die Messung selbst richtig erfolgen mag, aber eine Größe gemessen wird, die um den Wert der Entnahme von der gesuchten abweicht. So muß man, um den Druck in einem Windkessel zu messen, den Hahn zum Manometer öffnen. Je größer nun hinsichtlich der Verstellkraft das Manometer ist, desto genauer wird der Druck gemessen werden, der nach erfolgtem Ausgleich zwischen Behälter und Manometerinnerem in beiden herrscht. Dieser Druck aber weicht vom Behälterdruck vor Öffnen des Hahnes um so mehr ab, je mehr Luft beim Öffnen entnommen wird, je größer also das Manometer ist. Also wird eine bestimmte Instrumentengröße das beste Ergebnis liefern können, und bei kleinem Behälter kann sie wohl überschritten werden; so ist der Inhalt des Indikatorzylinders nicht immer klein gegenüber dem des Maschinenzylinders, zumal gegenüber dem schädlichen Raum (vgl. § 112). Auch von diesem Gesichtspunkt aus ergibt sich die Forderung, möglichst weglos zu messen.

Möge nun keine ausreichende Meßenergie verfügbar sein, oder sei der Wunsch maßgebend, die Meßenergie gering zu halten, um die Rückwirkung auf den Meßwert in Grenzen zu halten: in beiden Fällen benützt man die Meßenergie zur Steuerung einer größeren Energiequelle. Bei mechanischen Vorgängen spricht man von einem *Servomotor*, bei elektrischen von einem *Verstärker*, der das Meßergebnis endgültig anzeigt, schreibt, zählt. Bei Fernmeldung kann die Verstärkung an den Ausgangsort oder an den Empfangsort gelegt werden.

Rein mechanisch wird (Abb. 71) eine Schraubenspindel durch Kupplungen im einen oder anderen Sinn betätigt und verschiebt den Zeiger in die Sollstellung, wo dann durch eine Rückführung die Kupplung gelöst wird. Halbelektrisch ist die Ausführung mannigfach, meist potentiometrisch; das einfache Abtasten von Hand derjenigen Zeigerstellung, bei der das Nullgerät einspielt, bedeutet, daß der Mensch den Servomotor spielt; statt dessen erhält das Nullgerät Kontakte für Plus und Minus und steuert einen Elektromotor, der nun rechts oder links läuft, bis der Kontakt gelöst wird. Als Motor kann auch das Werk eines Wattzählers dienen (Abb. 73, 74).

Hier wie überall ist es wichtig, Rückwirkungen des Motors auf das Meßorgan zu vermeiden. Handelt es sich um Bedienung einer Laufgewichtswaage, die dadurch zu einer selbsttätigen wird, so muß also der Elektromotor, von den Anschlägen der Zunge betätigt, das Laufgewicht

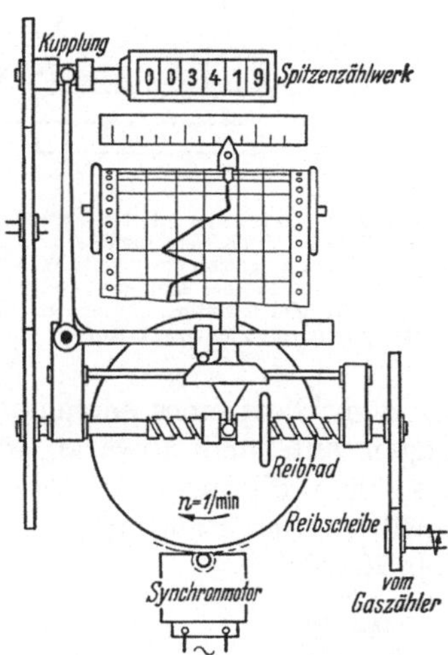

Abb. 71. Schreibgerät für Drehkolbengaszähler, verwendet in der Ruhrgasversorgung. Reibrad, getrieben vom Gaszähler, und Reibscheibe, getrieben vom Synchronmotor, laufen bei richtiger Zeigerstellung miteinander; läuft der Gaszähler schneller, so bewegt der Spindeltrieb Zeiger und Schreibzeug nach rechts bis zu neuem Ausgleich. Bei gewisser Höhe des Verbrauchs fällt der Gewichtshebel von der schiefen Ebene, das Spitzenzählwerk wird eingekuppelt (wegen höheren Tarifs). Fa. Aerzen.

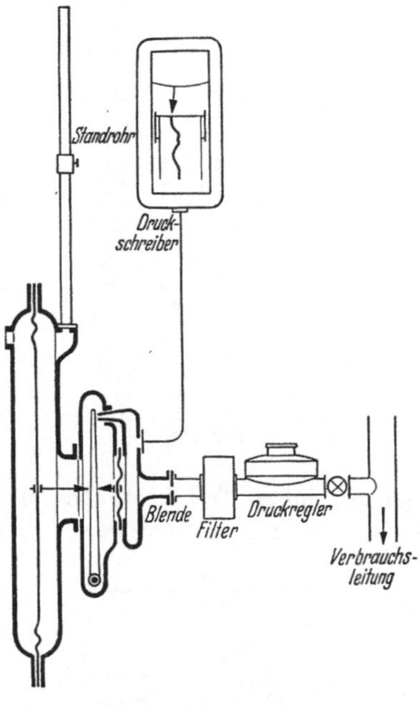

Abb. 72. Messung kleinen Dichteunterschiedes eines Gases gegen Luft durch Verstärkung; der Schreiber soll betrieben werden können. Im Standrohr entsteht je nach Höhe und Dichte ein Unterdruck, wirkend auf die große Membran; der Wiegehebel schließt die Düse; dadurch kommt Betriebsdruck auf die kleine Membran. Im Gleichgewicht zwischen den Membranen geht zum Druckschreiber ein im Flächenverhältnis der Membranen verstärkter Druck. Blasig, Wärme, 9·9·33. Fa. Askania.

verschieben. Führt man die Energie zum Verstellen des Laufgewichts mit Zahnrädern in den Laufbalken ein, so muß die Berührung der Teilkreise in der Ebene der Schneiden liegen.

In ähnlichem Sinn kann man bei Abb. 76 den Lastzuwachs am rechten Waagarm durch den Elektromotor ausgleichen lassen, der mehr oder weniger von einer Kette zur Wirkung auf den linken Waagarm freigibt; die Zählwerksachse folgt also der Last nach, das Zählwerk gibt sie jeweils an, und mittels der Kurvenscheibe wird auf dem Papier der Lastzuwachs aufgeschrieben, zu welchen Verrichtungen der Lastzuwachs selbst nicht ausreichen würde.

Selbsttätige Waagen benutzen vielfach die zu wägende Last als Servomotor, so bei der zu Abb. 210 beschriebenen Waage.

Man spricht bei diesen Einrichtungen auch wohl vom Prinzip der *Nachfolge*, das also gekennzeichnet ist durch den für einen

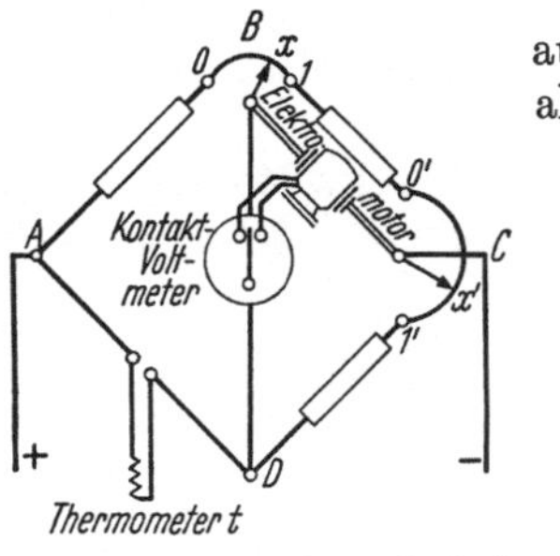

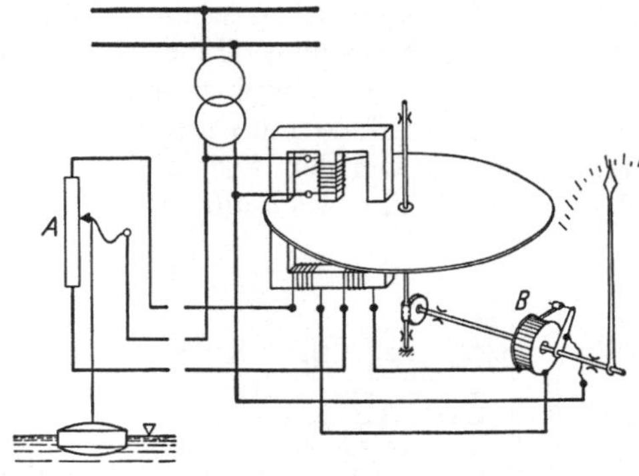

Abb. 73. Elektrisch-mechanische Brücke. Ursprünglich (bei $t = 0°$ C) stellt man die beiden Schleifer auf 0 und 0', dann seien die Widerstände nach dem Brückengesetz $AO : t = OO' : DO'$. Wird t größer, so läßt der Brückenstrom (notfalls über Relais) den Elektromotor laufen, die Schleifer laufen von 0 und 0' nach 1 und 1' so lange, bis Widerstand Ax wieder gleich dem neuen t. Dann ist aber jeder Stellung x des einen Schleifers eine bestimmte Stellung x' des anderen zugeordnet, also ist x oder x' ein Maß für t.

Abb. 74. Mechanisch-elektrischer Potentiometersender (Joedimo der Fa. Joens). Wechselstromzähler als Servomotor, Stromtriebeisen differentiell gewickelt; Wicklungen bleiben stromlos, wenn beide Potentiometer, Geber A und Zeiger B, vom Abgriff gleich unterteilt werden. Ähnlich Numo-System von Siemens & Halske.

energiereichen Teil bestehenden Zwang, dem Gang eines energiearmen jeweils zu folgen, sei es bei Änderungen auf- und abwärts, sei es bei solchen, die mehr oder weniger schnell in einer Richtung verlaufen (Abb. 76).

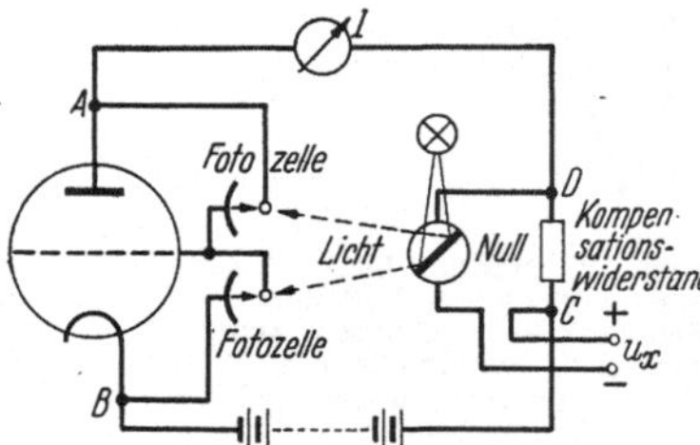

Abb. 75. Lichtelektrischer Verstärker. Meßgröße u_x (Spannung ab 20 μV, Strom ab 0,2 μA) soll bei I ein Schreibgerät mit 6 mA Bedarf bei Vollausschlag (etwa 60 μA Empfindlichkeit) betreiben; Verstärkung 300fach nötig. Ausschlag des Spiegelgalvanometers verlagert Lichtkegel auf eine der Fotozellen, ändert potentiometerartig die Gitterspannung der Elektronenröhre (Abb. 80) und daher den Anodenstrom I. Dessen Änderungen beeinflussen den Spannungsabfall im passend bemessenen Widerstand CD so, daß Spiegel in Nullstellung geht, nur in dieser entsteht neuer Ausgleich; also stromlose Messung der Spannung u_x. Fa. Siemens & Halske, ähnlich Hartmann & Braun und andere.

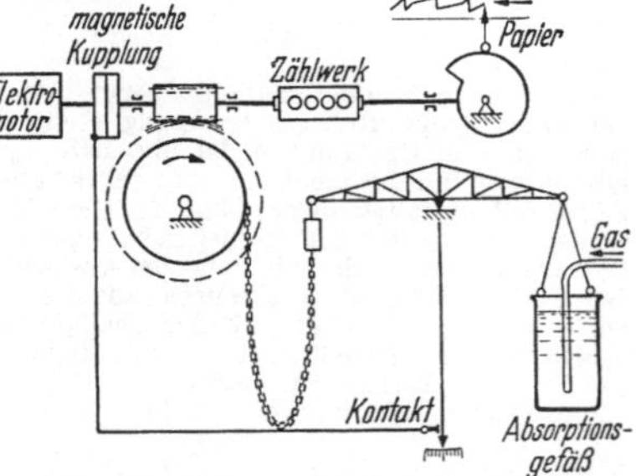

Abb. 76. Kettenwaage als Nachfolgeeinrichtung beim Gasspurenschreiber. Je nach absorbierbaren Bestandteilen im Gas wird das Absorptionsgefäß schwerer, Kontakt gibt Kette nach, bis Waage einspielt, Ergebnis gezählt und registriert. UHINK: Z. Instrumentenkde 1926, S. 519.

Die einfachste Folgerung aus diesen Gedanken besteht darin, die Stellung des Fühlers, etwa eines Käfigs, direkt anzeigen zu lassen, aber von einem so kräftigen Meßwerk, daß Weiteres auch zum Schreiben nicht nötig ist; beim Schreiber (Abb. 48) ist das Meßelement um zwei

Zehnerpotenzen kräftiger als beim einfachen Zeigergerät. Die kompliziertesten, wohl auch vollkommensten, aber teuren Geräte amerikani-

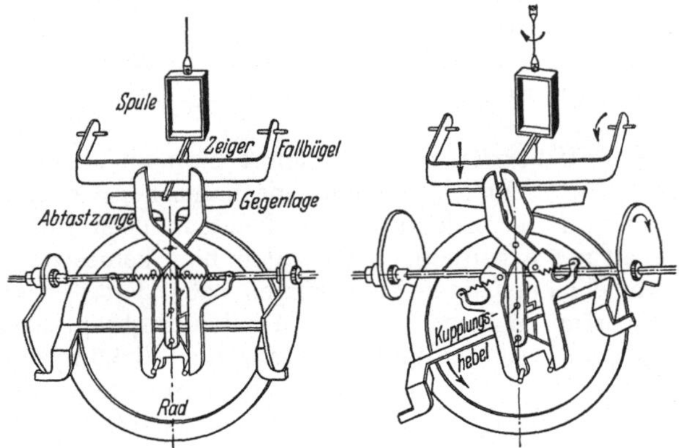

Abb. 77. Halbmechanischer Vielfach-Punktschreiber nach Leeds, in Nullschaltung nach Abb. 78 arbeitend. Alle Bewegungen durch ein Laufwerk mit Elektromotor mechanisch betätigt. Wirkweise etwa: links Triebwerk in Ruhelage, Galvanometerspule stromlos, Zeiger auf Null. Rechts: Zeiger war ausgeschlagen, zum Abtasten seiner Stellung hatte der Fallbügel ihn auf Gegenlage festgeklemmt, Abtastzange hatte den Zeiger umklammert und dabei den Kupplungshebel, je nach Zeigerstellung, mehr oder weniger verdreht; daher dessen Stellung ein Maß für den Spulenstrom, der nun auf Null gebracht werden soll. Kupplungshebel senkt sich aufs Rad und nimmt dieses, daher den Spannungsteiler Abb. 78 mit, bis die Kurvenscheiben ihn auslösen, also um so weiter, je mehr der Kupplungshebel verstellt worden war, je weiter der Zeiger von der Nullstellung abwich; bei richtiger Justierung des Ganzen wird gerade Nullstellung der Spule und des Zeigers erreicht. Die Stellung des Spannungsteilers als Maß der Meßgröße, z. B. Spannung des Thermoelements im stromlosen Zustand, also seiner EMK, wird aufgeschrieben. — Neuere Geräte tasten schon neu ab, während das Laufwerk die vorige Abtastung noch verarbeitet. Fa. Leeds & Northrup; MECI.

schen Ursprungs (Abb. 77) werden auch bei uns vertrieben. Die neueren Geräte dieser Ausführung tasten alle 2 s ab, verarbeiten also das Ganze in 4 s; dazu muß der 40-W-Synchronmotor kräftig anlaufen, wozu ihm eine elektronische Verstärkung des Impulses verhilft; es gibt Geräte für 62 Anzeigen auf einem 25 cm breiten Papierband, jede Meßstelle wird dann fast alle 2 min abgetastet; indem ein Gerät also 10 Sechsfach-Schreiber ersetzt,

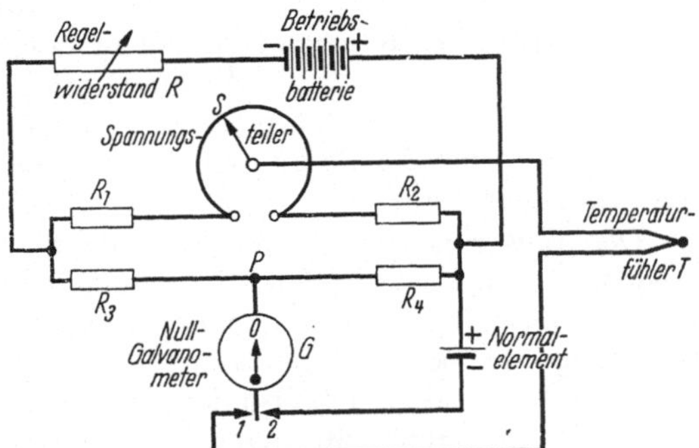

Abb. 78. Potentiometrische Brückenschaltung zu Abb. 77. Im allgemeinen liegt G an 1, und nun regelt Mechanismus Abb. 77 den Abgriff S ein, bis G Null zeigt, denn in der Brücke ST 1 GP wirkt die auszugleichende EMK, etwa eines Thermoelements. Alle Stunden wird G vom Mechanismus auf 2 geschaltet und dann R auf Null nachgeregelt, dann hat das Brückenviereck $R_1 \ldots R_4$ die vorgeschriebene Spannung. Das Normalelement, praktisch ohne Stromentnahme, hält seine Spannung jahrelang.

meint der Hersteller, diesen gegenüber konkurrenzfähig zu sein — in Fällen, wo 62 Meßstellen nötig sind. Die Anordnungen werden verschiedensten Zwecken angepaßt: Thermoelemente, Gesamtstrahlungs-pyrometer, p_H-Wertmesser und andere Geräte werden bedient, mit Nullmethode durch potentiometrische Gegenschaltung der bekannten Spannung einer Batterie; da diese in der Spannung nachläßt, wird sie automatisch alle 50 min, nach 1500 Spielen, mit einem Normalelement stromarm verglichen und auf Stromlosigkeit abgeglichen; das Normalelement bewahrt die richtige Spannung lange.

Bei dem Begriff *Verstärkertechnik* denkt man im allgemeinen nicht an diese Arten von mehr oder weniger mechanischen Geräten, sondern er bezieht sich auf die elektronisch wirkenden, meist mit Röhren in Verstärkerschaltung arbeitenden. Es sollen hier keineswegs die möglichen sehr verschiedenartigen Schaltungen behandelt werden; nur die Schaltelemente sind in ihrer Wirkung ähnlich zu besprechen, wie an anderer Stelle die Wirkung eines Tachometers im Prinzip, nicht aber in den Konstruktionseinzelheiten, oder gar deren Berechnung, gegeben wird. Verstärker für verschiedene Zwecke werden fertig gekauft; wer sich im einzelnen mit ihnen befaßt, findet eine reiche Literatur — die übrigens gerade manches, was hier besprochen wird, nicht bringt, weil es als geläufig vorausgesetzt wird.

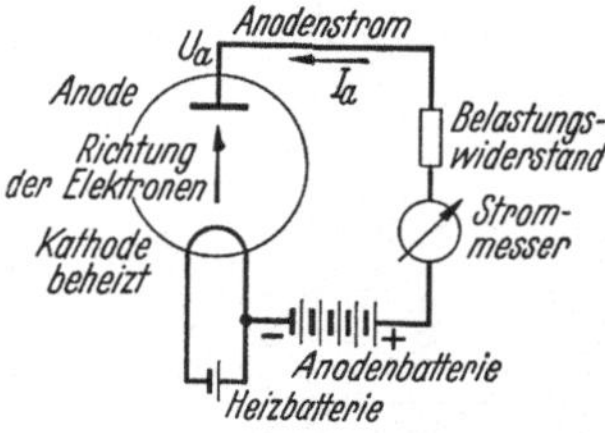

Abb. 79. Schema einer Diode. Glühkathode, beheizt mit 2 bis 4 Volt, sendet eine Elektronenwolke zur Anode, es entsteht der Anodenstrom I_a, (nach alter Übereinkunft leider) der Elektronenrichtung entgegengesetzt, Elektronen gehen also von − nach +. Die Anodenbatterie, 100 bis 200 Volt, hat die Elektronen nachzuspeisen, hat auch Anodenspannung U_a auf passendem Wert zu halten.

Die einfachste Röhre ist die *Diode*; sie hat eine von der Heizbatterie mit etwa 4 V geheizte Kathode, die im Glühzustand Elektronen aussendet, eine Anode fängt dieselben auf; es entsteht ein dauernder Strom, wenn eine Anodenbatterie ausreichender Spannung, beispielsweise 200 Volt, Elektronen nachliefert; dabei kommt die Anode an den Pluspol, die Kathode an den Minuspol der Anodenbatterie.

Der Elektronenstrom von Kathode zu Anode geht also von dem niederen zum höheren Potential, denn bekanntlich hat man sich geirrt, als man bei Entdeckung der Elektrizität der geriebenen Siegellackstange die positive Elektrizität zuschrieb; der Elektronenschwarm in der Röhre bewegt sich also dem sogenannten elektrischen Strom entgegen, der mit einem Stromanzeiger gemessen werden kann; liefert dabei die Anodenbatterie, an der Anode gemessen, die Spannung U_a (die Kathode wird meist an Erde gelegt und hat $U = 0$) und den Anodenstrom I_a, so gilt $R = U_a/I_a$ als der Widerstand der Röhre; er ist stets groß, 10000 Ohm und viel mehr; ihm gegenüber verschwinden die anderen Widerstände, es sei denn, man verwende solche von ähnlicher Größenordnung, die hochohmigen Widerstände aus keramischen Stoffen.

Die meisten Röhren sind nicht Dioden mit nur zwei Elektroden. Eine *Triode* hat zwischen Kathode und Anode noch ein Gitter zum Steuern des Stromes; Röhren mit mehreren Gittern, etwa Pentoden mit im ganzen fünf Elektroden, verbessern die Wirkung der Triode, ohne grundsätzlich Neues zu erreichen. Bei der Triode also richtet sich die Stärke der von der Kathode ausgehenden Elektronenwolke nach der an das Gitter gelegten Spannung, das übrigens selbst die Elektronen zur Anode durchgehen läßt und solche weder aufnimmt noch abgibt; zum Abgeben von Elektronen fehlt ihm die Temperatur, am Aufnehmen ist es verhindert, solange sein Potential niedriger ist als das der Kathode, man sagt kurz, die Gitterspannung U_g muß stets negativ sein; denn das Potential der Kathode, die wieder an Erde liegt, wird mit Null bezeichnet. Das ist allerdings bei der direkt beheizten Kathode (Abb. 79) ein etwas verwaschener Begriff, da ihr Potential von einem zum anderen Ende um die Spannung der Heizbatterie, 2 bis 4 V, abfällt; teilweise deshalb wird die Kathode meist indirekt beheizt: die Heizbatterie erhitzt einen Faden, der gegen die eigentliche Kathode strahlt und nur einseitig mit ihr verbunden ist, sich also im Potential nicht wesentlich von ihr unterscheidet; indirekt geheizte

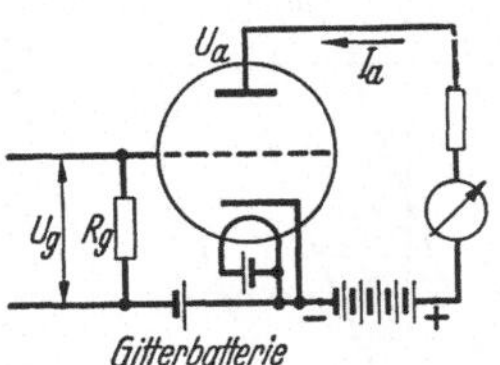

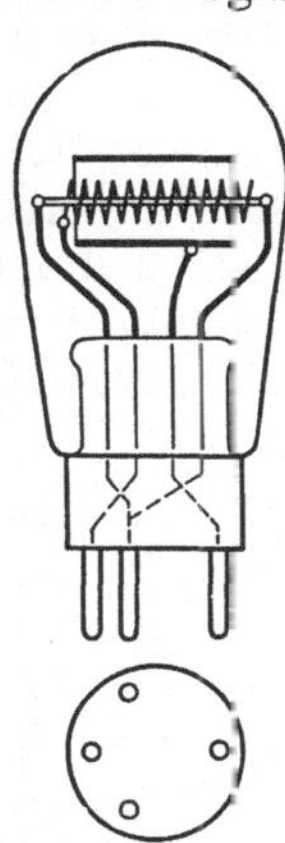

Abb. 80. Sinnbild einer Triode. Gitterspannung U_g steuert den Elektronenstrom. Um die Spannung Kathode–Gitter $= U_g$ eindeutig festzulegen, ist die Kathode nicht selbst beheizt, sondern wird vom Glühkörper bestrahlt.

Abb. 81. Ausführungsschema einer Triode. Stabförmige Kathode, von gewendeltem Gitter und zylindrischer Anode umgeben; diese Teile haben in Wahrheit nur Abstände von zehntel Millimetern gegeneinander. Viele andere Bauweisen.

Röhren lassen sich auch mit Wechselstrom heizen. Der Gitterwiderstand R_g überträgt die negative Gitterspannung U_g auf das Gitter, dessen Spannung nun um U_g pendelt; hierüber S. 60.

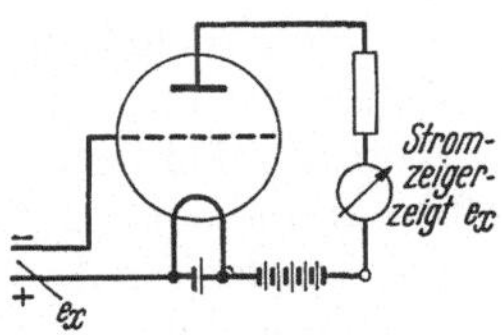

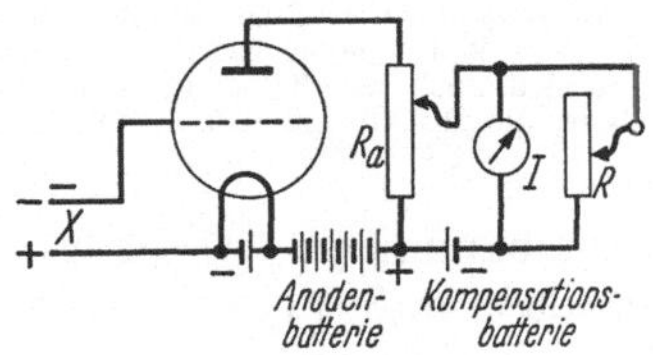

Abb. 82. Primitives Röhrenvoltmeter. Angabe des Stromzeigers ist Maß für die Spannung e_x. Diese unveränderlich, also kein Gitterwiderstand.

Abb. 83. Röhrenvoltmeter nach KORDATZKI, mit zwei Potentiometern zum Einstellen von Null und Höchstwert. Für $X = 0$ wird Spannung am Anodenwiderstand R_a so abgegriffen, daß Stromzeiger auf Null; nun bekannte Spannung angelegt, etwa $X = 100$ mV, R so eingeregelt, daß Stromzeiger auf Höchstwert. Nun zeigt Stromzeiger alle Werte bis 100 mV richtig an, solange die Batterien sich nicht ändern; Anodenstrom bei $X = 0$ ist wegkompensiert.

Da bei sonst konstanten Verhältnissen der Anodenstrom von der Spannung am Gitter abhängt, mit ihr sogar ziemlich proportional wächst, so kann er zur Messung einer an das Gitter gelegten Spannung dienen; und da das Gitter ordnungsmäßig Strom weder aufnimmt noch abgibt, so wird mit dem *Röhren-Voltmeter* eine Spannung stromlos gemessen. Nur zum Aufladen des Gitters ist erstmals Strom nötig, jedoch so wenig, daß es sich nur in seltenen Fällen bemerkbar macht. Allerdings bedient man sich für das Röhren-Voltmeter einer hierfür besonders entwickelten *Elektrometerröhre*, deren Gitter kleine Kapazität hat, um wenig Strom zum Aufladen zu brauchen, und deren Gitter durch Bernstein hindurch eingeführt ist, damit nicht Strom durch die Feuchtigkeitsschicht hindurch abgeführt wird, die sich auf Glas zu bilden pflegt und Kriechströme entführt. Zur bequemen Handhabung ist noch dreierlei nötig: die Röhre sollte in solchen Bereich der Röhrenkennlinie (siehe sogleich) gebracht werden, wo U_a und I_g einander proportional sind; der Strommesser sollte nahe seinem größten Ausschlag arbeiten; und wenn die Anodenbatterie in der Spannung nachläßt, muß die Anodenspannung nach einem Spannungszeiger auf den alten Wert eingestellt werden

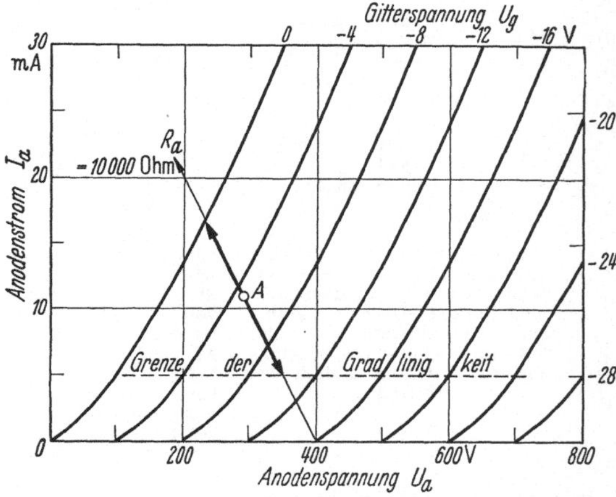

Abb. 84. Kennlinienfeld einer Triode: Werte $I_a = f(U_a)$ bei jeweils konstantem U_g. Eingezeichnet: Arbeitslinie für R_a = 10000 Ohm bei E_a = 400 V, Spannungsabfall 100 V bei 10 mA Anodenstrom. Um den Anodenstrom von 7,45 auf 12, um 4,55 mA steigen zu machen, ist die Gitterspannung von 8 auf 4 V zu senken; wieviel Strom für diese Senkung nötig ist, richtet sich nach der Kapazität des Gitters und seines Zubehörs, die deshalb möglichst gering gehalten wird.

können. Die letzte Forderung ist hinfällig, seit statt der schwerfälligen Batterie ein Netzanschlußgerät die Quelle der Ströme oder Spannungen zu sein pflegt.

Sind diese Voraussetzungen erfüllt, so mißt das Röhrenvoltmeter, das hier im Vorbeigehen besprochen wurde, einmal geeicht, die ans Gitter gelegte Spannung energielos, ohne Stromentnahme. Das ist nötig beim Arbeiten mit Piezoquarzen und bei der p_H-Messung.

Das Verhalten der Röhre ist durch drei Werte gekennzeichnet: die Gitterspannung U_g ist die Abbildung des Meßwerts und soll verstärkt werden; dazu mißt man entweder den Anodenstrom I_a oder die Anodenspannung U_a; wenn aber eine Verstärkerstufe nicht ausreicht, wird die Anodenspannung der ersten auf das Gitter der zweiten Röhre gelegt, und erst diese oder gar eine dritte betätigt das Meßwerk. Der Zusammenhang zwischen den drei Größen wird durch Versuch gefunden und im Kennlinienfeld dargestellt, meist indem Kurven gleicher Gitterspannung U_g in das Bild $I_a = f(U_a)$ eingetragen werden. Die Kurven verlaufen, abgesehen vom untersten Teil, fast gradlinig und bezüglich der Gitterspannung auch äquidistant, man kann also hoffen, daß eine Verstärkung proportional geschieht, sofern man ganz kleine Anodenströme vermeidet. Bei $R_a = \infty$, also $I_a = 0$ wäre die Anodenspannung U_a gleich E_a, der EMK der Anodenbatterie; allgemein ist $U_a = E_a - I_a R_a$, also gegeben durch eine Gerade durch E_a mit der Neigung $\mathrm{tg}\,\varphi = \Delta I_a / \Delta U_a$, die Widerstandsgerade. Auf dieser *Arbeitslinie* bewegen sich die beiden Spannungen

U_g und U_a auf und ab. Die obere Grenze für dieses Auf- und Abpendeln ist gegeben durch den Wert $U_g = 0$, denn bei positiver Gitterspannung nimmt auch das Gitter Strom auf und stört den Elektronenstrom der Kathode, den sie nur stromlos steuern soll, die untere Grenze ist gegeben, indem man aus dem Gebiet der Krümmung herausbleiben möchte, wenigstens wäre dort, bis Null herunter, der Maßstab nicht gleichmäßig. Auf der Arbeitslinie ist also nur eine bestimmte *Arbeitsstrecke* verwendbar. Dabei läßt sich ausmessen, daß zu gewissen Änderungen ΔU_g der Gitterspannung 10- bis 15mal größere ΔU_a der Anodenspannung zugeordnet sind; dies ist eben die Verstärkerwirkung, und zwar die Spannungsverstärkung. Aber auch der Strom verstärkt sich von dem kleinen Wert, mit dem das Gitter beaufschlagt wird und von dem allerdings manches durch mangelhafte Isolation und durch den Gitterwiderstand verlorengeht, auf den Anodenstrom. Für die Leistungsverstärkung kommt es auf das Produkt Spannung mal Strom an. In beiden Hinsichten ist die Pentode der Triode überlegen, sie hat wesentlich anders verlaufende Kennlinien und ergibt daher Spannungsverstärkungen auf das Hundertfache und mehr. Die zusätzliche Energie wird von der Anodenbatterie hergegeben, an deren Stelle heute meist ein Netzanschlußgerät tritt, mit dem sich alle Spannungen bequem herstellen lassen.

Hiernach läßt sich ein *Gleichstromverstärker* aus Trioden, stärker wirkend aus

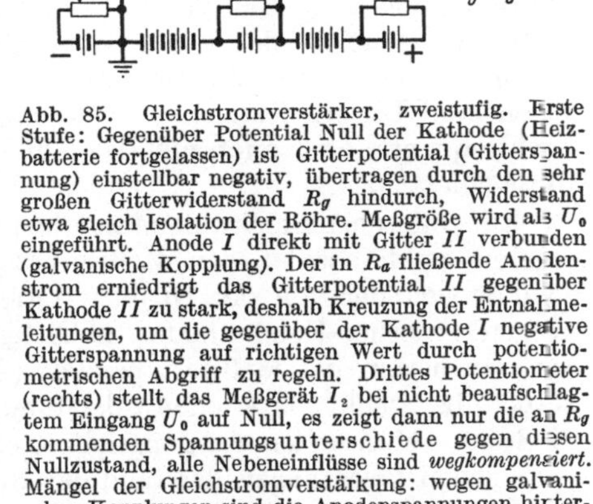

Abb. 85. Gleichstromverstärker, zweistufig. Erste Stufe: Gegenüber Potential Null der Kathode (Heizbatterie fortgelassen) ist Gitterpotential (Gitterspannung) einstellbar negativ, übertragen durch den sehr großen Gitterwiderstand R_g hindurch, Widerstand etwa gleich Isolation der Röhre. Meßgröße wird als U_0 eingeführt. Anode I direkt mit Gitter II verbunden (galvanische Kopplung). Der in R_a fließende Anodenstrom erniedrigt das Gitterpotential II gegenüber Kathode II zu stark, deshalb Kreuzung der Entnahmeleitungen, um die gegenüber der Kathode I negative Gitterspannung auf richtigen Wert durch potentiometrischen Abgriff zu regeln. Drittes Potentiometer (rechts) stellt das Meßgerät I_2 bei nicht beaufschlagtem Eingang U_0 auf Null, es zeigt dann nur die an R_g kommenden Spannungsunterschiede gegen diesen Nullzustand, alle Nebeneinflüsse sind *wegkompensiert*. Mängel der Gleichstromverstärkung: wegen galvanischer Kopplungen sind die Anodenspannungen hintereinandergeschaltet, daher hohe Spannungen gegen Erde, Potentialverluste durch Kriechströme, die schon an sich bei Gleichspannung größer sind als bei Wechselspannung, siehe das über hochohmige Widerstände Gesagte. Verluste in Stufe I gehen vergrößert in II ein, deshalb Röhre I als Elektrometerröhre, Gitterisolation mit Bernstein. Folge trotzdem: Nullpunkt hält sich nicht. Dazu hoher Preis der vielgliedrigen Batterie, die allerdings heute durch Netzanschluß (Transformator und Gleichrichter) ersetzt wird.

oden, stärker wirkend aus Pentoden aufbauen, je nach der anfangs verfügbaren Meßenergie ein- oder mehrstufig; für den Kathodenstrahl-Oszillographen ist meist eine Stufe mehr nötig als für den Schleifen-Oszillographen. Die Wirkweise ist bei Abb. 85 beschrieben, nur über die in der Verstärkertechnik viel verwendeten hochohmigen Blockwiderstände ist einiges zu sagen. Sie sind aus keramischem Material stabförmig gepreßt und gehen bis zu 10, ja 100 Megohm ($1\,\mathrm{M}\Omega = 1\,000\,000\,\Omega$), da sie gegen den Innenwiderstand der Röhre groß sein sollen. Sie wirken zunächst wie jeder andere Widerstand; mit ihrer Hilfe kann man eine Spannung unterteilen, so $R_0 R_1 R_2$ in Abb. 52. Diese Widerstände sollen sehr groß sein, damit fast kein Strom durch sie geht. Man kann sie auf Strom- oder Spannungsmessung schalten, so ist R in Abb. 85 geschaltet wie G in Abb. 35. Die Blockwiderstände erfüllen aber eine weitere Aufgabe: sie übertragen eine Gleichspannung ohne doch einen Wechselstrom merklich durchzulassen. Diese Wirkung läßt sich aus der Notwendigkeit erläutern, Maschinengestelle oder den Kühlschrank zu erden, obwohl die stromführenden Teile gegen das Gestell isoliert sind; man denkt dabei weniger an einen auftretenden Isolationsfehler der Wicklung, sondern auch ohne solchen lädt sich das Gestell auf, sobald die Wechselspannung des Stromes nicht symmetrisch um das Erdpotential pendelt; meist dient der an Erde liegende Mittelleiter eines Drehstromnetzes als einer der Wechselstromleiter, also ist im anderen eine stromlose Gleichspannung halber Höhe über den Wechselstrom gelagert, und diese teilt sich dem Gestell (in elektrischem Sinn allmählich, je nach der dahinterstehenden Kapazität) in voller Höhe mit, durch den großen, immerhin endlichen Isolationswiderstand der Windungen hindurch; die Wechselspannung aber zeigt sich nicht nach außen. In gleicher Weise lassen die großen Widerstände der Röhrenschaltungen eine Gleichspannung fast stromlos durchtreten und legen dadurch den Potentialunterschied zwischen zwei Leitern fest, ohne doch eine Wechselspannung, zumal eine hochfrequente, oder auch nur das Auf und Ab der Meßgröße merklich durchzulassen.

Ein Ohmscher Blockwiderstand überbrückt als Gitterwiderstand R_g regelmäßig die beiden den Meßwert zuführenden Eingangsleiter; nur so läßt sich der von der Gitterbatterie bestimmte Spannungsunterschied zwischen Heizkathode und Gitter herstellen und aufrecht halten, um den herum der Meßwert pendelt (Abb. 84). Ein ähnlicher Widerstand überbrückt als Anodenwiderstand R_a die beiden den verstärkten Meßwert abführenden Ausgangsleiter, er bildet dabei zugleich den besprochenen Belastungswiderstand der Röhre und bestimmt die Neigung der Arbeitslinie; zu ihm parallel werden die Platten des Kathodenstrahl-Oszillographen angeschlossen, und da diese keinen Strom durchlassen, könnte ohne den Belastungswiderstand der Elektronenstrom in der Röhre gar nicht in Fluß kommen; die Spannungsableitung durch ihn ist nicht erheblich, übrigens in die Eichung eingeschlossen. Wird beim Schleifen-Oszillographen Stromstärke gemessen, so übernimmt die Schleife überwiegend die Stromführung, und die Arbeitslinie verdreht sich. Beim Gleichstromverstärker bildet noch ein Hochohmwiderstand R_a (Abb. 85) zwischen den Stufen den Anodenwiderstand der vorhergehenden und den Gitterwiderstand der folgenden Stufe.

Der Gleichstromverstärker, zumal der mehrstufige, hat Schwächen; die Potentiale der weiteren Stufen bauen sich auf die der ersten auf, man kommt also auf hohe Potentiale, teure Batterien und Isolationsschwierigkeiten, dadurch auf schlechte Konstanz des Nullpunktes, was die Messung erschwert. Was über das verschiedene Verhalten der Blockwiderstände gegen Gleich- und Wechselstrom gesagt wurde, gilt ebenso für die Isolationswiderstände, die ihnen in der Größenordnung gleich sind und also wie ungewollte Blockwiderstände wirken, sie isolieren gegen Wechselstrom besser als gegen Gleichstrom. Wo also nach der Natur der Sache Gleichstrom entsteht, da zerhackt man ihn wenigstens, Abb. 484; nur in Sonderfällen bleibt man beim Gleichstrom: der Piezoquarz erzeugt ein so schwaches Gleichpotential, daß man es keiner unnötigen Operation unterwirft; und Klopfvorgänge im Brennkraftmotor geben so steile Fronten, daß man aus den bei Abb. 68 geschilderten Gründen allzu hohe Frequenzen nötig hätte, um die Vorgänge durch Modulation lückenlos darzustellen (L. 303).

Möglichst aber arbeitet man mit Wechselstrom, das heißt, man verwendet eine Trägerfrequenz, am einfachsten $f = 50$ Hz, nach Bedarf eine höhere. Die untersuchte Erscheinung wird durch die Amplitude der Schwingungen abgebildet, etwa nach Abb. 68, und nun laufen die einzelnen Perioden 50mal sekundlich auf der schrägen Arbeits-strecke der Abb. 84 auf und ab. Die Spannungen U_g und U_a und der Anodenstrom I_a meinen jetzt die Effektivwerte dieser Wechselwerte; sie werden später gleichgerichtet und so gemessen. Wenn aber U_g und U_a die Effektivwerte sein sollen, so dürfen diese nicht die ganze Arbeitsstrecke bestreichen; vielmehr müssen sich die Höchstwerte auf der Arbeitsstrecke halten, die bekanntlich $\sqrt{2} = 1{,}4$ mal weiter ausholen als der Effektivwert, ihr quadratischer Mittelwert, angibt. Also sollten sich die Momentanwerte u_g, u_a, i_a in demselben Be-

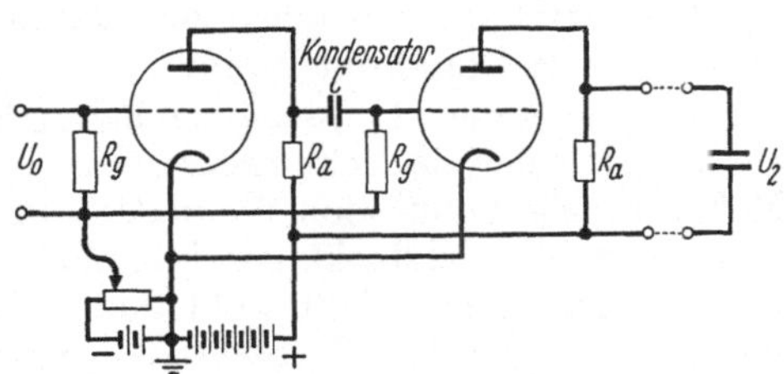

Abb. 86. Einfachster Wechselstromverstärker, sogenannter RC-Verstärker, mit Blockwiderständen R für die Festlegung der Potentiale und Kondensator C zum Übertragen der vorverstärkten Wechselspannung auf die nächste Stufe. Schema einer zweistufigen Ausführung, beide Stufen ganz gleichgebaut und -geschaltet, von den gleichen Batterien gespeist (an deren Stelle meist Netzanschluß mit Gleichrichter tritt). Scheinwiderstand $1/\omega C$ klein gegen R_a, erst recht gegen R_g, also C um so kleiner und billiger, je höher die Frequenz $f = 2\pi\,\omega$. Amplitude der Wechselspannung U_0 bildet jetzt U_g, kurz wieder Gitterspannung genannt; Gitterbatterie hält das mittlere Potential des Gitters so, daß es bei Einwirkung von U_g stets negativ, ja in dem Bereich der Gradlinigkeit Abb. 84 bleibt. Es wird Amplitude $U_2 > U_0$, Verstärkung U_2/U_0; am großen Belastungswiderstand (z. B. 100000 Ohm) wird U_2 abgegriffen und auf die Platten des Oszillographen gebracht.

reich halten wie früher der Gleichstrom, der Momentanwert u_g soll jetzt negative Werte und den Bereich der Krümmung vermeiden. Sinkt die abgebildete Größe auf Null, so kann — nicht: muß — auch $u_g = 0$ werden, der Zustand der Röhre stellt sich dann auf einen Arbeitsruhepunkt ein; um ihn pendeln, wenn $U_g \neq 0$ wird, die Zeitwerte auf und ab; zweckmäßig liegt der Arbeitsruhepunkt in der Mitte der Arbeitsstrecke, A in Abb. 84.

Der Arbeitsruhepunkt wird hergestellt, indem die Gitterbatterie dem Gitter eine negative Vorspannung gibt, die Anodenbatterie der Anode eine positive; über diese Gleichwerte lagern sich die Wechselwerte der Trägerfrequenz und U_g wird auf U_a verstärkt (in Abb. 86 U_0 auf U_2). Die Wechselwerte pendeln also um den Arbeitsruhepunkt und rechnen nicht von Null aus, wie es bei Gleichstrom geschah. Da übrigens der Belastungswiderstand auch einen kapazitiven und induktiven Anteil hat, so können I_a und U_a eine Fasenverschiebung gegeneinander bekommen, und die Arbeitsstrecke wird dann zu einer ellipsenartigen Kurve um den Arbeitsruhepunkt herum.

Die Arbeitslinie wird durch U_a und R_a festgelegt; auf ihr bestimmt der einstellbare Wert U_g den Arbeitsruhepunkt; die Gitterspannung soll einen genau präzisierten Wert gegenüber der Kathode haben, um deren Elektronenemission zu steuern. Die Gittervorspannung U_g wird von der Gitterbatterie hergestellt, in einem Potentiometer feingeregelt und durch einen Blockwiderstand auf das Gitter übertragen. Bei mehrstufigem Verstärker bekommen die Röhren I, II, ... die gleichen oder wenig verschiedene Spannungen U_g und U_a, die Potentiale der einzelnen Stufen bauen sich also nicht aufeinander auf wie bei Gleichstrom, hohe Potentiale mit ihren Isolationsschwierigkeiten und aus unvollkommener Isolation herrührender Nullpunktverschiebung werden vermieden. Die Wechselspannungen der Trägerfrequenz und der modulierenden Meßgröße lassen sich eben durch Koppelkondensatoren, vielleicht auch induktiv durch Übertrager, von einer zur nächsten Stufe leiten, ohne daß das Gleichpotential hindurch kann.

Nachdem diese konstant zu haltenden Spannungen einmal eingestellt sind, sollen sie nicht gestört werden, wenn ihnen die Abbildung der Meßgröße als Modulation überlagert, in das Gitter der Eingangsröhre eingeführt und verstärkt der Endanode entnommen wird. Einführung und Entnahme geschieht wohl durch Übertrager, das ist ein Spulenpaar, deren eine die Wechselgröße induktiv an die andere weitergibt.

Vor Beginn eines Versuches wird der Nullpunkt eingestellt: die Meßgröße wird auf Null gebracht und nun das Meßgerät auch auf Null eingestellt, alle Nebeneinflüsse sind dann wegkompensiert; von der Konstanz dieses Nullpunktes hat man sich ausreichend oft zu überzeugen. Erstrebt der Versuch auch die Messung (nicht nur die Beobachtung) der Meßgröße, so wird die ganze Anordnung noch geeicht: die Meßgröße erhält bekannte Werte a, b, ..., und der Ausschlag des Meßgeräts wird beobachtet.

Bei schnell veränderlichen Meßgrößen ist noch die Frage zu stellen, ob die statische Eichung auch für das entstehende Bild maßstäblich gilt oder ob Verzerrungen eintreten. Es gilt, was für mechanische Geräte in § 5 dargelegt wurde. Der Verlauf der Meßgröße, etwa das Indikator-Zeitdiagramm, läßt sich auffassen als ein Bündel von Schwingungen, eine Grundfrequenz f ist überlagert von Oberschwingungen $2f$, $3f$..., die verschiedene Amplitude haben und auch in der Fase gegeneinander versetzt sind.

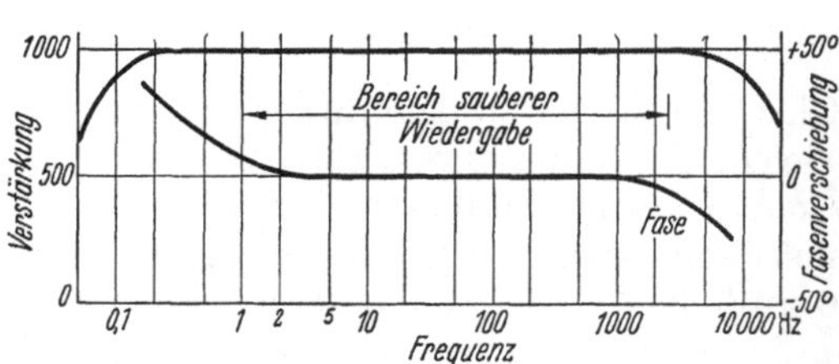

Abb. 87. Frequenzkennlinien eines für Maschinenuntersuchung geeigneten 1000fach-Verstärkers. 10% Fehler im Verstärkungsgrad und 5% Phasenverschiebung sind in der Verzerrung etwa gleichwirkend, beide Grenzen sind nur im Gebiet 1,5 bis 1500 Hz eingehalten, außerhalb dieser drei Dekaden gleich zehn Oktaven sollten keine wesentlichen Frequenzen im Diagramm enthalten sein. Fa. Philips.

Der Verstärker muß bei allen Frequenzen, die für das Zustandekommen des Gesamtbildes wesentlich sind, die Amplituden gleichmäßig verstärken und die Fase gleichmäßig verzögern, sonst verzerrt sich die Gestalt des abgebildeten Vorganges. Diese Bedingungen lassen sich nur für einen beschränkten Frequenzbereich erfüllen, zumal wenn beide zutreffen sollen; man kann etwa auf 3 Dekaden gleich 10 Oktaven rechnen, in denen die Verstärkung wirklich einwandfrei ist, das sind immerhin 1000 Obertöne, wenn der Verstärker grade bei der Grundschwingung des Meßvorgangs richtig anzusprechen beginnt. Die Grundschwingung ist nun bei Kolbenmaschinen die Drehzahl, bei Viertakt die halbe Drehzahl; beim Viertaktautomotor $n = 2400/\text{min}$ ist $f_1 = 20$ Hz, bei einer Dampfmaschine $n = 90/\text{min}$ ist $f_1 = 1{,}5$ Hz; das sind für elektrische Schwingungen abnorm niedrige Werte, und Maschinenindikatoren brauchen daher Sonderverstärker. Benutzt man dann für den Automotor einen für 1,5 Hz ge-

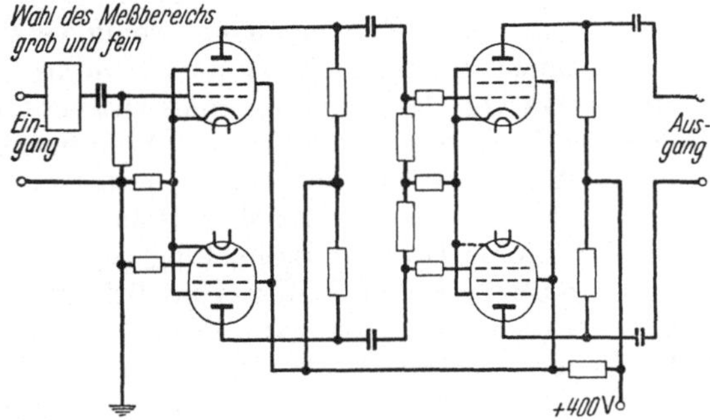

Abb. 88. Schaltung eines Verstärkers für die niedrigen Frequenzen des Maschinenbaus, vereinfacht. Zwei Stufen, beide im Gegentakt (obere und untere Röhre je symmetrisch) geschaltet; die Pentoden haben hinter dem Steuergitter ein Schirmgitter (diese alle vier auf einer Spannung) und ein Bremsgitter (jeweils auf der Spannung der zugehörigen Kathode). Eingang und Ausgang sind durch Kondensatoren gegen hohe Gleichspannung gesichert. Ergebnis Abb. 87. Heizquelle fortgelassen. Fa. Philips, GM 3156, deren Techn. Rdsch. Okt. 1940.

eigneten Sonderverstärker, so gibt er nur noch $1000 : 20 = 50$ Oberschwingungen richtig wieder — was oft auch ausreichen mag, nicht aber, wenn der Motor klopft.

Auch sonst lassen die nach Kennlinie verschiedenen Röhren in Verbindung mit verschiedenen Widerständen, Spannungen und anderen Variationsmöglichkeiten Verstärker mit verschiedenen Eigenschaften entstehen. Die erste Stufe sucht im Vorverstärker die Spannung zu verstärken, denn Strom und daher Leistung ist an die nächste Stufe kaum abzugeben, deren Gitter wird, von Isolationsverlusten abgesehen, stromlos gesteuert. Die letzte Verstärkerstufe soll aber ein Meßgerät betätigen, was im allgemeinen Energie verlangt. Die Ausgangsröhre mit ihrer Schaltung wird dann darauf angelegt, daß sie das Produkt $I_a \cdot U_a = N$, eben die Leistung möglichst erhöht.

Die Endstufe des Verstärkers von Oszillographen wird auch als Gegentaktstufe ausgebildet, um bessere Symmetrie der Verstärkung zu bekommen; wird eine reine Sinuslinie verstärkt, so soll der negative Ast dem positiven gleich bleiben. Unsymmetrien rühren namentlich von ungleicher Kapazität gegen Erde her. Schaltet man zwei Verstärker zueinander parallel, so lassen sich solche Unsymmetrien durch Gegenkopplungen ausgleichen. — Baut man nicht nur die Endstufe, sondern auch die Vorverstärker im Gegentakt, so lassen sich auch Schwankungen der Netzspannung ausgleichen. Eine solche Schaltung sei einfach in Abb. 88 gezeigt. —

Am Schluß des vorigen Paragraphen wurden schon die Schwierigkeiten bei der Verstärkung einer durch Piezoquarz erzeugten elektrischen Abbildung angedeutet. Jede Isolierung ist unvollkommen, so auch die des Gitters einer Röhre. Beim Piezoquarz fehlt jede Quelle zum Nachspeisen, denn Gitterbatterie und -widerstand bleiben im allgemeinen fort, wie bei Abb. 83. Also sind erstens, wenn die Ladung Q Coulomb je nach der gemessenen Kraft anfällt, alle Kapazitäten C klein zu halten, auf die Q sich ausbreitet, damit die Spannung der aufgeladenen Teile und damit die Gitterspannung $U = Q/C$ möglichst groß wird. Noch wichtiger ist es zweitens, daß Q sich möglichst wenig verändert, nicht abnimmt durch Isolationsverluste, nicht zunimmt durch Einstrahlung aus der Umgebung, etwa von der Zündung eines Ottomotors her. Deshalb hat die Röhre eine besonders kleine Kapazität, ferner ist das Kabel zur ersten Röhre nach diesem Gesichtspunkt zu wählen, es soll also nicht unnötig lang sein, es ist auch vorzüglich isoliert und gegen Aus- und Einstrahlung durch eine Drahtumklöppelung geschützt, selbst die Verbindungsstellen erhalten solchen Schutz. Und bei der ersten Röhre, einer Elektrometerröhre, ist die Gittereinführung mit Bernstein isoliert, weil die Oberfläche von Glas Feuchtigkeit bindet, so daß Kriechströme entstehen und Elektrizität ableiten, sie hat auch regelmäßig ein zweites Gitter, das Schirmgitter zwischen Gitter und Anode, damit nicht Gitterströme stören. Die Vorverstärkung ist also beim Piezoquarz subtil. Sie reicht selten aus, um eine Kathodenstrahlröhre zu steuern, erst recht nicht für einen Schleifen-Oszillographen; dann verstärkt man mit einer zweiten Röhre, kann vorher aber einige Entfernung überbrücken, etwa zu einer Meßzentrale hin oder um aus dem Lärm und der Erschütterung der Maschine herauszukommen. Denn die zweite Verstärkerstufe ist weniger subtil, diesmal sind es wieder Ströme (nicht Elektrizitätsmengen), die auf dem zweiten Steuergitter Spannungsveränderungen erzeugen, und deren Gitterbatterie speist über den Gitterwiderstand Elektronen nach, wenn solche verlorengehen.

Es gilt als ein guter Isolationszustand, wenn die Spannung U der aufgeladenen Teile erst in 10 min auf die Hälfte abnimmt, dann ist sie nach 1 min noch $0,9\,U$, immerhin schon merklich verringert. Diese Verhältnisse erschweren vor allem die Eichung; eicht man stufenweise, so entsteht bis zur letzten Stufe mehr Verlust als zulässig, der Nullpunkt verschiebt sich, nach jeder Ablesung sollte er neu eingestellt werden. Eine Folgerung für die Indikatoreichung zeigt Abb. 373.

9. Mathematische Einrichtungen. Meßgeräte bestehen aus dem Fühlorgan und dem Zeigorgan; oft soll die Stellung beider nicht miteinander proportional, sondern nach irgendeinem Gesetz gehen. In anderen Fällen sind mehrere Fühlorgane vorhanden, und man wünscht deren Angaben in einer einheitlichen Anzeige so kombiniert zu sehen, daß das Ergebnis einer mathematischen Operation unmittelbar gezeigt, geschrieben oder gezählt wird. Addieren liefert die Gesamtlieferung aller Kessel des Kesselhauses, auch wenn sie nirgends durch ei ne Meßstelle geht; seltener kommt Subtrahieren vor. Durch Multiplizieren des Wasserflusses mit der Temperaturerhöhung, die er erfährt, ergibt sich die im Wasser steckende Wärmemenge, bei der Dampfmessung ist die Flußmessung nach dem Druck und der Temperatur des Dampfes zu berichtigen. Der Quotient aus Gas- und Luftzufuhr zeigt an, ob das Gas mit dem an-gemessenen Luftüberschuß verbrennt. Alle vier Grundrechnungsarten kommen also in Frage; die Aufgaben werden mit elektrischen Kunstschaltungen, sie werden aber auch mechanisch gelöst.

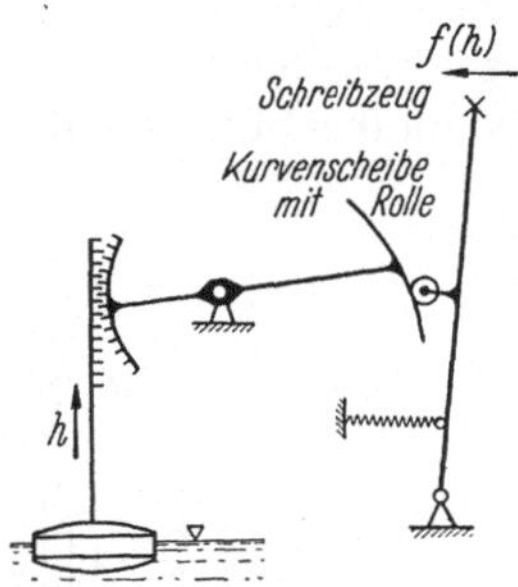

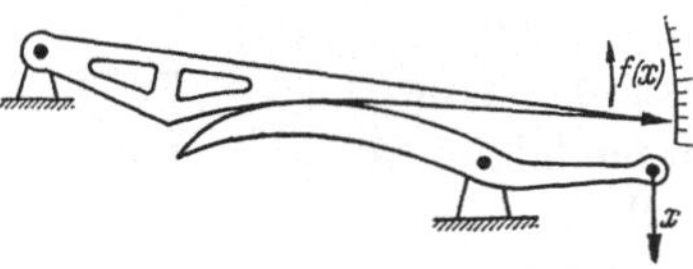

Abb. 89. Mechanische Hilfsmittel, um aus x eine beliebige Funktion $y = f(x)$ zu bilden: Wälzhebel, Kurvenscheibe. Vergleiche Abb. 266, 268.

Soll statt der abgefühlten Größe eine Funktion derselben angezeigt werden, so läßt sich die Umformung mit Wälzhebeln oder mit Kurven-

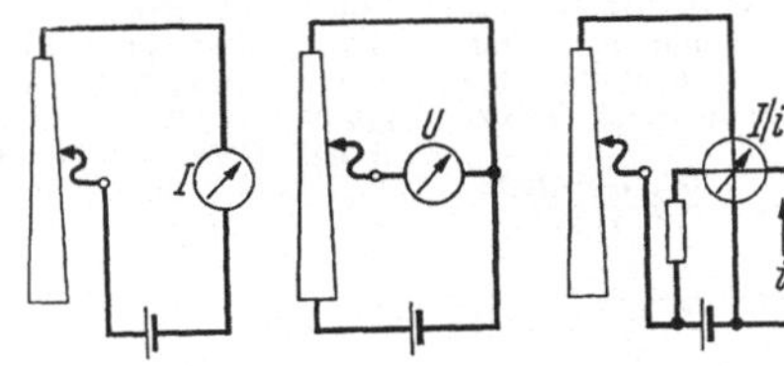

Abb. 90. Veränderlich gewickelter Widerstand ordnet der Stellung des Schleifers eine beliebige Anzeige des Meßgerätes zu; einige Möglichkeiten: Vorschaltwiderstand verändert I, Abgreifwiderstand verändert U. Verwendung eines Kreuzspulgeräts macht unabhängig von der Spannung der Stromquelle.

Abb. 91. Knickhebelwerk. Es ist
$$\cos \alpha = \frac{l - h/2}{l} = l - h/2\,l, \quad \text{ferner}$$
$$\cos \alpha = 1 - \frac{\alpha^2}{2!} + \frac{\alpha^4}{4!} \ldots, \quad \text{also für}$$
kleine Winkel $1 - \alpha^2/2 = 1 - h/2\,l$; $\alpha = k \sqrt{h}$. Bei $\alpha = 30°$, Fehler 3%.

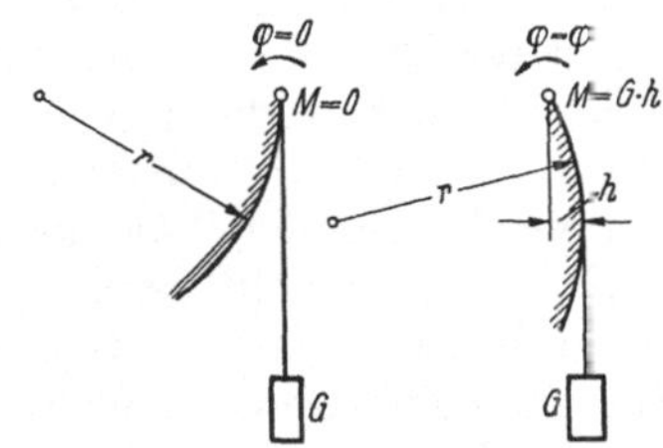

Abb. 92. Kreisbogen als Momentenbildner. Bogenhöhe $h = 2r \sin^2 \varphi/4$, also bei mäßigem Ausschlag $M = k \sqrt{\varphi}$. Vergleiche Abb. 265. Radizierung der Fa. Hydro.

scheiben erreichen. Ein elektrischer Widerstand, etwa ein Käfig Abb. 60, wird ungleichmäßig gewickelt, sei es, daß die Windungen verschieden eng liegen, dann ist nicht überall die kleinstmögliche Stufung vorhanden, sei es, man geht nach jeweils einigen Windungen auf feineren Draht über; oder man läßt die ungleichmäßig gestuften Widerstände durch eine Quecksilbersäule kurz schließen (Abb. 90, 271).

Neben diesen allgemein brauchbaren Mitteln lassen sich für Sonderzwecke gesetzmäßig wirkende mechanische Getriebe oder elektrische

Schaltungen angeben. Am häufigsten ist die Wurzel zu ziehen, nämlich bei den Flußmessern (§ 42). Nahe der Strecklage geht die Einknickung eines Knickhebels, geht aber auch die Pfeilhöhe eines Kreissegments mit dem Quadrat des zugehörigen Winkels; beide Beziehungen lassen sich ausnutzen (Abb. 91, 92).

Addieren lassen sich die Angaben mehrerer Meßgeräte am besten elektrisch. Die Geber der einzelnen Messer liefern Ströme, die man in die gleiche Spule eines Drehspul- oder Kreuzspulgerätes gibt; dabei geht es nicht ohne Rückwirkungen ab. Besser werden Drehspulgeräte mit mehreren Spulen verwendet, deren jede einen der Ströme aufnimmt, so daß sich die Drehmomente im Magnetfeld mechanisch addieren. Auch durch Abgriff auf Widerständen läßt sich die Summe bilden (Abb. 93, 94, 95).

Die *Differenz* bildet sich, wenn man bei einer Spule die Stromrichtung umdreht.

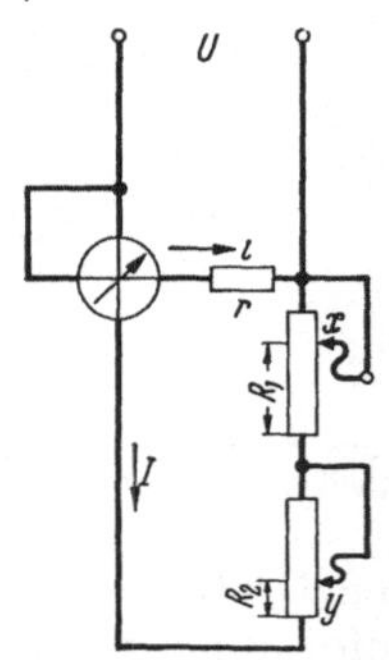

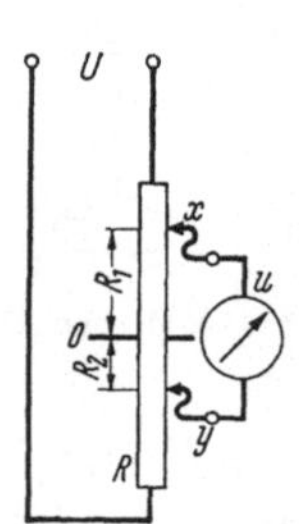

Abb. 93. Mechanisches Addieren zweier Geräteausschläge am Hebel.

Abb. 94. Addieren zweier Geräteausschläge, Stellung x und y, durch Vorschaltwiderstände in Reihe, Ablesung mit (Drehspul- oder) Kreuzspulgerät.

$$\text{Ausschlag } \alpha = I/i = \frac{U/(R_1 + R_2)}{U\,r}$$

$$= r\,\frac{1}{R_1 + R_2} = K\,\frac{1}{R_1 + R_2},$$

Skala invers.

Abb. 95. Addieren zweier Geräteausschläge, Stellung x und y, durch Abgreifwiderstand: $u = k(R_1 + R_2)$. Gerätewiderstand groß gegen R.

Das *Produkt* läßt sich bei Zeigergeräten durch mechanische Hebelanordnungen bilden (Abb. 96). Die Multiplikation läßt sich mit einem Wattmeter oder Wattzähler erreichen, indem man einen der Faktoren als Strom, den anderen als Spannung abbildet; doch haben gewisse Geräte auch zwei Stromspulen. Ein Wattzähler integriert das Produkt auch gleich nach der Zeit, doch muß dann wieder für beide Meßgrößen die Bedingung erfüllt sein, wenn sie selbst zu Null werden, daß auch der von ihnen veranlaßte Strom zu Null wird, eine Bedingung, die man beim zeigenden Gerät umgehen kann, indem man einen Teil der Skala unterdrückt.

Soll ein Hauptwert durch Multiplizieren mit einer oder mehreren Nebenangaben nur *berichtigt* werden, so können Schaltungen nach Abb. 97 dienen. Der Gasfluß stellt die Spannung U für die Schaltung, die nun durch Widerstände x oder y gemäß der Temperatur und gemäß dem Druck berichtigt wird. Dabei ist durch verschiedene Art des Abgriffs erreicht, daß bei x die Berichtigung direkt, bei y aber umgekehrt proportional verläuft, wie es für Druck und Temperatur nötig ist.

Um das Verhältnis oder den Quotienten zweier Größen zu erhalten, kann man statt des Nenners dessen Kehrwert einführen und hat nun ein Produkt zu bilden. Zur Anzeige des Verhältnisses dient das Kreuzspul-Galvanometer. Es mißt das Verhältnis der Ströme in den beiden Spulen, je nach Bemessung daher auch das Verhältnis zweier Vorschaltwiderstände.

Manche zählende Geräte besorgen das Aufaddieren der gemessenen Größe, gelehrter gesagt: ihre *Integration nach der Zeit*, ohne weiteres, als in ihrer Natur liegend. Das sind die motorisch wirkenden Zähler, wie die gewöhnlichen Wasserzähler, Gaszähler, Stromzähler, bei denen allen letzten Endes das

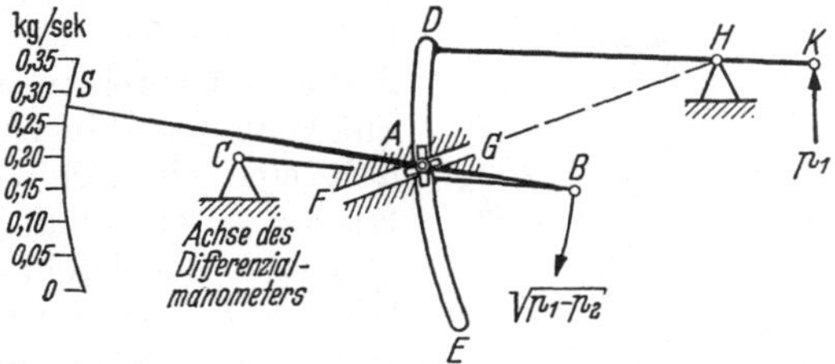

Abb. 96. Altes Multiplikationsgetriebe am GEHRE-Dampfmesser. Hauptanzeige der Staudruck $\sqrt{p_1 - p_2}$, angreifend bei B, Drehpunkt A. Anzeige S. Die absolute Höhe des Druckes p_1 verstellt die Kulisse DE und damit den Drehpunkt A, so daß $\sqrt{p_1 - p_2}\, p_1$ angezeigt wird. Nullpunkt gesichert, weil Gleitung FG in Richtung OH liegt.

Zählwerk — selbst ein solcher Integrator für die Geschwindigkeit — der Angabe des Meßwertes dient. Das Laufwerk des Gerätes wirkt also in jedem Fall auf ein Zählwerk, das seinerseits mit springenden Zahlen (Abb. 150), mit schleichenden Zahlen oder mit umlaufenden Zeigern ausgestattet wird. Zahlen lassen sich, zumal von Hilfskräften, sicherer ablesen als Zeigerwerke; sie ergeben gelegentlich Hemmungen, wenn z. B. beim Übergang von 99999 auf 00000 alle Zehnerschaltungen zugleich wirken sollen; und in solchem Augenblick verliest sich ungeübtes Personal auch gelegentlich. Stets liest man im richtigen Augenblick zunächst die letzten Zahlen oder Zeiger ab, die schnell laufen; die langsamer laufenden Hunderte und

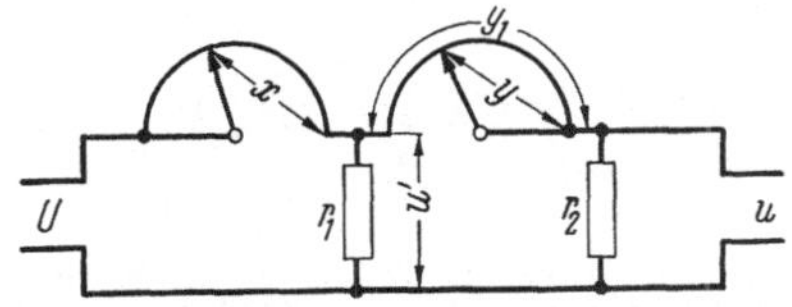

Abb. 97. Berichtigungsschalter für Gas und Dampfmessung. U soll je nach den Werten x und y berichtigt werden.

$$u' = V \frac{r_1}{r_1 + x}; \quad u = u' \frac{r_2}{r_2 + y_1 - y} \approx u' \frac{r_2 + y}{r_2 + y_1},$$

wenn

$$y \ll r_2; \text{ also } u = \left(\frac{U}{1 + y_1/r_2}\right) \underbrace{\frac{1}{1 + x/r_1} \frac{1 + y/r_2}{1}}_{\text{Berichtigungen}}.$$

Fa. Hallwachs & Morckel, Abb. 272.

Tausende setzt man dann davor, muß aber darauf achten, ob etwa inzwischen eine der Zahlen von 9 auf 0 gegangen ist, wodurch sich auch die vorhergehende geändert hätte.

Unter den integrierenden Geräten nehmen die elektrischen Stromzähler eine hervorragende Rolle ein, und wir wiederholen, daß viele Bemühungen um elektrische Abbildung proportional dem Meßwert ihre Bedeutung in dem Wunsch haben, die gemessene Größe zählen zu können; zum Ablesen spielt die Proportionalität der Skala kaum eine Rolle. Die Stromzähler selbst sollen hier nicht beschrieben werden; eine

Reihe mechanischer Integriergetriebe wird durch Abb. 98 bis 102 erläutert, dazu wird auf Abb. 149, 150 verwiesen.

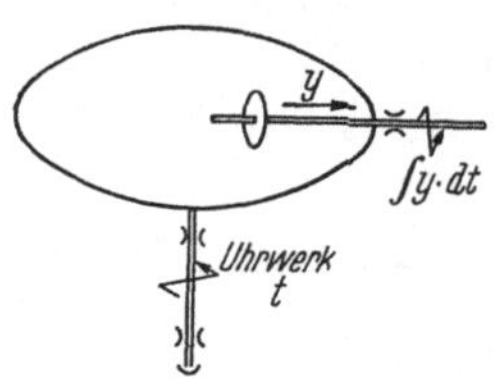

Abb. 98. Integrierwerk für den Wert $\int y\,dt$. Grundscheibe läuft gleichmäßig um, Meßrad wird um so schneller mitgenommen, je mehr Größe y es zum Rande zieht. Vergleiche Abb. 243, wo die Verstellung reibungsfrei geschieht.

Gelegentlich soll der Fortschritt zählender Geräte registriert werden, eigentlich also ihre integrierende Wirkung differenziert werden. Man kann je nach einer bestimmten Anzahl Umläufe einen Kontakt betätigen lassen und die Zeiten aufschreiben, so bei der Wassermessung mit Woltman-Flügel (Abb. 158, 414). Oder man läßt eine als archimedische Spirale gestaltete Scheibe drehen, die einen Schreibstift nach Maßgabe der Drehung hebt und dann fallen läßt; auf dem fortschreitenden Streifen entsteht ein vollkommenes Bild des Fortschrittes (Abb. 103), während die vorige Meßmethode nur einzelne Punkte markiert.

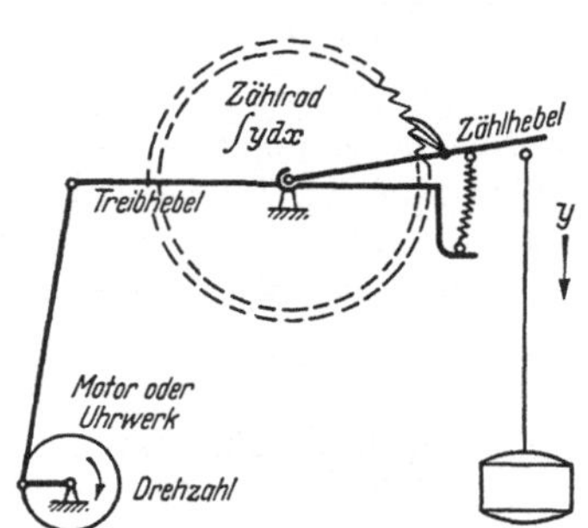

Abb. 99. Integrierwerk. Treibhebel, motorisch auf und ab bewegt, drückt den Zählhebel fort; dieser klinkt das Zählrad über um so mehr Zähne voran, je weniger toter Gang zwischen beiden ist, das hängt von der Stellung y ab.

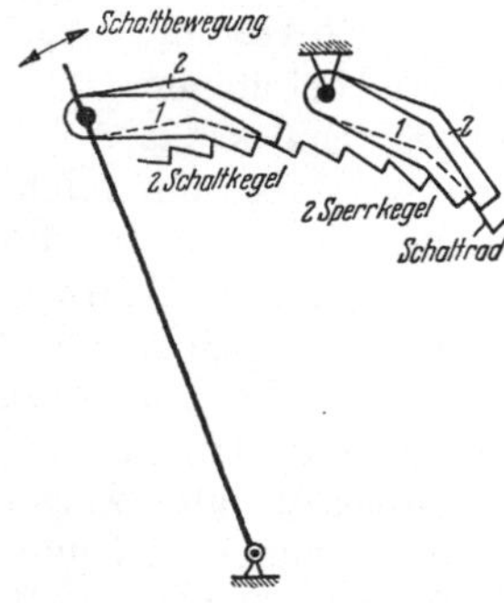

Abb. 100. Verfeinerung der Schaltung Abb. 99 durch mehrere Schalt- und Sperrkegel. n Kegel (in Abbildung $n = 2$) sind um je $1/n$ der Zahnteilung verschieden gegeneinander abgesetzt. Anderes Mittel: Schaltrad hat ungleiche Zahnteilung, bei im ganzen n Zähnen wechselnd von $n + {}^1/_2$ bis $n - {}^1/_2$ Bruchteilen des Teilkreises, dann nur ein Sperr- und ein Schaltkegel, aber sauber aufeinander abgestimmt.

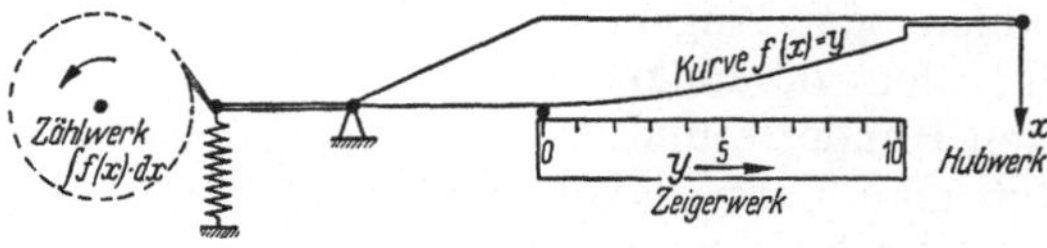

Abb. 101. Schaltung eines Zählwerks je nach Zeigerstellung eines Fallbügelschreibers. Am Zählrad werden um so mehr Zähne geschaltet, je weiter der Zeiger (der schwarze Punkt) nach rechts ausgeschlagen ist. Vergleiche Abb. 414.

10. Mathematische Geräte. Der Inhalt einer Fläche — der in Quadratzentimeter, Quadratmeter angegeben wird — kann aus der linearen Abmessung durch einfaches Ausmultiplizieren oder mit Hilfe der Simpsonschen Regel oder anderer mathematischer Formeln gefunden werden, oder auch mit dem Harfenplanimeter, einer Umgehung der SIMPSONschen Regel.

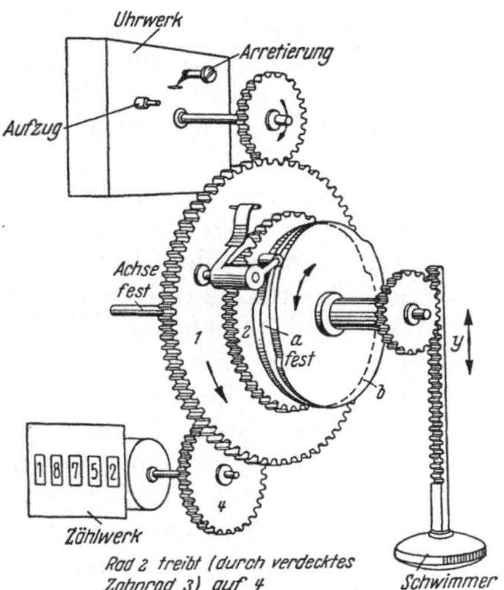

Abb. 102. Integrierwerk. Rad *1* dreht sich und nimmt mittels Klinke das Rad *2*, daher über (nicht sichtbares) Zahnrad *3* auch *4* und das Zählwerk mit, solange die Klinke eingelegt ist; das richtet sich nach Stellung der nicht umlaufenden Scheiben *a* und *b*; *a* ist fest, *b* durch die Meßgröße y verstellbar, beide haben eine Vertiefung über dem halben Umfang, fallen beide Vertiefungen zusammen, wird Rad *2* während je $^1/_2$-Umlauf mitgenommen (Höchstwert), sind beide Vertiefungen um 180° versetzt, bleibt Klinke immer ausgehoben, keine Schaltung des Zählwerkes. Nur langfristig richtig. Fa. Siemens & Halske.

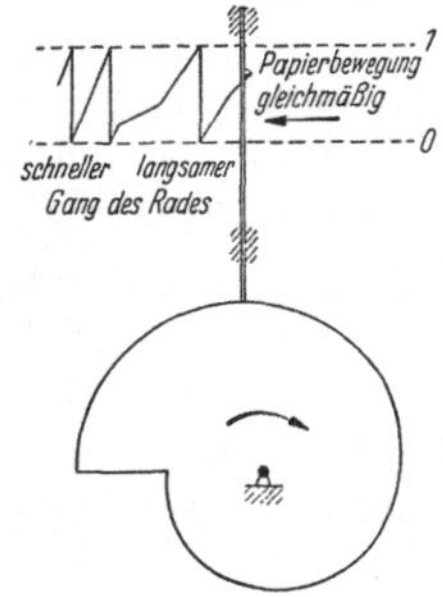

Abb. 103. Registrierung für den Gang eines Zählers. Vergleiche Abb. 76.

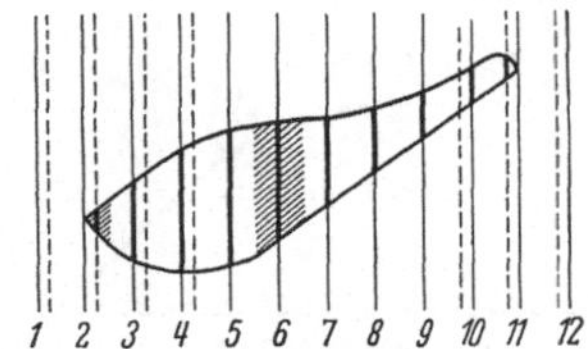

Abb. 104. Harfenplanimeter. Striche gleichen Abstandes auf durchsichtigem Stoff, dazu die gestrichelten in $^1/_4$ Abstand. Die auszumessende Fläche zwischen zwei Striche legen, die Strichlängen innerhalb der Fläche ausmessen und addieren, dazu die erste und letzte Länge auf gestrichelter Linie, diese aber nur |halb hinzuaddieren. Die erhaltene Summe mit dem Strichabstand multipliziert ist die Fläche.

Den Inhalt einer Fläche findet man mechanisch mit dem Planimeter. Ein Rad, das auf einer Fläche bewegt wird, rollt entsprechend der Bewegung ab, wenn es senkrecht zu seiner Achse bewegt wird, es rollt aber nicht ab bei Bewegung in Richtung seiner Achse. Schräge Bewegungen registrieren die Komponente quer zur Achse.

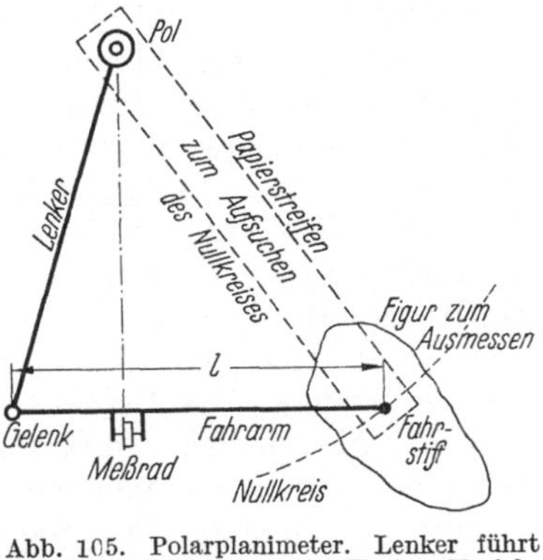

Hierauf beruht das *Polarplanimeter*, mit dem kleine Figuren rundlicher Gestalt, und das *Linearplanimeter*, mit dem die langen Streifen der elektrischen Schreiber ausgemessen werden. Die auszumessende Fläche wird mit dem Fahrstift umfahren, dann ist die Fläche $f = lb$, proportional dem abgewickelten Bogen b, der sich an der Teilung mit Nonius ablesen

Abb. 105. Polarplanimeter. Lenker führt Punkt *G* des Fahrarms im Kreise. Umfahrene Fläche $f = lb$, dabei l = Länge des Fahrarmes, b = abgerollter Umfang des Meßrades.

läßt; die Länge l des Fahrarms steht meist so, daß eine Noniuseinheit 10 qmm bedeutet; oft läßt sich die Länge des Fahrarms der Figurengröße anpassen; den Wert der Noniuseinheit (Abb. 109) nachzuprüfen, umfährt man eine bekannte Fläche, ein Quadrat oder einen Kreis. Es kommt darauf an, daß die Rollenachse parallel zum Fahrarm ist, man prüft das, indem man den Fahrarm durchschlägt, links statt rechts vom Lenker, dann muß er dasselbe zeigen; ferner muß man sehr genau zum Ausgangspunkt zurückkehren, man sticht den Anfang etwas ein und läßt den Fahrstift zum Schluß in dieselbe Grube fallen, oder man macht einen dünnen Bleistiftstrich quer zum Figurenumfang. Der Pol muß außerhalb der Figur liegen; ist das bei großen Figuren nicht tunlich, so ist zum Ergebnis der Inhalt des Nullkreises $R_0^2 \pi$ hinzuzuzählen. Wenn nämlich der Pol in der Ebene des Meßrades liegt, dann geht diese immer senkrecht zu seiner Ebene und rollt gar nicht ab, hierdurch ist der Nullkreis vom Radius R_0 bestimmt (Abb. 105); man bestimmt R_0 mit einem Papierstreifen, der am Pol drehbar gehalten wird und den Fahrstift führt, das Meßrad muß dann stillstehen.

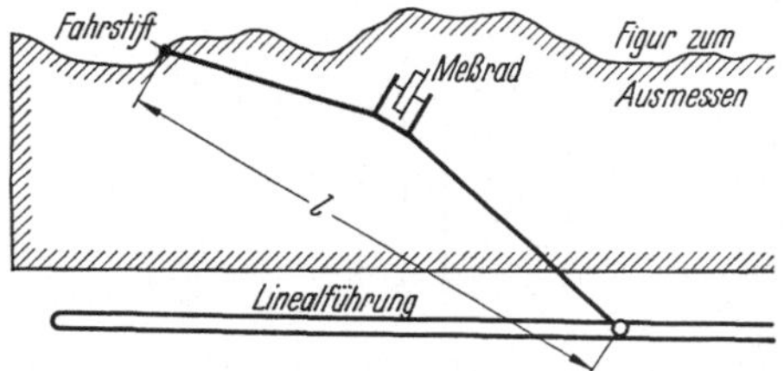

Abb. 106. Linearplanimeter.

Da die Länge des Lenkers gleichgültig ist, so kann er auch unendlich lang sein, also durch eine Linealführung oder durch einen rollenden Wagen ersetzt werden; so erhält man das *Linearplanimeter* und das *Rollplanimeter*, beide zum Ausmessen von Banddiagrammen bestimmt. Um lange Streifen betriebsmäßig regelmäßig auszumessen, gibt es Rollplanimeter, bei denen nicht das Planimeter über das Papier, sondern dieses unter jenem durchgezogen wird. Übrigens findet bei Streifendiagrammen ein übergehaltener Zwirnfaden leidlich gut die mittlere Höhe, zumal bei einiger Übung.

Kreisdiagramme können mit dem Polarplanimeter ausgemessen werden, den mittleren Radius zu finden, teilt man die gemessene Fläche durch π und zieht die Wurzel; doch gibt es auch besondere *Kreisplanimeter*. Und übrigens gibt es von allen drei Arten auch Formen, die gleich die Wurzel aus jeder Ordinate ziehen, also den Wurzel-Mittelwert bilden. Doch dürften solche Geräte mit mehreren Gelenken weniger genau sein als ein gutes Polarplanimeter. Dessen Genauigkeit ist beim Ausmessen länglicher Figuren geringer als beim Ausmessen rundlicher, weil bei ersteren das Verhältnis Umfang zur Fläche geringer wird und Ungenauigkeiten des Umfahrens mehr Einfluß erlangen; das Meßrad soll möglichst rollen, möglichst wenig gleiten. Außerdem soll es nicht unnütz weit in einer Richtung sich abwickeln und dann wieder zurückrollen, so daß das Endresultat gewissermaßen als Differenz zweier Abwicklungen entsteht, sondern das Meßrad soll möglichst immer in einem Sinne vorwärts rollend in seine Stellung gelangen; deshalb lege man den Schwerpunkt der Figur auf den Nullkreis, ferner die Längenrichtung der Figur radial zum Nullkreis (Abb. 105).

Bei Beachtung dieser Regeln ermittelt das einfache Polarplanimeter Flächen, bei denen das Verhältnis Umfang zu Fläche günstig ist, auf etwa $^1/_5\%$ genau, andernfalls kommen Fehler von 1% vor. Eine ruhige Hand ist wesentlich. Man erhält genauere Werte durch mehrfaches Umfahren der auszumessenden Figur, am besten unter Ablesung des Standes nach jeder Umfahrung, aber sonst ohne abzusetzen, so daß man in der Gleichmäßigkeit der Differenzen eine Kontrolle auch für die Genauigkeit der Rückkehr auf den Ausgangspunkt hat (L. 94).

Erheblich genauer ist das *Scheibenplanimeter*, zumal wenn krause Pläne des Landmesserwesens auszuwerten sind; die Meßrolle läuft nämlich nicht auf dem Papier, sondern auf einer besonderen, glatten Scheibe. Aber auch beim genauesten Gerät ist eine ruhige Hand wichtig.

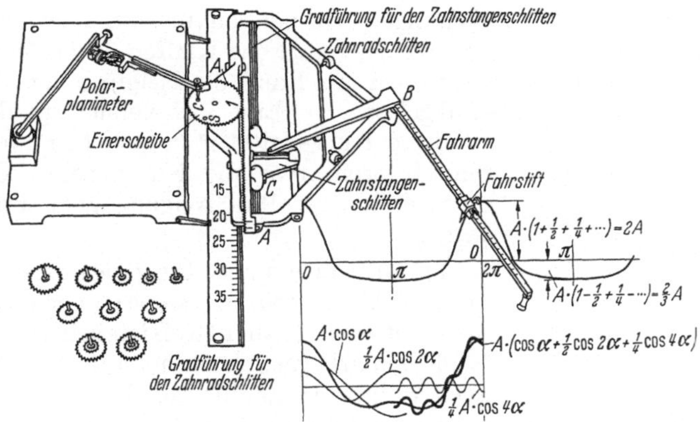

Abb. 107. Harmonischer Analysator nach MADER. Fa. Ott.

Erwähnt sei noch die Verwendung des Planimeters zur Untersuchung von Kurvenzügen auf harmonische Schwingungskomponenten in Verbindung mit dem *Harmonischen Analysator* von MADER (Abb. 107). Die Länge 2π der zu untersuchenden Kurve wird durch Verändern der Fahrarmlänge im Analysator eingestellt. Befährt man die Kurve mit dem Fahrstift, so verschiebt Punkt B den Zahnradschlitten auf seiner Gradführung, und Punkt C verschiebt den kleineren Zahnstangenschlitten auf dem Zahnradschlitten. Dadurch erhält das Analysenrad A eine eigenartige Drehbewegung, im ganzen dreht es sich um 360°, die Drehung verteilt sich aber verschieden auf den Hub, und so zeigt das Planimeter, dessen Fahrstift in die Bohrungen S ($=$ Sinus) oder C ($=$ Cosinus) gesetzt ist, Ablesungen, die von der Kurvengestalt abhängen. Statt Rad *1* können Räder *2*, *3*, ... vom halben, drittel, ... Durchmesser eingesetzt werden, die dann 2, 3, ... mal während des Hubes umlaufen.

Soll nun das Ergebnis der Analyse eine Darstellung in der Form

$$f(x) = A_1 \cdot \cos x + B_1 \sin x + A_2 \cos 2x + B_2 \sin 2x + \ldots$$

sein, so ergeben die Endstellungen des Planimeters die Vorzahlen A oder B, je nachdem man den Fahrstift in die Grube C oder S setzt, der Index wird durch die Größe des eingesetzten Rades bestimmt.

Dies Gerät hat sich für technische Untersuchungen bewährt, ein Beispiel für seine Anwendung gab Vf. Z. VDI 1911, 842 bei der Untersuchung der Schwingungen in einem Pumpenwindkessel, Abb. 21. Dort, und namentlich in VDI-Forschungsarbeit 129, wird auch besprochen, wie zu verfahren sei, wenn der Anfang des Diagramms nicht eindeutig so kenntlich ist wie in Abb. 107; in solchem Fall könnte also ein einfaches Gesetz für die Oberschwingungen vorhanden, aber durch Verschiebung des Anfanges verdeckt sein.

Zum *Differenzieren von Kurven* dient der Prismenderivator. Mitten auf der durchsichtigen Zelluloidscheibe ist ein auf der Hypotenuse liegendes rechtwinklig-gleichschenkliges Prisma befestigt, unter ihm geht eine Kurve nur dann glatt hindurch, wenn die Prismenachse zu ihr senkrecht steht. Man erkennt Abweichungen von der senkrechten Lage scharf am Klaffen der beiden Strichenden. Hat man das Klaffen durch Drehen der Zelluloidscheibe beseitigt, so wird am Rand die Neigung der Tangente gegen die Abszissenachse abgelesen. — Eine aus Versuchspunkten gewonnene Kurve leitet man zwischen zwei Punkten ab, weil zwar die Kurve selbst dort am unsichersten ist, ihre Neigung aber am besten stimmt.

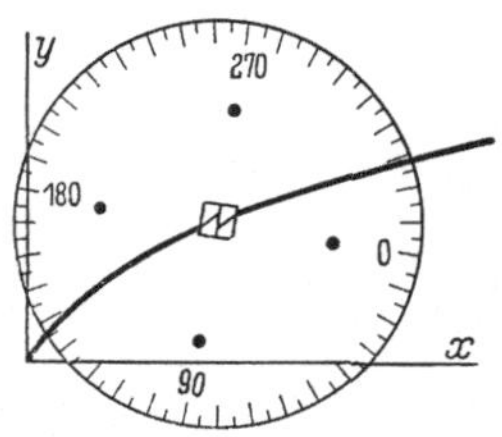

Abb. 108. Prismenderivator nach v. HARBOU. Fa. Askania.

11. Maschinenmaße. Die *Länge* wird im technischen Maßsystem in Metern gemessen; das *Meter* ist eine der drei Grundeinheiten desselben. Nach Bedarf verwendet man in der Technik auch Millimeter, Zentimeter, Kilometer als Einheiten, in einigen Sonderfällen wird nach englischen Zollen gerechnet, $1'' = 25{,}40$ mm.

Über die Längenmeßgeräte sei nur bemerkt, daß bei den einfachsten Messungen, nämlich außer beim Ausmessen von Längen auch beim Wägen, am meisten gesündigt wird, indem man käufliche fabrikmäßig hergestellte Maßstäbe und schadhafte Gewichte benutzt, ohne sich von ihrer Richtigkeit zu überzeugen; Klappmaße sind in den Gelenken oft ungenau. Die richtige Ausmessung der Maschinenmaße ist ebenso wichtig wie die Feststellung des richtigen Federmaßstabes der Indikatoren oder wie die Eichung der Thermometer, wenn es sich auch bei allen diesen nur um Hilfsmessungen handelt.

Man verwende also zuverlässige Maßstäbe, am besten stählerne, nicht zusammenklappbare. Diese brauchen nur in volle Millimeter geteilt zu sein, man kann dann Zehntel schätzen; Teilung in halbe Millimeter erschwert die Ablesung, ohne sie genauer zu machen.

In der herstellenden Technik kommt es weniger auf zahlenmäßige Festlegung irgendwelcher Abmessungen, als darauf an, daß die zueinander gehörenden Teile miteinander die richtige Passung erhalten. und darauf, daß die wirklich hergestellte Abmessung auch nach Jahren reproduzierbar ist. Dazu dienen die Systeme der Grenz- und Kaliberlehren und andere Meßmethoden der modernen Werkstattechnik.

Anders liegen die Verhältnisse bei denjenigen Fällen, auf die sich dies Buch bezieht: bei Maschinenuntersuchungen. Hier kommt der sonst im Maschinenbau seltene Fall vor, daß man die wirklichen *Längenabmessungen bei der gerade vorhandenen Temperatur* zahlenmäßig kennen will. So muß man beim Indizieren der Maschinen den Zylinderdurchmesser, beim Benutzen des Bremszaumes die Länge des Hebelarmes zahlenmäßig angeben.

Dieser Unterschied ist wichtig wegen Beachtung der Temperatur. In der herstellenden Maschinentechnik genügt es meist, einfach für gleiche Temperatur des gemessenen Gegenstandes und des Maßstabes zu sorgen. In unserem Fall aber ist der Einfluß der Temperatur wohl zu beachten. Man muß beim Indizieren einer Dampfmaschine den Zylinderdurchmesser beispielsweise bei 200° in die Rechnung einsetzen. Dazu darf nicht ein warmer Maßstab dienen; denn wenn beide Teile, messender und gemessener, aus demselben Material bestehen und beide die gleiche Temperatur haben, so gibt jede Messung zahlenmäßig das gleiche Ergebnis, bei welcher Temperatur sie auch ausgeführt sei. Messung mit einem gleich warmen Maßstab gibt den Durchmesser des kalten Zylinders. Will man den Durchmesser des warmen Zylinders messen, so muß man dafür sorgen, daß der Maßstab seine Normaltemperatur hat, und diese ist 20°. Denn das Meter selbst ist unabhängig von der Temperatur und ist bei 200° ebenso lang wie bei 0° oder bei 20°.

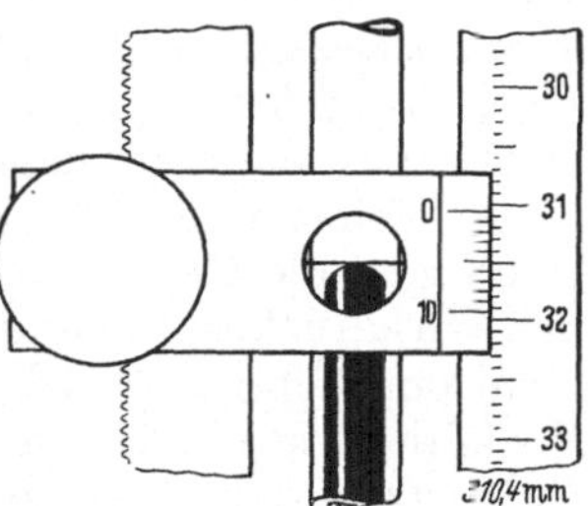

Abb. 109. Ablesevorrichtung. Einstellung des Fadens auf den Mittelwert von Schwankungen, dann Ablesung mit Nonius 310,4 mm, weil Strich 4 des Nonius mit einem (gleich welchem) Strich der Skala zusammenfällt; soll Parallaxe vermieden werden, kommt Spiegel hinter das Rohr, Faden und Spiegelbild (und Pupille) müssen sich decken. Fen. Ados, Lambrecht.

12. Ablesung und Auswertung. Selbst die einfachste Ablesung verlangt einige Aufmerksamkeit, soll mit möglichst wenig Zeitaufwand die dem Zweck entsprechende Genauigkeit erreicht werden.

Man vermeide den parallaktischen Fehler, bringe also das Auge in die Ebene, die in der Zeigerrichtung auf der Ableseskala senkrecht steht. Ist die Skala mit Spiegel hinterlegt, so muß sich der Zeiger mit dem Spiegelbild der Pupille decken. Sind die Skalenteile etwa millimeterweit, so kann man $^1/_{10}$ recht sicher schätzen, wenn der Zeiger stillsteht; schwankt er etwas, so ist eine Marke praktisch, die verschoben wird, bis man glaubt, sie stehe auf dem Mittelwert (Abb. 109). Die Zehntel abzuschätzen erleichtert ein Nonius, der so lang ist wie 9 Teile der Hauptskala, aber in 10 Teile geteilt ist; steht der n-te Strich des Nonius auf einem (gleich, welchem) Strich der Hauptskala, so ist $n/10$ zur Ablesung zu zählen. Vor dem Ablesen klopft man leicht an das Gerät, um Reibungen zu beseitigen oder doch zu mindern. Die Drehzahl einer Maschine bestimmt man mit Zählwerk und Stechuhr: bei langsam laufender Maschine beobachtet man die Zeit für m Umläufe, bei schnellaufender zählt man die Umläufe während bestimmter Zeit t; es kommt darauf an, welche der beiden Größen, Umlauf oder kleinste Zeiteinheit (Stechuhr meist $^1/_5$ sec) die kleinere ist. Das Eichdiagramm einer Indikatorfeder (Abb. 349) wertet man nicht aus durch Ausmessen der einzelnen Strichabstände, deren Summe wäre dann schwerlich gleich der ganzen Höhe; man lege den Nullstrich des Maßstabes bei Null an und lese alle Strichhöhen auf $^1/_{10}$ mm ab, die Differenzen sind dann die gesuchten Strichabstände.

Auch bei der Auswertung laufen einfache Fehler unter, so bei Prozentrechnungen. Liefert eine Maschine 100 PS und hat den Wirkungsgrad 60%, so daß 40% in ihr verlorengehen, so sind nicht $100 + 40 = 140$ PS zuzuführen, sondern $100 : 0,6 = 166,7$ PS; denn der Wirkungsgrad wird in Prozenten der eingeführten Energie angegeben, nicht der herausgehenden. Ist für einen Kessel 70% Wirkungsgrad mit 5% Toleranz zugesagt, so genügt $70 - 5 = 65$% Wirkungsgrad nicht der Zusage, die Toleranz ist 5% von 0,7, also muß der Kessel mindestens 66,5% Wirkungsgrad haben. Auch bei der Bildung von Mittelwerten laufen Fehler unter: Bei der Mengenmessung mit Düsen oder Blenden (§ 40) geht die Menge mit der Wurzel aus dem Wirkdruck; mittelt man den Wirkdruck, so bekommt man, außer bei sehr kleinen Schwankungen, nicht den richtigen mittleren Mengenfluß, man muß aus dem einzelnen Wirkdruck je die Menge finden und diese Zahlen mitteln. Wird eine Größe als Produkt zweier anderer, b und c, bestimmt, $a = b \cdot c$, und sucht man aus vielen solchen Bestimmungen den Mittelwert, so muß man einzeln multiplizieren; mittelt man alle b zum Mittelwert $M(b)$, alle c zu $M(c)$, und bildet $M(a) = M(b) \cdot M(c)$, so wird das merklich falsch, sobald die Werte b und c schwanken; wenigstens bei einem sollen die Schwankungen nur klein sein.

Das klingt selbstverständlich, es gilt aber auch für Versuchsreihen. Liest man an einer Maschine während längerer Zeit die verschiedensten Größen ab, bildet die Mittelwerte und nimmt an, daß man auf diese Weise zueinanderpassende Angaben erhält, so ist diese Annahme nur richtig, wenn alle gemessenen Größen in linearer Beziehung zueinanderstehen; genügend genaue Resultate erhält man, wenn jede der gemessenen Größen nur wenig geschwankt hat, so daß man in diesen engen Grenzen linearen Verlauf annehmen kann.

Bei Dauerversuchen muß also die Maschine annähernd im Beharrungszustande sein. Ist das nicht zu erreichen (Abkühlungsversuche bei Kälteanlagen, § 71), so kann man unter Umständen durch Abkürzen der Versuchsdauer die Ergebnisse verbessern, weil man den Beharrungszustand besser annähert; oder man muß feststellen, wie die sich ändernde Größe von den übrigen abhängt und innerhalb welcher Grenzen man diese Abhängigkeit als linear ansehen kann.

Man macht die einzelnen Ablesungen so genau, wie es sich eben ohne allzu großen Zeitaufwand machen läßt. Man überlege aber, wie groß der Einfluß ist, den der zu erwartende Fehler jeder einzelnen der Ablesung auf das Gesamtergebnis ausübt. Man wird dann die größere Sorgfalt auf die Messung derjenigen Größen legen müssen, die das Gesamtergebnis am meisten beeinflussen; die verschiedenen zu erwartenden Fehler sollten das Gesamtresultat etwa gleich stark beeinflussen. Man bestrebt sich also, die in diesem Sinn ungenaueste Ablesung zu verbessern und auf das Niveau der anderen heraufzuschrauben, nicht umgekehrt. Ist der Wirkungsgrad eines Dampfkessels zu ermitteln, so darf man Druck und Temperatur des erzeugten Dampfes mit geringerer Sorgfalt messen als die Kohlen- und Wassermenge, da der Wärmeinhalt des Dampfes verhältnismäßig wenig mit beiden Größen zunimmt. Die Temperatur in vollen Graden, notfalls mit einem in je 5° geteilten Thermometer, und den Druck auf Zehntel- oder halbe Atmosphären zu messen, wird also oft ausreichen. Da indessen der Dampfverbrauch einer Maschine merklich vom Betriebsdruck und der Überhitzungstemperatur abhängt, so hat man größere Sorgfalt auf beide Messungen zu verwenden, wenn der Verbrauch einer Maschine zu bestimmen ist.

Um zu sagen, welche Stellenzahl bei den Ablesungen und Rechnungen zu verwenden ist, und wieweit man Korrektionen ausführen solle, muß man zunächst über die erreichbare oder erforderliche Genauigkeit des Gesamtergebnisses klar sein. Zufälligkeiten, wie Schmierung der Lager und der Zustand der Stopfbüchsen, haben erheblichen Einfluß; oft handelt es sich um Feststellung von Größen, die gar nicht in beliebig großer Genauigkeit feststellbar sind, weil sie gar nicht so genau in der Natur vorhanden sind; so geht es mit den Durchmessern runder geschmiedeter Behälter oder selbst gedrehter Zylinder, die merkliche Abweichungen von der Kreisform haben (ein Dampfzylinder nutzt sich unten am meisten ab) und die andererseits an verschiedenen Stellen der Länge verschiedene Werte haben und mit der Art der Aufstellung sich ändern, so daß es unsachlich ist, „den Durchmesser" auf Bruchteile von Millimetern zu messen. Der Einfluß der Temperatur wurde schon erwähnt. Es hat keinen Zweck, die Genauigkeit der Messungen weit über die Grenzen hinauszutreiben, wo sich solche Zufälligkeiten bemerkbar machen.

An einer 120-PS-Dampfmaschine wurde die Schmierung aller Teile einmal normal, ein zweites Mal übermäßig (etwa sechsmal normal) bedient. Durch starke Schmierung ließen sich 2 kW gewinnen. Bei einer Brennkraftmaschine macht reichliche Zylinderschmierung noch mehr aus, weil ein Teil des Schmieröls verbrennt und Arbeit liefert. — An einem Flaschenzug war der Wirkungsgrad nach einigem Gebrauch rund 10% besser als in neuem Zustand. (Tab. 2 und Abb. 110.)

Tabelle 2. Schmierung einer Dampfmaschine.

Schmierölverbrauch	normal		sechsfach	
Gegendruck at	0,12	0,20	0,13	0,21
1 Indizierte Leistung N_i . . . . .kW	125,8	125,7	125,3	125,2
2 Nutzleistung N_e . . . . .kW	112,9	111,4	114,3	112,9
3 Mechanischer Wirkungsgrad $\frac{N_e}{N_i}$ . . . —	0,898	0,886	0,912	0,902
4 Leistungsverlust $N_i - N_e$ . . . . . . .kW	12,9	14,3	11,0	12,3
Gewinn kW	—	—	— 1,9	— 2,0

Oft gilt es bei technischen Untersuchungen als befriedigend, wenn die Genauigkeit der Ergebnisse — für die der mittlere Fehler (S. 77) ein Merkmal ist — etwa $\pm 1\%$ beträgt, wenn also die Ergebnisse im allgemeinen um nicht mehr als 1% vom wahren Wert der betreffenden Größe abweichen. Bei anderen Untersuchungen, insbesondere wenn sie nicht im Laboratorium, sondern im praktischen Betriebe gewonnen sind, muß eine Genauigkeit von $\pm 5\%$ genügen, zumal mit Rücksicht auf die Kosten. Wo Abnahmeversuche nach den bezüglichen Regeln des VDI gemacht werden, da geben die dort genannten Toleranzen einen Anhalt für die erforderliche Genauigkeit. Denn ihnen liegt nicht der Gedanke zugrunde, daß die Maschine um die Toleranz solle schlechter sein können als zugesagt, sondern es könnte ein Meßfehler veranlassen, daß die Maschine abgelehnt wird, obwohl sie tatsächlich der Zusage entspricht. Die Toleranz soll also grundsätzlich dem möglichen Meßfehler entsprechen. Doch ist man von der Gewährung einer Toleranz in neueren Regeln wieder abgekommen, nicht weil man ganz genau zu messen glaubt, sondern weil man es als Sache des Lieferers ansieht, die unvermeidlichen Meßfehler schon in der Zusage zu berücksichtigen.

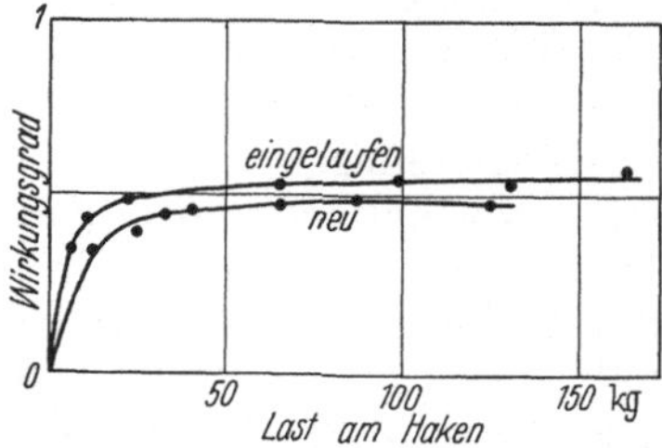

Abb. 110. Wirkungsgrad eines Flaschenzugs, fast neu und nach einiger Benutzung.

Wenn sich nun das Endergebnis einer Untersuchung auf zahlreiche Einzelablesungen aufbaut, so wäre es falsch, alle Ablesungen nur bis auf 5% genau, also nur zweistellig zu machen, weil man weiß, daß das Endergebnis doch um 5% unsicher bleiben wird. Um diese Genauigkeit im Endergebnis zu erzielen, muß man die ersten Ablesungen genauer machen, man darf sich grundsätzlich nicht auf den zu erwartenden Ausgleich der Einzelfehler verlassen.

Besondere Genauigkeit muß man anstreben, wo die gesuchte Größe als Differenz zweier wenig voneinander verschiedener Zahlen gefunden wird, also bei Differenzmethoden. Man ermittelt die Reibungsverluste einer Dampfmaschine als Unterschied aus indizierter Leistung N_i und gebremster N_e. Ist $N_i = 100$ kW und $N_e = 90$ kW, so ist der Reibungsverlust 10 kW. Hat man N_i und N_e auf etwa 1% genau ermittelt, sind aber zufällig die Fehler nach entgegengesetzter Richtung gefallen, so wird man $N_i = 101$ kW und $N_e = 89$ kW statt der wahren Werte finden. Daraus hat man den Reibungsverlust $101 - 89 = 12$ kW, also um 20% falsch. Aus kleinen Fehlern ist ein viel größerer geworden. Es ist daher gut, daß die Wirkung der Schmierung in Tabelle 2 durch zwei Versuchspaare belegt ist.

13. Darstellung von Ergebnissen; Fehlermaßstab. Das Ziel irgendwelcher Messungen kann ein zweifach verschiedenes sein.

Im einen Fall will man das Verhalten des untersuchten Gegenstandes, sagen wir einer Maschine, bei einem bestimmten Zustande feststellen. Das ist der Fall, wenn man den Dampfverbrauch einer

Dampfmaschine bei einer bestimmten vorgeschriebenen Belastung nachprüft, ob er den Garantiebedingungen entspricht. Ein Einzelversuch führt hier nur zu unsicherem Resultat: man macht deshalb mehrere Versuche, ohne etwas an den äußeren Bedingungen zu ändern, und nimmt den *Mittelwert*. Mancher Versuch verläuft störungsfrei, ein anderer unter Schwierigkeiten; ordnet man dann dem ersteren durch Vervielfachen einen höheren Einfluß zu, so erhält man einen *gewogenen Mittelwert*. Daran, wie weit die Einzelversuche vom Mittel abweichen, hat man einen Maßstab für die Genauigkeit der ganzen Messung. Die Mathematik weist bei der Lehre von der Methode der kleinsten Quadrate nach, daß man nicht die Abweichungen der Einzelergebnisse vom wahren Wert, sondern die Quadrate dieser Abweichungen als Maß des Fehlers heranziehen müsse, um nicht auf innere Widersprüche zu kommen; daraus folgt dann einerseits, daß man als wahrscheinlichsten Wert einer mehrfach gemessenen Größe denjenigen anzusehen habe, für den die Summe der Quadrate der Abweichungen möglichst klein ist — daher der Name der Rechnungsart — und daß der einfache Mittelwert dieser Forderung genügt; andererseits folgt daraus, daß man als *mittleren Fehler* den quadratischen Mittelwert aus den Abweichungen anzusehen habe, das ist also die Größe $f'_m = \sqrt{\dfrac{\Sigma f^2}{m}}$; hierin soll f die Größe der einzelnen Abweichungen vom **wahren** Wert und m die Anzahl der Ablesungen sein. Da man jedoch den wahren Wert nicht kennt, sondern nur den als Mittelwert gefundenen Annäherungswert dazu, so ist auf Grund hier nicht wiederzugebender Entwicklungen bei Ableitung von n Werten aus m Ablesungen $f_m = \sqrt{\dfrac{\Sigma f^2}{m-n}}$, und wenn im allgemeinen, bei der einfachen Mittelwertbildung, $n = 1$ ist, so gilt für den mittleren Fehler die Näherungsformel $f_m = \sqrt{\dfrac{\Sigma f^2}{m-1}}$, worin nun unter f die einzelnen Abweichungen vom gemessenen Mittelwert zu verstehen sind; natürlich ist $f_m > f'_m$.

Man habe für den stündlichen Dampfverbrauch einer Maschine bei 200 kW Belastung nacheinander folgende Werte gemessen:

$$1831; \quad 1842; \quad 1828; \quad 1810; \quad 1840 \text{ kg.}$$

Der Mittelwert ist 1830,2 kg; die Abweichungen vom Mittelwert sind:

$$f = +\,0{,}8; \quad +\,11{,}8; \quad -\,2{,}2; \quad -\,20{,}2; \quad +\,9{,}8$$

und

$$f^2 = \quad 0{,}64; \quad 139{,}14; \quad 4{,}84; \quad 408{,}04; \quad +\,96{,}4.$$

Also wird $\Sigma f^2 = 648{,}80$, und man kann sich durch Probieren davon überzeugen, daß dieser Wert größer wird, wenn man statt des arithmetischen Mittels 1830,2 kg einen größeren oder einen kleineren Wert als wahrscheinlichsten Wert des Dampfverbrauches hätte einführen wollen.

Der mittlere Fehler unserer Versuchsreihe ist $f_m = \sqrt{\dfrac{648{,}80}{4}} = +\,12{,}7$ kg; in Prozenten oder Bruchteilen des Absolutwertes ist der Fehler $f_m = \pm\,\dfrac{12{,}7\cdot 100}{1830{,}2} = \pm\,0{,}69\%$ oder $\pm\,0{,}0069$. — Diese wenig zeitraubende

Rechnung zu machen, ist jedenfalls besser, als wenn man einfach den Unterschied zwischen Höchst- und Mindestablesung als Maßstab für die Meßgenauigkeit ansieht; ist es doch immer mehr oder weniger Zufall, wenn sich ein Wert (in unserem Fall 1810) besonders weit vom Mittelwert entfernt. Solchen abweichenden Wert nur wegen seiner größeren Abweichung unbeachtet zu lassen, ist grundsätzlich falsch; sein Einfluß wird schon genügend beschränkt, weil ein Einzelwert nur schwach auf den Mittelwert einwirkt. Stark abweichende Werte dürfen nur aus sachlichen Gründen fortgelassen werden, etwa wenn sich nachträglich zeigte, daß die Waage in Unordnung gekommen oder daß unbeabsichtigt Strom entnommen worden war.

Die Durchflußmeßregeln (L. 15) geben Beispiele dafür, wie groß der Fehler am Gesamtergebnis zu vermuten ist, zu dem Einzelmeßzahlen mit bestimmter Toleranz beitragen; es gilt das Fehlerfortpflanzungsgesetz von Gauss. Ein Beispiel ist auch S. 196 gegeben.

Die Fehlerausgleichung und der Fehlermaßstab berücksichtigt nur *zufällige Beobachtungsfehler*; die *systematischen*, in der Versuchsanordnung begründeten, bleiben bestehen. Ein systematischer Fehler wäre es gewesen, wenn man bei allen ebengenannten Versuchen vergessen hätte, außer dem im Zylinder arbeitenden Dampf auch den Manteldampf zu messen oder wenn die Waage falsch austariert gewesen wäre. Die systematischen Fehler sind durch mehrfache Versuchsausführung nicht zu beseitigen, eher durch verschiedenartige. *Persönliche Fehler* können zufällig oder systematisch sein, meist gehören sie zu letzterer Art, indem der Beobachter etwa gewohnheitsmäßig das Quecksilbermanometer von unten her anvisiert oder die Stechuhr beim Durchgang des Zeigers gewohnheitsmäßig zu spät, vielleicht gar am Versuchsanfang zu früh, am Ende zu spät drückt. Persönliche Fehler lassen sich durch Übung und Schulung weitergehend beseitigen, als man vermuten möchte, allerdings nicht ganz (L. 100).

Im anderen Fall ist es die Aufgabe, das Verhalten der untersuchten Maschine bei Änderung einer der Versuchsbedingungen zu ermitteln. Dann läßt sich das Versuchsergebnis nicht durch eine Einzelzahl ausdrücken, sondern durch eine Tabelle oder durch eine graphische Darstellung, ein Schaubild. Im Schaubild trägt man als Abszisse waagerecht diejenige Größe ein, die man künstlich geändert hatte, als Ordinate die gesuchte und erhält als Ergebnis jedes Einzelversuches einen Punkt (Abb. 111 und Tab. 3). Indem man durch diese Punkte einen glatten Kurvenzug legt, erhält man als Ergebnis der ganzen Versuchsreihe eben diese Kurve. Dabei werden oft die Punkte unregelmäßig liegen, so daß sich eine glatte Kurve nicht durch sie hindurchlegen läßt, es entstände eine Schlangenlinie. Man legt die Kurve so, daß die Punkte möglichst gleichmäßig zu ihren beiden Seiten verteilt sind.

Dieses Verfahren, die Kurve glatt durch die Punkte hindurchzulegen, ist nicht ein unerlaubtes Mittel zur Verschönerung des Ergebnisses. Die unregelmäßige Lage der Punkte rührt von den Meßungenauigkeiten her und hat im allgemeinen nicht im Verhalten der Maschine seine Ursache.

Zieht man die Kurve glatt hindurch, so merzt man die zufälligen Fehler aus und erhält die nach den Versuchen wahrscheinlichste Darstellung des Ergebnisses: man bildet gewissermaßen den Mittelwert.

Tabelle 3. Bremsung eines Elektromotors.

	Elektr. Leistung N_{el} kW	Brems-leistung N_b kW	$\eta = \dfrac{N_b}{N_{el}}$ —	$N_{el} - N_b$ kW
a	1,1	Leerlauf	0	1,1
b	3,0	1,9	0,63	1,1
c	6,0	4,7	0,78	1,3
d	9,0	7,4	0,82	1,6
e	12,0	9,8	0,81	2,2

Wie aber bei Bildung des Mittelwertes aus mehreren Versuchen die Abweichungen der Einzelzahlen vom Mittelwert einen Maßstab für die Genauigkeit liefern, mit der die Versuche ausgeführt wurden, so auch jetzt: die glatt hindurchgelegte Kurve ist das wahrscheinlichste Er-

gebnis der Versuche; je weiter die einzelnen Punkte zu beiden Seiten von der Kurve abliegen, desto geringere Genauigkeit ist dem einzelnen Versuche und der ganzen Reihe zuzuschreiben.

Es ist Sache des geschulten Taktgefühls, die Kurve geschickt durch die Punkte hindurchzulegen. Die Versuchsergebnisse werden dadurch wesentlich beeinflußt, wenn man sich bei kostspieligen technischen Messungen mit einer geringen Zahl von Punkten begnügen muß. Oft läßt sich die Unsicherheit in dieser Hinsicht vermindern durch Änderung der dargestellten Größen. Beim

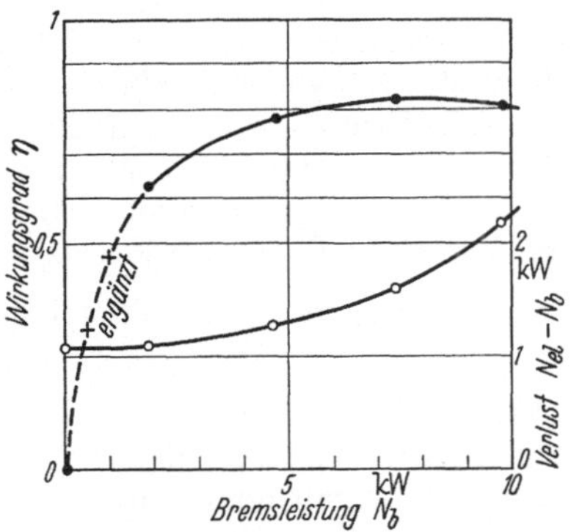

Abb. 111. Wirkungsgrad eines Elektromotors.

Für $N_b = 0,5\,\mathrm{kW}$ ist $\eta = \dfrac{0,5}{0,5 + 1,05} = 0,32.$

Aufstellen der Wirkungsgradkurve eines Elektromotors $\eta = N_b/N_{el}$ ist man namentlich unsicher über den Verlauf des unteren gestrichelten Astes. Man kommt zum Ziel, wenn man die Unterschiede $N_{el} - N_b$ bildet, das sind die Verluste im Motor; in der letzten Spalte der Tabelle 3 ist das geschehen. Die annähernde Konstanz der Verluste gestattet es, in der Wirkungsgradkurve einige Hilfspunkte einzulegen. —

Im allgemeinen wird man bei einer Versuchsreihe wie der eben besprochenen immer nur eine Größe, diesmal die Bremsleistung, willkürlich ändern. Die anderen Bedingungen, Erregung, Spannung, müssen konstant gehalten werden. Wollte man bei einer zweiten Versuchsreihe den Einfluß verschiedener Erregung studieren, so wäre diesmal die Bremsleistung konstant zu halten und das Ergebnis in einem anderen Schaubild darzustellen.

Wo zwei Größen willkürlich verändert worden sind, lassen sich die Versuchsergebnisse nicht mehr in einer Kurve darstellen, sondern in Form von einer oder mehreren Kurvenscharen.

II. Druck.

14. Einheiten. In festen Körpern kommen Druck- und Zugspannungen vor, die Spannung kann von Ort zu Ort wechseln, und an einem Ort ist sie nach verschiedenen Richtungen nicht dieselbe, ja, an einem Punkt kann nach einer Richtung Druck, nach einer anderen Richtung Zug vorhanden sein. Die Spannung fester Körper wird im Materialprüfwesen behandelt. Für uns handelt es sich um Flüssigkeiten und Gase; in diesen kommen nur Druckspannungen in Frage, auch das Vakuum ist eine gegen die atmosphärische verringerte Druckspannung. Bei Flüssigkeiten und Gasen spricht man daher statt von Spannung kurzerhand von ihrem Druck.

Flüssigkeiten und Gase geben einen Druck, den sie an einer Stelle empfangen, nach allen Richtungen und durch die ganze Flüssigkeit hindurch weiter. Die Teilchen üben daher aufeinander und auf die Gefäßwand Pressungen auf, so daß auf jede Flächeneinheit die gleiche Kraft kommt, gleichgültig, welche Richtung im Raum die Fläche hat.

Der Druck ist die auf die Flächeneinheit ausgeübte Kraft. Seine Einheit ist derjenige Druck, der auf das Quadratmeter Fläche die Kraft von einem Kilogramm ausübt: 1 [kg/m²]. Gebräuchlicher ist als Druckeinheit das Kilogramm je Quadratzentimeter, weil dadurch Angaben in weniger hohen Zahlen entstehen. Es ist $1 \; [\text{kg/cm}^2] = \dfrac{1 \; \text{kg}}{\dfrac{1}{10\,000} \; \text{m}^2} = 10\,000$

[kg/m²]. Diese Einheit heißt auch *metrische Atmosphäre*: 1 kg/cm² = 1 at; die Benennung rührt daher, daß der durch Barometer meßbare Druck der uns umgebenden Luftatmosphäre ungefähr 1 kg/cm² beträgt: er wechselt bekanntlich je nach der Höhenlage und nach der Witterung in den Grenzen wie 97 bis 103.

Eine Flüssigkeits- oder Gassäule übt unter dem Einfluß der Schwerkraft auf die sie unten abschließende Fläche einen Druck aus, der von der Höhe der Säule abhängt, also durch deren Höhe gemessen werden kann. Habe die Säule 1 m² Querschnitt und eine Höhe h m, so ist das in ihr enthaltene Volumen h m³; wenn man die Wichte (§ 28) des die Säule bildenden Mittels mit γ kg/m³ bezeichnet, so sind $h \cdot \gamma$ kg in der Säule enthalten, sie übt also auf ihre Grundfläche von 1 m² den Druck $h\gamma$ kg/m² aus. Daher ist

$$h \text{ m FlS} = h\gamma \text{ kg/m}^2; \quad 1 \text{ m FlS} = \gamma \text{ kg/m}^2.$$

Hierdurch erklärt sich die Änderung des Druckes mit der Höhe. Im Schwerefeld der Erde nimmt der Druck von oben nach unten zu, entsprechend der Wichte γ kg/m³ des Mediums, also für jedes Meter Standhöhe um je γ kg/m² = $\gamma/10\,000$ kg/cm². Für kaltes Wasser insbesondere ist $\gamma = 1000$ kg/m³, also 1 m WS = 1000 kg/m² oder

1 mm WS (kalt) $= 1$ kg/m². Denken wir nämlich die Fläche von 1 m² gerade 1 mm hoch mit kaltem Wasser bedeckt, so ist 1 l oder 1 kg Wasser auf dem Quadratmeter vorhanden. Kleine Drucke, so der Zug im Kessel, werden in Millimeter Wassersäule gemessen und angegeben. — Es ist auch 10 m WS (kalt) $= 10\,000$ kg/m² $= 1$ kg/cm² $= 1$ at.

Zum Messen des Druckes ist Quecksilber noch wichtiger als Wasser. Quecksilber wiegt bei $0°\ \gamma_0 = 13\,595$ kg/cbm (Wichtezahl 13,595) und dehnt sich für 1° um 0,00025 seines Volumens aus; bei 20° Meßtemperatur ist es also um rund $^1/_3\%$ leichter und wiegt $\gamma_{20} = 13\,546$ kg/cbm. Der Druck, den 1 mm QS von 0° auf die Unterlage ausübt, heißt 1 Torr; mißt man einen Druck mittels der Quecksilbersäule, die ihn ausgleicht, so wird das Quecksilber meist um 20° haben; man muß die gemessene Säule dann um $^1/_3\%$ verkleinern, um den Druck in Torr zu erhalten; man nannte diese Umrechnung der Quecksilbersäule in Torr früher die Reduktion auf 0°. 1000 Torr sind 13 595 kg/qm, also 1 Torr $=13{,}60$ kg/qm und 1 at $= 10\,000 : 13{,}60 = 735{,}5$ Torr.

Tabelle 4. Die Druckeinheiten. DIN 1314.

	kg/m²	kg/cm² = at	Torr	Bar
1 mm WS = 1 kg/m² .	1	$^1/_{10\,000}$	0,07355	—
1 Torr = 1mm QS bei 0°	13,60	$^1/_{735,5}$	1	—
1 at = 1 kg/cm² . . .	10 000	1	735,5	0,9806
1 mb = $^1/_{1000}$ dyn/cm² .	10,20	0,001020	0,75006	$^1/_{1000}$

Der Druck von 760 Torr $= 1{,}0333$ at $= 10\,333$ kg/m² wird als normaler Barometerstand am Meeresspiegel angesehen, wohl auch als (physikalische) Atmosphäre bezeichnet. Die letztere Benennung sollte man in technischen Werken vermeiden, weil zwei gleichbenannte Einheiten, die nur um reichlich 3% voneinander verschieden sind, zu Irrtümern Anlaß geben, größer als zulässig, aber zu klein, als daß man sie ohne weiteres bemerkt. Entraten kann man der Annahme von 760 Torr als normalen Barometerstandes nicht, weil die Gasvolumina (§ 28) und die Siedepunkte auf diesen Normaldruck bezogen werden, weil die Temperaturskala auf der Annahme dieses Barometerstandes als des normalen beruht (§ 63) und weil daher die Zahlen für das mechanische Wärmeäquivalent, für die spezifischen Gewichte, die Ausdehnungszahlen, kurz viele Tabellenwerke geändert würden, wollte man die technische Atmosphäre allein einführen. Um Verwechselungen zu vermeiden, sage man, man beziehe das Gasvolumen auf 760 Torr, statt: auf Atmosphärenspannung. Außerdem sollte man nur diesen Normaldruck, nicht aber Vielfache desselben verwenden. (Notfalls jedoch wird sie mit 1 Atm bezeichnet zur Unterscheidung von 1 at.)

Aus dem cgs-System stammt die Einheit 1 Bar $= 1$ dyn/cm² $= 750{,}06$ Torr; nicht sie, aber das Millibar, wird allgemein in der Meteorologie verwendet: 1 mb $= ^1/_{1000}$ b $= 0{,}7501$ Torr $= 10{,}20$ kg/m². Man hat gelegentlich 1000 mb $= 750{,}1$ Torr eine absolute Atmosphäre genannt (DIN 1314, Erl. 24), mit welcher dritten Atmosphäre dann Gelegenheit zu weiteren Verwechselungen geschaffen wäre. Auch hier empfiehlt es sich, auch wenn man mit Millibar rechnet, das Wort Atmosphäre zu vermeiden, zum mindesten Mehrfache davon.

Eine formelle Eigenheit bleibt zu erwähnen. Der Druck wird im allgemeinen durch den kleinen Buchstaben p ausgedrückt, sei es, daß als Einheit at oder bar oder Torr dient; muß man aber thermodynamisch mit der Einheit des technischen Maßsystems, mit kg/cm², rechnen, was ja praktisch meist neben Angaben des Betriebsdruckes in at einherläuft, so schreibt man P kg/qm. Das ist ungewöhnlich; mit d und D unterscheidet man verschieden große Durchmesser, etwa Blenden- und Rohrweite (§ 41), voneinander, nicht aber Einheiten, Benennungen. Die Unterscheidung P und p ist aber üblich geworden, allerdings nur eben in der Thermodynamik und im Kraftwerkswesen. In der Strömungslehre und im Flugwesen wird auch mit mm WS = kg/qm gerechnet, aber für den Druck ist p und für den Staudruck q üblich, beide klein geschrieben.

Im englischen Maßsystem wird der Druck in Pfund je Quadratzoll angegeben, in USA abgekürzt psi = pound/square inch. Es ist 1 at = 14,22 psi. Man liest Quecksilbersäulen in Zollen ab und sieht 29,922 Zoll gleich 760 Torr als normalen Luftdruck an.

15. Absoluter Druck, Gesamtdruck. Die Geräte zum Messen des Druckes heißen Manometer; wenn Drucke unter der Atmosphäre liegen, also ein Vakuum angeben, auch wohl Vakuummeter.

Manometer zeigen nicht Drucke, sondern Druckunterschiede. Die gewöhnlichen Manometer geben den Unterschied des Druckes in dem untersuchten Raum gegen den augenblicklichen Druck der umgebenden Atmosphäre; im Arbeitsraum einer Druckluftgründung geben sie den Unterschied gegen den Druck in diesem Raum an. Die von einem Manometer gemachte Angabe ist ein Überdruck, und wenn es sich um ein Vakuum handelt, ein Unterdruck.

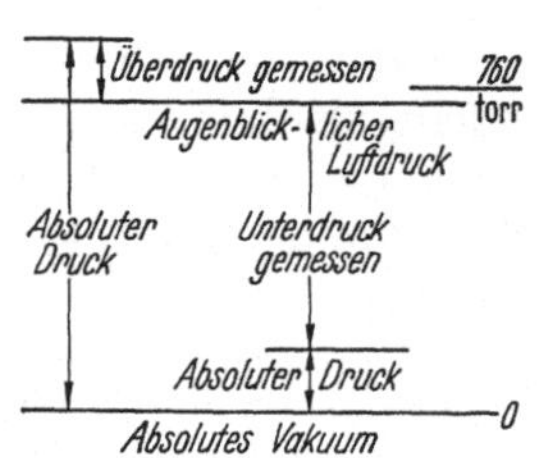

Abb. 112. Absoluter und Überdruck, Vakuum.

Der absolute Druck rechnet vom absoluten Vakuum aus, er ist jeweils die Summe: Barometerstand plus Überdruck, oder die Differenz: Barometerstand minus Unterdruck. Nur das Barometer gibt den absoluten Druck.

Man fügt wohl der Einheit at ein a oder ü an, schreibt also ata und atü, je nachdem es sich um absoluten oder Überdruck handelt; die Schreibweise ist unschön, wir vermeiden sie.

Zeigt also das Manometer am Dampfkessel 4,25 at an und ist, an einem hochgelegenen Ort und bei schlechtem Wetter, der Barometerstand mit 705 Torr abgelesen, so ist dieser Barometerstand 705 : 735,5 = 0,96 at, der absolute Druck im Dampfraum des Kessels ist 4,25 + 0,96 = 5,21 at; das Wasser im Kessel würde also nach den Dampftabellen bei 152,6° sieden. Die Vorbehalte bei letzterer Angabe — chemische Reinheit des Wassers; der Druck herrscht nur an der Oberfläche des Wassers, in den unteren Teilen des Kessels ist er größer; es könnte Siedeverzug eintreten — interessieren an dieser Stelle nicht.

Ein Unterdruck bei Kondensationsdampfmaschinen und bei Vakuumkochgefäßen kann auf verschiedene Weise angegeben werden. Zunächst kann man die Vakuumangabe so lassen, wie man sie abliest, oder man kann sie auf den normalen Barometerstand 760 Torr beziehen, indem man zum abgelesenen Vakuum die Differenz $760 - b$, also die Abweichung des Barometerstandes b vom normalen, hinzuzählt. Durch diese Reduktion werden die Schwankungen des Barometerstandes ausgeschaltet: die Angabe des reduzierten Vakuums ist gleichwertig mit einer Angabe des absoluten Drucks, die Summe aus reduziertem Vakuum und absolutem Druck ist gleich 760 Torr.

Außerdem läßt sich ein Vakuum in Millimetern Quecksilbersäule angeben oder aber in Prozenten; und die Prozente werden verschieden, je nachdem der momentane Barometerstand oder der normale Barometerstand von 760 Torr als 100% gilt.

Von den hiernach möglichen Berechnungsweisen für bestimmte Ablesungen an Vakuummeter und Barometer sind nur zwei berechtigt, und die eine oder die andere je nach Umständen.

Die Dampftemperatur im Kochgefäß oder im Niederdruckzylinder einer Maschine und beim Übertritt in den Kondensator ist vom absoluten Druck, also vom reduzierten Vakuum abhängig. Bei Untersuchung der Temperaturverhältnisse wird man also im allgemeinen reduzieren und wird die Angabe dann in Torr oder auch in kg/cm² machen. Die Angabe in Prozenten hat keinen Zweck, hätte sonst aber in Prozenten von 760 Torr zu geschehen. Das Zweckmäßigste ist übrigens die Angabe des absoluten Druckes statt des Vakuums.

Eine bestimmte Vakuumpumpe kann, je nach der Größe ihres schädlichen Raumes, ein bestimmtes Vakuum erzeugen, so zwar, daß der tiefst erreichbare absolute Druck einen bestimmten Bruchteil des Druckes ausmacht, gegen den die Pumpe fördert, meist also des augenblicklichen Barometerstandes. Die Luftpumpe wird daher, im Gebirge aufgestellt, den absoluten Druck weiter herunterziehen können als in der Ebene. Trotzdem wird aber die Ablesung am Vakuummeter im Gebirge geringer sein als in der Ebene, denn eine Pumpe, die in der Ebene 720 Torr Vakuum erzeugt, wird nicht das gleiche erreichen können, wenn im Gebirge der ganze Barometerstand nur 700 Torr ist. Weder die Angabe des reduzierten, noch des unreduzierten Vakuums noch die des absoluten Druckes läßt der Pumpe Gerechtigkeit angedeihen, wenn man sie nach Torr oder nach kg/cm² macht. Zweckentsprechend ist nur die Angabe des Vakuums in Prozenten des augenblicklichen Barometerstandes.

Beispiel: Ablesung 654,5 mm QS bei 20°, also 652 Torr Vakuum; Barometerstand 711 Torr, am Aneroid abgelesen. Also: absoluter Druck $711 - 652 = 59$ Torr, reduziertes Vakuum $760 - 59 = 701$ Torr, auch wohl $\frac{701}{760} \cdot 100 = 92{,}3\%$, wenn es sich um Ermittlung der Sattdampftemperatur handelt; beide reduzierte Angaben haben nicht viel Sinn, die Temperatur zu 59 Torr ist nach der Dampftabelle 42°. Bei Untersuchung einer Luftpumpe ist $\frac{652}{711} \cdot 100 = 91{,}7\%$ Vakuum anzugeben. —

Ein Vakuummeter mit Prozentteilung, wo der Skalenbereich von 0 bis 760 Torr in 100 Teile geteilt und entsprechend beziffert wird, hätte $\frac{652}{760} \cdot 100 = 85{,}8\%$ angezeigt, daraus hätte man vielleicht einen absoluten Druck $760 \cdot \frac{100 - 85{,}8}{100} = 108$ Torr (statt 59) errechnet und die Dampftemperatur zu 54° ermittelt.

Prozentteilung der Vakuummeter kann nur bei einem Barometerstand richtig sein. Die Bezifferung des Skalenbereiches 0 bis 760 mm QS mit 0 bis 1 gibt zu gleichen Irrtümern Anlaß. Vakuummeter müssen in Torr oder in kg/cm² geteilt sein, die Teilung sollte über 760 Torr oder über 1 kg/cm² hinausgeführt sein, denn das Vakuum kann in der Tiefe eines Bergwerks höher werden. Es ist nicht zu ändern, daß der Nullpunkt der Vakuumskala dem augenblicklichen Barometerstande entspricht, also mit ihm scheinbar veränderlich ist. Vakuum läßt sich in Prozente umrechnen, aber nicht so messen, wenigstens wären dazu umständlichere Einrichtungen nötig.

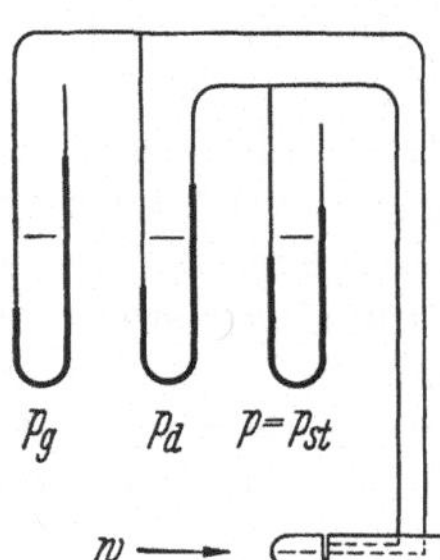

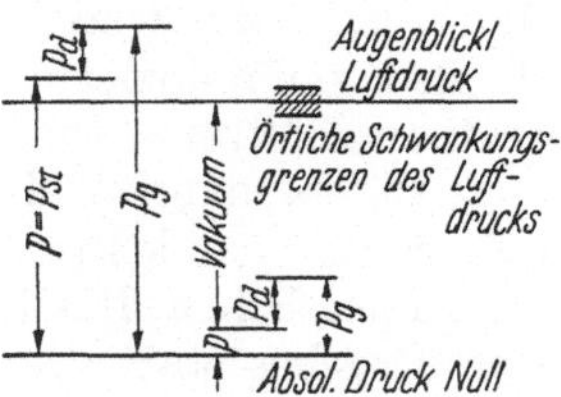

Abb. 113 u. 114. Druck und Gesamtdruck.

Manometer an Kühlanlagen sind nach ° C geteilt, entsprechend den Verdampfungstemperaturen des arbeitenden Mediums bei verschiedenen Spannungen; auch dies ist theoretisch unzulässig; die auftretenden Fehler verschwinden, wenn bei größerem Druck die Schwankungen des Barometerstandes unbedeutend sind gegenüber dem gesamten Druck.

Was man schlechtweg unter dem Druck einer Flüssigkeit oder eines Gases versteht, was in die Zustandsgleichung eingeht und daher das Volumen bedingt, als Druck auf die grade Kanalwand erscheint, wenn die Strömung ihr parallel geht, ist der *statische Druck* p_{st} oder kurzweg p.

Der *dynamische Druck* p_d ist nicht als Druck im Strom vorhanden, sondern als ihm äquivalente Geschwindigkeit w; er tritt als Geschwindigkeitshöhe h vor dem Mittelpunkt eines Hindernisses auf, das man dem Strom lotrecht entgegenstellt; er ist nötig gewesen, um die Flüssigkeit aus der Ruhe auf die ihr innewohnende Geschwindigkeit zu bringen. Es gilt $h = p_d/\gamma$ m $= w^2/2\,g$; $p_d = \gamma\,w^2/2\,g$ kg/qm oder mm WS, bei Gasen jedoch nur bei kleinen Geschwindigkeiten, da bei größeren (über etwa 60 m/s) die Volumen- und Temperaturänderungen zu berücksichtigen sind.

Der *Gesamtdruck* ist definiert als $p_g = p + p_d$; er mißt die in der Volumeneinheit des strömenden Mittels vorhandene Energie. Bei Querschnittänderungen und in Krümmungen geht Energie aus der Form p in die Form p_d über und umgekehrt, so beim Venturirohr (§ 41) und beim Staurohr (§ 27), die Summe p_g aber ist konstant und deshalb die einzige der drei Größen, die als Staudruck q einwandfrei meßbar ist.

Das bezieht sich auf nichtturbulente Strömung oder doch auf den nicht in der Turbulenz begründeten Energieinhalt. Die Turbulenz kann zwar die Messung aller drei Druckgrößen — am wenigsten von p_g — stören, läuft aber sonst ohne Beziehung neben ihnen her. Sie steht nur in einer Beziehung zu den Strömungswiderständen, die, unter Verlust an p und p_g, Turbulenz entstehen lassen, andererseits zur Wärme, indem die grob turbulenten Bewegungen sich verfeinern und schließlich zur molekularen Temperaturbewegung werden. Meßtechnisch folgen daraus Unsicherheiten für die Temperaturmessung.

Die Addition $p_g = p + p_d$ geht vom absoluten Druck aus, bei Unterdruck hat sie nach Maßgabe von Abb. 114 zu geschehen.

Dieses Kapitel bespricht die Messung des statischen Druckes p; die Messung des dynamischen Druckes kommt beim Staurohr (§ 27) vor, vorläufig ist der dynamische Druck nur eine Störungserscheinung.

Der Begriff des Gesamtdruckes ist in den Ventilatorregeln des VDI zuerst eingeführt und in dessen Druckmeßregeln übernommen worden. Dem Ventilator geschieht Unrecht, wenn man ihm als Nutzleistung nur die Schaffung einer statischen Druckdifferenz zurechnet. Da nach dem BERNOULLIschen Gesetz Druck p kg/qm und Geschwindigkeit w m/s nach der Beziehung $w = \sqrt{2\,g\,p/\gamma}$ einander äquivalent sind und eine in die andere überführbar ist, so braucht also nur ein schlank erweitertes Rohr, ein Diffusor an die Austrittsöffnung angeschlossen zu werden, um ohne weiteren Arbeitsaufwand die Geschwindigkeitshöhe beliebig vollkommen in Druck umzusetzen. Nur den statischen Druck in Betracht gezogen, erscheint der gleiche Ventilator mit Diffusor besser im Wirkungsgrad als ohne ihn, und ist doch der gleiche Ventilator; sagt man, er habe aber eben den Diffusor nicht und sei also schlechter, so mag das auch gelten, dann mag man die aus dem statischen Druck errechnete Leistung ebenfalls angeben und entsprechend zwei Wirkungsgrade nennen. Die Eigenschaften einer Maschine lassen sich nicht mit einer Zahl erfassen, selbst dann nicht, wenn nur ein bestimmter Betriebszustand ins Auge gefaßt wird. Die Grenzfälle sind lehrreich: es gibt namentlich in der Lüftungstechnik Ventilatoren, die nur Luft aus dem einen in den anderen Raum gleichen Druckes fördern, auch bei Fächerventilatoren ist die Erzeugung der Geschwindigkeit die einzige Nutzleistung; andererseits tritt bei Kompressoren mit einigem Gegendruck die Geschwindigkeitshöhe gegenüber der Überwindung der statischen Druckstufe ganz zurück. Die Betrachtungen gelten ähnlich für Kreiselpumpen.

Meßtechnisch erhebt sich die Frage, soll man den statischen Druck und die Geschwindigkeitshöhe messen und aus beiden den Gesamtdruck errechnen oder soll man den Gesamtdruck als Staudruck messen und die Geschwindigkeitshöhe abziehen, um den statischen zu finden. Das ist nicht gleichgültig. Der statische Druck gleicht sich auf gerader Strecke über den Querschnitt aus, er wird an allen Stellen des Querschnitts gleich gemessen, in Krümmungen läßt ihn die Fliehkraft außen größer sein, doch mißt man grundsätzlich nicht in Krümmern, es handle sich denn um Versuche, die sich auf die Krümmer selbst beziehen. Die Geschwindigkeit aber pflegt gegen den Rand hin abzunehmen (Abb. 221, 227), also ist der Gesamtdruck am Rande kleiner als in der Mitte. Deshalb schreiben die Ventilatorregeln vor, es solle der statische Druck und die Fördermenge gemessen und aus letzterer und dem Querschnitt die mittlere Geschwindigkeit gefunden werden; die mittlere

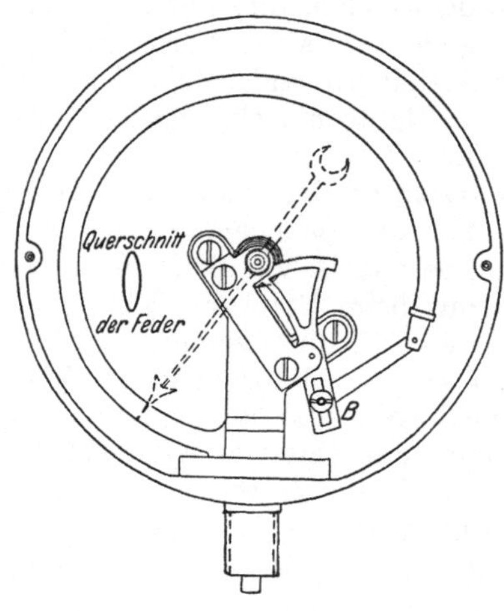

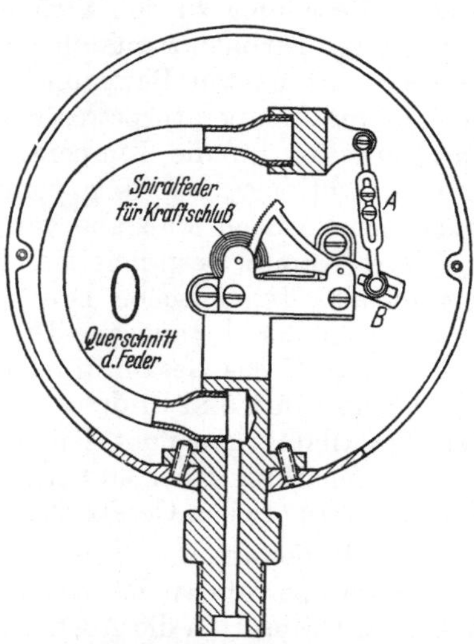

Abb 115. Röhrenfedermanometer für mäßigen Druck, Feder flach, dünnwandig, Tombak. Fa. Schäffer & Budenberg u. a.

Abb. 116. Röhrenfedermanometer für hohen Druck (Hydraulik), Feder rundlich im Querschnitt, aus vollem Stahl gebohrt, gehärtet, oft innen mit aufgeblähter Tombakhaut gegen Rost. Fa. Schäffer & Budenberg.

Geschwindigkeit w liefert den dynamischen Druck $p_d = \dfrac{w^2}{2g}\,\gamma$, und nun ist der Gesamtdruck $p_g = p + p_d$. Dieser Weg ist eindeutig, und das ist bei Abnahmeversuchen wichtig; der Weg ist nicht ganz korrekt, indem er die Geschwindigkeitshöhe aus dem einfachen Mittelwert von w über den Querschnitt hin bildet statt aus dem quadratischen, er nimmt $M(w)$ statt $\sqrt{M(w^2)}$.

16. Federmanometer. Im Röhrenfedermanometer ist der wirksame Teil die BOURDONsche Röhrenfeder (Abb. 115 und 116), ein gebogenes Rohr von flachem Querschnitt, in dessen Inneres einerseits der zu messende Druck eintritt, das andere Ende der Röhrenfeder ist geschlossen. Solche Feder hat unter dem inneren Überdruck das Bestreben, sich geradezustrecken. Dieser inneren wirkt als äußere Richtkraft (§ 3) die Elastizität des Federmaterials entgegen. Daher ändert die Feder ihre Krümmung je nach der Spannung im Innern, ihr freies Ende betätigt den Zeiger vor einer Skala.

Für mäßigen Druck oder für Vakuum ist die Feder aus Tombak, sehr flach; für hohen Druck hydraulischer Anlagen wird sie aus Edelstahl kreisrund aus dem Vollen gebohrt, wenig flach gedrückt, zum Halbkreis gebogen und vergütet, auch wird wohl ein dünnes Kupfer- oder Tombakrohr eingeführt und aufgebläht, um den Stahl vor Rosten zu schützen. Für höchste, stoßweise wechselnde Drucke, zumal bei Wasserstoff, sind solche Rohre gebrochen, und das hat in der chemischen Industrie zu Bränden geführt; für solche Fälle bewähren sich Federn besser, die aus geglühtem Kohlenstoffstahl gebogen und durch diese Kaltbearbeitung hart werden; sie lassen sich in mehreren Spiralwindungen biegen und sind dann auch wegen der größeren Länge weniger beansprucht als die frühere Form (Abb. 117).

Plattenfedermanometer haben, um genügende Zeigerbewegung zu erhalten, stärkere Übersetzung zum Zeiger hin, und das

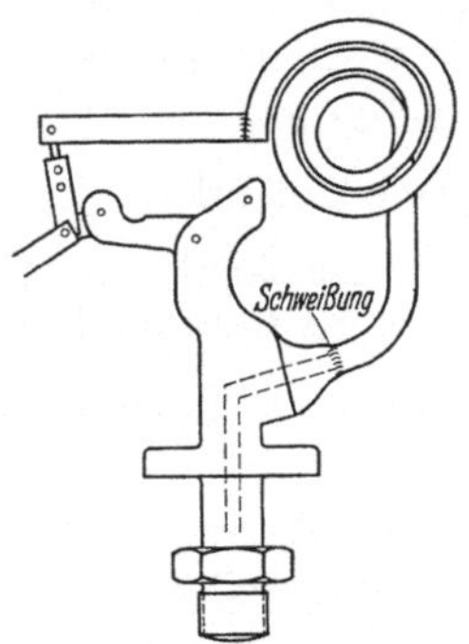

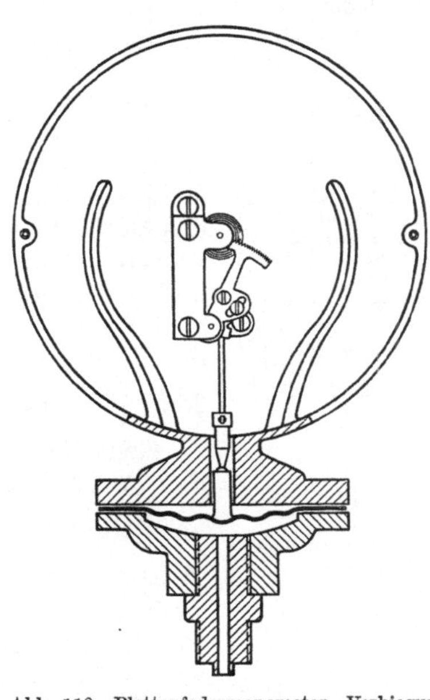

Abb. 117. Werk eines Röhrenfedermanometers, nach SEIFERHELD. Röhre aus kreisrundem Kohlenstoffstahl, kalt zu mehreren Windungen gewickelt, nicht gehärtet. Weniger spröde als Abb. 116. Fa. Eckardt.

Abb. 118. Plattenfedermanometer. Verbiegung der Platte bei übermäßigem Druck verhindert die Gegenlagerfläche, auswechselbare Kapillare im Eintritt wegen Dämpfung. Fa. Schäffer & Budenberg.

vergrößert auch den toten Gang. Eine Schwäche der Plattenfeder ist ihre Empfindlichkeit gegen Überlastung; man sieht deshalb ein Widerlager vor, gegen das sie sich lehnt, wenn der zulässige Höchstdruck erreicht ist; eine ebene Fläche (Abb. 118) stützt die Ringwellen der Feder ungleichmäßig; man verwendet daher eine Kunstmasse, die sich an die Gestalt der voll belasteten Plattenfeder anpaßt und dann erhärtet (Abb. 120).

Die Federmanometer sind die im praktischen Betriebe meist verwendeten; vor der Ablesung klopft man ans Gehäuse, um durch die Erschütterung die Reibung im Zahntrieb zu beseitigen; denn Richtkraft und Arbeitsumsatz sind bei beiden Arten von Federmanometern nicht groß; immerhin läßt sich mit den nicht allzu kleinen Typen ein Ferngeber, Abb. 60, betätigen.

Tabelle 5. Richtkraft und Arbeitsumsatz bei Federmanometern.

Art des Instrumentes	Gehäuse-Durchm.	Meß-bereich	Zeiger		Arbeits-umsatz	Federende (-mitte)	
			Weg	Größtes Moment (Kraft)		Weg	Größte Kraft
	mm	at		m · kg	m · kg	mm	kg
Röhrenfeder, Schäff. & B.	290	0—25	275°	0,00196	0,0047	6	1,6
„ Eckardt .	105	0—250	250°	0,00125	0,0027	5	1,1
Röhrenfeder-Druckschreiber mit Stahlspannung Dreyer, R. & Dr. .	≡ 120	0—6	60 mm	0,18 kg	0,0054	6	1,8
Plattenfeder 75 mm Dm. ⎰	100	0—4	305°	0,0032	0,0085	2,5	6,8
Schäffer & B. . ⎱	100	0—15	270°	0,0125	0,029	2,5	23

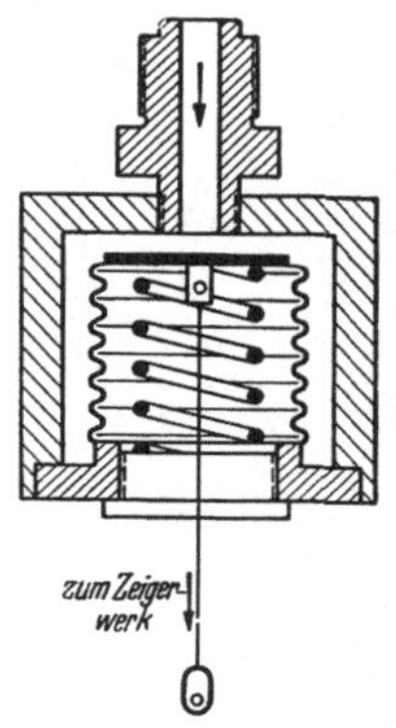

Abb. 119. Meßelement für Druckschreiber oder -regler mit Faltenbalg. Größere Volumenbewegung als bei den bisherigen, daher größerer Energieumsatz, größere Verstellkräfte. Firma Eckardt. Faltenbalg aus Tombak, nicht als Feder gedacht; aber Hysterese beachten; Beryllkupfer hat wenig Hysterese. Fa. Industriewerke.

An einem Röhrenfedermanometer von 290 mm Gehäusedurchmesser mit Skala 0 bis 25 at wurde an den waagrecht gestellten Zeiger in 50 mm Abstand von der Achse ein Gewicht von 5 g angebracht; das Moment von 250 mmg ließ den Zeiger um 3,2 at vorwärts laufen, entsprechend einem Winkel von 35,2°; dem größten Ausschlag von 25 at entspricht also ein Winkel von 275° und ein größtes, von der Feder an der Zeigerachse geübtes Moment von

$$250 \cdot \frac{25}{3,2} = 1960 \text{ mmg} = 0,00196 \text{ mkg}.$$

Geht der Zeiger von 0 bis 25 at, so wird über den Winkel 275/57 = 4,8 Radianten hin durchschnittlich das Moment $\frac{1}{2} \cdot 0,00196$ umgesetzt, der Arbeitsumsatz beim Anzeigen des Gerätes ist also 0,000 98 · 4,8 = 0,0047 mkg. Da der gesamte Weg des Endpunktes der Röhrenfeder etwa 6 mm = 0,006 m beträgt, so ist die größte Kraft zum Deformieren der Feder, auf deren Endpunkt bezogen,

$$\frac{2 \cdot 0,0047}{0,006} = 1,6 \text{ kg}.$$

Größere Kräfte und größeren Arbeitsumsatz liefert das Faltenrohr, solches wird daher für schreibende Geräte vorgezogen, auch am Umwerter der Gaszähler (Abb. 243) gibt ein Faltenrohr die zur mechanischen Verstellung nötige Kraft her. Durchmesser und Länge des Rohres, kurz das wirkende Volumen bestimmen den Arbeitsumsatz, nur muß zum Nachfüllen des Volumens bei Druckänderung auch die erforderliche Gasmenge verfügbar sein. Die Wandstärke muß dem höchsten Innendruck genügen.

Federn ändern ihre Elastizität, wenn sie warm werden, deshalb soll kein Dampf an die Manometerfeder kommen; man setzt eine Schleife vor das Manometer, in ihr sammelt sich Wasser. Außerdem kommt ein Hahn vor das Manometer für den Fall, daß es schadhaft wird und abgenommen wird, und zwar mit einer seitlichen Bohrung von nur kleinem Durchmesser, also ein Dreiwegehahn; durch sie steht das Manometer mit der Luft in Verbindung, wenn der Hahn abgesperrt wird, und man sieht, ob der Zeiger sauber auf Null geht; man kann auch mit dieser Hilfsbohrung die Zuleitung von Kondensat freiblasen. Der Hahn wird wohl auf klein gestellt, damit das Manometer bei leicht schwankendem Druck (an Kolbenmaschinen) den mittleren Druck anzeigt; dazu ist aber der Hahn nicht das richtige Hilfsmittel, sondern dazu ist eine kapillare Bohrung nötig, in der sich schlichte Strömung einstellt mit einem Druckverlust proportional der Geschwindigkeit; nur bei solcher ergibt sich der richtige Mittelwert des Druckes; der Hahn drosselt turbulent und läßt das Manometer den quadratischen Mittelwert zeigen. Bei Abb. 118 ist eine Drosselkapillare gleich ins Gehäuse des Manometers eingesetzt. Vergleiche auch Abb. 137 und 138.

Federmanometer besonderer Bauart sind die Feindruckmesser für kleinste Drucke, Abb. 131, etwa um an Feuerungen den Zug im Feuerraum zu kontrollieren oder den am Fuchs zu messen; ferner Differenzmanometer, um bei hohem Druck kleine Druckunterschiede abzulesen, wie es bei der Strömungsmessung mit Düsen und Blenden nötig ist (§ 42). Für beide Zwecke sind Geräte mit Flüssigkeitsfüllung üblicher.

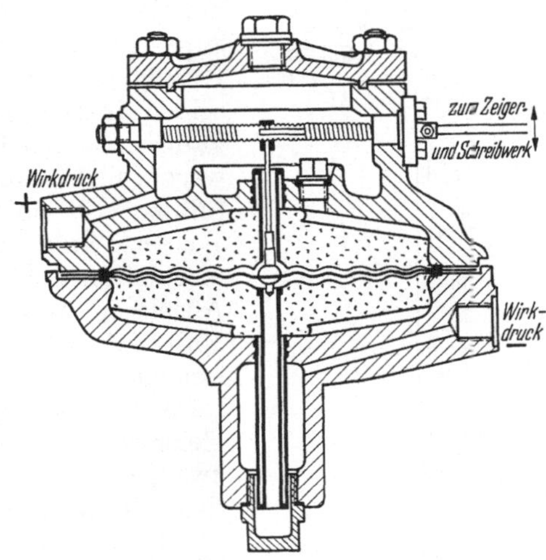

Abb. 120. Differenzmanometer. Wirkdruck ± gelangt auf beide Seiten der Wellenmembran, deren Bewegungen werden durch Hebel (in Wellrohr liegend) auf Zeiger oder Schreiber übertragen. Überlastung der Membran verhindert durch Welloberfläche einer Kunststoffmasse, vor deren Härtung größtzulässiger Druck auf Membran gegeben wurde, Kunststoff durch Folie geschützt. Fa. Eckardt. Ähnlich, aber einfacher: Media der Fa. Samson.

Die Federmanometer sind nicht eichfähig, können aber amtlich beglaubigt werden, was praktisch auf dasselbe hinausläuft. Die BTR teilt sie in drei Güteklassen:

Röhren- und	Klasse....	0,6	1,0	2,0	
Plattenfedergeräte	Eichfehler ..	± 0,4	0,8	1,6%	vom Skalenendwert
	Verkehrsfehler	± 0,6	1,0	2,0%	

Unterschied zwischen Auf- und Abgang, vorher 20 min auf Skalenendwert:

Eichfehler ..	0,3	0,5	1,0%
Verkehrsfehler	0,6	1,0	2,0%

Feinmeßmanometer sind nach Klasse 0,6 zu beglaubigen, so auch die Doppelmanometer der technischen Überwachungsbeamten; Manometer zur entgeltlichen Abgabe von Flüssigkeiten oder Gasen unter Druck müssen den Klassen 0,6 oder 1,0, Betriebsmanometer den

Klassen 1,0 oder 2,0 genügen. Die Fehlergrenzen müssen im Betriebs-
meßbereich innegehalten werden, bei Ruhebelastung von $^1/_{10}$ bis $^2/_3$,
bei Wechselbelastung von $^1/_{10}$ bis $^1/_2$ des Skalenendwertes. Weiter hinauf als bis zu $^2/_3$ und $^1/_2$ der Skala sollten die Geräte auch nicht benutzt werden.

17. Flüssigkeitsmanometer. Das einfachste Flüssigkeitsmanometer ist
ein U - Rohr aus Glas mit Skala; die beiden Schenkel werden halb voll
einer Meßflüssigkeit gefüllt, um Gasdruck zu messen, meist mit Quecksilber oder Wasser; die Skala ist verschiebbar,
um den Nullpunkt an die Füllungsmenge anzupassen. Ein Druck oder Sog verschiebt die
Flüssigkeit, er wird durch den Spiegelunterschied ausgewogen. Länger als 1 bis $1^1/_2$ Meter
kann man das Gerät der bequemen Ablesung
wegen nicht wohl machen, mit Quecksilberfüllung läßt sich dann bis 2 at Druck messen;
Wasserfüllung mißt nur 1 bis 1,5 Zehntel Atmosphären, die Druckteilung wird weiträumiger.
Abgelesen werden beide Schenkel, und wenn
Null auf halber Höhe ist, werden beide Ablesungen addiert. Eine Ablesung zu verdoppeln,
wäre nur richtig, wenn beide Schenkel überall
gleichweit sind, das trifft nicht leicht zu. Die
zweifache Ablesung ist, zumal bei schwankendem Druck, lästig.

Beim *Gefäßmanometer* taucht ein Rohr in
ein Gefäß von mehrfach größerem Querschnitt,
es verlangt nur eine Ablesung; der Nullpunkt
ist auch hier einstellbar: die Skala oder das Gefäß
wird verschoben oder ein Senkkörper (Abb. 271)
geht mehr oder weniger in die Flüssigkeit.
Ein Vakuum saugt am Rohr, ein Druck wirkt
auf das Gefäß, die Skala ist, dem Querschnittsverhältnis Rohr zu Gefäß entsprechend, etwas
enger als in Zentimeter geteilt. So wenigstens
für Betriebszwecke; im Laboratorium läßt man
es bei der richtigen Zentimeterteilung und stellt

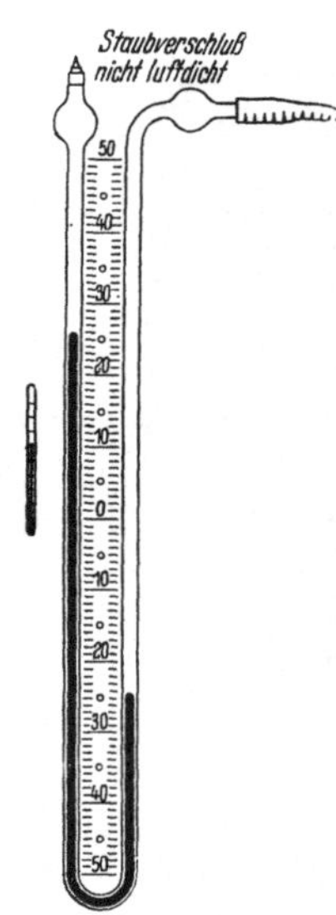

Abb. 121.   Zweischenkliges
Quecksilbermanometer. Ablesung 242 + 260 = 502 mm
QS, Thermometer, Kugel auf
halber Höhe, zeigt 20°, also
$^1/_3$% abziehen, Druck 500
Torr. Steht rechts Wasser
über dem Quecksilber, 830
mm hoch, dann Ablesung
502 mm (QS — WS) = 500
Torr — 830 kg/qm = 500
— 830 : 13,5 = 438 Torr.

den Spiegel im Gefäß vor jeder Ablesung auf Null ein, etwa mit Hilfe
einer Eintauchspitze, dann sind Ungleichmäßigkeiten der Lichtweite
von Gefäß und Rohr ausgeschaltet, außer deren kapillarem Einfluß;
dieser läßt sich zwar durch Anwendung großer Rohrweite an den
Meßstellen in Grenzen halten, doch sind dazu 15 mm lichte Weite
nötig; bei 7 mm lichter Weite macht die Kapillardepression von Quecksilber 0,7 bis 1,8 mm, bei 10 mm Weite bis 0,6 mm aus, Zahlen, die
beim Messen eines Turbinenvakuums immerhin schon beachtlich sein
können.

Wird Wasserdruck mit einer Quecksilbersäule ausgewogen, so ist
ein oder es sind beide Spiegel mit Wasser überdeckt; im ersten Fall

verschiebt sich der Nullpunkt, indem die beiden Spiegel bei drucklosem Gerät ungleich hoch stehen. Die Messung erfolgt in beiden Fällen in der Einheit mm (QS — WS), bei 20° ist 797 mm (QS — WS) = 1 at. Auch beim Messen von Dampfdruck füllt sich der Raum über dem Quecksilber einseitig oder beiderseits mit Kondensat und einerseits verschiebt sich der Nullpunkt, andererseits wird in mm (QS — WS) gemessen.

Oft wird es ausreichen, die spezifischen Gewichte bei 20° einzusetzen. Bei größerer Abweichung der Temperatur: Quecksilber dehnt sich um 0,018%, Wasser in der Gegend 20° um 0,02% seines Volumens für je 1 Grad aus, in dieser Gegend also beide gleich viel. Bei 20° ist Quecksilber um $^1/_3$% leichter als bei 0°, Wasser um 0,2% leichter als bei 4°.

Verunreinigungen des Quecksilbers geben im Glasrohr einen schmierigen Belag, der die Kapillarkräfte unregelmäßig werden läßt (Kuppe beim Aufwärtsgang, Senkung beim Abwärtsgang der Säule, also bei Pendelungen wechselnd) und die Ablesung erschwert. Man reinigt Quecksilber von mechanischen Verunreinigungen durch Filtrieren durch einen Papiertrichter mit feinem Nadelstich an der Spitze; von gelösten schwer flüchtigen Metallen durch Ausschütteln mit oder Tropfenlassen durch verdünnte Salpetersäure oder durch Durchblasen von Luft; von Fett durch Schütteln mit Natronlauge unter Nachschütteln mit Wasser; von Wasser durch Fließpapier und Erwärmen auf 150° (L. 6, 7).

Neben Quecksilber und Wasser werden mannigfache *Füllflüssigkeiten* verwendet. Sie sollen folgenden Bedingungen genügen: Bei Messung von Gas- oder Luftdruck: schwache Verdunstung, insbesondere einheitliche Verdunstung, nicht daß aus Gemischen ein Teil vorzugsweise abdampft; Indifferenz gegen das Gas und seinen Feuchtigkeitsgehalt; bei Messung des Drucks in Flüssigkeiten oder kondensierenden Dämpfen: genügender Unterschied des spezifischen Gewichtes zwischen den berührenden Flüssigkeiten und Indifferenz beider gegeneinander, damit sich eine saubere Trennungsstelle ausbildet; verschiedene Lichtbrechung, damit die Trennstelle zu sehen ist — oder Möglichkeit, einen Teil einzufärben. Auch die Netzung gegen Glas ist wichtig.

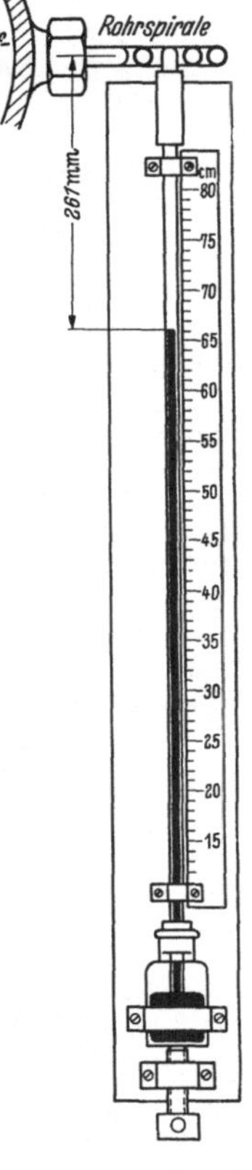

Abb. 122. Einschenkliges Vakuummeter an einer Dampfleitung, über dem Quecksilber Kondenswasser, Rohrspirale läßt Wasseroberfläche auch bei Druckschwankungen nicht in senkrechten Teil zurückgehen. Ablesung 661 mm QS (Skala ist gegen Zentimeter um $7,8^2 : 55^2 = {}^1/_{50}$ verjüngt) + 261 mm WS, Temperatur 20°, also 659 + (261 : 13,5) = 678 Torr Unterdruck. Barometerstand 1005 mb = 753 Torr, absoluter Druck 75 Torr = 0,102 at entsprechend 46° Kondensationstemperatur von luftfreiem Wasserdampf.

Tabelle 6. Füllflüssigkeiten für Manometer.

	Toluol $C_6H_5CH_3$	Wasser H_2O	Schwefel-kohlenstoff C_2S	Chloroform $CHCl_3$	Tetrabrom-azetylen $CHBr_2 \cdot CHBr_2$	Queck-silber Hg
Wichte bei 20°	866	998,2	1261	1487	2964	13545
Unterschied gegen Wasser von 20°	— 134	0	+ 263	1489	2034	12547
Temperaturdehnzahl $\times$ 1000 bei 20° . .	1,08	0,18	1,18	1,28	—	0,181
Dampfdruck bei 20°, Torr	20	17	295	160	—	0,04
Siedepunkt bei 760 Torr	111	100	46	61	151 bei 54 Torr	357
Schmelzpunkt (*Stockpunkt)	— 94	0	— 112	— 64	—	— 39
Gewicht des Dampfes Luft = 1	4	—	2,6	4,1	—	6,9
Kapillaritätskonstante $a^2 = v\,h$	6,7	—	5,0	3,7	—	7,5
Zähigkeit η bei 20°, Wasser = 100 . . .	59	100	38	56	—	158
Lichtbrechungszahl D-Linie bei 20° . . .	1,49	1,33	1,63	1,45	—	—
Verhalten bei Berührung mit Wasser	gut	—	gut	Häutchen,	gut	gut
Sonstige Eigenschaften	—	—	giftig brennbar	brennbar	—	—

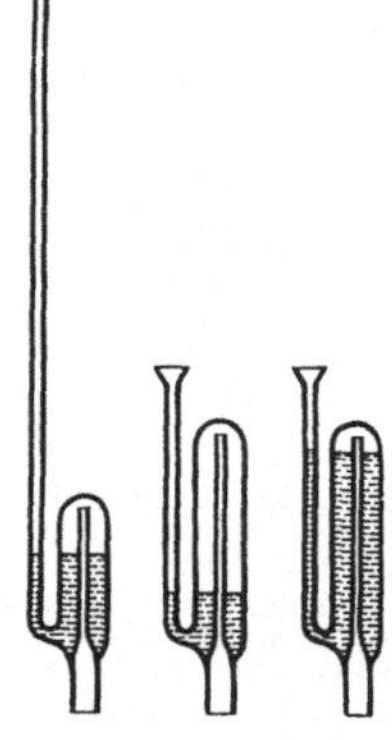

Abb. 123. Manometer, in Gaswerken gebräuchlich, Füllung meist Öl.

Abb. 124. Manometer für mittlere Drucke, Quecksilber zu schwer, Wasser zu leicht, Quecksilberbewegung durch Wasser in verjüngtem Rohr vergrößert. Teilung empirisch.

Ein mäßiger Wasserdruck ist mit Quecksilber nicht gut zu messen, weil es zu schwer ist. Chloroform ist brauchbar, angefärbt mit Indigo, der in Wasser unlöslich ist; die Wichtezahl 1,489 bei 20° unterscheidet sich genügend von der des Wassers; Bromoform $\delta = 2,903$ ergibt eine engere Teilung, einen größeren Meßbereich, ist aber giftig. Tetrabromazetylen $\delta = 2,96$, ist auch gegen Chlor unempfindlich. Gegen Luft oder Gas tut Toluol gute Dienste, auch Öle werden verwendet. Im Handel sind Mischungen mit den Werten $\delta = 2$ und $\delta = 3$; diese sollten einheitlich abdunsten.

Die Wahl fällt anders aus, wenn man einige Messungen macht, als für eine dauernde Betriebseinrichtung. (Zwei Spezialöle Fa. Debro, $\delta = 1,50$ und $1,68$ kg/ltr, beständig gegen viele, auch starke Säuren und Basen, Gase und Flüssigkeiten.)

Um kleine Drucke oder Druckunterschiede zu messen, legt man das Rohr des Gefäßmanometers schräg; solche Geräte dienen vielfach als Zugmesser in Feuerungsanlagen. Die Flüssigkeit läuft unter dem Einfluß eines kleinen Druckes je nach der Neigung des Rohres und je nach dem Verhältnis der Rohrweite zur Weite des Gefäßes um Strecken vorwärts, die als Abstand der Skalenstriche ein Mehrfaches des Millimeters ergeben. Ist f/F das Querschnittsverhältnis Rohr zu Gefäß und α der Neigungswinkel des Rohres, so ist nach Abb. 126 die Vergrößerung des Ausschlages durch $h/n = (f/F) + \sin\alpha$ gegeben. Hätte das Rohr 5, das Gefäß 25 mm, also $f : F = {}^1/_{25} = 0{,}04$, und die Rohrneigung durch $\sin\alpha = 1 : 10 = 0{,}1$ gegeben, so ist die Vergrößerung 7,1 und nicht 10,

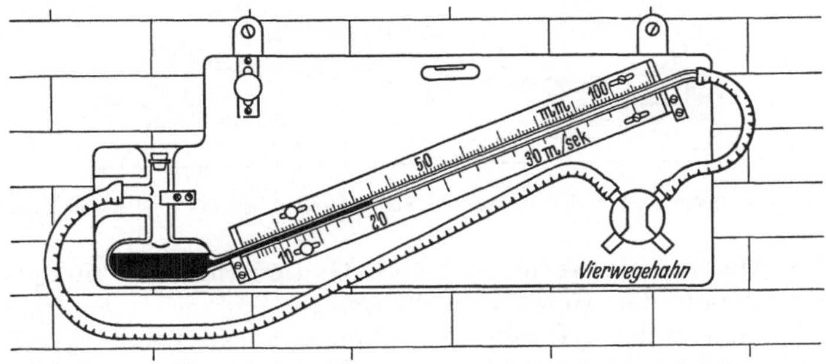

Abb. 125. Schrägrohrmanometer als Zugmesser im Kesselhaus. Gut nach Libelle einstellen!

immerhin also erheblich. Hat das Rohr weniger als 5 mm Lumen, so gewinnt die Kapillarität Einfluß und die Spiegeldifferenz gibt nicht mehr den Druck; bei 5 mm Weite steht aber der Spiegel nicht mehr senkrecht zum Schrägrohr, die Ablesung wird weniger eindeutig.

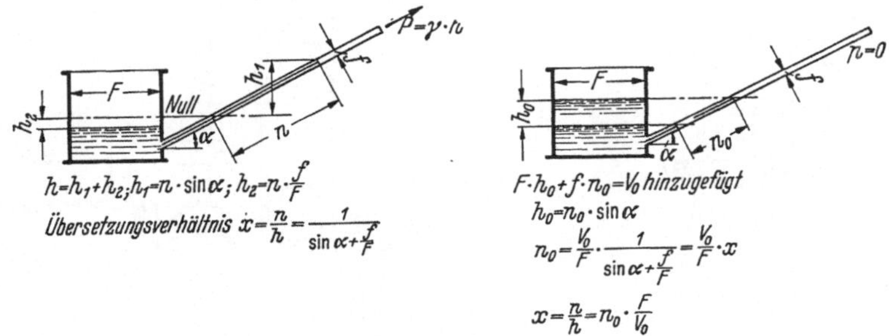

$$h = h_1 + h_2; \quad h_1 = n \cdot \sin\alpha; \quad h_2 = n \cdot \frac{f}{F}$$

$$\text{Übersetzungsverhältnis } x = \frac{n}{h} = \frac{1}{\sin\alpha + \frac{f}{F}}$$

$$F \cdot h_0 + f \cdot n_0 = V_0 \text{ hinzugefügt}$$

$$h_0 = n_0 \cdot \sin\alpha$$

$$n_0 = \frac{V_0}{F} \cdot \frac{1}{\sin\alpha + \frac{f}{F}} = \frac{V_0}{F} \cdot x$$

$$x = \frac{n}{h} = n_0 \cdot \frac{F}{V_0}$$

Abb. 126. Zur Theorie des Schrägrohrmanometers, links Messung, rechts Eichung.

Das RECKNAGELsche *Mikromanometer* will sehr kleine Drucke messen und ist in sich justierbar, kann also als Urgerät dienen. Das Gefäß ist sauber auf 100 mm Durchmesser ausgedreht, das Rohr hat etwa 2 mm Durchmesser; daher ist $f/F = 1 : 2500$. In der Neigung geht man bis $1 : 100$, das ergibt eine 96fache Vergrößerung, fast nur von der Neigung abhängig. Zum Justieren fügt man dem Gefäßinhalt ein bestimmtes Volumen V_0 hinzu und beobachtet, wie der Faden um n_0 Teile voranläuft; dann ist die Vergrößerung $\frac{n}{h} = n_0 \frac{F}{V_0}$; dabei ist die Kapillarität in dem engen Rohr ausgeschaltet, wenn es überall gleichweit ist, und auch grade muß es sein; man eiche das Gerät oben und unten.

Das Mikromanometer ist als Feindruckmesser weitgehend von Geräten überholt, in denen der Spiegelunterschied zwischen zwei senkrechten kommunizierenden Röhren genau beobachtet wird; die Röhren sind so weit, daß die Kapillarität nicht mehr wirkt. Mit der Ablesung über die Zehntel Millimeter hinauszugehen scheint übertrieben, zumal

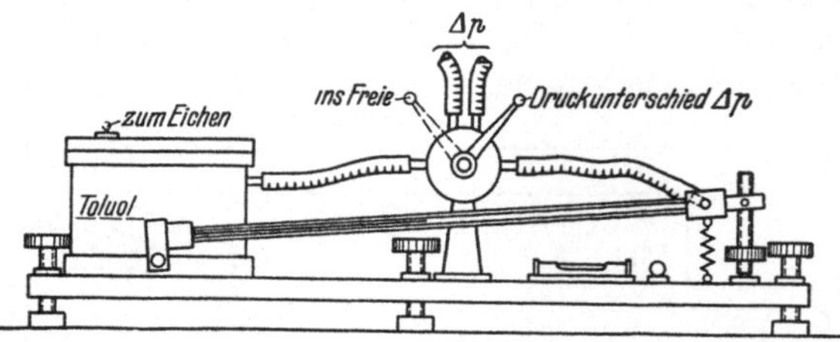

Abb. 127. Mikromanometer nach RECKNAGEL. Füllung Toluol, eichbar in sich nach Abb. 126.

wenn (bei Abb. 129) die Verbiegung eines Gummischlauches im Spiel ist; zwar wird gerade dies Gerät betriebstechnisch gelobt — es fragt sich nur, auf Grund welcher Erfahrung; selten wird ein Kontrollgerät verfügbar sein, welches ja, nach allgemeinen Regeln der Eichtechnik, merk-

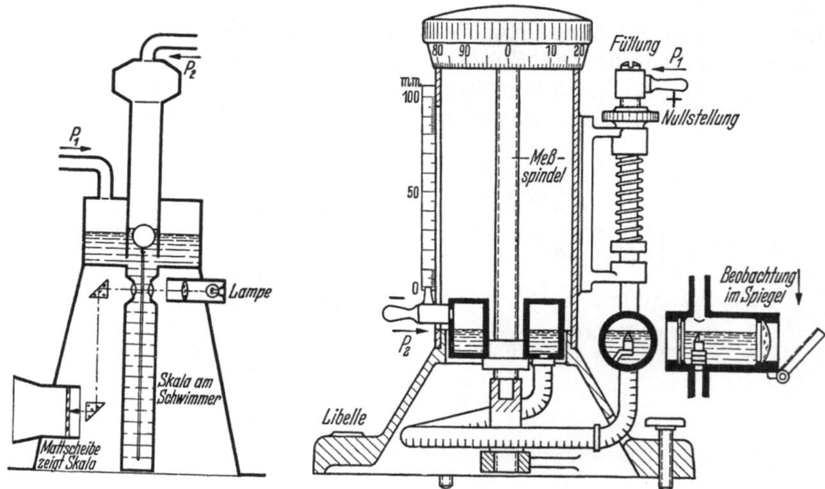

Abb. 128. Minimeter nach BETZ, Skala beweglich, auf Mattscheibe projiziert, Stellung gegen eine Marke wird an verjüngter Skala abgelesen. Fa. Schiltknecht, Bartels; ähnlich Debro.

Abb. 129. Miniskop, bewegliches Gefäß mit Mikrometertrieb verstellt, bis Spitze und ihr Spiegelbild sich berühren, Ablesung am Trieb auf Zehntel und (?) Hundertstel. Nachteil Gummischlauch. Fa. Askania.

lich genauer sein soll als das geprüfte, man sagt um eine Zehnerpotenz. Die Zufriedenheit könnte sich also auf die bequeme Beobachtung und auf zuverlässige Reproduzierbarkeit beziehen, weniger auf die absoluten Werte.

Bei der Herstellung von Glühlampen, Elektronenröhren, Großgleichrichtern sind weit bessere Vakua zu messen, als etwa die Barowaage

(Abb. 136) messen läßt; über das MACLEOD-Gerät (Z. VDI 1953 S. 215) und andere möge man sich in physikalischen Werken Rat holen.

Die Flüssigkeitsmanometer entsprechen nicht betriebstechnischen Bedürfnissen; man muß dicht herangehen, um sie abzulesen, kann den Stand nicht in die Ferne übertragen, nicht aufschreiben. Um das zu verbessern, setzt man Schwimmer auf die Oberfläche, deren Stand sich von weitem erkennen läßt; bei Quecksilber kann der Schwimmer aus weichem Stahl bestehen und außen einen Magneten mitschleppen, der nun einen Zeiger spielen läßt, einen Schreibstift, einen Fernsender betätigt (Abb. 268). Wird bei kleinem Druck nicht Quecksilber, sondern Wasser oder Öl eingefüllt, so wird nur wenig Arbeit umgesetzt, weniger, als zur Betätigung jener Organe nötig ist. Der Hauptvorzug der Flüssigkeitsmanometer, die Freiheit von Reibung, geht verloren; dann muß man suchen, den Arbeitsumsatz im Gerät zu vergrößern, vorausgesetzt, daß die Meßstelle den größeren Arbeitsumsatz liefern kann, ohne selbst gestört zu werden. Das Prinzip des Nachlaufens (S. 19, 149) dient dazu, zwei kommunizierende Gefäße stehen auf oder hängen an einem Waagebalken; treibt der Druck die Flüssigkeit nach einer Seite, so senkt sich diese, dadurch läuft weitere Flüssigkeit nach jener Seite, und dies

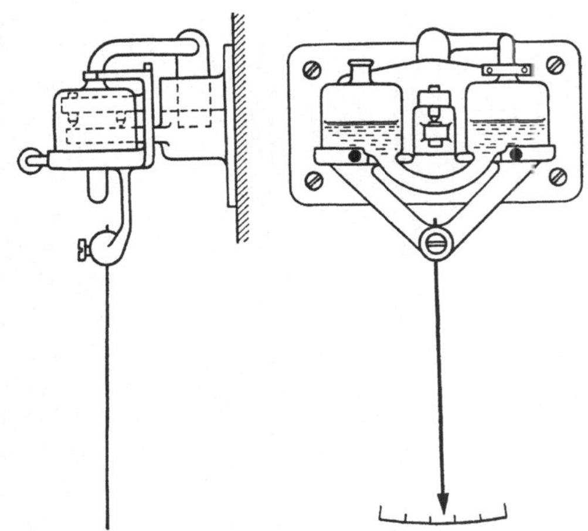

Abb. 130. Feindruckmesser mit nachlaufender Ölfüllung. Fa. Union.

Spiel geht so lange, bis bei passender Wahl der Abmessungen und der Schwerpunktslage ein neues Gleichgewicht erreicht ist; der Ausschlag wird durch einen Zeiger kenntlich gemacht. Das Nachlaufen läßt größere Volumina in das sich hebende Gefäß eintreten als ohne dies der Fall, die Volumina werden dem Meßraum entnommen (Abb. 130).

Große Umsätze ergibt der *Glockendruckmesser*. Der zu messende Druck tritt unter eine Glocke vom Querschnitt f im Lichten und vom Querschnitt f_0 der Wand, die Glocke hebt sich um die Höhe $H \approx h\gamma \dfrac{f}{f_0}$, die Vergrößerung des Ausschlages ist also durch das Verhältnis des lichten Querschnitts zum Mantelquerschnitt gegeben, eine Glocke von 200 mm Durchmesser und 1 mm Wandstärke gibt 50fache Vergrößerung des Wasserstandsunterschiedes zwischen außen und innen; wichtiger ist, daß hier größere Volumina einzufüllen sind, also viel Arbeit umgesetzt wird, so daß Schreibzeug und Fernsender ohne viel Rückwirkung auf die Glockenbewegung betätigt werden können; in großen Gasleitungen stehen auch die Gasmengen zur Verfügung, ohne daß durch die Entnahme Rückwirkung auf die Leitung zu fürchten ist. Um mit der Glocke Druckunterschiede zu messen, wird der Mantel geschlossen ausgeführt; doch ist die Glocke wegen des großen Durchmessers wenig geeignet, Druckunterschiede bei hohem absolutem Absolutdruck zu messen, wie es die Strömungsmessung verlangt (Abb. 133, 134).

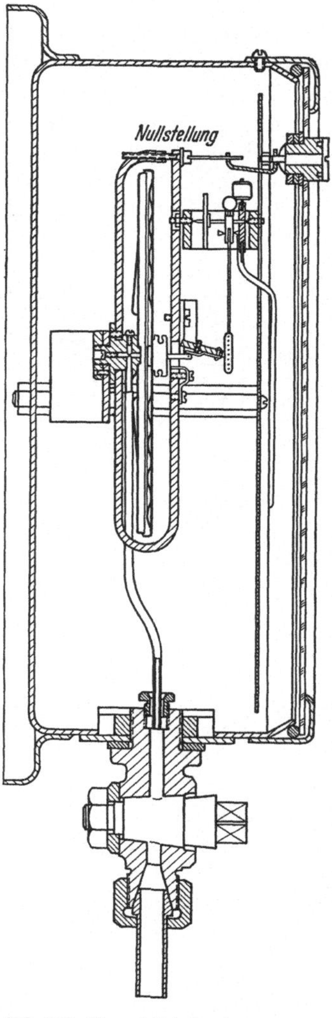

Hierfür und für manche andere Zwecke hat sich in den letzten Jahrzehnten die *Ringwaage* durchgesetzt. Ein geschlossener Rohrring ist oben durch eine Scheidewand, unten durch die Sperrflüssigkeit in zwei Räume unterteilt, beiderseits der Scheidewand sind Zuleitungen, durch die die Drucke zugeführt werden, deren Unterschied zu messen ist, gegebenenfalls bleibt die eine Zuleitung einfach offen. Ein Druckunterschied zwischen beiden Räumen drückt das Rohr aus der Mittellage, der Winkelausschlag ist durch $\sin\varphi = k \cdot \varDelta p$ bestimmt, wobei k von den Durchmessern des Ringes und des Rohres, andererseits von der Schwerpunktslage des Drehsystems und von dessen Gewicht abhängt. Die Ringwaage wird aus Stahlrohr hergestellt und kann bei 1 m Ringdurchmesser mit Quecksilber als Sperrflüssigkeit Druckunterschiede bis zu 1 at messen (Abb. 266); als Blechring größeren Querschnitts mit 250 mm Ringdurchmesser bestreicht sie den Meßbereich $\pm$ 5 mm Wassersäule als empfindliches Anzeigegerät und zeigt

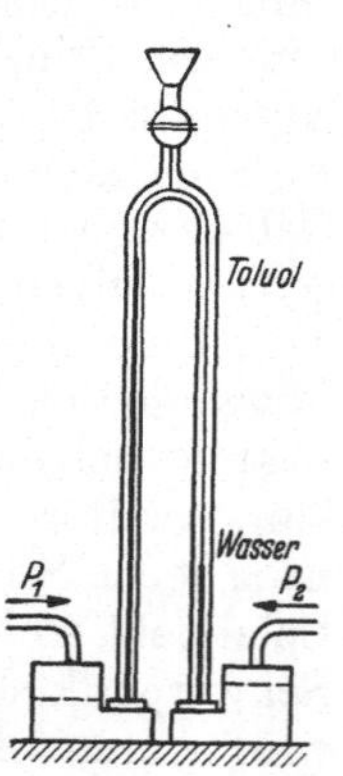

Abb. 132. Feindruckmesser mit zwei Meßflüssigkeiten, etwa Toluol $\delta = 0,866$ und Wasser $\delta = 0,998$, also 1 mm Ausschlag = 7,50 kg/qm. Nachteil: unangenehm empfindlich gegen schiefe Aufhängung.

Abb. 131. Kapsel-Feindruckmesser.
²/₅ n. Gr. Fa. Askania.

den Druck im Feuerraum von Glühöfen an, damit beim Öffnen der Ofentür weder eine Flamme herausschlägt und die Mannschaft gefährdet noch kalte Luft eingesaugt die Glühware kühlt; als Glasring mit einer Quecksilberfüllung, die einerseits bis an die Trennung geht, dient sie als abgekürztes Barometer und zeigt das Vakuum, den absoluten Druck im Kondensator der Dampfturbine an. Am wichtigsten ist die Verwendung

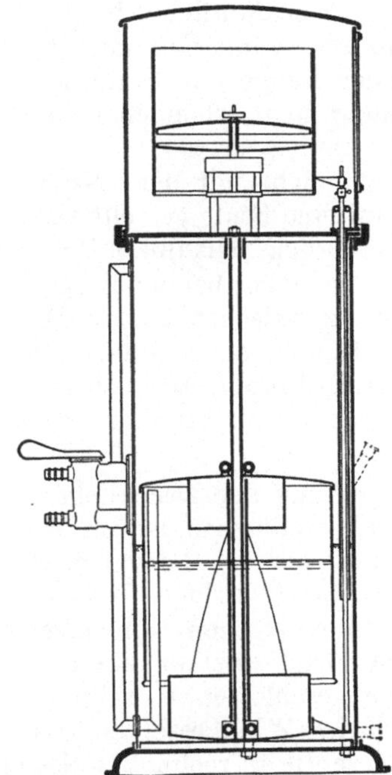

Abb. 133. Glockendruckmesser.

der Ringwaage als Anzeigegerät für die Drosselgeräte der Strömungsmesser; sie kann als Druckdifferenzmesser bei mäßigen, aber auch bei höchsten Betriebsdrucken dienen,

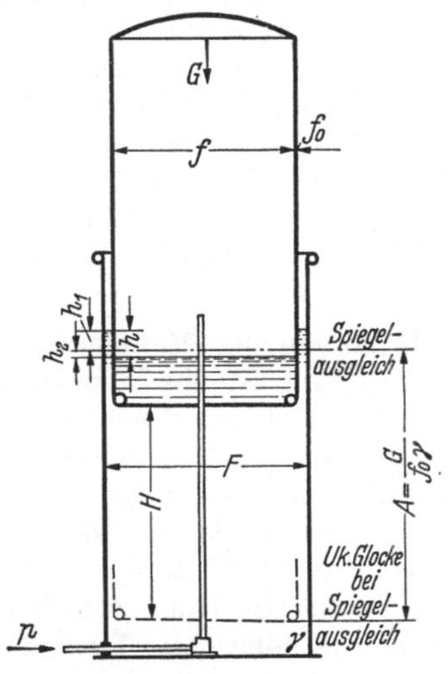

Abb. 134. Zur Theorie der Schwimmerglocke.

Übersetzung $\dfrac{H}{h} = \dfrac{f}{f_0} + \dfrac{f}{F - f_0} \sim \dfrac{f}{f_0} + 1 \sim \dfrac{f}{f_0}$.

wenn sie aus genügend starkwandigem Stahlrohr erstellt wird; sie kann bei 200 at Betriebsdruck bis zu 1 at Druckunterschied messen, um die strömende Menge zu ermitteln. In

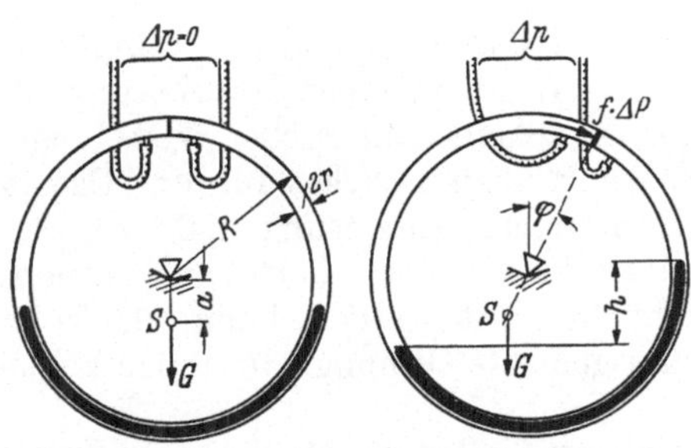

Abb. 135. Zur Theorie der Ringwaage. G ist das Gewicht, S der Schwerpunkt des Rohres mit Halterung, ungefüllt. Moment auf Scheidewand $f \Delta p R$, ausgeglichen durch Wandern von S, Moment $G a \sin \varphi$, also $\sin \varphi = \dfrac{f R}{G a} \Delta p$. Flüssigkeitsinhalt übt auf das bewegliche System kein Moment aus, doch ergibt sich die gleiche Formel aus der Betrachtung: S wandert nach links, Schwerpunkt S_1 der Füllung nach rechts, beide miteinander im Gleichgewicht. (R geht bis Mitte Rohr.)

Gramberg, Messungen. 7. Aufl.

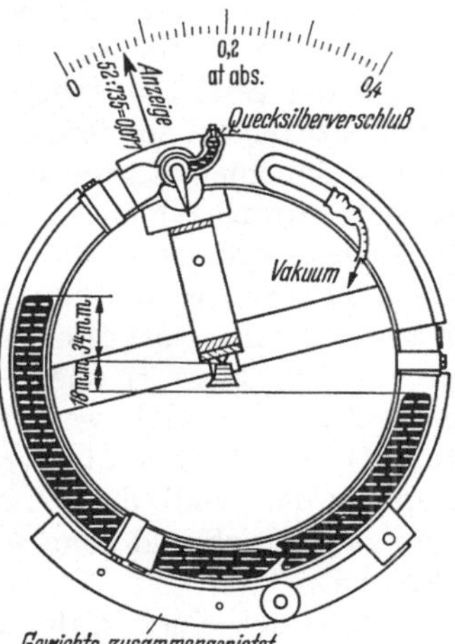

Abb. 136. Ringwaage als Barowaage, mißt das absolute Vakuum bei Kondensationsanlagen. Füllung Quecksilber, Luft durch Hahn ausgelassen, Hahn geschlossen, Küken mit Ramsayfett gedichtet, außerdem Quecksilbertropfen vor Küken. Ringrohr nicht mit Trennwand, sondern unterbrochen. Fa. Hartmann & Braun.

7

dieser Verwendung wird die Ringwaage in § 42 ausführlicher besprochen
werden. Der Druck wird ihr bei mäßigem Druck mit Gummischlauch,
bei hohem Druck mit Spiralen genügender Länge aus Stahlrohr zugeführt, die einen bei geschickter Anordnung nicht erheblichen Beitrag
zur Richtkraft liefern.

Übrigens darf die Ringwaage eigentlich nicht mit dem Nachlauf-
gerät Abb. 130 oder mit dem Minimeter auf eine Stufe gestellt werden.
Bei jenen Geräten mißt die Flüssigkeit den Druck, teils durch ihr nach-
laufendes Gewicht, teils einfach aus der Spiegelhöhe; bei der Ringwaage
aber wirkt der Druck nur auf die Trennung zwischen beiden Druck-
räumen; die Flüssigkeit soll die beiden Räume auch unten voneinander trennen, der Druck soll nicht durchschlagen, zum Messen ist
sie nicht da. Eigentlich ist die Ringwaage gar kein Flüssigkeitsmanometer.

18. Anbau der Manometer. Zur Beobachtung der Druckhöhe einer
Kolbenpumpe ist ein Manometer am Druckwindkessel. Da im Wasser
der Druck mit der Höhe abnimmt, und zwar um $^1/_{10}$ at für 1 m Höhe,
so hängt die Angabe des Manometers von der Höhenlage ab, in der es
angebracht ist. Es zeigt den Druck in seiner eigenen Höhenlage an,
wenn es tiefer als der Wasserspiegel im Windkessel angebracht ist;
ist es an den Luftraum des Windkessels angeschlossen, so zeigt es den
Wasserdruck in Höhe des Wasserspiegels im Windkessel an. Da die
Druckförderhöhe einer Pumpe vom Druckventil an rechnet, so ist also
zu der Ablesung am Manometer der Höhenunterschied vom Druckventil zum Manometer, gegebenenfalls zum Wasserspiegel, zuzuzählen,
bisweilen abzuziehen. — Entsprechendes gilt von der Saughöhe, die auch
bis zum Druckventil zu rechnen ist. — Um den gesamten Förderdruck
einer Pumpe zu finden, wird das Manometer am Saug- und das am
Druckwindkessel beobachtet. Es genügt aber nicht, beider Angaben zusammenzuzählen, sondern es ist noch der Unterschied in der Höhenlage
beider Manometer, gegebenenfalls wieder die Höhe bis zum Wasserspiegel, hinzuzuzählen.

Andererseits ist es doch richtig, das Manometer an den Windkessel
und nicht an die Leitung zu setzen. Wenn in einer Rohrleitung das
Wasser strömt, so treten an der Druckentnahmestelle Wirbelungen
ein, die zur Messung meist eines zu kleinen Druckes führen. Das ist
namentlich der Fall, wenn die Kanten der Anbohrung nicht sorgsam
vom Grat befreit sind. Wo Drucke in so engen Leitungen entnommen werden, daß der Grat nicht entfernt werden kann, da bohre
man ganz durch und benutze die ausgehende Öffnung, die innen keinen
Grat hat.

Der Druck eines in der Rohrleitung fließenden Mediums ist immer
schwierig zu messen, weil an der Entnahmeöffnung Störungen auftreten. So fanden sich (L. 117) Unterschiede von $^1/_4$ bis $^1/_3$ at, je nachdem
man die Kanten der Entnahmeöffnung abrundete oder nicht; das war
allerdings bei hohen Dampfgeschwindigkeiten um 400 m/s, die in Turbinendüsen auftreten. Die Abrundung wäre also nötig, ist aber meist
nicht ausführbar.

Übrigens ergeben sich auch theoretisch verschiedene Werte: in einer Rohrleitung wird, weil das Wasser fließt und kinetische Energie enthält, die potentielle Energie, also der Druck, kleiner als in einem Windkessel gemessen. Der Unterschied ist bei den üblichen Wassergeschwindigkeiten von selten mehr als 2 m/s nur klein, nämlich $h = 4 : 2\,g \approx 0{,}2$ m WS. Das ist oft zu vernachlässigen, nötigenfalls aber ist zu überlegen, ob die Energie im Wasser, also der Gesamtdruck, oder nur der statische Druck gemessen werden soll. In einem Windkessel vor der Leitung stimmt der Druck — bei gleicher Höhenlage der Manometer — mit dem Gesamtdruck in der Leitung überein; in einem Windkessel hinter der Leitung wird wesentlich nur der statische Druck gemessen, den die Leitung dem Windkessel zuführt, sofern nicht eine konische Erweiterung den dynamischen Druck in statischen umsetzt. Der Einfluß der Rohrreibung auf die an verschiedenen Stellen zu messenden Drucke ist bei dieser Überlegung nicht beachtet.

Die Ablesung von Dampfdrucken wird gefälscht durch Flüssigkeitssäulen, die sich in den zu den Manometern führenden Meßleitungen durch Niederschlagen von Dampf bilden. Man vermeidet solche Flüssigkeitssäule, oder man trägt ihr durch eine Korrektion Rechnung. Bei Dampfmaschinen führen Leitungen aus dünnem Kupferrohr zum gemeinsamen Manometerbrett, die Ablesung wird um 2 m WS = 0,2 at falsch; die Manometer von Steilrohrkesseln werden herabgezogen und zeigen $^1/_2$ at und mehr zuviel an.

In der Manometerleitung mit ihrer kühlenden Oberfläche schlägt sich Dampf nieder, das Kondensat bleibt in ihr stehen, wenn sie zum Manometer hin abfällt; im entgegengesetzten Fall bleibt es zweifelhaft, ob alles oder etwas oder kein Wasser zur Dampfleitung zurückläuft. Einfaches Abfallen des Rohres gegen das Manometer hin genügt also, um Klarheit über die Verhältnisse zu schaffen, sobald der Druck längere Zeit konstant war. Verringert sich der Druck, so wird Wasser aus der Meßleitung verdrängt, die Leitung bleibt jedoch gefüllt und die Berichtigung die gleiche. Nach einer Drucksteigerung aber wird ein Teil der Leitung zunächst von Wasser entblößt und füllt sich erst allmählich wieder; man läßt ein genügend langes Stück der Meßleitung zunächst waagerecht gehen, dann hat die Entblößung von Wasser keine Bedeutung; dieses waagerechte Stück wird in Schlangenform verlegt oder in Spiralform aufgewickelt, wenn die Raumverhältnisse es wünschenswert machen (Abb. 122). Ein anderes Mittel ist ein Wasserbehälter am Anfang der Meßleitung, von dem ein weites, als Überlauf ausgebildetes Rohrstück zur Dampfleitung führt, während die Meßleitung unter Wasser abzweigt. Nach dem Anbau wird der Behälter und die Meßleitung mit Wasser gefüllt; in der weiten Überlaufleitung steht niemals Wasser; wegen der Weite des Behälters ist die Senkung des Wasserspiegels selbst bei einer starken Druckzunahme nur klein. Die weite Leitung sollte nicht isoliert sein, wenigstens dann nicht, wenn der Druck von überhitztem Dampf gemessen wird, denn wenn der Dampf überhitzt in den Behälter kommt, dann verdunstet Wasser aus ihm; bei sehr heißem Dampf müssen die weiten Leitungen auch lang genug sein. Sie müssen heiß, die zum Manometer gehenden dürfen nicht heiß anzufühlen sein. Man wendet diese umständlichere Einrichtung (Abb. 139) selten bei Messung des Dampfdrucks an, bei Messung im Vakuum können dann aber wesentliche Fehler vorkommen; die Ein-

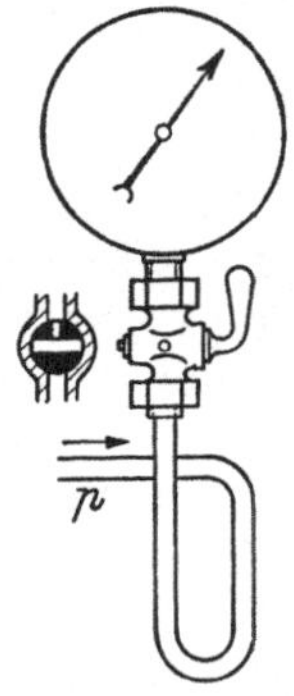

Abb. 137. Schleife und Hahn vor dem Manometer, für Dampfkessel.

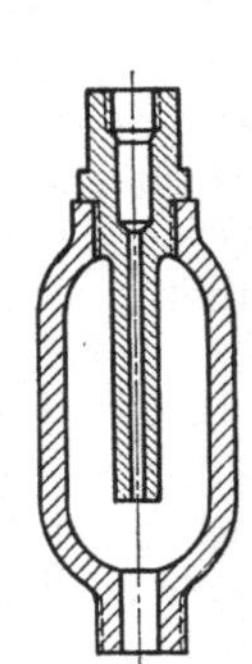

Abb. 138. Drosselstelle vor dem Manometer, mit Kapillare, für schwankenden Druck nahe Kolbenmaschine (S. 25).

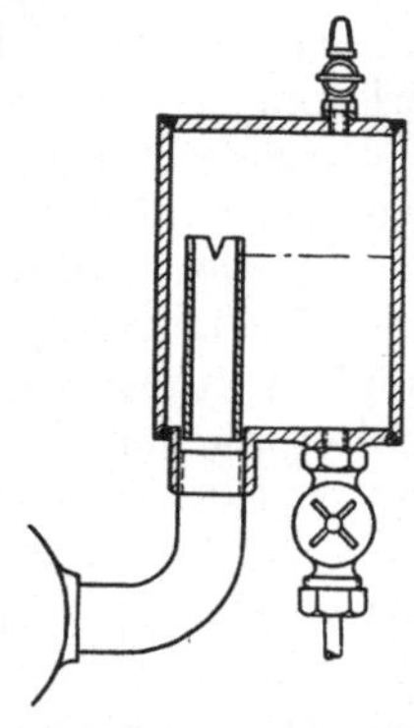

Abb. 139. Ausgleichsgefäß in der Manometerleitung zur Messung von Dampfdruck.

richtungen sind erforderlich, wenn bei Drosselgeräten kleine Druckunterschiede gemessen werden (§ 42). Eine Schwierigkeit kann noch durch Kapillaritätserscheinungen eintreten; wenn das weite Überlaufrohr von Abb. 139 mit enger Bohrung in die Leitung hineingeht, bildet sich

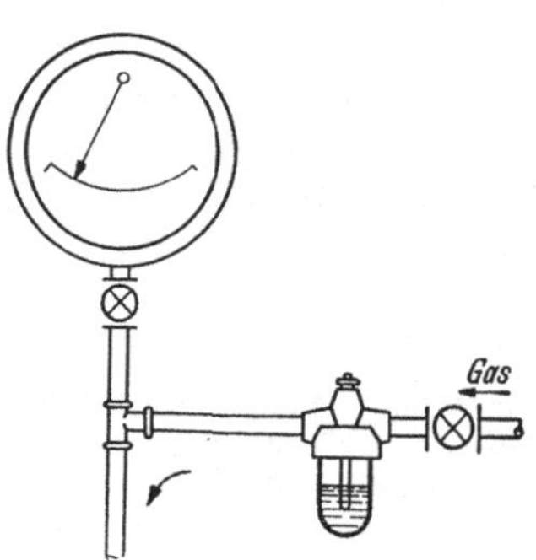

Abb. 140. Schutz des Manometers vor Korrosion durch Gase, Schutzgas vorgelagert.

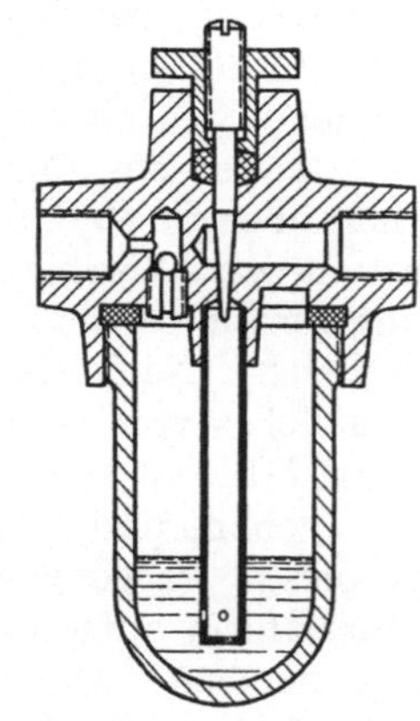

Abb. 141. Vorlage für die Schutzgasleitung Abb. 140. Fa. Askania.

an der engsten Stelle ein Tropfen, den wegen der Oberflächenspannung erst ein erheblicher Überdruck nach der einen oder anderen Seite fortdrückt. Ein Mittel hiergegen wäre Einblasen von Luft (besser Stickstoff) in den Ausgleichbehälter; ein schwacher, in die Dampfleitung gehender Luftstrom hält die Öffnung dann frei, doch bekommt man Luft in den Dampf. Mit ähnlicher Einrichtung verwendet man Schutzgas, wenn das Gas, dessen Druck zu messen ist, das Material des Manometers angreift; dann bläst man, etwa aus einer Druckflasche, wenig Luft oder ein indifferentes Gas in die Meßleitung; das aggressive Gas wird so vom Manometer ferngehalten, ohne daß bei genügender Rohrweite, die Messung merklich beeinflußt wird.

Kleine Druckunterschiede gegen die Atmosphäre an windigen Tagen zu bestimmen ist schwierig. Ist ein am Schornsteinfuß angeschlossenes U-Rohr unruhig, so können das Schwankungen des Schornsteinzuges sein, hervorgerufen durch den Einfluß von Böen auf die Schornsteinmündung; insoweit konstatiert man, daß die zu messende Größe heute nicht konstant ist. Die Unruhe des Gerätes kann aber auch vom Einfluß des Windes auf den offenen Schenkel des U-Rohreskommen, dann ist die Meßmethode unbrauchbar, dieser Einfluß ist aber kaum zu vermeiden. Geht man mit dem Ende des offenen Schenkels (den

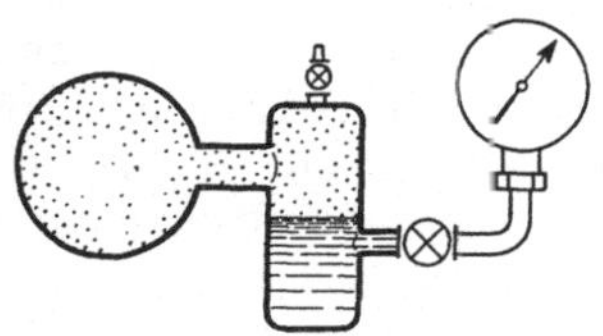

Abb. 142. Schutz des Manometers vor Korrosion durch Flüssigkeit, Schutzflüssigkeit vorgelagert; diese schwerer als Betriebsflüssigkeit, sonst umgekehrt.

man etwa durch einen Gummischlauch verlängert) auf die Windseite des Schornsteins, so hat der Wind den Einfluß wie bei einem Staurohr (§ 27), je nach der Lage der Öffnung zur Windrichtung; geht man auf die Abwindseite, so gerät man in die Wirbelschleppe des Schornsteins mit wechselndem Unterdruck; geht man in ein Zimmer, so herrscht in diesem je nach seiner Lage zum Wind und je nachdem, wie man Türen oder Fenster öffnet, ein vom Außendruck abweichender, übrigens auch schwankender Druck. Mit anderen Worten, man versucht eine Größe zu messen, die begrifflich gar nicht so bestimmt ist, daß man sie auf Millimeter Wassersäule oder gar Bruchteile davon messen könnte. Durch Verwendung von Gehäusegeräten wird die Sache nicht besser, da der Druck im Gehäuse außerhalb des Meßwerks ebenso vom Wind in Verbindung mit Undichtheiten des Gehäuses abhängt wie der Druck im Zimmer. Meßbar wäre höchstens der Druckunterschied zwischen Schornsteinfuß und -mündung im Innern; dessen Mittelwerte dürften dem Wert an windfreien Tagen entsprechen, wenn auch Wellen in der Gassäule hin- und herfluten.

19. Dampfdruck und Temperatur; Barometerstand. Bei gesättigten Dämpfen kann an die Stelle der Druckmessung mit Vorteil die Temperaturmessung treten: bei kleinen Drucken ist nämlich die Temperaturzunahme groß im Verhältnis zur Druckzunahme; das Thermometer mißt dann den absoluten Druck, Manometer zeigen Überdruck an. Das Thermometer muß gegen Strahlung und Leitung in üblicher Weise gesichert sein.

Druck und Temperatur sind indes nur dann eindeutig voneinander abhängig, wenn es sich um reinen gesättigten Dampf handelt. Hat man bei Kondensationsanlagen oder am Auspuff einer Kondensations-Dampfmaschine ein Luft-Dampf-Gemisch, so ist der Ersatz der Druck- durch eine Temperaturmessung nicht immer zulässig. Dann kann die Temperatur beliebig zwischen den beiden Grenzen liegen, die durch die Siedegrenze einerseits, durch die Kondensationsgrenze anderseits gegeben sind. Das Sieden findet statt, wenn die Temperatur den dem Gesamtdruck des Dampf-Luft-Gemisches nach der Spannungskurve zugeordneten Wert überschreitet; Kondensation beginnt erst, wenn die Temperatur der dem Teildruck des Dampfes allein zugeordneten Wert unterschreitet. Zwischen diesen Grenzen kann jede beliebige Temperatur bei gegebenem Druck bestehen. Nur wenn man sicher ist, an der oberen Grenze zu sein, also z. B. nach einem größeren Druckabfall (nicht aber nach einem Temperaturabfall), kann man den Gesamtdruck aus der Temperatur finden.

Auch der Barometerstand, der zu jeder Maschinenuntersuchung ordnungsmäßig angegeben wird, kann durch Beobachtung des Siedepunktes von Wasserdampf gefunden werden, zumal auf der Reise. Liest man ein am Ort zu findendes Barometer ab, so hat man sich, außer von der Zuverlässigkeit des Gerätes im allgemeinen, namentlich auch davon zu überzeugen, ob die Skala nicht einfach derart gedreht ist, daß die Zahl 760 dem normalen Barometerstand des Ortes entspricht: man legt im täglichen Leben mehr Wert darauf, daß die Bezeichnungen Veränderlich usw. stimmen, als daß die Zahlen zutreffen. Entnimmt man den Barometerstand aus den Wetterberichten der Zeitungen, so geben diese den Stand auf den Meeresspiegel bezogen an; bei Versuchen interessiert aber der tatsächliche Barometerstand, also muß die von den Meteorologen vorgenommene Reduktion auf den Meeresspiegel rückwärtsgehend beseitigt werden. Bei mäßigen Höhen bringt man für 10 m Höhe über dem Meer 1 Torr von der Zahl des Wetterberichts in Abzug. Bei Ermittlung eines guten Vakuums genügt solche Pauschrechnung bisweilen nicht.

20. Eichung der Manometer. Die Federmanometer, die Ringwaagen haben eine empirische Teilung, die nach Fertigstellung am Einzelgerät ermittelt wird; sie wird dann für das Einzelgerät mit der Hand gemalt, oder aus einer Auswahl gedruckter Skalenschilder wird das passende ausgesucht. Auch dienen die bekannten beiden Einstellungen für Skalenlänge und Nullpunkt (S. 8) zum Angleichen des Werkes an die gegebene Teilung. Mit Hilfe derselben beiden Einstellungen wird auch bei späterer Nachprüfung das Gerät wieder an die Skala angeglichen, wenn man sich nicht mit bloßer Feststellung der Abweichungen und Fertigung eines Korrektionsdiagramms begnügt.

Zu diesen Prüfungen sind *Urgeräte* nötig, die den wahren Wert des Druckes ohne weiteres angeben. Für die Ringwaage trifft die bei Abb. 135 gegebene Theorie nur näherungsweise zu, sie setzt voraus, daß der Rohrdurchmesser sehr klein gegen den Kreisdurchmesser ist, und das trifft meist auch nicht annähernd zu. Von den Flüssigkeitsmanometern sind manche in sich justierbar, vor allem das einfache U-Rohr, vorausgesetzt allerdings, daß beide Schenkel am Flüssigkeitsspiegel gleichweit, oder besser so weit sind, daß die Kapillarität praktisch keinen Einfluß hat; nur die Längenteilung der Skala bleibt auf ihre Richtigkeit zu prüfen, die Dichte des Quecksilbers ist genau bekannt. Beim Gefäßmanometer muß die Skala richtig verjüngt sein, der Nullpunkt ist nach dem Stand im Rohr, nicht im Gefäß, einzustellen, sonst bleibt die Kapillarität merklich (bei 10 mm Rohrweite Quecksilber −0,1 bis 0,6 mm je nach Kuppenhöhe, Wasser +3 mm). Für kleine Drucke sind die Minimeter auf etwa 0,1 mm genau, die Kapillarität ist durch genügende Rohrweiten ausgeschaltet; beim Mikromanometer schaltet die Art des Prüfens die Kapillarität aus.

Für Eichung größerer Mengen von Geräten nach der Fertigung oder in den Wärmestellen sind Vorrichtungen von Nutzen, in denen sich jeder gewünschte Druck schnell und bequem einstellen läßt. Das geschieht am besten in einem dynamischen Gleichgewichtszustand, indem

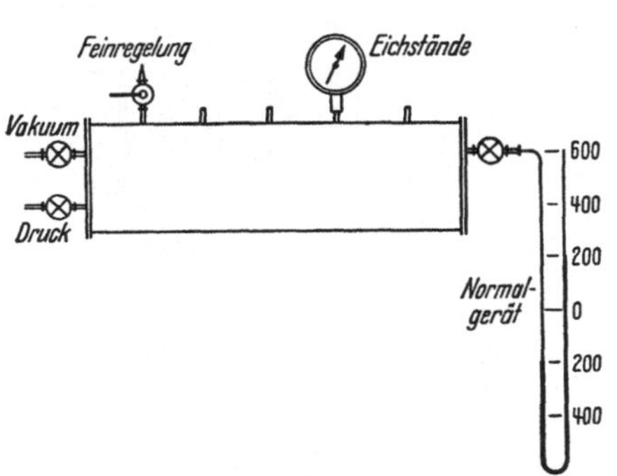

Abb. 143. Einrichtung zum Vergleich von Manometern nach einem Normalmanometer, mit Druckluft.

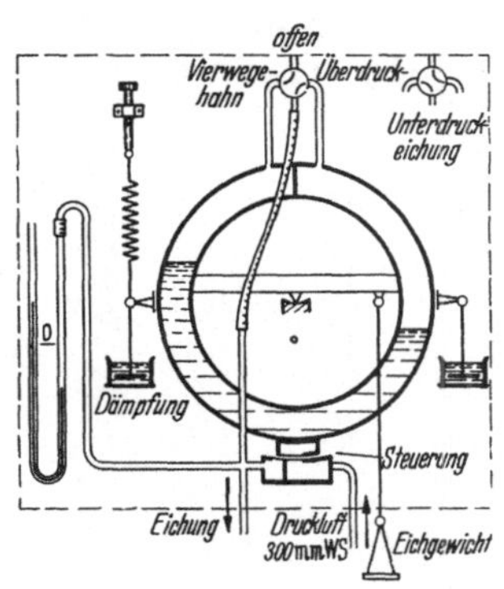

Abb. 144. Eichwaage für Zugmesser. Steuermuschel bewegt sich frei, aber mit nur kleinem Abstand über dem Steuerkopf, in dessen eine Kammer Druckluft 300 mm WS eintritt, dessen andere Kammer zum Prüfling geht. Eichgewichte belasten die Ringwaage, deren eine Kammer den entstehenden Druck bekommt, sie stellt nach Aufsetzen des Eichgewichtes den gewünschten Druck ein, kehrt dabei (fast genau) immer auf Mittelstellung zurück. Übliche Bemessung 10 g Eichgewicht auf Wiegschale gibt 1 mm WS Druck. Für Unterdruck wird der Vierwegehahn umgestellt. Fa. Hydro.

Druckluft durch ein Gefäß mäßiger Abmessungen streicht und beim Ein- und Ausgang geregelt werden kann; ein Normalgerät zeigt den Druck an, einige weitere Stutzen dienen zum Aufsetzen der Prüflinge. Zeit wird gespart, wenn der Druck sich selbsttätig einregelt (Abb. 144).

Diese Vorrichtungen dienen für mäßige Drucke; schon von 2 oder 5 at ab liegen die Dinge anders. Das gegebene Normalgerät wäre eine Quecksilbersäule entsprechender Höhe; man hat solche Manometer mit 20 und 30 m hohem Rohr gebaut, aber Quecksilber im Glasrohr bei solchem Druck ist nicht unbedenklich, die Abdichtung gegen das dünnflüssige Quecksilber ist schwierig, Eisen erweist sich oft als porös. Zum Ablesen muß eine Leiter, besser ein Fahrstuhl vorhanden sein, oder eine Lampe mit 45°-Spiegel fährt auf und ab, und man liest über einen zweiten Spiegel mit Fernrohr ab. Dann bleibt für genaue Messung die Frage nach der Temperatur des Quecksilbers; ein Draht längs des Manometerrohrs ändert seinen Widerstand mit der Temperatur, aber er könnte beim Ausspannen seinen Widerstand geändert haben, und dann verlagert sich die Schwierigkeit auf ihn. Doch stehen wir hier an der Grenze zwischen physikalischer Messung und technischen Bedürfnissen.

Für Drucke etwa über 2 at dient deshalb besser das Kolbenmanometer, die Kolbenpresse; ein Kolben von 2 cm Durchmesser taucht
schliffgedichtet in ein Ölbad und wird mit Gewichten von je 3,14 kg
oder Bruchteilen davon belastet; das erste Gewicht hat mit dem Kolben
zusammen 3,14 kg. Jedes der Gewichte erzeugt und mißt dann den
Druck von 1 at und je weiter 1 at oder Vielfache davon, wenn es auf
dem Öl schwimmt; die Reibung in der Schliffdichtung wird ausgeschaltet, indem der Gewichtssatz in Drehung versetzt wird. Sinkt der Ge

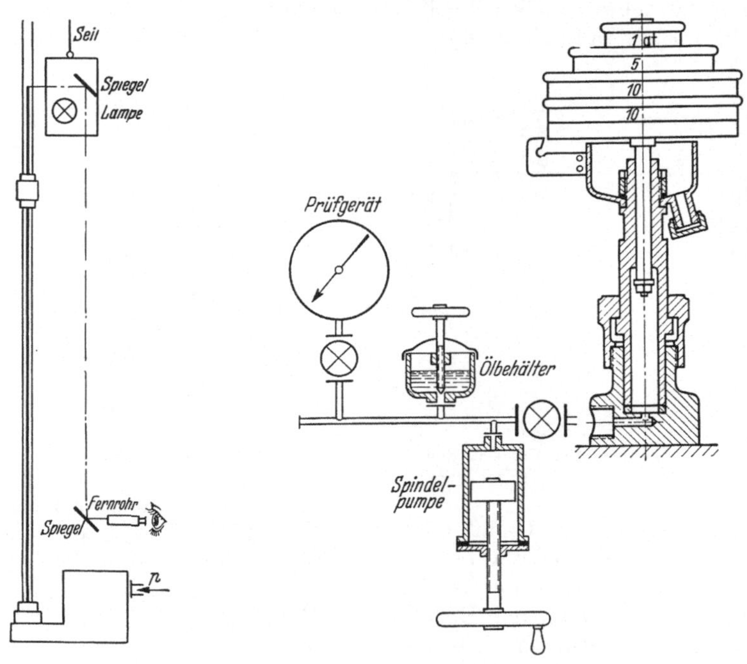

Abb. 145 a. Quecksilbermanometer als Urgerät, für hohen
Druck, mit Fernrohrablesung
über Spiegel. Fa. Schäffer
& Budenberg.

Abb. 145 b. Kolbenmanometer; aus aufgelegten Gewichten und
Querschnitt des Kolbens folgt der Druck, vorbehaltlich Spiel im
Spalt. Mit Ölbehälter und [Spindelpumpe läßt sich unter Bedienung der Ventile die Presse mit Öl füllen und Unterkante Gewicht
auf Marke einstellen. Fa. Schäffer & Budenberg, ähnlich Dreyer,
Rosenkranz & Droop.

wichtssatz durch Lässigkeit der Dichtung oder durch Dehnung der ölgefüllten Teile auf sein Widerlager, so gibt eine Preßpumpe Öl nach.
Werden bei höherem Druck über 10 at die Gewichte allzu plump, so
bekommt das Gerät einen kleinen Kolben von 10, 5, 2 mm Durchmesser, mit letzterem käme man auf den 100fachen Druck. Für höchste
Drucke sind Sonderformen mit Differentialkolben und hängenden Gewichten oder mit Hebelübersetzung entwickelt worden, man ist bis zu
20000 at gekommen. Bei den kleineren Durchmessern gewinnt die Unsicherheit über den wirksamen Durchmesser an Bedeutung; im leichten
Laufsitz fein gepaßt könnte der Kolben 19,906, die Bohrung 20,021 mm
Durchmesser haben entsprechend 7,2 qmm Ringfläche auf 314 qmm
Kolbenfläche, Unsicherheit 2,2% oder, mit dem Mittel gerechnet, $\pm$ 1,1%.

Man ermittelt den entstehenden Druck mittels geeichten Manometers oder durch Vergleich mit einer Quecksilbersäule und berechnet den wirksamen Querschnitt. Jeder Kolben wird nach dem nächstgrößeren kalibriert, eine Quecksilbersäule zwischen zwei Kolbenpressen zeigt an, wieviel beider Angaben voneinander abweichen. Das Kolbenmanometer läßt sich auch für Federbelastung einrichten. Für gewöhnliche Druckmessung ist es zwecklos, das umständlichere Kolbenmanometer an die Stelle des bequemen und zuverlässigen Röhren- oder Plattenfedermanometers zu setzen; zweckmäßig ist das aber, wenn man größere Verstellkräfte braucht. Der Indikator ist ein schreibendes Kolbenmanometer mit Federbelastung; auch einfache Schreibmanometer werden als Kolbenmanometer ausgeführt, für Regelzwecke dienen Kolbenmanometer, obwohl man bei ihnen mehr Störungen hat als bei Federmanometern, etwa durch Klemmen des Kolbens im Zylinder.

Eine für kleine Drucke geeignete Abwandlung des Prinzips der Kolbenpresse ist der *Schwimmkolben*, ebenfalls als Urgerät geeignet. Eine Glocke mit steifem, deshalb nicht zu schwachem Boden und gut kreisrundem, dünnwandigem Zylinder hängt an einer Waage, um sie nach deren Zeiger in stets gleiche Höhe einzustellen; das geschieht einmal durch Austarieren der Waage, während der Hahn offen ist,

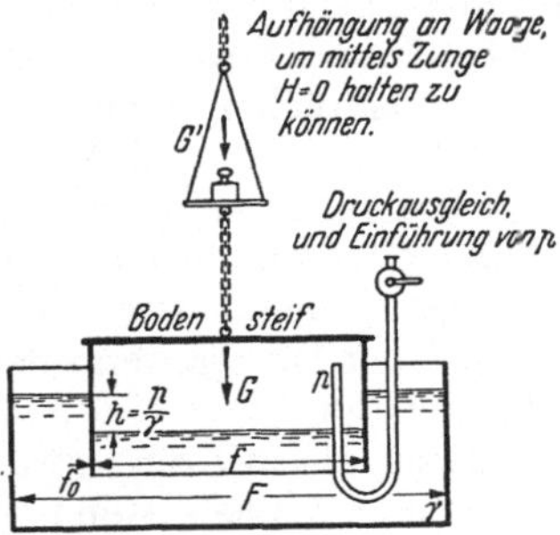

Abb. 146. Schwimmkolben als Eichgerät für Feindruckmesser, soweit diese nicht in sich richtig (Abb. 128) oder eichbar (Abb. 127) sind. Vergleiche Abb. 134.

also bei Atmosphärendruck unter der Glocke; ein zweites Mal ist ein Gewicht G' nötig, um beim Druck P unter der Glocke die Waage wieder zum Einspielen und die Glocke in die alte Stellung zu bringen; in der Sperrflüssigkeit hat sich die Höhe $h = P/\gamma$ ausgebildet. Nach Abb. 146 ist der Druck P bestimmt durch $P = h\gamma = \dfrac{G'}{f}\left(1 - \dfrac{f_0}{F}\right)$. Die Klammer ist ein Korrektionsglied wegen des wechselnden Auftriebs auf die Fläche f_0, nicht unbeachtlich, außer wenn F groß ist; man ermittelt f_0/F durch Einführen eines bekannten Druckes unter die Glocke und Abgleichen. Das Gerät mit Schwimmkolben kann also nur in beschränktem Maß als Urgerät bezeichnet werden.

III. Zeit und Geschwindigkeit.

21. Zeitmessung. Die Zeit wird nach Stunden, Minuten, Sekunden gemessen. Die Sekunde ist eine der Grundeinheiten des technischen Maßsystems; das wärmetechnische Maßsystem rechnet mit der Stunde.

Zum Messen der Zeit dient die Uhr. Die einfache Taschenuhr erreicht eine Genauigkeit wie von technisch verwendeten Meßgeräten nur noch die Waage. Gewinnt oder verliert eine Uhr durch Integrieren ihrer eigenen Fehler täglich eine Minute, so ist das mehr, als man im gewöhnlichen Leben duldet, und doch ist der Fehler erst $^1/_{1440}$ oder 0,06%; das ist der Eichfehler der Brückenwaage.

Man gibt die *Uhrzeit* etwa in der Form $3^h\ 25^m\ 21^s$ an; von dieser Uhrzeit bis zu einer anderen, $5^h\ 47^m\ 32^s$, verfließt eine *Zeitdauer* von 2 h 22 m 11 s. Die Uhrzeit wird von der Angabe einer Zeitdauer unterschieden durch Hochsetzen der Einheitszeichen.

Leider ist die Unterscheidung zwischen Uhrzeit und Zeitdauer nach den Festsetzungen des AEF nur für die Benennung, nicht aber für das Symbol durchgeführt, als welches vielmehr für beide Größen der Buchstabe t eingeführt ist. Dieser ergibt überdies in vielen Fällen Irrungen gegenüber der Temperatur t. Den Bestimmungen nach soll dann t für die Zeit beibehalten und die Temperatur durch Θ ausgedrückt werden. Zwischen den Uhrzeiten t_1 und t_2 liegt die Zeitdauer $t_2 - t_1$, die wir durch z ausdrücken wollen.

Die Zeitdauer z wird demnach gemessen als Unterschied zweier Uhrzeiten. Ungenauigkeiten kommen dabei weniger durch die Uhr selbst in die Messung als dadurch, daß Anfangs- und Endstand der Uhr ungenau abgelesen werden. Dieser Fehler wird relativ um so kleiner, je größer die Zeitdauer ist, während der man beobachtet — absolut bleibt seine Größe konstant.

Genauer als mit der gewöhnlichen Uhr läßt sich die Zeitdauer mit der Stechuhr messen, wenn sie ähnlich gut eingeregelt ist, wie das bei der Zeituhr das tägliche Leben erfordert. Bei ihr bestreicht ein großer Sekundenzeiger das ganze Zifferblatt, dessen Umfang eine Minute darstellt und in Fünftelsekunden geteilt ist. Dieser Zeiger wird durch einen Druck auf den zum Aufziehen bestimmten Knopf zum Laufen, durch einen zweiten Druck zum Stehen gebracht; nun kann man die Zeit zwischen den beiden Drücken auf Fünftelsekunden genau ablesen. Ein dritter Druck auf den Knopf bringt den großen Sekundenzeiger auf Null. Eine kleine Skala läßt erkennen, wieviel volle Umläufe — Minuten — der große Zeiger durchlaufen hatte. Stechuhren haben auch zwei miteinander laufende Zeiger, auf Knopfdruck bleibt einer stehen und liefert eine Zwischenablesung, auf weiteren Druck springt er zum Hauptzeiger hin und ist zu neuer Zwischenablesung bereit. Stechuhren sind für kurze Gelegenheitsversuche bequem, bei längeren Versuchen sollte man mindestens am Beginn zugleich die Zeituhr ablesen, besser nur nach der Zeituhr arbeiten, nachdem die Uhren mehrerer Beobachter miteinander verglichen sind. Nur die Uhrzeit legt (zusammen mit dem Datum) die Reihenfolge und den zeitlichen Abstand der Ablesungen oder Aufschreibungen eindeutig fest, weil sie (der Theoretiker möge sagen, neben der Entropie) die einzige Größe ist, die unfehlbar in einer Richtung verläuft und niemals stillsteht, Bezifferungen von Meßergebnissen mit 1, 2, 3 ... geben immer einmal Fehler, Doppelungen oder Auslassungen; das oder eine stehenbleibende Stechuhr kann das Ergebnis eines langen Versuches illusorisch machen. Außerdem hat die Stechuhr meist eine nicht sehr lange Laufdauer, oft nur einige Stunden, und da jede Federuhr einen Gang hat, nach dem Aufziehen schneller läuft als späterhin, so ist zwischen ihrer durchschnittlichen und der augenblicklichen Geschwindigkeit zu unterscheiden; bei Präzisionsversuchen kommt es in Frage, die Uhr regelmäßig, etwa alle zwei Stunden, aufzuziehen.

Ferner dient der ablaufende Papierstreifen schreibender Meßgeräte als Zeitmesser (§ 2), ihre Streifen sind in Stunden und deren Teile eingeteilt. Eigentliche Zeitmesser sind die Chronographen, die schreiben auf ein Papierband einen fortlaufenden feinen Strich, der einen seitlichen Ausschlag erfährt, wenn der gesuchte Vorgang eintritt, sie ähneln einem Morsetelegraphen. Für gröbere Messungen gilt die Papiergeschwindigkeit als konstant und bekannt, das Papierband hat wohl eine Einteilung nach Stunden oder Minuten. Statt auf ablaufenden Papierstreifen schreibt man auf eine zylindrische Trommel mit zusammengeklebtem, also endlosem Papier, der Schreibstift wird langsam gehoben und schreibt eine Schraubenlinie, nimmt man schließlich das Papier ab und schneidet es auf, so bleiben leicht ansteigende Linien auf dem Papier, jede möge eine Stunde darstellen, ihrer 24 zeigen den Verlauf einer Größe über einen Tag hin — so beim Anemometer des Meteorologen auf dem Flugplatz —, je nach 100 Umläufen läßt ein Kontakt den Schreibstift zucken.

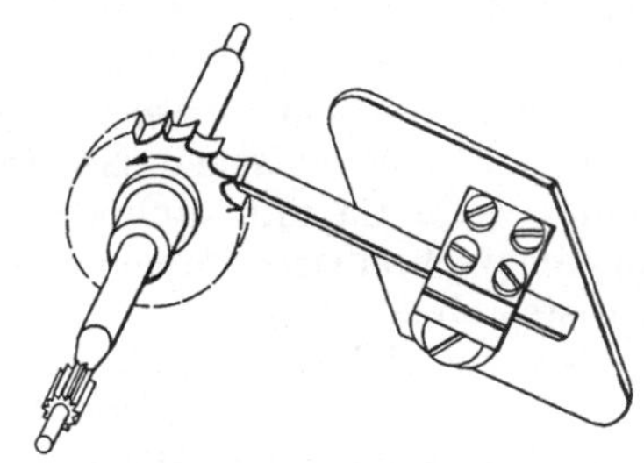

Abb. 147. Reglung des Laufs eines Uhrwerkes mit Sirenenfeder; sie gerät in Schwingungen ihrer Eigenfrequenz, 200 bis 400 Hz, und läßt bei jeder Schwingung einen Zahn durch; Feder darf Zahnspitze nur leicht berühren. Geregelt wird der Lauf des Papierbandes oder der eines Kontaktwerkes für die Zeitmarken auf dem Papierband. Fa. Wetzer.

Mit Gewicht betrieben läuft das Papier von Anfang bis zum Ende mit gleicher Geschwindigkeit, bei Federantrieb nimmt die Geschwindigkeit ein wenig ab, außerdem macht es sich bei Messung kurzer Zeiten auf schnellaufendem Papier bemerkbar, daß das Werk mit Anker-

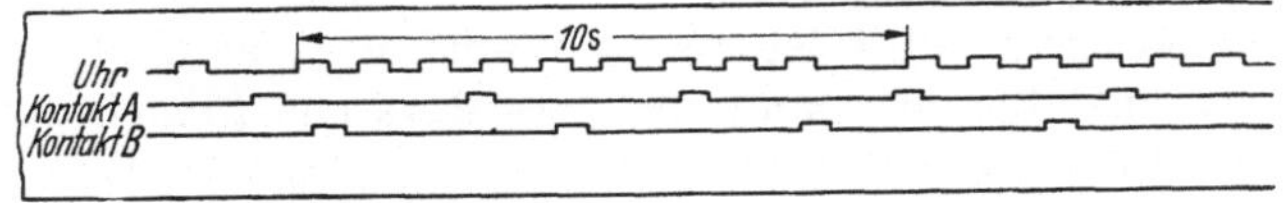

Abb. 148. Papierstreifen mit Markenreihen *A* und *B*, etwa zwei Maschinendrehzahlen, um Resonanzfragen zu klären. Dasselbe läßt sich mit e i n e m Markenschreiber erreichen, wenn die Markenabstände, wenigstens einer Reihe, etwa gleich bleiben.

hemmung das Papier ruckweise bewegt. In beiden Hinsichten ist besser die Gangreglung mit der *Sirenenfeder*, die das geregelte Rad mit praktisch konstanter Geschwindigkeit, nicht schrittweise, umlaufen läßt und außerdem gleiche Geschwindigkeit auch bei nachlassender Spannung der Werksfeder oder wechselnder Reibung erzwingt. Ähnliche Gleichmäßigkeit gibt der Synchronmotor, wenn das Netz genügend genau auf Zeit fährt.

Will man sich nicht auf die Papiergeschwindigkeit verlassen, so zeichnet man neben den Vorgangsstrich einen Zeitstrich, der also in bekannten Intervallen ausschlägt, alle Sekunden, alle halbe, zehntel oder gar hundertstel Sekunde, diese zeigen dann die Zeitlinie als feines Schwingungsgebilde (Abb. 372, 373); um die Auszählung der Schwingungen zu erleichtern, wird die zehnte oder hundertste Schwingung unterbunden oder hervorgehoben. Da sich andererseits mit empfindlichen, schnell ansprechenden und abfallenden Elektroschreibern 100 Zeichen und mehr in der Sekunde schreiben lassen, so läßt sich auch mit diesen wesentlich mechanischen Verfahren die Ungleichförmigkeit von Maschinen, es lassen sich Beschleunigungsvorgänge mancher Art bestimmen, ohne die spezifisch elektrischen Hilfsmittel, wie Oszillographen. Einerseits reichen aber elektrische Geräte erheblich weiter, anderseits bedeuten auch jene mechanischen Geräte einen nicht unerheblichen Aufwand, zumal wenn sie mit zahlreichen Schreibern auf breitem Papierband, mit auswechselbarer Papiergeschwindigkeit und anderen Behelfen ausgerüstet sind, so bei Wassermessungen in großen Strömen mit zahlreichen zugleich arbeitenden WOLTMAN-Flügeln.

So unabänderlich auch die Zeit abläuft, in einer gewissen Umkehrung der Kinematographie lassen sich periodische Bewegungsvorgänge stroboskopisch festhalten und sichtbar machen; geht die sehr kurzzeitige Beleuchtung im Takt der periodischen Bewegung, so bekommt man das stillstehende Bild einer aus der Periode herausgegriffenen Fase, wird der Beleuchtungstakt gegen die Periode etwas verzögert, so bildet sich der ganze Vorgang verlangsamt ab, die Periodendifferenz erscheint als Periode. Das *Lichtblitz-Stroboskop* läßt in dieser Weise die Kavitation an Pumpenschaufeln beobachten. Für die zugehörige Lampe wird angegeben: Dauer des Aufleuchtens 10^{-5} s, zeitige Stromstärke 2000 A, zeitige Leistung 200 kW, zeitiger Lichtstrom $2 \cdot 10$ Dlm, Frequenz bis 250 Hz. (Fa. AEG; auch Philips.)

22. Fortschreitende und Winkelgeschwindigkeit. Die fortschreitende Geschwindigkeit ist bei Gasen und Flüssigkeiten meßbar mit Hilfe besonderer Geräte, von denen das PITOTsche Staurohr im folgenden besprochen wird. Zur Messung der Drehzahl dient das Tachometer; die Geschwindigkeit selbst ist als Quotient aus Weg und Zeit meßbar: bei Flüssigkeiten bestimmt der WOLTMANsche Flügel, bei Gasen das Anemometer den am Instrument vorbeigegangenen Wasser- oder Windweg, ebenso bestimmt das Schiffslog, ein WOLTMANscher Flügel in umgekehrter Verwendung, den vom Schiff gegenüber dem Wasser zurückgelegten Weg. Die fortschreitende Geschwindigkeit eines festen Körpers läßt sich auch messen durch Zurückführung auf die Winkel- oder Umlaufgeschwindigkeit.

Diese Zurückführung ist so auszuführen, wie zwei Beispiele zeigen werden: Bei Lokomotiven und Automobilen wird die Fahrgeschwindigkeit aus der Drehzahl eines seiner Räder ermittelt; sei diese n/min und sei D m der Raddurchmesser, so ist πD der Radumfang, der $n/60$ mal in der Sekunde abgewickelt wird: also ist $\dfrac{\pi D n}{60}$ die Umfangsgeschwindigkeit des Rades und zugleich die Fahrgeschwindigkeit des Zuges in m/s, weil das Rad auf der Unterlage nicht gleiten soll. Man kann das Tachometer, welches die Drehzahl des Rades feststellt, gleich für km/h eichen. Seine Angabe wird ungenau, wenn das Rad sich abnutzt oder nachgedreht wird. — Um eine Riemengeschwindigkeit zu messen, hält man an den Riemen ein Rädchen von bekanntem Durchmesser D, dessen Drehzahl man feststellt. Das Rädchen darf nicht auf dem Riemen gleiten. Aus der Drehzahl der Riemenscheibe läßt sich die Riemengeschwindigkeit nicht genau finden, weil der Riemen auf der Scheibe gleitet, sobald Arbeit übertragen wird; auch ist wegen der Dehnung die Geschwindigkeit beider Trums merklich voneinander verschieden. Beim Auto hängt der wirksame Raddurchmesser vom Luftdruck im Reifen ab; außerdem haften nur im freien Lauf Radumfang und Straßendecke unbeweglich aneinander; Kräfte zwischen beiden beim Anfahren und Bremsen ergeben lokale Dehnungen und Schrumpfungen im Gummi unter Ausbildung einer Fließscheide, ähnlich wie beim Riemen oder im Walzwerk des Hüttenmannes. Beim Lokomotivrad sind diese Erscheinungen ebenso vorhanden, aber unterhalb der Rutschgrenze unbeachtlich klein.

23. Einheiten der Geschwindigkeit. Unter der *fortschreitenden Geschwindigkeit* w eines bewegten Körpers versteht man die von seinem Schwerpunkt in der Zeiteinheit zurückgelegte Strecke Weges. Man findet sie, indem man den in der Zeitdauer z zurückgelegten Weg s oder indem man die zum Durchlaufen des Weges gebrauchte Zeitdauer z beobachtet; beide Weisen sind nicht immer gleichwertig, S. 73. Es ist dann der Quotient aus dem Weg und der Zeitdauer zu bilden. Nimmt man dabei den Weg in Metern und die Zeitdauer in Sekunden an, so erhält man die Geschwindigkeit in [m/s]:

$$w \,[\text{m/s}] = s \,[\text{m}]/z \,[\text{s}]. \tag{1}$$

Die Einheit m/s ist die für die fortschreitende Geschwindigkeit meist angewendete. Eisenbahn und Auto geben die Geschwindigkeit in km/h, Schiffe in Seemeilen je Stunde an. Es ist $1 \text{ km/h} = \dfrac{1000 \text{ m}}{3600 \text{ s}} = 0{,}278 \text{ m/s}$ und $1 \text{ SM/h} = \dfrac{1853 \text{ m}}{3600 \text{ s}} = 0{,}515 \text{ m/s}$. Man setzt $1 \text{ SM/h} = 1 \text{ Knoten}$; der Knoten (nicht etwa: Kn/h) bezieht sich also ohne weiteres auf die Stunde, er ist die einzige direkte Benennung der Geschwindigkeit.

Bei der Drehung eines Körpers haben nur die in gleichem Abstand von der Achse liegenden Punkte gleiche Geschwindigkeit, verschieden weit von der Achse entfernte Punkte haben Geschwindigkeiten proportional dem Abstand von der Achse. Man kann also nicht schlechtweg von der Geschwindigkeit des Körpers sprechen. Da aber das Verhältnis der Geschwindigkeit w eines Punktes zum Abstand r von der Achse für alle Punkte dasselbe ist, so kennzeichnet dieses die Bewegung: das Verhältnis $\omega = w/r$ ist die *Winkelgeschwindigkeit* des Körpers. Da w die Benennung m/s, r die Benennung m hat, so ist die Benennung oder Dimension der Winkelgeschwindigkeit [1/s] oder [s^{-1}]. Sie ist der durchlaufene Winkel je Zeiteinheit, der Winkel aber ist, mathematisch, eine unbenannte Zahl: $180°$ mathematisch $= \pi = 3{,}1416$. Die Einheit des Winkels ist also $180°/\pi = 1 \text{ rad}$ (sprich: Radiant, DIN 1302 Blatt 3) $= 57° \, 17^3/_4{}' = 57{,}296°$.

Die Einheit der Winkelgeschwindigkeit ist im technischen Maßsystem diejenige, bei der der Winkel 1 rad in einer Zeitsekunde durchstrichen wird, sie ist also 1 rad/s; die Punkte im Abstand 1 m von der Achse haben dann die Geschwindigkeit 1 m/s.

Diese Einheit ist für Messungen nicht gebräuchlich, doch muß man auf sie zurückgreifen, wenn man die Winkelgeschwindigkeit mit anderen Einheiten in Beziehung setzen will, so bei Ermittlung des erforderlichen Gewichts von Schwungrädern oder bei Untersuchung von Auslaufvorgängen (§ 52).

Die übliche Angabe der Winkelgeschwindigkeit ist die in minutlichen Umläufen (Touren je Minute, Drehzahl). Es ist 1 Uml/s $= 2\pi$ rad/s $= 60$ Uml/min, also ist:

$$1 \ [\text{rad/s}] = \text{Drehzahl} \ \frac{60}{2\,\pi} = 9{,}55 \ [\text{min}^{-1}] \tag{2a}$$

oder

$$\text{Drehzahl} \ 100 \ [\text{min}^{-1}] = 10{,}47 \ [\text{rad/s}]. \tag{2b}$$

Zur Benennung der Größen sei bemerkt: Wo wir von 10 *Umläufen* sprechen, die eine Maschine während irgendeiner Messung macht, so meinen wir diese Zahl unabhängig von der Zeit, in der sie gemacht werden; die Maschine kann also langsam oder schnell gelaufen sein. Die Anzahl der in der Minute gemachten Umläufe aber heiße kurzweg die *Drehzahl* der Maschine — welche Benennung also stets sogleich die Bezugnahme auf die Minute als Zeiteinheit in sich schließen soll. Die Benennung der Drehzahl ist [/min] oder [min^{-1}], man schreibe also: die Maschine hatte die Drehzahl 50/min. Weniger gut wird die Dimension bei der Schreibweise erkannt: „Die Maschine macht 50 Uml/min.“ — Für die Drehzahl ist n/min das übliche Symbol. Für den Stand des Drehzählers ist ein bestimmtes Symbol nicht gebräuchlich und auch vom AEF nicht vorgesehen; wir werden dafür den Buchstaben u verwenden.

Ist also zur Zeit t_1 der Zählerstand u_1 und zur Zeit t_2 der Zählerstand u_2 vorhanden, so ist, wenn $t_2 - t_1$ in Minuten berechnet wird, die Drehzahl

$$n = \frac{u_2 - u_1}{t_2 - t_1}/\text{min}. \tag{3}$$

Übrigens ist begrifflich zwischen Winkelgeschwindigkeit ω und Drehzahl n zu unterscheiden: eine Welle konstanter Drehzahl kann gleichwohl noch während des einzelnen Umlaufes in der Winkelgeschwindigkeit schwanken.

24. Zählwerk und Tachometer. Die Drehzahl von Wellen ergibt sich nach Formel (3) mittels des Zählwerks oder Umlaufzählers; das Einerrad wird durch ein Gesperre (Ratsche, Schaltwerk) oder mit einem Ankerwerk so bewegt, daß es bei jedem Umlauf der Maschine um einen Zahn vorrückt. Gesperre und Anker mit ihrer hin und her gehenden Bewegung arbeiten nur bis zu mäßigen Geschwindigkeiten sicher. Zählwerke, die mit ihnen ausgerüstet sind, sind je nach der Bauart bis zur Drehzahl 200 oder 400 benutzbar. Für größere Drehzahlen vermeidet man die genannten Getriebe und treibt schon das Einerrad durch ein

Getriebe Abb. 150 an. Die rechte Scheibe wird dann von der umlaufenden Welle unmittelbar gedreht; Zahlen trägt sie nicht; sie schaltet bei jeder Umdrehung der Maschine das linke Rad um $1/_{10}$ Umlauf weiter,

dieses dient daher als Einerrad. Man erhält auf diese Weise ein ganz zwangläufiges Getriebe (das Gesperre ist nicht zwangsläufig gehemmt) und kommt daher auf wesentlich höhere Drehzahlen, wenn auch bei größeren als 1000/min die Ablesung der Einer im Gang unsicher und die Abnutzung der stoß-

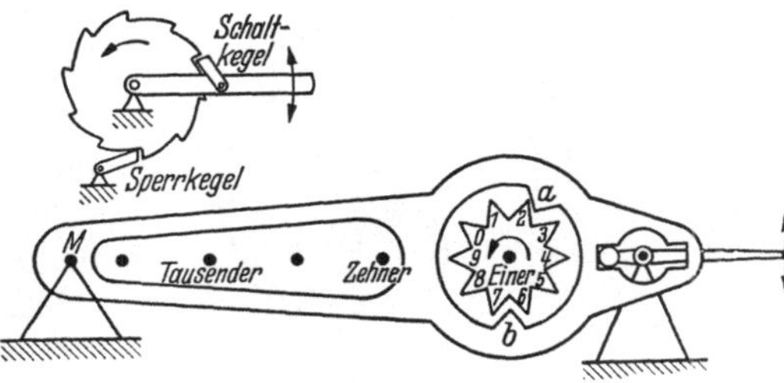

Abb. 149. Gesperre und Ankerwerk zum Bewegen des Einerrades im Zählwerk. Beim Ankerwerk kann der Antrieb umlaufen oder hin und her pendeln.

weise bewegten Teile groß wird. Man kann diese Zähler nicht mehr von hin und her gehenden Maschinenteilen aus antreiben.

Für noch größere Geschwindigkeiten hat man Zählwerke mit nur gleichförmig umlaufenden Teilen: ein großer Zeiger läuft bei 100 Um-

läufen einmal um, vor der entsprechend bezifferten Skala, kleine Zeiger zeigen die Tausende, Zehntausende ... an. Das Ablesen von Zeigern ist unbequemer als bei springenden Zahlen.

Um die Drehzahl einer Maschine zu finden, liest man (S. 268) den Stand des Zählers am Anfang und wieder am Ende einer Zeitdauer ab, die so lang wie möglich sei; denn man kann nur volle Umläufe ablesen, und das Fehlen der Bruchteile sowie eine Ungenauigkeit im Zeitpunkte der Ablesungen verliert an Einfluß bei längerer Zeitdauer. Um die mittlere Drehzahl wäh-

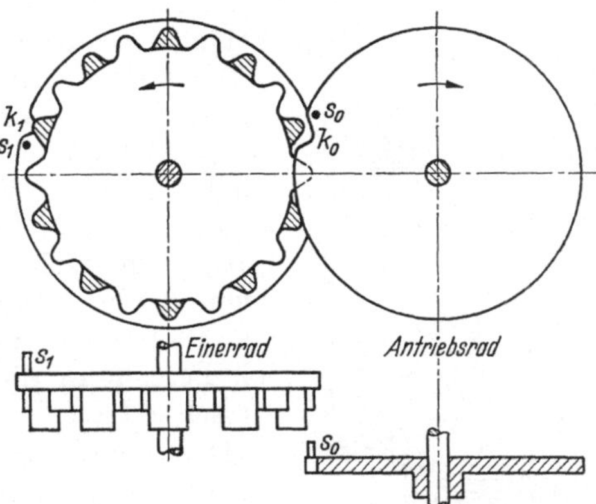

Abb. 150. Zehnerschaltung. Geht das rechte Rad von 9 auf 0, so gibt Kerbe k_0 das linke Rad frei, und Stift s_0 schaltet es um zwei Zähne $= {}^2/_{10}$ Umdrehung vorwärts, entsprechend k_1 und s_1 für das links folgende Rad. Mit diesem Getriebe werden vom Einerrad Abb. 149 die Zehner, Hunderter ... betrieben; läßt man aber das rechte Rad sich gleichmäßig mit der Maschine drehen, so ist das linke Rad ein Einerrad, von ihm werden die Zehner ... abgeleitet.

rend einer Stunde zu finden, zählt man also nicht alle 10 Minuten je eine Minute lang, sondern man notiert alle 10 Minuten den Stand des Zählers: die Differenz von End- und Anfangsangabe, geteilt durch 60, gibt die mittlere Drehzahl; die Zwischenablesungen nach 10, 20 ... Minuten kontrollieren die Gleichmäßigkeit des Maschinenganges (S. 268).

Handzählwerke bestehen meist aus einer Zusammenstellung von Stechuhr und eigentlichem Zählwerk, die durch Andrücken der Spitze in einen Wellenkörner gleichzeitig an- und abgestellt werden. Bei anderen Geräten läuft, wenn man sie andrückt, das Zählwerk 5 Sekunden lang und zeigt dann die Drehzahl an, auf die Minute bezogen, so für hochtourige Motoren.

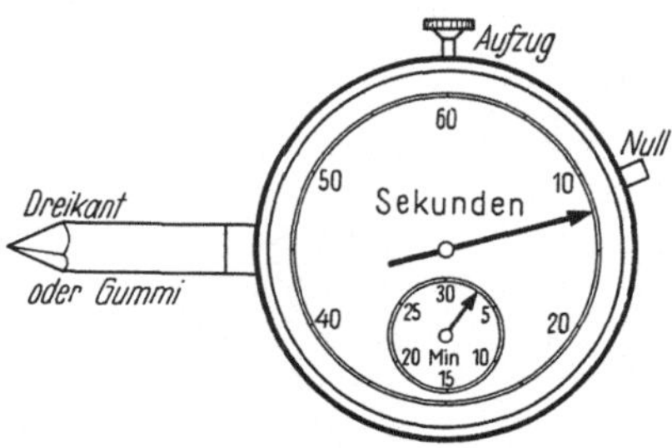

Abb. 151. Handzählwerk. Dreikant gegen Wellenkörner gedrückt federt im Gehäuse, setzt Zählwerk (auf Rückseite) und Uhr gleichzeitig in Gang.

Tachometer geben die augenblickliche Geschwindigkeit der Maschine, ihre jeweilige Drehzahl durch Ablesung eines Zeigerstandes. Durch das Umlaufen der Gerätewelle werden Kräfte wach, die den Zeiger verstellen, meist entgegen einer Feder, die den messenden Teil bildet.

Fliehpendel-Tachometer sind am wichtigsten; sie haben Kreuzpendel oder Ringpendel als wirksamen Teil, dessen Bewegung einen Zeiger vor der Skala spielen läßt. Große Tachometer mit weithin sichtbarer Skala stehen auf der Erde und erhalten Riemenantrieb, Handtachometer werden mit ihrem Abnehmer in einen Wellenkörner gedrückt, sie haben ein Schaltwerk mit Zahnrädern und lassen sich auf verschiedene Meßbereiche einstellen, 40 bis 160; 125 bis 500; 400 bis 1600; 1250 bis 5000/min; das Meßwerk selbst beherrscht also einen Bereich 1 zu 4, das Räderwerk bringt den Bereich in die gewünschte Lage.

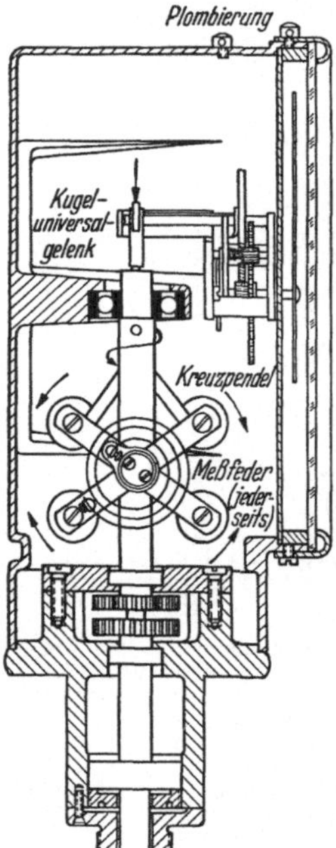

Die Theorie des Tachometers (L. 122) ist die der Fliehkraftregler mit Federbelastung. Jeder Drehzahl der Welle soll eine bestimmte Stellung des Zeigers, also eine bestimmte Stellung der Schwungmassen, entsprechen. Die Schwungmassen lösen sich von ihrem inneren Widerlager, so-

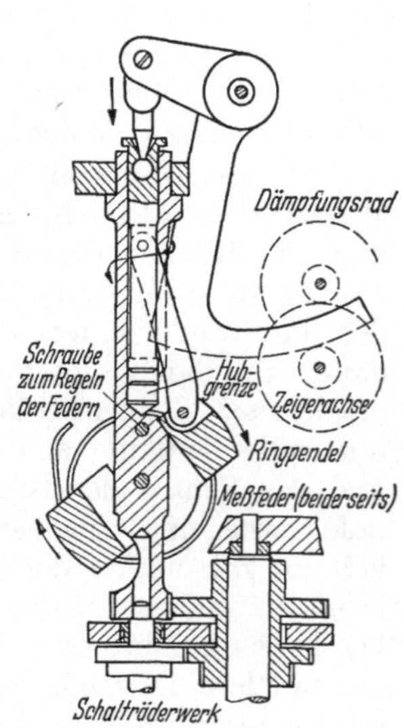

Abb. 153. Werk eines Ringpendel-Handtachometers. $1\frac{1}{2}$ nat. Gr. Fa. Peerbohm & Schürmann.

Abb. 152. Kreuzpendeltachometer. $\frac{1}{3}$ nat. Gr. Fa. Deuta-Werke.

bald die Fliehkraft bei einer Drehzahl n_0 die Vorspannung der Feder überwindet. Beim Auseinandergehen der Schwungmassen nimmt sowohl die Fliehkraft als auch die ihr entgegenstehende Federkraft zu, und es ist nicht gesagt, daß sich bei einer Drehzahl $n > n_0$ ein Gleichgewichtszustand überhaupt findet. Hatte nämlich beim Auseinandergehen die Fliehkraft schneller zugenommen als die Federkraft, so gewinnt sie mehr und mehr die Oberhand über die letztere, und die Schwungmassen gehen gleich in die äußerste Stellung, bis ans äußere Widerlager. Die Federkraft muß also schneller zunehmen als die Fliehkraft, und zwar muß das in jeder Pendellage der Fall sein.

Beim *Wirbelstromtachometer* trägt die Welle einen ringförmigen Stahlmagneten, über den eine Aluminiumglocke greift; der umlaufende Magnet läßt im Aluminium Wirbelströme entstehen, die sie mitzuziehen streben; eine Meßfeder hindert die Glocke am Rotieren, läßt sie aber um so weiter in der Drehrichtung mitgehen, je höher die Drehzahl des Magneten ist. Diese Anordnung (Abb. 154) ist ohne weiteres stets statisch.

Wirbelstromgeräte sprechen, im Gegensatz zu anderen Formen, auf die beiden Drehrichtungen mit Ausschlägen nach verschiedener Richtung an. Das ist nur selten nötig, gelegentlich lästig: man kann Geräte, die für beide Drehrichtungen dienen, nicht mit unterdrücktem Nullpunkt herstellen.

Als Antrieb der Tachometer dient meist eine Riemenübertragung von der Welle aus, deren Drehzahl

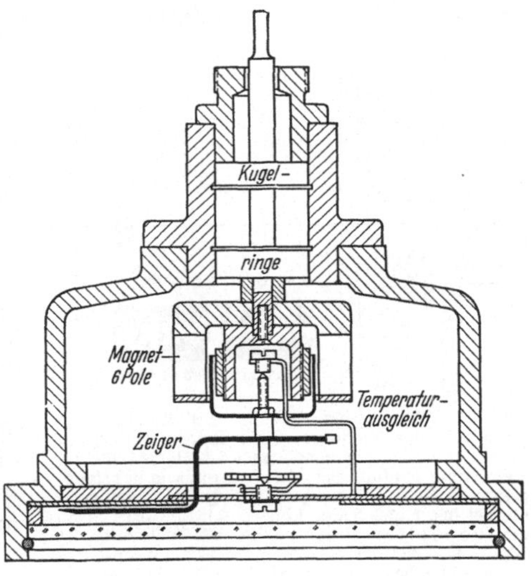

Abb. 154. Wirbelstromtachometer. Glockenmagnet hat im Zylinderteil sechs Schlitze, also sechs Pole abwechseln $N\,S$, Kraftlinien geschlossen im Rückschlußkörper durch Alubecher hindurch. Auf den Magnetpolen ein Ring als Nebenschluß, aus Sonderstahl mit positivem Temperaturkoeffizienten. Rückschlußkörper zur Eichung auf Feingewinde verstellbar. Fa. Deuta-Werke.

zu messen ist. Man wählt die Riemenscheibe des Tachometers so, daß das Tachometer passend schnell läuft. Deshalb fertigt jede Tachometerfabrik nur wenige Tachometertypen, die sich untereinander durch den Meßbereich, d. h. das Verhältnis der niedrigsten zur höchsten Drehzahl, unterscheiden, und paßt sie mittels verschiedener Riemenscheiben den zu messenden Drehzahlen an. Das Zifferblatt ist dann nicht nach der Drehzahl des Tachometers, sondern der zu messenden Welle geteilt und muß die Angabe der Riemenübertragung enthalten; der Meßbereich der Tachometer pflegt zwischen 1 : 2 und 1 : 6 zu liegen; ein weiterer Meßbereich erhöht die Verwendbarkeit des Instrumentes auf Kosten der Genauigkeit. Die Wirbelstromtachometer pflegen, wie erwähnt, von Null zu zählen. — Der Antriebriemen sei gleichmäßig, die Naht soll keine Verdickung bilden; andernfalls stößt der Zeiger des Instrumentes. Ein Gummiriemen mit Hanfeinlage oder ein Hanfgurt sind brauchbar; ein Lederriemen muß dünn und geleimt, nicht genäht, sein.

Sehr zuverlässig wird die Kupplung des Meßgerätes mit der Welle durch einen Draht von $^3/_4$ bis 1 mm Durchmesser erreicht, den man an beiden gut befestigt. Er tordiert sich erst, nimmt aber dann sicher mit, auch bei großer Länge und auch, wenn er beliebig gebogen wird; nur werden Ungleichmäßigkeiten des Ganges nicht sofort übertragen, der Draht wirkt als Dämpfung. Stahlspiralen von 0,5 mm Draht- und 5 mm Windungsdurchmesser sind noch besser; sollen sie senkrecht abgebogen werden (Radius über 30 mm), so legt man, um ihre Steifigkeit zu erhöhen, eine Lederkordel in sie ein. Wenn hierbei der Tachometerzeiger durch Resonanz in Schwingungen gerät, so kürzt man die Drahtspirale oder setzt eine Schwungscheibe auf die Tachometerachse, deren Maße man durch Probieren passend macht.

Eine Sonderform des Tachometers ist der von FRAHM angegebene Resonanzkamm, bei dem jeweils eine der 5 mm breiten Federn auf den ihr entsprechenden Impuls anspricht; er ist oft auf einen engen Frequenzbereich abgestimmt, etwa auf 40 bis 60 Hz zur Überwachung von Wechselstromnetzen oder auf 7 bis 13 Hz zum Prüfen der Nummernscheiben des Telephons; zu anderen Zwecken hat er einen weiten Meßbereich, zum Prüfen von Schleifspindeln auf die Ruhe des Ganges zeigt er 50 bis 1500 Hz an. Er spricht schnell an und liest sich bequem ab.

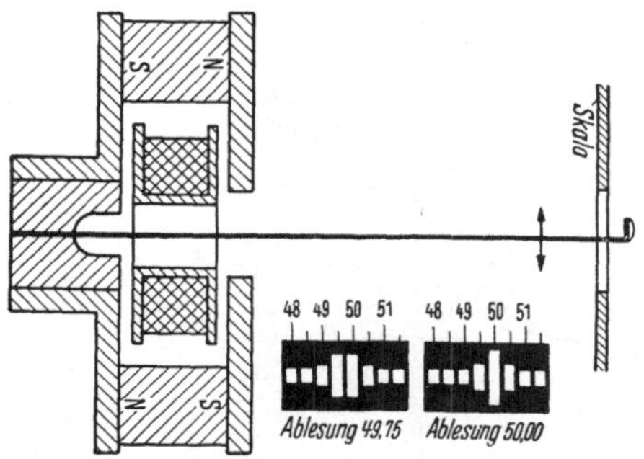

Abb. 155. FRAHMscher Kamm, zur Messung von Drehzahl oder Frequenz. Eine Reihe Stahlzungen abgestufter Eigenfrequenz f (möglich 10 bis 1500 Hz) steht unter Einfluß des Wechselstroms in der (langgestreckten) Spule, es spricht diejenige schwingend an, bei der f gleich der Polwechselzahl, also gleich der doppelten Frequenz des Wechselstroms ist (FRAHM). Über das elektromagnetische Wechselfeld ist ein statisches magnetisches gelagert (HARTMANN-KEMPF), das Gesamtfeld ist einseitig, Ansprechen auf einfache Frequenz des Wechselstroms. Bemessung der Teile sorgt für spitze Resonanz. Stabile Fassung der Füße! Fa. Hartmann & Braun.

Ein Wellenkörner nimmt die Dreikantspitze nur dann sicher mit, wenn er selbst dreikantig ausgearbeitet ist. Sonst tritt leicht Gleiten ein, ebenso wenn statt des Dreikants ein Gummipolster als Mitnehmer gebraucht wird. Besonders muß die Spitze oder das Gummipolster zentrisch und axial in den Wellenkörner eingesetzt werden; wenn sich nämlich das Gummipolster auf dem Körner gewissermaßen abwickelt, kann die Tachometerwelle ganz andere Drehzahlen, auch beträchtlich höhere, annehmen als die Welle. Am bequemsten ist die Erregung der FRAHMschen Kämme; sie sprechen an, wenn man sie nur auf eine Maschine aufsetzt; allerdings kann ein Kamm gelegentlich auch auf „Obertöne", also auf das Doppelte oder Dreifache der wahren Drehzahl, ansprechen.

Zählwerk und Tachometer ergänzen einander. Für den Betrieb oder für die Einstellung einer Maschine ist das Tachometer bequemer; bei

Dampfverbrauchsversuchen aber will man die mittlere Drehzahl kennen, die das Zählwerk ohne weiteres sehr genau gibt, das Tachometer viel ungenauer, wenn es nicht gut geeicht ist und wenn man es nicht oft abliest.

Die Regeln für Leistungsversuche an Kolbenmaschinen verlangen Messung der Drehzahl mittels Zählwerk; es sollte das aber nicht sowohl nach der Art der Maschine als nach der Meßmethode festgesetzt werden: bei Indizierungen und Bremsungen geht die Drehzahl ins Meßresultat ein, daher ist die Messung mittels Zählwerk vorzuziehen. Die elektrische Leistungsmessung ist unabhängig von der Messung der Drehzahl, daher genügt hier die tachometrische Messung durchaus. Für Wirkungsgradbestimmungen kommt es darauf an, ob die Drehzahl in Zähler und Nenner eingeht oder nur in einen von beiden. Wird bei einer Dampfkolbenpumpe die Wassermenge aus den Plungerabmessungen unter Zugrundelegung eines gewissen volumetrischen Wirkungsgrades bestimmt, so geht sowohl bei der indizierten Leistung des Dampfzylinders als bei der Pumpe als auch bei der Nutzleistung in gehobenem Wasser die Drehzahl als Proportionalitätsfaktor ins Ergebnis ein, bei den Wirkungsgraden also fällt sie heraus. Bei der Turbodynamo geht die Drehzahl weder in die Dampfmessung noch in die elektrische Messung ein, beeinflußt also auch den Wirkungsgrad nur sekundär. Bei der Kolbendynamo dagegen wird die indizierte Leistung unter Benutzung der Drehzahl gefunden, die elektrisch abgegebene Leistung ohne Benutzung derselben; der aus beiden zu bildende Wirkungsgrad wird daher von der Messung der Drehzahl abhängig. — Andererseits wird die Zählung der Umläufe dann zweckmäßig sein, wenn das Verhalten der Maschine von der Drehzahl besonders stark abhängt, so bei einer Kreiselpumpe, die gegen eine überwiegend geodätische Förderhöhe arbeitet.

Ungleichförmige Bewegungen ergeben sich bei Kraftmaschinen, wenn die Belastung wechselt; der gewöhnliche, mit einer gewissen Ungleichförmigkeit

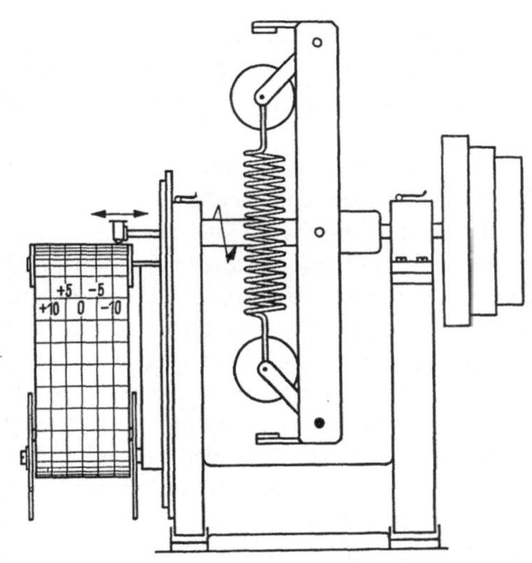

Abb. 156. HORNscher Tachograph, zum Untersuchen der Reglung von Kraftmaschinen. Meßbereich $\pm 12\%$ von Nullinie aus, auf die das Gerät bei $n = 500/\text{min}$ einspielt; Antrieb mit Riemen oder Gurt. Vergleiche Abb. 318. Fa. Eckardt.

behaftete Fliehkraftregler läßt die Drehzahl der Maschine bei Steigerung der Belastung etwas abfallen, der Übergang von einem zum andern Lastzustand geschieht im besten Fall grade aperiodisch gedämpft, sonst treten gedämpfte Schwingungen auf, unter Umständen ungedämpfte, die nicht abklingen, sich vielleicht sogar aufschaukeln.

Diese Schwankungen der Drehzahl im Verlauf zu verfolgen, ist ein schreibendes Tachometer nötig mit dem Meßbereich $\pm 12\%$ oder $\pm 6\%$ von einer mittleren Drehzahl; der Meßbereich muß nämlich die Ungleichförmigkeit der Maschinendrehzahl und, über deren obersten oder untersten Wert aufgebaut, die jeweiligen Schwingungsbereiche umfassen, die meist bei niedriger Last größere Amplitude haben als bei großer. Diesem Zweck diente früher der HORNsche Tachograph, der

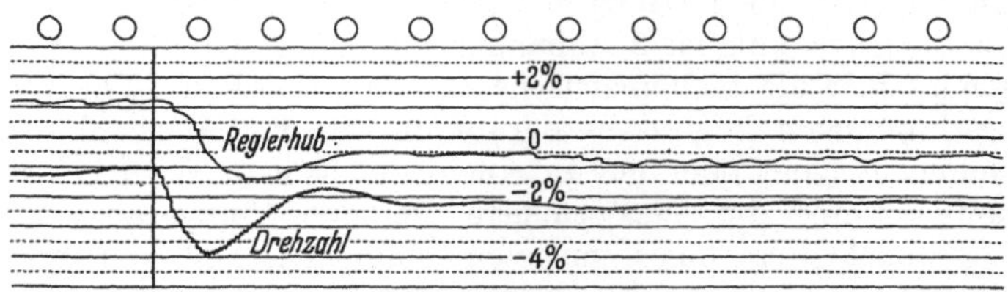

Abb. 157. Tachogramm einer Otto-Maschine, Belastung sprunghaft

durch Riemen oder Band mit solcher Übersetzung angetrieben wurde, daß er auf die mittlere Drehzahl 500/min kam; ähnliche Geräte werden heute unseres Wissens nicht hergestellt, doch lassen sich käufliche Schreibtachometer durch Einsetzen passender Meßfedern dem Zweck adaptieren.

Das Gerät könnte auch die Wirkung der Aussetzerreglung an Gasmaschinen demonstrieren — nicht messen, denn die Feinstruktur der Aufzeichnung wird durch die Ungleichmäßigkeiten des Riemenantriebes gestört.

Deshalb läßt sich auch die Ungleichmäßigkeit im Gange einer Kolbenmaschine auf solche Weise nicht messen. Sie spielt nicht mehr die Rolle wie in der Zeit, als die allgemeine Stromversorgung auf Kolbenmaschinen beruhte; immerhin laufen zahlreiche Gasmaschinen als Stromquellen in Hüttenwerken und chemischen Fabriken und können zu Weiterungen führen, namentlich, wenn ihrer mehrere miteinander in Resonanz kommen. Hier wird man noch immer an die älteren Arbeiten erinnern dürfen: in einer klassischen Arbeit untersuchte FRAHM die Schwingungen in Schiffswellen; auf oxydierten Zinkstreifen, um die Wellenflansche, schrieb ein Schreibstift weiße Striche, solange Strom durch ihn ging, ein Elektromotor unterbrach den Strom zeitlich gleichmäßig, aus der verschiedenen Stellung der Striche auf den Flanschen konnte man auf deren Bewegung und auf die Verschiedenheit in der Bewegung mehrerer Flansche, also auf Torsionsschwingungen der Welle, schließen. Später arbeiteten KLÖNNE und RUNGE (L. 128) mit einem um das Schwungrad gelegten, gleichmäßig gelochten Stahlband, dessen Löcher den Strom unterbrachen. Zum Registrieren genügen bei langsam laufenden Maschinen Mehrfachschreiber, bei modernen Schnelläufern wird man etwa Oszillographen zu Hilfe nehmen, wenn auch Kurzzeit-Chronographen (L. 120) nicht genügen.

Die Angabe eines Tachometers läßt sich nach den sonst gebräuchlichen Methoden in die Ferne übertragen (§ 7). Aber gerade für die

Drehzahl gibt es noch zwei weitere Möglichkeiten der Fernsendung. Ein kleiner Gleichstromerzeuger mit konstantem Stahlmagnetfeld liefert eine Spannung proportional der Drehzahl; sie kann am fernen Ort gemessen werden. Ferner sind die FRAHMschen Kämme ein bequemes Mittel, insbesondere Wechselstromfrequenzen an beliebiger Stelle des gespeisten Netzes abzulesen. Die Angabe der Kämme ist unabhängig vom Widerstand der Zuleitung; denn es handelt sich um einen Fall der

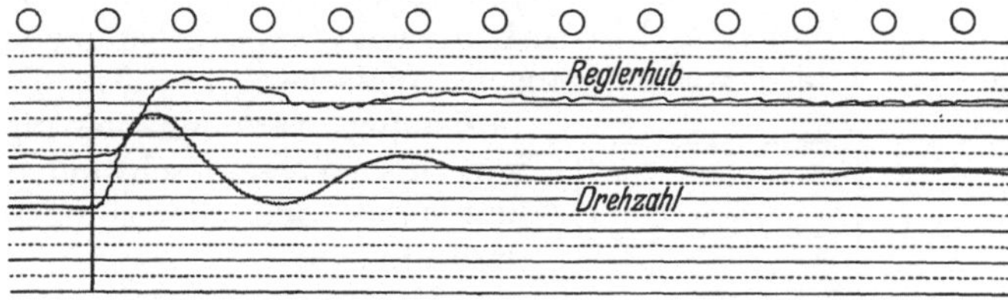

von Leerlauf auf Vollast und von voll auf halb geändert.

Impulsübertragung, die im Gegensatz zur Intensitätsübertragung steht. Impulsübertragung ist von der Stromquelle und manchen Störungen weniger abhängig (S. 50).

25. Hydrometrischer Flügel. Das vornehmste Gerät zur Messung von Wassergeschwindigkeiten in Flußläufen, Turbinengerinnen u. dgl. ist der WOLTMANsche hydrometrische Flügel. Der arbeitende Teil ist

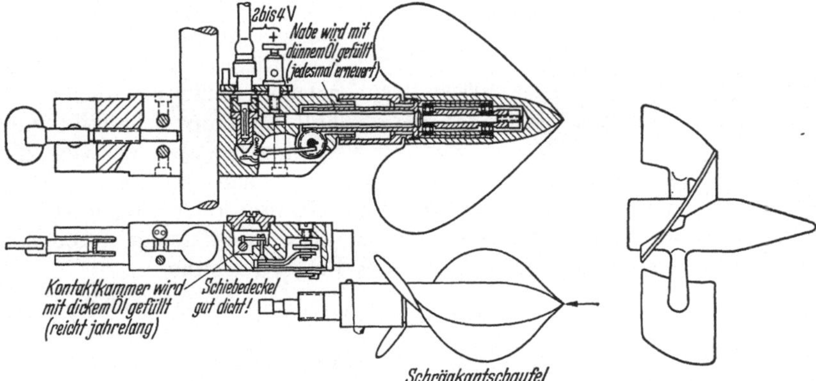

Abb. 158. WOLTMANscher hydrometrischer Flügel. Flügel austauschbar gegen andere Formen, im Gehäuse Kontaktwerk; häufig Durchmesser 120, Steigung 250 mm. Fa. Ott.

Abb. 159. Speichenschaufel zu Abb. 158. Bei schräger Anströmung vorzuziehen.

das Schaufelrad; dessen Schaufeln sind als mathematische Schraubenflächen gestaltet, sie haben also in allen Abständen von der Achse gleiche Steigung, daher wird die Neigung nach außen hin kleiner. Mehrere solche Teilflächen mit Speichen an die Nabe gesetzt gaben die Speichenschaufel; sie ist außer Gebrauch gekommen zugunsten der Schrägkantschaufel; die Schaufeln sind mit der Nabe aus einem Stück gegossen, das Ganze geht nach vorn spitz zu, die schrägen Eintrittskanten weisen

Pflanzenfasern und kleines Treibzeug ab. Rotgußflügel haben Vorteile vor solchen aus Leichtmetall, gerade durch ihre größere Masse: die Bremsung durch den elektrischen Kontakt macht sich weniger bemerkbar, die schwere Schaufel bildet einen besseren Mittelwert; die Eichkurve wird bis zu sehr kleiner Geschwindigkeit herab gradlinig. Rotguß ist auch besser beständig in Seewasser. Hat die Schraubenfläche $k = 0{,}48$ m Steigung, so macht die Schaufel $u = 2{,}08$ Umdrehungen auf $s = 1$ m Wasserweg, der an ihr vorbeigeströmt ist. Für einen ohne Reibung und sonstigen Widerstand in wirbelfreiem Wasser arbeitenden Flügel wäre der am Flügel vorbeigegangene Wasserweg $s = k\,u$, die Beziehung wäre unabhängig von der Wassergeschwindigkeit w m/s oder der Flügeldrehzahl n/sek.

Leitet man sie nach t ab, so ergibt sich eine theoretische Flügelgleichung $w = k\,n$. Im Schaubild wäre das eine durch den Nullpunkt gehende Gerade.

Um die Flügelgleichung empirisch zu finden, schleppt man den Flügel in ruhendem Wasser und beobachtet die Geschwindigkeit des Schleppwagens sowie die Drehzahl des Flügels; aus einer Reihe solcher Schleppversuche erhält man im Schaubild eine Punktreihe, aus der sich die

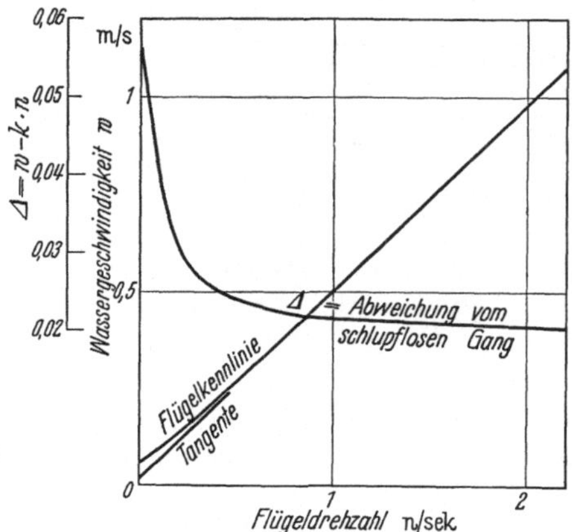

Abb. 160. Flügelgleichung eines WOLTMAN-Flügels, Beziehung zwischen Drehzahl n des Flügels und Wassergeschwindigkeit w, annähernd gradlinig, etwas oberhalb Null einschneidend, bei kleinstem w leicht gekrümmt. Daher die Beziehung $w - c\,n = f(n)$.

wirkliche Kennlinie ergibt, sei es durch einfachen graphischen Ausgleich, sei es rechnerisch. Die Kennlinie einwandfreier Flügel ist bei höheren Geschwindigkeiten eine Grade, aber nicht genau durch den Nullpunkt gehend; das entspricht einer Flügelgleichung

$$w = k\,n + a,$$

a ist die theoretische Anlaufgeschwindigkeit. Bei kleiner Geschwindigkeit fällt die Lagerreibung stärker ins Gewicht, die Grade krümmt sich im unteren Teil aufwärts, die wirkliche Anlaufgeschwindigkeit wird größer als a. Die Schaufeln haben einen gewissen Schlupf im Wasser, vermöge dessen sie die Lagerreibung überwinden. Auch tritt Wirbelbildung auf.

Es ist wertvoll, wenn die Kennlinie in dem Bereich, in dem man ihn benutzen will, auf den Nullpunkt zu oder doch mindestens geradlinig läuft. Bei Schwankungen der Wassergeschwindigkeit oder bei Wirbelungen im Wasser ist sonst der über eine gewisse Zeit hin genommene Schaufelweg nicht proportional dem Wasserweg, die Mittelwertbildung wird falsch. Dann müssen die Beobachtungsintervalle so kurz genommen werden, daß innerhalb ihrer die Geschwindigkeit als unveränderlich gelten kann; und es müssen so viele Beobachtungen (an jedem Meßpunkt) genommen werden, daß sich der richtige Mittelwert finden läßt. Das zu erreichen ist nicht schwierig, wenn man Weg- und Zeitmarken zusammen auf ein Papierband schreiben läßt; nur die Auswertung wird mühsam und setzt der Genauigkeit Grenzen. In den Meßregeln wird der Flügelmessung $\pm 2\%$ Toleranz gewährt; die allgemeine Meinung ist, der Flügel messe wesentlich genauer. Wird er zum Versuch versandt, so sollte seine Form vorher durch Gipsabguß festgelegt werden; nach Rückkunft von der Messung muß er noch in den Abguß passen.

Elektrische Kontakte, vom Flügel betätigt, deren Impuls über Wasser eine Klingel, ein Zählwerk oder einen Streifenschreiber betätigen, sind die übliche Markierung der Meßergebnisse. Nur für gelegentliche Messung dienen noch Flügel mit direkt angetriebenem Zählwerk, das von außen im Wasser an- und nach einer Minute abgestellt wird; dann muß der Flügel jedesmal herausgenommen werden.

Die Flügel haben oft 120 mm Durchmesser, bilden also den Mittelwert über etwa 1 qdm; zur Verwendung in engen Gerinnen, in Rohren und um besser die Randzonen abzutasten dienen kleinere Flügel, doch sind im allgemeinen die größeren des größeren Energieumsatzes wegen vorzuziehen. Die Gleichung oder Kennlinie bezieht sich auf Zuströmung des Wassers in der Achsenrichtung; strömt das Wasser schräg zu, so geht die Drehzahl des Flügels zurück. Soll

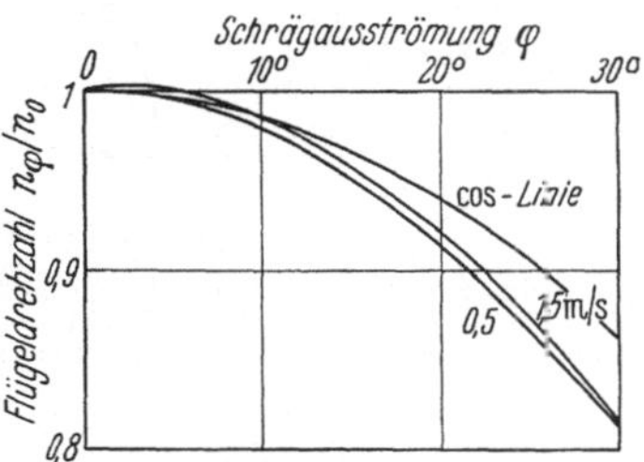

Abb. 161. Flügelgang bei Stellung schräg zur Stromrichtung; zur Messung der Wassermenge ist erwünscht: Abnahme des Flügelganges nach dem Cosinusgesetz, Abweichung eingetragen.

die Flügelmessung zur Errechnung des durch einen Querschnitt gehenden Flusses dienen, dann sollte bei Anströmung unter dem Winkel φ die Anzeige $\cos\varphi$ sein, damit der Fluß richtig errechnet wird. Sogenannte Komponentenflügel, hauptsächlich für Abnahmeversuche an Turbinen verwendet, haben eine besondere Schaufelform, so daß sie bis zu erheblicher Schräganströmung dem Cosinusgesetz befriedigend gehorchen; die Regeln lassen bei 10° Schrägstellung höchstens 1% Abweichung vom Cosinusgesetz zu.

26. Anemometer. Auch das Anemometer hat ein Kraftwerk, auf das die zu messende Windgeschwindigkeit einwirkt, und ein Meßwerk. Als Kraftwerk dient das Flügelrad (Abb. 162) oder das Schalenkreuz (Abb. 163, 164, 165). Die Messung erfolgt durch Zählwerk (Abb. 162) oder elektrisch (Abb. 164) oder durch Tachometer (Abb. 165). Das Flügelrad hat eine Anzahl sternförmig um die Welle angeordneter Flügel, die gegen die zur Achse senkrechte Radebene geneigt sind. Der in Richtung der Achse kommende Wind wird daher, auf die Flügel treffend, eine Drehung erstreben, die wie beim WOLTMAN-Flügel bei widerstandslosem Gang des Gerätes eine Umlaufgeschwindigkeit des Rades so veranlaßt, daß die Axialgeschwindigkeit der Schraubenfläche gleich der Windgeschwindigkeit wird. Allerdings kann nur von Durchschnittswerten gesprochen werden, da die Schaufeln eben zu sein pflegen. Bei 45° gegen die zur Achse normale Ebene würde etwa der Schwerpunkt der Schaufelfläche eine Geschwindigkeit gleich der Windgeschwindigkeit

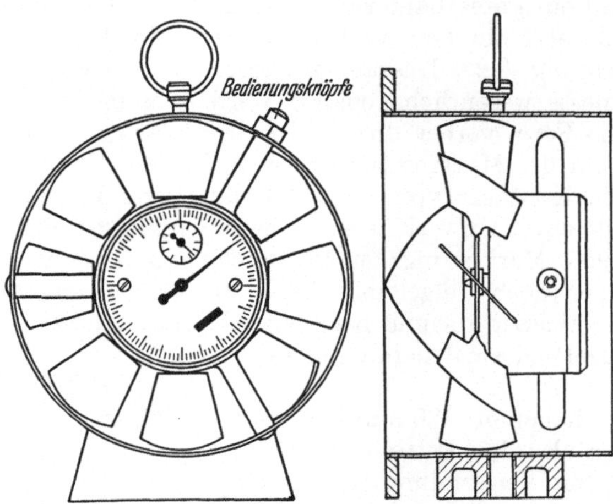

Abb. 162. Flügelrad-Anemometer, Flügelblätter aus Glimmer, schrägstehend zur Annäherung eines Schraubenganges, Zeigerwerk direkt angetrieben. Anlaufzeit 25 s, Meßzeit 60 s, Auslaufzeit 15 s, Ruhe kenntlich am Hilfszeiger (schwarzes Rechteck), der schnell umläuft; Flansch zum Anschalten an ein Rohr. Fa. Fueß.

annehmen; Schaufeln mit weniger als 45° Neigung liefern eine Geschwindigkeit des Umlaufes größer als die Windgeschwindigkeit. Daher entstehen bedeutende Fliehkräfte, auch tritt ein Winddruck in Richtung der Achse auf, zumal solange das Rad noch nicht die Geschwindigkeit des Windes hat, also beim Einbringen in den Windstrom, und er ist sogar vorübergehend einseitig. Daher kann man nur mäßige Windgeschwindigkeiten mittels des Flügelrades messen, da bei größeren der Bestand des Rades gefährdet ist.

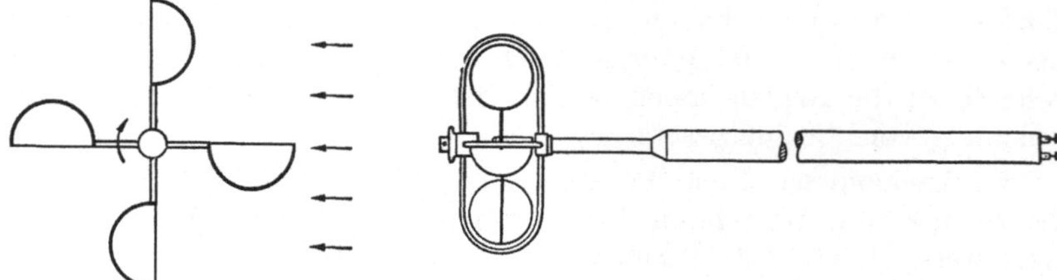

Abb. 163. Wirkung des Schalenkreuzes, Geschwindigkeit der Schalenmitte ⅓ der Windgeschwindigkeit, brauchbar bis 50 m/s.

Abb. 164. Schalenkreuz-Anemometer für elektrischen Kontakt. Fa. Rosenmüller.

Das Schalenkreuz hat an vier Armen je eine hohle halbkugelige Schale. Die Schnittebenen der Halbkugeln gehen durch die Achse, und die Halbkugeln sind so angeordnet, daß bei einer Drehrichtung alle Höhlungen sich auf der rückwärtigen Seite befinden. Der Wind findet stets auf der einen Seite eine konkave, auf der anderen Seite eine konvexe Halbkugelschale sich entgegengekehrt. Auf beide übt er Kräfte aus, die aber bei derjenigen Halbkugelschale größer sind, die dem Wind die konkave Seite entgegenkehrt, in deren Höhlung er also hineinbläst; denn der Wiederzusammenschluß der Luftfäden hinter der Kugelschale wird in geringerem Maße turbulent sein da, wo die Fäden der Krümmung der Halbkugelschale folgen, als im anderen Fall. Daraus ergibt sich ein stärkerer Unterdruck auf der Abwindseite für diejenige Kugelschale, die dort dem Wind die Kugelfläche als Führung bietet. Da nur der Unterschied der auf die beiden Kreuzhälften wirkenden Kräfte frei wird, so bleibt die Geschwindigkeit des Schalenmittelpunktes hinter der Windgeschwindigkeit zurück und wird etwa $1/_3$ der Windgeschwindigkeit; wegen der kleineren auftretenden Fliehkräfte ist daher das Schalenkreuz für große Windgeschwindigkeiten besser geeignet als das Flügelrad. Auch ist das Schalenkreuz an sich stabiler, und auch beim allmählichen Einbringen des Schalenkreuzes in einen Kanal treten immer nur drehende Kräfte auf, wenn das Kreuz erst teilweise in den Luftstrom eintaucht. Das Flügelrad ist von 0,1 bis 10, das Schalenkreuz von 1 bis 50 m/s verwendbar.

Das Flügelrad mißt die mittlere Geschwindigkeit im Bereich seines Einfassungsringes; die Wirkungen des Windes auf die einzelnen Flügel addieren sich; bei Messungen vor Gittern ist diese Eigenschaft wertvoll (S. 167). Beim Schalenkreuz dagegen subtrahiert sich die Wirkung des Windes auf die bremsende (für den Wind konvexe) von der auf die treibende Schale. In einem örtlich ungleichmäßigen Luftstrom, z. B. vor einem Gitter, kann daher die Anzeige größer als die größte oder kleiner als die kleinste im Strom vorhandene Geschwindigkeit werden, je nachdem, ob die treibende Schale im Bereich der größeren und die bremsende im Bereich der kleineren Geschwindigkeit ist oder ob die Verteilung der Stromgeschwindigkeiten die umgekehrte ist. Schalenkreuze eignen sich also nur für freie Luftströme. — Die Achse des Flügelrades muß in der Strömrichtung stehen, bei Änderung der Richtung ihr folgen; die Achse des Schalenkreuzes muß senkrecht zu derselben stehen, das Schalenkreuz mißt alle Winde in einer Ebene gleich welcher Richtung, es ist für die Meteorologie das Gegebene. Bei pulsierender Strömung zeigt das Schalenkreuz zuviel, und zwar um 22% mehr als das Mittel, wenn die Pulsation sinusförmig bis 0 herabgeht (SCHRENK: Z. techn. Phys. 1929 S. 60).

Wird für die Ablesung der Geschwindigkeiten ein Zählwerk verwendet, so pflegt dies aus umlaufenden Zeigern zu bestehen. Für Versuchszwecke ist es selten wertvoll, daß man die Windwege bis herauf in die Millionen Meter ablesen kann, da man selten mehr als 100 oder höchstens 1000 m Windweg mißt. Da andererseits durch die Zeiger höherer Ordnung der Gang des Gerätes beeinträchtigt und der Preis erhöht wird, so sollte man es nur mit so viel Zeigern beschaffen, wie wirklich nötig sind. — Die elektrische Beobachtung durch Klingelsignal (Abb. 164) ist bequemer, sobald man mehrfach Beobachtungen zu machen hat. Für eine einzelne Ablesung ist der Anbau der Batterie und

Klingel immerhin zeitraubend. Damit die Signale sich nicht häufen, gibt nur jede zehnte oder hundertste Umdrehung einen Kontakt, auch gibt es Relais, die als Hilfsgerät die Signalzahl auf $^1/_{10}$ oder $^1/_{100}$ verringern. Die Instrumente Abb. 162 u. 164 messen den zurückgelegten Weg des Windes, der am Instrument vorbeigestrichen ist. Um die Geschwindigkeit zu finden, hat man die Stechuhr gleichzeitig zu beobachten und aus beiden Angaben die Geschwindigkeit zu berechnen. Wie beim Woltmanschen Flügel wird die Anbringung einer Berichtigung nötig, deren Größe durch Eichung festzustellen ist.

Um ein Anemometer zu eichen, bringt man es, am besten in einem Umlauf-Windkanal, in den Ausflußstrahl einer Normdüse von vielleicht 800 mm Durchmesser; der Druckabfall ΔP in der Düse liefert einen über den Düsenquerschnitt sehr gleichmäßigen und auch wirbelfreien Strahl von der Geschwindigkeit $w = \sqrt{2\,\Delta P/\gamma}$, der nur am Rande etwas kleiner ist und dort auch bald abbröckelt (Abb. 226); man mißt also in der Mitte, unweit vor der Düse. Der Deutsche Wetterdienst, Hamburg 4, und die Westfälische Bergwerkskasse in Bochum eichen Anemometer so bis zu 30 m/s Geschwindigkeit, entsprechend $\Delta P = 540$ mm WS. — Von der älteren Eichung am Rundlaufapparat ist man abgekommen, seit man Luftkanäle genügender Abmessungen für aerodynamische Zwecke hat.

Eine andere Art der Eichung ist die folgende: Man setzt, speziell bei Flügelradanemometern, den das Flügelrad umschließenden Kranz auf das Ende eines Rohres vom selben Durchmesser, also dem Querschnitt F m², läßt aus dem Rohr Luft ausblasen und mißt deren Fluß V m³/s; die Luftgeschwindigkeit ist $w = \dfrac{V}{F}$ m/s.

Bei der *Zwanglaufeichung* im Rohr muß die Luft durch den Anemometerkranz gehen, bei der *Freilaufeichung* vor der Düse stellt das Anemometer einen Widerstand dar, den die Luft tunlichst umgeht. Eine bestimmte Anzeige am Gerät bedeutet bei der Freilaufeichung eine größere tatsächliche Luftgeschwindigkeit als bei der Zwanglaufeichung, es handelt sich um etwa 11% Unterschied. Je nach Rohrweite liegt das Meßergebnis zwischen beiden Grenzfällen. Im Regelfall gilt die Freilaufeichung, die aber bei Messungen im endlichen Querschnitt den Lieferer eines Gebläses begünstigt.

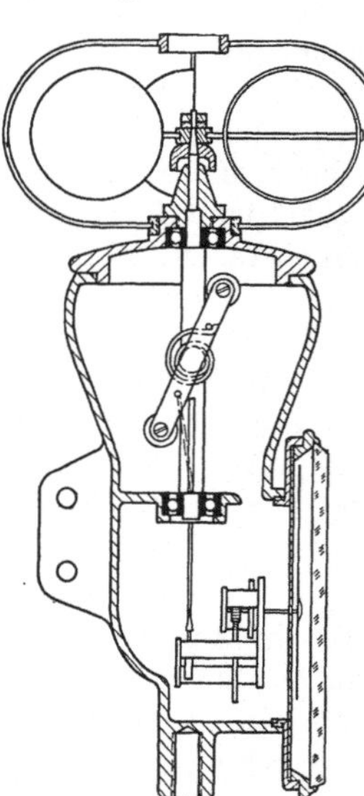

Abb. 165. Anemotachometer, Kombination Schalenkreuz mit Tachometer.

Das *Anemotachometer* hat ein Anemometer, meist mit Schalenkreuz als Kraftwerk, mit einem Tachometer als Anzeigegerät vereinigt, es zeigt unmittelbar die Windgeschwindigkeit als stationäres Gerät auf Flugplätzen oder die Fahrt des Flugzeuges an. Ebenso zeigen die statischen Anemometer gleich die Windgeschwindigkeit an, indem ein Flügelrad sich entgegen einer Meßfeder um so weiter verdreht, aber nicht umläuft, je größer die Geschwindigkeit.

27. Staugeräte. Das Staurohr wurde im Prinzip 1728 vom Franzosen PITOT angegeben, nach dem es noch heute bisweilen benannt wird: zu einem verläßlichen Meßgerät hat PRANDTL es gemacht auf Grund zahlreicher Versuche in der Göttinger Aerodynamischen Versuchsanstalt. Es dient vor allem an Bord der Flugzeuge zum Messen der Fluggeschwindigkeit, aber auch an Bord von Schiffen geben ähnliche Einrichtungen die jeweilige Geschwindigkeit des Schiffes an.

Das Staurohr nach PRANDTL hat auf dem Mantel des zylindrischen Teils eine schlitzförmige Entnahmeöffnung, so weit hinter dem Kopf, daß man auf parallelen Verlauf der an der Öffnung vorbeistreichenden Stromfäden rechnen kann. Man kann auch mehrere kreisrunde Löcher

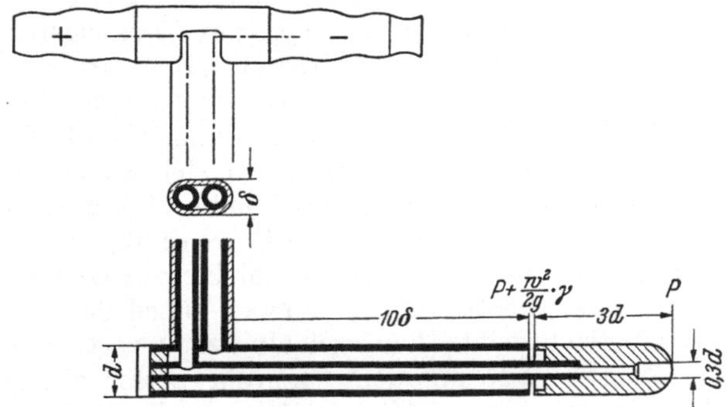

Abb. 166. Staurohr (PITOT-Rohr) nach PRANDTL, für Luft, auch für Flüssigkeit geeignet (Abt. 220). Durchmesser 3 bis 35 mm, lichte Stauöffnung 1 bis 12 mm. Fa. Fueß, Rosenmüller, Schlüter u. a.

am Umfang verteilen — mehrere, damit bei Schrägstellung ein Ausgleich zwischen ihnen stattfindet. Diese Entnahme reagiert auf den statischen Druck der strömenden Flüssigkeit. Am Kopf ist das Staurohr halbkugelig, kehrt eine Öffnung 0,3 des Rohrdurchmessers der Strömung entgegen und entnimmt damit den Gesamtdruck. Die beiden Entnahmeöffnungen sind zu zwei Anschlußstutzen geführt, von wo Verbindungen zu einem Differenzmanometer führen, an dem nun der Differenzdruck abgelesen wird; es ist der dynamische Druck p_d, in diesem Fall meist als

Staudruck $q = \dfrac{w^2}{2\,g}\,\gamma\,\dfrac{\mathrm{kg}}{\mathrm{qm}}$ oder mm WS bezeichnet; γ kg/cbm ist darin

die Wichte des strömenden Mittels. Aus der Messung des Staudrucks

folgt die Geschwindigkeit $w = \sqrt{2\,g\,\dfrac{q}{\gamma}}$ m/s.

Der Staudruck wird gemessen als Differenz zweier Drucke; die Differenz ist gering im Verhältnis zu den absoluten Drucken, meist aber auch, worauf es mehr ankommt, gering im Verhältnis zu dem Über- oder Unterdruck, der in einer Rohrleitung gegenüber der Atmosphäre herrscht. Denn wenn Generatorgas vom spezifischen Gewicht (bei den gerade herrschenden Druck- und Temperaturverhältnissen) 1,25 kg/m³ mit 30 m/s strömt, so ist auf $p_d = \dfrac{30^2}{19,6} \cdot 1,25 = 57,4$ mm WS zu rechnen; selbst bei dieser großen Geschwindigkeit muß also der Druckunterschied auf etwa 1 mm WS genau gemessen werden. Bei 10 m/s Geschwindigkeit ist aber nur $p_d = 6,5$ mm WS zu messen. — Ebenso bei einer Turbinenleitung ist 3 m/s eine erhebliche Geschwindigkeit; sie entspricht einem Staudruck $\dfrac{3^2}{19,6} \cdot 1000 = 460$ kg/m² oder mm WS, das ist bei Quecksilber als Sperrflüssigkeit, das dann in einem Manometerschenkel einer Wassersäule im anderen gegenübersteht, ebensoviel wie $\dfrac{460}{13,55 - 1}$ $= 460 : 12,55 = 36,6$ mm (QS — WS); bei 1 m/s Wassergeschwindigkeit sind $51,0$ kg/m² $= 4,1$ mm (QS — WS) zu messen, was genügend genau zu machen meßtechnisch nicht einfach ist.

Es handelt sich also um eine diffizile Meßmethode, die jedoch vor ihrer Schwester, der Messung der Menge mit Drosselgerät (§ 40 ff.), voraus hat, daß sie ohne merkbaren Energieverlust arbeitet. Aus der quadratischen Beziehung folgt, daß kleine Geschwindigkeiten einen sehr kleinen Staudruck liefern; die Staumessung eignet sich weniger für kleine Geschwindigkeiten als für große, wo sich Anemometer wegen der mechanischen Beanspruchung durch Fliehkräfte nicht mehr verwenden lassen. Die Staumessung mißt die Geschwindigkeit, wenn nicht gerade in einem Punkt, so doch in einem sehr kleinen Bereich, während die Messung mit Anemometer oder WOLTMAN-Flügel das Ergebnis aus einem größeren Bereich zieht. Die Geschwindigkeitsverteilung in einem mäßig weiten Rohr ist also mit dem Staurohr besser abzugreifen als mit dem Flügel, vor einem Lüftungsgitter verdient das Flügelradanemometer den Vorzug.

Die Gestalt des PRANDTLschen Staurohrs ist versuchsmäßig so bestimmt, daß $w = \sqrt{2\,g\,q/\gamma}$ ohne weiteres gilt. Bei beliebig gestalteten Geräten pflegt zwar auch die quadratische Beziehung zwischen Geschwindigkeit und Staudruck zuzutreffen, aber es ist $q = \beta\,\dfrac{w^2}{2\,g}\,\gamma$ zu setzen, woraus $w = \sqrt{\dfrac{1}{\beta}\,2\,g\,\dfrac{q}{\gamma}}$. Die Beizahlen $\beta = 1,02$; $1,04$ lassen also die Geschwindigkeiten um 1 bzw. 2 % zu hoch erscheinen, wenn man sie kurzerhand Eins setzt.

Den Wert β zu finden und seine Unabhängigkeit von w oder q nachzuprüfen, ist Sache des Versuchs; man eicht dazu das Staurohr in einem Strom bekannter Geschwindigkeit. Für Wasser kann statt dessen das Staurohr im ruhenden Wasser geschleppt werden, wie das mit dem WOLTMAN-Flügel geschieht (S. 118). Sonst entsteht ein gleichmäßiger und nicht turbulenter Wasserstrom, wenn Wasser unter bekanntem Überdruck durch eine Düse ausreichender Weite austritt, und zwar in Wasser austritt, so daß die Verhältnisse der üblichen Anemometereichung, S. 122, analog sind. Ähnlich eicht man das Staurohr für Luft; während bei der Eichung des Anemometers zwischen Freilauf- und Zwangseichung unterschieden wird, kommt beim Staurohr nur die erstere in Frage. Ein Staurohr staut ja die Strömung kaum auf, und die beim Flügelradanemometer gegebene Begründung, der Luftstrom bevorzuge den Weg ums Gerät herum, statt durch den Ring hindurch, läßt sich hierher nicht übertragen. Am häufigsten vergleicht man wohl das Staurohr einfach mit einem geeichten Flügel.

Die wesentlichen Bedingungen für ein gutes Staurohr sind (KUMBRUCH: L. 133):

1. Beiwert β möglichst nahe der Einheit,

2. Unempfindlichkeit des Beiwerts gegen mäßige Schrägstellung des Rohres,

3. Unabhängigkeit desselben von verschieden starker Durchwirbelung des Luftstromes.

Die Bedingungen 1 und 3 werden vom PRANDTLschen Rohr gut erfüllt. Aus den KUMBRUCHschen Zahlen sei angeführt, daß am Rundlauf der Aerodynamischen Versuchsanstalt Göttingen $\beta = 0{,}982$ bis $1{,}001$, im Mittel $\beta = 0{,}992$, gefunden wurde. In dem ausgezeichnet geordneten Luftstrom der Göttingischen Aerodynamischen Versuchsanstalt wurden dann künstliche Turbulenzstörungen angebracht. Durch Turbulenz erhöht sich der Beiwert β, bei starker Turbulenz wurde $4{,}2\%$ Erhöhung gemessen.

In bezug auf die Forderung 2 zeigte sich, daß die Weite der Entnahmeöffnung für den Gesamtdruck die Wirkung der Schrägstellung beeinflußt; je kleiner die Öffnung, desto mehr nimmt die Anzeige durch Schrägstellung ab; bei großer Öffnung dagegen nimmt sie bis zu etwa 30° Neigung sogar zu. Bei einem Durchmesser der Entnahmeöffnung gleich dem 0,3-fachen Durchmesser des Staurohrkopfes, der übrigens halbkugelig ausgebildet ist, hat eine mäßige Verdrehung des Rohres keinen merklichen Einfluß auf das Meßergebnis.

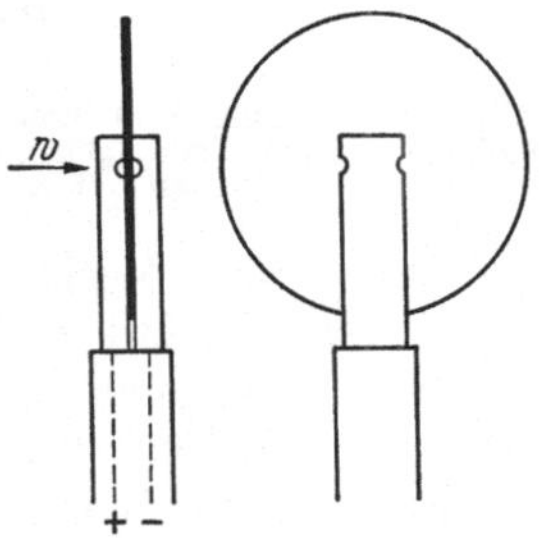

Abb. 167. RECKNAGELsche Stauscheibe, Ausführung nach PRANDTL. Kreisrunde Scheibe, vor ihr Stau, dahinter Sog, beider Unterschied gemessen ist $\Delta P = \beta\, w^2/2g\,\gamma$ mit $\beta \sim 1{,}43$. Zum Einführen in Mauerwerk genügt kleinere Öffnung als beim Staurohr, Lötung vermeidbar, daher bis 1000° C verwendbar. Fa. Rosenmüller.

Oft will man nicht die Geschwindigkeit selbst, sondern ihre in die Rohrrichtung fallende Komponente messen — wenn nämlich die Feststellung der Menge der Endzweck der Messung ist. Da nach obigem die Verkleinerung der Entnahmeöffnung für den dynamischen Druck die Geschwindigkeit bei einer Neigung des Rohres gegen die Strömungsrichtung zu klein anzeigen läßt, so muß sich eine Größe dieser Öffnung finden lassen, bei der eine Neigung des Rohres um den Winkel φ gegen die Strömrichtung den Staudruck q auf den Wert $q_0 \cos^2 \varphi$ (bei Rohren mit $\beta = 1$) herabgehen läßt, worauf als $\sqrt{2\,g\,q/\gamma}$ m/s nicht mehr w, sondern $w \cos\varphi$ errechnet wird, das ist die Komponente der Geschwindigkeit in Richtung des Staurohrs. Nach KUMBRUCH (L. 133) soll für ein *Komponentenstaurohr* die Entnahmeöffnung den Durchmesser gleich 0,1 des Staurohrdurchmessers haben.

Staurohre mit möglichst großen Entnahmeöffnungen lassen schneller arbeiten. Auch wird das Gerät unempfindlicher gegen Staub, was bei

Verwendung in Gruben wichtig ist. Ändert sich die Geschwindigkeit, ist ein bestimmtes Volumen von Gas oder Flüssigkeit in das Manometer einzufüllen, entsprechend der verdrängten messenden Flüssigkeit, so ist eine weite Öffnung von Vorteil.

Dabei ist die Feinfühligkeit der angeschlossenen Manometer wesentlich durch deren Energieumsatz und daher durch ihre Volumenaufnahme bedingt; man muß dann, zumal bei wechselnden Geschwindigkeiten, die Staurohrgröße dem Manometer anpassen, als welches oft das Glockenmanometer oder die Ringwaage eben wegen ihres großen Energieumsatzes in Frage kommen, zumal zum Aufschreiben.

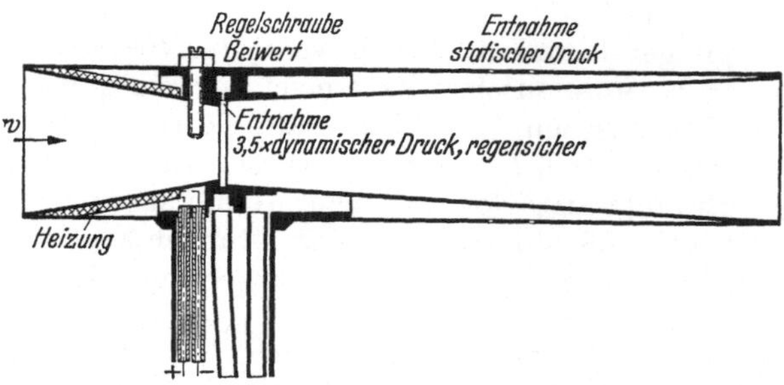

Abb. 168. Meßdüse (kein Staurohr!) mit weitem Lufteintritt (wegen Schmutz und schneller Einstellung), mit Heizung (gegen Vereisung), mit Düsenwirkung (zur Erhöhung des Wirkdruckes): Beiwert mit Regelschraube einstellbar. Fa. Askania, auch Schlüter.

Den beiden Verbindungsleitungen zwischen Staugerät und Manometer ist Sorgfalt zuzuwenden. Luftblasen in einer wassergefüllten Leitung lassen sich schwer vermeiden, wenn man nach Maßgabe von Abb. 220 (S. 162) mit Ansaugen arbeitet; sie, ebenso Gasreste oder Wassersäcke in einer lufterfüllten Leitung und Temperaturunterschiede zwischen den beiden Gas- oder Luftleitungen, da, wo sie senkrecht laufen, stören die Messung. Diese Störungen werden erheblich, wenn die zu messenden Druckunterschiede klein sind; man darf auch nicht in die Rohre blasen, weil die Kohlensäure der Atemluft in senkrechten Teilen der Leitung stört.

Eine große Genauigkeit bei Messung der Geschwindigkeit von Flüssigkeiten und Gasen ist allerdings oft grundsätzlich unerreichbar, weil bei wirbelnder Bewegung und im Freien die Geschwindigkeit einen eindeutigen Wert überhaupt nicht hat; bei Rohrleitungen kann man die Geschwindigkeit der fortschreitenden Bewegung eindeutig als Quotienten aus dem Fluß und dem Rohrquerschnitt definieren, aber eben diese Geschwindigkeit nicht sicher messen; als Quotienten der genannten Größen könnte man sie finden, wenn nicht meist gerade der Fluß aus der Geschwindigkeit (§ 36) ermittelt werden sollte (L. 173a).

Das Anemometer ist bis herab zu 0,1 m/s, das Staurohr bei Luft bis zu 1 m/s brauchbar. Kleinere Luftbewegungen lassen sich mit dem ALBRECHTschen *Hitzdraht-Anemometer* feststellen und in gewissem Sinn messen (Abb. 169). Dies reagiert jedoch auf jede Art von Luftbewegung, auch auf Turbulenz; diese ist nicht nur eine Störung, sondern wird schlechterdings mitgemessen. Nur wenn Turbulenz fehlt, läßt sich das Gerät auf fortschreitende Geschwindigkeit eichen. Ähnlich empfindet der menschliche Körper jede Art von Luftbewegung, geradlinig oder

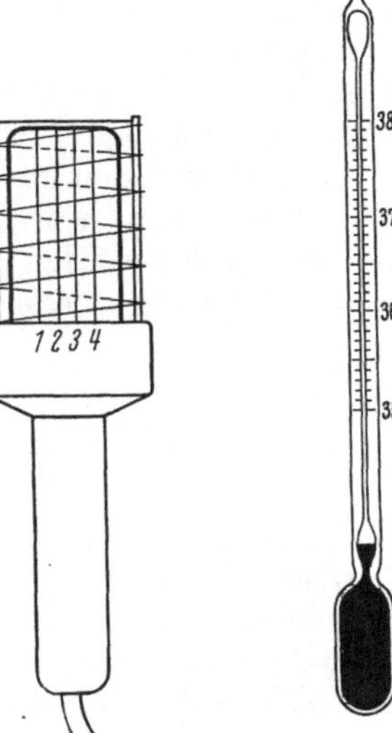

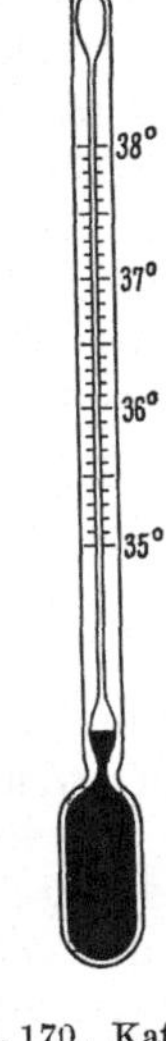

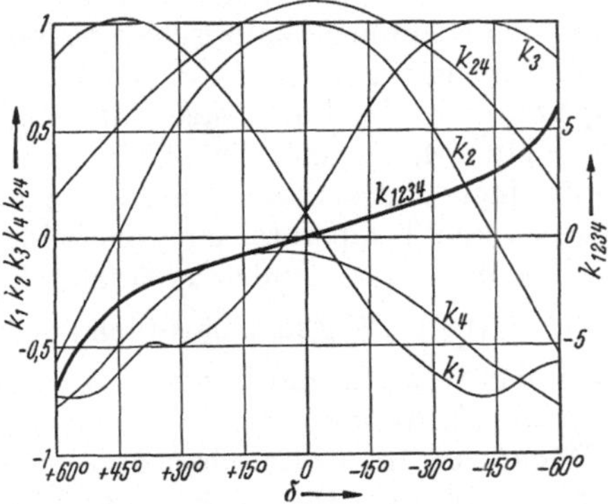

Abb. 171. Staukugel nach v. d. HEGGE ZIJNEN, zur Bestimmung des Strömungsfeldes. Kugeldurchmesser 15, 12 oder 6 mm, Löcher Nr. bis 5 mit Feindruckmessern verbunden. Drehung des Schaftes um senkrechte Achse, bis $h_4 = h_5$, dann bestimmt 123 die Strömebene, Anströmung Winkel δ von unten. Nun h_1 bis h_4 mm WS gemessen, damit ist das Strömfeld aus der Kugeleichung bestimmt. Alle Druckdifferenzen sind proportional $\varrho w^2/2 = q$, nämlich

$$k_1 = (h_1 - P)/q; \quad k_2 = \cdots; \quad k_{24} = k_2 - k_4$$

$$= (h_4 - h_0/q; \quad k_{1234} = \frac{k_3 - k_1}{k_2 - k_4} = \frac{h_3 - h_1}{h_2 - h_4};$$

Abb. 169. Hitzdraht-Anemometer nach ALBRECHT. Vier Vergleichsdrähte *1* bis *4*, davon zwei beheizt, zwei stromlos, zum Viereck geschaltet, Widerstandsänderung Maß der Luftgeschwindigkeit. Teilung des Meßgerätes verjüngt, oberhalb 3 m/s zu eng zum Beobachten. Fa. Fueß.

Abb. 170. Katathermometer. Beispiel: Eichziffer des Gerätes 480. Messung: von 38 bis 35 sinkt der Faden in 96 s Abkühlzeit. Katawert 480 : 96 = 5 mcal/cm² · s Kühlstärke der Luft (Lüftungsregeln). Fen. Fueß, Schlüter.

diese Werte einmal gemessen und über dem Winkel δ der Anströmung aufgetragen, gibt das Eichbild der Kugel, Abb. 172. Mit dessen Hilfe liefert jede Messung zuerst k_{1234}, demnach δ aus dem Staudruck $q = \varrho w^2/2 = \sqrt{\dfrac{h_0 - h_4}{k_{24}}}$, daraus w;

Druck $P = h_2 - k_2 q$, zunächst in Richtung δ, dann auch in anderen Richtungen. Zutreffend (KRISAM: Mitt. Inst. Strömungsmaschinen, TH Karlsruhe H. 2) für $Re \doteq 3500$ bis 100000, bezogen auf Kugeldurchmesser D [m]. Unsicherheit: K_{1234} ist gewonnen als Verhältnis zweier Differenzen. Fa. Fueß, auch Schlüter.

turbulent, als kühlend, daher kann das Hitzdrahtgerät die Behaglichkeit einer Raumluft für den Menschen ermitteln. — Das in den Lüftungsregeln (L. 15) festgelegte Gerät für diese Zwecke ist jedoch das *Katathermometer*, Abb. 170, das auf die Temperatur und auf die Bewegung der Luft anspricht und außerdem an die menschliche Körperwärme angepaßt ist.

Abb. 172. Beispiel für das Eichbild einer Staukugel.

Die *Richtung einer Strömung* festzustellen, ist eine besondere Aufgabe; eine Drahtsonde mit daranhängendem Faden oder ein Röhrchen.

aus dem eine bunte Flüssigkeit oder Zigarettenrauch ausgeblasen wird, zeigt nicht nur die Richtung an, sondern läßt auch erkennen, wie turbulent die Strömung ist. Als Meßgerät zu solchem Zweck dient die Kugelsonde, eine Kugel von 6 bis 15 mm Durchmesser hat zwei oder mehr Löcher, von denen Röhrchen zu Feindruckmessern führen. Erfahren zwei Löcher gleichen Druck, so wird die Kugel in der Mittelebene dazwischen angeströmt; drei gleichschenklig stehende Löcher bestimmen in gleicher Weise die Strömungsrichtung als auf den Mittelpunkt des Dreiecks gerichtet. Diese einfachen Geräte sind von HEGGE ZIJNEN zu einer Kugelsonde mit fünf Löchern ausgebildet worden, die sich hauptsächlich für Wasser bewährt hat, um die Strömung in Kreiselradmaschinen zu untersuchen.

IV. Menge und Fluß.

28. Einheiten, Wichte und Dichte. Neue Abreden des Deutschen Normenausschusses und des AEF unterscheiden zwischen der Menge und dem Fluß (Ausfluß, Durchfluß). Unter der *Menge* versteht man demnach eine abgeteilte, mehr oder weniger ruhende Quantität eines festen, flüssigen oder gasigen Stoffes, der *Fluß* ist das, was in der Zeiteinheit durch einen Querschnitt geht. Durch Integrieren des Flusses ergibt sich also eine Menge.

Menge und Fluß lassen sich als Gewicht oder als Volumen angeben. Die normalen Einheiten des technischen Maßsystems sind also

für die Menge das Kilogramm (kg) oder das Kubikmeter (cbm, m³),
für den Fluß das kg/s oder das cbm/s.

Daß daneben auch als Gewichtseinheiten die Tonne, 1 t = 1000 kg, seltener das Gramm, 1 g = $^1/_{1000}$ kg, dienen, als Volumeneinheiten das Liter, 1 l = $^1/_{1000}$ cbm, und manche andere Mengeneinheit, ist bekannt. Sehr üblich ist beim Fluß die Bezugnahme auf die Stunde, 1 h = 3600 s, namentlich wenn noch kalorische Größen in Frage kommen. Ungewöhnlich sind in unserem Interessenbereich Angaben nach Pfund, Zentner, Doppelzentner. Wohl aber spielt das englische Pfund eine Rolle, 1 Pfd. engl. = 1 lb = 454 g, merklich kleiner als das deutsche Pfund zu 500 g.

Für einen und denselben Stoff und unter bestimmten Bedingungen für Druck und Temperatur sind die beiden Angaben nach Gewicht oder nach Volumen voneinander abhängig. Es ist nämlich

G [kg] $= V$ [m³] $\cdot \gamma$ [kg/m³], natürlich auch G [kg/h] $= V$ [m³/h] $\cdot \gamma$ [kg/m³],

wenn G das Gewicht und V das Volumen ist; γ heißt die *Wichte* (früher das *spezifische Gewicht*) des Stoffes, eine Materialeigenschaft desselben. Die Wichte ist im technischen Maßsystem das Gewicht eines Kubikmeters des Stoffes. Die Einheit der Wichte ist 1 [kg/m³].

DIN 1306 nennt an erster Stelle nicht die Wichte, sondern die *Dichte*, das ist die in der Volumeinheit enthaltene Masse $m = G/g$; die Dichte ist also $\varrho = \gamma/g$, und für kaltes Wasser ist in den Einheiten des technischen Maßsystems die Dichte $\varrho = 1000/9,81 = 102 \ \dfrac{\mathrm{kg/m^3}}{\mathrm{m/s^2}}$

$= 102\ [\mathrm{kg} \cdot \mathrm{s}^2/\mathrm{m}^4]$. Uns interessiert die Dichte nur bei der Verwendung des Staurohrs als Fahrtmesser im Flugwesen, dort wurde ϱ bereits benutzt; die Technik und das technische Maßsystem bedient sich der Masse nur selten.

Viel benutzt wird aber statt dieser benannten Größen eine unbenannte Verhältniszahl. Bei festen Körpern und Flüssigkeiten wird die Wichte eines gewissen Stoffes zu der eines Normalstoffes, meist zu Wasser von 4°, ins Verhältnis gesetzt; die entstehende unbenannte Zahl (früher auch als spezifisches Gewicht bezeichnet) heißt nach DIN 1306 die *Wichtezahl*, wir nennen sie δ; für Wasser von 4° ist $\gamma = 1000$, für Wasser von 20° ist $\gamma = 998$ kg/cbm, also ist $\delta = 0{,}998$ die Wichtezahl des Wassers von 20°. Man kann allerdings meßtechnisch meist nur mit Wasser von gleicher Temperatur vergleichen, dann wird eine Umrechnung nötig. Hat man bei 20° das Relativgewicht eines Alkohols mit 0,810 gemessen, bezogen auf Wasser von ebenfalls 20°, so wiegt Wasser von 20° wieder 998 kg/cbm, seine Wichtezahl ist 0,998; die Wichtezahl des Alkohols bei 20° ist also $\delta = 0{,}998 \cdot 0{,}810 = 0{,}809$ (oder seine Wichte 809 kg/cbm).

Bei Gasen wird die Wichtezahl selten verwendet, bei ihnen wird besser das *Wichteverhältnis* benutzt, das sich auf gleichen Zustand beider Stoffe bezieht. Mit Luft als Vergleichsstoff und beide Gase als vollkommen betrachtet, ist das Wichteverhältnis eine Kennzahl der Gasart; für Kohlensäure CO_2 ist $\delta = 1{,}98 : 1{,}293$, beide γ-Werte sind auf 0,760 bezogen, es wird das Wichteverhältnis $\delta = 1{,}53$, Kohlensäure ist $1^1/_2$ mal so schwer wie Luft. Die Benutzung des Buchstaben δ für die Wichtezahl (bei festen Körpern und Flüssigkeiten) und für das Wichteverhältnis (bei Gasen und eventuell bei Dämpfen, doch hat sie da nur beschränkt Sinn) wird kaum Verwechselungen geben.

Es ist gleichgültig, ob man bei einer Messung das Volumen oder das Gewicht bestimmt; man mißt dasjenige von beiden, welches bequemer oder sicherer zu messen ist, und kann die andere Angabe, braucht man sie, daraus berechnen. Die Wichtezahl von vielen Stoffen bekannter Zusammensetzung ist Tabellenwerken zu entnehmen; weiterhin zu besprechende Methoden bestimmen die Wichtezahl, um daraus die Zusammensetzung zu ermitteln.

γ hängt von der Temperatur ab, während der Druck bei Flüssigkeiten und festen Körpern nur geringen Einfluß hat. Die Längenänderung für 1° Temperaturzunahme, gegeben in Bruchteilen der Länge bei 0°, heißt die *Wärmedehnzahl* α. Eine Fläche nimmt bei 1° Temperaturzunahme um das Doppelte, das Volumen um das Dreifache von α zu. Die kubische Ausdehnungszahl ist $\sim 3\,\alpha$. Entnimmt man die Wichte γ_0 einer Flüssigkeit bei der Normaltemperatur 0° dem Tabellenwerk, so ist sie bei einer Temperatur t:

$$\gamma = \frac{\gamma_0}{1 + 3\,\alpha\,t}.$$

Weil bei Flüssigkeiten die dreifache Ausdehnungszahl in Frage kommt, so ist die Wärmedehnung oft nicht zu vernachlässigen. Beim Abkühlungsversuch an einer Kühlanlage war die Solemenge in der eisernen Verdampferkufe festzustellen; man mißt die Tiefe der Sole in der Kufe und tut das zur Sicherheit vor und nach dem Versuch; das zweitemal ist aber die Temperatur niedriger geworden. Die Grundfläche der Kufe sei vor dem Versuch F (laut Werkzeichnung), nachher wegen der Abkühlung nur f; die gemessenen Standhöhen der Sole seien H und h, das Volumen der Sole sei V und v. Dann ist $V = H\,F$ und $v = h\,f$; weiter ist $F = f\,(1 + 2\alpha_1)$ und $V = v\,(1 + 3\alpha_2)$, wobei $2\alpha_1 = 2\cdot 0{,}000012$ die quadratische Ausdehnungszahl des Eisens, $3\alpha_2 = 0{,}0004$ die kubische der Sole ist. Dann wird $\dfrac{H}{h} = \dfrac{V}{v}\,\dfrac{f}{F} = \dfrac{1{,}0004}{1{,}000024} = 1{,}00037$; $H = 1{,}00037\cdot h$. Das gilt für 1° Temperaturunterschied: die Standhöhen in der Kufe werden bei 20° Temperaturunterschied zwischen Anfang und Ende des Versuches um $2/3\%$ voneinander abweichen. Bei 2 m Tiefe unterscheiden sich beide Messungen um 13 mm.

Bei warmem Wasser darf man nicht $\gamma = 1000$ kg/m³ oder 1 kg/ltr setzen; bei 75° Temperatur wäre der Fehler bereits $2{,}5\%$. Bei kaltem Wasser hat freilich die Temperatur wenig Einfluß, weil die Änderungen in der Nähe des Maximums bei 4° klein sind. Wasser nimmt in dieser Hinsicht bekanntlich eine Ausnahmestellung ein.

Tabelle 7. Wichte (spezifisches Gewicht) des Wassers.

$t =$	0	10	20	30	50	75	100	150	200	250 C
$\gamma =$	999,8	999,6	998,2	995,7	988	975	958	917	865	799 kg/cbm

Die Wichte wird in einigen Industrien noch nach Graden verschiedener Skalen angegeben: beim Weinmost bedeutet 75° Öchsli die Wichtezahl 1,075, beim Alkohol bedeutet 40° Tralles den Alkoholgehalt 40% in der Mischung; bei Zuckerlösungen ist 10° Balling gleich 10% Zuckergehalt der Lösung; allgemeiner verwendet wird die Baumé-Skala: eine 10%-Kochsalzlösung hat 10° Bé, Wasser hat 0° Bé, dazwischen und jenseits der beiden Grenzen wird gleichmäßig geteilt, ähnlich wie beim Thermometer zwischen, über und unter den Festpunkten. Die so festgelegte Skala wird für Salz-, Säure- und Alkali-Lösungen gebraucht, man spricht von 60 grädiger Schwefelsäure, sie hat die Wichte 1710 kg/cbm. Baumégrade B werden umgerechnet nach der Formel $\delta = \dfrac{144{,}3}{144{,}3 \pm B}$, Plus für $\delta < 1$, Minus für $\delta > 1$, alles bei 15° C, hierfür gibt es auch Tabellen. Bei anderer Temperatur ist die Umrechnung umständlich.

Bei Gasen rechnet man selten mit dem Gewicht; statt dessen reduziert man die Volumangabe oder die Wichte auf einen Normalzustand; als solcher wird wohl immer noch der Druck 760 Torr und die Temperatur 0° am häufigsten verwandt. Auch für die reduzierten Werte gilt die Beziehung: $G = V_0\,\gamma_0$. Ist ein Volumen auf Normalverhältnisse reduziert, so sollte das durch den Zusatz (0,760) angedeutet werden. Beim Symbol deutet der Index Null an, daß es sich um ein reduziertes Volumen V oder eine reduzierte Wichte γ handelt. Nach DIN kann man den Normalzustand auch (unschön) durch die Benennung Ncbm (Normalkubikmeter) andeuten.

Die Angabe eines reduzierten Volumens ist einer Gewichtsangabe gleichwertig, denn beispielsweise für trockne Luft ist 1 m³ (0,760) = 1,293 kg eine feste Beziehung. Wo man also Wassermengen nach Volumen angibt, bleiben Gasmengen unreduziert; wo man für Wassermengen das Gewicht gibt, werden Luftmengen reduziert. Hierüber im kommenden Paragraphen Näheres.

Für die Reduktion selbst gilt die Formel (Gesetze von MARIOTTE und GAY-LUSSAC)

$$\gamma_0 = \gamma \cdot \frac{273 + t}{273} \cdot \frac{760}{p} = 2{,}78 \cdot \gamma \, T/p; \quad V_0 = V \cdot \frac{273}{273 + t} \cdot \frac{p}{760} = 0{,}359 \, V p/T.$$

Darin sind γ und V die unreduzierten Werte, t ist die Temperatur bei der Beobachtung in Celsiusgraden, T dieselbe in Graden Kelvin, und p ist der dabei herrschende Druck, oft der Barometerstand, in Torr.

Nach DIN 1343 kann auch auf den Druck 1 at = 1 kg/qcm und auf 20° reduziert werden. Bezugnahme auf 1 at hat Vorteile, weil der Druck oberhalb des atmosphärischen auch in at angegeben wird; bei 1 oder 2 at Überdruck ist dann das Volumen gerade $^1/_2$ oder $^1/_3$ dessen im Normalzustand; und 20° ist nach DIN 524 oder AEF Satz 7 die Normaltemperatur für technische Angaben. Einzuwenden ist, daß zwei Normalzustände nebeneinander verwendet zu Verwechslungen führen, da die Einführung des neuen Normalzustandes in der Physik aussichtslos ist; wegen der Thermometerskala kommt man von 760 Torr als normalem Barometerstand doch nicht los, viele Tabellenwerte verlören an Wert. Endlich: auch das angelsächsische Maßsystem hat sich an 0,760 angepaßt. Übrigens ist auch diese reduzierte Angabe V_1 einer Gewichtsangabe gleichwertig; für trockne Luft ist 1 m³ (20,1) = 1 ncbm = 1,165 kg Die Angaben in den beiden Normalzuständen verhalten sich $V_1 : V_0 = \gamma_0 : \gamma_1 = 1 : 0{,}902 = 1{,}109 : 1$.

Indessen besagt Punkt 7 von DIN 1343, das Normvolum als Mengenmaß sei stets auf 0,760 trocken zu beziehen, und man solle nur $V_N = \cdots$ cbm angeben, „technisch auch $V = \cdots$ Ncbm". Doch auch darin wird der Techniker, im Bewußtsein, nicht exakt zu sein, oft andere Wege gehen, indem er bei allen Zuständen bis reichlich über 20° die Feuchtigkeit einfach unbeachtet läßt — außer natürlich bei der Klimatisierung.

29. Angabe nach Gewicht oder Volumen? Für Gase lautet die Frage, wann man das Volumen auf einen Normalzustand (prinzipiell gleichgültig, auf welchen) reduzieren soll, wann nicht; denn das reduzierte Volumen bedeutet ein Gewicht.

Bei der Untersuchung einer Pumpe kommt es darauf an, ob sie das Wasser auf eine gewisse Förderhöhe, im Metern gemessen, hebt, oder ob sie es gegen eine gewisse in Atmosphären gemessene Spannung, in einen Akkumulator, in einen Dampfkessel hineinspeist. Im ersten Fall ist das geförderte Gewicht, im zweiten das Volumen für den Arbeitsbedarf der Pumpe maßgebend. Die Dimensionsformel besagt das: 1000 [kg] · 10 [m] = 10 000 [m · kg] Arbeitsaufwand; aber 1 m³ · 1 at = 1 [m³] · 10 000 [kg/m²] = 10 000 m³ · kg/m² = 10 000 [m · kg] Arbeitsaufwand. Bei Förderung von Alkohol wird man hier kaum einen Fehler machen, weil man aufmerksam wird; aber bei warmem Wasser können (wegen der Wärmedehnung, S. 130) merkliche Fehler unterlaufen, wenn fälschlich das Gewicht mit dem Kesseldruck multipliziert wird. Untersucht man also die Kesselspeisepumpe auf ihren Arbeitsbedarf, so hat man die gespeiste Wassermenge in Kubikmetern anzugeben, obwohl für die Dampfleistung des Kessels das hineingespeiste Wassergewicht maßgebend ist.

Ähnlich beim Ventilator, der Luft in einen Raum gewissen Druckes zu fördern hat und daher ein Analogon zur Pumpe ist; entweder wird ein gewisses Volumen gegen einen Gegendruck aus dem Ventilator herausgeschoben, oder ein gewisses Luftgewicht wird auf eine in Metern Luftsäule anzugebende Höhe gehoben. Beide Rechnungsweisen führen, korrekt durchgeführt, zu gleichem Ergebnis. Meist wird als gemessen ein Volumen und ein Druck angegeben sein, dann läßt sich ohne weiteres die Leistung berechnen; würden $0,42\,\mathrm{m^3/s}$ gegen $182\,\mathrm{mm\,WS} = 182\,\mathrm{kg/m^2}$ gefördert, so ist eine theoretische Leistung $0,42 \cdot 182 = 76,5\,\mathrm{mkg/s}$ oder $1,02$ PS nötig, praktisch um den Wirkungsgrad mehr. Selten spricht man bei Gasen von Gewicht und Förderhöhe; immerhin, wäre das Gewicht der Luft, folgend aus Druck, Temperatur und Feuchtigkeit, zu $1,20\,\mathrm{kg/m^3}$ bestimmt, so sind $0,42 \cdot 1,20 = 0,503\,\mathrm{kg/s}$ gefördert worden, und zwar gegen einen Widerstand, der $182 : 1,20 = 152$ m Luftsäule (eben solcher durch 1,20 gekennzeichneten Luftsäule) entspricht. Natürlich gibt $0,503 \cdot 152$ wieder $76,5\,\mathrm{mkg/s}$.

Ein bestimmtes Zylindergebläse saugt immer das gleiche Luftvolumen ein, es stehe in der Ebene, wo der Barometerstand 760 Torr ist, oder im Gebirge bei 700 Torr Barometerstand, es arbeite im Sommer oder im Winter. Für Beurteilung der Zylinderkonstruktion, etwa bei Bestimmung des volumetrischen Wirkungsgrades, kommt es auf das angesaugte Volumen an, und es wäre falsch, die Luftmenge auf Normalverhältnisse zu reduzieren. Das Gebläse würde sonst in der Ebene andere Ergebnisse liefern als im Gebirge; im tiefen Bergwerk arbeitend oder an Tagen mit ausnahmsweise hohem Barometerstand könnte man errechnen, daß es ein größeres (reduziertes) Volumen fördert, als den Zylinderabmessungen entspricht. Handelt es sich aber darum, zu prüfen, ob das Gebläse der Bedingung genügt, die nötige Luft für einen chemischen Prozeß zu liefern, der natürlich ein bestimmtes Luftgewicht erfordert, zu prüfen also, ob der Erbauer die Zylinderabmessungen genügend groß wählte, da er ja wußte, der Kompressor würde bei geringem Barometerstand oder bei hoher Temperatur arbeiten, und da er den erreichbaren volumetrischen Wirkungsgrad kennen mußte — handelt es sich darum, so wird man auf Normalverhältnisse reduzieren.

Ähnliche Überlegungen sind, je nach den Verhältnissen, von Fall zu Fall anzustellen. Die Quantität des Stoffes, die Masse im Sinne der Physik, ist natürlich immer durch das Gewicht oder durch das reduzierte Volumen gegeben.

30. Messung der Wichte und der Dichte. Bei festen Körpern läßt sich die Wichte meist Tabellenwerken entnehmen. Ist es zu bestimmen, so werden Physikbücher Anleitung geben.

Bei Flüssigkeiten bestimmt man die Wichte am einfachsten mit dem Aräometer. Das Sinkaräometer (Abb. 173) besteht aus Glas, der weite Bauch ist hohl, um Schwimmen zu ermöglichen, das Kügelchen unten ist beschwert, um die senkrechte Lage zu sichern. Das Instrument taucht in die Flüssigkeit um so tiefer ein, je leichter die Flüssigkeit, je kleiner ihr Auftrieb ist. Um die Skala nicht zu lang zu machen, werden für Flüssigkeiten von höherem und von geringerem Gewicht als Wasser besondere Geräte gefertigt, auch wird, um größere Genauigkeit zu erzielen, der Meßbereich auf noch mehr als zwei Geräte verteilt. Solche unterteilten Geräte erhalten dünne Skalenrohre, an denen nun die Kapillarkräfte Einfluß auf die Anzeige gewinnen; das ist die gleiche Erscheinung, nur mit umgekehrten Vorzeichen, wie die Steighöhe in Kapillarrohren; das Gerät ist dann nur für eine bestimmte Flüssigkeit richtig.

Abb. 173. Aräometer, auch Spindel genannt. DIN 12790 bis 12793.

Die Skala eines Aräometers gilt bei einer bestimmten auf dem Gerät angegebenen Temperatur, normgemäß 20°. Es darf, genau genommen, nur bei dieser benutzt werden, da sich nicht nur die Flüssigkeit, sondern auch das Gerät mit der Temperatur ausdehnt; eine Umrechnung ist also nicht möglich, man müßte das Gerät besonders für jede Temperatur eichen. Ein Aräometer mit der Bezeichnung „richtig bei 20°“ darf im Wasser von 20° nicht die Dichtezahl 1, das spezifische Gewicht 1000 kg/m³ anzeigen, es muß sich auf $\gamma = 999$ kg/m³ einstellen. Wenn man es aber in Wasser von 4° bringt, so würde es auch hier nicht 1000 kg/m³ zeigen, denn nun hätte sich das Aräometer selbst im Inhalt verkleinert und zeigt daher das spezifische Gewicht (sehr wenig) zu gering an. — Allerdings ist die Ausdehnung des Glases (lineare Ausdehnungszahl $\alpha = 0,000008$, also Raumausdehnung $3\alpha = 0,000024$) klein gegen die der meisten Flüssigkeiten (Benzol $3\alpha = 0,00125$, Petroleum $3\alpha = 0,0017$, Glyzerin $3\alpha = 0,0005$); solange also nicht durch die Temperaturänderung Deformationen der Körpergestalt eintreten, wird auch bei anderen als der Normaltemperatur des Gerätes das spezifische Gewicht der Flüssigkeit bei der herrschenden Temperatur richtig angegeben.

Die Hauptanwendung der Aräometer ist die Bestimmung der Zusammensetzung von Lösungen, des Wassergehalts von Alkohol, des Salzgehaltes einer Kochsalzlösung — wozu Umrechnungstabellen passenden Ortes zu finden sind. Da für stärkeren Alkohol einer Änderung des Alkoholgehaltes um 1% eine Änderung des spezifischen Gewichts um 0,35% entspricht, so ergibt jeder Fehler in der Messung des spezifischen Gewichts einen dreimal so großen in der Berechnung des Alkoholgehaltes und damit des Heizwertes.

Das spezifische Gewicht wird in der Physik auch mit der Senkwaage, dem Pyknometer, dem Gewichtsaräometer bestimmt; sie alle, wie übrigens auch das Aräometer, sind eigentlich physikalische Geräte, sie eignen sich nicht dazu, das spezifische Gewicht von weitem ablesbar zu machen, es aufzuschreiben, in die Ferne zu übertragen oder einen

Mittelwert zu bilden. Dazu kann die Dichtewaage dienen, bei der gewichtsmäßig der Auftrieb in der Prüfflüssigkeit mit dem in einer, aber auf derselben Temperatur gehaltenen, Vergleichsflüssigkeit verglichen wird. Oder ein Gefäß bekannten Volumens wird durch eine federnde Aufhängung ausgewogen; soll genau gearbeitet werden, so muß auch hier die beobachtete Flüssigkeit in Wärmetauschern auf einer bestimmten Temperatur gehalten werden, oder es wird eine Temperaturkompensation angebracht, von Stäben gesteuert, die der jeweiligen Temperatur ausgesetzt sind. Müssen bei schmutzigen Wässern, bei Aufschwemmungen, Rohrleitungen, zumal enge, vermieden werden, so läßt sich als Kennzeichen für das spezifische Gewicht die Zunahme des hydrostatischen Druckes mit der Höhe verwenden: in zwei Höhenlagen wird Luft in die Aufschwemmung eingeblasen und der Druckunterschied der beiden Einblasstellen beobachtet; um von den Schwierigkeiten der Ver-

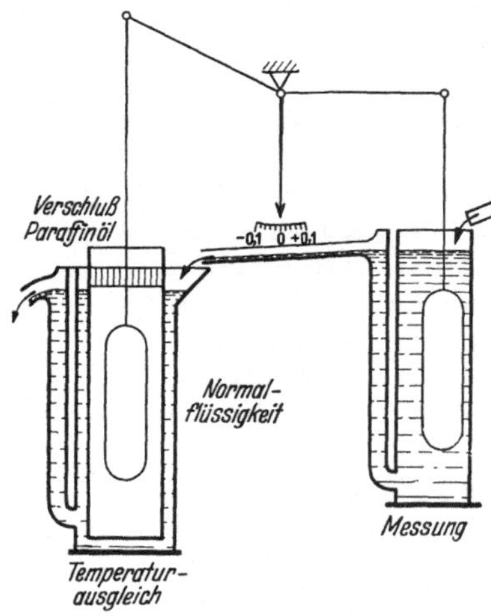

Abb. 174. Dichtewaage. Auftrieb in der Meßflüssigkeit verglichen mit dem in der Vergleichsflüssigkeit, letzteres gleich temperiert und durch Ölverschluß vor Verdunstung geschützt. Statik des Wiegebalkens durch Kröpfung erreicht statt durch Schwerpunktlage, gegenüber der gezeichneten Gleichgewichtslage entstehen Ausschläge φ gemäß tg $\varphi = k\,A$, worin A der zusätzliche Auftrieb. Vergleiche Abb. 189. Fa. Hydro.

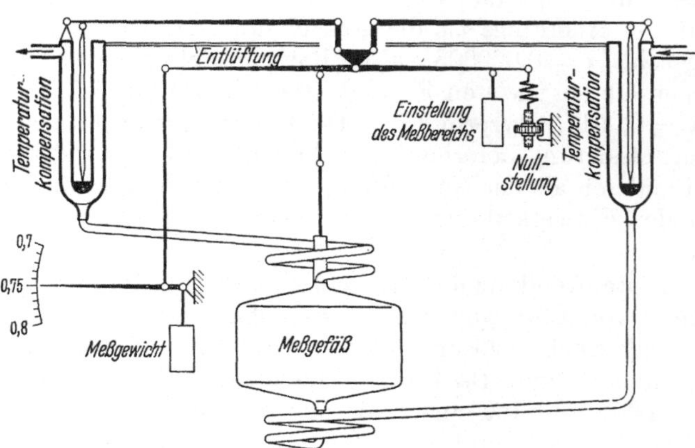

Abb. 175. Spezifometer für Öl, Zuckersaft usw. Wichte wird ausgewogen, Stäbe für Temperaturkompensation auswechselbar, die Kompensation wird ausprobiert. Fa. Hydro.

krustung oder der Verätzung frei zu sein, kann der Druckunterschied mittels wassergefüllter Steigrohre außerhalb des Behälters kenntlich gemacht und von dort mit eingeblasener Luft auf ziemliche Entfernung übertragen werden.

Es ist zu prüfen, was man denn messen will und was man denn mißt: ob das spezifische Gewicht der die Schwemmteile tragenden Flüssigkeit oder das der Mischung: Flüssigkeit plus Schwemmteile. Sind letztere so fein, daß die Trübe sich lange ohne merkliches Absetzen hält, so mißt man die Mischung; setzt sich die Suspension merklich ab, nach unten oder oben, so ergeben sich Werte zwischen Flüssigkeit und Mischung, und werden nur grobe Stücke mitgeführt, so mißt man das Wasser. Man denke an so verschiedene Fälle wie wässerigen Alkohol, Milch, die Trüben bei der Kohlenaufbereitung und die Lösungen bei der Setzarbeit, die Dickspülung beim bergbaulichen Bohren, das Absalzen der Dampfkessel, erinnere sich aber auch der Wirkweise der Mammutpumpe einerseits, der Dickspülung beim Schachtabteufen anderseits.

Bei der Destillation von Alkohol beobachtet man die jeweilige Dichte einfach an der Spindel; nun soll aber für Steuerzwecke die monatlich erzeugte Menge absoluten Alkohols gefunden werden; dazu nimmt ein Kippmesser, Abb. 207, eine Probe von jeder Kippung, und nachher wird die Durchschnittsprobe gespindelt. Man sieht so das Monatsergebnis, aber nicht, wie es zustande kam.

31. Dichteverhältnis und Dichteunterschied bei Gasen. Bei Gasen wird die Dichte nicht auf Wasser von $4°$, sondern auf Luft $= 1$ bezogen. Von dieser Angabe wird mehr Gebrauch gemacht als von der Wichte in kg/cbm, weil die Angabe unabhängig ist von Druck und Temperatur, da alle Gase gleichmäßig nach dem MARIOTTE-GAY-LUSSACschen Gesetz von Druck und Temperatur beeinflußt werden. Da Dämpfe nicht genau dem gleichen

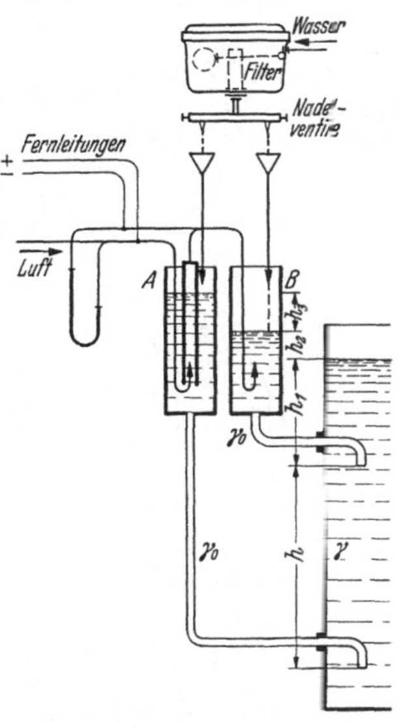

Abb. 176. Messung der Wichte γ von Schlämmen und Trüben. In kleiner Menge tritt Flüssigkeit γ_0 (beispielsweise Wasser $\gamma_0 = 1$) durch die Gefäße $A\,B$ in die Trübe, Unterschied $h\,(\gamma - \gamma_0)$ wird als h_3 angezeigt und auch auf das U-Rohr oder auf Fernleitungen übertragen, indem Druckluft durch A nach B perlt, $h_1\,\gamma = (h_1 + h_2)\,\gamma_0 = a, (h + h_1)\,\gamma = (h + h_1 + h_2 + h_3)\,\gamma_0$ hieraus $(h + h_3)/h = \gamma/\gamma_0$; $h_3/h = (\gamma/\gamma_0) - 1$ oder für $\gamma_0 = 1$ (Wasser): $h_3 = h\,(\gamma - 1)$. Bei $\gamma = 1,2$ wird $h_3 = 0,2\,h$, wie gezeichnet. Fa. Hydro.

Gesetz folgen, so hat bei ihnen die Bezugnahme auf Luft weniger Vorteil, man muß bei genauen Rechnungen trotzdem Druck und Temperatur beachten; handelt es sich aber nur um die Luftfeuchtigkeit bei Temperaturen unserer Umgebung, so kann auch hier die Gültigkeit des MARIOTTE-GAY-LUSSACschen Gesetzes angenommen werden, auch fällt der Einfluß der Feuchtigkeit mehr oder weniger heraus, wenn beide Gase gleichmäßig, insbesondere gesättigt feucht sind. Luft wiegt

bei $0°$,	760 Torr,	trocken 1,293,	gesättigt 1,292 kg/cbm,
bei $20°$,	1 at $= 735$ Torr,	1,165,	1,154,
bei $50°$,	1 at,	1,058,	1,007.

Bei $50°$ wird der Unterschied trocken–feucht wohl beachtlich (S. 333).

Zur Errechnung von einem auf den anderen Feuchtigkeitsgehalt dient folgender Gang, am Beispiel 50° 1 at, also bei 735 mm Barometerstand, gezeigt: Bei 50° ist der Dampfdruck der Sättigung 92,51 Torr, also bleiben für den Luftgehalt 643 Torr, daher das Gewicht des Luftanteils $1{,}293 \cdot \dfrac{273 \cdot 643}{323 \cdot 760} = 0{,}9240$ kg/cbm. Gesättigter Dampf von 50° wiegt 0,0830 kg/cbm. Also gesättigt feuchte Luft $0{,}9240 + 0{,}0830 = 1{,}0070$ kg/cbm. In halb gesättigter Luft ist der Dampfdruck $0{,}5 \cdot 92{,}51 = 46{,}26$ Torr, denn so ist der Sättigungsgrad definiert. Der Luftanteil wiegt also 0,9900 kg/cbm; für den Dampfanteil gilt nur annähernd das Gewicht $0{,}5 \cdot 0{,}830 = 0{,}415$ kg/cbm, denn Wasserdampf erfüllt das Gasgesetz nicht genau, doch sind bei 50° die Abweichungen kaum merklich; damit ist das Gesamtgewicht 1,0315 kg/cbm. Im allgemeinen wird genügen: bei 50% Sättigung ist $\gamma = 0{,}5 \cdot (1{,}058 + 1{,}007) = 1{,}032$.

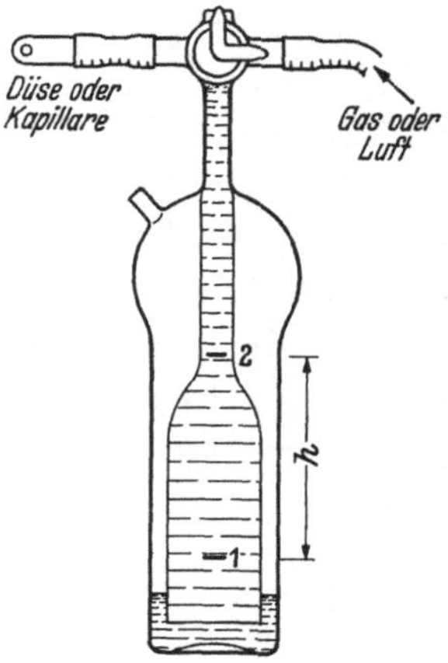

Feuchte Luft ist also leichter als trockene; bei Methan ist es umgekehrt, denn die Reihenfolge ist: $CH_4 : \delta = 0{,}646$; $H_2O : \delta = 0{,}804$; Luft: $\delta = 1{,}293$ kg/cbm, alles bei 0° 760 Torr. Methan wiegt

	trocken	gesättigt
bei 20°, 1 at:	0,646,	0,648 kg/cbm,
bei 50°, 1 at:	0,586,	0,595 .

Abb. 177. Ausflußgerät, Ersatz für das von BUNSEN-SCHILLING. Oben Karlsruher Hahn, Abb. 442; in gezeichneter Hahnstellung wird Leitung bis ans Gerät voll Gas geblasen, dann Innengefäß bis unter Marke *1* mit Gas gefüllt, abgesperrt. Nun Weg Innengefäß–Düse geöffnet, Gas entweicht, Zeit t von Durchgang durch *1* bis *2* wird gestochen. Dasselbe mit Luft liefert t_l. Relativgewicht des Gases aus $\gamma : \gamma_l = t^2 : t_l^2$. Füllflüssigkeit Wasser oder, für trockenes Gas, konzentrierte Schwefelsäure. — Wird statt der Düse eine Kapillare eingesetzt, so ergibt $\eta : \eta_l = t : t_l$ die Zähigkeit von Stadtgas, daraus die Inerten. Fa. Union.

Die Dichte der Gase, als Verhältniswert zur Luft als Einheit, wird durch Ausflußversuche bestimmt. Strömt Gas aus einer Öffnung unter dem Druck p aus, so nimmt es eine Geschwindigkeit $w = \sqrt{2\,g\,h} = \sqrt{2\,g\,p/\gamma}$ an, worin $h = p/\gamma$ m die Gassäule ist, die dem Druck p zugeordnet ist. Für zwei Gase mit den Indizes 1 und 2 verhalten sich also bei gleichen Druckverhältnissen die Ausströmgeschwindigkeiten und damit die ausgeströmten Gewichte umgekehrt wie die Wurzeln aus dem Dichteverhältnis, oder wenn man die Zeiten t_1 und t_2 beobachtet, die ein bestimmtes Volumen der beiden Vergleichsgase zum Ausströmen braucht, dann sind die Dichten proportional dem Quadrat der Zeiten.

Als Ausflußgerät wird in Gaswerken der SCHILLINGsche Apparat verwendet (ursprünglich von BUNSEN mit Quecksilberfüllung); der innere von zwei Zylindern enthält das Gas, es wird von Wasser verdrängt; eine neuere Form desselben zeigt Abb. 177, 178. Die Zeit wird beobachtet, die der Wasserspiegel von einer zu einer anderen Marke braucht, erst mit Luft, dann mit dem Prüfgas; bei beiden Versuchen muß gleiche Temperatur herrschen, das Wasser also gut auf Raumtemperatur sein. Deshalb, und weil ein Stäubchen in die kleine Ausflußöffnung (etwa 0,8 mm Durchmesser) kommen kann, darf der Luftversuch nicht ein für allemal gemacht werden. Man kann es als eine Schwäche ansehen, daß der Ausflußdruck allmählich abnimmt; annähernd konstanten Druck hat man beim Glockenapparat, wo eine Glocke in dem Maß ins Wasser nachsinkt wie Luft oder Gas ausströmen, die Zeit wird gemessen, die die Glocke zwischen zwei Marken braucht.

Die Gassäulenwaage mißt den Auftrieb, den das Gas in einem Standrohr bekannter Höhe gegenüber Luft ergibt, mit einem der bekannten Zugmesser; an der Mündung herrscht beiderseits der gleiche Druck, nach unten hin nimmt der Druck für 1 m Standhöhe um γ mm WS zu, wenn das Gewicht des Gases im Rohr γ kg/m³ ist, in Luft nimmt es um γ_l mm WS zu;

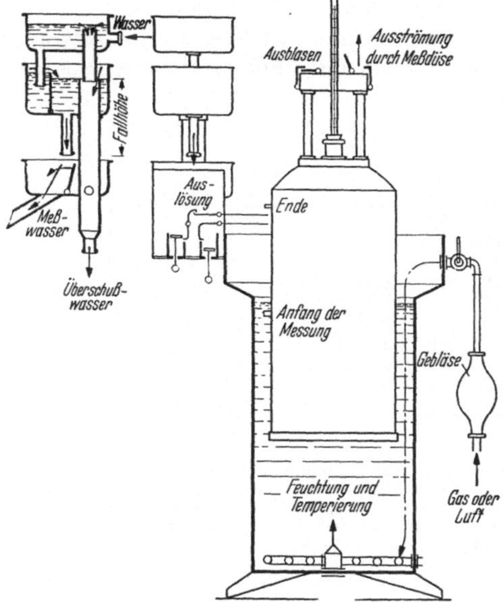

Abb. 178. Ausflußgerät für konstante Geschwindigkeit gemäß sinkendem Glockengewicht, Auslösung der Klappe für Meßwasser durch Hebel, gewogenes Wassergewicht wird automatisch Maß der Zeiten t und t_l. Fa. Junkers.

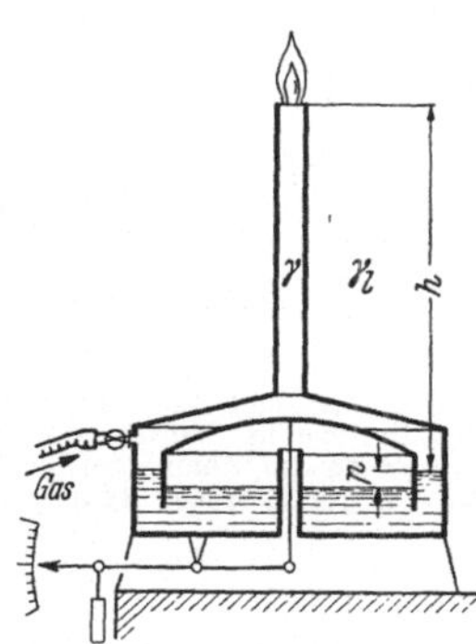

Abb. 179. Schema der Gassäulenwaage, Auftrieb über Standhöhe h wird z. B. durch Glockenmanometer Abb. 146 ausgewogen. Es ist $\gamma_l - \gamma$ ~ p/h. Fa. Lux, ersetzt durch Abb. 180.

so ist am Unterende des Rohrs von der Standhöhe $h\,m$ der Druckunterschied $p = h\,(\gamma - \gamma_l)$ mm WS zu messen. Es werden Druckunterschiede um 1 mm WS herum zu messen sein, dazu können die in § 17 besprochenen Feindruckmesser, als schreibende Geräte auch der Glockendurchmesser oder empfindliche Formen der Ringwaage dienen. Eine Verstärkung hierzu zeigt Abb. 72.

Am bequemsten und genauesten wird das Gewicht des Gases direkt ausgewogen; die Gaswaage von Lux wurde in Gaswerken jahrzehntelang benutzt, um die Güte des Leuchtgases zu kontrollieren — je leichter, desto besser; das Gas durchströmte eine Glaskugel an einer Zeigerwaage, die sich je nach dem Inhalt senkte oder hob. Die heutige Ausführung hat die Anordnung umgedreht: am Waagebalken wird eine luftgefüllte Kugel aus dünnem Glas von dem Prüfgas umströmt und hebt oder

senkt sich nach dessen Gewicht; Adsorption an der Oberfläche, zu der
Glaskörper neigen, ist unschädlich, weil zum Gewichtsausgleich ein
offener Körper aus gleichem Glas und von gleicher Oberfläche, außen plus
innen, dient, wie der Hauptkörper außen hat. Die Neigung wird magnetisch aus dem Gehäuse nach außen übertragen und aufgeschrieben oder
ferngesendet. Die Gaswaage rechnet automatisch auf einen Normalzustand um: im abgeschlossenen Raum der Auftriebkugel entsteht
Über- oder Unterdruck je nach Temperatur und Luftdruck der Umgebung und wirkt auf eine Membrandose ähnlich der beim Aneroid-
barometer; diese verlagert ein an einer Blattfeder hängendes Kompensationsgewicht und damit das Gleichgewicht des Waagebalkens. Ganz
eindeutig wird die Angabe aber nur, wenn man das Gas vor der Messung
trocknet, vorausgesetzt, daß Chlorkalzium oder Schwefelsäure es sonst
nicht verändern.

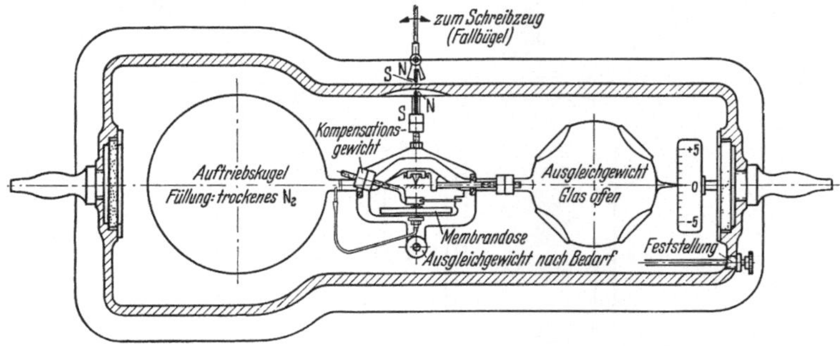

Abb. 180. Gaswaage nach Lehrer (IG-Oppau) mit Berichtigung auf Normalzustand, steigende
Temperatur erhöht den inneren, steigender Barometerstand den äußeren Druck der Membrandose
und verlagern das Kompensationsgewicht waagerecht und senkrecht. Wegen Kompensation durch
Wirkung abgeschlossenen Raumes vergleiche Abb. 243. Gasverbrauch 2 ltr/min. Anzeige nach außen
magnetisch übertragen. Fa. Pollux.

Bei den mit Wasser arbeitenden Ausflußverfahren sorgt man zweckmäßig für volle Sättigung, deshalb wird Gas und Luft bei Abb. 178 durch
Wasser hindurchgedrückt. Insoweit liefern die Verfahrensweisen: Ausströmung und Auswiegen, doppelt verschiedene Ergebnisse: einerseits
wird das Verhältnis der Dichten beim feuchten, anderseits der Unterschied der Wichten beim trockenen Gas gegen Luft bestimmt. Beide zu
vergleichen erfordert ziemlich komplizierte Umrechnung. Man wird also
überlegen müssen, was man denn messen will; oft wird wie bei Flüssigkeiten die Dichte nicht ihrer selbst wegen gemessen, sondern man will
daraus auf andere Werte schließen: beim Stadtgas auf den Heizwert,
beim Rauchgas auf den Gehalt an Kohlensäure; keins der beiden Kennzeichen — Unterschied oder Verhältnis — gibt die Änderungen der
gesuchten Größen eindeutig wieder; wenigstens können darüber nur
spezielle Versuche Auskunft geben.

32. Wägen. Zu Gewichtsbestimmungen dient die Waage. Mit ihrer
Hilfe sind Mengenbestimmungen selbst bei mäßiger Sorgfalt noch genauer
auszuführen, als es für Maschinenuntersuchungen meist nötig ist. Da
ferner die Gewichtsmessung von der Temperatur unabhängig ist, die

Volumenmessung aber ihre Beachtung verlangt, die mitunter schwer möglich ist, so läßt sich die Regel aussprechen, man solle wägen wo immer es tunlich ist.

Das durch Wägen gemessene Gewicht eines Körpers ist bei übrigens gleichen Umständen im lufterfüllten und im luftleeren Raum verschieden. Im lufterfüllten ist es um den Auftrieb leichter, der dem verdrängten Luftvolumen entspricht. Die Stoffmenge ist durch das Gewicht im luftleeren Raume gegeben, Angaben über spezifische Wärmen, spezifische Gewichte u. dgl. beziehen sich auf den luftleeren Raum; bei Gasen ist eine andere Angabe unmöglich. 1 m³ Wasser wiegt 1000 kg, die von ihm verdrängte Luft 1,3 kg bei 0° oder 1,2 kg bei 20°. Man begeht Fehler von 0,13 oder 0,12 %, wenn man nicht auf den luftleeren Raum reduziert, was bei Mengenbestimmungen im täglichen Leben nicht üblich ist. Bei Gewichtswaagen vermindert sich der Fehler um den Auftrieb der benutzten Gewichte.

Die Schwerebeschleunigung $g\,\mathrm{m\,s^{-2}}$ verringert sich mit steigender Meereshöhe um 0,03 % je 1000 m. Um soviel verschieden wird mit derselben Federwaage oder Meßdose das Gewicht an zwei Orten bestimmt, mit der Gewichtswaage jedoch ergibt es sich überall gleich. Benutzt man umgekehrt die Waage als Dynamometer, so zeigt die Gewichtswaage verschieden bei objektiv gleichen Umständen. Hier liegt die Schwäche des technischen Maßsystems, nur sind die Unterschiede innerhalb Europas für technische Zwecke belanglos. Vom Pol zum Äquator machen sie immerhin 0,5 % aus und kommen in den Genauigkeitsbereich technischer Messungen (Tab. A, S. 416).

Flüssigkeit und Schüttgüter lassen sich nur in Behältern wiegen. Man ermittelt dann zunächst das *Brutto*gewicht, einschließlich des Behälters; dessen Gewicht ist abzuziehen, es wird als *Tara* wieder durch Wiegen gefunden. Das Gewicht des Behälterinhalts, das *Netto*gewicht, ergibt sich als Differenz Brutto minus Tara.

Die *Waage* beruht auf dem Hebelgesetz. Die Lagerpunkte werden regelmäßig durch Schneide und Pfanne verwirklicht, von denen jeder Wägehebel oder Waagebalken drei enthält; mit der Stützschneide setzt er auf das Gestell der Waage auf, eine Tragschneide bringt die Kräfte der Last an den Hebel heran, eine zweite Tragschneide führt die Kräfte des messenden Gewichtes zu. Zwischen der leicht abgerundeten Schneide und der im Grunde leicht hohlgerundeten Pfanne entsteht eine Rollbewegung mit sehr geringer Reibung.

Technisch verwendet man meist *Brückenwaagen*. Die Last steht auf einer waagerechten Plattform, der Brücke, die in ihrer senkrechten Bewegung einer Parallelführung unterworfen ist, also über die ganze Tragfläche hin gleiche Wege ausführt; nach dem Satz von den virtuellen Verschiebungen ist es dann gleichgültig, soweit man von Deformationen absieht, an welcher Stelle der Brücke die Last steht. Bei Hängeschalen wird dasselbe durch die Pendelung der Schalen erreicht, vollkommen aber nur, wenn die Schalen mit je zwei kreuzweise vereinigten Schneidengelenken, wenn sie also kardanisch aufgehängt sind. Für die Beanspruchung der Schneiden und für die Deformationen ist es nicht gleichgültig, wo auf der Brücke. die Last steht.

Die Parallelführung von Waagebrücken erfolgt durch Doppelhebel, Abb. 181 bis 183. Eine Koppel vereinigt die Kräfte beider Hebel und führt sie zum Meßwerk. Die Abstützung der Brücke auf die Hebel ist durch Pfeile angedeutet; in Wahrheit setzt sich die Brücke auf Schneidengehänge, die ihrerseits an den Traghebeln hängen, so daß auch die

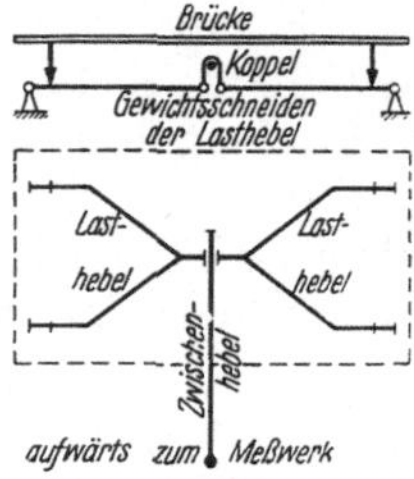

Abb. 181. Fuhrwerkwaage, früher meist Zentesimalwaage, Hebelverhältnis an den Lasthebeln 1 zu 10, am Zwischenhebel 1 zu 10, Meßwerk zur Gewichtsschale 1 zu 1; heute Laufgewicht als Meßwerk. Lasthebel gekröpft, Gelenke sämtlich Schneide und Pfanne, wie Abb. 184, 185.

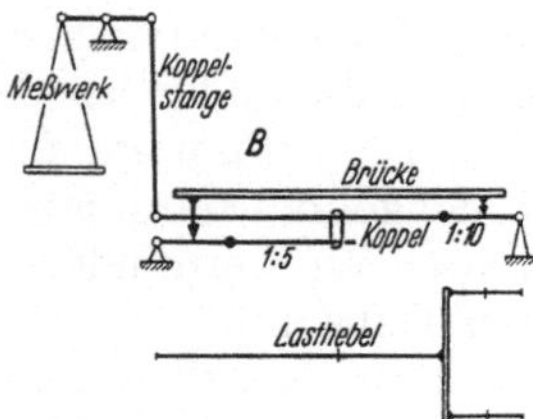

Abb. 182. Brückenwaage Bauart B als Dezimalwaage, heute oft mit Laufgewicht als Meßwerk, mindestens mit Hilfslaufgewicht bis zu 1 oder 5 kg. Lasthebel mit drehbeanspruchter Querverbindung.

geringe Bogenbewegung der Stützpunkte ausgeglichen wird. — Natürlich muß die Brücke in mehr als zwei Punkten gestützt werden; die Haupttraghebel sind daher gegabelt; die Gabelung mit kurzen Schneiden ersetzt konstruktiv lange durchgehende Schneiden, die die Brücke ebenfalls am seitlichen Kippen hindern würden.

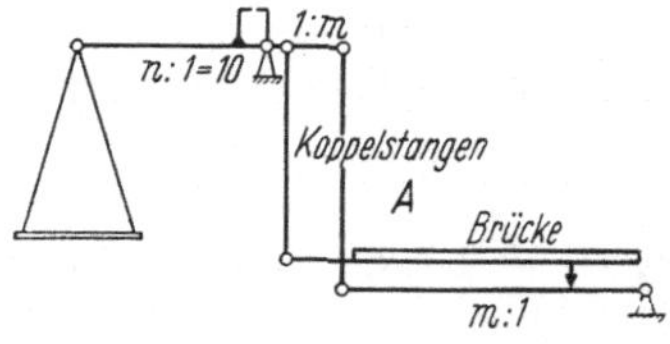

Bei besseren Waagenbauarten dient als *Meßwerk* der Laufgewichtsbalken. Dessen Teilung wird auf Teilmaschinen gefertigt, so kann man mit der in der Handhabung bequemen Laufgewichtswaage die für technische Zwecke erforderliche und von der Eichbehörde verlangte Genauigkeit erreichen. Der Ständer mit dem Balken für das Laufgewicht tritt an die Stelle der Gewichtsschale. Sollen Wiegekarten gedruckt werden,

Abb. 183. Straßburger Brückenwaage Bauart A, früher allein und noch heute für billige hölzerne Waagen üblich, weil nur 2 Festpunkte nötig gegen drei bei Bauart B; das Gestell braucht weniger steif zu sein. (Nebeneinanderliegende Schneiden rechnen als eine.)

so liegen die unteren Flächen des Balkens und der Nebenskalen dazu in einer Ebene; an passender Stelle sind auf ihnen die erforderlichen Zahlen eingraviert; gegen sie kann mittels Druckhebels und Exzentertriebes ein eingeschobenes Blatt aus weicher Pappe gedrückt werden, auf dem die Zahlen abgedruckt werden. Mannigfache Anordnungen sind erdacht und erprobt, um Fälschungen der Kartenblätter zu vermeiden, die als Abrechnungsbeleg dienen. Man kann nur drucken, wenn alle Skalen auf volle Zahlen eingestellt sind, und nur im Gleichgewichtszustande des Hebels, sonst ist der Druckhebel gesperrt; oft wird das ganze Hebelwerk in einen Kasten eingeschlossen, die Laufgewichte werden von außen durch Triebe betätigt. Erst wenn die Waage einspielt, läßt sich eine Paßstange in eine Kerbe einlegen und gibt damit die Druckbewegung frei. Damit nicht durch die Zahntriebe fälschlich Momente auf den Balken ausgeübt werden, liegen ihre Teilkreise in der Berührungsachse der Schneiden und Pfannen des Laufgewichtsbalkens.

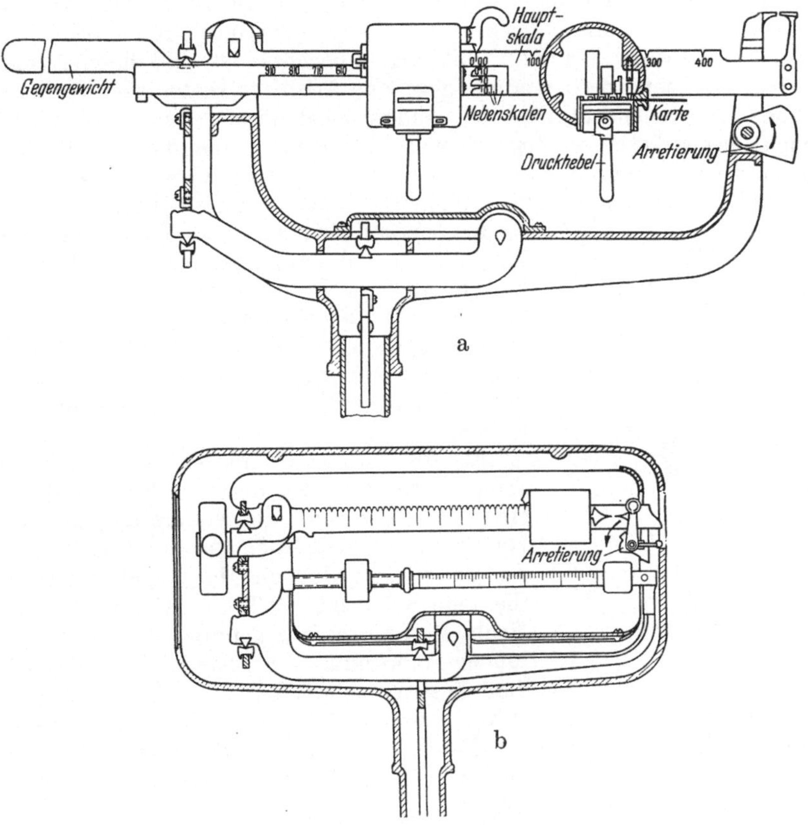

Abb. 184a und b. Laufgewichtshebel als Meßwerk.

a Hilfsgewichte im Hauptgewicht, für Druckeinrichtung geeignet, Laufgewichtshebel in sich eichbar, b bequemer zu bedienen, aber nicht zum Drucken, nicht einheitlich eichbar. Beachte: Pfanne und Schneide, am Auseinanderfallen durch ein Sperrstück gehindert. Fa. Garvens.

Die Brückenwaage mit Laufgewicht ist 25 % teurer als die mit Gewichtsschale, deren Minderpreis geht aber etwa auf Beschaffung der Gewichte. Dezimalwaagen sollen wenigstens ein Hilfslaufgewicht haben, das ist ein kleines, neben dem Balken laufendes Gewicht, das meist bis zu 5 kg mißt und die lästigen kleineren Gewichte vermeidet.

Das Meßwerk der *Schaltgewichtswaage* hat eine Reihe von Gewichten, die durch Drehen an einer oder mehreren Schaltwellen auf den Wägehebel gesetzt werden, bis der Ausgleich erreicht ist; die Reiterchen der Analysenwaage sind dazu das Urbild. Beim Drehen der Schaltwellen gehen zugleich die passenden Ziffern nebeneinander ins Ablese- und auch ins Druckwerk; das ganze Werk ist eingekapselt und so gegen Fälschung der Druckangaben gesichert (Fen. Alesco, Dinse und andere).

Brückenwaagen haben eine *Entlastung*; dabei setzt sich die Brücke auf nachstellbare Ruhestützen, um die Schneiden zu schonen, wenn Last auf die Brücke kommt. Um die Waage dann in Wiegezustand zu bringen, ist die ganze Last anzuheben, wenn auch nur um wenige Millimeter. Bei großen Lasten bedingt das eine von Hand oder mechanisch betätigte Windevorrichtung, bei deren Entwurf zu beachten ist, daß dieselbe zum Heben der Last eine bestimmte gegebene Arbeit zu leisten und zu übertragen hat. Solche und manche andere mechanische Einrichtung, beispielsweise selbsttätige Registriervorrichtungen für alle über eine Waage gegangenen Lasten, machen moderne Waagen zu komplizierten Geräten, für welche die Bezeichnung „Wägemaschine" wohl zutrifft.

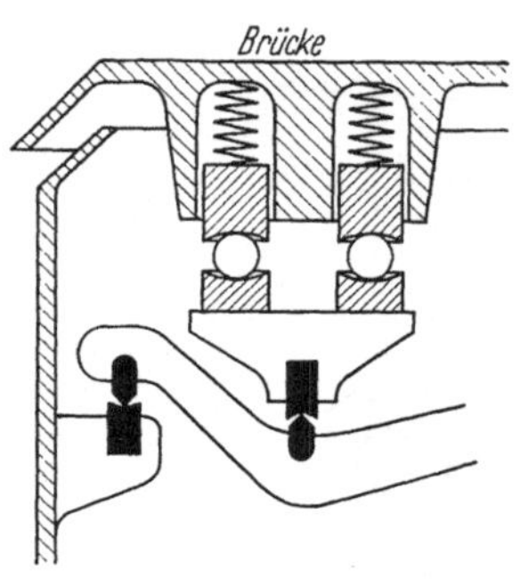

Abb. 185. Federnde Lagerung der Schneiden auf Stoßfänger, für Waagen ohne Entlastung. Fa. Berkel u. a.

In neuerer Zeit wird die Entlastung gespart — sowohl bezüglich der Beschaffungskosten wie wegen des Zeitaufwandes —, indem man die Schneiden gefedert lagert; wie beim Fuhrwerk soll die nicht gefederte Masse möglichst klein sein. Selbst Eisenbahnwagen können nun die Brücke ohne Entlastung befahren.

Für die Laufgewichte ist es eine eigenartige Forderung der Eichvorschrift, daß bei einer 100-kg-Waage die Gesamtanzeige von Haupt- plus Nebenskalen 100 kg sein soll, woraus dann folgt, daß die Hauptskala 99 Teile, die erste Nebenskala 9 Teile und nur die letzte Skala 10 Teile hat; gegenüber der zu erwartenden Anordnung von Skalen $100 + 1 + 0{,}1$, insgesamt also 101,1 kg, hat diese Vorschrift nur einen formalen Vorteil, dafür beim Abwägen von genau 100 kg den schweren Nachteil, daß man nicht sieht, wieviel Übergewicht über den Sollwert an der Last fortzunehmen ist, zum Abwägen von 100 kg ist die sogenannte 100-kg-Waage also schlecht brauchbar.

Die Waage ist eichpflichtig; sie erhält nach der Prüfung den Eichstempel, wenn ihr Fehler und ihre Unempfindlichkeit sich in den für die Waagenart vorgeschriebenen Grenzen halten. Nachgeprüft wird das an drei Punkten: bei Höchstlast L, bei $^1/_{10}\,L$ und bei Null. Die Brückenwaage darf bei Höchstlast den Fehler 0,6 g auf je 1 kg haben; bei $^1/_{10}$ Last darf der Fehler $^1/_5$ davon, also 1,2 g auf je 1 kg sein; bei Nulllast muß die Waage einspielen. Bringt man auf die Brücke die Solllast, die der Laufgewichtsangabe oder den Gewichten auf der Gewichtsschale entspricht, so darf man höchstens die genannten Bruchteile der Sollast hinzufügen oder abnehmen müssen, um die Waage zum Einspielen zu bringen (Prüfung der Genauigkeit); spielt aber die Waage ein, so muß die genannte positive oder negative „Zulage" einen deutlichen Ausschlag der Waage ergeben (Prüfung der Empfindlichkeit).

Diese Vorschrift der drei Punkte entspricht der Tatsache, daß eine Durchprüfung der Waage mit mehreren Lasten l einen Verlauf des Fehlers nach der Gleichung $f = \alpha + \beta\,l + \gamma\,l^2$ ergibt, also eine Parabel mit drei Konstanten; legt man eine solche grade durch die drei Eichfehlergrenzen, so ergibt sich die gestrichelte Parabel (Abb. 186), sie geht bei $l = 0{,}7\,L$ wieder durch Null. Der Fehler wäre unabhängig von der Last (erstes Glied), wenn der Waagehebel die drei Schneiden in genau grader Linie hätte; ist das nicht der Fall, tritt das zweite von der Last abhängige Glied hinzu; so aber kann es zum mindesten nicht bei allen Lasten sein, weil der Hebel sich durchbiegt, also die Abweichung von der Graden sich ändert, dem trägt, wie eine ausführlichere Theorie zeigt, das Glied mit l^2 Rechnung. Die ausgezogene Fehlerkurve nach Abb. 186 genügt den Eichbedingungen nicht; beim Zehntelpunkt liegt sie unter, bei Vollast über der Eichfehlergrenze; aber sie geht bei $l = 0{,}7\,L$ durch Null, die Waage ist also immerhin schon konzentrisch justiert. Der Justierfehler deutet auf ein von Natur falsches Hebelverhältnis, ändert man dies, so dreht sich die

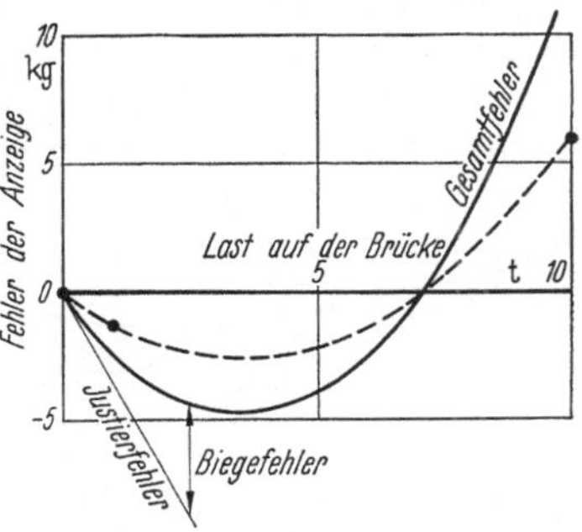

Abb. 186. Fehlerkurven einer Brückenwaage für 10 t Tragkraft. Die drei gesetzlichen Eichfehlergrenzen (Punkte) bestimmen die gestrichelte Parabel als mindestens gefordert; hat die Waage bei der Eichung die durchgezeichnete Parabel geliefert, so muß sie durch Nacharbeit berichtigt werden.

Fehlerkurve um den Nullpunkt, ohne ihre Krümmung zu ändern; verändert man den Biegefehler, so streckt sich die Kurve; beides miteinander wird also die Eichgrenzen erreichen lassen. Die Hebel werden so stark sein, wie es erfahrungsgemäß nötig ist; aber die Biegung beeinflußt noch das Hebelverhältnis nach Maßgabe von Abb. 187, wenn die Schneiden nicht in der Neutralachse (im Sinn der Festigkeitslehre) liegen; man muß sie dahin bringen, indem man die Schneiden durch niedrigere oder höhere ersetzt; ist dadurch die Fehlerkurve genügend schlank geworden, so wird das Hebelverhältnis durch einseitiges Nachschleifen einer Schneide berichtigt; die Lastschneide

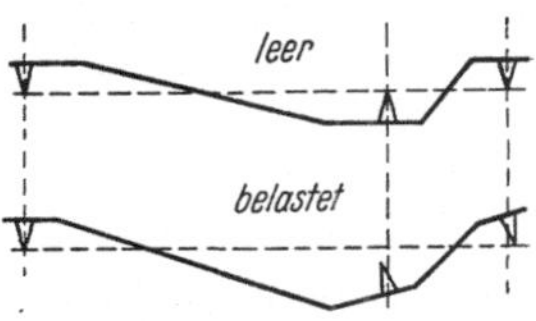

Abb. 187. Einfluß der Hebelbiegung auf das Hebelverhältnis.

macht bei ungleicharmigem Hebel die geringere Arbeit. Hierbei war an Waagen mit Gewichtsschale gedacht; bei Laufgewichtswaagen wirkt eine Änderung des Laufgewichtes ebenso wie das Nachschleifen, es wird Blei in Bohrungen eingeführt und durch Plombe gesichert. Die Teilung der Kerben für das Laufgewicht bedarf besonderer Prüfung, wozu besondere Vorrichtungen üblich sind.

Für die Unempfindlichkeit der Waage gelten ähnliche Betrachtungen. Die beste Empfindlichkeit über den ganzen Meßbereich hin ergibt sich, wenn die Stützschneide zunächst etwas unter der Verbindung der beiden Tragschneiden liegt und mit steigender Belastung durch die Strecklage geht. Auch die Unempfindlichkeitskurve folgt einem Gesetz der Form $U = C_1 + C_1 l + C_2 l^2$, sie soll dann etwa liegen wie in Abb. 188 angedeutet. Es handelt sich hierbei um die Unempfindlichkeit als Wirkung der statischen und Biegeverhältnisse, nicht, wie bei anderem Meßgerät vielfach, um Reibungskräfte; bei Pfanne und Schneide in guter Ausführung hat die Reibung vergleichsweise wenig Einfluß. Die Unempfindlichkeit $U = dl/d\varphi$ gibt an, welche Last zugesetzt werden muß, um einen bestimmten Ausschlag des Waagearms, meist: um 1 mm Ausschlag an der Zunge zu erzielen. Man spricht auch von der Trägheit der Waage; das ist im Sinn der Mechanik zu verwerfen, da die Trägheit einen Widerstand gegen Beschleunigung bedeutet. Die Betrachtungen beziehen sich

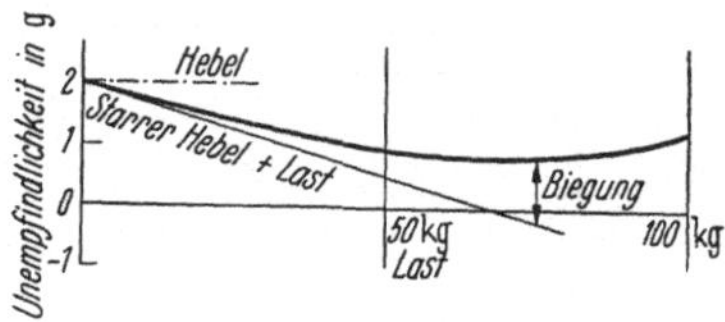

Abb. 188. Unempfindlichkeit einer Brückenwaage für 100 kg Tragkraft.

zunächst auf den einzelnen Hebel einer Waage, deren Eigenschaften sich aus denen ihrer Teile im wesentlichen additiv aufbauen. Dabei überwiegt freilich der Einfluß des Meß- oder Gewichtshebels als desjenigen, der die größten Bewegungen macht. An ihm werden auch die Berichtigungen ausgeführt.

Bestimmungen der Eichordnung sind noch: Bewegliche Waagen unter 3 t müssen alle zwei Jahre, größere und festfundierte alle drei Jahre geeicht werden und dürfen dann einen Verkehrsfehler gleich dem doppelten Eichfehler haben (also $1{,}2^0/_{00}$ bei Höchstlast und $2{,}4^0/_{00}$ bei $^1/_{10}$ Last); ist eine Waage aber neu justiert oder gar durchrepariert worden und wird nachgeeicht, so darf sie nur den Eichfehler haben. Für die Empfindlichkeit gilt das gleiche. Der Eichung unterliegen alle Waagen, die dem öffentlichen Verkehr dienen; also solche, die Waren für den Verkauf abmessen, aber auch die, nach denen im Fabrikbetrieb Akkorde bemessen werden oder mit deren Hilfe man die Inventur macht, die doch steuerrechtliche Folgen hat.

Gegen diese Auslegung des Begriffs des öffentlichen Verkehrs läßt sich manches sagen. Von Maßstäben verlangt man nicht, daß sie geeicht sind, weshalb also von Waagen in so weitem Umfang? Die Bestimmung ist aus dem Gedanken hervorgegangen, der Käufer solle nicht übervorteilt werden, wenn ihm der Verkäufer auf dem Ladentisch Ware vorwiegt. Kommt nun aber fertig abgewogene Ware womöglich in verschlossener Packung zum Verkauf, so ist es gleichgültig, ob diese auf einer falschen oder richtigen Waage hergestellt ist; bei der falschen hätte es genügt, den Fehler zu kennen, was leicht zu erreichen ist; es hätte eher Zweck, fertige Packungen gelegentlich zu kontrollieren. Dazu kommt beispielsweise, daß feuchte Ware ihr Gewicht verändert, so daß der gelieferte Wert doch von der Reellität des Verkäufers abhängt, auch die Genauigkeit von $0{,}6^0/_{00}$ in der Sache illusorisch ist. Endlich ist die Festsetzung der Eichfrist auf zwei und drei Jahre zu starr; wenn in Fabriken die Waage schnell verschmutzt, in chemischen Fabriken die Schneide (die man übrigens auch aus V 2 A-Stahl fertigt, was aber nicht Vorschrift ist) schnell korrodiert, dann sind diese Fristen, während deren die einmal geeichte Waage gewissermaßen öffentlichen Glauben hat, zu lang. Die Eichung der Gewichte ist so wichtig wie die der Waage; durch Schmutz, Rost, Abspringen von Ecken können sie falsch werden. Gerade bei den einfachsten Messungen, nämlich der Länge und des Gewichts, wird am meisten gesündigt durch prüfungslose Verwendung schlechter Meßwerkzeuge.

Die Waage muß statisch sein, also bei jeder zusätzlichen Belastung auf einen neuen reproduzierbaren Wert gehen. Das wird durch die Schwerpunktslage des bewegten Systems erreicht: der Schwerpunkt muß unter der Stützung liegen, bei der Ausgleichwaage allerdings meist nur sehr wenig. Statt dessen läßt sich der Wägehebel auch durch Kröpfung statisch machen; er sei an sich im indifferenten Gleichgewicht, Schwerpunkt in Höhe der Stützung; das Gewicht L der Wiegeschale ist durch ein Gegengewicht ausgeglichen, wenn der Schalenarm waagrecht steht, Abb. 189. Kommt nun eine Last l auf die Schale, so findet sich beim Ausschlag φ ein neues Gleichgewicht, wenn tg $\varphi =$ const $\cdot l$ ist. φ ist also ein eindeutiges Maß für die zu wiegende Last l. Daraus ergibt sich die *Neigungswaage*, die seit 1922 auch in Deutschland neben der mit Gewichtsausgleich eichamtlich zugelassen ist. Bekanntlich (§ 2) lassen Nullmethoden allgemein eine große Genauigkeit erzielen, mit Ablesemethoden aber kann man viel schneller arbeiten, wo das Maximum an Genauigkeit nicht nötig ist. Neigungswaagen erreichen eine für viele Zwecke befriedigende Genauigkeit. Sie verwenden im allgemeinen die schon beschriebenen Brückeneinrichtungen, an die nur ein anderes Meßwerk angeschlossen wird. Dieses besteht aus einem Neigungsgewicht, dessen Schwerpunkt sich hebt, wenn es der Wirkung der auf der Brücke stehenden Last folgt, so daß in einer bestimmten Stellung der Ausgleich zustande kommt; diese Stellung wird von einem vor einer Skala spielenden Zeiger angezeigt.

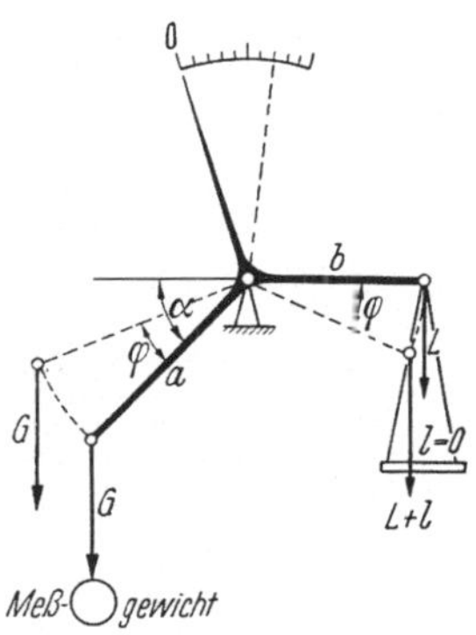

Abb. 189. Prinzip der Neigungswaage. Gestängeschwerpunkt im (Schneiden-) Lager. Ausgelenkt um φ ist $(L + l)\,b\cos\varphi = Ga\cos(\alpha - \varphi)$; $Lb\cos\varphi + lb\cos\varphi = Ga\cos\alpha\cos\varphi + Ga\sin\alpha\sin\varphi$; leer ist $lb\cos 0 = Ga\sin\alpha\sin\varphi$, subtrahiert: $lb\cos\varphi = Ga\sin\alpha\sin\varphi$; $l = G\,(a/b)\sin\alpha\,\mathrm{tg}\,\varphi$, $l = k\,\mathrm{tg}\,\varphi$, bei großer Neigung wird also die Teilung ungleich.

Der grundsätzliche Unterschied in konstruktiver Hinsicht gegenüber den Ausgleichwaagen ist, daß die Messung nicht immer in der Mittelstellung, sondern bei schrägstehenden Schneiden erfolgt. Die Schneiden der Brücke werden wenig schräg stehen, die Stützschneide des Neigungshebels aber macht eine Bewegung von beispielsweise 50°, sie steht bei Höchstlast um 25° nach einer, bei leerer Brücke um 25° nach der anderen Seite geneigt. Diese Verschränkung des Lasthebels läßt die Skala um einige Prozent ungleichmäßig werden; das ist zwar nur ein Schönheitsfehler, da sie die Herstellung wenigstens in Massen kaum verteuert. Aber man erreicht eine gleichmäßige Teilung der Skala, wenn man die Zug-

stange durch ein Stahlband ersetzt, das an einer mit dem Neigungsgewicht und Zeiger verbundenen, dessen
Schneidenanordnung ersetzenden Kurvenscheibe abläuft und der Kurve eine bestimmte, rechnerisch zu ermittelnde Gestalt
gibt, die dann fabrikatorisch durch Kreisbögen angenähert wird. Die Anwendung des
Stahlbandes beseitigt den Einwand der schrägstehenden Schneiden, sie hat ein ganz neues
Konstruktionsele-
ment in den Waagen-
bau gebracht, Abb.
191.

Die allzu schiefe
Stellung der Schnei-
den wird auch bei
der *Leuchtbildwaage*
vermieden, bei der
relativ kleine Dre-
hungen eines Spie-
gels den langen Licht-
zeiger an der Skala
genügend wandern
lassen.

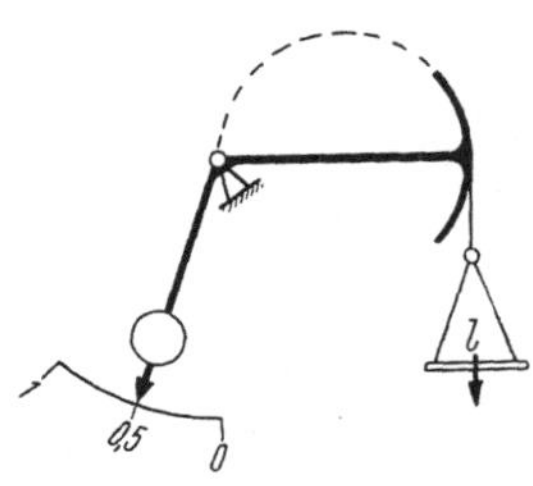

Abb. 190. Aufhängung der Last
an einer Kurve macht die Teilung
der Neigungswaage gleichmäßig,
die Kurve läßt sich durch einen
Kreis vom Durchmesser der Last-
armlänge annähern. (DIEHL:
Dissertation. Darmstadt 1930.)

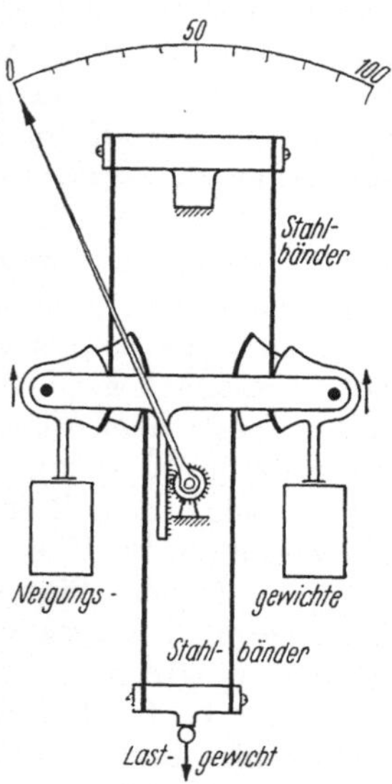

Abb. 191. Meßwerk einer Nei-
gungswaage, alle Schneiden durch
Stahlbänder ersetzt. Fa. Toledo,
ATM J. 131, 1940.

33. Messung der Menge, des Standes. Schüttgüter und Flüssigkeiten
lassen sich volumetrisch messen, Schüttgüter allerdings nur mäßig
genau, da sie recht verschieden gepackt sein und doch den *Meßbehälter*
füllen können; zwischen einfach eingeschüttet oder sorgfältig auf dichte
Lagerung gepackt (zumal bei geformten Körpern, etwa Briketts) liegt
noch der Zustand des Einrüttelns in wechselndem Maß. Auch der Begriff
„Voll" ist nur bei feiner Körnung einigermaßen zu erfassen, da auch das
Abstreichen drucklos oder unter Stauchung der obersten Schichten geschehen kann, also nicht eindeutig ist. Besser ist also allgemein das Wägen.

Bei Flüssigkeit fällt die Unsicherheit wegen Dichte der Packung fort.
An der Oberfläche kann der Meniskus eine merkliche Unsicherheit
bringen, auch muß der obere Rand des Gefäßes in einer Ebene sein und
dann waagrecht liegen, sonst ist von einem geordneten Meniskus nicht
die Rede; alles das ist bei großen technischen Gefäßen nur begrenzt
erreichbar. Die Oberfläche sollte klein, der Meßquerschnitt also ein-
gezogen sein, Abb. 200.

Man kann zwischen zwei Querschnitten oder zwischen Leer und Voll
messen; im letzteren Fall kann auch der Begriff Leer unsicher sein,
wenn wechselnde Mengen an den Wänden hängen und auf Unebenheiten
des Bodens stehenbleiben; der Boden soll geneigt sein, Gefälle zum
Ausflußloch. Es dauert lange, bis das Gefäß leer ist, weil die Druckhöhe
immer kleiner wird, theoretisch dauert es unendlich lange; um schnell
zu arbeiten, muß durch Heberwirkung eine Saugkraft bis zum Schluß
wirken und dann plötzlich abreißen (Abb. 203 und 204).

Das Ergebnis einer Behältereichung und die spätere Messung ist abhängig von der Temperatur; da sowohl die Flüssigkeit als auch das Gefäß sich ausdehnt, so läßt sich der Einfluß der Temperatur befriedigend nur durch Versuch finden; geeicht wird also bei einer Reihe von Temperaturen oder bei der Verwendungstemperatur.

Zur Eichung füllt man den Behälter zur Marke auf und wägt die Wassermenge. Soll nun nach Volumen geeicht sein, so ist mindestens bei warmem Wasser die Ausdehnung des Wassers durch die Wärme zu berücksichtigen. Man habe ein Gefäß bei 50° zu kalibrieren und findet durch Wägung, daß es 734 kg Wasser faßt; dann ist sein Inhalt nach Tabelle 7, S. 130, 734/0,988 = 743 l. Man kann das Gefäß also mit der Aufschrift versehen: „0,743 cbm bei 50°" oder auch „734 kg Wasser bei 50°"; falsch aber wäre die Aufschrift „0,734 cbm".

Sehr große Gefäße werden durch Zufügung einer leicht quantitativ bestimmbaren chemischen Substanz und Messung der Konzentration nach erfolgter gründlicher Durchmischung geeicht (L. 156). Man kann Natriumthiosulfat benutzen, das mit Jodlösung titrimetrisch bestimmt wird, man kann auch Fluoreszein oder Eosin benutzen und kolorimetrisch bestimmen. Vgl. hierüber § 38.

Geeichte Behälter lassen zunächst nur den vollen Behälterinhalt oder Vielfache davon bestimmen; oft aber ist es die Aufgabe, zu einem bestimmten Zeitpunkt zu sagen, wieviel jetzt, gewichts- oder volumenmäßig, in dem Behälter enthalten ist; die Standhöhe ist kenntlich zu

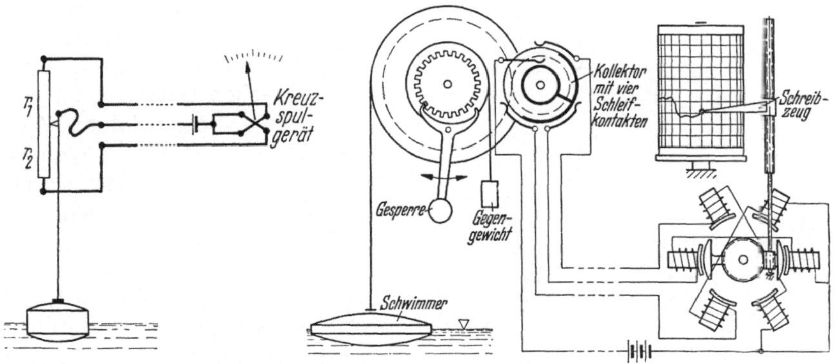

<table>
<tr><td>

Abb. 192. Einfachste Pegel-
einrichtung mit elektrischer
Fernübertragung.

</td><td>

Abb. 193. Ruhestrom-Fernpegel. Bei Bewegung des Schwimmers, also des Kollektors, kommen der Reihe nach solche Schleifkontakte in Wirkung, daß der Anker des Schreibwerkes von Pol zu Pol 60° springt und das Schreibzeug verstellt; am Tragrad des Schwimmers ein verzögerndes Gesperre, damit das elektrische Getriebe nicht bei einem Wasserschwall außer Tritt kommt. Fa. Fueß.

</td></tr>
</table>

machen, der jeweilige Stand der Oberfläche fernzumelden oder auch nur ein Signal zu geben, wenn der Behälter nahe daran ist, über- oder leerzulaufen. Ausgebildet wurden solche Einrichtungen als *Pegel*, die am Flußlauf die Fahrtiefe erkennen lassen, aber auch an Hand empirischer Feststellungen die Wasserführung des Flusses angeben. In unserem Sinn wichtiger ist der Pegel zur Anzeige der Standhöhe von Stauseen hinter

Talsperren, die deren Wasserinhalt festlegen, wenn das Profil des über-
fluteten Geländes in den verschiedenen Höhenlagen bekannt ist. Der
Schwimmer läuft in einem Brunnen auf und ab, um ihn vor den Wellen

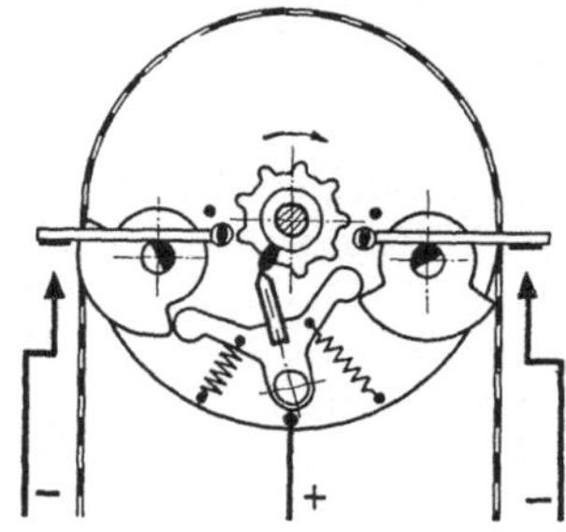

Abb. 194. Ferngeber für Pegel. Schwim-
merrad hat über Zahnrad den Hammer
zur Seite gedrückt, gleich wird dessen
Daumen abschnappen; Hammer schlägt
dann zurück an die gegenüberliegende
unrunde Stütze des Kontakthebels, Kontakt schließt sich kurzzeitig, rechts im
Steigen, links im Fallen des kontrollierten
Spiegels. Kontaktabstand bis herab zu 2 s.
Fa. Ott.

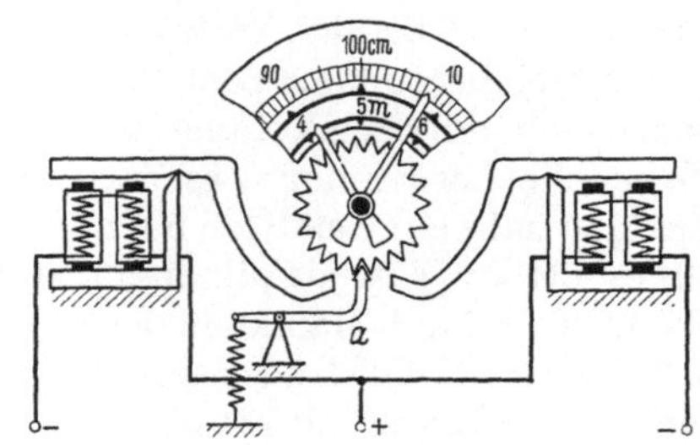

Abb. 195. Zeigerwerk, durch Geber Abb. 194 zu betätigen, der betätigte Anker dreht das Schaltrad um
reichlich einen halben Zahn, Sperrklinke a vollendet
die Schaltung. Drei Verbindungsleitungen 1 mm,
35 Ohm/km, Signalerdkabel mit getränkter Papier-
isolation, Bleimantel, kompoundiert, Eisendraht-
armatur; oder Oberleitung. — Für Ober-, Unter-
wasser und Gefälle nur 2 Zeigerwerke, Gefällzeiger
durch Räder differentiell betätigt. Fa. Ott.

zu schützen; je nach seinem Durchmesser kann er recht erhebliche
Widerstände zur Betätigung von Fernmeldungen oder Reglungen überwinden. Für diese Zwecke sind mechanische und elektrische Einrich-

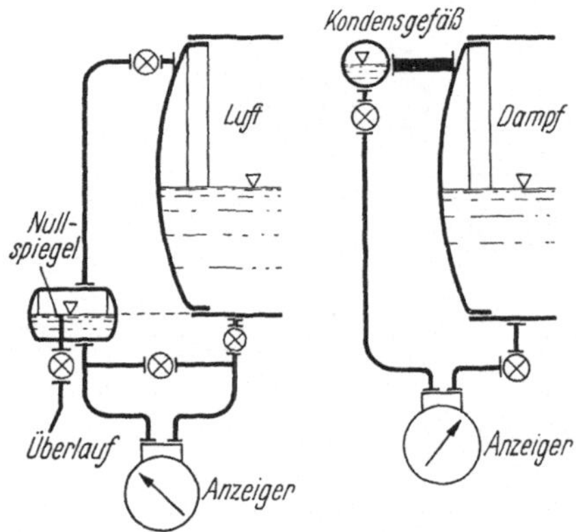

Abb. 196.. Tiefgezogene Flüssigkeitsstände für
Druckbehälter; es handelt sich darum, einen zuverlässig konstanten Null- oder Vergleichsspiegel
zu gewinnen. Fa. Pollux.

tungen ausgebildet. Auch die
Anzeige des Wasserstandes in
Dampfkesseln oder in Gefäßen
der chemischen Industrie ist hier
zu erwähnen. Soweit letztere Gefäße nicht unter Druck stehen,
läßt sich der Schwimmer durch
eine auf dem Gefäßboden stehende Glocke ersetzen, aus der
dauernd etwas Luft ausbläst,
der dabei sich einstellende Luftdruck ist ein Maß der Standhöhe
und allerdings noch — anders
als der Schwimmer — des spezifischen Gewichtes; hier wird
also das Gewicht des Inhalts
gemessen, nicht das Volumen;
vergleiche Abb. 176.

Um den Stand von Schüttgütern in Bunkern zu überwachen, werden
Bunkeraugen angebracht, das sind Gehäuse mit elektrischem Schalter
und mit einer Gummi- oder Stahlmembran abgeschlossen; drückt die
Füllung gegen die Membran, so schließt sich der Kontakt, und passenden
Orts leuchtet eine Lampe auf. Meist genügen die Anzeigen „Fast voll"
und „Fast leer", nach Bedarf läßt sich der Stand auch meterweise fern-

geben. Andere Ausführungen lassen eine Art elektrisch betriebenen Propellers in den Schüttraum hineinragen, dreht er sich, so ist die betreffende Höhenlage frei. Die vollkommenste Lösung ist es, den Bunker auf eine oder drei Meßdosen abzustützen, der entstehende Druck, von einem Manometer angezeigt, ist ein Maß für das im Bunker lagernde Gewicht. Soll ein größeres Bunkergefäß so an nur einem Punkt gestützt werden, so muß es in der Bauweise darauf berechnet sein, alle Kräfte auf diesen Punkt gefahrlos abzutragen; es muß weiterhin so gestützt sein, daß es nicht kippen oder sich verdrehen kann, und doch muß es die kleinen Bewegungen der Meßdose, einige Millimeter, mitmachen können, ohne daß merkliche senkrechte Kräfte wach werden, die die Messung stören.

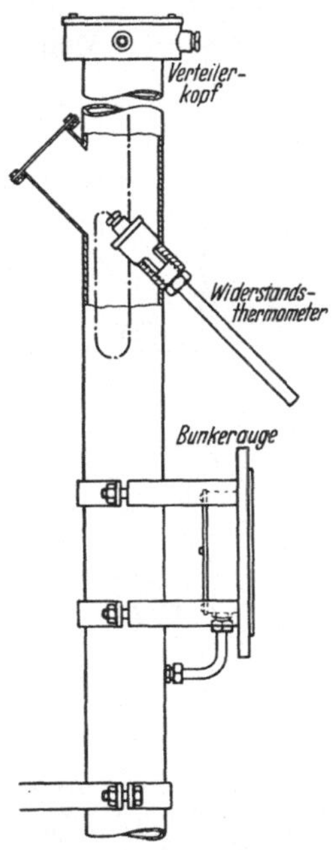

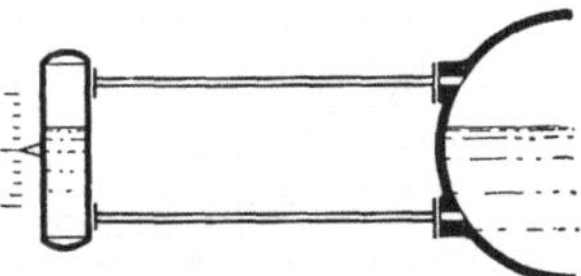

Abb. 197. Wasserstand für Dampfkessel nach PFLEIDERER, für Höchstdruck-Dampfkessel als zweiter Standanzeiger zugelassen. Je nach Wasserstand in der Trommel hebt und senkt sich das an dünnen Rohren aufgehängte Meßgefäß, Nachlauf (Abb. 17 und 130) wird wirksam.

Abb. 198. Bunkerauge zum Überwachen eines Silos. Gummi- oder Stahlmembran wird von der Füllung eingedrückt und schließt Kontakt. Einbau meterweise, oder Höchst- und Tiefstand. Fa. Mangels.

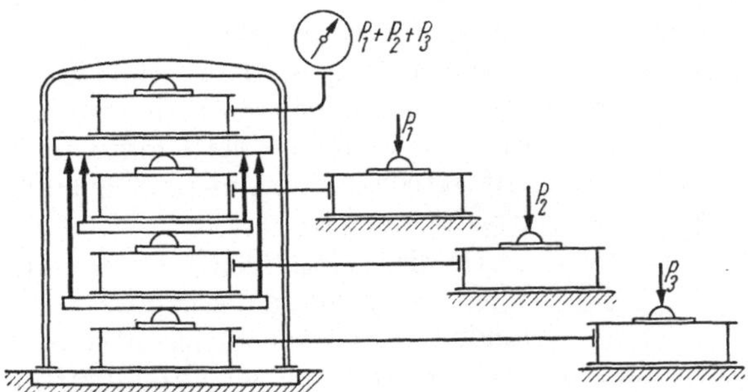

Abb. 199. Additionsgerät für mehrere Meßdosen (§ 47), nach SONSALLA; die Einzelangaben werden hydraulisch auf einen Meßdosenstapel geleitet, der in starrem Gehäuse liegt. Zweck: Bunkerinhalt, auch Brückenwaage. Beglaubigung für ± 1% Genauigkeit, nicht eichbar (Eichgesetz verlangt für Waagen 0,06%, § 32). Fa. Losenhausen.

34. Stichproben an Flüssigkeiten. Die Mengenbestimmung wird zu einer Bestimmung des Flusses, wenn man die Zeitdauer beobachtet, die eine Menge braucht, um in ein Gefäß ein- oder aus ihm auszulaufen; oder die Zeit, in der eine Menge durch einen Querschnitt hindurchtritt. Solche Einzelbeobachtung bezeichnet man als das Nehmen einer Stichprobe, besonders hierfür geeignete Geräte heißen *Stichprober*. Dieses Wort sei hier etwas allgemeiner angewandt für die Vorgänge, die einerseits eine Menge, anderseits die ihr zugeordnete Zeit messen, um dann den Quotienten Menge : Zeit = Fluß zu bilden. Eine eigentliche Flußmessung ist es nicht, weil man eben die Uhr zu Hilfe nimmt, um den Fluß zu errechnen; und um Stichproben handelt es sich insofern, als nur gelegentlich eine Menge herausgegriffen wird. Wie bei der Drehzahl kann man die für eine Menge gebrauchte Zeit oder die in einer gewissen Zeit umgesetzte Menge finden, nicht immer ist beides gleich genau zu machen.

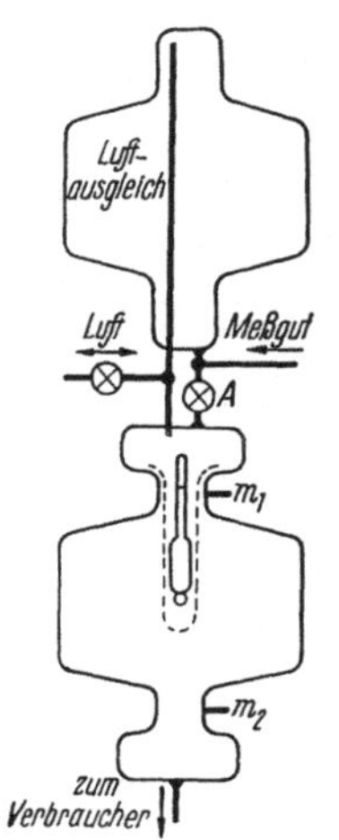

Abb. 200. Stichprober. Meßgefäß voll, Kopfgefäß leer. Hahn A wird geschlossen, Meßgefäß speist den Verbraucher, Kopfgefäß füllt sich in dem Maß, wie Luft von oben nach unten gesaugt wird: Zeit von Marke m_1 bis m_2 wird gemessen. Hahn A rechtzeitig öffnen, damit nicht Luft in Verbraucherleitung kommt, Meßgut fällt dann in Meßgefäß herab, dieses wird zur nächsten Messung bereit. Luftmenge kann durch Lufthahn berichtigt werden. (Ähnlich Firma Seppeler.) — Gleiches Gerät mit Aräometer: Messung beginnt, wenn Marke am Aräometer durch m_1 geht, Schluß, wenn Benzinspiegel durch m_2 geht; Ergebnis: Messung des Benzingewichtes (Fa. Mühlner).

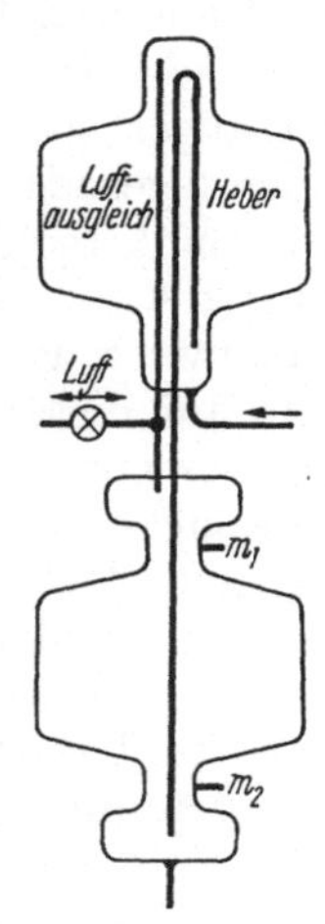

Abb. 201. Automatischer Stichprober. Pulsationen, gesteuert durch unveränderten Luftinhalt: unten Entnahme, Zeit von m_1 bis m_2 wird gemessen; oben Nachfließen der gleichen Menge Benzin: ist m_2 unterschritten, so springt Heber an, er reißt ab, wenn m_1 überschritten ist. Stimmen die Grenzen nicht, wird Luft ein- oder ausgelassen (Bauart Adlershof).

Wie man aber bei der Drehzahlmessung, statt hie und da eine Minute herauszugreifen, lieber die Umläufe fortlaufend der Zeit zuordnet, Tab. 18, S. 268, so kann man bei den Mengenstichproben diesen Schritt weitergehen; man mag sagen, man schließe Stichprobe an Stichprobe, oder man mag vom Integrieren der Menge (wie vorher der Umdrehungen) nach der Zeit sprechen, worum es sich mathematisch in der Tat handelt.

Da diese Methoden mehrfach durcheinandergehen, seien sie an dieser Stelle miteinander behandelt. Zunächst die eigentlichen Stichprober.

Stichprober messen den Verbrauch einer Brennkraftmaschine: ein gläsernes Gefäß hat zwei Einschnürungen mit Strichmarken, dazwischen ein bestimmtes Volumen, etwa 1 ltr. Die Maschine läuft sich ein, man schaltet auf den Prober und sticht die Zeit bei der einen und bei der anderen Marke an der Uhr; schaltet man wieder auf Entnahme aus dem Brennstoffbehälter, so füllt sich sogleich der Stichprober mit Brennstoff und ist zu neuer Ablesung bereit; durch mehrfaches Messen läßt sich, vorbehaltlich systematischer Fehler, eine gute Genauigkeit erreichen. Der Unterschied gegen Abb. 203 ist aber, daß die Messungen nicht aneinander schließen.

Einfacher entnimmt die Maschine ihren Verbrauch aus einem offenen Gefäß, in das nach Bedarf bekannte Mengen, 1 ltr oder 1 kg, nachgefüllt werden. Auf dem Gefäß liegt ein Querbalken mit Abreißspitze, das Abreißen und Wiederabreißen der Oberfläche von der Spitze liefert sehr genaue Zeitwerte, innerhalb deren 1 ltr oder 1 kg verbraucht worden ist. Das Gefäß muß fest stehen, die Oberfläche ruhig sein, soll das Abreißen präzis zu erkennen sein; man darf beim Wägen der Zugabe- menge diese nicht in ein trockenes Wägegefäß tun, vor dem Tarieren muß das Gefäß ebenso entleert werden — ebenso auströpfeln — wie beim Zugeben.

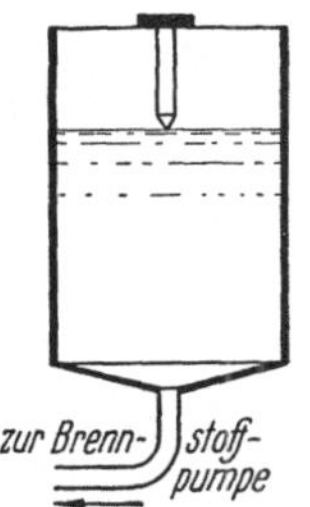

Abb. 202. Einfacher Stichprober mit Ab- reißspitze.

Um eine auslaufende Menge zu bestimmen, läßt man sie in ein auf der Waage stehendes leeres Gefäß laufen, das Laufgewicht steht etwas höher ein. Der Durchgang durch den Ausgleich wird beobachtet, das Laufgewicht um eine gewisse Menge heraufgestellt und wieder der Ausgleich beobachtet; die Zeitdiffe- renz liefert den gesuchten Fluß. Man kann in mehreren Absätzen arbeiten, um die Gleichmäßigkeit nachzuprüfen. Statt dessen kann die Flüssigkeit während einer bestimmten Zeit in ein Gefäß geleitet werden, und dann wird festgestellt, wieviel die Last auf der Waage zugenom- men hat.

Solche Messungen werden genauer, wenn die Zeitdauer nicht allzu kurz ist; vor allem muß man sie ausdehnen, wenn aus einem nicht ganz regelmäßigen, gar stoßweise kom- menden Fluß der Durchschnitt genommen werden soll. Dann reicht eine Gefäßfüllung nicht aus, man füllt gewichtsmäßig oder volumetrisch zwei Gefäße wechselweise und entleert sie zwischendurch. Weitergehend wird bei einem mehrstündigen oder längeren Versuch immer mit mehreren Gefäßen ge- arbeitet werden. Ein Verdampfungsversuch am Dampfkessel ist nichts als eine ausge- dehnte Stichprobe, meist mit Behelfsmitteln, deren Dauer nicht durch die Messung an sich bedingt ist, sondern durch die Speicher- vorgänge im Kessel, gewichtsmäßig und ther- misch, deren Einfluß auf das zulässige Maß

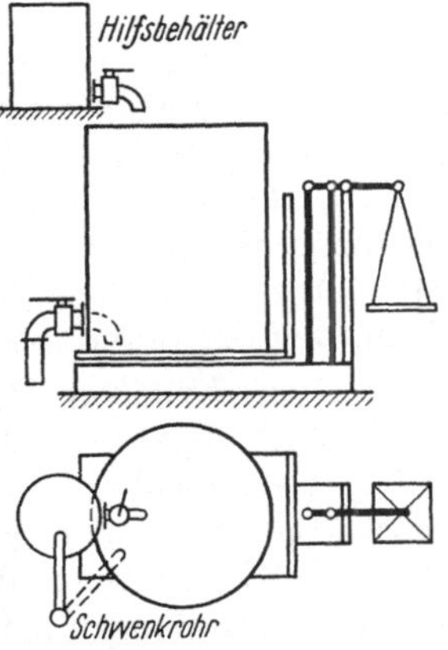

Abb. 203. Laufende Verwiegung von Wasser; während Hauptgefäß verwogen und entleert wird, geht Wasser in den Hilfsbehälter.

herabgedrückt werden muß — so weit, daß der vermutliche Unter- schied zwischen Anfang und Endzustand genügend klein ist gegenüber dem Umsatz.

Soll eine Flüssigkeit laufend verwogen werden, etwa das beim Verdampfungsversuch in den Kessel gespeiste Wassergewicht, so bedarf es zweier Gefäße; entweder stehen beide je auf einer Waage und werden mittels eines Schwenkarmes oder einer schwenkbaren Schurre ab- wechselnd gefüllt, oder ein kleineres Hilfsgefäß steht höher, ohne Waage,

es nimmt das Wasser auf, solange das Hauptgefäß verwogen und entleert wird, dann wird sein Inhalt in das Hauptgefäß gegeben. Im letzteren
Fall muß das Hauptgefäß schnell leerlaufen, also einen Heberablauf
haben. Das Volumen kann ebenfalls mit zwei Gefäßen oder mit Haupt-
und Hilfsgefäß laufend bestimmt werden. Statt zweier Gefäße kann eins
mit niedriger Zwischenwand dienen, dessen Hälften abwechselnd voll
und dann von selbst in die andere überlaufen.

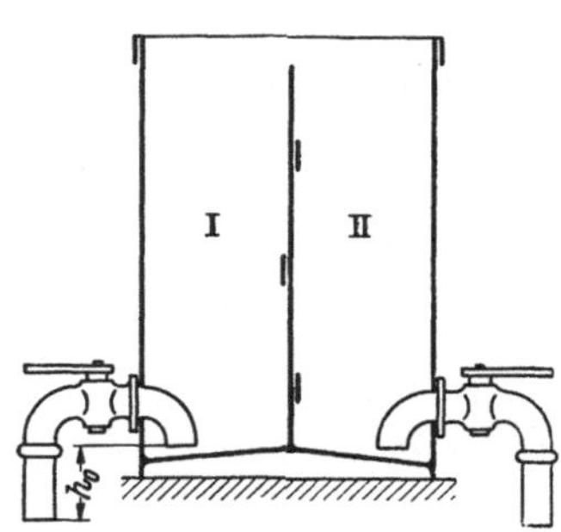

Abb. 204. Doppelbehälter für laufende
Vermessung von Wasser, je bestimmtes
Volumen vom Abreißen der Heber bis
Überlauf; Zwischenwand muß steif sein.

Soll der Versuch abgeschlossen werden, so geschieht das beim Wiegen zur
runden Zeit, die letzte Menge wird gewogen; volumetrisch muß man meist
umgekehrt auch das letzte Gefäß voll-
laufen lassen und dann die Zeit ablesen.
Es empfiehlt sich, bei jeder Gefäßfüllung die Uhrzeit aufzuschreiben —
nicht nur die Zeitspannen an einer Stechuhr —, wie unter Zeitmessung begründet.

Auf anderem Gebiet gehört hierher
das Wassermeßverfahren, das für die
Untersuchung von Turbinen und Pumpen dient. Ein Hoch- oder Tiefbehälter
wird entleert oder gefüllt; er mag aus
Stahl oder aus Beton sein, er ist sauber
ausgemessen, am besten durch Einfüllen zugewogener Mengen, die
Beziehung zwischen Standhöhe und Inhalt ist also gegeben; Dichtheit
muß vorausgesetzt werden, die Verdunstung wird bei kaltem Wasser
keine Rolle spielen. Gegenüber dem oben beschriebenen Stichprober;
der übrigens ganz anders in der Größenordnung liegt, bleibt der Nachteil, daß sich der Meßquerschnitt nicht einschnüren läßt; für die Beobachtung der Standhöhe dient eine Pegeleinrichtung.

35. Betriebsmäßige Messung des offenen Flusses. Was man bei Ver-
suchsanordnungen durch rechtzeitiges Überleiten von einem zum
andern Gefäß willkürlich macht, das tun die offenen Flüssigkeitszähler
selbsttätig und dauernd, also betriebsmäßig. Zwei bekannte Formen
sind der Kippzähler und der Trommelzähler; hat sich eine der zwei
oder drei Abteilungen gefüllt, so läuft sie so über, daß sich der Schwerpunkt verlagert, bis das Gefäß kippt und dabei ein Zählwerk betätigt und sich entleert. Diese Geräte sprechen im wesentlichen auf das
Volumen an; wie weit aber auch die Dichte der Flüssigkeit die Messung
beeinflußt, ist nicht allgemein zu sagen: die Kippung wird durch das
überlaufende Gewicht eingeleitet, und je nach Gestaltung der Gefäß-
teile bedarf es eines größeren oder kleineren Übergewichtes zum Kippen,
je nachdem, ob eine leichte oder schwere Flüssigkeit im Hauptteil ist. Es
ist Sache der Konstruktion, den Einfluß des Gewichtes auszuschalten.

Für aggressive Flüssigkeiten werden die Trommelzähler keramisch
ausgeführt; sie bekommen Probenschöpfer, wenn die Flüssigkeit
wechselnd zusammengesetzt ist; dann wird von jeder Kammerfüllung
eine kleine Probe in einen Sammelkasten getan, dessen Inhalt hat nach-

her den mengenmäßigen (nicht: zeitlichen) Durchschnitt der Zusammensetzung, etwa des Salz- oder des Alkoholgehaltes; das Gerät ergibt also die insgesamt durchgegangene Menge absoluten Alkohols für Steuerzwecke, es ist in dieser Form eichfähig. Sie machen bei Vollast etwa 10 Klappungen minutlich.

Auch für körnige Körper läßt sich der Fluß volumetrisch oder gewichtsmäßig ermitteln; die wichtigsten Beispiele sind Kohle und Getreide, aber auch Salze in der chemischen Industrie. Die angefahrenen Kipploren werden gewogen, oft mit selbsttätigen Waagen; zur Sicherung gegen absichtliche Fälschung hat man das Gleis für die Hin-

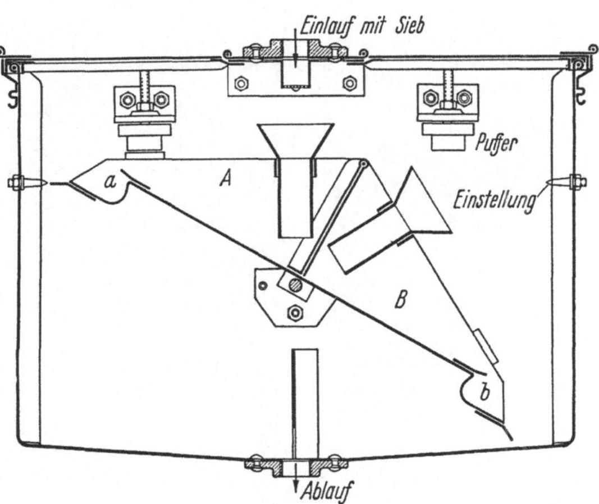

Abb. 205. Kippzähler, Gefäß wird kippen, wenn Wasser von *A* nach *a* überläuft. Früher Fa. Eckardt.

fahrt mit Rückfahrsperre, das Rückgleis mit einer Einbruchstelle versehen, so daß volle Wagen nicht zurückgehen können; diese Einrichtungen werden selten in Ordnung gehalten. Beim Verdampfungsversuch wird die Kohle je 100- oder 200-kg-weise abgewogen und unter Beobachtung der Uhr so verbrannt, daß der Rost tunlichst seinen Zustand behält. Über all das ist wenig zu sagen. Die Entnahme von Proben, um den mittleren Heizwert zu finden, wird bei dessen Bestimmung besprochen.

Für eine laufende Messung größerer Flüsse — wo also nicht nur ab und zu ein Wagen zu wiegen ist — gibt es kontinuierliche und integrierende Waagen; die Ware läuft ohnehin meist über ein Förderband oder über ein Becherwerk. Ein Teil des Förderwerks ist auf Waagehebeln gelagert und bringt ein Meßgewicht zu wechselndem Ausschlag; für ausreichende Dämp-

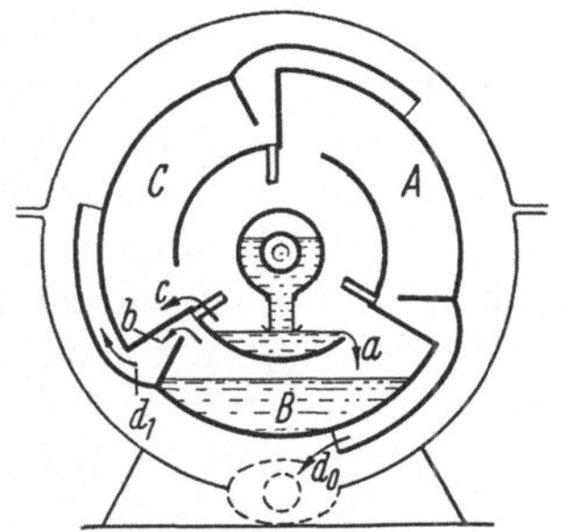

Abb. 206. Trommelzähler für offen fließende Flüssigkeit, Melasse, Laugen, NH_3; Ausführung in passendem Material, *A* hat sich bei d_0 entleert, *B* füllt sich bei *a*, wird bei *b*, später bei *c* überlaufen, dann Klappen um 120° und Entleeren durch d_1. Fa. Eckardt, Siemens & Halske.

fung ist zu sorgen. Der jeweilige Ausschlag wird von einem Integrierwerk abgetastet, und dadurch wird je nach der Belastung ein Zählwerk bewegt; die Abtastung geschieht nach einem bestimmten Weg des Förderbandes, nicht nach bestimmter Zeit.

Solche auf die Zufuhr zum Betriebsraum abgestellten Einrichtungen haben an Wert verloren, seit in großen Kesselhäusern Hochbunker die

Beziehung zwischen Zu-
fuhr und Verbrauch un-
bestimmt machen —
man denke an den Sonn-
tag, den zu überbrücken
ein Zweck des Bunkers

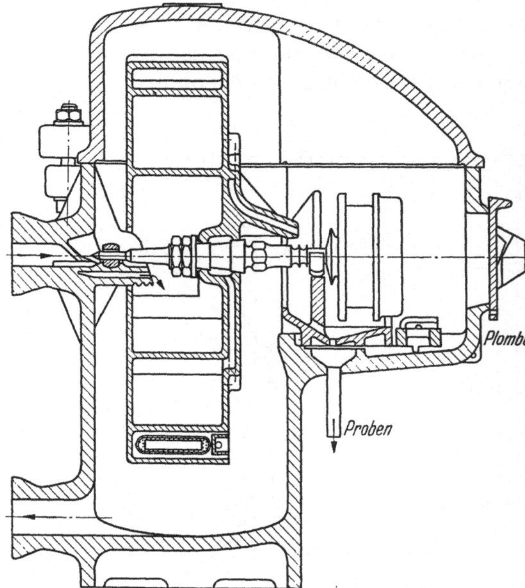

Abb. 207. Schnitt durch Trommelzähler ähnlich Abb. 206, in Keramik, mit Probeentnahme aus jeder Füllung. Fa. Siemens & Halske.

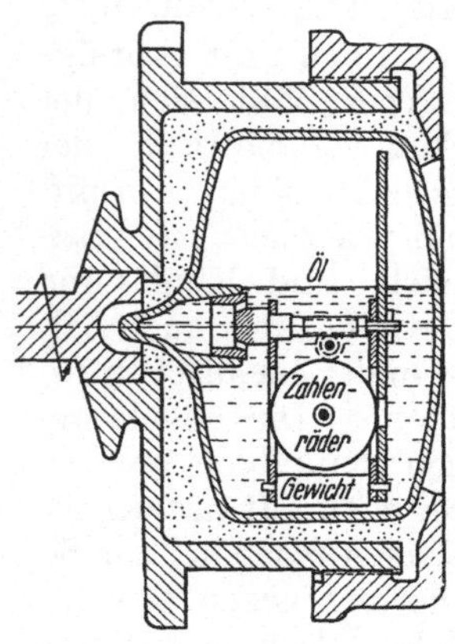

Abb. 208. Zählwerk zu Abb. 207, in umlaufender keramischer Kapsel und in Glas eingeschmolzen; es dreht sich wegen Schwerpunktlage nicht mit um.

ist —, nur der Integralwert über längere Zeiträume, über den Monat, kann stimmen, wenn am Ende des Monats auf bestimmte Bunkerfüllung geachtet wird. Daher haben sich Waagen eingeführt und bewährt, die in der Schurre zwischen Bunker und Feuerung eingeschaltet den jeweiligen Verbrauch messen; zu ihrer Betätigung, voll- oder halbautomatisch, steht das Gewicht der hochgespeicherten Kohle zur Verfügung. Gleiche Einrichtungen messen auch in Getreidesilos die umgesetzten Gewichte; bei Förderung von Salzen unterliegen sie denselben Schwierigkeiten durch Brücken und Fritten wie schon die Bunkerung selbst (Abb. 210).

Übrigens gibt beim Bandrost das Produkt aus Bandbreite, Schichthöhe und Rostgeschwindigkeit ein Maß für die eingespeiste Kohlenmenge, wenn auch nur dem Volumen nach.

36. Wassermessung an Turbinen und Pumpen. Um an Wasserturbinen bei Abnahmeversuchen die Wasseraufnahme zu messen, dient in Europa als Standardmethode die Wehrmessung. Ist diese wegen des Gefällverlustes oder wegen örtlicher Verhältnisse nicht anwendbar, oder ist die Wassermenge größer, als das Beobachtungsmaterial über Wehrmessungen belegt, dann gilt die Berechnung des Flusses aus der mittleren Geschwindigkeit im Querschnitt, bestimmt mit dem WOLTMAN-Flügel, als gleichwertig. So bestimmen es die vorzüglichen, ausführlichen Schweizer Normen und die Regeln des VDI; auch in den VDI-Regeln über Rückkühlanlagen wird in erster Linie die Wehrmessung empfohlen (L. 167, 168).

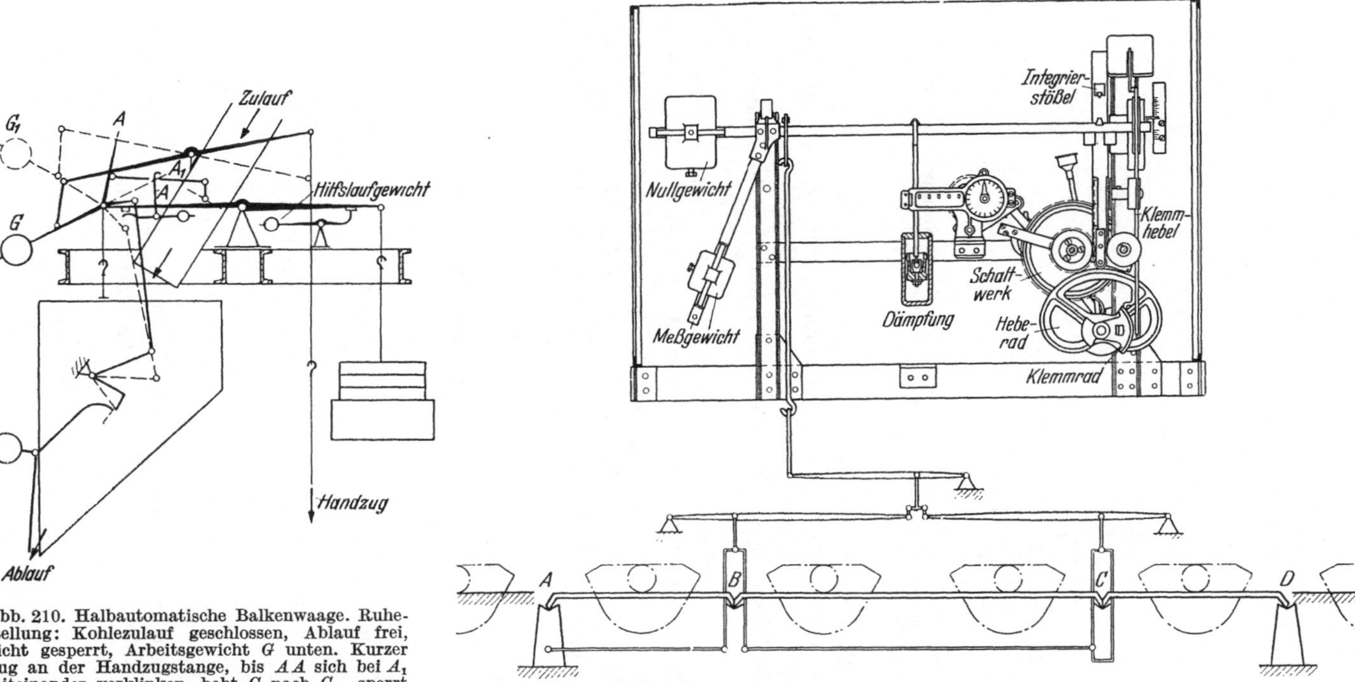

Abb. 210. Halbautomatische Balkenwaage. Ruhestellung: Kohlezulauf geschlossen, Ablauf frei, nicht gesperrt, Arbeitsgewicht G unten. Kurzer Zug an der Handzugstange, bis AA sich bei A_1 miteinander verklinken, hebt G nach G_1, sperrt den Ablauf, öffnet den Zulauf (gestrichelte Stellungen); ist Sollgewicht erreicht, löst Waagebalken links die Verklinkung, Gewicht G fällt wieder herab, schließt den Zulauf, gibt Ablauf frei. Hilfslaufgewicht zum Tarieren bei Kohlewechsel. Fa. Schenck.

Abb. 209. Integrierende Förderbandwaage. In der Wiegestrecke AD sind jeweils vier Fördergefäße, deren Gewicht bestimmt die Stellung des Zeigehebels; Integrierwerk, von Förderkette aus angetrieben, klemmt den Zeigehebel fest, Integrierstößel fällt auf ihn mehr oder weniger hoch herab, Fall desselben bewegt das Zählwerk; Heberad hebt den Stößel, Klemmrad gibt Klemmung frei. Vorgang wiederholt sich nach je vier Gefäßen. Fa. Schenck, ähnlich Losenhausen, auch für Bandförderung.

Das *Meßwehr* oder der *Überfall* wird als vollkommener Überfall
und tunlichst ohne Seitenkontraktion ausgeführt. Das Wasser fällt
frei, von unten belüftet, über eine waagrecht ausgerichtete schmale
Kante; dabei wird das Wasser schon vor dem Wehr durch Seitenwände
auf die Wehrbreite begrenzt, in dieser Breite parallel geführt; ob auch

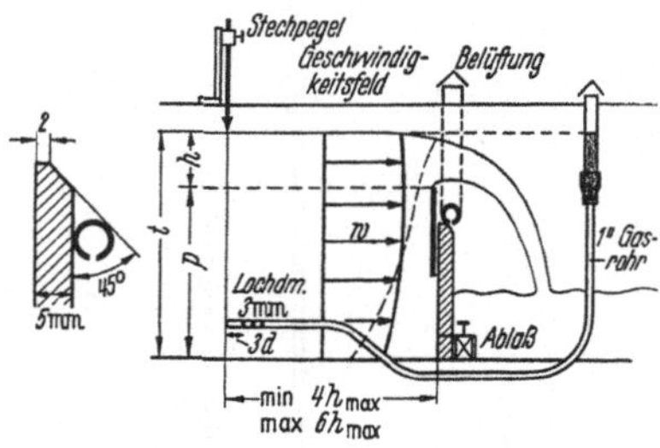

Abb. 211. Meßwehr (Überfall) nach Schweizer
Normen. Messung mit Stechpegel oder mit
Wasserstand; links Normung der Wehrkante.

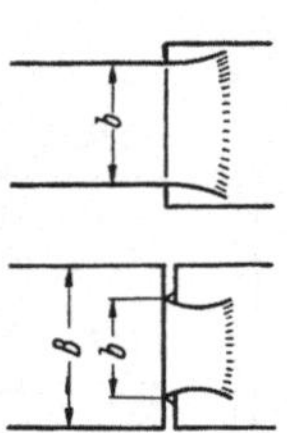

Abb. 212. Kontraktionsverhältnisse
an Wehren, oben ohne, unten mit
Seitenkontraktion.

hinter dem Wehr die gleiche Breite erzwungen wird, oder ob der Strahl
dort seitlich frei ist, sich dann etwas ausbreiten kann, gilt als belanglos.

Für solchen Überfall läßt sich bei gegebener Wehrbreite b m auf die
überfließende Wassermenge schließen und letztere messen, indem man
die Standhöhe h m über der Wehrkante beobachtet.

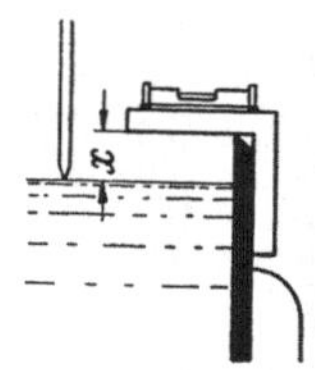

Abb. 213. Ermittlung
des Nullpunktes für die
Standhöhe h; er liegt
um x über der Spitze.

Einem Wasserteilchen in der Tiefe x unter dem
Oberwasserspiegel wird theoretisch die Geschwindigkeit $w = \sqrt{2\,g\,z}$ erteilt. Mit dieser Geschwindigkeit
fließt das Wasser in dem schmalen Streifen von
der Höhe dz und der Länge b ab, dessen Inhalt ist
$dF = b\,dz$ und das durch ihn sekundlich gehende
Wasservolumen $dV = b\,dz\,\sqrt{2\,g\,z}$. Durch Integrieren
zwischen den Grenzen $z = 0$ bis $z = h$ erhält man
das theoretisch über das Wehr gehende Wasservolumen:

$$V' = b\,\sqrt{2\,g}\int_{0}^{h}\sqrt{z}\,dz = b\,\sqrt{2\,g}\left[\frac{2}{3}\,z^{3/2}\right]_{0}^{h} = \frac{2}{3}\,b\,\sqrt{2\,g\,h^{3}}.$$

Versuche ergeben einen kleineren Wasserfluß; statt V' geht nur $V = k\,V'$
über, dann ist

$$V = \frac{2}{3}\,k\,b\,\sqrt{2\cdot 9{,}81\cdot h^{3}} = 2{,}953\cdot k\,b\,h^{3/2}\ \text{cbm/s}. \tag{1}$$

Daß weniger Wasser über ein Wehr geht, erklärt sich namentlich
durch Kontraktionserscheinungen; der Wasserspiegel fängt schon ein
Stück vor dem Wehr an, sich zu senken. Auch von unten her kontrahiert
sich der Strahl bei ordnungsmäßiger Belüftung; er darf nicht am Wehr
kleben. Andererseits wirkt die Vorgeschwindigkeit des Wassers auf Vergrößerung des Flusses.

Zahlreiche Forscher haben die über ein solches Wehr gehende Wassermenge bestimmt und die Abflußzahl berechnet (REHBOCK: Z. VDI 1929 S. 817). Dabei liegt die Schwierigkeit nicht in der Messung von b, t und nicht einmal in der Bestimmung von h, welche Größe in passender Entfernung hinter dem Wehr ermittelt werden muß und sich je nach Umständen auf 0,1 mm genau machen läßt. Die Frage ist aber, nach welcher Methode man die wirklich übergegangene Menge bestimmen soll. Das Wehr mißt stärkere Wasserflüsse, daher kommt eine Wägung selten in Frage. Große Meßbehälter, etwa aus Beton, müssen dicht sein; die saubere Abgrenzung von Anfang und Ende des eingeleiteten Stromes ist schwierig, diese Unsicherheit und die Unsicherheit im Abstechen der Zeit zwingen dazu, die Versuchszeit möglichst lang zu machen. Wegen dieser Schwierigkeiten sollte man keinesfalls Wehre selbst eichen; man erhielte Zufallsergebnisse, ungenauer als die folgenden Angaben, die auf zahlreichen, in verschiedenen Laboratorien mit teilweise größten Mitteln angestellten Messungen beruhen.

Solche sind von REHBOCK kritisch zu der Formel verarbeitet:

$$V = 2{,}953 \cdot \left(0{,}6035 + 0{,}0813\,\frac{h_e}{p}\right) b\,h_e^{3/2}. \tag{2}$$

Hierin ist $h_e = h + 0{,}0011$ m, als Ersatzhöhe bezeichnet und direkt gemessen, indem man den Maßstab der Standhöhe 1,1 mm unter Wehrkante beginnen läßt; der Klammerausdruck entspricht also der Abflußzahl k, Formel (1), nur bezieht diese sich auf h_e, ein bei kleiner Standhöhe beachtlicher Teil der Abflußzahl ist also in diesen Unterschied gelegt. h_e/p ist ein Maß der Vorgeschwindigkeit.

Tabelle 8.
Abflußmengen für 1 m Wehrbreite nach REHBOCK [Formel (2)].

Standhöhe h	0,2	0,3	0,5	0,75	1,00 m
Wehrhöhe $p = 0{,}3$ m	0,175	—	—	—	—
0,5 m	0,169	0,318	—	—	—
0,75 m	0,166	0,310	0,689	—	—
1,00 m	0,165	0,306	0,674	1,276	—
1,25 m	0,164	0,304	0,666	1,253	1,973 m³/s

Die Schweizer Regeln (1924 oder 1937) geben folgende Formel für die Vorzahl (umgestellt für h in Metern)

$$k = 0{,}615 \cdot \left(1 + \frac{1}{1000\,h + 1{,}6}\right) \cdot \left[1 + 0{,}5\left(\frac{h}{h+p}\right)^2\right].$$

Im Ergebnis sind beide Angaben wenig voneinander verschieden:

für $h = 0{,}2$ m und $p = 0{,}5$ m mißt REHBOCK 0,169, Schweiz 0,170 cbm/s,

0,2	1,0	0,165,	0,165
0,5	1,0	0,674, .	0,680
0,8	1,0	1,42,	1,43

je für 1 m Wehrbreite. REHBOCK gibt an, von seiner Formel wichen nur wenige der in Betracht gezogenen Messungen um 1% ab.

Wegen der Potenz $^2/_3$ ändert sich die gemessene Größe h langsamer als die gesuchte V; das heißt, h sei sorgsam zu messen. Wichtig ist genaue Bestimmung des Nullpunktes, läßt man das Oberwasser ablaufen, so bleibt ein Meniskus stehen, der schwer auszumessen ist; am besten nivelliert man trocken Kante und Maßstab gegeneinander aus, sonst halte man den Wasserspiegel unter der Kante und messe die Differenz. Gemessen werde 4 bis 6mal max. h hinter der Kante, nicht näher, weil der Spiegel schon vor dem Wehr abfällt, nicht weiter wegen des Spiegelgefälles (der Reibung) im Zufluß; zum Messen dient am besten ein Stechpegel, möglichst an einer, oder bei breiten Wehren, mehreren ruhigen Stellen des Flusses selbst herabgesenkt, sonst in einem Brunnen; auch mit kommunizierendem Rohr läßt sich messen. Die Belüftung muß bei breiten Wehren durch Rohre gesichert werden. Die Zuströmung darf nicht unsymmetrisch sein und keine Rückströmungen (Wasserwalzen am Boden) enthalten, bei Verdacht Prüfung mit Flügel.

Die Schweizer Regeln, auf die noch wegen mancher Einzelheiten verwiesen sei, wenn es auf Genauigkeit ankommt, lassen auch den Überfall mit Seitenkontraktion zu; dann gilt, mit $\beta = b/B$,

$$k = \left(0{,}578 + 0{,}037\,\beta^2 + \frac{3{,}615 - 3\,\beta^2}{1000\,h + 1{,}6}\right) \cdot \left[1 + 0{,}5\,\beta^4 \left(\frac{h}{h+p}\right)^2\right].$$

Daß die Formel kompliziert ist, kommt wenig in Betracht, wenn sich der Einbau einfacher gestaltet; aber die Formel dürfte weniger genau sein als die ohne Seitenkontraktion. Die Seitenkontraktion ist vorteilhaft, wenn die Wände des Oberkanals unglatt sind und den Strahl stören würden.

Abseits von Abnahmeversuchen wird sich gelegentlich die Frage ergeben, wie weit die genannten Formeln für andere Flüssigkeiten als kaltes Wasser gelten. Es kommt, wie bei aller Strömung, auf die REYNOLDSsche Zahl $Re = \dfrac{w\,l}{\nu}$ an; für eine Flüssigkeit größerer Zähigkeit der Dämpfung ν müßte wl im selben Maß größer sein, das heißt doch wohl, die Standhöhe h dürfe nicht so niedrig sein, wie es bei Wasser zulässig ist; sonst nämlich löst sich die zähere Flüssigkeit nicht von der Kante ab. Übrigens dürften die Formeln einigermaßen zutreffen.

Diese unteren Grenzen werden bei Wasser wie folgt angegeben: Standhöhe h mindestens 0,1, besser 0,2 m, Wehrhöhe $p \geq 0{,}3$ m; um eine große Standhöhe zu bekommen, wird man die Breite b möglichst klein machen, sie soll aber nicht kleiner als h sein. Damit ergibt sich der kleinste mit dem Wehr zu messende Wasserfluß zu $0{,}2 \cdot 0{,}175^2 = 0{,}035$ cbm/s. Nach oben ist die Anwendung unbegrenzt, wenn sich das Wehr beliebig breit machen läßt; die Versuche, auf denen die Formeln beruhen, gehen bis $h = 0{,}8$ m und $p = 1{,}2$ m, dafür wäre der Fluß je 1 m Breite 1,4 cbm/s, bei 6 m Breite also 8,4 cbm/s; das sind erhebliche Werte. Mit Steigerung der Abmessungen verliert man aber auch in zunehmendem Maße an Gefälle, an dem 6 m breiten Wehr würde mindestens 1,2 m Gefälle, daher 100 kW verlorengehen; dann ist unter Umständen der Venturi-Kanal, Abb. 214, vorzuziehen.

Die Wehrmessung ist eine abgeleitete Meßweise; die Vorzahlen sind rein empirisch gefunden; zu ihrer Bestimmung bedarf es einer Normalmethode, die in sich stimmig ist. Dazu mag meist ein Hoch- oder Tiefbehälter, entleert oder gefüllt, dienen; er mag aus Stahl oder aus Beton sein; er ist sauber ausgemessen, am besten durch Einfüllen zugewogener und zugemessener Mengen, der Mittelwert gilt, die Beziehung zwischen Standhöhe und Inhalt ist dann gegeben; Dichtheit muß erreicht werden, die Verdunstung wird bei kaltem Wasser keine Rolle spielen. Zur Beobachtung dient eine Pegeleinrichtung; den Meßquerschnitt einzuziehen, wird meist nicht möglich sein. Zwischen zwei Beobachtungen sollen mindestens 20 s Zeit und mindestens 100 mm Niveaudifferenz sein. So verlangen die Schweizer Normen 1924 für Abnahmeversuche; für grundlegende Versuche wird man höhere Anforderungen stellen.

Ein Fluß von weniger als 35 ltr/s läßt sich, wenn man nicht wiegen will, mit dem V-Wehr messen; in einer Wand ist ein kimmenartiger Einschnitt als auf der Spitze stehender rechter Winkel angebracht, die Kante ist wieder geschärft, der Winkel am Grunde muß auch scharf sein, damit sich der Nullpunkt der Skala finden läßt, Belüftung ist leicht

Tabelle 9. Abflußzahlen und Abflüsse von V-Meßwehren.
Zuflußgeschwindigkeit Null.

Standhöhe h....	0,05	0,075	0,1	0,15	0,2	0,25 m
Abflußzahl k ...	0,597	0,594	0,590	0,586	0,584	0,582
Abfluß V	0,786	2,16	4,40	12,06	24,7	43,0 ltr/s

zu erreichen, der Strahl soll aber auch ganz von den Schenkeln geführt werden, von ihnen sich nicht ablösen. Dann ist das übergehende Volumen

$$V = \frac{8}{15}\, k\, \sqrt{2\, g h^5};$$ für die Vorzahl k gibt BARR (L. 177) die in Tabelle 9

auf Metermaß umgerechneten Werte. Das V-Wehr ist danach schon für

Tabelle 10. Einfluß endlicher Kanalbreite B und Kanaltiefe t auf den Abfluß über ein V-Wehr. Nach BARR.

	Verhältnis $B:h$					Verhältnis $t:h$			
	∞	8	6	4	3	∞	4	3	2
$h = 0,075$ m	1	1,000	1,002	1,007	1,013	1	—	1,000	0,996
$h = 0,1$ m	1	1,000	1,001	1,003	1,007	1	1,000	0,997	0,992

Tabelle 11. Einfluß der Wehrausführung auf den Abfluß über ein V-Wehr. Nach BARR.

	$h =$ 0,075 m	0,1 m	0,125 m
Wehrkante sauber geschärft	1	1	1
„ $^1/_{16}{}'' = 1{,}6$ mm breit („üblich") ..	1,006	1,003	1,001
„ $^1/_{12}{}'' = 2{,}1$ mm breit	1,013	1,007	1,004
Fläche der Wehrwand im Oberwasser			
glatte Bronze	1	1	
ein Anstrich Schellack-Lack	1,004	1,003	
mittelgrober Schmirgel, aufgeklebt ...	1,018	1,012	
grober Schmirgel, aufgeklebt......	1,024	1,017	

50 mm Standhöhe und für 0,79 ltr/s Abflußmenge verwendbar, doch gibt es dafür auch manche handlichere Meßweise. Auch für endliche Weite des Zuflußkanals macht BARR Angaben. Wichtiger in prinzipieller Hinsicht sind BARRS Angaben über verschiedene Ausführungsarten des V-Wehrs, die auch für andere Wehre Richtlinien geben können.

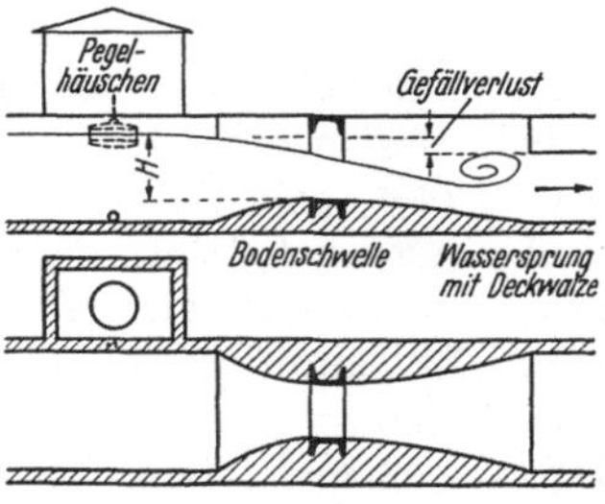

Um den Gefällverlust des Überfalls zu verringern, kann man sich der Venturi-Einschnürung bedienen, weniger bei Abnahmeversuchen als für den laufenden Betrieb, namentlich um schmutzige Wässer zu überwachen, die vor einem Wehr den Schlamm ablagern würden. Beim Eintritt des Wassers in die Einschnürung entsteht ein ziemlicher Gefällverlust, der die Beschleunigung zu decken hat, das Wasser gerät in schießende Bewegung, hinter der engsten Stelle wird unter Bildung eines Schwalls der größte Teil des verlorenen Gefälles wieder eingebracht. Gemessen wird der Stand des Oberwassers mittels Pegels; Vorausberechnung nach L. 162 ff., Eichung nach Wehr oder Flügel.

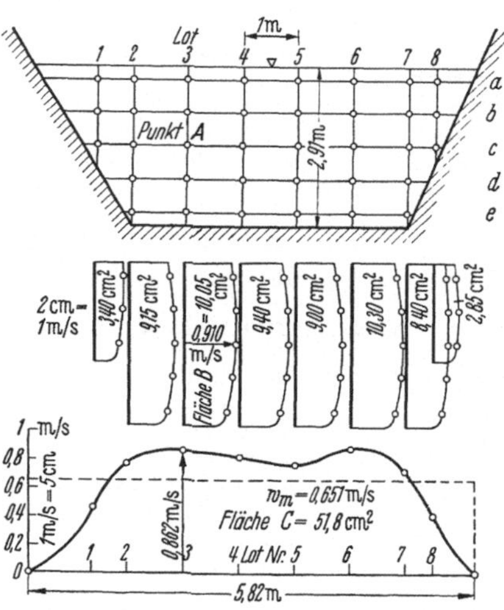

Abb. 214. Venturi-Kanalmesser; Stand des Oberwassers durch Pegel im Brunnen gemessen. Bodenschwelle nicht immer vorhanden. Fa. Bopp & Reuther, Pollux.

Abb. 215. Flügelmessung im Kanal, Verteilung der Meßpunkte (oben) und Auswertung der Messungen (unten). In A gemessen $w = 0,91$ m/s, dies als 1,82 cm in Fläche B, entsprechend weitere Pfeile liefern Fläche B, planimetriert $B = 10,05$ qcm. Wassertiefe 2,91 m, dargestellt als 5,82 cm, daraus mittlere Geschwindigkeit 0,862 m/s im Lot Nr. 3, entsprechend die anderen Lote, gibt Fläche C, wieder planimetriert und mittlere Höhe genommen, also mittlere Geschwindigkeit des ganzen Kanalquerschnitts $W_m = 0,651$ m/s: Kanalquerschnitt 14,55 + (Seitenzwickel) 1,82 + 2,55 = 18,92 qm. Wasserfluß 12,25 cbm/s. Bei 5 m Gefälle sind 820 PS im Wasser enthalten.

Wo die Messung mit Überfall nicht möglich ist, bestimmt man den durch einen Querschnitt gehenden Wasserfluß aus der Geschwindigkeit über den Querschnitt hin. Das durch den Querschnitt eines Rohres, eines Kanals gehende Volumen V m³/s ist gegeben durch die Querschnittsfläche F m² und die Geschwindigkeit w m/s. Es ist $V = F\,w$. Regelmäßig ist die Geschwindigkeit nicht gleichmäßig über den Querschnitt hin, nahe den Wandungen ist sie durch Reibung kleiner als in der Mitte. Dann teilt man den Querschnitt in Teilflächen $f_1\,f_2\,f_3 \cdots$,

dann ist der ganze Fluß in Volumenmaß $V = f_1\,w_1 + f_2\,w_2 + \cdots = \Sigma\,(f\,w)$. Etwas anders die Auswertung nach Schweizer Normen Abb. 215, sie erinnert an die Ausmessung des Schiffskörpers.

Den rechteckigen Querschnitt eines Turbinenkanals teilt man in regelmäßige Felder, an den Rändern enger als in der Mitte; die Schweizer Normen schreiben im Querschnitt F qm eine Zahl der Meßpunkte

zwischen 14 und $25 \cdot \sqrt{F}$ vor; dabei sollten die Flügel so groß sein, daß sie $^1/_{10}$ bis $^1/_{50}$ des Querschnitts bedecken — das wird bei großen Flüssen nicht möglich sein. Man mißt je 1 min lang, wo Pulsationen sind, mindestens über zwei derselben hin. Die Meßergebnisse trägt man graphisch auf und planimetriert dann. Der Anschluß an die Wand, wo die Geschwindigkeit bis Null sinkt, gibt der Willkür Raum; die Regeln geben hierfür Vorschriften, weniger weil es so einwandfrei ist, als weil bei Abnahmeversuchen das Verfahren festliegen soll.

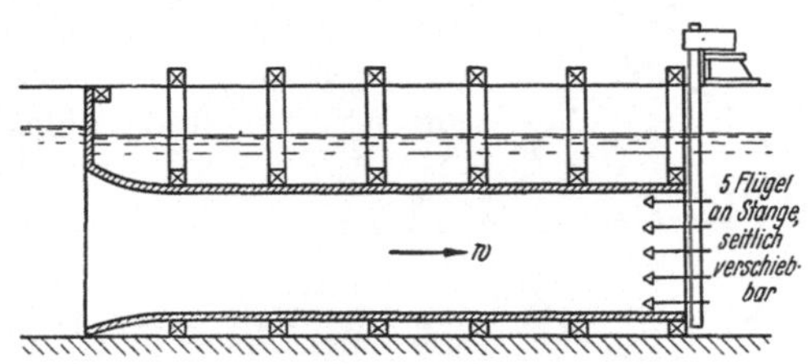

Abb. 216. Flügelmessung in unregelmäßigem Lauf oder bei geringer Fließgeschwindigkeit, Querschnitt verengt (Schweizer Normen).

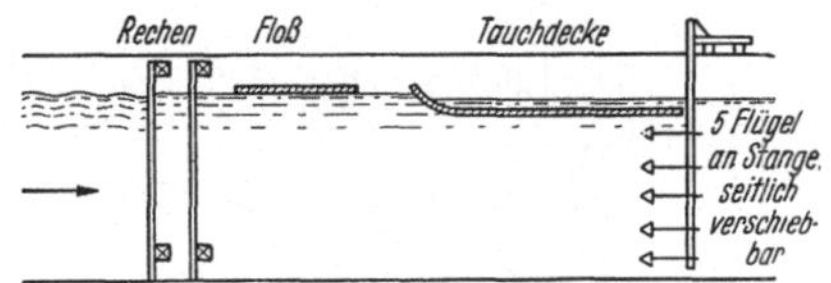

Abb. 217. Beruhigung des Stromes vor der Messung (Schweizer Normen).

So mißt man von einem Schiff aus die Wasserführung in Flußläufen, um die von einer Wasserkraft zu erwartende jährliche Arbeit im voraus zu bestimmen, auch um Maßnahmen gegen Hochwasser planen zu können; mißt man die Wasserführung des Turbinengerinnes bei Abnahmeversuchen an der Turbine, so kommt es darauf an, schnell zu messen, weil sich der Wasserstand ändert. Man mißt mit dem WOLTMANschen Flügel;

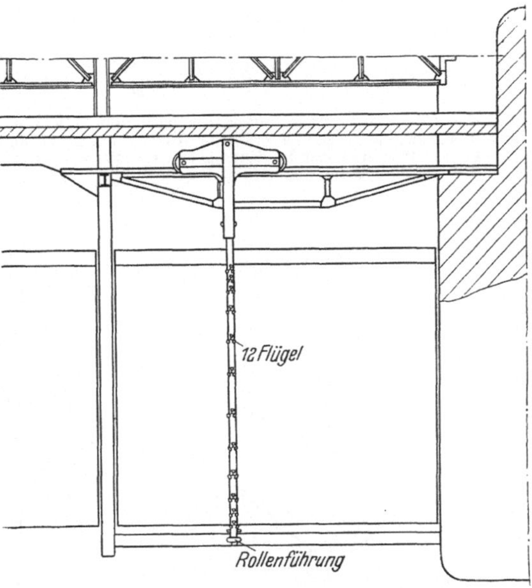

Abb. 218. Bestimmung der Wasseraufnahme einer Turbine mit Flügeln. Fa. Ott.

hat man deren mehrere an einem Gestänge und gibt ihre Angaben auf einen Vielfach-Zeitschreiber, so kann man zahlreiche Messungen in kurzer Zeit machen; die Auswertung geschieht dann in Ruhe.

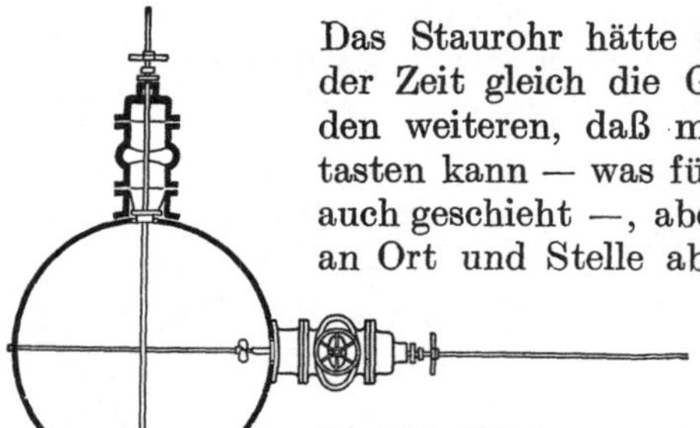

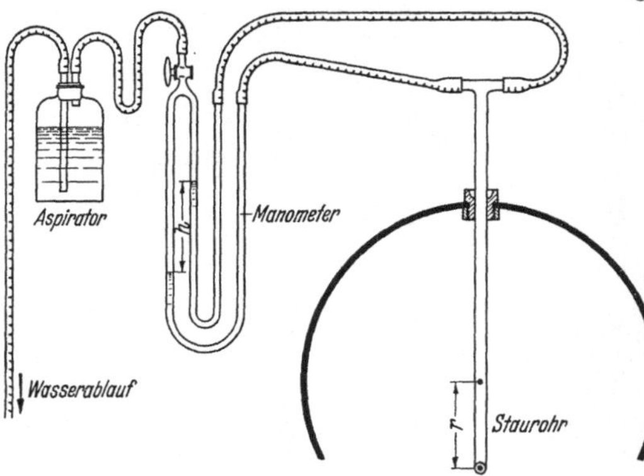

Abb. 219. Flügelmessung in einer Turbinenleitung. Fa. Ott.

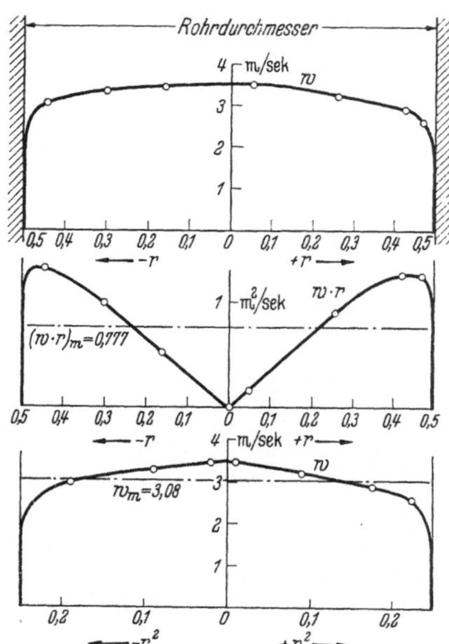

Abb. 220. Messung in einer Pumpenleitung mäßigen Druckes mit Staurohr, je nach Unter- oder Überdruck im Rohr müssen die Wasserspiegel im Manometer angesaugt oder es muß Luft eingedrückt werden.

Das Staurohr hätte den Vorteil, ohne Beobachtung der Zeit gleich die Geschwindigkeit zu geben, auch den weiteren, daß man näher an die Wände herantasten kann — was für wissenschaftliche Zwecke denn auch geschieht —, aber beim Staurohr muß man alles an Ort und Stelle ablesen, und dort, wo die Zeit so kostbar ist, dauert die Arbeit länger.

In der Rohrleitung zur Turbine sind die Verhältnisse anders, auch sind die Geschwindigkeiten meist größer als in Kanälen, beides spricht eher für die Verwendung des Staurohrs, doch hat man auch Einrichtungen getroffen, den Flügel im laufenden Betrieb in die Leitung einzuführen und wieder herauszunehmen.

Bei der kreisrunden Leitung ist das zu messende Volumen

$$V = F \, w_m,$$

hierin

$$w_m = \frac{1}{F} \int w \, dF$$

$$= \frac{1}{R^2} \int w \, d(r^2) = \frac{1}{\frac{1}{2} R^2} \int (w \, r) \, dr.$$

Um die mittlere Geschwindigkeit zu finden, kann man also $w = f(r^2)$ auftragen und die Ausgleichlinie durch Planimetrieren ermitteln, sie gibt unmittelbar die mittlere Geschwindigkeit auf die Fläche bezogen — oder man kann $w \, r = f(r)$ auftragen, die Ausgleichlinie der Flächen gibt den Wert $\frac{1}{R} \int (w r) \, dr$, der mit $\frac{R}{2}$ zu dividieren ist, um die mittlere Geschwindigkeit zu erhalten. Die Regeln bestimmen, es solle beides

Abb. 221. Mittlere Geschwindigkeit im kreisrunden Rohr, auf zweifache Weise ermittelt aus der Geschwindigkeitsverteilung in oberer Abbildung. Vergleiche Abb. 227.

gemacht werden, die Ergebnisse dürften sich höchstens um 1% unterscheiden, und dann sei der Mittelwert anzunehmen; das ist eine gute Vorschrift. — In einem Rohr von $2\,R = 1{,}0$ m Weite waren folgende Messungen gemacht: an den Stellen einer beliebig angebrachten Skala

	$s = 0$	0,05	0,19	0,42	0,63	0,77	0,91	m
entsprechend	$r = 0{,}47$	0,42	0,28	0,05	$-\,0{,}16$	$-\,0{,}30$	$-\,0{,}44$	m
wurde gemessen	$w = 2{,}6$	2,9	3,2	3,5	3,4	3,3	3,0	m/s
Es ist also	$w \cdot r = 1{,}22$	1,22	0,895	0,175	0,54	0,99	1,32	
und	$r^2 = 0{,}221$	0,176	0,0784	0,0026	0,0256	0,0900	0,1936	

Hieraus ergeben sich die drei Schaubilder Abb. 221. Aus dem unteren ergab sich durch Planimetrieren direkt $w_m = 3{,}08$ m/s. Aus dem mittleren aber folgt durch Planimetrieren $(w \cdot r)_m = 0{,}777$, daraus wegen $\frac{R}{2} = 0{,}25$ m folgt $w_m = \frac{0{,}777}{0{,}25} = 3{,}11$ m/s. Die Abweichung erklärt sich aus der Unsicherheit über den Verlauf der Kurve am Rand; diese Unsicherheit ist größer, als es Abb. 221 oben zeigt. Übrigens sollte man auch beim kreisrunden Rohr die Meßstellen nicht willkürlich wählen; man bilde n konzentrische Flächen gleicher Größe und messe inmitten jedes Ringes diesseits und jenseits der Mitte, dazu in der Rohrmitte, im ganzen also $(2\,n - 1)$ mal; man vergleiche Abb. 227. Aber auch bei solchen Verfahren darf man nicht einfach den Mittelwert aller Ablesungen nehmen, weil sie sich ja auf gleiche Flächen beziehen; die Randfläche ist gänzlich anders zu beurteilen als die inneren, weil die Geschwindigkeit zum Rande steil abfällt; man trage auch hier Schaubilder auf.

Bei Freistrahlrädern erübrigen sich alle diese Bemühungen, wenn der Querschnitt der Strahldüse bekannt ist; der Fluß findet sich dann durch Messung des Druckes vor dem Eintritt in die Düse.

Neben diesen für Turbinen üblichen Meßarten werden einige andere in den Regeln mit Vorbehalt genannt; doch sei wiederholt, daß die Regeln für Abnahmeversuche vor allem zahlenmäßige Eindeutigkeit erstreben; bei betriebsmäßigen Messungen handelt es sich vielmehr um Reproduktion von Relativwerten.

Normdüsen und -blenden (§ 41) gelten auf weiten Gebieten, wenn genau nach den Regeln ausgeführt, in Deutschland und international als zuverlässige Meßeinrichtungen; in den Schweizer Regeln werden sie als heikel, zeit- und besonders einbauempfindlich bezeichnet. Richtig ist, daß sie zum Einbau einer gewissen Erfahrung bedürfen und daß Ungeübte zunächst Lehrgeld zahlen müssen. Das gilt vielleicht für das Wehr und die Flügelmessung ähnlich, aber für diese liegen eben in turbinentechnischen Kreisen solche Erfahrungen vor.

Diese Bemerkung bezieht sich auch auf die folgenden beiden Verfahren, die in den Vereinigten Staaten mit Erfolg angewandt werden, sich bei uns aber nicht einbürgern konnten; die Schweizer Normen sagen von beiden, sie seien im Einbau kostspielig und böten keinen Vorteil gegenüber der „erprobten" Flügelmessung.

Das *Salzgeschwindigkeits-Verfahren* von ALLEN fügt dem Wasser eine Salzlösung bei und beobachtet, wieviel Zeit diese Salzwolke zwischen zwei Querschnitten braucht, die einen bestimmten Abstand voneinander haben; der Durchgang wird mittels der elektrischen Leitfähigkeit beobachtet (§ 85). — Das Salzverdünnungs-Verfahren wird in § 38 besprochen.

Das *Druck-Zeit-Verfahren* von GIBSON benutzt bei einer längeren Rohrleitung die Massenwirkung des strömenden Wassers, die beim Hemmen der Bewegung den Druck ansteigen läßt; wird der Schieber vor der Turbine schnell geschlossen, dabei das Maß der Schließbewegung registriert, wird andererseits die Druckänderung vor dem Schieber mit einem empfindlichen, schnell folgenden Gerät aufgezeichnet, so läßt sich aus den Beobachtungen die kinetische Energie der Wassermasse vor Beginn der Schlußbewegung, also ihre Geschwindigkeit, finden. — Über die beiden amerikanischen Verfahren (ALLEN und namentlich GIBSON) sind bei uns die Meinungen geteilt. In USA scheinen Spezialisten damit gute Erfolge zu erzielen, bei uns fehlt es an solchen.

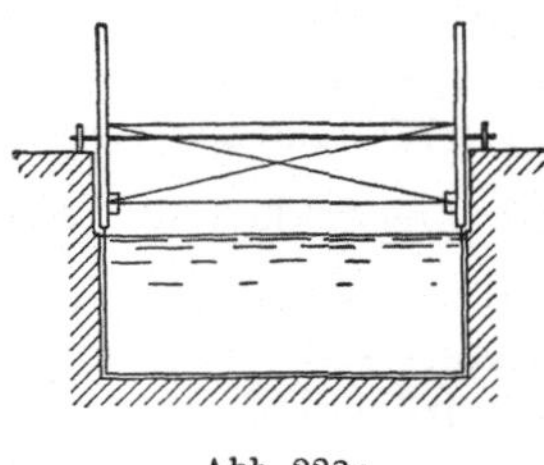

Abb. 222a.

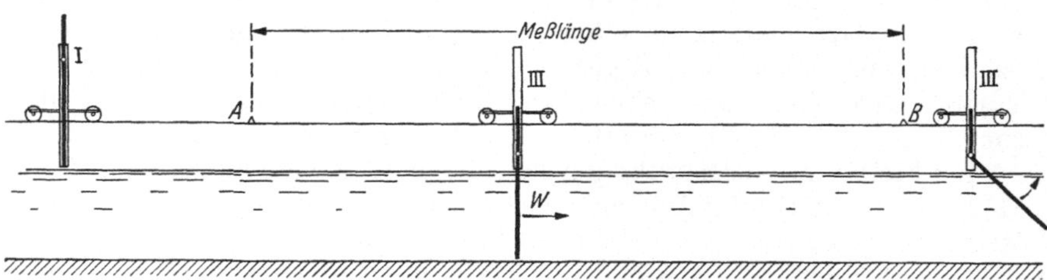

Abb. 222b. Wassermessung mit Schirm.

Endlich bleibt die *Schirmmessung* zu erwähnen. Ein Stück des Zulaufkanals zur Turbine ist mit Zementglattstrich sauber und gleichmäßig rechteckig ausgeführt; in ihn kann sich mit geringem Spiel ein rechteckiger Schirm herabsenken, der an einem beiderseits auf Schienen laufenden Wagen hängt; Schirm und Wagen setzen sich in Bewegung und haben schnell die Geschwindigkeit des Wasserflusses; der Wagen schließt zwei Kontakte am Anfang und Ende einer Meßlänge, hinter dem zweiten Kontakt wird der Schirm ausgelöst und klappt hoch, wenn der Wagen anhält. Die Zeitdauer zwischen den Kontakten wird gemessen, am besten wirken beide, Zeit und Kontakt, auf die Schreibzeuge eines Chronographen. Der Wasserverbrauch während der Meßzeit folgt aus dem Produkt Wasserquerschnitt mal Meßlänge; dazu muß die Höhe des Wasserstandes gemessen und das kleine Gefälle zu beiden Seiten des Schirmes, die ihn bewegende Kraft, durch eine Korrektion berücksichtigt werden (L. 174a). Die ausgezeichnete Meßmethode hat den Nachteil, daß sie meist nicht anwendbar ist, als zu teuer kaum in Speziallaboratorien in Frage kommt.

In den träge fließenden Gewässern der märkischen Wasserstraßen
mißt man den Fluß mit dem Fesselschwimmer. Ein schlauchartiges
Gebilde, in der Länge durch Aufrollen der Wassertiefe anzupassen und
unten beschwert, schwimmt von einem
Boot aus ab; seine Geschwindigkeit
wird durch Abrollen eines Seidenfadens
gemessen und gilt als mittlere Geschwindigkeit in einem senkrechten
Profil.

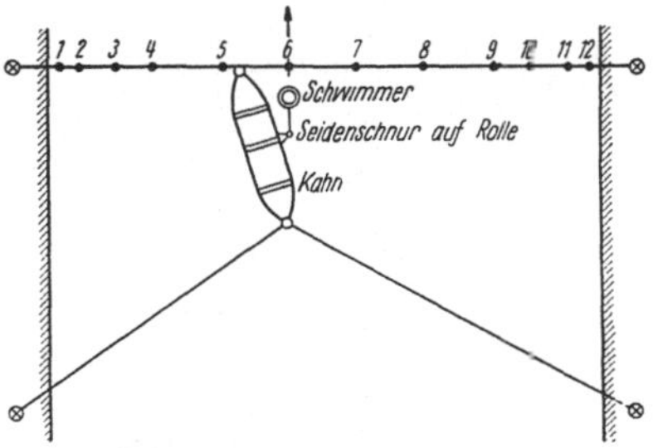

37. Messung von Luft und Gas. Bei
Luft und Gas läßt sich die Menge oder
der Fluß schwieriger messen als bei
fluiden Massen: Gase lassen sich nicht
wiegen, und bei der volumetrischen
Messung spielt die Temperatur eine
große Rolle, ebenso der Druck, der bei

Abb. 223. Wassermessung in träge fließendem Gewässer mit Fesselschwimmer (L. 161).
Fa. Ott.

Flüssigkeiten belanglos ist, bei Schüttgut nur oberflächlich Einfluß hat;
endlich kommen für volumetrische Messung große Volumina in Frage, bei
gleicher Masse rund das tausendfache Volumen wie bei Flüssigkeiten.

Schon eine Gasmenge abzuteilen und zu sagen: so viel ist es, ist nur
mäßig genau möglich. Die Behälterglocke der Gaswerke enthält ein
bestimmtes Volumen je nach ihrem Stand; diesen an einer Skala
abzulesen genügt kaum; zumal wenn die Glocke mehr flach als hoch ist,
bedarf es dreier Skalen am Umfang. Der Druck des Behälterinhaltes
ist gut festzustellen, weniger gut die Temperatur, die mit Tag und Nacht,
mit Sonnenbestrahlung und Beregnung schwankt und nie zur Ruhe
kommt. Und schließlich bleibt die Frage offen, wie der Behälter geeicht
werden soll; leidlich ausmessen läßt sich der zylindrische Teil, an dem
man dann nur Differenzen, aber eben mit Vorbehalten, ablesen kann.
Mit Wasser ließe sich die obere Kugelschale wohl auswiegen. Praktisch
kommt es ausschließlich auf Differenzen an, die dem Behälter eingefüllt
oder entnommen werden.

Eine bestimmte Gasmenge ist auch in einem Druckbehälter realisier-
bar; solche Kugelbehälter werden auch auf Gaswerken angewendet;
die genaue Messung ihres Inhaltes wird schwer halten, Füllung mit
Wasser wäre das Mittel dazu, aber oft wird die Stützung des Behälters
die Belastung nicht aushalten. Druckbehälter werden eher als Glockenbehälter unter Dach zu finden sein, so daß die Temperaturschwankungen
gemildert werden, dafür entstehen die mit Kompression oder Expansion
des Inhaltes verbundenen Temperaturänderungen, wenn man Gas ein-
speist oder entnimmt.

Die Frage eines Standards, bei Flüssigkeiten so einfach durch die
Waage gelöst, liegt also bei Gasen schwierig. Tatsächlich gehen wohl alle
Gasmessungen vom Kubizierapparat aus, einem kleinen Glockengerät
von etwa 1 cbm Inhalt, das sich im wohltemperierten Raum aufstellen
läßt und bei dem für gleichbleibenden Druck bei wechselnder Tauchung
gesorgt ist: ein Ausgleichgewicht hängt an einer Kurvenführung, oder
eine Kette gewinnt wechselndes Übergewicht, wenn die Glocke steigt

und sinkt. Mit solchem Gerät wird ein kleiner Gaszähler geeicht, mehrere kleine parallel geschaltet eichen einen größeren Zähler, und so fortschreitend gelangt man zu den größten Einheiten, wodurch nach Bedarf Normale zweiten Grades entstehen. Schließlich kann man auch, vorbehaltlich der Temperaturschwierigkeiten, größere Behälter in dieser Weise eichen.

Bei Gasen lassen sich offene Gerinne und daher wehrartige Anordnungen nicht verwenden; es bleibt also die zweite wichtige Meßmöglichkeit für größere Volumina, die Bestimmung der mittleren Geschwindigkeit — wenn wir von den Zählern und den genormten Drosselgeräten (§ 39, 41) zunächst absehen.

In den Kanälen eines Bergwerks, einer häuslichen Lüftungsanlage verteilt man wieder, wie beim Wasser, eine Reihe von Meßpunkten planmäßig über den Querschnitt und mißt jeweils die Geschwindigkeit mit dem Anemometer. Im Bergwerk wird man für genauere Messungen ein relativ glattes Gerinne aus Holz fertigen, wenn die Wände der Stollen allzu uneben sind. Wieder werden die Ergebnisse graphisch aufgezeichnet, am Rande passend abgerundet und mit dem Planimeter ausgewertet. Selten sind die Geschwindigkeiten groß genug, um das Staurohr anzuwenden, am ehesten noch in Rohrleitungen; bei diesen geht man zur Auswertung so vor, wie an Abb. 221 für Wasser beschrieben. Es versteht sich, daß der Messende die Strömung nicht stören soll, dazu werden wohl Nischen angeordnet, von denen aus er das Gerät dirigiert. Werden solche Messungen in dem Ein- oder Ausblasrohr eines Zentrifugalventilators oder überhaupt in Luftwegen gemacht, deren Abmessungen nicht gegenüber denen des messenden Anemometers als sehr groß anzusehen sind, so sind zwei Fehlerquellen zu beachten. Der Luftdurchgang ist nach Einführung des Gerätes nicht mehr derselbe,

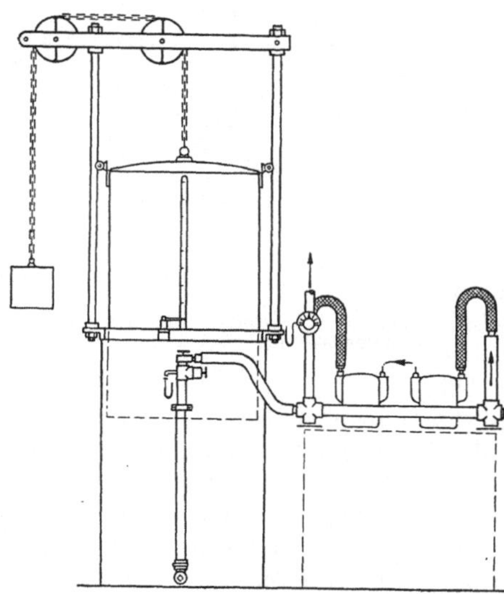

Abb. 224. Eichstation für Gaszähler; ihrer werden 6 bis 12 (nicht nur zwei) hintereinandergeschaltet. Kubiziergerät dient als Erzeuger konstanten Drucks, tarierte GALLsche Kette gleicht den im Sinken wachsenden Auftrieb der Glocke (Abb. 133, 146) aus; Kubiziergerät dient auch als Urgerät, Fallzeit mindestens $2^1/_2$ min, insbesondere zum Prüfen des Normalzählers, der weiterhin als Normal gilt. Fa. Elster.

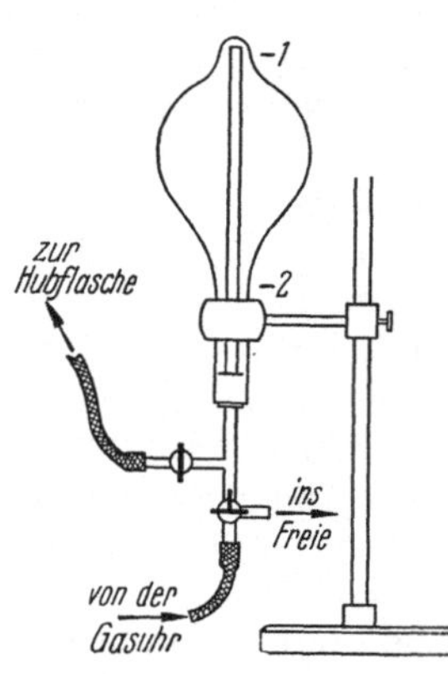

Abb. 225. Kleines Kubiziergerät. Fa. Junkers.

der er vorher war, weil das Gerät einen Widerstand darstellt; das hat
zur Folge, daß die Anlage nicht mehr unter den Verhältnissen des
praktischen Betriebes steht, sondern unter veränderten; ob die Veränderung wesentlich ist, bleibt von Fall zu Fall zu erwägen. Außerdem
wird die nach Einführung des Gerätes wirklich durchlaufende Luftmenge insofern nur mit einiger Unsicherheit gemessen, als die S. 122
erläuterten Verhältnisse eintreten und die Geschwindigkeit im Gerät
kleiner ist als in der übrigen Rohrleitung. Die erstgenannte Fehlerquelle bewirkt eine Verminderung der Luftmenge gegenüber dem praktischen Betriebe, die zweite bewirkt — je nach der Art der Eichung
freilich, S. 122 — eine zu geringe Angabe des Instrumentes; beide
wirken also unter Umständen in gleichem Sinne. — Man mißt die Luftgeschwindigkeit im Saugrohr eines Ventilators besser als im Druckrohr,
weil in letzterem die Luftbewegung stärker durchwirbelt ist (§ 27 a. E.;
L. 173a).

Der künstliche *Luftwechsel eines Aufenthaltsraumes* kann vor der
Zuluft- oder vor der Abluftöffnung gemessen werden, wenn der Raum
den Druck seiner Umgebung hat, wenn also die neutrale Zone im Raum
liegt und wenn die Innentemperatur etwa gleich der äußeren ist. Bei
Räumen mit Drucklüftung ist die Zuluft zu messen, weil ein Teil der
Luft den Raum nicht durch den Abluftkanal, sondern durch Undichtheiten verläßt und am Abluftkanal ungemessen bliebe; umgekehrt ist
der Luftwechsel eines saugbelüfteten Raumes an der Abluftöffnung zu
messen.

Meist sind die Öffnungen mit Gitter verschlossen. Es wäre falsch,
dieses zu entfernen, da es einen wesentlichen Teil der Widerstände
ausmacht und daher die Herausnahme den Betriebszustand merklich
verändert. Man kann unbedenklich ein Flügelradanemometer nicht zu
kleinen Ringdurchmessers vor dem Gitter der Abluftöffnung verwenden,
die gemessene Luftgeschwindigkeit hat man mit dem gesamten Gitter-
querschnitt, nicht mit dem freien, zu
multiplizieren, denn selbst in kurzer
Entfernung vor dem Gitter ist der
Luftstrom noch ungeteilt; man muß
aber dicht vor der Abluftöffnung
messen, weil die ansaugende Wirkung
einer Öffnung vor derselben schnell
abnimmt. An der Zuluftöffnung liegen
die Verhältnisse ganz anders; nach
dem Passieren des Gitters ist der
Luftstrom zunächst geteilt, und die
Teilströme haben die Geschwindigkeit

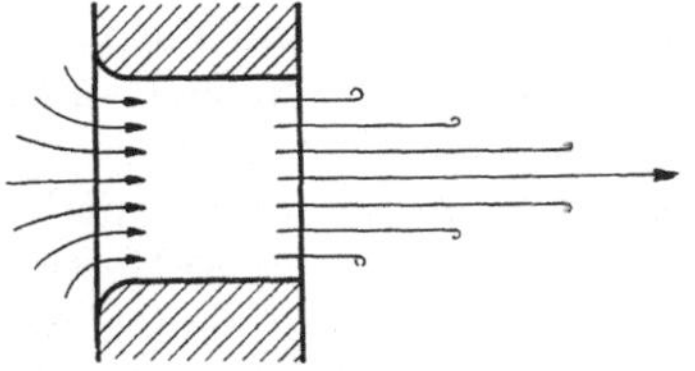

Abb. 226. Stromlinie beim Austritt von
Luft aus einem Raum und beim Eintritt
in denselben, schematisch; das Abbröckeln
am Austritt geht viel allmählicher als
gezeichnet.

entsprechend dem freien Querschnitt des Gitters, ja sogar eine im
Verhältnis der Kontraktion noch vermehrte Geschwindigkeit; das
Anemometer zeigt aber, dicht an das Gitter gehalten, nicht die volle
Geschwindigkeit der Teilströme, weil nur Teile des Rades von ihr ge-
troffen werden, während die im Windschatten der Gitterstäbe liegenden
Teile bremsend wirken; das Anemometer zeigt also wieder eine gewisse

mittlere Geschwindigkeit an, und es ist unsicher, ob die mittlere Geschwindigkeit, bezogen auf den freien oder auf den gesamten Querschnitt. Da aber die Strömung vor dem Zuluftkanal weithin in den Raum hineinreicht (im Gegensatz zu der Stromlinienverteilung vor dem Abluftkanal), so empfiehlt sich die Messung der Geschwindigkeit in mäßiger Entfernung vom Kanalaustritt, wo die Teilströme gegen die Windschatten schon ausgeglichen sind, während vom Gesamtstrom noch nicht viel durch Reibung an der Raumluft abgebröckelt ist. — Schalenkreuze und Staugeräte eignen sich wenig zur Messung vor Gittern.

Die Geschwindigkeit in der Mitte eines Rohres oder Kanales ist oft größer als die mittlere Geschwindigkeit; nach Hindernissen stehen beide in gar keiner Beziehung zueinander, man sollte so nicht messen, hat

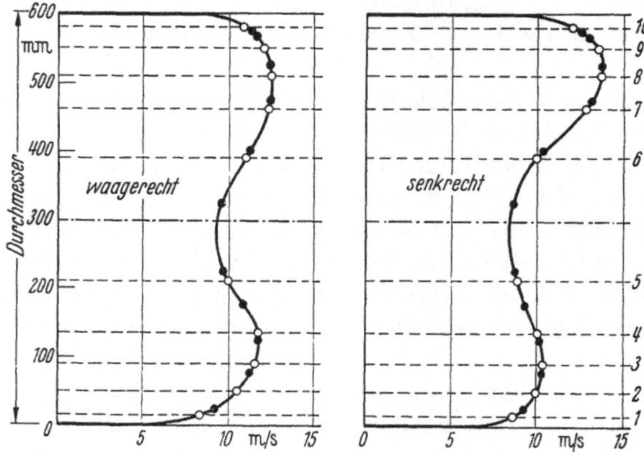

Abb. 227. Luftstrom im kreisrunden Rohr. Wenn in schwarzen Punkten des Durchmessers gemessen wurde, so sucht man graphisch die Kreispunkte, je für eine Ringfläche gleicher Größe, und bildet den Mittelwert. So über zwei oder drei Durchmesser. Vergleiche Abb. 221.

aber bisweilen keine Wahl. Die Reibung an der Kanalwand setzt in der Nähe der Wand die Geschwindigkeit herab gegenüber der Kanalmitte; mit wechselnder Rauheit und wechselnder Kanalabmessung, auch je nach dem Vorhandensein von Krümmungen im Kanalzug, ändert sich das Verhältnis der mittleren Geschwindigkeit zur Geschwindigkeit in der Mitte; aus einer Messung in der Kanalmitte läßt sich die Durchflußmenge nicht finden. Doch kann man einen fest in den Kanalzug eingebauten Geschwindigkeitsmesser, am besten einen statischen, empirisch so eichen, daß man nach erfolgter Eichung einigermaßen sicher die jeweilige Menge ablesen kann.

In diesen Fällen, Luft oder Gas von mäßigem Druck, läßt sich auch mit Drosselgerät messen; in Lüftungskanälen wird wohl eine Einschnürung eingebaut, die als Venturi-Rohr wirkt. Drosselgeräte (§ 41) bleiben fast alleiniges Hilfsmittel, wenn bei hohem oder höchstem Druck zu messen ist. Demgegenüber bleibt die Ermittlung der Luftlieferung *aus dem Indikatordiagramm* eines Kolbenkompressors nur ein Notbehelf, sie ist immerhin in den Verdichter-Regeln 1925 und 1937 aushilfsweise für Abnahmegeräte zugelassen.

In dem Diagramm eines Kompressors, Abb. 228, stellt die Atmosphärenlinie $a\,b$ den Druck dar, von dem aus das Ansaugen stattfindet. Die Strecke $a\,b$ stellt das gesamte Hubvolumen des Kompressors dar, das 0,0407 m³ sei, wie auf S. 170. Geht der Kolben von links nach rechts, so findet von a bis c kein Ansaugen statt, erst nach Unterschreiten des Saugraumdruckes öffnet sich das Saugventil, und $c\,b$ ist der nutzbare Saughub. Das Verhältnis $c\,b : a\,b$ nennt man den volumetrischen Wirkungsgrad des Kompressors, der sich zu $85,9 : 98,3 = 0,874$ aus dem Diagramm ergibt; dann wäre

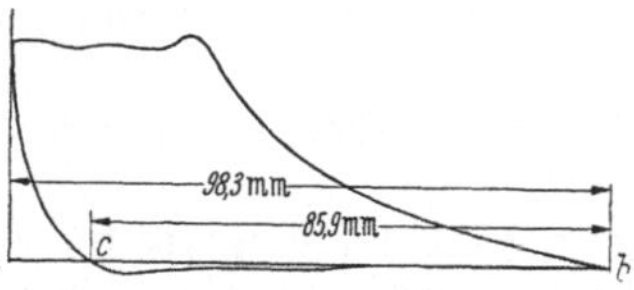

0,874 · 0,0407 = 0,0356 m³ das bei einem Hub auf der Deckelseite des Zylinders angesaugte Volumen.

Abb. 228. Indikatordiagramm eines Kompressors, Ermittlung des volumetrischen Wirkungsgrades $\eta_v = 0,874$.

Der so ermittelte *volumetrische Wirkungsgrad* — der nicht mit dem sogleich zu besprechenden Lieferungsgrad zu verwechseln ist — ist eine für die Beurteilung der Maschinen wichtige Größe; immerhin kann eine Verminderung der Strecke ac auch von Undichtigkeit des Druckventils herrühren, bedeutet also nicht unbedingt eine Verbesserung. Was die Messung der Luftmenge anlangt, so ist mit jener Feststellung, wonach 0,01287 m³ von Atmosphärenspannung angesaugt sind, wenig geholfen, da die Temperatur, die dem Druck zuzuordnen ist, geschätzt werden muß. Meist ist der Zylinder so warm,

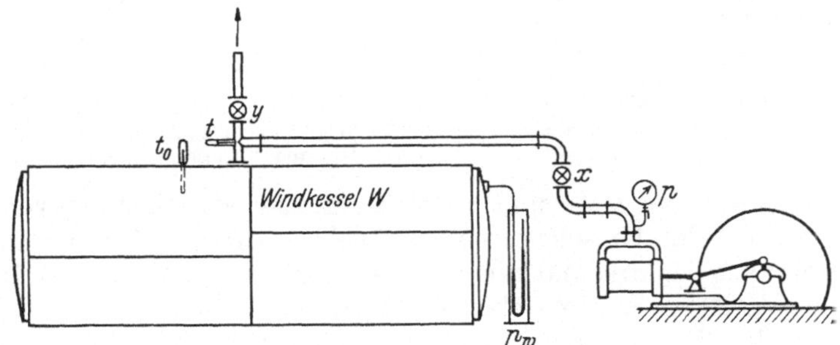

Abb. 229. Auffüllversuch ermittelt die Luftlieferung eines Kompressors.

auch trotz energischer Wasserkühlung, daß sich die Luft schon während des Ansaugens erwärmt. Die Bestimmung der Menge aus dem Kompressordiagramm ist nur ein Notbehelf.

Die Luftlieferung eines Kompressors läßt sich auch nach der *Auffüllmethode* bestimmen, die nicht für laufenden Betrieb geeignet ist, sondern die Betriebseinrichtungen gelegentlich revidieren will, nach der Beschaffung, nach einer Reparatur, oder wenn es fraglich ist, ob eine Überholung am Platz ist. Sie will aus der Druckzunahme in einem Behälter bekannten Inhalts (der in größeren Betrieben meist verfügbar ist) auf die eingefüllte, insbesondere auf die von einem Kompressor gelieferte Luftmenge schließen. Drosselventil x, Abb. 229, schafft für den Kompressor konstanten Förderdruck, es läßt die Luft in einen Behälter W von bekanntem Volumen V; das Drosselventil muß dazu dauernd nachgestellt werden. Man beobachtet die Temperatur t bzw. T der eintretenden Luft und den steigenden Druck p_w am Behälter. Aus T und p_w folgt der Zustand, also das spezifische Gewicht γ_1, der eintretenden Luft, ihre Menge in einem Zeitelement ist $dG = dV\,\gamma_1 = dV\,\dfrac{p_w}{R\,T}$. Das Luftvolumen V im Behälter wird um denselben Wert dV adiabatisch zusammengedrückt, $dV = \dfrac{V}{\varkappa}\dfrac{d\,p_w}{p_w}$: Aus beidem wird $dG = \dfrac{V}{\varkappa}\dfrac{1}{R\,T}\,d\,p_w$. Dies wird integriert für den Zeitraum z_1 bis z_2, in dem der Behälterdruck von p_1 auf p_2 steigt; da ist $G_2 - G_1 = G = \dfrac{V}{R\,\varkappa}\displaystyle\int_{p_1}^{p_2}\dfrac{d\,p_w}{T}$. Das Integral findet sich, indem man $1:T$ der eingefüllten Luft über dem jeweiligen Druck p_w im Windkessel aufträgt und die Fläche von p_1 bis p_2 planimetriert.

Einfacher erläutert den Gang ein Beispiel: Barometerstand $b = 760°$, Anfangstemperatur im Behälter $t_0 = +20°$. Behälterinhalt $V = 20,5$ cbm; für Luft $\varkappa = 1,41$ und $R = 29,27$. Beobachtet wird der Druckanstieg an einem Quecksilbermanometer in Stufen von $\varDelta p = 100$ mm QS $= 1360$ kg/qm, dafür ist $\dfrac{V\,\varDelta p}{\varkappa\,R} = 676$ und $G = 676:T$.

Zeit an der Stechuhr	$z =$	0	37	65	91	116	s
Überdruck	$p_w =$	0	100	200	300	400	mm QS
Temperatur am Lufteintritt.	$t =$	$-$	35	37	40	42	C
Mittlere Temperatur im Zeitraum . . .	$T = {\sim}$		307	309	312	314	K
In den Zeiträumen .	$\varDelta z =$		37	28	26	25	s
wurde eingefüllt $G = 676 : T =$			2,20	2,185	2,165	2,155	kg
also in der Zeiteinheit $G : \varDelta z =$			0,0595	0,0781	0,0833	0,0862	kg/s
oder			0,0460	0,0604	0,0643	0,066	Ncbm/s

Der erste hohe Zeit- und niedrige Mengenwert kommt von der Unsicherheit beim Umschalten vom Ausblas auf den Windkessel, er bleibt fort; aus den drei anderen ergibt sich: die Menge $2,185 + 2,165 + 2,155 = 6,50$ kg $= 5,02$ Ncbm wurde in $116 - 37 = 79$ s eingefüllt, Lieferung des Kompressors $5,02 : 79 = 0,0636$ Ncbm/s.

Der Kompressor von 400 mm Hub und 360 mm Zylinderdurchmesser war einfachwirkend, gab also bei einem Umlauf das Hubvolumen $40,7$ ltr $= 0,0407$ m³ frei; er machte beim Versuch die Drehzahl $n = 144/\text{min}$, so daß ein Hubraum $0,0975$ m³/s freigelegt wurde; der *Lieferungsgrad* des Kompressors ist $\eta_l = 0,0636 : 0,0975 = 0,652$.

Aus dem Indikatordiagramm ergab sich der volumetrische Wirkungsgrad, auf der Atmosphärenlinie abgemessen, zu $\eta_v = 0,874$. Der Vergleich beider Zahlen η_v und η_l läßt gewisse Schlüsse auf die Temperatur des Zylinderinhalts am Ende des Ansaugens zu. Lieferungsgrad und volumetrischer Wirkungsgrad sind zwei verschiedene Kennziffern der Maschine.

Durch einen Hilfsversuch hat man sich von der Dichtheit des Behälters W zu überzeugen, nötigenfalls ist der Verlust durch Undichtheit durch eine Korrektion zu berücksichtigen; bei dem Dichtheitsversuch verläßt man sich nicht auf den dichten Schluß eines Ventils, das nachher beim eigentlichen Versuch offen sein wird; die spätere Luftzuleitung wird abgeflanscht. Der Dichtheitsversuch bleibt aber wegen der Tag und Nacht wechselnden Temperatur leicht prekär, es sei denn, der Behälter wäre so dicht, daß man den Versuch über mehrere Tage ausdehnen und dabei die Temperatur beobachten kann. Es mag deshalb sein, daß in den Regeln von 1925 und 1937 für Abnahmeversuche an Kompressoren die Auffüllmethode verworfen wird; unseres Erachtens zu Unrecht, zumal die Ermittlung der Luftlieferung aus dem Indikatordiagramm bedingt zugelassen ist, obwohl sie unsicherer ist. Die Meinung ist wohl, man solle mit dem Behälter, wenn schon vorhanden, lieber die periodischen Stöße des Kolbenganges ausgleichen und die Luft aus einem Drosselgerät in einem Rohr ausströmen lassen, weil hierfür die Beizahlen am besten erforscht sind (§ 41).

38. Mischungsregel. Zur Messung großer Stoffflüsse kann die sogenannte Mischungsregel, nach Umständen in verschiedener Weise, dienen.

Bei *Gasmaschinen* ist oft eine Gasuhr zur Messung des Gasverbrauchs vorhanden, selten dagegen eine Luftuhr, die auch die *zur Verbrennung zugeführte Luftmenge* zu messen gestattet; diese fehlt, weil die Luftmenge für die Kontrolle des regelmäßigen Betriebes unwesentlich ist — Luft kostet nichts. Die Mischungsregel läßt finden, das Wievielfache der Gasmenge an Luft zugeführt ist, indem der Anteil eines indifferenten Bestandteils vor der Mischung von Gas und Luft und nach der Mischung beider Bestandteile gemessen wird: die gesamte Menge dieses indifferenten Bestandteiles hat sich bei der Mischung nicht verändert. In dem in Rede stehenden Beispiel — Mischung von Gas und Luft — vergleicht man am besten den prozentualen Sauerstoffgehalt o_1 des Gases vor mit dem o_2 des Gemisches nach der Mischung; den der Luft kennt man, er ist 21%. Haben sich nun G m³ Gas mit L m³ Luft gemischt zu $(G + L)$ m³ Gemisch — wobei G bekannt, L aber zu berechnen ist —, so muß sein $\frac{o_1}{100} \cdot G + \frac{21}{100} \cdot L = \frac{o_2}{100} \cdot (G + L)$, also $L = \frac{o_2 - o_1}{21 - o_2} G$. Damit ist die Messung der Luftmenge auf die Messung der (kleineren) Gasmenge und auf die Ermittlung des prozentualen Sauerstoffgehalts an zwei Stellen zurückgeführt. Für letztere Ermittlung dient der Orsat-Apparat (§ 81). Ist kein Sauerstoff im Gas, so vereinfacht sich das Verfahren.

Auf dem gleichen Grundgedanken beruht die Ermittlung des Luftüberschusses (§ 83) und der Abgasmenge eines Verbrennungsvorganges (§ 84); einmal ist der durch den Prozeß hindurchgehende Stickstoff, einmal das Kohlenstoffgewicht vor und nach der Verbrennung dasselbe.

Ein weiteres Beispiel für die Anwendung der Mischungsregel ist die Bestimmung des *freiwilligen Luftwechsels eines Raumes*. Jeder Raum, namentlich wenn er beheizt ist, tauscht durch Poren der Wände und Zwischendecken, durch Ritzen von Türen und Fenstern Luft mit der Umgebung aus, deren Messung gelegentlich erwünscht, auf direktem Wege aber fast unmöglich ist. Man hat der Raumluft ein Gas beigemischt, das indifferent ist, gesundheitlich sowohl als auch was Absorption durch die Wände anlangt, und dessen Beimenge leicht und sicher festzustellen ist. Man beobachtet die zeitliche Abnahme des Gehaltes an diesem Bestandteil; eine Integration ergibt den Luftwechsel, der die Abnahme veranlaßt. Verwendet man Kohlensäure CO_2 als indifferentes Gas, so hat man zu beachten, daß die nachdrückende Luft schon $0,4^0/_{00}$ CO_2 enthält, und hat Einführung von Atemluft (4% CO_2) in den Raum zu vermeiden. Der prozentuale Kohlensäuregehalt ist durch Absorption mit Barytwasser und Titrieren mit Oxalsäure sehr genau festzustellen (Methode von PETTENKOFER).

Nach dem *Salzverdünnungsverfahren* mißt man *große Wassermengen bei Turbinen- oder Pumpenanlagen*, indem vor der Maschine eine bestimmte Menge einer Salzlösung zugesetzt und hinter ihr der Prozentgehalt im abfließenden Wasser chemisch bestimmt wird (L. 178a). Als Salzzusatz verwendet man Natriumthiosulfat, das Fixiersalz der Photographie; der Gehalt einer wässerigen Lösung desselben läßt sich durch Titrieren mit Jodlösung unter Verwendung von Stärkelösung als Indikator bestimmen. Gemäß der Gleichung

$$2\,Na_2S_2O_3 + J_2 = 2\,NaJ + Na_2S_4O_6 \text{ (Natriumtetrathionat)} \tag{1}$$

wird alles Jod, das man einer Thiosulfatlösung zusetzt, so lange gebunden, wie noch Thiosulfat vorhanden ist. Nach Verbrauch der letzten Reste von Thiosulfat bleibt Jod frei und wird von der zugefügten Stärkelösung durch Blaufärbung angezeigt.

Die Molekulargewichte sind: $J_2 = 127$; Kristalle von $Na_2S_2O_3 +$ $+ 5\,H_2O = 248$. Man verwendet als Ausgangsmaterial $^1/_{10}$-normale Jodlösung, d. h. eine solche, die in 1 ltr den zehnten Teil des Molekulargewichtes in Gramm enthält; die $^1/_{10}$-normale Jodlösung enthält also $^1/_{10} \cdot 127 = 12,7\,g$ J_2 in 1 ltr Lösung. Sie ist in Apotheken zu haben oder wird wie folgt hergestellt: $12,7\,g$ Jod, trocken und rein, werden mit $20\,g$ KJ zu 1 ltr Lösung in Wasser gelöst; das Kaliumjodid KJ verhält sich bei dem Vorgang (1) indifferent und dient nur dazu, die Löslichkeit von Jod in Wasser zu steigern. Jedes Liter dieser Lösung entspricht einem Gehalt von $24,8\,g$ wasserfrei kristallisiertem Thiosulfat in der untersuchten Wasserprobe. Als Stärkelösung verwendet man einen dünnen Stärkekleister, der frisch bereitet sein muß: $1\,g$ Stärke mit wenig kaltem Wasser verrieben zu gleichmäßigem Brei, dieser in 150 bis $200\,cm^3$ siedendes Wasser eingetan und wenige Minuten weitergesiedet, bis die Flüssigkeit durchscheinend wird; man läßt sie einige Stunden absetzen und filtriert dann durch Papier. Es gibt auch haltbare Stärkelösung im Handel.

Für die Titrierung verwendet man eine Bürette, einen Glaskolben und einen Bürettenhalter, wie solche von Apparatehandlungen oder in der Apotheke erhältlich sind (Abb. 230). In den Kolben werden $200\,cm^3$ der zu titrierenden Flüssigkeit gegeben, in die Bürette wird Jodlösung gefüllt, deren Verdünnung so zu wählen ist, daß der Farbumschlag im Kolben nach Verbrauch von 20 bis $30\,cm^3$ Jodlösung eintritt. Dem Kolbeninhalt setzt man wenige Tropfen Stärkelösung zu. Man liest den Anfangsstand der Jodlösung in der Bürette ab und läßt zunächst schneller, dann langsamer, Jodlösung in den Kolben laufen;

der Kolben wird dabei dauernd geschüttelt. Bald entstehen lokale Blaufärbungen, die jedoch beim Schütteln wieder verschwinden. Man stellt nun den Hahn so, daß alle 10 s ein Tropfen Jodlösung fällt, und beobachtet sorgsam von Tropfen zu Tropfen, ob beim Umschütteln die lokale Färbung noch verschwindet; eine unter den Kolben gelegte weiße Unterlage und ein daneben aufgestellter Vergleichskolben mit der Ausgangslösung erleichtert es, bei großen Verdünnungsgraden zu erkennen, nach welchem Tropfen die lokale Färbung nicht mehr verschwindet, sondern sich als schwache Blautönung dem ganzen Kolbeninhalt mitteilt. Man schließt dann den Hahn und liest den Stand der Bürette ab. Die Bürette muß zu Beginn bis an die Auslaufspitze gefüllt sein, man muß also vor Versuchsbeginn etwas Lösung auslaufen lassen; auch darf beim Einfüllen die Jodlösung nicht durch in der Bürette noch vorhandene Wasserreste verdünnt werden, die Bürette wird vorher mit der Lösung ausgespült.

Da die Verdünnung der Salzlösung durch die zu messende Wassermenge mittels eines Wassers unbekannter Zusammensetzung erfolgt, dessen Bestandteile Einfluß auf die Reaktion haben könnten, z. B. durch Bindung von Jod, so muß man den ganzen Versuch so gestalten, daß die an der Meßstelle entstandene Lösung mit einer anderen Lösung verglichen wird, die man unter Verwendung des gleichen Wassers in ähnlicher, aber genau bekannter Konzentration hergestellt hat. Eine Lösung von Natriumthiosulfat in dem betreffenden Wasser von 1 kg Salz auf 2 kg Wasser, spezifisches Gewicht 1,2 kg/cbm, steht auf einer Waage, so daß man das vom Saugrohr der Pumpe abgesaugte Gewicht, auf die Zeit bezogen, messen

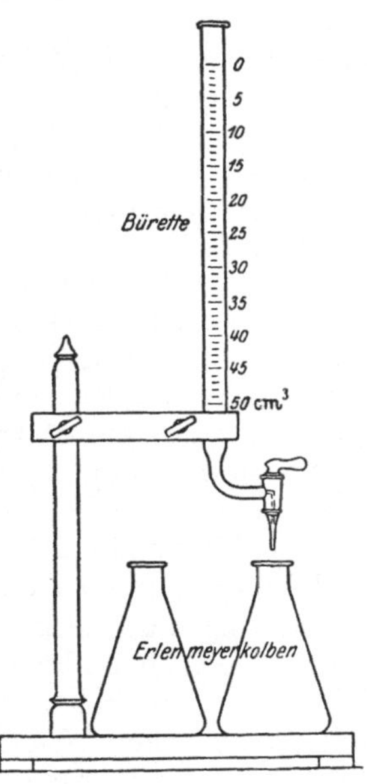

Abb. 230. Titriergerät.

kann; die Waage steht so hoch, daß der Niveauabfall während der Messung klein ist gegenüber der Ablaufhöhe; einige Zwischenablesungen dienen zur Kontrolle, ob die Einsaugung gleichmäßig ist. Die Salzlösung wird durch eine Leitung mit Hahn eingeführt und die angesaugte Menge so abgestimmt, daß eine zur Titrierung geeignete Verdünnung entsteht. Man entnimmt aus dem Auslauf eine Probe der Mischung, wohl auch mehrere während der Versuchsdauer; man hatte kurz vorher schon eine ungemischte Wasserprobe entnommen. Dieser Wasserprobe fügt man in demselben Verhältnis, auf welches man beim Einsaugen der starken Thiosulfatlösung rechnet, von der Thiosulfatlösung bei und ermittelt durch Titrierung die äquivalente Jodmenge einerseits der durch die Pumpe gegangenen Lösung, andererseits der bekannt verdünnten Lösung. Das Verhältnis der beiden verwendeten Mengen von Jodlösung ist das der beiden endgültigen Salzkonzentrationen.

Man kann auf 5000fache Verdünnung der Thiosulfatlösung rechnen, die etwa 1,61-normal ist; durch die Pumpe geht dann eine $\frac{1{,}61}{5000} = {}^1\!/_{3100}$-normale Salzlösung. Titriert man mit ${}^1\!/_{500}$-n-Jodlösung, indem man also 20 cm³ der ursprünglichen ${}^1\!/_{10}$-n-Jodlösung mit destilliertem Wasser auf (nicht: um) 1000 cm³ = 1 ltr verdünnt, so würde die zum Farbumschlag erforderliche Jodlösung zur Menge im Kolben im Verhältnis 500 : 3100 = 1 : 6,2 stehen, wenn man die 5000fache Verdünnung genau getroffen hat und wenn das verwendete Wasser indifferent ist. Gibt man also 200 cm³ in den Kolben, so braucht man 200 : 6,2 = 32,3 cm³ Jodlösung, was eine für die Genauigkeit der Messung passende Menge ist. Bei den angegebenen Verdünnungsverhältnissen ist der Farbumschlag auf 5 bis 6 Tropfen genau zu erkennen; für die Genauigkeit wäre eine größere Konzentration, die bei einem Tropfen den Umschlag gibt, besser, doch liegt die stärkere Verdünnung im Interesse der Kostenersparnis; auch bedeuten 6 Tropfen = 0,3 cm³ erst knapp 1% der verwendeten Jodlösung von 32,3 cm³, die Genauigkeit in dieser Hinsicht ist also befriedigend. 1 kg Natriumthiosulfat kostet etwa 0,10 DM, also sind die Versuchskosten mit 0,02 DM für 1 m³ Wasser unerheblich, da als Versuchsdauer wenige Minuten genügen. — Bedeutend höhere Konzentrationen der endgültigen Mischung sind bei nicht farblosem Wasser anzuwenden, und für Wasser, das stark mit Jod oder Thiosulfat reagiert, kann die Methode ganz unbrauchbar werden. Unbrauchbar ist sie zur Bestimmung der Solemenge in Kühlanlagen, wenn es sich um Chlormagnesiumsole handelt. Jedenfalls müssen einige Vorversuche über die mit Rücksicht auf die verlangte Genauigkeit anzuwendenden Mengen und Verdünnungen Aufschluß geben.

Man hat auch statt des Salzes einen *Farbstoff* zugesetzt. Die Konzentration nach erfolgter Beimengung zu der zu messenden Wassermenge wird bestimmt, indem man eine Probe der ursprünglichen Farblösung mit dem gleichen Wasser auf gleiche Farbintensität verdünnt, was mit dem Auge in kolorimetrischen Gefäßen (aus Apparatehandlungen zu beziehen) zu beurteilen ist. Als Farbstoff dient Fluoreszein, das noch in Verdünnungen von 1 : 100000 bis 1 : 1000000 quantitativ genau zu erkennen sein soll. In nicht farblosem Wasser soll Eosin besser zu erkennen sein, von dem man aber mehr braucht. Genauigkeit angeblich 1,5% mit Eosinlösung 1 : 1000. Verf. hat diese Genauigkeit bei weitem nicht erzielen können.

Die Genauigkeit dieser Messungen hängt übrigens davon ab, daß die Flüssigkeit gut durchgemischt wird, was am besten bei Peltonrädern erreicht wird. Die verfügbare Wassermenge für ein geplantes Kraftwerk zu messen, wird nur dann in gleicher Weise möglich sein, wenn der Wasserlauf genügend unruhig ist und wenn man die Entnahmestelle genügend entfernt von der Zusatzstelle wählen kann. Da für diesen Zweck nicht so große Genauigkeit nötig ist, so benützt man das *Salzgeschwindigkeitsverfahren* (S. 163).

39. Zähler. Von jedem Hausanschluß sind die Geräte zum Messen von Wasser und Gas bekannt, die man früher als Messer bezeichnete, die aber in der Eichordnung und im Sprachgebrauch jetzt *Wasserzähler* und *Gaszähler* heißen.

Die Zähler sind Motoren, in Betrieb gesetzt durch einen Druckunterschied zwischen Ein- und Austritt des gemessenen Mediums; es gibt Kolben- und Strömungsmaschinen und für gewisse Zwecke Kapselmotoren; alle diese Arten von Triebwerken werden auch als Zähler verwendet. Ein steigender Druckabfall läßt den Zähler schneller laufen, aber auch mehr Flüssigkeit hindurchgehen, seine Geschwindigkeit ist daher ein Maß für den jeweiligen Fluß, beide Wirkungen müssen einander proportional zunehmen, dann läuft das Zählwerk bei 2-, 3-, 4- . . .fachem Durchgang 2-, 3-, 4- . . .mal so schnell, und der Stand des Zählers ist ein Maß für die hindurchgegangene Menge. Nur bei kleinem Fluß versagt die Proportionalität bei den meisten Typen.

Die Zähler bestehen aus dem Laufwerk, eben einer kleinen Kraftmaschine, und dem Zählwerk, das die Drehzahl des Laufwerks herabsetzt, so weit nämlich, daß bei monatlichem oder noch seltenerem Ablesen der gesamte Meßbereich bestimmt nicht überschritten wird. Die Zeiger oder Zahlen laufen dann so langsam, daß sich kurzfristige Ablesungen, etwa von 5 zu 5 Minuten, kaum machen lassen. (Bei Stromzählern läßt sich allerdings die Zählscheibe selbst beobachten.) Für Laboratorien sollte der Zähler ein schnellaufendes Zählwerk haben, das weniger weit in die Tausende geht; durch Auswechseln einiger Zahnräder zwischen Laufwerk und Zählwerk ist das zu erreichen. Durch solches Auswechseln berichtigt man auch Differenzen im Gang des Zählers, wenn er also zuviel oder zuwenig zeigt; zur Feinregelung dient dann häufig ein Nebenschluß, ein feiner von außen einstellbarer Strahl, der das Meßwerk umgeht; dieser unterliegt dem gleichen Druckabfall wie das Kraftwerk, und beide folgen im Durchgang etwa dem quadratischen Gesetz; wenn der Zähler bei kleinem Fluß reichlich, bei großem knapp anzeigt oder umgekehrt, so wird daran kaum gebessert; dafür sind oft besondere, meist wirbelerzeugende Vorrichtungen vorhanden. Es sind das dann im Grunde dieselben beiden Vorrichtungen zum Nachregeln, die bei Zeigergeräten üblich sind (Abb. 4 und 5).

Flüssigkeitszähler werden bis 40 mm Anschlußweite, 20 cbm/h Nennbelastung als Hauswasserzähler mit Überwurfmuttern verschraubt, ab 50 mm Anschlußweite, 30 cbm/h Nennbelastung, mit Flanschen in die Leitung eingebaut. Die Nennbelastung ist diejenige, bei der sich 10 m WS Druckverlust einstellt; sie soll dauernd nicht durch den Zähler gehen, so soll der 20-cbm-Zähler nicht mehr als 40 cbm/Tag abgeben müssen, bei kleinerer Belastung geht der Druckverlust etwa noch einer Parabel zurück. Die Anzeige muß in den Grenzen $\pm 2\%$ richtig sein, sobald der Durchgang 5% oder mehr der Nennbelastung ist; bei kleinerer Belastung schließt sich ein Bereich mit $\pm 5\%$ Fehler an, und dann ist noch die Anlaufbelastung ein wichtiger Wert, von dem die Verluste durch schleichende Entnahme abhängen (Abb. 232).

Die Hauszähler bestehen aus dem Laufwerk, Flügelrad oder Ringkolben, das in eine Meßkammer drehbar eingebaut ist; damit verbunden

ist ein Übersetzungswerk, aus mehreren Zahnrädern bestehend; weiter
enthält der Zähler das eigentliche Zählwerk mit einem großen Zeiger
für die Einheiten; die
Zehner usw. werden
mit kleinen Zeigern
oder mit Rollen an-
gezeigt; und zwar
läuft beim Naßläufer
auch das Zählwerk
im Wasser, die Glas-
scheibe zum Ablesen
muß dann den Was-
serdruck aushalten;
beim Trockenläufer
sind Übersetzungswerk und
Zählwerk wasserdicht voneinander getrennt, eine kleine
Stopfbüchse läßt die Welle mit
Mitnehmer nach außen gehen.
Die Stopfbüchse gibt Reibung;
die wasserbespülte Glasscheibe
kann durch Schmutz oder chemische Einwirkung trübe werden; mit Verbesserung der
Wasseraufbereitung wird der
Naßläufer zunehmend verwendet. Meßwerk und Zählwerk
werden in ein Gehäuse eingesetzt, das seinerseits in der
Leitung sitzt, deren Durchgang
zu messen ist.

In der Meßkammer des
Flügelradzählers ist ein mehr-
flügeliges, sternförmiges Lauf-
rad, gegen welches der Wasserfluß schräg in der Laufrichtung auftrifft, indem er durch
schräg gebohrte Löcher eintritt. Das Wasser tritt durch
andere, entgegengesetzt schräg
gebohrte Löcher aus der Meßkammer aus und geht zum
Austritt. Der Zähler soll rück-
messend sein; dazu die schräge
Bohrung beim Auslauf; mit den
Einlauföffnungen wird Rück-

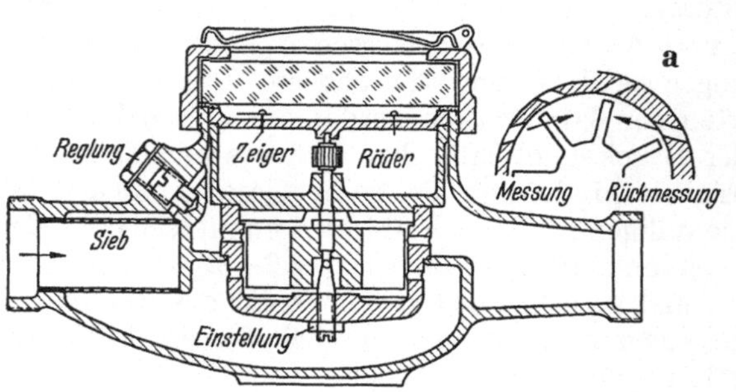

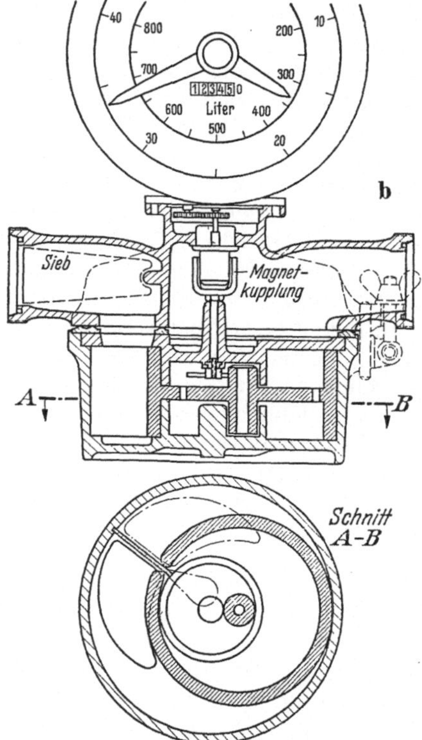

Abb. 231. Hauszähler. Anschlußweite 10 bis 40 mm,
ähnlich Industriezähler bis 150 mm. a Flügelradzähler: 10 Eintritts-, 8 Austrittslöcher, Rad hat
7 Flügel; Naßläufer. Fa. Siemens & Halske, Bopp
& Reuther, Pollux u. a. b Ringkolbenzähler, Trockenläufer mit Magnetkupplung statt Stopfbüchse.
Fa. Bopp & Reuther, Siemens & Halske, Pollux u. a.

lauf nicht gemessen, weil eine Öffnung nur beim Eintritt, nicht aber
beim Austritt einen Strahl ausbildet, Abb. 226.

Die Meßkammer des Ringkolbenzählers hat Ein- und Austritt nebeneinander auf der unteren und oberen Seite, der direkte Übergang des Wassers wird durch eine Trennwand verhindert. Am Ringkolben wird ein Punkt im Kreis um die Kammerachse herumgeführt, ein anderer Punkt kann nur längs der Trennwand gleiten, beide Führungen zusammen geben eine Bewegung ähnlich jener der Schubstange einer Kolbenmaschine, die Berührungslinie zwischen Ringkolben und innerer Kammerwand wandert im Kreis; im ganzen bildet sich auf der Eintrittsseite ein Hohlraum und verschwindet auf der anderen, und zwar außerhalb und auch innerhalb des Kolbens; im Innenraum hat die Scheidewand Öffnungen, um keinen merklichen Druckunterschied zwischen unten nach oben entstehen zu lassen. Dadurch wird Wasser transportiert, allerdings nicht gleichmäßig, sondern sinusartig pulsierend, wenn der Kolbenmittelpunkt gleichmäßig umläuft, oder umgekehrt bei gleichmäßigem Wasserstrom geht der Kolben wechselnd schnell; in Wahrheit dürfte sich beides bei mittleren Verhältnissen gegeneinander abgleichen. Auch in den beiden Symmetrielagen ist eine Triebkraft vorhanden (es sind also keine Totpunkte), einmal im Außenraum, einmal im Innenraum des Kolbens.

Der Ringkolbenzähler mißt also das Volumen, und zwar abgesehen von unvermeidlicher Undichtheit zwangläufig (englisch: positive meter). Als Anlaufmenge der größten Type wird daher 0,1% der Nennbelastung angegeben gegen 0,45% beim Flügelradzähler; jedoch werden Abnutzungen am Ringkolben größeren Einfluß haben als beim Flügelrad. Und die Abnutzung ist beachtlich. Die größten Hauszähler werden nach der Höchstbeanspruchung 20 cbm/h benannt, sollen aber im Monat nicht mehr als 600 cbm befördern müssen, bei gleichmäßigem Gang sind das 0,84 cbm/h, das ist nur 1,4% der Nennbelastung und entspricht nur 0,2 m/s Geschwindigkeit im Zuflußrohr; diese Zahlen drücken verschämt die Abnutzungsgefahr aus, demgegenüber erscheinen auch Anlaufmengen von 0,45% der Nennbelastung in anderem Licht. Der Zähler ist kein Gerät für Dauermessung, wenigstens ist er dann merklichen Abnutzungen unterworfen und von beschränkter Lebensdauer. Mancher Mißerfolg kommt von Nichtbeachtung dieser Zahlen. Für WOLTMAN-Zähler liegen die Verhältnisse günstiger, Abb. 232.

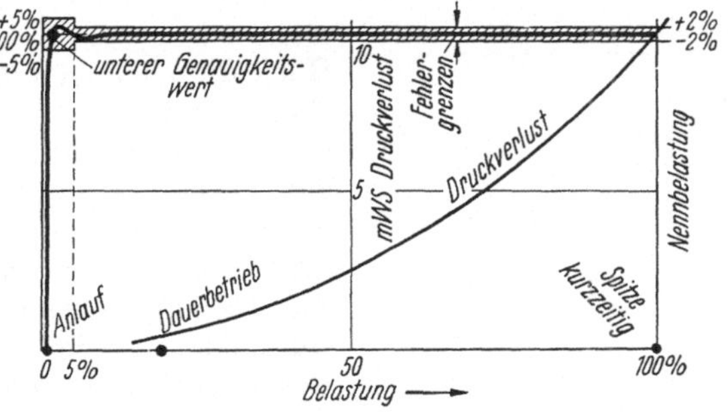

Abb. 232. Genauigkeit der WOLTMAN-Zähler, Abb. 233, bezogen auf die Nennbelastung. Eichvorschrift: schraffierte Fehlergrenze muß eingehalten werden.

Anschlußweiten von 50 mm an, heraufgehend bis zu 300 mm haben die Groß-Wasserzähler. Bis zu 150 mm werden sie auch als Flügelrad-

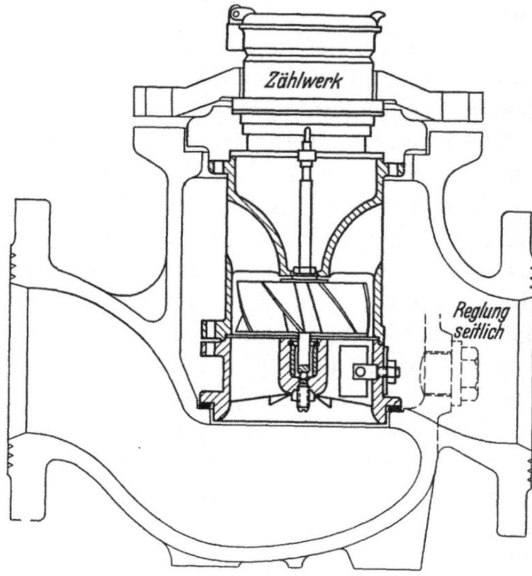

Abb. 233. WOLTMAN-Zähler für Heißwasser, deshalb Zählwerk hochliegend und magnetisch angekuppelt. Fa. Meinecke. Für den 100-mm-Messer wird angegeben:

Theoretisch bei 10 m WS Druckverlust 55 ltr/s
Höchstzulässig vorübergehend 50
bei 10 Std.-Betrieb: täglich 900 cbm 25
monatlich 14000 cbm 15,6
bei 24 Std.-Betrieb: täglich 1800 cbm 20,8
monatlich 28000 cbm 10,8
} Durchschnitt
Unterer Genauigkeitswert 0,850 cbm/h 0,236
Anlaufwert 0,450 0,125
Meßgenauigkeit $\pm$ 2% bei und über 9 cbm/h.

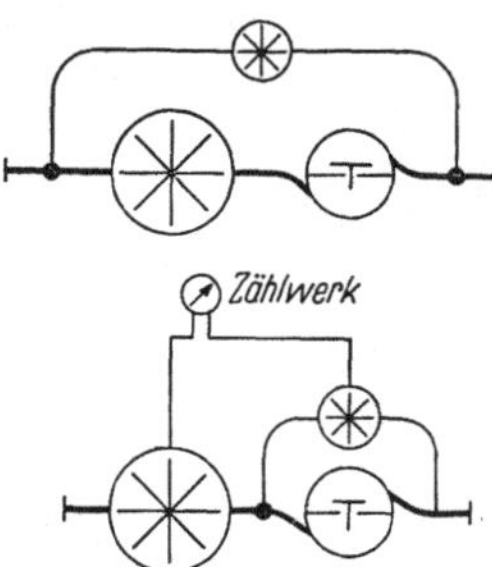

Abb. 234. Zählerkombinationen (Verbundzähler) mit Umschaltventil. Parallelschaltung gibt Fehler in Umschaltzone, wenn der Hauptmesser beim Schalten noch unter Anlaufgrenze ist; Hintereinanderschaltung mit gemeinsamem Zählwerk fehlerfrei, Zählwerk reagiert jeweils auf schneller laufenden Messer. ATM J. 1235. 2.

zähler ausgeführt, die sich dann von den Hauszählern außer durch die Größe noch durch ein größer ausgebildetes Sieb im Einlauf unterscheiden, da bei industriellen Wässern mehr Unreinigkeit zu erwarten ist. Durch alle Größen hindurch, für kaltes Wasser bis 1000 mm Weite, gehen die WOLTMAN-Zähler, die ein WOLTMAN-Rad mit schraubenartig gekrümmten Schaufeln im Wasserstrom haben; dieses schraubt sich durch das Wasser wie der hydrometrische Flügel. Gefälscht werden die Angaben durch einen Drall im Wasser; vor dem Flügel sitzt daher ein Leitgerät, um einen Drall zu beseitigen oder doch in mehrere kleine Dralle aufzulösen, die den Gang wenig beeinflussen. Beim Höchstdurchgang, 1600 cbm/h für den 300 mm WOLTMAN-Zähler, ist der Druckverlust nur 1 und bei kleineren Zählern 2 m; doch soll auch hier höchstens 15000 cbm/Tag hindurchgehen, die Dauerbeanspruchung also kleiner sein als die höchstzulässige; das leuchtet ohne weiteres ein: 1600 cbm/h = 440 ltr/s geben bei 300 mm Durchmesser oder 7 qdm Querschnitt eine Geschwindigkeit von 60 m/s, und selbst zu 15000 cbm/Tag sind noch 17 m/s zugeordnet. Im allgemeinen wird also der WOLTMAN-Zähler in einer Verjüngung der Rohrleitung eingebaut sein. Übrigens bietet er einen großen Vorteil: Das Rad läßt sich mit jeder Steigung ausführen, je steiler sie ist, desto langsamer läuft das Rad, bei gleicher Wassergeschwindigkeit allerdings auf Kosten der Anlaufmenge. Große Typen werden daher mit verschiedener Steighöhe des Rades ausgeführt. Wo neben gelegentlichem großen dauernd kleiner Wasserverbrauch zu erwarten ist, verwendet man Verbundzähler. ein

Woltman- und parallel dazu ein kleiner Nebenzähler; ein Klappenventil schaltet bei kleinem Durchgang den großen Zähler; man kommt so auf Meßbereiche wie 1 zu 1000 und mehr; Zählung gemeinsam oder getrennt.

Als Volumenmesser kommen die *Kapseltriebwerke* in Frage, wie in Abb. 240 für Gas gezeigt. Für Flüssigkeiten verschiedenster Art wird der Ovalradmesser benutzt, in dessen Gehäuse sich zwei miteinander verzahnte Verdrängerkörper aufeinander abwälzen; außen entsteht eine Art Labyrinthdichtung, innen dichten die ineinanderkämmenden Zähne besser ab, als es glatte Flächen täten, außerdem spart man bei dieser Ausführung gegenüber den eigentlichen Kapseltriebwerken (Abb. 240), bei denen die beiden Verdränger aufeinander gleiten, das sonst außen laufende Zahnräderpaar. Die Teilkreisprofile sind keine Ellipsen; sie sind durch die Bedingung bestimmt, daß die Teilkreise nicht aufeinander gleiten können, es muß, von der großen oder von der kleinen Achse ausgehend, zu jedem Winkel die gleiche Umfangstrecke gehören; nach dieser Bedingung dürfte sich die Kurve nur empirisch finden lassen. Der Ovalradzähler wird von 16 bis 300 mm Anschlußweite in ver-

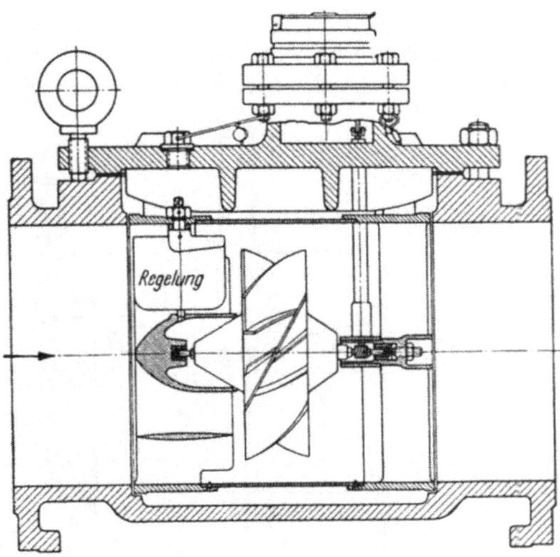

Abb. 235. Woltman-Zähler für unreine Wässer, Zylinder zum Reinigen herausnehmbar. Fa. Siemens & Halske.

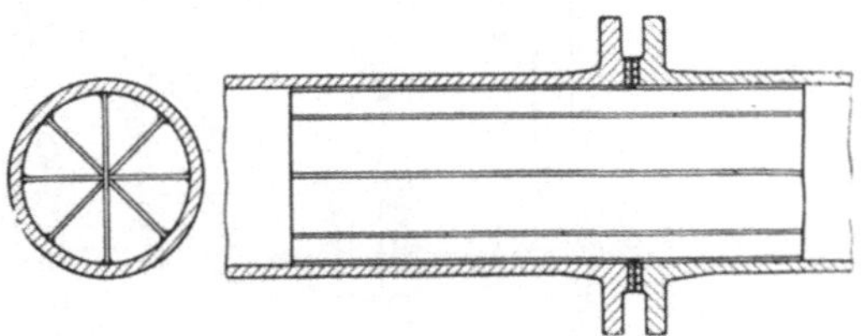

Abb. 236. Strahlregler vor Woltman-Zähler, wenn genügend Anlaufstrecke nicht möglich.

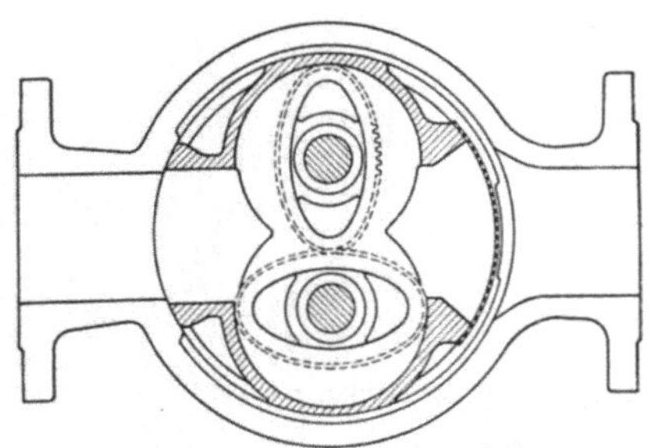

Abb. 237. Ovalradzähler. Kapselwerk mißt durch Verdrängung; Gestalt der Räder empirisch: von kleiner oder großer Achse beginnend müssen gleichen Bogenlängen solche Radien zugeordnet sein, die miteinander den Achsenabstand ergeben. Für Heißwasser Meßwerk freistehend. Fa. Bopp & Reuther. Vergleiche Abb. 240.

schiedensten Materialien ausgeführt, in einer leicht zu reinigenden Sonderausführung auch für Milch: Stopfbüchse vermieden, indem die Bewegung magnetisch nach außen übertragen wird, leicht zerlegbar.

12*

Besondere Anforderungen an die Wasserzähler stellt das Kesselhaus, zumal bei sehr heißem Speisewasser; in Sonderausführung werden Flügelrad-, Ringkolben-, WOLTMAN- und Ovalradzähler hierfür an-

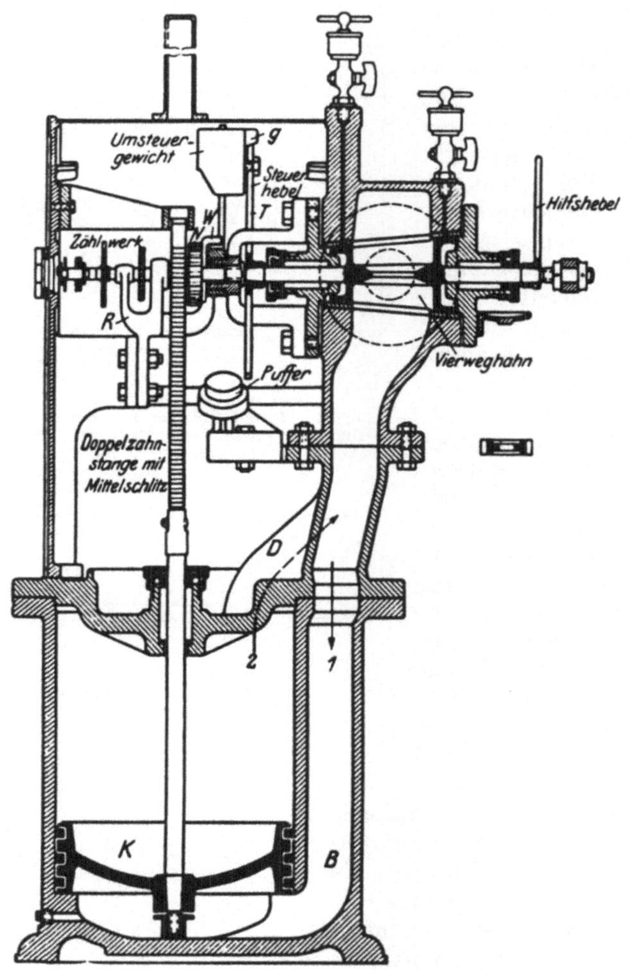

Abb. 238. **Kolbenzähler.** Kolben stellt an den Hubenden den Vierweghahn um: Nase W mit dem an der Zahnstange hin- und hergehenden Zahnrad N hebt Umsteuergewicht in obere Stellung, bis es herumschlägt und mit Nase g den Steuerhebel T und den Hahn mitnimmt; Gummipuffer fangen sie ab. Hilfshebel läßt die Umsteuerung bei Bedarf vorzeitig von Hand machen. Hübe je nach Geschwindigkeit verschieden lang, gemessen wird nicht Hubzahl, sondern Hubweg; aufwärts und abwärts gibt stets Vorwärtsbewegung des Zählwerkes mittels zweier Sperrkegeltriebe; Rückflüsse (Speiseventil undicht, Pendelungen zwischen 2 Windkesseln) werden positiv gemessen! Zahl der Doppelhübe etwa 5/min, sonst wird durch Druckabfall Reibung Steuerhahn zu groß, und es gibt Störungen. Auch mit Probenehmer, kleiner Kolbenpumpe, ausgestattet, wie bei Abb. 206. Größte Type, über 2 m hoch, schafft 90 cbm/h dauernd, Druckverlust 0,1at. Nebenfigur: Querschnitt der Zahnstange. Fa. Eckardt.

geboten, mit Nickellaufwerk, das Meßwerk hochgezogen, um es kühl zu legen. Auch Kolbenzähler dienen für Speisewasser, haben sich dort, aber auch für Öl und andere, auch zähe Flüssigkeiten, bewährt.

Zur Speisewassermessung dienten vielfach offene Wasserzähler, hin und her kippend, Abb. 205; sie werden seltener dafür verwendet, seit man erkannt hat, wie schädlich Luft im Kesselwasser ist. Eingekapselt sind regelmäßig die dreiteiligen Kippzähler, Abb. 206, 207, bei denen ebenfalls das Kippen eingeleitet wird, indem das Hauptgefäß, wenn voll, exzentrisch überläuft und eine einseitige Belastung ergibt. Diese Zähler messen bei Städteheizungen in Gestalt des Kondensates den Verbrauch des einzelnen Hauses und der einzelnen Haushaltung; sie messen auch das Kondensat von Destillierkolonnen, insbesondere sind sie für Überwachung der Alkoholkolonnen von der Steuerbehörde als eichfähig zugelassen, wie auf S. 153 berichtet.

Nasse Gaszähler beherrschten bis zur Jahrhundertwende auch das Gebiet der städtischen Versorgung; sie sind hier durch die trockenen Zähler abgelöst: ein wesentlich rechteckiger Kasten ist durch einen waagerechten Boden in den oberen Raum für die Steuerung und den unteren für die Verdrängerscheiben zerlegt; der untere Raum ist wieder durch eine stehende Wand in zwei Räume geteilt, in deren jedem sich eine Art Blasbalg bewegt; die an Lenkern aufgehängten Verdrängerscheiben sind mit Lederbälgen abgedichtet. Es entstehen also vier Räume, die einer doppeltwirkenden Zwillingsmaschine entsprechen, und in der Tat sind die beiden Verdrängerscheiben, indem sie durch Lenker und Lenkerwelle auf eine Steuerwelle wirken, wie bei einer Zwillingsmaschine gezwungen, in der Hin- und Herbewegung mit 90% Versetzung gegeneinander zu arbeiten. Zum Steuern dienen Flachschieber, auch Ventile, deren Bewegung von der Steuerwelle abgeleitet ist. Nennenswerte Über- oder Unterdrucke sind nicht zulässig, weil das Gehäuse aus schwachem, allerdings durch Formgebung versteiftem Blech besteht: doch kann man den ganzen Messer in einen druckfesten Topf setzen und den Auslaß nach außen führen. Im Kriege wurden Gehäuse und Werk auf Kunststoff umgestellt, eine Änderung, die man beibehalten hat.

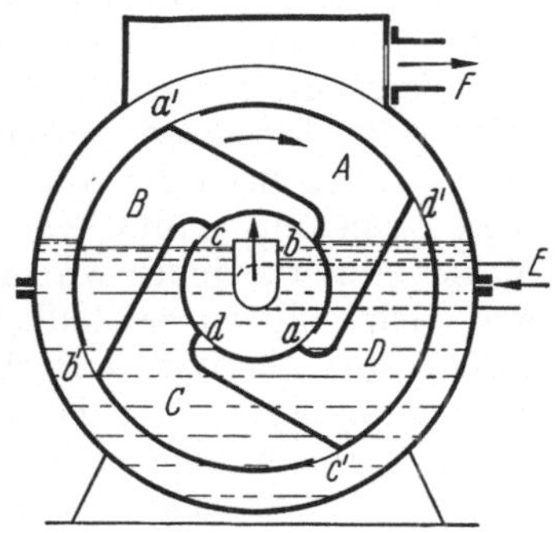

Abb. 239. Prinzip des nassen Gaszählers. Gaseintritt in der Achse, Kammer B durch b fast gefüllt, b' ist verschlossen, C beginnt sich zu füllen: A entleert sich durch a' nach oben, D ist fast entleert; Drehung der Trommel stetig, weil Wasserspiegel rechts (bei Nennleistung etwa 4 mm) höher steht als links. Bei der üblichen CROSSLEY-Trommel geht Gas nicht radial, sondern axial.

Da mit der Zeit die Steuerorgane undicht werden, hat der trockne Gaszähler ähnlich wie die Wasserzähler eine gewisse Anlaufmenge, bei kleinem Durchgang eine Mindermessung. Demgegenüber lassen die nassen Gaszähler infolge des Wasserverschlusses grundsätzlich nichts ungemessen durch; ein Überlauf sorgt für richtigen Wasserstand, ferner muß der Wasserspiegel ruhig sein, also sind nur kleine Drehzahlen des Läufers zugelassen, etwa 2 Umläufe in der Minute; sonst entsteht ein schlurfendes Geräusch durch unregelmäßigen Abschluß der Kanten. Daher sind die nassen Gaszähler wenig leistungsfähig und werden voluminös. Sie sind als Experimentiergasmesser bis 2 Zoll Anschlußweite für Heizwertbestimmungen und ähnliche Versuche noch in Benutzung. Außerhalb des Laboratoriums dienen auch trockne Gaszähler für solche Zwecke, weil sie leichter sind, nicht erst gefüllt zu werden brauchen und sich schneller der Temperatur und deren Schwankungen angleichen; sie bauen sich auch kleiner, da sie immerhin 3 bis 4 Spiele in der Minute machen. Beim Nenndurchgang haben die trocknen Zähler etwa 6, die nassen 4 mm WS Druckverlust.

Für die Messung ist der Druck und die Temperatur des Gases in der sich füllenden Kammer am Ende der Füllperiode maßgebend; der Druck dort ist der des eintretenden Gases; die Temperatur aber mehr oder weniger schon an die des Messers angeglichen, ist also am Austritt zu messen. Die Angleichung ist beim nassen Messer vollkommener als beim trocknen, und auch insofern ist der nasse meßtechnisch im Vorteil, als das Gas mit Wasserdampf gesättigt ist; beim trocknen kann der Feuchtigkeitsgrad unsicher sein.

Geeicht werden die Gaszähler mit Kubizierapparaten (Abb. 224), solche werden für den Bedarf öffentlicher Gaswerke listenmäßig hergestellt. Die Eichung pflegt für Gaswerkszwecke bei 40 mm WS Überdruck zu geschehen, sonst möglichst unter den Verhältnissen des Versuchs, für einen Sauggasmotor also bei Unterdruck. Ist die Glocke für den Messer zu klein, so füllt man sie wiederholt und schickt eine Füllung nach der anderen durch den Messer. Große Messer eicht man auch mit Hilfe eines kleineren Normalmessers; durch beide Messer hintereinander wird die gleiche beliebige Luftmenge geschickt. Man eicht mit der sekundlichen Luftmenge, welche der Normalmesser zuläßt, und benutzt den größeren dann bis zu der Drehzahl, die erfahrungsmäßig zulässig ist. Besser ist es, mehrere parallel geschaltete kleine Normalmesser zu verwenden, deren Gesamtleistung der Höchstleistung des zu eichenden Messers gleichkommt. Neben diesen Methoden hat sich als Urgerät für große Flüsse von Gasen die Blende (§ 41), mit Wasser geeicht und nach den Regeln der Strömungslehre auf Luft umgerechnet, als ebenso zuverlässig erwiesen, sie wird auch von der Physikalisch-Technischen Bundesanstalt anerkannt. Für Wasser stehen große geeichte Behälter eher zur Verfügung (Siemens & Halske, Bopp & Reuther, Voith, Hartmann & Braun) als für Luft, und Wasser ändert sein Volumen nicht mit der Temperatur, ist also, wie schon am Eingang von § 37 gesagt, genauer meßbar.

Mißt man den Verbrauch einer Gasmaschine, so stört der intermittierende, hubweise stattfindende Verbrauch der Maschine den Gang des Messers. Dann schafft ein zwischengeschalteter Behälter von genügender Größe oder — wenn das Gas unter Druck steht — ein nachgiebiger Beutel aus gummiertem Stoff Abhilfe. Steht das Gas unter Saugspannung, so kann man einen runden Behälter oder eine runde flache Dose mit gummiertem Stoff verschließen und, etwa durch Federn, dafür sorgen, daß der Stoff nicht eingesaugt wird und also nachgiebig bleibt.

Für technische Betriebszwecke bei größerem Durchgang, auch als Stationsmesser im Gaswerk, sind die nassen Zähler außer Gebrauch gekommen, sie werden groß und wenig leistungsfähig. Man hat sich geholfen durch eine Rohrverzweigung, jeder Zweig hat eine Blende nach den Regeln der Durchflußmessung, in den kleineren Zweig kommt ein Zähler, der nun einen dem Blendenverhältnis entsprechenden kleineren Strom zu messen hat. Inzwischen dienen aber für solche Zwecke Zähler nach Art der Roots-Gebläse, Kapselwerke also, die kaum noch zum Apparatebau, sondern zum Maschinenbau zu rechnen sind. Wie beim Ovalradzähler laufen zwei Verdränger nebeneinander, allerdings anders miteinander wirkend als bei jenem, nämlich als zweizähnige Zykloiden-Zahnräder, deren Flanken aufeinander gleiten; sie bedürfen eines äußeren Zahnradpaares, um Gleichlauf zu erreichen. Kleine laufen mit Drehzahlen über 2000 min, die Zähler werden mit Anschlußweiten bis 1000 mm gefertigt und liefern dann bis zu 30000 cbm/h. Der Druckverlust zum Betrieb des Messers geht bis 25 mm WS, ist also nicht erheblich; er entspricht beim größten Zähler und bei Vollast 2 kW Leistungsaufwand.

Ein Bedarf hierfür entstand durch die Gasfernversorgung, wie sie vom Ruhrgebiet nach Hannover, Berlin und Frankfurt reicht; auch innerhalb des Ruhrgebiets wird Gas von einem an den anderen Betrieb abgegeben. Da all das gegen Entgelt geschieht, so bedarf es eines eichfähigen Meßgerätes. Strömungsmesser mit Drosselgerät sind zur Eichung

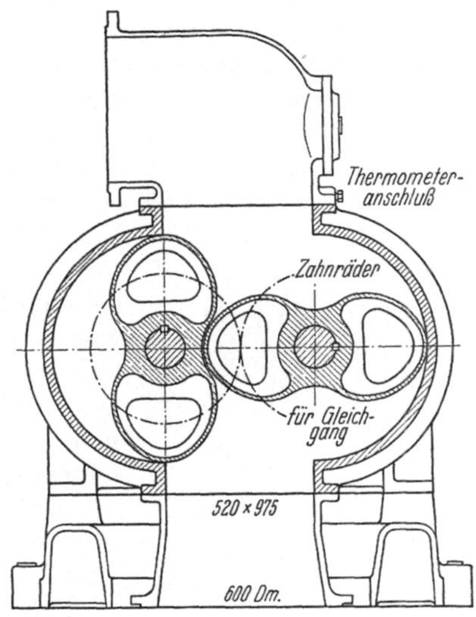

Abb. 240. Kapselrad-Gaszähler für 600 mm Anschluß, Nenndruck 2,5 at, Fördervolumen 0,25 cbm je Umlauf, Drehzahl bis 200/min, Druckverlust 25 mm WS entsprechend 0,2 kW Energieaufwand. Für staubige Gase nach Bedarf Ölspülung. Betrieb geräuschvoll. Die beiden Verdränger lassen sich als zweizähnige Zykloiden-Zahnräder konstruieren. Fa. Aerzen, ähnlich Pintsch. Vergleiche Abb. 237.

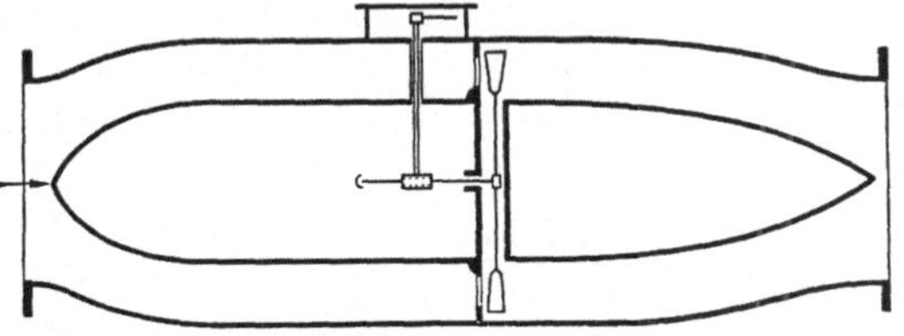

Abb. 241. Schraubenradzähler, ebenfalls für größere Gasmengen und höheren Druck; der anemometerartige Kranz des Laufrades wird vom Gasstrom angeblasen, Gasstrom tritt aus dem Ringspalt, der innen wie eine Normdüse, außen wie eine Normblende gestaltet ist: nach Abb. 246 gleichen sich bei kleiner Gasmenge beider Abweichungen gegeneinander aus. Fa. Elster.

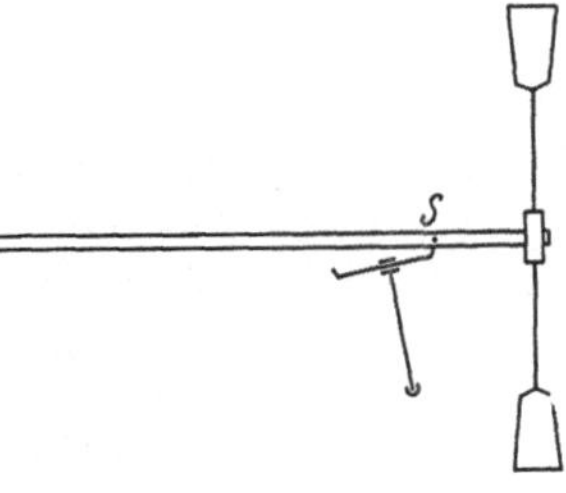

Abb. 242. Lagerung des Schraubenrades Abb. 241 auf körbchenförmigem schräggestelltem Stützrad, das den Schwerpunkt stützt: also keine weitere Lagerung, nur Führungen ohne Lagerdruck.

nur bedingt zugelassen (S. 14). Dazu wird bei der Fortleitung meist ein hoher Druck angewandt; auch in der chemischen Industrie liegt ein Bedarf nach der Messung von Gasen bei höheren Drucken vor. Die Drehkolbenzähler nun werden mit Gehäusen bis zu 25 at Nenndruck bei 500 mm Anschlußweite ausgeführt. Für die Wirkung des Meßwerks ist der Druck belanglos, gemessen wird das durchgesetzte Volumen; bei 25 atü ist also das gelieferte Gewicht 26mal so groß wie es bei Atmosphärendruck und gleicher Drehzahl wäre; eine Nennbelastung 10000 cbm/h bei 25 atü bedeutet also 260000 Ncbm/h bei gewöhnlichem Druck, sehr erhebliche Flüsse lassen sich so messen. Da Druck- und Temperaturschwankungen die Messung beeinflussen, so schreibt man beide laufend auf und berechnet die wirkliche Lieferung mittels einer Tabelle nach dem Mittelwert.

Bei großen Druckschwankungen genügt es nicht, mit dem Mittelwert zu rechnen; am Ende einer Fernleitung richtet sich der Enddruck nach der jeweiligen Lieferung auch an Nachbarabnehmer, wenn der Anfangsdruck eingehalten wird. Für solche Fälle erhalten die Zähler einen *Umwerter*, der den jeweiligen Zustand mit dem Volumen einer abgeschlossenen Luftmenge gleichen Drucks und gleicher Temperatur vergleicht (vgl. Abb. 180) und die Verbindung zwischen Meß- und Zählwerk so beeinflußt, daß letzteres den berichtigten Wert anzeigt. Der Umwerter ist in Deutschland eichfähig, wenn er auf 0° 760 Torr umwertet.

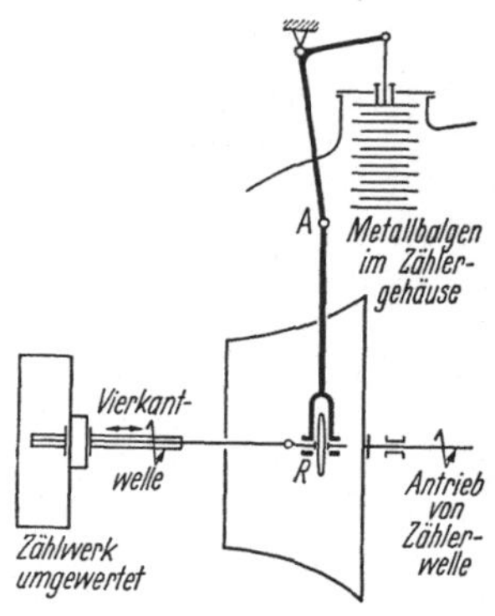

Abb. 243. Prinzip des Umwerters zu Abb. 240. Reibrolle und Zählwerk liegen vor der Bildebene. Übersetzung von Zählerwelle zum Zählwerk wechselt je nach Stellung der Reibrolle R. Abgeschlossene Luftmenge im Metallbalgen gleicht sich nach Temperatur und Druck mit dem umgebenden Gas ab, verschiebt Gelenk A waagrecht und stellt das Reibrad schräg, dieses wandert auf dem Profilrad, bis Hebel $A\,R$ wieder senkrecht hängt; Verstellkraft wird von der Zählerwelle geliefert, nicht vom Balgen. Eichfähig, Fehlergrenze 1%. Fa. Pintsch.

40. Durchflußmessung; REYNOLDSsche Zahl. Eine spezifisch technische Meßmethode, die sich für schwachen wie für starken Fluß, für Gase wie für Flüssigkeiten eignet, ist die Verwendung von *Drosselgeräten*, durch die der zu messende Fluß gedrosselt wird und als Strahl austritt. Die (größte) Geschwindigkeit im (kleinsten) Strahlquerschnitt sei w m/s. Ihr entspricht dann ein Druckabfall $\Delta P = \gamma\, w^2/2\, g$ [kg/m²], der als *Wirkdruck* ein Maß für den Fluß ist.

. Die durch das Drosselgerät vom Durchmesser d und vom Querschnitt $f = \frac{1}{4}\,\pi\, d^2$ ausfließende Menge ist also theoretisch

$$V = f\,\sqrt{2\,g\,\Delta P/\gamma}\;[\text{m}^3/\text{s}] \quad \text{oder} \quad G = f\,\sqrt{2\,g\,\Delta P\,\gamma}\;[\text{kg/s}]\ldots \quad (1)$$

Aus beiden folgt $\sqrt{VG} = f\,\sqrt{2\,g\,\Delta P}$; der Wirkdruck ergibt also zunächst $\sqrt{VG}$, und es bedarf des spezifischen Gewichts γ kg/cbm, um das Volumen V oder das Gewicht G zu finden.

Die quadratische Beziehung zwischen Fluß und Druck trifft erfahrungsgemäß gut zu, wenn die Geschwindigkeit einen gewissen, durch die REYNOLDSsche Zahl Re gekennzeichneten Mindestwert hat. Dann ist eine in weiten Grenzen konstante *Durchflußzahl* α rechts vorzusetzen, um der Tatsache Rechnung zu tragen, daß der zu ΔP zugeordnete Fluß (meist) kleiner ist, als nach den Formeln (1) zu erwarten. Hierfür gibt es mehrere Gründe.

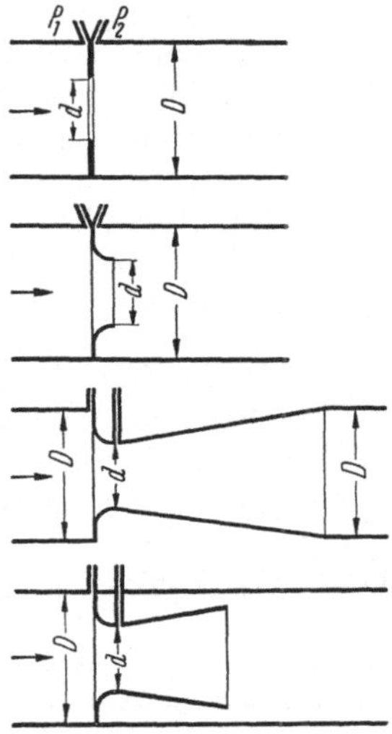

1. Die Öffnung kann an einem Gefäß von größeren Abmessungen angebracht sein, so daß die Flüssigkeit (das Gas) aus der Öffnung herausfließt; oder sie kann in eine Rohrleitung eingesetzt sein, die Flüssigkeit fließt durch die Öffnung hindurch; man spricht von einer *Ausflußmessung* oder einer *Durchflußmessung*. Letzten Endes kommt es weniger darauf an, ob die Flüssigkeit aus einem Gefäß oder einem Rohr kommt, als darauf, ob sie vor dem Ausfluß in Ruhe war oder vor dem Durchfluß schon eine *Vorgeschwindigkeit* je nach der Rohrweite D [m] hatte; der Ausfluß stellt einen Grenzfall des Durchflusses dar, bei dem die Öffnung klein im Verhältnis zu dem die Flüssigkeit herbeibringenden Querschnitt ist. Bei kreisrunden Öffnungen vom Durchmesser d in kreisrunder Rohrleitung vom Durchmesser D ist das *Öffnungsverhältnis* $m = f/F = d^2/D^2$ oder $\sqrt{m} = d/D$ ein Maß für die Vorgeschwindigkeit. Die Gleichungen (1) beziehen sich dann auf den Geschwindigkeitszuwachs, und zwar auf den quadratischen, $w_2^2 - w_1^2$. Da die Verhältnisse beim Durchfluß besser erforscht sind, werden Ausflußmessungen seltener angewendet, sie sind nicht genormt.

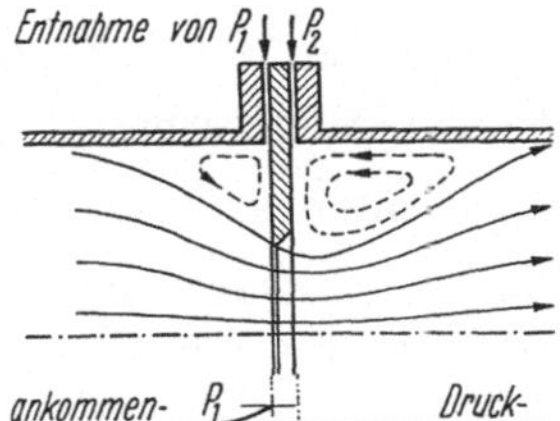

Abb. 244. Blende, Düse, Venturidüse lang und abgekürzt, als Drosselgeräte.

2. Als Drosselgerät kann eine scharfkantige *Blende* oder eine abgerundete *Düse* verwendet werden; infolge der Massenwirkung kontrahiert sich der Strahl, wenn bei der Blende die Flüssigkeit von allen Seiten herbeiströmt, und ist erst ein Stück vor der Blendenebene parallel gerichtet; bei der Düse wird die Strömung durch deren Gestaltung parallel gerichtet, und es findet keine weitere Kontraktion statt.

3. Die Reibung der Strömung an der Wand und im Innern, also die Zähigkeit der Flüssigkeit (L. 196), verzögert die Geschwindigkeit

Abb. 245. Druckverlauf an der Blende: davor Anstieg des Druckes, dahinter ein Teil des Druckabfalles wiedergewonnen: präzise definierter Wirkdruck ΔP nur, wenn Entnahme von P_1 und P_2 ganz im Winkel statthat. Druckverlust etwa $(1-m)\,\Delta P$.

des Strahls gegenüber dem Sollwert. Man unterscheidet zwei Arten der Zähigkeit: die *kinematische Zähigkeit* η ist ein Maß für den Gleitwiderstand zweier Flüssigkeitsschichten aufeinander, ihre Einheit ist der Widerstand in [kg] zweier in 1 m Abstand voneinander mit 1 m/s

Geschwindigkeit aufeinander gleitender Schichten, Dimension also $\dfrac{\text{kg}}{\text{m}\cdot\text{m/s}} = \left[\dfrac{\text{kg}\cdot\text{s}}{\text{m}^2}\right]$; man kann η anschaulich als *Zähigkeit der Gleitung* kennzeichnen. Im cgs-System gilt die Poise (nach POISEUILLE) als Einheit, Umrechnung: 1 kgs/m² = 98,1 P.

Zur *dynamischen Zähigkeit* v kommt man etwa, wenn man eine Flasche schüttelt und beobachtet, wie schnell der Inhalt sich beruhigt; das hängt von der inneren Reibung, aber auch von der Massenwirkung der bewegten Flüssigkeit, von ihrer Dichte $\varrho = \gamma/g$ ab, die schwerere Flüssigkeit kommt langsamer zur Ruhe, ist also scheinbar weniger zähe; demnach hat die dynamische Zähigkeit $v = \eta/\varrho = \eta g/\gamma$ die Dimension $\dfrac{(\text{kg}\cdot\text{s/m}^2)\cdot(\text{m/s}^2)}{\text{kg/m}^3} = [\text{m}^2/\text{s}]$; man kann sie anschaulich als *Zähigkeit der Dämpfung* bezeichnen. Ihr Kehrwert heißt die *Fluidität*. In Tabellen wird meist η gegeben, weil es sich weniger als v mit dem Zustand des Stoffs, bei Gasen auch nicht mit dem Druck, ändert; v wird dann daraus berechnet. Im cgs-System gilt die Stok (nach STOKES) als Einheit, Umrechnung: 1 m²/s = 10⁴ St. — Man vergleiche DIN 1942, Zähigkeit, und DIN 53655 Umrechnungen aus Englergraden.

Tabelle 12. Kinematische Zähigkeit $10^6\, v\ [\text{m}^2\,\text{s}^{-1}]$

	Wasserdampf					Luft		
	gesättigt	200°	300°	400°		0°	50°	100°
Abs. Druck 1 at	21,3	35,3	52,8	74,2	1 at	13,3	17,9	23,1
5 at	6,08	7,5	11,0	15,0	5 at	2,68	3,74	5,06
10 at	3,76	4,05	5,62	7,63	10 at	1,3	1,9	2,5
20 at	2,30	—	2,94	3,97		Wasser		
40 at	1,37	—	1,56	2,04		1,8	0,57	0,30

Die Einflüsse der Geschwindigkeit w und der Zähigkeit v auf die Kontraktionsverhältnisse werden zusammengefaßt. Bildet man den Quotienten w/v, so hat er die Dimension $\dfrac{\text{m/s}}{\text{m}^2/\text{s}} = [\text{m}^{-1}]$; fügt man im Zähler des Quotienten eine Längenabmessung hinzu, als welche wir den Rohrdurchmesser $D\,[\text{m}]$ wählen, so ist

$$Re = \frac{Dw}{v}$$

die dimensionslose *REYNOLDSsche Zahl*.

Diese Zahl hat also keine Dimension, keine Benennung, sie hat einfach einen Zahlenwert, vielleicht $Re = 200000$. Das bedeutet zunächst, daß dieser Wert in allen Maßsystemen derselbe ist; auch im englischen, im cgs-System ist unter gleichen Verhältnissen $Re = 200000$, obwohl D, w und v im anderen System andere Zahlenwerte haben. Jede solche allgemein gültige Zahl Re kennzeichnet nun eine Strömung in dem Sinn, daß Strömungen dann einander gleichartig verlaufen, wenn sich aus den Werten D, w und v dieselbe Zahl $Re = D\,w/v$ errechnet. Diese Behauptung der unter dem Namen *Ähnlichkeitslehre* bekannten Theorie wird durch die Erfahrung bestätigt. Für unsere Zwecke leistet die Zahl Re das folgende:

1. Sind zwei Anordnungen von Drosselgeräten durch den Wert D vergleichbar gekennzeichnet, so heißt das, sie seien einander in allem geometrisch ähnlich: ist der Rohrdurchmesser D doppelt so groß, so sind alle anderen die Strömung beeinflussenden Abmessungen auch zu verdoppeln. Dann braucht man nur w/v halb so groß wie bisher zu machen, um dasselbe Re und also eine gleichartige, eine geometrisch ähnliche Strömung zu erhalten. Man kann die bei kleinem Durchmesser D gefundene Vorzahl α auf den großen Durchmesser übertragen, bei dem Versuche schwieriger zu machen sind, oder auf einen beliebigen Durchmesser, mit dem Versuche nicht gerade vorliegen.

2. Für eine bestimmte, durch den Durchmesser D gekennzeichnete Versuchsanordnung sei mit einem Stoff der Zähigkeit v eine Versuchsreihe mit wechselnder Geschwindigkeit w gemacht; dann gelten deren Ergebnisse auch für andere Stoffe in dem Sinn, daß geometrisch ähnliche Strömungsverhältnisse eintreten, wenn die Geschwindigkeit w sich ebenso verändert hat wie v, so daß das Verhältnis w/v und daher Re wieder denselben Wert hat. Versuchsergebnisse lassen sich also auf Stoffe übertragen, mit denen Versuche schwer zu machen sind, jedenfalls aber nicht vorliegen. So lassen sich Schwimmer-Dampfmesser (§ 44) mit Wasser eichen und die Skala auf Wasserdampf irgendeines Zustandes oder auf andere Dämpfe nach deren v-Werten umrechnen. Dabei kann es allerdings an den erforderlichen v-Werten auch heute noch fehlen.

Die Reynoldssche Zahl läßt also von einer Abmessung auf andere, sie läßt auch von einem Stoff auf andere Stoffe oder auf ihn selbst bei anderer Temperatur schließen; und natürlich läßt sich auch beides, Abmessung und Stoff, zugleich verändern. Bekanntlich soll man Versuchsergebnisse nicht extrapolieren, nicht über den Versuchsbereich hinaus als gleichmäßig weitergehend ansehen; hier aber handelt es sich beim Schluß von Klein auf Groß nicht um eine Extrapolation von Meßwerten, sondern um eine gesetzmäßige Übertragung. Man wird auch solche Übertragung in vernünftigen Grenzen halten, dies auch deshalb, weil eine völlige geometrische Ähnlichkeit aller Teile nicht zu erreichen ist; namentlich die Oberflächen der Bauteile, zumal gegossener oder gewalzter Rohre, haben eben einen gewissen Wert der Rauhigkeit, sind aber nicht bei doppelten Abmessungen doppelt so rauh, und ebenso geht es bei Verschmutzungen, die überhaupt ein schwieriges Kapitel sind.

Eine erhebliche Vereinfachung ergibt sich aus der Beobachtung, daß die Kontraktionszahl α in weiten Grenzen unabhängig von Re ist; Abb. 246 zeigt das für eine Düse und für eine Blende. Erst wenn Re unter einen gewissen Wert kommt — wenn nämlich die im allgemeinen turbulente Strömung in die schlichte übergeht, weil w klein oder v groß ist —, ändert sich α merklich.

Nun gilt aber die quadratische Beziehung 1) nur für Flüssigkeiten, bei denen sich das Volumen mit dem Druck nicht verändert; Gase vergrößern ihr Volumen, weil im Strahl der Druck kleiner wird, zugleich verringert sich die Temperatur im Strahl, für die Ausströmung der Gase und Dämpfe gelten daher die Formeln von DE ST. VENANT und WANTZEL (s. u.). Zu diesen ist 1) eine Annäherung, mit der man sich zufrieden geben kann, wenn der Druckabfall klein ist im Verhältnis zum absoluten Druck; bei etwas größerem Druckabfall, also Wirkdruck, wird die Expansion der Gase oder Dämpfe durch eine *Expansionszahl* ε kleiner als Eins berücksichtigt, die zur Kontraktionszahl α hinzutritt.

Die REYNOLDSsche Zahl Re ist ohne Benennung und daher unabhängig von den speziellen Maßen, sofern nur die Ähnlichkeit gewahrt ist, unabhängig vom Maßsystem, also dieselbe im englischen wie im deutschen, im technischen oder cgs-System; nur müssen die drei Größen w, D und v im selben Maßsystem ausgedrückt sein; gibt der Techniker w in m/s, so darf er nicht D in mm einsetzen, was an sich seine zweckmäßige Gewohnheit ist. Gleichwohl kann Re unter gleichen Verhältnissen verschiedene Werte annehmen; der Techniker bezieht Re auf den Durchmesser D des Rohres, der Physiker auf dessen Radius R, dann ist natürlich $Re_R = \frac{1}{2} \cdot Re_D$; ferner könnte man als Bezugslänge den Durchmesser $d = m\,D$ der Drosselöffnung statt den des Rohres wählen, dann denkt man verschieden weite

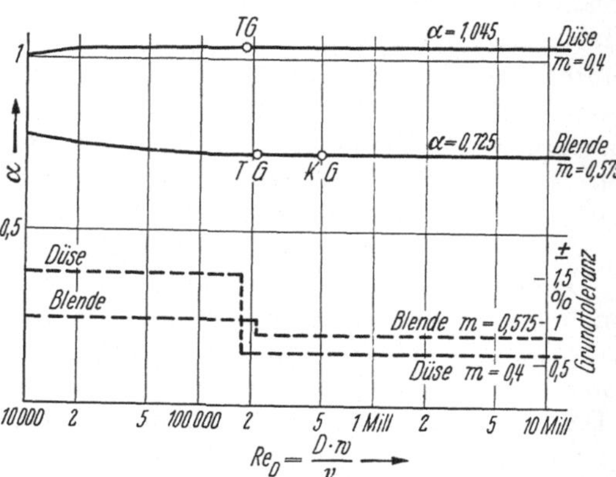

Abb. 246. Kontraktionszahl α nach Din 1942, für die Normdüse $m = 0,4$ und die Normblende $m = 0,575$, die beide denselben Druckverlust geben, bei verschiedenem Re_D (nach oben unbegrenzt, nach unten etwa bis $Re_D = 10000$ untersucht). Verlauf kennzeichnend auch für andere Werte von m: bei großem Re_D (häufigster Fall) ist α unabhängig von Re_D bis herab zur Konstanzgrenze $K\,G$, die bei der Düse zugleich Toleranzgrenze $T\,G$ ist; oberhalb der $T\,G$ gelten Meßwerte bei Werten m bis etwa 0,35 mit der Grundtoleranz $\pm$ 0,5% für Düse und Blende, für größere Werte m langsam steigend, daher in der Abbildung beide $> 0,5$; an der $T\,G$ beginnt der Strom in schlichten Zustand überzugehen (w klein oder v groß!), die Toleranzen springen für alle Werte m auf $\pm$ 1,5% (Düse) und $\pm$ 1% (Blende).

Rohre um eine Blende herum aufgebaut, statt: verschiedene Blenden in eine Rohrleitung eingebaut; dabei würde $Re_d = m\,Re_D$. Ob man das tun soll, ist eine Zweckmäßigkeitsfrage; es wäre für die Darstellung unzweckmäßig, denn wenn in der Darstellung über Re_D der Beginn der Turbulenz (die Toleranzgrenze) von $m = 0,05$ bis $m = 0,7$ um eine reichliche Zehnerpotenz streut, so würde, über Re_d, die Streuung viel größer sein. Das hindert nicht, daß gelegentlich auch die andere Darstellung übersichtlichere Bilder ergibt. Wichtig bleibt es nur, eine dimensionslose Zahl zu haben, an der das Maßsystem gewissermaßen keinen Angriffspunkt findet. Und man wird Irrtümer vermeiden, wenn man immer bei derselben einmal gewählten Darstellung bleibt. Die Regeln des VDI rechnen mit D[m]. —

Für Flüssigkeiten gilt also

$$G = \alpha \cdot f \sqrt{2\,g\,\Delta p\,\gamma} \text{ kg/s}. \tag{1a}$$

Bei *Gasen und Dämpfen* ändert sich wegen des Druckabfalls ΔP das Volumen; nur bei einem im Verhältnis zum absoluten Druck P_1 sehr kleinen Druckabfall kann man das vernachlässigen und schreiben $G = \alpha f \sqrt{2g\,\Delta P\,\gamma}$, wobei in α wieder die Kontraktion und eine Vorgeschwindigkeit berücksichtigt sind. Wird der Druckabfall größer, so setzt man

$$G = \varepsilon\alpha f \sqrt{2g\,\Delta P\,\gamma_1} \text{ kg/s}; \tag{2}$$

die Expansionszahl ε berücksichtigt die thermodynamischen Verhältnisse, die mit der (*mäßigen*) Expansion des Gases von P_1 auf P_2 verbunden sind, außerdem gibt die Einführung von ε die Freiheit, unter der Wurzel als γ_1 das spezifische Gewicht zu setzen, das zu P_1 vor der Drosselstelle gehört, während eigentlich das spezifische Gewicht im Strahl gelten sollte, an der Stelle größter Geschwindigkeit, wo man aber kaum messen kann. ε wird versuchsmäßig ermittelt, es ergibt sich aber auch theoretisch nebenbei in folgender Betrachtung, die sich auf beliebig große Druckabfälle bei Gasen oder Dämpfen bezieht.

Die Entspannung von Gasen und Dämpfen für *beliebig großen Druckabfall* wird bekanntlich durch die Formel von de St. Venant und Wantzel geregelt: aus dem Raum vom Druck P_1 kg/qm in einen benachbarten Raum vom Druck P_2 kg/qm fließt (adiabatisch) durch die Öffnung f m² das Gasgewicht, wenn $\varkappa = c_p/c_v$ ist:

$$G = f \sqrt{2\,g\,P_1\gamma_1} \sqrt{\frac{\varkappa}{\varkappa - 1}\left[\left(\frac{P_2}{P_1}\right)^{2/\varkappa} - \left(\frac{P_2}{P_1}\right)^{(\varkappa+1)/\varkappa}\right]} \text{ kg/s}. \tag{3}$$

Diese Formel (Ableitung in E. Schmidt, Technische Thermodynamik) gibt für das kritische Druckverhältnis

$$\left(\frac{P_2}{P_1}\right)_{kr} = \left(\frac{2}{\varkappa + 1}\right)^{2/(\varkappa-1)} = K_1 \tag{4}$$

einen Höchstwert

$$G_m = f \sqrt{2\,g\,P_1\gamma_1} \sqrt{\left(\frac{2}{\varkappa + 1}\right)^{2/(\varkappa-1)} \frac{\varkappa}{\varkappa + 1}} = K_2 f \sqrt{2\,g\,P_1\gamma_1} \text{ kg/s}. \tag{5}$$

K_1 und K_2 sind konstante Kennwerte eines Gases in den Grenzen, wie $\varkappa$ als unveränderlich angesehen werden kann.

Tabelle 13. Kritische Konstanten von Dampf und Gas.

	Sattdampf $\varkappa = 1{,}135$	Heißdampf und 3 atomige Gase $\varkappa = 1{,}3$	2 atomige Gase $\varkappa = 1{,}4$	1 atomige Gase $\varkappa = 1{,}65$
K_1 . . .	0,57743	0,54573	0,52828	0,48951
K_2 . . .	0,44943	0,47183	0,48418	0,51179

Jedem Druck P_1 ist also ein kritisches Druckverhältnis $(P_2/P_1)_{kr}$ zugeordnet, das zu P_1 einen kritischen Druck $(P_2)_{kr}$ oder einen kritischen

Druckabfall $(P_1 - P_2)_{kr} = \Delta P_{kr}$ bestimmt. Von $\Delta P = 0$ bis $\Delta P = \Delta P_{kr}$ gilt Formel (3); für $\Delta P > \Delta P_{kr}$ würde mathematisch nach Formel (3) das Gewicht G wieder abnehmen; in Wahrheit behält dann physikalisch das ausfließende Gewicht den Höchstwert gemäß Formel (5) bei, der dem größeren Druck entsprechende Energieüberschuß wird in stehende Schwingungen verwandelt, es sei denn, hinter dem engsten Querschnitt schlösse sich die LAVALsche Erweiterung an (nicht: Venturi).

Formeln (3) und (5) sind zum Rechnen unbequem, liefern auch nur mit siebenstelligen Logarithmen genaue Werte, zumal bei (3) die beiden Exponenten und daher die beiden Glieder der Differenz unter der Wurzel nur wenig voneinander verschieden sind. Wir ersetzen deshalb (3) empirisch wie folgt. Eine Zahlenrechnung liefert für G/G_m die Kurven Abb. 247, die als Abszisse das Verhältnis P_2/P_1 haben. Sie sind ersichtlich Ellipsen sehr ähnlich, die übrigens bei dem gewählten Maßstab fast zu Viertelkreisen geworden sind; jede derselben würde einem Kreis besonders ähnlich sehen, wenn man die Abszisse von $(P_2/P_1)_{kr}$ bis 1 maßstäblich gleich der Höhe des Diagramms machte; jedes der Kurvenbilder fügt

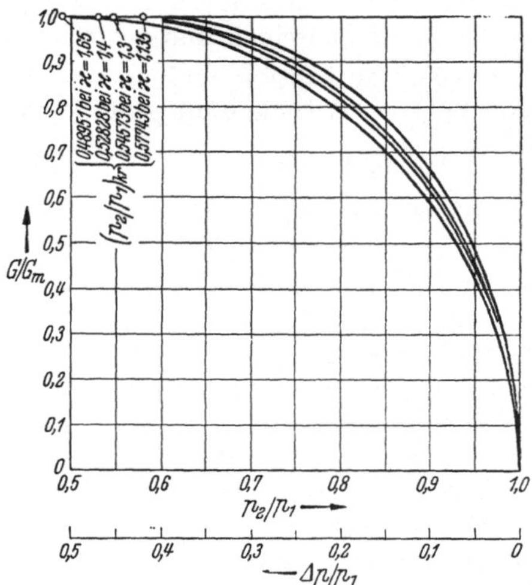

Abb. 247. Gleichung von DE SAINT-VENANT und WANTZEL, dargestellt als Verhältnis G/Gm.

kreisen geworden sind; jede derselben würde einem Kreis besonders ähnlich sehen, wenn man die Abszisse von $(P_2/P_1)_{kr}$ bis 1 maßstäblich gleich der Höhe des Diagramms machte; jedes der Kurvenbilder fügt

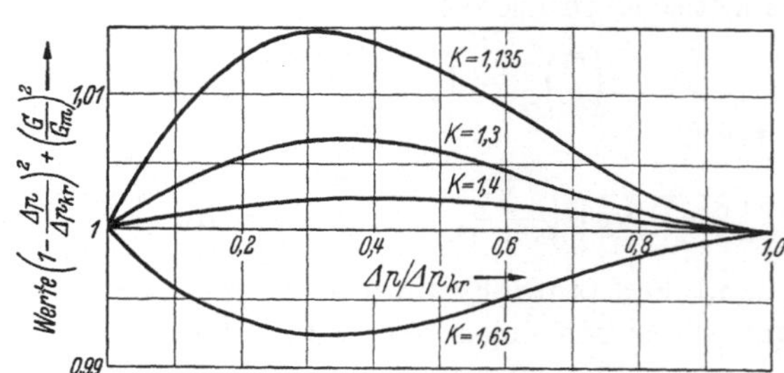

Abb. 248. Theoretische Abweichungen der Kurven Abb. 247 von der Kreis-Ellipsen-Form erweisen sich als gering.

sich dann in ein Quadrat ein. Wäre es in dieser Darstellung ein genauer Kreis, so wäre dessen Gleichung

$$\left(1 - \frac{\Delta P}{\Delta P_{kr}}\right)^2 + \left(\frac{G}{G_m}\right)^2 = 1 . \tag{6}$$

Rechnet man nach den Formeln (3) bis (5) zu verschiedenen Werten $\Delta P/\Delta P_{kr}$ die Werte G/G_m aus und bildet nach (6) die Quadratsumme, so erhält man statt der Einheit die in Abb. 248 dargestellten Werte;

besonders für Luft, $\varkappa = 1,4$, weichen die Quadrate höchstens um $2^0/_{00}$, die Werte selbst also um $1^0/_{00}$ vom richtigen Wert ab, wenn man Formel (6) und (7) statt (3) benutzt.

Danach ist

$$G \approx G_m \sqrt{2 \frac{\Delta P}{\Delta P_{kr}} \left(1 - \frac{1}{2} \frac{\Delta P}{\Delta P_{kr}}\right)} \tag{7}$$

eine gute Näherungsformel für die unhandliche Formel (2). In Formel (7) gibt nun das erste Glied unter der Wurzel die einfache Wurzelbeziehung zwischen G und ΔP, der Vergleich mit Formel (5) interessiert hier nicht; er führt auf $K_2 \approx \sqrt{\frac{1}{2}(1 - K_1)}$. Die Klammer ist die Korrektion, die man an der einfachen Wurzelbeziehung anbringen muß, wenn der relative Druckabfall $\Delta P/P_1$ einen gewissen Wert überschreitet, so daß man den Ausfluß des Gases nicht mehr als rein mechanischen Vorgang ansehen kann, sondern die Thermodynamik desselben beachten muß. In $G = \varepsilon \alpha f \sqrt{2g \Delta P \gamma}$ ist also $\varepsilon = \sqrt{1 - \frac{\Delta P}{2 \Delta P_{kr}}}$, und sofern ΔP immerhin klein gegen $2 \cdot \Delta P_{kr}$, also der Bruch klein gegen Eins ist, ist annähernd $\varepsilon \approx 1 - \frac{1}{4} \frac{\Delta P}{\Delta P_{kr}}$, oder für einen bestimmten Stoff mit gewissem Wert $P_1/\Delta P_{kr}$ ist $1 - \varepsilon = \frac{1}{4} \frac{P_1}{\Delta P_{kr}} \frac{\Delta P}{P_1}$. Bei bestimmtem Stoff und bei bestimmtem P_1 ist also der Wert $1 - \varepsilon$, solange es sich um eine Berichtigung handelt, proportional zum Druckabfall ΔP, Abb. 257.

Für große Druckunterschiede rechnet man mit (3) oder (7).

Ein Fall, wo mit großem Druckabfall unter Preisgabe der Energie gearbeitet wird, ist die Abnahme eines Kompressors. Er arbeitet mit einem Solldruck gegen einen Windkessel, aus dem der Druck durch eine Düse abbläst. Blenden verwendet man zu dem Zweck nicht, weil diese gegen die theoretische Erwartung erhebliche Abweichungen zeigen; insbesonders ist für Blenden beim kritischen Druckverhältnis noch nicht das Maximum der Menge erreicht, der Gewichtsausfluß steigt noch weiterhin an. (DIN 1952, Abschnitt 2. 5).

Beispiel. Ein Kompressor fördert gegen eine Normdüse von 29,9 mm Durchmesser, also gegen $f = 0,000702$ m^2. An dem Windkessel, in den der Kompressor fördert und aus dem die Luft strömt, stellt sich der Druck auf $\Delta p = 2,43$ at Überdruck; der Windkessel gleicht die intermittierende Lieferung des Kompressors aus. Barometerstand 750 Torr $= 1,02$ at, also ist $p_1 = 2,43 + 1,02 = 3,45$ at abs. Der kritische Druckabfall wäre $(1 - K_1) \cdot p_1 = 0,4717 \cdot 3,45 = 1,627$ at; man ist im Gebiet, wo die Ausflußmenge nur von p_1 abhängt. Es gilt $G = G_m = 0,4842 \cdot 0,000702 \cdot \sqrt{2 \cdot 9,81 \cdot 34500 \cdot 3,51} = 0,524$ kg/s. Dabei ist $\gamma_1 = 3,51$ kg/m^3 gesetzt, folgend aus der gemessenen Temperatur $63°$ C und dem Druck 3,45 at; $K_2 = 0,4842$ ist aus Tabelle 13 entnommen. Man kann auch angeben, es sei $V_0 = 0,405$ m$^3 \left(\overset{0}{760}\right)$/s. Man darf das Ergebnis höchstens auf 3 Ziffern angeben, weil der Düsendurchmesser nur 3 Ziffern hat.

Beispiel. Mit derselben Öffnung wurde ein Gebläse untersucht, Überdruck $\Delta p = 0,462$ at. Barometerstand 1,02 at, also $p_1 = 1,482$ at;

dazu gehört $\Delta p_{kr} = 0{,}698$ at, man befindet sich also in der Gegend, wo auch der Gegendruck die Menge beeinflußt. Diesmal war die Temperatur zu 38° gemessen, womit $\gamma_1 = 1{,}628$ kg/m³ wird. Es ist $G_m = 0{,}234$ kg/s. Nun ist aber $\Delta p : \Delta p_{kr} = 0{,}462 : 0{,}698 = 0{,}661$, daher (Formel 7): $G = G_m \sqrt{2 \cdot 0{,}661 \cdot 0{,}670} = 0{,}942 \cdot G_m = 0{,}220$ kg/s.

Die Beispiele sind mit $\alpha = 1$ gerechnet; man wird die Öffnung eichen, sonst aber $\alpha = 0{,}985$ setzen, wodurch die ausströmende Menge entsprechend kleiner wird. —

Das Vorstehende sind theoretische Grundlagen, und das zu den Formeln 6 und 7 Gesagte sind eigene Betrachtungen. Wir geben nun auszugsweise einen Bericht über DIN-Norm 1952, VDI-Durchflußmeßregeln.

Die Durchflußmessung ist nämlich auf Grund ausgedehnter Versuchsreihen zu einer zuverlässigen Meßmethode ausgestaltet worden. Durch Bezugnahme auf die REYNOLDSsche Zahl läßt sie sich auf die verschiedensten Verhältnisse anwenden. Das Verdienst an der Ausgestaltung gebührt Dr. WITTE, der die bezüglichen Versuche namentlich im Werk Oppau der IG-Farben-BASF durchführte; es sind im wesentlichen seine Zahlenergebnisse, denen in der DIN-Norm 1952 eine Art öffentlicher Glauben gegeben worden ist; nach Nachprüfung an anderen Stellen sind sie auch zu ISA-Normen geworden.

Es ist nicht die Absicht, die DIN-Norm 1952 hier in extenso wiederzugeben. Wir beschränken uns auf eine allgemeine Darstellung, die zahlenmäßigen Angaben werden den meist vorkommenden Fall herausgreifen, die Messung mit Blenden oberhalb der Konstanz- oder Toleranzgrenze. Die Angaben werden für viele Fälle ausreichen; geht es bei Abnahmeversuchen hart auf hart, so sei auf das Regelwerk verwiesen, auch die kleinen Werke: KRETZSCHMER: Taschenbuch der Durchflußmessung mit Blenden, und HERNING: Grundlagen und Praxis der Mengenstrom-Messung, geben dessen Inhalt wieder, ferner KESSELS, L. 199.

41. Drosselgeräte. In eine Leitung vom Durchmesser D_t mm wird ein Drosselgerät eingebaut, dessen Weite an der engsten Stelle d_t mm ist; der gedrosselte verhält sich dann zum freien Querschnitt wie $m = d_t^2/D_t^2$. Als Drosselgerät ist die Blende, die Düse und die Venturidüse, letztere in kurzer und in langer Bauart, vorgesehen. Strömt durch diese Einrichtung eine Flüssigkeit — im weitesten Sinn, Gas und Dampf eingeschlossen —, so fällt der Druck um $P_1 - P_2 = \Delta P$ kg/qm; dieser Druck wird bei der Venturidüse fast ganz, bei der Blende und Düse zu erheblichem Teil wieder aufgeholt (Abb. 245), was meßtechnisch belanglos, nur kostenmäßig von Interesse ist. Der Wirkdruck wird normgerecht entnommen und zu einem Differenzmanometer als Wirkdruckmesser geführt, wo er abgelesen werden kann; aus ihm folgt

$$\text{der Gewichtsdurchfluß} \quad G = 0{,}01252 \cdot \alpha\,\varepsilon\,d_t^2 \sqrt{\Delta P\,\gamma_1}\ \text{kg/h,} \tag{8}$$

$$\text{der Volumendurchfluß} \quad V = 0{,}01252 \cdot \alpha\,\varepsilon\,d_t^2 \sqrt{\Delta P/\gamma_1}\ \text{cbm/h.} \tag{9}$$

Hierin ist $0{,}01252 = \dfrac{3600 \cdot \sqrt{2g} \cdot \frac{1}{4}\pi}{1\,000\,000}$, und die Durchmesser D und d, fortan in Millimetern, deshalb die Million, haben den Beiwert t bekommen, weil sie bei der Betriebstemperatur einzusetzen sind.

Die normgemäße Entnahme der Wirkdrucke ist wichtig, Abb. 245; P_1 und P_2 werden im toten Winkel entnommen, daher ist P_1 durch

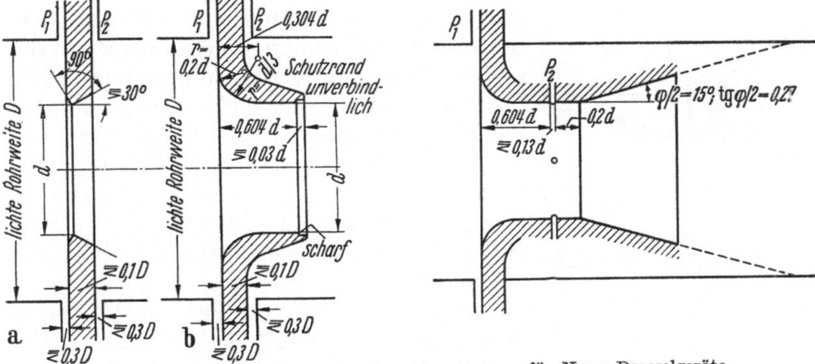

Abb. 249 und 250. Vorgeschriebene Abmessungen für Norm-Drosselgeräte.

Abb. 249. **a** Deutsche Normblende 1930, erprobt von $D = 50$ bis 1000 mm und $m = 0,05$ bis 0,7, Messungen liegen vor bis zu $D = 20$ mm und $m = 0,02$. **b** Deutsche Normdüse 1930 unterhalb $m = 0,45$; für größeres Öffnungsverhältnis überschreiten Rundungen die Rohrweite D, die Flanschfläche ist dann bis zu D eben zu drehen und Entnahmekanäle nur $0,02 D$ statt $0,03 D$ breit. Erprobt von $D = 50$ bis 500 mm und $m = 0,05$ bis 0,64, Messungen an glatten Rohren liegen vor bis $D = 28$ mm.

Abb. 250. Deutsche Normventuridüse 1939 unterhalb $m = 0,45$ (sonst geändert wie bei Abb. 249, b). Einlauf wie bei Düse, Diffusor angebaut mit Winkel $\varphi/2 \leq 15°$ (Diffusorwinkel $\varphi \leq 30°$). Entnahmebohrungen $\leq 0,13\, d$ und ≤ 3 mm für Flüssigkeiten, ≤ 8 mm für Dampf; mindestens 4 Bohrungen, sorgfältig entgratet. Erpobt mit Flüssigkeit von $D = 20$ bis 500 mm und $m = 0,05$ bis 0,6, zweifellos ebenso für Gase und Dämpfe verwendbar. Nur abgekürzte Bauart üblich.

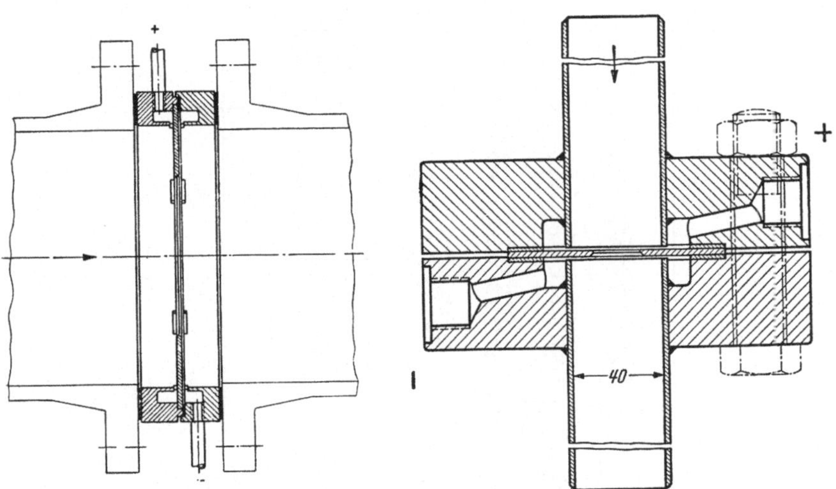

Abb. 251 bis 253. Beispiele ausgeführter Norm-Drosselgeräte.

Abb. 251. Blende zum Einsetzen. Fa. Siemens & Halske.

Abb. 252. Blende in 40 mm Rohr, fertig eingebaut und so geeicht, Baulänge 600 mm. Fa. Bopp & Reuther.

Stauwirkung größer als der Druck des ankommenden Stromes, und P_2 ist, wenigstens bei der Blende, nicht der niedrigste Druck, der vielmehr erst im kontrahierten Querschnitt eintritt. Entnahmebohrungen sollen mindestens 4 mm weit sein, sonst kleben Wassertropfen darin fest.

Andererseits soll die Entnahmeöffnung nicht mehr als 0,03 D von der Blendenfläche enden, sonst wird nicht sauber der Druck im Winkel gemessen; bei $D = 100$ mm würde nur ein Loch von 3 mm möglich sein, in ihm aber haften Wassertropfen; also muß man mit Schlitzen entnehmen, um den nötigen Querschnitt zu bekommen, und läßt diese am besten in Ringkammern münden, die den Entnahmedruck rundherum ausgleichen. Bei noch kleineren Durchmessern kommt man ohnehin nur zur sauberen Konstruktion, wenn man das ganze Drosselgerät für sich in ausreichender Baulänge ausführt und eicht und so einbaut (Abb. 252).

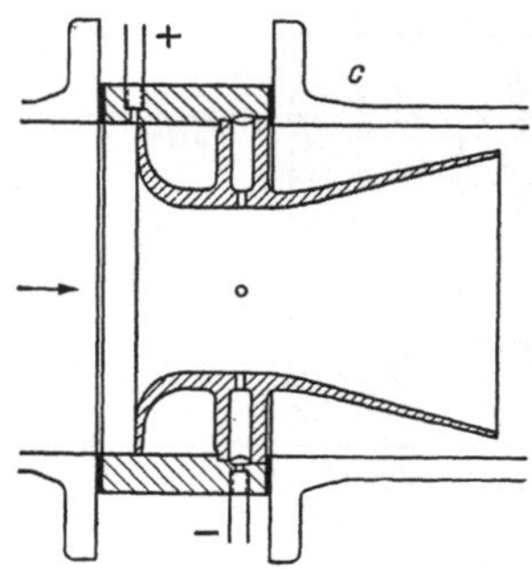

Abb. 253. Kurz-Venturidüse. Fa. Hartmann & Braun.

Auch die Fortleitung der beiden Drucke zum Manometer bedarf aller Sorgfalt, gleichwichtige Füllung beider Rohre in steigenden Strecken, keine Kapillarkräfte an engen Stellen; denn es handelt sich bei der Messung um eine Differenzmethode. Das Manometer bekommt, nach dem Fluß eingeteilt, eine quadratisch erweiterte Teilung, gegen den Nullpunkt zu häufen sich die Teilstriche, und am Nullpunkt ist die Richt-

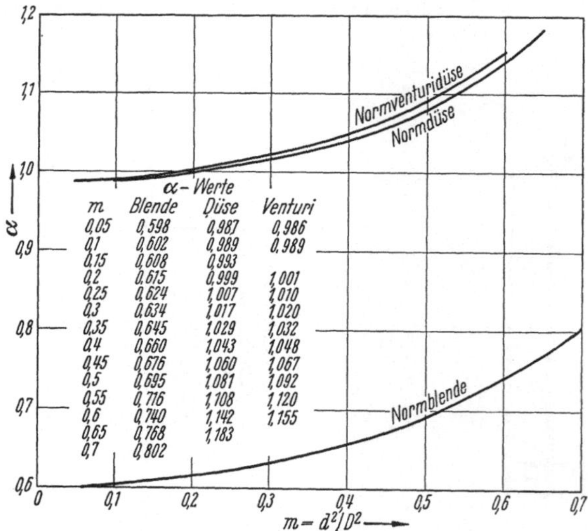

m	Blende	Düse	Venturi
0,05	0,598	0,987	0,986
0,1	0,602	0,989	0,989
0,15	0,608	0,993	
0,2	0,615	0,999	1,001
0,25	0,624	1,007	1,010
0,3	0,634	1,017	1,020
0,35	0,645	1,029	1,032
0,4	0,660	1,043	1,048
0,45	0,676	1,060	1,067
0,5	0,695	1,081	1,092
0,55	0,716	1,108	1,120
0,6	0,740	1,142	1,155
0,65	0,768	1,183	
0,7	0,802		

Abb. 254. α-Werte nach Din 1952 für Drosselgeräte in glatten Rohren, Blende scharfkantig in bester Werkstattarbeit (und neu!).

kraft Null; soll nicht nur abgelesen, sondern auch gezählt werden, so wird das Differenzmanometer zum Wurzelziehen eingerichtet und dann vielfach als Mengenmesser bezeichnet (§ 42); die Indifferenz am Nullpunkt aber läßt sich höchstens irgendwie verdecken.

Die Normblende hat eine gut scharfe Kante mit 90° Winkel, dahinter eine Abschrägung nach 45°, mindestens 30°; wie beim Meßwehr kommt es darauf an, daß der Strahl hinter der scharfen Kante durchaus frei bleibt, nicht wieder von der Wand angesaugt wird, sonst steigt die Durchflußzahl α beträchtlich und unkontrollierbar. Das ist also auch bei Verschmutzung der Fall; nach Bedarf macht man hinter der Blende ein Handloch in die Rohrwand. Die Angaben für α beziehen sich auf innen glatte Rohre; an dieser Stelle liegt die Schwierigkeit des Ähnlichkeitsgesetzes: die Oberflächen sind bei großen und kleinen Rohren etwa gleich rauh, aber nicht *ähnlich* rauh; und ferner: im Betrieb sind die Leitungen nicht als glatt anzusprechen, kaum innen asphaltierte Rohre im neuen Zustand. Die rauhe Oberfläche des Rohres beeinflußt α um so mehr, je kleiner D und je größer m ist. Für den Einfluß normaler Rauheit und normaler Kantenunschärfe der Blende macht DIN 1952 Angaben, die in Abb. 255 gegeben sind. So ist für $D = 100$ mm und $m = 0,5$ im Idealfall $\alpha = 0,695$; wegen der Kantenunschärfe soll mit

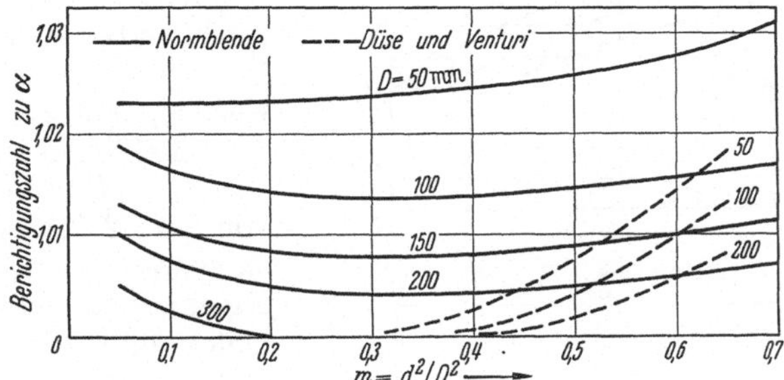

Abb. 255. Berichtigungszahlen nach Din 1952 für α-Werte Abb. 254, für übliche Rauheit des Rohres und übliche Unschärfe der Blendenkante. Als Faktor zu α zu verwenden. Bei Blende $D = 150$, $m = 0,1$ ist $\alpha = 0,602 \cdot 1,01 = 0,608$.

dem Faktor 1,011, wegen Rohrrauheit mit 1,004, im ganzen also mit 1,015 (es ist $11 + 4 = 15$!) multipliziert werden, so wird $\alpha = 0,704$. Bezog sich die Messung auf Dampf oder Gas und war der relative Druckabfall $\Delta P/P_1 = 0,03$, so ist $\varepsilon = 0,988 = 1 - 0,012$, im ganzen ist also mit 1,003 (es ist $15 - 12 = 3$!) zu multiplizieren, so wird $\alpha \varepsilon = 0,695 \cdot 1,003 = 0,697$.

Als spezifisches Gewicht γ sollte der Wert im Strahl eingesetzt werden. Da dieser nicht bekannt ist, so wird γ_1 eingesetzt, wie es dem Druck vor der Blende zugeordnet ist, der Unterschied ist in ε enthalten.

Für die normgerecht ausgeführten Durchflußmessungen nimmt DIN 1952 eine erhebliche Genauigkeit in Anspruch; dementsprechend sind enge Toleranzgrenzen festgesetzt, um deren Betrag beispielsweise ein Dampfverbrauch falsch gemessen sein könnte; wenn der gemessene Verbrauch höchstens um die Toleranz größer ist als zugesagt, wird also die Abnahme der untersuchten Maschine deshalb nicht verweigert werden können. Für die Durchflußzahl α ist bei Blenden zunächst eine Grundtoleranz festgesetzt, die $\pm 0,5\%$ beträgt bis herauf zu $m = 0,4$ und dann bis $\pm 1\%$ ansteigt. Ist bei betrieblichen Verhältnissen mit den Einflüssen der Rohrrauhigkeit und einer gewissen Kantenunschärfe zu rechnen, so ist für erstere mit einer zusätzlichen Toleranz zu rechnen, die mit steigendem m und mit abnehmendem D von $\pm 1,5$ bis zu $\pm 2,5\%$ anwächst, und eine weitere Zusatztoleranz wegen Unschärfe nimmt mit

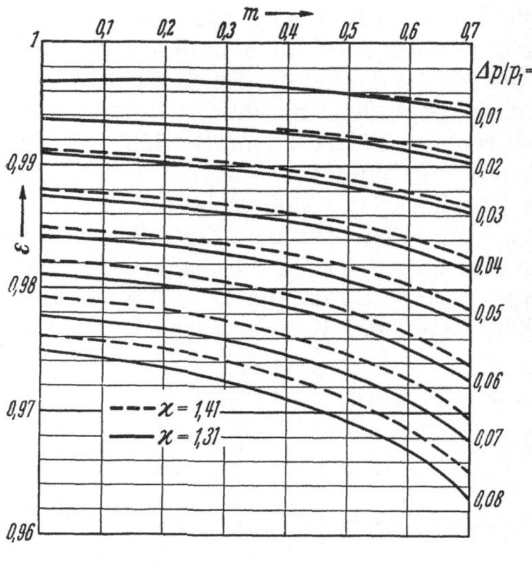

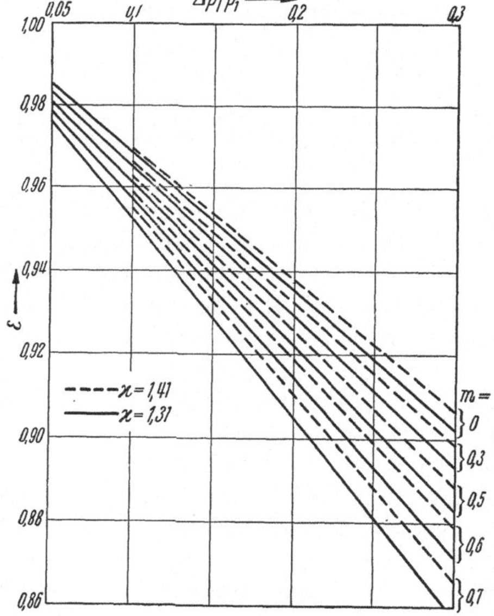

Abb. 256 und 257. ε-Werte für kleinen und für größeren Druckabfall. Für Blende $D = 150$, $m = 0,1$, mit Dampf 5 at 200°, also $\gamma_1 = 2,31$ kg/cbm und $d_t = 47,8$ mm, bei $P_1 - P_2 = 4000$ kg/qm wird (Formel 8, Seite 192)
$$G = 0,01252 \cdot 0,602 \cdot 0,974 \cdot 47,8^2 \cdot \sqrt{4000 \cdot 2,31} = 1618 \text{ kg/h.}$$

steigendem m und mit steigendem D von $\pm 1,5$ auf $\pm 0,5\%$ ab. Endlich wird noch ein weiterer Zuschlag gewährt, wenn bei Gasen und Dämpfen die Expansionszahl ε nicht Eins ist; dieser Zuschlag ist Null für $\Delta P/P_1$ bis 0,01 und steigt auf $\pm 2\%$ an, wenn $\Delta P/P_1$ über 0,2 ist. Liegen also in jeder Hinsicht die ungünstigsten Verhältnisse, immerhin aber innerhalb der Normgerechtigkeit vor, so würden, den zu erwartenden Meßfehlern entsprechend, Einzeltoleranzen von 1%; $2,5\%$; $1,5\%$; 2% zu gewähren sein; daraus errechnet sich ein Gesamtfehler und eine Gesamttoleranz zu

$$\sqrt{1^2 + 2,5^2 + 1,5^2 + 2^2} = \pm 3,7\%$$

im ungünstigsten noch normgerechten Fall; der günstigste betriebsmäßige Fall liegt nach den Regeln vor bei D über 400 mm und $\Delta P/P_1 = 0,01$, da verschwinden alle Zusatztoleranzen, und es bleibt die Grundtoleranz $\pm 0,5\%$ bis zu $m = 0,4$, steigend bis $\pm 1\%$ bei $m = 0,7$, und diese soll auch dann allein gelten, wenn bei mehr wissenschaftlich aufgezogenen Versuchen das Rohr als glatt und die Kante als scharf angesehen werden darf. Um alle diese

Genauigkeiten, insbesondere auch $\pm 3,7\%$ bei minder günstigen Umständen, bei einem Abnahmeversuch, also einmalig, zu erreichen, sind nicht nur gute Meßgeräte, sondern ist insbesondere auch ein geschultes Personal nötig; bei Leitungen, die Staub, Teer, Schlamm oder ätzende Flüssigkeiten führen, und im Dauerbetrieb sind die Zahlen schwerlich erreichbar, jedenfalls nur mit erheblichem Kostenaufwand.

Alles Gesagte bezog sich auf Messungen im Bereich hoher REYNOLDSscher Zahlen, oberhalb der Konstanzgrenze nach Tabelle 14. Bei kleinem Re wird α größer, für $m = 0,4$ und $Re = 10000$ ist $\alpha = 0,69$ statt $0,66$.

Tabelle 14.
Konstanzgrenze bei Durchflußmessungen durch Normblenden.

Die in Abb. 254 gegebenen α-Werte gelten, wenn Re mindestens die folgenden Werte hat (vergleiche Abb. 246):

$m =$	0,05	0,1	0,2	0,3	0,4	0,5	0,6	0,7
$Re =$	25000	35000	70000	120000	200000	320000	550000	1000000

Die Düse ist im Einbau unbequemer als die Blende; die Rauhigkeit des Rohres hat weniger Einfluß als bei der Düse, die Frage der Kantenschärfe fällt ganz fort, so sind die Toleranzen allgemein merklich geringer, was für Abnahmeversuche wichtig sein kann. Das Einlaufprofil der Düse setzt sich als Korbbogen aus zwei Kreisbögen zusammen, die ohne Knick ineinander übergehen können — und müssen, sonst löst sich der Strahl ab, und die Ausflußzahl steigt; man wird die Düse aus einer auf ihre Herstellung eingearbeiteten Werkstatt beziehen, muß aber das Profil nachprüfen und den lichten Durchmesser auf $0,001\ D$ genau feststellen und auf Betriebstemperatur umrechnen. Im Betrieb kann es für die Düse sprechen, daß sich ihre Verschmutzung ganz anders, meist weniger schädlich auswirkt als die der Blende. Schmutz bildet am Blendenrand einen Wall, die Kante ist nicht mehr scharf, α steigt, der Durchfluß wird zu klein angezeigt. Schmutz lagert sich bei der Düse auf der Rundung ab und läßt den zylindrischen Teil vielfach frei, die Messung bleibt richtig; verschmutzt auch der zylindrische Teil, so ist d verkleinert, und der Durchfluß wird zu hoch angezeigt. Dieses gegenläufige Verhalten der beiden Geräte läßt sich zur Kontrolle ausnutzen: eine Düse und eine Blende werden hintereinander gesetzt, in ausreichendem Abstand voneinander, damit die erste nicht die zweite stört. Beginnen beide Geräte verschieden zu zeigen, so müssen sie gesäubert werden. Übrigens läßt sich gefühlsmäßig erwarten, daß die Düse mit ihrer zwangläufigen Strahlbildung weniger empfindlich für Störung durch vorgeschaltete Einbauten ist als die Blende; schaltet man die Blende vor die Düse, so ist $20\ D$, im umgekehrten Fall ist $25\ D$ Abstand zwischen beiden zu halten. Abstände ähnlicher Größenordnung, wie in DIN 1952 nachzulesen, sind auch hinter Krümmern oder Schiebern, zumal halbgeöffneten, zu halten, die übrigens bei Druckentnahme mit Ringkammer kleiner sein können als bei Anbohrungen.

Die Venturidüse gewinnt in ihrem Diffusor den entstandenen Druckverlust zurück, fast ganz, bis auf gewisse Reibungsverluste; meßtechnisch unterscheidet sie sich kaum von der einfachen Düse. Wegen des quadratischen Gesetzes wird die meiste Energie schon im engeren Teil des Diffusors gewonnen, deshalb wird meist die verkürzte Venturidüse angewendet. Auch diese Geräte sollte man aus Werkstätten beziehen, die auf ihre sachgemäße Herstellung eingerichtet sind.

Die normgerechten Blenden und Düsen gelten als innerhalb der Toleranzgrenzen richtigen Wirkdruck gebend, ohne daß sie im Einzelfall geeicht werden. Eine Eichung ist bei starkem Fluß mit verfügbaren

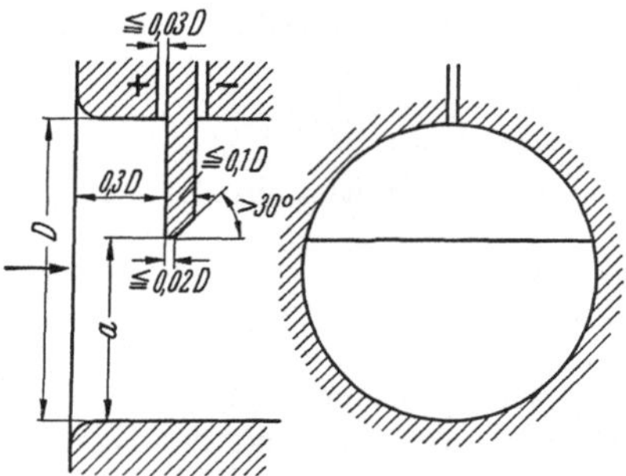

Abb. 258. Segmentblende von LOHMANN (Siemens & Halske), für schmutzige Wässer besser als Normblende. Die eingeschriebenen Werte sind von der Normblende übernommen.

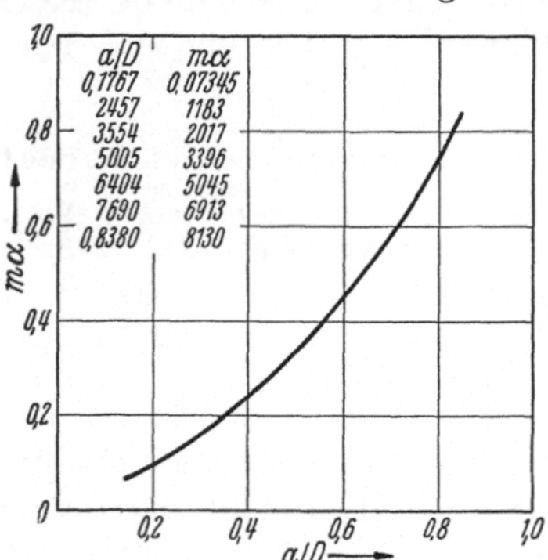

Abb. 259. Vorzahlen α für die Segmentblende, Streuung ± 1 bis 1,5%.

Mitteln meist nicht möglich, es ist davor zu warnen; insofern ist das Regelwerk DIN 1952 eine Meßhilfe von einzigartigem Wert. Manche Umstände geben aber Anlaß, andere Formen von Drosselgeräten zu verwenden, die dann eben geeicht werden müssen; bisweilen kommt es auch nur darauf an, einen bestimmten Zustand einzuhalten, auf den Zahlenwert kommt es nicht an, dann erübrigt sich die Eichung.

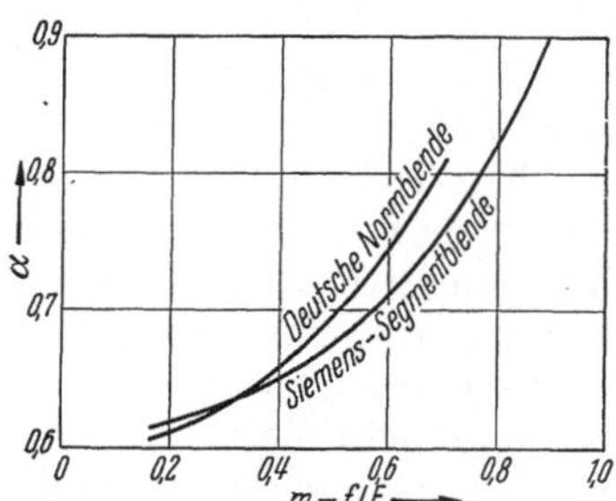

Abb. 260. Vergleich der α-Zahlen für Norm- und Segmentblende.

Als solche Drosselgeräte sind etwa die Segmentblende zu nennen, für schmutzige Wässer verwendbar, und die symmetrische Blende, die für beide Stromrichtungen dienen kann, scharfkantig oder abgerundet. Kaum noch als Drosselgeräte zu bezeichnen sind Geräte amerikanischer Herkunft, Abb. 262, bei denen in die Wand der verjüngten oder unverjüngten Leitung vorstehende Zapfen eingebaut sind, deren drei nach einer, drei nach der anderen Richtung Öffnungen haben, so daß, und zwar nach beiden Richtungen wirkend, Druckdifferenzen wie beim Staurohr entstehen; nachgerühmt wird der Vorrichtung, daß kein Energieverlust entsteht; daß sie unter Verkrustungen mehr leiden dürfte als jede andere, ist in der Quelle nicht gesagt. Über Blendenformen, die bei kleinen Re-Werten unterhalb der Toleranzgrenze der Normblende überlegen, berichtet DIN 1952 in Punkt 2 und 4, sowie GIESE: Forsch.-Arb. Ing.-Wes. Bd. 4 (1933), oder HANSEN: ebenda, endlich FERROGLIO: Energia elettr. Bd. 19 (1942) S. 413.

Ein Schmerzenskind für die Strömungsmessung sind die intermittierenden Strömungen, wie sie vor und hinter Kolbenmaschinen vorhanden sind. Legt man Dämpfungen in die Leitungen zwischen Drossel- und Anzeigegerät, um überhaupt eine bestimmte Anzeige zu bekommen, so gilt dasselbe, wie beim Anbau von Manometern ausgeführt.

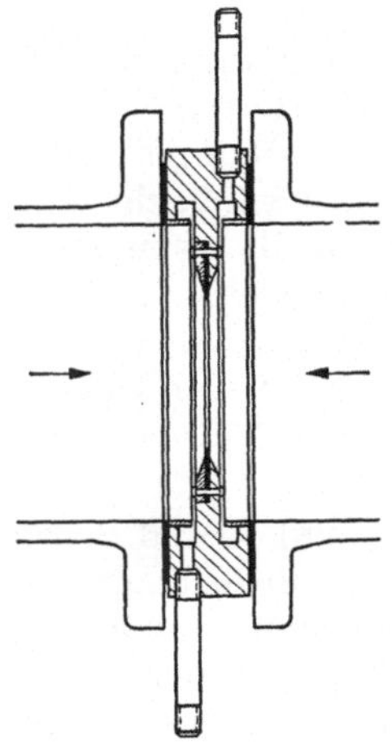

Die Dämpfung muß für beide Richtungen gleich, sie muß symmetrisch sein; Ventile tun es also nicht, wohl aber Bohrungen, in beiden Leitungen einander gleich. Nun kann man ablesen, aber der Messer spricht auf das Quadrat der Dampfmenge, bei schwankender Menge auf den quadratischen

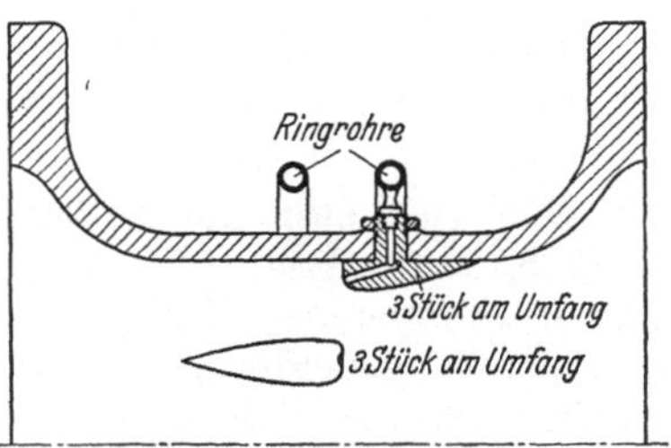

Abb. 261. Blende für beide Strömungsrichtungen, nicht normgerecht. Fa. Böhme. Siehe jedoch S. 210.

Abb. 262. Entnahmegerät etwa 400 mm l. W. für den Wirkdruck ohne Drosseln. Bethlehem Foundry and Machine Co., Instruments Spt. 1948.

Mittelwert an, während der einfache Mittelwert gemessen werden soll. Wenn eine Dampfmaschine mit 20% Füllung während $^1/_5$ der Hubzeit Dampf aufnimmt und die Dampfaufnahme in dieser Zeit nach einem Sinusgesetz verläuft, so ist ein Fehler in folgender Größe denkbar. Eine gleichmäßig strömende Dampfmenge vom Werte 1 werde von dem

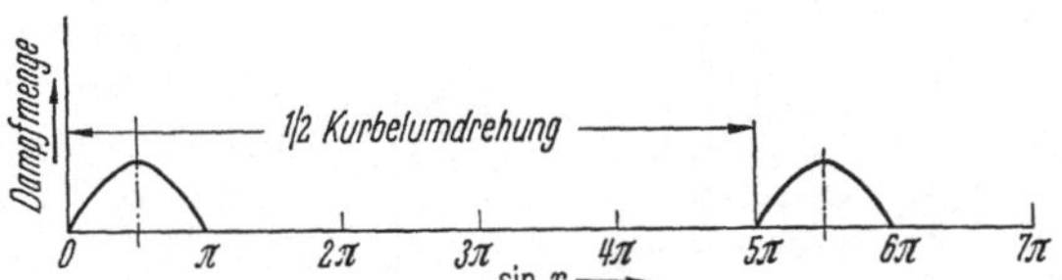

Abb. 263. Dampfentnahme für eine Kolbenmaschine, schematisch.

Messer richtig angezeigt; wenn die gleiche Menge nach dem gedachten Gesetz intermittierend durch den Messer geht, so muß die Höchstordinate der Sinuslinie so gewählt werden, daß die Fläche unter ihr als einfacher Mittelwert die Einheit ergibt. Wegen $\int\limits_0^\pi \sin x\, dx = 2$ muß also, da die Zeit des Hubes mit $5\,\pi$ bezeichnet ist, die Höchstordinate das $\frac{5}{2}\pi$ fache der gleichmäßig strömenden Menge sein. Die quadratische Kurve ergibt also einen Höchstwert $\left(\frac{5}{2}\pi\right)^2$, und da $\int\limits_0^\pi \sin^2 x\, dx = \frac{1}{2}\pi$

ist, so ist der quadratische Mittelwert über die Strecke $5\,\pi$

$$\sqrt{\frac{\left(\frac{5}{2}\pi\right)^2\int\limits_0^\pi \sin^2 z\,dz}{5\,\pi}} = \sqrt{\frac{\left(\frac{5}{2}\pi\right)\frac{\pi}{2}}{5\,\pi}} = \sqrt{\frac{5}{8}\pi^2} = 2{,}48.$$

Der nach dem gedachten Gesetz intermittierende Dampffluß kann also 2,48 mal so hoch angezeigt werden. In einiger Entfernung von der Maschine und namentlich nach Zwischenschaltung eines Dampfsammlers werden die Fehler schnell kleiner, bleiben aber immer noch lästig. Allerdings ist dies einer der ungünstigsten Fälle; bei einer Zwillingspumpe für Wasser errechnet sich die gleiche Zahl viel niedriger, bei einer Drillingspumpe erst recht. — Wenn man die Bohrungen lang und dünn, als Kapillare, ausführt, so geht die Dämpfung nicht mehr mit dem Quadrat, sondern mit der ersten Potenz; wie weit dadurch die Verhältnisse besser werden, steht dahin.

Das in DIN 1952 empfohlene Verfahren von HERNING und SCHMID (Z. VDI 1938, 1109; 1940, 597) kennzeichnet einen ungleichmäßigen, womöglich unterbrochenen Fluß durch den Unterbrechungsgrad $u = 100\,t_u/t_o\%$ und den Ungleichförmigkeitsgrad $a = 100\,Q_g/Q_k\%$ der größten zur kleinsten Lieferung. Es ist $u = 0$, wenn beim Ansaugen eines doppeltwirkenden Verdichters Sinuslinie sich an Sinuslinie schließt; bricht jede Sinuslinie in der Mitte, am Scheitelpunkt ab, so ist $u = 50\%$. Sind bei einer einfachwirkenden Drillingspumpe die drei Förderungen zyklisch überlagert, so ist

$$a = 100/0{,}866 = 115{,}5\%.$$

Nun mißt man aber nicht an der Maschine, sondern besser ein Stück davon, wo die Ungleichheiten etwas abgeklungen sind — um wieviel, dafür ist die unbenannte HODGSON-Zahl Ho ein Maß. Die Dämpfung hängt von folgenden Größen ab: 1. vom Verhältnis des Speicherraums $V_s\,\mathrm{m^3}$ zwischen Maschine und Meßstelle zu der Förderung eines Hubes $V_1\,\mathrm{m^3}$; für V_1 läßt sich auch setzen der Mittelwert $Q_m\,\mathrm{m^3/s}$

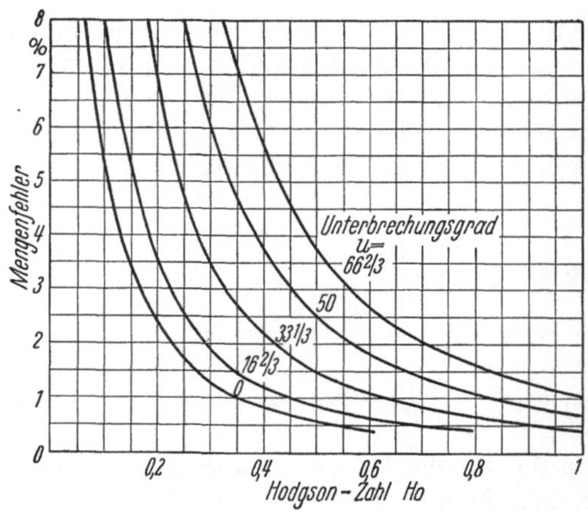

Abb. 264. Mehranzeige eines Mündungsmessers bei pulsierendem Fluß, je nach Unterbrechungsgrad und Hodgson-Zahl. Din 1952, Durchflußmeßregeln, Bild 42.

des Flusses mal der Zahl der Pulsationen N/s; und 2. von der Reibung in Rohrleitung oder Speicherraum, dargestellt durch den Druckverlust $P_v\,(\mathrm{kg/m^2})$ bis zur Meßstelle ins Verhältnis gesetzt zum Absolutdruck $P_s\,(\mathrm{kg/m^2})$ in Rohrleitung und Speicher.

Die Hodgson-Zahl $Ho = \dfrac{V_s\, N\, P_v}{Q_m\, P_s}$ kann also als Maß der Dämpfung dienen. Mit ihrer Hilfe lassen sich die verbleibenden Meßfehler — es wird stets zu groß gemessen — so berechnen, wie in Abb. 264 an einem Beispiel dargestellt. Man ziehe das angegebene Schrifttum oder DIN 1952 zu Rate.

42. Wirkdruckmessung. Der im Drosselgerät entstandene Wirkdruck wird mit einer manometerartigen Vorrichtung gemessen, die nach dem Durchfluß eingeteilt ist; sie wird dann als *Wirkdruckmesser* und vielfach als *Mengenmesser* bezeichnet. Von Natur ist die Skala quadratisch erweitert, nahe der Null drängen sich die Zahlen zusammen, aber auch der Arbeitsumsatz wird dort klein. Für bloß anzeigende Geräte kann es dabei ruhig sein Bewenden haben, für schreibende planimetrierbare und vor allem für zählende Geräte muß der Ausschlag der Menge proportional werden. Das kann auf zweierlei Weise geschehen: bei der

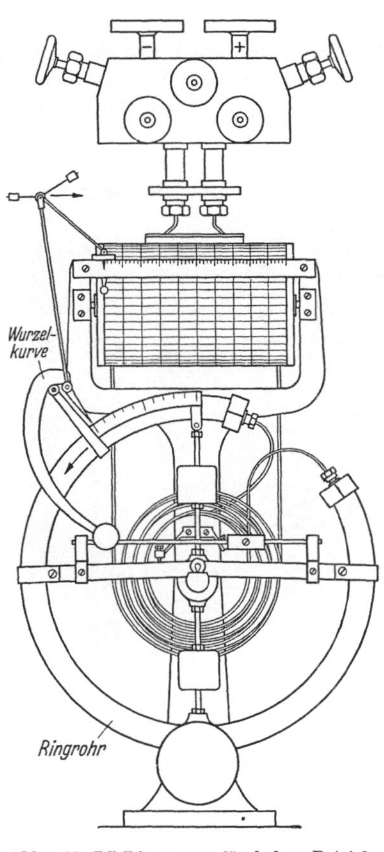

Abb. 266. IG-Ringwaage für hohen Betriebsdruck. Durchmesser 0,7 m, Füllung (nur zum Abschluß) Quecksilber, Wirkdruck fast 1 at. Fünf Ventile wie angedeutet sind zweckmäßig. Fa. Eckardt. Vergleiche Abb. 274 rechts.

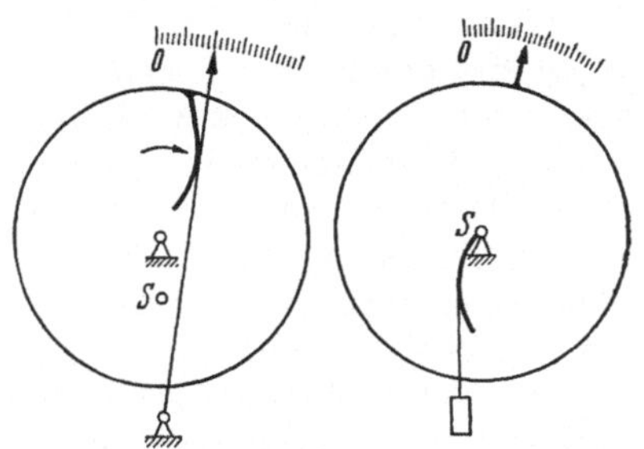

Abb. 265. Radizierung (links) der Anzeige, Richtkraft entsteht durch tiefe Lage des Schwerpunktes S — oder (rechts) der Richtkraft, Richtgewicht an Kreissegment hängend, vergleiche Abb. 89 ff., Schwerpunkt in der Stützlinie, Stützung des Drehwerks indifferent.

Kraftradizierung ist die den Wirkdruck messende Richtkraft veränderlich, das ganze Meßwerk bewegt sich daher nach dem Wurzelgesetz; bei der Wegradizierung bewegt sich das eigentliche Meßwerk proportional dem Druck, seine Bewegung wird radiziert.

Als Meßgerät wird für alle Drucke und Wirkdrucke die Ringwaage benutzt; sie wurde im Werk Oppau der IG-Farbenindustrie (damals noch und jetzt wieder BASF) wohl zuerst im Großen angewendet beim Haber-Bosch-Verfahren für 200 at Betriebsdruck als starkwandiges Kreisrohr bis 1 m Durchmesser bei 1 Zoll lichter Weite und mit Quecksilberfüllung, so daß der Wirkdruck reichlich 1 at sein durfte; das gab auch nahe der Null noch merkliche Verstellkräfte, und man kann den Nullpunkt ziemlich unbeschönigt in Erscheinung treten lassen; allerdings liest man im Ausland gelegentlich von plumpen deutschen Geräten. Das trifft aber nicht zu auf andre handelsmäßig erstellte Ringwaagen, die auch für hohe, andererseits für niedere Drucke als Blechring von 30 cm Durchmesser mit Wasser- oder Ölfüllung erstellt werden. Bei Kraftradizierung ist das Ringsystem im Schwerpunkt gestützt, also indifferent aufgehängt, und die Richtkraft wird durch Gewicht oder Feder erzeugt, die über eine Kurvenscheibe angreifen; bei Wegradizierung liegt der Schwerpunkt des drehbaren Systems passend unterhalb der Drehachse, und es entsteht wie bei der Waage ein dem Wirkdruck etwa proportionaler Ausschlag, der über eine radizierende Kurvenscheibe zum Zeigerwerk geleitet wird. Meist wird der Nullpunkt unterdrückt: das auf der Radizierkurve laufende Rädchen (Abb. 268) fällt bei etwa 12% der Höchstmenge in eine Grube und bleibt bei 10% stehen; auf dem Schreibstreifen fängt die Einteilung bei 10% an, und die wahre Nullinie ist jenseits der Führungslöcher nur angedeutet, von ihr aus wird planimetriert. Praktisch heißt das, es wird jede schleichende Entnahme als 10% gemessen, das kann zu erheblicher Mehrzählung führen. Man mag so oder so radizieren, stets wird im Nullpunkt der Skala auch die Richtkraft Null, deshalb versagt

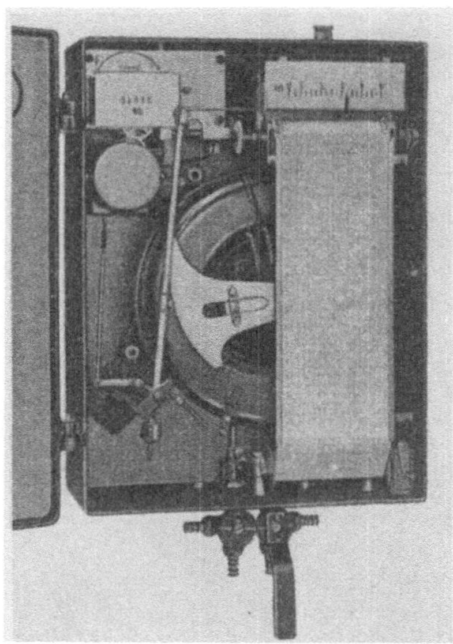

Abb. 267. Ringwaage aus Blech für kleine Betriebs- und Wirkdrucke, Füllung Öl; Radizierung mit Kurve; oben links Zählwerk und Fernsender. Fa. Hartmann & Braun.

die Nullpunktkontrolle, auch wenn der Nullpunkt nicht unterdrückt ist; man ersetzt die Nullpunktkontrolle, indem man ein Gewicht an gegebener Stelle des Meßsystems anhängt, der Zeiger muß dann auf den Endpunkt gehen (Endpunktkontrolle).

Auch bei den Geräten mit Flüssigkeits-, insbesondere mit Quecksilbersäule besteht die Wahl, die Radizierung in den Säulenaufstieg selbst zu legen oder sie hinterher vorzunehmen. Im letzteren Fall hat das Manometerrohr Platinkontakte, mit Meßwiderständen dazwischen, die vom Quecksilber überbrückt werden. Die Kontaktabstände oder die Widerstandswerte sind passend gestuft. Soll der Anstieg der Flüssigkeitssäule selbst radiziert sein, so läßt sich das durch Gestaltung des Schwimmkörpers oder des Gehäuses erreichen; bei letzterer Anordnung tritt die prinzipielle Not um den Nullpunkt besonders eigenartig in die Erscheinung. Ein Schenkel des kommunizierenden Rohrpaares, Abb. 269, trägt einen Schwimmer, von dem sich die Anzeigegeräte ableiten; der andere Schenkel soll durch seine Gestaltung erreichen, daß die Schwimmerbewegung dem Wurzelgesetz folgt. Die bei Abb. 269 gegebenen Beziehungen zeigen, daß im Gegenschenkel der Spiegel zuerst auch steigen und dann erst fallen müßte, weil die Parabel des Gegenschenkels die

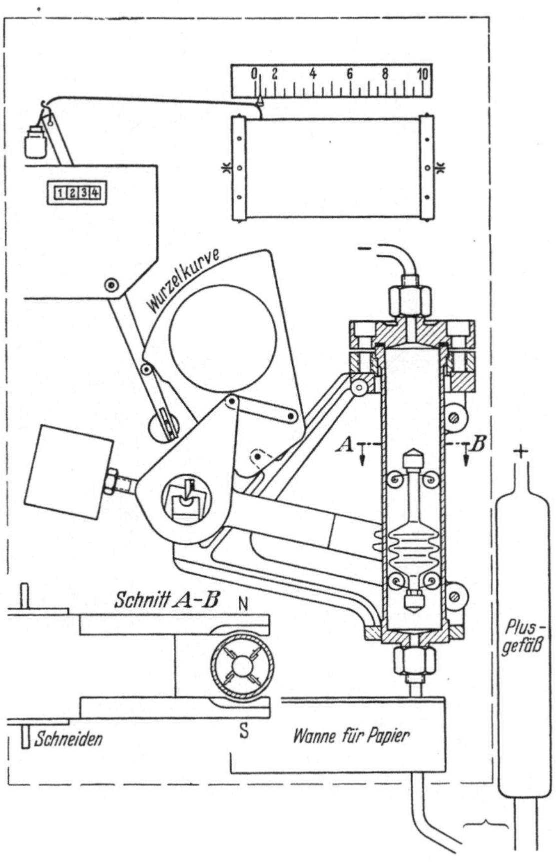

Abb. 268. Mengenmesser für hohen Druck mit mechanischer Radizierung. Waagebalken auf Schneidenlager, folgt dem Schwimmer magnetisch, zieht über Kuppelstange die Kurvenscheibe nach, auf der die Fühlrolle des Schreibzeugs abrollt; das ganze Radiziergetriebe ist in einem Lineal gelagert, das zur Deutlichkeit fortgelassen ist, und ist geschlossen herausnehmbar. Meßrohr aus unmagnetischem Stahl (Stahleisen-Werkstoffblatt 390). Gummikegel am Schwimmer sichern vor Durchschlag. Fa. Debro.

Grade gleichmäßigen Anstiegs im Schwimmerschenkel in O berühren muß. Dieser Forderung steht die Mengengleichung $F\,dx = f\,dy$ für den Quecksilberinhalt entgegen, der Spiegel im Gegenschenkel muß sogleich fallen. Deshalb muß im unteren Bereich eine andere Beziehung zwischen h und x ausgeführt werden, das Parabelstück OAB wird durch die geneigte Gerade OB ersetzt. Ist deren Neigung $\operatorname{tg} AOB = \frac{1}{4}$, so muß von der Höhe B aufwärts der Gegenschenkel zylindrisch mit der Fläche $4F$ sein. Man kann die Frage stellen, ob ein Gerät mit so eigen-

artiger Theorie zweckmäßig ist. Keinesfalls kann es befriedigen, wenn in
Abb. 269 der lineare Verlauf bis zu fast 50 % des Meßbereichs herauf-
geht; der zweite Schnitt der Parabel mit der Nullinie soll möglichst
links liegen, das führt also auf lange und schlanke Gegenschenkel BE.

Die Verbindungsrohre vom Wirkdruckgeber zum Wirkdruckmesser
müssen einen Niveauausgleich haben, wenn Bildung wechselnder
Feuchtigkeitsmengen und störender Wassersäulen in ihnen in Betracht
kommt, also bei Dampf- und meist auch bei Gasmessung. Der Ausgleich
wird am besten durch ein Paar Aus-
gleichgefäße erreicht. Diese liegen
höher als die Drossel, die Überläufe,

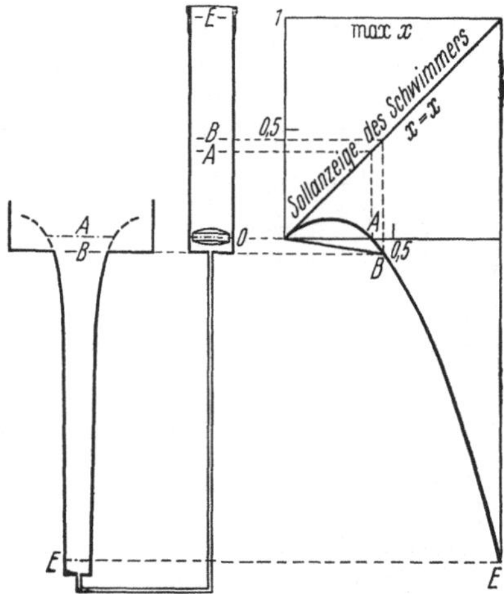

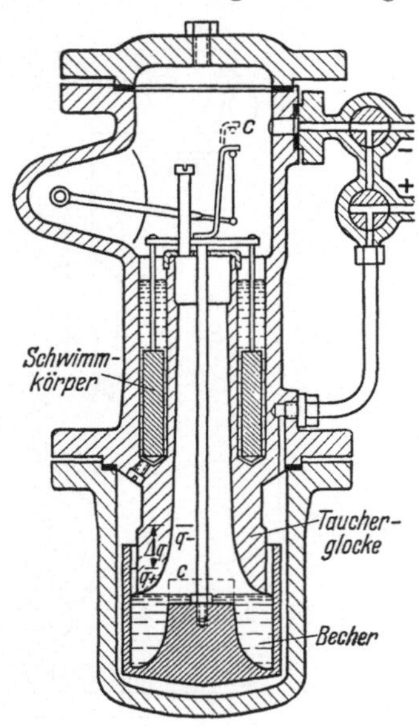

Abb. 269. Schema eines Wirkdruckzählers, Radizierung durch Gestaltung des Minusgefäßes.
Hierzu (rechts) theoretische Bewegung beider
Quecksilberspiegel: der im Minusgefäß soll linear
ansteigen, der im Plusgefäß soll sich an ersteren
parabolisch anschließen; beide Forderungen
widersprechen sich, also muß für kleine Wirkdrucke Parabel durch Grade OB ersetzt werden.
Folgerung: Plusgefäß muß lang sein, um OB
kurz zu machen.

Abb. 270. Wirkdruckzähler mit Tauchglocke,
Radizierung durch innere Gestalt der Tauchglocke. In Nullstellung berührt untere Glocken-
schneide gerade den Quecksilberspiegel im
Becher; der Plusdruck drängt Quecksilber ins
Innere der Tauchglocke, Becher wird leichter
und hebt sich unter Wirkung des Ausgleichs-
gewichtes, daher steigen beide Spiegel sogleich,
anders als in Abb. 269; Übertragung nach außen
durch Stopfbüchse. Fa. Pollux.

zweckmäßig als ein Kranz von Fransen ausgeführt (Abb. 139, S. 100),
sind gleich hoch. Die Leitungen von der Drossel zum Ausgleichgefäß
hin steigen gleichmäßig an und sind weit genug, um zu verhindern,
daß Wasser in ihnen stehenbleibt. Die Verbindungsrohre, bei Dampf
nicht aber die weiten Leitungen, unterliegen der Frostgefahr. Man
zieht, wenn die Drossel im Freien liegt, die Ausgleichgefäße und den
Messer ins Gebäude hinein.

Die Oberfläche im Ausgleichgefäß muß so groß sein, daß die Spiegelschwankungen auf der Seite, wo die Flüssigkeit zurückweicht, belanglos
sind gegenüber der Druckdifferenz. In der Hinsicht sind Ausgleich-
rohre, in 5 bis 7 m Länge, gerade oder in Schlangen (Abb. 122, S. 91)
verlegt, überlegen, weil bei ihnen Spiegelschwankungen überhaupt nicht

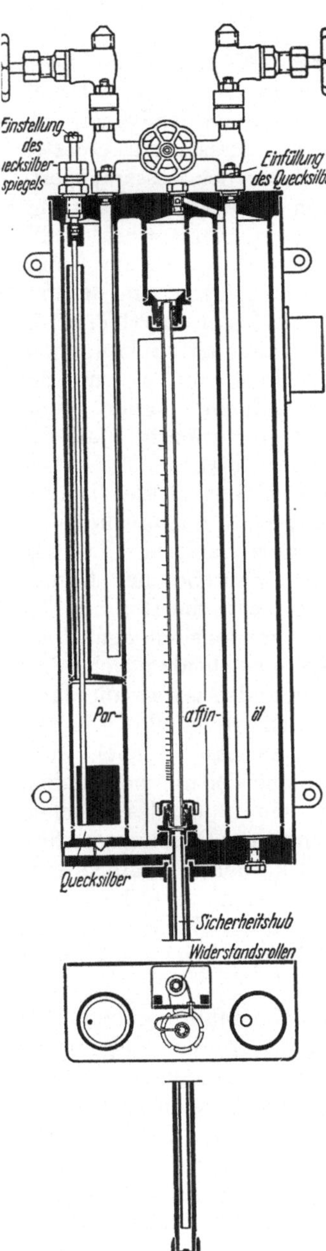

Abb. 271. Wirkdruckzähler. Wirkdruck durch Quecksilbersäule ausgewogen, Radizierung durch verschiedenen Abstand der eingeschmolzenen Kontakte. Firma Hallwachs & Morckel.

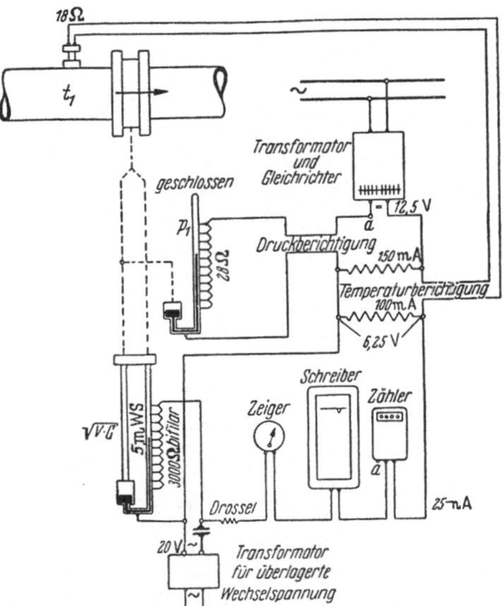

Abb. 272. Schaltung für Abb. 271 bei Heißdampf. Berichtigung für Druck und Temperatur gemäß Abb. 97. Messung mit Gleichspannung über Netzanschlußgerät, an den Kontakten zur Vermeidung von Polarisation Wechselspannung übergelagert, über Kondensator eingeführt. Klemmen aa können über Widerstand so verbunden werden, daß Zähler bei Null gerade vor dem Anlaufen steht, vgl. S. 13 und Abb. 415.

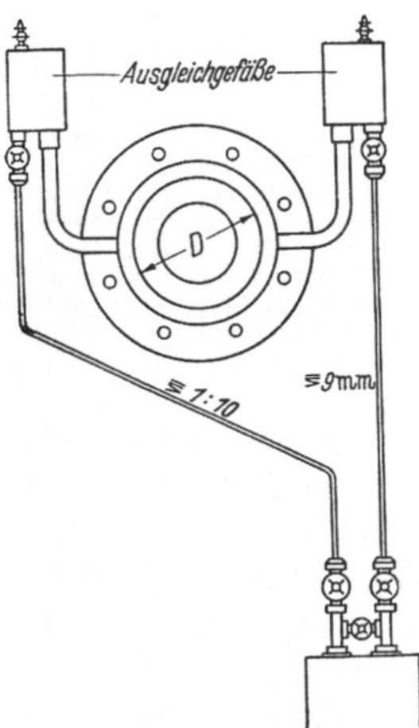

Abb. 273. Wirkdruckleitungen zwischen Geber und Drosselgerät für Dampf; Mindestweite 9 mm, Gefälle beachten (1 zu 10), in den Leitungen bis zum Gefäß soll kein Wasser stehenbleiben, dafür ist auch die Entnahme zu bemessen — sie darf jedoch nur 3 mm breit sein. Entlüftungshähne. Für Wasser oder Luft entsprechende Maßregeln. Vergleiche Abb. 122.

auftreten; aber die Entlüftung ist bei ihnen schlechter zu machen (sehr beachtlich!).

In die Verbindungsrohre werden Absperrorgane eingebaut, und zwar sollten es jedenfalls dann, wenn Dampf oder wenn bei höherem Druck gemessen wird, deren fünf sein: je eines zum Absperren der beiden Leitungen nach dem Wirkdruckgeber und nach dem Messer hin, eines in einer Verbindungsleitung zwischen den beiden Seiten des Messers; sperrt man eine Leitung ab, so kann man durch Öffnen der Verbindungsleitung den Nullpunkt prüfen. Es ist nötig, daß jede der Leitungen beiderseits abgesperrt werden kann: am Geber muß man sie absperren, um sie auszubessern; am Messer sperrt man sie ab, um die Leitung auszublasen, was bei Dampfmessung nötig ist, um die Leitung von Luft zu befreien. Denn es ist bei Dampf wichtig, daß die Leitungen ganz luftfrei voll Wasser sind; dazu wird der Messer beiderseits randvoll gefüllt und nun die frisch mit Dampf durchgeblasene Leitung angeschlossen, während der Dampf noch schwach bläst; die Rohre füllen sich dann mit kondensierendem Wasser. Aus diesem scheiden sich 'aber auch wohl laufend Gase ab, die dann stören; die Niveaugefäße erhalten Lufthähne, man hat sie auch wohl durch eine kleine Leitung verbunden, durch die sie sich infolge des zwischen ihnen bestehenden Druckunterschiedes (des Wirkdruckes) laufend entlüften; die Leitung muß klein sein im Vergleich zu den Zuleitungen zum Geber, damit der Wirkdruck nicht verfälscht wird.

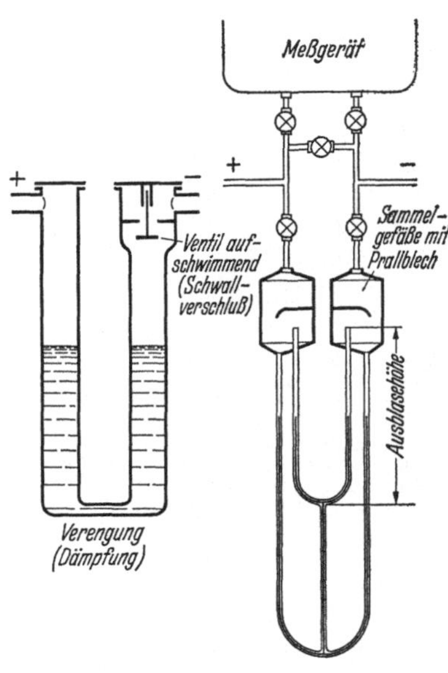

Abb. 274. Sicherung gegen Überblasen von Quecksilber; rechts: Ausblasehöhe des Rohrsystems kleiner als die des Meßgerätes; Quecksilber sammelt sich und stellt die Absperrung wieder her, wenn Wirkdruck zurückgeht. Vergleiche Abb. 271.

Trotz aller Vorsicht erhält das Meßgerät beim Hantieren mit den Hähnen gelegentlich zu hohen Druck, so daß Quecksilber ausgeblasen werden kann; dagegen verwendet man Verengungen, um Massenwirkung abzudämpfen; Stahlventile, die mit dem Quecksilber aufschwimmen und ihm den Weg absperren, oder Ausblasevorrichtungen mit Rückführung, die etwas vor dem Meßgerät durchschlagen. Ein mäßiger Quecksilberverlust ändert bei der Ringwaage nichts, da das Quecksilber als Sperre zwischen beiden Drucken, nicht zum Messen dient; in anderen Fällen verschiebt sich durch Quecksilberverlust der Nullpunkt. Unangenehm bleiben Quecksilberverluste immer, weil das Quecksilber an Metallteilen Unheil anrichtet. Flüssigkeitslose Differenzmanometer, mit Membran oder Federrohrbalgen (Abb. 120), haben sich trotzdem nicht durchgesetzt außer in der Nahrungsmittelindustrie und auf Schiffen.

Die korrekte Ausschaltung dieser und mancher anderer Fehlerquelle verlangt Umsicht und Erfahrung. Für Abnahmeversuche schlägt DIN 1952 daher doppelte Druckentnahme und zwei Meßgeräte mit ganz voneinander unabhängigen Leitungspaaren vor.

Die Verbindungsrohre, bei Dampf nicht aber die weiten Leitungen zum Ausgleichgefäß, unterliegen der Frostgefahr. Man zieht, wenn die Drossel im Freien liegt, die Ausgleichgefäße und den Anzeiger ins Gebäude hinein.

43. Danaiden messen die Flüssigkeit als Ausfluß; ein Gefäß hat unten eine blendenartige, also scharfkantige Mündung; wird von oben der zu messende Fluß eingeleitet, so stellt sich der Spiegel auf eine gewisse Höhe über der Mündung ein; diese Höhe h ist, bei gegebenem Querschnitt f der Blende, ein Maß für den Ausfluß. Zur Höhe h [m] ist die Ausflußgeschwindigkeit $w = \sqrt{2gh}$ [m/s] zugeordnet, daraus folgt das ausfließende Volumen $V = \alpha f \sqrt{2gh}$ cbm/s. α ist eine Vorzahl, wesentlich dadurch bedingt, daß sich der Strahl hinter der Blende einschnürt (kontrahiert); w ist nach dem Energiesatz dem kontrahierten Querschnitt zugeordnet, doch mag ein mäßiger Energieverlust in α enthalten sein.

Für die Kontraktionszahl ergibt die Theorie (L. 213) bei einer idealen reibungslosen Flüssigkeit den Wert $\alpha = \pi/(\pi + 2) = 0{,}611$; in einer Flüssigkeit mit innerer Reibung sollte α etwas kleiner sein, doch bildet sich bei kleiner und nicht ganz scharfer Öffnung, bei kleiner Standhöhe und bei zäher Flüssigkeit die Kontraktion nicht vollkommen aus. Man ist also auf Versuche angewiesen.

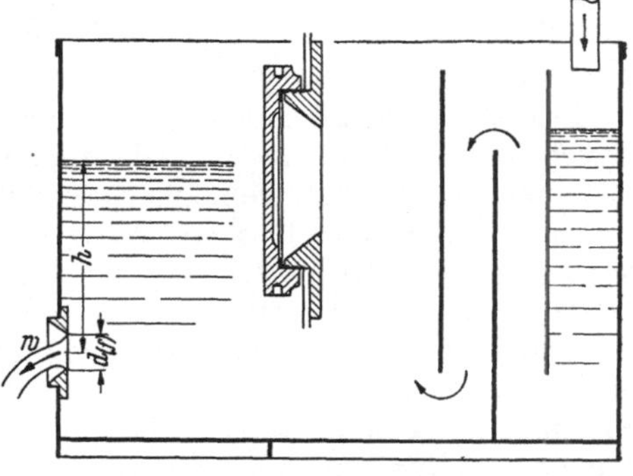

Abb. 275. Danaide. Verschlußdeckel, wenn mehrere Blenden wahlweise benutzt werden sollen.

Tabelle 15. Ausflußzahlen α von Danaiden aus scharfkantiger Blende (Kante gebrochen, zylindrischer Teil 0,35 mm bei 50; 0,29 bei 40; 0,14 bei 30 mm Dm.) für kaltes und warmes Wasser und Kochsalzsole. Ausfluß seitlich. SCHNEIDER: VDI-Forschungsheft 213.

Tempt.	Wichte	Zähigk.	$h = 779$ mm			$h = 279$ mm			$h = 123$ mm		
° C	kg/cbm	° Engler	$d=50$	20	5 mm	$d=50$	20	5 mm	$d=50$	20	5 mm
Wasser						Null Komma					
+ 40	992	0,942	605	601	624	610	609	640	613	619	658
+ 15	999	1,022	604	602	629	609	613	649	615	620	666
Sole											
+ 15	1070	1,032	—	604	633	—	613	649	—	622	668
+ 15	1140	1,061	—	604	634	608	613	652	613	622	672
+ 15	1190	1,093	606	605	636	609	614	652	612	622	670
− 14	1198	1,36	606	610	643	612	618	661	617	628	683

Tabelle 15a. Ausflußzahlen von Danaiden aus Blenden, Kante gebrochen, zylindrischer Teil 0,5 mm, für Wasser von 25°. Ausfluß nach unten. SCHULTES, JAROSCHEK, WERKMEISTER: Forschung 1938 S. 126, Bild 5.

$d =$	20	30	40	50 mm
	Null Komma			
$h = 220$ mm	618	614	611	609
420 mm	610	608	605	603
820 mm	604	602	600	599
2000 mm	602	600	598	597

Die Werte der Tabellen 15 oder 15a können als Richtlinien dienen. Aus ihnen läßt sich folgern: wenn man nicht eichen will, sollte der Blendendurchmesser nicht unter 15, die Standhöhe mindestens 400 mm sein. Das ergibt als kleinsten Ausfluß einer Blende 0,1 ltr/s = 0,35 cbm/h. Die SCHNEIDERschen Werte sind von der PTR (Jahresbericht 1923) bestätigt worden. Für $MgCl_2$-Sole gibt RESCHKE, für verschiedene Flüssigkeiten BECKMANN, L. 215, weitere α-Werte.

Ein Ausflußgefäß hat also eine oder einige Blenden gleichen oder verschiedenen Durchmessers, alle in gleicher Höhe, deren so viele verschlossen werden, daß sich eine Standhöhe ergibt, bei der sich die Kontraktion sauber ausbildet und die gut meßbar ist. Mehrere Öffnungen lassen sich einzeln eichen; der Gesamtfluß ist dann die Summe der Einzelmengen, wenn die Blenden weit genug auseinander sind, um sich nicht zu beeinflussen. Auch dem Boden und den Seitenwänden dürfen sie nicht zu nahe sein. Von der Wand sollte die 50-mm-Blende 80 mm, die 20-mm-Blende sollte 60 mm Abstand haben, mehrere Blenden sollten um $4\,d$, bei verschiedener Größe um $4\,d_{mittel}$ auseinander sein. Steht eine 20-mm-Blende nur $0,8\,d = 16$ mm von der Wand ab, so wird α um 0,5% größer. Diese Maße dürften vom Blendenrand ab zu nehmen sein. (SCHULTES usw., a. a. O.)

Die Standhöhe h kann im Gefäß mit einem eingetauchten Maßstab gemessen werden, wenn der Spiegel genügend beruhigt ist; dazu dienen Schwallbleche und Siebe; mißt man an einem seitlich angebrachten Standrohr, so kommt es kaum auf die Spiegelruhe an. Wegen der Kapillarität sind bei reinem Wasser und bei 15 mm weitem Rohr 2 mm abzuziehen, allgemein $30/d$ mm. Im Rohr muß gleichartige Flüssigkeit stehen wie im Gefäß, was bei warmer und bei kalter Meßflüssigkeit nicht leicht zu erreichen ist; hat das Wasser im Rohr 20° gegen 50° im Gefäß, so sind 1%, bei 400 mm Standhöhe also 4 mm zuzuzählen; bei Salzsole 20° im Schauglas gegen — 5° im Behälter sind 0,6% oder 2,4 mm abzuziehen.

Ist das Wasser ölhaltig, so setzt sich Öl an der Blendenkante ab und der Ausfluß vergrößert (!) sich allmählich, allerdings selbst bei der 10-mm-Blende nur um 1%.

Die Blende kann nach Abb. 275 in der Seitenwand, sie kann auch im Boden des Danaidengefäßes angebracht werden; dann ist α bis zu 0,4%, bei größeren h und d aber nur um 0,1% größer als bei waagerechtem

Austritt. Ist die Blende im Boden, so muß dieser genügend steif sein, um sich nicht je nach der Standhöhe im Gefäß verschieden durchzubiegen. Um bei kleiner Standhöhe einen über der Blende kreisenden Wirbel mit anschließender Trichterbildung zu vermeiden, setzt man ein Blechkreuz mit Aussparung für die Blende über dieselbe; α ändert sich dadurch nicht. Die Befestigungsschrauben der Blende im Gefäß sollen nicht vorstehen.

Da die Blende mit Wasser oder gar Sole und mit Luft in Berührung kommt, neigt sie zum Verrotten; eine Düse wäre in der Hinsicht besser. Das Profil der Normdüse 1930, Abb. 249, hat aber zu kleine Krümmungsradien, gibt Ablösungen und ist für Flüssigkeit gegen Luft nicht verwendbar; die ältere VDI-Normdüse 1912 käme in Frage.

Mehrere Öffnungen gestatten es auch, bei schwankender Ausflußmenge die Methode von BRAUER anzuwenden: der aus einer der Öffnungen kommende Fluß wird gewogen, der Gesamtfluß ist ein bestimmtes Vielfaches davon, wenn alle Öffnungen die gleiche Standhöhe haben.

Die Ausflußmessung mit der Danaide ist ein bequemes Hilfsmittel, um das Kondensat von Turbinen oder von Verdampfern zu messen. Danaiden sind aber für Abnahmeversuche in den Normen nicht zugelassen; statt ihrer soll vielmehr die Durchflußmessung mit genormten Blenden verwendet werden (§ 41), sei es, daß man die Blende in eine Leitung einbaut, sei es, daß das Ausflußgefäß einen Rohrstutzen in ausreichender Länge erhält.

44. Schwimmermesser. Beim Schwimmermesser hebt die Strömung einen plattenförmigen, gewichtbelasteten Schwimmer innerhalb einer nach oben erweiterten Düse an; dabei erweitert sich der Spalt um den Schwimmer herum, der Druckverlust nimmt ab, und wenn er gerade ausreicht, um das Schwimmergewicht P zu tragen, kommt der Schwimmer zur Ruhe — um so höher, je stärker der Fluß. Dabei läßt sich je nach Gestalt der Düse jede Beziehung zwischen Menge und Hub erreichen; sollen beide einander proportional sein, so muß die Ringfläche um den Schwimmer herum linear, der Durchmesser also parabolisch zunehmen, die Düse ist ein hohles, abgestumpftes Rotationsparaboloid, ihre Länge heiße l_1. In der Endstellung des Schwimmers sollte die Ringfläche gleich der Eintrittsfläche der Düse, also sollte der größte Düsenquerschnitt das Doppelte des kleinsten sein; dann liegt der

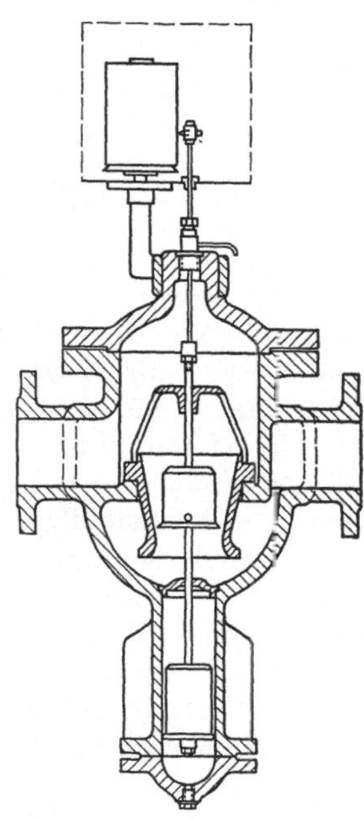

Abb. 276. Schwimmermesser. Ausgleichsgewicht auswechselbar je nach absolutem Druck, gleicht dessen Einfluß auf Stopfbüchsenweite aus. Fa. Farbenfabriken Bayer, ähnlich Fa. Wagner.

Scheitel des Paraboloids um die Düsenlänge l_1 unterhalb ihres Anfangs.

Die Empfindlichkeitsverhältnisse beim Schwimmermesser sind günstig. Betrachtungen, die auf S. 16 gegeben sind, daß die innere

Richtkraft $P_i = f \sqrt{P}$, also $dP_i/dl = -2f\,(\Delta P/l)$ ist; die äußere Richtkraft, das Meßgewicht, ist konstant, also $dP_a/dl = 0$; hieraus folgt die durch Falschstellung des Schwimmers freiwerdende Verstellkraft $R_1 = 2f \cdot \Delta P/l$, umgekehrt proportional dem Schwimmerausschlag l und daher unendlich groß für $l = 0$; in der Tat, den Schwimmer bei währendem Fluß auf den Sitz niederzudrücken, ist nicht möglich. Die Richtkraft ist also nahe dem Nullpunkt sehr groß, der Schwimmer stellt sich dort am genauesten in seine Sollage ein; relativ ist die Meßgenauigkeit überall gleich groß, das kennzeichnet den Schwimmermesser als ideales Meßgerät. Ganz genau stimmt auch bei ihm der Nullpunkt nicht, denn die Düse ist unten so verformt, daß der Schwimmer etwas Luft behält, sonst würde er klemmen.

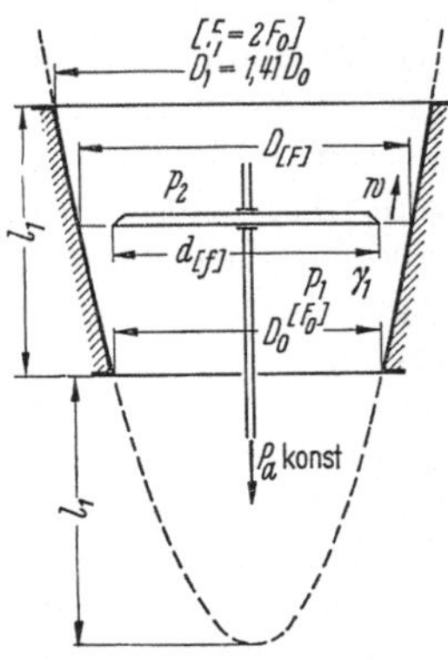

Abb. 277. Zur Theorie des Schwimmermessers. Ringfläche um den Schwimmer wächst proportional dem Weg, wenn Düse als Paraboloid gestaltet. Schwimmergewicht bestimmt den Maßstab; Hilfsgewicht im kondensatgefüllten Dämpfungszylinder auswechselbar, um je nach Betriebsdruck die Stopfbuchskraft auszugleichen.

Kommt in einer Rohrleitung Strömung in beiden Richtungen vor, so kann man zwei Schwimmermesser entgegengesetzter Stromrichtung in eine Gabelung der Leitung einbauen; denn jeder Messer schließt entgegen seiner Stromrichtung den Durchgang ab. Drosselgeräte (Abb. 261, 262) in diesem Fall zu verwenden, ist weniger gut, weil diese ja in der Gegend von Null unempfindlich sind.

Die Schwimmermesser haben also manche Vorteile vor der Verwendung von Drosselgeräten; aber während die Drosselgeräte für alle Fälle verwendbar sind, von 20 mm bis zu 1000 mm Rohrweite und darüber hinaus, für wenige Millimeter Wassersäule Druck bis zu Höchstdruck, bei Dampf bis 100 oder 200 at, bei Gasen und Flüssigkeiten noch weiter hinauf — so ist der Schwimmermesser nur begrenzt verwendbar. Die kleinste Type des BAYER-Messers hat 50 mm Anschlußweite; das ist nicht schlimm, denn auch Drosselgeräte unter 50 mm sind mehr Schau- als Meßgeräte; nach oben hin ist schon der 150-mm-Messer schwer, die 200-mm-Type ist unhandlich; und bezüglich des Druckes: der Schwimmermesser ist eine Armatur und als solche in die Leitung einzufügen; für höhere Druckstufen ist er aus Stahlguß zu fertigen; hohe Drucke und Temperaturen machen bei allen Armaturen gelegentlich Not.

Zugunsten des Schwimmermessers gegenüber dem Drosselgerät ist vor allem die einfachere Handhabung anzuführen: er bedarf keiner besonderen Erfahrungen, während, zumal bei Dampf, die Instandhaltung der Ausgleichgefäße und der Leitungen zum Meßgerät hin Not machen kann, wenn nicht in größeren Verhältnissen ein geübter Meßtrupp vorhanden ist. Demgegenüber ist der Schwimmermesser das Gerät des kleinen Betriebes.

Beim schreibenden Schwimmermesser führt ein Stahldraht durch eine Stopfbüchse nach außen; ist der Drahtdurchmesser 2 mm, gegenüber beispielsweise 80 mm Durchmesser des Schwimmers, so ist der Einfluß des ersteren doch nicht unbeachtlich; denn auf die 0,03 qcm des Drahtes wirkt der volle Druck von vielleicht 10 kg/qcm, macht

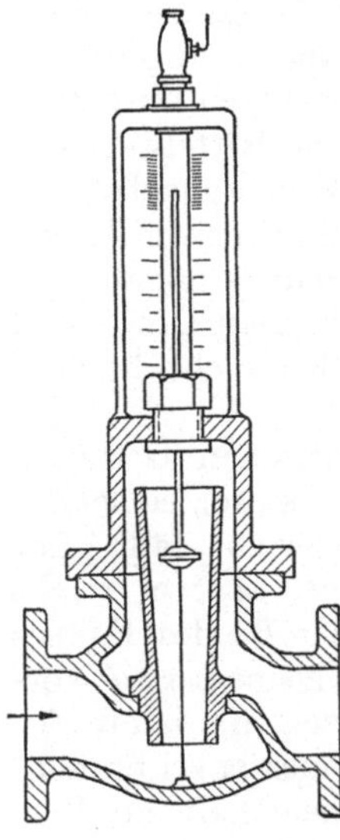

Abb. 278. Kessel-Speisezeiger. Fa. Grefe.

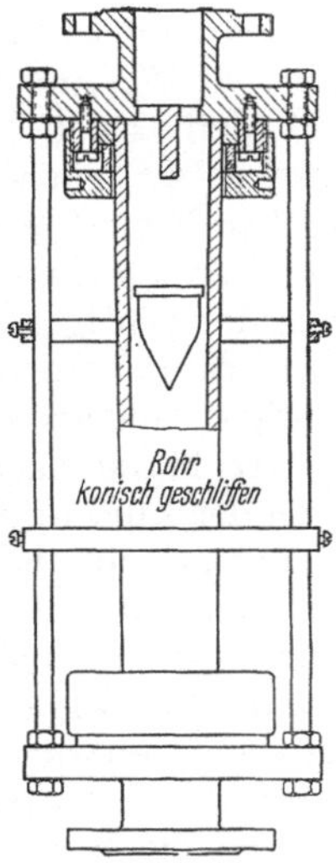

0,3 kg Korrektion, und zwar gegenüber 0,05 kg/qcm Druckverlust, der den Schwimmer von 50,3 qcm trägt und 2,53 kg Belastungsgewicht ($P_a = 2,53$) entspricht; diese 12% Korrektion dürfen nicht unbeachtet bleiben. Beim 50-mm-Gerät macht die Korrektion 30% aus, bei 40 at Betriebsdruck sind diese Zahlen viermal so groß; beim 200-mm-Gerät ist 15,7 kg Belastungsgewicht nötig — durch welche Zahlen der Verwendungsbereich des Schwimmermessers abermals gekennzeichnet wird.

Auch der Schwimmermesser eignet sich nicht für pulsierende Flüsse; der Schwimmer tanzt und schreibt eine breite verwaschene Linie, deren Mitte nicht der gesuchte Wert ist. Dieser wird auch nicht erhalten, wenn der Schwimmer federnd mit der Spindel und dem Meßgewicht verbunden ist. Solche Versuche, wenigstens eine klare Linie zu erhalten, sind zu beurteilen, wie für das Pimeter ausgeführt (S. 283).

Abb. 279. Konusmesser für Gase. Rohr schlank erweitert, Schlitze am Umfang lassen den Schwimmer rotieren; flache aufgemalte Spirale macht die Drehung sichtbar. Fa. Rota und andere.

Neben den Schwimmermessern im engeren Sinn sind die Zeigegeräte zu erwähnen, bei denen ein rotierender Kegel im Gasstrom schwimmend aufsteigt; die Rotation wird durch einige schräge Kerben im Schwimmerrand veranlaßt, sie verhindert, daß der Kegel am Rand klebt und durch Kreiselwirkung kippt; Ablesung unmittelbar am Glasrohr, auf das eine Skala geätzt ist. Die Meßrohre sind innen geschliffen und poliert; jedoch werden solche Rohre auch warm über einen Stahlkonus gezogen und sorgsam gekühlt (Fa. Rotawerke), die innere Fläche bleibt dabei heil und dürfte chemischen Angriffen besser widerstehen. Bei andern Typen ist der Schwimmer ein Ring, der auf einem konischen Dorn auf und ab geht, das Glasrohr ist zylindrisch. Feuchte Meßgase lassen das Glasrohr beschlagen und erschweren die Ablesung.

45. Dampfmessung. Die Messung des Mengenflusses hat sich am Wasserdampf entwickelt, als für die Überwachung des Kesselbetriebes die Speisewasserzählung nicht mehr genügte; wird dabei doch aller Leckverlust und auch das zum Entsalzen abgeblasene Wasser als verdampft gezählt.

14*

Um die Jahrhundertwende entwickelte sich ziemlich gleichzeitig der Mündungsmesser mit Drosselgeräten und Anzeigegeräten nach GEHRE und nach HALLWACHS, und anderseits der Schwimmermesser nach Vorschlägen von KUHNKE (Farbenfabriken Bayer). Die Mündungsmesser wurden bald zur Berichtigung nach den Druckänderungen eingerichtet (Abb. 96, 272), der BAYER-Messer schrieb über dem jeweiligen Durchfluß auch den Druck auf, um eine Berichtigung nach dem Mittelwert des Druckes zu machen; eine Temperaturberichtigung kam zunächst gar nicht in Frage, da Heißdampf selten war. Die Berichtigung nach Druck und Temperatur ist nicht einfach zu machen; die Schwierigkeit wird nach der heutigen Lage am besten überwunden, indem man Druck und Temperatur selbsttätig regelt, die Schwankungen also nicht berücksichtigt, sondern beseitigt.

Der Mündungsmesser versagt wegen des quadratischen Gesetzes, wenn der Fluß unter etwa 10% des größten sinkt, also bei schleichender Entnahme, die bei längerer Dauer erheblich ins Gewicht fällt. Der Schwimmermesser mißt auch schleichende Entnahme, aber er reicht kaum über 150 mm Anschlußweite, ist also in der Größe des Flusses beschränkt. Aus beiden läßt sich folgern, der Mündungsmesser sei vorzuziehen, um die Lieferung des Kesselhauses anzuzeigen, damit der Heizer das Feuer danach behandelt — der Schwimmermesser sei brauchbar, um die Verteilung des Dampfes auf die Abnehmerschaft zur Verrechnung zu bringen, die nachts auf kleine Werte sinkt.

Die Anzeigegeräte waren zunächst nur zum Schreiben eingerichtet, die Diagramme wurden planimetriert; heute pflegen sie ein Zählwerk zu haben, das den Fluß integriert. Das Diagramm bleibt immerhin wertvoll, um die Verteilung des Verbrauchs über die Tageszeiten vor Augen zu haben. Ob das die Kosten lohnt, die das regelmäßige Aufziehen und Abnehmen des Diagrammpapiers verursacht, ist nach dem Fall zu entscheiden. Die Dampfzähler sind immerhin anfälliger als Wasser- oder Gaszähler — besser vielleicht gesagt: Dampf ist ein schwierigerer Stoff als Wasser oder Luft —, deshalb empfiehlt es sich, dies Zählwerk täglich abzulesen und dadurch auch sicherzustellen, daß das Gerät täglich nachgesehen wird.

Die Geräte messen den Wert $\sqrt{GV}$. Sind in größerem Betrieb viele Geräte vorhanden, so sind die fern dem Kesselhaus liegenden Abnehmer benachteiligt, denn einem bestimmten Dampfgewicht, das die Wärmelieferung bestimmt, entspricht wegen des Druckabfalls ein größeres Volumen; auch wird bei Heißdampf die Temperatur gesunken sein. Nach Befund teilt man den fernliegenden Abnehmern einen Index kleiner als Eins zu, mit dem ihr gemessener, scheinbarer Verbrauch berichtigt wird. Ähnlich verfährt man von Tag zu Tag mit allen Abnehmern, wenn Druck und Temperatur des Dampfes tageweise merklich differieren. Neben der gerechten Verteilung auf die Abnehmerschaft liegt nämlich noch der Wunsch vor, den Wärmeverlust bei der Verteilung zu überwachen, der im Winter größer ist als im Sommer, und tunlichst auch den Substanzverlust; ein solcher stellt sich bei der Dampfverteilung ähnlich heraus wie bei städtischen Gas- und Wasserwerken.

Die Dampfmessung bedingt auch selbst einen Druckverlust, und das ist ein Energieverlust, wenn vorher oder nachher in einer Maschine Arbeit erzeugt wird. Beim Drosselgerät steigt der Wirkdruck von Null zu einem Höchstwert, der nicht zu gering sein sollte, weil es von ihm schließlich auch abhängt, wo bei schleichender Entnahme die Messung aufhört; nehmen wir ihn zu 4000 mm WS = 300 Torr an, und sei das Öffnungsverhältnis $m = 0,4$, so werden erfahrungsgemäß auch $m = 0,4$ oder 40% des Wirkdrucks zurückgewonnen, der Druckverlust bei vollem Durchgang ist 2400 mm WS = 0,24 at. Der Schwimmermesser gibt schon bei kleinstem Durchgang einen Druckverlust von etwa 0,05 at, entsprechend der Größe und der Belastung des Schwimmers; weiterhin steigt der Druckverlust wegen der Strömungswiderstände, bleibt aber beim höchsten Durchgang meist kleiner als beim Mündungsmesser. Von Wiedergewinn dürfte hier nicht die Rede sein, da die Strömung vielfach gebrochen wird. Also wäre

	für 0	$^1/_2$	$^1/_1$ Durchgang
beim Schwimmermesser	0,05	0,075	0,15 at
beim Drosselgerät. . .	0	0,06	0,24 at Druckverlust

Die Energieentwertung läßt sich beispielsweise wie folgt schätzen: von (20 at 300°) herab bis zu (2 at) zeigt das is-Diagramm ein Wärmegefälle $\Delta i = 109,8$ kcal/kg an; das Diagramm zeigt ferner, daß bei 2 at aus je 0,1 at Mehrgefälle etwa 2,02 kcal/kg zu gewinnen sind. Mißt man den Dampf im Gegendruck, so verliert man

	bei $^1/_2$ Durchgang	bei Höchstdurchgang
beim Schwimmermesser 0,075 · 2,02 : 0,1 = 1,51 kcal = 1,4%		2,8%
beim Drosselgerät . . 0,06 · 2,02 : 0,1 = 2,02 kcal = 1,2%		4,8%

an Wärmegefälle. Mißt man den Dampf als Hochdruck, dann wird er bei unverändertem Wärmeinhalt gedrosselt; der Punkt (18 at 298°) liegt im is-Diagramm so hoch wie (20 at 300°), gibt aber herab bis 2 at nur 106,0, also 3,8 kcal/kg weniger Wärmegefälle; auf 0,1 at Drosselung gehen diesmal nur 0,19 kcal/kg Wärmegefälle verloren (natürlich, denn es kommt auf das Verhältnis $\Delta p/p$ an). Diesmal verliert man

	bei $^1/_2$ Durchgang	bei Höchstdurchgang
beim Schwimmermesser	0,13%	0,26%
beim Drosselgerät. . .	0,17%	0,68%

Nur wenn man bei Hochdruck mißt, ist die Entwertung des Dampfes belanglos. Man wird aber auch schließen: wo Krafterzeugung ins Spiel kommt und dauernd Vollast zu erwarten ist, sollte ein Drosselgerät nicht 0,4 at Wirkdruck bei Höchstdurchgang haben; man nehme eine Blende mit weiterer Öffnung, mit größerem m. Und man nehme eine Venturidüse. —

Der Verbrauch einer Auspuffdampfmaschine läßt sich bestimmen, indem man den Abdampf in einem Wasserwärmer oder Kondensator niederschlägt und das Kondensat in einem auf der Waage stehenden Gefäß auffängt; bei einer Gegendruckmaschine (auch -turbine) wird man ihn vorher durch ein Drosselorgan entspannen. Das Rohr mündet unter einer kleinen Schicht kalten Wassers. Man bestimmt, wie teilweise schon oben S. 152 dargestellt, die Zeit, wenn die Waagenzunge durch Null geht, setzt ein passendes Gewicht auf oder verschiebt das Laufgewicht und beobachtet den nächsten Durchgang; eine Neigungswaage ist hierfür schlecht am Platze. Genügen die Wärmeverluste des Sammelgefäßes nicht, um Ansteigen der Temperatur zu verhüten, so deckt man das Gefäß lose zu, damit nicht durch Verdunsten Fehler entstehen; ein metallener Deckel ist dazu besser als ein Lappen oder Holz, die beide Feuchtigkeit einsaugen; man muß sie im Augenblick der Messung abnehmen. Käme die Temperatur im Gefäß über 100°, so würde Verdampfung einsetzen, die durch den Deckel hindurchbliese; das muß vermieden werden, notfalls durch Beifügen einer abgewogenen Menge kalten Wassers. —

Bei einer Kondensationsmaschine mit Oberflächenkondensation läßt sich das aus dem Kondensator gepumpte Wasser ebenso messen, man muß sicher sein, daß der Kondensator dicht ist, kann zur Prüfung dessen dem Kühlwasser einen Farbstoff beimengen. Statt dessen läßt sich in jedem dieser Fälle das Kühlwasser und seine Temperaturzunahme messen und die niedergeschlagene Dampfmenge aus einer Wärmebilanz des Kondensators finden. Beide Meßweisen unterscheiden sich prinzipiell, indem die Wägung den ganzen in die Maschine hineingegangenen Dampf erfaßt, die Wärmebilanz läßt das im wesentlichen unbeachtet, was schon als Feuchtigkeit des Dampfes aus der Maschine kommt. Bei einer Maschine mit Mischkondensation läßt sich nur auf die Wärmebilanz zurückgreifen.

Will man statt dessen den hineingehenden Dampf messen, der ja eigentlich interessiert, so kann das in Gestalt des in den Kessel gespeisten Wassers geschehen; alle nicht benutzten Seitenleitungen müssen abgeflanscht, der Dichtheit aller Teile muß man sicher sein; der Kessel wird nicht abgesalzen (entschlammt), oder die abgesalzene Menge wird gemessen. Die Messung muß so lange dauern, daß ein Unterschied im Kesselwasserstand, schließlich gegen anfangs, keinen übermäßigen Einfluß hat, die Speiseverhältnisse, der Druck und auch die Feuerungsverhältnisse (Zeit seit letzter Aufgabe von Brennstoff) müssen beidemal gleich sein, um Aufblähungen des Wasserinhalts durch Dampfblasen auszuschalten. Gegenüber dem Verdampfungsversuch am Kessel kann der Versuch kürzer sein, denn bei jenem wird die Dauer durch die eventuell unterschiedliche Kohlenmenge auf dem Rost bedingt.

Vorstehende Bemerkungen beziehen sich auf kleinere Betriebe, sie können auch sinngemäß gelten, wenn der Dampfverbrauch einer Trockenanlage, einer Destillationskolonne oder ähnlicher Geräte zu bestimmen ist. Für Großkraftwerke kommen andere Meßverfahren, namentlich mit Drosselgeräten, in Frage.

Vor Kolbenmaschinen versagen sie. Bei diesen ist die Auswertung der Indikatordiagramme bisweilen das einfachste oder einzige Hilfsmittel, für die Dampfmessung allerdings von mäßiger Genauigkeit, es liefert wohl immer zu kleine Werte. Bei Verbundmaschinen sind nur die Hochdruckdiagramme nötig. Bei Sattdampf besteht ein fester Zusammenhang zwischen Druck und Temperatur. So sei das Diagramm

Abb. 280 an einer Dampfmaschine aufgenommen, und man mißt daran

aus, daß die Füllung $\varphi = \dfrac{39{,}2}{99{,}4} = 0{,}394 = 39{,}4\%$ des Hubes beträgt und

mit einem Druck von 6,0 at Überdruck endet. Kompressionsenddruck 3,9 at ÜD = 4,9 at abs. Für die Maschine sei das Hubvolumen 16,1 ltr der Werkzeichnung entnommen, der schädliche Raum, den der Kolben in der Totstellung noch frei läßt, sei auf 7% desselben geschätzt oder durch Auffüllen mit Öl zu 1,13 ltr gemessen. Nun wird ein Teil Dampf verwendet, um den schädlichen Raum von 4,9 ata auf den Eintrittsdruck zu bringen, ein weiterer Teil dient dazu, bei konstantem oder wenig abfallendem Druck den vom Kolben freigegebenen Raum zu füllen. Es ist gleichgültig, was diese beiden Teile ausmachen, im ganzen kann man sagen: als die Steuerung öffnete, waren 1,13 ltr Raum mit Dampf von 4,9 at abs. entsprechend $\gamma = 2{,}57$ kg/m³ (nach den Dampftabellen)

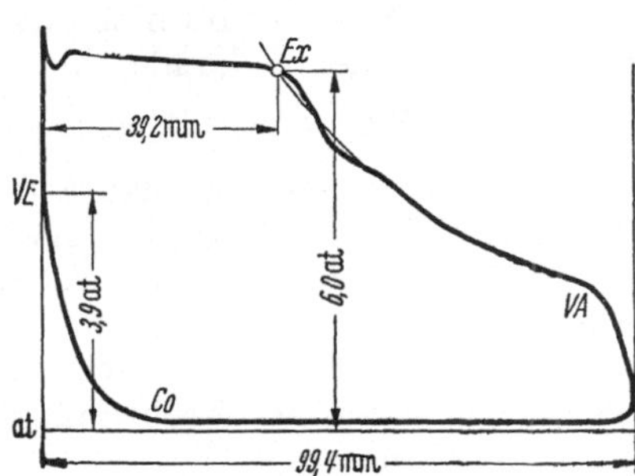

Abb. 280. Dampfverbrauch aus dem Diagramm
der Dampfmaschine.

angefüllt, es waren also anfangs $0{,}00113 \cdot 2{,}57 = 0{,}00290$ kg Dampf vorhanden (Punkt VE); beim Abschluß waren $0{,}394 \cdot 16{,}1 + 1{,}13 = 7{,}47$ ltr mit Dampf von 7,0 at abs. entsprechend $\gamma = 3{,}59$ kg/m³ gefüllt, es waren dann $0{,}00747 \cdot 3{,}59 = 0{,}00290 = 0{,}0268$ kg Dampf vorhanden (Punkt Ex). Der Unterschied $0{,}0268 - 0{,}00290 = 0{,}0239$ kg ist bei dem Hub eingefüllt worden. Die andere Zylinderseite hat bei einer entsprechenden Auswertung des etwas abweichenden Diagramms für den wegen des Querschnitts der Kolbenstange etwas abweichenden Zylinderraum 0,0255 kg ergeben; die bei einem Umlauf eingefüllte Dampfmenge ist 0,0494 kg, und bei einer Drehzahl 70/min ergibt sich ein Dampfverbrauch von $0{,}0494 \cdot 70 \cdot 60 = 208$ kg/h.

Diese Berechnung erfaßt nur den Dampf, der noch am Schluß der Füllungsperiode als Dampf vorhanden ist; Feuchtigkeit mit ihrem geringen Volumen wird nicht gemessen. Insofern stimmen die Ergebnisse mit dem einer Kondensatwägung nicht überein. Da sich während der Füllungsperiode Wasser an der Wandung niederschlägt, so wird auch nicht aller in Dampfform eintretende Dampf berücksichtigt. — Bei überhitztem Dampf bestehen wegen Unkenntnis der Temperaturen ähnliche Unsicherheiten wie bei Kompressoren.

V. Kraft, Drehmoment, Arbeit, Leistung.

46. Einheiten. Eine *Kraft* erkennt und mißt man an den Wirkungen, die sie auf irgendwelchen Körper — Maschinen- oder Bauteil — hervorbringt.

Eine Kraft kann dadurch kenntlich werden, daß sie die von einer oder mehreren anderen Kräften erstrebte Bewegung verhindert, sie ist dann mit diesen Kräften im *Gleichgewicht.* Kennt man die andere Kraft, so kann man sie nach den Lehren des Gleichgewichts zur Messung der ersten benutzen. Die Waage ist eigentlich ein Kraftmesser. Die Schalenwaage vergleicht irgendeine Kraft mit der Schwerkraft des ausgleichenden Gewichtsstückes, die Federwaage mit der elastischen Kraft der Feder, die man ebenfalls (durch Eichung) kennt. Ist eine Waage nicht für Mengenmessungen, sondern speziell zur Messung von Kräften eingerichtet, so nennt man sie *Dynamometer.*

Eine Kraft kann auch dazu dienen, eine vorhandene Bewegung trotz entgegenstehender Widerstände aufrechtzuhalten (*Beharrungszustand*). Sie überwindet dann die Widerstände und leistet dadurch eine Arbeit L, die durch das Produkt aus der Größe der Kraft P und dem Wege s gegeben ist, den ihr Angriffspunkt in Richtung der Kraft macht: $L = P s$. — Die in der Sekunde von einer Maschine gelieferte oder verbrauchte Arbeit nennt man ihre *Leistung.* Die Leistung ist also Kraft mal Weg in der Sekunde, also auch Kraft mal Geschwindigkeit: $N = \dfrac{P s}{t} = P w.$ — Zur Messung einer Kraft können diese Beziehungen insofern dienen, als man aus dem Gesetz von der Erhaltung der Energie weiß, daß Arbeit unverwüstlich, aber in verschiedene andere Energieformen umsetzbar ist; solche Umsetzungen erfolgen nach festen Äquivalenzverhältnissen, darauf eben beruht die Messung. Man kann also die Leistung statt in mechanischer auch in elektrischer Form oder als Wärme, dazu die Geschwindigkeit, messen und dann rückwärts die Kraft berechnen.

Hat man etwa die elektrische Leistung eines Hebezeugmotors und die Hakengeschwindigkeit gemessen, so ergibt sich aus $P = N/w$ die gehobene Last, freilich noch ohne Beachtung des Wirkungsgrades. Hat man die indizierte Leistung einer Lokomotive und die Fahrgeschwindigkeit des Zuges gemessen, so gibt die gleiche Formel die am Zughaken ausgeübte Kraft, wieder ohne Beachtung des Wirkungsgrades; doch ist es gleichgültig, ob der Zug bergauf oder bergab fuhr. Häufiger ermittelt man umgekehrt aus der Last und der Hakengeschwindigkeit die Leistung eines Hebezeuges, aus Zugkraft und Fahrgeschwindigkeit die Leistung der Lokomotive. Der Zusammenhang bleibt aber der gleiche.

Wo es sich endlich um *Beschleunigungs- oder Verzögerungszustände* handelt, da läßt sich die auf einen Körper wirkende Gesamtkraft aus den allgemeinen Beschleunigungsgleichungen finden. Insbesondere läßt sich die auf einen Körper von der Masse $m = G/g$ wirkende Gesamtkraft P finden aus der Beschleunigungsgleichung $P = m \dfrac{d^2 s}{d t^2}$ oder $P = m \dfrac{d w}{d t}$; zu ihrer Feststellung ist also die Messung des zurückgelegten Weges s oder der jeweiligen Geschwindigkeit w in ihrer Abhängigkeit von der Zeit t nötig, und dann eine ein- oder zweimalige Differentiation.

Für die *drehende Bewegung* tritt an die Stelle der Kraft das *Drehmoment,* das ist ein Kräftepaar, dessen Größe durch das Produkt aus Kraft und Arm gegeben ist: $M_d = P l$. Geht die eine Kraft des Paares durch die Drehachse, so ist das von der anderen ausgeübte Drehmoment gegeben durch das Produkt aus der Kraft und dem Abstand des Angriffs-punktes von der Drehachse, also wieder $M_d = P\,l$.

Das über die Kraft und ihre Messung Gesagte gilt ebenso vom Dreh-moment, sobald es sich um eine drehende Bewegung handelt. Nur tritt die Winkelgeschwindigkeit ω oder die Drehzahl n an die Stelle der fortschreitenden Geschwindigkeit, der durchlaufene Winkel φ an die Stelle des Weges und das Trägheitsmoment J an die Stelle der Masse.

Auch bei drehender Bewegung kann es sich um *Gleichgewichtszustände* handeln — die von dem zu messenden Drehmoment erstrebte Bewegung kommt infolge eines entgegenstehenden gleich großen nicht zustande, so am Balken eines Bremszaumes.

Oder es kann sich um einen *Beharrungszustand* handeln — das Schwungrad der Kraftmaschine läuft trotz des widerstehenden Dreh-momentes einer Bremse, einer belastenden Dynamomaschine oder einer belastenden Transmission gleichförmig um und gibt dadurch Arbeit ab, deren Wert durch das Produkt aus der Größe des Drehmomentes M_d und dem zurückgelegten Winkel φ zu finden ist: $L = M_d\,\varphi$. — Die in der Sekunde gelieferte Arbeit ist wieder die Leistung der Maschine, gegeben durch die Beziehung $N = \dfrac{M_d\,\varphi}{t} = M_d\,\omega$. — Zur Messung des Drehmomentes dienen diese Beziehungen wieder auf Grund des Energie-gesetzes; schreibt man $M_d = N/\omega$, so läßt sich die Leistung N nicht nur in mechanischer Form, sondern als elektrische Leistung der angetriebenen Dynamomaschine messen; dazu wird mittels Tachometers die Winkel-geschwindigkeit ω gemessen, daraus ergibt sich das zum Antrieb der Dynamomaschine nötige Drehmoment, wieder ohne Wirkungsgrad.

Bei *Beschleunigungs- und Verzögerungszuständen* läßt sich das auf die umlaufenden Massen, deren Trägheitsmoment J sei, wirkende Ge-samtmoment aus der Beschleunigungsgleichung finden, die für um-laufende Bewegung die Form hat $M_d = J\,\dfrac{d^2\varphi}{dt^2}$ oder $M_d = J\,\dfrac{d\omega}{dt}$; man hat das Trägheitsmoment sowie den durchlaufenen Winkel oder die Geschwindigkeit zu messen und muß dann wieder differenzieren.

Als Einheit der Kraft gilt im technischen Maßsystem das Kilogramm [kg], eines der Grundmaße. Die Einheit des Drehmomentes ist jenes Drehmoment, wo das Kilogramm am Arme 1 m angreift, das Meter-kilogramm [m · kg]. Bei Festigkeitsrechnungen benutzt man auch die kleinere Einheit: $1\,\text{cm} \cdot \text{kg} = \frac{1}{100}\,\text{m} \cdot \text{kg}$.

Die Einheit der Arbeit wäre diejenige, die man aufwendet, um einen Widerstand von 1 kg über 1 m hin zu überwinden, etwa ein Kilogramm-gewicht ein Meter hoch zu heben. Die Einheit der Arbeit heißt daher ebenfalls Meterkilogramm [m · kg]. Benutzt man die drehende Bewegung zur Bestimmung einer Arbeitseinheit, so ergibt sich als Einheit die Arbeit, die eine Drehung um den Radianten ($1\,\text{rad} = 180°/\pi = 57°\,17\tfrac{3}{4}'$) entgegen dem widerstehenden Drehmoment von 1 m · kg zustande bringt. Die Einheit ist also (1 mkg · 1) [m · kg], denn der Winkel, der Radiant ist eine unbenannte Zahl. Auf gebräuchlichere Arbeitseinheiten kommen wir unten.

Die Einheit der Leistung im technischen Maßsystem wird geliefert, wenn in jeder Sekunde die Arbeit von 1 [m · kg] geliefert wird. Diese Einheit $1\left[\dfrac{\text{m·kg}}{\text{s}}\right]$ ist nicht die übliche. Man rechnet im Maschinenbau nach Pferdestärken, definiert als $1\,\text{PS} = 75\,\dfrac{\text{m·kg}}{\text{s}}$.

Oder man rechnet auch bei Messung mechanischer Größen mehr und mehr nach Kilowatt, weil diese Einheit in der Elektrotechnik verwendet wird. Das Kilowatt kommt aus dem cgs-System, in dem das Gramm als Masse gilt; gegen das technische System, in dem das Kilogramm als Kraft gilt, geht die Schwerebeschleunigung in den Vergleich ein (S. 2), daher ist

$$1\,\text{W} = \frac{1}{9,81}\,\frac{\text{m·kg}}{\text{s}}; \quad 1\,\text{kW} = \frac{1000}{9,81} = 102\,\frac{\text{m·kg}}{\text{s}}.$$

Aus beiden Angaben folgt

$$1\,\text{PS} = 0{,}736\,\text{kW}; \quad 1\,\text{kW} = 1{,}36\,\text{PS}.$$

Als Arbeitseinheiten pflegt man ebenfalls nicht das Meterkilogramm, sondern die Pferdekraftstunde oder Kilowattstunde zu verwenden: diese Arbeit ist dann geliefert, wenn man 1 h lang 1 PS oder 1 kW entnimmt; natürlich ist

$$1\,\text{PSh} = 0{,}736\,\text{kWh}; \quad 1\,\text{kWh} = 1{,}36\,\text{PSh}.$$

Arbeitseinheiten enthalten die Zeit nicht, obwohl sie Pferdekraft- oder Kilowatt-Stunde heißen; denn die Pferdekraft = 75 mkg/s enthält die Zeit im Nenner, durch Multiplizieren mit einer Zeit fällt dimensionsmäßig die Zeit heraus.

Das Reichsgesetz vom 7. August 1924 gibt an, es sei gleich zu erachten:

$$1\,\text{kWh} = 860\,\text{kcal}.$$

Danach ist auch $\qquad 1\,\text{kW} = 860\,\text{kcal/h},$

$$1\,\text{PSh} = 860 \cdot 0{,}736 = 633\,\text{kcal}; \quad 1\,\text{PS} = 633\,\text{kcal/h};$$

dieselbe Beziehung erhält man wie folgt:

$$1\,\text{PS} = 75\,\frac{\text{m·kg}}{\text{s}} \cdot 3600\,\frac{\text{s}}{\text{h}} : 427\,\frac{\text{m·kg}}{\text{kcal}} = 633\,\text{kcal/h}.$$

Gelegentlich braucht man noch die Beziehungen

$$1\,\text{PSh} = 75\,[\text{m·kg/s}] \cdot 3600\,\text{s} = 270\,000\,\text{mkg},$$
$$1\,\text{kWh} = 102 \cdot 3600 = 860 \cdot 427 = 367\,000\,\text{mkg}.$$

Bei umlaufender Bewegung werden 75 m·kg geleistet, wenn ein Maschinenteil sich sekundlich um 1 rad vorandreht und dabei das Drehmoment 75 m · kg ausübt. Wenn nun meist die Winkelgeschwindigkeit in Form der Drehzahl gegeben ist, so gilt $\omega = (n/60) \cdot 2\pi$ [rad/s], einem Drehmoment M_d entspricht die Leistung von $\dfrac{2\pi\,M_d\,n}{60}$, gemessen in $\dfrac{\text{m·kg}}{\text{s}}$, oder es ist

$$N\,[\text{PS}] = \frac{2\pi}{60 \cdot 75} \cdot M_d\,n = \frac{M_d\,[\text{m·kg}] \cdot n\,[\text{min}^{-1}]}{716},$$
$$N\,[\text{kW}] = \frac{2\pi}{60 \cdot 102} \cdot M_d\,n = \frac{M_d\,[\text{m·kg}] \cdot n\,[\text{min}^{-1}]}{973}.$$

Im *englischen Maßsystem* ist die Arbeitseinheit das Fußpfund; es ist $1\,\mathrm{m}\cdot\mathrm{kg} = 7{,}233$ Fußpfund. Die englische Pferdestärke ist $1\,\mathrm{HP} = 550\,\dfrac{\mathrm{Fs}\cdot\mathrm{Pfd}}{\mathrm{s}}$; es ist $1\,\mathrm{PS} = 0{,}986\,\mathrm{HP}$.

47. Dynamometer für Kraftmessung. Zunächst sind Waagen aller Art, mit Gewichten oder mit Federn messend, zu nennen; sie sind zur

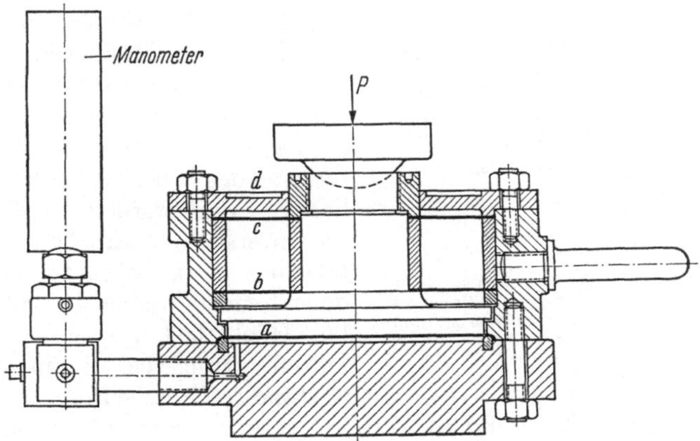

Abb. 281. Hydraulische Meßdose für 20 t Druck. Membran *a* zur Absperrung des Drucköls, Stahlfederblätter *b* und *c* als Parallelführung des Druckelements, darüber Abschlußdeckel *d*. Unsicherheit über Verrechnung des Ringspaltes um *a* herum, deshalb Eichung des zusammengebauten Gerätes, mindestens bei einem Wert. Fa. MAN.

Messung von Gewichtskräften bestimmt, dienen aber ebensogut zur Messung anderer Kräfte. Für schwankende Kräfte kommt eine Dämpfung in Frage; nur moderne Neigungswaagen haben eine solche, Federwaagen neigen zum Aufschaukeln. Wo eine Waage für die zu messenden Kräfte nicht ausreicht, läßt sich bisweilen, bei mäßigen Ansprüchen an die Genauigkeit, durch eine provisorische Hebelanordnung Rat schaffen.

Schwieriger ist es, nicht senkrechten Kräften gerecht zu werden, es sei denn mit Federwaagen, von denen gewisse Ausführungen besserer Qualität geradezu als Dynamometer angeboten werden, Abb. 285.

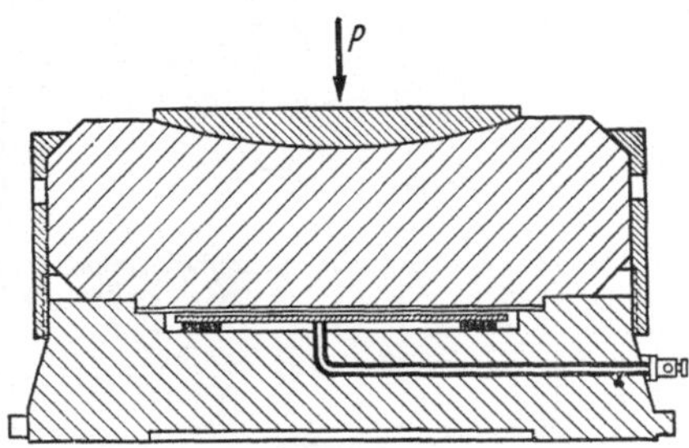

Abb. 282. Kondensatormeßdose für 500 t Höchstlast, Eigenschwingungszahl > 1000 Hz, Kapazität um 50 cm, zur Messung des Walzdruckes in Walzwerken. $^{1}/_{5}$ n. Gr. Fa. Siemens & Halske, nicht listenmäßig.

Um größere Kräfte meist senkrecht gerichtet, messend abzufangen, dient die Meßdose. Sie ist in der Materialprüfung hydraulisch wirkend entwickelt worden, dient aber an verschiedensten Stellen zur Messung von Kräften. Hydraulische Meßdosen lassen sich für große Lasten ausführen, meist für ruhende; um Kraftänderungen zu verfolgen, eignen sich auch hier elektrische Geräte besser; etwa auf Kondensatorwirkung oder Änderung von Kohlewiderständen beruhend. Piezoquarz würde nur für mäßige Kräfte ausreichen, bis zu 4000 kg bei 25 mm Durchmesser; um große Kräfte zu messen, läßt man die Dickenzunahme eines Stahlkörpers auf ihn wirken. Mit Meßdosen für sehr große Kräfte hat man die Beanspruchung der Lager von Walzwerken untersucht, mit kleineren Meßdosen das Verhalten der Schneidstähle von Drehbänken; in beiden Fällen dürfen die elastischen Verhältnisse durch Unterlegen des Meßgeräts nicht wesentlich geändert werden, sonst werden die untersuchten Erscheinungen gefälscht; die Druckplatte der Kondensatormeßdose Abb. 282 erfährt bei Höchstlast nur etwa 0,1 mm Durchbiegung bei 2 mm Plattenabstand (rechnerisch).

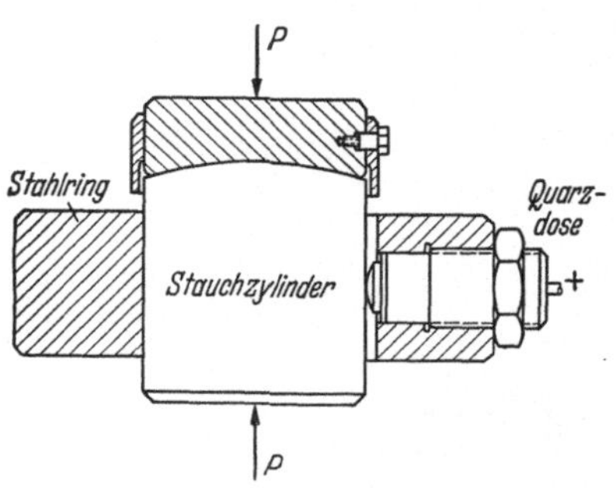

Abb. 283. Meßdose für 50 t Druck, Querstauchung des Druckzylinders gibt Druck auf eine Quarzdose. Eigenfrequenz 7 kHz, Empfindlichkeit 3 · 10⁻¹³ Coulomb. Fa. Zeiss-Ikon, nicht mehr lieferbar.

Die hydraulische Meßdose Abb. 281 wäre aus den Abmessungen bestimmt, aber der Ringraum um die Druckplatte macht immerhin 5% der Fläche aus und bringt eine, allerdings nicht so große Unsicherheit.

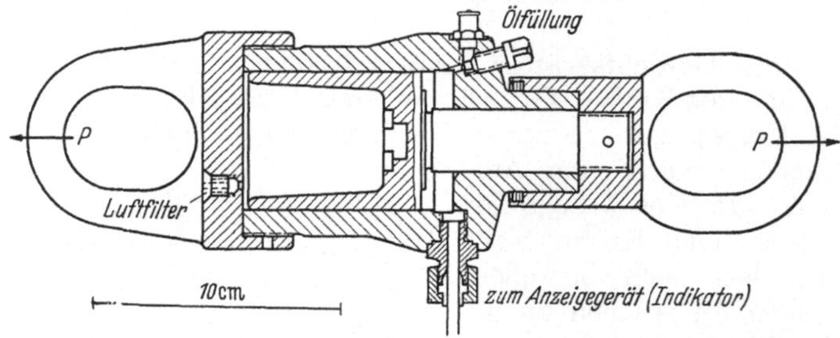

Abb. 284. Hydraulisches Schreibdynamometer für 1500 kg Zug; zum Aufschreiben dient ein Indikator. Fa. Maihak.

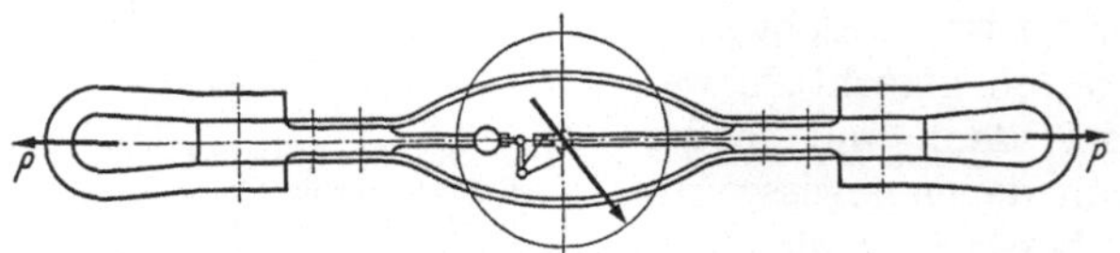

Abb. 285. Zugdynamometer älterer Form. Streckung der Bogenfedern betätigt den Zeiger. Fa. Schäffer & Budenberg.

Man wird die fertig mit dem Manometer zusammengebaute Dose eichen, ebenso wie die Kondensatordose mit angebautem elektrischem Teil. Die Eichschwierigkeiten bei Piezoquarzen sind beim Indikator, § 82, besprochen.

Zugdynamometer werden in einen Seilzug gespannt, in der Schiffahrt, um die Zugkraft eines Schleppers zu messen, die Eisenbahn bestimmt die Zugkraft der Lokomotive, meist in besonderen Untersuchungswagen, in der Land- und Forstwirtschaft werden die beim Pflügen, beim Ausroden von Baumstämmen auftretenden Kräfte bestimmt.

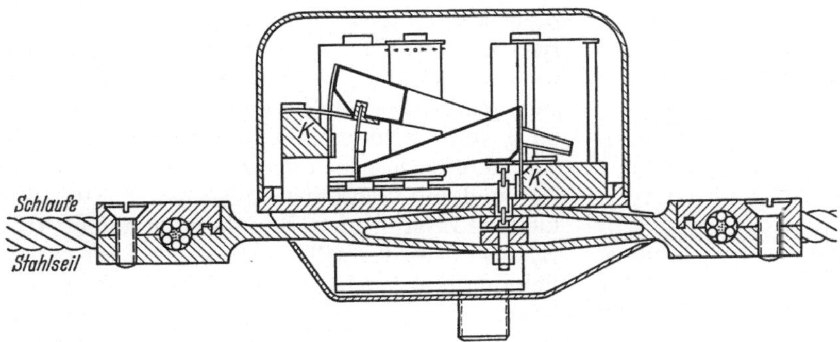

Abb. 286. Schreibendes Dynamometer für 3000 kg Zug; Streckung der Bogenfedern wird mit zwei Hebeln, gelagert mit Kreuzfedergelenken K (Abb. 7), vergrößert auf $9 \times 8 = 72$fach. Auch sonstige Gelenke durch Federn ersetzt. $^3/_4$ n. Gr. FREISE: Z. VDI 1950 S. 76.

48. Bremsdynamometer. Bremsdynamometer erzeugen und messen das von einer Kraftmaschine gelieferte Drehmoment; sie haben also zwei Aufgaben, erstens die Maschine zu belasten, indem sie das ihrem Gang entgegenstehende Drehmoment erzeugen und die entsprechende Energie vernichten, zweitens das erzeugte Drehmoment zu messen. Die Er-

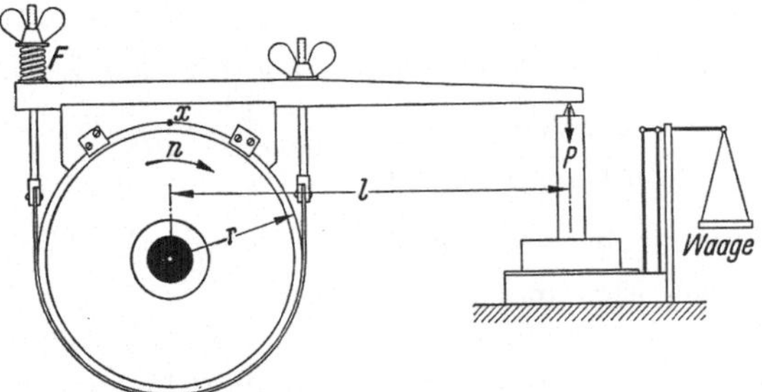

Abb. 287. Bremszaun, auf Waage abgestützt. Feder F nötig für stetiges Einregeln. Leistung
$$N\mathrm{PS} = \frac{l}{716} \cdot l\mathrm{m}\, P\mathrm{kg}\, n/\mathrm{min}; \text{ zweckmäßig } l = 0{,}716 \text{ m}.$$

zeugung des Drehmomentes geschieht durch mechanische Reibung fester Teile, der Bremsbacken oder des Bremsbandes, auf einer Bremsscheibe; an Stelle davon kann der hydraulische Widerstand von Flüssigkeiten treten, oder der durch Wirbelströme oder durch den Rückdruck von Maschinen hervorgerufene Widerstand. Zur Messung des Drehmomentes beobachtet man die Kraft, die in gewissem Abstand von der Achse ausgeübt wird, durch Ausgleichen mit Gewichtsstücken, unter Verwendung einer Waage oder unter Verwendung eines Feder- oder hydraulischen Dynamometers. Um die Leistung der Maschine zu berechnen, muß man außer dem Drehmoment noch die Drehzahl feststellen. Zum Abführen der entstehenden Wärme ist oft besondere Kühlung nötig.

Der *Pronysche Zaum* erzeugt Reibung am Umfang einer Riemscheibe oder eines Schwungrades, indem zwei hölzerne Backen mittels stählerner Schlaudern gegen die Scheibe gepreßt werden; auch kann eine der Backen durch ein Stahlband meist mit Holzfutter ersetzt werden.

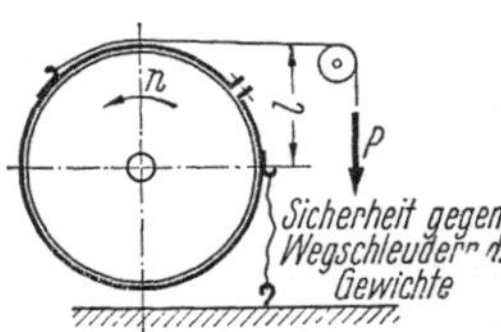

Abb. 288. Bandbremse. Nachspannen dem Gewicht P entsprechend, schwer gleichmäßig zu halten. Statt dessen auch Abstützen auf Waage.

Zum Messen des Drehmomentes ist eine der Backen zum Arm verlängert und wird mit Gewichten belastet oder auf eine Brückenwaage aufgestützt. Bei der Bandbremse wird die Reibung von einem Stahlband erzeugt, das direkt oder mit hölzernem Futter um die Scheibe gelegt und mit Schrauben angespannt wird; für kleinere Leistungen verwendet man auch textile Bänder, etwa Kamelhaarriemen; bei ihnen läßt sich durch Anfeuchten mit Wasser die Reibungswärme abführen. Zum Messen hängt man über ein Seil Gewichte an die Bandbremse; das Seil soll ein Stück über das Bremsband hin- und dann tangential ablaufen. Der Hebelarm für die Gewichte ist der Scheibenradius, vermehrt um die Bremsbanddicke und die halbe Seildicke.

Am Umfang der abgebremsten Scheibe vom Durchmesser $2\,r$ wirken rundherum Reibungskräfte, die wir zu einer Umfangskraft U zusammenfassen; U wirkt am Zaum im Sinne der Wellenumdrehung, an der Scheibe umgekehrt. Der Angriffspunkt dieser Kraft U, das ist der Scheibenumfang, legt in der Sekunde $2\,\pi r\,n/60$ m zurück. Also ist die Leistung $N = \dfrac{U \cdot 2\,\pi r\,n/60}{102}$ kW. Hierin sind U und r unbekannt, es ist aber $U\,r = P \cdot l$ eine Gleichgewichtsbedingung für den Zaum. Also wird $N = \dfrac{P \cdot l \cdot 2\,\pi n}{60 \cdot 102} = C\,P\,n\,[\text{kW}]$, wo $C = \dfrac{2\,\pi l}{60 \cdot 102} = \dfrac{l}{973}$ die Bremskonstante ist. Bezogen auf die Pferdestärke ist $C_1 = l/716$. Ist der Stützarm 0,716 m lang, so ist die abgebremste Leistung $N = \dfrac{1}{1000}\,P\,n\,[\text{PS}]$.

In P darf das Eigenmoment der Bremse nicht enthalten sein. Vor Beginn des Versuchs löst man deshalb die Schrauben ganz, bringt eine Schneide, etwa eine Dreikantfeile zwischen Scheibe und Bremse und tariert, nachdem man so die Reibung beseitigt hat, die Waage aus. Oder man gleicht durch ein an den Balken gehängtes Gegengewicht das Moment aus.

Für gutes Einspielen ist zweierlei nötig, eine gewisse Elastizität in der Spannvorrichtung und passende statische Verhältnisse der gesamten Bremsanordnung. Die Elastizität muß, wenn nicht das Bremsband oder der auf Biegung beanspruchte Hebel genügend nachgiebig ist, durch besondere Federn erreicht werden. Ohne diese nimmt bei einer geringen Drehung der Spannmuttern die Anspannung des Bremsbandes sogleich stark ab oder zu; Federn dagegen lassen die Anspannung nur allmählich wachsen, in dem Maße, wie sie sich zusammendrücken; nur wenn die Federn vorhanden sind, läßt sich also ein gewünschtes Drehmoment fein einstellen. Die Federn müssen passende Elastizität haben, nämlich bei der Höchstspannung des Bremsbandes sich genügend zusammendrücken, ohne daß schon durch Aufeinanderliegen der Gänge die Elastizität vorzeitig verloren geht. Da freilich viele ausgeführte Bremsen ohne solche Federung ruhig laufen, so scheint die Elastizität des Bremsbandes und der Holzeinlagen an sich meist zu genügen, um eine eingestellte Belastung festzuhalten; dann sollen sich aber die Spannmuttern feinfühlig nachstellen lassen, wie das durch eine Schnecke mit Trieb erreichbar ist. Die statischen Verhältnisse der Bremsanordnung anbelangend, soll dieselbe in der Einspielstellung im stabilen Gleichgewicht sein; liegt der Schwerpunkt der Bremse in Höhe der Wellenmitte der Maschine und ist dafür gesorgt, daß sich bei Bewegungen der Bremse der messende Hebelarm nicht ändert, so ist die Bremse im indifferenten Gleichgewicht; diese meßtechnisch besten Verhältnisse sind betriebstechnisch unbequem, weil die Bremse, wenigstens bei Gewichtsbelastung, zum Hin- und Herpendeln neigt; bei Abstützung auf eine Brückenwaage sorgt diese für Stabilität, selbst wenn die Bremse leicht labil ist.

Wo Gewichte zum Messen dienen, ist für zuverlässige Hubbegrenzung zu sorgen, die der Bewegung der Bremse so enges Spiel läßt, daß die Gewichte nicht erst größere kinetische Energie in sich aufspeichern können; die Hubbegrenzung durch Seil oder Stifte muß elastisch sein, um nicht durchschlagen zu werden. Überhaupt darf die Herstellung einer Bremse nicht sorglos geschehen; der Bruch eines Teils führt leicht zum Abschleudern von Gewichten oder anderen Teilen. Die Abbremsung größerer Leistungen ist niemals ohne Gefahr. Auch gegen seitliches Herabgleiten ist die Bremse zu sichern.

In der Berührungsfläche zwischen Scheibe und Bremse entsteht die der vernichteten Arbeit äquivalente Wärmemenge und erhöht die Temperatur beider Teile je nach deren Leitfähigkeit und nach der Kühlwirkung, also selbst dann nicht symmetrisch, wenn beide Teile aus Eisen bestehen, erst recht nicht bei hölzernen Backen; in Gußeisenscheiben können gefährliche Wärmespannungen entstehen.

Wodurch bei einer Bremse das Moment oder die Leistung begrenzt ist (abgesehen davon, daß natürlich die Festigkeit überall genügen muß) ist schwer allgemein zu sagen. Angaben liegen von C. Bach und von Wilke vor, beide sind schlecht zu vereinigen, wie Tabelle 16 zeigt, in der beide gleichmäßig auf das Drehmoment bezogen werden.

Tabelle 16. Abmessungen von Bremszäumen.
1 cm Scheibenbreite reicht für folgende Momente M aus:

Scheibendurchmesser	$D =$	0,6	0,8	1	1,5	2	m
nach Wilke:	$M =$	25	26	28	36	45	m kg
nach Bach: $n = 120$, Fall a:	$M =$	2,4	3,2	4,0	6,0	8,0	,,
b:	$M =$	12	16	20	30	40	,,
$n = 600$, a:	$M =$	0,48	0,64	0,80	1,2	1,6	,,
c.	$M =$	4,8	6,4	8,0	12	16	,,

Fall a: Luftkühlung, Fall b: Wasserkühlung, Fall c: Wasserkühlung bei großer Geschwindigkeit und kleinem Flächendruck.

Bei der Ausführung der Bremsung hängt man die Gewichte entsprechend der gewünschten Belastung an den Bremsarm oder stellt sie auf die Waage und regelt die Spannung nach, so daß die Bremse frei spielt; die von einem Zaum erzeugte Reibung ändert sich fortwährend und in ziemlich weiten Grenzen. Wenn man mit Öl schmiert, so werden die Schwankungen geringer, immerhin ist die Schmierung dem Zwecke der Bremse, Reibung zu erzeugen, zuwider; man schmiere also nicht mehr als nötig.

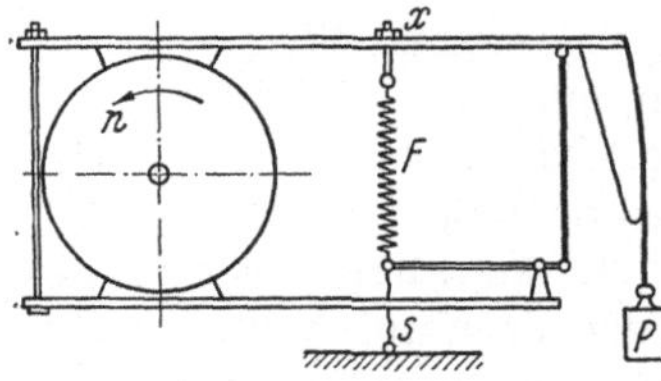

Abb. 289. Selbstregelnder Zaum; wird er mitgenommen, so strammt sich Schnur s und lockert die Bremse. Gewicht am Kreisbogen um Radmitte, wegen Stabilität.

Nicht identisch mit der Schmierung ist die Kühlung, welche die aus vernichteter Arbeit erzeugte Wärme abführen soll. Sie soll reichlich geschehen. Danach kann man Schmierung und Kühlung ganz trennen, etwa Kühlwasser reichlich durchs Innere der hohl ausgeführten Scheibe schicken und das schmierende Öl spärlich zwischen Scheibe und Bremse bringen.

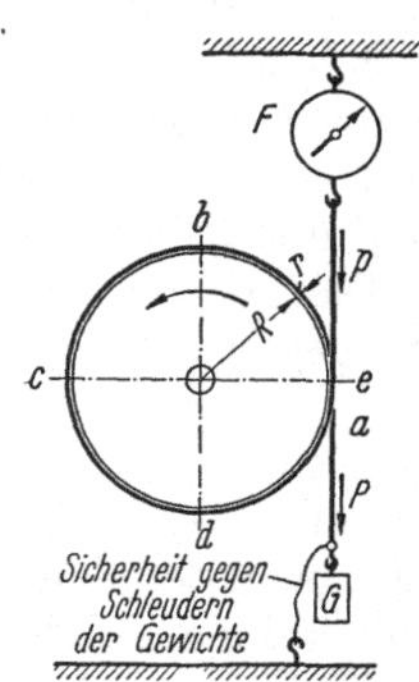

Abb. 290. Seilbremse; zwei Seile, nach $abcd$ um Bremsscheibe gelegt, durch Krampen gegen Herabfallen gesichert und bei e durcheinandergesteckt; Reibung trägt Gewicht G, einen Rest zeigt Federwaage F an. Leistung $N = \frac{1}{716}$

$$\cdot \left(R + \frac{1}{2}\, r \right) (P - p)\, n\, PS.$$

Wenn bei ungleichmäßiger Schmierung die Reibung schwankt, so muß man bei Zaum und Bandbremse die Spannung der Bremse mit der Hand nachregeln, so daß das Produkt aus Reibungszahl und Spannung der Bremsbacken konstant bleibt — die Umfangskraft soll konstant bleiben. Selbstregelnde Bremsen bewirken diese Nachstellung automatisch: wird die Bremse in der Laufrichtung mitgenommen, so löst sie sich, fällt sie zurück, so wird sie angezogen; doch sollen die Vorrichtungen, die diese Änderung einleiten, möglichst kein zusätzliches Moment ausüben und die Messung nicht fälschen. Am besten ist die Nachreglung selbstsperrend, da sie sonst in Schwingungen, vielleicht sogar mit den Pendelungen der Bremse um ihre Mittellage in Resonanz kommen kann. Kontakte am Bremshebel können einen Elektromotor vor oder zurück laufen und die Regelmutter über einen Schneckentrieb bewegen lassen.

Wenn nicht nur bei einer Belastung, sondern stufenweise herab bis zum Leerlauf gebremst werden soll, dann empfiehlt es sich, das Eigengewicht der Bremse durch Aufhängen an der Decke auszugleichen. Doch sind solche komplizierten Bremsen selten geworden, seit die Belastung der Kraftmaschine mit Dynamomaschine eine bequemere Lösung der Aufgabe ist.

Bei Wasserturbinen mit stehender Welle ergeben sich andere, aber nicht prinzipiell abweichende Formen der Bremse.

Für einfache Zwecke dient die *Seilbremse*: ein Seil ist um die Bremsscheibe geschlungen, oben an einer Federwaage hängend, unten durch

Gewichte belastet; nach den Regeln vom Seil auf der Scheibe liegt das Seil über einen gewissen Winkel auf der Scheibe an, wird dann lose; immerhin zeigt die Federwaage einen verbleibenden Zug, der vom aufgelegten Gewicht abzuziehen ist, um die Umfangskraft U zu finden; der Angriffsarm ist Scheiben- plus halbem Seilradius. Die Seilbremse läßt sich schlecht einregeln, sie reagiert stoßweise auf Schmierung und Feuchtigkeit, aber bisweilen genügt sie.

In der *Wirbelstrombremse* ist die mechanische Reibung dadurch ersetzt, daß sich die Bremsscheibe an den Polen von Elektromagneten vorbeibewegt; die vor den Polen entstehenden Wirbelströme setzen der Drehung einen Widerstand entgegen, der durch die Erregung der Elektromagnete gut dosierbar ist; die Wärme entsteht in der Scheibe, sie ist konstruktiv so auszuführen, daß sie die Temperatur verträgt; man kann einen nahtlos geschmiedeten Stahlkörper lose, nur gegen

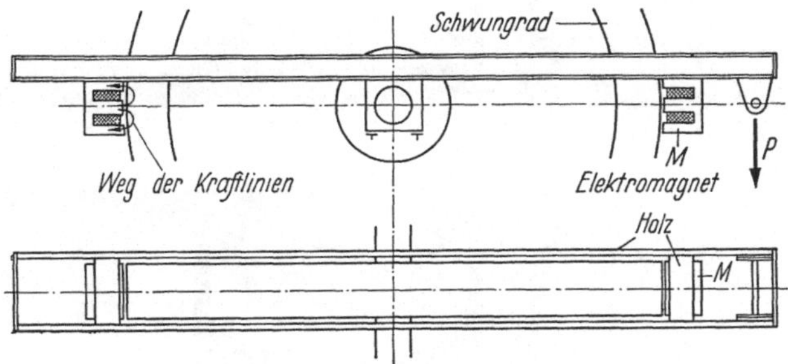

Abb. 291. Wirbelstrombremse.

Drehung gesichert, auf die gußeiserne Scheibe setzen. Das entstehende Drehmoment ist, ähnlich wie beim Zaum, von der Drehzahl wesentlich unabhängig (!).

Flüssigkeitsbremsen nutzen die innere Reibung ihrer Wasserfüllung, um einen Widerstand zwischen Ständer und Läufer zu erzeugen; der Ständer ist gegen eine Wiegevorrichtung abgestützt, die ihm am Umlaufen hindert und die Stützkraft mißt. Der Widerstand zwischen Ständer und Läufer wird verschieden erzeugt: entweder beide tragen Stiftreihen, die durcheinanderlaufend das Wasser peitschen und in äußerste Turbulenz versetzen; das erzeugte Moment wird dann etwa mit der zweiten Potenz der Drehzahl gehen, die Leistung etwa mit der dritten. Eine zweite Art Wasserbremsen setzen an Stelle der Stifte Scheiben, wieder abwechselnd am Ständer und am Läufer angebracht, einmal innen auf der Welle, einmal außen am Gehäuse befestigt; die Scheiben sind sauber bearbeitet und lassen wenig Spiel zwischen einander; hier kann die Flüssigkeitsbewegung wenig turbulent, fast rein laminar sein, zumal bei mäßiger Drehzahl; das Moment steigt mit der Drehzahl schwächer an, die Leistung steigt etwas schneller als proportional der Drehzahl. Endlich gibt es Formen der Wasserbremse, bei denen Ständer und Läufer mit Taschen versehen sind und miteinander etwa wirken wie Pumpe und Turbine; sie stehen also zueinander wie im Drehmomentumformer, der

für Schiffe als FÖTTINGER-Transformator, neuerdings aber auch für den
Autoantrieb verwendet wird; diese Umformer jedoch sollen best-
möglichen Wirkungsgrad, also eine geordnete Strömung haben, während
bei der Bremse Energie zu vernichten ist, also ein schlechter Wirkungsgrad erstrebt wird; die vom Ständer erzeugte Strömung muß vom
Läufer zerschnitten werden und umgekehrt. Es sollen also Wirbelungen
erzeugt werden; die Frage ist, wie dabei die Baustoffe standhalten, wieweit sie erodieren. Die Formgebung muß dahin streben, daß Wasserwalzen die Energie in sich vernichten, ähnlich wie im Tosbecken der
Talsperre. Das entstehende Drehmoment läßt sich messen wie beim
Zaum; oft haben die Wasserbremsen eine Pendelwaage angebaut.

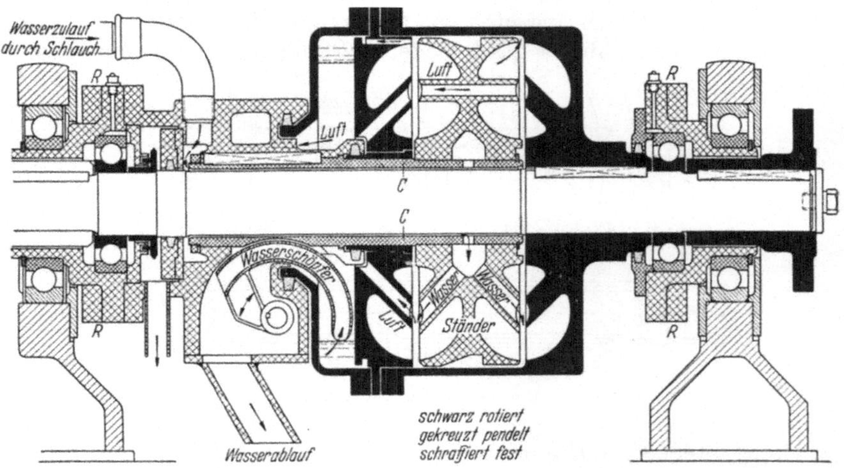

Abb. 292. Wasserbremse. Regeln der Leistung durch Bewegen des Schöpflöffels am Ausfluß, starker
Energieverzehr durch Gegeneinanderarbeiten der Schaufelung in Ständer und Läufer. Letzterer
außen, er kann also noch für kleine Drehzahl mit Zaum belastet werden; beides, Zaum- und
Wasserbremsung, werden miteinander gemessen. Fa. Schenck.

Die Wasserbremsen eignen sich für höchste Drehzahlen; bei kleiner
Drehzahl geht wegen des parabolischen Gesetzes das erzeugte Moment
sehr zurück, hier tritt der Zaum in sein Recht. Es hat also Vorteile,
wenn eine Wasserbremse auch mit dem Zaum gebremst werden kann,
Abb. 292; die Bremse kann dann von höchster Drehzahl fast bis Null
dienen.

Das Drehmoment wird eingestellt durch Ändern der Wasserfüllung,
die durch Schleuderwirkung im Innern einen Ring bildet; da sich — oder
wenn sich — die Wasserfüllung schnell ändern läßt, dann eignet sich
die Bremse auch für Be- und Entlastungsversuche. Die Leistung wäre
auch aus der Menge und Temperatursteigerung des Wassers zu finden.

Flugzeugmotoren werden auch mit Luftbremsen belastet, sei es mit
einem Propeller, der durch den erzeugten Sog die Maschine zugleich kühlt,
sei es mit einem Windflügel mit querstehenden Platten; je nach Größe
und Stellung der Platten entstehen Momente, die den Motor belasten,
aber die Belastung nicht messen lassen. Doch kann man eine bestimmte

Flügelanordnung mit Einschaltdynamometer oder durch Rückdruck eichen; wenn man ihn mit Elektromotor antreibt, so ergibt sich wieder eine kubische Parabel, als Beziehung zwischen Leistung und Drehzahl. Diese hängt von der Dichte der Luft, also von Barometerstand und Temperatur linear ab, ist also von Fall zu Fall zu berichtigen; das ist lästig, anderseits auch der starke Lärm.

Die Parabelbeziehung der Wasser- oder Luftbremsung hat den Vorteil, daß Motor und Bremse sich in der Drehzahl stets gegeneinander abgleichen — eine weitere Stabilitätsbedingung. Der Zaum ergibt ein grundsätzlich von der Drehzahl unabhängiges Moment; die Dampfmaschine, zumal bei mäßiger Drehzahl, liefert ebenfalls bei jeder Drehzahl grundsätzlich das gleiche Drehmoment, wenn die Füllung unverändert bleibt. Diese beiden Maschinen, Dampfmaschine und Zaum, können sich also nicht gegeneinander abgleichen: ist der Zaum zu straff angezogen, so bleibt

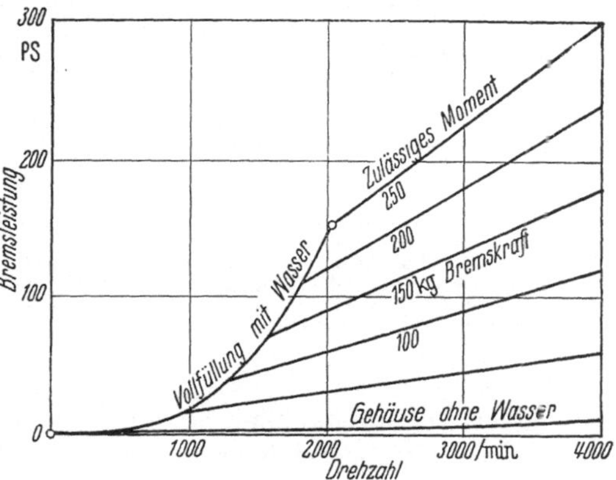

Abb. 293. Kennlinien einer Wasserbremse. Kurve für Vollfüllung ist kubische Parabel.

die Maschine stehen, lockert man den Zaum, so geht sie durch. Ganz so schroff wird sich die Sache nicht abspielen, auch wird der Regler eingreifen, aber es ergeben sich leicht unbefriedigende Zustände, die eine Messung erschweren oder unmöglich machen.

Für die Untersuchung von Fahrzeug mit Motor läßt man das Fahrzeug auf Rollen laufen und bremst die Rollen ab. Solche Bremsstände sind seit langem für Lokomotiven ausgeführt worden, für Autos werden sie serienweise hergestellt; auch den Fahrtwind hat man durch Anblasen nachzuahmen gesucht (Fa. Kleinsorge).

49. Einschaltdynamometer. Bremsungen machen erhebliche Schwierigkeiten, sobald es sich um große Drehmomente handelt, sobald also größere Leistungen bei mäßiger Drehzahl zu bewältigen sind. Mit der Größe des Drehmomentes wachsen die Abmessungen der Bremse und die belastenden Gewichte und damit die Gefahren bei einem Bruch; die Abführung der größer werdenden Wärmemenge wird schwierig; bei großen Leistungen und zugleich großer Drehzahl lassen sich Flüssigkeitsbremsen verwenden, bei denen die Wärme leicht abzuführen ist. Mit ihnen bremst man auch große Dampfturbinen ab.

Bei großen Drehmomenten sind also Bremsungen schwer ausführbar. Sie haben außerdem immer den Nachteil, daß die abgebremste Energie verlorengeht; das ist bei großen Leistungen eine Verschwendung. Auch kann man durch Bremsen nur das durchschnittliche Drehmoment feststellen, nicht aber die Schwankungen desselben während eines Umlaufes verfolgen. Außerdem lassen sich natürlich nur Kraftmaschinen abbremsen, die Energie erzeugen; der Energieverbrauch von Arbeitsmaschinen indessen muß in einer Weise gemessen werden, die die Energie bestehen läßt, damit sie noch zum Antrieb dieser Maschinen dienen kann.

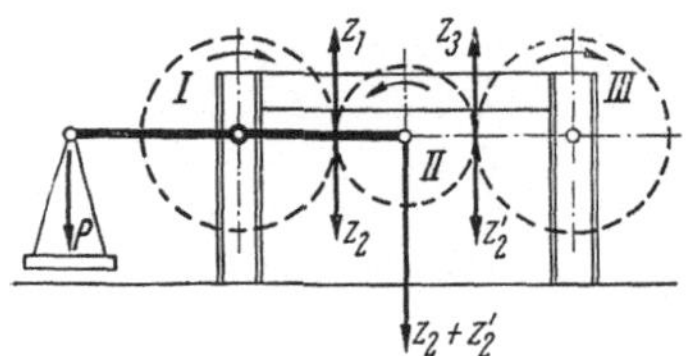

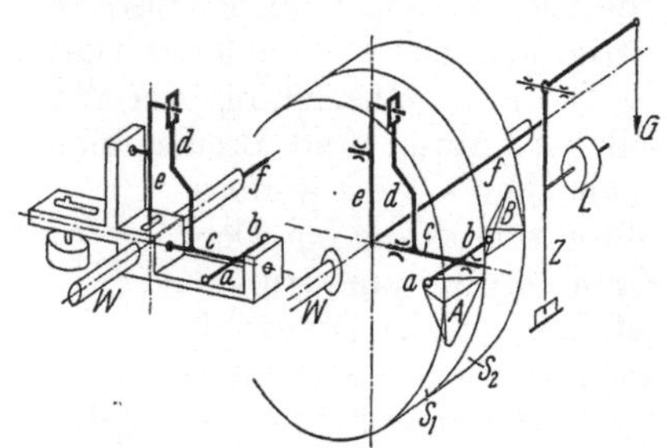

Abb. 294. Zahndruckdynamometer nach KITTLER. Energie bei I durch Riemscheibe zugeführt, bei III abgenommen. Rad II erfährt Zahndrucke Z_2 und Z_2', beide nach unten, Summe $Z_2 + Z_2'$ wird bei P gemessen. Eigenreibung durch Eichen bestimmen.

Abb. 295. Hebeldynamometer nach FISCHINGER. Scheibe S_1 angetrieben, S_2 treibt ab, beide lose auf Welle W; Kraft zwischen beiden durch Knaggen AB und Hebel ab übertragen, Moment über $cdef$ bei G ausgewogen. Tara im Leerlauf durch Laufgewicht L.

Einschalt- (Transmissions-) Dynamometer messen das durch sie hindurchgehende Drehmoment, ohne die Energie zu vernichten; sie werden in den Lauf der Energieübertragung eingeschaltet, um die Messung auszuführen, und müssen nach ihrer Größe geeignet sein, die gesamte Energie durch sich hindurchzuleiten. Da bei großen Energiemengen die Beschaffung jeweils passender Dynamometer auf Schwierigkeiten stoßen

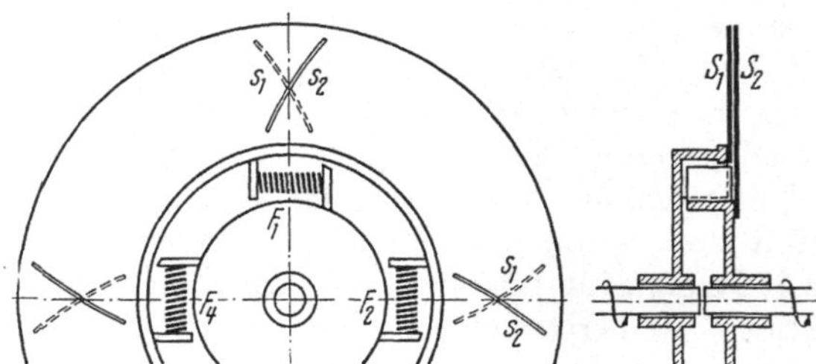

Abb. 296. Federdynamometer. Schlitze $S_1 S_2$ lassen Lichtschein je nach Beanspruchung der Feder radial wandern. Ohne Dämpfung schwerlich verwendbar.

wird, so wendet man das Augenmerk auf solche dynamometrische Meßmethoden, die durch Anbau von nur Beobachtungseinrichtungen die durch die vorhandenen Bauteile hindurchgehenden Drehmomente messen. Einige Formen zeichnen auch die Schwankungen des Drehmomentes im Verlauf einer Umdrehung auf.

Die Einschaltdynamometer messen wie die Bremsdynamometer zunächst nur das Drehmoment. Um die hindurchgehende Leistung zu finden, bleibt die Drehzahl zu beobachten.

Eine Gattung von Einschaltdynamometern, die man als *Getriebedynamometer* bezeichnen kann, untersuchen die Kräfte in einem Zahnrad- oder Riementrieb und messen dadurch das durch dieses Getriebe übertragene Drehmoment. Beim Zahndruck-Dynamometer wirkt der Zahndruck eines beweglich gelagerten Rades als Reaktion auf die Lagerung der Radachse und wird durch Hebel- oder Federanordnung gemessen. Bei Evolventenverzahnung macht die Beweglichkeit eines Rades keine Schwierigkeit. Das FISCHINGER-Dynamometer wiegt das Drehmoment an einer Hebelanordnung aus, Feder-Dynamometer mannigfacher Anordnung sind erdacht worden. Die Schwierigkeit ist immer, das Meßergebnis aus dem umlaufenden Teil herauszuführen.

Vor Benutzung eines Einschaltdynamometers ist seine Eigenreibung zu bestimmen oder zu eliminieren. Man mißt nicht das Drehmoment in der Abtriebwelle, das man kennen will, sondern ein etwas größeres; schon wenn die Abtriebwelle leer läuft, wird daher die Skala einen Ausschlag zeigen. Dieses Drehmoment der Eigenreibung ist von jeder späteren Ablesung als Korrektion abzuziehen oder durch Anbringen passender Gewichte wird der Leerlaufausschlag ausgeglichen, so daß das leer

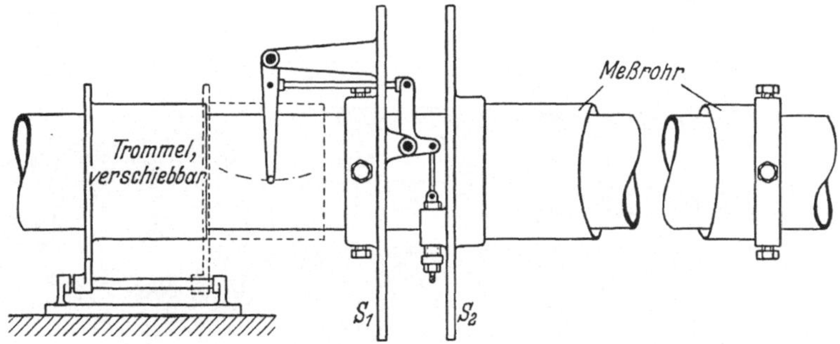

Abb. 297. FÖTTINGER-Dynamometer schematisch. Verdrehung der Schiffswelle längs Meßstrecke wird aufgezeichnet. Zum Aufsetzen und Abheben des Schreibzeuges: Schraubenspindel mit Sternrad wird bei jedem Wellenumlauf um einen Zahn geschaltet (nicht gezeichnet). Z. VDI 1904, 1825.

laufende Dynamometer auf Null einspielt. Daß das durch Reibung verlorengehende Moment bei allen Lasten das gleiche ist, ist eine nur annähernd zutreffende Annahme; besser wird das Dynamometer durch Abbremsen der Abtriebwelle mit wechselnden Drehmomenten geeicht, und zwar mit der Drehzahl der späteren Benutzung.

Diese Einschaltdynamometer haben mehr historisches Interesse; sie sind besonders zu beschaffen und in den Lauf der Energien einzufügen, das mag in Laboratorien gelegentlich nützlich sein. An größeren Maschinen mißt man die übertragene Leistung lieber durch Anbau einer Meßeinrichtung an die vorhandenen Bauteile. So biegt das Riemendynamometer die beiden Trums eines Riementriebs durch ein Rollen- und Hebelwerk ab und mißt dadurch den Unterschied der beiden Trumspannungen. Es ist manchen Fehlerquellen unterworfen.

Häufiger mißt man die Beanspruchung innerhalb eines Wellenstranges an einer Kupplung oder an einer glatten Wellenleitung. Für letzteres ist die Schiffswelle das wichtigste Beispiel; die Messung der Leistung aus der Torsion der Welle ist notwendig geworden, seit beim Dampfturbinenbetrieb das Indizieren fortfällt. Das *FÖTTINGER-Dynamometer* schreibt den Verlauf des Drehmoments über den Umlauf hin auf. Die Fläche unter der Drehmomentenlinie stellt die Arbeit dar, sofern die Ausschläge des Schreibstiftes dem Drehmoment proportional sind. Der Maßstab der Momente wird bei kleineren Maschinen experimentell gefunden; bei mehrtausendpferdigen Schiffswellen, für die das FÖTTINGER-Dynamometer besonders gebraucht wird, wird er rechnerisch bestimmt. Die Winkelverdrehung eines Wellenstückes von der Länge l und dem Durchmesser d unter dem Moment M_d ist $\vartheta = \dfrac{M_d}{G}\dfrac{32}{\pi\,d^4}\,l$; der Gleitmodul G des Materials ist besonders zu bestimmen, will man nicht für Schiffswellenstahl $G = 829\,000\ \text{kg/cm}^2$ übernehmen; dieser Wert gilt, wenn alle Angaben obiger Formel in Zentimetern gegeben sind, auch das Drehmoment in cm · kg. Die gegenseitige Verschiebung der beiden Scheiben S_1 und S_2 im Abstand r von der Wellenachse ist

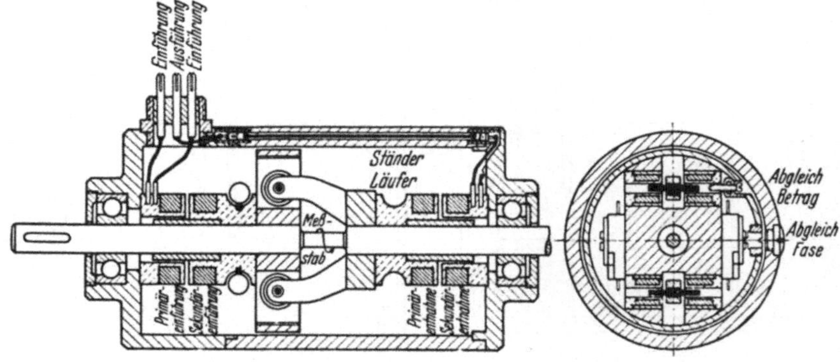

Abb. 298. Einschaltdynamometer mit elektrischer Anzeige. Ruhende Primär- gibt Trägerfrequenz an umlaufende Sekundärspule ab, umgekehrt bei der Entnahme; Maßstab gibt Bewegung der beiden Kerne je in seinem Spulenpaar, dadurch Trägerstrom moduliert. Gehäuse ruhend, Ein- und Ausführung des Stromes induktiv ohne Schleifbürsten. Verschiedene Meßbereiche, z. B. 0,1 bis 10 m kg. Fa. Vibro.

dann $r\,\vartheta$ und wird durch das Gestänge vergrößert. Für den Abszissenmaßstab entspricht die Diagrammlänge dem Drehwinkel $2\,\pi$.

Die im FÖTTINGER-Dynamometer als Meßfeder benutzte kraftübertragende Welle ist so kräftig, daß ihre Schwingungszahl regelmäßig weit über den Schwingungszahlen liegt, die den Schwankungen des Drehmomentes entsprechen. Ihre Dämpfung ist gering und rein molekular. Daher ist die Meßanordnung eine vorzügliche zur graphischen Aufzeichnung der Schwankungen des Drehmoments, wie solche auftreten, wenn ein Propellerflügel der Oberfläche nahekommt oder austaucht, zumal wenn noch Resonanzen dazukommen, indem die Propellermasse gegen die Masse des Turbinenläufers schwingt. Für ihre Untersuchung ist der harmonische Analysator (S. 71) nützlich. So hat es sich gezeigt, daß bei Resonanz das höchste in einer Welle auftretende Drehmoment ein Vielfaches des durchschnittlichen ist, und Wellenbrüche ließen sich daraus erklären, daß die Wellen nur statisch und nur für das durchschnittliche Drehmoment berechnet waren. Wir verweisen auf Arbeiten von FRAHM und FÖTTINGER (L. 242 ff.).

50. Leistung aus dem Rückdruck. Statt durch Abbremsen einer Kraftmaschine das Drehmoment zu bestimmen, das die Maschine auf ihre Welle ausübt, kann man umgekehrt den Rückdruck bestimmen, den das Maschinengestell durch die Reaktion der arbeitaufnehmenden Teile erfährt. Dazu ist dieser Rückdruck, der im allgemeinen durch das Fundament aufgenommen wird und daher der Messung nicht zugänglich ist, meßbar zu machen, indem man das ganze Maschinengestell pendelnd aufhängt und mit einem Arm bekannter Länge zur Messung des Drehmomentes versieht (L. 252ff.).

Solche Rückdruckeinrichtung kann als Hilfseinrichtung gleich einer Bremse an die zu untersuchende Maschine angesetzt werden (*Pendeldynamo*); oder der Ständer der zu untersuchenden Maschine selbst ist so unterstützt, daß die auf ihn kommende Reaktion gemessen wird; dazu ist die Maschine einerseits auf Schneiden fest abgestützt, andererseits stützt sie sich auf eine Waagenbrücke, worauf nun, wenn man die Waage anfangs tariert hat, jedes den Ständer verdrehende Moment als Produkt aus Waagenanzeige und Stützweite zu finden ist; man hat die Maschine auch schwimmend aufgestellt, wenn sich dann die Schwimmlage unter dem zu messenden Moment verändert hat, wird sie nach einer Libelle durch Aufsetzen von Gewichten wiederhergestellt. Beide Einrichtungen haben den Fehler, daß die Maschinenwelle sich verschiebt; man muß aber die erzeugte Leistung aus dem beweglichen System herausführen, da man sie vernichten oder nutzbar machen, jedenfalls a b n e h m e n muß. Besser ist also eine Form der Abstützung koaxial zu der Maschinenwelle.

Die Methode ist auch für Arbeitsmaschinen anwendbar. Man kann den eine Werkzeugmaschine antreibenden Motor pendelnd lagern und erhält im *Pendelmotor* das Gegenstück zur Pendeldynamo. Man kann aber auch das Gestell der Arbeitsmaschine selbst pendeln lassen, nur darf (grundsätzlich!) der antreibende Motor nicht mitpendeln, man muß also die m e c h a n i s c h e Energie vom festen ins pendelnd bewegliche System einführen; die Pendelungen müssen wieder koaxial zur Drehachse sein, oder man muß zu Cardan-Verbindungen oder biegsamen Wellen seine Zuflucht nehmen, erhält dann aber leicht noch störende zusätzliche Kräfte ins Pendelsystem.

Zur Messung des Momentes dienen wie beim Zaum Gewichte oder Waagen. Wenn dabei an Kolbenmaschinen die pulsierend auftretenden Kräfte stören, so ist durch Anordnung genügend schwerer Massen dafür zu sorgen, daß der Ständer ruhig steht. Soll aber ein wechselndes Moment registriert werden, so kann man etwa eine Meßdose mit Registrierwerk verwenden. Doch müssen dann die Pendelausschläge des Ständers sehr klein sein, damit die Massenwirkungen nicht zu groß werden.

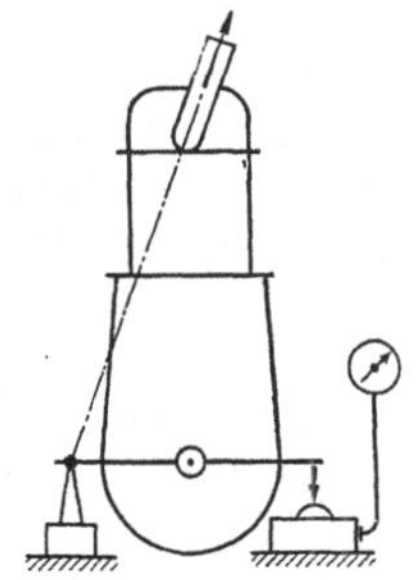

Abb. 299. Messung des Drehmomentes aus dem Rückdruck; Motor abgestützt auf Schneide (links) und (zum Messen) auf Meßdose; Auspuffrichtung beachten.

Grundsätzlich läßt sich die Rückdruckmessung auch an Stellen verwenden, wo ihre Anwendung nicht ganz nahe liegt. Zum Beispiel beim Peltonrad würde die Reaktion des Wasserstrahls das gewünschte Drehmoment ergeben; allerdings machte die Anordnung der Wasserzuführung (durch federnde Rohre) voraussichtlich einige Schwierigkeit.

Die folgenden *theoretischen Bemerkungen* beziehen sich auf den Fall der Pendeldynamo und müssen für die anderen Fälle (Pendelmotor, Pendelung des Maschinengestells selbst) im Wortlaut sinngemäß abgewandelt werden.

Da Wirkung und Gegenwirkung einander gleich sind, so mißt man am Gestell grundsätzlich dasselbe Moment, das man auch beim Bremsen der Welle mittels des Zaumes messen würde. Die beiden Momente unterscheiden sich lediglich um die mechanischen Verluste, die die beiden gegeneinander bewegten Teile, der Ständer und der Läufer, aufeinander ausüben: zunächst die Reibungsverluste in den Lagerungen des Läufers im Ständer, die mit R_1 bezeichnet seien, ferner ein Teil V der Ventilationswiderstände, die der Läufer bei seiner Bewegung in der Luft erfährt. Die Reibungsverluste treten unverkürzt in den Ständer über, die Ventilationsverluste nur so weit, als die vom Läufer angeregten Luftströme den Ständer treffen und an ihm gebrochen werden. Zu beachten ist noch der Widerstand, den die Aufhängung der Maschine bietet. Für die Aufhängung verwendet man Schneidenlagerungen oder Kugellaufringe. In beiden Fällen wird der Widerstand klein. Wenn wir ihn immerhin mit R_2 bezeichnen, so lassen sich, um seinen Einfluß zu verfolgen, zwei Fälle unterscheiden: entweder man stützt das ganze, aus Ständer und Läufer bestehende System an einer Stelle des Läufers, im allgemeinen also an seiner Welle. Dann hat R_2 stets gleichmäßig die Richtung entgegen dem Drehsinn des Läufers; der Ständer ist auf der Welle des Läufers dann seinerseits aufgehängt. Oder aber man stützt das System dadurch, daß man sein Lager, statt es fest mit dem Fundament zu verbinden, in einem Kugellaufring genügender Weite lagert, der erst seinerseits auf der Unterlage ruht. Dann pendelt der Ständer in dem fundierten Lager, und der Läufer rotiert im Ständer. Da der Ständer pendelt, so werden in diesem Falle die Kräfte R_2 positive oder negative Vorzeichen haben, je nach der augenblicklichen Richtung der Pendelbewegung.

Wird das auf die Welle ausgeübte Drehmoment, das man zu kennen wünscht, mit M_e bezeichnet, das am Hebelarm gemessene Drehmoment mit M_d, so gilt die Beziehung

wenn der Ständer gestützt wird: $M_e = M_d + V + R_1 \pm R_2,$
wenn der Läufer gestützt wird: $M_e = M_d + V + R_1 + R_2.$

V bedeutet den Teil der Ventilationsverluste, der am Ständer gebrochen wird.

Wegen des wechselnden Vorzeichens von R_2 im ersten Fall ist die zweite Anordnung — Stützung des Läufers — vorzuziehen, es sei denn der Widerstand der Kugellagerung unerheblich. Man bestimmt $V + R_1$, evtl. $V + R_1 + R_2$ versuchsmäßig, indem die Dynamo mit gleicher Drehzahl als Elektromotor leer läuft. — Im Gegensatz zu den Methoden des § 51, bei denen auch durch Leerlaufversuch die Eigenverluste der Dynamo bestimmt werden, haben in diesem Fall die elektrischen Verluste, insbesondere also die in Anker und Feld erzeugte Stromwärme, keinen Einfluß auf die Meßergebnisse. Man bestimmt also im Leerlauf den gleichen Verlust, der auch bei Vollast vorhanden ist, wenn nicht etwa eine der folgenden Fehlerquellen merklichen Einfluß hat: Nach dem Grade der Magnetisierung können bei mangelhafter Lagerung Verlagerungen des Läufers gegen den Ständer im axialen und im radialen Sinne eintreten; durch Erwärmung können Schwerpunktsverschiebungen des Ständers eintreten, weshalb also die Leerlaufbestimmungen an der warmen Dynamo vorzunehmen sind; die Stromzuleitungen zum Ständer können sich verändern, weshalb die Zuführung am besten durch federnde Schienen erfolgt. — Hinsichtlich der statischen Verhältnisse gilt ähnliches, wie in § 48 für den Zaum ausgeführt wurde. Die dort durch Federn zu erreichende feinstufige Regulierung der Belastung wird jetzt durch eine feinfühlige Regeleinrichtung im Feld oder im äußeren Stromkreis, z. B. durch einen Wasserwiderstand, erreicht. Für die Messung ist es erwünscht, daß der Auflagerpunkt des Hebelarmes in gleicher Höhe mit der Maschinenachse liegt, so daß eine geringe Hebung und Senkung desselben gegen die Mittellage keine Änderung der wirksamen Hebelarmlänge zur Folge hat.

Das Rückdruckprinzip wird namentlich für Auto- und Flugmotoren angewandt, bei denen ein Prüfstand dann auch mit Stichprobern für den Verbrauch und anderem ausgestattet ist. Die Reaktion der Auspuffgase darf kein zusätzliches Drehmoment geben (Abb. 299). Der Motor steht also auf einem Hebelsystem, an dem die auf sein Gehäuse wirkenden Kräfte bestimmt werden können. In abgewandeltem Sinn ist das Prinzip wirksam, wenn bei Prüfständen für Triebwagen (Auto oder Lokomotive) die Wagenräder auf Rollen laufen und diese, meist heute mit Wasserbremse, gebremst werden (§ 48, Ende). Der eigentliche Rückdruck waagerecht nach hinten wird dabei allerdings selten gemessen. Bei Schiffsmaschinen entspricht dem die Pfahlprobe: das Schiff wird hinten festgemacht, ein Dynamometer mißt den Zug in der Trosse.

51. Elektrische Belastung. Man kann die Leistung in bequemster Weise elektrisch messen, wenn eine Kraftmaschine einen Generator treibt oder wenn eine Arbeitsmaschine von einem Elektromotor angetrieben wird.

Die Leistungsmessung in elektrischer Form wird hier nicht besprochen. Nur sei erwähnt, daß man bei Gleichstrom den Strom J und die Spannung E mißt und die Leistung $N = E \cdot J$ [W] oder $= \frac{1}{1000} \cdot E J$ [kW] errechnet. Bei Drehstrom kommt noch der Leistungsfaktor $\cos \varphi$ hinzu, weshalb man sich zur Messung besser gleich eines Leistungsmessers (Wattmessers) bedient; man muß deren zwei in ARON-Schaltung verwenden und die Angabe addieren; mißt man nur in einer Phase, so wird gleiche Belastung der Phasen vorausgesetzt; die Angabe des Leistungsmessers ist mit $\sqrt{3} = 1,73$ zu multiplizieren: es ist also $N = \frac{1}{1000} \cdot E J \cos \varphi \sqrt{3}$ [kW].

Will man die Leistung an der Kupplung haben, so muß der Wirkungsgrad der elektrischen Maschine bekannt sein, oder man muß die Verluste in der elektrischen Maschine kennen und beim Generator zur gemessenen Leistung hinzuzählen, beim Motor von ihr abziehen. Man beachte, ob der Verbrauch der Erregermaschine, des Regelwiderstandes für die Erregung und ähnlicher Hilfseinrichtungen als Verlust gerechnet ist, und bringe die Meßweise mit der Verlustangabe in Einklang.

Die Elektrizität ihrerseits muß nach der Messung vernichtet werden, wenn man sie nicht etwa in eine Sammlerbatterie oder in ein Beleuchtungsnetz hineingeben kann. Aber selbst wenn man solche nützliche Verwendung für sie hat, muß man gelegentlich einen Teil des Stromes vernichten, um die Belastung der Maschine einregeln und konstant halten zu können. Vernichtung bedeutet Überführung in irgendeine unnütze Energieform, meist in Wärme, und geschieht in Belastungswiderständen. Diese bestehen aus einem Metallwiderstand, einer Glühlampenbatterie oder aus einem Wasserwiderstand.

Ein *Metallwiderstand* läßt sich provisorisch aus Eisendrahtspiralen herstellen. Für seine Bemessung ist maßgebend, daß er einen bestimmten Widerstand haben muß, der, in Ohm gemessen, durch den Quotienten aus Spannung und Stromstärke gegeben ist. Außerdem muß die Drahtoberfläche groß genug sein, um die erzeugte Wärme abzugeben, ohne daß die Temperatur allzu weit steigt. Spezial-Widerstandsdrähte haben (L. 260) den Widerstand $R_{\text{Ohm}} = l_{\text{mtr}}/1{,}1\, d^2_{\text{mm}}$ und vertragen hohe Temperaturen. Bei Stahldraht ist der Widerstand durch die Formel $R = l/10\, d^2$ gegeben; ein Quadratmeter strahlender Oberfläche kann 7,5 kW bewältigen, bei guter Ventilation viel mehr, bei behinderter Strahlung weniger. Man schaltet so viel Leiter parallel, daß die nötige Stromstärke bewältigt werden kann und regelt die Belastung durch Ausschalten von Leitern. Die Drähte können, wenn entsprechend montiert, ruhig rotwarm werden. Man umwickelt ein waagerechtes Eisenrohr mit Asbest und hängt darüber die weitgewundene Drahtspirale.

Glühlampenwiderstände sind selten zu beschaffen. Von Glühlampen hat man so viel in Serie zu schalten, wie der Spannung entspricht. Man schaltet so viele Serien parallel, daß die nötige Stromstärke erreicht wird.

Wasserwiderstände (L. 259) sind bequemer als Drahtwiderstände, die bei großer Leistung unhandlich werden; sie sind auch leichter herzustellen. Eisenbleche tauchen in Wasser, in das nach Bedarf zur Verringerung des Widerstandes etwas Soda eingestreut wird. Der Plattenabstand sollte etwa mit der zu vernichtenden Spannung zunehmen, die Plattengröße mit der Stromstärke. Man stellt eine Reihe von Platten parallel zueinander in Rillen eines Holztroges oder befestigt sie an Winkeleisen, die auf den Rändern des Troges aufliegen, und verbindet die Platten abwechselnd mit den Polen; so werden beide Seiten der Platten ausgenutzt außer bei den äußersten. Für vorübergehende Zwecke setzt man in eine Öltonne, deren einer Boden entfernt wird, ein Bündel Blechplatten in Holzfassung, die es zugleich beim Heben und Senken am Rande der Tonne zentrisch führt. Für Drehstrom braucht man dann drei Tonnen;

aus jeder derselben wird eine Reihe Bleche zu dem Sternpunkt geführt, die andere zu je einer der drei Phasen (Abb. 300, 301). Der Widerstand mit den angegebenen Abmessungen arbeitete befriedigend. Der Wasserzusatz diente nur zum Ersatz des verdampften, und um die Verdampfung nicht so stark werden zu lassen, daß das Wasser zwischen den Platten auskocht. 1 qm Plattenfläche bewältigt also 350 bis 500 A, d. h. für diese Stromstärke ist ein Quadratmeter positiver und einer negativer Platte nötig, wobei jedoch, sofern beide Seiten einer Platte ausgenutzt werden, auch beide einzeln in Rechnung zu setzen sind: Eine Platte von 50×100 cm Abmessung kann, wenn beide Seiten ausgenutzt sind, 350 bis 500 A leiten. Zum Regeln der Stromstärke hebt man die Platten aus dem Wasser; energischer regelt man durch Veränderung der Konzentration der Sodalösung; tut man Soda hinzu, so steigt die Stromstärke.

Ein anderer Widerstand bestand aus 3 Holztrögen 1000×2000 mm lichter Grundfläche bei 1000 mm Höhe. Die sechs Tauchplatten waren aus 3 mm Eisenblech, 600 mm breit und 1000 mm hoch; drei davon hingen mittels eines über die drei Tröge gehenden Balkens an einer Winde,

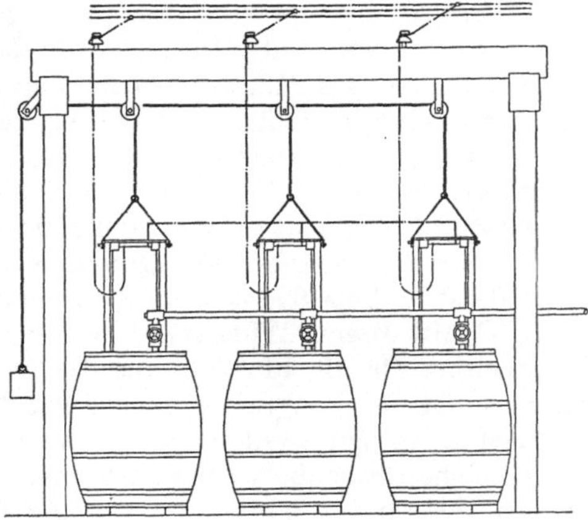

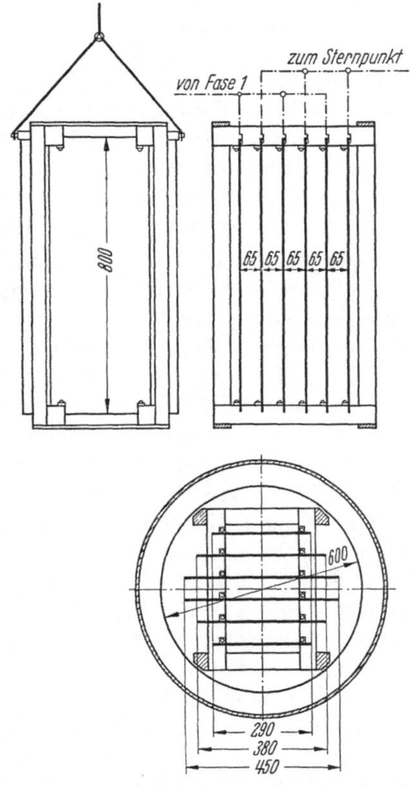

Abb. 300 und 301. Bewährter Belastungswiderstand für Drehstrom; 220 V Spannung zwischen zwei Phasen, also $220 : \sqrt{3} = 127$ V zwischen benachbarten Platten, dabei 640 A in jeder Phase, Leistung 240 kW in drei Tonnen. Wasserzusatz 1 cbm/h je Tonne, Soda nach Bedarf.

die anderen drei waren als Sternpunkt geerdet und übrigens waagerecht verschiebbar; hinter ihnen wurde das Wasser zugeführt, das aus
der Verteilrinne des Rückkühlturmes entnommen war und in dessen
Sumpf zurückfloß. Tröge und Zuführungsplatten waren isoliert. Mit
diesem Widerstand wurden bis zu 6000 kW Drehstrom von 6000 V
vernichtet; bei 4000 kW hatten die Plattenpaare 1330 mm Abstand,
und die Zuführungsplatten tauchten 360 mm in das Wasser; das Wasser
hatte 30 bis 40 deutsche Härtegrade, es wurden 100 cbm/h zugeführt;
da 4000 kW $= 3\,400\,000$ kcal/h ist, so erwärmte sich also das Wasser
um 34° C. Mit diesem Widerstand ließ sich, wie Vf. beobachten konnte,
gut arbeiten. Da die Platten, einseitig gerechnet, 0,65 qm Fläche dar-
bieten, so ist der Energieübergang mit $5\,200\,000$ kcal/m² · h ungeheuer,
die Platten werden zweifellos recht warm (Fa. BBC).

Ungleiche Phasenbelastung wird, insbesondere bei Belastung mittels
Wasserwiderstandes, kaum zu vermeiden sein. Zur Einstellung einigermaßen gleicher Belastung ist der Einbau von Stromzeigern in allen
Phasen nützlich. — Die Zusagen für den Wirkungsgrad beziehen sich
auf eine bestimmte Phasenverschiebung, oft auf $\cos\varphi = 0,8$. Wasserwiderstände aber ergeben keine Phasenverschiebung. Man läßt einige
Elektromotoren genügender Größe mitlaufen, die im Leerlauf sehr große
Phasenverschiebung haben. Übrigens machen zu hohe Werte von $\cos\varphi$
nur unerhebliche Änderungen im Wirkungsgrad der Generatoren, etwa
1% beim Übergang von $\cos\varphi = 0,8$ bis $\cos\varphi = 1$, und zwar im Sinne
einer Verbesserung des Wirkungsgrades. Ihre Nichtbeachtung bedeutet
also bei Abnahme einer Kraftmaschine mit Generatorbelastung eine
kleine Konzession des Abnehmers an den Lieferer.

52. Eigenverluste aus Beschleunigungsverhältnissen. *Kräfte* kann man
aus den allgemeinen Beschleunigungsgleichungen finden, indem man
die von einem Körper bis zu verschiedenen Zeitpunkten t zurückgelegten
Wege s beobachtet. Durch Ableitung der beobachteten Beziehungen
ergibt sich die Geschwindigkeit $ds/dt = w$ — die man gelegentlich wohl
auch direkt beobachten kann; durch Ableitung der Beziehung zwischen
w und t erhält man die Beschleunigung $dw/dt = p$, aus der die auf den
Körper wirkende Gesamtkraft P durch Multiplizieren mit seiner Masse
$m = G/g = G/9{,}81$ [kgs²/m] zu finden ist. Es ist $P = m\,p$.

So könnte man die von einer Lokomotive ausgeübte Zugkraft im
Anfahren ermitteln, hätte allerdings die Zugwiderstände zu berücksichtigen; da gerade letztere unbekannt sein werden, so wird man eher
im *Auslaufversuch* aus der Verzögerung des Zuges in der Ebene nach
Abstellen des Dampfes die Widerstandskräfte finden.

Im Prinzip gibt es auch Möglichkeiten, die *Beschleunigung* selbst
zu messen. Die Beschleunigung ist viel sinnfälliger als Weg und Geschwindigkeit, sie wirft die Insassen eines plötzlich bremsenden Wagens
durcheinander. Aber zahlenmäßig messen läßt sie sich schlecht; ein
senkrecht hängendes Pendel schlägt bei waagrechter Beschleunigung
aus, eine waagrecht in Federn aufgehängte Masse kann die senkrechte
Beschleunigung eines Fahrkorbes anzeigen, numerisch aber nur bei
passender Dämpfung; denn bei allen Pendelanordnungen pflegen

störende Schwingungen aufzutreten, es liegt auch auf der Hand, daß sie etwa im Auto nicht verwendbar sind. Stützt man statt dessen eine Masse auf einen Piezoquarz ab, um dessen elektrische Ladung unter Wirkung von Beschleunigungen zu messen, so ist das mehr Komplikation als man für diesen Zweck in Kauf nehmen möchte; übrigens wird dadurch schon wieder die Kraft, nicht die Beschleunigung gemessen.

Häufiger als bei fortschreitender Bewegung die Kräfte wird man bei umlaufender Bewegung die *Drehmomente* zu bestimmen haben. Werden die bis zum Zeitpunkt t insgesamt zurückgelegten Umläufe u beobachtet, so ist durch Ableitung der beobachteten Beziehung die Umlaufgeschwindigkeit $du/dt = \omega$ zu finden; sie ist dann $\omega/2\pi$ [rad/s] (Radianten, S. 109), und kann in die Drehzahl umgerechnet werden, gelegentlich läßt sich letztere auch direkt mittels Tachometers beobachten. Durch Ableitung der Beziehung zwischen ω und t erhält man die Winkelbeschleunigung $d\omega/dt$, aus der das auf die umlaufenden Massen wirkende Gesamtdrehmoment M_d durch Multiplizieren mit dem Trägheitsmoment J_m der Massen in bezug auf die Drehachse zu finden ist. Es ist $M_d = J_m \cdot d\omega/dt$.

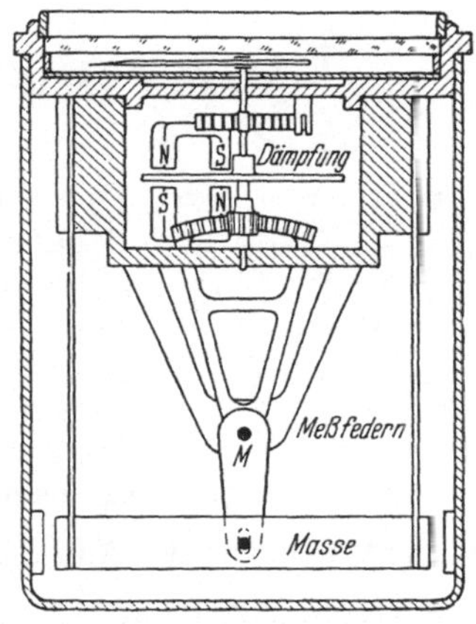

Abb. 302. Beschleunigungsmesser für Straßenbahntriebwagen. Schwere Masse an zwei Meßfedern parallelführend aufgehängt, betätigt Hebel und Zahnsegment, weiter Zeigerwelle mit Wirbelstromdämpfung. Freise, ATM J 163–2, 1951. Max-Planck-Institut f. Instrumentenkunde.

Bei diesen Untersuchungen kommt es also in jedem Fall auf Differentiation von Beziehungen hinaus, die entweder mechanisch aufgezeichnet sind oder zahlenmäßig punktweise vorliegen. Außerdem ist bei fortschreitender Bewegung die Masse des Körpers durch einfaches Wägen, bei umlaufender Bewegung sein Massenträgheitsmoment $J_m = \int dm\, r^2$ zu ermitteln, wobei r den Abstand der Massenelemente dm von der Drehachse bedeutet. Es sei daran erinnert, daß man J_m nicht verwechseln darf mit dem Gewichtsträgheitsmoment der Schwungräder, $J_g = \int dG\, r^2$; wegen $G = gm$ ist auch $J_g = g J_m = 9{,}81 J_m$.

Die *Ermittlung von Trägheitsmomenten* geschieht entweder rechnerisch durch Zerlegen des umlaufenden Profiles im Lamellen

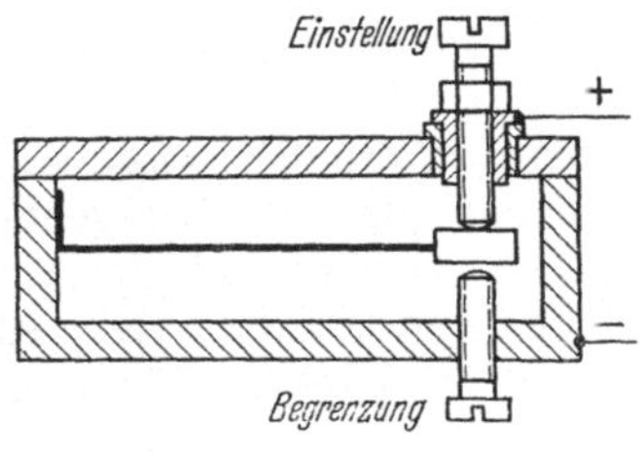

Abb. 303. Grenzbeschleunigungsmesser. Der Kontakt wird unterbrochen, sobald die zugelassene Beschleunigung überschritten wird.

und Bilden der Produkte $\dfrac{G}{g} r^2$ für jeden der abgeteilten Kreisringe; bei Schwungrädern liefert der Kranz den größten Beitrag. Hier interessiert eher die Möglichkeit der Bestimmung des Trägheitsmomentes durch Pendelversuche. Die Dauer t_s einer vollen (Doppel-) Schwingung eines physikalischen Pendels vom Trägheitsmoment J_m und vom Gewicht G, dessen Schwerpunkt um e von der Drehachse absteht, so daß also bei einer Ablenkung um 90° aus der Ruhelage das Moment $M_1 = G\,e$ die Rückführung erstrebt, ist (bei kleinen Ausschlägen):

$$t_s = 2\,\pi\,\sqrt{\frac{J_m}{G\,e}} = 2\,\pi\,\sqrt{\frac{J_m}{M_1}}\,;$$

also ist

$$J_m = \frac{t_s^2}{4\,\pi^2}\,G\,e = \frac{t_s^2}{4\,\pi^2}\,M_1\,. \tag{1}$$

Abb. 304. Pendelversuch zur Bestimmung von Trägheitsmomenten. In bezug auf Radachse ist $J_m = t_s^2\,G\,e/4\pi^2 - e^2\,G/g$. Unwucht des Rades durch zweifachen Versuch, Aufhängung um 180° versetzt, auszugleichen.

Durch Beobachten der Schwingungsdauer läßt sich daher das Trägheitsmoment finden, da man auch entweder G oder e oder gleich M_1 meist messen kann. — Ausgewuchtete Räder muß man erst in ein physikalisches Pendel verwandeln, indem man sie auf einem Winkel- oder Rundeisen lagert; dann ist e ohne weiteres bekannt, und G muß ausgewogen werden. Das nach Formel (1) errechnete Trägheitsmoment bezieht sich auf die Aufhängachse; es ist um $\dfrac{G}{g}\,e^2$ zu vermindern, um das Trägheitsmoment bezogen auf die Radachse zu erhalten. Oder man bringt eine Zusatzmasse exzentrisch an, worauf man das bei 90° Auslenkung entstehende Moment M_1 durch Umschlingen eines Fadens und Ausgleichen mit Hilfe von Gewichten findet. Das Trägheitsmoment des Zusatzgewichtes in bezug auf die Umlaufachse, annähernd $\dfrac{G_1}{g}\,a_1^2$, ist abzuziehen, um das Trägheitsmoment der Scheibe

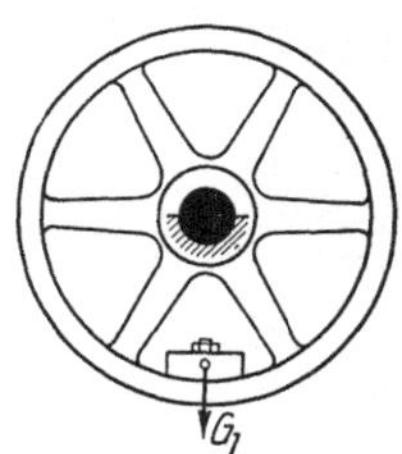
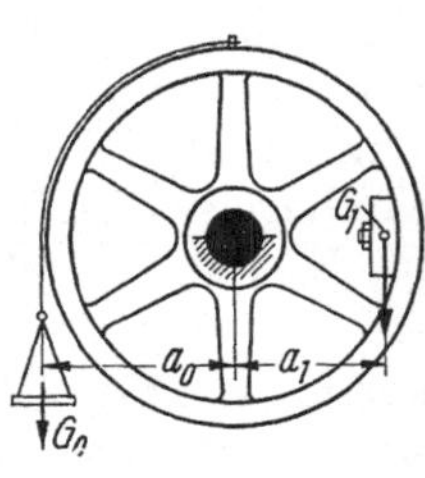

Abb. 305 und 306. Pendelversuch mit Zusatzmasse und Bestimmung des Schwerpunktabstandes der Zusatzmasse. Unwucht des Rades durch Doppelversuch auszugleichen. Zusatzmasse um 180° versetzt.

allein zu erhalten. Letztere Methode läßt sich nur bei Scheiben verwenden, die beweglich genug gelagert sind, um bei kleinen Schwingungsweiten eine genügende Anzahl von Schwingungen zu geben, die also Kugellagerung oder eine sehr dünne Achse haben. — Manche andere Anordnung zur Ausführung der Schwingungsversuche ist denkbar. Statt komplizierter Anordnungen wird aber die Rechnung oft bequemer sein.

Beispiel: Die *Eigenverluste einer Wirbelstrombremse*, ähnlich Abb. 291, S. 225, waren zu ermitteln, weil die Magnete nicht auf das Schwungrad der Maschine wirken, sondern auf eine besondere und besonders gelagerte Scheibe. Die Widerstände der besonderen Lagerung und der Scheibe in der umgebenden Luft sind zu der an der Bremse gemessenen Leistung hinzuzuzählen, um die Bremsleistung der Kraftmaschine zu erhalten.

Zur Ermittlung des Trägheitsmomentes wurde nach Abb. 305 an der in Kugellagern gelagerten Scheibe ein Zusatzgewicht von 10,20 kg angebracht, es ergab sich die Dauer von 10 Schwingungen zu 82,0 s, also $t_2 = 8{,}20$ s. Beim Ausgleichen ließ ein Ausgleichgewicht 6,660 kg das Rad gerade zurückfallen (Abb. 306), während

6,700 kg es unter Überwindung der Lagerreibung vorwärts zogen; danach ist 6,68 kg das bei reibungsfreier Lagerung notwendige Ausgleichgewicht, das am Arm: Scheibenradius plus halbe Schnurstärke $= 0,500 + 0,0005 \sim 0,500$ m angreift; es ergibt sich $M_1 = 3,34$ m · kg und der Schwerpunktabstand des Ausgleichgewichtes $a_1 = \dfrac{3,34}{10,20} = 0,328$ m. Das Trägheitsmoment der Scheibe einschließlich Zusatzgewicht ist also $J + J' = \dfrac{8,20^2}{4\,\pi} \cdot 3,34 = 5,71$; für das Zusatzgewicht ist $J' \sim \dfrac{10,2}{9,81} \cdot 0,328^2 = 0,112$; das Trägheitsmoment der Scheibe allein ist $J = 5,60$ mkgs²; die Benennung folgt aus der Beachtung der Dimensionen.

Weiter wurde zum Auslaufversuch die Scheibe bei abgenommener Bremse und abgekuppelter Kraftmaschine auf die höchste in Frage kommende Drehzahl gebracht und sich selbst überlassen. Da die Scheibe in Kugellagern liegt, so läuft sie lange. Als das Zählwerk auf 59 500 stand, wurde die Stechuhr gedrückt; dann wurden die in Abb. 307 angedeuteten Ablesungen gemacht und die s-Kurve aufgezeichnet. Sie wurde immer zwischen zwei Punkten mittels

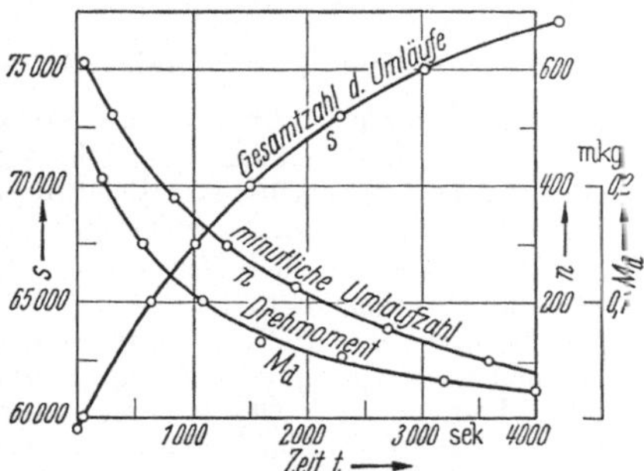

Abb. 307. Ergebnisse eines Auslaufversuches.

des Derivators (S. 72) abgeleitet, z. B. bei $t = 1900$ s; die Neigung der Kurve ergab sich zu 37,0°; die Tafel liefert tg 37,0° $= 0,7535 = ds/dt$; welcher Umlaufgeschwindigkeit diese Neigung entspricht, hängt von den willkürlich gewählten Maßstäben der Kurvenauftragung ab; diese sind für die s-Kurve:

$$300 \text{ Uml} = 1 \text{ mm}$$
$$\text{und} \quad 60 \text{ s} \quad = 1 \text{ mm}.$$

Durch Dividieren beider Seiten erhält man:

$$\frac{300 \text{ Uml}}{60 \text{ s}} = 1; \quad 5 \text{ Uml/s} = 1$$

oder Drehzahl 300/min $= 1$.

Da tg 45° $= 1$ ist, so entspricht also der Kurvenneigung 45° die Drehzahl 300/min; allgemein aber ist die Drehzahl die Tangente des Neigungswinkels mit 300 multipliziert. Für $t = 1900$ s ist $n = 0,7535 \cdot 300 = 226,0$/min. —

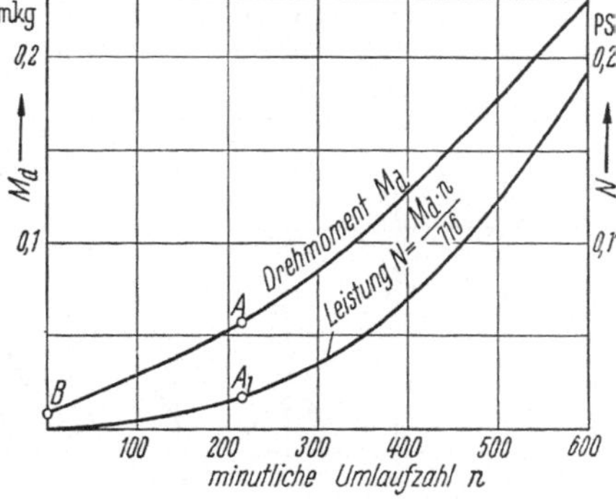

Abb. 308. Umzeichnung nach Abb. 307.

Dieser Punkt ergibt nun mit anderen ebenso ermittelten die n-Kurve, die die Abnahme der minutlichen Drehzahl, der Umlaufsgeschwindigkeit, zur Darstellung bringt.

Leitet man die n-Kurve noch einmal ab, wieder in der Mitte zwischen je zweien ihrer Punkte, so entsteht eine dritte Kurve, die die Verzögerungen oder bei passender Wahl des Maßstabes auch gleich die verzögernden Drehmomente gibt. Bei der Ermittlung des Maßstabes ist in der Gleichung $M_d = J\,d\omega/dt$ mit ω die Winkelgeschwindigkeit in Einheiten des technischen Maßsystems (§ 1) gemeint. Die Maßstäbe der n-Kurve sind:

$$600 \text{ Uml/min} = 6 \cdot 10,47 \text{ rad/s} = 50 \text{ mm} \quad \text{und} \quad 60 \text{ s} = 1 \text{ mm}.$$

Durch Dividieren beider ergibt sich

$$\frac{6 \cdot 10,47 \text{ rad/s}}{60 \text{ s}} = 50; \quad 0,0209 \, \frac{\text{rad}}{\text{s}^2} = 1.$$

Bei einem Trägheitsmoment von 5,60 entspricht der Beschleunigung von $d\omega/dt = 0{,}0209$ rad/s² ein Drehmoment von $5{,}60 \cdot 0{,}0209 = 0{,}117$ m·kg; dieses Drehmoment entspricht also dem Tangens 1 des Neigungswinkels. Ergab beispielsweise bei $t = 2300$ s der Derivator die Ablesung 24,48°, entsprechend tg 24,48° $= 0{,}4553$, so ist zu dieser Zeit das verzögernde Drehmoment $0{,}4553 \cdot 0{,}117 = 0{,}0532$ m·kg. Dieser Punkt zusammen mit anderen, ebenso zu ermittelnden, gibt die M_d-Kurve.

Man kann nun zueinander gehörige Punkte von M_d und n aus Abb. 307 entnehmen und die Beziehung in Abb. 308 auftragen, auch die Leistung finden; so ist für $t = 2000 : n = 215/\text{min}$, $M_d = 0{,}058$ m·kg, daher $N = \dfrac{0{,}058 \cdot 215}{716}$ $= 0{,}0174$ PS — wie in Abb. 308 als Punkte A und A_1 eingetragen. Punkt B ist durch die oben besprochene Beobachtung der Reibung der Ruhe gegeben. Die starke Zunahme der Verluste an Leistung und an Drehmoment mit höherer Drehzahl ist durch die Ventilatorwirkung der Scheibe zu erklären.

Statt die Kurven zu differenzieren, kann man auch von den beobachteten Werten die Differenzen bilden. —

Die besprochene Methode setzt voraus, daß vorher das Trägheitsmoment durch einen Schwingungsversuch bestimmt wurde. Dazu muß meist der umlaufende Teil ausgebaut werden. Das läßt sich vermeiden und die Bestimmung des Trägheitsmomentes der umlaufenden Massen mit der der Auslaufwiderstände vereinigen, indem man zwei Auslaufversuche mit verschiedenen Bedingungen macht und aus dem Unterschied der Ergebnisse alles Gewünschte findet. Die Methode ist mannigfach anwendbar und hat den Vorteil, die Dauer des eigentlichen Versuchs aufs äußerste zu beschränken, die Maschine daher nur kurz dem Betriebe zu entziehen, dabei bei vollständiger Durcharbeitung gleich zahlreiche Ergebnisse zu liefern. Ein Beispiel erörtert am besten diese *Methode des doppelten Auslaufversuches.*

Zu bestimmen sind die Eigenverluste der umlaufenden Teile eines Turbodynamosatzes. In zwei Auslaufversuchen wird die Turbine auf je reichlich n $= 3000/\text{min}$ gebracht und dann der Dampf mittels des Schnellschlußventils abgestellt. Beim ersten Auslaufversuch war die Dynamo unbelastet, beim zweiten arbeitete sie auf einen beliebigen, während des Auslaufens möglichst unveränderlichen äußeren Widerstand. Die in den äußeren Widerstand gehende Energiemenge wird durch Ablesen des Wattmeters bestimmt. Es wurden Signale gegeben, wenn das Tachometer durch 3000, 2950 ..... /min hindurchging, beim Durchgang durch 3000 wurde die Stechuhr in Gang gesetzt. Als zugehörig zu den Drehzahlen wurden die Beobachtungszeiten t_1 für den ersten und t_2 für den zweiten Versuch erhalten, ein zweiter Beobachter las zu den gleichen Zeiten das Wattmeter ab; die elektrische Leistung ist dann in Drehmoment umgerechnet und dies in die Figur eingetragen:

$$M = 973 \cdot N_{el}/n.$$

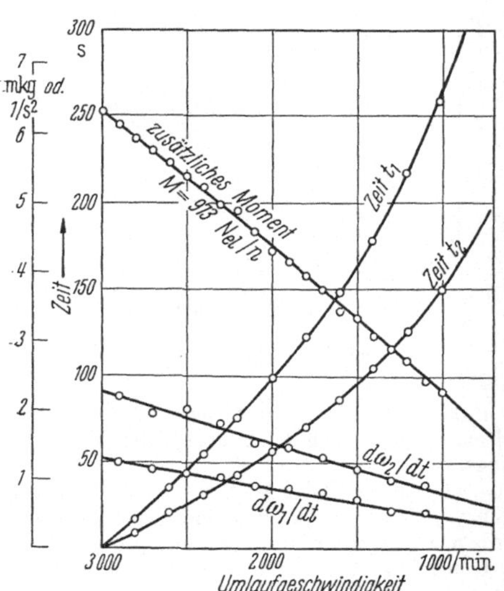

Abb. 309. Zur Methode des doppelten Auslaufs.

Das Auslaufen erfolgt im ersten Fall unter der Einwirkung des unbekannten und zu bestimmenden Momentes M_1 der Eigenwiderstände, nach der Beziehung $M_1 = J\, d\omega_1/dt$. Der zweite Auslauf erfolgt unter dem Einfluß von Widerständen

$M_2 = M_1 + M$, die sich aus dem gleichen Drehmoment M_1 der Eigenverluste und dem der äußeren Arbeit entsprechenden M zusammensetzen; es gilt die Beziehung $M_2 = J\,d\omega_2/dt$. Das Trägheitsmoment der auslaufenden Masse ist beidemal gleich; die Eigenwiderstände werden in beiden Fällen tunlichst gleich gehalten; dazu stellt man beispielsweise schon beim ersten Versuch die Erregung an und hält sie bei beiden Versuchen gleich. Durch Subtrahieren ergibt sich

$$M_2 - M_1 = M = J\left(\frac{d\omega_2}{dt} - \frac{d\omega_1}{dt}\right).$$

Durch Ableiten der Kurven für t_1 und für t_2 erhält man zunächst Werte $dt/d\omega_1$ und $dt/d\omega_2$, dann mit den Kehrwerten die Kurven der $d\omega_1/dt$ und $d\omega_2/dt$. Für jede beliebig herausgegriffene Drehzahl ist

$$J = \frac{M_2 - M_1}{d\omega_2/dt - d\omega_1/dt},$$

das Trägheitsmoment der auslaufenden Masse. Man findet

für $n = 3000$: $d\omega_2/dt - d\omega_1/dt = 0{,}95$; $M_2 - M_1 = 6{,}32$; $J = 6{,}66$

für $n = 2500$: $d\omega_2/dt - d\omega_1/dt = 0{,}81$; $M_2 - M_1 = 5{,}35$; $J = 6{,}61$

für $n = 2000$: $d\omega_2/dt - d\omega_1/dt = 0{,}65$; $M_2 - M_1 = 4{,}38$; $\underline{J = 6{,}74}$

Mittelwert $J = 6{,}67$

Die Übereinstimmung ist wegen der graphischen Ausgleichung befriedigend, obwohl die differenzierten Punkte recht wechselnd fielen. Mit dem Mittelwert findet sich für $n = 3000$ mit $d\omega_1/dt = 1{,}31$ der gesuchte Eigenverlust:

$$M_1 = 6{,}67 \cdot 1{,}31 = 8{,}74 \text{ mkg}; \qquad N = \frac{8{,}74 \cdot 3000}{973} = 26{,}9 \text{ kW}.$$

Kennt man das Trägheitsmoment, so lassen sich manche andere Bestimmungen machen, etwa über den Einfluß verschiedenen Druckes im Turbinengehäuse oder verschiedener Erregung auf die Eigenverluste.

Die Ermittlung von Kräften aus den Beschleunigungs- oder Verzögerungsverhältnissen verlangt einige Rechenarbeit, hat aber den Vorteil, daß man gleich den ganzen Verlauf der Abhängigkeit der Größen voneinander erhält, den man sonst nur aus einer großen Zahl von Einzelversuchen bekommt; die Versuchsdauer wird also sehr abgekürzt.

53. Kräfte in Bauteilen; Erschütterungen. An dieser Stelle soll eine Reihe von Geräten besprochen werden, die schnell verlaufende Vorgänge zur Beobachtung und meist zum Aufschreiben bringen, Änderungen der Kraft P oder des Weges s oder der Geschwindigkeit w, oder der Beschleunigung p; diesen Änderungen unterliegt irgendeine Masse $m = G : 9{,}81$, und zwar in dem Sinn, daß die Beziehungen $s = \int w\,dt$; $w = ds/dt$; $p = dw/dt = d^2s/dt^2$; $P = m\,d^2s/dt^2$; $P\,dt = m\,dw$; $P\,s = \frac{1}{2}\,m\,w^2$, eventuell $= \frac{1}{2}\,m \cdot (w_2^2 - w_1^2)$ gelten. Gleichgültig also, ob man die von einer Masse zurückgelegten Wege, ihre jeweilige Stellung, oder ob man die wirkenden Kräfte, oder die Beschleunigungen im Zeitverlauf beobachtet, stets lassen sich die anderen Größen berechnen.

Die Konstanten von Baustoffen zu bestimmen ist Sache des Materialprüfwesens und fällt nicht in den Rahmen dieses Buches. Etwas anderes ist es, die in fertigen Bauteilen normal oder ungewollt auftretenden Kräfte zu ermitteln, um ihren Bruch vorzubeugen.

Die in Brücken oder an Hochbauten auftretenden Beanspruchungen bestimmt man aus der Dehnung ebendieser Teile: die tatsächliche

Dehnung des Brückenstabes ist ein Maß für seine Beanspruchung. Längt sich dabei eine Meßlänge l um den Wert λ, so folgt aus beiden die Dehnung $\varepsilon = \lambda : l$; und weiter: mit der Dehnsteife (dem Elastizitätsmodul) E oder mit der Dehnzahl $\alpha = 1 : E$ des Stabmaterials, für Stahl meist $E = 2\,100\,000$, folgt die Zunahme der Stabspannung $\varDelta\sigma = \varepsilon : \alpha = \varepsilon E$. Die Kraftzunahme im Stab vom Querschnitt F ist $\varDelta P = F\,\varDelta\sigma$, üblicherweise alles in kg und cm zu rechnen. Kürzt sich der Stab, so gilt das gleiche für die Kürzung.

Die Verfahren der Materialprüfung, etwa mit MARTENSschen Spiegeln, sind außerhalb des Laboratoriums unbequem, auch nicht zum Aufschreiben schnell wechselnder Kräfte geeignet. So hat man Dehnungsmesser mit mechanischer Vergrößerung bis herauf etwa zur 500fachen angewendet, um die kleinen bei kleiner Meßlänge vorkommenden Dehnungen aufzuschreiben; dazu dienen sehr leicht ausgeführte Winkelhebel mit Tintengefäß in der Drehachse, aus dem also die Tinte auch bei schnellen Bewegungen nicht herausgeschleudert wird (Abb. 317 b). Mit der Vergrößerung sind Schwierigkeiten durch Massenwirkung verbunden; deshalb hat man sich bemüht, die Aufschreibung in kleinem Maßstab, dafür sehr fein zu machen und sie mit dem Mikroskop auszuwerten; ein Stift schreibt auf einer Rußschicht, oder ein Diamant ritzt Linien von 0,003 mm Breite in Glas oder gehärteten oder polierten Stahl. Diese Verfahren sind namentlich für die Luftfahrt entwickelt worden; denn das Gewicht der Geräte muß klein sein gegenüber dem Gewicht (der Masse) des untersuchten Stabes, wenn es sich um schnell veränderliche Vorgänge handelt, und die von Gerät ausgeübten Kraftwirkungen müssen klein sein, verglichen mit den Stabkräften; überdies müssen zwei Geräte, rechts und links vom Stab, angewendet werden, wenn Biegung oder Knickung in Frage kommen.

Neben den mechanischen kommen halbelektrische Verfahren zur Anwendung, für ruhende Belastung etwa die Meßsaite. Eine Stahlsaite wird mit Vorspannung möglichst starr mit dem Prüfstab verbunden, parallel zu ihm, im Zweifelsfall wieder zwei Saiten rechts und links von ihm; die Schwingzahl der Saite ändert sich mit dem Quadrat ihrer Spannung, sie steigt also, wenn der Prüfling sich dehnt. Außer der Meßsaite am Prüfling ist nun eine Vergleichssaite im Beobachtungs-

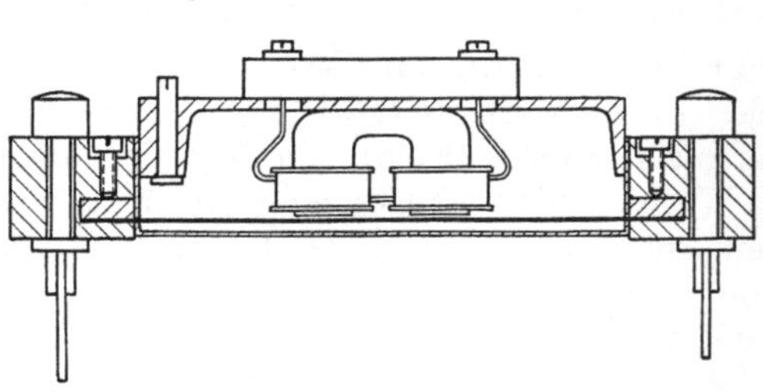

Abb. 310. Meßsaite, anzubauen an eine Betonkonstruktion, um Drucke (und Temperaturen) zu überwachen. Spannungsänderung der Saite ändert deren Eigenfrequenz. Andere Formen für Einbau in Brückenpfeiler, in Talsperren, an Brückenstäbe und anderes. Fa. Maihak.

gerät vorhanden, deren Spannung sich mit einer Mikrometerschraube verändern läßt; man bringt bei unbelastetem und wieder bei belastetem Stab die Saiten auf gleiche Schwingzahl, dann liest man an der Mikrometerschraube die Längung λ ab, die der Prüfstab auf der Meßlänge l

erfahren hat; Meß- und Vergleichssaite müssen gut aufeinander abgestimmt sein; die Gleichheit der Spannung wurde früher akustisch beobachtet: beide Saiten müssen im Telefon gleiche Tonhöhe liefern, was auch der Mindermusikalische am Fortfall der Schwebungen merkt; heute werden die Saiten in einer Kathodenstrahlröhre mit zwei Plattenpaaren miteinander verglichen, die von den zwei Saiten kreuz und quer beaufschlagt werden; im Schirm zeigen sich LISSAJOUSche Figuren (S. 43); haben beide Beaufschlagungen gleiche Frequenz, so arten diese in einen Kreis, eine Ellipse oder einen schrägen Strich aus, je nachdem, wie die Phasen der Frequenzen zueinander liegen — auf die Phase kommt es im übrigen gar nicht an. Nach diesem Verfahren werden auch Meßdosen zum Einbau in Betonbauwerke gefertigt, um deren innere Spannungen zu verfolgen nebst dem Temperaturanstieg beim Erhärten. Die Kathodenstrahlröhre soll nur die beiden Schwingungen kombinieren.

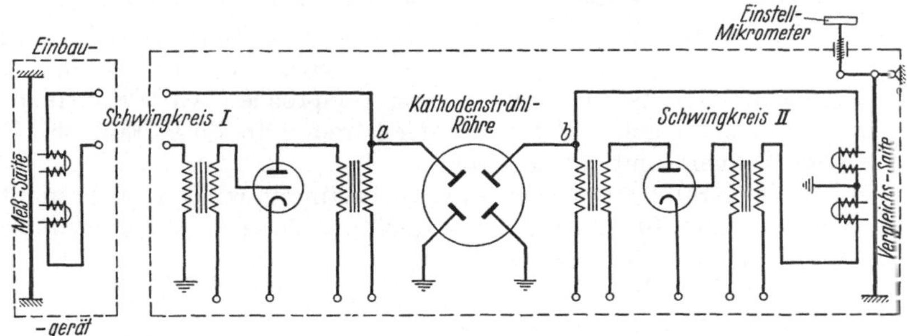

Abb. 311. Schaltung der Meßsaite (Abb. 310). Links das Einbaugerät nach Abb. 310. Spannung der Vergleichssaite meßbar veränderlich, Einstellung auf gleiche Frequenz; abgelesen wird die Längenänderung der Vergleichssaite an Mikrometerschraube, Längenänderung der Meßsaite ist ebenso groß. Vergleich beider Saiten (früher aus dem Ton, Schwebungen müssen verschwinden) im vierpoligen Kathodenstrahlrohr, Schirm zeigt LISSAJOUSche Figuren, die bei gleicher Frequenz zur Ellipse (evtl. Kreis oder Grade) entarten (Abb. 56). Erregung der Saiten durch Elektromagnete, mit Rückkopplung auf die Gitter der Elektronenröhren. An die Klemmen kommen mittels Netzanschlußgerät die nötigen Spannungen. Fa. Maihak.

Eine neuere Meßweise klebt elektrische Widerstandsdrähte mit Kunstharzkitt auf den Prüfling auf; mit dessen Dehnung steigt der Widerstand und wird im Brückenviereck gemessen, statisch mit einem feinen Strom- oder Spannungszeiger; um der möglichst kleinen Meßlänge von 10 bis 20 mm eine größere, besser meßbare Änderung des Widerstandes zuzuordnen, werden mehrere Drähte örtlich parallel gelegt, aber elektrisch hintereinandergeschaltet. Läßt man den Draht hin und her gehen, so wird die Kehrstelle von der Querkontraktion des Prüflings beeinflußt; soll das vermieden werden, so wird die Kehrstelle aus Metallstücken gebildet, in denen die Meßdrähte eingelötet sind. So werden die Drahtsysteme, in durchsichtige Kunstmasse eingebettet, zum Aufkleben fertig angeliefert (L. 280, 281). Ihrer mehrere werden als Dreieck oder Stern um einen Meßpunkt herumgelegt, wenn bei einem Blech die Beanspruchung nach allen Richtungen zu messen ist. Temperatureinflüsse auszuschalten, klebt man einen zweiten solchen Fühler auf ein Stück gleichen Materials, schaltet ihn in den benachbarten

16*

Zweig des Brückenvierecks und setzt das Stück gleichen Einflüssen aus wie den Prüfling, nur ohne Last. Aber auch dann kann man schwerlich solche Genauigkeit von der Messung erwarten, wie sie in Aussicht gestellt wird (Größenordnung 10^{-6} ?). Der große Vorteil des Verfahrens ist das geringe Gewicht, zumal für Untersuchungen an Flugzeugen, auch wenn man wieder die Zusage „leicht wie eine Briefmarke" mit Fragezeichen versieht. Es scheint hier mehr versprochen zu werden als gehalten werden kann, und übrigens gehen die Versprechungen weit über das Nötige hinaus; die Urteile über die Meßstreifen sind nicht eindeutig. Es ist immer

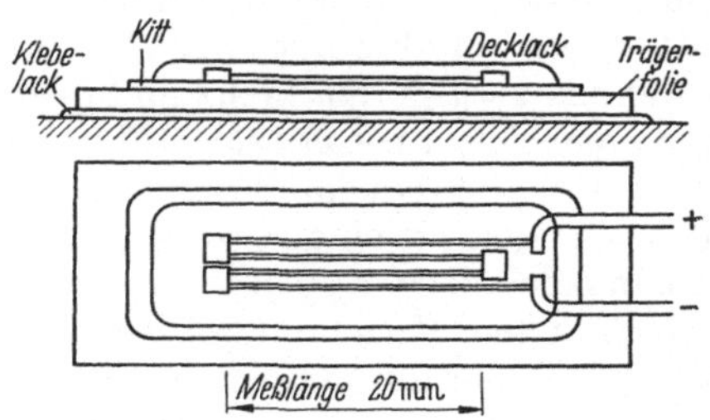

Abb. 312. Dehnungs-Meßstreifen = Tepic — Pickup oder SR 4. Meßdrähte, fertig in Kunststoff gebettet, werden aufgeklebt, Längung ändert den Widerstand, 120 bis 600 Ohm. Fa. Philips, Huggenberger u. a.

abträglich für eine Sache, wenn zu viel versprochen wird. Für qualitative Untersuchungen dürften die Meßstreifen in ihrer Einfachheit vorzüglich bequem und geeignet sein.

Sollen die Kräfte an Maschinenteilen bestimmt werden, so braucht man Vorrichtungen für noch kleinere Meßlänge, 20 oder 10 bis herunter zu 3 mm; mit solchen hat man die Hohlkehle der Pleuelstange nahe dem Kurbellager auf gefährliche Beanspruchungen im Betriebe untersucht (L.277), indem man die auftretenden Dehnungen und Stauchungen beobachtete. Die Schwierigkeit dabei ist, die Angabe eines am bewegten Teil befestigten Geräts fehlerfrei nach außen zu übertragen.

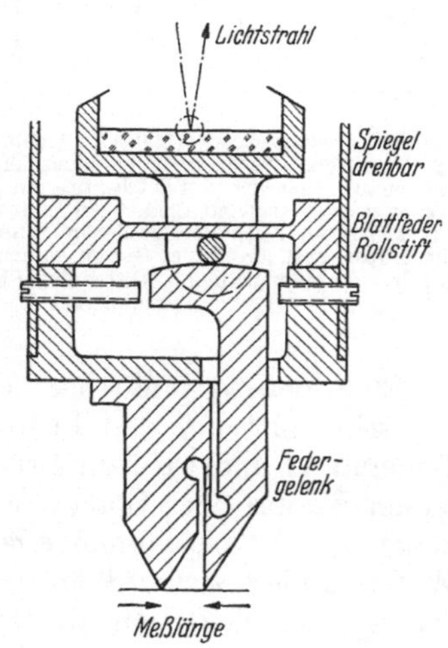

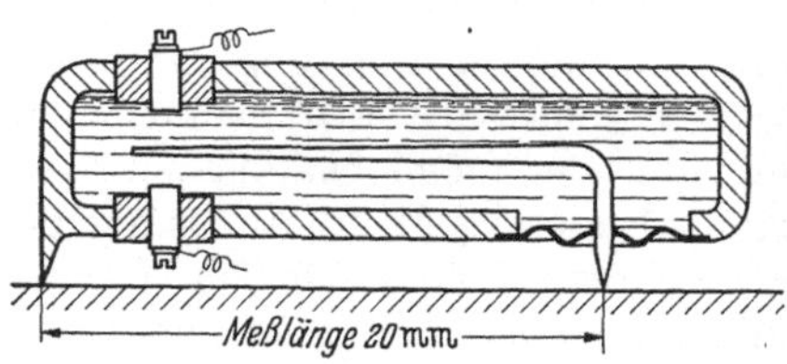

Abb. 313. Elektrischer Dehnungsmesser. Die Widerstände vom Fühler zu den beiden Klemmen werden in einer Brücke (oder im Kreuzspulgerät) verglichen. Meßlänge 20 mm. BERG, ZVDI 1937, 295.

Abb. 314. Mechanisch-optischer Dehnungsmesser, Meßlänge 3 mm. Skala wird betrachtet. FREISE: Feinwerktechnik 1950, Heft 9.

Dazu sind Schleifbürsten kein gutes Bauelement, weil die Übergangswiderstände wechseln und weil durch Erwärmung der Bürsten Thermokräfte entstehen können. Man vergleiche aber Abb. 298.

Verlaufen die Änderungen der Belastung zu schnell, um sie durch Ablesung eines Meßgeräts zu verfolgen, so sind schreibende Geräte zu verwenden, für die wieder die Regel gilt, daß ihre Eigenfrequenz merklich, etwa 2- bis 3mal höher liegen muß als die beobachtete Frequenz, genauer: als die höchste Teilfrequenz (im Sinn der FOURIER-Analyse), die noch wesentlichen Einfluß auf das Ergebnis hat. Mit mechanischen Geräten kommt man auf 10 bis 20 Hz, der Kathodenstrahloszillograph folgt praktisch jeder Frequenz und bietet eher bei niederen Frequenzen Schwierigkeiten (S. 63). Die Meßstreifen selbst sind praktisch massefrei, das ist ihr großer Vorzug.

Das Gesagte bezieht sich auf die Messung von Kräften in dem Sinne einer Nachprüfung, ob die Konstruktion in allen Teilen den Erfordernissen gewachsen ist, wobei die Beanspruchungen einer Brücke, eines Schiffes, eines Flugzeuges und einer Baukonstruktion ruhend oder mit Erschütterungen verbunden sein können; immer aber handelt es sich um eine Beanspruchung, die für das Bauwerk bestimmt ist, und um dessen Sicherheit. Die andere hier zu besprechende Aufgabe ist es, Erschütterungen messend zu verfolgen, die ein Bauwerk von außen her erfährt und die meist der Unannehmlichkeit wegen beanstandet werden; nur in schweren Fällen steigern sich Erschütterungen auch zu einer Gefahr für das Bauwerk. Die unangenehmen Empfindungen dürften von der Beschleunigung und deren Wirkung auf die inneren Organe herrühren; man kennt die eigenartigen Gefühle beim Anfahren des Aufzuges; erst in groben Fällen spielt die äußere auf den Körper des Menschen wirkende Kraft durch Schmerzempfindung eine Rolle, also auch eine Folge der Beschleunigungen.

Die Meßgeräte für diesen zweiten Fall brauchen also die auftretenden mittleren Formänderungen und Kräfte nicht zu messen, schon deshalb nicht, weil beide Mittelwerte Null sind. Es handelt sich nur um die Schwingungen nach Amplitude, und nun aber auch nach Frequenz, weil man aus letzterer über die Herkunft der Störung etwas sagen kann. Das Beispiel hierfür sind die Erschütterungen oder Schwingungen eines Gebäudes, eines Schiffskörpers unter der Wirkung von Impulsen, die von großen nahebei oder innen stehenden Massen ausgesandt werden, oder die schnelleren Schwingungen, in die ein hochbeiniges Dampfturbinenfundament gerät, wenn die Drehzahl der Turbine mit einer der Eigenfrequenzen des Fundaments in Resonanz kommt; denn solch Fundament hat verschiedene Eigenfrequenzen hin und her gehend in der Längs-, in der Querrichtung, drehend um die senkrechte Achse; und wohl noch kompliziertere kommen in Frage.

Zur Untersuchung in solchen Fällen dienen zwei Arten von Geräten, die sich als Taster und als Mitschwinger bezeichnen lassen. Das Gehäuse des *Tastgeräts* wird fest aufgestellt, ein tastender Fühler legt sich sanft gegen das erschütterte Objekt, seine Bewegungen gegen das Gehäuse werden aufgezeichnet oder auch nur in ihrem Energieinhalt gemessen. Man mißt zwangsläufig und absolut den Weg oder die Geschwindigkeit des Tasters gegenüber dem festen Gehäuse. Voraussetzung für die Anwendung des Tastgeräts ist, daß ein fester Aufstellort zur Verfügung steht; mitten auf einer Brücke ist das nicht der Fall, ebensowenig auf dem Schiff oder auf dem Flugzeug, es sei denn, daß man Relativbewegungen der Teile gegeneinander messen will. Beim schwingenden Maschinenfundament ist man nicht sicher, daß das umgebende Gebäude, selbst wenn vom Fundament getrennt, nicht gleichfalls Schwingungen macht, und die Meßergeb-

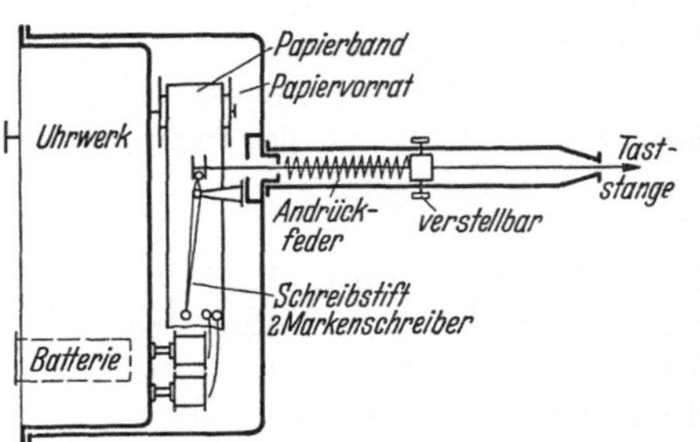

Abb. 315. Tast- und Schwingungsschreiber, Frequenz angegeben 8 bis 150 Hz, Schwingungsbeschleunigung bis 20 · 9,81 m/s², Vergrößerung 5- oder 20fach; Ausschlag 0,02 bis 2 mm, Papier macht 40 mm/s, Markenschreiber gibt je 1 s, ein zweiter frei. Aufgeschrieben wird der Weg. Fa. Askania.

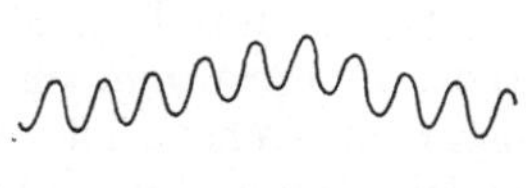

Abb. 316.   Schrieb eines Tast- schreibers   Abb. 315.   Grobe Schwankungen durch Unruhe des Messenden verdecken nicht die gesuchte Schwingung.

nisse bedürfen zum mindesten einer Diskussion. Jedoch kann man einen festen Punkt schaffen in Gestalt einer schweren Masse, die jedoch so wenig mit dem schwingenden Objekt verbunden sein darf, daß sie

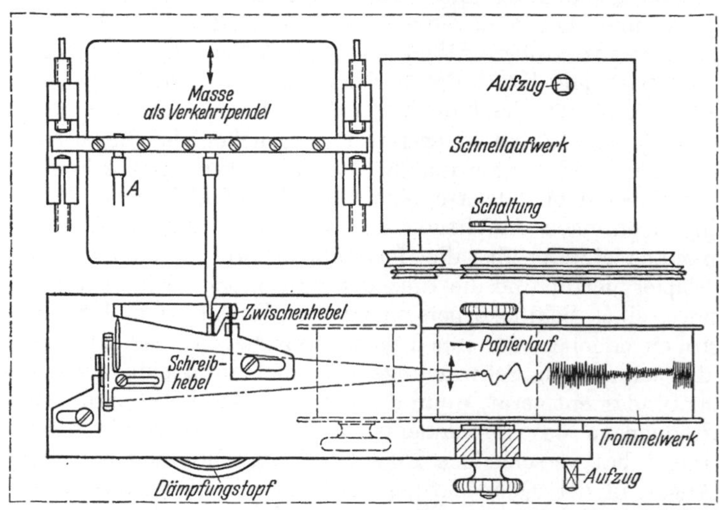

Abb. 317 a. Mechanischer Schwingungsprüfer nach SAUER. Träge Masse 7 kg (verkleinerbar) als Verkehrtpendel (nicht hängend, sondern auf Blattfedern schwingfähig gestützt), durch Anschlag- schrauben begrenzter Hub, wirkt über Zwischenhebel (oder direkt bei A) und 2 (oder 1) Stützstangen auf den Schreibhebel; alle Hebel angelenkt mit Blattfedern, 0,04 mm stark, 1 mm frei (stärker gezeichnet). Papierlauf von (tiefliegender) Vorratsrolle über Schreibrolle auf (tiefliegendes) Trommel- laufwerk, Vorschub 30 mm/h, nur Amplituden werden aufgezeichnet; Schnellaufwerk eingeschaltet liefert 20 bis 40 mm/s Vorschub, Verlauf der Gehäusebewegungen gegen die Masse wird aufgezeichnet. Eigenfrequenz einstellbar 1 bis 16 Hz. Dämpfungstopf nach Bedarf gefüllt mit Glyzerin, Öl, Fett. Fa. Askania.

dessen Bewegungen nicht mitmacht. So kann schon der menschliche Körper gegenüber gewissen Schwingungen als ausreichende Masse gelten (Abb. 316); auf der Brücke wird ein hängendes Gewicht von 20 kg die Bewegungen der Brücke nicht mitmachen und kann als Stütze für ein Gerät dienen, allerdings je nach der Frequenz der Schwingungen, die beobachtet werden sollen.

Die andere Art von Meßgeräten, die *Mitschwinger*, bedürfen keines festen Standes; das Gehäuse wird mit dem schwingenden Prüfling fest verbunden, mindestens in der Schwingrichtung fest gegen ihn abgestützt, macht also dessen Bewegungen nach einer Frequenz f mit; in ihm befindet sich eine Masse m, der vermöge ihrer Aufhängung an einer Feder von der Federkonstanten c kg/m eine Eigenfrequenz $f_0 = \dfrac{1}{2\,\pi}\sqrt{c/m}$

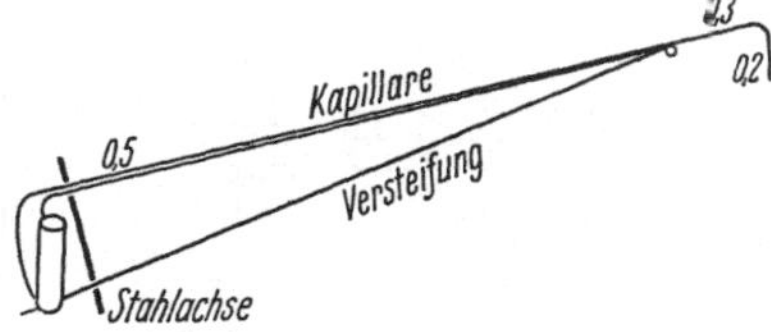

Abb. 317 b. Schreibfeder zu Abb. 317 a, etwa Syfon-Recorder des Lord KELVIN. Kapillare 0,5 verjüngt auf 0,3, Spitze 0,2 mm, versteift mit Glasfaden 0,5 bis 0,4 mm Durchmesser, beiderseits angeklebt; Stahlachse 0,5 mm; Glasgefäß 5 mm Durchmesser gleicht Gewicht aus bis auf 20 mm Anpreßdruck beim Schreiben. Statt dessen auch Korundspitze (Naturecke, nicht geschliffen), schreibend auf Wachspapier, S. 13.

(Doppel-)Schwingungen sekundlich, eine Eigenschwingungsdauer $t_0 = 2\,\pi\,\sqrt{m/c}$ zugeordnet ist.

Übrigens wird man erkennen, daß die hier gewählten Bezeichnungen als Taster und als Mitschwinger dasselbe bedeuten wie die in § 10 nach

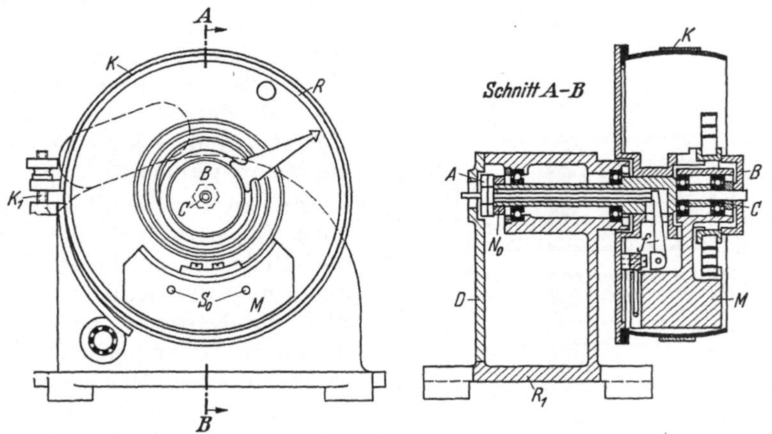

Abb. 318. Universalgerät von GEIGER, dargestellt als Vibrograph zum Anzeigen senkrechter oder waagrechter Schwingungen. Hohlscheibe mit Klemmband fest, Gewicht M kann um Achse pendeln, nach Bedarf senkrecht oder waagrecht, auch schräg, Spiralfeder gibt Richtkraft. Eigenfrequenz 400 Hz, durch Beifügen einer Hilfsmasse und Auswechseln der Spiralfeder bis unter 1 Hz zu verkleinern. Schwingungen werden durch die hohle Achse vergrößert auf Schreibzeug übertragen, mit Tinte geschrieben. — Gleiches Gerät als Torsiograph zum Anzeigen von Drehschwingungen. Gewicht durch ringförmig ausgewuchtetes ersetzt, Klemmband entfernt; Scheibe wird als ballige Riemenscheibe benutzt. — In beiden Fällen werden Ungleichmäßigkeiten aufgezeichnet, also Beschleunigung und Verzögerung; mittlere Geschwindigkeit ohne Einfluß. Vergleiche aber den Tachographen Abb. 156. Fa. Lehmann & Michels.

dem Vorgang von KLOTTER gewählte Einteilung in Wegzeiger und Kraftzeiger. Und man wird auch erkennen, daß letzten Endes beide Gerätearten manches gemeinsam haben, nur hat der Mitschwinger die (mehr oder weniger) feste Masse in sich, für den Taster muß man sie suchen oder schaffen; die Unterscheidung wird durch die Erkenntnis

bedingt, daß man in einem industriellen, von Schwingungen durch-
seuchten Gebiet nichts als sicher fest ansehen kann, und durch die
Bemühung, über diese Schwierigkeit auf die eine oder andere Weise bestens hinwegzukommen.

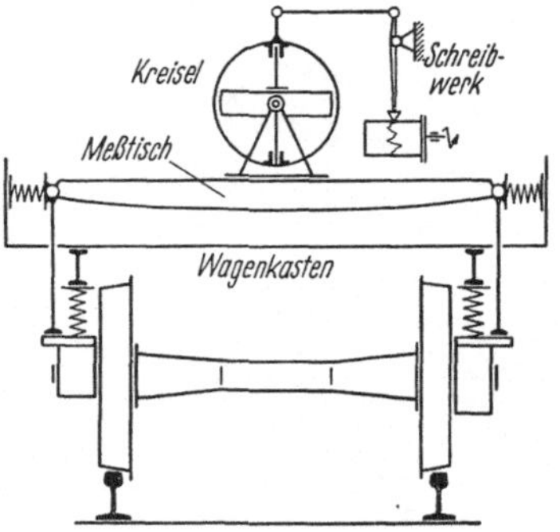

Taster können rein mechanisch arbeiten (Abb. 315), sie zeichnen dann den Weg auf, den die Schwingungen des Prüflings gegenüber dem festen (als fest angenommenen) Aufstellungsort vollführen. Halbelektrisch wirken *Tauchspulgeräte* (Abb. 320). Ein Fühler wird gegen den Schwinger gestützt und macht dessen Bewegungen mit; eine Spule bewegt sich dann in den zylindrischen Polen eines Magnetsystems mit der Amplitude a und der Frequenz f axial hin und her und liefert einen Wechselstrom; dessen Stärke hängt von der mittleren Geschwindigkeit ab,
mit der die Spule sich bewegt, er gibt also das Produkt $a\,f$, nicht aber die Einzelwerte; die Frequenz läßt sich finden, indem man die im Schirm des Kathodenstrahl-Oszillographen erscheinende Sinuslinie mit einer solcher bekannter Frequenz vergleicht, oder durch Resonanzwirkungen.

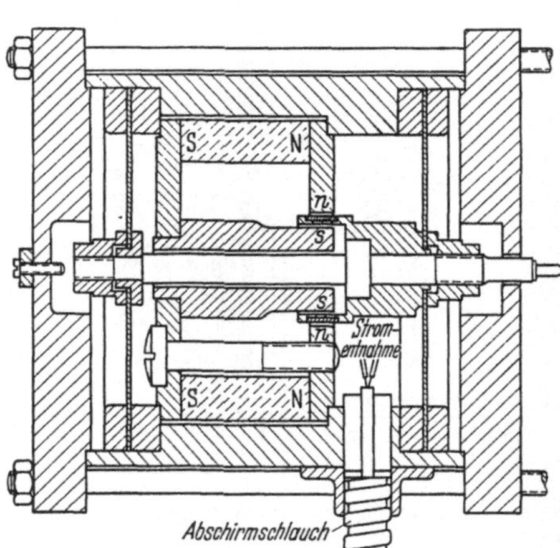

Abb. 319. Neigungsmesser auf Meßwaagen der Eisenbahn. Kreisel bewahrt die Richtung seiner Achse im Raum, Schreibwerk zeichnet also die Drehbewegung auf, die das Fahrzeug unter ihm quer zur Fahrrichtung macht.

Andere Geräte arbeiten mit einer Trägerfrequenz, die durch die Meßgröße moduliert wird, sei es über die Induktion, sei es über die Kapazität eines Kondensators; im ersten Fall haben sie nicht einen Magneten, sondern einen Eisenkern als Fühler. Solche Geräte (Abb. 321) reagieren nicht auf die Geschwindigkeit des Fühlers, sondern auf seine Stellung, sie vermeiden daher die Unsicherheit über die Aufspaltung des Produktes $a\,f$. Die Wirkung wurde schon auf S. 48 dargelegt. Überhaupt werden ja die gleichen Wirkungen, von denen wir hier sprechen als zur Aufnahme von Schwingungsgebilden dienend, ähnlich bei der Kraftmessung, beim Indikator, bei Beschleunigungsmessungen benutzt.

Abb. 320. Tastgerät mit Tauchspule. Beim Abtasten bewegt sich die Tauchspule im Ringspalt eines Magneten; entstehender Wechselstrom wird gleichgerichtet einem Zeigergerät zugeführt, oder er beaufschlagt einem Oszillographen. Gezeigt wird die (durchschnittliche) Geschwindigkeit der Spule, also Amplitude mal Frequenz. Fa. Schenck.

Handelt es sich um die Untersuchung von Drehbewegungen oder Drehschwingungsgebilden, so kann auch eine drehbar aufgehängte Masse.

oder aber ein Kreisel, als Gebilde unveränderlicher Achsrichtung, verwendet werden (Abb. 318, 319).

Tauchspulen dienen auch zum Messen der *Unwucht* umlaufender Maschinen: die Läufer von Elektromotoren, Pumpen, Turbinen, aber auch die Kurbelwellen schnellaufender Automotoren werden in der Wuchtmaschine auf Größe und Lage der Unwucht geprüft, die Unwucht wird dann durch Einlegen von Gewichten, besser durch Ausbohren an der gegenüberliegenden Seite beseitigt; Kurbelwellen werden auch als Rohling geschleudert und danach (selbsttätig) angekörnt, wodurch das Auswuchten des fertigen Stückes erleichtert wird. Wenn auch hier wieder das Produkt $a\,f$ angezeigt wird, so ist doch $f = 60\,n$ aus der jeweiligen Drehzahl des geschleuderten Prüflings gegeben, pflegt überdies unveränderlich festzuliegen, wenn es sich um Serienprüfung etwa der Läufer von Elektromotoren handelt. Statisch ist die Unwucht dadurch gekennzeichnet, daß der Schwerpunkt des G kg schweren Körpers um a cm aus der Drehachse liegt, und zwar in Richtung $\beta°$ der Scheibenteilung; es ist also bei $\beta + 180°$ Gewicht hinzuzufügen, das das Gegenmoment zu $a\,G$ liefert — oder bei $\beta°$ ist durch Bohren entsprechend fortzunehmen. Solche statische Wuchtung genügt nicht, nicht einmal bei Scheibenkörpern wie Ventilatorrädern, die nämlich taumeln; ein statisch ausgeglichener Körper entwickelt im Lauf noch ein Zentrifugalmoment, wenn die Massen in axialer Richtung beiderseits des Schwerpunkts ungleich verteilt sind (Abb. 322).

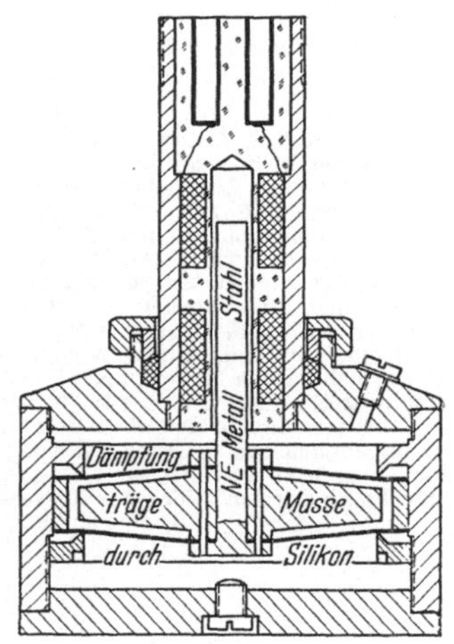

Abb. 321. Beschleunigungsmesser. Träge Masse zwischen zwei Kreisblattfedern, die zur Parallelführung und als Richtkraft dienen, Bohrungen zum Durchtritt der dämpfenden Silikonflüssigkeit, auf $D = 0{,}7$ abgepaßt; zwei Spulen differentiell geschaltet, mit Hochfrequenz 8000 Hz beaufschlagt, die je nach Stellung des Stahlkernes moduliert wird (Abb. 65). Eigenschwingzahl bis 2500 Hz. Firma Vibro.

Der auszuwuchtende Prüfling kommt an beiden Enden in Lager, die auf Schlitten waagrecht gleiten, jedoch durch Federn in die Mittellage gedrückt werden. Er wird durch ein Universalgelenk hindurch drehend angetrieben, ohne dabei Seitenkräfte zu erfahren; die Antriebswelle trägt eine Scheibe mit der Teilung 0 bis 360° sm Umfang.

Eine statische Unbalanz läßt die beweglichen Lager beide nach der gleichen Seite, eine dynamische Unbalanz nach verschiedener ausschlagen; im allgemeinen Fall bewegen sich die Lager also ungleichläufig, aber beiderseits in verschiedenem Maß und nicht grade um 180° versetzt. Diese Ausschläge der beiden Lager werden in Tauchspulen in Wechselströme umgesetzt und diese einem Meßgerät zugeführt. Doch muß man außer der Größe auch die Phase der Unbalanzen kennen, die Richtung auf der 360°-Teilung, in der sie liegen; dazu findet sich auf

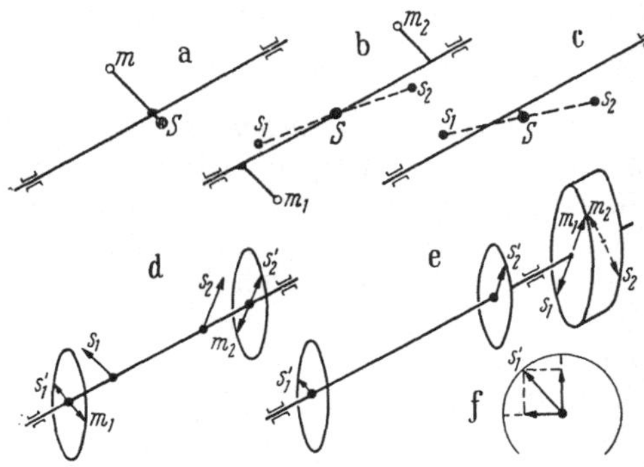

Abb. 322. Zur Theorie der Unwucht.
a Schwerpunkt S etwas außerhalb der Drehachse (statische Unwucht); zum Auswuchten ist Masse m hinzuzufügen. *b* Schwerpunkt S zwar in der Achse, aber entstanden durch Teilschwerpunkte s_1 und s_2 in verschiedenen Dreh-ebenen (dynamische Unwucht). Auswuchten durch Bei-fügung von zwei Massen m_1 und m_2, in beliebigen Rota-tionsebenen, um so kleiner, je weiter die Ausgleichsebenen voneinander liegen, oder durch Bohren an der anderen Seite. *c* Allgemeiner Fall, Unwucht statisch und dynamisch. *d* Unwuchten (als Pfeile s_1 und s_2, nicht in gleicher Ebene, angedeutet) lassen sich in zwei beliebigen Meßebenen als $s_1' s_2'$ messen und in derselben oder anderer Ebene durch $m_1 m_2$ ausgleichen. *e* Gleiche Messung bei fliegender Lage-rung, Ausgleich durch $m_1 m_2$. *f* Messung von s_1 nach Größe und Phase aus den beiden um 90° versetzten (rotierenden) Komponenten.

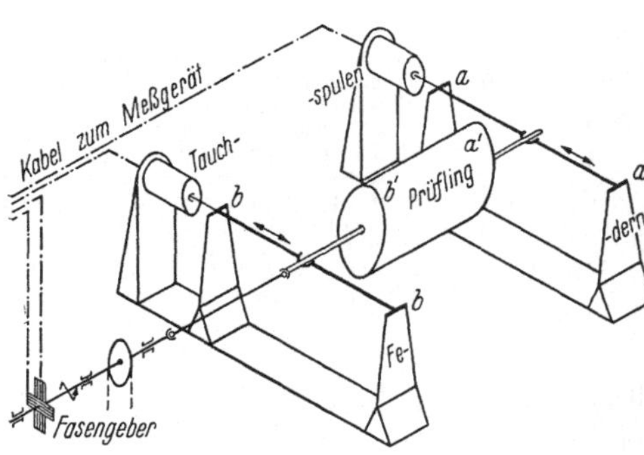

Abb. 323. Auswuchtgerät für Maschinenläufer. Prüfling beiderseits seitlich federnd gelagert, Ausschläge werden mit Tauchspulen Abb. 320 erfaßt; diese liefern zwei Wechselströme, Frequenz gleich Drehzahl des Prüflings, Amplitude und Phase je nach Größe und Lage der Un-wucht im Prüfling. Phasengeber liefert Wechselstrom be-kannter Amplitude und bekannter Phase, mit ihm werden die vom Prüfling erzeugten in Zweispulengeräten (watt-meterartig) verglichen, deren Ausschlag liefert die Un-wucht in Richtung der Phasengeberspule für jedes Ende des Prüflings; Schalten auf andere Phasengeberspule liefert Unwuchten senkrecht zu den ersten beiden. Aus zwei Teilunwuchten ergibt sich Lage der resultierenden Unwucht am betreffenden Ende, zunächst in den Ebenen aa und bb; sie ist auf die Ebenen a' und b' umzurechnen, in denen der Ausgleich (durch Belasten oder Ausbohren) geschehen soll. Fa. Schenck.

der Antriebswelle noch ein Wechselstromerzeuger mit zwei Spulen, die senkrecht aufeinander, eine in Rich-tung 0—180°, die andere auf 90—270° der Kreistei-lung stehend; diese Wech-selströme werden einer an-deren Spule des Meßgeräts zugeführt, das also, ähnlich einem Wechselstrom-Watt-messer, keinen Magneten, sondern zwei aufeinander wirkende Spulen enthält. Nun wird Spule *1* vom La-ger *a* der Welle betätigt, und indem Spule *2* nach-einander auf die beiden Richtungen 0—180 und 90—270 geschaltet wird, bekommt man zwei Aus-schläge, die, in ein recht-winkliges Achsenkreuz ein-gezeichnet, als Resultie-rende die Unbalanz am Lager *a* nach Größe und Richtung angeben. Ent-sprechend wird die Un-balanz für Lager *b* gefun-den, im ganzen sind also vier Ablesungen nötig. Diese werden sich nicht in der Lagerebene ausgleichen lassen, sondern in zwei näher dem Schwerpunkt liegenden Ebenen am Prüf-ling; die auf solche Ebene bezogenen Ausgleichsge-wichte müssen entspre-chend größer sein. Sind Ventilatorräder fliegend gewuchtet, so führen Über-legungen, wie bei äußerer statt innerer Teilung einer Strecke, auf die dann er-forderlichen Ausgleichmas-sen. Jedoch bedarf es dieser Überlegungen nicht;

durch Einstellen von Widerständen läßt sich erreichen, daß die Ablesungen sogleich auf die beabsichtigten Ausgleichsebenen bezogen sind.

Im allgemeinen ist es gleichgültig, bei welcher Drehzahl man wuchtet; von der Resonanz muß man genügend weit entfernt sein, was sich durch Wahl der Federn erreichen läßt. Bei hoher Drehzahl tritt eine Unwucht natürlich besser hervor. Wenn sich ein Körper aber im Lauf merklich deformiert, dann muß er bei der Betriebsdrehzahl gewuchtet werden.

Für Wuchteinrichtungen sollen möglichst kleine fremde Massen an der Bewegung des Prüflings teilnehmen, insofern ist hier eine Spule im Magnetfeld besser als ein Eisenkern oder ein Stahlmagnet zwischen gegenläufig gewickelten Spulen.

Die Geräte und Methoden zur Untersuchung von Schwingungen und Erschütterungen arbeiten teils rein mechanisch, teils bedienen sie sich für hohe Frequenzen der elektrischen Hilfsmittel. Wie an mancher anderen Stelle dieses Buches erwähnt, ist man weithin bestrebt, die Grenze für mechanische Geräte immer höher zu setzen und die elektrischen Methoden zu vermeiden, bei denen man auftretender Störungen schwerer Herr wird als bei sinnfälligen Geräten. Dieses Bedenken entfällt jedoch bei Wuchtvorrichtungen, die für die laufende Fabrikation von Elektro- oder Automotoren wuchten und bei denen man daher Personal schulen kann.

VI. Der Indikator.

54. Indizierte und effektive Leistung. In seiner häufigsten Verwendungsart ist der Indikator ein registrierender Druckmesser, der die im Zylinder einer Kolbenmaschine auftretenden Drucke graphisch aufzeichnet, meist als Funktion des vom Kolben der betreffenden Maschine zurückgelegten Weges, weil das in dieser Weise aufgezeichnete Schaubild oder *Indikatordiagramm* die Maschinenleistung ermitteln läßt. Wenn sich im Beharrungszustand der Maschine das Spiel der Drucke immer wiederholt, so ist das Indikatordiagramm eine in sich geschlossene Figur; es hat oft die in Abb. 324 für ein Dampfdiagramm als Beispiel angegebene Form. Auf dem Hinweg des Kolbens, von links nach rechts, stellt die Linie abc den Verlauf des Druckes und daher der auf den Maschinenkolben wirkenden Kolbenkraft dar, auf dem Rückgange gibt Linie def ihn wieder. Dann bedeutet die Fläche des Dia-

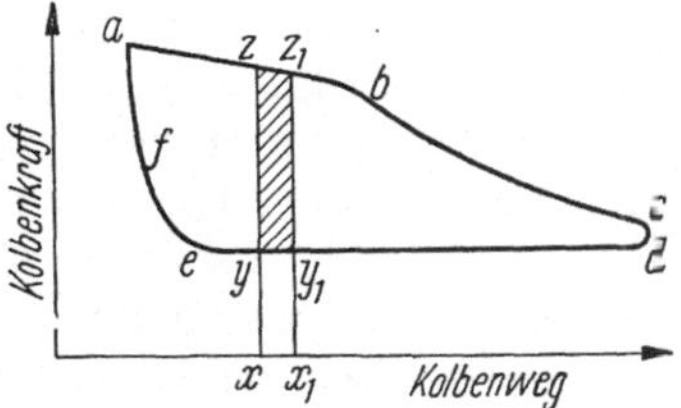

Abb. 324. Indikatordiagramm als Maß der vom Wärmeträger (Dampf, Gas) auf den Kolben übertragenen „indizierten" Arbeit. Geht der Kolben von x nach x_1, so wirkt auf ihn die Kraft (Kolbenfläche mal Druck) xz, und er nimmt die Arbeit (Kraft mal Weg) xzz_1x_1 auf; beim Rückgang von x_1 nach x gibt der Kolben die Arbeit xyy_1x_1 ab; bleibt also yzz_1y_1 (schraffiert) an ihn abgegeben. Beim ganzen Umlauf (Hin- und Rückgang) wird die Arbeit entsprechend der Diagrammfläche $abcdef$ umgesetzt.

gramms, das ist der Inhalt der Figur $abcdef$, die vom Dampf an den Kolben abgegebene Arbeit, und zwar die von der Füllung einer Zylinderseite an die eine Kolbenseite bei einem Umlauf abgegebene. Bei einer doppeltwirkenden Maschine sind beide Zylinderseiten einzeln zu indizieren, bei einer Mehrzylindermaschine werden alle Zylinder indiziert, die Ergebnisse werden zusammengezählt. Regelmäßig wird noch die Drehzahl gemessen, um zu sehen, wie oft der Arbeitsumsatz in der Sekunde oder Minute statthat, so ergibt sich die Leistung der Maschine.

Der Indikator stellt bei der Dampfmaschine die vom Dampf auf den Kolben übertragene Leistung fest; eine auf das Schwungrad gesetzte Bremse würde die an der Welle verfügbare Leistung messen. Letztere ist kleiner um die Reibung und ähnliche Verlustquellen. Die durch Indikator ermittelte ist die *indizierte Leistung* N_i, die an der Welle verfügbare die *effektive* oder auch die *Bremsleistung* N_e oder N_b der Dampfmaschine. Aus $N_i = 200\,\text{PS}$ und $N_e = 170\,\text{PS}$ folgt ein mechanischer Wirkungsgrad $\eta_m = 0{,}85$; die Schreibweise $N = 200\,\text{PS}_i$ und $170\,\text{PS}_e$ ist sprachlich schlecht, denn die Pferdestärke ist immer dieselbe, sie mißt nur verschiedene Größen.

Der Indikator ermittelt bei einer Kolbenpumpe die vom Kolben auf das Wasser übertragene Leistung; der treibenden Welle muß man eine um die Reibungsverluste größere Leistung zuführen, die man mittels Einschaltdynamometer (§ 49) messen kann. Die erstere heißt wieder die indizierte Leistung der Pumpe, für die der Welle zuzuführende Leistung hat man keinen festen Ausdruck: man nennt sie wohl Riemen- oder Wellen- oder Antriebsleistung. Unter effektiver Leistung der Pumpe aber versteht man die in Form von gehobenem Wasser verfügbare Leistung, das ist das Produkt aus sekundlicher Wassermenge und Förderhöhe (geteilt durch 75 oder 102, will man auf PS oder kW kommen).

Der Indikator mißt aber nicht nur aus der Größe der Diagrammfläche den Arbeits- oder Leistungsumsatz, sondern zeigt aus der Form des Diagramms, wie die Arbeit zustande kommt und ob die Maschine wirtschaftlich arbeitet, ob sie richtig eingesteuert ist. Das ist weithin seine Hauptaufgabe geworden.

Den Dampfverbrauch auf die indizierte Leistung zu beziehen hatte für den Lieferer den Vorteil einer kleineren, günstiger scheinenden Verbrauchszahl, war aber auch sachlich gerechtfertigt, weil sich die indizierte Leistung leichter messen läßt als die Bremsleistung. Inzwischen lassen sich aber die Kreiselradmaschinen gar nicht indizieren, und bei modernen, schnellaufenden Motoren ist das Indizieren mit Piezoquarzen keineswegs einfach. Anderseits herrscht mehr und mehr die elektrische Kraftübertragung, die Nutzleistung der Dampf- oder Brennkraftmaschine kann dann in elektrischer Form auf bequemste Weise gemessen werden; und für schnellaufende Fahrzeugmotoren sind handliche Wasserbremsen entwickelt worden. Im Schiffs- und Lokomotivbetrieb, bei Großgasmaschinen und Kompressoren spielen der mechanische Indikator und das Kolbendiagramm immer noch ihre Rolle. Wenn es an anderen Stellen mehr auf die Einsteuerung als auf die Leistungsermittlung ankommt, dient zumal bei Brennkraftmaschinen besser das Zeitdiagramm (§ 58), das die Vorgänge im Totpunkt deutlicher erkennen läßt.

55. Bauarten des Indikators. Der Indikator hat einen kleinen, an die zu untersuchende Maschine anzuschließenden Zylinder; in ihm spielt dicht eingeschliffen ein Kolben und betätigt durch Vermittlung eines Hebelwerkes den Schreibstift, der auf einer um ihre Achse drehbaren *Trommel* das Diagramm aufzeichnet. Die durch den Druck auf den Indikatorkolben kommenden Kräfte werden durch eine Schraubenfeder gemessen, die einerseits mit dem Kolben oder der Kolbenstange, andererseits mit dem Deckel des Indikatorzylinders verbunden ist. Bei guter Ausführung der Meßfeder werden die Kolbenausschläge den Drucken proportional. Sie werden durch das Hebelwerk des Schreibzeuges proportional, meist sechsfach, vergrößert, und da dieses Hebelwerk auch so angeordnet ist, daß der Schreibstift geradlinig und parallel zur Achse des Indikatorzylinders geführt wird, so trägt der Schreibstift auf der Trommel senkrecht die Drucke im Indikatorzylinder oder die im Maschinenzylinder auf, genau freilich nur, wenn alle Bewegungen reibungsfrei und so langsam vor sich gehen, daß man von Massenwirkungen absehen kann.

Bei stillstehender Trommel spielt der Schreibstift auf einer ihrer Mantellinien auf und ab und schreibt senkrechte Gerade auf dem Papier, das man mittels zweier Klemmfedern auf die Trommel spannt. Nun bewegt sich aber die Trommel in einer schwingenden Drehbewegung; in eine um das untere Ende der Trommel gehende Rille ist eine Schnur gelegt, die durch ein Loch ins Trommelinnere geht und durch einen

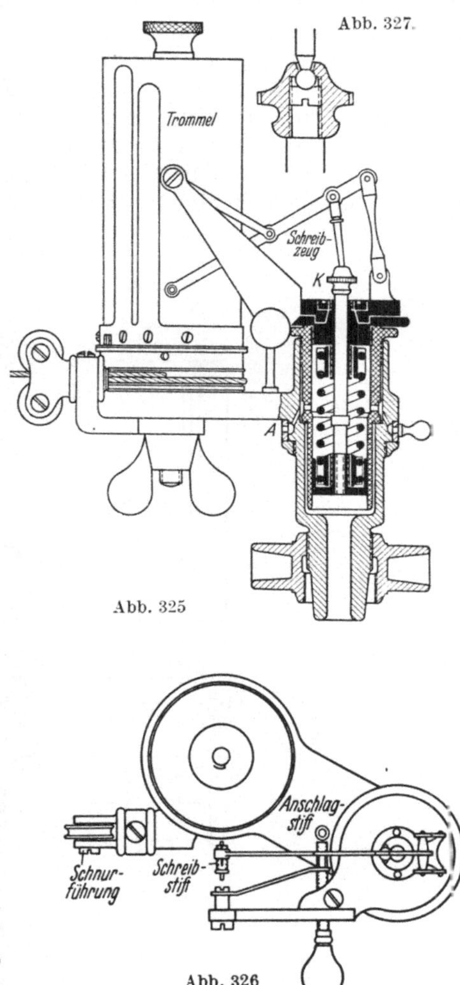

Abb. 325, 326 und 327. Indikator älterer, noch immer verwendeter Bauart (Monteur-Indikator). Billiger als Kaltfedergeräte, in Leichtigkeit des Ganges, daher zum Einsteuern der Maschine überlegen, für numerische Angaben bei Dampfmaschinen ungeeignet, weil die Feder sich erwärmt. Oben (Abb. 327): Kugelgelenk K, ermöglicht Drehung des Schreibzeugs, Aufsetzen und Absetzen zur Trommelfläche, ohne daß Kolben mitgeht; darf keinen toten Gang haben. Schreibzeug (schwarz) kann für sich herausgenommen werden, Feder auswechselbar. Ein Kolben halben Durchmessers, für großen Druck, läuft im Zuführungsrohr, oder der gekreuzte Zylinder wird ausgewechselt. Fa. Dreyer, Rosenkranz & Droop.

dahintergesetzten Knoten am Herausziehen gehindert wird. Das andere, freie Ende der Schnur wird mit einem Maschinenteil verbunden, der eine mit der Kolbenbewegung gleichartige Bewegung ausführt, meist mit dem Kreuzkopf der Maschine. Die Schnur wird durch eine Schraubenfeder im Innern der Trommel gespannt gehalten. Eine Hubbegrenzung gestattet der Trommel eine Bewegung von etwas weniger als 360°.

Durch das Zusammenwirken der beiden Bewegungen des Schreibstiftes und der Trommel kommt das Diagramm zustande. Die umfahrene Fläche ist, wie schon gezeigt wurde, ein Maß für die bei einem Maschinenumlauf von der betreffenden Kolbenseite geleistete Arbeit; sie kann mit dem Planimeter (§ 10) ermittelt werden.

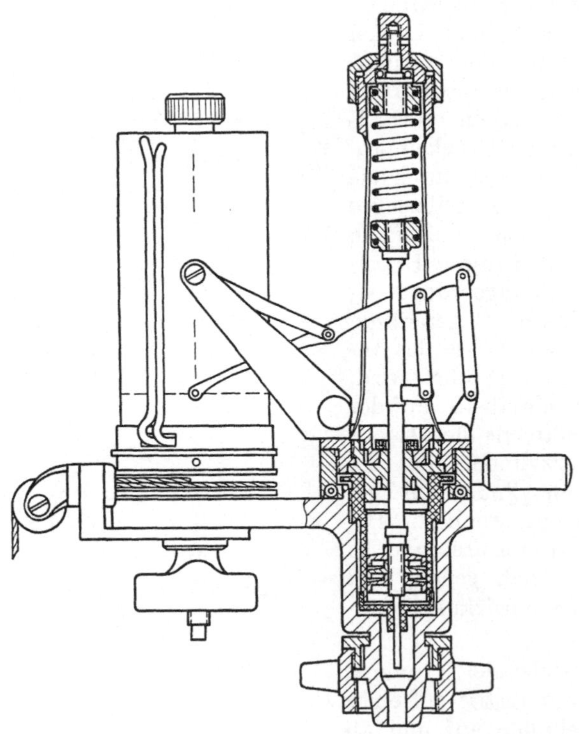

Abb. 328. Kaltfederindikator. Nach Abschrauben der oberen Kappe läßt sich die Meßfeder auswechseln; auf der Trommel sollen die beiden gestrichelten Ruhelinien zueinander senkrecht stehen. Fa. Dreyer, Rosenkranz & Droop.

Ist der Hub der Maschine größer als der freie Umfang der Indikatortrommel, so werden die Kolbenwege proportional verkürzt durch einen *Hubminderer*, der meist unmittelbar an den Indikator angebaut ist. Er hat zwei Schnurscheiben verschiedenen Durchmessers auf gemeinsamer Achse. Die vom Kreuzkopf kommende Schnur geht auf die große Scheibe, das Ende wird durch ein Loch hindurchgefädelt und durch einen Knoten am Herausfallen gehindert; eine ähnlich an der kleinen Rolle befestigte Schnur führt zur Indikatortrommel und treibt diese. Die Bewegung der Trommel wird dadurch im Verhältnis der beiden Scheibendurchmesser verkleinert. Eine Feder im Innern der größeren Scheibe dient zum Zurückführen; doch kann sie auch entbehrt werden, wenn die Trommelfeder zum Zurückführen auch der Minderungsrolle ausreicht.

An dem Hubminderer ist noch, ebenso wie am Indikator selbst, eine drehbare Rollenführung, die es gestattet, die Schnur nach irgendeiner Richtung des Raumes weglaufen zu lassen. Ein Ring (oder ein Stückchen Rundgummi) ist so in die Kreuzkopfschnur eingeknüpft, daß die Schnüre zum Hubminderer und zur Trommel niemals lose werden, sondern etwas Vorspannung behalten, auch wenn man sie vom Kreuzkopf abnimmt; sie verwirren sich sonst.

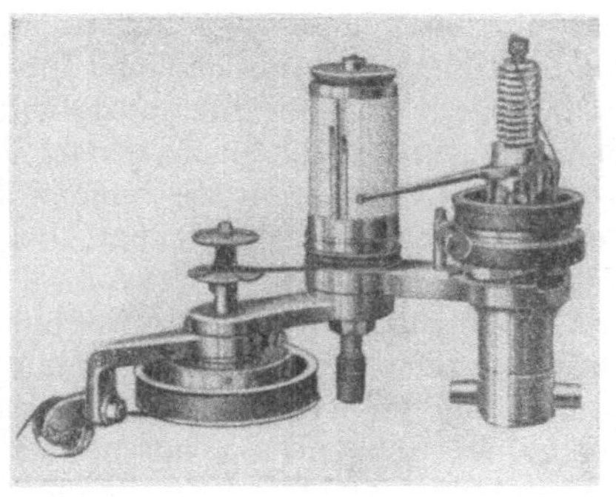

Abb. 329. Indikator mit Hubminderer; dieser reduziert den Hub des Maschinenkreuzkopfs auf den Hub der Trommelschnur, etwas weniger als Trommelumfang. Schnurangriff am Hubminderer tief, so daß kein verbiegendes Moment auf den Indikatorstutzen entsteht. Fa. Maihak.

Rollenhubminderer werden auch zum getrennten Anbau unter

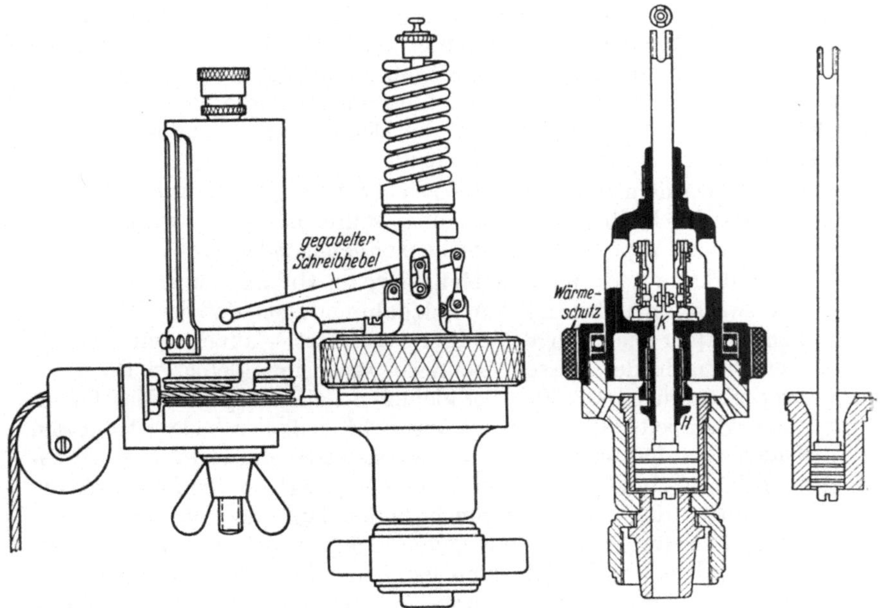

Abb. 330 und 331. Indikator. Klemmung K paßt das Gestänge an Druck und Vakuum an, Hubbegrenzung H einstellbar, um an Brennkraftmaschinen Schwachfederdiagramme (Abb. 347) zu nehmen. Normaler Kolben 20 mm Durchmesser, auswechselbar gegen (rechts) solchen halben Durchmessers, für vierfachen Druck geeignet. Fa. Lehmann & Michels.

Befestigung an irgendeinem vorstehenden Maschinenteil, an Muttern oder ähnlichem, hergestellt, der Anbau ist dann stabiler. Bei häufig zu indizierenden Maschinen baut man Hebelhubminderer fest an die Maschine an. Es ist darauf zu achten, daß solche Hubminderer eine proportionale Verkürzung des Hubes ergeben.

Zwischen Indikator und Maschine kommt ein *Indikatorhahn*; den schraubt man in den an jedem Maschinenzylinder vorgesehenen Indikatorstutzen (1″ Wh-Gewinde für Pumpen und Kompressoren, sonst 3/4″, Angabe der Regeln) und läßt ihn bei häufiger Benutzung an der Maschine, um an ihn nach Bedarf den Indikator zu schrauben; dazu dient eine Überwurfmutter, auch wohl eine Differentialverschraubung, die vor jener den Vorteil hat, bei Linksdrehung die Konusflächen zwangsweise zu lösen, die zur Abdichtung dienen. Der Hahn ist eine Art Dreiweghahn; außer der durchgehenden Bohrung von etwa 10 mm Durchmesser ist eine Seitenbohrung von 2 mm Weite im Küken vorhanden, der eine ebenso weite Seitenbohrung am Hahngehäuse entspricht. Das Küken kann nur um 90° so gedreht werden, daß entweder die durchgehende weite Bohrung den Indikator mit dem zu indizierenden Zylinder verbindet, die kleine Bohrung aber geschlossen ist, oder daß das Indikatorinnere vom Zylinder getrennt und durch die feine Bohrung mit der Atmosphäre verbunden ist. Im letzteren Fall steht der Indikatorschreibstift in seiner Ruhelage, und man kann auf dem Diagrammpapier eine waagerechte Gerade, die *Atmosphärenlinie*, als Ausgang für Druckmessungen ziehen; man tut das auf jedem Diagramm, obwohl nach der Ableitung des vorigen Paragraphen zur Arbeitsermittlung die Lage des Diagramms zur Atmosphärenlinie belanglos ist, da es nur auf die Fläche ankommt. Belanglos ist es auch für die Ermittlung der geleisteten Arbeit, ob bei Vakuum die Diagrammfläche ganz oder teilweise unter der Atmosphärenlinie liegt.

Damit über dem Indikatorkolben sicher Atmosphärendruck herrscht, auch wenn der Kolben undicht laufen sollte, ist der Raum über dem Kolben mit der Atmosphäre durch Löcher genügender Größe verbunden.

Am Indikator kann man die Meßfeder, am Hubminderer die kleinere Rolle auswechseln und es in jedem Fall dahin bringen, daß das Diagramm das ganze Papier nach Länge und Breite ausnutzt — außer wenn man bei höherer Drehzahl der Massenwirkungen wegen mit kleineren Diagrammen vorliebnehmen muß. Jede der kleineren Rollen trägt den Maschinenhub aufgestempelt, bis zu dem sie ausreicht; jede der Federn trägt den Höchstdruck aufgestempelt, bis zu dem sie ausreicht, etwa 5 kg — ausreichend bis zu 5 kg/qcm —, und außerdem trägt sie den *Federmaßstab* aufgestempelt; die Angabe 12 mm bedeutet dann, daß für 1 at Druckänderung der Schreibstift einen Weg von 12 mm zurücklegt: 12 mm = 1 at. Die Feder selbst drückt sich dann um 2 mm für jede Atmosphäre zusammen, denn das Schreibzeug vergrößert den Hub sechsfach. Die ganze Diagrammhöhe könnte bei dieser Feder 5 · 12 = 60 mm betragen von der Ruhelage des Schreibstiftes bei Atmosphärenspannung aufwärts, dazu die 12 mm für etwa eintretendes Vakuum — das ergibt eine gesamte Diagrammhöhe von 72 mm; reichlich so hoch ist die Indikatortrommel.

Die in Abb. 325 und 331 schwarz gezeichneten Teile bilden das Schreibzeug und lassen sich vom Indikatorzylinder als Ganzes abnehmen. Der Deckel ist durch Aufschrauben am Indikator zu befestigen oder durch eine Art Geschützverschluß — im Indikatorkörper und am Deckel ist das Gewinde segmentweise vorhanden, dazwischen der Gewindefaden entfernt, so daß eine Drehung des Deckels um nur 60° ihn frei macht.

Ist der Deckel auf dem Indikator befestigt, so ist gleichwohl ein Teil des Schreibzeuges in gewissen Grenzen drehbar; dadurch läßt sich der Schreibstift von der Trommel abheben, um das Papier aufzuziehen, und damit er nicht dauernd schreibt. Das Hebelwerk ist also nicht unmittelbar am Deckel, sondern an einem auf dem Deckel drehbaren Ring befestigt; ein Kugelgelenk ermöglicht diese Bewegung, ohne daß sich der Kolben mit herumdrehen muß.

Die Meßfeder ist am Deckel mit Gewinde befestigt, mit der Kolbenstange ist sie entweder ebenfalls mit Gewinde oder aber mit einer an die Feder angeschmiedeten Kugel angeschlossen, die in einem Schlitz der Kolbenstange durch eine Überwurfmutter gehalten wird. Letztere Bauart erspart den Gewindekopf an dem beweglichen Federende und vermindert daher die bewegte Masse; das ist bekanntlich (§ 8 und 9) bei jedem Meßgerät anzustreben. Die Meßfeder läßt sich nach Entfernen der Kopfmutter vom Deckel losschrauben und gegen eine andere tauschen.

Beim Warmfederindikator liegt die Meßfeder im Zylinderinnern, ist also bei Wärmekraftmaschinen den Temperatureinflüssen ausgesetzt. Deshalb verwendet man meist Kaltfederindikatoren mit außenliegender Meßfeder. Das Warmfedergerät ist billiger und einfacher, hat aber auch kleinere bewegte Masse und neigt weniger zu Reibungen und Verklemmungen. Wo es nicht auf genaue Leistungsmessung ankommt, sondern wo die Maschine an Hand des Diagramms auf günstigste Diagrammform eingesteuert werden soll, ist das Kaltfedergerät auch für Dampfmaschinen am Platze; für Pumpen ist es ohnehin vorzuziehen.

Der Kolben ist eingeschliffen, er läuft nicht im Indikatorzylinder selbst, sondern in einem auswechselbaren Einsatz; da der Einsatz auch außen von Dampf umspült wird, so kann kein Klemmen des Kolbens dadurch eintreten, daß er warm, die Lauffläche aber kälter ist. Ein weiterer Vorteil dieser Anordnung ist es, daß man Einsatz und Kolben erneuern kann, wenn sie abgenutzt und daher undicht sind. Außerdem kann man den Einsatz gegen einen enger gebohrten auswechseln und dann einen kleineren Kolben verwenden; dadurch reicht der Indikator bei Benutzung der gleichen Federn für höhere Drucke aus. Der normale Kolbendurchmesser ist meist 20 mm, es werden nun Kolben und Einsätze geliefert, für die die Kolbenfläche ein gewisser Bruchteil der normalen Kolbenfläche ist, $\frac{1}{2}$, $\frac{1}{5}$, $\frac{1}{10}$ . . .; wenn man einen Kolben von $\frac{1}{4}$ der normalen Fläche mit der Feder verwendet, deren Federmaßstab eigentlich 12 mm = 1 at ist, so ist bei dieser Zusammenstellung der Federmaßstab mit 12 mm = 4 at, also 3 mm = 1 at einzuführen; dafür reicht die Feder nun nicht nur bis 5 at Druck, sondern bis 5 · 4 = 20 at; für solche Drucke sind die Federn sonst schwer befriedigend herstellbar. Bei Verwendung der kleinen Kolben treten, zumal bei schnellem Gang, leicht unangenehme Massenwirkungen auf, denn das Verhältnis zwischen wirksamer Kraft und Trägheit wird ungünstiger. Der Einsatz ist von oben her eingeschraubt oder zwischen den Unterteil und den Trommelsteg eingeklemmt. Bei ersterer Bauweise braucht man nur das Schreibzeug abzunehmen, um den Einsatz auszuwechseln, der Schnurantrieb zur Trommel bleibt unversehrt; der Vorteil ist erheblich, wenn man bei Gasmaschinen mehrfach abwechselnd Schwach- und Starkfederdiagramme nehmen will. Letztere Bauweise läßt aber den gleichen Indikator an Ammoniakkompressoren verwenden, indem man nur Einsatz und Indikatorunterteil gegen solche aus Eisen auswechselt.

Ammoniak nämlich greift Kupferlegierungen an, man stellt daher Indikatoren ganz aus Stahl her. Gelegentlich wird ein Kompressor für Ammoniak oder auch für schweflige Säure mittels gewöhnlichen Indikators ohne wesentliche Schädigung der wichtigen Teile indiziert, indem man nach jedem genommenen Diagramm das Schreibzeug herausnimmt und den Kolben vor dem Neueinsetzen gut mit Kompressoröl bedeckt.

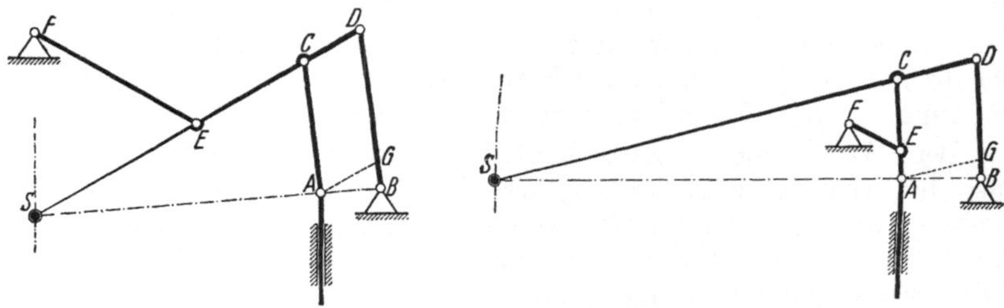

Abb. 332 und 333. Schreibstiftführungen für den Indikator. Bewegung der Kolbenstange soll proportional vergrößert werden, dazu Punkte SAB in einer Geraden. Schreibstift S soll senkrecht geführt sein, dazu: Abb. 332, Ellipsenlenker: Geht S senkrecht, D waagerecht, so beschreibt Mittelpunkt E einen Kreis; führt man also umgekehrt E auf einem Kreis um F (ebenso hoch wie D) und D waagerecht (angenähert durch Kreis um B), so geht S senkrecht; Abb. 333, Crosby-Lenker: Zeichnerisch wird die Bewegung von E bestimmt, wenn man S senkrecht bewegt; die ermittelte Kurve wird durch einen Kreis, Radius FE, ersetzt. Ellipsenlenker hat längere Glieder, ist also genauer, Crosby-Lenker hat kleinere bewegte Masse. — Früher auch Lemniskatenlenker üblich.

Indikatoren, die umgekehrt die Verwendung größerer als der normalen Kolben, meist solcher von vierfacher Fläche gestatten, werden für kleine Drucke verwendet, wie sie namentlich an Gebläsen zu indizieren sind.

Das *Schreibgestänge* soll die Kolbenbewegung proportional, meist auf das Sechsfache, vergrößern und außerdem den Schreibstift auf einer Geraden parallel zur Zylinder- und Trommelachse führen.

Die Trommel des Indikators soll möglichst leicht sein; sie ist aus dünnem Stahlblech oder Aluminium. Die zum Zurückführen der Trommel dienende Schraubenfeder ist unten in den Trommelfuß eingehakt, oben in einen Kopf, der auf der Trommelachse mit Vierkant gegen Drehung gesichert ist, aber nur etwas gehoben zu werden braucht, um die Feder zu spannen oder zu entspannen. — Um das Diagrammpapier gegen neues auszuwechseln, muß die Trommel angehalten, die Schnurverbindung mit dem Kreuzkopf gelöst werden. Man kann die Schnur am Kreuzkopf losnehmen und nachher wieder auflegen; bei hoher Drehzahl verwendet man dazu einen Fanghaken. Bei Indikatortrommeln mit Anhaltevorrichtung wird der obere Trommelteil, der das Papier trägt, gegen den unteren mit den Schnurrillen nur bei Bedarf gekuppelt, zum Anhalten aber gelöst; die Schnüre laufen dann weiter, die Trommel steht still. Anhaltevorrichtungen geben leicht zu Anständen Anlaß; bei einiger Übung kommt man mit der einfachen Trommel bis zu ziemlich hoher Drehzahl aus.

Das Diagrammpapier ist präpariert, so daß weiche Metalle auf ihm schreiben; der Schreibstift ist ein Silberstift in einem Klemmfutter oder ein Messingstift mit Gewinde; solche Metallstifte nutzen sich weniger schnell ab, als Bleistifte es täten, die man gelegentlich auch verwendet. Die Schnur zum Antrieb der Trommel ist geflochten, nicht gedreht,

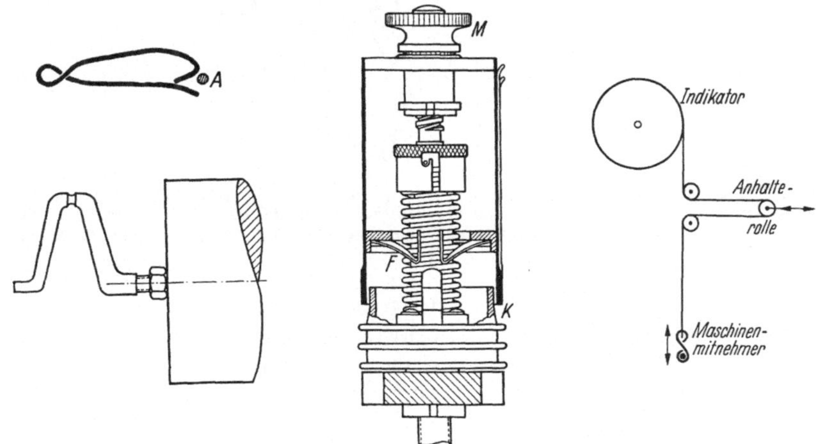

Abb. 334 bis 337. Vorrichtungen, um bei höherer Drehzahl die Trommel anzuhalten und wieder in Gang zu bringen.
Abb. 334. Fanghaken zum Einhängen der Indikatorschnur bei höherer Drehzahl.
Abb. 335. Kurbelmitnehmer für die Schnur; sie wird über das ruhende Ende geschoben. Darf der Wellenkörner nicht verletzt werden, so schraubt man eine Scheibe mit 3 Bolzen auf. Nur annähernd richtig.
Abb. 336. Trommel mit Einrichtung zum Anhalten. Mutter M links gedreht löst die Konuskupplung K zur Schnurrille; beim Wiederkuppeln sichern Schnappfedern T die richtige Stellung beider Teile von K zueinander, damit Schreibstift nicht über Papierklammern läuft. Fa. Maihak.
Abb. 337. Schnurführung mit veränderlicher Umführung; Anhalterolle wird verschoben; auch für Stahlband. Fa. Maihak.

damit sie sich möglichst wenig unter der beim Hin- und Hergehen wechselnden Spannung der Trommelfeder dehnt; sie ist gewachst, um die Längenänderungen durch Feuchtigkeitseinflüsse zu vermindern.

Die Indikatoren der verschiedenen Bauarten werden in mehreren Größen gefertigt; der normale Kolbendurchmesser ist 20 mm (oder $^3/_4''$), doch ist bei kleineren Typen das Gewicht der bewegten Massen am Schreibgestänge und an der Trommel durch Verschwächung und Gestaltung aller Teile möglichst vermindert. Die Verringerung der zurückgelegten Wege und der Massen macht den Indikator für hohe Drehzahlen geeignet sowie für das Indizieren solcher Maschinenarten, in denen besonders schnell verlaufende Druckänderungen vorkommen; durch solche werden Schwingungen des Schreibzeuges ausgelöst, die sich über die Kurve des wahren Druckverlaufes lagern und deren Verlauf

17*

fast verdecken, wenn sie zu stark werden, wenn also die Eigenschwingungszahl des Instrumentes zu klein ist im Vergleich zu den zu ver-

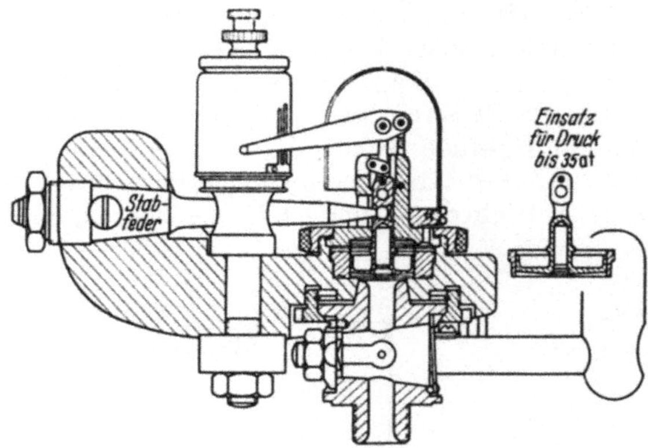

Abb. 338. Stabfederindikator für höhere Drehzahl. Normaler Kolbendurchmesser 20 mm reicht für 100 at Druck (320 kg Kolbenkraft!), Eigenfrequenz dabei $f = 1100$ Hz, allgemein je nach Federmaßstab m ist $f = 550/\sqrt{m}$; größerer Kolben (rechts) bis 35 at. Vergleiche Abb. 352. Fa. Maihak.

Abb. 339. Trommel zum Aufnehmen von Anlaufdiagrammen. Sie schwingt, vom Kreuzkopf her angetrieben, wie die gewöhnliche hin und her; ein Gesperre zieht das Papierband jeweils nach Zeichnen eines Diagrammes um eine Strecke vorwärts, so daß die Diagramme gegeneinander verschoben und einzeln kenntlich sind. Besonderer Schreibstift für die Atmosphärenlinie. Fa Maihak.

folgenden Änderungen. Eben die Eigenschwingungszahl legt man höher, indem man die bewegte Masse verkleinert. Der Einbau einer starken Feder wirkt energisch im gleichen Sinne.

Beim Indizieren ist die untersuchte Maschine meist im Beharrungszustand, ein Diagramm sollte dann aussehen wie das vorhergehende oder wie das folgende, und nur um Zufälligkeiten oder kleine Schwankungen auszuschalten

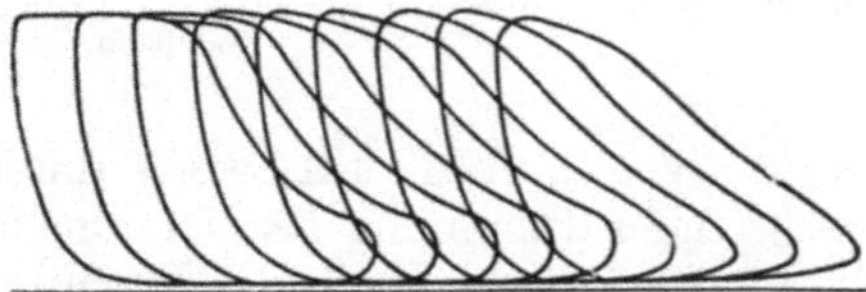

Abb. 340. Verschobene Diagramme vom Anlaufen einer Lokomotive. Mit wachsender Drehzahl runden sich die Ecken der Diagramme.

nimmt man mehrere Diagramme, nacheinander oder hie und da. Gelegentlich interessieren auch Anlaufvorgänge, hauptsächlich noch bei Lokomotiven,

nachdem die Fördermaschinen der Bergwerke meist elektrisch arbeiten. Die Indikatortrommel wird dann durch eine kompliziertere ersetzt, die lie Kolbenwegdiagramme etwas gegeneinander verschoben auf einen Papierstreifen schreibt.

56. Indizieren und Auswerten. Zunächst wird der Indikator unter Zwischenschaltung des Hahnes an den Indikatorstutzen geschraubt, gegebenenfalls der Hubminderer am Indikator oder der Maschine befestigt und dann der Schnurantrieb der Trommel instand gesetzt; da die Schnurdehnung Fehler ins Diagramm bringen kann, ist alles zu vermeiden, was zu starker Schnurdehnung führt, insbesondere Reibung; die kleinen Führungsrollen am Minderer und am Indikator sind nicht zu starken Richtungsänderungen zu benutzen; die Schnur soll kurz sein, namentlich die vom Minderer zur Trommel, deren Dehnung unverkürzt ins Diagramm kommt. Wo die Schnur an den Kreuzkopf gehängt wird, muß sie zunächst parallel zur Kreuzkopfbewegung laufen; sonst ändert sich der Winkel, mit dem sie abgeht, beim Hin- und Hergang, und die Trommelbewegung wird nicht der Kreuzkopfbewegung proportional. Späterhin kann die Schnur durch Rollen abgelenkt werden, doch soll das nicht unnötig geschehen.

In vielen Fällen, namentlich an Diesel- und Gasmaschinen ohne besonderen Kreuzkopf, ist ein Punkt mit hin- und hergehender Bewegung zur Abnahme der Trommelbewegung nicht vorhanden. Für häufige Indizierung wird am besten ein kleiner Kurbeltrieb mit passendem Hub und gleichem Schubstangenverhältnis wie die Hauptkurbel vorgesehen. Für gelegentliche Indizierung begnügt man sich meist damit, am Wellenende eine kleine Kurbel aus gebogenem Draht anzubringen (Abb. 335). Die richtige Totpunktstellung wird wohl durch Probieren ermittelt: man läßt durch Niederdrücken des Zündhebels oder (bei der Dieselmaschine) durch Absperren des Brennstoffes eine Zündung ausbleiben, die Expansionslinie soll dann in die Kompressionslinie zurücklaufen. Da aber beim Entnehmen solcher Diagramme vom Kreuzkopf aus die beiden Linien sich nicht ganz decken, so ist die genannte Methode, den Totpunkt zu finden, ein Notbehelf, und zwar ein schlechter, weil durch ungenaue Einstellung des Totpunktes die Diagrammfläche sich sehr stark ändert — besonders stark bei Dieselmaschinen. Ein Fehler bei der Verwendung der Hilfskurbel liegt auch darin, daß die abgenommene Bewegung unendlich langer Schubstange entspricht; führt man die Schnur in passender Entfernung durch eine Öse oder um eine Rolle, so entspricht das wieder nicht einer konstanten Stangenlänge, ist aber immerhin besser.

Um beide Seiten eines Zylinders zu indizieren, führt man gebogene Rohre zu einem Umschalthahn in der Zylindermitte und baut an diesen den Indikator an; so lassen sich beide Seiten mit einem Indikator indizieren. Diese Anordnung ist nur für langsam laufende Maschinen zulässig; der Widerstand im Rohr läßt die Druckänderungen im Zylinder nicht richtig in den Indikator kommen, auch können stehende Wellen im Rohr zu den sonderbarsten Erscheinungen Anlaß geben. Die Verwendung zweier Indikatoren ist vorzuziehen; auch dann soll die Bohrung des Hahnes und des Maschinenstutzens kurz und nicht zu eng sein, zumal bei Pumpen; bei ihnen kommt noch die erhebliche Massenwirkung des Wassers hinzu, das in den Indikator ein- und austritt und in der Bohrung hohe Geschwindigkeit annimmt (Abb. 355 c).

Meist treibt man den Indikator eines Zylinderendes vom Hubminderer, den des anderen Zylinderendes von der zweiten Schnurrille des ersten aus an. Noch mehr Indikatoren schalte man nicht in dieser Weise hintereinander, die Schnüre werden zu stark gespannt und reißen oft ab. Man bringe erst die Minderungsrolle, dann den ersten Indikator, endlich den anderen korrekt in Gang, in der Reihenfolge also, wie der Antrieb erfolgt. Die Bewegung der letzten Trommel stört man nämlich wieder, wenn man an der Minderungsrolle etwas ändert.

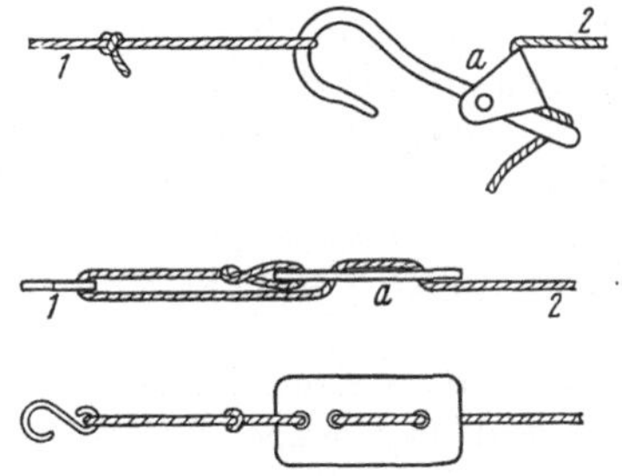

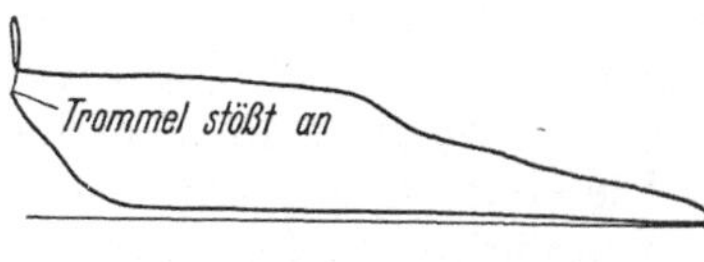

Abb. 341. Patenthaken und Schnurbrett zum Einstellen der Schnurlänge. Abstand zwischen *1* und *2* kann bei *a* verstellt werden.

Der Haken und das Schnurbrett (Abb. 341) ergeben eine bequeme Verbindung zweier Schnurenden, deren Länge man dabei noch leicht verändern kann. Der Haken ist nur da geeignet, wo die Schnur dauernd gespannt bleibt, z. B. zwischen zwei hintereinandergeschalteten Trommeln; wird die Schnur schlaff, so geht die Verbindung auseinander.

Nach dem Anbauen und öfter während des Betriebes überzeuge man sich durch Anlegen des Fingers, ob Trommeln und Minderungsrolle nicht gegen eine ihrer Hubbegrenzungen stoßen. Die Bewegungsumkehr am Hubende muß sanft und ohne Stoß erfolgen (Abb. 342).

Nach Fertigstellung des Schnurantriebs wird das mit der richtigen Feder versehene Schreibzeug eingesetzt. Der Indikatorkolben wird vor dem Einsetzen geölt; das mitgelieferte sehr dünnflüssige Indikatoröl ist nur für niedere Temperaturen gut; bei Dampfzylindern verwende man besser Lageröl, beim Hochdruckzylinder einer Heißdampfmaschine tut selbst dickflüssiges Zylinderöl gute Dienste, da es in der Wärme dünn genug wird.

Abb. 342. Fehlerhaftes Diagramm: Schnur zu lang, Trommel stößt an Anschlag.

Nach der Benutzung ist selbstverständlich der ganze Indikator zu säubern, die Stahlteile, Feder und Kolbenstange sind leicht zu ölen, um Rosten zu verhüten.

Um nun ein Diagramm aufzunehmen, wird Papier aufgespannt, die Schnur eingehängt oder gegebenenfalls die Anhaltevorrichtung gekuppelt, dann wird bei geschlossenem Indikatorhahn die Atmosphärenlinie geschrieben. Hierbei stellt man zugleich die Anschlagschraube so ein, daß der Schreibstift feine Linien schreibt, damit das Diagramm gerade sicher auszumessen ist, aber die Reibung des Schreibstiftes noch nicht merklich stört. Man hebt den Schreibstift wieder von der Trommel, öffnet den Indikatorhahn und schreibt nun das eigentliche Diagramm

— im allgemeinen nur eines, je nach Umständen aber, namentlich bei Gasmaschinen, auch mehrere, um so mehr, je mehr die Diagramme streuen, meist nicht über fünf auf ein Blatt, weil sich sonst die einzelnen nicht mehr gut verfolgen lassen. Nach Fertigstellung des Diagramms vermerkt man auf ihm jedenfalls die Zeit der Aufnahme, die sicherer als Numerierung die zusammengehörigen Diagramme und ihre Reihenfolge kennzeichnet; ferner notiert man auf dem ersten Diagramm nach eingetretener Änderung oder auch auf jedem Diagramm Federmaßstab, Drehzahl, Belastung der Maschine oder was sonst wissenswert erscheint, soweit die Zahlen nicht in ein besonderes Versuchsprotokoll kommen.

Jedes Diagramm betrachte man nach der Aufnahme kritisch daraufhin, ob der Indikator und sein Antrieb in Ordnung war, damit das Diagramm wirklich über den Zustand der Maschine Auskunft gibt. So überzeuge man sich, ob nicht etwa der Kolben festhängt; jede waagerechte Gerade ist in dieser Hinsicht verdächtig, das Diagramm eines leichtgehenden Indikators weist überall Wellen, Knicke oder sonstige Feinheiten auf.

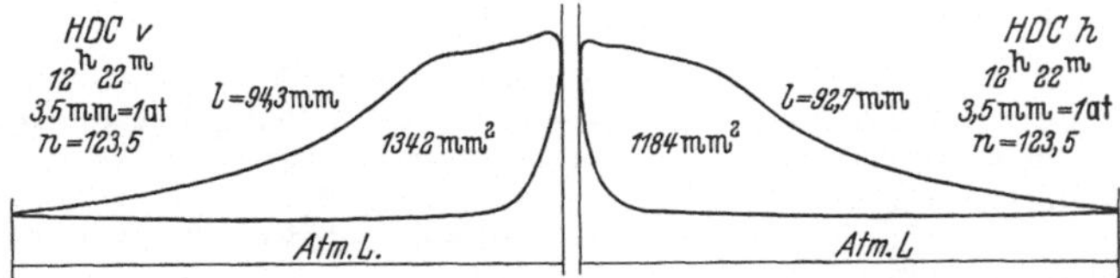

Abb. 343 und 344. Diagramme beider Seiten des Hochdruck-Zylinders einer Verbund-Dampfmaschine.

Das vom Indikator gezeichnete Diagramm möge die Gestalt Abb. 343, 344 haben. Ihr Inhalt ist ein Maß für die Arbeit, ein doppelt so großes Diagramm bedeutet also eine doppelt so große Arbeit. Wie aber der Betrag der Arbeit oder besser gleich, wie unter Zuhilfenahme der Drehzahl die Leistung der Maschine berechnet ist, das ist nun zu erörtern.

Der Quotient aus Flächeninhalt I des Diagramms und seiner Länge l heißt seine mittlere Höhe: $h_m \; [\text{mm}] = \dfrac{I \, [\text{mm}^2]}{l \, [\text{mm}]}$. Wollte man das Diagramm durch ein flächengleiches Rechteck von derselben Länge ersetzen, welches die gleiche Arbeit darstellte, so müßte das Rechteck diese Höhe h_m haben. Man mißt die Fläche I mit dem Planimeter oder nach der SIMPSONschen Regel und bestimmt auf zehntel Millimeter den Abstand der beiden Lote, die man auf der Atmosphärenlinie so errichtet, daß sie das Diagramm berühren.

Dividiert man die mittlere Höhe des Diagramms durch den Federmaßstab m, so erhält man den mittleren indizierten Druck im Zylinder: $p_i \; [\text{at}] = \dfrac{h_m \, [\text{mm}]}{m \, [\text{mm/at}]}$. Diese Größe gibt an, um wieviel die Spannung im Zylinder beim Kolbenhingang durchschnittlich größer war als beim Kolbenrückgang. Der Durchschnitt ist nicht zeitlich genommen, sondern auf den Weg bezogen.

Bezeichnet nun F die wirksame Kolbenfläche der Maschine, s ihren Hub, n ihre (minutliche) Drehzahl, so ist $F \, p_i$ die mittlere Kolbenkraft und $F\,p_i\,s$ die bei einer Umdrehung — Hin- und ¡Rückgang, weil p_i die Druckdifferenz aus Hin- und Rückgang ist — auf dieser Kolbenseite frei werdende Arbeit. Diese Arbeit wird in der Sekunde $n/60$ mal geliefert. Daher ist die indizierte Leistung für die eine Zylinderseite, der das Diagramm entstammt,

$$N_i\,[\mathrm{kW}] = \frac{F\,[\mathrm{cm^2}]\cdot p_i\,[\mathrm{at}]\cdot s\,[\mathrm{m}]\cdot n\,[\mathrm{min^{-1}}]}{60\cdot 102}.$$

Um die Leistung in Pferdestärken zu bekommen, ist an Stelle der 102 eine 75 zu setzen.

Diese Formel gibt direkt die Maschinenleistung bei einfach wirkenden und einzylindrigen Maschinen. Bei doppelt wirkenden und bei mehrzylindrigen Maschinen hat man die Leistung jeder Zylinderseite und jedes Zylinders zu bilden und die einzelnen Leistungen zusammenzuzählen. Bei Verbrennungsmotoren mit Viertaktbetrieb dagegen erfolgt nur bei jedem zweiten Hingang des Kolbens eine Zündung, nur ein Viertel der Hübe liefert Arbeit, daher hat man $\frac{1}{2}\,n$ statt n in jene Formel einzuführen; wir sprechen sogleich besonders über die Auswertung der Viertaktdiagramme.

Beispiel: Für eine Dreifachexpansionsmaschine sind das vordere und hintere Diagramm des Hochdruckzylinders gegeben; die Zylinderabmessungen sind: Zylinderdurchmesser 320 mm, Kolbenstangendurchmesser (nur vorn) 80 mm, Hub 650 mm. Die auf den Diagrammen gemachten Notizen und Abmessungsergebnisse führen auf Tabelle 17 und damit auf eine indizierte Leistung des Hochdruckzylinders $N_h = 79{,}0$ kW.

Tabelle 17.
Auswertung der Diagramme eines Dampfmaschinenzylinders.

		Vorn (Kurbelseite)	Hinten (Deckelseite)
Mittlere Diagramm-höhe	h_m	$\dfrac{1342}{94,3} = 14{,}24$ mm	$\dfrac{1184}{92,7} = 12{,}78$ mm
Mittlerer ind. Überdruck	p_i	$\dfrac{14,24}{3,5} = 4{,}07$ at	$\dfrac{12,78}{3,5} = 3{,}65$ at
Wirksame Kolbenfläche	F	$804{,}2 - \dfrac{8{,}0^2\cdot\pi}{4} = 753{,}9$ cm²	$\dfrac{32{,}0^2\cdot\pi}{4} = 804{,}2$ cm²
Drehzahl.	n	123,5/mn	123,5/mn
Maschinenhub . . .	s	0,650 m	0,650 m
Indizierte Leistung .	N_i	$\dfrac{753,9\cdot 4,07\cdot 0,650\cdot 123,5}{60\cdot 102}$ $= 40{,}4$ kW	$\dfrac{804,2\cdot 3,65\cdot 0,650\cdot 123,5}{60\cdot 102}$ $= 38{,}6$ kW

Zusammen: $N_h = 79{,}0$ kW.

Da die entsprechende Auswertung beim Mitteldruckzylinder $N_m = 60{,}1$ kW und beim Niederdruckzylinder $N_n = 81{,}2$ kW ergeben hatte, ist die Gesamtleistung der Maschine $N_i = 79{,}0 + 60{,}1 + 81{,}2 = 220{,}3$ kW.

F soll die wirksame Kolbenfläche sein. Für ihre Berechnung ist die Gestaltung des Kolbens, etwa das Vorhandensein einer Kolbenmutter

(Abb. 345 links), ohne Einfluß. Die wirksame Kolbenfläche ist $\frac{1}{2} D^2 \pi$, wo D den Zylinderdurchmesser bedeutet, nicht den Kolbendurchmesser, der etwas kleiner ist. Wenn aber eine Kolbenstange durch eine Stopfbüchse hindurch nach außen geht, so ist die Fläche der Kolbenstange abzuziehen, auf sie wirkt p_i nicht ein, es ist hier $\frac{1}{4} D^2 \pi - \frac{1}{4} d^2 \pi$ die wirksame Kolbenfläche; die Kolbenfläche ist also hinten und vorn verschieden. Der Zylinderdurchmesser ist bei alten Maschinen, der Abnutzung wegen, größer als in der Zeichnung angegeben. Er ist in warmem Zustande größer als im kalten und daher warm zu messen. — Bei Plungerkolben ist $\frac{1}{4} D^2 \pi$ die wirksame Kolbenfläche, wo D der Plungerdurchmesser.

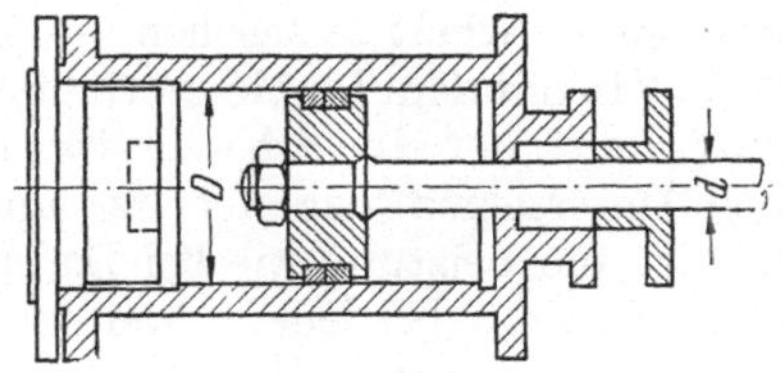

Abb. 345. Wirksamer Kolbendurchmesser ist hinten $D^2 \pi/4$, vorn $(D-d)^2 \pi/4$, darin D der Durchmesser des warmen Zylinders.

Der Maschinenhub ist gleich dem doppelten Kurbelradius nur dann, wenn kein Spiel im Kreuzkopf- und Kurbellager vorhanden ist. Unterschiede von einigen Millimetern zwischen dem wirklichen Hub und dem der Zeichnung entnommenen kommen vor. — Bei schwungradlosen Maschinen, Duplexpumpen u. dgl., ist der Hub wechselnd, zumal abhängig von der Hubzahl. Man bestimmt am besten das Verhältnis der Diagrammlänge zur Hublänge durch Ausmessen, nicht aus den Abmessungen der Reduktionstrommeln. Aber auch dies Verhältnis ändert sich der Schnurdrehung wegen bei verschiedenen Hubzahlen.

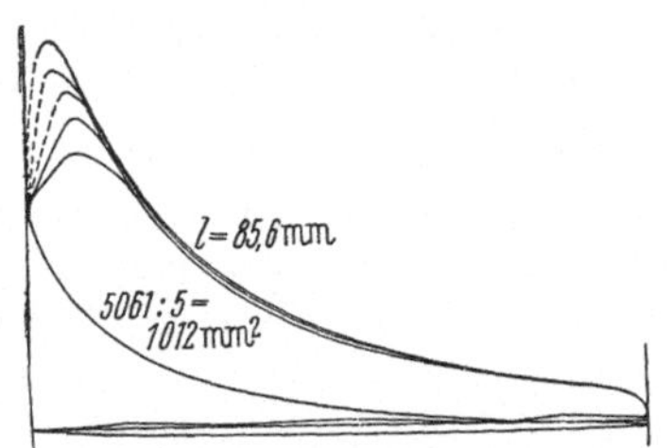

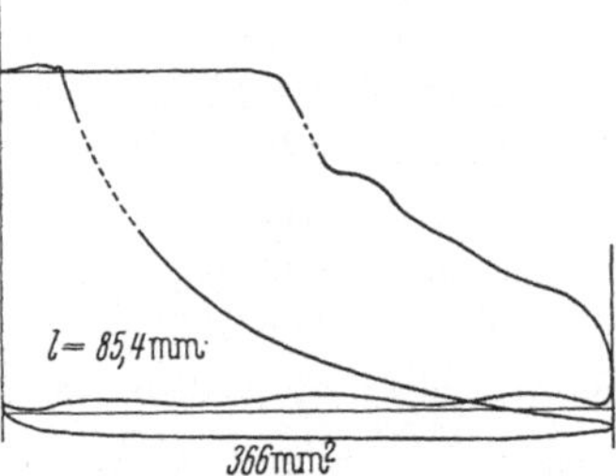

Abb. 346 und 347. Diagramme einer Viertakt-Otto-Maschine, halbe Größe. Hauptdiagramm: Bündel aus 5 wirksamen Hüben (10 Umläufen), um den Durchschnitt zu finden. Schwachfeder-Diagramm: Kompressionslinie muß am Anschlag enden, bevor die Zündung einsetzt; gemessen wird die Verlustschleife.

Geht eine Maschine sehr gleichmäßig, so genügt es, jedesmal einzelne Diagramme zu nehmen. Wo aber die einzelnen Diagramme nicht identisch sind, nimmt man Bündel von etwa 5 Diagrammen auf ein Blatt, um einen brauchbaren Mittelwert der Diagrammfläche zu bekommen. Das ist der Fall bei Verbrennungsmaschinen, zumal beim Otto-Verfahren. Abb. 346 zeigt ein Gasmaschinendiagramm mit fünf Einzeldiagrammen. Alle fünf Diagramme werden in einem Zug planimetriert, das Ergebnis durch 5 geteilt.

Nun besteht aber das Diagramm von Viertaktmaschinen eigentlich aus zwei Flächen; die untere schmale liegt zu beiden Seiten der

Atmosphärenlinie und ist im umgekehrten Sinne wie die obere vom Schreibstift umfahren, so daß das ganze Diagramm eine verzerrte 8 darstellt. Der umgekehrte Umfahrungssinn deutet an, daß in dieser Fläche ein Arbeitsverbrauch zu erblicken ist; die Linien zu beiden Seiten der Atmosphärenlinie entsprechen dem Ausstoßen des verbrannten und dem Ansaugen frischen Gemisches, Vorgänge, die Arbeit erfordern. Als indizierte Leistung der Maschine ist der Unterschied zwischen der in der Hauptfläche erzeugten und der in der schmalen Fläche verbrauchten Arbeit anzusehen. — Zur Auswertung wäre das Diagramm Abb. 346 mit dem Planimeterfahrstift so zu umfahren, wie der Indikatorstift es tat, der eine 8 beschreibt; dann bildet das Planimeter von selbst den Unterschied der Arbeits- und der Verlustfläche, und man kann mit ihr die Leistung wie bei Dampfmaschinen berechnen, mit der Maßgabe, daß nur bei jedem zweiten Umlauf diese Arbeit frei wird, so daß man mit $\frac{1}{2}\,n$ statt mit n zu rechnen hat. Nun ist aber das fünfmalige Umfahren der Verlustfläche langwierig; auch ist das Planimetrieren so schmaler Flächen unsicher, da die Ungenauigkeit des Umfahrens leicht größer wird als der Flächeninhalt. Man nimmt deshalb außer dem Hauptdiagramm, das zur Bestimmung der Arbeitsfläche dient, ein Schwachfederdiagramm auf (Abb. 347), das die Verlustfläche sicher auswerten läßt. Das Schwachfederdiagramm wird mit einer Feder von so großem Federmaßstab aufgenommen, daß nur der untere Teil des Diagramms aufs Papier kommt, der obere aber durch Anstoßen des Indikatorkolbens an eine Hubbegrenzung unterdrückt wird; das Anstoßen soll während der allmählich verlaufenden Kompression stattfinden, nicht nach der Zündung, wo die schnelle Drucksteigerung zu Schlägen führt. Man begrenzt den Kolbenhub durch auf die Kolbenstange geschobene kleine Hülsen, wenn der Indikator dazu nicht eine besondere verstellbare Hubbegrenzung hat (H in Abb. 331).

Beispiel: In Abb. 346 ergab fünfmaliges Umfahren der Arbeitsfläche die Ablesung 5061 mm²; die Diagrammfläche ist mit 5061 : 5 = 1012 mm² anzunehmen, die Diagrammlänge ist 85,6 mm. Die mit dem 20-mm-Kolben verwendete Feder hat den Federmaßstab 3 mm = 1 at; also wird $h_{m_1} = \dfrac{1012}{85,6} = 11,83$ mm und $p_{i_1} = \dfrac{11,83}{3} = 3,94$ at. In Abb. 347 ergab ein einmaliges Umfahren der Verlustfläche 366 mm²; die Diagrammlänge ist 85,4 mm, es wurde eine Feder 10 mm = 1 at verwendet; also wird $h_{m_2} = 4,29$ mm und $p_{i_2} = 0,429$ at. Aus beiden Diagrammen zusammen haben wir $p_i = 3,94 - 0,429 = 3,51$ at wirksamen Überdruck für zwei Umläufe; Zylinderdurchmesser 250 mm, also $F = 490,9$ cm²; Hub 450 mm, also $s = 0,450$ m; Drehzahl $n = 188,3$/mn; damit wird

$$N = \frac{\frac{1}{2} \cdot 490,9 \cdot 3,51 \cdot 0,450 \cdot 188,3}{60 \cdot 102} = 12,0 \text{ kW.}$$

Die indizierte Leistung der Viertaktmaschine wird also nach dem *Abzugsverfahren* ermittelt; der thermische Wirkungsgrad wird dadurch schlechter, der mechanische größer als es ohnedies der Fall wäre. Ob das im Prinzip richtig ist, kann bestritten werden und ist seinerzeit heftig diskutiert worden (L. 285). Von der zunächst indizierten Leistung sind solche Größen abzuziehen, die den Kreisprozeß der Maschine verbessern sollen, also der Arbeitsaufwand für Kompression, denn deren Höhe beeinflußt den thermischen Wirkungsgrad, man komprimiert nur deshalb; diesen Abzug macht das Viertaktdiagramm selbsttätig. Nicht abzuziehen sind Aufwendungen, die nur für den äußeren Ablauf des Kreisprozesses nötig sind. Letzteres trifft nun für die Verlustschleife zu, man kann sie fortdenken, dazu brauchten nur die Auspuff- und Eintrittskanäle recht weit gemacht zu werden. Trotzdem hat man sich auf das Abzugsverfahren geeinigt wegen der Vergleichbarkeit mit Zweitaktmaschinen. Bei dieser übernehmen besondere Spül- und Ladepumpen die Rolle der Verlustschleife und der betreffenden beiden Takte, sie pflegen dabei aber die Gase auch schon zu komprimieren, und beide Teile, Kompression und Spülung, sind schwer voneinander zu trennen. Nur das Abzugverfahren läßt gerechte Vergleiche zwischen beiden Maschinenarten, Vier- und Zweitakt, zu.

Bei anderen Maschinenarten kommen analoge Fälle vor. Bei der Dampfkraftanlage ist die Speisepumpe nötig, um den Kreisprozeß dauernd zu unterhalten, ihr Bedarf sollte von dem der Kraftzylinder abgezogen werden, um die indizierte Leistung zu finden. Bezüglich der Hilfspumpen von Kondensationsmaschinen, der Gebläse von Kompressormotoren, der Einspritzpumpen von Dieselmaschinen tauchen ähnliche Bedenken auf. Was als indizierte Leistung bezeichnet werden soll, ist letzten Endes Sache der Definition und nicht der Meßtechnik. Am radikalsten begegnet man allen Bedenken, indem man nicht die indizierte, sondern die Bremsleistung in den Vordergrund stellt und namentlich Garantien auf letztere abstellt. Bei Lokomobilen und anderen in sich geschlossenen Maschinensätzen zieht sich die Speise- und Kondensationsleistung von der Nutzleistung automatisch ab.

Übrigens ist für den praktischen Gebrauch die Definition der indizierten Leistung oder anderer Größen weniger wichtig, als daß man bei Vergleichen immer sinngemäß dasselbe darunter versteht — bei Vergleichen sowohl zwischen gleichartigen Maschinen verschiedener Herkunft als auch zwischen verschiedenen Maschinenarten, die dem gleichen Zweck dienen können und also in Konkurrenz miteinander stehen. —

Diagramme sind zu nehmen von allen Räumen, in denen sich Kolben bewegen, die Arbeit leisten oder aufnehmen können, bei Stufenkolbenpumpen daher auch vom Raum hinter dem Druckventil, in dem sich der Stufenkolben bewegt. Das dort genommene Diagramm ist eine liegende 8, oft sehr flach und ganz ohne Fläche, oft mit zwei einander gleichen Flächen, die einander aufheben und beim Planimetrieren etwa Null ergeben. Oft aber auch sind die beiden Hälften der 8 so verschieden, daß merkliche positive und negative Arbeiten auf den Stufenkolben entfallen; dessen Fläche pflegt etwa halb so groß zu sein wie die eigentliche Plungerfläche; es ist zu überlegen, ob die der Diagrammfläche entsprechende Arbeit von der des Plungers abzuziehen oder zu ihr hinzuzuzählen ist, ob also der Stufenkolben beim Ein- oder beim Ausgang größeren Druck erfuhr.

Es könnte einfacher scheinen, statt erst h_m und den mittleren Druck p_i zu berechnen und nun die Formel $N_i = \dfrac{F\,p_i\,s\,n}{60\cdot102}$ anzuwenden, die ganze

Rechnung durch eine einzige Formel zu erledigen, die unmittelbar die gemessenen Größen: Federmaßstab, Diagrammfläche und -länge, enthalten würde.

Der angegebene Rechnungsgang ist aber allgemein üblich und auch zweckmäßig. p_i ist eine zur Beurteilung der Maschine wertvolle Größe. Besonders aber spart die Berechnungsweise Zeit, sobald eine große Anzahl von Diagrammen auszuwerten ist, die fortlaufend, etwa von 5 zu 5 Minuten, aufgenommen wurden und aus denen für eine längere Versuchsdauer die durchschnittlich indizierte Leistung, also die im ganzen gelieferte Arbeit zu finden ist. Da dabei weder die Diagrammlänge noch der Inhalt, noch selbst die Drehzahl der Maschine konstant bleibt, so wäre korrekterweise aus jedem Diagramm das jeweilige p_i zu ermitteln und unter Benutzung der jeweiligen Drehzahl die jeweilige Leistung zu finden, und aus den Leistungen wäre der Durchschnittswert zu bilden. Das wäre zeitraubend. Statt dessen rechnet man bequemer mit dem Durchschnittswert aller p_i und mit der durchschnittlichen Drehzahl und hat nur eine Rechnung auszuführen statt vieler. Die Einzelwerte von p_i und von n pflegen so wenig zu schwanken, daß man das Produkt der Mittelwerte und dem Mittelwert der Produkte verwechseln kann. Man bildet eine Zylinderkonstante C, mit ihr ist $N_i = C\,p_i\,n$. Dabei ist

$$C = 2 \cdot \frac{F_m\,s}{60 \cdot 102} = \frac{(F_v + F_h)\,s}{60 \cdot 102} \quad \text{für doppelt wirkende,} \quad C = \frac{F\,s}{60 \cdot 102} \quad \text{für}$$

einfach wirkende Maschinen; $C = \dfrac{1}{2} \cdot \dfrac{F\,s}{60 \cdot 102}$ für einfach wirkende Viertaktmaschinen. Die Zylinderkonstante entspricht dem Hubvolumen des Zylinders, jedoch läßt sich eine Benennung nicht angeben, weil gewohnheitsmäßig F in cm² und s in m darinsteckt.

Beispiel eines Dampfverbrauchsversuches: Doppelt wirkende Einzylinderdampfmaschine ohne Kondensation, Durchmesser des Zylinders 300 mm, der Kolbenstange (nur vorn) 35 mm, Hub 400 mm. Zylinderkonstante vorn 0,0456; hinten 0,0462. Federmaßstab vorn 8,1 mm/at, hinten 7,8 mm/at. Belastung durch Bremse, konstant gehalten, 1,0 m · 97,5 kg = 97,5 mkg. Versuchsdauer 4 $^\text{h}$ 0 bis 5 $^\text{h}$ 0, Ablesung alle 10 Minuten. Die Ablesungsergebnisse gibt Tabelle 18. Mit Hilfe der Federmaßstäbe berechnet sich der mittlere Überdruck der Diagramme vorn

$$p_i = \frac{10,95}{8,1} = 1,35 \text{ at, hinten } p_i = \frac{11,74}{7,8} = 1,51 \text{ at. Mit der Zylinderkonstanten}$$

Tabelle 18. Dampfverbrauchsversuch.

Zeit	Zählwerk		Waage		Diagramm-fläche		Diagramm-länge		Mittlere Höhe	
	Stand	Diff.	Stand	Diff. kg	vorn mm²	hinten	vorn mm	hinten	vorn mm	hinten
4$^\text{h}$ 0	6341		63,1							
10	7093	752	84,3	21,2	1130	1200	102,5	100,1	11,02	11,99
20	7848	755	105,7	21,4	1170	1210	103,1	101,0	11,33	11,98
30	8599	751	126,9	21,2	1140	1200	102,9	100,9	11,08	11,90
40	9346	747	148,0	21,2	1120	1170	103,2	101,0	10,83	11,58
50	0091	745	169,1	21,1	1110	1160	103,2	101,2	10,75	11,46
5$^\text{h}$ 0	0841	750	190,3	21,2	1120	1180	103,5	101,3	10,81	11,63
Mittelwert 4500 : 60 $n = 75,0$/min.			127,2 kg/h						10,95	11,74

ergibt sich die mittlere Leistung vorn $N_v = 0{,}0456 \cdot 1{,}35 \cdot 75{,}0 = 4{,}63$ kW und hinten $N_h = 0{,}0462 \cdot 1{,}51 \cdot 75{,}0 = 5{,}22$ kW; gesamte mittlere indizierte Leistung $N_i = 9{,}85$ kW.

Da weiterhin die stündliche Dampfaufnahme 127,2 kg ist, so wird der Verbrauch für die Leistungseinheit, der auch als spezifische Dampfaufnahme bezeichnet werden kann, $\dfrac{127{,}2}{9{,}85} = 12{,}48 \dfrac{\text{kg}}{\text{kW} \cdot \text{h}}$. Und da die effektive oder Bremsleistung sich zu $N_e = \dfrac{97{,}5 \cdot 75{,}0}{973} = 7{,}51$ kW berechnen läßt, so ist der Dampfverbrauch, bezogen auf die Nutzleistung, $\dfrac{127{,}2}{7{,}51} = 16{,}9 \dfrac{\text{kg}}{\text{kW} \cdot \text{h}}$. Auch läßt sich noch der mechanische Wirkungsgrad mit $\eta_{mech} = \dfrac{7{,}51}{9{,}85} = 0{,}76$ angeben. Man erspart das Ausrechnen der letzten beiden Spalten der Tabelle 18, wenn man so vorgeht: Diagrammfläche, Mittel aus allen Diagrammen vorn und hinten 1160 mm²; Diagrammlänge ebenso 102,0 mm; also im Mittel $h_m = 11{,}38$ mm. Federmaßstab, Mittel aus vorn und hinten 7,95 mm = 1 at, also im Mittel $p_i = 1{,}43$ at. Zylinderkonstante, Summe aus vorn und hinten, $C = 0{,}0918$. Also wird $N = 0{,}0918 \cdot 1{,}43 \cdot 75{,}0 = 9{,}84$ kW (statt 9,85). Diese vereinfachte Methode darf man anwenden, wenn die Größen, aus denen man die Mittel nimmt, wenig voneinander abweichen.

Es ist zweckmäßig, wie in Tabelle 18 geschehen, die Diagramme immer mitten zwischen zwei Ablesungen des Zählwerks und der Waage aufzunehmen, also um 4ʰ 5, 4ʰ 15 ...; denn das Diagramm soll den Mittelwert über die Zeit von 4ʰ 0 bis 4ʰ 10· ... darstellen. Im allgemeinen ist die Ablesung der Geräte, die Momentanwerte angeben, gegen die Ablesung der zählenden Geräte um die halbe Ablesungsdauer zu versetzen; man umgeht dann insbesondere Unstimmigkeiten, die sonst auftreten, wenn man bei langdauernden Versuchen Stundenabschlüsse macht; die zur vollen Stunde abgelesenen Momentanwerte gehören weder zur vergangenen noch zur kommenden Stunde. Die Bremse wird zugleich mit der Ablesung der zählenden Geräte, also um 4ʰ 10, 4ʰ 20 ..., oder aber, wenn das zu selten ist, um 4ʰ 2¹/₂, 4ʰ 7¹/₂ ... Durch planmäßiges Vorgehen in diesen Hinsichten läßt sich die Meßgenauigkeit sehr steigern. Die Ablesung der zählenden Geräte, Zählwerk und Waage, ist eigentlich nur am Anfang und Ende des ganzen Versuches nötig; die Zwischenablesungen geben aber durch die Differenzbildung eine Kontrolle über die Gleichmäßigkeit des Ganges und über die Genauigkeit der Ablesung, und retten, wenn während der beabsichtigten Versuchsdauer eine Störung eintritt, wenigstens einen Teil des Versuches.

57. Federeichung. Auf der Indikatorfeder ist der Federmaßstab als glatte Zahl angegeben. Für genauere Versuche wird, zumal sich der Federmaßstab im Lauf der Zeit ändert, die Feder geeicht, der Federmaßstab durch Versuch festgestellt.

Bei der *Druckeichung* bringt man, von der atmosphärischen ausgehend, verschiedene Drucke etwa in Stufen von 1 zu 1 Atmosphäre unter den Indikatorkolben und zeichnet auf der Papiertrommel waagerechte Linien, deren Abstand wird auf $^1/_{10}$ mm genau ausgemessen (S. 74). Daraus folgt der Federmaßstab. Eine Reihe Versuche wird bei steigendem, eine bei fallendem Druck ausgeführt, zwischen beiden Ergebnissen wird wegen der Reibung ein Unterschied bestehen, der nicht zu groß sein darf. Man nimmt aus beiden das Mittel. Man kann die

Kolbenpresse benutzen. Bei der *Gewichtseichung* wirken in mannigfachen Vorrichtungen Gewichte auf Kolben und Feder. Wieder werden
waagerechte Striche auf dem Indikatorpapier gezogen, zweckmäßig
erschüttert man dabei den Indikator, um die Reibung zu vermindern;
auch im Betriebe ist sie nur klein, der fortdauernden Erschütterungen
wegen und weil die Reibung der Bewegung in Frage kommt. Zeigen
sich bei der Eichung Unregelmäßigkeiten, so sollte die Feder nicht benutzt werden.

In den vom VDI aufgestellten Bestimmungen über die Feststellung
der Maßstäbe von Indikatorfedern ist die Gewichtseichung vorgeschrieben. Jede Feder, die beim Gebrauch des Indikators höhere Temperaturen
annimmt, ist kalt und warm bei Zimmertemperatur und bei 100° C in mindestens 5 Stufen
oberhalb der atmosphärischen Linie und in
wenigstens 3 Stufen unterhalb derselben zu
eichen. Der Durchmesser des Indikatorkolbens
wird bei Zimmertemperatur gemessen. — Letztere Bestimmung läßt sich nur im Interesse der
Einheitlichkeit rechtfertigen, denn die Kolbenfläche wächst für 100° Temperaturzunahme
um etwa 1,4%. Ähnliche Fehler entstehen, wenn
ein Indikator mit Innenfeder an der Dampfmaschine dient; bei 100° Temperatursteigerung
wird die Feder um etwa 0,4% weicher.

Ob Druck- oder Gewichtseichung besser sei,
darüber ist viel gestritten worden. Legt man
auf die Vorzüge der einen oder der anderen
Art zu großes Gewicht, so schätzt man wohl
die Genauigkeit des Indikators zu hoch ein;
bei nicht sehr sorgfältiger Behandlung des Indikators verschwindet der Unterschied zwischen
beiden hinter anderen Fehlerquellen. Gegen die
Druckeichung, an sich die näherliegende, wendet man ein, daß sie
die Reibung im Indikator übertrieben groß erscheinen lasse. Der Gewichtseichung wirft man die Unsicherheit bei der Messung des Kolbendurchmessers vor.

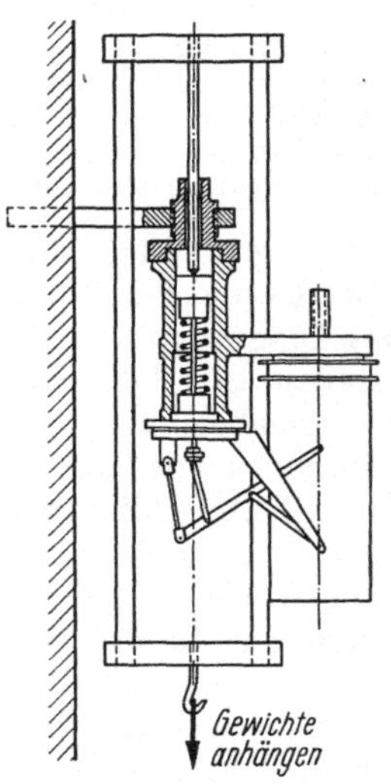

Abb. 348. Eichung der Indikatorfeder mit Gewichten.

Am besten, scheint uns, macht man beide Prüfungen: Man prüft mit
Gewichten die Gleichmäßigkeit der Feder; dabei spielen Kolbendurchmesser und die anderen Unsicherheiten keine Rolle; man stellt durch
Druckeichung den Federmaßstab fest; dabei braucht man nur einige
weit voneinander liegende Drucke anzuwenden.

In dem Eichdiagramm mißt man den Abstand s jeder Linie von der
Nullinie, bildet die Mittellinie aus Aufwärts- und Abwärtsgang, um die
Reibung zu eliminieren, und dann die Unterschiede $\varDelta s$. Diese werden
durch den zugehörigen Druckzuwachs $\varDelta p$ dividiert, dann ist $m = \varDelta s/\varDelta p$
der mittlere Federmaßstab über den Druckbereich $\varDelta p$.

Man kann mittlere Federmaßstäbe über größere Bereiche, etwa von
1 bis 11 at oder aber getrennt von 1 bis 4 und 4 bis 11 at, ermitteln.

Macht man den Bereich immer enger, so kommt man auf den wahren Federmaßstab bei einem bestimmten Druck: $m = ds/dp$. Ändert er sich in weiteren Grenzen, in Abb. 349 von 6,3 bis 5,8 mm/at, so wird das die Feder als mangelhaft kennzeichnen. — Ähnlich unterscheidet man bekanntlich zwischen mittlerer und wahrer spezifischer Wärme.

Bei der Ermittlung der indizierten Leistung rechnet man häufig einfach mit dem mittleren Federmaßstab. Das ist gut bei Pumpendiagrammen, die überall die gleiche Breite haben; wenn jedoch das Diagramm oben schmaler ist als unten, werden besser die den einzelnen Druckstufen entsprechenden Flächen einzeln ermittelt. Für Dauerversuche miteinander ähnlich bleibenden Diagrammen ermittelt man an einem Diagramm den gewogenen Mittelwert des Federmaßstabes $m_m = \Sigma(J\,m)/\Sigma J$. Hiermit berechnet man die Diagramme, ohne sie zu unterteilen. Im Nenner ist die Summe der Einzelplanimetrierungen einzuführen, nicht das Ergebnis einer Gesamtplanimetrierung.

at	mm	mm	Mittelwerte	Diff.
12	72,8	73,4	73,1	
11	67,1	67,5	67,3	5,8
10	61,3	61,7	61,5	5,8
9	55,4	55,8	55,6	5,9
8	49,4	49,7	49,55	6,05
7	43,2	43,6	43,4	6,15
6	37,3	37,5	37,4	6,0
5	31,1	31,3	31,2	6,2
4	24,9	25,2	25,05	6,15
3	18,7	18,9	18,8	6,25
2	12,4	12,6	12,5	6,3
1	6,3	6,4	6,35	6,15
0	0	0,1	0,05	6,3

Abb. 349. Eichdiagramm einer Indikatorfeder, mit Auswertung. Halbe Größe.

Die Zerlegung in mehr als zwei Teile wird selten Vorteil bringen.

Um den Verlauf einer Expansionslinie zu studieren, hilft der mittlere Federmaßstab nichts, man muß auf Grund des Eichdiagramms das Diagramm auf gleichmäßigen Federmaßstab umzeichnen. Alles das ist aber Notbehelf; besser verwendet man eine gut gleichmäßige Feder.

Die größten Unregelmäßigkeiten geben schwache Federn. Die 2-at-Federn für normalen Kolben vermeidet man am besten ganz und begnügt sich entweder mit geringer Diagrammhöhe oder verwendet Indikatoren vierfacher Kolbenfläche.

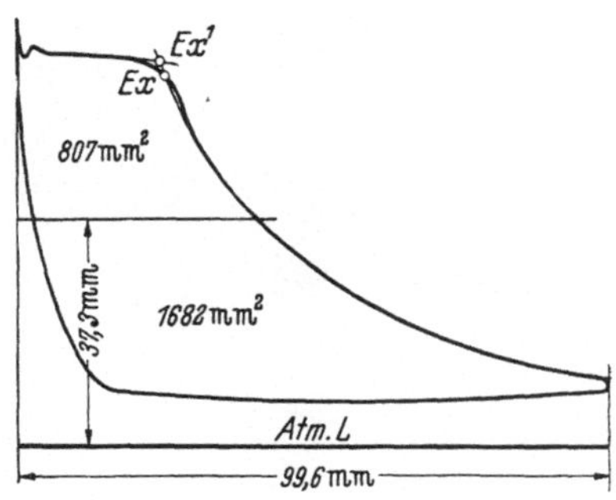

Abb. 350. Diagramm des Hochdruckzylinders einer Dampfmaschine, aufgenommen mit der in Abb. 349 geeichten Feder und in zwei Teilen ausgewertet. Halbe Größe. Es ist: 1682·1/5 (37,4 − 6,3) = 10420; 807·1/5 (67,1 − 37,4) = 4760; (10420 + 4760) : (1682 + 807) = 6,09 at/mm der mittlere Federmaßstab zum Auswerten der Diagrammserie.

Namentlich findet man Unterschiede im Federmaßstab über und unter der Atmosphärenlinie.

58. Versetzte und Zeitdiagramme. Leitet man die Trommelbewegung nicht vom Kreuzkopf ab, sondern von einer um 90% versetzten Kurbel (bei Querverbund-Dampfmaschinen vom anderen Kreuzkopf), so liegt der Totpunkt etwa in der Mitte des Diagramms, wo die Trommelbewegung am größten ist. Scheint im Kolbenwegdiagramm einer Otto-

Maschine die Zündung im Totpunkt einzusetzen und die Verbrennung fast explosiv zu verlaufen, so zeigt das versetzte Diagramm, daß die Verbrennung schon vor dem Totpunkt beginnt, aber keineswegs momentan durchschlägt.

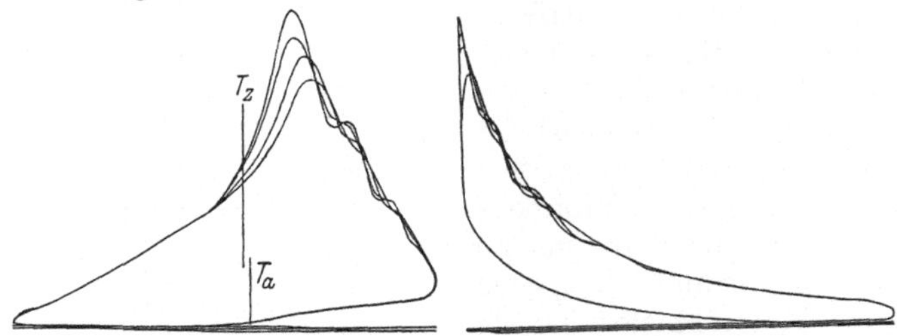

Abb. 351. Diagramm einer Otto-Maschine, zum Vergleich bei gleichem Maschinenzustand ein versetztes Diagramm, das die Vorgänge im Totpunkt auseinanderzieht. Halbe Größe. Im Vergleich zu Abb. 346 ist die Zündung früher eingestellt. Die Totpunkte sind wegen der endlichen Schubstangenlänge nicht genau in der Mitte; daß sie nicht zusammenfallen, rührt von Ungenauigkeiten her.

Beim *Zeitdiagramm* wird die Zeit als Abszisse aufgetragen; die endliche Diagrammlänge, die der hin- und hergehenden Bewegung des Kolbens entsprach, ist nicht mehr vorhanden, die Zeit schreitet stetig fort, und so ist das Zeitdiagramm an sich ohne Ende. Man braucht also, um es aufzunehmen, eine endlose Schreibfläche, die man in Form eines langen — nicht endlosen — Bandes oder in Form einer in sich geschlossenen Trommelfläche am Schreibstift vorbeiführt. Wird die Fläche durch einen gleichmäßig umlaufenden Motor bewegt, so erhält man die eigentlichen Zeitdiagramme. Wird sie von der Kurbelwelle der indizierten Maschine aus angetrieben, die einen gewissen Ungleichförmigkeitsgrad hat, so erhält man die den Zeitdiagrammen ähnlichen Kurbelwegdiagramme. Nur bei großen Ungleichförmigkeitsgraden, etwa bei langsam laufenden Pumpen kommt es auf den Unterschied an.

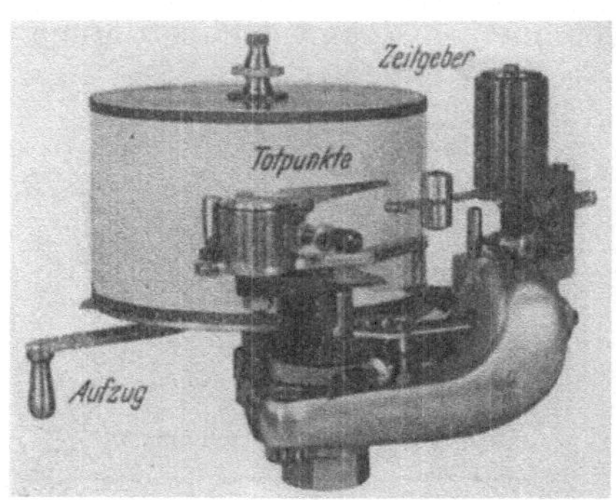

Abb. 352. Indikator mit umlaufender Trommel zur Aufnahme von Zeitdiagrammen, mit elektrischen Markenschreibzeugen zur Kennzeichnung der Totpunkte und der Zeit. Papier wird in sich verklebt und mit einem Klebstofftupfen auf der Trommel befestigt; solange der Tupfen feucht ist, läßt sich der Papierring von der Trommel abziehen; er wird dann aufgeschnitten. Der Indikator ist ein Stabindikator, Abb. 337. Fa. Maihak.

Man kann an der Trommel des gewöhnlichen Indikators die zum Aufspannen des Papiers dienenden Klemmfedern, die Hubbegrenzung und die rückführenden Federn entfernen und die Trommel in rotierende Bewegung versetzen; man kann statt der gewöhnlichen Trommel mit Vorteil eine solche größeren Durchmessers verwenden, die nicht so leicht zu sein braucht wie sonst, da sie keine Geschwindigkeitsänderungen erleidet. Auf der Trommel, Abb. 352, schreiben noch zwei Markenschreibzeuge, eines für die atmosphärische Linie, das andere für die Totpunkte der Maschine, die nicht mehr wie im Kolbenwegdiagramm ohne weiteres gegeben sind: ein Glockenelektromagnet zieht einen Anker und verursacht dadurch einen Sprung in der Linie, die der Schreibstift um die Trommel herum zieht; er wird erregt von einem Kontakt aus, den die Maschine in jedem oder in jedem zweiten Totpunkt schließt.

Das Zeitdiagramm einer Ottomaschine ist in Abb. 354 gegeben, daneben das gewöhnliche Kolbenwegdiagramm; beide Diagramme sind genau gleichzeitig aufgenommen, es handelt sich also um die gleichen Hübe der Maschine. Die Zeitdiagramme zeigen am Totpunkt einen fast waagerechten Verlauf, der im Kolbenwegdiagramm nicht kenntlich ist, weil in der Nähe des Totpunktes der Kolben fast stillsteht, die Zeit aber weiterläuft. Der Druckanstieg infolge der Zündung beginnt wesentlich erst kurz nach dem Totpunkt, im Gegensatz zu Abb. 351, im letzteren Fall war also die Zündung früher gestellt. Das hätte man durch Vergleich der Kolbenwegdiagramme freilich auch erkennen können.

Zeitdiagramme und Kolbenwegdiagramme lassen sich ineinander umzeichnen, etwa um die Leistung unter Vermeidung der bei höherer Drehzahl entstehenden Fehler der Trommelbewegung zu finden; die Stellungen *1* bis *9* der Kurbel und *a* bis *i* des Kolbens entsprechen einander; obwohl es sich, wie schon erwähnt, um genau dieselben Maschinenhübe handelt, die an zwei Indikatorstutzen mit Indikatoren aufgenommen wurden, die im Druckmeßwerk übereinstimmten, so wird doch die Spitze verschieden ausgefahren.

Mit zunehmender Drehzahl der Maschinen hat das Zeitdiagramm gegenüber dem Kolbenwegdiagramm zunehmend an Bedeutung gewonnen.

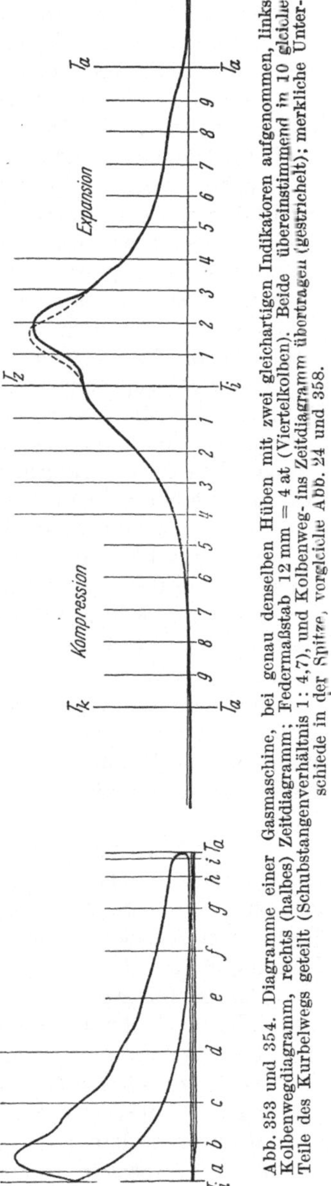

Abb. 353 und 354. Diagramme einer Gasmaschine, bei genau denselben Hüben mit zwei gleichartigen Indikatoren aufgenommen, links Kolbenwegdiagramm, rechts (halbes) Zeitdiagramm; Federmaßstab 12 mm = 4 at (Viertelkolben). Beide übereinstimmend in 10 gleiche Teile des Kurbelwegs geteilt (Schubstangenverhältnis 1 : 4,7), und Kolbenweg- ins Zeitdiagramm übertragen (gestrichelt); merkliche Unterschiede in der Spitze, vergleiche Abb. 24 und 358.

59. Fehler im Indikatordiagramm. Die Annahme, der Indikator schreibe die im Zylinder der Maschine herrschenden Drucke über dem

Kolbenweg auf, trifft bei genauerer Betrachtung nur näherungsweise zu, auch wenn die Feder genau proportional ist.

Für den Indikator gilt das in § 4 über das dynamische Verhalten von Meßgeräten im allgemeinen Gesagte. Das *Verhalten des Indikatorschreibzeuges* ist das anschaulichste Beispiel für die dort besprochenen Verhältnisse. Wo im Zeitdiagramm die Kurve ihre Richtung ändert — dem entspricht dann meist auch eine Richtungsänderung im Kolbendiagramm —, da entstehen Federschwingungen und stören das Diagramm, insofern die Ordinaten nicht mehr genau die Drucke darstellen. Auf die Diagrammfläche haben sie, solange es sich um mäßige Drehzahlen bei normalen Verhältnissen handelt, nicht allzu großen Einfluß und können oft unbeachtet bleiben, wenn man das Planimeter benutzt; nicht so bei Verwendung des Harfenplanimeters. Ermittlungen über den Verlauf einer Expansionslinie und alle feineren Messungen werden indessen durch die Federschwingungen zunächst unmöglich gemacht. So hätte es bei der Ermittlung der im Zylinder einer Dampfmaschine arbeitenden Dampfmenge aus dem Indikatordiagramm, wie sie in § 45 an Abb. 280 besprochen wurde, wenig ausgemacht, wenn man statt des Punktes Ex einen anderen Punkt der schwach eingezeichneten Ausgleichlinie verwendet hätte; ganz falsche Ergebnisse aber hätten diejenigen Punkte des Diagramms gegeben, die gerade dem Maximum oder Minimum einer Schwingung entsprachen. In Abb. 350, S. 271, hätte die Tatsache, daß nur eine leicht zu übersehende Schwingung auftritt, dahin führen können, nicht Ex oder Ex^1 als Expansionspunkt anzusehen, sondern ihn weiter nach rechts zu verlegen.

Man kann nun entweder die Schwingungen durch geeignete Maßnahmen beim Indizieren auf ein erträgliches Maß zurückführen oder man muß sie bestehen lassen und später schätzungsweise oder durch ein rechnerisch-graphisches Verfahren aus dem Diagramm eliminieren. Letzteres ist nur beim Zeitdiagramm möglich und des Zeitaufwandes wegen selten durchführbar (Abb. 358). Jetzt handelt es sich darum, wie man die Federschwingungen als solche erkennt und in mäßigen Grenzen hält.

In Abb. 355a bis d sind einige Diagramme mit mehr oder weniger ausgeprägten Federschwingungen dargestellt, die durch ein danebengesetztes f angedeutet sind; sie treten in der Tat immer nach einem Richtungswechsel auf. Die Auswertung der Diagrammfläche mit einem Planimeter könnte man an diesen Diagrammen ruhig vornehmen, an dem Pumpendiagramm würde man die Schwingungen unbeachtet lassen und in halber Höhe durch sie hindurchfahren. In einem Diagramm nach Abb. 356 werden auch wohl die beiden Kurven cd und ce so gezogen, daß sie die durch Federschwingungen erzeugten Wellen berühren; die wahre Druckkurve war dann die Kurve cb, die Mittelkurve aus cd und ce, und zwar in dem Sinne die Mittelkurve, daß der gleichen Ordinate die mittlere Abszisse zugeordnet ist, nicht aber so, daß der schräg gemessene Abstand beiderseits gleich ist. Oder es wird, von c beginnend, freihändig mit meist ausreichender Genauigkeit eine Kurve cb von möglichst stetiger Krümmung durch die Federschwingungen so hindurchgezogen, daß die zu beiden Seiten der neugezogenen Kurve liegenden Flächenteilchen gleichmäßig größer und größer werden. Die stetige Krümmung der Ausgleichkurve erkennt man, wenn man sich dicht auf die Papierebene beugt und längs der Kurve blickt. Der Punkt b wäre als

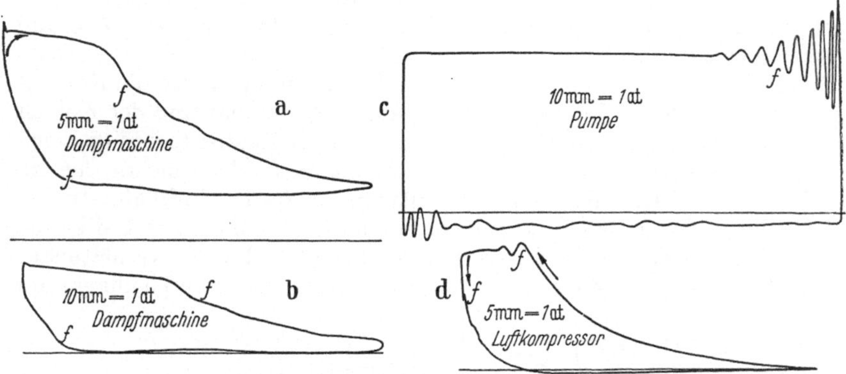

Abb. 355. Diagramme mit Federschwingungen bei f; halbe Größe. Beim Pumpendiagramm ist die schwingende Masse durch das Wasser im Indikatorstutzen vermehrt. In Abb. b blicke man in der Kurvenrichtung längs der Expansions- und Kompressionslinie.

Expansionspunkt des Diagramms anzusprechen. Da übrigens im allgemeinen die kleine Fläche 1 größer als 2, 3 größer als 4 ist, so sieht man, daß — in diesem Fall — die Schwingungen die Diagrammfläche zu groß erscheinen lassen.

Bei dem Gasmaschinendiagramm Abb. 351 rechts würde die Auswertung auf praktische Schwierigkeiten stoßen, weil die einzelnen Diagramme kaum voneinander zu unterscheiden sind. Wenn diese Schwierigkeiten auftreten und größer werden, so vermindert man die Indikatorschwingungen durch Anwendung eines Indikators mit geringer bewegter Masse, durch Anwendung eines größeren Kolbens unter entsprechender Verstärkung der Meßfeder, so daß die Diagrammhöhe erhalten bleibt, oder

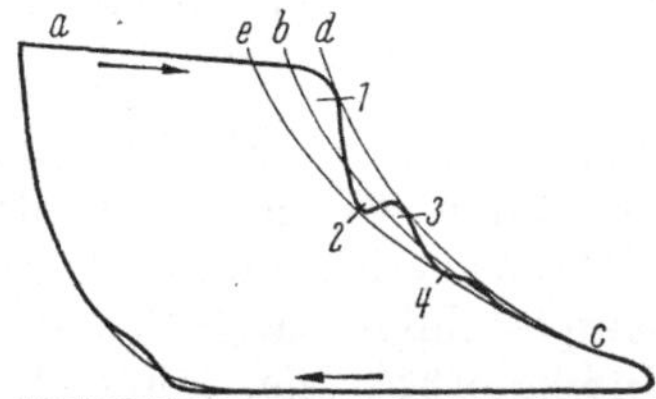

Abb. 356. Ermittlung der wahren Expansionslinie durch Ausschaltung der Schwingungen; ebenso bei der Kompressionslinie. Zum Ausgleich ein glatter Linienzug gezogen (man sehe längs desselben), der abnehmende Flächen 1, 2, $3, \ldots$ abteilt.

endlich durch Anwendung einer stärkeren Feder, vielleicht auch unter Anwendung eines kleineren Kolbens, um die Diagrammhöhe zu verkleinern. Alle diese Maßnahmen zielen darauf hin, die Eigenschwingungszahl des Schreibzeuges zu vergrößern — worauf es nach § 4 ankommt. Am besten bedient man sich der Indikatorformen, die besonders für Verwendung bei hoher Drehzahl und bei Ottomotoren — die wegen der plötzlich auftretenden Drucksteigerung schwierige Verhältnisse bieten — gebaut sind.

Beim Indizieren flüssiger Mittel, so bei Pumpen, führt die Anwendung größerer Kolben meist zu keiner Verminderung, sondern zu einer Ver-

stärkung der Federschwingungen. Um die Bewegungen des Indikatorkolbens zu ermöglichen, muß die dem freigelegten oder verdrängten
Raum entsprechende Stoffmenge, durch den Indikatorstutzen hindurch,
abwechselnd in der Richtung vom und zum Indikator gehen. Ihre Masse
kommt also zur Masse des Schreibzeuges hinzu; bei Gasen und Dämpfen
ist sie unbedeutend, bei Flüssigkeiten aber nicht; eine Vergrößerung
des Kolbens vergrößert nun diese zusätzliche Masse. Und noch mehr:
Diese Masse ist nicht nur einfach in Rechnung zu setzen wie die Kolbenmasse; wenn der Indikatorstutzen 10 mm Bohrung hat und der Kolben
20 mm Durchmesser, so nimmt das Wasser im Indikatorstutzen die vierfache Kolbengeschwindigkeit an, nimmt das Sechzehnfache an Energie
auf wie die gleiche Kolbenmasse; allgemein: die im Indikatorstutzen
befindliche Masse ist nicht einfach, sondern so vielfach zur Indikatormasse hinzuzuzählen, wie die vierte Potenz des Durchmesserverhältnisses
besagt. Daher die starken Federschwingungen im Pumpendiagramm

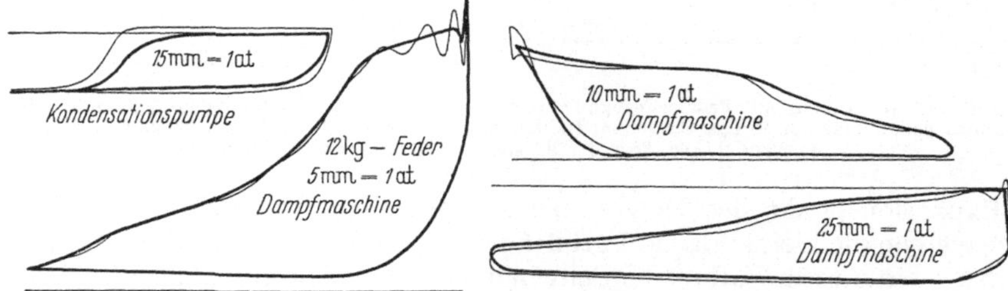

Abb. 357. Wirkung der Schreibstiftreibung auf das Diagramm; Schreibstift je einmal leicht und
schwer angestellt. Halbe Größe.

Abb. 355 c, obwohl die Drehzahl nur 60/min war und obwohl ein Zeitdiagramm zeigen würde, daß die Druckänderungen keineswegs sehr
plötzlich verlaufen. Bei Pumpen vermindert man die Federschwingungen
hauptsächlich durch Erweiterung des Indikatorstutzens und der unteren
Indikatorbohrung, nötigenfalls auch — auf Kosten der Reibungsverhältnisse — durch Verkleinerung des Indikatorkolbens.

Die Schwingungen lassen sich natürlich auch durch Dämpfung beseitigen, sei es durch Vergrößerung der molekularen Dämpfung, sei es
durch Vergrößerung der Reibung. Instrumente, die den Schwankungen
folgen sollen, dürfen aber nicht stark gedämpft sein, insbesondere nicht
durch Reibung; starke Dämpfung verhindert zwar die Schwingungen,
läßt aber auch die Schreibstiftbewegung nachhinken. Immerhin ist eine
mäßige, molekulare Dämpfung, wie sie die Diagramme Abb. 355 zeigen,
angenehm und auf die Angabe von geringem Einfluß, übrigens ja auch
unvermeidlich. Unbedingt schädlich ist aber die Reibung. Wie sehr
allein die Reibung des Schreibstiftes auf dem Papier die Ergebnisse
beeinflußt, namentlich bei Verwendung kleiner Kolben und schwacher
Federn, das zeigt Abb. 357: Jedes der Diagramme ist unmittelbar
nacheinander zweimal geschrieben, einmal wurde der Schreibstift
schwach, einmal stark aufgedrückt; im letzteren Fall sind die Schwingungen verschwunden, die Diagramme ersichtlich aber falsch. Deshalb

sind einige Federschwingungen geradezu das Zeichen eines guten Zustandes des Indikators; sie müssen vorhanden sein, wenn auch am besten nur so schwach wie in Abb. 355b, wo nur das geübte Auge sie erkennt.

Die Bewegung des Schreibstiftes stellt nicht den Druckverlauf dar, sondern weicht um so viel davon ab, wie der Einfluß der Dämpfung, der Reibung und der Massenkräfte ausmacht. Man kann jedoch im Zeitdiagramm aus der vom Schreibstift aufgezeichneten Kurve der tat-

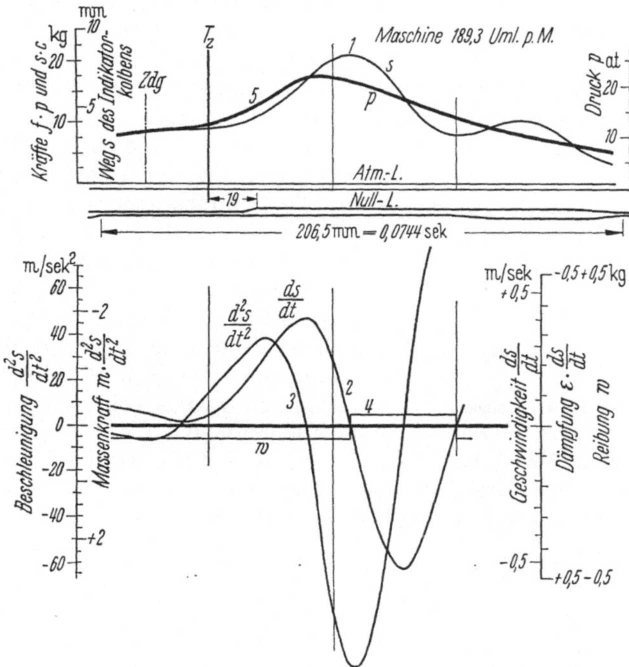

Abb. 358. Zeichnerische Eliminierung der Massenschwingungen aus dem Zeitdiagramm einer Gasmaschine. Kurve *1* = Zeitdiagramm, Ausschnitt; darunter Weg- und Zeitmarken, Totpunktmarke um 19 mm nacheilend, Papiergeschwindigkeit 206,5 : 0,0744 = 2780 mm/s; Eigenschwingzeit 68,3 mm = 0,0247 s. Kurve *1*, den Kolbenweg *s* oder, mit der Federkonstanten *c* multipliziert, die Kraft der Feder darstellend, liefert durch Differenzieren die Kurve *2*, Geschwindigkeit *ds/dt* oder, mit Dämpfungszahl *ε* multipliziert, die Kraft der Dämpfung. Kurve *2* liefert durch Differenzieren die Kurve *3*, Beschleunigung *d²s/dt²* oder, mit schwingender Masse *m* multipliziert, die Massenkraft. Die Reibung ± *w*, Kurve *4*, tritt zurück. Die Kräfte *2*, *3* und *4* maßstabgerecht zur Federkraft *1* addiert, entsteht der von Schwingungen befreite Kurvenzug *5*, den wahren Druck unter dem Indikatorkolben darstellend. Näheres bei BORTH, VDI-Forschungsarbeit 55.

sächlichen Kolbenwege *s* (des Indikatorkolbens) den Verlauf des Druckes *p* finden, indem man den Einfluß der genannten Größen eliminiert.

Die Berichtigung eines Gasmaschinendiagramms in der Gegend des Zündtotpunktes ist in Abb. 358 gegeben. Der Höchstwert von *p* ist merklich anders, als nach dem Diagramm für *s* zu entnehmen gewesen wäre; allerdings war die Indikatormasse vergrößert, um deutliche Schwingungen entstehen zu lassen. In der berichtigten Kurve sind die Schwingungen verschwunden, die wahre Druckkurve verläuft glatt. Man sieht, daß für die gleichmäßig verlaufende Expansionslinie die richtige Druckkurve recht gut als Mittelkurve der beiden Einhüllenden zu finden ist, so daß für das umständliche Auswertungsverfahren nur Bedarf vorhanden ist, wenn man den Höchstdruck und die Vorgänge bis zur Erreichung desselben studieren will. Einzelheiten möge man der Quelle, auch früheren Auflagen dieses Buches entnehmen.

Wie die Schreibstiftreibung die Diagramme verfälscht, so die Kolbenreibung; daher die Regel, daß der Kolben lieber etwas leicht gehen und ausblasen, als sich klemmen sollte. — Die Bohrung des Indikatorstutzens bewirkt — außer der besprochenen Massenwirkung — eine Dämpfung durch die Widerstände der Zuleitung; die Zuleitungen sollen nicht zu eng — wie schon der Massenwirkungen wegen —, aber auch nicht zu lang sein; Knicke sind zu vermeiden. Ungünstige Verhältnisse ergeben sich immer, wenn beide Zylinderenden mit einem Indikator indiziert werden, besonders bei höherer Drehzahl. Toter Gang in den Gelenken, Verbiegungen des Gestänges können Fehler in die Schreibstiftbewegung bringen, die durch sorgsame Instandhaltung des Indikators in erträglichen Grenzen gehalten werden müssen. Wenn man eine Atmosphärenlinie bei geschlossenem Indikatorhahn und eine Normale dazu bei stillstehender Trommel schreibt, müssen beide Linien gerade sein und senkrecht aufeinanderstehen.

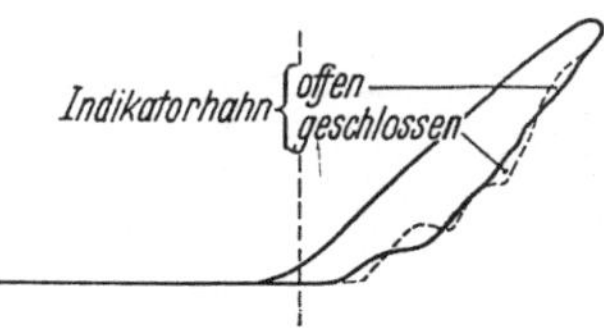

Abb. 359. Ventilerhebungsdiagramm, 90° versetzt (wie Abb. 351), an einer Pumpe. Merkliche Rückwirkung des Indikators auf den Pumpengang.

Bei kleinen Maschinen und bei solchen, deren schädlicher Raum sehr klein ist (Kompressoren, Hahn-Dampfmaschinen), wird der Maschinengang durch den Anbau des Indikators merklich geändert. Die Diagramme

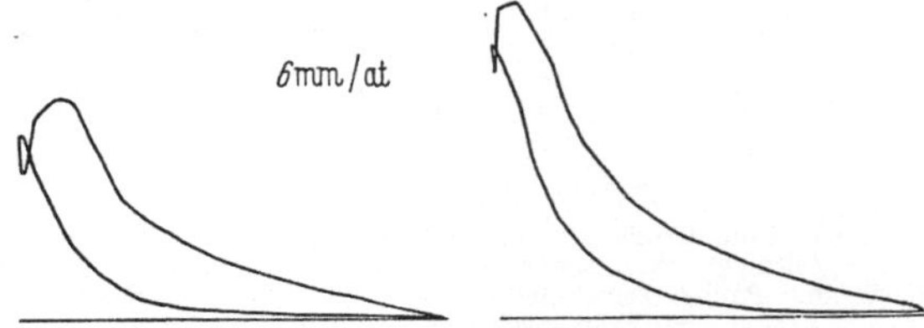

Abb. 360. Fehler im Diagramm; Indikatorbohrung sitzt schlecht, wird vom Kolben überschleift. Kühlkompressor. Halbe Größe.

geben dann nicht praktische Betriebsverhältnisse wieder, und man muß in Folgerungen vorsichtig sein. Der Maschinengang ändert sich zunächst dadurch, daß der Raum unter dem Indikatorkolben zum schädlichen Raum kommt; eine Maschine mit sonst 1% schädlichem Raum hat nun etwa $1^1/_4$%. Das Diagramm stellt daher, wenn auch nicht genau die Betriebsverhältnisse der untersuchten Maschine, so doch mögliche Verhältnisse dar. Außerdem aber gibt der sich bewegende Indikatorkolben durch seine Bewegung zu verschiedenen Zeiten verschieden viel Raum frei; dieser Raum muß mit dem arbeitenden Medium angefüllt werden. Daher wird der schädliche Raum abhängig von der Spannung im Zylinder. Das sind Verhältnisse, die sonst praktisch unmöglich sind; höchstens mit dem Atmen eines Pumpenkörpers läßt die Erscheinung sich vergleichen.

Wie die Betriebsverhältnisse einer Pumpe durch den Indikator geändert werden können, zeigen die versetzten Ventilerhebungsdiagramme, Abb. 359, deren eines bei offenem, das andere bei geschlossenem Indikatorhahn aufgenommen ist. Bei offenem Indikatorhahn hebt sich das Ventil später vom Sitz, weil das Wasser erst den vom Indikatorkolben freigegebenen Raum ausfüllen muß; der Pumpengang wird also durch den Indikator verschlechtert. Auch der volumetrische Wirkungsgrad wird verschlechtert.

Endlich zeigt Abb. 360 einen durch Fabrikationsversehen an einem Kühlkompressor entstandenen Fehler der Schreibstiftbewegung.

Die *Bewegung der Papiertrommel* kann — abgesehen von geometrischen Unrichtigkeiten im Antrieb — fehlerhaft werden durch wechselnde Schnurdrehung. Zwar bringt diese, auch wenn sie Änderungen der Diagrammlänge zur Folge hat, nicht notwendig Fehler ins Diagramm; soweit aber die Dehnungen nicht dem Hube proportional sind, entstehen Fehler nach Maßgabe der Abweichungen von der Proportionalität.

Ursache zu wechselnder Schnurdrehung geben die im Hin- und Hergehen wechselnden Spannungen der Trommelfeder und andererseits die Massenwirkungen der Trommel; erstere bewirken eine Verkürzung, letztere eine Verlängerung des Diagramms; erstere sind wesentlich unabhängig von der Drehzahl der Maschine, letztere nehmen mit der Drehzahl zu. Davon, daß die Schnurdehnung merkliche Beträge annehmen kann, überzeugt man sich durch die Beobachtung, daß im langsamen Gang das Diagramm kürzer ist, als es nach dem Übersetzungsverhältnis des Hubminderers sein sollte; wo zwei Indikatoren hintereinandergeschaltet sind, ist der Hub der zweiten Trommel um die Dehnung der zwischenliegenden Schnur kürzer als der der ersten (Abb. 342, 343). Je schneller aber die Maschine läuft, desto länger wird das Diagramm; es kann dabei die aus dem Übersetzungsverhältnis folgende theoretische Länge erreichen und übersteigen. Es handelt sich bei allen diesem um Längenunterschiede von 1 bis 5 mm oder Prozent.

Maßgebend sind, wie erwähnt, nur die Abweichungen von der Proportionalität. Die durch die wechselnde Federspannung hervorgerufenen Dehnungen bringen keine Fehler ins Diagramm, wenn die Federspannungen dem jeweiligen Trommelhube proportional sind und wenn die Schnur dem Hookeschen Gesetz folgt. Die Massenwirkungen würden dann keine Fehler ins Diagramm bringen, wenn die Bewegung der Trommel zeitlich nach einer reinen Sinusfunktion verliefe; dann würde auch die zusätzlich in die Schnur kommende Kraft sinusförmig sein. Störend ist also die endliche Schubstangenlänge, die hauptsächlich ein $\sin 2\alpha$-Glied in die Kreuzkopfbewegung bringt.

Abgesehen hiervon nehmen die Massenkräfte, plus und minus wirkend, mit der Drehzahl zu, sie können so groß werden, daß im Totpunkt schwächerer Spannung die Schnur schlaff wird, die Trommel schleudert. Man muß bei höherer Drehzahl die Vorspannung der Feder vergrößern, bis das Schleudern verschwindet. Auch große Ungleichförmigkeit des Maschinenganges wäre ungünstig; doch ist diese gerade bei hoher Drehzahl nicht zu befürchten. — Verkürzung des Trommelhubes vermindert auch die Massenwirkungen, doch ist das kleinere Diagramm ungenauer zu planimetrieren.

Eine Größe, die auf alle Fälle Fehler ins Diagramm bringt, ist die Reibung der Trommel in ihrer Achse. Die Trommel bleibt hinter dem Totpunkt eine Zeitlang ganz stehen, bis die Reibung überwunden ist und der Rückgang beginnt; die beim Hin- und Rückgang gezeichneten Diagrammteile sind gegeneinander verschoben (Abb. 351 links?). Man muß also auf Verminderung der Reibung bedacht sein, deren Einfluß übrigens bei gut instand gehaltenen Indikatoren gering zu sein scheint.

Im ganzen wird man daher folgern, daß sich die Unrichtigkeiten der Trommelbewegung, sekundären Ursachen entspringend, in mäßigen Grenzen halten. Immerhin ist es eine wichtige Regel, auf geringe Schnurdehnung zu sehen. Die besonders hergestellte Indikatorschnur ist weniger dehnbar als gewöhnlicher Bindfaden, sie soll vor dem Gebrauch gereckt werden und gebrauchte Schnur ist besser als ganz neue. Außerdem achte man darauf, daß die Schnur vom Hubminderer zur Trommel kurz ist, denn ihre Dehnung kommt unverkürzt ins Diagramm. Die übliche Methode, je zwei Indikatoren von einem Hubminderer aus anzutreiben, wobei die erste Trommel die zweite antreibt, ist bei langhubigen Maschinen anfechtbar: die Bewegung der zweiten Trommel wird falsch.

Das sind einige formelle Fehler, die das Diagramm durch Fehler beim Indizieren zeigen kann. Die *sachlichen Fehler* eines korrekt aufgenommenen Diagrammes, die Folgerungen für die Einsteuerung und für die Wirtschaftlichkeit der Maschine sind hier nicht zu besprechen.

60. Besondere Anwendungen des Indikators. Der Indikator ist ein registrierender Druckmesser, oder wenn er zur Aufzeichnung von Kolbenwegdiagrammen benutzt wird, ein Arbeitsmesser. Er läßt aber auch manche andere Verwendung zu, bei denen eine gute Schreibstiftführung und eine eichbare und auswechselbare Meßfeder nötig ist.

Insbesondere ist der Indikator als registrierender Kraftmesser zu benutzen, indem man eine zu messende Kraft, etwa die vom Arm einer Bremse ausgeübte, durch eine Druckstange auf den Indikatorkolben wirken läßt; will man dabei den Indikatorkolben schonen, so ersetzt man ihn durch eine Führungsstange, die an die Feder und an die Kugelgelenkmutter paßt. Die Diagramme werden auf die umlaufende Trommel oder auf ein Papierband geschrieben; läuft das Papier mit gleichbleibender Geschwindigkeit, so entstehen P-t-Diagramme; durch Ausmessen der unter der entstehenden Kurve enthaltenen Flächen $\int P\,dt$ ergibt sich die der bewegten Masse m erteilten oder entzogenen Geschwindigkeiten w: es ist $\int dw = \dfrac{1}{m}\int P\,dt$ (Satz vom Antrieb). Wird aber das Papier von der Maschinenwelle aus angetrieben, so daß es mit einer Geschwindigkeit proportional der Geschwindigkeit der bewegten Masse läuft, so entsteht ein P-s-Diagramm; durch Ausmessen der unter der entstehenden Kurve enthaltenen Flächen $\int P\,ds$ ergibt sich die der bewegten Masse m erteilte oder entzogene Arbeit A: es ist $\int dA = \int P\,ds = \tfrac{1}{2}\,m\,(w_2^2 - w_1^2)$ (Satz von der Arbeit). Dabei läßt man Zeit und

Weg auf dem ablaufenden Papierstreifen durch Markenschreibzeuge aufschreiben. — Die gebräuchlichen Indikatorfedern genügen zur Messung bis zu 60 kg. Sind größere Kräfte zu registrieren, oder will man die Registrierung von Kräften durch Verwendung weicher Federn in größerem Maßstab erhalten, so wird ein Teil der Kraft durch Gewichte ausgeglichen und der Überschuß über das Ausgeglichene aufgeschrieben.

Mit dem Indikator läßt sich ferner die Bewegung zwangläufig bewegter oder selbsttätig arbeitender Maschinenteile aufschreiben, die Bewegung von Ventilen, Schiebern, Hähnen. Man überträgt die Bewegung des zu untersuchenden Organes mittels einer Druckstange auf den Indikatorkolben und stellt den Kraftschluß durch eine schwache Indikatorfeder her, die an sich nicht nötig wäre und deren Maßstab gleichgültig ist. Man kann so *Ventilerhebungsdiagramme* als Kolbenweg- oder Zeitdiagramm aufschreiben. Da hauptsächlich die Eröffnung und

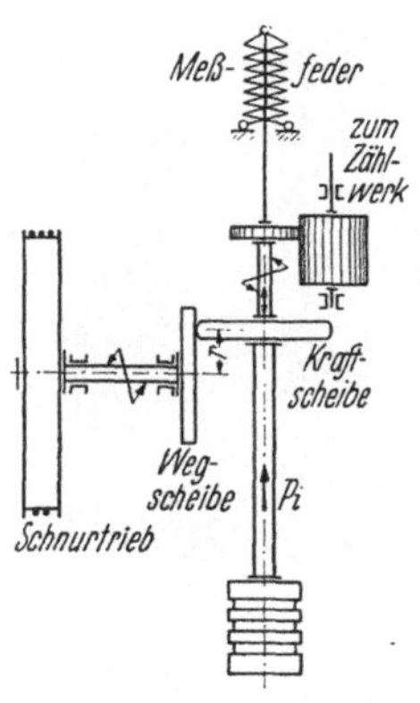

Abb. 361. Prinzip des Arbeitszählers.

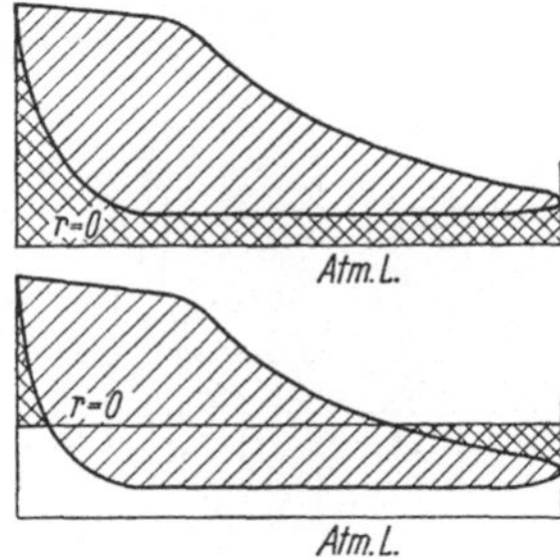

Abb. 362. Zur Theorie des Arbeitszählers. Die Kraftscheibe soll zur Wegscheibe so eingestellt sein, daß die kreuzschraffierten Flächen möglichst klein werden; diese werden beim Hingang gezählt, beim Rückgang wieder abgezogen, also unnütze Massenwirkungen. Wert $r = 0$, Kraftscheibe auf Mitte Wegscheibe, ist im oberen Diagramm ungünstig.

der Abschluß zu interessieren pflegen, und diese oft in der Nähe des Totpunktes liegen und dann verkürzt wiedergegeben werden, so sind zur Ermittlung der dort eintretenden Vorgänge Zeitdiagramme aufzunehmen; an diesen lassen sich durch zweimaliges Ableiten die auf das Steuerorgan wirkenden Kräfte bestimmen, ähnlich wie bei den Bewegungen des Indikatorkolbens. Auch versetzte Ventilerhebungsdiagramme lassen sich aufnehmen (Abb. 359). Kann man die sechsfache Übersetzung nicht brauchen, so bringt man den Schreibstift selbst mit dem Ventil in Verbindung. Doch versagt auch hier der Indikator bei allzu hoher Drehzahl, man kommt dann auf elektrische Anzeiger, etwa läßt man einen beleuchteten Schlitz von einem Schieberchen mehr oder weniger abdecken und das Licht über eine Fotozelle auf einen Oszillographen wirken (Nadelhub Abb. 372, 373).

61. Arbeitszähler. Pi-Meter. Der Indikator ermittelt den Arbeitsumsatz einzelner Arbeitsspiele einer Kolbenmaschine. Aus den Ergebnissen der Planimetrierung ergibt sich die in bestimmter Zeit von der Maschine gelieferte Arbeit, wenn die herausgegriffenen Diagramme den Durch-

schnittswert darstellen. Bei stark und unregelmäßig schwankender
Leistung lassen sich nicht genügend viele Diagramme aufnehmen, um
einen brauchbaren Mittelwert zu erhalten, auch wird der Zeitaufwand
zum Planimetrieren erheblich. Aus diesem Bedürfnis wurden Geräte
geschaffen, die die Arbeitslieferung von Kolbenmaschinen fortdauernd
so zur Messung bringen, daß man die bis zu einem beliebigen Zeitpunkt
insgesamt gelieferte Arbeit an einem Zählwerk ablesen kann, wie Wasserzähler die insgesamt durchgegangene Wassermenge angeben.

Man bezeichnet die in Rede stehenden Geräte gelegentlich als
Leistungszähler. Diese Benennung ist falsch, gezählt wird nicht die
Leistung, sondern der Integralwert derselben, die Arbeit. Das Produkt
aus Kraft und Weg wird durch das Zusammenarbeiten zweier miteinander als Reibgetriebe arbeitender Scheiben gebildet, der Kraftscheibe
und der Wegscheibe. Letztere erhält eine schwingende Drehbewegung

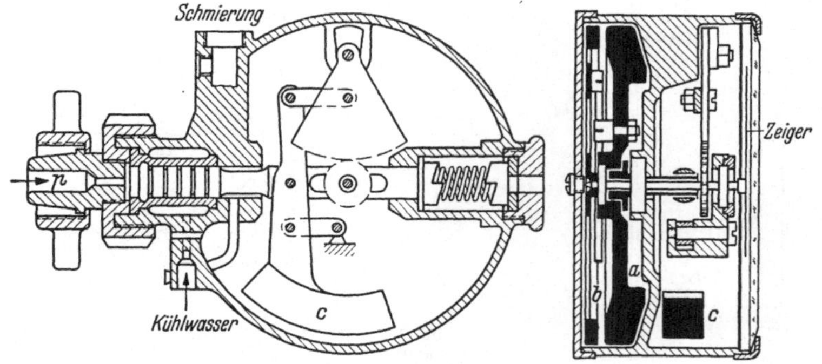

Abb. 363. Pi-Meter nach GEIGER mißt den zeitlichen Mitteldruck p_m, nicht p_i. Zeigerausschlag
abgedämpft durch Enge der Eintrittsöffnung (Kapillare), weiter durch Schwingmasse a (zwangläufig über Segment und Ritzel vom Kolben angetrieben) und Schwingmasse b (durch Spiralfeder
von a aus bewegt, die ihrerseits durch hohle Ritzelwelle hindurch den Zeiger stellt). Meßfeder auswechselbar wie beim Kolbenweg-Indikator. Masse c dient zum Massenausgleich. Lagerung der
Schwingmassen in drei Kugellagern. Einzelheiten der Schmierung und Kühlung fortgelassen. Brauchbar oberhalb $n = 80$; bis zu $n = 300$/min wird dickes Öl in die hintere Gehäusekammer gefüllt.
Z. VDI 1926 S. 509, 513. Fa. Lehmann u. Michels, vergleiche Abb. 366, 367.

vom Kreuzkopf der Maschine aus durch Schnurtrieb; die Kraftscheibe
wird vom Druck im Maschinenzylinder entgegen einer Meßfeder auf
einem Durchmesser der Wegscheibe hin- und herbewegt, sie ist ballig,
berührt also die Wegscheibe nur in einem Punkt. Die Kraftscheibe wird
von der Wegscheibe durch Reibung in Drehung versetzt, die Drehwinkel
sind sowohl der Geschwindigkeit der Wegscheiben, also des Maschinenkolbens, proportional als auch hängen sie vom jeweiligen Abstand r des
Berührungspunktes der Scheiben vom Mittel der Wegscheibe ab und
daher von dem im Zylinder herrschenden Druck. Die Drehungen der
Kraftscheibe werden auf ein Zählwerk übertragen; durch einen langen
Zahntrieb ist für dauernden Eingriff trotz der Bewegungen der Kraftscheibe gesorgt.

Arbeitszähler werden zur Zeit unseres Wissens nicht gefertigt. Sie
sollen, zumal bei Dieselmaschinen für nichtelektrischen Betrieb, eine
Kontrolle über den Brennstoffverbrauch geben; für Dauerbetrieb ist

dann gute Durchbildung der Schmierung nötig. In gewissem Maß sind sie wohl durch das Pi-Meter ersetzt, das bei mehrfacher Ablesung Ähnliches leistet, übrigens sich auch zum Zählen ausbilden ließe.

Das *Pi-Meter* hat ebenfalls einen Kolben und eine Meßfeder. Während aber der Indikator den Druckänderungen bestens folgen soll, sucht man hier aus dem wechselnden Druck durch Dämpfung und Massenwirkung einen Mittelwert zu bilden und an einer Skala anzeigen zu lassen. Doch entsteht natürlich nicht der indizierte Druck $p_i = \int p\, ds$ als Mittelwert, nicht der Mittelwert auf den Kolbenweg bezogen, sondern es bildet sich der zeitliche Mittelwert $p_m = \int p\, dt$ aus, der zum indizierten Druck allgemein keine Beziehung hat. Wohl aber läßt sich für eine bestimmte Maschine, läßt sich auch für die verschiedenen Zylinder einer Mehrzylindermaschine und selbst für mehrere Maschinen gleicher Type sagen, daß nicht nur einem höheren p_m ein höheres p_i zugeordnet ist, sondern daß auch beide, solange nicht an der Steuerung oder an der Drehzahl geändert wird, eindeutig miteinander gehen. Mit dem Pi-Meter läßt sich also eine Kraftmaschine auf höchste Leistung einstellen; es lassen sich mehrere Zylinder einer Kraftmaschine auf gleiche Leistung einregeln; und indem man empirisch die Beziehung zwischen p_m und p_i ermittelt,

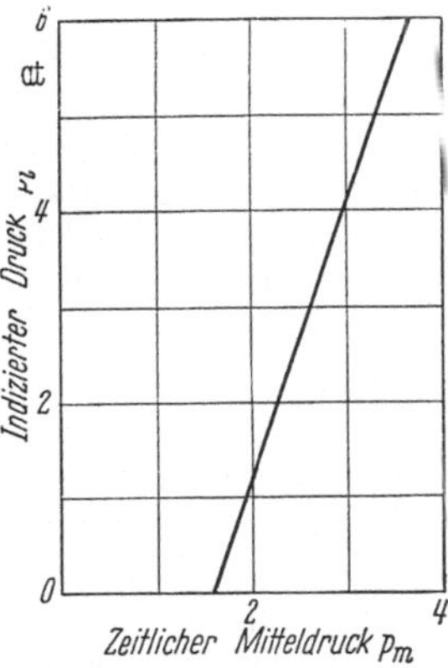

Abb. 364. Beziehung zwischen p_m und p_i bei einer bestimmten Type von Ölmotoren.

läßt sich die Skala des Pi-Meters nach dem indizierten Druck oder gleich nach Pferdestärken teilen. Für die Dämpfung gilt das bei Manometern Gesagte: eine Mündung würde den quadratischen Mittelwert bilden, es muß eine Kapillare mit schlichter Strömung verwendet werden, wie in Abb. 363 links vorhanden.

62. Indizieren bei hoher Drehzahl. Der Indikatorbau hat sich bemüht, Indikatoren zu schaffen, die bei tunlichst hohen Drehzahlen noch brauchbar bleiben. Die Schwierigkeit des Indizierens nimmt bei wachsender Drehzahl schnell zu, wenngleich es strenggenommen nicht so sehr auf die Drehzahl an sich ankommt, als auf die zeitliche Geschwindigkeit, mit der sich der Druck im indizierten Zylinder ändert. So ist das Indizieren von Dieselmaschinen noch mit Indikatortypen und bei Drehzahlen möglich, bei denen Ottomaschinen wegen der plötzlichen Drucksteigerung nach erfolgter Zündung nicht mehr brauchbare Diagramme geben, zumal der Klopfvorgang mit einer steilen Front schon bei relativ mäßiger Drehzahl Schwierigkeiten schafft.

Kommt man über die Grenze hinaus, wo die Bewegungen des Schreibstiftes durch Massenschwingungen und die Bewegungen der Trommel durch Schlaffwerden der Schnur unsicher werden, so läßt sich durch Verkleinern der Schreibstift- und der Trommelwege Abhilfe schaffen. Wirksamer ist die Verwendung besonders leichtgebauter Indikatortypen. Alle Abmessungen sind verkleinert, für die bewegten Teile wird Aluminium oder Duraluminium verwendet. Der Schreibhebel ist profiliert, jedoch bleiben für ihn bei höherer Drehzahl selbst bei Verwendung von Stahl Verbiegungen an der Tagesordnung. Man ist von manchen solchen Sondertypen abgekommen; der Stabfeder-Indikator, Abb. 338, 352, stellt eine auch heute noch verwendete Sonderlösung dar. Weiterhin sind das Schreiben auf der berußten Glasplatte und das Ritzschreiben auf Glas (S. 12, 13) zuerst zum Indizieren von Brennkraftmaschinen angewendet worden; dadurch sollte die Vergrößerung des Weges vermieden werden, das Schreibzeug starr werden.

Durch solche Bauarten werden die Massenwirkungen verringert, aber nicht der Art nach beseitigt, sie werden bei Drehzahlen über 800 bis 1000/min hinaus immer noch störend, so daß das Diagramm wohl qualitativ zur Untersuchung des Verbrennungsvorganges, weniger aber quantitativ zur Leistungsermittelung dienen kann. Das ist auch mit der Entwicklung schnellaufender Motore für Flug- und Autozwecke die Hauptaufgabe des Indizierens geworden. Man bedient sich dabei meist des Zeitdiagramms, das die Schwierigkeiten der Trommelbewegung ohne weiteres umgeht, vor allem aber die Vorgänge in den Totpunkten auseinanderzieht und besser als das Kolbenwegdiagramm erkennen läßt. Der Indikator ist aus einem Meß- zu einem Untersuchungsgerät geworden. Von der indizierten Leistung spricht man kaum noch; ihr Hauptverdienst, besser meßbar zu sein als die Nutzleistung, ist belanglos, seit es grade für die hohen Drehzahlen einfache und wirksame Wasserbremsen gibt.

Am Anfang dieser Entwicklung (um 1910) stand wohl eine Reihe von optischen Indikatoren, bei denen die messenden Teile sehr kleine Drehbewegungen machen, die unter Verwendung eines Spiegels masselos vergrößert werden, wie beim Schleifenoszillographen, jedoch meist nach zwei aufeinander senkrecht stehenden Achsen, so daß auf der Mattscheibe das Kolbenwegdiagramm entstand und fotografiert werden konnte. Schwierig ist hierbei immer die richtige Erzeugung des Kolbenweges, zumal mit endlicher Schubstangenlänge.

Ein solcher Indikator rührt von DE JUHASZ her, der sich besonders der Aufgabe gewidmet hat, der schnellen Druckänderungen bei hoher Drehzahl auch mit mechanischen Hilfsmitteln Herr zu werden; eine andre Lösung (um 1920) ist sein *Punktindikator*, der bis zu hohen Drehzahlen rein mechanisch Kolbenwegdiagramme liefert. Eine Kurbel wird mit der Hand mäßig schnell gedreht; stets bekommt der Indikator nur bei einer Stellung des Maschinenkolbens Verbindung zum Zylinder, er zeigt den Druck an, der bei dieser Phase im Zylinder herrscht, und gleichzeitig wird die Indikatortrommel von der Handkurbel in die dieser Fase zugeordnete Stellung gebracht. Durch Drehen der Handkurbel tastet man also den Druckverlauf im Zylinder allmählich ab, natürlich im Beharrungszustand der Maschine.

Wesentlich mit mechanischen Mitteln arbeitet auch der *Druckdauerindikator*, Abb. 366, 367. Der Indikator ist durch eine Membran verschlossen, auf dessen innere Seite man, aus einer Stahlflasche heraus, einen meßbaren Vergleichsdruck setzen kann; der wird vom indizierenden Druck so lange überwunden wie dieser höher ist als der Vergleichsdruck, solange also schließt sich ein Kontakt und gibt Strom; die Dauer des Kontaktes wird meist durch Glimmlampen angezeigt, es entsteht fotografisch ein

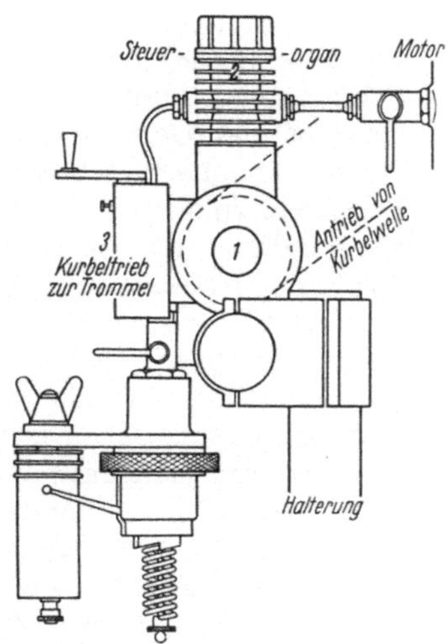

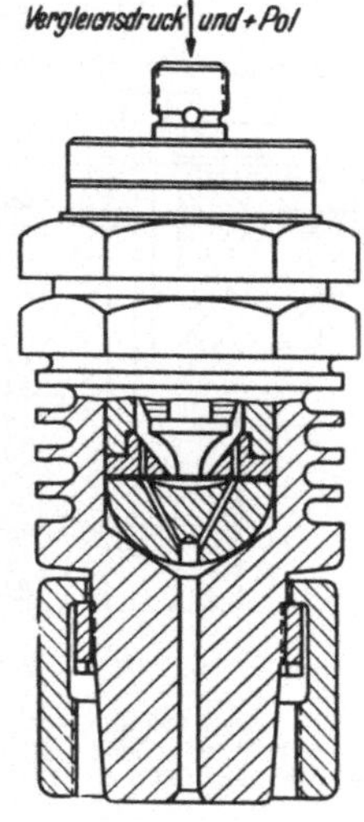

Abb. 365. Einrichtung zur Aufnahme von Punktdiagrammen. Das Steuerorgan enthält einen Doppelrohrschieber, von Welle 1 aus gegenläufig über Planetentrieb in 1 betätigt, der nur bei jeweils einer Kurbelstellung des Prüflings den Weg freigibt zum Indikator; dieser zeigt den Druck bei der eingestellten Kurbelstellung des Prüflings. Drehen am Kurbeltrieb 3 wirkt auf Planetentrieb in 1 und verstellt: a die Phase, das ist der Zeitpunkt (bezogen auf Kurbelstellung Prüfling), zu dem Druck zum Indikator kommt, sowie b verdreht gleichsinnig die Indikatortrommel, aber über Kurbeltrieb mit richtigem Schubstangen-Verhältnis. Ergebnis: mäßig schnelles Drehen der Kurbel 3 läßt auf der Indikatortrommel allmählich das gewöhnliche Diagramm entstehen. DE JUHASZ und GEIGER, Indizierung . . ., S. 175.

Abb. 366. Geber zur Aufnahme von Druckdauerdiagrammen. Vergleichsdruck hebt Membran vom Kontakt ab, außer wenn indizierter Druck ihn überwindet. Kühlung mit Rippen. Wird auf Indikatorhahn aufgesetzt. Kleinere Form zum Einschrauben in Kerzengewinde. Gleichmäßige Pressung der Membran durch kugeligen Preßkörper. DE JUHASZ, State College Engg. Exp. Station, Paper 32.

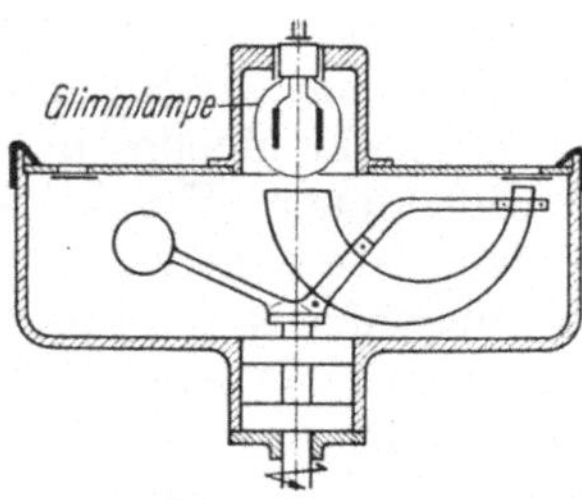

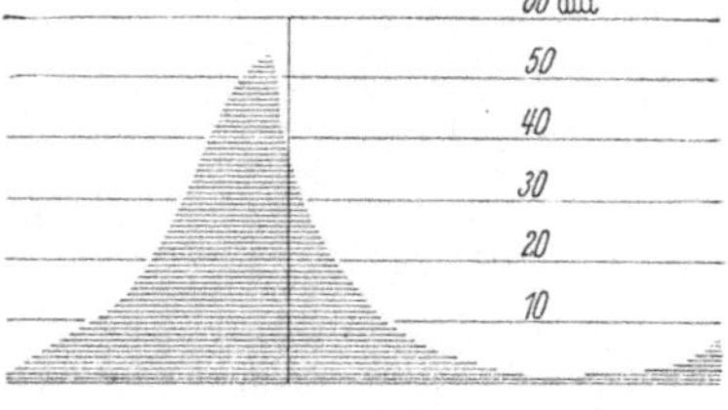

Abb. 367. Empfänger zu Abb. 366 für Druckdauerdiagramme. Lampenschein durch innen poliertes Horn als Kreisbogen auf Mattscheibe geworfen; Horn rotiert wie geprüfte Maschine. Werden die Geber mehrerer Zylinder auf die Lampe geleitet, so sollen die entstehenden Bogenstücke gleich lang sein und bei gesteigertem Vergleichsdruck gleichzeitig verschwinden. Dient wie Abb. 363 zum Abgleichen der einzelnen Zylinder in Marinedieseln.

Abb. 368. Diagramm des Glimmlampen-Indikators der DVL, auf Photopapier erzeugt Geber ähnlich wie bei Abb. 366, jedoch Klappe (Ventil) statt Membran. An flach verlaufenden Stellen ist das Diagramm verwaschen. Fa. Jung.

Zeitdiagramm als Schattenriß, je höher der Druck, desto kürzer die Dauer (Abb. 368), oder es wird die Kontaktdauer in Bruchteilen des Maschinenumlaufs auf einer Mattscheibe sichtbar gemacht, Abb. 367.

Punktindikator und Druckdauerindikator bilden das Diagramm aus einer Folge von Maschinenhüben heraus, sie sind also nur brauchbar, wenn sich das gleiche Diagramm im Beharrungszustand immer wieder-

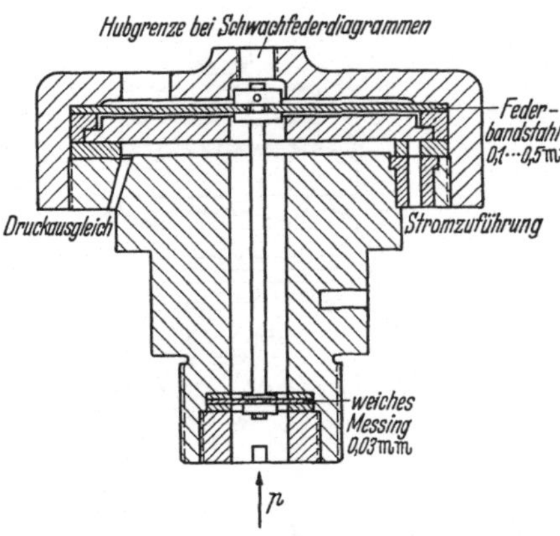

Abb. 369. Kapazitätsindikator der DVL nach SCHNAUFFER, nat. Größe. Bewegte Masse 1,6 g, Eigenfrequenz 2500 Hz, Z. VDI 1930, 1066.

holt; Einzelerscheinungen lassen sie nicht beobachten. Sie sind auch Fehlerquellen unterworfen; die komplizierten Getriebe des Punktindikators müssen dicht sein. Beim Druckdauerindikator verbiegt sich die Membran und gibt keinen oder dauernden Kontakt; man hat statt ihrer Ventile genommen, die mit Massenverzögerung arbeiten, auch ist nicht klar, was als wirksame Ventilfläche anzusehen ist; Klappen bleiben hängen; außerdem haben auch Glimmlampen eine Ansprechzeit, wenn auch eine kleinere als Glühlampen, etwa 10^{-5} sec, das entspricht bei $n = 2400/\text{min}$ immerhin $1/6$ Winkelgrad.

Trotz solcher Einwände hat sich neben dem Pi-Meter der Druckdauerindikator als Betriebsgerät zum Einstellen von Mehrzylindermaschinen ein Anwendungsgebiet gesichert. Für Entwicklungsaufgaben an modernen schnellaufenden Motoren oder für Forschungsaufgaben haben sich rein elektrische Indikatorformen durchgesetzt, trotz mancher Bedenken, auf die die Anwendung von Oszillographen, Röhrenverstärkern, Hochfrequenz zunächst stießen. Man hat für die Geberwirkung alle elektrischen Erscheinungen nutzbar gemacht, die wir auch schon für Meßdosen benutzt sahen: Kohlewiderstände, Kondensatoren, Induktionsspulen, Piezoquarze. Die Angaben sollen unabhängig von der Vorgeschichte sein, also auch kaum Hysterese zeigen, der Nullpunkt und die Skalenwerte sollen unveränderlich, die Skale soll proportional dem gemessenen Druck sein; alle diese Werte sollen unabhängig von der Frequenz sein, also kurz dauernde Drucke sollen ebenso hoch angezeigt werden wie

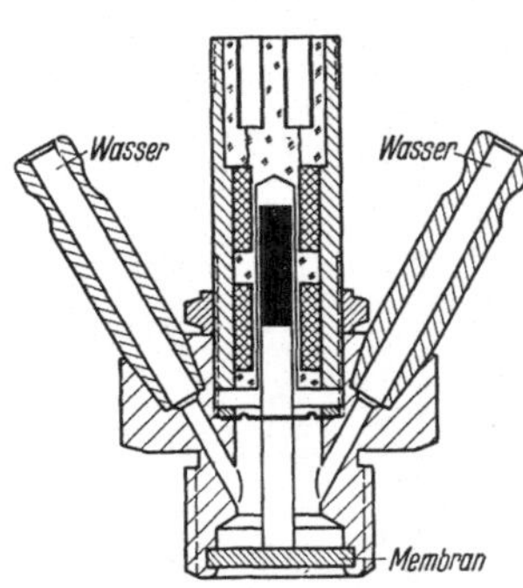

Abb. 370. Induktionsindikator, nat. Größe. Spulen mit Wechselstrom 50 oder 8000 Hz beaufschlagt, Tauchanker, durch zwei Membranen (die eine ist eigentlich eine Platte) geführt, macht Ausschläge von einigen Hundertsteln Millimeter und moduliert den Trägerstrom. Nat. Größe. Fa. Vibro.

länger dauernde, das ist schon nötig, damit eine Eichung (Frequenz 0) möglich ist. Und schließlich ist die wichtigste Bedingung: eine ausreichend hohe Eigenschwingungszahl, meist bis zu etwa 10 000 Hz hinauf, für Sonderaufgaben sind 100 000 Hz nötig, so für Untersuchungen über Klopfvorgänge. Die Verstärkung macht aber auch nach unten hin Schwierigkeiten; Frequenzen unter 10 Hz = 600/min werden von normalen Verstärkern nicht mehr phasenrichtig verstärkt, liefern also Verzerrungen.

Jeder Kanal, der zu dem Indiziergeber führt, gibt Anlaß zu Schwingungen der in ihm stehenden Gassäule; es trifft auch nicht zu, daß man durch Zurücksetzen des Gebers seine Stirnfläche den Temperatureinflüssen entzieht; im Gegenteil, die im Kanal stagnierenden Gase werden komprimiert und liefern dabei unmittelbar vor einer Membran Kompressionstemperaturen von vielen Hunderten Graden. Man sucht also die Geberlänge gleich der Wanddicke der Maschine zu machen, damit seine Stirn gegen die innere Wand des Verbrennungsraumes weder vor- noch zurückspringt. Als Abschluß bekommt der Geber meist eine Membran, seltener einen Kolben; eine Wasserkühlung sollte möglichst an die Membran herangeführt sein. Im Zündkerzengewinde (M 18, meist M 14) können die wirksamen Druckplättchen kaum 10 mm Durchmesser haben, meist sind sie noch durchbohrt, um die elektrische Ableitung herauszuführen.

Plättchen für Kohlewiderstand sind optisch planparallel geschliffen und zu zwei bis vier aufeinandergesetzt, eine federnde Vorspannung hält sie so zusammen, daß sie nicht schettern. Der Vorteil ist, daß der Geber direkt oder nur mit mäßiger Verstärkung auf einen Elektronen- und sogar auf einen Schleifenoszillator gegeben werden kann. Bezüglich Konstanz von Nullpunkt und Skalenwert lassen die Kohlegeber zu wünschen übrig, sie haben sich nur mäßig und für einfachere Zwecke eingeführt.

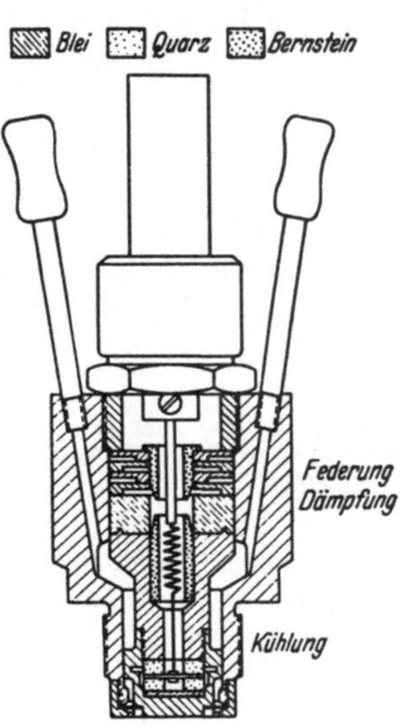

Abb. 371. Quarzindikator, hochgezüchtetes Sondergerät, Eigenfrequenz 100000 Hz, Dämpfung mit Bleiklotz, dieser federnd eingepreßt. Kühlung bis an die Membran heran. Dient für Klopfuntersuchungen am Ottomotor. Nat. Größe. GOHLKE: Z. angew. Phys. 1948 S. 355.

Allgemein werden auf den Prüffeldern der Motorenfabriken *Piezoquarzgeber* verwendet, die allerdings für den Elektronenoszillator eine doppelte, für den Schleifenoszillator eine dreifache Verstärkung bis herauf auf das Tausendfache nötig haben. Der Quarz (Abb. 70) liefert, gedrückt, eine bestimmte Ladung (nicht bestimmte Spannung oder bestimmte Stromstärke), und zwar etwa $2 \cdot 10^{-11}$ Coulomb für 1 kg Kraft. Nun läßt sich im Kerzenstutzen mit M 14-Gewinde nur etwa $^1/_4$ qcm Quarzfläche unterbringen, meist werden zwei Quarze aufeinandergelegt, sie sind also mechanisch hintereinander, werden aber elektrisch parallel geschaltet, so daß $^1/_2$ qcm Quarzfläche wirksam ist. Dann läßt sich $1 \cdot 10^{-11}$ Coulomb Ladung für je 1 at Drucksteigerung erwarten. Das ist gewissermaßen der Federmaßstab dieses Indikators. Es handelt sich also, selbst bei Drucken bis zu 80 at, vor allem aber, wenn man $^1/_{10}$ at oder

weniger noch beobachten will, um sehr kleine entstehende Elektrizitätsmengen, mit denen man entsprechend sparsam wirtschaften muß. Die
Ladung soll das Gitter eines Vorverstärkers auf möglichst hohes Poten-

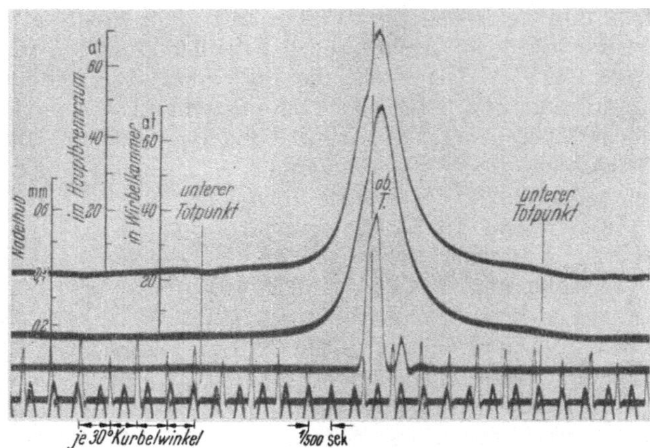

Abb. 372. Zeitdiagramm eines Ottomotors bei $n = 2000/\text{min}$. Druck im Hauptbrennraum, in der
Vorkammer, Hub der Düsennadel, Totpunktmarken, Zeitschwingungen 500 Hz. Aufgenommen mit
Quarzindikator. Fa. Daimler.

tial bringen, damit man durch sagen wir 1000fache Verstärkung auf
meßbare Werte, also etwa 1 mV kommt. Dazu muß das Gitter des
Vorverstärkers auf $U = {}^1/_{1000}\,\text{mV} = 1\,\mu\text{V} = 10^{-6}\,\text{V}$ gebracht werden,

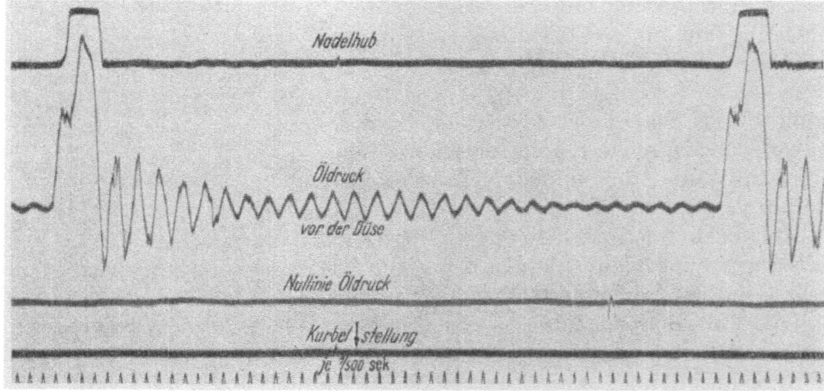

Abb. 373. Zeitlicher Verlauf des Einspritzvorganges an einem Dieselmotor, 570 Uml./min. Nadelhub, Druck in Ölleitung, Totpunkt, Zeit = 500 Hz. Aufgenommen mit Quarzindikator. Fa. Deutz.

also darf die Kapazität aller Leiterteile, auf die jene Ladung $Q = 10^{-11}\,\text{C}$
sich verteilt, nicht größer sein als $C = Q : U = 10^{-11} : 10^{-6} = 10^{-5}\,\text{Farad}$
oder $10\,\mu\text{F}$ (Mikrofarad). Dem wird bei der Auswahl der ersten Röhre
im Verstärker Rechnung getragen, zudem werden die Leitungen zwischen

Quarz und Röhre dünn und nicht zu lang gemacht — nur so lang, daß man aus den schlimmsten Erschütterungen des Motors herauskommt. Zweitens aber muß die so in den fraglichen Leiterteilen entstandene Spannung auch gut zusammengehalten werden, die Ladung darf sich nicht durch Ableitung unzulässig vermindern; zwar spielen sich die Vorgänge bei der Messung so schnell ab, daß innerhalb einer Diagrammaufnahme keine wesentlichen Verluste entstehen werden; aber das Gerät muß geeicht werden, indem bekannte Kräfte oder Drucke auf den Quarz gegeben und die im Oszillographen entstehenden Ausschläge gemessen werden; das wird jeweils 10 s dauern, innerhalb deren sich die Ladung nicht zu sehr, sagen wir um höchstens 1% verringert haben darf; es darf dann $0{,}01 \cdot 10^{-11} = 10^{-13}$ C in 10 s oder 10^{-11} C in 1 s verschwinden, das ist eine Stromstärke $J = 10^{-14}$ A, die bei $U = 10^{-6}$ V Spannung durch die gesamte Isolierung verlorengehen darf; die Isolierung von Geber, Leitung und Röhrengitter muß zusammen $R = U : J = 10^{-6} : 10^{-14} = 1 : 10^{-8} = 10^8$ Ohm oder $10^2 = 100$ MΩ (Megohm) Widerstand gegen Erde haben; das ist ein Mindestwert; es wird auch 10^{13} bis 10^{14} MΩ verlangt; im Geber und an der Röhre verwendet man deshalb polierten Bernstein als Isolation. Die kleinen Spannungen in genannten Teilen dürfen auch nicht durch Einstrahlungen verändert werden, wie solche von den Kerzen der untersuchten Maschine oder von Nachbarmaschinen kommen können; die Leitung vom Geber zum Vorverstärker wird also abgeschirmt, in metallnem Rohr verlegt, oder metallisch umklöppelt, die Abschirmung ist zu erden; auch die Kabelstecker und der Vorverstärker sollen abgeschirmt sein. Das Arbeiten mit dem Quarzgeber bedingt also subtile Vorbereitungen, bevor man noch ans Verstärken geht. Und schließlich muß ein eingestellter Zustand auch aufrecht erhalten bleiben, während doch selbst Bernstein eine Kondensationsschicht annimmt und auch verschmutzt.

Die in § 7 schon besprochenen Dinge sind hier zahlenmäßig rekapituliert, weil die Verhältnisse beim Indikator wegen des beschränkten Raums im Indikatorstutzen schwieriger sind als anderwärts; man kommt auf besonders kleine Elektrizitätsmengen.

Die Verstärker unterscheiden sich von den für andere Zwecke üblichen, indem das beherrschte Frequenzgebiet von 3 Dekaden bei tieferer Frequenz anfängt, etwa schon bei $f = 1{,}5$ Hz entsprechend der Drehzahl $n = 90$/min (Abb. 87, 88).

Zum Aufschreiben werden meist Schleifenoszillographen verwendet, deren sechs Schleifen dann die Drucke im Zylinderraum, in einer etwaigen Vorkammer, in der Brennstoffleitung ferner den Hub der Einspritznadel und die Totpunkte anzeigen, endlich geben noch Zeitmarken die Papiergeschwindigkeit an. Die Nadelbewegung verdeckt mehr oder weniger einen Schlitz, durch den hindurch Licht auf eine Fotozelle fällt, deren Strom ist ein Maß der Nadelstellung und wird von einer Schleife angezeigt.

Soll das Ergebnis nur gezeigt werden, so dient der Kathodenstrahloszillograph; mit seinen vier Platten (Abb. 51) lassen sich Kolbenwegdiagramme vorführen und auch photographieren.

Eine gewisse Schwierigkeit bietet dabei die Frage, wie das zweite Plattenpaar des Oszillographen mit einer nach dem Kolbenweg bemessenen Spannung beaufschlagt werden kann; die Bilder zeigen einige Lösungen.

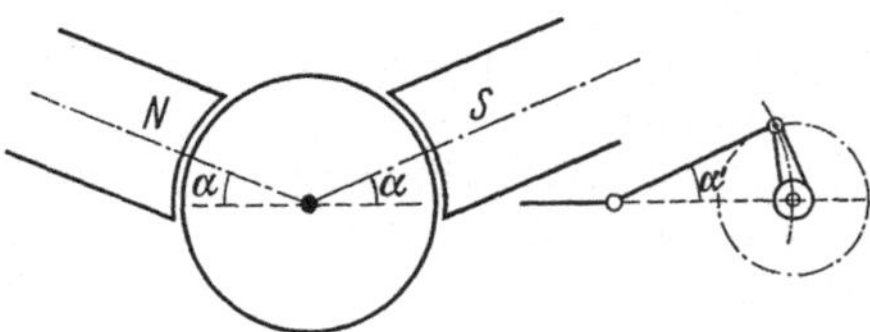

Abb. 374. Geber für Kolbenweg. Wicklung des Läufers liefert Spannungsverlauf entsprechend Schubstangenlänge, wenn α = α' für Mittelstellung des Kolbens ist.

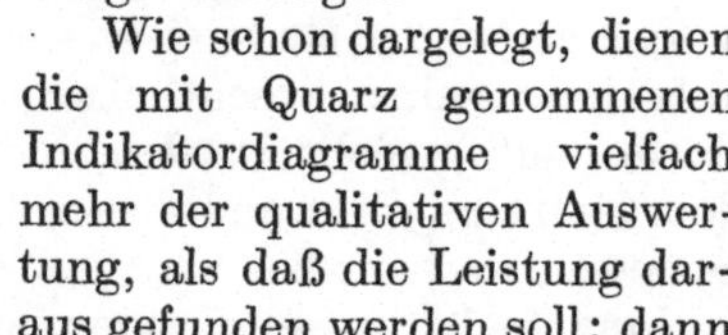

Wie schon dargelegt, dienen die mit Quarz genommenen Indikatordiagramme vielfach mehr der qualitativen Auswertung, als daß die Leistung daraus gefunden werden soll; dann kommt es auf genaue Eichung der Geräte, Quarz sowohl wie Verstärkung, so sehr nicht an. Soll aber doch die Leistung ermittelt werden, so bietet eine korrekte Eichung manche Schwierigkeit. Der vom gewöhnlichen Indikator bekannte Weg, statisch verschiedene Drucke wirken zu lassen und den Ausschlag zu messen, verlangt eine sehr gute Isolierung aller Teile vom Quarz bis zum ersten Gitter, sonst geht ein Teil der geringfügigen vom Druck erzeugten elektrischen Ladung verloren, bevor man noch hat ablesen können. Mit dieser Schwierigkeit kämpft schon die Meßdose, ein im Prinzip statisches Gerät. Beim Indikator als einem dynamischen Gerät hat NIER, der zur Zeit wohl angesehenste Fertiger von Quarzgeräten, ein Sondergerät entwickelt, das den Gedanken des Gegendruck-Indizierens auf den Quarzindikator abwandelt. Die Membran, die den

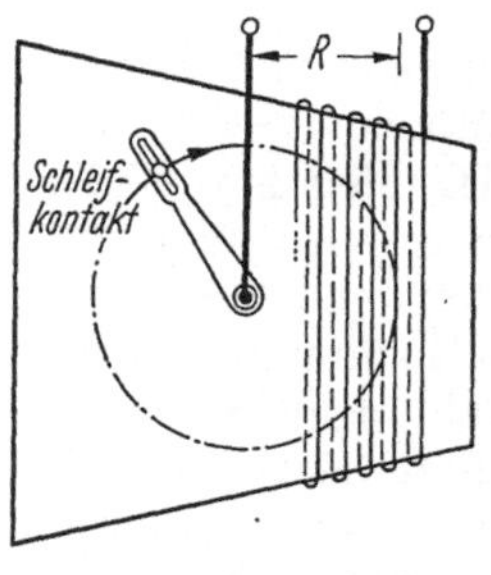

Abb. 375. Geber für Kolbenweg. Im Umlauf des Schleifkontaktes wechselt der Widerstand, die schräge Form gibt der Schubstangenlänge Einfluß, veränderlich durch Verschieben des Mittelpunkts oder durch Ändern der Armlänge. Alte Ausführung Zeiß-Ikon, nicht mehr am Markt.

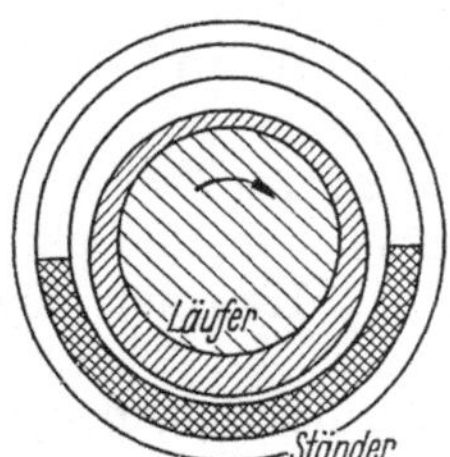

Abb. 376. Drehwinkelgeber für ¡Abb. 370, durch Kondensatorwirkung zwischen der Halbschale und dem darin exzentrisch umlaufenden Drehkörper; der Kondensator liegt in einem Brückenzweig, der umlaufende Teil liegt über das Wellenlager hinweg an Erde, der Ständer liefert ohne Bürstenübertragung die Spannung gemäß dem Kolbenweg. Fa. Vibrometer.

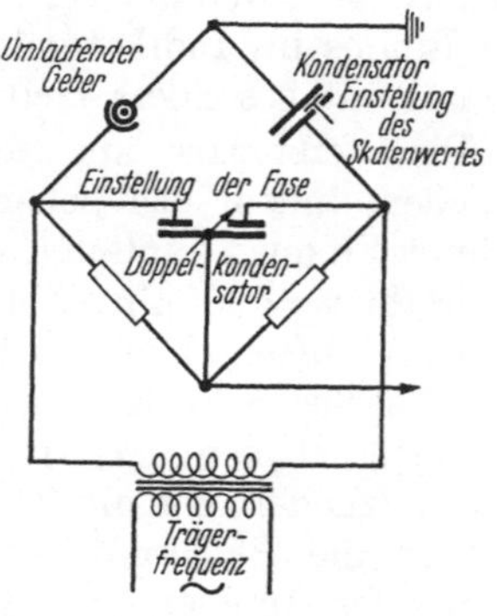

Abb. 377. Schaltung zu Abb. 376.

Quarz belastet, kann von der Quarzseite her mit einem am Manometer ablesbaren Gegendruck belastet werden. Demnach zeigt der Oszillograph nur den Teil des Diagramms, wo der Druck im Zylinder den Gegendruck übertrifft; durch Steigern des Gegendruckes verschwindet das Diagramm von unten her. Mag seine Gestalt verzerrt sein, aus den Angaben des Druckmanometers läßt sich seine wahre Gestalt abtasten — im Beharrungszustand der Maschine. Es ist das eine Ersatzmethode für das statische Eichen, die auch für Meßdosen anwendbar ist. Die Genauigkeit wird mit einigen Tausendteilen des Höchstdruckes angegeben, wobei allerdings eine äußerst feine Werkstattarbeit für die Membran verlangt wird, die zwischen zwei

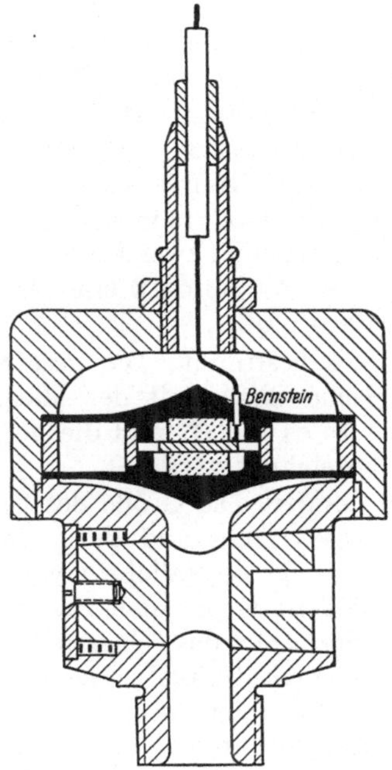

Abb. 378. Quarzindikator nach NIER, nat. Größe. Quarzpaar zwischen zwei Membranen eingespannt, erfährt Kräfte, wenn untere Membran Druck erhält. Nachteil: halbe Elektrizitätsmenge, als wenn oberes Widerlager steif wäre; Vorteil: Bewegungen des Gehäuses, also Erschütterungen durch Maschinennähe, treffen beide Membranen gleichmäßig, sind ohne Wirkung auf Quarze. NIER: Trans. Instruments and Measurements Conference. Stockholm 1949, S. 151. Fa. Nier.

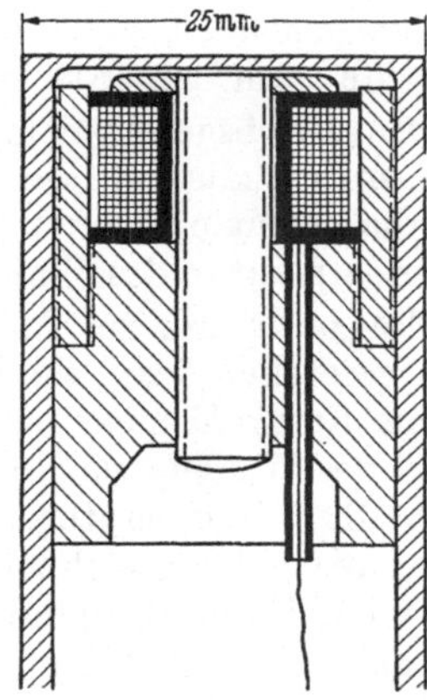

Abb. 379. Indiziervorrichtung am Kühlschrankkompressor 25 Dm, 16 Hub $n = 1750/\text{min}$; Kompressionsraum durch die Vorrichtung nicht verändert. Membran Werkzeugstahl 0,3 mm, Durchbiegung bis 0,018 mm, dadurch Induktion der Spule geändert; wirkt im Differential-Transformator, mit HF gespeist. FIENE: Refrig. Engng. 1928, 77.

Anschlagflächen mit 0,025 mm Spiel abgestützt ist; außerdem wird das Manometer entsprechend genau sein müssen (L. 299, 300). — Dieses Verfahren bekämpft also die Tatsache, daß durch Lässigkeit der Isolierung allmählich der mittlere Druck des jeweils indizierten Diagramms an Stelle einer anfangs eingestellten Atmosphärenlinie tritt.

VII. Temperatur.

63. Einheiten. Die Temperatur ist diejenige Eigenschaft der Wärme, die ihren Übergang vom wärmeren zum kälteren Körper veranlaßt. Man sagt wohl, zwei Körper A und B seien gleich warm, wenn bei gegenseitiger Berührung keine Wärme übergeht oder, im Sinne der mechanischen Wärmetheorie, wenn ebensoviel Wärme von B nach A wie von A nach B geht. Diese übliche Aussage trifft aber bei festen und

flüssigen Körpern nur den Grenzfall verschwindend kleinen Dampf-
oder Lösungsdruckes. Wie sich beim Psychrometer das feuchte Thermometer mit der umgebenden Luft nicht nach gleicher Temperatur, sondern
nach dem Wärmeinhalt abgleicht, so läßt sich aus allgemeiner Anschauung eigentlich nur der Begriff der Temperatur, nicht aber ein Maß
für deren Gleichheit oder Ungleichheit gewinnen. Mathematisch formell
führt ZEUNER die Temperatur als integrierenden Divisor in die Wärme-
gleichungen ein, um das thermodynamisch unbestimmte Differential der
Wärmemenge in ein thermodynamisch bestimmtes, die Entropie, über-
zuführen. KELVIN bestimmt die Stufung der Temperaturskala und
damit die Gleichheit der Temperaturen thermodynamisch aus dem
zweiten Hauptsatz, in dem Sinn, daß ein zwischen je zwei Temperaturen
sich abspielender, vollkommen umkehrbarer Kreisprozeß eine Arbeits-
ausbeute nach dem Satz von CARNOT liefern muß.

Das Reichsgesetz vom 7. August 1924 bestimmt: Die gesetzliche
Temperaturskala ist die thermodynamische Skala mit der Maßgabe,
daß die normale Schmelztemperatur des Eises mit 0° und die normale
Siedetemperatur des Wassers mit 100° bezeichnet wird.

Man mißt also die Temperatur nach Graden. Die Größe des Grades
liegt gesetzlich fest, sie ist der *gesetzlichen Skala* und der *absoluten
Temperaturskala* gemeinsam. Doch beginnt die gesetzliche vom Frierpunkt des Wassers als Nullpunkt an zu zählen, der normale Siedepunkt
heißt 100°; Temperaturen unter dem Frierpunkt des Wassers werden
als negativ gekennzeichnet. Die absolute Temperaturskala oder KELVIN-
Skala hat ihren Nullpunkt bei $-273{,}2°$, der Frierpunkt des Wassers
liegt also bei rd. 273 K und der normale Siedepunkt bei 373 K. Negative
Werte der absoluten Temperatur kommen nicht in Frage, da $-273°$ die
theoretische untere Grenze der gesamten Temperaturskala ist. Die in
der gesetzlichen Skala ausgedrückte Temperatur wird mit t, die in
absoluten Graden ausgedrückte mit T [K] bezeichnet; dann ist also
$T = 273 + t$.

Für die wenig schöne Bezeichnung °abs. findet sich neuerdings
die Bezeichnung Grad Kelvin [° K]; ein empfehlenswerter Brauch, da
Lord KELVIN die absolute Temperaturskala thermodynamisch definiert
hat. Die Bezeichnung des Grades durch die hochstehende ° ist unglücklich; die Benennung ist mit der Maschine schlecht zu schreiben,
sie ist in Dimensionsformeln nicht unterzubringen; man schreibt dann
das Wort [Grad] aus. Es genügt aber, einfach C und K zu schreiben,
gesprochen: Grad und Grad Kelvin; dieser Brauch wird in diesem
Buch jedenfalls bei Dimensionsangaben und da geübt, wo C und K zu
unterscheiden sind. Übrigens ist es seit Erlaß des genannten Gesetzes
üblich, nur ° statt °C zu schreiben, weil eben heute der (dem Celsiusgrad
gleiche) gesetzliche Grad gemeint ist.

In Dimensionsformeln macht die Temperatur aber auch sachlich Not,
da ihre Dimension im technischen oder c-g-s-Maßsystem nicht festliegt.
In maßgebende Formeln, wie die CLAPEYRONsche Gleichung, geht nur
das Ver hält nis der Temperaturen ein, so daß eine *Dimension für die
Temperatur* nicht daraus folgt. Ohne zwingenden Grund wird die Tem-

peratur deshalb als unbenannte Zahl angesehen. Meist aber hilft man sich, indem man in den Benennungen die Wärmegrößen als solche einführt; auch die kcal bleibt als solche stehen, obwohl sie sich in [mkg] umrechnen läßt, worauf dann die spezifische Wärme statt [kcal/kg · C] mit der Benennung [m/C] erscheinen würde; diese aber ist ungebräuchlich. Es hat sich ein eignes wärmetechnisches Maßsystem herausgebildet, mit der Stunde als Zeiteinheit, es benutzt also die Grundeinheiten m, kg, h, kcal, C. Die Wärme nimmt eben nach der Natur der Sache eine Ausnahmestellung gegenüber anderen Energieformen ein (Tabelle B).

Über die praktische Verwirklichung der gesetzlichen Temperaturskala hat die Physikalisch-Technische Reichsanstalt durch Bekanntmachung im Reichsministerialblatt vom 17. Oktober 1924 Festlegungen getroffen. Festpunkte, die in Verbindung mit den beiden Hauptpunkten praktisch die Skala bestimmen (L. 308), sind die folgenden:

Siedepunkt O_2	$-183,00°$	Siedepunkt H_2O	$100°$
Sublimationspunkt CO_2	$-78,50°$	Siedepunkt S	$444,60°$
Erstarrungspunkt Hg	$-38,87°$	Erstarrungspunkt Ag	$960,5°$
Schmelzpunkt H_2O	$0°$	Schmelzpunkt Au	$1063°$

Zwischen diesen Punkten interpoliert man die ganze Skala mit Hilfe von Widerstandsthermometern aus reinem Platin. Vom Schmelzpunkt des Goldes aufwärts dient das Strahlungspyrometer in besonderer Weise zur Fortführung der Skala.

Die Skala der Vereinigten Staaten und die englische entspricht nach Vereinbarungen der Reichsanstalt mit den dortigen Instituten der unserigen. Daß man in den englischen Sprachgebieten im täglichen Leben und auch in der Technik noch vielfach die *Temperaturskala nach Fahrenheit* verwendet, ist bekannt. Bei ihr heißt der Frierpunkt des Wassers 32 F, der Siedepunkt bei normalem Luftdruck (760 Torr) 212 F, der Abstand zwischen den Festpunkten ist also nach Analogie der Winkelteilung in 180 Grade geteilt. Es gilt $C = \frac{5}{9} \cdot (F - 32)$; $F = \frac{5}{9} C$ $+ 32$. Die absolute Temperatur im Fahrenheit-System L. 1 ist $T_F = F$ $+ 459,6$; am Eispunkt ist $T_F = 492$, am normalen Siedepunkt $T_F = 672$ (Tabelle C).

Nach Dinorm 524 gilt seit 1922 als *Normaltemperatur* in der Industrie $20°$ und nicht mehr $0°$. Das bezieht sich in erster Linie auf Längen- und Raummaße. Dagegen ist $0°$ nach wie vor die normale Temperatur bei der Definition des Meters und des Ohm, sowie des Quecksilbers bei Druckmessungen, und $4°$ definiert die Beziehung des Kilogramms zum Liter Wasser. Über den Bezugszustand bei der Angabe von Gasmengen als Volumen ist in § 14 referiert.

In den Vereinigten Staaten gilt 68 F $= 20°$ als Normaltemperatur.

64. Ausdehnungsthermometer. Bei fast allen Stoffen nimmt das Volumen mit steigender Temperatur zu, die Wichte also ab, ein Stab längt sich. Das Maß der Dehnung ist verschieden. Auf der Ausdehnung, eigentlich auf der Verschiedenheit der Ausdehnung von Flüssigkeiten und Glas beruhen die Flüssigkeitsthermometer, meist mit Quecksilber gefüllt, die Unterschiede in der Ausdehnung fester Körper liefern eine Reihe wichtiger Betriebsgeräte.

Das *Quecksilberthermometer*, bestehend aus der Kugel und dem Faden, längs letzterem die Skala, ist bekannt. Gute Thermometer bestehen aus Jenaer Glas 16 III, das geringe thermische Nachwirkung hat und am eingeschmolzenen rotvioletten Faden kenntlich ist. Das den Quecksilberfaden enthaltende Glasrohr hat oben eine Erweiterung, in die das Quecksilber beim Überschreiten der Höchsttemperatur eintritt, sonst müßte das Gerät zerspringen. Bleibt beim Rückgang in dieser Erweiterung Quecksilber, so wird die Ablesung gefälscht, ebenso wenn der Faden sich in der Röhre teilt, meist infolge unreinen Quecksilbers oder schlechter Entlüftung des Gerätes. Beide Erscheinungen vermeide man und beseitige sie wie folgt: Man schwenke das Thermometer, die Kugel nach außen, mit ausgestrecktem Arm scharf im Kreise, so daß die Schwungkraft das abgerissene Quecksilber zum übrigen treibt, oder man schlage die Hand mit dem Thermometer darin scharf auf den Tisch. Notfalls lasse man durch Erwärmen ein beträchtliches Ende des Fadens in die Erweiterung treten, reiße ihn durch Schleudern vom Quecksilbervorrat ab, damit sich das in der Erweiterung stehende mit ihm vereinigt, und bringe das Ganze durch Schleudern wieder zur Kugel zurück. Manchmal hilft auch vorsichtiges Erwärmen der oberen Erweiterung des Thermometers, so daß das Quecksilber in die Röhre getrieben wird. Reißt der Faden wieder und wieder an gleicher Stelle ab, so kühle man das Thermometer mit Eis oder Ätherwatte, bis der Faden ganz in die Kugel hineintritt, dort vereinigt sich alles Quecksilber.

Das gewöhnliche Quecksilberthermometer bleibt bis etwa 300° anwendbar, passende Skalen vorausgesetzt. Bei 360° siedet Quecksilber. Das zu hindern, wird der Raum über dem Quecksilber, der gewöhnlich luftleer ist, mit Stickstoff oder Kohlensäure von 10 at Druck gefüllt. Geräte aus Jenaer Glas 2954 III, kenntlich an einem schwarzbraunen Längsstreifen, sind bis 525°, solche aus Supremaxglas (ohne Kennung) bis 625° verwendbar, wo das Glas erweicht, das übrigens genügend starkwandig ist. Der Name Stickstoffthermometer ist nicht sehr charakteristisch, das Wirksame ist immer noch das Quecksilber. Thermometer aus Quarzglas, also geschmolzenem Quarz, mit Quecksilberfüllung, gehen sogar bis 750°; Quarzglas hat den weiteren Vorteil, gegen plötzliche Temperaturänderungen unempfindlich zu sein. Immerhin besteht eine gewisse Explosionsgefahr, da der Innendruck, die Dampfspannung des Quecksilbers, bis auf 100 at kommt.

Der Konstruktion nach sind die Quecksilberthermometer entweder *Einschlußthermometer* mit einer neben die Kapillare gesetzten Skala aus (Papier oder) Milchglas mit einem Mantelglasrohr um das Ganze, oder *Stabthermometer* mit einer außen auf die starkwandige Kapillare aufgeätzten Skala. Bei letzteren wird die Skala leicht durch hohe Temperaturen oder durch Einwirkung von Säuren oder Alkalien unleserlich, weshalb es zu begrüßen ist, daß die Firma Siebert & Kühn Einschlußthermometer bis herauf zu 750° herstellt. Die Skala ist aus Hartglas statt aus dem leicht schmelzenden Milchglas.

Auch Thermometer unterliegen dem Eichzwang, soweit sie im geschäftlichen Verkehr dienen. Die Verordnung der PTR vom 26. 6. 1925 läßt folgende Verkehrsfehler zu:

Temperatur	-20	$+50$	200	300	400	500	600	700 C
Verkehrsfehler		1	2	3	6	9	12	15

Die Angabe von Glasthermometern ist davon abhängig, ob das ganze Instrument oder wieweit es in die zu messende Temperatur eintaucht. Abgesehen von den allgemeinen Gesichtspunkten für die Anbringung der Thermometer, über die in § 67 berichtet wird, ist hier an Abweichung der Temperatur des Quecksilberfadens von der der Kugel gedacht. Die Instrumente sind meist mit ganz eingetauchtem Faden geeicht. Thermometer für hohe Temperaturen sind bisweilen „mit herausragendem Faden" geeicht und dann so bezeichnet, zweckmäßig sollte noch die Eintauchlänge numerisch angegeben sein. Gegenüber den hohen Temperaturen spielen die kleinen Schwankungen der Lufttemperatur keine Rolle. Nun muß aber der ganze Faden herausschauen, und das ist auch oft unbequem.

Thermometer, die mit eingetauchtem Faden geeicht sind, sollten auch so benutzt werden; so kann man sie nach Maßgabe von Abb. 399, S. 310, am Knie der Rohrleitung einbauen statt quer in ein einfaches T-Stück. Ist ein herausragender Faden nicht zu umgehen, so ist an der Ablesung, neben der Korrektion gemäß der Eichung des Gerätes, noch die *Fadenkorrektion* anzubringen. Ist α die Ausdehnungszahl des Quecksilbers, so dehnt sich also der Faden von $1°$ Länge um die Länge von $\alpha°$. Dabei muß man, weil die Gradeinteilung selbst sich ausdehnt, unter α die scheinbare Ausdehnungszahl des Quecksilbers in Glas verstehen. Ist t_0 die Ablesung am Thermometer, während der um n Grade herausragende Faden die Temperatur f hat, so ist die wahre Temperatur der Thermometerkugel $t = t_0 + \gamma n (t_0 - f)$. Der zweite Summand ist die Fadenkorrektion. Man mißt die Fadentemperatur durch ein Hilfsthermometer, dessen Kugel in halber Höhe des Fadens hängt. Bei Quecksilberthermometern setzt man $\gamma = {}^1/_{6000}$, bei solchen mit Pentan-, Toluol- oder Alkoholfüllung $\gamma = {}^1/_{600}$.

Beispiel: Die Temperatur von Essengasen wurde gemessen; man hat $324°$ abgelesen, dabei schaute der Faden von $150°$ an heraus und seine Temperatur war mit $32°$ gemessen oder geschätzt. Die Fadenkorrektion beträgt $\dfrac{(324-150)\cdot(324-32)}{6000}$ $= 8,06 \sim 8°$; die wahre Temperatur ist $332°$ statt $324°$. Wollte man die Wärmeverluste feststellen, die daher rühren, daß die Essengase mit mehr als $20°$ abgehen, so hätte man durch Unterlassung der Korrektion einen Fehler von $\dfrac{8}{332-20}\cdot 100$ $= 2,6\%$ erhalten. — Selbst bei niedrigen Temperaturen sind die Fehler nicht belanglos. An einem Oberflächenkondensator oder Vorwärmer las man die Zulauftemperatur des Wassers $10,6°$, die Ablauftemperatur $39,7°$ ab, würde also eine Temperaturzunahme von $29,1°$ feststellen. Im Raum herrscht aber die Temperatur $27°$, und das sei auch die Temperatur der Fäden, die beide von $-10°$ an herausragen. Die Fadenkorrektionen sind: für den Zulauf $-0,053°$ (negativ) und für den Ablauf $+0,099°$. Beachtet man sie, so wird die Temperaturzunahme des Wassers um $0,053 + 0,099$ oder um über $0,15°$ größer; der Fehler durch ihre Nichtbeachtung ist $\dfrac{0,15}{29,1}\cdot 100 \sim 0,5\%$. Wenn man solche Korrektionen vorzunehmen für zu umständlich erachtet, darf man wenigstens nicht das Resultat auf viele Stellen angeben. — Im letzteren Falle hätte man beide Quecksilberfäden um gleich viele Grade herausragen lassen und auf gleiche Temperatur bringen sollen, dann wird der Unterschied der Temperaturen richtig.

Auch der Druck der Umgebung beeinflußt die Anzeige des Thermometers, je nach der Wandstärke der Kugel, Größenordnung 0,1° je Atmosphäre.

Aus besonderen Gründen werden die Glasthermometer mit *anderen Flüssigkeiten als Quecksilber* gefüllt. In Wechselstromfeldern geben Quecksilbergeräte wegen der Wirbelströme falsche Werte. Da Quecksilber bei —39° gefriert, so werden unterhalb etwa —30° Füllungen aus tiefer erstarrenden Stoffen verwendet. Alkohol ist ungünstig, weil sich der obere Fundamentalpunkt 100° nicht verwirklichen läßt und weil

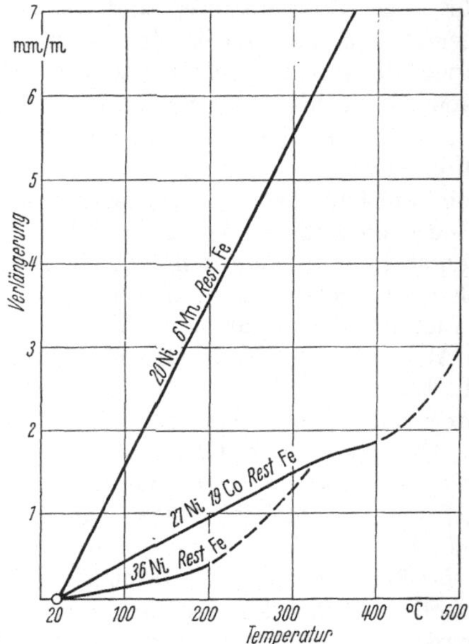

Abb. 380. Ausdehnung einiger Nickel–Eisen-Legierungen. Fa. Vakuumschmelze.

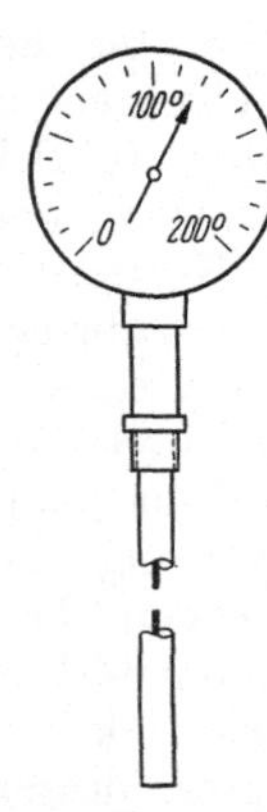

Abb. 381. Stabthermometer für Backstuben, Metallstab im Rohr. Äußerlich ähnlich: Quecksilberdruckthermometer. Fa. Schäffer & Budenberg.

keine Unreinigkeiten, namentlich Feuchtigkeit, beträchtliche Unterschiede in der Ausdehnung und in der Netzung bewirken. Toluol dagegen siedet bei +110° und ist bis —70° herab verwendbar, dabei leicht rein darzustellen. Für tiefste Temperaturen bis —200° C verwendet man Pentan in besonderer thermometrischer Qualität.

Thermometer mit benetzender Flüssigkeit dürfen nur langsam abkühlen, sonst bleiben merkliche Flüssigkeitsmengen an den Wänden der Kapillare hängen und die Ablesung wird zu niedrig. Der Faden muß so langsam zurückgehen, daß die Netzung durch die Kohäsion der Flüssigkeit überwunden wird und das Genetzte alsbald zur Hauptmenge herabgeht. Der Meniskus ist bei zu schnellem Abkühlen stark ausgehölt, während er fast eben aussehen sollte.

Die bisher besprochenen Geräte entsprechen höheren Anforderungen an Genauigkeit, sind aber abhängig von sorgsamer Behandlung und zerbrechlich; die folgenden *Betriebsgeräte* sollen verwendet werden, wo sie roher Behandlung ausgesetzt sind, wo dafür aber mäßige Genauigkeit genügt. Außerdem sind in Nahrungsmittelbetrieben Geräte mit Quecksilber unzulässig, zumal gläserne. Für die Temperaturmessung in Backstuben kommen daher Geräte in Frage, die auf der verschiedenen Wärmedehnung fester Metalle beruhen.

In dieser Hinsicht haben sich die Legierungen des Nickels mit Eisen als wichtig erwiesen. Eine Legierung 36 Ni, Rest Fe (Kruppsches Indilatans, Fa. Kuhbier) dehnt sich sehr wenig, allerdings nur unterhalb eines Knickpunktes, bei dem eine Umwandlung der Kristallform statthat. Die Legierung 42 Ni, Rest Fe dehnt sich zwar stärker, hat aber den Knickpunkt erst bei 355°; das reicht für die Thermometer in Backstuben. 26 Ni, 23 Co, Rest Fe ist bis gegen 485° brauchbar als Metall kleiner Dehnung. Demgegenüber hat die Legierung 20 Ni, 6 Mn, Rest Fe die dreifache Dehnung und keinen Knick.

Aus dieser und anderen Legierungen lassen sich Kombinationen aufbauen, die kleine aber kraftvolle Bewegungen ergeben. Ein Rohr aus dem einen, darin ein Stab aus dem anderen Stoff, oder zwei Stäbe in einem Schutzrohr ergeben auf 1 m Länge für 100° Temperatur etwa 1,5 mm, bis 200° nicht ganz doppelt so viel gegenseitige Bewegung, die einen Zeiger betätigt in einem Ge-

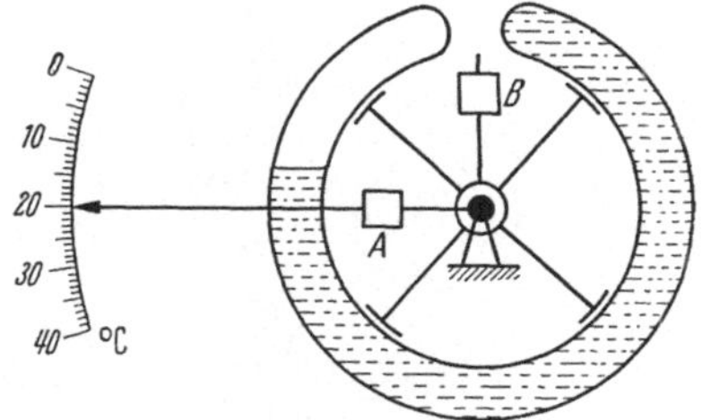

Abb. 382. Zeigendes (oder schreibendes) Ausdehnungsthermometer. Über der Flüssigkeit Luft; dehnt sich die Flüssigkeit, so verlagert sich der Schwerpunkt. Fa. Union.

häuse ähnlich dem eines Manometers, hoch oder quer stehend. Es kommt nicht auf die Länge der Stäbe an, sondern darauf, wie weit sie in die Meßtemperatur eintauchen.

Aus solchen Metallpaaren werden auch *Bimetall*-Streifen hergestellt (Fen. Vakuumschmelze, Kuhbier); solche aus Ni Fe 206 gegen 360, Länge 100 mm, Dicke 1 mm, geben eine spezifische Ausbiegung 0,156 mm je Grad und sind bis 500° anwendbar; sie dienen meist für Kontaktgabe etwa an Kühlschränken, können aber auch, meist dann zur Wendel gewickelt, zur Messung der Temperatur dienen; sie haben geringe thermische Trägheit.

Auch die *Quecksilber-Druckthermometer* bestehen aus einem Stab mit Skalengehäuse; darin ist ein stählerner Behälter, durch ein Kapillarrohr mit einem Manometer verbunden, das Ganze sorgsam luftfrei mit Quecksilber gefüllt; dehnt sich dieses, so wirkt der entstehende Druck auf die Manometerfeder, er ist ein Maß für die Temperatur. Diese Geräte lassen sich aber auch mit längerer Kapillare ausführen, die als Ring angeliefert und beliebig verlegt wird; es lassen sich 10 m und mehr überbrücken, nur ergibt dann die wechselnde Temperatur des Kapillareninhalts eine Art Fadenkorrektion, wenngleich die Kapillare nur 0,5 mm licht ist; um dies zu kompensieren, legt man eine gleiche zweite Kapillare, blind beginnend, neben die erste und läßt zwei Manometerfedern differentiell auf das Zeigerwerk wirken. Diese Thermometer sind von -20 bis $+500$ C brauchbar.

Außer Gebrauch gekommen sind, wie es scheint, die Dampfdruckthermometer (Thalpotasimeter). Sie haben auch ein als Fühler wirkendes Gefäß, eine kapillare Leitung und ein Manometer als Zeigergerät; diesmal ist das Gefäß nur teilweise und mit Äther gefüllt, dessen Dampfdruck wird als Maß der Temperatur vom Manometer angezeigt. Vorteil: Fadenkorrektion kommt nicht in Frage, da der Druck von der höchsten irgendwo herrschenden Temperatur abhängt, nicht von irgendeinem Mittelwert, solange noch Flüssigkeit im Gefäß ist. Die Angabe ist aber vom Barometerstand abhängig. — An Kühlmaschinen wird in ähnlicher Weise die Temperatur im Verdampfer und im Kondensator von Manometern angezeigt.

Die in der Tonindustrie üblichen *Segerschen Kegel* sind dreiseitige abgestumpfte Pyramiden aus Tonerdesilikaten, die

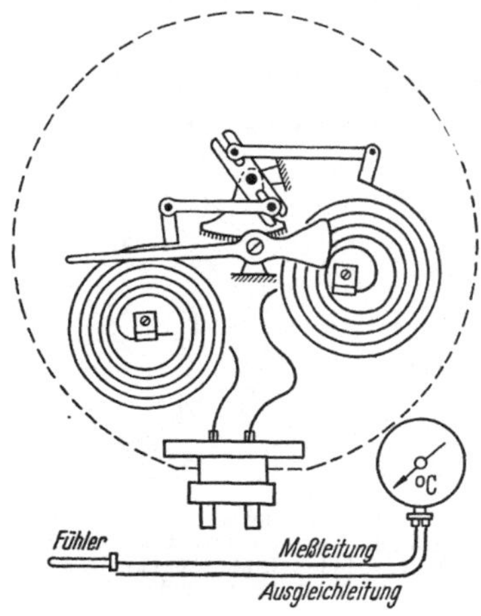

Abb. 383. Quecksilberdruck-Thermometer mit längerer Kapillarleitung zwischen Fühler und Anzeigegerät. Zweite Kapillarleitung neben der Hauptleitung, mit gleicher Dehnung wie diese, ohne Fühler; beide wirken auf je eine Feder des Manometers, nur die Differenz als vom Fühler veranlaßt kommt zur Anzeige. Fa. Eckardt.

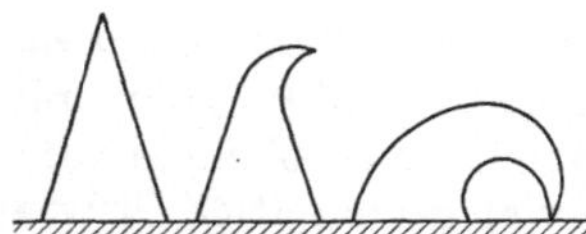

Abb. 384. Seger-Kegel, kalt, beginnendes Erweichen, und: Nenntemperatur ist erreicht; Nummern, in der Nenntemperatur steigend; für sauberes Kippen muß der Kegel richtig schlank sein. Fa. Laboratorium für Tonindustrie.

je nach ihrer Zusammensetzung bei verschiedenen Temperaturen zu erweichen beginnen. Sie werden in 59 Nummern hergestellt; die ihrer Nummer entsprechende Temperatur, von 600 bis 2000°, gilt als erreicht, wenn die Spitze des Kegels die Unterlage berührt. Daß dies nicht nur von der Endtemperatur, sondern auch von der Dauer der Einwirkung abhängt, entspricht den Bedürfnissen der keramischen Industrie.

65. Elektrische Temperaturmessung. *Widerstandsthermometer* benutzen zur Temperaturmessung die Tatsache, daß der elektrische Widerstand der meisten Metalle, praktisch: der von Platin oder Nickel, mit der Temperatur zunimmt. Als Fühler taucht eine Drahtspirale in die zu messende Temperatur, als Anzeiger wirkt ein Strom- oder Spannungszeiger oder ein Kreuzspulgerät in mancherlei Schaltungen, die oft auf das Wheatstonesche Brückenviereck hinauslaufen. Fühler und Anzeiger sind durch Drahtleitungen miteinander verbunden; deren Widerstandsänderungen bei wechselnder Raumtemperatur unschädlich zu machen, ist der Zweck der erwähnten Kunstschaltungen.

Die Drahtspirale des Gebers ist so abgeglichen, daß sie bei 0° oder bei 20° einen bestimmten Widerstand, meist 100 Ohm hat. Sie läßt sich eng konzentrieren oder über einen größeren Bereich verteilen. Sie besteht aus Nickel für — 200 bis + 150°, aus Platin für alle Temperaturen bis herauf zu 750°. Der Draht wird auf kreuzförmige Körper aufgewickelt, aus Hartglas bis 550°, darüber aus Sintertonerde, oder auf einen Glimmerstreifen, gegen Berührung

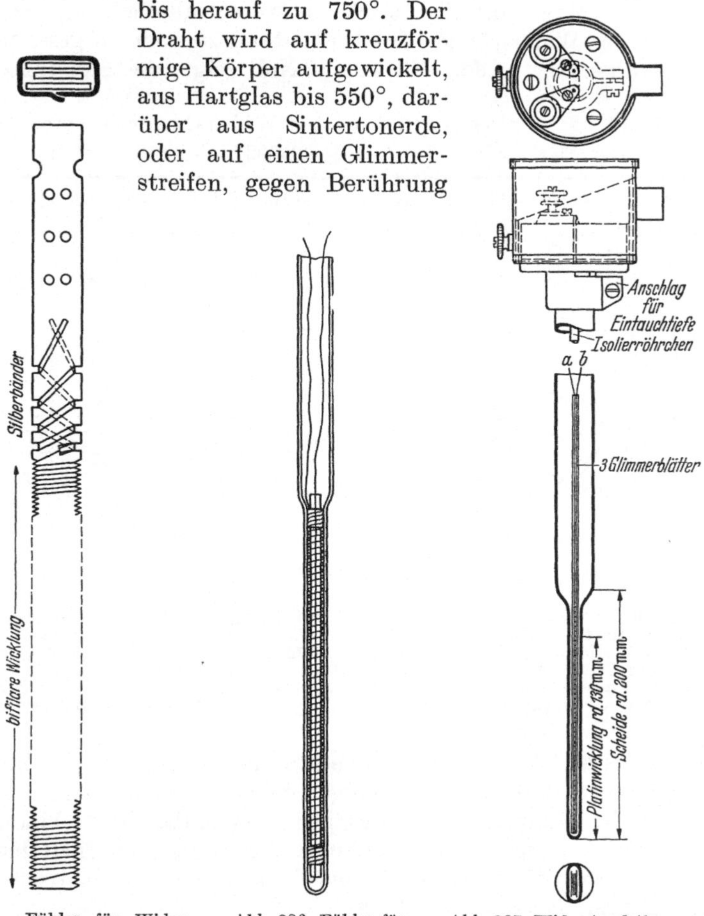

Abb. 385. Fühler für Widerstandsthermometer. Draht (Platin oder Nickel) auf Glimmer gewickelt, jederseits durch Glimmer geschützt, Ableitungsbänder aus Silber oder Grüngold (Silber-Gold-Legierung). Fa. Hartmann & Braun, Siemens & Halske und andere.

Abb. 386. Fühler für Widerstandsthermometer, Platinspirale in Hartglas eingeschmolzen. Firma Heraeus.

Abb. 387. Widerstandsthermometer mit langem Schaft aus Stahlrohr, am Kopf der Kabelanschluß.

geschützt. Platindrähte werden auch in Quarzglas eingeschmolzen, sie folgen dann einer komplizierteren Abhängigkeit zwischen Temperatur und Widerstand, als freie Drähte es tun, für die $R = R_0 (1 + \alpha t + \beta t^2)$ gilt. Meist kommt über das Ganze ein isolierendes Keramikrohr und weiter ein Stahlrohr gegen rauhe Behandlung; sind Stöße zu erwarten, so ist an Bruchsicherung zu denken durch Ausstopfen mit Pulver, das nicht wasserempfindlich sein soll.

Gemessen werden die Widerstandsänderungen mit dem WHEATSTONEschen Brückenviereck, in dem drei Zweigwiderstände $a\ b\ c$ konstant, deshalb aus Konstanten hergestellt sind; der vierte Zweig d enthält den Thermometerfühler und ändert seinen Widerstand mit der Temperatur. Man kann die Brücke in einer Nullschaltung verwenden, zu einem der Widerstände wird Widerstand zu oder ab geschaltet, bis das Galvanometer in der Brücke auf Null zeigt; die Stellung des Ab-

Tabelle 19. Widerstandszunahme bei Widerstandsthermometern.

Für Platin gilt $R_t = R_0\,(1 + 0{,}003927\,t - 0{,}618 \cdot 10^{-6}\,t^2)$.

Temperatur . .	−50	−20	0	+20	+50	+100	+150	+200	+300	+400	+600° C
Platinwiderstand	81,4	92,1	**100**	107,8	118,0	138,6	157,3	176,1	212,2	247,2	313,4
Nickelwiderstand je nach Reinheit	—	86,6	**100**	113,4	133,5	167	—	253	366	491	—

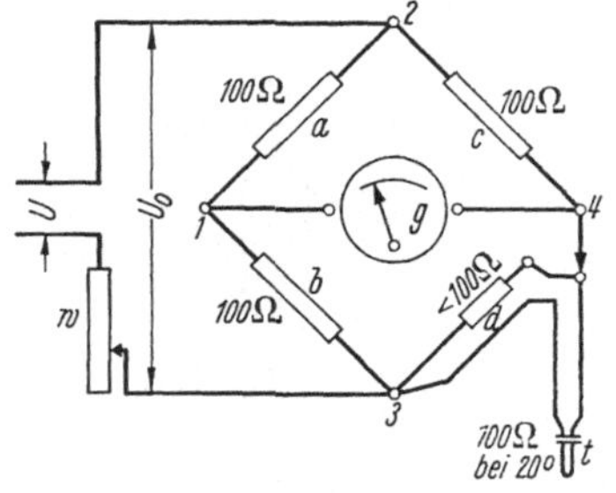

Abb. 388. Brückenviereck zum Ablesen der Temperatur t am Galvanometer g. Einstellen der Soll-Betriebsspannung U_0 bei schwankender Spannung U: Schalter bei 4 wird auf d gestellt, Galvanometer g muß voll ausschlagen, sonst nachregeln am Widerstand w.

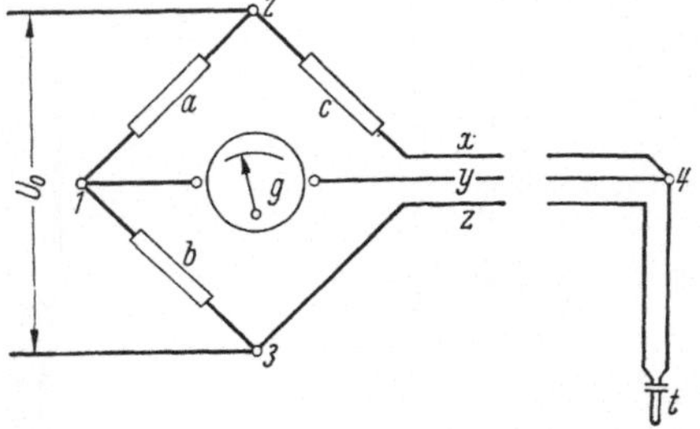

Abb. 389. Brückenviereck zum Ablesen des fernen Thermometers t. Punkt 4, Abb. 388, an die ferne Abfühlstelle gezogen; Widerstandsänderung in x und z durch Temperaturschwankungen gleichen sich aus; Änderungen in y unerheblich, wenn g ein hochohmiger Spannungszeiger ist.

gleichwiderstandes wird als Temperatur abgelesen. Der Nachteil aller Nullmethoden, daß man Änderungen nicht gleich als solche erkennt, macht solche Anordnung nur praktisch verwendbar in Verbindung mit einer servomotorischen Nachstellung: der Ausschlag nach hier oder dort wird abgegriffen und der Ausgleichwiderstand automatisch auf den Nullwert gestellt (Abb. 73, 77, 78).

Statt dessen läßt sich der Ausschlag des in der Brücke eines Vierecks liegenden Strom- oder Spannungszeigers als Temperaturzeiger benutzen, die Skala ist dann in Temperaturgrade geteilt; die Angaben sind aber der Betriebsspannung proportional, die sich bei Batteriebetrieb durch Erschöpfung, bei Netzbetrieb durch Unregelmäßigkeiten ändert. Es bedarf also jeweiliger Einstellung der richtigen Eingangsspannung. Sind erhebliche Längen Kupferdraht zwischen Fühler und Zeiger, so bringt deren Temperaturänderung weitere Fehler in die Messung; man begegnet ihnen durch Anwendung von drei Verbindungsleitungen in verschiedenartiger Schaltung.

Statt des Brückenvierecks mit Galvanometer dient mit Vorteil ein Kreuzspulgerät, das, unabhängig von der Betriebsspannung, ohne weiteres das Verhältnis der Ströme in den beiden Spulen anzeigt. Einer Brückenschaltung bedarf es dann nicht, in einer einfachen Verzweigung wird der jeweilige Fühlerwiderstand mit einem Konstantanwiderstand verglichen. Für Fernanzeige haben Änderungen des Widerstandes der Leitungen zwar weniger Einfluß als bei der einfachen Viereckschaltung; meist kommt man aber trotzdem auf eine Brückenschaltung mit Kreuzspulgerät und drei Fernleitungen ab, ist aber wenigstens von der Spannung unabhängig.

Da man bei der Herstellung der Meßgeräte die Länge der Fernleitung nicht kennt, so sind einstellbare Hilfswiderstände üblich, die den gesamten Widerstand der Fernleitungen auf einen Sollwert abgleichen; insbesondere wenn mehrere Fernleitungen wechselweise auf das gleiche Gerät arbeiten, bedarf es solcher Abgleichmöglichkeiten.

Die Leitungen und ihr Zubehör müssen vorzüglich isoliert sein, besser als bei Starkstrom üblich; der Isolationswiderstand soll 20 Megohm sein. Die Leitungen dürfen auch nicht zu schwach sein, denn ihr Widerstand sollte gegen die 100 Ohm des Fühlers zurücktreten.

Die Empfindlichkeit der Temperaturmessung mit Brückenschaltung läßt sich theoretisch sehr weit treiben. Hat bei 0° jeder Zweig des Brückenvierecks 100 Ohm, das ganze Viereck ebensoviel, und wird es mit 10 V betrieben, so ist an den beiden Verzweigungspunkten zum Meßgerät das Potential je 5 V, in der Brücke geht also kein Strom. Kommt einer

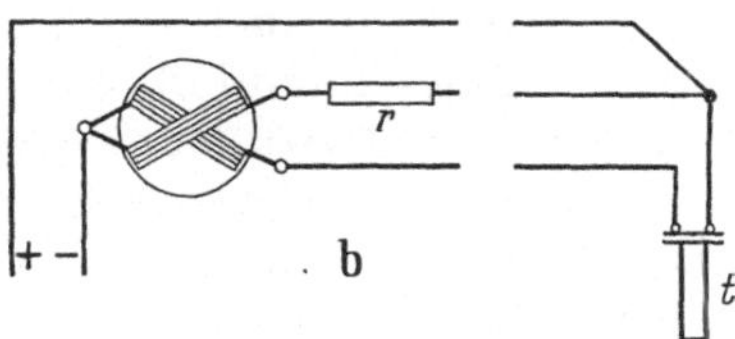

Abb. 390. Vergleich des Widerstandes t mit dem unveränderlichen Widerstand r im Kreuzspulgerät, Schwankungen von U belanglos. a bei kurzer Leitung, b mit Temperaturkompensation bei langer Leitung. Widerstand r zum Einregeln.

der Zweige auf 1°, so erhöht sich sein Widerstand auf 100,392 Ohm, sagen wir, auf 100,4 Ohm. Durch diesen Ast des Vierecks von nun 200,4 Ohm statt 200 gehen nun 0,0499 A statt vorher beiderseits je 0,05; diese Änderung des Stromdurchgangs ist unerheblich. Das Potentialgefälle muß wieder 10 V sein, über die beiden Widerstände des Astes verteilt es sich im Verhältnis 100 : 100,04 = 4,99 : 5,01 V. Im Abzweigpunkt hat sich das Potential um 0,01 V geändert, während es sich im anderen Abzweigpunkt nicht geändert hat. Zu 1° Temperaturänderung sind also 0,01 V Spannung zugeordnet, die mit einem Spannungsmesser beobachtet werden müssen. Nun sind aber in technischem Sinn 0,1 mV gut meßbar (L. 44), dem entspricht 0,01° als bequem meßbar. Die Genauigkeit der Messung wird kaum hierdurch, eher durch Sekundäreinflüsse, zumal Temperatureinflüsse auf die Kupferleitungen und vor allem durch Strahlungseinflüsse auf den Fühler begrenzt werden (§ 67).

Die Empfindlichkeit wird verdoppelt durch Anwendung von zwei Thermometern gleichen Widerstandes, die nebeneinander in die zu messende Temperatur eingebaut und in gegenüberliegende Zweige des Brückenvierecks eingeschaltet werden, also bei a und d in Abb. 388.

Wo nicht die Temperatur, sondern ein *Temperaturunterschied* gesucht wird, sollte direkt die Differenz gemessen werden; zwei gleiche, gut aufeinander abgestimmte und auch gleichartig eingebaute Widerstandsthermometer werden in benachbarte Zweige des Brückenvierecks, bei c und d oder b und d gesetzt (Abb. 388). Man erhält wieder die doppelten Ausschläge, wenn man vier Thermometer anwendet, die in die vier Zweige des Brückenvierecks gelegt werden, so daß sich a und d auf der einen, b und c auf der anderen Temperatur befinden (Kreuzschaltung). Diese Schaltungen setzen aber voraus, daß die Temperaturhöhe unverändert bleibt, wie meist beim Betrieb einer Kühlanlage. Bei wechselnder Temperatur hängt das Ergebnis der Differenzschaltungen von der Temperaturlage ab, von 10 bis 30° ändert sich der 100-Ohm-Widerstand um 7,8 Ohm, das Widerstandsverhältnis um 7,55 %, von 70 bis 90° sind die entsprechenden Zahlen 7,6 Ohm und 6,03 %. Das ist lästig bei Warmwasserheizungen (Abb. 414 und 415) und beim Psychrometer (Abb. 419 bis 423). Um den Einfluß der Temperaturhöhe ziemlich zu beseitigen, führen S. & H., DRP. 411 648, die Betriebsspannung zwischen den beiden Thermometern (nicht quer) ein und macht die beiden anderen (Manganin-) Widerstände groß gegen die Thermometer. Man kann auch der Temperaturhöhe durch Kunstschaltungen einen bestimmten Einfluß geben, so beim Psychrometer (Abb. 424), wenn es gleich die relative Feuchtigkeit anzeigen soll.

Die Erwärmung des Meßwiderstandes ist die ernsthafteste Fehlerquelle bei der Widerstandsthermometrie, die sich der Verwendung höherer Betriebsspannung entgegenstellt. Der durch den Meßdraht gehende Strom erhöht die Temperatur über die Umgebung hinaus, je nach der Stromstärke, andererseits je nach der Ableitfähigkeit für Wärme des gesamten Einbaues. Stark warme isolierende Einbauweisen sind zu vermeiden, auch abgesehen von dem allgemein thermometrischen Gesichtspunkt, daß dadurch die Anzeige sich verzögert. Die Angaben der Tabelle 19 können unmittelbar zur rechnerischen Ermittlung der Temperatur nur dienen, wenn die Stromstärke so gering ist, daß eine im Verhältnis zur Meßgenauigkeit merkliche Temperaturerhöhung nicht statthat; das ist der Fall, wenn eine Steigerung der Betriebsspannung auf den doppelten Wert genau den doppelten Ausschlag des Brückengalvanometers gibt; durch solche Beobachtung kann auch der Einfluß der Temperaturerhöhung zahlenmäßig ermittelt werden. Der Einfluß der Erwärmung läßt sich aber auch eliminieren, indem man mit bestimmter Betriebsspannung arbeitet und das Thermometer eicht.

Der Einfluß der Erwärmung verringert sich, wenn man den wirksamen Draht (bei gleichem Widerstand) stärker und länger macht; für Platin wird das Thermometer dadurch teuer. Man verwendet dann Nickel, dessen Temperaturkoeffizient überdies bei gleichem Widerstand höher ist. Aber auch der Raumbedarf wird schließlich lästig.

Bei der Messung von Temperaturunterschieden läßt sich die Betriebsspannung E weiter steigern. Der Fehler durch Selbsterwärmung fällt hier fast heraus, sofern beide Thermometer gleichartig armiert sind und daher im gleichen Stromdurchgang dieselbe Wärmestauung und gleiche Temperaturerhöhung erfahren.

Wenn zwei Fühler auf gegenüberliegende Zweige des Brückenvierecks arbeiten, sei es um die Anzeige zu verdoppeln, sei es, um die Differenz zu messen, dann müssen beide gleich träge sein, in sich und im Einbau; sonst zeigt das Meßgerät Schwankungen, die als Temperaturschwankungen nicht vorhanden sind; ähnliche Unstimmigkeiten entstehen, wenn kalte und warme Wirbel wechselnd an wenig träge Fühler kommen.

Die beiden Übergangsstellen Platin-Kupfer und Kupfer-Platin müssen auf gleicher Temperatur, also benachbart liegen, sonst entstehen störende Thermokräfte. Etwas anderes ist der beim Stromübergang von einem Metall auf ein anderes entstehende PELTIER-Effekt, je nach Stromrichtung eine Erwärmung oder Abkühlung; diese beiden Störungen heben sich nicht auf, sondern verstärken sich, denn ein Übergang ist Cu-Me, der andere Me-Cu, einer Abkühlung entspricht anderseits eine Erwärmung; aber Cu-Me abgekühlt und Me-Cu erwärmt ergeben zwei Thermokräfte im selben Sinn; der Einfluß ist unerheblich.

Thermoelektrische Temperaturmessung läßt sich bis 1600° hinauf anwenden, während Widerstandsthermometer nur bis 600° gehen. Im ambulanten Betrieb, zumal auf der Reise, fällt die lästige Batterie und der Regelwiderstand weg, vor dem Quecksilberthermometer ist der Vorteil, daß man an beliebigem Ort fern der Meßstelle ablesen kann, namentlich auch mehrere Ablesungen an einem Ort. Deshalb benutzt man Thermoelemente auch wohl für Temperaturen, wo Flüssigkeits- und Widerstandsthermometer noch brauchbar sind.

Beim Thermoelement wird als Fühler die Verbindungsstelle zweier Drähte aus verschiedenen Metallen der zu messenden Temperatur ausgesetzt, während die andere Übergangsstelle, die den Stromkreis schließt, auf bekannter Gegentemperatur gehalten wird. In dem gebildeten Stromkreis entsteht eine elektromotorische Thermokraft E, die bei einem bestimmten Metallpaar von den Temperaturen der beiden Übergangsstellen, nicht von der Drahtdicke abhängt. Das in einem Schutzrohr aus Stahl oder keramischer Masse montierte Thermometer wird mit einem Galvanometer verbunden, das die Temperatur ablesen läßt.

Das älteste industriell verwendete Thermopaar ist von LECHATELIER 1883 angegeben: Platin als Minuspol gegen eine Legierung von Platin mit 10% Rhodium. Es diente als Pyrometer zur Messung der damals höchst meßbaren Temperaturen, dauernd bis 1300°, vorübergehend bis 1600°, dafür ist es noch heute in Gebrauch, wenn auch mit Strahlungs-Pyrometern in Konkurrenz. Sein Fehler ist die geringe Thermokraft, bei 1600° gibt es nur 16,6 m V und verlangt einen empfindlichen Spannungszeiger; bei der Verwendung in Feuerungen hat es den Nachteil, gegen reduzierende Gase, vor allem gegen CO, empfindlich zu sein. Und dann macht der Preis, daß man nach anderen Paaren suchte, für alle niederen Temperaturen bis zu etwa 1000°. Konstantan (46% Cu, 54% Ni) erwies sich als vorzüglicher Minuspol gegen Kupfer oder Eisen

(Stahl); größere Thermokraft gibt und weiter herauf brauchbar ist Konstantan gegen eine Nickel-Chrom-Legierung (10 % Cr); das Paar Ni gegen NiCr hat zwar kleinere Thermokraft, aber eine gerade Kennlinie, eignet sich also zum Messen von Temperaturunterschieden unabhängig

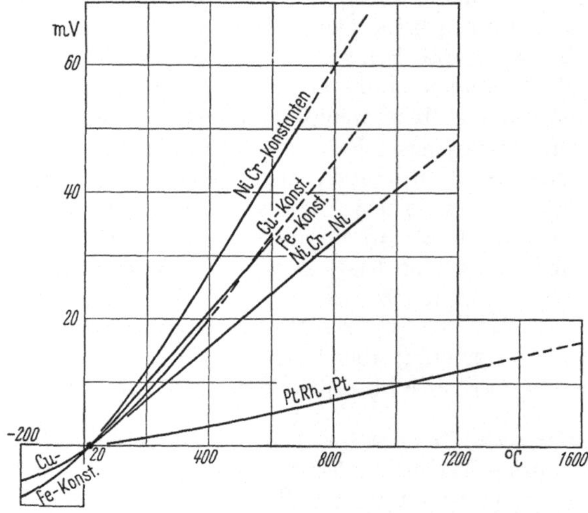

Abb. 391. Thermokraft der genormten Metallpaare, auf 20° bezogen. Der gestrichelte Bereich soll nicht dauernd benutzt werden.

Tabelle 20. Thermopaare nach Din 43710.

+ − dauernd bis	Cu Konst 400		Fe Konst 600		NiCr Konst 700		NiCr Ni 900		PtRh * Pt 1300	
— 200	— 6,50	$\varDelta = 23,0$	— 9,20	$\varDelta = 35,5$	—		—		—	
— 100	— 4,20	35,0	— 5,65	47,1	—		—		—	
20	0	43,2	0	54,0	0	$\varDelta = 62,0$	0	$\varDelta = 40,2$	0	
+ 100	3,45	49,5	4,32	55,8	4,96	71,7	3,22	41,0	0,54	6,75
200	8,40	59,0	9,90	56,0	12,13	76,8	7,32	41,2	1,33	7,90
400	20,19	66,5	21,10	57,6	27,49	81,2	15,56	42,8	3,15	9,1
600	33,50		32,61	62,8	43,73	82,4	24,12	41,6	5,13	9,9
800	—	—	45,18		60,20		32,45	40,2	7,23	10,5
1000	m V	μ V/C	—	—	—		40,50		9,50	11,4
1300			m V	μ V/C	m V	μ V/C	m V	μ V/C	13,04	11,8
1600	—	—	—	—	—	—	—	—	16,62	11,9

Beständigkeit in Atmosphäre					* LECHATELIER-Gerät
oxydierend	schlecht	schlecht	schlecht	gut	bis 1200°gut
reduzierend	—	sehr gut	schlecht	schlecht	sehr schlecht bei CO!
enthaltend	—	—	Schwefel schlecht	Schwefel schlecht	Si,P, Metalldampf schlecht

von der Temperaturlage. Die genannten fünf Paare sind genormt, sie werden als Draht, Stange, Blech in Thermoqualität geliefert, denn kleine Verunreinigungen haben großen Einfluß auf die Thermokraft; so sind die Toleranzen ziemlich groß, und es empfiehlt sich, die fertigen Elemente zu eichen oder die Drähte geeicht zu beziehen.

Für Sonderzwecke dienen manche andere Paare. Das Paar Silber-Gold gibt bei tiefen Kältegraden zunehmende Empfindlichkeit, das Paar Ni-NiFe gibt bis 150° kaum, dann schnell zunehmende Ausschläge, ist also unempfindlich für erhebliche Schwankungen der Vergleichstemperatur (Abb. 396). Andere Paare sind in chemischer Hinsicht günstig, widerstehen Korrosionen; denen gegenüber ist, etwa beim Paar Eisen-Konstantan, das einfachste Mittel, den Eisendraht dick zu machen, er hält dann länger vor. Die obere Grenze der Verwendbarkeit, auch zeitlich, wird von zunehmender Korrosion und von Gefügeumwandlungen der Materialien bestimmt. Thermopaare haben stets begrenzte Lebensdauer.

Die Fühler werden als Stabthermometer von erheblicher Länge hergestellt. Die Umhüllung aus Porzellan, Chromeisen mit oder ohne Aluminiumzusatz, MARQUARDTscher Masse mit weichen Stopfmassen dazwischen richtet sich nach der Temperatur und nach der Atmosphäre, oxydierend, reduzierend, aufkohlend, stickstoffreich, und vor allem nach den meßtechnischen Bedürfnissen, ob Änderungen schnell kenntlich werden sollen oder ob sie wegen Speicherwirkung der Ofenmassen gar nicht vorkommen. Über 1200° ist jede metallische Hülle gefährdet, vorher schon sollte der Fühler hängend verwendet werden. Auch keramische Massen hängen besser senkrecht als daß sie waagerecht liegen. Bei wirklich hohen Temperaturen von 1600° und mehr wird die Lebensdauer auch der Armierung gering; das in England verbreitete Platineintauchelement von SCHOFIELD und GRACE hat zum Schutz der Stahlrohrarmatur gegen den Angriff der Schlacke am Eintauchende einen Vierkantblock aus Kieselgur, 75 mm im Quadrat; der Schutzblock hält je nach Art der Schlacke nur 2 bis 12 Eintauchungen von 30 bis 45 s aus.

Bisweilen ist gar keine Armierung nötig; um die Temperatur einer Metallschmelze zu finden, taucht man einfach beide Drahtenden oder ein nacktes Thermoelement hinein. Um die Oberflächentemperatur von Kalanderwalzen, Gesenken, Rohrleitungen zu messen, drückt man ein nacktes Thermoelement federnd an, wofür Geräte je nach Krümmung der Fläche und je nach der zu messenden Temperatur gefertigt werden; wie weit durch das Anlegen die Oberflächentemperatur verändert wird, ist zu über-

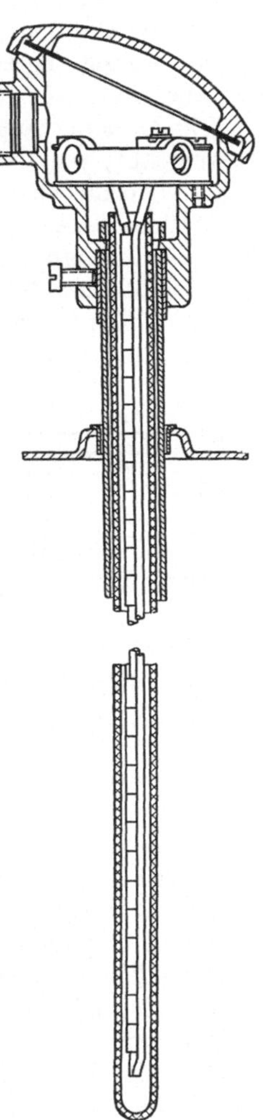

Abb. 392. Thermoelement fertig montiert. Materialien je nach Temperatur, z. B. ein Leiter in Glasperlen, das Ganze in Keramikrohr. Firma Hartmann & Braun und andere.

legen. Sollen Temperaturänderungen verfolgt werden, dann muß das entnehmende nackte Thermoelement fein, fast masselos sein, man kann die Einstellzeit auf weniger als 1 s herabdrücken, etwa die Temperaturänderungen am gewalzten Block verfolgen und über einen Verstärker auf einen Oszillographen wirken lassen; wird das Ganze als Schwingungsvorgang angesehen, so ist derselbe ziemlich stark gedämpft, mehr als aperiodisch.

Die Messung vergleicht die gesuchte Temperatur mit einer Vergleichstemperatur, bei der die beiden Metalle anderseits wieder verbunden sind. Wird dazwischen anderes Material, Kupfer als Leitungsdraht oder im Meßgerät, geschaltet, so müssen die Übergänge paarweise auf gleicher Temperatur sein, damit sich die Thermokräfte aufheben; am Meßgerät darf nicht eine Klemme vom Ofen bestrahlt werden, die andere im Schatten des Gehäuses sein. Die genormten Thermometalle sind teuer, man nimmt dünne Drähte, meist 0,5 mm stark, die dann hohen Wider-

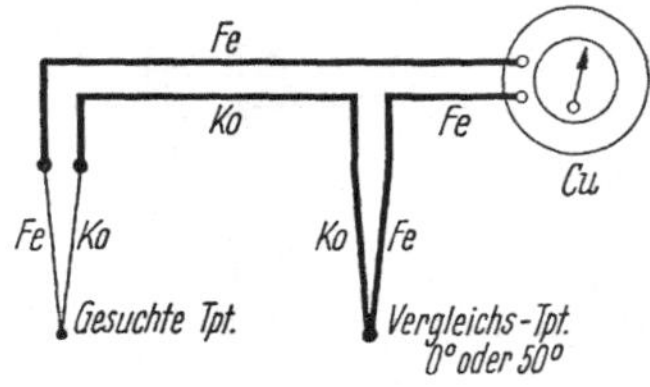

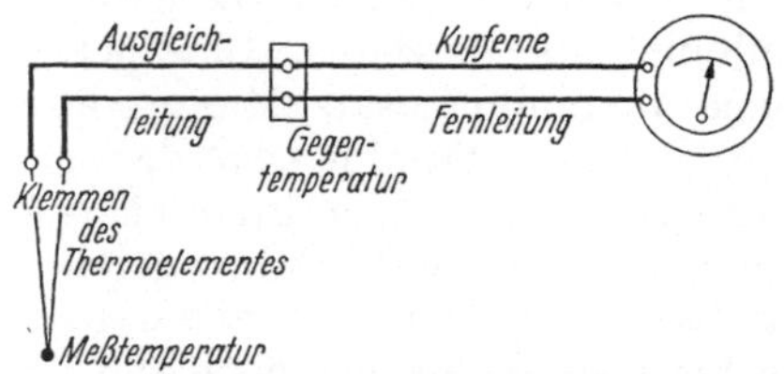

Abb. 393. Prinzipschaltung der Thermomessung: Vergleich der gesuchten mit Normaltemperatur, Eis oder Thermostat. Leitungen aus gleichem Material zur Vermeidung störender Thermokräfte, beide Klemmen des Meßgerätes auf gleicher Temperatur. Nachteil: hoher Widerstand der Leitungen, eventuell teuer.

Abb. 394. Praktische Schaltung der Thermomessung für höhere Temperaturen. Gegentemperatur = Raumtemperatur; Ausgleichleitung aus billigerem, thermoelektrisch gleichartigem Materialpaar.

stand haben. Aus beiden Gründen, Preis und Widerstand, geht man möglichst bald auf bessere Leiter über, in Gegenden von 150 oder 200° Temperatur. Da ist dann die genaue Gleichheit beider Übergangstemperaturen nicht sicher, schon weil die Ableitung von der Meßstelle verschieden ist, wenn die beiden Drähte die Wärme verschieden gut leiten. Deshalb werden zu den genormten Thermopaaren passende Leiterpaare gleicher Thermokraft, fertig isoliert bis zu 200° brauchbar, hergestellt. Solche dienen für die ganze äußere Installation, oder doch bis in Gegenden mit Raumtemperatur, dort geht man dann auf Kupfer über, spätestens geschieht das ja am Meßgerät; dessen Temperatur an den Klemmen ist dann wieder die Vergleichstemperatur, mit der man die gemessene vergleicht. Bei normalen Messungen, zumal wenn es sich um Hunderte Grad handelt, genügt solch Vergleichsübergang; für genaue Messung einer mäßigen Temperatur schafft man eine genauer definierte und besser konstante Vergleichstemperatur. Vorübergehend tut man den Übergang in eine Thermosflasche mit Wassereis, hält sie also auf 0°; für dauernd legt man sie in einen Thermostaten, der auf 50° elektrisch beheizt ist, nämlich so hoch, daß die höchste Sommertemperatur darunter bleibt — man kann bequem nur heizen, nicht kühlen.

Thermodrähte sind durch das Ziehen, aber auch durch spätere Bearbeitung inhomogen, daher zeigen sich Thermokräfte, wenn man mit einem Bunsenbrenner am Draht entlangstreicht oder ihn durch flüssige Luft zieht. Liegen solche Inhomogenitäten nahe der Meßstelle im Bereich abfallender Temperatur, so stören sie; sie werden beseitigt, indem man das fertige Element elektrisch auf die höchst vorkommende Temperatur bringt und eine Stunde lang glühen läßt.

Bei direkter Ablesung (ohne Kompensation) fließt im Stromkreis ein Strom $i = E : R$, dabei $R = r_e + r_l + r_g$ die Summe der Widerstände von Element, Leitung und Galvanometer. Das Meßgerät zeigt nur im Kompensationsverfahren E an, sonst zeigt es $U = E - i\,(r_e + r_l)$ $= E \left(1 - \dfrac{r_e + r_l}{R}\right)$; allgemein läßt sich das Gerät in Temperaturgraden nur für einen bestimmten Widerstand R eichen; der Widerstand

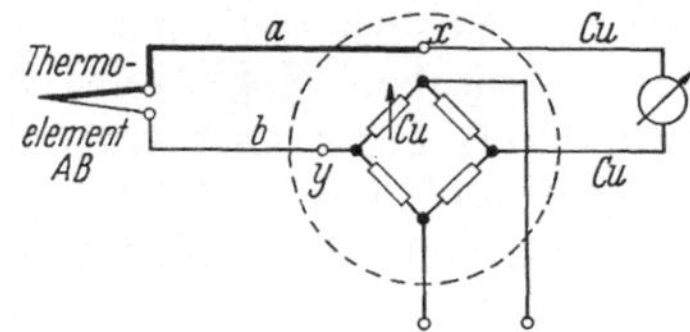

Abb. 395. Kompensationsschaltung für Temperaturmessung. Thermoelement aus dem Metallpaar A—B ist mit dem Metallpaar a—b verlängert. Übergang auf Kupferfernleitung in Kompensationsdose; in ihr beide Übergänge x und y sowie ein Brückenviereck, gespeist mit Gleichstrom (Netz, Gleichrichter); dieses einflußlos, wenn alle 4 Widerstände gleich groß; ihrer 3 aus Konstantan, vierter Kupfer oder Nickel, mit Temperatur variabel, bei Abweichungen der Übergangsstellen $x\,y$ von der Normaltemperatur kommt zusätzliche EMK in den Meßkreis. Fa. Siemens & Halske.

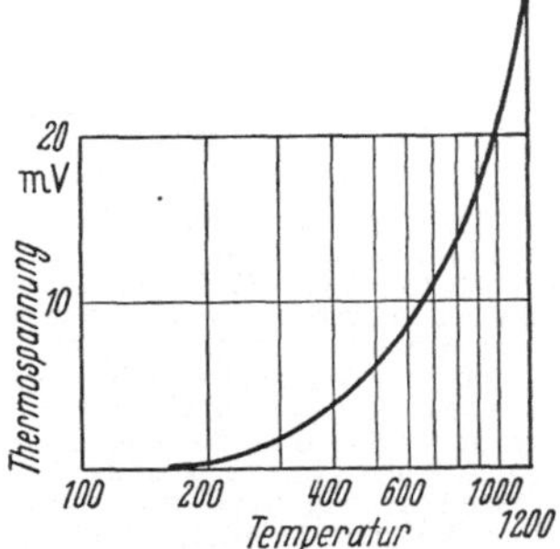

Abb. 396. Thermokraft bei Ni–Ni Fe, bis 150° Null, also unempfindlich für wechselnde Raumtemperatur.

von Element und Leitungen ist als $R = \Sigma\, c\, l\,(\mathrm{m})/q\,(\mathrm{qmm})$ Ohm zu berechnen, aber die Vorzahl c hängt auch von der Temperatur ab, diese hat zumal bei Fernleitungen ähnlichen Einfluß wie bei Widerstandsthermometern und kann wieder zu Kunstschaltungen veranlassen. Man mildert diese Einflüsse durch Anwendung eines hochohmigen Meßgerätes; und das Radikalmittel ist die Kompensation mit stromloser Messung etwa nach Abb. 397.

Die Vorteile der thermoelektrischen Messung sind: sehr lokale Messung, Oberflächentemperaturen meßbar (S. 311), Vermeidung der besonderen Stromquelle; mit dünnen nicht umhüllten Drähten bis herab zu 0,02 mm Dicke hat man dem Temperaturverlauf im Brennraum von Gasmaschinen bis zu $n = 300/\mathrm{min}$ folgen können (L. 331). Demgegenüber steht als Vorteil der Widerstandsthermometer die Möglichkeit, einen Durchschnittswert aus größerem Bereich direkt zu messen, dabei sogar den Mittelwert nach beliebigem Gesetz, über den Durchmesser eines Rohres hin einen gewogenen Mittelwert zu bilden; vor allem geben aber thermoelektrische Messungen nur Temperaturunterschiede, während die Widerstandsmessungen die Temperatur der Meßstelle angeben unabhängig von der der Umgebung; in technischen

Betrieben mit wechselnder Umgebungstemperatur ist das eine wesentliche Erleichterung.

Die thermoelektrische Messung kommt in der Empfindlichkeit bei weitem nicht an die mit Widerstandsthermometern heran. Der Größenordnung nach steht $1/_{20}$ mV für $1°$ C zur Verfügung, während wir für die Widerstandsthermometer auf 10 mV kamen. Praktisch wird sich das bei weitem nicht so stark auswirken, denn die Nebeneinflüsse, zumal die Strahlungsfehler bleiben beidemal dieselben. Immerhin braucht man zumal für das LECHATELIER-Pyrometer recht empfindliche Anzeigegeräte.

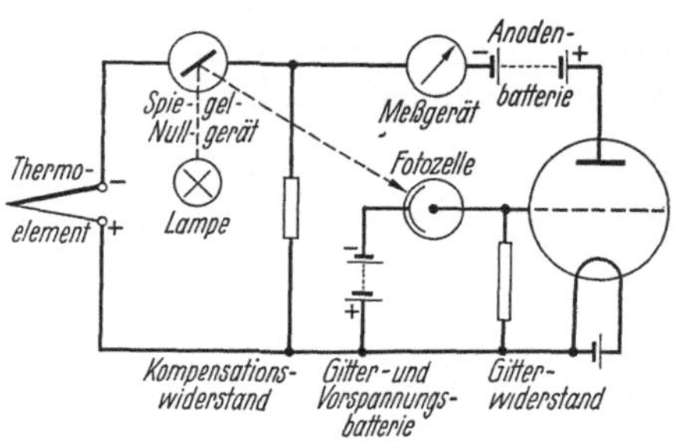

Abb. 397. Messung der Thermokraft, Verstärkung durch Photozellen-Kompensator, Schaltung nach LINDECK-ROTHE, Abb. 47. Spannungsabfall im Kompensationswiderstand muß die Thermokraft ausgleichen, dazu erregt die Lampe über den Spiegel des Nullgeräts die Photozelle mehr oder weniger und ändert die Gitterspannung, zusätzlich zur Vorspannung durch die Gitterbatterie, im passenden Sinn, so daß Ruhe nur, wenn Nullgerät auf Null; je nach Gitterspannung stellt sich Anodenstrom ein und gibt am Meßgerät (zeigend, schreibend, regelnd) einen Strom proportional der Thermokraft: Gitterbatterie verlegt Spannung in proportionalen Bereich der Röhrenkennlinie. Wirkung: Thermoelement und Leitungen stromlos, Anzeige verstärkt durch Stromhergabe aus Anodenbatterie. HUNSINGER, Feinwerktechnik, 1952, S. 198. Fa. Hartmann & Braun.

Man könnte mehrere Thermoelemente hintereinander schalten, um größere Spannungen zu erhalten; da man dann zwischen der Meßstelle und der Gegentemperatur entsprechend oft hin- und hergehen muß, kommt diese Lösung für Betriebszwecke kaum in Frage, wohl aber gelegentlich zur Messung des Temperaturunterschiedes, so im Innern des Psychrometers (Abb. 419).

Für die betriebsmäßige Messung in fest installierten Meßanlagen werden Geräte von 100 Ohm Widerstand benutzt bei kleinem Meßbereich, bis zu 1000 Ohm bei großem. Die Leitungen werden auf 20 Ohm Widerstand einschließlich Fühler abgeglichen; demnach haben die Geräte 80 bis herauf zu 98% der Thermokraft anzuzeigen. Die Leitungen sollen bestens gegeneinander isoliert sein, es wird meist 20, von anderen aber nur 1 Megohm als erforderlich angegeben. Durch Normung ist erreicht worden, daß Elemente durch gleichartige ohne Umeichung des Meßgeräts ausgewechselt werden können, nur ist der Gesamtwiderstand wieder auf 20 Ohm zu bringen, wenn das neue Gerät etwa aus stärkerem Draht gefertigt ist.

66. Oberflächentemperatur. Über die Messung der Oberflächentemperatur mit Thermoelementen ist auf S. 311 einiges gesagt. Zwei Sondermethoden seien hier erwähnt. Gewisse Farbstoffe wechseln die Farbe bei einer, manchmal auch bei zwei oder bis zu vier Temperaturen; sie sind unter dem Namen *Thermocolorfarben* im Handel (Fa. BASF). Sie werden mit Spiritus angerührt und zum Anstreichen der interessierenden Oberflächen benutzt; Nr. 1 schlägt bei $40°$ von rosa in blau um, Nr. 11 bei $560°$ von rot in gelb. Nr. 41 wechselt bei 65, 145, 220 und $340°$ von grün in blau, gelb, schwarz und braun über. Ein Zylinderkopf, mit Nr. 41 gestrichen, liefert also im Betrieb eine buntfarbige Darstellung des entstandenen Temperaturfeldes, die sich mit Farbenplatte festhalten läßt. Die Farben werden auch in Gestalt von Farbstiften geliefert, mit denen man auf der untersuchten Oberfläche einen Strich zieht, Umschlagtemperatur der Farbe von 65 bis zu 600°. (Thermochromstifte, Fa. A. W. Faber, L. 346/49.) Man denke an die Anlauffarben beim Härten.

Einen ähnlichen Erfolg liefert die *Photothermometrie*. Zwischen 300 und 500° wirkt nämlich die unsichtbare infrarote Strahlung genügend verschieden, um besonders sensibilierte Platten in verschiedenem Grade zu schwärzen; das Verfahren wird auch zu einem Meßverfahren, wenn man einen Silberstab bekannter Temperatur daneben photographiert und die Schwärzung im Photometer vergleicht (L. 351).

67. Einbau der Fühler. Bei der praktischen Verwendung sind die Meßfehler durch schlechten Einbau des Thermometers leicht wesentlicher als die Falschanzeigen des Gerätes gegenüber der wirklichen Temperatur seines Fühlorgans. Die Einflüsse der Ableitung und der Strahlung werden meist unterschätzt.

Unter der *Ableitung* versteht man die Tatsache, daß das wärmeabnehmende Fühlorgan (Quecksilberkugel, Widerstandsdraht, Thermolötstelle) nicht bis auf die Temperatur der Umgebung kommt, wenn ihm andererseits Wärme entzogen wird; es bildet sich dann nur eine Temperatur zwischen der zu messenden und der Temperatur der Umgebung heraus. Sind die Elementendrähte eines thermoelektrischen Thermometers nur kurz in ein Rohr hineingeführt, dessen Inhalt der Messung unterliegt, so wird der Lötstelle von dem Rohrinhalt Wärme zugeführt, während die Meßdrähte selbst Wärme nach außen übertragen und sie dort an die Umgebung abgeben. Die Temperaturverteilung in den Meßdrähten und die Temperatur der Lötstelle richtet sich also einerseits nach der Aufnahmefähigkeit der Drahtoberfläche im Rohrinnern, sodann nach der Leitfähigkeit der Drähte für Wärme, endlich nach der Wärmeabgabe der äußeren Drahtoberfläche. Besonders großen Einfluß gewinnt die Ableitung, wenn innen Luft steht, die dem Draht Wärme nur träge zuführt, wenn der eine Draht aus Kupfer besteht und die Drahtstärke groß ist, und wenn womöglich die Einführung durch einen wassergekühlten Mantel hindurchgeht.

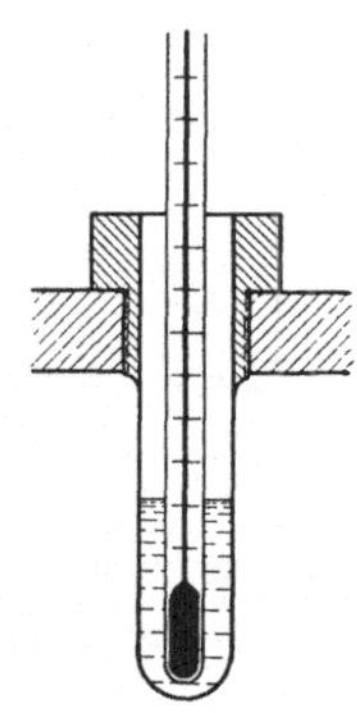

Abb. 398. Thermometerstutzen in Rohrwand. Schlechte Einbauweise, für strömendes kaltes Wasser vielleicht zulässig; warme Luft im Rohr gibt starke Ableitung über die große Stutzenoberfläche.

Bei Verwendung von Flüssigkeitsthermometern ist die Ableitung an sich gering; die Einbauweise nach Abb. 398 vergrößert sie aber erheblich; es ist in die Rohrleitung eine Bohrung mit Gewinde gemacht und eine Metallhülse eingeschraubt, die mit Öl gefüllt wird. Von der Wärme, die der Innenfläche der Hülse zugeführt wird, wird ein erheblicher Teil auf die Rohroberfläche und namentlich auf die außen vorstehende Stutzenfläche und in die Umgebung abgeleitet; das *in die Hülse getauchte Thermometer* macht also eine merkliche Minderanzeige.

Zur Verringerung der Ableitung sorge man für genügende Eintauchtiefe des Thermometers und des Stutzens. Das Thermometer soll dem Strom entgegengekehrt sein. Äußere Wärmeisolierung des Rohres und Vermeidung äußerer Oberflächenentwicklung ist von Vorteil.

Oft ist es bei Leitungen und Behältern am bequemsten, aus der *Oberflächentemperatur* auf die Innentemperatur zu schließen; hier gewinnen die Einflüsse der Ableitung besondere Bedeutung.

Man legt ein Thermoelement an die Rohrwand, durch ein Glimmerblatt davon isoliert, läßt beide Drähte, voneinander und vom Rohr durch Glimmer isoliert, noch ein Stück an der Rohrwand anliegen, um Ableitung von der Lötstelle zu vermeiden, und führt sie dann erst vom Rohr ab. Man kann auch in die Rohrwand eine Kerbe feilen, in diese das Thermoelement festschrauben und durch Wasserglaskitt innigst

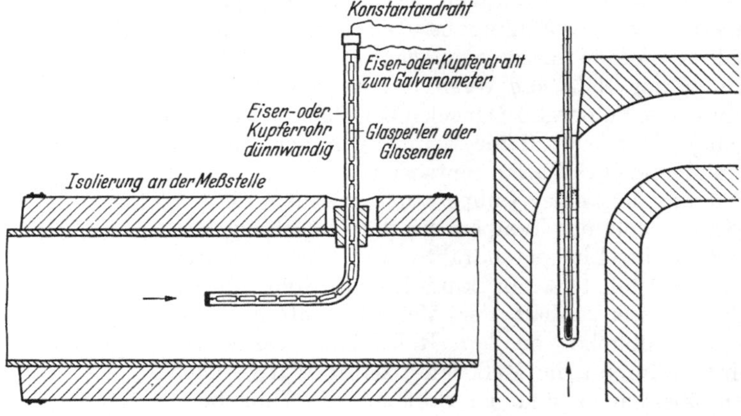

Abb. 399. Zwei gute Einbauweisen, Fühler dem Strom entgegengekehrt, so weit eingetaucht, daß Ableitung gering, keine zusätzlichen Flächen, geringe Fadenkorrektion. Isolierung verringert Ableitung und Abstrahlung. Gummistopfen zur Einführung hält beträchtlichen Druck aus, notfalls durch Bandage gesichert (für Versuchszwecke); Gefahr: Wassertropfen im Dampf lassen Glas springen; zum Einstecken in Gummi Thermometer anfeuchten; Druck beeinflußt Anzeige des Geräts.

mit der Wand verbinden; die Drähte selbst werden wieder durch Glimmer oder Asbest vom Rohr isoliert. Oder am einfachsten: man lötet einen Konstantandraht an die kupferne oder eiserne Wand und bildet so ein Thermoelement. Das Rohr wird dann in der Gegend der Meßstelle gut mit Wärmeschutz umhüllt, denn die Wandtemperatur wird der Innentemperatur um so mehr gleichen, je besser der Wärmeübergang von innen her ist und je mehr der Wärmeübergang nach außen erschwert wird. Das Verhältnis des Querschnitts zur Oberfläche wird um so günstiger — für die Ableitung ungünstiger —, je dünner der Draht ist. An einer nackten Leitung ergeben sich selbst bei Heißdampf Werte wie die folgenden (Poensgen, Forschungsarbeit):

Rohrdurchmesser	96	96	mm
Dampfgeschwindigkeit	11,6	11,7	m/s
Druck abs.	5	1	at
Dampftemperatur	217	232	C
Wandtemperatur	197	182	C

Allerdings ist auch der Begriff der Dampftemperatur nicht eindeutig, denn nach derselben Quelle fand sich:

Mittlere Dampftemperatur t_d	343	302	286° C
Temperatur in der Rohrachse t_m . . .	352	312	294° C
Unterschied $t_m - t_d$	9	10	8° C

und Ähnliches wird von höheren (oder tieferen) Lufttemperaturen gelten, je nach der Durchwirbelung (S. 329).

Wo, der Wärmeabgabe wegen, die *Oberflächentemperatur als solche zu messen* ist, darf man im Gegensatz dazu nicht durch Isolierung den Zustand ändern, man muß sogar das Thermometer selbst sorgsam darauf einrichten, daß es nicht durch seine isolierenden Eigenschaften eine örtliche Wärmesteigerung hervorruft; wenn es zur Vermeidung dessen aus Metall gemacht wird, so kann es umgekehrt durch die Entwicklung der Oberfläche zur vermehrten Ableitung beitragen (L. 333).

Der *Einfluß der Strahlung* kann Fehler von gleicher Größenordnung hervorrufen. Das Fühlorgan eines in die Leitung eingeführten Thermometers verliert Wärme durch Strahlung, sobald seine innere Oberflächentemperatur höher ist als die gegenüberstehender Flächen, besonders also der Rohrwand; ein direkt ohne Mantel eingeführtes Quecksilberthermometer ist wegen der blanken Oberfläche seiner Kugel am günstigsten.

Der Einfluß der Strahlung wird beseitigt, wenn man die gegenüberstehenden Flächen auf gleiche Temperatur mit dem Thermometer bringt. Verringert wird demnach der Strahlungsfehler bei der Messung in einer Rohrleitung durch äußere Isolierung der Rohrleitung, wodurch sich die Wandungstemperatur der Dampftempe-

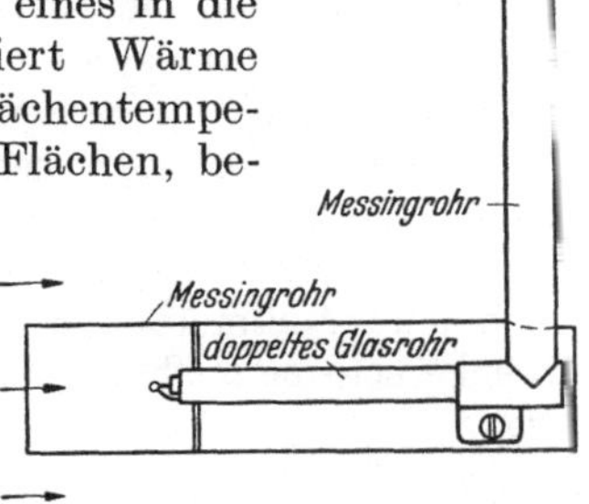

Abb. 400. Thermoelement mit Strahlungsschutz in einer Rohrleitung; das Messingrohr nimmt eine Temperatur zwischen der zu messenden und der der Rohrwand an, die Abstrahlung des Thermometers wird also verringert. Glasrohre zur elektrischen Isolierung.

ratur nähert; man sollte also nahe einer Meßstelle stets isolieren, auch wenn man z. B. die Abgasleitung einer Verbrennungskraftmaschine sonst nackt läßt. Vollständigbeseitigen läßt sich die Strahlung, indem man unter die Isolierung einen Heizwiderstand einbaut und die Rohroberfläche auf gleiche Temperatur mit dem Rohrinhalt beheizt, was man durch Übereinstimmung in der Anzeige eines auf der Rohroberfläche eingebauten Thermoelementes mit dem inneren feststellen kann; man steigert die Beheizung so lange, bis das Wandthermometer in der Anzeige das ebenfalls dabei steigende innere erreicht. — Zu beachten ist, daß in isolierter Gegend die Temperaturverteilung über den Durchmesser hin ganz anders ist, $t_d - t_w$ und $t_m - t_d$ werden kleiner. Die Versuchsergebnisse werden also dadurch verändert, und es ist zu überlegen, was man messen will.

Statt dessen kann das Thermometer selbst mit einem *Strahlungsschutz* versehen werden, das ist ein zu dem vorgestreckten Thermometer (Abb. 400) konzentrisches, beiderseits offenes, dünnwandiges Rohr, an

Länge beiderseits etwas über das Thermometer herausragend. Dasselbe fängt die Strahlung ab, ohne die Strömung am Thermometer entlang zu behindern. Das Schutzrohr stellt sich auf eine Temperatur zwischen der des Thermometers und der Wandtemperatur ein, da also die Abstrahlung nur vermindert, nicht beseitigt wird, so bleibt die Temperatur des Thermometers nach wie vor hinter der des Mediums zurück, nur erheblich weniger als ohne Strahlungsschutz. KNOBLAUCH und HENCKY haben den Strahlungsschutz heizbar gemacht und mit einem eigenen Thermometer versehen, worauf wie bei der heizbaren Rohrisolierung die Heizung auf gleiche Anzeige beider Thermometer eingeregelt wurde. Sie fanden in einem Kanal bei 5 m/s Gasgeschwindigkeit (L. 304)

bei ungeheiztem Strahlungsschutz

Temperatur der Kanalwand . . . . 220°,
Temperatur des Strahlungsschutzes . . . . 318°,
Temperatur des Thermometers . . . . 326,7°.

Bei Heizung des Strahlungsschutzes trat Übereinstimmung beider Thermometer ein bei 328,6°, was zugleich die Gastemperatur ist; auch der Strahlungsschutz ließ also die Gastemperatur immerhin noch um 1,9° zu niedrig erscheinen.

H. SCHMIDT (L. 342) heizt das Thermoelement selbst von außen auf, es hat dann die Temperatur des Gasstromes, wenn Änderungen in dessen Geschwindigkeit die Anzeige nicht verändern.

Solche Meßmethoden mit Beheizung sind für betriebstechnische Zwecke schwer zu handhaben, sie kommen für genauere Messungen in Frage.

Bei allen vorstehenden Angaben ist daran gedacht, daß die Temperatur des Rohrinneren höher sei als die Außentemperatur. Ist bei Kühlanlagen innen die tiefere Temperatur, so tritt Zuleitung und Zustrahlung an die Stelle der Ableitung und Abstrahlung, ohne daß sich an der Art der Überlegungen etwas ändert.

Thermometer brauchen wegen der merklichen Wärmekapazität der Quecksilbermasse einige Zeit, um die Temperatur der Umgebung anzunehmen. Die *Dauer der Einstellung* ist namentlich dann bedeutend, wenn die Umgebung ruhende Luft mit ihrer schlechten Leitfähigkeit und geringen Kapazität ist; die Temperaturänderung der Quecksilberkugel kann dann nur nach Maßgabe der Luftkonvektion erfolgen. Man steigere also künstlich die Konvektion, indem man das Thermometer bewegt oder im Kreise schleudert. Wo die Luft sich bewegt, ist die Konvektion ohne weiteres vorhanden. Bei Abb. 401 wird gute Luftbewegung längs des Thermometers erstrebt und die Abstrahlung tunlichst verhindert. Man vergleiche auch die Konstruktion des Aspirationspsychrometers (Abb. 418), die auch die „Trägheit" zu verringern sucht.

Durch Anwendung eines Ölstutzens wird die Trägheit des Thermometers erhöht; es folgt Temperaturschwankungen langsamer; das ist selten erwünscht, oft freilich gleichgültig.

Werden Thermometer an Kanälen angebracht, in denen *Saugspannung* herrscht, etwa am *Fuchs von Schornsteinen* oder in *Saugkanälen* von Lüftungs- und Kühlanlagen, so ist für gute Abdichtung an der Einführungsstelle zu sorgen, mit Putzwolle, Lehm, Kitt, Gummi; sonst wird ein Strom von Umgebungstemperatur durch die Öffnung eingesaugt, und wenn er das Fühlorgan trifft, können ganz falsche Ergebnisse entstehen. Wo an Kesselzügen oder am Fuchs eine Doppelwand, dazwischen mit Isolierung durch Schlacke, vorhanden ist, hat die Abdichtung im inneren Mauerteil zu geschehen. Wird ein Eisenrohr zur Armierung der Bohrung durch das Mauerwerk geführt, so ist auch dieses gegen das Mauerwerk, und zwar gegebenenfalls wieder im inneren Mauerwerkskörper, abzudichten. Und schließlich sind anderweite Undichtheiten im (inneren) Mauerwerkskörper so weit zu beseitigen, daß nicht ein Strom äußerer Luft in unkontrollierbarer Weise bis gegen das Fühlorgan des

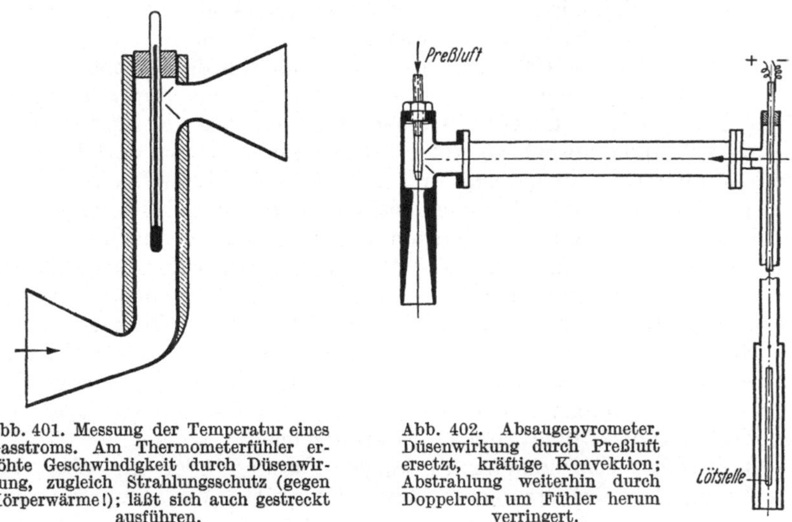

Abb. 401. Messung der Temperatur eines Gasstroms. Am Thermometerfühler erhöhte Geschwindigkeit durch Düsenwirkung, zugleich Strahlungsschutz (gegen Körperwärme!); läßt sich auch gestreckt ausführen.

Abb. 402. Absaugepyrometer. Düsenwirkung durch Preßluft ersetzt, kräftige Konvektion; Abstrahlung weiterhin durch Doppelrohr um Fühler herum verringert.

Thermometers gelangt. Zur Messung der *Temperatur in Feuerungen* dient auch das *Absaugepyrometer* (Abb. 402; L. 355), ein Luftstrom wird an der Lötstelle vorbeigesaugt, auch durch den Ringmantel um die Lötstelle herum, letzteres um das Entnahmerohr vor Wärmeverlust zu schützen. Nach den Kesselregeln soll man Temperaturen von langsam strömenden Gasen niederen Druckes, wie Rauchgase oder Luft in Vorwärmern, mit Absaugepyrometern oder ähnlich sicheren Geräten messen. Mit anderen Worten: Konvektion ist wichtig.

Um die Temperatur fester Körper zu messen, etwa die Erwärmung eines Lagers, eines Elektromotors nach längerem Laufen, tut man Quecksilber in ein besonders gebohrtes Loch und senkt das Thermometer hinein. Sonst umwickelt man wohl die Thermometerkugel mit Stanniol, legt sie an die Stelle und bedeckt sie mit Watte.

68. Eichung der Thermometer. Die Eichung soll feststellen, ob an der Skala die Temperatur des fühlenden Teils — der Quecksilberkugel, der Thermo-Lötstelle — angezeigt wird oder welche Korrektion nötig ist. Weiterhin ist das Gerät so in die zu untersuchende Anlage einzubauen, daß der fühlende Teil auch auf die zu messende Temperatur kommt. Die bei Quecksilberthermometern zugelassenen Fehler sind auf S. 295 angegeben.

Beim Eichen von Thermometern geht man selten auf die Fixpunkte $0°$ und $100°$ zurück, da die Schwierigkeiten genauer Messung erheblich sind. Man informiere sich in physikalischen Büchern (L. 6ff., 304).

Es wird empfohlen, Eichungen durch Vergleich mit Normalthermometern auszuführen, die ihrerseits mit Prüfschein der BTR versehen sind. Als einfache Vorrichtung dazu dient ein Kupferklotz mit Bohrungen für die einzelnen Thermometer, darunter ein geeichtes. Der Klotz wird im Ölbad erwärmt, er ist aus Kupfer, damit die Temperatur sich ausgleicht. Bis $100°$ führt man den Vergleich wohl auch in Wasser aus. Zwei große Bechergläser stehen ineinander und sind beide mit Wasser gefüllt, so daß das Innere mit Wassermantel versehen ist. Man erwärmt das Ganze auf gegen $100°$ und vergleicht während der Abkühlung das zu prüfende mit dem Normalthermometer bei mehreren Temperaturen. Dazu faßt man beide in einer Hand so, daß die Kugeln dicht benachbart sind, bewegt sie unter Wasser hin und her, damit sie die Wassertemperatur annehmen, und liest schnell hintereinander beide abwechselnd mehrfach ab; auch der Faden bleibt dabei eingetaucht. Am besten ist das mit gleich langen Thermometern zu machen, außerdem wird die Genauigkeit um so größer, je langsamer das Bad abkühlt. Für Temperaturen über $100°$ verwendet man zu demselben Verfahren Naphthalin (flüssig von 80 bis $218°$), Öl oder Schwefel (flüssig von 113 bis $445°$); doch wachsen die Schwierigkeiten der Arbeit. Für Temperaturen unter $0°$ verwende man Sole, die man der zu untersuchenden Kühlanlage entnimmt, auch lassen sich mit flüssiger Luft oder mit Kohlensäureschnee tiefe Temperaturen erzeugen.

Elektrische Thermometer in langer Fassung oder die oben besprochenen Betriebsinstrumente lassen das gleiche Verfahren zu, wenn man einen Stahlbehälter von passender Größe oder ein Holzfaß mit heißem Wasser anwenden kann. Die Verlangsamung des Abkühlungsvorganges durch Wärmeschutz und die Anwendung eines Rührwerkes sind auch hier wesentlich für genaues Arbeiten; die Schwierigkeit pflegt darin zu liegen, wie die wirkliche mittlere Badtemperatur bestimmt werden kann. Man kann auch einen Prüfstand an einer Dampfleitung so vorrichten, daß das Thermometer in einen senkrecht hochgehenden nicht isolierten toten Abzweig kommt; in ihm steht, wenn die Leitung nicht sehr überhitzten Dampf führt, Sattdampf, dessen Druck mit einem guten Manometer bestimmt wird, ein Entlüftungshahn ist nötig und kann auch während des Versuches offen bleiben, damit der Dampf langsam strömt. Ableitung und Strahlung sind zu vermeiden.

69. Pyrometrie. Von $1100°$ jedenfalls aber von $1600°$ ab aufwärts lassen sich nur noch die Strahlungsgesetze sowohl zur Definition der Temperaturskala wie zum Messen der Temperaturen benutzen, weil bei höchsten Temperaturen alle Körper für Gase durchlässig und für den Strom leitend werden. Die Strahlung bietet prinzipiell den Vorteil, daß die Messung der Temperatur eine sichere theoretische Grundlage hat, und praktisch den, daß das Meßgerät nicht in den hochtemperierten

Raum hineinzugehen braucht. Die Normung läßt nur den auf Strahlung beruhenden Geräten den Namen *Pyrometer*, während früher alles Pyrometer hieß, was über etwa 1000° benutzt wurde; insbesondere das LECHATELIER-Gerät wurde stets so benannt.

Optische Pyrometer benutzen die dem Auge sichtbare Strahlung, ganz oder teilweise, und betrachten sie mit dem Auge; sie beginnt bei 0,0008 mm Wellenlänge mit rot und endet bei 0,0004 mm mit violett, umfaßt also eine Oktave. Die (eigentlichen) Strahlungspyrometer nehmen die gesamte infrarote, sichtbare und ultraviolette Strahlung als Maß der Temperatur und erfassen sie meist objektiv nach der Erwärmung eines Fühlers; diese schließt bei etwa 0,3 mm Wellenlänge fast an die Nachrichtenstrahlung an und geht bei 0,00002 mm in die Röntgenstrahlung über, umfaßt also fast 4 Dekaden gleich 13 Oktaven.

Jede Strahlung ist durch die Wellenlänge λ und die Energie E gekennzeichnet. Die Wellenlänge bestimmt im sichtbaren Gebiet die Farbe der Strahlung; im unsichtbaren spricht man in übertragenem Sinne ebenso von verschiedenfarbiger Strahlung, um ungleiche Wellenlänge oder Frequenz anzudeuten. Die Strahlungsenergie eines schwarzen Körpers in jeder bestimmten Wellenlänge nimmt mit steigender Temperatur T zu nach dem Strahlungsgesetz von WIEN:

$$E_\lambda = c_1 \lambda^{-5} e^{\frac{c_2}{\lambda T}}. \tag{1}$$

Erst bei Temperaturen über etwa 3500° wird es bemerkbar (L. 308), daß diese Formel nur eine Annäherung gegenüber der PLANCKschen darstellt. — c_1 brauchen wir nicht. c_2 folgt aus der Lichtgeschwindigkeit c, der BOLTZMANNschen Konstanten k und dem PLANCKschen Wirkungsquantum h oder aber aus Messungen zu $c_2 = c\, h/k = 1{,}43$ cm K.

Die *optischen Pyrometer* bedienen sich des Vergleichs nur der sichtbaren Strahlung; diese stellt einen kleinen Ausschnitt aus der gesamten dar, nur 1 Oktave von 13; sie ist also, physikalisch gesprochen, schon annähernd isochrom. Meist ist aber noch ein Jenaer Kupferoxydulglas Nr. 4512 (Rotfilter $RG\,2$) vorgeschaltet, um die Strahlung erheblich besser isochrom, $\lambda = 0{,}65\,\mu$, zu machen. Für $\lambda = $ konst. folgt nämlich aus Gleichung (3) die Isochromatengleichung $\ln E = \frac{c_2}{\lambda}\frac{1}{T} + C_1$. Die Energien der Wellenlänge λ also, die der gleiche Körper bei zwei Temperaturen T_1 und T_2 aussendet, sind durch die Isochromatengleichung

$$\ln \frac{E_1}{E_2} = \frac{c_2}{\lambda}\left(\frac{1}{T_1} - \frac{1}{T_2}\right) \tag{2}$$

miteinander verbunden, wodurch die Temperaturmessung grundsätzlich auf eine Helligkeitsmessung zurückgeführt ist; man kann von der letzten mit Gasthermometer festgelegten Temperatur ($t = 1063°$ = Schmelzpunkt des Goldes) ausgehend ein Gerät in sich eichen, was natürlich nur für die Prototype geschieht. Übrigens setzt Formel (2) die Einheitlichkeit von λ voraus, während das verwendete Licht immerhin noch eine Bande umfaßt, wodurch, entsprechend dem WIENschen

Verschiebungsgesetz, die wirksame mittlere Wellenlänge mit steigender Temperatur etwas abnimmt. Je enger man aber den Wellenbereich macht, desto geringer wird die Helligkeit, desto ungenauer die technische Messung und desto höher die untere Temperaturgrenze, von der man überhaupt erst messen kann; letztere ist bei technischen optischen Geräten ohnehin schon zu $1000°$ anzunehmen.

Die optischen Pyrometer vergleichen die Helligkeit des zu untersuchenden glühenden Körpers mit der veränderlichen Helligkeit einer Glühlampe, deren Licht man gleichzeitig sieht. Bei WANNER erblickt man eine kreisrunde helle Fläche; die eine Halbkreisfläche wird von der Glühlampe beleuchtet, deren Helligkeit man nach einem Stromzeiger auf einen bestimmten Wert einstellt, die andre Halbkreisfläche wird von der zu prüfenden Strahlungsquelle erhellt. Beide Lichtquellen durchlaufen einen Nicol-Analysator in solcher Weise, daß bei dessen Drehung jeweils die eine Kreishälfte heller, die andere dunkler wird, in den beiden Endstellungen aber eine Hälfte hell, eine dunkel ist. Stellt man den Analysator auf gleiche Helligkeit beider Hälften, so sieht man einfach einen Kreis. Wenn diese photometrische Methode scheinbare Gleichheit der Lichtquellen beim Verdrehungswinkel φ der Nicols gegeneinander ergibt, so verhalten sich die Helligkeiten der Lichtquellen wie 1 zu $\mathrm{tg}^2\,\varphi$. Wendet man also Gleichung (2) einmal auf den bestimmten Zustand (E_0, T_0) der Vergleichslampe und einmal auf den zu messenden Zustand (E, T) an, so ist $E = E_0\,\mathrm{tg}^2\,\varphi$, und die zu messende Temperatur wird

$$\frac{1}{T} = \frac{1}{T_0} - \frac{2\,\lambda}{c_2}\,\ln \mathrm{tg}\,\varphi.$$

Die Konstanten $1/T_0$ und $2\lambda/c_2$ lassen sich aus der Messung zweier bekannter Temperaturen finden. – Soweit zur Definition der Skala.

Nach dem KIRCHHOFFschen Gesetz sendet bei gegebener Temperatur nur der absolut schwarze Körper die aus den geschilderten Gesetzen folgende höchstmögliche Strahlung aus; jeder nichtschwarze Körper strahlt weniger aus im gleichen Maße und in gleicher Weise, wie er durch die Nichtschwärze zum Reflektieren befähigt, genauer gesagt, zum Absorbieren unfähig wird. Der bei der Temperatur T in der Wellenlänge λ absorbierte Teil ist, in Bruchteilen der Einheit, durch die Absorptionszahl $A_{\lambda\,T}$ gegeben, die die Reflexionszahl $R_{\lambda\,T}$ zur Einheit ergänzt (Tabelle 21). Graue Körper emittieren alle Farben gleichmäßig weniger als der schwarze, farbige halten verschiedene Wellenlängen in ungleichem Maße zurück.

Ein schwarzer Körper wird praktisch verwirklicht durch einen allseits geschlossenen Hohlraum überall gleicher Wandtemperatur, in dem also die Strahlung sich gewissermaßen fängt und sich daher, auch wenn die Wände nicht wirklich schwarz sind, auf den Wert der schwarzen Strahlung anreichert. Durch ein möglichst kleines Loch — um diesen Zustand wenig zu stören — geht die zu messende Strahlung ins Freie.

In diesen Tatsachen liegt eine grundsätzliche Unsicherheit der technischen Strahlungsmessung, die sich nicht einen schwarzen Körper schaffen kann, sondern die Temperatur beliebiger gegebener Körper bestimmen soll. Immerhin ist ein gleichmäßig temperierter Ofenraum leidlich als schwarzer Strahler zu betrachten, ebenso ein Rohr, das mindestens die achtfache Weite als Länge hat und dessen glühenden Boden man anvisiert; in solchen Fällen gibt das Pyrometer ohne weiteres die wahre Temperatur T des beobachteten Gegenstandes. Grundsätzlich aber bestimmt man bei Strahlungsmessung die sog. *schwarze Temperatur S* des Körpers, das ist die Temperatur des vollkommen schwarzen Körpers, die bei der benutzten Wellenlänge die gleiche Strahlung ergibt wie die des betrachteten Körpers eben bei der schwarzen Temperatur. Die beobachtete schwarze Temperatur ist also unter der wahren T, um so mehr, je farbiger (oder gar weiß) und je blanker die betrachtete Fläche ist. Für blankes Platin beim roten Licht der optischen Pyrometer unterscheiden sich beide Temperaturen bei dunkler Rotglut nur um wenige Grade; der Unterschied steigt linear auf etwa 150° bei 1500° an.

Daß A geschätzt werden muß, bringt eine Unsicherheit in die Messung. Wenn man aber S und T mißt, so läßt sich A berechnen. Für die schwarze Temperatur S liefert das WIENsche Gesetz die Intensität $E = c_1 \lambda^{-5} e^{-c_2/\lambda S}$; diese soll auch Amal so groß sein wie die zur wahren Temperatur T gehörige, also $E = A\,c_1 \lambda^{-5} e^{-c_2/\lambda T}$; aus beiden folgt $A = e^{-c_2/\lambda S} : e^{-c_2/\lambda T}$; $\ln A = \dfrac{c_2}{\lambda}\left(\dfrac{1}{S} - \dfrac{1}{T}\right)$.

Mit $c_2 = 1{,}43$, mit $\lambda = 0{,}00065$ mm und indem man mittels des Moduls $M = 0{,}4343$ auf dekadische Logarithmen übergeht, wird

$$\log A = 9560 \cdot (1/S - 1/T), \tag{3}$$

darin S und T in absoluten Graden. T mißt man am Grund eines geschlossenen mindestens den achtfachen Durchmesser langen Rohres, das man beispielsweise einige Zeit in ein Metallbad eintaucht, während Betrachtung der Oberfläche des Bades das zugehörige S liefert; oder man mißt T an einem Stück des Stoffes, den man in einem geschlossenen Ofen erhitzt, schiebt dann aber ein kühles Rohr auf das Stück zu und mißt wieder, ehe das Rohr heiß wird, das liefert (schwerlich sehr befriedigend) einen Wert für S. Mit den so gewonnenen A-Werten rechnet man dann weiterhin. Bei diesen Messungen ist es aber schwierig, die Vorschriften wegen der Erfüllung der Blendenöffnung (Abb. 406) einzuhalten.

Tabelle 21. Richtwerte für die Absorptionszahl A.

Metalle blank poliert . .	0,04 bis 0,06	Schamotte	0,85
Aluminiumblech roh	0,07	Ziegel unverputzt	0,88
Stahlblech vernickelt, matt . . .	0,11	Porzellan glasiert	0,92
Messing matt	0,22	Dachpappe	0,93
Bleiblech grau	0,28	Glas glatt	0,94
Stahlblech frisch geschmirgelt . .	0,24	Verputz	0,94
verzinkt	0,28	Lampenruß	0,95
rot verrostet	0,69	Asbestschiefer	0,96
Walzhaut	0,65	Wasser, Eis	0,96

Tabelle 22. Unterschiede zwischen wahrer und schwarzer Temperatur
für das rote Licht von der Wellenlänge $\lambda = 0,654\,\mu$.

Absorptionsvermögen $A_{\lambda T} =$		0,4	0,6	0,8	0,9	1 (schwarz)
Für $T =$ 750° K oder $t =$ 477° ist $T—S$ =		23°	13°	5,5°	3°	0
= 1000° K	727° =	40°	22°	10°	5°	0
= 1500° K	1227° =	90°	51°	23°	12°	0
= 2000° K	1727° =	155°	88°	39°	20°	0

Umgekehrt läßt sich aus $1/S - 1/T = 0,000105 \cdot \log A$ eine Berichtigung für die abgelesene schwarze Temperatur errechnen (Tabelle 22,

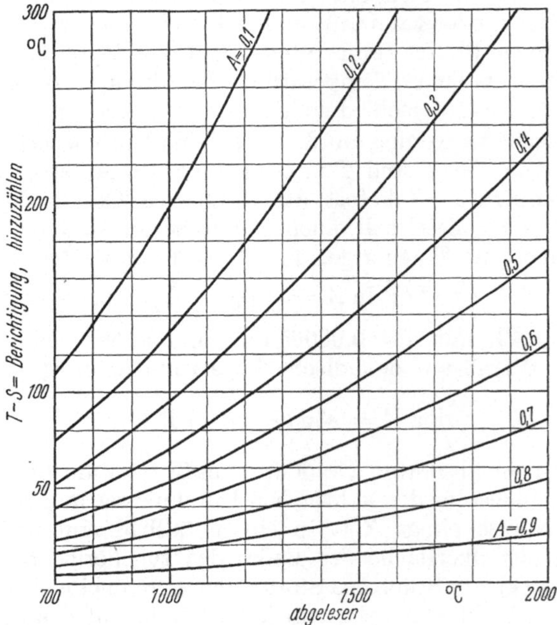

Abb. 403. Schwarze und wahre Temperatur.

Abb. 403, 404). Für eine bestimmte Wellenlänge ist im sichtbaren Gebiet A von der Temperatur einigermaßen unabhängig. Doch verbleibt ja eine weitere Unsicherheit, weil die Gestaltung der Oberfläche wesentlich ist; alles was als Hohlraum zu deuten, nähert die Emission der des schwarzen Körpers, also der Einheit, und läßt S steigen. Für das Auge ist jedes Grübchen in der Oberfläche heller als die glatte Umgebung.

Die praktisch verwendeten optischen Pyrometer gehen auf HOLBORN und KURLBAUM zurück. Man sieht, durch das Meßgerät schauend, die Temperaturquelle selbst, also nicht eine von ihr gleichmäßig erleuchtete Fläche, sondern beispielsweise das flackernde Feuer, in der Bildebene eines Fernrohrs; in der Bildebene ist auch ein heller Gegenstand, der Faden einer Glühlampe oder ein von solcher erzeugter Lichtfleck;

diese Vergleichsteile sollen unsichtbar werden, dazu müssen beide Teile, Gegenstand und Vergleichsteil, gleich hell gemacht werden, entweder indem man die Glühlampe mit einem Vorwiderstand einregelt, oder indem man das Bild des angepeilten Gegenstandes mit einem Graukeil schwächt; die Stellung des Vorwiderstandes oder des Graukeils gibt dann die gesuchte Temperatur (Optix, Fa. Hase; Pyropto, Fa. Hartmann & Braun).

Solche Pyrometer sind zunächst bis höchstens 1500° C brauchbar, weil der Faden der Vergleichsglühlampe nicht heißer werden darf. Um höhere Temperaturen beobachten zu können, kommt ein Rauchglas in den Strahlengang der Temperaturquelle, worauf man eine zweite Skala erhält;

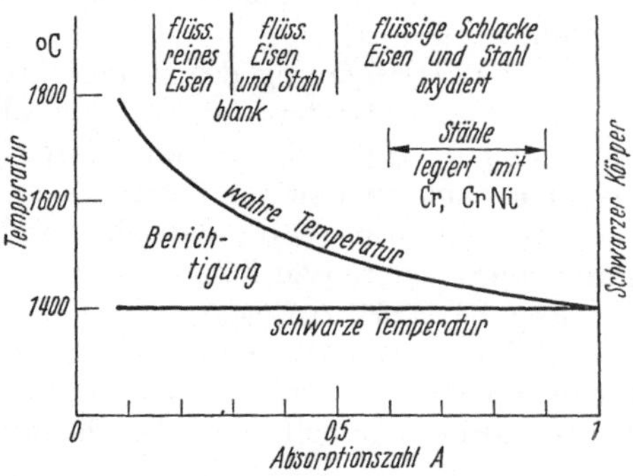

Abb. 404. Schwarze und wahre Temperatur, Beispiel für 1400°. Nach GUTHMANN: ATM V 8222. 1942.

überdecken sich beide Skalen etwas, so kann man die Schwächung der Intensität durch das Rauchglas feststellen.

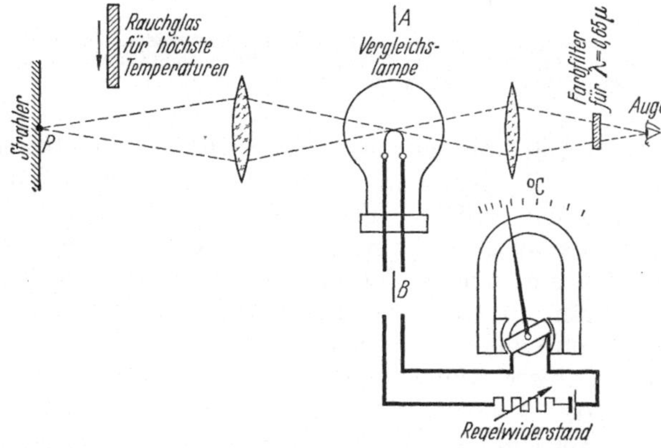

Abb. 405. Schema der optischen Pyrometer. Der Strahler wird in der Bildebene *A B* abgebildet und mit dem Okular betrachtet; das Auge sieht auch (im Bild 90° verdreht) den Glühfaden bekannter Helligkeit. Wird der Glühfaden unsichtbar, so ist er so hell wie der Punkt *P* des Strahlers. Pyropto von Hartmann & Braun, ähnlich Optik von Hase.

Die Glühfadenpyrometer können nicht nach einer Formel wie (2) durch Bestimmung von nur zwei Konstanten in sich geeicht werden, die Skala ist rein empirisch. Das ist ein theoretischer Nachteil, dem praktisch als Vorteil gegenübersteht, daß man den anvisierten Gegenstand selbst erblickt; aus diesem Grund haben in neuerer Zeit die optischen Pyrometer nach diesem Prinzip die größere Verbreitung gefunden; das WANNER-Pyrometer dient zur Eichung.

Indem wir also von einem technischen Strahlungspyrometer nicht verlangen, daß es theoretischen Strahlungsgesetzen folgt, so müssen wir es empirisch eichen durch Vergleich mit einem Normalgerät, indem beide Geräte auf den gleichen strahlenden schwarzen Körper gerichtet werden.

Bei der Verwendung des so geeichten Pyrometers können mannigfache Fehler auftreten, so daß bei aller anscheinenden Einfachheit unter den an sich schwierigen Temperaturmessungen die Strahlungsmessung noch zu den schwierigeren zu rechnen ist, es sei denn, man begnüge sich, wie oft im Betrieb, damit, einen als gut erkannten Zustand reproduzieren zu können, ohne auf die zahlenmäßige Richtigkeit der Angabe Wert zu legen.

Bei HOLBORN vergleicht man die lokale Helligkeit einer beliebigen Stelle mit der des Fadens, beide erblickt man in derselben Bildebene. Bei WANNER sammelt man die Strahlung einer größeren Fläche und

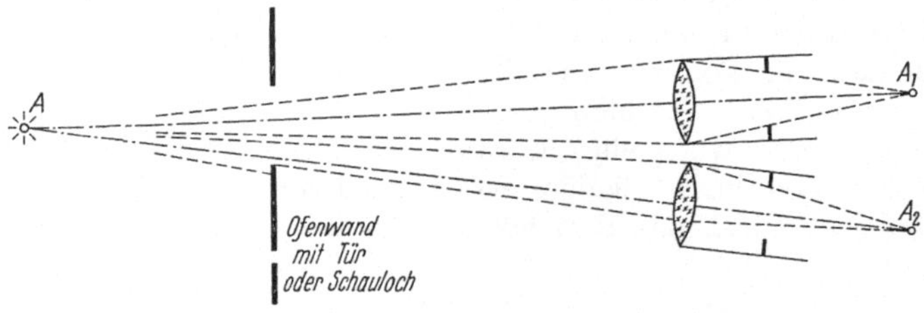

Abb. 406. Visierbedingungen bei optischen und Strahlungs-Pyrometern. Der wirksame Punkt A im Ofen muß die ganze Linse und Blende erfüllen, damit die ganze Strahlung auf das Fühlorgan A_1 (Auge oder Thermoelement) geleitet wird; Anvisieren wie von A_2 aus gibt die Temperatur falsch.

läßt sie als Helligkeit auf das Gesichtsfeld wirken. Hier bekommt man also den Mittelwert der Strahlung über den Öffnungswinkel des Gerätes hin und nicht einen örtlichen Einzelwert. Das kann man als besser oder als schlechter ansehen, je nach dem Zweck der Messung.

Hieraus folgt ein anderer für die Benutzung wesentlicher Unterschied. Wenn man mit technischen Geräten den Punkt A beobachtet (Abb. 406), so muß man dafür sorgen, daß der Punkt vom ganzen Objektiv des Gerätes aufgenommen werden kann, Stellung A_1; in Stellung A_2 würde weniger Strahlung ins Gerät kommen, also die Messung falsch werden. (In Wahrheit kommt es nicht auf die Erfüllung der Objektivlinse, sondern der bildbegrenzenden Blende im Innern an; man geht sicher, wenn man auf Erfüllung der Linse achtet.)

Innerhalb der durch diese Bedingung gegebenen Grenzen ist der Abstand des Meßgeräts von der strahlenden Fläche ohne Einfluß auf das Ergebnis der Messung. Es ist falsch, allgemein auf das quadratische Gesetz für die Abnahme der Strahlung Bezug zu nehmen, denn die quadratische Abnahme gilt nur für einen punktförmigen Strahler; an einem geradlinig-linearen Strahler nimmt die Strahlungsintensität linear mit der Entfernung ab, und eine ebene Fläche liefert als Strahler die gleiche Energie in jeder Entfernung. Diese Betrachtung gilt für Flächenstrahler von unbegrenzter Ausdehnung; sie gilt aber auch, wenn man

jeweils gleiche Winkelausschnitte betrachtet, wie es die Optik des
Fernrohres tut. Geht man in doppelten Abstand, so liefert jeder Punkt
des Strahlers ein Viertel der früheren Intensität, aber das Gesichtsfeld
umfaßt die vierfache Fläche, und es kommen vierfach so viel Punkte
zur Wirkung, die Gesamtwirkung ist also die gleiche.

Flächen, die schräg anvisiert werden, namentlich von Metallen,
geben oft polarisiertes Licht ab; wo zur Messung eine Polarisation
absichtlich herbeigeführt wird, wie beim WANNER-Pyrometer, macht
solche Vorpolarisation die Messung im allgemeinen falsch; man dreht
das Gerät um seine optische Achse und beobachtet die Stelle größter
Helligkeit der betreffenden Hälfte des Gesichtsfeldes, so wird dieser
Fehler ausgeschaltet; besser vermeidet man die Schwierigkeit ganz.

Statt aus der Intensität der Strahlung läßt
sich auch aus ihrer Farbe auf die Temperatur schließen, darauf beruhen ja die Begriffe Rot-, Gelb- und Weißglut, die als unabhängig vom Stoff und nur abhängig von
der Temperatur gelten. Das trifft allerdings
nicht genau zu, da die Stoffe für verschiedene Farben ein verschiedenes Emissions-
verhältnis haben, zwei Körper gleicher Temperatur können also etwas unterschiedliche
Farbe haben und auch nicht die gleiche Farbe,
die ein schwarzer Körper bei der Temperatur
hat. Bezüglich der Intensität kommt man
zum Begriff der schwarzen Temperatur S
des Prüflings, es ist diejenige Temperatur
eines schwarzen Körpers, bei der dieser
ebenso stark strahlt, wie der nicht schwarze
Prüfling bei der (höheren) wahren Temperatur T; ebenso kommt man zum Begriff
der *Farbtemperatur F* des Prüflings als derjenigen Temperatur eines schwarzen Kör-

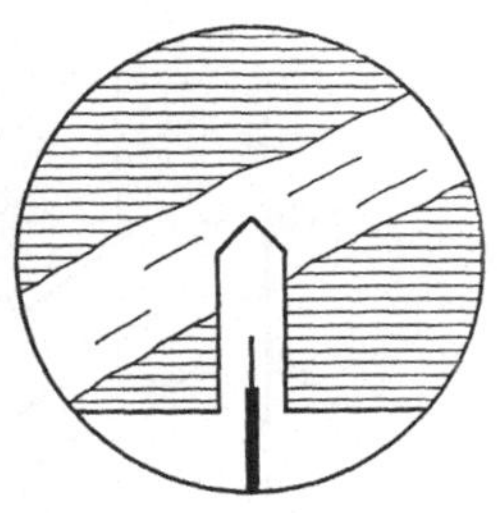

Abb. 407. Gesichtsfeld im Duplex-
Farbpyrometer Bioptix. Zwei Ein-
stellknöpfe, zwei Ableseskalen;
man erblickt Prüfling (Flamme,
Körperoberfläche), scharf einstellen: Strom einregeln, dazu
Stromzeiger im Gesichtsfeld;
Buntknopf verstellen, bis F a r b e
des Prüflings der der Ver-
gleichsfläche (Pfeilspitze) gleicht;
Schwarzknopf verstellt, bis Prüfling und Pfeil gleich h e l l; notfalls beiderseits bis zur vollen
Übereinstimmung nachregeln.
Nun ablesen: Farbtemperatur F
und Schwarztemperatur S auf je
einer Skala. Fa. Hase.

pers, bei der dieser dem Auge in der gleichen Farbe erscheint wie
der bunte Prüfling bei der (meist niedrigeren) wahren Temperatur T.
In beiden Hinsichten, nach Intensität und nach Farbe, täuscht also
die Strahlung andere Temperaturen vor als wirklich vorhanden sind.
Bei der Farbtemperatur geht auch das physiologische Verhalten des
Auges in die Messung ein und ein Farbenblinder kann die Messung,
jedenfalls mit gebräuchlichem Gerät, nicht ausführen. Aber selbst für
normale Augen besteht eine Schwierigkeit; auf der Netzhaut des Auges
sind bekanntlich Stäbchen, die auf bestimmte Frequenzen entsprechend
den Farben Rot, Grün und Blau reagieren, und der Farbeindruck besagt,
in welchem Verhältnis $r : g : b$ die Stäbchen erregt werden. Der schwarze
Körper durchläuft mit steigender Temperatur eine Folge dieses Werte-
verhältnisses, das vom Versuchskörper nicht innegehalten zu werden
braucht: stimmt $r : g$ bei beiden überein, so weicht b ab, und umgekehrt;

der schwarze Körper stellt also nicht jede physiologisch denkbare Farbe her, und man wird sich bei der Eichung des Farbpyrometers am schwarzen Körper damit begnügen müssen, den Farbunterschied auf ein Minimum einzustellen. Bei der Messung gilt dasselbe: es ist nicht gesagt, daß die Strahlung einer Oberfläche flüssigen Stahls jemals die gleiche Farbe hat wie die vom flüssigen Gußeisen oder gar von festem oder abrinnendem Steinmaterial des Ofens. Die erhältlichen Farbpyrometer sind aus den Bedürfnissen der Stahlwerke entwickelt und also an diese angepaßt, sie stimmen also für andere Zwecke weniger gut. Doch sind diese Bedenken theoretischer Art, da das Auge das Minimum des Farbunterschiedes recht gut erkennt. Übrigens erleichtert man die Einstellung auf gleiche Farbe, indem man noch auf gleiche Helligkeit einstellt, so daß also die schwarze Temperatur nebenbei anfällt. Da die Farb-

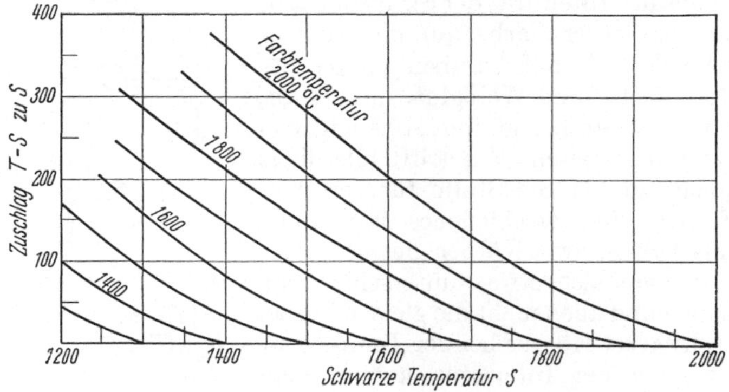

Abb. 408. Unterschied $T - S$ zwischen wahrer und schwarzer Temperatur, als Berichtigung zur Ablesung S hinzuzählen, wenn noch die Farbtemperatur bekannt ist. Für leuchtende Flammen gültig. NAESER und PEPPERHOFF: Arch. Eisenhüttenw. 1951 S. 12.

temperatur über der wahren zu liegen pflegt, die schwarze unter ihr, so schließt man T in (allerdings meist ziemlich weite) Grenzen ein, wenn man S und F mißt.

Die Verwendung der Farbtemperatur neben der schwarzen ist seit 1930 von NAESER, KW-Institut für Eisenforschung, vorgeschlagen und gefördert worden. Neuere Versuche führten für einen bestimmten Zweck auf die in Abb. 408 zusammengestellten Angaben zur Ermittlung von T, wenn F und S gemessen sind; wieweit die Angaben allgemeiner verwendbar sind, steht dahin.

Die Beschränkung der optischen Pyrometer auf die sichtbare Strahlung hat Nachteile; sie sind erst von 1000° an verwendbar, sie geben keine objektive Anzeige, sind von der Tüchtigkeit des Auges abhängig. Nutzt man die gesamte Strahlung aus, so werden diese Nachteile vermieden, allerdings nimmt man andere in den Kauf. Da die optischen Pyrometer auch Strahlung nutzbar machen, so unterschied man die objektiven von ihnen als Gesamtstrahlungspyrometer; des kürzeren Ausdrucks wegen hat man in neuerer Zeit den Namen Strahlungspyrometer für die objektiven reserviert.

Bei den *Strahlungspyrometern* im engeren Sinne (Ardometer von S. & H., Pyrradio von H. & B., Pyro von Hase) wird die von der Temperaturquelle ausgesandte Gesamtstrahlung auf der Lötstelle eines Thermoelements konzentriert; es ist ein Element aus sehr feinen Drähten aus Nickelchrom und Konstantan, die Lötstelle trägt zur Aufnahme der Strahlung ein berußtes Platinblättchen, und das Ganze ist in eine evakuierte Glasbirne eingeschlossen. Solche Fühlkörper sind für sich käuflich, das Fenster zum Einlassen der Strahlung kann statt aus Glas auch aus Quarz oder aus Kochsalz bestehen. Die Erwärmung der Lötstelle wird von einem Millivoltmeter angezeigt oder aufgeschrieben. Dieser Art Geräte liegt also die Formel für die Gesamtstrahlung zugrunde;

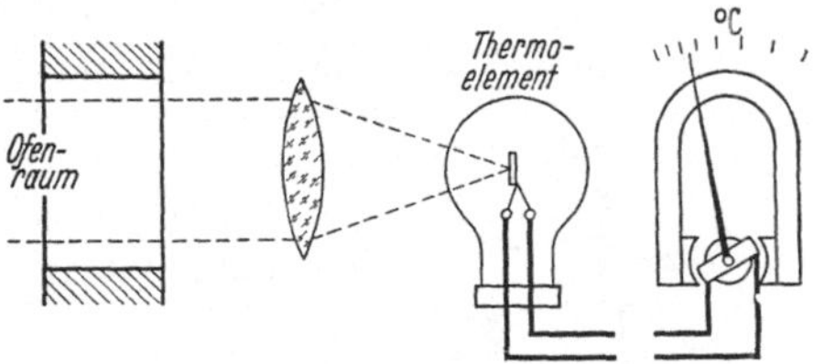

Abb. 409. Schema der Pyrometer für Gesamtstrahlung. Die Strahlung wird auf das Thermoelement konzentriert, dessen Temperatur wird mit Voltmeter bestimmt, notfalls über Verstärker.

durch Integrieren der Formel (1) über alle Wellenlängen hin ergibt sich das STEFAN-BOLTZMANNsche Strahlungsgesetz: die Gesamtstrahlung ist danach

$$G = \int_{\lambda=0}^{\lambda=\infty} E \, d\lambda = \sigma \, T^4, \tag{4}$$

hierin, auf cgs-Einheiten bezogen, $\sigma = 5{,}77 \cdot 10^{-12}$ [W cm^{-2} K^{-4}].

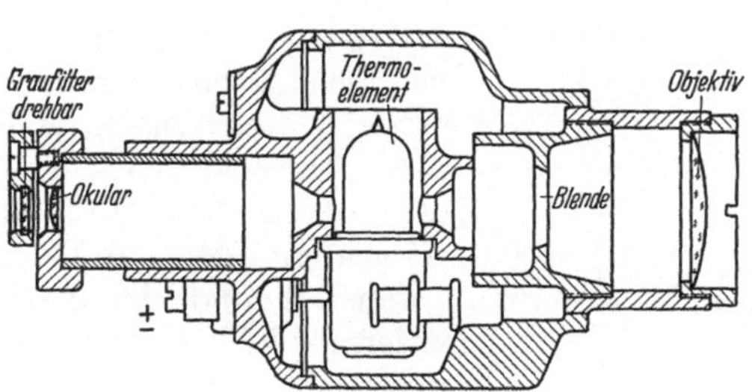

Abb. 410. Strahlungs-Pyrometer. Die Optik dient zum Anvisieren der richtigen Stelle, als Sucher. Ardometer, Firma Siemens & Halske; ähnlich Pyro von Hase, Pyrradio von Hartmann & Braun.

Abb. 411. Thermoelement zum Abfühlen der Strahlung. Diese wird vom Hohlspiegel auf ein Ende des Thermostabes konzentriert, das andere liegt im Schatten des Spiegels. Auch aus Quarz, oder mit Öffnung zum Aufkitten eines Fensters aus Steinsalz u. a. Fa. Hase. — Statt dessen auch Fotozelle (L. 371).

Auch Formel (4) gibt die Möglichkeit, vom Goldschmelzpunkt ausgehend die Temperaturskala eines Gerätes in sich aufzubauen; wie aber beim optischen Gerät praktische Schwierigkeiten in der Verschiebung der Wellenlänge bei mangelhafter Isochromie lagen, so ist hier die Forderung, die Gesamtstrahlung solle auf das Fühlorgan wirken, nicht erfüllt, so daß man auch bei diesen Geräten mit Abweichungen von Formel (4) rechnen und sie empirisch eichen muß. Quarz läßt die unsichtbaren Strahlen zwar besser durch als Glas, aber auch nicht vollkommen; besser in dieser Hinsicht ist die Sammlung der Strahlen durch einen Spiegel statt durch eine Linse, wie es am Beginn des Jahrhunderts

Fery mit dem wohl ersten Gesamtstrahlungs-Pyrometer machte, das immer noch in Gebrauch ist. Doch hat der Spiegel durch die Empfindlichkeit gegen Schmutz und gegen atmosphärische Einflüsse manche Nachteile, und es ist nicht Aufgabe der technischen Meßkunde, theoretisch in sich fundierte, sondern praktisch brauchbare Geräte zu erstellen. Die obengenannten Geräte haben daher Linsen, um die Strahlung auf das Thermoelement zu werfen. So werden gewisse, helle oder dunkle (im Ultrarot, Abb. 485) Wellenlängen unterdrückt; wenn nun nach dem Verschiebungsgesetz das Maximum der Strahlung mit steigender Temperatur in Bereiche kleinerer Wellenlänge rückt, so kommt es zu Unregelmäßigkeiten, wenn das Maximum (durch $\lambda_m T = 0{,}288$ bestimmt) in eine Gegend unterdrückter Strahlung kommt und ausfällt. Die Strahlungspyrometer zeigen daher größere Unterschiede von komplizierter Gesetzmäßigkeit zwischen der wahren und der schwarzen Temperatur als die optischen; sie ergeben bei selektiven Strahlern große Abweichungen, welcher Schwäche der Vorteil der objektiven direkten Ablesung, der größeren Intensität und der Registriermöglichkeit gegenübersteht.

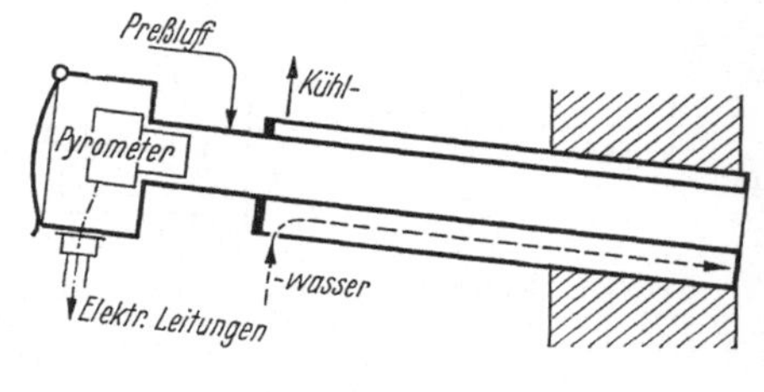

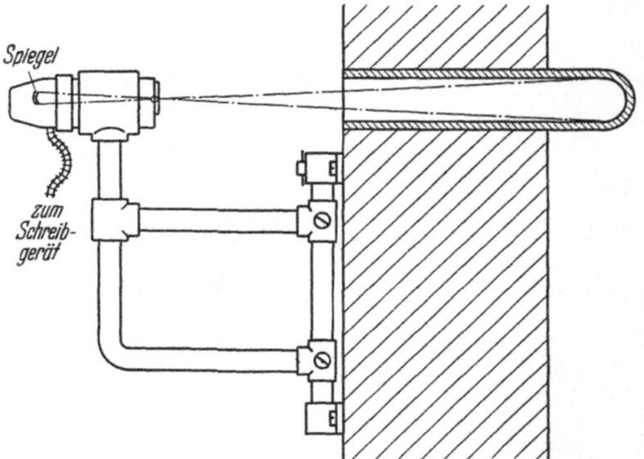

Abb. 412 u. 413. Zwei Arten Dauereinbau für Gesamtstrahlungs-Pyrometer; Preßluft soll das Gesichtsfeld klar halten, aber das geschlossene Rohr nähert den schwarzen Körper besser an; der Grund des Rohres muß den ganzen Spiegel optisch erfüllen (Abb. 406).

Da das Gerät empirisch geeicht wird, so spielt es keine Rolle, wenn die Meßstrahlung das Fühlorgan erwärmt und dadurch zur Rückstrahlung veranlaßt; will man nicht übermäßig empfindliche Galvanometer oder gar Verstärker verwenden, dann muß man es auf eine erhebliche Temperatur T_0 kommen lassen; seine Rückstrahlung hat dann den Erfolg, daß der Ausgleich sich bei der Gesamtstrahlung $G = \sigma\,(T^4 - T_0^4)$ einstellt. Hierin stehen T und T_0 ganz anders zueinander als T_1 und T_2 in Formel (2). Trotz der vierten Potenz hat das Ansteigen der T_0-Werte beachtlichen Einfluß.

Strahlungs-Pyrometer werden fest an die Ofenwand angebaut, schauen ins Innere und registrieren die gemessenen Werte mit einem elektrischen Bandschreiber. Staub und Dunst im Feuerraum können das Ergebnis in wechselndem Maß fälschen, und auch ein durch das Schauloch eingeblasener Luftstrom beseitigt nicht allen Rauch, insbesondere nicht bis zur gegenüberliegenden Wand oder bis zur Ofendecke hin, wenn man diese betrachtet haben will, wie beim Siemens-Ofen der Stahl- und Glasindustrie üblich. Oft setzt man ein am Ende verschlossenes Stahlrohr in die Wand und betrachtet den Boden, auf diese Weise kommt man auch, wie auf Seite 317 besprochen, an die wahre Temperatur heran. Dadurch bekommt aber die Ablesung eine gewisse Trägheit. Daß das Rohr gelegentlich durchbrennt, ist nicht schlimm, es ist leicht ersetzt, während beim Thermoelement das teure Platin alsbald vom Kohlenoxyd angegriffen wird, wenn das Schutzrohr abbrennt.

Für die hohen Temperaturen des Eisenhüttenwesens schwanken die Meinungen, ob besser beim Pyrometer die Unsicherheit der Strahlungszahl oder beim Thermoelement die geringe Lebensdauer (S. 305) in Kauf zu nehmen sei. Hie und da wird das eine oder andere vorgezogen, und es werden wohl auch beide nebeneinander verwendet.

Sind mittels der Strahlung mäßige Temperaturen zu messen, im Gebiet also des Ultrarot von 500° abwärts, dann werden Glaswände vermieden und selbst Quarzwände sind vom Übel, weil sie im Ultrarot wechselnde Bereiche absorbieren. Man kommt auf Hohlspiegel, die die Strahlen auf ein Ende eines Thermostäbchens werfen, das andere Ende schützen. Da die Strahlung schwach ist, muß die Öffnung des Gerätes groß und das Ablesegerät empfindlich sein. Für technische Zwecke werden die Geräte (Ultrameter, L. 371; Fa. Pyro-Werk) selten in Frage kommen.

VIII. Wärmemenge.

70. Wärmeeinheit. Die gesetzlichen Einheiten für die Messung von Wärmemengen sind die *Kilokalorie* (kcal) und die Kilowattstunde (kWh). Die Kalorie ist diejenige Wärmemenge, durch welche 1 g Wasser bei Atmosphärendruck von 14,5° auf 15,5° erwärmt wird. Die Kilowattstunde ist gleichwertig dem Tausendfachen der Wärmemenge, die ein Gleichstrom von 1 gesetzlichen Ampere in einem Widerstande von 1 gesetzlichen Ohm während 1 Stunde entwickelt, und ist 860 kcal gleich zu erachten. (§ 2 des Reichsgesetzes vom 1. August 1924.) Dadurch ist also die sog. 15°-Kalorie als maßgebend festgelegt; sie bezieht sich zunächst, da sie aus dem cgs-System kommt, auf ein Gramm; für die Benutzung liegt der tausendfache Wert günstiger und dient als gesetzliche Grundlage unter Vorsetzung des dafür üblichen Zeichens Kilo-, ähnlich wie das Kilogramm und nicht das Gramm die gesetzliche Grundlage unseres Gewichtssystems ist.

Im Satz 1 des AEF wird noch gesagt, daß der Arbeitswert der mittleren Kilokalorie dem Arbeitswert der gesetzlichen Kilokalorie gleich zu erachten sei, für beide wird 427 kgm angegeben. Die *mittlere Kilokalorie* beruht auf der spezifischen Wärme zwischen 0 und 100°. Dagegen ist die *Nullpunktskalorie* um etwa 1% größer. Die wahre spezifische Wärme des Wassers — deren Begriff dadurch bestimmt ist, daß gleicher Wärmeaufnahme gleiche Mengen mechanisch oder elektrisch zugeführter Arbeit entsprechen — ist also bei 0° etwa 1,01, sie fällt und geht bei 15° durch 1, hat bei 30° ein Minimum, um bis 100° auf etwa 1,004 zu steigen; über 100° wird sie dann immer höher und beträgt bei 300° (und Sättigungsdruck) etwa 1,35.

Die verschiedenen Wärmeeinheiten ergaben sich von selbst, je nachdem man bei Zimmertemperatur, mit dem BUNSENschen Eiskalorimeter oder mit einem Wasserbad im Temperaturintervall bis 100° arbeitete. Daher sind die Angaben in der Literatur und in Tabellenwerken bald in dieser, bald in jener Einheit gemacht, während fortan alles in gesetzliche Einheit (15°-Kalorie) umgerechnet werden sollte.

Im englischen Maßsystem ist die Einheit der Wärmemenge (British Thermal Unit) $^1/_{180}$ derjenigen, die 1 englisches Pfund Wasser von 32 F auf 212 F erwärmt. Es ist 1 BTU = 0,252 kcal.

Es gibt also mehrere Wärmeeinheiten, deren *eine* die gesetzliche Kilokalorie ist; es ist abwegig, wenn die Heizindustrie das Wort Wärmeeinheit (WE) als Verdeutschung von Kalorie verwendet; man kann auch nicht das Meter mit Längeneinheit verdeutschen.

71. Ermittlung der Wärmemenge aus der Temperaturänderung. Wärmemengen mißt man häufig an der Temperaturerhöhung, die sie einem Körper, dem Wärmeträger, erteilen, oder aus der Temperaturerniedrigung, die ein Wärmeträger bei Entziehung der Wärmemenge erfährt. Hat sich der Wärmeträger vom Gewicht G und der spezifischen Wärme c von t_1 auf t_2 erwärmt, so ist die in ihn eingeführte Wärmemenge

$$Q = G\, c\, (t_2 - t_1),\qquad\qquad(1)$$

und die gleiche Wärmemenge hat er bei der Abkühlung von t_2 auf t_1 abgegeben. An dieser Stelle kommt nur die spezifische Wärme bei konstantem Druck in Betracht.

Wo ein bestimmter Wärmeträger (nach Befund auch als Kälteträger zu bezeichnen) mehrfach Änderungen der Temperatur erfährt, da faßt man in Formel (1) zweckmäßig G und c zusammen. Man erhält

$$G\,[\text{kg}]\, c\left[\frac{\text{kcal}}{\text{kg}\cdot\text{C}}\right] = G\, c\left[\frac{\text{kcal}}{\text{C}}\right],$$

und mit dieser Benennung ist $G\, c$ die Wärmeaufnahme des in Rede stehenden, nach seiner Menge durch G und nach seiner Art durch c bestimmten Wärmeträgers bei einer Temperaturerhöhung um 1°; das ist die *Wärmekapazität*. Da aber die Wärmeaufnahme verschiedener Wärmeträger dann dieselbe ist, wenn dieses Produkt gleich wird, so vergleicht man auch mit einer Wassermenge G_w'', deren spezifische Wärme zu 1 kcal/kg · C anzunehmen ist, und hat in $G_w = G\, c$ [kg] die Menge Wasser, die hinsichtlich der Wärmeaufnahme den im Versuch befindlichen Wärmeträger ersetzen kann, dessen *Wasserwert*.

Die spezifische Wärme c ist eine Eigenschaft des die Temperaturänderung erleidenden Materials, die man Tabellenwerken entnimmt. Man muß die *mittlere spezifische Wärme* zwischen den Temperaturen t_1 und t_2 einführen. Wenn die spezifische Wärme mit steigender Temperatur zunimmt, so ergibt der Versuch also verschiedene Werte je nach dem gewählten Intervall; durch Verengung des Intervalls kommt man schließlich auf die *wahre spezifische Wärme* bei der Temperatur t, die der Zunahme auf $t + dt$ entspricht und als $c_t = dQ/dt$ definiert ist.

Aus dem Verlauf der wahren spezifischen Wärme ergibt sich die mittlere zwischen den Temperaturen t_1 und t_2 zu

$$c_m = \frac{1}{t_2 - t_1} \int_{t_1}^{t_2} c_t \, dt, \qquad (4)$$

man ermittelt sie graphisch durch Auftragen der Beziehung zwischen c und t und durch Planimetrieren der entstehenden Fläche; hängt die spezifische Wärme linear von der Temperatur ab, so ist die mittlere spezifische Wärme gleich der wahren bei der mittleren Temperatur $\frac{1}{2} \cdot (t_1 + t_2)$.

Der spezifischen Wärme, die oft einfach als Zahl angegeben wird, gebührt im technischen Maßsystem die Benennung [kcal/C · kg] oder bei Gasen auch [kcal/C · $m^3(_{760}^{0})$].

Es ist nämlich oft bequem, statt mit dem Gewicht mit dem auf Normalzustand reduzierten Volumen zu rechnen, das ja (S. 131) eine Gewichtsangabe darstellt. Mit dem reduzierten Volumen oder auch mit der Molzahl zu rechnen, ist bei zweiatomigen Gasen bequem, weil diese (O_2, N_2, CO), auf das Volumen bezogen, gleiche spezifische Wärme haben. Für die Rauchgase der Feuerung nimmt man daher meist auf das reduzierte Volumen Bezug.

Für die Rechnung bequem ist auch der Begriff des *Wärmeinhalts*, der *Enthalpie*, das ist die Wärmemenge, die 1 kg des Stoffes zur Erwärmung von der Grundtemperatur $0°$ auf $t°$ bei **konstantem Druck** braucht. Bei t_1 ist der Wärmeinhalt $i_1 = c_{m1} t_1$, bei t_2 aber $i_2 = c_{m2} t_2$, und nun ist die für 1 kg zur Erwärmung von t_1 auf t_2 nötige Wärmemenge gleich dem Unterschied der Wärmeinhalte bei beiden Temperaturen. Bei negativen Temperaturen ergeben sich auch negative Wärmeinhalte, das beruht auf der willkürlichen Annahme von $0°$ als Anfang der Temperaturskala; Schwierigkeiten für das Rechnen mit dem Wärmeinhalt entstehen daraus nicht, man hat das Vorzeichen zu beachten.

Wenn sich der Aggregatzustand ändert, dann treten die in § 73 und 74 zu besprechenden Verhältnisse ein. —

Man kann die Messung an einem ruhenden oder doch nur durch Umrühren bewegten Wärmeträger vornehmen, der erwärmt oder abgekühlt wird; man bezeichnet solche Messung als *Anwärmungs-* oder *Abkühlungsversuch*. Man kann aber auch im *Beharrungszustand* arbeiten, indem man die Wärme auf einen fließenden Wärmeträger überträgt, für den die sekundlich ausgewechselte Menge und der Temperaturunterschied zwischen Zu- und Ablauf gemessen wird. Für die erste Art ist das Bombenkalorimeter (§ 77), für die zweite das Junkers-Kalorimeter (§ 79) ein Beispiel; nach der zweiten Methode bestimmt man die Verluste einer Gasmaschine mit den Auspuffgasen, wenn deren Wärme in einem Röhrensystem nach Art des Oberflächenkondensators kontinuierlich auf Wasser übertragen wird; auch jeder Oberflächenkondensator einer Dampfmaschine ist ein Kalorimeter im großen. Beide Arten der Messung werden an Kühlanlagen verwendet.

Beide Arten der Messung erfordern eine Reihe von Berichtigungen. In jedem Fall kann der *Wärmeaustausch mit der Umgebung* Einfluß haben; ob er zu einer Berichtigung Anlaß geben soll, hängt vom Zweck des Versuches ab; ist zu prüfen, ob eine Heizvorrichtung einer bestimmten Flüssigkeitsmenge in vorgeschriebener Zeit eine gewisse Wärmemenge zuführen kann, so wird sie das im allgemeinen trotz der äußeren Verluste tun müssen.

Bei Erwärmungs- und Abkühlungsversuchen nimmt die umgebende Gefäßwand an der Temperaturveränderung teil, ihre Wärmeaufnahme oder -abgabe ist als Berichtigung zu berücksichtigen. Dabei läßt sich für Metallwände im allgemeinen annehmen, daß sie jede Temperaturänderung sehr schnell mitmachen; anders bei Isolierungen, bei denen nur die nächstliegenden Schichten das tun, während es lange dauert, bis auch die ferner liegenden sich erwärmen oder abkühlen.

Beispiel: An einer Kühlanlage wurde ein *Abkühlungsversuch* gemacht. Während die Sole nicht umlief, sondern nur mittels Rührwerkes bewegt wurde, wurde das Abfallen der Temperatur beobachtet; nach Feststellung gleichmäßigen Abfalles durch Auftragen der Temperatur als Funktion der Zeit wurde graphisch der Teil der Abfallkurve herausgeschnitten, der gerade Interesse bot: Zum Herunterdrücken von $-2{,}0$ auf $-6{,}0°$ waren 61 min nötig gewesen; dem entspricht ein Temperaturabfall von 3,93 C/h. Durch Ausmessen des Verdampfers wurde das Volumen bei $-5°$ zu 3,18 m³ bestimmt; die Wichtezahl der Magnesiumchloridlösung wurde zu 1,091 bei $+20°$ mittels Aräometers gemessen, das sind also 1091 kg/m³; die Tabellen von LANDOLT-BÖRNSTEIN (5. Aufl. 1923, S. 388) geben hiernach einen Salzgehalt von 10,7% der Lösung. Der Temperaturunterschied von $+20°$ gegen $-5°$ bedingt (Land. u. B. S. 429) einen Unterschied der Wichtezahl von 0,6% (es ist $\delta_{20} : \delta_{-5} = 1{,}006$), also ist das Solegewicht zu $3{,}18 \cdot 1{,}006 \cdot 1091 = 3490$ kg anzusetzen. Die spezifische Wärme 10,7% $MgCl_2$-Sole ist 0,845 kcal/kg·C (Land. u. B. S. 1262 nach KOCH). — Außer der Sole wurde auch das Eisen des Behälters, soweit es unterhalb des Solespiegels lag, und es wurden auch die kupfernen Kühlschlangen abgekühlt. Aus der Werkzeichnung ergibt sich das Gewicht der Eisenteile zu rund 800 kg, das der Kupferteile zu rund 160 kg; die spezifischen Wärmen sind zu 0,114 und 0,093 anzunehmen.

Der *Wasserwert der abgekühlten Teile* errechnet sich wie folgt:

Sole.	3490 kg · 0,845 =	2948 kg
Eisenteile	800 kg · 0,114 =	91 kg
Kupferteile.	160 kg · 0,093 =	15 kg
Gesamter Wasserwert der gekühlten Teile		3054 kg

Die Teile werden um $3{,}93°$ C/h gekühlt, so war die Leistung der Kühlanlage $3054 \cdot 3{,}93 = 12\,000$ kcal/h.

Von einer Berücksichtigung dessen, was die Isolierung des Behälters und manche andere Teile an Wärme hergegeben hatten, wurde abgesehen, weil die Bestimmung schwierig ist; die Kälteleistung wird also etwas zu niedrig bestimmt sein. Die Einstrahlung bleibt unbeachtet, weil es sich um die Frage handelt, ob die Anlage die Höchstleistung hergebe, und weil im praktischen Betrieb der Anlage die Strahlung in gleicher Größe auftreten wird. —

An einer anderen Kühlanlage wurde ein *Versuch im Beharrungszustand* gemacht. Die kalte Sole wurde ihrer Bestimmung gemäß in die zu kühlenden Räume geschickt; sie kam etwas erwärmt aus ihnen zurück. Dabei wurde die Leistung der Anlage durch Beeinflussung der Drehzahl des Kompressors so eingeregelt, daß gerade der Kältebedarf der Kühlräume gedeckt wurde, so daß also die abgehende Sole wieder auf die gleiche niedrigere Temperatur kam: es wurde der Beharrungszustand der Anlage erstrebt. Während des dreistündigen Versuchs floß im Mittel die Sole mit $-7{,}21°$ zu den Kühlräumen und kam mit $-5{,}17°$ aus ihnen zurück; sie kühlte sich also um $2{,}04°$ ab. Mittels Danaiden (§ 43) wurde die rückkehrende Solemenge zu 5,19 l/s = 18680 l/h gemessen. Wichtezahl der Kochsalzlösung 1,132 bei 20°, die Lösung hat 18,2% Salzgehalt, entsprechend $\gamma = 1,151$ bei —5° und entsprechend einer spezifischen Wärme 0,825 kcal/kg·C (Land. u. B. S. 388; 428; 1262 nach GRÖBER). Die Kälteleistung ist 18680 · 1,151 · 0,825 · 2,04 = 36200 kcal/h. — Nun ist noch eine Berichtigung für mangelhaften Beharrungszustand anzubringen; die Temperatur des Soleinhaltes war nämlich am Schluß des Versuches 0,2° höher gewesen als anfangs. Die Korrektion ist so zu berechnen wie der Abkühlungsversuch; der Wasserwert des Soleinhaltes einschließlich der Eisen- und Kupferteile war 8600 kg, also waren 8600 · 0,2 $\approx$ 1700 kcal Kälte dadurch hergegeben worden, jedoch in 3 Stunden. Die Kälteleistung der Anlage war also um 1700 : 3 = 570 kcal/h geringer gewesen und hatte 35630 kcal/h betragen. — Eine weitere Berichtigung war in diesem Fall für den Wärmeaustausch mit der Umgebung zu machen; es handelte sich nämlich um eine Untersuchung nicht der ganzen Anlage, sondern eines neuen Kompressors, der für die vielleicht schlechte Isolierung des Verdampfers nicht verantwortlich gemacht werden durfte. Man ließ nach Abstellen des Kompressors und des Soleumlaufs in den zu kühlenden Räumen nur das Rührwerk weiterlaufen, um gleichmäßige Temperatur im Verdampfer zu haben, und beobachtete im Verlauf von 10 h einen Temperaturanstieg von —7,3 auf —4,9°, also um stündlich 0,24° bei $-\frac{1}{2}$ (7,3 + 4,9) = —6,1° mittlerer Temperatur. Raumtemperatur etwa +10°, so daß bei —7,21° auf

$0,24 \cdot \dfrac{17,21}{16,1} = 0,26°$ stündlicher Wärmeeinstrahlung zu rechnen ist (*Einstrahlungsversuch*). Wegen des Wasserwertes von 8600 kg ergibt sich eine Korrektion von 8600 · 0,26 = 2240 kcal/h, und die endgültige Kälteleistung ist 35630 + 2240 = 37870 kcal/h.

Es läge nahe, die obigen Zahlen statt aus dem LANDOLT-BÖRNSTEIN aus den Kälteregeln zu nehmen; die dortigen Angaben reichen aber nicht aus.

Da bei dem Versuch im Beharrungszustand die Unsicherheiten wegen des Einflusses der Isolierung nur in eine Korrektion eingehen, so ist solch Versuch im allgemeinen vorzuziehen — nicht nur bei Kühlanlagen. Wo man die Kälte nicht in Kühlräumen verwenden kann, muß man sie durch Dampf vernichten; wenn man diesen in Schlangen kondensiert, so hat man aus seinem Gewicht eine nochmalige Bestimmung der Kälteleistung (§ 74).

Für die von einem *Gasstrom in einem kreisrunden Rohr* transportierte Wärme gilt noch folgendes: Die Temperatur nimmt von innen nach außen hin ab, und man ist geneigt, den Wert $\dfrac{2\pi}{R^2\pi}\displaystyle\int_0^R t\,r\,dr$ als mittlere Temperatur anzusehen; die hiermit und der Gasmenge errechnete Wärmemenge ist aber nicht die vom Gasstrom wirklich transportierte, weil die Geschwindigkeitsverteilung einem andern Gesetz folgt als die Temperaturverteilung. Man muß also den Wärmewert der einzelnen konzentrischen Schalen addieren oder, was dasselbe bedeutet, die mittlere Temperatur als $\displaystyle\int_0^R t\,w\,r\,dr \Big/ \int_0^R w\,r\,dr$ einführen. Bei ausgebildeter Turbulenz findet man nach SCHACK (L. 382) die so definierte mittlere Temperatur bei $r = 0,78\,R$ von der Achse aus, während der erstgenannte Mittelwert bei $r = 0,75\,R$ zu messen ist. w ist dabei die Geschwindigkeit im Abstand r von der Rohrachse.

72. Wärmezähler. Wärme wird in der *Warmwasserheizung* zentral erzeugt und mittels des umlaufenden Heizwassers als Wärmeträger an verschiedene Verbraucher verteilt; *Kälte* wird ähnlich verteilt. In beiden

Fällen ist es nützlich, den Verbrauch des einzelnen Abnehmers zu
messen. Die durchlaufende Menge des Wärmeträgers zu messen genügt

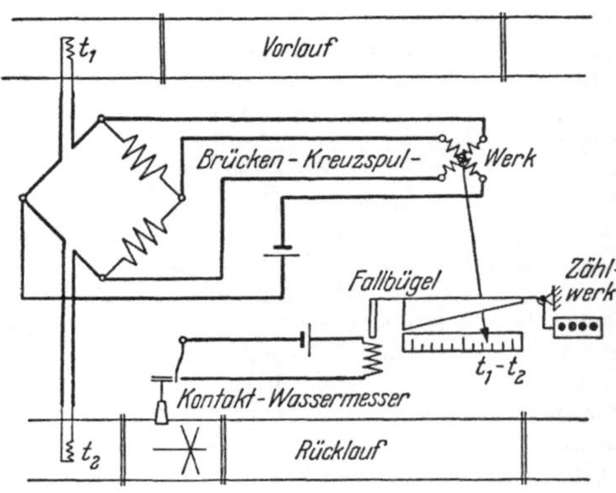

Abb. 414. Mechanisch-elektrischer Wärmezähler für
Warmwasserheizung. Widerstandthermometer in Vor-
und Rücklauf greifen die Temperatur $t_1 - t_2$ (die Aus-
kühlung des Heizwassers) ab und bestimmen die Zeigerstellung des Kreuzspulgerätes; der WOLTMANN-Wasser-
messer im Rücklauf schließt Kontakt nach je bestimmter Wassermenge Q, betätigt den Fallbügel und
das Zählwerk verschieden weit je nach Zeigerstellung.
Anlaufgeschwindigkeit des Wassermessers bei Schwer-
kraftheizung störend. Fa. Siemens & Halske, ähnlich
Joens-Whico.

nur, wenn alle Abnehmer
den Träger mit gleicher
Rücklauftemperatur zurück-
geben; das ist zwar für ganz
geöffnete Absperrorgane unter Umständen durch Vor-
einstellung derselben zu erreichen, aber beim Drosseln
des Umlaufs würde der be-
treffende Abnehmer dem
Träger mehr Temperatur
entziehen als gemessen.

Wärme- oder Kältezähler
müssen daher die Menge
und den Temperaturunter-
schied für den einzelnen Abnehmer messen und das Produkt beider Größen auf den
Zähler wirken lassen, der die
entnommene Energiemenge
anzeigt. Solche Anordnungen
sind namentlich verwendbar,

wenn der Wärmeträger künstlich umgewälzt wird; bei Schwerkraft-
heizung ist die Energie für die Mengenmessung unzureichend. Im Prinzip

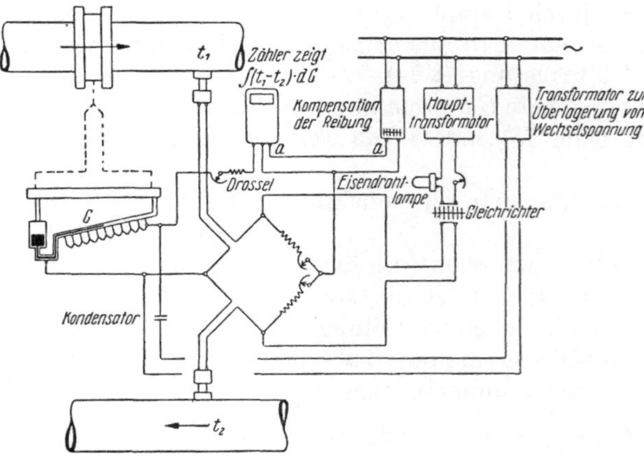

Abb. 415. Elektrischer Wärmezähler. Wassermenge in Düse gemessen, $t_1 - t_2$ in Thermoelementen
gemessen, beides elektrisch multipliziert; Leitung $a\,a$ kompensiert die Anlaufreibung des Zählers.
Vergleiche Abb. 97 und 272. Fa. Hallwachs & Morckel.

sind solche Wärmezähler auch verwendbar, wenn statt einer Flüssigkeit
Luft der Wärmeträger ist; die Energie ist jedoch auch hier für die
Mengenmessung zu klein. Man müßte zu servomotorischen Hilfskräften
schreiten, nur pflegen die Kosten der Apparate für den Zweck der

Messung allein nicht tragbar zu sein, wenn sich nicht eine Regelung damit verbinden läßt; schon die Formen Abb. 414, 415 sind nicht billig.

Bei *Niederdruck-Dampfheizung* wird das Kondensat mit offenen Wasserzählern gemessen, besonders der Trommelzähler nach Abb. 206, S. 153, ist dafür bestimmt; die Temperatur des Kondensats kann zwar ähnlich verschieden sein wie die Rücklauftemperatur des Wassers, hat aber gegenüber der Kondensationswärme weniger Einfluß; insofern kann hier die Mengenmessung genügen. Ähnlich ist es bei Städte- oder Fernheizungen; bei ihnen kommt die Verteilung mit Dampf oder mit Warmwasser in Betracht; daß sich bei Dampfverteilung die Entnahme der einzelnen Abnehmer, mindestens der einzelnen Gebäude mit Kippwassermessern recht zuverlässig messen läßt, gilt mit Recht als ihr großer Vorzug.

73. Feuchtigkeit in Luft und Gasen. Für Luft als Wärmeträger ist der Einfluß der Feuchtigkeit zu beachten, weniger weil die spezifische Wärme des Wasserdampfes etwa 0,5 kcal/kg · C ist gegen 0,24 kcal/kg · C bei trockener Luft, sondern vor allem weil durch Verdunstungs- und Kondensationserscheinungen der Feuchtegehalt sich ändern und der große Wärmeumsatz entsprechend der latenten Wärme ins Spiel kommen kann. Von 20° bis herab zu 10° gibt 1 kg Luft an sich nur 2,4 kcal ab; wenn aber die Luft anfangs gesättigt war, also 15 g Feuchte auf 1 kg reine Luft enthielt, während bei 10° nur 8 g darin enthalten bleiben können, so fallen also 0,007 kg Wasser heraus und geben etwa $0{,}007 \cdot 587 = 4{,}1$ kcal ab, fast das Doppelte dessen, was die Luft selbst hergibt; nur $^1/_3$ des Wärmeumsatzes entspricht dann der spezifischen Wärme, $^2/_3$ kommen von der Kondensation.

Den Berechnungen betreffend Mischung aus Luft- und Wasserdampf liegt das DALTONsche Gesetz zugrunde, wonach sich die beiden den Raum erfüllenden Bestandteile verhalten, als wenn der andere nicht vorhanden wäre. Die Teildrucke der Bestandteile addieren sich zu dem Gesamtdruck, z. B. dem Barometerstand. Man kann es aber oft ohne merklichen Fehler so auffassen, als wenn jeder der unter dem gemeinsamen Gesamtdruck stehenden Bestandteile einen Teil des Gesamtvolumens erfüllt, so daß sich die Teilvolumina zu einem Gesamtvolumen addieren. In *Erweiterung der Daltonschen Annahmen* pflegt man noch anzunehmen, daß auch die Spannungskurve des Sattdampfes durch die gleichzeitige Anwesenheit von Luft nicht verändert wird und ebensowenig die Wärmekapazität beider Bestandteile, so daß man also den Wärmeinhalt der Mischung als Summe der Wärmeinhalte der Bestandteile oder die spezifische Wärme der Mischung nach der Mischungsregel findet. Diese weitergehenden, an sich selbständigen Annahmen werden oft als Ausfluß des DALTONschen Gesetzes aufgefaßt und mit unter seinem Namen begriffen.

Die Bezugnahme einerseits auf Teildruck, andererseits auf Teilvolumen läuft nur dann auf eins hinaus, wenn neben der Addition der Volumina beim Mischen noch die Gesetze von MARIOTTE und GAY-LUSSAC für die Bestandteile wie für die Mischung gelten, worauf dann aber die Gaskonstante der Mischung aus den Gaskonstanten der Bestandteile nach der Mischungsregel folgt. Die letzteren Voraussetzungen können aber schon deshalb für unseren Fall nur Annäherungen geben, weil für Wasserdampf nahe dem Sättigungszustand die Annahme einer Gaskonstanten nur eine Annäherung ist, die wieder nur dann zulässig wird, wenn bei niederen Temperaturen und nicht ganz kleinen Drucken die Dampfmenge klein ist im Verhältnis zur Luftmenge.

Aus dem erweiterten DALTONschen Gesetz folgt, daß sich der *Feuchtegehalt* gesättigt feuchter Luft einfach aus den Dampftabellen entnehmen läßt. Bei $t = 70°$ enthält sie $\gamma_t = 0{,}198$ kg/m³.

Für die **Verdampfung** in Luft hinein gilt die Spannungskurve als Beziehung zwischen **Gesamtdruck** und Temperatur, für die **Kondensation** dagegen gilt auch die Spannungskurve, aber zwischen dem **Dampfteildruck** und der Temperatur. Solange die Temperatur zwischen der dem Gesamtdruck und der dem Dampfteildruck zugeordneten liegt oder solange der Dampfteildruck kleiner, der Gesamtdruck größer ist als der der Temperatur zugeordnete Sättigungsdruck, solange befindet man sich im Gebiet der **Verdunstung**, d. h. einer nur oberflächlich, nicht von innen heraus (da das Flüssigkeitsinnere unter dem Gesamtdruck steht) erfolgenden Verdampfung. Das Gebiet der Verdunstung ist es, das für Feuchtigkeitsmessungen in Frage kommt.

Im Gebiet der Verdunstung ist der Dampfteildruck kleiner, als der Sättigung entspricht. Die *relative Feuchte* oder der *Feuchtegrad* φ ist das Verhältnis des vorhandenen Dampfteildruckes p_d zu dem der betreffenden Temperatur t zugeordneten Sättigungsdruck p_t, der den Dampftabellen entnommen werden kann. So gilt als Definition des Feuchtegrades

$$\varphi = p_d/p_t \quad \text{oder} \quad \varphi\% = 100 \cdot p_d/p_t. \tag{1}$$

Wegen der Annahme, es gelte das Gesetz von GAY-LUSSAC genau für das Gemisch wie für die Teile, errechnet sich die Wichte γ des Gemisches in kg/m³ als Summe der Wichten γ_l und γ_d der Bestandteile, die ebenfalls in kg/m³, und zwar bezogen auf das Volumen des Gemisches, anzugeben sind; es ist dann auch

$$\varphi = \gamma_d/\gamma_t \quad \text{oder} \quad \varphi\% = 100 \cdot \gamma_d/\gamma_t. \tag{1a}$$

Luft von 70° enthalte als *Feuchtegehalt* 119 g Wasserdampf in 1 m³, dann ist $\varphi = 0{,}119 : 0{,}198 = 0{,}60$ ihr *Feuchtegrad* und 60% ihr prozentischer Feuchtegrad.

Rechnungen werden auf 1 kg Luftgehalt bezogen, weil die **Luftmenge** durch Verdunstung oder Kondensation nicht beeinflußt wird. Besteht also 1 m³ feuchter Luft aus γ_l kg eigentlicher Luft und aus γ_d kg Dampf, so kommen also γ_d/γ_l kg Feuchtigkeit auf 1 kg Luftgewicht. Diese rechnerisch verwendete Zahl ist aber nicht der sog. Feuchtegehalt der Luft. Bei $t°$ Temperatur und dem Feuchtegrad φ ist der Wärmeinhalt

$$i_{t\,\varphi} = c_p t + \frac{\gamma_d}{\gamma_l}\, i_d \left[\frac{\text{kcal}}{\text{kg Luft}}\right]. \tag{2}$$

c_p bedeutet die spezifische Wärme der Luft in [kcal/kg · C], i_d den Wärmeinhalt des Dampfes vom Zustande (p_d, t), der im allgemeinen als ein überhitzter aufzufassen ist, in [kcal/kg]. Dabei ist i_d nach den Regeln des § 74 oder mit dem is-Diagramm aus p_d und t zu finden; wenn aber γ_d klein ist gegen γ_l, wie oft bei niederer Temperatur, dann läßt sich $i_d = \lambda_p + 0{,}48\,(t - t_s)$ setzen, wobei λ_p die dem Dampfdruck p_d bei seiner Sättigungstemperatur t_s zugeordnete Gesamtwärme des Sattdampfes und 0,48 ein Näherungswert für die spezifische Wärme der Überhitzung ist. Noch einfacher macht man von der Tatsache Gebrauch, daß der Wärmeinhalt fast gar nicht vom Druck, sondern nur von der Temperatur abhängt, die Überhitzungsisothermen im is-Diagramm (Abb. 426) laufen fast waagerecht, es ist näherungsweise für überhitzten Dampf $i_d = \lambda_t$, gleich der Gesamtwärme des Sattdampfes **von gleicher Temperatur**, also entsprechend höherem Druck. Unzulässig ist es dagegen, die Überhitzungswärme zu vernachlässigen und $i_d = \lambda_p$ zu setzen, bei mittlerem Feuchtigkeitsgrad wird der Fehler merklich.

Als *Beispiel* für den Rechnungsgang dienen die Zahlen der Tabelle 23 für $t = 70°$ und für $t = 20°$ bei 760 Torr Druck.

Tabelle 23.
Beispiel für die Berechnung der Eigenschaften wasserfeuchter Luft.
a) Temperatur $t = 70°$, Druck $p = 760$ Torr.

Feuchtegrad φ	0	0,2	0,4	0,6	0,8	1
Dampfdruck $p_d = \varphi\,p_t$ mm QS	0	46,6	93,2	139,9	186,5	233,1
Spez. Gew. d. Dampfes $\gamma_d = \varphi\,\gamma_t$ (Feuchtegehalt) kg/m³	0	0,0396	0,0792	0,119	0,158	0,198
Luftdruck $p_l = p - p_d$ mm QS	760	713	667	620	573	527
Wichte der Luft γ_l . . kg/m³	1,030	0,965	0,904	0,840	0,776	0,713
Dampfgehalt γ_d/γ_l . . . $\dfrac{\text{kg Dampf}}{\text{kg·Luft}}$	0	0,0410	0,0877	0,1414	0,2045	0,2780
Wärmeinhalt von 1 kg Dampf i . . . . kcal/kg	628,1	627,9	627,7	627,4	627,2	627,0
Wärmeinhalt für 1 kg Luftgehalt $i_{t,\varphi} = 0{,}238 \cdot 70 + \dfrac{\gamma_d}{\gamma_l}\,i_1\left[\dfrac{\text{kcal}}{\text{kg Luft}}\right]$	16,5	42,5	71,6	105,3	145,0	190,8
Differenzen		25,7	29,4	33,7	39,7	45,8

b) Temperatur $t = 20°$, Druck $p = 760$ Torr.

Feuchtegrad φ	0	0,2	0,4	0,6	0,8	1
Feuchtegehalt . . . kg/m³	0	0,0035	0,0069	0,0108	0,0138	0,0173
Dampfgehalt γ_d/γ_l $\dfrac{\text{kg Dampf}}{\text{kg Luft}}$	0	0,00287	0,00576	0,00869	0,01164	0,01462
Wärmeinhalt $i_{t,\varphi}$ $\left[\dfrac{\text{kcal}}{\text{kg Luft}}\right]$	4,71	6,44	8,19	9,96	11,74	13,54
Differenzen		1,73	1,75	1,77	1,78	1,80

Interpolation von $i_{t\,\varphi}$ zwischen i_{t_0} und i_{t_1} für verschiedene Feuchtegrade hätte nicht genaue Ergebnisse geliefert, wenn man auf 1 kg Luftgehalt Bezug nimmt; in bezug auf 1 m³ wäre einfache Interpolation möglich gewesen. Für niedrige Temperaturen, wo γ_l praktisch für alle Fälle das gleiche ist, weil p_d nur klein ist, kann man eher interpolieren.

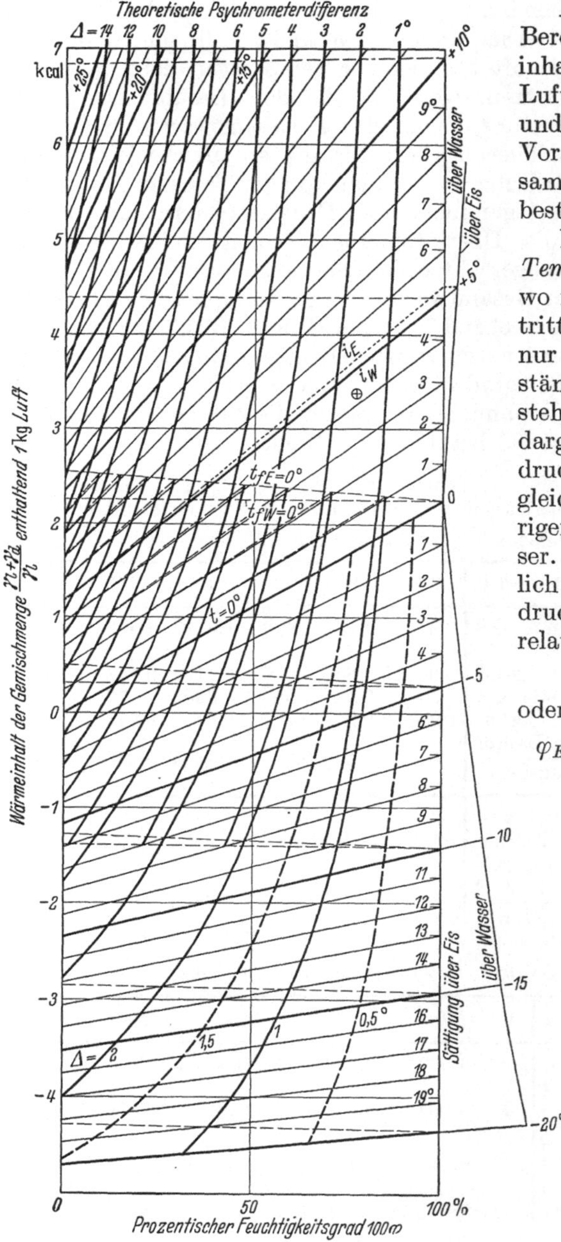

Abb. 416 und 417. Wärmeinhalt wasserfeuchter Luft und theoretische psychrometrische Differenzen Δ für 760 Torr Barometerstand.

Die Ergebnisse solcher Berechnung des Wärmeinhaltes, bezogen auf 1 kg Luftgehalt, zeigen Abb. 416 und 417. i ist hierin, unter Voraussetzung eines Gesamtdruckes $p = 760$ Torr, bestimmt aus t und φ.

Die Verhältnisse bei *Temperaturen unter* 0 C, wo normal Eisbildung eintritt und flüssiges Wasser nur unter besonderen Umständen als unterkühlt besteht, werden in Tabelle 24 dargestellt. Der Sättigungsdruck p_E über Eis ist bei gleicher Temperatur niedriger als der p_W über Wasser. Mit dem jeweils wirklich vorhandenen Dampfdruck p_d errechnet sich die relative Feuchtigkeit

$$\varphi_E = p_d/p_E$$

oder

$$\varphi_E\% = 100\,p_d/p_E. \qquad (1\ E)$$

Hier ist p_E einzusetzen und nicht etwa p_W, weil unterhalb 0° Eis den stabilen Zustand bedeutet und weil beim Kondensieren unterhalb 0° stets Eis, niemals Wasser entsteht. Das entspricht auch den Bedürfnissen der Kälteindustrie. In Kühlhäusern soll der Feuchtegrad um ein gewisses Maß von der Sättigung entfernt bleiben, damit bei unvermeidlichen kleinen Temperatur-

schwankungen das Kühlgut nicht beschlägt. Deshalb wird verlangt, daß (gemeint ist: auch in dem Augenblicke, wo bei solcher Schwankung

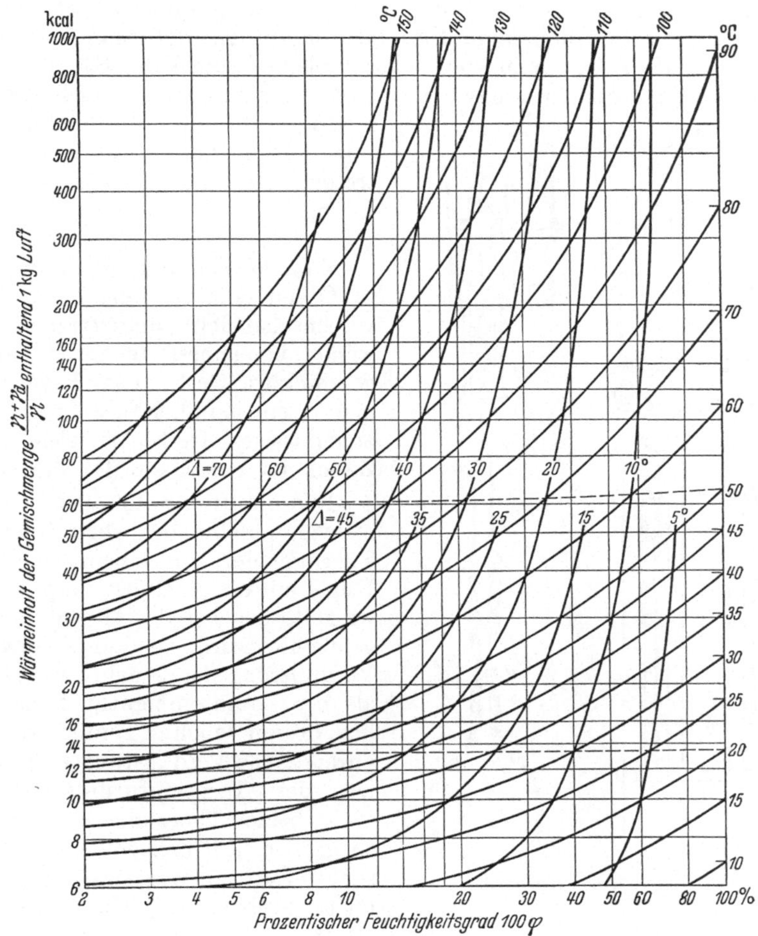

Abb. 417.

Tabelle 24.

Dampf über Wasser und Eis, teilweise nach LANDOLT und BÖRNSTEIN.

Temperatur t	C	0	— 5	— 10	— 15	— 20
Sättigungsdruck über Eis p_E Torr		4,58	3,01	1,95	1,24	0,78
über Wasser p_W ,,		4,58	3,17	2,16	1,44	0,96
Unterschied . . . . . . ,,		0	0,16	0,21	0,20	0,18
Verhältnis $\dfrac{p_W}{p_E} = \varphi_{We}$ . . —		1	1,05	1,11	1,16	1,23
Schmelzwärme des Eises s kcal/kg		80	77,5	75	72,5	70
Verdampfungs-⎱des Wassers r_W ,,		594,5	597,5	600,0	602,5	605,5
wärme ⎰ ,, Eises r_E ,,		674,6	675	675	675	675,5
Wichte der Sättigung über Eis . . . . γ_E kg/m³		0,00489	0,00324	0,00214	0,001385	0,00088

die Temperatur ihren Tiefstwert hat) φ einen gewissen Wert nicht überschreite. Natürlich kommt es hier darauf an, daß man von der Sättigung über Eis genügend entfernt bleibe, zumal der Sättigungsdruck über gefrorenem Fleisch, also über salzhaltigem Eis, noch etwas niedriger ist, so daß Beschlagen mit Eis schon bei $\varphi_E < 1$ eintreten kann (Regeln Kühlanlagen, L. 16).

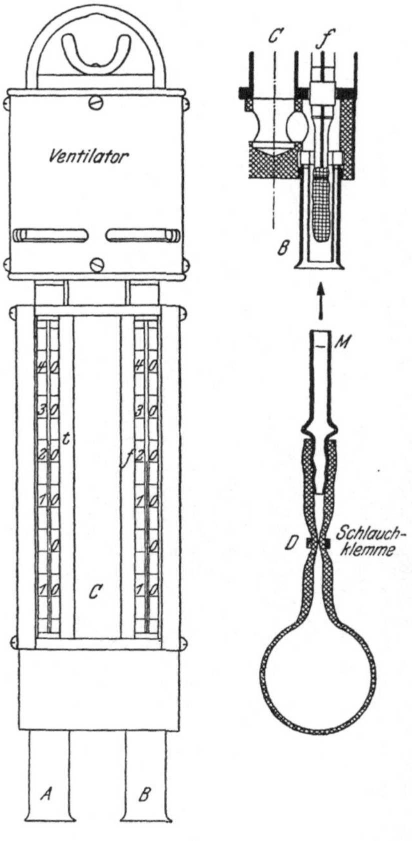

Zum Messen der Feuchtigkeit in Gasen oder in Luft dient als wissenschaftlich fundiertes, aber wenig bequemes, technisch ungeschicktes Gerät das Psychrometer; ein handliches, aber wenig zuverlässiges Gerät zu gleichem Zweck ist das Haar-Hygrometer.

Das *Psychrometer* hat zwei gleiche, aufeinander abgestimmte Thermometer, an einem ist die Kugel mit einem Mullstrumpf umwickelt, der bei der Messung angefeuchtet wird, so daß es wegen Verdunstung der Feuchte weniger als die Raumtemperatur t, nämlich dessen feuchte Temperatur f anzeigt. Die Verdunstung und daher der Temperaturunterschied $t - f$ beider Thermometer ist um so größer, je trockener die untersuchte Luft ist, in gesättigt feuchter Luft zeigen beide Thermometer gleich; aus dem Temperaturunterschied läßt sich also auf die Feuchte schließen, jedoch hat auch die Temperaturlage durchschlagenden Einfluß. Um die Verdunstungsverhältnisse eindeutig zu machen, muß für gute Konvektion zumal am feuchten Thermometer gesorgt

Abb. 418. Aspirations-Psychrometer nach ASS-MANN. Feuchtes Thermometer bei *B* wird mit Gummiball angefeuchtet, dann Ventilator aufgezogen, nach 2 bis 5 min t und f abgelesen; aus Abb. 416 oder 417 folgt prozentische Feuchtigkeit und Wärmeinhalt. Zum Anfeuchten destilliertes Wasser, sonst verkrustet der Strumpf. Fa. Fuess.

werden, damit die Dunsthaut jederzeit fortgeblasen und Gelegenheit für weitere Verdunstung geschaffen wird; deshalb sind beim *Schleuderpsychrometer* die beiden Thermometer in einem Rahmen vereinigt und dieser ist an einem Handgriff drehbar befestigt, so daß man den Rahmen im Kreis schleudern kann; beim *Aspirations-Psychrometer* saugt ein Federventilator Luft an beiden Thermometerkugeln vorbei; stationäre Geräte haben einen Elektroventilator; Schutz gegen Strahlung ist nötig.

Bei vollkommener, genügend starker Konvektion kühlt sich das feuchte Thermometer so weit ab, daß die umgebende gesättigte Schicht gleichen Wärmeinhalt mit der ankommenden untersuchten Luft hat: der Wärmeinhalt i_{f1} der gesättigt, also mit $\varphi = 1$ vom feuchten Thermometer abgehenden Luft wird belegt durch die Summe aus dem Wärmeinhalt $i_{t\varphi}$ der mit t und φ ankommenden Luft zuzüglich des Wärmeinhalts $i_w\,w$ der verdunsteten Feuchtigkeit w vor dem Verdunsten: $i_{f1} = i_{t\varphi} + i_w\,w$.

Diese drei Größen lassen sich durch meßbare Größen oder durch Materialkonstanten von Luft und Dampf ausdrücken; alle drei Größen werden dabei auf die Menge bezogen werden, die 1 kg trockene Luft enthält. Dann wird $i_{f1} = c_p\,f + \dfrac{\gamma_f}{\gamma_{lf}}\,\lambda_f$, das erste Glied der Wärmeinhalt der 1 kg Luft, und $\gamma_f\,\lambda_f$ der Wärmeinhalt des Dampfes von der Gesamtwärme λ_f in 1 kg, also $\gamma_f\,\lambda_f$ in 1 cbm ist anzusetzen für den Raum γ_{lf}, den das 1 kg Luft bei der feuchten Temperatur einnimmt. Weiter wird $i_{t\varphi} = c_p\,t + \dfrac{\gamma_d}{\gamma_l}\,\lambda_t$ darin wieder γ_d/γ_l die Dampfmenge in der betrachteten Gemischmenge und λ_t der Wärmeinhalt (die Gesamtwärme) von 1 kg Sattdampf von gleicher Temperatur t, der praktisch gleich dem Wärmeinhalt des überhitzten Dampfes niederen Teildrucks bei p ist, wie oben erläutert wurde. Endlich ist $i_w\,w = c_w\,f\,(\gamma_f/\gamma_{lf} - \gamma_d/\gamma_l)$, nämlich $i_w = c_w\,f$ der Wärmeinhalt von 1 kg Flüssigkeit, im Sonderfall Wasser, bei der Temperatur f, und $w = \gamma_l/\gamma_{lf} - \gamma_d/\gamma_l$ ist die bis zur Sättigung verdunstende Wassermenge, weil sich wegen der Abkühlung beim Verdunsten das spezifische Gewicht des Luftanteils von γ_l auf γ_{lf}, der Dampfgehalt in 1 cbm Raum aber von γ_d auf γ_f hebt.

Setzt man diese drei Ausdrücke in den ersten ein, so entsteht nach Umstellen einiger Glieder $c_p\,(t - f) = (\lambda_f - f\,c_w)\,\gamma_f/\gamma_{lf} - (\lambda_t - c_w\,f)\,\gamma_d/\gamma_l$.

$t - f$ ist die theoretische Psychrometerdifferenz Δ; $\lambda_f - f\,c_w = r_f$ ist die Verdampfungswärme des Wassers bei der Temperatur f; damit wird

$$\frac{\gamma_d}{\gamma_l} = \frac{r_f\,\gamma_f/\gamma_{lf} - c_p\,\Delta}{\lambda_t - c_w\,f}. \tag{2}$$

Man findet (für andere Stoffpaare als Wasserdampf in Luft) die Dampfdrucke eher in Tabellen als die spezifischen Volumina oder die Wichte; nach der Zustandsgleichung ist bei bestimmter Temperatur $\gamma_d/\gamma_l = \varrho\,p_d/p_l$ und $\gamma_f/\gamma_{lf} = \varrho\,p_f/p_{lf}$, wobei nämlich $\varrho = R_l/R_d$ das Verhältnis der beiden Gaskonstanten der Bestandteile ist; es wird $p_d/p_l = \dfrac{\varrho\,r_f\,p_f/p_{lf} - \Delta\,c_p}{\lambda_t - f\,c_w}\,\dfrac{1}{\varrho}$. Nimmt man beiderseits den Kehrwert und vermehrt ihn um eins, so ist links $p_d + p_l = p$, gleich dem Gesamtdruck, der meist durch den Barometerstand gegeben ist, rechts ist $p_{lf} = p - p_f$, und abermals den Kehrwert gebildet, ergibt sich

$$p_d = \frac{p}{1 + \dfrac{\lambda_t - f\,c_w}{r_f\,p_f/(b - p_f) - \Delta c\,c_p/\varrho}}. \tag{3}$$

Rechnerisch bequem ist es noch, zu setzen

$$\lambda_t - f\,c_w = \Delta\,\frac{\lambda_t - \lambda_f}{t - f} + \lambda_f - f\,c_w = \Delta\cdot\frac{d\lambda}{d t} + r_f,$$

weil nämlich $d\lambda/dt$ über größere Temperaturbereiche konstant und aus Tabellen gut zu entnehmen ist; dann wird der im Gas vorhandene Dampfdruck

$$p_d = p\,\frac{1}{1 + \dfrac{\Delta\,d\lambda/dt + r_f}{r_f\,p_f/(b - p_f) - \Delta\,c_p/\varrho}}. \tag{4}$$

Der Feuchtigkeitsgrad aber folgt wieder aus den Formeln (1) oder (1 E). Hierin bedeutet, um es noch einmal zu wiederholen:

$\Delta =$ theoretische psychrometrische Differenz,\
$p =$ gesamter Druck $p_l + p_d$, gegebenenfalls der Barometerstand b,\
$d\lambda/dt =$ Gradient des Wärmeinhalts gesättigten Dampfes mit der Temperatur im Gebiet von f bis t,\
$r_f =$ Verdampfungswärme bei der Temperatur f,\
$c_p =$ spezifische Wärme des Gases in kcal/kg $\cdot$ C, für Luft $c_p = 0{,}241$,\
$\varrho = R_l : R_d$, Verhältnis der Gaskonstanten der beiden Bestandteile, für wasserfeuchte Luft $\varrho = 29{,}27 : 47{,}05 = 0{,}622$,\
$p_l,\ p_f =$ Sättigungsdruck bei der Temperatur t und f.

Gleichungen (2) und (4) können in weiten Bereichen der Temperatur und für beliebige Stoffpaare, soweit deren Konstanten bekannt sind, zur Berechnung von γ_d oder p_d dienen. Man erhält den Gewichts- oder Druckanteil des Bestandteils, mit dem man den Strumpf benetzt, etwa bei Rückgewinnungsanlagen für Lösungsmittel.

Praktisch ist die Frage, wieweit die Voraussetzung vollkommener Konvektion zutrifft; wenn nicht, so wird die tatsächliche Differenz $t - f$ kleiner sein als die theoretische Δ. Wir setzen $\Delta = (t - f)/a$ und nennen a die Gütezahl der Psychrometeranordnung. Sie ist für wasserfeuchte Luft von EBERT und PFEIFFER (L. 385) in der Physikalisch-Technischen Reichsanstalt am Aspirations-Psychrometer bestimmt worden:

Temperatur $t =$ 30   60   90   120°\
Gütezahl des Psychrometers $a = 0{,}985$ $0{,}955$ $0{,}95$ $0{,}95$.

Hierbei wurde der wirkliche Wasserdampfgehalt der Luft durch Absorption bestimmt; die Genauigkeit wurde auf 1% geschätzt.

Die wichtigsten Anwendungsgebiete sind die Wetterkunde, die Lüftungs- und die Kühltechnik. In diesen Fällen kommen Temperaturen unter etwa 40° in Frage, dann ist für Wasserdampf $d\lambda/dt \sim 0{,}5$ und $\Delta\,d\lambda/dt$ klein gegen $r_f \sim 600$, ferner ist p_f klein gegen p. Vernachlässigt man die kleinen Größen, so entsteht

$$p_d = p\,\frac{1}{1 + \dfrac{r_f}{r_f\,p_f/p - \Delta\,c_p/\varrho}} = p\,\frac{r_f\,p_f/p - \Delta\,c_p/\varrho}{r_f\,p_f/p - \Delta\,c_p/\varrho + r_f}.$$

Nun ist im Nenner wieder r_f das weitaus überwiegende Glied gegenüber jedem der beiden anderen, erst recht gegenüber ihrer Differenz, als Näherungsformel für wasserfeuchte Luft mäßiger Temperatur ergibt sich, indem man die ersten beiden Nennerglieder fortläßt $p_d = p_f - p\,\Delta\,c_p/\varrho\,r_f$.

In der Meteorologie und bei Kühlanlagen ist der Gesamtdruck b etwa der normale atmosphärische und der Dampfdruck ist klein. Schreibt man $p_d = p_f - \dfrac{b}{760}\dfrac{760 \cdot c_p}{\varrho\, r_f}\,\varDelta$ Torr, so errechnen sich für die Konstante. $c' = 760 \cdot c_p/\varrho\, r_f$ die Werte der Tabelle 25. Und indem man die Gütezahl a einführt, kann man $c'/a = 0,5$ setzen und erhält

$$p_d = p_f - \frac{b}{760} \cdot 0,5 \cdot (t - f)\ \text{Torr.} \tag{5}$$

Dies ist die altbekannte SPRUNGsche *Psychrometerformel* der Meteorologen, deren Konstante 0,5 damit theoretisch begründet ist. Auf ihr beruhen die vielerorts zu finden den Psychrometertabellen (L. 387) Voraussetzung für ihre Anwendung ist gute Ventilation; nur wenn die

Tabelle 25. Sprungsche Psychrometerkonstante.

$$c' = \frac{760 \cdot c_p}{\varrho\, r_f} = \frac{760 \cdot 0,241}{0,622 \cdot r_f} = \frac{294,5}{r_f}$$

	über Wasser			über Eis	
$t =$ 40	20	0	0	-10	-20
$r =$ 573	584	595	674,5	675	675,5
$c' =$ 0,514	0,504	0,495	0,437	0,4365	0,436
$a =$ 0,985	0,995	1	1	1	1
$c'/a =$ 0,522	0,507	0,495			
Mittelwert 0,508			0,44		

Gütezahl $a \sim 1$ ist, darf man auf reproduzierbare Verhältnisse rechnen. Jedoch ist es wirkungslos, die Geschwindigkeit über 3 m/s hinauf zu steigern. Man darf nicht einwenden, daß durch künstliche Ventilation auch die Wärmezufuhr durch die Luft von der Temperatur t größer werde. Wegen der großen Konzentration der flüssigen gegenüber der gasförmigen Fase sättigt sich die dem Gazebausch adhärierende Luftschicht unter allen Umständen momentan mit Feuchtigkeit, es handelt sich daher nur darum, stets für neue Verdunstung Raum zu schaffen. Die SPRUNGsche Zahl 0,5 gilt aber nur für wasserfeuchte Luft bei etwa Atmosphärendruck, die Formeln (2) und (4) lassen die entsprechende Vorzahl für den Gehalt beliebiger Gase an beliebigem Dampf ermitteln.

Bei Lufttemperaturen unter 0° hält nach Befeuchten des Mullbausches der Faden des feuchten Thermometers bei 0° so lange an, bis unter dem Einfluß der Verdunstungskälte alles Wasser gefroren ist, dann sinkt er weiter bis f. Bisweilen geht der Faden zunächst durch 0° hindurch, das Wasser unterkühlt sich also, dann aber setzt doch die Eisbildung ein, wobei der Faden stoßweise auf 0° steigt und dort wieder verharrt, bis die Eisbildung beendet ist. Unterbleibt die Eisbildung ganz, so geht der Faden gleichmäßig bis f abwärts. Nur am Zustandekommen der Thermometerstellung kann man also erkennen, ob Eis gebildet worden ist oder ob nicht; das Eis verdunstet weiter.

Solange das Wasser am Mullbausch unterkühlt flüssig ist, ändert sich gegenüber dem Zustand über Null meßtechnisch nichts, denn der unterkühlte Zustand ist die stetige Fortsetzung der Zustände oberhalb $0°$. Daß er labil ist, ist belanglos, solange der Übergang in den stabilen gefrorenen Zustand tatsächlich nicht eintritt. Das Verhalten des Thermometers f wird durch diese theoretische Tatsache jedenfalls nicht berührt. Auch unterhalb $0°$ gilt also bei unterkühltem Wasser am Mullbausch die SPRUNGsche Formel (5). Ist aber der Mullbausch gefroren, so wird das Verhalten des feuchten Thermometers (um diese Benennung weiter zu gebrauchen) durch das Gleichgewicht zwischen Eis und Dampf bestimmt. Dann gilt:

$$p_d = p_{fE} - \frac{b}{760}\,\frac{76C \cdot c_p}{\varrho\,r_{fE}}\,\varDelta\ \text{Torr},$$

wobei p_{fE} und r_{fE} die Werte p_E und r_E gemäß Tabelle 24 bei der Temperatur f bedeuten. Die rechte Hälfte von Tabelle 25 liefert für $\dfrac{b}{760}\cdot\dfrac{760\cdot c_p}{\varrho\,r_{fE}}\,\dfrac{1}{d}$ den mittleren Wert $c'_E/a = 0,44$, weshalb wir die SPRUNGsche Formel für gefrorenen Mullbausch wie folgt anschreiben:

$$p_d = p_{fE} - \frac{b}{760}\cdot 0,44\cdot (t - f)\ \text{Torr}. \qquad\qquad [(5\ \text{E})$$

Die vollständige Formel (4) läßt sich ebenso für gefrorenen Mullbausch umschreiben, indem man $d\lambda_E/dt$ und r_{fE} einführt, bei tiefer Temperatur genügt aber die Annäherung.

Wohlverstanden erhält man für p_d denselben Wert bei Messung mit unterkühlten wie mit gefrorenem Mullbausch; p_d ist eine Eigenschaft der Luft, in der weder Wasser noch Eis ist. Die Messung ist verschieden, daher die Rechnung verschieden, das Ergebnis das gleiche. Für die Wahl von $c' = 0,5$ oder $c'_E = 0,44$ und für die Einführung von p_f oder p_{fE} in Formel (5) oder (5 E) ist der tatsächliche Zustand des feuchten Thermometers maßgebend.

Es ist wichtig, daß das trockene Thermometer wirklich trocken bleibt, deshalb darf man das feuchte nicht durch Spritzen anfeuchten. Es ist ferner wichtig, daß das verwendete Wasser rein ist, es soll destilliertes Wasser genommen werden. Denn der Druck des Wasserdampfes, von dem die Verdunstung abhängt, ist über Salzlösungen niedriger als über Wasser. Verwendet man gewöhnliches Wasser, so reichern sich Salze im Mullbausch an, man muß ihn dann häufig erneuern.

Das feuchte Thermometer muß genügend lange feucht bleiben, um es zu einem Beharrungszustand kommen zu lassen, in dieser Hinsicht besteht meist keine Not; so ergab ein in einen Raum von $61{,}7°$ eingebrachtes Thermometer mit einfachem feuchtem Mullstrumpf nach 4 min die Temperatur $29{,}6°$, die dann bis zur 19. Minute langsam auf $30{,}4°$ stieg, die weiteren Minutenablesungen lauten $30{,}6$, $31{,}2$, $32{,}2$, $35{,}5$, $39{,}5\ldots$, woraus also hervorging, daß die Feuchtigkeit für 18 min gereicht hatte, obwohl der Feuchtigkeitsgrad aus $t = 61{,}7°$, $f = 30{,}0°$ zu nur $10{,}5\%$ folgt und also die Verdunstung lebhaft ist. Soll beim Erneuern des Wassers nicht eine Störung in die Messung kommen, so muß das Befeuchtungswasser die Temperatur f haben. Bei dauerndem Betrieb ist für dauernde Zuführung von destilliertem Wasser zu sorgen.

Für die Einführung von Feuchtigkeitsmessern in Kanäle, die unter Saugspannung stehen, gilt, was auf S. 313 über Einführung von Thermometern gesagt worden ist. Man muß die Thermometer an der Einführungsstelle gut abdichten, damit kein einwärtsgehender Luftstrom die Kugeln der Thermometer trifft. Aspirationspsychrometer müssen ganz in den Kanal eingehängt und innen abgelesen werden, bei engen, nicht begehbaren Kanälen (z. B. den Saugschläuchen von kleineren Kühlanlagen) wird durch eine Glasscheibe in der Kanalwand abgelesen. Die Einführung nur der Röhren A, B (Abb. 418) des Psychrometers genügt nur bei sehr geringem Unterdruck, denn der Ventilator der Geräte liefert nur etwa 12 mm WS Unterdruck. Ist die Saugspannung im Kanal größer, so kehrt der Luftstrom in C seine Richtung um und man untersucht Außenluft; aber schon vorher verringert sich in der Umgebung der Thermometerkugel die Luftgeschwindigkeit und damit die Konvektion. Übrigens wird bei der Messung in den Kanälen von Lüftungs- und Kühlanlagen wegen der Wirbelung des Luftstromes die natürliche Konvektion häufig ausreichen, so daß ein besonderer Ventilator unnötig ist und nur zwei Thermometer in den Luftstrom gehängt zu werden brauchen. Aber Feuchtigkeitsspritzer, zumal salzhaltige. dürfen nicht in der Luft sein.

Für Betriebszwecke entnehmen Widerstandsthermometer die Temperaturen, die Differenz $t - f$ wird gleich als solche abgelesen. Ist die relative Feuchte zur Anzeige zu bringen, so wird wohl (L. 388) ein zweites trockenes (im ganzen also: ein drittes) Thermometer verwendet, das mit den beiden anderen zusammen in einer Kunstschaltung mit Quotientenmeßwerk den Feuchtegrad gibt. Bei tiefen Temperaturen soll man (L. 388) Formaldehyd zum Wasser geben, damit der Strumpf nicht gefriert, wodurch im Dauerbetrieb das Nachsaugen verhindert würde, Formaldehyd verändert wegen seiner kleinen Verdampfungswärme die Anzeige nur unwesentlich.

Verwendet man Thermoelemente als vielpaarige Säule, so ist jede besondere Stromquelle vermieden; die Temperaturdifferenz beider Thermometer ist zu messen. Bei niederen Temperaturen sind die entstehenden Thermokräfte gering: bei $t = 20°$, $\varphi = 50\%$ ist $\varDelta = 6$, Konstantan gegen Kupfer liefert $6 \cdot 0{,}043 = 0{,}275$ mV, ein Bündel von fünfzig Elementen gibt nur 12,8 mV. Etwa dieselbe Thermokraft entsteht, wenn man Konstantan gegen Manganin arbeiten läßt; diese beiden sind schlechte Strom-, also auch schlechte Wärmeleiter, das Bündel kann kürzer, das Gerät kompendiöser werden, ohne daß die Enden einander durch Ableiten unzulässig beeinflussen. Wegen dieser Ableitung zieht man beim dauernd arbeitenden Psychrometer vielfach Widerstandsthermometer vor.

Soll im technischen Betrieb der Feuchtegrad (die relative Feuchte), bisweilen auch der Feuchtegehalt über größere Bereiche der Temperatur t abgelesen, aufgeschrieben oder eingeregelt werden, so ist es aussichtslos, die Formel (4) in ihrer Kompliziertheit direkt nachzubilden; ihre Ergebnisse sind in Abb. 420 und 421 wiedergegeben, diese lassen sich durch Kunstschaltungen (Abb. 422, 423) annähern, wobei der Wert der einzelnen

Widerstände bei der Eichung dem jeweiligen Gerät und Meßbereich angepaßt wird. Die beiden Temperaturen werden hier durch Widerstandsthermometer gemessen. Gibt die Schaltung die Feuchteverhältnisse in der Beharrung befriedigend wieder, so wird es doch unzureichende

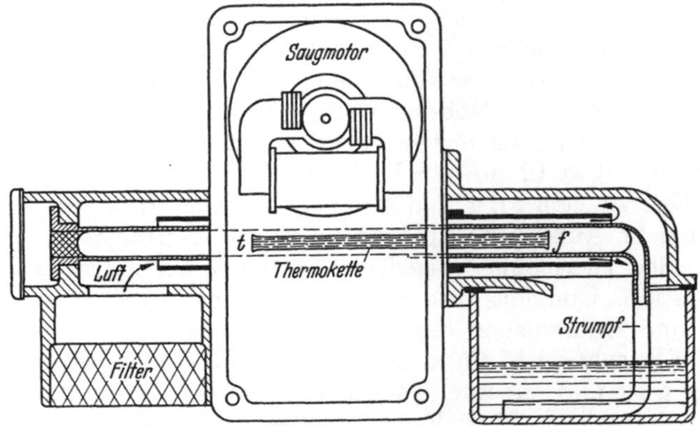

Abb. 419. Psychrometer für Dauerbetrieb, zur Beobachtung und Reglung der Feuchtigkeit in Räumen (Spinnerei u. a.). Statt Thermokette auch Widerstandsthermometer. Fa. Hartmann & Braun.

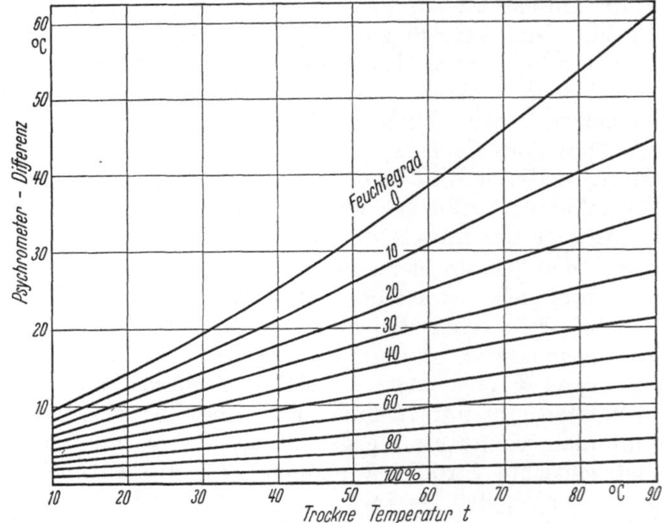

Abb. 420. Feuchtegrad der Luft je nach Raumtemperatur t und psychrometrischer Differenz $\varDelta$.

.Werte geben, wenn Temperatur und Feuchte wechseln; bezüglich der Temperatur pflegt die beobachtete Anlage nur zögernd einen neuen Zustand anzunehmen, bei der Feuchte schlägt eine Änderung schnell durch, im Übergang haben die beiden Werte also keine Beziehung zueinander.

Einfacher wirkt das *Haarhygrometer*. Ein entfettetes, man sagt am besten blondes Frauenhaar wird einerseits nachstellbar befestigt, andererseits mit einem Zeigerwerk verbunden, dessen Rückführfeder das Haar leicht gespannt hält. Das Haar dehnt sich mit zunehmender

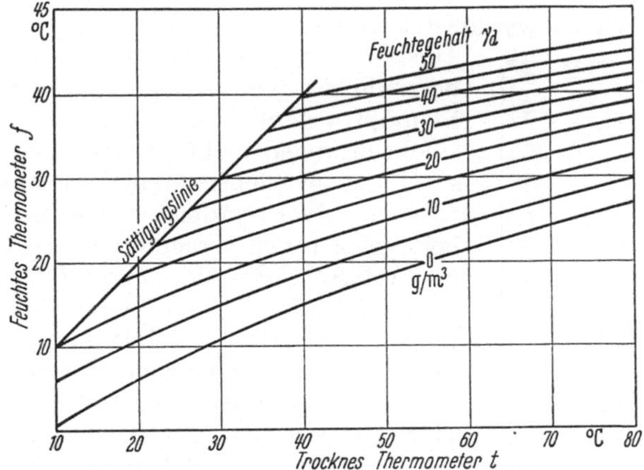

Abb. 421. Feuchtegehalt der Luft je nach Raumtemperatur t und Ablesung f am feuchten Thermometer.

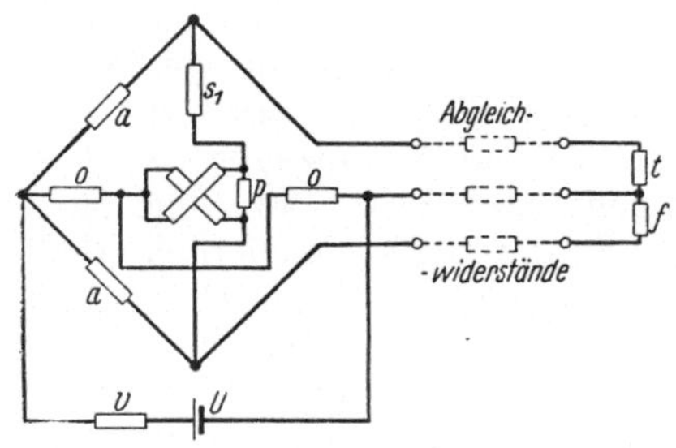

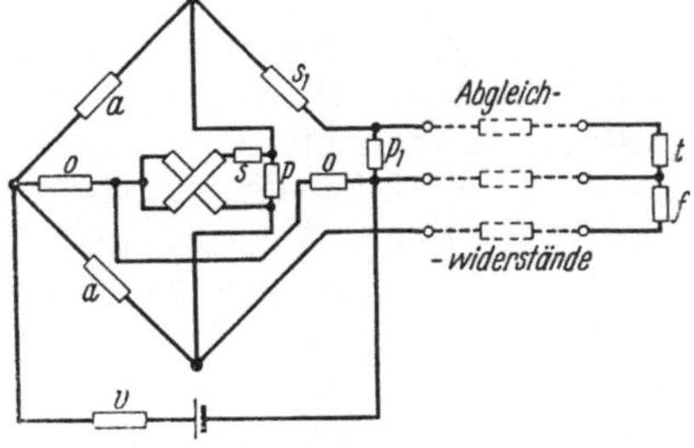

Abb. 422. Schaltung zur direkten Anzeige des Feuchtegrades gemäß Abb. 420 bei wechselnder Temperatur. PROSKE, Dissertation Breslau 1942.

Abb. 423. Schaltung zur direkten Anzeige des Feuchtegehaltes der Luft nach Abb. 421 bei wechselnder Temperatur. PROSKE, a. a. O.

Feuchtigkeit aus, und zwar zeigt das Gerät relative Feuchtigkeit an auch bei wechselnden Temperaturen; tierische und pflanzliche Fasern nehmen das Wasser wie in einer echten Lösung auf und haben wie solche einen bestimmten Dampfdruck, der sich auf den der Luft einspielt. Das gilt für Wolle, Seide, Baumwolle wie auch Kunstseide; wenn man Frauenhaar verwendet, so spricht dafür wohl namentlich die natürliche Länge der Faser. Das Haarhygrometer ist regelmäßig zum Ablesen eingerichtet, doch dürfte es sich auch zum Schreiben oder Ferngeben einrichten lassen.

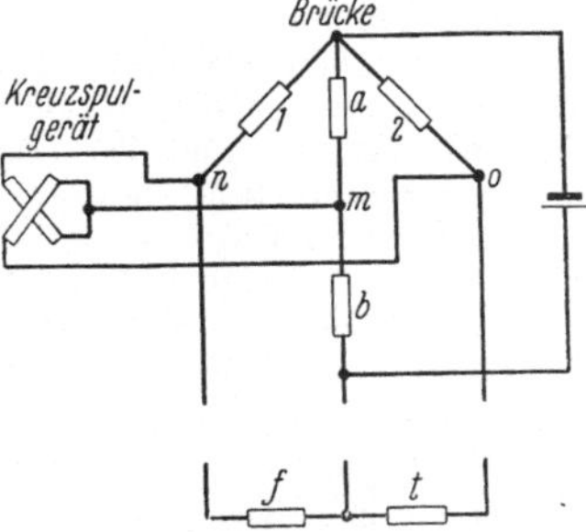

Abb. 424. Schaltung für Geräte nach Abb. 419, jedoch mit Widerstandsthermometern, für wechselnde Temperatur, einfacher und für engere Grenzen als Abb. 422. Fa. Hartmann & Braun, ähnlich Siemens & Halske und andere.

Das Haarhygrometer vermeidet den Fehler des Psychrometers im Dauerbetrieb, daß sich nämlich auf dem Bausch Staub mit löslichen Bestandteilen aus der herangeführten Luft absetzt, wodurch nicht mehr destilliertes Wasser verdunstet und die Spannungskurve sich ändert.

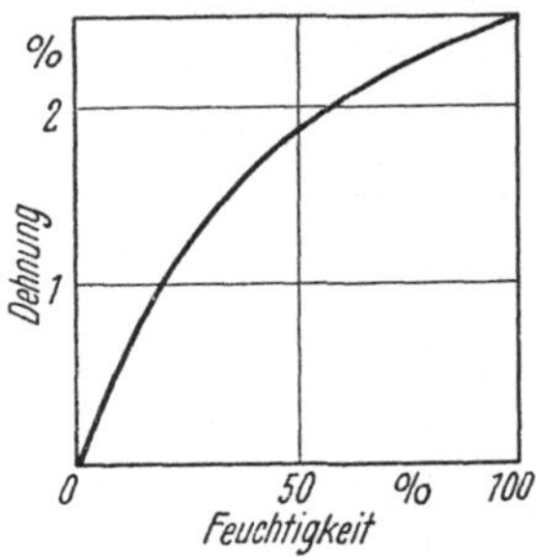

Abb. 425. Dehnung eines Menschenhaares.

Über die Größe dieses Fehlers, den man bei persönlicher Benutzung durch häufigeren Strumpfwechsel einschränken muß, liegen Beobachtungen nicht vor, in Luft mit Salzstaub ist er sicher erheblich. Andererseits wird das Haarhygrometer in seiner Einfachheit gelegentlich verachtet, es zeige träge an und erfasse nicht die Raumluft.

Es ist unbillig, ein Aspirationspsychrometer, dem die Raumluft zwangläufig zugeführt wird, das aber mit seinen mechanischen Vorrichtungen teuer ist, zu vergleichen mit einem auf freiwilligen Luftwechsel angewiesenen, womöglich unzweckmäßig eingekapselten Haarhygrometer; erst ein Aspirationshygrometer ist vergleichsfähig. Wieweit bei solchem andererseits ein Salzbelag auch stört, bedürfte ebenfalls der Untersuchung.

Das Psychrometer zeigt, genügende Konvektion vorausgesetzt, in sich richtig, das Haarhygrometer bedarf der Eichung; man stellt Luft bestimmter Feuchte her, indem man sie durch konzentrierte Salzlösung perlen läßt (EBERT: Z. Instrumentenkde. 1930 S. 43), $MgCl_2$ gibt 43%, NH_3Cl 65%, Metaphosphorsäure 18 . . . 21%; kontinuierlich erhält man von 1% bis 96% Feuchtegrad, wenn die Luft durch wäßrige Schwefelsäure 80% bis 10% perlt; Prüfeinrichtungen liefern die Firmen Fueß und Lambrecht. Trockene Luft erhält man mit Chlorkalzium oder Kieselgel. Das Hygrometer soll vor der Eichung in gesättigter Luft (unter Tüchern oder Tonkörpern) gestanden haben, was überhaupt hie und da mit ihm geschehen soll (L. 384).

Beispiele. *Wärmeleistung des Luftkühlers einer Kühlanlage.* Die Wärme wird der Luft als dem Wärmeträger durch Schlangen entzogen, dabei tritt gleichzeitig eine Wärmebindung durch Kondensation ein. Ähnliche Rechnungen und Messungen kommen in den Befeuchtungseinrichtungen der Lüftungsanlagen für Aufenthaltsräume und Textilfabriken vor; nur kommt dort nicht Kondensation, sondern Verdunstung in Frage, ebenso bei Trockenanlagen.

In einem Luftkanal von 0,4 m² Querschnitt wurde vor dem Ventilator die Geschwindigkeit der Luft zu 11,7 m/s bestimmt. Die umgewälzte Luftmenge ist $0,4 \cdot 11,7 \cdot 3600 = 16\,900$ m³/h. Bei der Messung war die Lufttemperatur $+3°$, der Barometerstand 760 Torr; auf Normalzustand bezogen werden 16 700 m³ $\binom{0}{760}$/h umgewälzt. Die spezifische Wärme von 1 m³ $\binom{0}{760}$ Luft ist 0,312; bei den niederen Temperaturen ist der Gewichtsanteil des Dampfes so gering, daß man seine abweichende spezifische Wärme unbeachtet lassen kann. Die Luft hatte vor dem Ventilator $+3,95°$, hinter dem Luftkühler $-1,38°$. In dem ganzen, aus Ventilator und Luftkühler bestehenden Apparat nahm die Temperatur um 5,33° ab, entsprechend einer Kälteleistung durch Luftkühlung $16\,700 \cdot 0,312 \cdot 5,33 = 27\,800$ kcal/h.

Die Feuchtigkeit der Luft wurde zwischen dem Ventilator und dem Luftkühler gemessen. Die Temperatur der Luft betrug dort nach der Ablesung am trockenen Thermometer des Psychrometers 4,25° (gegen 3,95° vor dem Ventilator). Am feuchten Thermometer wurde gleichzeitig 2,65° abgelesen, so daß also die psychrometrische Differenz 1,6 war. Dem entspricht nach Formel (5) ein Dampfteildruck $p_d = 5,56 - 0,5 \cdot 1,6 = 4,8$ Torr, worin 5,56 mm QS der Sättigungsdruck des Wasserdampfes bei 2,65° ist. Der Sättigungsdruck bei 4,25° ist 6,21 Torr, also findet sich der relative Feuchtigkeitsgehalt zu 77%. Der Sättigungsgehalt bei $+ 4,25°$ ist 6,48 g/m³, der Gehalt der untersuchten Luft also $0,77 \cdot 6,48 = 4,97$ g/m³.

Um den Wasserdampfgehalt der gesamten Luftmenge zu ermitteln, hat man zunächst noch ihr Volumen bei 4,25° aus demjenigen bei 0° zu 16950 m³ zu errechnen. Der Wasserdampfgehalt in der gesamten Luftmenge beim Eintritt in den Luftkühler (oder beim Eintritt in den Ventilator, in dem sich mit der Temperatur wohl der relative Feuchtigkeitsgehalt, nicht aber der absolute verändert hat), ist also $16950 \cdot 0,00497 = 84,2$ kg/h.

Dieser in den Luftkühler eintretenden Feuchtigkeitsmenge ist die aus ihm austretende gegenüberzustellen. Am Austritt wurden $-1,38°$ gemessen; eine psychrometrische Differenz war nicht zu konstatieren; es muß nicht unbedingt Sättigung hinter dem Luftkühler herrschen, wenigstens nicht, wenn der Luftkühler mit Soleberieselung arbeitet; hier war dies also doch der Fall. Das Luftvolumen bei $-1,38°$ ist 16550 m³/h, die Sättigungsmenge bei der gleichen Temperatur ist 0,00409 g/m³. Der gesamte Wasserdampfgehalt beim Austritt ist also $16550 \cdot 0,00409 = 67,7$ kg/h.

Wenn in den Luftkühler 84,2 kg/h Dampf eintreten und 67,7 kg/h aus ihm austreten, so sind 16,5 kg Feuchtigkeit niedergeschlagen worden. Die Kondensationswärme des Kilogramms pflegt man zu 600 kcal anzunehmen. Diese Zahl trifft auch insofern leidlich zu, als der Wärmeinhalt des Dampfes bei 0° (verglichen mit Wasser von 0°) 595 kcal beträgt. Es werden dann geleistet für die Kondensation von Feuchtigkeit $16,5 \cdot 600 = 9900$ kcal/h.

Zum Abkühlen der Luft sind insgesamt $27800 + 9900 = 37700$ kcal/h im Luftkühler geleistet worden. Dabei ist der Anteil der Kondensation in der Leistung 26% und darf keinesfalls übersehen werden.

Schneller kommt man unter Benutzung der Wärmeinhalte nach Abb. 416 zum Ziel. Der erste Punkt ist darin gekreuzt. Wir entnehmen:

$$\text{für Luft von } t = 4,25°, \; t - t_f = 1,6° \text{ ist } i = 3,40$$
$$\text{,, ,, ,, } t = 1,38°, \; t - t_f = 0 \quad \text{ ist } i = 1,63$$
$$\text{Die Kälteleistung beträgt also} \qquad \varDelta i = 1,77 \text{ kcal}$$

bezogen auf 1 kg umgewälzter Luft. Da $16700 \times 1,293 = 21600$ kg/h umgewälzt wurden, so ist die Kühlleistung $21600 \cdot 1,77 = 38200$ kcal/h. Die Zahl ist etwas größer, als eben berechnet wurde; die Tatsache, daß durch Einsetzen der Zahl 1,293 kg/m³ als Wichte der Luft bei 0° und 760 Torr der Dampfteildruck vernachlässigt wurde, könnte die Ursache davon sein. Genauer wäre nämlich wie folgt zu rechnen gewesen. Da bei $+4,25°$ der Feuchtigkeitsgrad 0,77% war, gemäß Abb. 416, so ist der Dampfteildruck $0,77 \cdot 6,21 = 4,8$ Torr, der Luftdruck also nur 755 Torr. Das Luftgewicht ist also im Verhältnis $\dfrac{755}{760}$ kleiner als oben angenommen, es ist $21600 \cdot \dfrac{755}{760} = 21450$ kg/h, und damit ist die Kühlleistung $21450 \cdot 1,77 = 38000$ kcal/h, immerhin noch höher als nach dem anderen Rechnungsgang. Bei höheren Temperaturen wäre die Vernachlässigung des Dampfteildruckes ganz unzulässig.

Die Messung fand wie im letzten Beispiel des vorigen Paragraphen im Beharrungszustand statt. Wie bei jenem Beispiel wären noch Berichtigungen anzubringen, falls die von der Luft durchströmten Teile am Anfang und am Ende des Versuchs nicht die gleiche Temperatur hatten, so daß also ein Abkühlungsversuch positiv oder negativ über den eigentlichen Versuch übergelagert ist.

Es ist nur bedingt richtig, daß als Temperaturabnahme die des ganzen aus Luftkühler und Ventilator bestehenden Apparates in Rechnung gesetzt worden ist, wodurch also die Erwärmung im Ventilator gleich von der Kühlwirkung des Luftkühlers in Abzug gebracht wurde. Das ist nämlich nur dann richtig, wenn es

sich um Untersuchung des ganzen Apparates handelt und nicht etwa um die des
Kühlers allein.

Eine Messung der eben beschriebenen Art birgt erhebliche *Fehlerquellen* in
sich. Schon die Luftmessung pflegt unsicher zu sein; die Feuchtigkeitsmessung
ist ja eine Differenzmessung, da der Unterschied zweier Thermometerstände
beobachtet wird; werden die 1,6° psychrometrischer Differenz um 0,1° falsch
ermittelt, so ist der Fehler schon erheblich; endlich erfolgt die Auswertung der
niedergeschlagenen Feuchtigkeit wieder als Unterschied der ein- und der aus-
getretenen.

Ähnlich kann man an einer *Trockenanlage* die Feuchtigkeit der abgehenden
Luft bestimmen. Habe das trockene Thermometer die Temperatur 70,3° angezeigt und das feuchte Thermometer habe auf 55,2° gestanden, so ist also
$t - t_f = 15,1°$; die Konvektion reicht aus, um die Gütezahl des Psychrometers
gemäß Seite 338 zu $a = 0,95$ einzusetzen. Dann ist also die theoretische Differenz $\varDelta = 15,1 : 0,95 = 15,9°$, und dem entspricht nach Abb. 417 bei $t = 70°$ ein
Feuchtigkeitsgrad von 0,47 oder 47%. Der Wärmeinhalt ist $i = 80$ kcal/kg Luftgehalt. Hieraus läßt sich das Weitere berechnen.

74. Wärmemenge aus Dampfmengen. Wenn der Träger der zu messenden Wärmemenge ein Dampf ist, so rechnet man mit dem Wärmeinhalt.
Derselbe läßt sich nicht mehr mittels der spezifischen Wärme berechnen,
da außer dieser noch die (latente) Verdampfungswärme ins Spiel kommt,
da auch das Gebiet der Dämpfe, als nahe der Sättigung liegend, Ano-
malien der spezifischen Wärme aufweist. Man entnimmt den Wärmeinhalt eines Dampfes aus Tabellen, aus Formeln oder aus graphischen
Tafeln; letztere geben in der Form des is-Diagrammes noch die Entropie,
die an dieser Stelle nicht interessiert.

Um beispielsweise den Wärmeinhalt von Wasserdampf bei 10,25 at
absolutem Druck und 303° Temperatur zu finden, stehen folgende
Mittel zur Verfügung:

1. In der Hütte, 27. Aufl., Bd. 1 S. 566 findet sich eine Tafel 4, in
der wir interpolieren:

$$\begin{array}{ll}
\text{bei } 10 \text{ at } 300°: \ i = 728,1 \\ \hspace{2.5em} 310°: \hspace{2.3em} 733,1
\end{array} \Big\} \begin{array}{l} \text{bei } 303° \\ \hspace{1em} i = 729,6 \end{array} \Bigg\}
\begin{array}{l} \text{bei } 9,25 \text{ at} \\ \hspace{0.5em} i = 729,6 + 1,05 \\ \hspace{1.5em} = 730,6 \text{ kcal/kg.} \end{array}$$

$$\begin{array}{ll}
\text{bei } 5 \text{ at } 300°: \ i = 731,1 \\ \hspace{2.3em} 310°: \hspace{2.3em} 736,0
\end{array} \Big\} \begin{array}{l} \text{bei } 303° \\ \hspace{1em} i = 736,6 \end{array} \Bigg\}$$

Der gesuchte Wärmeinhalt ist $i_{303;\ 9,25} = 730,6$ kcal/kg.

2. Dem is-Diagramm entnimmt man für 303° und 9,25 at ohne
weiteres 730,0 kcal/kg.

Beispiel: Ein *Dampfkessel* ist 8 Stunden lang durchschnittlich mit Wasser von
53° gespeist worden und hat Dampf von 9,25 at absolutem Druck und 303°
Temperatur erzeugt. Dann ist, wie eben berechnet, $i = 730,6$ kcal/kg Dampf.
Die Flüssigkeitswärme des Speisewassers mit 53 kcal ist abzuziehen; so erhält
man die *Erzeugungswärme* mit $731 - 53 = 678$ kcal/kg. Waren also in den 8 h
Versuchsdauer 17160 kg Wasser gespeist worden, und hatte man dafür gesorgt,
daß der Wasserstand im Kessel anfangs und am Ende der gleiche war (um die
Unsicherheiten in dieser Hinsicht unschädlich zu machen, dazu die lange Versuchsdauer), so sind stündlich $17160 : 8 = 2145$ kg verdampft worden und haben
$2145 \cdot 678 = 1455000$ kcal/h nutzbar werden lassen.

Auch wo nicht der Wärmeinhalt des Dampfes selbst interessiert,
sondern die Wärmeaufnahme eines Mediums gemessen werden soll, läßt
sich die Messung auf eine Messung der Dampfmenge zurückführen. So
bestimmt man die *Wärmeabgabe von Heizkörpern* einer Dampfheizung:

das niedergeschlagene Kondensat wird gewogen und das Gewicht mit
dem Unterschied des Wärmeinhaltes des ankommenden Dampfes und
des abgehenden Kondensats multipliziert; diesen Unterschied führt man
in weniger genauen Messungen oft einfach mit 600 kcal/kg ein — so bei
den Heizwertbestimmungen, § 140 und 142, wo es sich nur um eine
Korrektion handelt. — Um die *Kälteleistung einer Kühlmaschine* zu

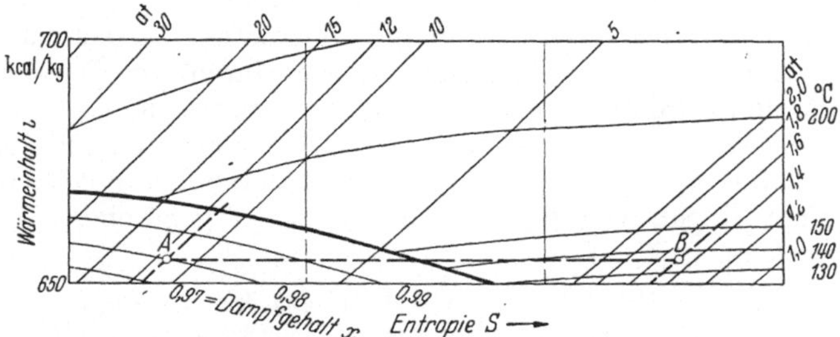

Abb. 426. Auswertung des Drosselversuches im *i, s*-Diagramm.

ermitteln legt man eine Dampfschlange in die Sole und führt Dampf
gerade in der Menge zu, daß die Wärmezufuhr durch Dampf der Wärme-
entziehung durch die Maschine die Waage hält, so daß also die Temperatur der Sole weder steigt noch fällt. Die Kondensatmenge wird gemessen. Ratsam ist es, den zutretenden
Dampf schwach zu überhitzen, sonst bleibt
es unsicher, wieviel Wasser der Dampf mit
sich führte.

Wo die Dampftemperatur die dem Druck
entsprechende Sättigungstemperatur nicht
überschritten hat, kann der Dampf sowohl
trocken gesättigt sein als auch erhebliche
Feuchtigkeitsmengen enthalten. Da der
Wärmeinhalt des Wassers nur $^1/_4$ bis $^1/_6$ von
dem des Dampfes ausmacht, so bedingt ein
Feuchtigkeitsgehalt einen wesentlichen Mindergehalt des Dampfes an Wärme. Bei Erzeugung gesättigten Dampfes im Kessel sowohl als auch bei Verwendung gesättigten
Dampfes zur Messung der Wärmemenge wie
im Heizkörper und der Kältemaschine wäre
also eine Bestimmung des Feuchtigkeits-
gehaltes unerläßlich.

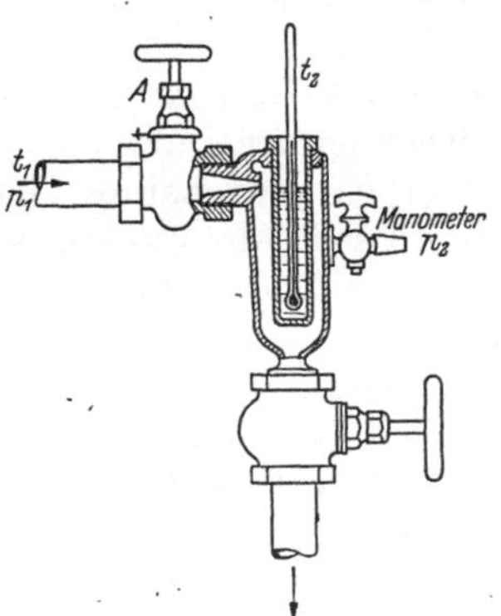

Abb. 427. Drosselkalorimeter; die
Isolierung ist nicht gezeichnet.
Naßdampf vom Druck p_1, also
Temperatur t_1 wird in der Düse
auf die abgelesenen Werte p_2
und t_2 gedrosselt, daraus folgt
sein Wärmeinhalt, und der bei p_1
ist ebenso groß.

Den Wärmeinhalt feuchten Dampfes oder
den Feuchtigkeitsgehalt des Dampfes ermittelt das *Drosselkalorimeter*,
ein einfaches Hohlgefäß, dessen Wände gegen Wärmeausstrahlung durch
Isolation geschützt sind, die möglichst masselos sein soll (Alfol). In
dieses tritt der feuchte Dampf ein, dessen Druck p_1 man vorher festgestellt hat; in der Düse wird er auf einen geringen Druck p_2 gedrosselt.
Da der Wärmeinhalt gesättigten Dampfes bei geringem Druck niedriger

ist als bei hohem, so dient die freigewordene Wärme zur Überhitzung des Dampfes, aber erst, nachdem sie ihn getrocknet hat. Je feuchter also der Dampf war, desto weniger wird er beim Drosseln überhitzt. Mißt man den Dampfdruck p_2 und die Dampftemperatur t_2 im Kalorimeter, so kann man aus der Überhitzung auf die frühere Feuchtigkeit schließen. Der Dampf fließt unten ins Freie. Bei der Messung muß der Apparat im Beharrungszustand, insbesondere die Isolierung gut durchgewärmt sein.

Drosseln ist ein irreversibler Vorgang konstanten Wärmeinhalts und steigender Entropie; im is-Diagramm wird er durch eine Waagerechte dargestellt, deren (rechtsliegenden) Endpunkt (p_2, t_2) man kennt, worauf sich der Anfang als Schnittpunkt der Waagerechten mit der ansteigenden Linie p_1 ergibt; die Linien konstanter Feuchtigkeit sind im is-Diagramm eingetragen und lassen den zu p_1 gehörenden Dampfgehalt x_1 erkennen.

Als *Beispiel* zeigt Abb. 426 einen Ausschnitt aus dem is-Diagramm. Dampf von 10,7 at Überdruck ist kalorimetriert worden, im Drosselkalorimeter hat man bei einem Überdruck von 350 Torr = 0,476 at eine Temperatur von 136,2° abgelesen. Barometerstand 740 Torr = 1,01 at. Beim Drosseln entsteht Dampf von 1,49 at und 136,2°, Punkt B; die Waagerechte nach links ergibt bei 11,7 at den Punkt A, entsprechend Dampfgehalt $x = 0,98$ oder Dampfnässe 100 $y = 2\%$.

Um an *Dampf von Atmosphärenspannung* die Nässe zu bestimmen, muß man ihn in ein Vakuum hineindrosseln, das man durch eine Wasserstrahl-Luftpumpe erzeugt.

Die äußere Form des Drosselkalorimeters ist unwesentlich, man kann eines aus Gasrohrenden zurechtbauen. Nützlich ist eine gute Durchwirbelung des Dampfes zwischen Drosselstelle und Thermometer, etwa durch ein eingebautes Spiralblech und Sieb, und gute Einhüllung. Das Ventil soll ganz geöffnet sein; zum Drosseln genügt die Düse. Je größer die arbeitende Dampfmenge, desto weniger Einfluß haben die Strahlungsverluste.

Das Drosselkalorimeter ist nur für mäßige Feuchtigkeitsgrade, bis 2 oder 4%, brauchbar. Sehr feuchter Dampf wird nicht mehr überhitzt. Für solche Fälle kann das *Abscheidekalorimeter* dienen. In ihm wird der Dampf mechanisch mit einer Art Sieb von Feuchtigkeit befreit und diese gemessen. Das Abscheidekalorimeter trocknet den Dampf nicht sicher, man sollte noch ein Drosselkalorimeter dahinterschalten, beide ergänzen sich also.

Andere Methoden beruhen etwa darauf, daß man dem nassen Dampf mittels elektrischer Widerstände so viel Wärme zuführt, daß er eben überhitzt wird; die Energiezufuhr mißt man elektrisch, 1 kW = 860 kcal/h. Man kann auch den Dampf kondensieren und dabei kalorimetrisch seinen Wärmeinhalt feststellen. In beiden Fällen ist es von Vorteil,

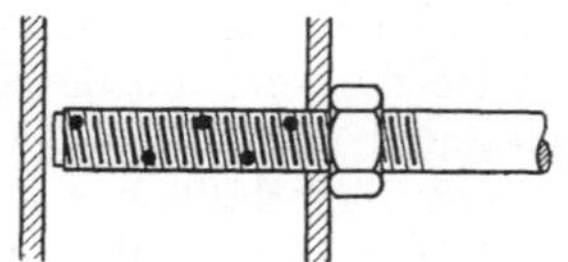

Abb. 428. Entnahme der Dampfprobe.

wenn man den Dampf als Ganzes der Feuchtigkeitsuntersuchung unterwerfen kann. Wird ein kleiner Zweigstrom im Kalorimeter geprüft, so kann dieses im besten Fall die Probe richtig untersuchen; wichtig ist also die Art der *Probenahme*. Ein Entnahmeröhrchen mit Löchern wird quer durch das Dampfrohr hindurchgeführt; es ist am Ende geschlossen. Man hofft so, wenn der Dampf im Rohr nach konzentrischen Schichten gleichmäßig verteilt ist, von jeder Schicht gleichviel zu bekommen. Da in waagrechten Rohren Wasser am Boden entlang läuft, so soll man den Entnahmestutzen in ein senkrechtes Rohr legen, in dem überdies noch der Dampf aufwärts gehen soll. Außerdem muß man das Röhrchen bis zum Kalorimeter hin gut verpacken, sonst verliert der Dampf noch Wärme. Trotzdem dürfte die Probe oft vom Durchschnitt abweichen.

75. Wärmeverluste. Wärmeverluste heißen die übergehenden Wärmemengen dann, wenn man sie möglichst klein zu halten wünscht, während ein Heizkörper seine Aufgabe um so besser erfüllt, je mehr er abgibt, seine Abgabe ist also Nutzwärme. Hieraus erklärt sich die meßtechnische Schwierigkeit: sind die Verluste klein, wird also der Wärmeinhalt durch den Verlust nur wenig verändert, so ist die Messung der Wärmeinhalte oder der Temperaturen, um aus ihnen die Differenz zu bilden, für die gesuchte Größe eine typische Differenzmethode und daher ungenau. Man muß also den Verlust direkt zu messen suchen.

Kälteverluste sind, vorbehaltlich des Vorzeichens, ebenso zu behandeln; da aber Kälte mehrfach teurer ist als Wärme, so wird der Verlust im Geldwert mehr fühlbar. Sie sind weiterhin unter den Wärmeverlusten einbegriffen.

Wärmeverluste bedingen bei Bauten aller Art die Notwendigkeit, sie zu beheizen (zu kühlen), die sog. *Wärmeverlustberechnung* stellt die erforderliche Heizfläche fest. Es handelt sich also um die Wärmedurchlässigkeit der Baustoffe und der daraus hergestellten Bauteile.

Wärmeverluste bedingen bei Rohrleitungen zur Fortleitung warmer (oder kalter) Medien einen Verlust an Energie, den man durch *Isolierung* der Rohrleitung zu beschränken sucht; man will die Wärmedurchlässigkeit der Wärmeschutzmittel und der aus ihnen hergestellten Wärmeschutzkonstruktionen kennen. Besondere Wärmeschutzkonstruktionen kommen bei Bauten (Kühlhäusern) und bei maschinellen Anlagen (Kesseleinmauerung, Ummantelung der Wärmemaschinen) vor.

In beiden Fällen handelt es sich also entweder um Untersuchung der Baustoffe als Material oder um Untersuchung fertig ausgeführter Bauteile. Ersteres kann im Laboratorium, letzteres muß an Ort und Stelle geschehen.

Die zu untersuchenden Stoffe sind wärmetechnisch gekennzeichnet durch die *Wärmeleitzahl* λ, das ist der Wärmefluß in kcal/h, der durch 1 m² geht, wenn das Temperaturgefälle 1 C/m ist, Dimension daher $\left[\dfrac{\text{kcal}}{\text{h} \cdot \text{m}^2 \cdot \text{C/m}}\right] = \left[\dfrac{\text{kcal}}{\text{h} \cdot \text{m} \cdot \text{C}}\right]$. Die Wärmeleitzahl steigt mit der Temperatur stark an, man muß also die Temperatur nennen, um die es sich handelt. Zur Bestimmung von λ sind in den Laboratorien Einrichtungen vorhanden, die sich in der Ausgestaltung danach richten, ob staubförmige, mörtelartig aufzutragende oder als Platten oder Schalen angelieferte Stoffe untersucht werden sollen; im Prinzip aber wird immer ein mathematisch gut definierter Körper, eine Kugel, ein

Würfel oder ein Zylinder, mit dem Stoff umgeben und elektrisch so beheizt, daß Beharrung bei der gewünschten mittleren Temperatur des Materials eintritt; aus dem Energiebedarf Q zur Aufrechterhaltung des Beharrungszustandes und aus den Abmessungen der Isolierung ist die mittlere Wärmeleitzahl des verwendeten Materials zu berechnen. Um sie einer bestimmten Temperatur zuzuordnen, bestimmt man mit eingelegten Thermoelementen die Temperatur t_1 der heizenden Wand und die t_2 an der Oberfläche der Isolierung. Beispielsweise bei einer auf ein Rohr aufgebrachten Isolierung mit den Radien R und r ist $\lambda = \dfrac{Q}{2\,\pi\,l\,(t_1 - t_2)}\ln(R/r)$, und zwar gehört dieser Wert zur Temperatur $t_m = \tfrac{1}{2}(t_1 - t_2)$, wenn λ linear von t abhängt. Die Länge l muß groß genug sein, daß der Wärmeübergang an der Stirnfläche, wegen dessen die Messung zu berichtigen ist, nur die Größe einer Korrektion hat.

Die *zu untersuchenden Bauteile* sind gekennzeichnet durch den stündlichen Wärmedurchgang unter dem Einfluß eines Temperaturunterschiedes $t_i - t_a = \varDelta t$; es handelt sich um die Wärmemenge, die durch 1 qm einer Wand bestimmter Bauart oder auch auf 1 laufenden Meter einer geschützten Rohrleitung übergeht, Dimension [kcal/m² · h] oder bei der Rohrleitung [kcal/m · h]; man kann den Verlust auch noch auf 1° beziehen, oft aber ist er gerade für die vorgeschriebenen Temperaturen t_i und t_a zu ermitteln; in anderen Fällen handelt es sich um den Gesamtverlust eines bestimmten Bauteiles, etwa eines Raumes, eines Fensters, eines Ventils, Dimension [kcal/h], ermittelt bei dem Temperaturintervall t_i bis t_a.

Die Berechnung des Wärmestromes aus den durch Laboratoriumsmessungen ermittelten Werten von λ wäre prinzipiell mehr oder weniger genau möglich; die Aufgabe lautet aber, die Güte der wirklichen Ausführung und die Identität der verwendeten Stoffe mit den im Laboratorium geprüften zu untersuchen, vielleicht auch nach Jahren festzustellen, ob der gute Anfangsstand noch vorhanden ist.

Hierfür dient die *Hilfswandmethode* von HENCKY (L. 397). Man legt vor den zu untersuchenden Teil eine Wand, deren Durchlässigkeit für Wärme in Abhängigkeit von den beiderseitigen Temperaturen bekannt ist, beobachtet die Temperaturen beiderseits dieser Hilfswand und kennt daher den Wärmefluß durch sie; hat man gesorgt, daß keine Wärme zwischen oder in den Wänden seitlich abfließen kann, so geht der gleiche Wärmefluß durch die Versuchswand; der Versuch ist also nur noch so einzuregeln, daß zu deren beiden Seiten die gewünschten Temperaturen herrschen, die man auch beobachtet.

Die Hilfswandmethode ist von E. SCHMIDT und von HENCKY zur Konstruktion des *Wärmeflußmessers* verwendet worden, der namentlich zur Untersuchung von Rohrisolierungen dient (L. 398ff). Eine Gummibinde von z. B. 2 mm Dicke, 60 mm Breite und 630 mm Länge wird auf das Rohr gewickelt; sie enthält zwei Thermoelementreihen je aus 100 Lötstellen, eine außen, eine innen einvulkanisiert, in Serie geschaltet, so daß sich unter der Einwirkung des Wärmeflusses die 100fache Spannung ergibt, die an einem Spannungszeiger gleich als

Wärmeverlust q_e in kcal/m^2 h abzulesen ist. q_e bezieht sich auf die Messung an ebener Wand; an einer solchen wird das Gerät geeicht, da die Binden nicht austauschbar hergestellt werden können. Ist s [m] die Dicke der untersuchten Wand und sind t_{01} und t_{02} die Temperaturen ihrer beiden Oberflächen, so gilt $\dfrac{\lambda(t_{01}-t_{02})}{s}=q_e$; $\lambda=\dfrac{q_e\,s}{t_{01}-t_{02}}$. Für zylindrische Oberfläche gilt

$$\lambda=\frac{q_e\,s}{t_{01}-t_{02}}\,f_w\,\varphi\,\frac{d_2}{\frac12\,(d_1+d_2)}.\tag{1}$$

Hierin trägt $f_w=\dfrac{2\,s_H}{d_2\ln\dfrac{d_1+2\,s_H}{d_2}}$ der Krümmung der Binde, der letzte Bruch der Krümmung der untersuchten Schicht Rechnung. s_H ist die Dicke der Hilfswand.

Der Abfluß von Wärme zur Seite wird verhindert, indem bei der Binde selbst die Thermosäule in dem Mittelstück von etwa 100 mm Länge sitzt, die sonstige Bindelänge schützt die Meßoberfläche; außerdem werden zwei mit der Meßbinde gleichartige Schutzstreifen ohne Thermoelement dicht neben die Meßbinde gelegt; so wird die Meßstelle völlig geschützt.

Die Temperatur t_{02} in der Außenschicht kann an der Oberfläche der Binde gemessen werden, wo dann also die Thermolötstellen nur eben einvulkanisiert liegen; wechselnde Konvektion durch Luftströmungen beeinflußt dann die Temperatur dieser Lötstellen und läßt den Zeiger des Anzeigegeräts erheblich schwanken; man bildet den Mittelwert, werden aber die Schwankungen zu groß, so wird das schwierig.

Nun ist die Oberfläche der Isolierung im Betriebe denselben Einflüssen der Konvektion ausgesetzt; aber da kurzzeitige Schwankungen bei schlechten Wärmeleitern nur um Bruchteile eines Millimeters eindringen, so sind sie bei 20 bis 100 mm Isolierstärke bedeutungslos; bei der Binde sind sie wohl von Einfluß. Die Binde übertreibt also die Schwankungen.

Werden die Schwankungen lästig, dann versieht man die Binde mit einer Dämpfung — entweder bringt man einen Blechschirm an, der die Luftbewegung und vor allem auch die Sonnenstrahlung abhält; oder man legt eine isolierende Schicht von Gummi oder Filz auf die Binde, wodurch es dann freilich länger dauert, bis Beharrung erreicht ist und die Messung zuläßt.

Wir begnügen uns mit diesen Andeutungen, da die „Regeln für die Prüfung von Wärme- und Kälteschutzanlagen" das Gebiet eingehend beschreiben, und haben nur folgendes hinzuzufügen.

Die Hilfswandmethode und daher der Wärmeflußmesser mißt nach Maßgabe von Formel (1) die Wärmeleitzahl λ der untersuchten Wand, bei schichtweise zusammengesetzten Wänden die mittlere „äquivalente" Wärmeleitzahl. Der Wärmestrom in der untersuchten Wand ist aber durch das Aufbringen der Hilfswand gestaut, man kann daher nicht den Wärmeverlust im Betrieb gleich dem durch die Hilfswand setzen, er ist vielmehr nach den üblichen Formeln zu berechnen, wofür der Versuch mit der Hilfswand die zuverlässige Unterlage schafft.

IX. Heizwert von Brennstoffen.

76. Einheiten. Heizwert und Verbrennungswärme. Für feste Brennstoffe — Kohle — bestimmt man den Heizwert heute allgemein mit Hilfe der kalorimetrischen Bombe, für flüssige und gasförmige — Benzin oder Petroleum, Leucht- oder Generatorgas und andere — ebenso allgemein mit Hilfe des Junkers-Kalorimeters.

Der Heizwert ist die Wärmemenge, die die Mengeneinheit des Brennstoffes bei vollkommener Verbrennung der Bestandteile und darauffolgender Abkühlung auf die Temperatur der Umgebung an diese abgibt. Der Heizwert ist unabhängig davon, ob die Verbrennung in Luft oder in reinem Sauerstoff erfolgt und ob der vorhandene Sauerstoff zur Verbrennung gerade ausreicht oder im Überschuß vorhanden ist, ist auch praktisch unabhängig von dem Druck, bei dem sie erfolgt, sofern nur nicht die Bildung von CO und anderen noch brennbaren Bestandteilen oder das Unverbranntbleiben schwerer Kohlenwasserstoffe die Folge ungünstiger Bedingungen ist. Die genannten Verhältnisse beeinflussen nur die Geschwindigkeit der Verbrennung und die eintretende Temperatursteigerung.

Der Heizwert wird bei festen und flüssigen Körpern auf das Kilogramm bezogen, bei gasförmigen Brennstoffen auf das Kubikmeter, natürlich auf das reduzierte Volumen. Heizwertangaben haben also die Benennungen: [kcal/kg]; [kcal/m^3 $\binom{0}{760}$]. Physikalisch-chemische Werke geben meist die Verbrennungswärme in Grammkalorien (1 cal $= 0{,}001$ kcal) und bezogen auf Grammoleküle, also auf die Anzahl von Gramm, die dem Molekulargewicht des Stoffes entspricht. So ist für Methan CH_4 die Verbrennungswärme 213,5 kcal/g mol angegeben; das Molekulargewicht des Methans ist $12{,}00 + 4 \cdot 1{,}008 = 16{,}03$, nach technischer Ausdrucksweise ist dann $\frac{213{,}5}{16{,}03} \cdot 1000 = 13\,320$ kcal/kg, oder bei einer Wichte des gasförmigen Methans von 0,716 kg/m^3 $\binom{0}{760}$ ist der Heizwert $13\,320 \cdot 0{,}716 = 9540$ kcal/m^3 $\binom{0}{760}$.

Die maschinentechnisch in Frage kommenden Brennstoffe bestehen aus Kohlenstoff C, Wasserstoff H, Sauerstoff O und aus Verbindungen dieser drei; die meisten enthalten noch 1 bis 2 % Schwefel S. Außerdem enthalten sie meist Wasser, das bei festen oder flüssigen Brennstoffen in kondensierter Form in den Prozeß eintritt, bei gasförmigen Brennstoffen als Feuchtigkeit dampfförmig vorhanden ist. Ferner nimmt die zur Verbrennung zugeführte Luft Wasser als Luftfeuchtigkeit in Dampfform in den Prozeß hinein. Bei vollkommener Verbrennung entsteht Kohlensäure CO_2 und Wasser H_2O. Während die Kohlensäure stets gasförmig abgeht, kann das Wasser entweder als Wasserdampf oder flüssig den Verbrennungsraum verlassen; es hängt von der Endtemperatur der Abgase und von ihrem Volumen ab, ob sich aller Wasserdampf als solcher halten kann oder ob sich ein Teil niederschlägt, wenn der Taupunkt unterschritten wird.

Je nachdem nun das teils schon im Brennstoff vorhandene, teils bei der Verbrennung entstandene Wasser Dampf bleibt oder verflüssigt wird, wird verschieden viel Wärme frei. Entweichender Wasserdampf entführt in latenter Form die Verdampfungswärme bei etwa 20°, das sind 600 kcal auf 1 kg Dampf, die als fühlbare Wärme in die Erscheinung treten, wenn der Wasserdampf sich niederschlägt. Die kalorimetrisch gemessene, wie auch die in einer Feuerung frei werdende Wärmemenge ist also kleiner, wenn das Wasser als Dampf abgeht, größer, wenn es sich zu verflüssigen Gelegenheit hat.

Auf Wasserdampf als Verbrennungsprodukt bezieht sich der (untere) *Heizwert*, das auf flüssiges Wasser bezogene Ergebnis ist die *Verbrennungswärme*. Beide Größen unterscheiden sich um den mit 600 multiplizierten Wassergehalt der Verbrennungsprodukte. Man sprach früher vom unteren und oberen Heizwert; durch Din 51708 ist für letzteren das vielfach schon verwendete Wort Verbrennungswärme offiziell eingeführt; es wird sich zeigen, daß die Unterscheidung *Heiz*wert und *Verbrennungs*wärme die Verhältnisse nicht gut kennzeichnet. Ein Nachteil ist auch, daß nun ein Name fehlt, der beide umfaßt; wir benutzen dafür das alte Wort Heizwert.

Entsprechend den Vorschriften der Normen des Vereins Deutscher Ingenieure pflegt man in Deutschland den Heizwert als maßgebend in die Rechnung einzuführen, in den Vereinigten Staaten dagegen gilt die Verbrennungswärme, woraus folgt, daß sich für jeden etwas sagen läßt.

Die Frage ist auch nicht belanglos: beide Werte verhalten sich bei Steinkohle etwa wie 7500 zu 7200 kcal, bei Braunkohle wie 4500 zu 4200, bei Petroleum wie 10500 zu 9750, bei Stadtgas wie 4200 zu 3700 kcal. Der Unterschied wird um so größer, je mehr Wasser und namentlich je mehr Wasserstoff der Brennstoff prozentual enthält.

Wenn man mit dem Heizwert rechnet, so ergibt sich der Wirkungsgrad der mit dem betreffenden Brennstoff versorgten Feuerung oder der mit ihm betriebenen Maschine höher, als wenn man die Verbrennungswärme als in den Prozeß eingeführt in Rechnung setzt. Es fragt sich, ob man die Tatsache, daß der Unterschied zwischen beiden Werten praktisch nicht ausgenutzt wird, dem Brennstoff oder der Maschine und Feuerung zur Last legen solle.

Zunächst für die Ausnutzung von Brennstoffen zur *unmittelbaren Arbeitserzeugung* in Brennkraftmaschinen ist die Annahme des (unteren) Heizwertes berechtigt. Nach dem zweiten Hauptsatz der Wärmelehre kann Wärme niemals ganz, sondern immer nur zu einem Bruchteil in Arbeit umgesetzt werden, und dieser Bruchteil ist um so kleiner, bei je geringerer Temperatur die betreffende Wärmemenge anfällt. Die Verbrennung im Brennkraftmotor erfolgt bei Temperaturen um 1000°, und die Wärme wird bei diesen hohen Temperaturen frei; die durch Kondensation des Wasserdampfes zu erhaltende Wärme aber wird, wenn überhaupt, so doch jedenfalls nur bei niedrigen Temperaturen in Freiheit gesetzt. Die Arbeitsfähigkeit der Wärmemenge, die dem Unterschiede zwischen Verbrennungswärme und Heizwert entspricht, ist also viel geringer als die dem Heizwert entsprechende; sie ist eine minderwertige Wärmemenge. Das Diagramm eines Gasmotors sei so gestaltet, und der Heizwert des Gases sei ein solcher gewesen, daß von A an (Abb. 429) Temperatur und Dampfteildruck Werte annehmen, bei denen das Wasser sich verflüssigt. Nun erkennt man ohne weiteres, wie gering der Zuwachs an Diagrammfläche ist, der durch das Freiwerden der latenten Wärme noch zu erwarten ist, zumal sie erst allmählich von A ab frei wird; es ist nur die kleine Fläche 1 zu gewinnen, während ein gleich großer Wärmezuwachs, der bei B bei höherer Temperatur eingetreten wäre infolge höheren Heizwertes, den Zuwachs um die umstrichelte Fläche 2 geliefert hätte.

Diese theoretischen Erwägungen ergänzen die praktischen, die da besagen, daß man bei der Arbeitserzeugung tatsächlich nicht an die Grenze kommt, wo die Verflüssigung beginnt, denn die Abgase der Brennkraftmaschinen sind stets weit über 100° warm.

Bei der Ausnutzung der Wärme zu *Heizzwecken* jedoch ist alle Wärme gleichwertig, sie sei bei hoher oder bei niederer Temperatur frei geworden — immerhin noch mit einem Vorbehalt insofern, als nach demselben zweiten Hauptsatz der Wärmelehre und nach der Erfahrung die Wärme nur vom wärmeren zum kälteren Körper geht, nicht umgekehrt. Zur Beheizung eines Dampfkessels, dessen Inhalt sich auf 180° befindet, ist also der Unterschied zwischen Verbrennungswärme und Heizwert, der diesmal erst unter 100° frei würde, wieder nicht verwendbar, wenigstens nicht unmittelbar: man könnte aber mit seiner Hilfe das kalte Kesselspeisewasser vorwärmen und so ihn für den Dampfkessel nutzbar machen.

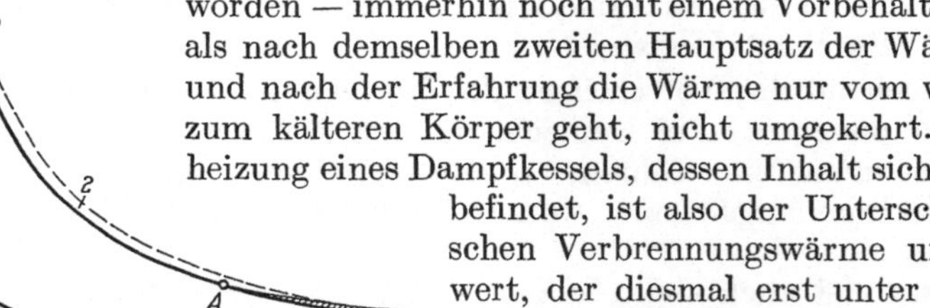

Abb. 429. Zum Begriff des Heizwertes und der Verbrennungswärme: Minderwertigkeit der latenten Wärme.

Deshalb wird man sagen können, es sei nicht Schuld des Brennstoffes, wenn nicht durch Anordnung von Vorwärmeeinrichtungen dafür Sorge getragen wird, daß er die Wärme vollständig abgeben kann, die er abzugeben bereit ist.

Er ist jedoch zur Hergabe dieses Unterschiedes nur bereit, wenn die zur Verbrennung zugeführte Luft mit Feuchtigkeit gesättigt war; bei gasförmigen Brennstoffen ist auch die Sättigung des Gases selbst mit Feuchtigkeit erforderlich. In jedem anderen Fall kann der Unterschied entweder gar nicht oder nur unvollständig hergegeben werden. Feuchtigkeit schlägt sich immer erst dann aus den Rauchgasen, auch bei vollständiger Abkühlung derselben nieder, wenn sich das Volumen mit Wasserdampf gesättigt hat. Das Volumen der Abgase ist nun bei Kohle wenig von dem der zugeführten Luft verschieden; bei Stadtgas unterscheidet es sich kaum von der Summe der Volumina, die Gas und Luft zusammen vorher einnahmen. Wenn die Verbrennungsgase mit der Zuführungstemperatur der Luft bzw. von Gas und Luft abgingen, so bedürften sie zur Sättigung geradesoviel Feuchtigkeit wie diese; waren diese gesättigt zugeführt worden, so muß alles durch Verbrennung gebildete Wasser herausfallen. Im anderen Falle wird Verbrennungswasser als Dampf abgehen — ein wie großer Teil des gesamten, das hängt vom Wasserstoffgehalt des Brennstoffes und von der zugeführten Luftmenge ab, die in weiten Grenzen variieren kann. Praktisch würde bei Stein- und Braunkohle etwa die Hälfte des Verbrennungswassers herausfallen, wenn man die Luft trocken zuführt, Luftüberschuß vermeidet und die Ausnutzung bis 20° herabtreibt.

Man könnte also die Verbrennungswärme voll ausnutzen, wenn man die Luft gesättigt zuführte und die Heizfläche so groß machte, daß die Heizgase auf Umgebungstemperatur abgekühlt würden: diesen zwei Forderungen steht kein theoretisches Bedenken entgegen, und sie sind auch praktisch unter Umständen gut erfüllbar. Es ist daher nicht folgerichtig, als Abgasverlust eines Verbrennungsvorganges nur das anzusehen, was der spezifischen Wärme der Rauchgase entspricht; die latente Wärme des Wasserdampfes steht auf gleicher Stufe mit jener, sobald es sich nicht um direkte Arbeitserzeugung handelt. Man sollte in diesem Fall die Verbrennungswärme als maßgebend ansehen, deren Verwendung den Wert des Brennstoffes höher, den Wirkungsgrad der Feuerung geringer erscheinen läßt.

Hiernach wäre die Verbrennungswärme maßgebend, wo es sich um das eigentliche *Heizen* handelt; der (untere) Heizwert wäre als *Arbeitswert* des Brennstoffes anzusehen. Zu dieser Meinung passen die jetzt genormten Bezeichnungen als *Verbrennungswärme* V_w und Heizwert H_u nicht gut. Jedoch wird in den Regeln des VDI. allgemein die Verwendung des (unteren) Heizwertes vorgeschrieben. In den bekannten Gasbadeöfen wird aber der obere Heizwert des Gases fast ganz ausgenutzt; man kann an ihnen, nach unseren Regeln rechnend, leicht Wirkungsgrade über Eins erhalten. Die Kalorimeter liefern zunächst weder die Verbrennungswärme noch den Heizwert, sondern einen dazwischenliegenden, dem ersteren benachbarten Wert, den man in den Vereinigten Staaten nicht unzweckmäßig als *kalorimetrischen Heizwert* bezeichnet.

In den Normen Din 51700 bis 51721, alle aus 1950, werden die Untersuchungsverfahren für Brennstoffe eingehend geregelt, die nun zu besprechen sind; insbesondere die eben behandelte Frage regelt Din 51708.

77. Feste Brennstoffe. Den Heizwert fester Brennstoffe bestimmt das Bombenkalorimeter. Zweckmäßig ist eine Form der Bombe, die es gestattet, nachher auch die Zusammensetzung des Brennstoffs zu ermitteln; dazu muß sie zwei Öffnungen zum Eintritt und Austritt von Spülluft haben. Sie ist ein starkwandiger Stahlbehälter mit Schraubverschluß, innen emailliert, besser aus nichtrostendem Stahl. Im Deckel sind die beiden Bohrungen und die beiden Pole zur Einführung des Stromes für die Zündung. Ein Pol ist zugleich das Zuführungsrohr für komprimierten Sauerstoff, ein Platinröhrchen geht tief in die Bombe, damit der Sauerstoff sie ganz durchstreicht. Ein Kohlebrikett mit eingelegtem Zünddraht wird an den Polen befestigt, die Bombe mit Sauerstoff von 20 at Druck beschickt (der Druck ist nötig, damit der Sauerstoff zur Verbrennung reicht), und die Zündung eingeleitet.

Die Bombe steht dabei in einem Kalorimeter mit abgewogener Wasserfüllung, aber auch der Wasserwert des Kalorimeters und der

Bombe selbst ist zu beachten, wenn man aus der beobachteten Temperaturerhöhung und den Gewichten auf den Heizwert der Probe schließt. Die abgelesene Temperaturerhöhung, einige Grade, ist um die Ein- oder Ausstrahlung während der etwa 15 Minuten Versuchsdauer zu berichtigen. Für die Strahlungsberichtigung gibt es eine ziemlich

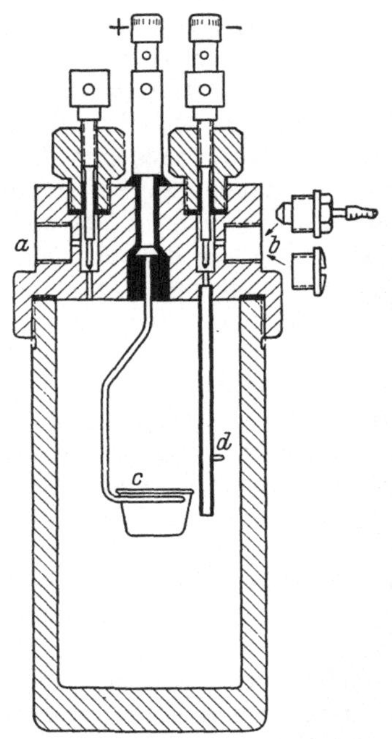

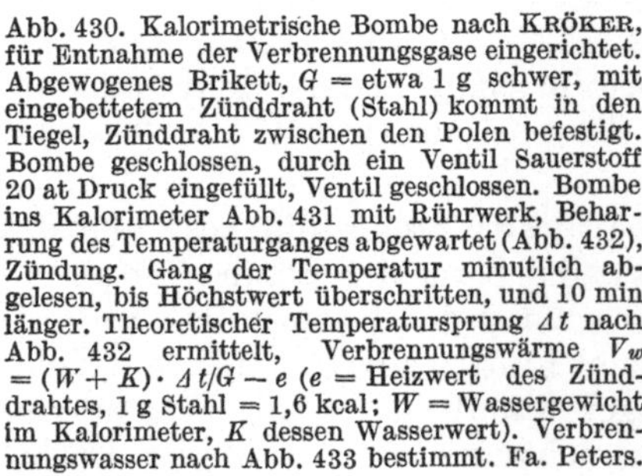

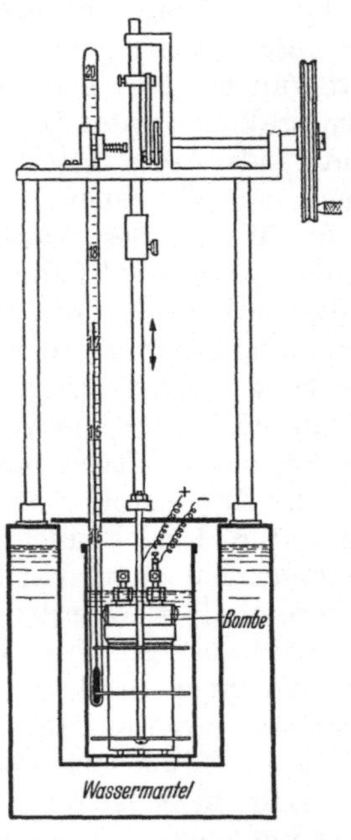

Abb. 430. Kalorimetrische Bombe nach KRÖKER, für Entnahme der Verbrennungsgase eingerichtet. Abgewogenes Brikett, G = etwa 1 g schwer, mit eingebettetem Zünddraht (Stahl) kommt in den Tiegel, Zünddraht zwischen den Polen befestigt. Bombe geschlossen, durch ein Ventil Sauerstoff 20 at Druck eingefüllt, Ventil geschlossen. Bombe ins Kalorimeter Abb. 431 mit Rührwerk, Beharrung des Temperaturganges abgewartet (Abb. 432), Zündung. Gang der Temperatur minutlich abgelesen, bis Höchstwert überschritten, und 10 min länger. Theoretischer Temperatursprung $\varDelta t$ nach Abb. 432 ermittelt, Verbrennungswärme V_w = $(W + K) \cdot \varDelta t/G - e$ (e = Heizwert des Zünddrahtes, 1 g Stahl = 1,6 kcal; W = Wassergewicht im Kalorimeter, K dessen Wasserwert). Verbrennungswasser nach Abb. 433 bestimmt. Fa. Peters.

Abb. 431. Bombenkalorimeter. Wasserwert wird bestimmt durch Verbrennung eines Briketts von bekanntem Heizwert oder durch Zuführung elektrischer Energie. Rührwerk auch als drehender Schraubenkörper. Fa. Peters.

komplizierte Formel von PFAUNDLER; die graphische Ermittlung (Abb. 432) dürfte für Kohle meist genügen, da die Probenahme stets eine merkliche Unsicherheit läßt. Den Wasserwert der ganzen Anordnung — Kalorimeter mit Bombe — ermittelt man, indem man einen Brikett mit bekanntem Heizwert verbrennt, meist chemisch reine Benzoesäure $C_7H_6O_2$, von Merck ad hoc bezogen, mit 6323 kcal Verbrennungswärme. Der Versuch mit Kohle läuft dann auf einen Vergleich derselben mit eben diesem Testkörper hinaus. Selbst die Strahlungskorrektion wird auf diese Weise eliminiert, wenn man auf beidemal gleiche Verhältnisse, namentlich Temperaturen achtet. Der Wasserwert läßt sich aber auch durch elektrische Beheizung bestimmen.

Um den Heizwert zu finden, muß das aus der Kohleprobe und aus 1 kg Kohle entstehende Wasser bestimmt werden. Die Verbrennungsgase werden durch ein gewogenes Chlorkalziumrohr hindurch abgeblasen, und weiter wird trockene Luft durch die Bombe und das Rohr gesaugt, dabei zum Schluß die Bombe auf 105° beheizt: alles Wasser

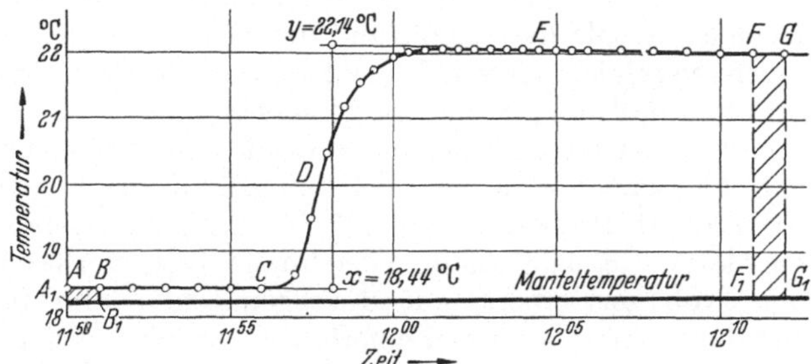

Abb. 432. Strahlungsberichtigung. Temperaturverlust der Bombe gegen den Mantel ist dem Temperaturunterschied proportional, Wärmeverlust durch schraffierte Flächen gegeben. Man verlängere AC und GE und ziehe xy so daß die beiden Dreieckflächen einander gleich werden, dann ist xy die Temperaturerhöhung t, die mangels Abstrahlung eingetreten wäre. Ablesung der Temperatur minutlich, nach der Zündung halbminutlich, eintragen in Millimeterpapier 1 min = 1 cm, 1° = 2 cm, ablesen auf Fünftelmillimeter.

findet sich dann im Chlorkalziumrohr und kann gewogen, die Zahl auf 1 kg umgerechnet werden. Der untere Heizwert ist dann $H_u = V_w - 600\,w_1$. Der auf 1 kg Kohle bezogene Wert w_1 umfaßt hierbei das im Brennstoff schon vorhandene und das bei der Verbrennung gebildete Wasser.

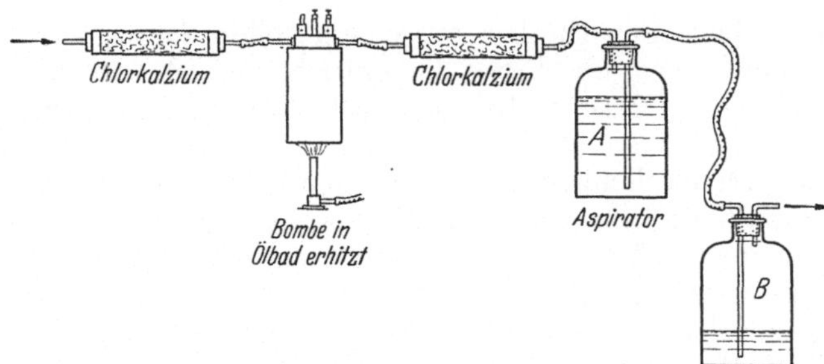

Abb. 433. Bestimmung des Verbrennungswassers. Bombe ins Ölbad, Chlorkalzium-Rohre angeschlossen, Druck der Bombe vorsichtig nach rechts abblasen; weiterhin ¹/₂ Stunde lang mit Aspirator (oder Gebläse) saugen, auch linkes Ventil öffnen, Bombe bis 110° erhitzen. Gewichtszunahme w der rechten Chlorkalziumvorlage feststellen. Heizwert $H_u = V_w - 600\,w$. Für nasse Kohle besser 2 oder 3 Vorlagen, letzte darf keine Gewichtszunahme zeigen.

Beispiel: Gewicht des Steinkohlenbriketts 1,228 g, des Zünddrahtes 0,030 g; daraus das Nettokohlengewicht 1,198 g. Temperaturbeobachtungen alle Minuten und nach der Zündung alle halbe Minuten, es ergab sich das in Abb. 432 dargestellte Schaubild und eine berichtigte Temperatursteigerung von 22,14 — 18,44 = 3,70°. Es waren 2 kg Wasser ins Kalorimeter gefüllt, dessen Wasserwert mit 0,350 kg bekannt war; also wurden 2,350 kg Wasserwert erwärmt. Die entwickelte Wärmemenge berechnet sich zu 2,350 · 3,70 = 8,700 kcal. Wärmemenge aus dem Eisendraht 0,03 · 1,6 = 0,05 kcal, also aus der Kohle 8,650 kcal/g. Verbrennungswärme $\frac{8,650}{1,198} = 7,220$ kcal/g = 7220 kcal/kg.

Bestimmung des (unteren) Heizwertes: Die Chlorkalziumvorlage wog nach dem Versuch 61,886 g, vor dem Versuch 61,254 g, Zunahme 0,632 g Wasser. Es entwickelt sich also 0,632/1,198 = 0,528 g Wasser/g Kohle = 0,528 kg Wasser/kg Kohle. Dem entspricht an Wärme 0,528 · 600 = 316 kcal für 1 kg Kohle; Heizwert 7220 — 316 = 6904 kcal/kg.

Die *Entnahme und Behandlung der Probe* ist mit das Wichtigste an der Untersuchung. Die entnommene Probe muß den Durchschnitt der zu untersuchenden Kohle darstellen, und die Probe darf sich nach der Entnahme nicht verändert haben; besonders darf sie nicht Wasser verloren haben, ohne daß dies besonders gemessen wäre.

Man entnimmt bei einem längeren Versuch von jedem der herbeigeschafften Kohlenkarren eine Schaufel; am Schluß des Versuches sollen nach DIN 51701 Probenahme 0,025 bis 0,5% der beim Versuch umgesetzten Menge, je nach deren Gleichmäßigkeit, vorhanden sein; diese werden grob zerkleinert, gut durchgemischt, dann flach ausgebreitet und durch einen kreuzweise geführten Strich mit der Schaufel in vier etwa gleiche Teile geteilt. Größere Steine in der Kohle sind vorher so weit zu zerkleinern, daß man auf etwa gleichmäßige Verteilung derselben auf die vier Viertel rechnen kann. Es werden dann zwei diagonal gegenüberliegende Teile, im ganzen also eine Hälfte entnommen, so jedoch, daß nicht der zu dieser Hälfte gehörige Grus zurückbleibt; das erreicht man am besten, wenn man das Zerkleinern auf vier rechteckigen, passend zusammengelegten Blechen gemacht hat; die andere Hälfte wird fortgetan. Die Hälfte wird weiter zerkleinert, gemischt, ausgebreitet und geviertelt, und so fort, bis man 2 oder 3 kg ins Laboratorium schickt. Man sagt, die ursprüngliche Probe sei auf 2 bis 3 kg *eingeengt* worden.

Aus einem liegenden Haufen, aus einem vollen Schiff, kurzum, aus ruhender Kohle eine gute Probe zu entnehmen, ist fast unmöglich, auch deshalb, weil sich schon bei kurzem Lagern die Feuchtigkeit nach unten zieht.

Was die Veränderlichkeit der Probe anbetrifft, so ist die Steinkohle wenig empfindlich; immerhin verwahre man die von den einzelnen Karren genommenen Mengen bis zur Mischung in einer bedeckten Kiste und löte die endgültige Probe zur Versendung oder Aufbewahrung in Blechbüchsen oder tue sie in Glasflaschen. Sehr veränderlich ist stark wasserhaltige Braunkohle, Torf, Holz; es ist nicht möglich, manche Braunkohlenprobe an der Luft zu wägen, weil sie durch Verdunstung von Minute zu Minute leichter wird. Unter Umständen muß man das Mischen und Zerkleinern unterlassen und sich mit dem Aussuchen von Stücken begnügen, die man sofort luftdicht aufhebt.

Da so *nasse Kohle* gar nicht oder schlecht in der Bombe verbrennt, so läßt man sie erst an der Luft trocknen, ermittelt aber den prozentualen Gewichtsverlust beim Trocknen. Das Wasser, welches die Kohle in dieser Weise verloren hat, wird für die Berechnung des Heizwertes ebenso in Betracht gezogen wie das später aus der Bombe kommende. Diese Berücksichtigung geschieht etwa wie folgt:

13,52 kg Braunkohle trockneten an der Luft in 2 bis 3 Tagen auf 8,91 kg aus; Gewichtsverlust 4,61 kg = 51,7% der verbliebenen Kohle. Aus der trockenen

Kohle wird nun 1,021 g verbrannt, liefert 0,670 g Wasser und ergibt eine Verbrennungswärme 3041 kcal/kg. Hätte man die Kohle nicht getrocknet gehabt, so wäre die gleiche Kohlenmenge 51,7% schwerer gewesen, hätte also 0,528 g mehr gewogen, aber auch 0,528 g mehr Wasser gegeben. Die Verbrennungswärme der ursprünglichen Kohle war $3041 \cdot \dfrac{100}{151,7} = 2005$ kcal/kg. 1 g Kohle hätte dann $\dfrac{0,670 + 0,528}{1,021 + 0,528} = 0,774$ g Wasser gegeben; deren latente Wärme ist 464 cal, der Heizwert der ursprünglichen Kohle ist $2005 - 464 = 1541$ kcal/kg.]

Zur Einführung in die Bombe umwickelt man Braunkohle mit Eisendraht, den man an den Polen befestigt. Steinkohle stößt man ganz fein und drückt in einer zur Bombe gehörigen Presse ein Brikett daraus, in dem der Zünddraht eingebettet wird. Koks oder Anthrazit, die nicht zusammenhaften, werden in Form von Körnern von 1 bis 2 mm Durchmesser im Platintiegel verbrannt, oder man formt ein Brikett unter Zuhilfenahme von Sirup oder Teer. Ganz arme Schlacken, die nicht für sich brennen, werden mit besser brennbaren Stoffen gemischt. In beiden Fällen muß man natürlich die Wärmeerzeugung der Beimischung berücksichtigen, dazu also den Heizwert der Beimengung und das Mengenverhältnis der Mischung kennen.

Nur bei sorgsamer Beobachtung aller Vorsichtsmaßregeln gibt die Bombe zufriedenstellende Ergebnisse; die Arbeit erfordert Übung; ihrer Art nach gehört sie mehr ins physikalisch-chemische als ins technische Gebiet. Oft wird man deshalb die Kohlenprobe an eine Stelle schicken, die speziell auf Heizwertbestimmungen eingerichtet sind — das sind die Chemisch-Technischen Institute der Hochschulen, die Dampfkesselüberwachungsvereine und Privatinstitute.

Dagegen läßt sich der Heizwert mit oft ausreichender Genauigkeit für die Zwecke des praktischen Betriebes durch eine *abgekürzte Analyse* finden, indem man dem Gehalt an Verbrennlichem eine bestimmte, stets gleichbleibende Verbrennungswärme zuschreibt; wenn man dann die unverbrennlichen Bestandteile Wasser und Asche bestimmt, kann man den Heizwert des Brennstoffes rechnerisch finden.

Die Annahme unveränderlichen Heizwerts des Verbrennlichen kann man namentlich dann machen, wenn ein Werk zwar regelmäßig mit Kohle gleicher Herkunft beliefert wird, die einzelnen Lieferungen aber, namentlich bei Rohbraunkohle, verschieden stark mit Steinen oder Sand beladen und je nach der Witterung in verschiedenem Feuchtigkeitszustand sind.

Besteht 1 kg Brennstoff aus b kg brennbarer Substanz der Verbrennungswärme V_{w0} sowie aus w kg Wasser und a kg Asche, so ist der resultierende Heizwert der Gesamtkohle $H_u = V_{w0} \, b - 600 \cdot w$, und hierin findet man b als $b = 1 - a - w$. Die Bestimmung von a und w wird im folgenden Paragraphen besprochen.

Diese Art der Bestimmung stellt zwar nur ein Näherungsverfahren dar; bei der praktischen Überwachung der Kohlenlieferungen aber pflegt die Hauptfehlerquelle ohnehin in der Probenahme und in der Verarbeitung der Probe zu liegen. Gegenüber den Fehlern, die da entstehen, sind die Schwankungen im Heizwert des Brennbaren meist belanglos.

Zu ähnlichem Zweck wird in Din 51708 die *Harpener Formel* angegeben. Danach ist

die Verbrennungswärme $V_w = 3790 + 116\,K - 0{,}68\,K^2$
der (untere) Heizwert $H_u = 3664 + 112{,}1\,K - 0{,}6574\,K^2$.

Hierin bedeutet K die Koksausbeute im Wasserfreien, zu ermitteln als

Koksausbeute im Lufttrocknen $\dfrac{100}{100 - W + A}$, und darin wieder ist W-%
die Analysenfeuchtigkeit und A-% die Asche im Lufttrocknen. Die Formeln gelten für Ruhrkohle, sie sind für K-Werte von 60 bis 80% überprüft. — Wenn man allerdings die Werte K, W und A nicht anderweit braucht und daher zur Hand hat, so dürfte bei einiger Übung der Bombenversuch schneller zum Ziel führen — Vorhandensein der nicht ganz billigen Bombe vorausgesetzt.

78. Zusammensetzung der Kohle. Im Anschluß an die Heizwertbestimmung läßt sich die wesentliche Zusammensetzung der Kohle bestimmen.

Der *Wassergehalt* wird schrittweise bestimmt, indem die Kohle zunächst etwa 14 Tage unbedeckt und ausgebreitet im warmen Zimmer steht. Die Kohle ist nach dieser Zeit als lufttrocken zu betrachten. Der Gewichtsverlust ist die *grobe Feuchtigkeit* der Kohle.

Die so behandelte Kohle enthält immerhin noch Wasser, auch abgesehen davon, daß in ihren festen Bestandteilen Wasserstoff und Sauerstoff vorhanden sind, die man als zu Wasser vereinigt sich vorstellen kann. Erhitzt man eine kleinere Menge der lufttrockenen Kohle in einem Porzellantiegel eine Stunde lang sehr vorsichtig im Vakuum, so entweicht das noch vorhandene Wasser. Der Rest heißt *trockene Substanz*. Unter *hygroskopischem Wasser* versteht man den gesamten bisher eingetretenen Gewichtsverlust, also einschließlich der schon vorher bestimmten groben Feuchtigkeit. Wenn man ohne Anwendung von Vakuum erhitzt, so lehrt der Geruch, daß nicht nur Wasser, sondern auch andere Substanz, selbst bei vorsichtigem Erhitzen auf nur 110°, entweicht.

Beim Erhitzen in einem dicht verschlossenen Tiegel, einige Minuten über dem Bunsenbrenner zur Rotglut und dann gleich weiter und ebensolange vor dem Lötrohr zur Weißglut, entweicht nun die *flüchtige Substanz* und zurück bleibt eine Art *Koks*, verschieden nach der Kohlenart. Doch enthält der Rückstand nicht mehr allen Kohlenstoff der Kohle, weil die entweichenden Gase zumeist Kohlenwasserstoffe sind. Diese Bestimmung des Flüchtigen hat nur für Gaswerke Wert, man kann sie daher nach Bedarf auslassen und direkt den Aschegehalt bestimmen.

Den *Aschegehalt* bestimmt man, indem man den Rückstand, das ist also entweder die trockene Substanz oder der Koks, in offenem Tiegel unter Umrühren so lange stark erhitzt, bis sich das Gewicht nicht mehr vermindert; der Rest ist Asche, das heißt unverbrennlich.

Bei dieser Folge von Untersuchungen erhält man den gesamten *Kohlenstoffgehalt* der Kohle nicht. Man wünscht ihn gelegentlich zu kennen, weil man mit seiner Hilfe die Menge der Rauchgase und daher die Essenverluste bestimmt (§ 84). — Man ermittelt den Gesamtkohlenstoff am einfachsten gleichzeitig mit dem Heizwert. Die Verbrennungsprodukte aus der Bombe sollen ein Chlorkalziumrohr durchlaufen, um das Verbrennungswasser zu bestimmen (Abb. 433, S. 357). Das so getrocknete Gas läßt man nun noch durch einen Kaliapparat, dann nochmals durch ein Chlorkalziumrohr gehen und nun erst in den saugenden Aspirator treten. Der Kaliapparat enthält Kalilauge, durch die die aus der Bombe austretenden Verbrennungsprodukte hindurchperlen; passende Apparate sind billig fertig zu haben. Im Kaliapparat wird die in der Bombe gebildete Kohlensäure absorbiert; dadurch nimmt er an Gewicht zu. Gleichzeitig aber entführt ihm das durchströmende Gas Feuchtigkeit; diese zurückzuhalten, dient das zweite Chlorkalziumrohr. Die Gewichtszunahme der Kombination aus Kali- und zweitem Chlorkalziumrohr ist also die aus dem Kohlenbrikett entwickelte CO_2. Wegen der Atomgewichte sind je 44 Teile CO_2 entstanden aus 12 Teilen C; daher kann man berechnen, wieviel C im Kohlenbrikett enthalten war. So war bei der Heizwertbestimmung, deren Ergebnisse auf S. 358 mitgeteilt wurden, auch noch die Kohlenstoffbestimmung gemacht worden. Die Kalivorlage wog 81,83 g nach dem Durchtreiben des Gases, vorher wog sie 78,62 g. Der Unterschied von

$$3{,}21 \text{ g entspricht } 3{,}21 \cdot \frac{12}{44} = 0{,}876 \text{ g C, die in } 1{,}198 \text{ g Kohle enthalten}$$

war; die Kohle enthielt $\frac{0{,}876}{1{,}198} \cdot 100 = 73{,}1\%$ Kohlenstoff.

Auch der *Wasserstoffgehalt* des Brennstoffes ist verhältnismäßig einfach zu berechnen. Das Wasser, welches aus der Bombe bei Bestimmung des Heizwertes H_u entwich, war zum Teil schon hygroskopisch im Brennstoff enthalten — dieser Prozentsatz ist zu bestimmen wie oben angegeben —, zum Teil ist es erst aus dem Wasserstoff entstanden. Letzterer Teil ist die Differenz zwischen dem gesamten Verbrennungswasser und dem hygroskopischen Wasser des Brennstoffes. Daraus folgt der Wasserstoffgehalt der Kohle; er ist ein Neuntel jener Differenz.

Zu bemerken bleibt wieder, daß sich der Techniker bei solchen Untersuchungen auf chemisches Gebiet begibt, auf dem er zunächst Lehrgeld zahlen muß.

Die Zusammensetzung drückt man in Prozenten entweder der ursprünglichen oder der lufttrockenen Kohle aus.

79. Gasförmige Brennstoffe. Beim Junkers-Kalorimeter für gasförmige Brennstoffe verbrennt das zu untersuchende Gas im Innern des Kalorimeters; seine Menge G mißt ein Gaszähler. Die Verbrennungsgase erwärmen einen gleichmäßigen Wasserstrom, dessen Temperaturzunahme und die Menge Gas und Luft ergibt die Verbrennungswärme. Bei y steht das ablaufende Wasser bis zur Kante des Trichters; bei x steht das zulaufende bis an die Kante s des inneren Ringes, wenn man etwas Wasser im Überschuß zulaufen läßt; der Überschuß läuft über die Kante s fort. Daher fließt das Wasser unter konstanter Druckhöhe h, und man kann mit dem Regelventil die Durchflußmenge regeln, unabhängig von Schwankungen des Leitungsdruckes; nur muß beim Überlauf (Abb. 434, Nebenfigur oben links) stets etwas ablaufen. Bevor das

Wasser an das Thermometer t_a kommt, wird es gründlich durchgemischt durch eine Anzahl flacher Kappen mit kreuzweise versetzten Schlitzen. Diese Maßnahmen, die JUNKERS um 1900 einführte, sind vielfach vorbildlich geworden. Dazu gehört auch die Erkenntnis, daß man einen sich abkühlenden Strom nur unterteilen darf, wo er abwärts geht, sonst ist die Verteilung auf die Teilströme labil.

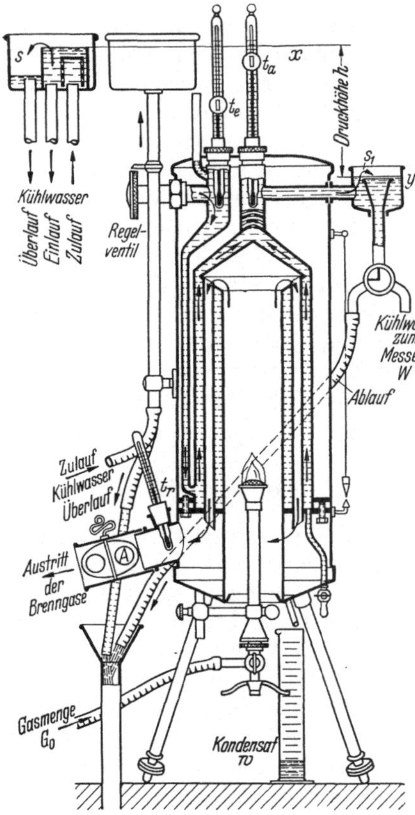

Gegen Strahlung ist das Kalorimeter durch einen umgebenden ruhenden Luftmantel möglichst geschützt, dessen Nickel- oder Chrompolitur auch der Verminderung der Strahlung dient und gut blank gehalten werden sollte; man putzt Nickel mit Stearinöl. Der Strahlung wegen arbeitet man möglichst mit temperiertem Wasser und besser mit großer Wassermenge und geringer Temperaturzunahme als umgekehrt. Dies alles beachtet, ist das Junkers-Kalorimeter als Standardgerät für die Untersuchung von Gasen anerkannt. Um die Gasuhr zu eichen, dient das Kubiziergerät Abb. 225.

Die bisherige Messung ergab die Verbrennungswärme. Um den Heizwert zu finden, ist unten am Mantel ein Stutzen angebracht, aus dem das Kondensat abläuft, das sich in dem Rohrbündel aus den abgekühlten Gasen niederschlägt. Es wird als w gemessen, daraus das aus 1 m³ (0,760) Gas gebildete Kondensat w_1 ermittelt. Das Produkt $600 \cdot w_1$ stellt die beim Kondensieren frei gewordene Wärme dar, die in Abzug zu bringen ist. Der Heizwert ist $H_u = V_w - 600 \cdot w_1$.

Abb. 434. Junkers-Gaskalorimeter. Konstante Druckhöhe h läßt Wasser gleichmäßig fließen, bei s muß etwas Wasser fortlaufen; Ein- und Austrittstemperatur durch Thermometer gemessen; Gas kommt aus Experimentier-Gaszähler 3 oder 10 ltr Inhalt. Wasser wird während 3 oder 10 ltr Durchgang aufgefangen, dazu Bedienung des Dreiweghahnes. Danach Verbrennungswärme $V_w = W \cdot (t_a - t_e)/G_0$. An der Wand rinnendes Kondensat W wird im Meßglas aufgefangen, Heizwert $H_u = V_w - 600 \cdot w_1$.

Die Menge des Kondenswassers aus 1 l Gas ist einige Gramm, und da Tropfen im Kalorimeter hängen, so ist die Kondensatmessung auf mehr, etwa 30 l Gas, auszudehnen, auch wenn man sich für die eigentliche Kalorimetrierung mit 10 l begnügt. Doch muß der Gaszähler immer volle Umläufe machen; ob er Teile davon richtig anzeigt, ist unsicher.

Beispiel: Während durch die Gasuhr 10 l Gas gingen, wurden 4,96 kg Wasser aufgefangen (gewogen). Als Mittelwert aus Ablesungen, die immer nach Durchgang von 1 l durch den Gaszähler gemacht wurden, ergab sich die Eintrittstemperatur des Kühlwassers 15,17° und die Austrittstemperatur 25,33°. Also sind $4,96 \cdot 10,16 = 50,5$ kcal erzeugt worden von 10 l Gas, die aber bei ihrer Messung 17,5° hatten und unter 14 mm WS Überdruck standen; Barometerstand 741 Torr. Das Gas hatte 742 Torr absoluten Druck. Sein reduziertes Volumen war

$$10 \cdot \frac{273}{273 + 17,5} \cdot \frac{742}{760} = 9,18 \text{ l } (^0_{760}).$$ Also hat das Gas eine Verbrennungswärme von $50,5/9,18 = 5,49$ kcal/l $= 5490$ kcal/m³ $(^0_{760})$. — Weiter wurde das Kondenswasser aufgefangen, bis 30 l durch die Gasuhr gegangen waren; dann wurden 29,5 g gewogen. Die 30 l Gas bedeuten $3 \cdot 9,18 = 27,54$ l im reduzierten Zustande, also entstehen aus dem reduzierten Kubikmeter Gas $\dfrac{29,5 \cdot 1000}{27,54} = 1075$ g $= 1,075$ kg Wasser, die beim Kondensieren $1,075 \cdot 600 = 640$ kcal frei machen. Heizwert $5490 - 640 \sim 4850$ kcal/m³ $(^0_{760})$.

Man hört anführen, eine *Fehlerquelle* liege darin, daß die Abgase gesättigt mit Feuchtigkeit aus dem Kalorimeter gehen, während die Verbrennungsluft nicht damit gesättigt war; daher werde die gemessene Menge Verbrennungswasser zu klein sein. Das letztere ist richtig, wenn die Gase mit Raumtemperatur abgehen, ein Fehler bei der Bestimmung des Heizwertes tritt aber nicht auf. Die Verbrennungswärme wird um so viel (1 bis 2%) zu niedrig gefunden, wie dem Mehrgehalt an Feuchtigkeit entspricht. Dieser Fehler gleicht sich wieder aus, weil man zuwenig Verbrennungswasser mißt. Sieht man also den (unteren) Heizwert als maßgebend an, so tritt kein Fehler auf. Es wird aber auch ein Luftsättiger für das Junkers-Kalorimeter geliefert, der die Schwierigkeit beseitigt.

Das Gas ist beim Messen und beim Verbrennen mit Feuchtigkeit gesättigt. Daher sind, wenn man 10 l an der Gasuhr ablas, diese 10 l teils Wasserdampf und nur zum anderen Teil Leuchtgas. Bei 20° hat der Wasserdampf eine Spannung von 17 Torr. Bei 760 Torr Gesamtdruck des feuchten Gases bestehen also 2,2% aus Feuchtigkeit, 97,8% sind Gas und erzeugen Wärme. Der Heizwert des Gases selbst ist also größer, als er erscheint. — Ob man durch eine Umrechnung den Heizwert auf trockenes Gas bezieht, kommt auf den Zweck der Untersuchung an; auch im Betriebe enthält das Gas Feuchtigkeit, und gelegentlich wird man das bei der Kalorimetrierung nachahmen wollen. Kalorimetrierungen liefern verschiedene Ergebnisse, je nach der Temperatur des Gases in der nassen Gasuhr. Die einfache Reduktion des Gesamtvolumens auf 0° und 760 Torr schafft diese Unterschiede nicht fort. Dazu müßte man auf trockenes Gas von 0° und 760 Torr reduzieren, was das wissenschaftlich Korrekte ist.

Wo der Druck des zu untersuchenden Gases schwankt, wie bei Kraftgasanlagen und bei Gichtgas, da muß zur Kalorimetrierung und auch zur Messung der Druck des verbrennenden Gases konstant bleiben. Dem Zweck dient ein *Druckregler*, in dem ein Drosselventil unter dem Einfluß einer Schwimmerglocke auf konstantem Druck hinter dem Regler drosselt, die Höhe dieses Druckes ändert man durch Belastung der Schwimmerglocke.

Unter Vakuum stehendes *Kraftgas* wird mit einem aus zwei großen Flaschen (Säureballons) hergestellten Aspirators (Abb. 433, S. 357) in größerer Menge angesaugt und dann durch Umstellen der Flaschen der nötige Druck erzeugt. Das ergibt bei langsamem und langem Ansaugen eine Mischung aus Gas der verschiedenen Zeiten und gleich den durchschnittlichen Heizwert aus der wechselnden Zusammensetzung etwa von Hochofengasen. Die Veränderung des Gases durch Absorption einzelner Bestandteile im Aspiratorwasser dürfte gering sein, zumal bei mehrfacher Benutzung des gleichen Wassers. Es gibt auch besondere Einrichtungen zur kontinuierlichen Unterdrucksetzung von Sauggas.

Für viele Zwecke ausreichend und sehr handlich ist das *Union-Gaskalorimeter*. In ihm wird die von einer gewissen Menge Versuchsgas bei der Verbrennung erzeugte Wärme mit der bei Verbrennung desselben Volumens Knallgas erzeugten Wärme verglichen, und zwar nach der Wärmedehnung eines das Verbrennungsgefäß umgebenden Öles. Die beiden Anstiege geben das Verhältnis der entstehenden Wärmemengen und unter Beachtung der benutzten Volumina das der Verbrennungswärmen; die Verbrennungswärme von $1\,\mathrm{m}^3$ ($^0_{760}$) Knallgas ist $^2/_3$ von $3060 = 2040$ kcal. Das Gerät bedarf, weil auf einem Vergleich beruhend, keiner Reduktion auf den Normalzustand; man kann mit dem Union-Kalorimeter auch in sich nicht brennbare Gase, etwa Produkte einer unbeabsichtigt unvollkommenen Verbrennung, kalorimetrieren, indem man sie mit Knallgas in passendem Verhältnis mischt; man braucht nur kleine Proben. Das sind Vorteile des Union- vor dem Junkers-Kalorimeter; für viele Zwecke dürfte es das Letztere ersetzen können.

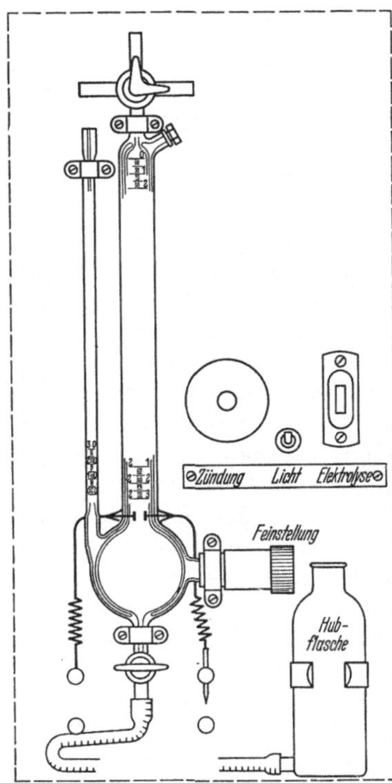

Abb. 435. Gaskalorimeter. Doppelgefäß, der Mantel mit Öl starker Dehnung gefüllt, Öl mit Feinstellung auf Null gestellt; Gasmenge, dann ausreichende Luftmenge angesaugt, gezündet, Anstieg des Öls gemessen. Zum Vergleich: Wasser zu Knallgas elektrolysiert, gezündet, Anstieg gemessen. V_w von 1 cbm $^0_{760}$ Knallgas $^2/_3$ von $3060 = 2040$ kcal. Vergleich der Anstiege unter Beachtung der eingesaugten Menge Versuchsgas liefert die Verbrennungswärme gleich bei Normalzustand. Fa. Union.

Beide Geräte liefern aber keine Aufschreibung, wie sie für den laufenden Betrieb erwünscht ist.

Das in Gaswerken übliche *automatische Junkers-Kalorimeter* arbeitet ähnlich dem Handkalorimeter. Das Gas geht durch einen Gaszähler, das Wasser durch einen Wasserzähler, beide sind durch eine Gliederkette zwangläufig gekuppelt, so ist die Temperaturerhöhung einfach der Verbrennungswärme proportional. Die beiden Temperaturen wirken auf eine Thermosäule, ein Anzeige- oder Schreibapparat gibt daher die Verbrennungswärme. Je nach Verhältnissen dient als Kühlwasser destilliertes Wasser, das durch eine elektrisch angetriebene Pumpe umgewälzt und in einem mit Raschigringen gefüllten Kühler rückgekühlt wird; zur Rückkühlung dient oft die zur Ver-

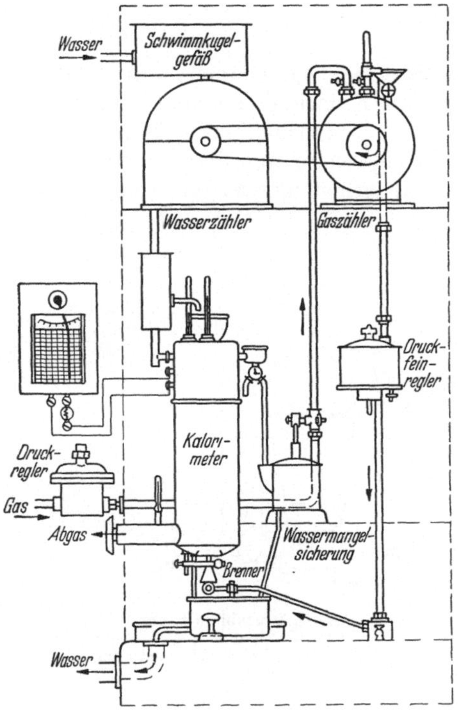

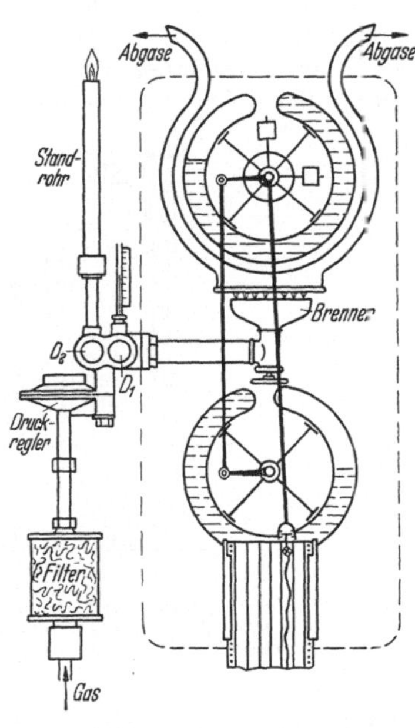

Abb. 436. Selbsttätiges Junkers-Kalorimeter. Wasser und Gas laufen wegen Kupplung der beiden Zähler in konstantem Verhältnis zu, also ist Temperaturerhöhung des Wassers im Kalorimeter ein Maß für die Verbrennungswärme, als Differenz mit Widerstandsthermometern entnommen und zum Meß- oder Schreibgerät geleitet. Zusatzgerät: Umwerter mit abgeschlossener Luftmenge ähnlich Abb. 180, 243, der elektrische Korrektion betätigt und den Heizwert auf Normalzustand reduziert. Fa. Junkers.

Abb. 437. Schreibendes Gaskalorimeter. Verbrennende Gasmenge durch Druckregler und Düsen D_1 und D_2 so konstant gehalten, daß Temperaturabgabe an das Ringrohr-Thermometer nach Abb. 382 ein Maß für die Verbrennungswärme wird; Raumtemperatur durch gegengekoppeltes zweites Ringrohr-Thermometer kompensiert (kann auch gleichachsig angebracht sein). Standrohr veränderlich lang zum Feinregeln. Fa. Union.

brennung nötige Luft, die sich an den Raschigringen mit Feuchtigkeit sättigt. Das Kühlwasser umfließt auch noch den Gaszähler. So haben also das Gas, die Verbrennungsluft und die Abgase gleiche Temperatur, und sie sind auch bei dieser Temperatur mit Feuchtigkeit gesättigt. Durch diese Maßnahmen, die sich auf die Handkalorimetrierung übertragen lassen, wird die Anzeige möglichst genau gemacht. Man kann die elektrische Anzeige auf das reduzierte Volumen des Gases beziehen lassen. Die Gaswerke rechnen mit der Verbrennungswärme, die übliche

Angabe 4200 kcal/m³ bezieht sich auf ihn, und ihn gibt das Kalorimeter an. Eine Wassermangelsicherung stellt, wie beim Badeofen, das Gas ab, wenn das Wasser ausbleibt.

Auch die laufende Kalorimetrierung ist einfacher, aber sicher für viele Zwecke ausreichend gelöst worden, indem man eine Art Thermometer von einem gasbeheizten Heizkörper her bestrahlen läßt. Das Gerät (Abb. 437) arbeitet rein empirisch und muß geeicht werden. Es hat aber den Vorteil, zu schreiben, ohne elektrischen Strom zu Hilfe zu nehmen.

80. Flüssige Brennstoffe. Verbandsformel. Zur Untersuchung flüssiger Brennstoffe führt man in das Junkers-Kalorimeter einen Vergasungsbrenner ein, dem der Brennstoff durch Luftdruck zuströmt; er hängt an einer Seite einer Waage. Die Waagenseite mit dem Brenner wird allmählich leichter; aus dem Gewichtsverlust, der zugehörigen Wasser

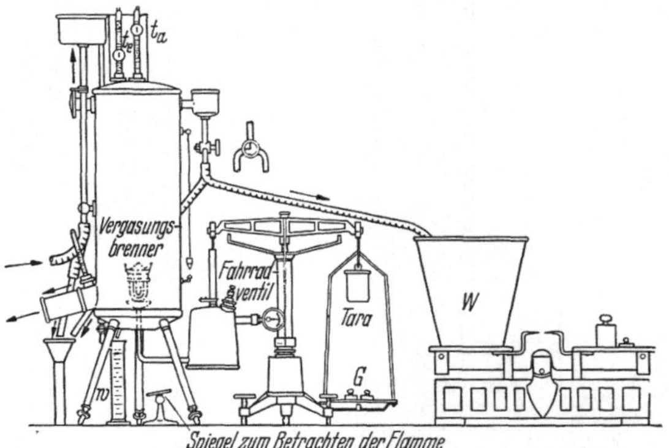

Abb. 438. Junkers-Kalorimeter, Aufbau für flüssigen Brennstoff. Druckbrenner am Waagebalken; Wasser nach W geleitet, wenn Brennerwaage durch Null geht; Gewicht G entfernt, Wasser abgestellt, wenn wieder durch Null. Auswertung wie bei Abb. 434. Spiegel zum Betrachten der Flamme. Fa. Junkers.

menge und ihrer Temperaturerhöhung ergibt sich der obere und weiter der untere Heizwert wie für Gas. Doch arbeitet es sich mit dem erwähnten Brenner nicht einfach, wenigstens bei schwer vergasbaren Brennstoffen.

Flüssige Brennstoffe werden auch in der Bombe kalorimetriert, indem man sie von Watte aufsaugen läßt und in die Watte den Zünddraht bettet. Um rußfreie, überhaupt vollkommene Verbrennung zu erzielen, muß man je nach dem Brennstoff die richtigen Verhältnisse ausproben. Der Heizwert der Watte (Zellulose 4210 kcal/kg) ist zu berücksichtigen.

Die Kalorimetrierung gewisser flüssiger Brennstoffe bietet große Schwierigkeiten; eher als bei festen und gasförmigen wird der Heizwert lieber aus der Zusammensetzung des Brennstoffes rechnerisch bestimmt.

Für chemisch definierte Brennstoffe, wie Spiritus oder Benzol, läßt sich der Heizwert Tabellen entnehmen, nachdem man (für Spiritus) den Wassergehalt durch Messen des spezifischen Gewichtes nach Tabellen bestimmt hat. Die durchzuführenden Rechnungen sind nicht immer einfach; auch sind für viele Fälle die Zahlengrundlagen nur unvollständig vorhanden. So liefert bei Spiritus nur der Alkoholgehalt Wärme; der Wassergehalt nimmt nicht nur keinen Anteil an der Wärmelieferung, sondern entführt sogar — bei Berechnung des unteren Heizwertes — Wärme latent; auch wird bei der Verdünnung von absolutem Alkohol mit Wasser bereits eine Verdünnungswärme frei, die beim Verbrennen nicht nochmals in die Erscheinung tritt.

Für chemisch nicht definierte Stoffe, wie Benzin oder Petroleum, greift man auf die *Verbandsformel* (aufgestellt vom Internationalen Verband der Dampfkessel-Überwachungsvereine) zurück, die auch für feste Brennstoffe benutzt werden kann. Nach ihr ist die Verbrennungswärme eines Brennstoffes, dessen Gehalt an Kohlenstoff, Wasserstoff, Sauerstoff, Schwefel und Wasser durch eine Elementaranalyse bestimmt und durch die Zahlen c, h, o, s und w gegeben ist,

$$V_w = 8100 \cdot c + 34000 \cdot (h - \tfrac{1}{8} \cdot o) + 2500 \cdot s \ \text{kcal/kg}. \qquad (1)$$

Hierin sind die Zahlen 8100, 34000 und 2500 die Verbrennungswärmen der betreffenden Elemente; $\tfrac{1}{8} o$ ist der Wasserstoff, der zur Bindung des im Brennstoff enthaltenen Sauerstoffes nötig ist und dessen Verbrennungswärme daher nicht nochmals frei wird. — Der Heizwert ist

$$H_u = 8100 \cdot c + 29000 \cdot (h - \tfrac{1}{8} \cdot o) + 2500 \cdot s - 600 \cdot w. \qquad (2)$$

Als w ist diesmal nur das hygroskopische Wasser und nicht das gesamte in den Verbrennungsgasen enthaltene Wasser $W = w + 9h$ anzusetzen, weil 29000 kcal/kg bereits der (untere) Heizwert des Wasserstoffes ist.

Der *Heizwert von Treibölen* wird oft nach der Verbandsformel angegeben; aber für Benzol C_6H_6 liefert die Formel $H_u = 10925$ kcal/kg, das ist 7% zu hoch gegen den richtigen Wert 9620. Übrigens wird auch bei Treibölen (wie bei Stadtgas) meist der höhere Wert genannt, der besser klingt, obwohl bei Motoren das Verbrennungswasser niemals zur Kondensation kommt.

Die Verbandsformel (2) behandelt den Verbrennungsvorgang, als wenn die im Brennstoff vorhandenen Elemente als solche darin wären und als ob nur der Sauerstoffgehalt bereits an Wasserstoff gebunden wäre. Das trifft nicht zu; die Elemente sind als Kohlenwasserstoffe verschiedenster Art darin enthalten, und deren Heizwert ist nicht gleich der Summe der Heizwerte der Elemente, sondern um die eigene Bildungswärme davon verschieden. Daher liefert die Verbandsformel keine genauen Werte; doch sind ihre Ergebnisse meist nicht allzusehr von dem kalorimetrisch ermittelten Heizwert verschieden, selten mehr als 2 bis 3%.

In den Regeln für Abnahmeversuche an Verbrennungsmotoren fand sich deshalb früher die Bestimmung: „Der Heizwert des Brennstoffes ist kalorimetrisch zu ermitteln; die Verwendung der Verbandsformel ist zur ‚angenäherten‘ Berechnung zugelassen." In den Regeln 1930 heißt es unter Punkt 39: „Die Heizwertbestimmung der festen und flüssigen Brennstoffe ist ausschließlich kalorimetrisch vorzunehmen. Dasselbe gilt auch für Gase mit Ausnahme von Gichtgas, dessen Heizwert auch aus der Gasanalyse bestimmt werden kann", weil nämlich Gichtgas keine organischen Bestandteile enthält; bei ihm handelt es sich nicht um die Verbandsformel, sondern um eine Anwendung der einfachen Mischungsregel.

X. Technische Analyse.

81. Rauchgasanalyse. Die Verfahren der technischen Gasanalyse sind hervorgegangen aus der Untersuchung der Abgase von Dampfkessel- und anderen Feuerungen auf ihre Zusammensetzung. Kohle besteht aus den Elementen Kohlenstoff C, Wasserstoff H und Sauerstoff O, dazu mindere Mengen Schwefel S; der Gehalt an Asche oder Schlacke spielt verbrennungstechnisch keine Rolle. Genannte Elemente sind in der Kohle zu mannigfachen Verbindungen, Kohlenwasserstoffen und komplizierteren, vereinigt. Bei der Verbrennung vereinigen sich die brennbaren Bestandteile C, H und S mit dem Sauerstoff der Luft zu Kohlensäure $=$ Kohlendioxyd CO_2 oder Kohlenoxyd CO, Wasser H_2O und schweflige Säure $=$ Schwefeldioxyd SO_2; neben diesen ist in den Abgasen der Feuerung noch der Stickstoff N_2 vorhanden, der mit der Verbrennungsluft eingetreten ist und die Feuerzüge als Ballast durchläuft. Von manchen Feinheiten, wie der Anwesenheit kleiner Stickstoffmengen in der Kohle, kann hier abgesehen werden, ja sogar deren Schwefelgehalt von 1 bis 2% bleibt meist unbeachtet; die gebildete SO_2 ist sauer wie CO_2 und wird daher bei Absorptionsvorgängen mit dieser gemessen, aber meist nicht besonders erwähnt.

Man untersucht die Abgase auf ihre Zusammensetzung, weil von ihr die Wirtschaftlichkeit der Verbrennung abhängt. Die Abgase sind warm, teils weil man ihnen auf begrenzter Heizfläche die bei der Verbrennung entstandene Wärme nur unvollkommen entziehen kann, zumal wenn der beheizte Stoff, das Wasser im Dampfkessel, ziemlich hoch temperiert ist — teils aber auch braucht man ihre Temperatur, um im Schornstein den Zug zu erzeugen. Nachdem also, dieser Temperatur entsprechend, ein Schornsteinverlust unvermeidlich ist, soll er möglichst klein sein, und deshalb soll die Rauchgasmenge nicht größer sein als nach den chemischen Gesetzen nötig.

Darüber läßt sich aber aus der Rauchgasanalyse urteilen. Ist die richtige Luftmenge zugeführt worden, so ist der in ihr enthaltene O_2 zur Bildung von CO_2 und H_2O verbraucht, ist also nicht mehr vorhanden; ein Sauerstoffgehalt der Abgase besagt, es gehe mehr zum Schornstein hinaus als für die wirklich verbrannte Brennstoffmenge nötig gewesen wäre. Daher die Regel, die Abgase sollten nur wenig Sauerstoff enthalten, von 21% in der Luft solle der O_2-Gehalt auf 2 bis 3% zurückgegangen sein; noch weniger soll man nicht verlangen, da sonst lokal Sauerstoffmangel und daher CO-Bildung, unvollkommene Verbrennung eintritt.

Das Natürliche ist es also, die Abgase auf den Sauerstoffgehalt zu untersuchen; die Analyse auf O_2 ist aber weniger bequem, geht auch langsamer als die auf Kohlensäure CO_2, für die nämlich in der Kalilauge ein sehr wirksames Absorbens verfügbar ist. Man ermittelt also den CO_2-Gehalt der Rauchgase und kann schließen: bei der Verbrennung verwandelt sich O_2 in CO_2, also ist ein hoher Gehalt an Kohlensäure kennzeichnend für den kleinen Gehalt an Sauerstoff; bei diesem Schluß stört nur, daß auch der Wasserstoffgehalt des Brennstoffs Sauerstoff verbraucht. Immerhin gilt bei der Verbrennung von Kohle ein Gehalt der Abgase von mindestens 12 bis herauf zu höchstens 15% als ein Zeichen, daß die Luftzufuhr angemessen ist.

82. Orsat-Apparat. Dieses Standardgerät zur gelegentlichen Untersuchung der Rauchgase hat eine Hubflasche, die mit dem Meßgefäß durch Schlauch verbunden ist; die Wasserfüllung läuft ins oder aus dem Meßgefäß, je nachdem man die Hubflasche hoch oder tief hält; in Verbindung mit Hähnen hat man eine Pumpe, die eine Gasprobe durch ein Filter ansaugt und 100 Raumteile abmißt. Durch Bewegen der Hubflasche und Bedienen der Hähne läßt sich die Gasprobe dann zur Absorption ins Orsat-Gefäß drücken und zweckmäßig einigemal zwischen Meßgefäß und Orsat-Gefäß hin und her werfen, zum Schluß wird alles ins Meßgefäß zurückgesaugt und der Volumverlust gemessen; für gleiche Temperatur bei den Messungen sorgt ein Wassermantel, gleichen, nämlich atmosphärischen Druck stellt man ein, indem die Hubflasche so gehalten wird, daß in ihr und im Meßgefäß der Wasserspiegel gleich hoch steht. Das Orsat-Gefäß enthält Kalilauge, diese absorbiert saure Gase, in erster Linie also Kohlensäure CO_2, jedoch auch Schwefeldioxyd SO_2 pflegt in den Rauchgasen enthalten zu sein. Was bei der Messung an 100 Raumteilen fehlt, sind also diese beiden Gase, man sagt meist kurz, es sei CO_2. Das Meßgefäß hat zwischen den Endmarken 100 Rt. Inhalt,

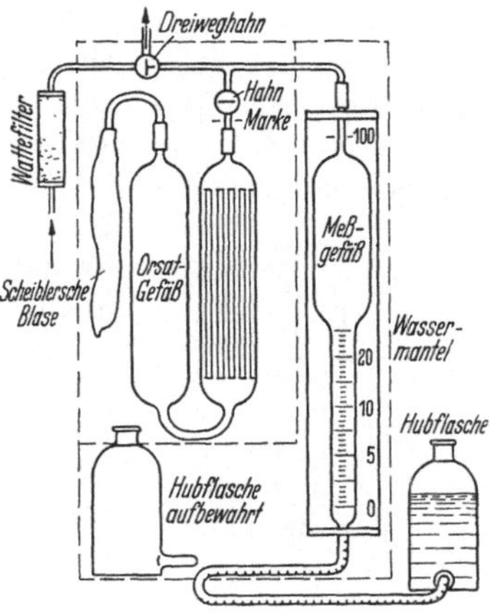

Abb. 439. Einfacher Orsat-Apparat für CO_2-Bestimmung. Handhabung.
a Apparat in Ordnung bringen: Hubflasche hoch, Dreiweghahn Stellung 1, Meßgefäß bis Marke 100 voll Wasser, Dwh. Stellung 3, Hubflasche tief, Hahn Orsat-Gefäß auf, Lauge vorsichtig zur Marke ansaugen, Hahn zu. *b* Probeentnahme: Dwh. Stlg. 2. Hubflasche tief, Gas ins Meßgefäß saugen; Dwh. Stlg. 1, Hubflasche hoch, Gas ausstoßen; mehrfach wiederholen, bis Inhalt und Zuleitung ausgestoßen, und Probe reines Prüfgas, Spiegel etwas tiefer als Null; Dwh. zu. Wasserspiegel in Hubflasche gleich hoch bringen wie in Meßgefäß, Überschuß vorsichtig ausstoßen, bis Meßgefäß auf Null bei gleicher Höhe der Hubflasche, Dwh. zu *c*. Absorption. Hubflasche hoch, Hahn zum Orsat-Gefäß öffnen, Gas geht ins Orsat-Gefäß; rechtzeitig Hubflasche senken, Gas zurücksaugen, rechtzeitig wieder heben, Gas zum Orsat-Gefäß; Achtung, stets steigende Flüssigkeit beobachten; etwa 4mal hin und her, dann Kalilauge vorsichtig zur Marke ansaugen, Hahn schließen. *d* Messung: Hubflasche so hoch, daß ihr Spiegel gleich dem im Meßgefäß, dessen Stand ablesen. — Dann Gasgerät ausstoßen, neue Probe nehmen.

die Skala am engeren Teil geht bis 20 oder 25, denn mehr CO_2 kann in der Probe, wenn es sich um Abgase handelt, nicht sein (anders beim Kalkofen). Das Orsat-Gefäß ist zweiteilig, ein Teil mit Glasröhren oder -kugeln oder mit Drahtspiralen gefüllt zur Vergrößerung der benetzten Oberfläche, der andere leer, mit Gummiblase verschlossen, damit sich die Kalilauge nicht am Kohlensäuregehalt der Atmosphäre erschöpft.

In der Regel hat der Orsat-Apparat drei *Orsat-Gefäße*, gefüllt für CO_2 mit Kalilauge, für O_2 mit Pyrogallussäure, für CO mit Kupferchlorür. Die drei werden in der angegebenen Reihenfolge angewendet, die jeweiligen Unterschiede im verbleibenden Volumen geben den Gehalt an dem betreffenden Bestandteil. CO_2 wird prompt, mit 3 höchstens 4 Durchspülungen absorbiert und die Kalilaugenfüllung reicht für viele Analysen; sie ist erschöpft, wenn die vierte oder fünfte Durchspülung immer noch weitere Absorption zeigt. Pyrogallussäure ist viel träger, sie fordert etwa 10 Durchspülungen, und ist auch bald erschöpft; etwas besser ist Natriumhydrosulfitlösung. Statt ihrer werden Phosphorstengelchen verwendet, das Gefäß, das diesmal einen Glasschliffdeckel hat, wird damit gefüllt, Wasser dient als Sperre, auch sie sind nicht ideal;

Chromchlorür nimmt Sauerstoff allzu gierig auf und macht an der Luft Schwierigkeiten. Als Multirapid oder auch als Sauerstoffadsorptionsmittel *A* werden Lösungen angeboten, die die Mittelstraße zu halten scheinen, bei denen vermutlich die Gier des $CrCl_2$ irgendwie abgebremst ist; doch wird Pyrogallol immer noch verwendet, weil es heller ist als Multirapid; es muß eben nach Bedarf erneuert werden. Noch schlechter als O_2 ist CO zu absorbieren, die Kupferchlorürlösungen binden es nur lose und geben es bei höherer Temperatur wieder ab, man sollte also täglich neu füllen; eine Jodpentoxydsuspension wirkt besser. Es kommt auch in Frage, der Gasprobe Luft oder Sauerstoff beizumischen, das Kohlenoxyd an einem Katalysator zu verbrennen und nun die entstandene CO_2 in Kalilauge zu absorbieren; da es sich aber in den Abgasen selten um mehr als 1 oder 2% CO handelt, so bringen die mannigfachen Manipulationen Ungenauigkeit in die Messung. Wenn es genügt, nur CO nachzuweisen, nicht es zu messen, dann legt man Palladiumpapier in die Zuleitung, es wird durch CO geschwärzt. Die Lösungen werden von Reagenzienfabriken (de Haen, Merck, Schiltknecht) fertig geliefert, einige Vorschriften seien gegeben (WINCKLER-BRUNCK, L. d. technischen Gasanalyse)

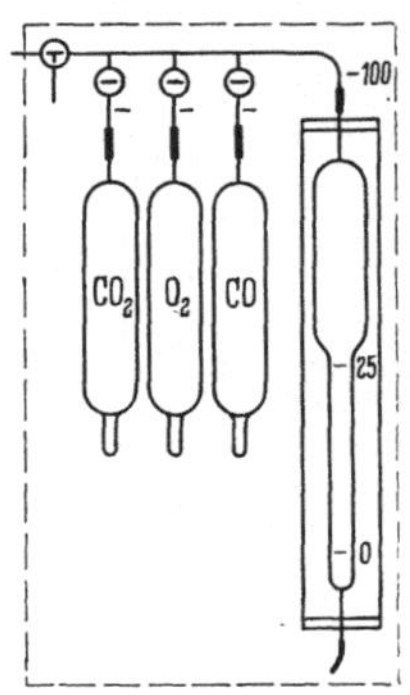

Abb. 440. Üblichste Form des Orsat-Apparates mit drei Gefäßen; Reihenfolge der Absorptionen: CO_2, O_2, CO, jeweils ablesen und Differenzen bilden; ältere, noch viel angewendete Form: Hahnrohr mit Hähnen, Gefäße ohne Hahn, Marke über dem Gummi, Gummi leidet, oder unter dem Gummi, schädlicher Raum vergrößert.

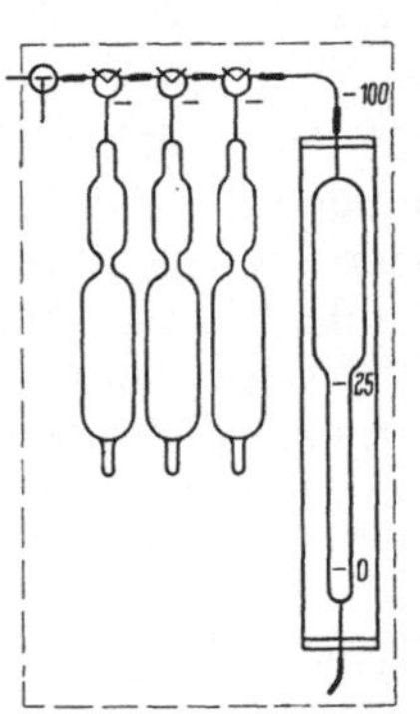

Abb. 441. Moderner Orsat-Apparat. Gefäße nach Abb. 444, jedes mit Karlsruher Hahn und Querstück, Marke dicht darunter; kleiner schädlicher Raum, kein Hahnrohr, daher Freiheit im Zusammenbau.

a) Für CO_2: *Kalilauge.* 1 Gwt. Ätzkali (käuflich, jedoch nicht mit Alkohol gereinigt) auf 2 Gwt. Wasser. 1 cm³ der Lösung kann 160 cm³ CO_2 absorbieren, doch sollte man sie nur ein Viertel ausnutzen, um die völlige Absorption sicherzustellen (zulässiger Absorptionswert 40 cm³ CO_2).

b) Ungesättigte Kohlenwasserstoffe der Reihen C_nH_{2n} und C_nH_{2n-2}, also Äthylen C_2H_4, Propylen C_3H_6; Azetylen C_2H_2; aber auch Benzol C_6H_6 und Toluol C_7H_8 werden absorbiert mit *rauchender Schwefelsäure* (spez. Gew. = 1,938, also SO_3-Gehalt 24%). Nach erfolgter Absorption entfernt man die Säurenebel, indem man in die Kalilauge zurückgeht; deshalb muß man CO_2 vorher entfernt haben.

c) Für O_2: 5 g *Pyrogallussäure* heiß gelöst in 15 cm³ Wasser; dazu 120 g Ätzkali, gelöst in 80 cm³ Wasser. Zulässiger Absorptionswert nur $2^1/_4$ cm³ O_2. — Oder: 17,5 g *Natriumhypo* (= *hydro*) *sulfit* und 6,5 g KOH werden in 100 cm³ H_2O gelöst. Zulässiger Absorptionswert 2,5 cm³ O_2. — Beide genannten Lösungen bewahre man unter Paraffinöl auf. — Wegen des geringen Absorptionswertes dieser Lösungen sind *Phosphorstengelchen* bequemer, die unter destilliertem Wasser an Stelle der Glasrohre im Orsat-Apparat eingefüllt sind und die den Sauerstoff begierig absorbieren; Absorptionswert sehr groß; Absorption ist beendet, wenn Leuchten aufhört oder wenn gebildeter Nebel verschwindet. Doch tritt das Leuchten nochmals etwas auf, wenn man nach erstmaligem Aufhören einmal durchspült.

d) Für CO: *Ammoniakalische Kupferchlorürlösung.* 250 g Ammoniumchlorid gelöst in 750 cm³ Wasser, dazu (in Flasche mit dichtschließendem Gummistopfen) 200 g Kupferchlorür; die Vorratslösung ist haltbar, wenn man eine Kupferspirale hineintut. Um sie gebrauchsfertig zu machen, ist $^1/_3$ des Volumens Ammoniakflüssigkeit, spez. Gew. 0,91, hinzuzufügen. Zulässiger Absorptionswert 4 cm³ CO. — Als besser empfohlen: *Jodpentoxydlösung.* 25 g feinst gepulvertes Jodpentoxyd werden mit 100 bis 150 g 10proz. Oleum in 3 bis 4 Portionen in einer Reibschale zu möglichst homogenem feinem Brei angerieben. Die gut aufgerührte Suspension gießt man vom gröberen, in der Schale zurückbleibendem Jodpentoxyd ab und verreibt es mit einem Teil der abgegossenen Suspension weiter, bis alle (!) Teile fein sind. Dann verdünnt man die Suspension mit 120 g desselben 10proz. Oleums und schüttelt die Mischung während einiger Stunden in einer Flasche auf der Schüttelmaschine. Richtig hergestellt setzt die Suspension das Pentoxyd nur langsam ab und läßt es leicht wieder aufrühren. (Mehr oder weniger als 10% SO_3 in der Schwefelsäure ergibt Unregelmäßigkeiten: grobe Flocken, Kristalle). CO wird in CO_2 verwandelt, dieses in der Kalipipette absorbiert. Während Kupferchlorür wegen kleinen Absorptionswertes und loser Bindung manche Not macht, soll nach mehrfacher Auskunft J_2O_5 gut und zuverlässig arbeiten, zumal für größere CO-Gehalte. (Borinski, Chem. Fabrik 10 · 2 · 32: ganz zuverlässig, wenn genau nach Vorschrift verfahren wird.) — Eine wäßrige *Lösung von Palladiumchlorür* $PdCl_2$, mit Zusatz von Natriumazetat. um die frei werdende Salzsäure unschädlich zu machen, verbrennt das CO zu CO_2, das Volumen verringert sich dabei auf $^2/_3$, um die Hälfte des umgewandelten CO; besser läßt sich letzteres dadurch finden, daß man in die Kalilauge hineingeht, der Volumverlust ist CO, wenn man natürlich das CO_2 in den Gasen vorher entfernt hatte.

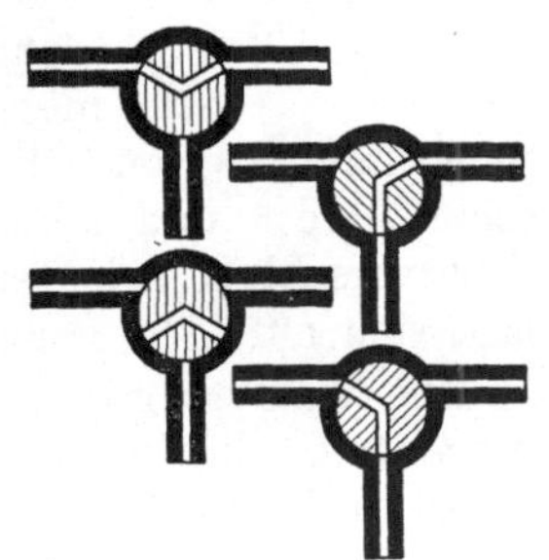

Abb. 442. Karlsruher [Hahn in 4 Stellungen, zur Bedienung der Orsat-Gefäße an die Abzweigstelle gesetzt, auch sonst vielfach verwendet, Abb. 435. Hahndichtung Ramsay-Fett.

An der ursprünglichen Form des Orsat-Apparates sind manche Verbesserungen gemacht. Vor allem sind die Orsat-Gefäße verändert worden; das Doppelgefäß ist zerbrechlich, deshalb hat man konzentrische Formen in- oder übereinander verwendet; um die Absorption intensiver zu machen, läßt man das Gas in Blasen durch das Absorbens perlen; um zu verhüten, daß bei unvorsichtiger Handhabung Absorbens ins Meßgefäß oder Sperrwasser ins Orsat-Gefäß überbläst, sind aufschwimmende Ventile eingebaut, die die Bewegung rechtzeitig verlangsamen, nicht fest abschließen.

Übrigens kann, sollte Reagens ins Sperrwasser gekommen sein, die laufende Analyse ruhig beendet werden; dann aber wird das Gerät gereinigt, zur Füllung sind die Flüssigkeiten zu temperieren. Das Sperrwasser darf keinesfalls alkalisch sein, sonst absorbiert es CO_2; man tue einige Tropfen Salzsäure hinzu.

Für die Genauigkeit der Messung ist der schädliche Raum in den Verbindungsrohren abträglich, er sollte nicht über $^1/_2\%$ kommen. Die Rohre sind Kapillaren, 1 bis 1,5 mm im Lichten; wo sie mit Gummischlauch verbunden werden, müssen die Rohre dicht aneinanderstoßen; vorteilhaft ist der Karlsruher Hahn, der fest mit dem Orsat-Gefäß vereinigt wird. Die Hähne werden nicht mit Fett sondern mit Paraffin geschmiert. Man hat das ganze Verbindungsrohr aus korrosionsfestem Metall gemacht und Niederschraubventile statt der Hähne verwendet, welch letztere in Glas vielfach Not machen.

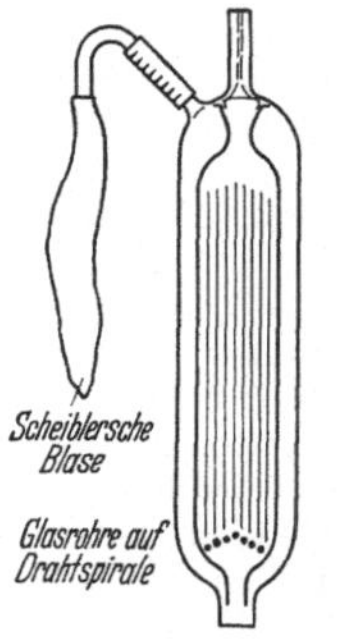

Man gibt an, der Orsat-Apparat, gut konstruiert und geschickt gehandhabt, gebe 1% genau an, bezogen auf die 100 abgemessenen Raumteile; wir glauben, daß man es weiter bringen kann; bezogen auf höchstens 15% CO_2-Gehalt wäre sonst $6^2/_3\%$ Fehler möglich. Mit den in chemischen Laboratorien üblichen Geräten, der BUNTE-schen Bürette und namentlich mit den mit Quecksilberverschluß arbeitenden HEMPEL-Apparaten läßt sich auf $^1/_2\%$ genau arbeiten.

Die Analyse gibt die Bestandteile in Raumprozenten, das sind aber Raumprozente des trocken gedachten Gases, wenn das Gas, wie meist, bei der Analyse mit Feuchtigkeit gesättigt ist. Wenn sich nämlich durch Absorption eines der Bestandteile der Gasraum verkleinert, so schlägt sich ein verhältnismäßiger Teil des in dem Gase vorhanden gewesenen Wasserdampfes nieder. In jedem Kubikzentimeter kann, bei bestimmter Temperatur, nur eine bestimmte Menge Wasserdampf vorhanden sein, ein prozentual gleicher Teil des Wasserdampfes wird also gewissermaßen auch absorbiert. Daher analysiert man trockenes Gas. — Ein Rauchgas also, welches bei der Analyse 12% CO_2, 7,5% O_2, kein CO und als Rest 80,5% N_2 ergab, kann bei der hohen Temperatur der

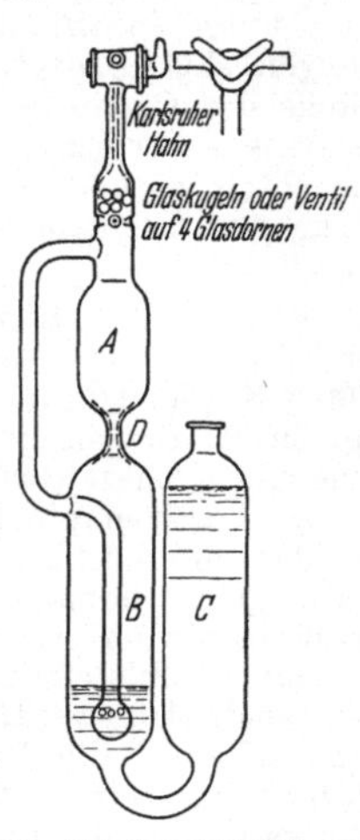

Abb. 443. Orsat-Gefäß, konzentrisch, weniger zerbrechlich; Füllung: Glasrohre, Glaskugeln, Metallocken; Rohrbündel darf nicht unten aufliegen, sonst eilen die Mittelrohre den äußeren vor.

Abb. 444. Orsat-Gefäß, mit durchperlendem Gas und aufschwimmenden Ventilkugeln, um Absorption zu intensivieren und Überwerfen von Reagenz zu vermeiden; das Ventil soll nicht dicht sein. Verbindung bei D ist enger als das S-Rohr. Das Gas geht beim Einfüllen durch das S-Rohr schneller als Flüssigkeit durch D, also perlt Gas durch die Brause des S-Rohres; schließlich ist B überwiegend, A ganz voll Gas. Beim Rücksaugen geht Flüssigkeit überwiegend durchs S-Rohr, staut sich über D, wird von Gas durchperlt. Ist alles Gas aus A und B, so wird Durchtritt der Flüssigkeit zum Karlsruher Hahn durch Kugeln, die aufschwimmen (oder durch Ventil) verlangsamt.

Rauchgase noch eine erhebliche Menge Wasserdampf enthalten haben, sagen wir 6%. Dann sind die gesamten Rauchgase mit 106% bezeichnet. — Die Voraussetzung, daß bei der Analyse der Sättigungszustand vorhanden ist, wird im allgemeinen zutreffen, weil die meisten Brennstoffe so viel Wasser und Wasserstoff enthalten, um das Rauchgasvolumen im abgekühlten Zustande zu sättigen; auch wird das die Sperrflüssigkeit bildende Wasser für Sättigung sorgen, wenn man ihm Zeit zum Verdunsten läßt. Wo freilich die Sättigung nicht vorhanden ist — was bei wasserstoffarmem Brennstoff und bei großem Luftüberschuß vorkommen kann —, da werden so lange Prozente des feuchten Gases abgelesen, bis durch die Volumenverminderung Sättigung eingetreten ist, und erst weiterhin Prozente des trockenen Gases. Man muß das

möglichst vermeiden. Der Unterschied im Volumen des feuchten und des trockenen Gases im Sättigungszustand ist etwa 3% bei 20 C.

Da der zur Bildung von Wasserdampf verbrauchte Sauerstoff für die Analyse verschwindet, so ist der Stickstoffgehalt der Rauchgase meist größer als 79%. Nach den Atomgewichten kommen 8 kg Sauerstoff auf 1 kg verbrannten Wasserstoff; so sind die verbrauchten Sauerstoffmengen selbst bei geringem Wasserstoffgehalt des Brennstoffes nicht unerheblich.

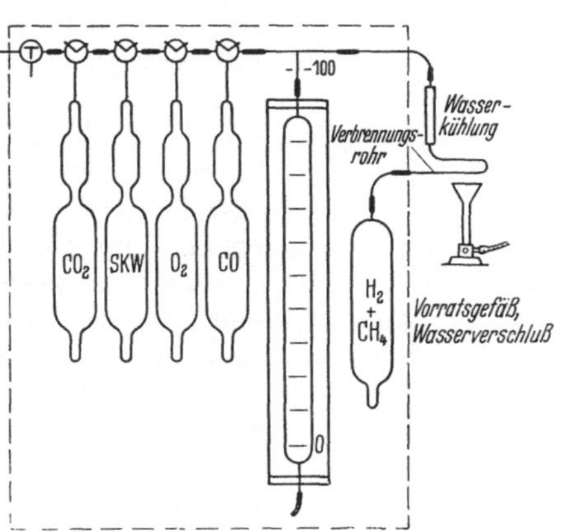

Abb. 445. Erweiterter Orsat-Apparat, bestimmt bei Kraft- oder Heizgas auch SKW (Schwere Kohlenwasserstoffe) durch Absorption mit Schwefelsäure, meist auch H_2 und CH_4, letzteres durch Verbrennen in Platinkapillare.

Kraft- und Heizgase enthalten meist auch CO_2 und O_2, beide als unerwünschten Ballast, ebenso N_2. Als wirksame, brennbare Bestandteile kommen aber CO, H_2, CH_4 und mannigfache schwere Kohlenwasserstoffe SKW in Betracht.

Um diese Bestandteile zu ermitteln, werden aus den bewährten Orsatschen Bauelementen größere Apparate zusammengestellt, ebenfalls für die Reise in Kastenform mit Klapp- oder Schiebedeckel oder für den Laboratoriumsgebrauch in Stativform in bisweilen recht vielseitiger Ausführung. CO wird wieder mit Kupferchlorür, die SKW werden mit Oleum, seltener wird H_2 mit Palladiumchlorid absorbiert. Für CH_4 kommt jedoch nur Verbrennung in Frage. Dazu wird eine Kapillare aus Platin oder aus Quarz mit Platinschwamm-Füllung auf helle Rotglut erhitzt, die Gase werden, mit einer abgemessenen Menge Luft vermischt, durch die Kapillare hindurch in ein mit Sperrwasser gefülltes Orsat-Gefäß gedrückt. Aus H_2 und CH_4 sind H_2O und CO_2 entstanden, ersteres verschwindet dem Volumen nach durch Kondensation. War nur eines von beiden, H_2 oder CH_4, vorhanden, so mißt man die bei der Verbrennung eintretende Volumverminderung Δ oder absorbiert bei CH_4 eventuell das entstandene CO_2, und nach der Regel von AVOGADRO gilt dann

$$
\left.
\begin{aligned}
&2\,\text{Rt. } H_2 \;+ 1\,\text{Rt. } O_2 = 0\,\text{Rt. } H_2O; \quad \text{also war } H_2 = \tfrac{2}{3}\,\Delta\\
&2\,\text{Rt. } CH_4 + 4\,\text{Rt. } O_2 = 2\,\text{Rt. } CO_2 + 0\,\text{Rt. } H_2O;\\
&\text{also war } CH_4 = \tfrac{1}{2}\,\Delta \quad \text{oder auch } CH_4 = CO_2.
\end{aligned}
\right\} \qquad (1)
$$

Sind beide Gase zugleich vorhanden, so kann man aus der Volumenverminderung noch keine Schlüsse ziehen; wohl aber kann man dann erst durch Absorption der gebildeten CO_2 den Methangehalt CH_4 feststellen; von der gesamten Kontraktion Δ ist dann $2\,CH_4 = 2\,CO_2$ auf Rechnung des Methans zu setzen, und der Wasserstoffgehalt muß $H_2 = \tfrac{2}{3}\,(\Delta - 2\,CO_2)$ sein. — Weniger sicher ist die Trennung von H_2 und CH_4 dadurch, daß ersteres schon bei 400 bis 500°, letzteres erst bei heller Glut verbrennt.

Die *Handhabung* des Apparates ist folgende: Man saugt an und stellt 100 Rt. von Atmosphärenspannung her. Man absorbiert CO_2, dann schwere Kohlenwasserstoffe; vor Messung der letzteren geht man noch einmal ins Kalilaugegefäß, um den Rauch des Oleums zu beseitigen. Dann wird O_2 und CO absorbiert; geschieht letzteres mit Kupferchlorür, so geht man zur Beseitigung von Ammoniakdämpfen noch einmal ins Schwefelsäuregefäß und darauf, um den Rauch zu beseitigen, wieder ins Kalilaugegefäß und mißt erst dann. Vom Gasrest wird der größte Teil ins Sauerstoffgefäß gedrückt; ein abgemessener Bruchteil bleibt im Meßzylinder und wird mit dem reichlich doppelten Quantum O_2, also mit etwa der 10fachen Luftmenge gemischt, die man von außen ansaugt; Gase mit großem Stickstoffgehalt kann man auch mit Sauerstoff mischen, ohne eine Explosion befürchten zu müssen. Die abgemessene Mischung wird nun durch die an der Spitze erhitzte Kapillare in die Wasserabsperrung gedrückt, zurückgesaugt und nochmals hingedrückt, worauf die Verbrennung vollkommen zu sein pflegt. Die eingetretene Kontraktion wird gemessen und dann durch Überführen in das Kalilaugegefäß auch die gebildete CO_2 bestimmt. Zur Kontrolle kann man die Verbrennung mit dem Teil, den man ins Sauerstoffgefäß gedrückt hatte, wiederholen.

Die Rechnung sei am *Beispiel einer Koksgasanalyse* gezeigt:

Anfangs angesaugt 100 cm³,
Stand nach der CO_2-Absorption . . . . bis 1,5; also 1,5% CO_2
Stand nach Absorption der schweren Kohlenwasser-
stoffe . . . . bis 5,3   3,8% SKW
Stand nach Absorption von O_2 . . . . bis 5,9   0,6% O_2
Stand nach Absorption von CO . . . . bis 13,3   7,4% CO
Gasrest 86,7 cm³; hiervon verwendet 12,2 cm³, also Gas bis 87,8
Stand nach Luftzuführung . . . . bis 0,8
     also Inhalt: 12,2 cm³ Gas + 87,0 cm³ Luft
Stand nach der Verbrennung von CH_4 und H_2 . . bis 20,4
     also Kontraktion 19,6
Stand nach der Absorption von CO_2 . . . . bis 24,4
     absorbiert 4,0 cm³, also 4,0 cm³ CH_4 von 12,2 cm³

―――――――
13,3 %

Übertrag: 13,3 %

$$\text{Methangehalt} \dots \dots \dots \dots \quad 4,0 \cdot \frac{86,7}{12,2} = \quad 28,4\,\% \; CH_4$$

$$\text{Wasserstoffgehalt} \dots \left[\frac{2}{3} \cdot (19,6 - 2 \cdot 4,0)\right] \cdot \frac{86,7}{12,2} = \quad 55,0\,\% \; H_2$$

$$\text{Rest: Stickstoff} \dots \dots \dots \dots \quad \underline{3,3\,\% \; N}$$

100,0 %

Statt des erweiterten Orsat-Apparates lassen sich auch die in der Chemie üblichen Hempelschen Geräte verwenden, die mit Verbrennungsröhren verschiedenster Art zu benutzen sind. Mit wachsender Zahl der Gefäße nimmt die Handlichkeit des Orsat-Apparats im Vergleich mit den Hempelschen ab.

Es ist verständlich, daß der Ingenieur Lehrgeld zahlen muß, wenn er sich auf die hier nur kurz angedeuteten umständlicheren Analysen einläßt. Bereitet doch schon die Handhabung des einfachen Orsat-Apparates dem Anfänger Schwierigkeit. Man übt sich mit künstlich hergestellten Mischungen bekannter Zusammensetzung.

Es gilt für die Gasanalyse dasselbe wie für jede Untersuchung einer Probe; die Analyse kann nur die Bestandteile der Probe angeben, die in den Meßzylinder eingesaugt wurde, und man hat dafür zu sorgen, daß die *Probe* den Durchschnitt der zu untersuchenden Gase darstellt. Allerdings sind Unterschiede der Zusammensetzung über den Querschnitt des Rauchkanals hin wenig zu befürchten; die Rauchgase sind wohl stets so innig gemischt, daß die Entnahme irgendwie durch ein einfaches Rohr erfolgen kann. Entnimmt man dicht am Rauchschieber, neben dem Luft eingesaugt wird, so sind dadurch Fehler möglich.

Ist die Leitung zum Orsat undicht, so saugt man teilweise Luft ein. Wenn man durch eines der Schaulöcher, die in den Zügen zu sein pflegen, die Probe entnimmt, so muß ein eisernes Rohr bis in den Feuerzug hineinführen; endet das Rohr noch innerhalb des Mauerwerkes, so erhält man lufthaltiges Rauchgas, weil wegen des Unterdruckes in den Feuerzügen und der Porosität des Mauerwerkes Luft durch das Mauerwerk hindurchgesaugt wird, also das Mauerwerk lufthaltig ist. Andererseits darf das Entnahmerohr nicht so weit in die Züge hineinragen, daß es glühend wird, sonst wird CO_2 durch den am Eisen sitzenden glühenden Ruß reduziert, und die Analyse stellt einen Gehalt von CO fest, der in den Rauchgasen nicht vorhanden war. Man verschmiert das Schauloch mit Ton oder Schamottemörtel, denn durch Undichtheiten treten leicht Luftströme unkontrollierbar ein, so daß man überwiegend Luft ansaugt. Wo doppeltes Mauerwerk mit Schlackenisolierung dazwischen ist, dichtet man im inneren Mauerwerkskörper ab. Man vergleiche das über die Einführung von Thermometern Gesagte (S. 313).

Für die Entnahme von Rauchgasen oder überhaupt von Gasgemischen aus heißen Räumen, aus dem Feuerraum des Kessels oder aus einem Ofen, dient das *kaltwarme Rohr*. Bei ihm wird die Entnahmeöffnung durch Wasser gekühlt, das in einem Doppelrohr aus Messing hin und wieder zurückgeführt wird. Es handelt sich darum, die Temperatur der entnommenen Gase möglichst schnell herabzusetzen. Mit der Temperaturabnahme der Gase wird nämlich der Gleichgewichtszustand der Gaskomponenten gegeneinander gestört, was eine Reaktion der Komponenten untereinander — manchmal auch mit dem Metall des Entnahmerohrs — erstrebt. Durch schnelles Abkühlen wird zugleich die Reaktionsgeschwindigkeit so stark herabgesetzt, daß die erstrebte Änderung der Gaszusammensetzung praktisch nicht merklich zustande kommt. Um das Gas wirksam zu kühlen, dient als Entnahmeröhrchen nahtloses Kupferrohr mit 1 mm innerem bei 2 mm äußerem Durchmesser, man geht aber bald auf größeren Durchmesser über, damit die Ansaugewiderstände nicht zu groß werden (L. 425).

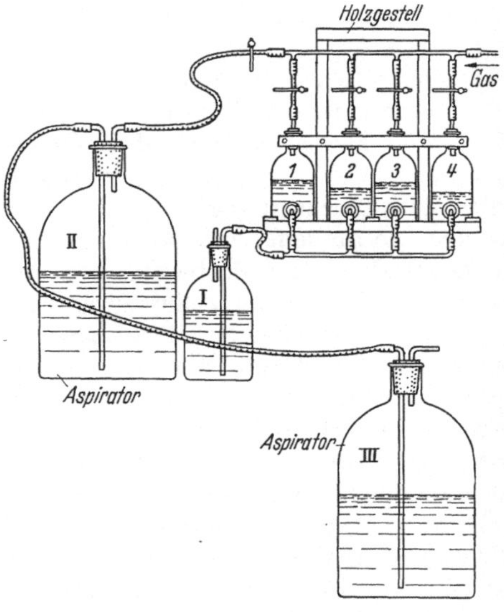

Besondere *Entnahmevorrichtungen* sind noch die folgenden beiden. Da eine Analyse mit dem Orsat-Apparat bei geschickter Handhabung immerhin gegen 10 Minuten dauert, so kann man nicht öfter, bei Verwendung zweier Apparate immerhin erst alle 5 Minuten, Proben entnehmen. Um Proben schnell hintereinander zu nehmen, um einen zeitlich oder örtlich wechselnden Zustand zu verfolgen, füllt man die Proben zunächst in eine Batterie von Flaschen, die mit Wasser gefüllt sind und in die ein Aspirator die Proben einsaugt. Um anderseits bei einem Beharrungszustand nicht dauernd analysieren zu müssen, saugt man eine mittlere Gasprobe im Verlauf von Stunden in die obere Flasche eines aus zwei Flaschen gebildeten Aspirators; damit Gas gleichmäßig entnommen

Abb. 446. Vorrichtung, um mehrere (4) Gasproben schnell hintereinander zu entnehmen. In die Vorratsflaschen *1* bis *4*, je 250 ccm fassend, nämlich für zwei Analysen reichend, wird das Gas gesaugt, sobald man den betreffenden Quetschhahn öffnet, der Wasserinhalt fällt in die tieferstehende Flasche *I*. Der Aspirator aus den Flaschen *II* und *III* saugt durch Bedienung der zugehörigen Quetschhähne zwischendurch die Leitung aus, so daß sie sich im voraus mit dem nächsten Prüfgas füllt.

wird, setzt man die Flaschen mehrfach so um, daß gleiche Spiegeldifferenz erhalten bleibt, oder man bildet sie als Mariottesche Flaschen aus. Auch hat man Glockenbehälter, deren Glocke durch Uhrwerk oder elektrisch langsam gehoben wird (Fa. Dittmar & Vierth), sie liefern das Durchschnittsergebnis einer Heizerschicht, um danach Prämien auf hohen CO_2- oder kleinen O_2-Gehalt geben zu können. Bei diesen langsamen Entnahmen muß die ganze Einrichtung durchaus dicht sein. Den Wasserinhalt sättigt man einigermaßen mit den Gasen, indem man schon eine Vorprobe einige Stunden damit in Berührung läßt. Immerhin soll die Hauptprobe nicht lange aufbewahrt werden. Oder man tut eine dünne Schicht Paraffinöl auf die Sperrflüssigkeit.

83. Volumetrische Beziehungen, Luftüberschuß. Die wichtigste Anwendung der Rauchgasanalyse ist die Berechnung des Luftüberschusses. Wenn die Verbrennung genau mit der erforderlichen Luftmenge durchgeführt wird, so enthalten die Rauchgase keinen Sauerstoff. Ein Gehalt an Sauerstoff deutet also darauf, daß die zugeführte Luftmenge größer war als notwendig. Diese übliche Ausdrucksweise und die Bezeichnung „Luftüberschuß" ist allerdings bei Rostfeuerungen physikalisch falsch, sie erweckt den falschen Eindruck, durch Verringern der Luftmenge lasse sich der Überschuß beseitigen; bei Feuerung mit Gas, Kohlenstaub oder Öl ist das auch der Fall. Am Rost aber bleibt der Sauerstoff deshalb übrig, weil die Brennstoffschicht nicht hoch genug war, um ihn voll zur Reaktion zu bringen, es handelt sich also eher um einen *Kohlenstoffmangel* für die zugeführte Luft als um einen Luftüberschuß für die vorhandene Kohle. Die durch den Brennstoff gesaugte Luftmenge bestimmt nicht die Zusammensetzung der Gase, sondern die verbrennende Menge und daher den Wärmeumsatz. Ein „Luftüberschuß" kommt allerdings zustande, wenn die Verbrennungsgase in den Zügen durch falsche Luft verdünnt werden.

Worauf er auch beruhe, die Kenntnis des Luftüberschusses ist deshalb nützlich, weil die durch den Fuchs einer Feuerung in die Esse entweichende, verlorene Wärmemenge von ihm abhängt; diese wird bei bestimmter Fuchstemperatur um so größer, je größer die Gasmenge ist; auch wird durch den Luftüberschuß der Schornsteinquerschnitt nutzlos in Anspruch genommen und reicht unter Umständen nicht aus, wo er bei guten Verbrennungsverhältnissen ausreichen würde.

Die *Luftüberschußzahl* l gibt an, wievielmal mehr Luft in den Gasen vorhanden ist, als notwendig gewesen wäre, um die verbrannte Kohle zu verbrennen; es ist $l = L/L_0$, wenn man unter L die tatsächlich zugeführte, unter L_0 aber die nach der verbrannten Brennstoffmenge und seiner chemischen Zusammensetzung erforderliche Luftmenge versteht.

Die Berechnung der Luftüberschußzahl l ergibt sich aus folgender Betrachtung. Zu dem vorhandenen Sauerstoffgehalt der Rauchgase, der den überschüssigen Sauerstoff darstellt und der mit o bezeichnet sei, gehört eine Stickstoffmenge $\frac{79}{21} o$, weil beide Gase im Verhältnis 79 zu 21 in der Luft gemischt sind. $\frac{79}{21} o$ ist also der überflüssigerweise vorhandene Stickstoff. Außerdem kennt man den insgesamt vorhandenen Stickstoff als Restbetrag der Analyse, er sei n genannt. Der nach der Zusammensetzung der Luft notwendige Stickstoff ist also $n - \frac{79}{21} o$, der praktisch verwendete ist n, also ist

$$l = \frac{n}{n - \frac{79}{21} o}. \tag{1}$$

Für das Verhältnis der Luftmengen läßt sich nämlich das Verhältnis der Stickstoffmengen setzen. Hierbei sind unter n und o, da es nur auf den verhältnismäßigen Anteil beider ankommt, die Prozentsätze der betreffenden Gase im Rauchgas verstanden.

Diese Berechnungsweise für l ist richtig, wenn kein Kohlenoxyd in den Rauchgasen vorhanden ist. Sonst wäre bei vollkommener Verbrennung noch ein Teil des jetzt übriggebliebenen Sauerstoffes verbraucht worden, dieser Teil war also nicht überschüssig. Da 1 Raumteil Kohlenoxyd zur Verbrennung $\frac{1}{2}$ Raumteil Sauerstoff erfordert, so ist die gemessene Sauerstoffmenge o um die halbe Menge des gemessenen Kohlenoxydes $\frac{1}{2}c$ zu vermindern, und man erhält die Luftüberschußzahl

$$l = \frac{n}{n - \frac{79}{21} \cdot (o - \frac{1}{2}c)}. \qquad (2)$$

Freier Stickstoff und freier Sauerstoff dürfen im Brennstoff nicht enthalten sein; die Formeln gelten daher nicht für die Verbrennung der meisten Kraftgase. Näherungsformeln (6) sowie Formeln für stickstoffhaltigen Brennstoff (7 bis 9) werden auf S. 382 abgeleitet.

Beispiel: Zusammensetzung der Rauchgase 6,8% CO_2, 12,8% O_2, also 80,4% N_2; Luftüberschußzahl $l = \dfrac{80,4}{80,4 - 48,1} = 2,48$. — Aus der Analyse 11,9% CO_2, 5,8% O_2, 1,0% CO, also 81,3% N_2, folgt $l = 1,32$.

Es ist nicht gleichgültig, an welcher Stelle der Züge man die Probe entnimmt: die Rauchgase nehmen durch das Mauerwerk hindurch fortwährend Luft auf. So ergaben an einem Flammrohrkessel gleichzeitig genommene Gasproben

am Ende des Flammrohres: 16,9% CO_2, 2,0% O_2, also 81,1% N_2,
Luftüberschußzahl $l = 1,1$:

Essengase am Fuchs: 11,0% CO_2, 8,8% O_2, also 80,2% N_2,
Luftüberschußzahl $l = 1,7$.

Es ist noch halb so viel Luft nachträglich hinzugekommen, wie durch den Rost oder als Zweitluft zur Verbrennung zugeführt worden war. Nach der Analyse am Fuchs könnte man meinen, es sei zweckmäßig, die Brennstoffschicht höher zu machen, was aber offenbar zu Kohlenoxydbildung führen müßte: es wird dem Heizer nicht möglich sein, bei diesem Zustand des Kessels unter 1,7fachen Luftüberschuß am Fuchs herunterzukommen, aber man sollte das Mauerwerk dichten. — Hierin liegt die Antwort auf die Frage nach der richtigen *Stelle der Probenahme.* Soll die Analyse die gute Bedienung des Feuers überwachen, so sind die Gase am Ende des Flammrohres oder, bei anderen als Flammrohrkesseln, möglichst dicht hinter dem Feuerraum zu entnehmen, wo eben die Flammenentwicklung aufhört; die Analyse am Fuchs führt hier zu Irrtümern. Will man aus der Essengasanalyse auf die durch den Schornstein entweichende Wärmemenge schließen (Essenverluste, § 84), so ist die Zusammensetzung am Fuchs maßgebend, wo die Wärmeabgabe der Rauchgase beendet ist. Die Entnahme von Proben an beiden Stellen kommt in Frage, um den Zustand der Kesseleinmauerung zu prüfen, für den die Zunahme des Luftüberschusses in den Zügen ein Maßstab ist.

Aus der Formel $C + O_2 = CO_2$ folgt unter Benutzung der Atomgewichte für $C = 12,0$ und für $O = 16$ sowie der Wichte des Sauerstoffes $\gamma = 1,43$ kg/m³ $(\frac{0}{760})$ und der Kohlensäure $\gamma = 1,98$ kg/m³ $(\frac{0}{760})$, daß folgende Gleichung für die vollkommene Verbrennung von Kohlenstoff richtig ist:

$$1 \text{ kg C} + \frac{2 \cdot 16}{12 \cdot 1,43} \text{ m}^3 \text{O}_2 = \frac{12 + 2 \cdot 16}{12 \cdot 1,98} \text{ m}^3 \text{CO}_2,$$

$$1 \text{ kg C} + 1,86 \text{ m}^3 \left(\tfrac{0}{760}\right) \text{O}_2 = 1,86 \text{ m}^3 \left(\tfrac{0}{760}\right) \text{CO}_2.$$

Für ganz unvollkommene Verbrennung ergibt sich entsprechend:

$$1 \text{ kg C} + 0,93 \text{ m}^3 \left(\tfrac{0}{760}\right) \text{O}_2 = 1,86 \text{ m}^3 \left(\tfrac{0}{760}\right) \text{CO}.$$

Bei der Bildung von CO_2 oder von CO entsteht das gleiche Volumen Gas, obwohl bei unvollkommener Verbrennung nur halb soviel Sauerstoff verbraucht ist. Bei vollkommener Verbrennung entsteht das gleiche Volumen CO_2, wie Sauerstoff verbraucht worden ist; es findet also beim Verbrennen keine Volumenänderung statt; bei der Bildung von CO indessen nimmt das entstehende Verbrennungsprodukt doppelt soviel Raum ein, wie der verschwundene Sauerstoff ausmachte. Das sind Konsequenzen der Regel von AVOGADRO.

Wenn gut ausgegarter, wasserstofffreier Koks ohne Luftüberschuß vollkommen verbrennt, so ergeben sich Rauchgase von der Zusammensetzung: 21% CO_2 und 79% N_2; der Sauerstoff der Luft ist einfach durch Kohlensäure ersetzt. Verbrennt ein wasserstofffreier (nicht: wasserfreier) Koks mit Luftüberschuß, so ist ein Teil des Sauerstoffes durch Kohlensäure ersetzt; der Kohlensäuregehalt wird also unter 21% sein, aber Sauerstoff und Kohlensäure werden zusammen 21% ausmachen, während der Rest 79% Stickstoff ist. Der größtmögliche CO_2-Gehalt der Rauchgase max $k = 21\%$ tritt ein für $l = 1$.

Wenn dagegen ein wasserstoffhaltiger Brennstoff verbrennt, so wird max $k < 21$ sein, weil, wie schon besprochen, der Wasserstoffgehalt einen Teil des Sauerstoffes volumetrisch zum Verschwinden bringt. Enthält etwa ein Brennstoff dem Gewicht nach 4% H_2 und 75% C, so wird sich wegen der Atomgewichte der Sauerstoff im Verhältnis $4 \cdot \frac{16}{2}$ zu $75 \cdot \frac{32}{12}$ oder im Verhältnis $32 : 200$ auf die beiden Bestandteile verteilen; von den 21% Sauerstoff werden also $21 \cdot \frac{32}{232} \sim 2,9\%$ für die Analyse verschwunden sein; bei vollkommener Verbrennung ohne Luftüberschuß ergibt sich ein Wert max $k = \frac{21 - 2,9}{100 - 2,9} \cdot 100 = 18,5\%$. — Koks ist annähernd wasserstofffrei und liefert daher Kohlensäuregehalte bis zu 21%. Für Steinkohle sind die genannten Zahlen Durchschnittswerte und max $k \approx 18,5$; für Stadtgas mit seinem größeren Wasserstoffgehalt ist max k um 10 herum, je nach der Zusammensetzung.

Über die *Raumverhältnisse bei einer Verbrennung mit Luftüberschuß*, die jedoch vollkommen sein möge, gibt Abb. 447 Aufschluß. Für $l = 1$ wird ein Teil der zugeführten Luftmenge L_0, Strecke AB, zur Bildung von H_2O verbraucht und ist für die Analyse verschwunden; der Rest bildet die trocken gedachte Rauchgasmenge R_0, bestehend aus CO_2 und N. Der Menge nach ist dieser Stickstoffgehalt mit N_0 bezeichnet, man kann ihn als den (nach der einmal gegebenen Luftzusammensetzung) notwendigen Stickstoff bezeichnen. Für $l > 1$ tritt zu der Rauchgasmenge R_0 der Luftüberschuß hinzu. Für beliebige Werte von l wird der Luftüberschuß $L - L_0 = L_0 (l - 1)$ durch die ansteigende Gerade BD begrenzt. Dabei behalten, da sich die Betrachtung stets auf 1 kg Brennstoff bezieht, die gebildete Kohlensäure und das verschwundene Wasser absolut genommen ihren Wert bei; zwei waagerechte Gerade E und F begrenzen daher diese Bestandteile. Der Luftüberschuß oberhalb der Waagerechten G besteht jederzeit aus 79 Teilen N, die zu dem bei überschußloser Verbrennung vorhandenen N_0 hinzutreten, und aus 21 Teilen O, die oben abgeteilt sind. Die Rauchgasmenge R ist etwas kleiner als die zugeführte Luftmenge L.

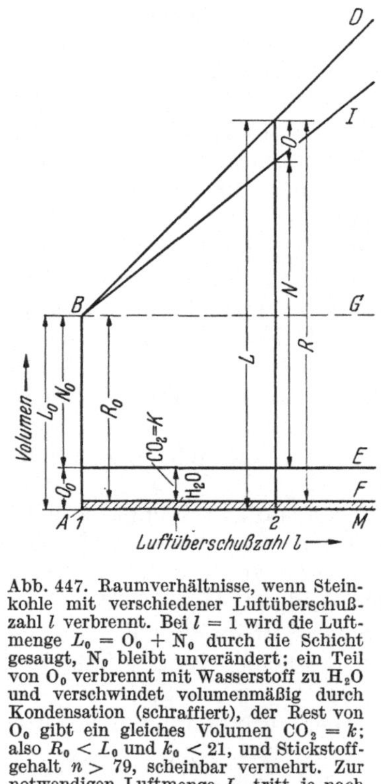

Seien K, N und O die Mengenanteile an Kohlensäure, Stickstoff und Sauerstoff in Kubikmetern, k, n und o die prozentualen Anteile derselben in den Rauchgasen, so ist für $l = 1$:

$$\max k = \frac{100\,K}{K + N_0} = \frac{100\,K}{R_0}.$$

Allgemein aber ist

$$\begin{cases} k = \dfrac{100\,K}{R} = \dfrac{100\,K}{R_0 + L_0\,(l - 1)}, \\[2ex] o = \dfrac{100\,O}{R} = \dfrac{100 \cdot \frac{21}{79}\,N_0\,(l - 1)}{R_0 + L_0\,(l - 1)}. \end{cases}$$

Beide Gleichungen lassen sich schreiben:

$$\begin{cases} (l - 1)\,\dfrac{L_0}{R_0} = \dfrac{100\,K}{R_0\,k} - 1 = \dfrac{\max k}{k} - 1, \\[2ex] (l - 1)\,\dfrac{L_0}{R_0} = \dfrac{o}{21 - o} \end{cases}$$

oder

$$\begin{cases} l = \left(\dfrac{\max k}{k} - 1\right)\dfrac{R_0}{L_0} + 1, & (3) \\[2ex] l = \dfrac{o}{21 - o}\,\dfrac{R_0}{L_0} + 1. & (4) \end{cases}$$

Aus beiden folgt durch Division und Auflösen

$$21 \cdot k + \max k \cdot o = 21 \cdot \max k. \qquad (5)$$

Abb. 447. Raumverhältnisse, wenn Steinkohle mit verschiedener Luftüberschußzahl l verbrennt. Bei $l = 1$ wird die Luftmenge $L_0 = O_0 + N_0$ durch die Schicht gesaugt, N_0 bleibt unverändert; ein Teil von O_0 verbrennt mit Wasserstoff zu H_2O und verschwindet volumenmäßig durch Kondensation (schraffiert), der Rest von O_0 gibt ein gleiches Volumen $CO_2 = k$; also $R_0 < L_0$ und $k_0 < 21$, und Stickstoffgehalt $n > 79$, scheinbar vermehrt. Zur notwendigen Luftmenge L_0 tritt je nach Luftüberschußzahl l weitere, überschüssige Luft, 79% N + 21% O. Voraussetzung: vollkommene Verbrennung, bei $l = 1$ unwahrscheinlich.

Diese Gleichungen geben die Abhängigkeit der Größen k und o von der Luftüberschußzahl l und voneinander. Die Beziehung zwischen k und o läßt sich (Abb. 448) durch eine Gerade darstellen, die die o-Achse bei 21% und die k-Achse bei $\max k$ schneidet, deren Neigung also vom Brennstoff abhängt und auf dessen Gehalt an nicht ausgeglichenem Wasserstoff schließen läßt. Hat man k und o bestimmt, so ist das Einspringen verschiedener Analysen in eine Gerade ein Kennzeichen entweder für die Genauigkeit der Analysen oder für die Vollkommenheit der Verbrennung. Glaubt man dagegen in diesen beiden Punkten einer Kontrolle nicht zu bedürfen, so braucht man, nachdem man die Lage der Geraden für den betreffenden Brennstoff kennt, nur entweder die Kohlensäure oder den Sauerstoff zu bestimmen. — In Abb. 449 ist gezeigt,

wie für Steinkohle, max $k = 18,5\%$, der Kohlensäure- und Sauerstoffgehalt vom Luftüberschuß abhängt; die Kurven sind nach Gleichung (3) und (4) Hyperbelbögen mit Asymptoten, wie sie angedeutet sind; durch Zusammenzählen der Ordinatenwerte erhält man einen Überblick über die scheinbare Vermehrung des Stickstoffs

$$o + k = 100 - n.$$

Für wasserstofffreie Brennstoffe ist $R_o/L_o = 1$. Damit würde aus (3) und (4) werden

$$l = \frac{k\,\max}{k} = \frac{21}{21 - o}. \qquad (6)$$

Diese gelegentlich verwendeten Ausdrücke für die Luftüberschußzahl

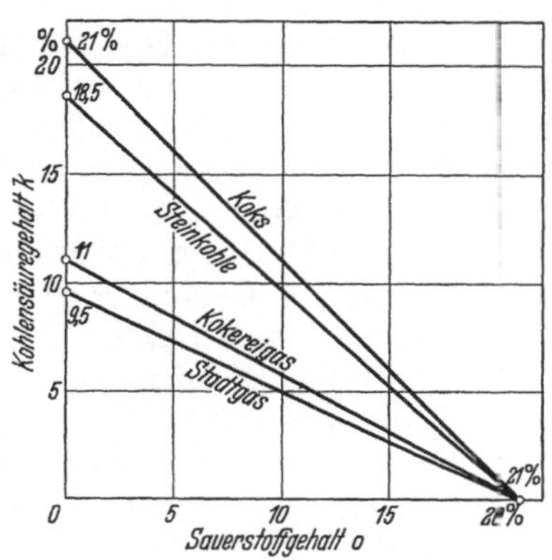

Abb. 448. Gleiche Verhältnisse wie Abb. 447, Rauchgaszusammensetzung in Prozenten. Für $l = 1$ ist im Brennstoff mit $C:H = 75\%:4\%$ beispielsweise max $k = 18,5$, sonst (je nach unausgeglichenem Wasserstoff) max $k \sim 18,5$.

stimmen also nur für wasserstofffreien Brennstoff, etwa für Koks. Bei Steinkohle bilden sie Näherungswerte, wenn es sich um größeren

Luftüberschuß handelt; bei Kokereigas sind sie unbrauchbar.

Beim Auftreten von CO sind die Ableitungen entsprechend zu ändern. Die in Abb. 448 dargestellte Beziehung zwischen dem CO_2- und O_2-Gehalt wird dergestalt anders, daß die für den betreffenden Brennstoff gültige Gerade um so weiter nach unten rückt, je mehr CO in den Rauchgasen enthalten war.

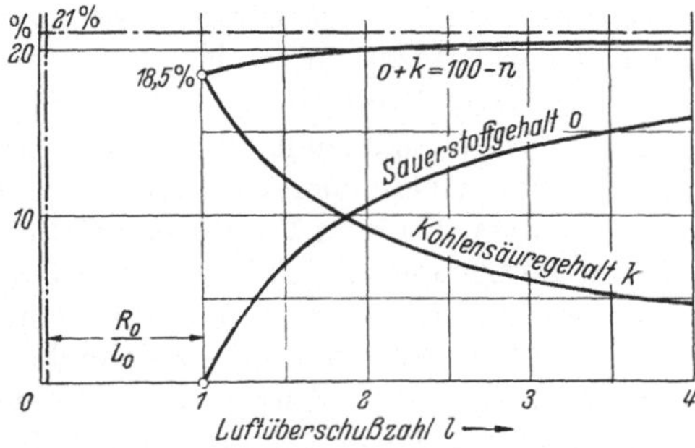

Abb. 449. Werte k und o bei verschiedenen Brennstoffen, je nach dem Verhältnis $C:H$; für Koks ist $H = $ Null, für Stadtgas ist $C:H = 47,5\%:19,5\% = 2,45$ (Hütte I, 608).

Man könnte also aus der Kenntnis des CO_2- und O_2-Gehaltes schon auf den CO-Gehalt schließen, auch ohne ihn analytisch festzustellen.

Das Einspringen der einzelnen Analysenpunkte in eine Gerade ist nur zu erwarten, wenn der Brennstoff eine dauernd gleichmäßige Zusammensetzung hat. Wenn aber bei periodischer Beschickung einer Steinkohlenfeuerung kurz nach dem Beschicken das wasserstoffreiche Schwelgas, später überwiegend der zurückbleibende Koks verbrennt, so werden die Punkte je nach der Zeit der Probenahme von der Geraden differieren; nicht so bei kontinuierlicher Beschickung des Rostes und Entnahme an stets derselben Stelle der Feuerung.

Ähnliche Betrachtungen führen zu einer Ermittlung des *Luftüberschusses bei Verbrennung von stickstoffhaltigen Gasen,* für welchen Fall die Formeln (1) und (2), S. 377, wie dort schon erwähnt, nicht gelten.

Die Ableitung der Formeln (1) und (2) setzt nämlich für das Verhältnis der Luftmengen das Verhältnis der Stickstoffmengen, die wegen der Indifferenz des Stickstoffes bei der Verbrennung unverändert bleiben. Die Formeln gelten daher nicht, wenn der Brennstoff schon Stickstoff enthält. Doch kann man für den Fall des *Luftgases* eine Betrachtung ähnlich der auf S. 171 zur Messung des Luftbedarfs führenden anwenden. Die Vergasung im Generator ist eine Verbrennung mit einem Luftmangel, gekennzeichnet durch einen Wert $l_1 < 1$, für dessen Berechnung Formel (2) gilt. Wenn das Luftgas verbrennt, so kann man den Luftüberschuß l_2 der gesamten primären und sekundären Verbrennung wieder nach Formel (1) oder (2) finden. Mit welchem Luftüberschuß l dann die Verbrennung des Gases stattfand, sagt folgende Betrachtung. Zur vollkommenen Verbrennung brauche 1 kg C die Luftmenge L_1 m³; dann sind im Gasgenerator $l_1 L_1$ m³ zugeführt, also noch $(1 - l_1) L_1$ m³ zur vollkommenen Verbrennung des Gases nötig. Ist nun die Gesamtverbrennung mit $l_2 L_1$ m³ durchgeführt, so sind also $(l_2 - l_1) L_1$ m³ zur Verbrennung des Gases verwendet worden, und daher ist das Gas mit der Luftüberschußzahl

$$l = \frac{l_2 - l_1}{1 - l_1} = 1 + \frac{l_2 - 1}{1 - l_1} \tag{7}$$

verbrannt worden, zu deren Bestimmung dann freilich die Analyse auch des Kraftgases nötig ist.

Auch für die Kontrolle der mit *Mischgas* gespeisten Verbrennung kann man diesen Gedankengang mit einer leichten Änderung nutzbar machen; dabei geht im Gasgenerator neben dem Luftgasprozeß der Wassergasprozeß einher, bei dem Wasserdampf durch Kohlenstoff zersetzt gleiche Raumteile CO und H_2 liefert. Formel (7) ist dann anwendbar, wenn man bei der Ermittlung von l_1 die nicht dem Verbrennungs-, sondern dem Zersetzungsvorgang entstammenden Bestandteile unbeachtet läßt, die wegen der Gleichheit der entstehenden Volumina CO und H_2 prozentual den Raum $2\,h$ einnehmen. Ist also n wieder der Stickstoffgehalt des Mischgases, so ist $n' = n \dfrac{1}{1 - 2\,h}$ der Stickstoffgehalt, bezogen nur auf die Produkte der unvollkommenen Verbrennung; ebenso bezogen ist $o' = o \dfrac{1}{1 - 2\,h}$ der Sauerstoffgehalt. Beim CO-Gehalt jedoch ist zunächst die dem Zersetzungsprozeß entstammende Menge CO, die gleich h ist, vom Gesamtgehalt in Abzug zu bringen und dann erst die gleiche Umrechnung vorzunehmen, woraus sich $c' = (c - h) \dfrac{1}{1 - 2\,h}$ ergibt. Hiernach ergibt sich nach Formel (2) eine Luftüberschußzahl $l' < 1$, mit der der primäre Verbrennungsvorgang erfolgte:

$$l' = \frac{n'}{n' - \frac{79}{21}\left(o' - \frac{1}{2}c'\right)} = \frac{n_1}{n_2 - \frac{79}{21}\left(o_1 - \frac{1}{2}c_1 + \frac{1}{2}h_1\right)}\,\frac{1}{1 - 2h}. \tag{8}$$

Bei der sekundären Verbrennung des Mischgases, dem eigentlich zu untersuchenden Vorgang, wird das vorher zersetzte Wasser wieder gebildet, bei der Analyse der Verbrennungsgase jedoch bleibt der Wasserdampfgehalt automatisch unbeachtet, und man kann nach Formel (1), oder wenn CO vorhanden ist, nach Formel (2), oder wenn auch noch H_2 unverbrannt sein sollte, nach Formel (8) eine Luftüberschußzahl l_2 für die Gesamtverbrennung finden, worauf dann wieder

$$l = \frac{l_2 - l'}{1 - l'} \tag{9}$$

die Luftüberschußzahl ist, mit der das Mischgas verbrannt ist.

Wieder muß zur Bestimmung des Luftüberschusses die Analyse auch des Kraftgases vorliegen. Wenn man diese Unbequemlichkeit umgehen will, so kann man unter gewissen Annahmen unter Benutzung stöchiometrischer Beziehungen die (oben mit Index 1 gekennzeichneten) Bestandteile des Nutzgases rechnerisch eliminieren, doch wird die nur auf die Abgasanalyse aufgebaute Formel für l durchaus unübersichtlich und unhandlich; die Luftüberschußzahl verliert damit ihren Wert als bequeme Rechengröße. Es empfiehlt sich deshalb, statt des Luftüberschusses der sekundären Verbrennung des Generatorgases lieber den Luftüberschuß der Gesamtverbrennung zu verwenden, für den die Formeln (1) oder (2) oder (8) ohne weiteres gelten, oder am besten den O_2-Gehalt der Abgase anzugeben, der begrifflich das Maß des Luftüberschusses ist. Einem Methangehalt werden die Formeln ohnehin nicht gerecht.

Auch Steinkohlen-Stadtgas enthält meist N_2. Man kann auch für diesen Fall obige Formeln benutzen, muß aber bei der Rechnung auch den dem N_2-Gehalt zugeordneten O_2-Gehalt berücksichtigen, den CO-Gehalt jedoch darf man, als anderen Quellen entstammend, nicht berücksichtigen, man muß also zur Bestimmung von l_1 mit Formel (1) rechnen und nicht mit Formel (2). Soweit Stickstoff im Gas ist, der nicht einer Luftbeimengung entstammt, treffen die Formeln nicht zu, sondern es ist ähnlich, wie S. 172, zu rechnen; doch pflegen solche Stickstoffgehalte nur gering zu sein.

84. Essenverluste. Aus der Rauchgasanalyse kann man auf die *Essengasmenge* schließen, die den Fuchs passiert. Mißt man auch die Temperatur der Essengase, so kann man weiterhin die Wärmeverluste berechnen, die die Feuerung dadurch erleidet, daß man die Essengase warm abgehen läßt, also nicht ganz ausnutzt. Diese Rechnung wird oft im Anschluß an die Analyse durchgeführt. Der Gedanke ist, daß ebensoviel Kohlenstoff C in den Rauchgasen sein muß wie auf dem Rost weggebrannt (nicht: aufgegeben) ist.

Beispiel: Die in § 78 untersuchte Kohle hatte 73,1% C; mit ihr haben sich die auf S. 378 angegebenen Analysen ergeben, nämlich
am Ende des Flammrohrs 16,9% CO_2;   am Fuchs 11,0% CO_2.

Es wurden 232 kg/h an Kohle und daher $232 \cdot 0{,}731 = 169{,}5$ kg/h an C auf den Rost gegeben; es wurden 11,5 kg/h Schlacke gewonnen mit noch 22% Verbrennlichem, das wir als C betrachten können, also gehen 2,5 kg/h an C unverbrannt vom Rost weg. Verbrannt sind $169{,}5 - 2{,}5 = 167$ kg/h an C und haben $167 \cdot 1{,}86 = 310$ m³ $\left(\frac{0}{760}\right)$/h $[CO_2 + CO]$ geliefert. Die Gasmenge ist

$$\text{Rauchgas am Flammrohrende } \frac{310}{16{,}9} \cdot 100 = 1840 \text{ m}^3 \left(\tfrac{0}{760}\right)/\text{h},$$

Essengase am Fuchs 2820 m³ $\left(\tfrac{0}{760}\right)$/h.

Zur Berechnung der Gasgeschwindigkeit muß man den Druck und namentlich die Temperatur an beiden Stellen in Rechnung stellen und außerdem den Wasserdampfgehalt der Rauchgase hinzuzählen.

Denn da die Analyse (S. 372) die Bestandteile des trocken gedachten Gases gibt, so fanden wir eben das trocken gedachte Rauchgasvolumen. Nun wurde S. 358 bei Ermittlung des unteren Heizwertes gefunden, daß 0,528 kg Wasser aus 1 kg Kohle entstehen (teilweise schon als ihr Feuchtigkeitsgehalt vorhanden waren). Wasserdampf hat, als Gas mit dem Molekulargewicht 18,02 betrachtet, die Wichte $18{,}02 : 22{,}414 = 0{,}804$ kg/m³ $\left(\tfrac{0}{760}\right)$; 22,414 m³ $\left(\tfrac{0}{760}\right)$ ist darin das reduzierte Volumen von 1 Mol Gas. So entsteht aus 1 kg Kohle $0{,}528 \cdot 0{,}804 = 0{,}424$ und aus 232 kg/h Kohle entstehen 98,3 m³ $\left(\tfrac{0}{760}\right)$/h an Wasserdampf, das ist 3,5% des trocknen Essengasvolumens. Der Wasserstoff dürfte nämlich ganz verbrannt und nichts davon in der Schlacke sein. Das reduzierte Rauchgasvolumen ist

am Flammrohrende 1938 m³ $\left(\tfrac{0}{760}\right)$/h, am Fuchs 2918 m³ $\left(\tfrac{0}{760}\right)$/h,

das sind dann im Sinn der Analysenprozente 105,3%.

Bei 280° Temperatur und 760 Torr Druck ist das wirkliche Volumen V_e am Fuchs 5940 m³/h, woraus man durch Division mit dem Fuchsquerschnitt 0,87 m² die Gasgeschwindigkeit 1,9 m/s findet.

Der Essenverlust E schließlich ist das Produkt aus dem Gasvolumen V_{e_0}, seiner spezifischen Wärme c_p und seiner Temperatur über jene der Umgebung hinaus: $E = V_{e_0} \cdot c_p \,(t_e - t_l)$. Wird V_{e_0} in Normalkubikmetern gegeben, so entsteht der Vorteil, daß $c_p = 0{,}31$ für die zweiatomigen Gase O_2, N_2 und CO gleichmäßig gilt (Regel von DULONG-PETIT), ebenso $c_p = 0{,}39$ für die dreiatomigen CO_2 und H_2O. So errechnet sich eine mittlere spezifische Wärme, das Mittel stofflich gemeint:

$$
\begin{array}{lll}
11{,}0\% \ CO_2 & \cdot 0{,}39 = & 4{,}30 \\
89{,}0\% \ N_2 \cdots & \cdot 0{,}31 = & 27{,}6 \\
\hline
100 \ \% & & 31{,}9 \\
\\
3{,}5\% \ H_2O & \cdot 0{,}39 = & 1{,}36 \\
\hline
103{,}5\% & & 33{,}3 \text{, also } c_p = 33{,}3 : 103{,}5 = 0{,}322
\end{array}
$$

und $E = 2918 \cdot 0{,}322 \cdot (280 - 20) = 245\,000$ kcal/h. Dieser Verlust ist auf den (unteren) Heizwert der Kohle bezogen, weil im Wärmeinhalt nur die spezifische Wärme, nicht aber die latente Wärme angerechnet ist, die erst bei viel tieferen Temperaturen frei würde und großenteils auch dann noch nicht.

Die spezifischen Wärmen der zweiatomigen und der dreiatomigen sind nicht je genau gleich, hängen auch von der Temperatur ab. Aber die eben gegebene einfache Rechnung wird meist genügen, weil die Essengasmenge auch nicht genauer bestimmt ist.

Wenn CO in den Essengasen ist, dann tritt außer diesem Verlust durch fühlbare (spezifische) Wärme noch ein weiterer durch nichtgebildete Wärme auf und nimmt leicht erhebliche Werte an; sind neben 10,8% CO_2 noch 0,2% CO vorhanden, wodurch sich die bisherige Rechnung wenig ändert, dann haben sich also $0{,}002 \cdot 2820 = 5{,}7$ m³$\left(\tfrac{0}{760}\right)$/h an CO gebildet und hätten den Heizwert des CO bei Verbrennung zu $CO_2 = 3060$ kcal/m³ ($\frac{0}{760}$) noch liefern können; also gehen $5,7 \cdot 3060 = 17400$ kcal/h oder reichlich 1% des im Brennstoff verfügbaren Heizwertes verloren; der Wärmeverlust ist prozentual reichlich das Fünffache des Anteils von CO im Essengas.

Der Essenverlust ist in der Wärmebilanz des Dampfkessels ein wichtiger Posten, ihn klein zu halten die Hauptforderung, wenn ein hoher Wirkungsgrad erstrebt wird. Auf diesem Gedanken beruht der *Kesselwirkungsgradmesser* (Fa. Germer, elektrischer Teil Fa. AEG).

In der Wärmebilanz ist die im Brennstoff zugeführte Energie belegt durch die in den Dampf gehende Nutzwärme N, durch den Essenverlust E, die beide man zu messen pflegt; die Ergänzung zur Einheit (bei Prozentrechnung zu 100%) bezeichnet man als den Restverlust R. Die Bilanz lautet dann $B = N + E + R$, der Wirkungsgrad des Kessels ist $\eta = \dfrac{N}{N + E + R}$, und da R klein ist, gilt auch $\eta = \dfrac{N - R}{N + E} = \dfrac{1 - R/N}{1 + E/N}$. Der Restverlust bleibt, nach sorgsamer Messung der übrigen Größen, mit 6% bei kleinen, mit 3% bei großen Kesseln, auch je nach deren Isolationszustand, übrig, für den bestimmten Kessel ist $1 - R/N = 0,94$ bis $0,97$, $\sim 0,95$ ein Fixum; dann bestimmt allein das Verhältnis E/N den Wirkungsgrad. Es wird durch zwei Flußzahlen und durch zwei Temperaturen messend annähernd erfaßt, der Quotient $\eta = 0,95/(1 + E/N)$ wird in einer Kunstschaltung gebildet und am Schaltbrett angezeigt oder aufgeschrieben.

Die vier Meßgrößen sind: die Dampflieferung D und das Essengasvolumen V_e, ferner die Temperaturen t_e der Essengase im Fuchs und t_l der Luft im Kesselhaus. Die Dampflieferung wird ohnehin gemessen, für einen Kessel ist Druck und Temperatur des Dampfes, und mehr oder weniger auch die Temperatur des Speisewassers, fest gegeben und damit die Zunahme Δi der Enthalpie im Kessel unveränderlich, eine Dampfbeizahl, die mit k_d bezeichnet sei; es wird $N = D k_d = c$. Das Essengasvolumen wird in einer Venturieinschnürung des Fuchses oder Schornsteins gemessen; es kommt aber auf das reduzierte Volumen, auf das Gewicht an, in das noch die Wurzel der absoluten Temperatur eingeht — gegenüber deren Änderungen sind die Schwankungen des Barometerstandes vernachlässigbar, nur wird man in Hamburg einen anderen Normalzustand einführen als in München; der normale Wurzelwert $\sqrt{T_0}$ wird mit der spezifischen Wärme zur Gasbeizahl k_e zusammengefaßt, so daß der Essenverlust $E = V_e k_e$ ist. Faßt man nun die beiden Beizahlen für Dampf und Gas, die Charakteristika des betreffenden Kessels und seiner Betriebsweise, zur Kesselbeizahl $K = k_e/k_d$ zusammen, so ist

$$\frac{E}{N} = \frac{V_e}{D} \frac{t_e - t_l}{\sqrt{T_e}} K = x.$$

Um nun $\eta = \dfrac{0,95}{1 + x}$ elektrisch anzuzeigen, gibt es eine Reihe Schaltungen, auf die hier nicht eingegangen werden soll; auch für Warmwasser-Heizkessel sind solche bekannt (L. 430, 431).

Unbeschadet der an dieser Literaturstelle angegebenen Zahlen, nach denen der Wirkungsgrad recht genau angezeigt werden kann, darf doch bezweifelt werden, daß das in der Rauheit des Kesselbetriebes auf die Dauer so bleibt; man denke etwa an die Ablagerung von Flugasche im Venturiteil. Doch schmälern solche Einwände nicht die Brauchbarkeit eines Geräts, sollten eher die Lieferer davor warnen, mehr zu versprechen, als sich verständigerweise erwarten läßt. Mag das Zahlenergebnis im Lauf einer Kesselkampagne einen Gang haben, so kann doch in jedem Augenblick erkannt werden, ob eine Änderung zum Guten oder Schlechten führt, und das ist sehr viel. Nur vor CO-Bildung muß der Heizer sich hüten.

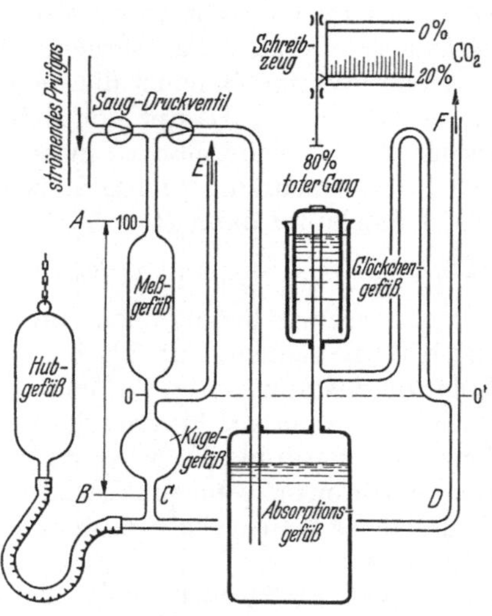

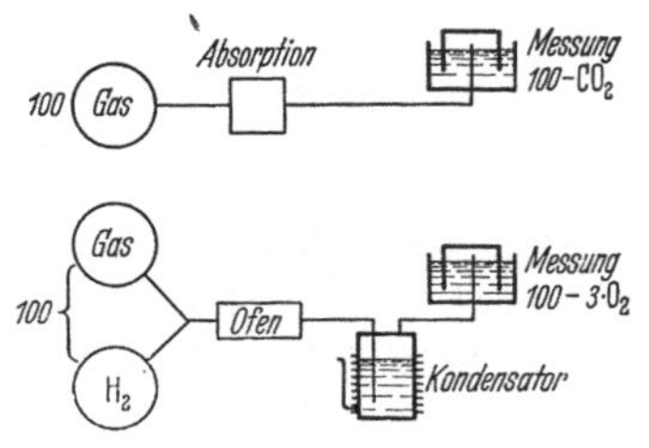

Abb. 450. Schema der selbsttätigen Rauchgasprüfer, mit Absorption von CO_2 oder mit Verbrennung von O_2; 100% Gas liefert bei der Messung ein kleineres Volumen.

Abb. 451. Selbsttätiger Rauchgas-Analysator für Absorption; absorbiert wird CO_2 mit Kalilauge. 1 Hubgefäß geht abwärts, Spiegel der Sperrflüssigkeit in Steigrohren C und D geht von A nach B, durch Saugventil (ein Wasserverschluß) wird Prüfgas ins Meß- und ins Kugelgefäß gesaugt. 2 Hubgefäß geht aufwärts, Sperrflüssigkeit steigt von B nach A; Inhalt des Kugelgefäßes bläst bei E ab, bis Sperrflüssigkeit nach Höhe 0 kommt und für E und F den Weg ins Freie abschneidet. Nun: 100 Raumteile im Meßgefäß werden über das Druckventil und durch das Absorptionsgefäß unter das Glöckchen gedrückt; dieses hebt sich, zunächst durch den toten Gang, dann bewegt sich das Schreibzeug, bis 0%, wenn kein Bestandteil des Prüfgases absorbiert wurde, sonst entsprechend weniger hoch; die Strichlänge auf dem Papierstreifen gibt den Gehalt an absorbierbarem Gas, also CO_2 im Rauchgas. Schematisch. — Für Sonderzwecke andere Absorptions- und Sperrflüssigkeiten, etwa (für NH_2, auch C_2H_2) Wasser zum Absorbieren, Spezialöl, nicht harzend, nicht absorbierend (Fa. Debro), zum Absperren.

85. Selbsttätige Rauchgasanalyse.

Bei dem auf chemischen Wege selbsttätig arbeitenden Analysator wird wie beim Orsat-Apparat Prüfgas angesaugt, eine bestimmte Menge desselben durch eine Sperrflüssigkeit abgeteilt und nun untersucht, das Ergebnis der Analyse soll aufgezeichnet werden; dann ist der Gasrest wegzuschaffen und die nächste Probenahme kann beginnen. Bei der Untersuchung erfährt das Gas eine Volumänderung, dazu wird der interessierende Bestandteil meist in einer Flüssigkeit absorbiert; aber auch Verbrennungen ändern das Gasvolumen, am wirksamsten die Verbrennung von Wasserstoff mit Sauerstoff zu Wasser; sie läßt an sich ein Drittel des Volumens fortfallen, weil aus 3 Molekülen ihrer 2 werden; überdies kondensiert sich der gebildete Wasserdampf, so daß das gesamte Volumen, Wasserstoff und Sauerstoff, verschwin-

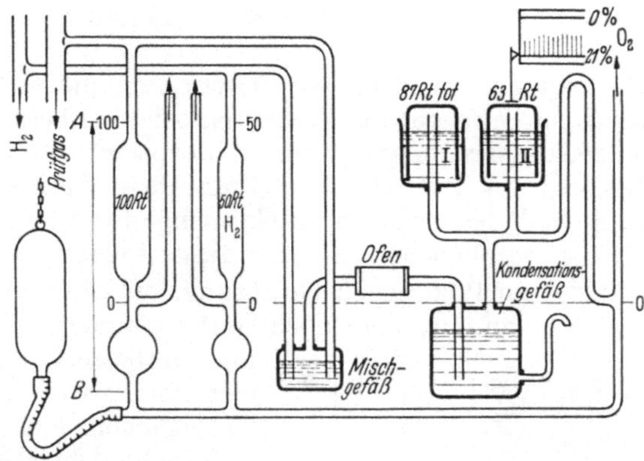

Abb. 452. Selbsttätiger Rauchgas-Analysator für Verbrennung, O_2 verbrennt mit Wasserstoff. Hubgefäß tief, beide Meßgefäße und Kugelgefäße werden voll Gas gesaugt; Hubgefäß steigt, Gase blasen ab, bis Absperrung bei 0, dann Gase durch Mischgefäß und Ofen ins Kondensationsgefäß; H_2O verschwindet, Rest unter die Meßglocken; I etwas leichter beladen, steigt bis Anschlag, dann zeigt II den Volumenverlust durch Verbrennung, wegen Kondensation des Wassers Volumenverlust gleich 3fache O_2-Menge. Bei A kehren Wasserspiegel um; wird O' frei, gehen Meßglocken auf Null. — 100 Rt Rauchgas verlangen bis zu 42 Rt H_2, maximal verschwinden $42 + 21 = 63$ Rt (bei der Nullprobe mit Luft). Schematisch.

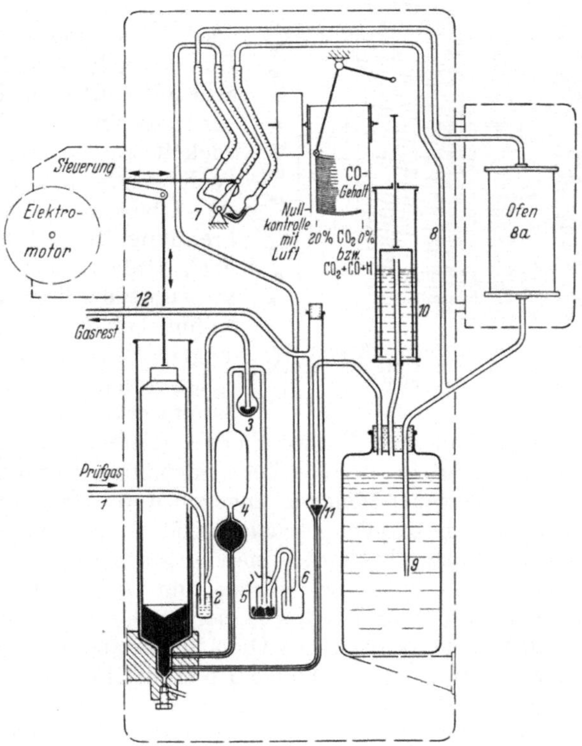

Abb. 453. Rauchgas-Analysator zur Bestimmung von CO_2 und $CO + H$. Kraftwerk mit Verdränger, Quecksilber als Sperrflüssigkeit; Weg der Gase durch Nummern 1, 2, 3 ... bezeichnet. Wippe 7, von der Steuerung betätigt, gibt Gas abwechselnd je eine Probe direkt über 8, die nächste über den Ofen 8a zur Absorption; Bogenstriche auf Papierband sind kürzer, wenn CO im Gas war; toter Gang 80% im Gestänge. Mono E 4801 der Fa. Maihak.

det, das ist also die $1^1/_2$fache Menge des Wasserstoffs, die 3fache des Sauerstoffs.

Das Gerät besteht aus einem Kraftwerk, um die Sperrflüssigkeit und das Prüfgas zu bewegen; die Dosierung soll eine bestimmte Menge Prüfgas abteilen, diese wandert in eine Absorption oder in einen Verbrennungsofen, wo ein Teil des abgeteilten Gases verschwindet; eine Meßvorrichtung stellt fest, wieviel an Gasmenge fehlt und schreibt das Ergebnis auf; das verbliebene Gas wird ausgestoßen.

Die von ARND um 1900 gegebene Lösung, die ohne die Hähne des Orsat-Apparates auskommt, dient noch heute, mannigfach abgewandelt und verbessert, und zwar immer noch in erster Linie zum Untersuchen von Rauchgasen; aber schon hier ergeben sich Verschiedenheiten. Neben CO_2 kann noch Unverbranntes, CO, H_2, CH_4 in den Rauchgasen sein, zumal bei kleinem Luftüberschuß, und vor allem, wenn in chemischen, metallurgischen, keramischen Betrieben Gas mit reduzierender Flamme, also mit Luftmangel verbrannt wird; es sind also Geräte entwickelt worden, die außer CO_2 noch (CO + H_2) aufzeichnen; sie arbeiten dabei mit Verbrennung des noch Brennbaren, nach Bedarf über einer Kontaktsubstanz. Tritt bei der gewöhnlichen Rostfeuerung trotz angemessenem Luftüberschuß gelegentlich CO auf, so verbrennt er im Analysengerät mit

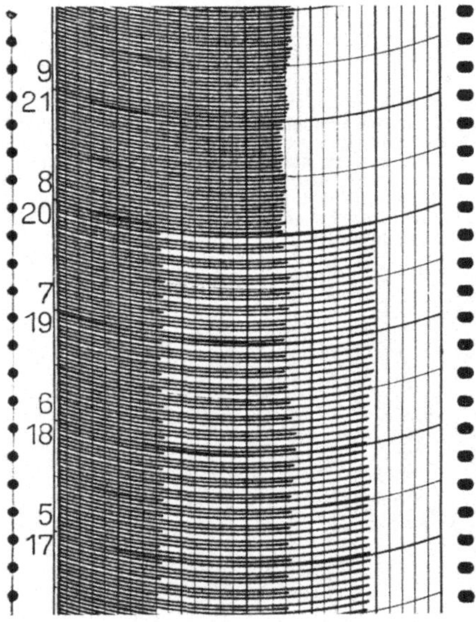

Abb. 454. Analysendiagramm oben für einen Bestandteil, unten für drei; je kürzer der Strich, desto größer der Anteil.

dem auch noch vorhandenen O_2; wo aber reduzierende Flammen untersucht werden, da fehlt der erforderliche Sauerstoff, es muß Luft oder Sauerstoff in abgemessener Menge hinzugegeben werden. Dann sind zwei Dosiergefäße nötig, die parallel geschaltet sind. Andere Apparate haben auch zwei Dosiergefäße, aber hintereinander geschaltet insofern, als im ersten 100 Raumteile abgemessen werden, um CO_2 zu bestimmen; der Gasrest wandert weiter zum zweiten Dosiergefäß, dieses teilt 80 Raumteile ab und drückt sie durch einen Ofen ins zweite Absorptionsgefäß, um CO + H zu bestimmen. Solche Geräte ermitteln also an jeder Gasprobe zwei Bestandteile abwechselnd oder nacheinander. In derselben Weise lassen sich auch drei oder mehr Bestandteile nacheinander bestimmen. Einzelheiten geben Abb. 451 bis 459 und ihre Unterschriften.

Es wird bei Rauchgasprüfern ziemlich allgemein verlangt, daß sie neben CO_2 auch noch CO + H bestimmen, denn Unverbranntes in den

Rauchgasen bedeutet einen erheblichen Wärmeverlust: 1% CO entspricht etwa 5% entgangene Wärmeerzeugung. Die Analyse läßt sich wie beim Orsat an einer Probe hintereinander machen, oder man bestimmt an einer Probe CO_2, die nächste geht sofort durch den Ofen und liefert $CO_2 + CO + H$; der Unterschied beider ist das Unverbrannte — allerdings numerisch nicht zutreffend, denn wie schon am Orsat-Apparat dargelegt, verschwindet für 1 Teil CO nur $^1/_2$ Raumteil, für 1 Teil H_2 verschwindet $1^1/_2$ Raumteil.

Als Kraftquelle des Analysators diente früher der Schornsteinzug, von ihm wurde eine Hubflasche gehoben und gesenkt; dafür ist heute der Elektromotor viel bequemer. Die Hubflasche wird oft durch einen Tauchkolben ersetzt, der in einem Behälter auf- und abgeht; er braucht nicht den großen Hub der Flasche zu machen, seine Bewegung läßt sich also von einer Nockenscheibe steuern. In explosionsgefährdeten Räumen wird der Elektromotor vermieden, Druckluft oder Leitungswasser dienen als Kraftquelle, die Pulsation, das Auf und Ab wird erzeugt, indem ein Standrohr sich füllt, dann aber ausgehebert wird. Als Sperrflüssigkeit dient Wasser oder Quecksilber; daß letzteres besser ist, weil es nichts aus dem Prüfgas absorbiert, liegt auf der Hand, auch sind die Druckwirkungen kräftiger, denn 12 cm QS ist mehr als 30 cm WS, und das sind etwa die angewendeten Hubhöhen; aber größere Quecksilbermengen, etwa 3 kg, in einem Analysengerät, sind vom Ungeübten nicht angenehm zu handhaben.

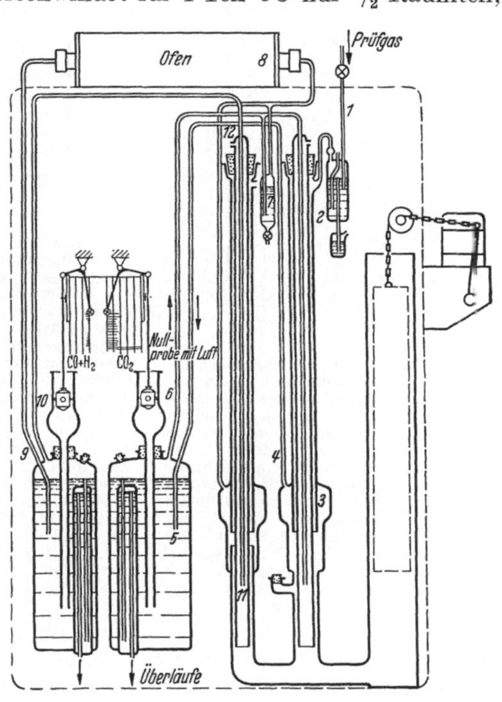

Abb. 455. Rauchgas-Analysator, von jeder Probe wird im Lauf der Zahlen *1, 2, 3* . . . erst CO_2-Gehalt bei *5* absorbiert, dann im Ofen CO zu CO_2 verbrannt. Bei *9* wird abermals CO_2 absorbiert, beide Ergebnisse einzeln aufgetragen. Toter Gang 80% durch Flüssigkeitshub. Nullprobe mit Luft gibt lange Striche. Fa. Ados.

Wegen der Unzuträglichkeiten, die sich aus der Verwendung von ätzenden Absorptionsmitteln wie Kalilauge oder Phosphor in ungeübter Hand und bei gelegentlicher Arbeit ergeben, hat man an Stelle der chemischen Analyse eine *physikalische Untersuchung* namentlich von Gasen auf Grund verschiedener Eigenschaften treten lassen. Diese Methoden sprechen meist nicht nur auf die zu untersuchende Größe,

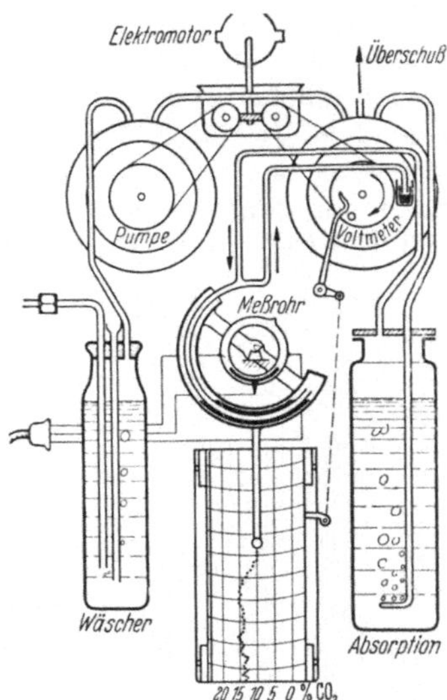

Abb. 456. Mechanisch betriebener Analysator. Die Pumpe saugt laufend Rauchgas an, das Volumeter teilt ein gewisses Volumen (100%) ab, Überschuß geht ins Freie. Im Absorptionsgefäß verschwindet CO_2, das übrige geht ins Meßrohr, das um so weiter nach rechts kippt, je mehr noch vorhanden ist; der Mitnehmer am Volumeter (nicht: Voltmeter) betätigt dann ein Hebelwerk und druckt den Zeigerstand als Punkt aufs Papier. Der Analysenrest entweicht durch Quecksilberverschluß. Fa. Eckardt.

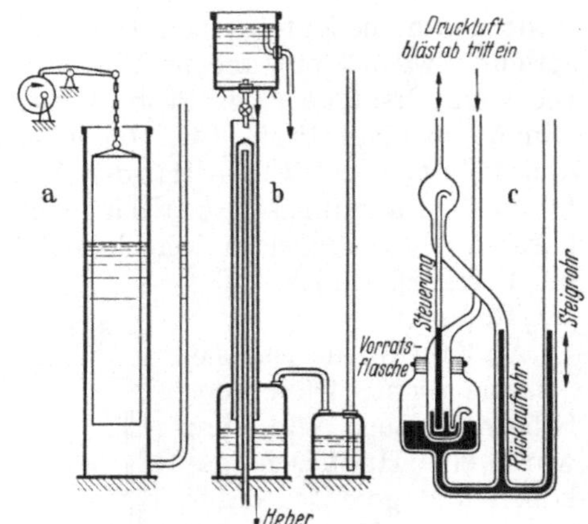

Abb. 457. Kraftwerke für Analysengeräte. a Verdrängerkolben, elektrisch mit exzentrischer oder Nockenscheibe gehoben und gesenkt. b Heberwerk, mit Wasserdruck betrieben; Steigrohr füllt sich, bis Kante des Heberrohres erreicht wird und das Steigrohr aushebert. Der erzeugte Druck wird durch ein Luftpolster auf die Sperrflüssigkeit des Analysators übertragen, um nicht immer neues Wasser mit Prüfgas in Berührung zu bringen. c Kraftwerk für Druckluft (statt dessen ebenso Druckwasser) mit Quecksilber als Sperrflüssigkeit. Das Quecksilber der Vorratsflasche geht im Steigrohr (dem Analysengefäß) auf und ab unter Einwirkung der Steuerung; Druckluft drückt auf Vorratsflasche und auf darin befindliches Steuergefäß, dessen Inhalt geht im Steuerrohr aufwärts; hat er die Kugel erreicht, so ist Steuergefäß gerade leer, Druckluft wirft Inhalt des Steuerrohrs ins Rücklaufrohr, macht sich den Weg zum Abblasen frei, alle Quecksilbersäulen fallen zurück in die Vorratsflasche, ein Teil des Quecksilbersgeht ins Steuergefäß und stellt den Verschluß wieder her. Mono-Geräte, Fa. Maihak.

etwa den CO_2-Gehalt an, sondern werden durch andere chemische oder physikalische Änderungen beeinflußt, z. B. durch den Druck, die Temperatur und den Wasserdampfgehalt, so daß sie also zur Bestimmung einer Größe, etwa des CO_2-Gehaltes nur verwendbar sind, wenn die anderen Einflüsse unverändert gehalten werden.

Eine der ältesten Arten, den Kohlensäuregehalt von Rauchgasen, andererseits den Methangehalt und damit den Heizwert von

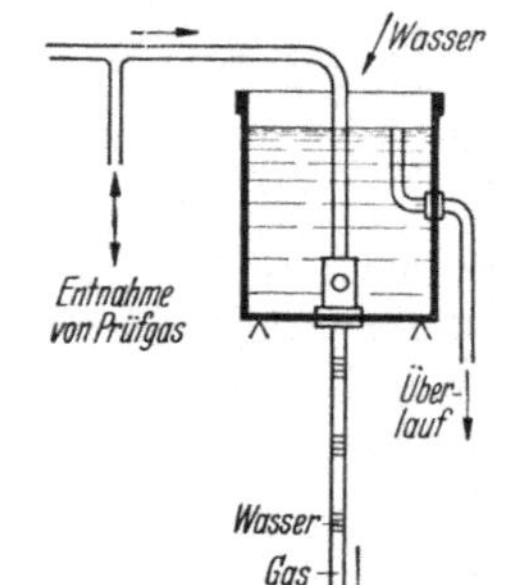

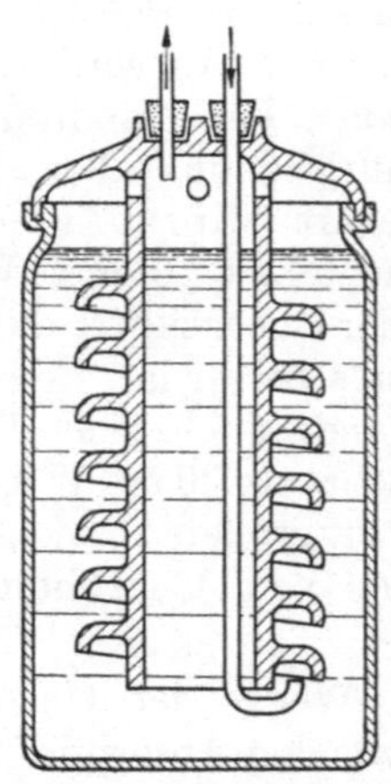

Abb. 458. Sauger, um kontinuierlichen Strom von Prüfgas am Analysator vorbeizuführen; Wasserkolben im Fallrohr saugen Luft ab, vergleiche Abb. 461. Statt dessen auch Wasserstrahlpumpe.

Abb. 459. Absorptionsgefäß für selbsttätige Analyse, die Gasperlen haben einen langen Weg, jedoch ist große Tauchtiefe zu überwinden. Stahlguß emailliert. Fa. Maihak.

Leuchtgas laufend zu beobachten, war die *Messung der Wichte*. Die Gaswaage, Abb. 180, in ihren früheren Formen von Lux stammend, verdankt dem ihre Entstehung; auch die Gassäulenwaage wurde für die CO_2-Bestimmung in Rauchgasen benutzt. Die meisten dieser Anordnungen lassen sich nur in der Nähe ablesen.

Der *Ranarex-Apparat* bestimmt das Wichteverhältnis der Rauchgase und zeigt sie auf einer genügend weit erkennbaren Skala an, alles rein mechanisch wirkend. Ein Ventilator fördert Rauchgase, ein zweiter fördert Luft; beide haben entgegengesetzte Drehrichtung, aber gleiche Drehzahl, jeder von beiden wirft seine Förderung gegen ein gleichachsiges, aber ganz getrenntes Schaufelrad und übt auf dieses eine verdrehende Wirkung; die beiden Drehmomente sind gleich, wenn die beiden geförderten Gase gleiche Dichte haben, beide gleichen sich dann über ein Lenkersystem aus, und ein auf dem luftgetriebenen Rad sitzender Zeiger steht auf dem Nullpunkt der Skala; haben die beiden Förderungen

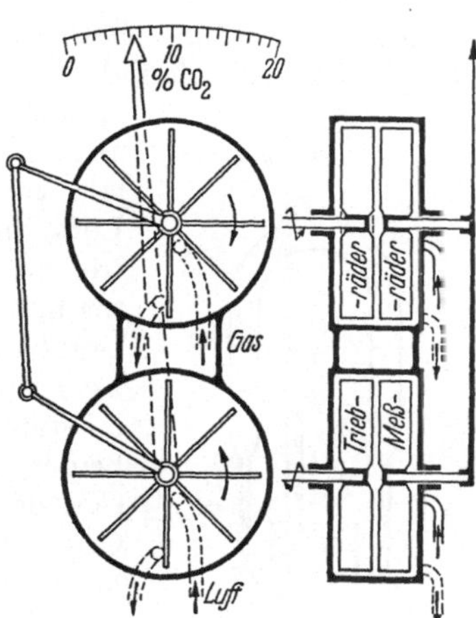

Abb. 460. Ranarex-Gerät, zeigt die Dichte des Prüfgases an, verglichen mit Luft. Zwei Ventilatoren $n = 3000/min$ erfahren verschiedene Momente je nach Dichte des Gases; Unterschied der Momente wirkt auf den Zeiger, Richtkraft 20 g für 1% CO_2. Nullpunktkontrolle mit Luft streut $^1/_2$%. Ansaugung 250 ltr/h Gas, 25 W Antriebsleistung. Fa. AEG.

verschiedene Dichte, so hat das schwere Gas die Oberhand, wozu noch beiträgt, daß die beiden Lenker nicht gleichwinklig angebracht sind. Zum Registrieren sticht eine Nadel alle Minuten ein Loch in den Papierstreifen. Das Gerät hat den Vorzug, große Kräfte gegeneinander spielen zu lassen, so daß der Einfluß von Widerständen zurücktritt.

Die *Zähigkeit* von Gasen wird nur in Sonderfällen als Kennzeichen für Messungen benutzt; in Gaswerken schließt man aus der Zähigkeit des erzeugten Stadtgases auf seinen Gehalt an N_2 und CO_2, die unerwünschten Inerten. Wasserstoff, Methan und schwere Kohlenwasserstoffe haben etwa die Zähigkeit 0,6, bezogen auf Luft = 1; bei CO_2, N_2

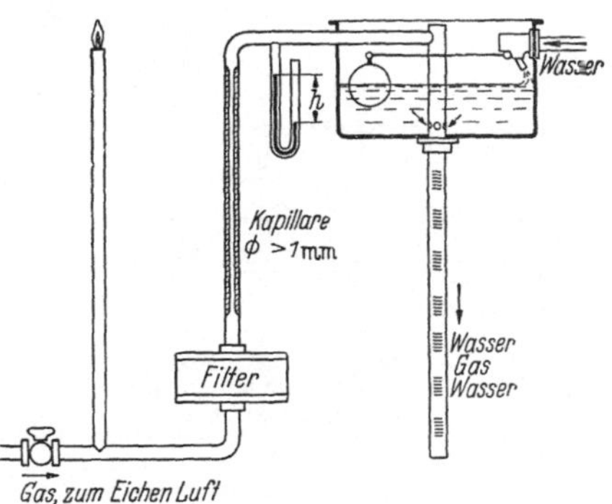

Abb. 461. Inertgas-Zeiger für Gaswerke. Schwimmkugelgefäß als Treibmittel, das Verhältnis Gaspolster zu Wasserpfropfen im Fallrohr ändert sich je nach erzeugtem Unterdruck; dieser wird gemessen und meist noch aufgeschrieben, Abb. 130. Fa. Union.

und CO liegt die Zähigkeit um den Wert 1. Bleibt der CO-Anteil unverändert, so wird die Zähigkeit ein Maß für den Gehalt an den inerten

Gasen CO_2 und N_2. Die Zähigkeit läßt sich messen als der Unterdruck, der beim Ansaugen des Prüfgases durch eine Kapillare entsteht, die eng genug ist, daß sich rein laminare Strömung einstellt.

Der Kohlensäuregehalt in Rauchgasen läßt sich aus dem *Verhältnis* der Wichte zur Zähigkeit finden. Bei Kohlensäure ist die Wichte größer, die Zähigkeit kleiner als bei Luft. Um also CO_2-beladene Rauchgase durch eine Kapillare zu treiben, ist weniger Druck nötig als bei Luft, um die Rauchgase durch eine Düse zu treiben, ist mehr Druck nötig als bei Luft; schaltet man Kapillare und Düse hintereinander und bemißt sie so, daß beim Durchströmen von Luft zwischen ihnen gerade atmosphärischer Druck entsteht, so entsteht mit Rauchgasen zwischen beiden ein Unterdruck, um so größer, je mehr CO_2 sie enthalten; dieser Unterdruck dient zur CO_2-Messung, er kann etwa von einer Ringwaage angezeigt werden.

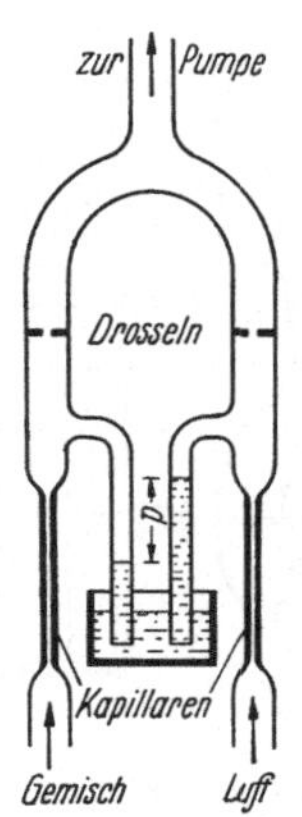

Abb. 462. Rauchgasprüfer. Zwischen einer Kapillare und einer Drossel, beide hintereinander geschaltet, entstehen verschiedene Drucke je nach Dichte und Zähigkeit des Prüfgases und der Luft. Zum Messen Ringwaage mit zwei Systemen, zweites schaltet Druckunterschiede am Eingang kompensierend aus. Unograph, Firma Union.

Kohlensäure CO_2 hat die *Wärmeleitzahl* 0,012 kcal/m/h/C, für Sauerstoff und Stickstoff, auch für CO, liegt die Zahl bei 0,02. Auf diesem Unterschied beruht folgende Analysenmethode, die unter den physikalischen das Standardverfahren für viele Zwecke geworden ist, nicht nur für die Untersuchung von Rauchgasen.

Vier dünne Platindrähte, elektrisch zum Brückenviereck geschaltet, sind in vier Bohrungen eines Metallklotzes ausgespannt; zwei der Bohrungen werden vom Prüfgas durchstrichen, in den anderen beiden ist ein Vergleichsgas wie Luft eingeschlossen, bei anderen Ausführungen strömt auch das Vergleichsgas. Das Brückenviereck wird von Strom durchflossen, so daß die Drähte eine gewisse Temperatur annehmen; das Galvanometer in der Brücke zeigt auf Null, wenn statt des Prüfgases

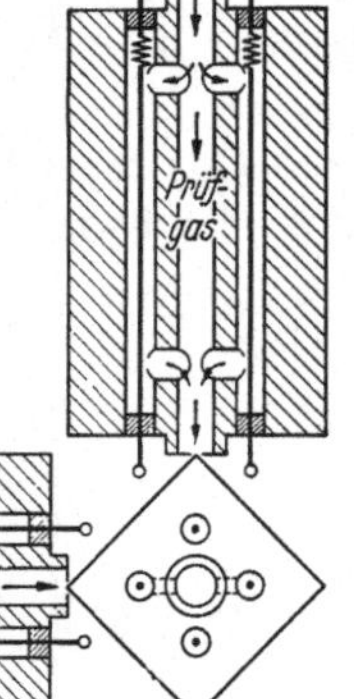

Abb. 463. Rauchgasprüfer nach MOELLER; vier Platindrähte im Brückenviereck geschaltet, zwei in ruhendem Vergleichsgas, zwei in langsamem Strom (deshalb im Nebenschluß) des Prüfgases, alles im Metallklotz. Nur Wärmeleitung soll wirken, Konvektion vermieden werden. Fa. Siemens & Halske (zuerst) und viele andere.

zunächst Luft durch das Gerät läuft. Geht aber durch zwei Bohrungen Prüfgas von kleinerer Wärmeleitzahl, so steigt die Temperatur in den betreffenden Drähten und ihr Widerstand, das Gleichgewicht ist gestört, das Galvanometer schlägt aus und der Ausschlag kann als CO_2-Gehalt der Rauchgase gedeutet werden.

Von der richtigen Bemessung der Verhältnisse hängt die Brauchbarkeit, vor allem die Empfindlichkeit des Gerätes, ab. In Frage kommen Zahlen wie diese: Platindraht 0,03 bis 0,04 mm stark 10 cm lang, Widerstand 10 Ohm, in zylindrischer Bohrung 1 mm weit, mit 0,38 Watt beheizt, also Strom 0,2 A, umströmt von 3 cm³/min Gas; diese erwärmten sich um 2°, entführten also durch Konvektion nur 0,2% der Beheizung; ähnlich läßt sich überschlagen, daß der Draht 90° Übertemperatur bekommt und weniger als 1% abstrahlt[1].

Elektrisch stellt das Verfahren hohe Anforderungen an die Meßgenauigkeit. Der Klotz (Abb. 463) sei mit $e = 2$ V (die Brücke also mit 4 V) beaufschlagt, es habe $r_0 = 10$ Ohm Widerstand bei der Übertemperatur $\Delta t_0 = 90°$, die der Draht in Luft annimmt, wobei $i_0 = 0,2$ A Strom fließen. Der Draht nimmt also $n_0 = 0,4$ W auf und gibt sie als $q_0 = 0,860 \cdot 0,4 = 0,344$ kcal/h an seine Umgebung ab. Geht nun Kohlensäure statt Luft durch den Kanal, so steigt die Temperatur des Drahtes um Δt, sein Widerstand um $\Delta r = r_0 (1 + \alpha \cdot \Delta t)$, die Stromaufnahme sinkt um $\Delta i/(1 + \alpha \cdot \Delta t)$, die Energieaufnahme wird $n = n_0/(1 + \alpha \cdot \Delta t)$; andererseits ist die Wärmeabgabe durch $q = q_0$

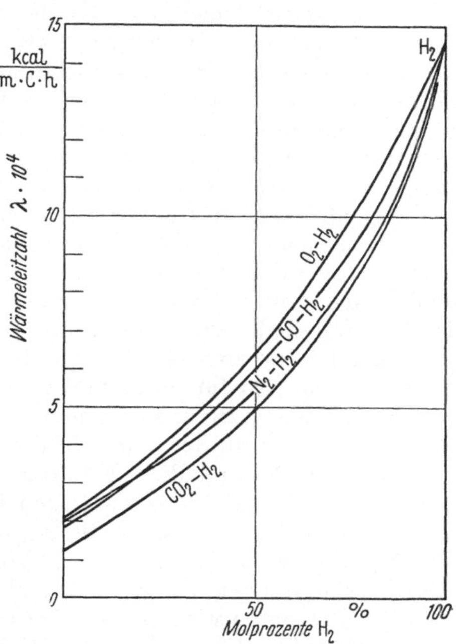

Abb. 464. Wärmeleitzahl von Gasen in Mischung mit H_2: CO_2 erheblich schlechter als die anderen Bestandteile von Rauchgasen, eine Sonderstellung hat H_2. D'ANS 374312.

$$\frac{\lambda}{\lambda_0} \frac{\Delta t_0 + \Delta t}{\Delta t_0}$$ belegt, sie verschlechtert sich, weil Kohlensäure die schlechtere Wärmeleitzahl λ gegen λ_0 hat, sie verbessert sich entsprechend der höheren Übertemperatur. Ein neues Gleichgewicht entsteht, wenn $\dfrac{\Delta t_0 + \Delta t}{\Delta t_0} \dfrac{\lambda}{\lambda_0} = \dfrac{1}{1 + \alpha \Delta t}$ wird. Es wird $\Delta t = -\left(\dfrac{\Delta t_0 + 1/\alpha}{2}\right)$

$$\pm \sqrt{(\ldots)^2 + \frac{\Delta t_0}{\alpha}\left(\frac{\lambda_0}{\lambda}\right) - 1}\,\bigg).$$ Mit den angegebenen Zahlenwerten wird $\Delta t = -220 \pm 262 = 42°$, also mit $\alpha = 0,0028$ für Platin $1 + \alpha \Delta t = 1,118$, der Widerstand des Drahtes ist von 10 Ohm auf 11,18 Ohm gestiegen, der Stromdurchgang von 0,2 A auf 0,179 A gefallen, dies alles für 100% CO_2. Für je 1% CO_2 ändert sich der Stromdurchgang um 0,021: 100 A = 0,21 mA. Um an der Skala halbe Kohlensäureprozente richtig ablesen zu können, muß das Gerät auf Zehntelprozente reagieren,

---

[1] GMELIN: Chemie-Ingenieur Bd. II, Teil 4, S. 76 und 88.

394   X. Technische Analyse.

es muß also für 0,02 mA empfindlich sein; für Strommesser mit Spitzenlagerung wird 0,001 mA als äußerste Empfindlichkeit angegeben (L. 44).
Die Vernachlässigung der Strahlung und Konvektion, die Annahme
einfacher Proportionalitäten bewirken, daß Vorstehendes eine Nähe-
rungsrechnung ist; sie sollte zeigen, daß man sich bei der Rauchgas-
prüfung und anderen Gasanalysen aus der Wämeleitfähigkeit elektrisch
zwar im meßbaren Bereich, immerhin an dessen Grenze befindet.

Die auf der Wärmeleitung beruhenden Rauchgasprüfer haben den
analytisch arbeitenden voraus, daß sie ohne weiteres eine Fernanzeige ergeben und daß sie schneller anzeigen. Es ist wichtig, daß der
Heizer sich vom augenblicklichen Stande des Feuers jederzeit überzeugen kann; diese Forderung ist örtlich zu verstehen: die Angabe der
Meßeinrichtung sollte an einem bequemen Orte, vorn am Bedienungs-
stande, sein; andererseits ist sie zeitlich zu verstehen: das Gerät soll
den augenblicklichen Gehalt der Fuchsgase angeben und möglichst
wenig nacheilen. Diese Nacheilung ist, soweit in der Dauer der Analyse
begründet, ein den Analysengeräten anhaftender Nachteil. Oft entsteht
freilich eine größere Nacheilung dadurch, daß der Rauminhalt der von
der Entnahmestelle zum Gerät führenden Leitung zu groß ist. Die Gasprobe kommt erst zum Gerät, wenn dieser Inhalt einmal ausgewechselt
ist. Man sorge also für kurze und nicht allzu weite Zuleitung und für
energische Saugwirkung; in deren Interesse wird das in die Zuleitung
eingebaute Holzwollfilter zum Abhalten von Ruß oft erneuert.

Nach Tab. 26 sind die Verhältnisse für die Ermittlung von CO_2
günstig, nur muß der Wasserdampfgehalt konstant oder gering gehalten
werden. Die Wärmeleitzahl ist für N_2, O_2 und auch CO fast die gleiche,
für CO_2 ist sie kaum $^2/_3$ so groß. Wenn man die Wichte mißt, so
sind die Unterschiede zwischen O_2 und N_2 merklich, und eine Eichung
nach CO_2-Prozenten wird nur für einen Brennstoff genau sein; Wasserdampf würde in größeren Konzentrationen störend sein. Der Unograph

Tabelle 26. Eigenschaften einiger in der Gasanalyse wichtiger Gase.
D'ANS 3715, 3743, 391133, 39225.

	O_2	N_2	Luft	CO_2	H_2O	CO	H_2	CH_4
1. Wichte γ kg/m³ (0,760) . . .	1,429	1,251	1,293	1,977	(0,80)	1,250	0,0900	0,717
2. Zähigkeit . . . . bei 0°	1,96	1,69	1,75	1,41	—	1,69	0,86	1,04
η kgs/m² $\times$ 10⁶ . . bei 20°	—	—	1,85	1,50	—	1,81	0,90	1,10
bei 100°	2,49	2,12	2,22	1,89	1,30	2,14	1,05	1,36
3. Verhältnis beider . bei 0°	1,36	1,35	1,35	0,71	—	1,35	9,60	1,45
4. Wärmeleitzahl . . bei 0°	0,021	0,0205	0,0205	0,012	—	0,019	0,15	0,265
λ kcal/m·h·C . . bei 20°	0,0225	0,022	0,022	0,0135	—	—	0,16	0,285
bei 100°	0,0275	0,0265	0,0265	0,018	0,0215	—	0,195	—
5. Brechzahl (N — 1) 10⁻⁶ bei 5461 A (D-Linie) . . .	272,23	299,14	—	450,11	255	337	140,18	443,3
6. Dielektrizitätskonst. bei 0° (DK $\times$ 10⁶) — 1000000	550	610	546	950	7000 bei 145°	700	264	950
bei 20°	—	580	546	—		—	273	—
7. Suszeptibilität $\times$ 10⁶ bei 20°	+106	—0,43	—	—0,48	—0,72	—	—2,00	—0,76

(Abb. 462) spricht auf das Verhältnis der Zähigkeit zu der Wichte an, nach Zeile 3 der Tab. 26 sind diese Verhältniswerte wieder viel günstiger selbst in bezug auf den H_2O-Gehalt. Die Zeile 5 endlich deutet an, daß das Interferometer (Abb. 482) auf CO und H_2O ansprechen muß, durch Anwesenheit dieser Gase die CO_2-Messung also getrübt wird.

Der Einfluß der Feuchtigkeit läßt sich freilich ausschalten; entweder man trocknet die Gase, indem man sie durch starke Schwefelsäure, über Chlorkalzium oder Phosphorpentoxyd leitet; aber diese Maßnahme kommt wieder auf eine Absorption mit ihrer Erneuerung der Reagenzien heraus, und die Reagenzien sind nicht angenehmer als Kalilauge, die zu vermeiden die physikalischen Verfahren sich rühmen; oder umgekehrt, man sättigt die Gase mit Wasser; dazu wird ein Sättiger vorgesehen, bei dem die Gase durch Wasser gehen. Oder drittens, man kühlt heiße Gase so weit, daß sie praktisch trocken werden; dazu ist in Abb. 465

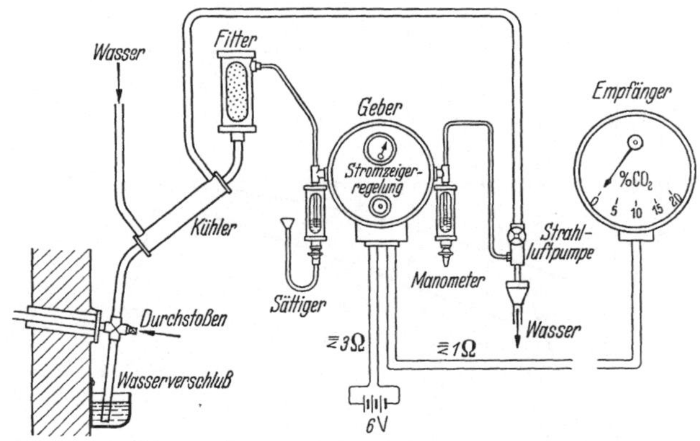

Abb. 465. Entnahme der Rauchgase und Verbindung mit Geber und Empfänger.

als Kühler ein doppelwandiges Rohr vorgesehen. Unveränderte Temperatur ist eine Vorbedingung dafür, daß die Anfeuchtung gleichmäßig wirkt, die Trocknung ist daher die meßtechnisch bessere Behandlung. Denn die Fehler aus wechselnder Feuchtigkeit sind selbst bei mäßigen Temperaturen nicht unbeachtlich; beim Luftdruck 760 Torr ist der volumetrische Anteil von H_2O in damit gesättigter Luft bei 10° 1,3%, bei 20° 2,5%, bei in diesen Grenzen wechselnder Temperatur sind also volumprozentige Unterschiede von 1,2% möglich, und da für das spezifische Gewicht die Abweichung bei H_2O etwa soweit nach unten gegenüber N_2 und O_2 ist wie bei CO_2 nach oben, so wird 1,2% Mehrgehalt an H_2O als 1,2% Mindergehalt an CO_2 gemessen, das bedeutet bei z. B. 12% Gesamtgehalt an CO_2 einen Meßfehler von 10%. Der volumprozentige Fehler macht bei Absorptionsmethoden der technischen Gasanalyse auch leicht $^1/_2$ bis 1% aus.

Im einzelnen hängt die Wirkung von mannigfachen Umständen ab. Die Wärme soll vom Draht auf den umgebenden Metallklotz durch Leitung gehen. Konvektion und Strahlung sollen zurücktreten; also nicht zu hohe Temperatur der Drähte, Bohrungen eng und langsame

Strömung darin; die Bohrung muß aber so weit sein, daß der Draht praktisch in der Mitte bleibt und keinesfalls anstößt und Kurzschluß gibt; er ist elastisch gespannt. Das Verfahren beruht darauf, daß CO_2 einerseits und O_2 und N_2 andererseits die Wärme verschieden leiten, bei $0°$ ist $\lambda = 0,013$ gegen $0,021$; aber CO_2 hat einen höheren Temperaturkoeffizienten als N_2 und bei etwa $400°$ leiten die Stoffe gleich gut; bei hoher Drahttemperatur trennt das Gerät also die beiden Bestandteile nicht mehr; bei einer Drahttemperatur um $200°$ ist die Empfindlichkeit am größten; um CO_2 und Luft zu unterscheiden, wird der Draht jedoch nur um $90°$ erwärmt, zur Verminderung der Strahlung. Die Indifferenz bei $400°$ läßt sich aber benutzen, um in einem ternären Gemisch, etwa

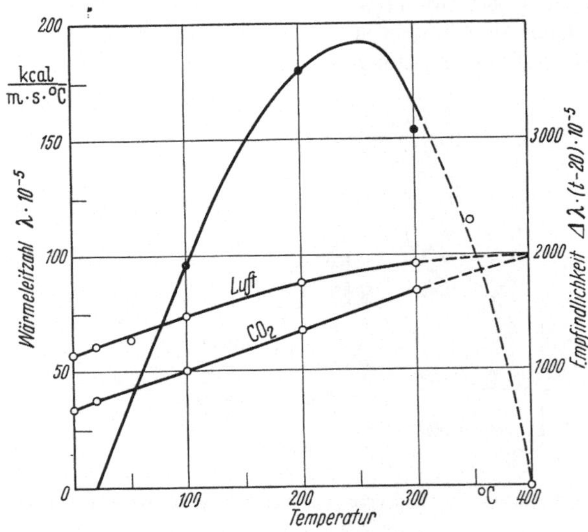

Abb. 466. Wärmeleitzahl λ für CO_2 und Luft, D'ANS u. LAX, Tabellen, S. 1136, und Empfindlichkeit der Kohlesäuremessung, gegeben durch $\Delta \lambda \cdot (t - 20)$. Schematisch, weil die Zahlenangaben differieren, zumal für die Dfffferenz.

von Luft, CO_2 und H, den dritten Bestandteil zu bestimmen, dessen Wärmeleitfähigkeit bei $400°$ von der der beiden anderen Bestandteile abweicht; allerdings wird bei solchen Temperaturen auch die Strahlung eine Rolle spielen. Ähnlich indifferente Bereiche sind für Luft mit H_2O bei $200°$, mit NH_3 bei $65°$, mit Azetylen C_2H_2 bei $100°$, mit Äthylen bei $120°$, mit SO_2 bei $450°$.

Um weiterhin in den Rauchgasen verbliebene, noch brennbare Bestandteile, also CO und CH_4, anzuzeigen, wird ganz ähnlich ein Widerstandsdraht in einem Metallklotz angebracht; diesmal wird aber die Temperatur des Platindrahtes so weit gesteigert, daß an ihm als Katalysator oder an aufgebrachter Katalysatorsubstanz das Brennbare mit Luft verbrennt, die natürlich, wenn kein Luftüberschuß mehr besteht, beigegeben werden muß; die Wärmetönung läßt die Temperatur höher werden als in einer Vergleichskammer. Beide Kammern sind in zwei benachbarte Seiten eines Brückenvierecks geschaltet; die Temperatursteigerungen sind diesmal so groß, daß nicht alle vier Seiten der Brücke in Anspruch genommen werden. Ähnlich wie beim erweiterten Orsat ließen sich durch Wahl passender Temperaturen und selektiv wirkender Katalysatoren die Bestandteile CO und H_2, eventuell noch CH_4 getrennt bestimmen; aber schließlich kommt es bei den Rauchgasen und Heizgasen auf den Heizwert an, der verlorengeht oder zur Verfügung steht, und eben diesen erfaßt das Gerät ohne weiteres. —

Die meisten physikalischen Analysenverfahren wirken nicht spezifisch. Schließt man aus der Wichte der Rauchgase auf ihren Gehalt an CO_2, so kann eine höhere Wichte hiervon, sie kann aber auch von anderen Bestandteilen herrühren; nur sind andere Bestandteile im regelmäßigen Verlauf der Verbrennung nicht zu erwarten. Übrigens mißt auch die chemische Analyse nicht den Gehalt an CO_2 allein, sondern an Säure überhaupt, und ein bei der Verbrennung von Steinkohle meist vorhandener Gehalt an SO_2 wird wie CO_2 gemessen.

In erster Linie lassen sich binäre Gemische (aus nur zwei Bestandteilen) untersuchen; ist aber der Luft mit ihren zwei Bestandteilen ein Dritter, ein Dampf beigemischt, so läßt er sich bestimmen, weil ja N_2 zu O_2 unveränderlich im Verhältnis 79 zu 21 stehen; und CO_2 in Rauchgasen läßt sich bestimmen, weil zwar das Verhältnis 79 zu 21 abgewandelt, aber je nach dem Brennstoff in ganz bestimmter Weise abgewandelt ist; insofern gilt eine CO_2-Skala nur für die Abgase eines bestimmten Brennstoffs, sie ändert sich je nach dem Verhältnis C zu H im Brennstoff (Abb. 448). Oft ist es günstig, daß Stickstoff und Sauerstoff beide zweiatomig

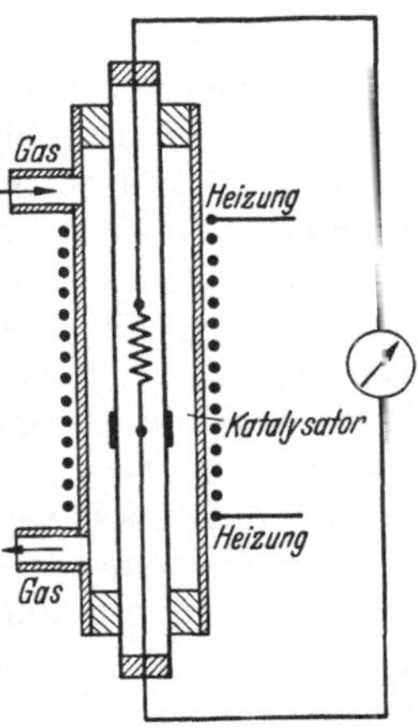

Abb. 467. Rauchgasanalyse auf brennbare Bestandteile; sie beheizen die vom Katalysator umgebene Stelle, Temperaturunterschied zwischen beiden Lötstellen ist Maß der Verluste durch CO und H_2.

sind und daß manche ihrer Eigenschaften numerisch nicht viel voneinander verschieden sind. Demgegenüber sticht CO_2 als dreiatomig mehrfach von den anderen Rauchgasbestandteilen ab.

Die Eigenschaften von Mischungen folgen meist nicht der Mischungsregel, man darf nicht zwischen den Eigenschaften der Bestandteile interpolieren. Oft geht die Eigenschaft der Mischung, über den Anteilen der Bestandteile aufgetragen, durch ein Maximum oder Minimum, dann kann ein bestimmter Wert der Eigenschaft zwei Mischungsverhältnisse bedeuten, im auf- und im absteigenden Ast der Kurve; das stört nicht, wenn die Messung sich immer nur in einem Ast bewegt, so bei kleinen Beimengungen (Spuren) eines Stoffes. In der Gegend von Maximum oder Minimum wird die Messung unbestimmt.

Die physikalischen Meßmethoden haben sich am Beispiel der CO_2-Bestimmung in Rauchgasen entwickelt; abgesehen von der Messung der Wichte war das erste physikalische Meßverfahren für Rauchgase der Wärme-Leitfähigkeitsmesser um 1910. Er entstand also zehn Jahre nach dem ersten selbsttätigen chemischen Analysator (ARND 1899). Beide Geräte werden in ursprünglicher und in abgewandelter Form noch heute gebraucht, sie haben ihr Anwendungsgebiet weit über die Rauchgasanalyse hinaus erweitert, namentlich innerhalb der chemischen und der Hüttenindustrie. Man bestimmt den CO_2-Gehalt bei der Kalzinierung von Soda, bei der Konservierung von Früchten (wo aber auch O_2 und CO_2 wichtig sind); man bestimmt SO_2 in Röstgasen, H_2 und CO im Hochofen- oder Generatorgas und vieles andere, und zwar entweder durch Absorption oder, und zwar in zunehmendem Maß, nach der Wärmeleitung. Eine besondere Aufgabe ist dabei die Analyse auf Spuren, etwa von H_2 in O_2 oder umgekehrt bei der Elektrolyse, die sich nach Abb. 464 gut machen läßt.

Die chemischen Analysatoren sind aus Glas übersichtlich aufgebaut und arbeiten sinnfällig; wenn sie etwa zu Nullpunktsverschiebungen neigen, so sind solche an Hand einer Luftanalyse leicht zu beheben. Ihnen gegenüber haben die physikalischen Geräte den Vorteil, sie arbeiten dauernd ohne jede Aufsicht; tritt aber eine Störung auf, so ist die Ursache für den Ungeübten schwer zu finden, und es ertönt der Schrei nach dem Physiker; solche sind aber nur bei großen Anlagen zur Hand. Dazu sind die physikalisch wirkenden Geräte merklich teurer als die chemischen. Die physikalischen Analysatoren finden sich daher im Großbetrieb des Kesselwesens, des Hüttenwesens, der chemischen Industrie; dort sollen auch die Ergebnisse in einer Meßzentrale zusammengefaßt werden, und oft soll nach dem Meßergebnis eine Regelung betätigt werden, was mit den elektrischen Geräten leicht möglich ist. In dem weiten Bereich kleinerer Betriebe wird der chemische Analysator immer noch gern benutzt.

Wenn meist die Kohlensäure als Maß für den Luftüberschuß bestimmt wird, so ist das eigentlich ein Notbehelf, deshalb angewendet, weil CO_2 vor den zweiatomigen Begleitgasen O_2 und N_2 einige deutlich abgehobene Eigenschaften hat, die seine Bestimmung erleichtern; es sind das die höhere Dichte, die kleinere Wärmeleitfähigkeit, die Absorbierbarkeit in Alkali. Was eigentlich interessiert, ist der Sauerstoffgehalt im Rauchgas, er zeigt direkt an, daß mehr Luft zugeführt wurde als zur Verbrennung des Abbrandes nötig war. Um vollkommener Verbrennung sicher zu sein, muß bei jedem Brennstoff 3 bis 4% O_2 übrigbleiben, mehr ist vom Übel; für CO_2 läßt sich solcher Wert nicht allgemein angeben, es kommt auf den Wasserstoffgehalt des Brennstoffs an (Abb. 448). Man bestimmt nur deshalb nicht den Sauerstoff, weil er schlechter bestimmbar ist, bei Absorption mit Pyrogallol muß ohnehin vorher die Kohlensäure entfernt sein; vergleiche immerhin Abb. 452. Erst in neuerer Zeit ergab sich eine Bestimmungsmethode für den Sauerstoff aus seinen magnetischen Eigenschaften.

Eine sehr spezifische Bestimmungsweise für Sauerstoff, von Spurennachweis über den O_2-Anteil in Luft bis zu reinem Sauerstoff angewendet, beruht darauf, daß von den Gasen nur Sauerstoff paramagnetisch ist, also wie Eisen vom magnetischen Feld angezogen wird;

die Anziehung nimmt mit steigender Temperatur ab, weil das Gas
dünner wird, und noch darüber hinaus. Im Sauerstoffschreiber der
BASF-Oppau läuft das Prüfgas durch eine Ringkammer mit Quersteg,
in dem ein magnetisches Feld und eine Heizspule so gegeneinander
versetzt sind, daß bei Vorhandensein von Sauerstoff und je nach dessen
Menge eine Querströmung, ein magnetischer Wind entsteht, dessen
Stärke durch verschiedene Abkühlung zweier Spulenteile auf ein
Brückenviereck wirkt. Der Quersteg muß genau waagrecht liegen, um
thermische Einflüsse auf die Strömung zu vermeiden, das Gerät ist
also neigungsempfindlich, an Bord nicht verwendbar. Konstruktiv
handelt es sich darum, eine einseitige, magnetische Anziehung zu erreichen unter Vermeidung thermischer Auftriebserscheinungen. Durch
ein Ringrohr strömt das Prüfgas,
in ein waagrecht querliegendes Glasröhrchen wird es dann eingesaugt,
wenn Sauerstoff darin vorhanden,
je nach dessen Menge; eine zwei-
geteilte, um das Röhrchen gelegte
Heizspirale, wird im vorderen Abschnitt durch den Gasstrom stärker
gekühlt als im hinteren, der Unterschied der Widerstände ist ein Maß
für den Sauerstoffgehalt, er wird
in einem Brückenviereck gemessen.
Die Strömung im Glasröhrchen entsteht als magnetischer Wind, in dem
ein Magnetfeld einseitig auf das
Glasröhrchen wirkt; thermische Unsymmetrien werden dabei vermieden, indem die Magnetpole durch
unmagnetische Stücke gleicher

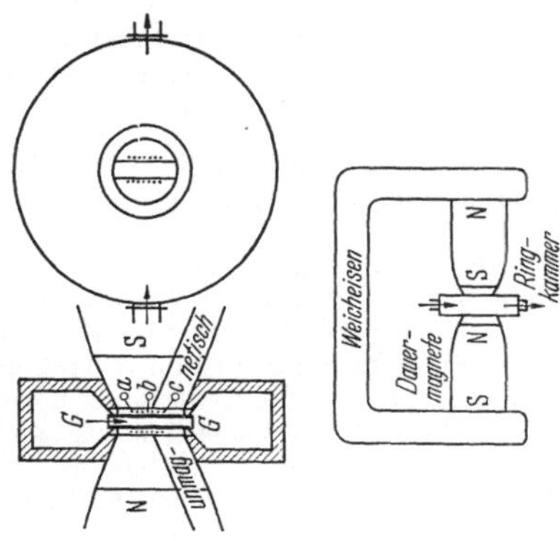

Abb. 468. Sauerstoffzeiger Magnos (IG-
Oppau). Glasröhrchen GG im unsymmetri-
schen Magnetfeld NS, darauf symmetrisch
zwei Heizspulteile mit Klemmen $a\,b\,c$ zum
Brückenviereck hin. Fa. Hartmann & Braun.

Wärmeleitung zur Symmetrie ergänzt sind. Wirksam für die Querströmung ist die Unsymmetrie des Magnetfeldes, unterstützt durch die
Beheizung.

86. Überwachung des Speise- und Kesselwassers. Das Kesselwasser wird vor dem Speisen aufbereitet, weil sich im Kessel kein
wärmehemmender Stein ansetzen soll und weil der abgehende Dampf
frei von festen und von korrodierenden gasigen Bestandteilen sein
soll; auch im Kessel soll das Wasser keine Korrosion ergeben. In
welchem Maß diese Forderungen erfüllt werden müssen, hängt von
der Kesselart — Umlauf oder Durchlauf —, von Druck und Temperatur, vom Verwendungszweck des Dampfes und schließlich von wirtschaftlichen Erwägungen ab. Alle diese Fragen stehen nicht zur Diskussion; hier handelt es sich nur darum, nachdem die Erfordernisse
festliegen, wie ihre Innehaltung meßtechnisch überwacht werden kann,
sei es gelegentlich durch den Heizer selbst und durch die Aufsicht, sei
es besser dauernd durch Schreibgeräte, die umgekehrt den Heizer,
zumal auch nachts, kontrollieren.

Die allgemein und von jeher, auch für einfachste Kessel gestellte
Forderung geht dahin, das Wasser dürfe nur eine mäßige Härte haben,
am besten gar keine. Das, was man beim Trinken und Waschen als
Härte des Wassers empfindet, rührt von seinem Gehalt an CaO und
MgO her; die Härte wird in (deutschen) Härtegraden gemessen; $1°$ dH
bedeutet 10 mg CaO oder $10 \cdot 40/56 = 7{,}14$ mg Mg im Liter Wasser;
56 und 40 sind die Molekulargewichte der beiden Oxyde. Zur Enthärtung
wird dem Wasser Kalk, Soda oder Natronlauge zugesetzt, das Wasser
wird dabei häufig erwärmt; welches Verfahren im Einzelfall bevorzugt
wird, hängt von den Säureresten ab, die neben den Erdalkali-Ionen
vorhanden sind, ob es sich um Karbonathärte handelt oder um Sulfat-
härte; im letzteren Fall kann sich mit Ca der fast unlösliche Gips $CaSO_4$
ausscheiden und sehr harten Kesselstein geben.

Zurück bleibt eine Resthärte. Diese zu bestimmen dient sehr allgemein die n/20-glyzerin-alkoholische Kaliumpalmitatlösung nach
BLACHER, die käuflich ist (Merck, de Haen); sie soll klar, nicht aus-
geflockt sein und wird vor Gebrauch geschüttelt; meist wird sie kurz
Seifenlösung genannt, denn um eine solche handelt es sich.

100 cm³ des (nach Bedarf filtrierten) Prüfwassers werden in einem graduierten
Zylinder mit 20 Tropfen Phenolphthalein-Lösung 1 : 100 versetzt; tropfenweise
unter Umschwenken wird $n/10$-Kalilauge zugesetzt, bis sich das Wasser leicht rosa
färbt, diese Färbung wird mit 1 Tropfen $n/10$-Salzsäure weggenommen; die Wasserprobe ist nun neutral, weder sauer noch basisch (Vorbehalt: gegen Phenolphthalein).
Ihr wird nun in Kubikzentimetern, an der Graduierung abzulesen, die Seifenlösung
unter Umschwenken zugesetzt, bis sie opalisierend und dann milchig, je nach dem
Härtegrad, wird, schließlich wird sie bläulich-violett; nun setzt man die Seifenlösung nur noch in $^1/_{10}$ cm³ vorsichtig zu, bis die Lösung rosarot wird; die verbrauchten Kubikzentimeter Seifenlösung, mit 1,4 multipliziert, sind die deutschen
Härtegrade. — Bei hohen Härtegraden, und wenn Natriumsalze im Wasser sind,
muß man dieses mit destilliertem Wasser verdünnen; doch pflegt destilliertes
Wasser nicht neutral zu sein, da es Kohlensäure aus der Luft aufnimmt; man gibt
zu 1 l Wasser 3 Tropfen Phenolphthalein-Lösung 1 : 100 und dann tropfenweise
$n/10$-Kalilauge, bis es sich bleibend schwach rosa färbt.

Dieses Verfahren, im Reagenzglas ausgeführt, ist bewährt, wenn
auch nicht sonderlich genau. Kontinuierliche Geräte zum Aufschreiben
der Härte arbeiten mit einer Photozelle, deren Belichtung je nach dem
Grade der Reaktion durch Färbung des untersuchten Wassers ge-
schwächt wird. Auch Seifenlösung schwächt das Licht beim Ausflocken,
aber wechselnd stark je nach Feinheit der Flockung; man verwendet
Eriochromschwarz oder Chromogenschwarz, die beide auf Ca- und Mg-
Ionen mit Färbung ansprechen (Komplexon-Methode, Fa. Siegfried;
auch zur Handtitration verwendet); doch ist die Beziehung zwischen
Farbtiefe und CaMg-Gehalt nur bei bestimmtem Säurewert eindeutig.
Um also wechselnde p_H-Werte des untersuchten Wassers auszuschalten, wird eine Pufferlösung beigegeben; solche hat die Eigenschaft,
ihren p_H-Wert sehr stabil beizubehalten, auch wenn die starken Basen
(oder Säuren) der Härtebildner hinzukommen; durch Beifügen einer
bestimmten Menge Pufferlösung stellt sich also ein bestimmter p_H-Wert
ein, unabhängig (in gewissen Grenzen) von der basischen oder sauren
Reaktion des untersuchten Wassers. Etwas vollkommener, aber kost-

spieliger, wird die Aufgabe gelöst, wenn man zwei Photozellen anleuchtet, eine durch ein klares Vergleichswasser, die andere durch das Prüfwasser hindurch; vor der Inbetriebnahme wird der Nullpunkt bestimmt, indem auch als Prüfwasser klares Wasser benutzt wird, dann wird hüben oder drüben eine Blende bedient, bis das Meßgerät auf Null zeigt. Im Betriebsgerät schaltet der Differenzstrom über einen Verstärker einen Elektromotor ein und verstellt die Blenden gegenläufig, bis beide Photozellen gleich stark erregt sind. Die Blendenstellung ist ein Maß für die Härte, sie wird aufgeschrieben (Fa. BASF).

Wird das Wasser nach dem Basenaustausch-Verfahren mit Permutit oder Levatit enthärtet, so bedarf es der Kontrolle nicht, diese Verfahren enthärten auf 0° d, wenn sie nicht überbeansprucht werden. Trotzdem setzt man Härteschreiber dahinter, damit nicht die Zeit verpaßt wird, wo der Austauscher erschöpft ist und auf Regeneration umgeschaltet werden muß; dann löst die Photozelle ein Signal aus.

In einfachen Kesselanlagen — die das Großteil ausmachen — ist die Härtebestimmung mit Seifenlösung die einzige Prüfung, die dem Wasser zuteil wird. In Hochdruckanlagen verlangt man nicht nur Freiheit von Härtebildnern, sondern Salzfreiheit; die ist mit den Austauschverfahren der Wasseraufbereitung auch praktisch erreichbar. Die höchsten Anforderungen stellt der Durchlaufkessel etwa nach BENSON. Aber auch anderwärts stört das Salz; der Dampf soll salzfrei sein, um Krusten in der Turbine zu vermeiden, wo er feucht wird; er reißt aber beim Verdampfen salzige Wassertropfen mit. Und schließlich hat jedes Salz einen wenn auch kleinen Dampfdruck, ver-

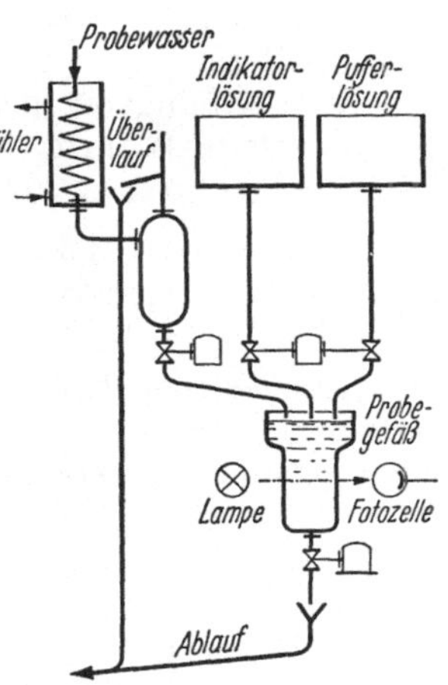

Abb. 469. Durometer zur selbsttätigen Härtebestimmung, halbkontinuierlich. Dem temperierten abgemessenen Speisewasser werden abgemessene Mengen Pufferlösung und Reagenz zugegeben, Bedienung der Ventile durch Programmwalze oder Motoren; die Reaktion färbt das Wasser und schwächt das Licht. Pufferlösungen sind fertig käuflich.

möge dessen es mit dem Wasserdampf übergeht; bei 200° Verdampfungstemperatur (20 at Kesseldruck) hat NaOH immerhin 0,5 Torr und NaCl 0,01 Torr Dampfdruck; es geht wenig über, aber die Mengen integrieren sich, außer, wenn Salz gar nicht da ist. Das bestens aufbereitete Wasser wird wieder verseucht durch Undichtheiten der Kondensatorrohre. An den verschiedensten Stellen des Dampf-Wasser-Kreislaufes ist es also gut, den Salzgehalt zu überwachen und Salzeinbrüche im Keime zu ersticken.

Der Salzgehalt wird am zuverlässigsten durch Beobachtung der elektrischen Leitfähigkeit des Wassers überwacht, bei Dampf nach vorheriger Kondensation. Die *Leitfähigkeit* ist eine stoffliche Eigenschaft; die Einheit der Leitfähigkeit hätte der Stoff, von dem ein Würfel von 1 cm Länge, in dem der Strom von einer zur gegenüberliegenden

Fläche geht, also bei 1 qcm Querschnitt 1 cm zu durchmessen hat, den Widerstand 1 Ohm, also den Leitwert 1 Siemens hat (S. 35); die Leitfähigkeit $\varkappa$ hat also die Benennung $S \cdot \dfrac{cm}{cm^2} = S/cm$. So im physikalischen Maßsystem, auf das alle Tabellen abgestellt sind; in technischen wäre die Benennung S/m und die gegebenen Zahlenwerte wären $^1/_{100}$ so groß, doch bleiben wir hier bei den Tabellenwerten. Reinstes Wasser hat bei

$$\begin{array}{cccc} & 10 & 18 & 26^\circ\ C \\ \text{die Werte} \quad \varkappa = 2{,}85 & 4{,}41 & 6{,}70 \cdot 10^{-8}\ S/cm; \end{array}$$

es ist praktisch kaum herstellbar; sogenanntes Leitfähigkeitswasser hat bereits $\varkappa = 1 \cdot 10^{-6}$ S/cm bei Zimmertemperatur, also um zweieinhalb Größenordnungen besser. Sauerstoff und Kohlensäure sind ihm sorgsam fernzuhalten.

Die Leitfähigkeit geht dem Salzgehalt etwa proportional; eine Kaliumchlorid-Lösung (K = 39, Cl = 35,5; KCl = 74,5) hat folgende Leitfähigkeit (D'ANS 392 131):

	normal = 74,5 g/ltr	$^1/_{10}$ normal	$^1/_{50}$ normal	$^1/_{100}$ normal
$\varkappa$ bei 15°	0,09254	0,01048	0,002243	0,001147
bei 20°	0,10209	0,01167	0,002501	0,001278 S/cm;

die verschiedenen Leitfähigkeiten treten additiv zu einander, nicht als Faktoren, aber bei kleinen Konzentrationen ist die Leitfähigkeit des verwendeten Wassers um soviel zu vermehren, wie dem zugefügten Salz entspricht, im Durchschnitt um $\varDelta \varkappa = 10^{-6} = 1$ Milliontel für 1 mg Salz im Liter oder umgekehrt: 1 Milliontel Verbesserung der Leitfähigkeit deutet, je nach Art des Salzes, auf etwa 1 mg/l Salzzusatz.

In der technisch üblichen Elektrodenanordnung, Abb. 470, sind die Begriffe Querschnitt und Länge des Weges für den Strom so unbestimmt, daß sich nur der Leitwert des Ganzen ermitteln läßt; um die Leitfähigkeit des geprüften Wassers und damit den Salzgehalt zu finden eicht man die Elektrode mit Normallösungen. Als solche dienen bei großer Verdünnung die Kaliumchlorid-Lösungen, deren $\varkappa$-Werte genau bekannt sind (D'ANS, a. a. O.; KOHLRAUSCH II, 66) und die deshalb eben schon als Beispiel dienten. Der Leitwert G eines Leiters von der Länge l und dem Querschnitt q ist $G = \varkappa\, q/l = \varkappa\, C$; allgemein wird nun $C = G/\varkappa$ als *Widerstandskapazität* eines Leiters von beliebig unregelmäßiger Gestaltung bezeichnet, sie läßt sich bei bekanntem $\varkappa$ einer

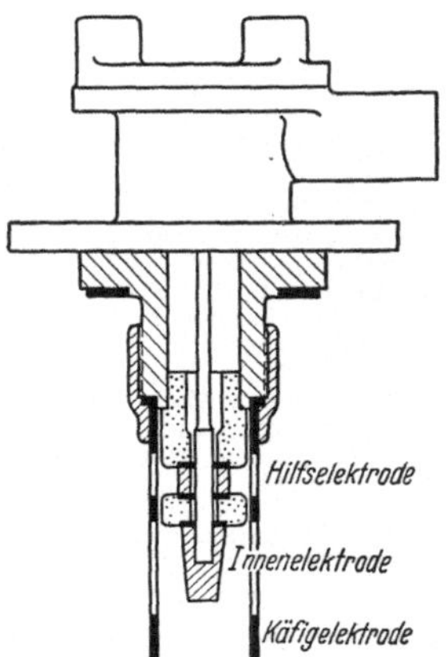

Abb. 470. Einheitselektrode, bestimmt elektrische Leitfähigkeit von Flüssigkeiten, mit Flansch zum Einbau in Rohr- oder Kesselwand. Nach Bedarf kommt in die Elektrode ein Nickelwiderstand, der dann zusammen mit der Hilfselektrode Temperaturschwankungen kompensiert. Fa. Wösthoff und Siemens & Halske.

Meßflüssigkeit finden, indem man G mißt. Die Elektroden werden geeicht geliefert; doch ist ab und zu eine Nacheichung nötig, denn die

Widerstandskapazität ändert sich mit der Zeit durch Verschmutzung, aber auch durch Säubern entsteht nicht mehr der alte Wert; vielleicht sind Korrosionen und Aufrauhungen der Oberfläche hier wirksam; da der Weg des Stromes von Elektrode zu Elektrode nur kurz ist, so spielen die Übergangswiderstände von der Elektrode zur Flüssigkeit eine merkliche Rolle.

Ganz unzulässige Werte würden diese Übergangswiderstände annehmen, wollte man mit Gleichstrom messen; die Polarisation erzeugt an den Elektroden'elektromotorische Kräfte und ändert daher scheinbar den Widerstand des Kreises; aber selbst bei normalfrequentem Wechselstrom wird die Polarisation innerhalb einer Halbphase noch merklich. Man erzeugt hochfrequenten Wechselstrom 1000 bis 5000 Hz mit einem Summer oder einer Röhre und stellt im Brückenviereck mit dem Telephon fest, bei welcher Einstellung die Brücke stromlos wird. So beim Einzelversuch im Laboratorium; soll im Betrieb dauernd gemessen und aufgeschrieben werden, so wird der in der Brücke entstehende Wechselstrom verstärkt und mit einem Thermokreuz, Abb. 38, gemessen.

Mit steigender Temperatur erhöht sich die Leitfähigkeit um etwa 2% je Grad; das Prüfwasser muß also mit einem Thermostaten gut temperiert werden, oder der elektrische Teil muß eine Temperatur-Kompensation haben. Eine weitere Unsicherheit bringen alle Fremdkörper in die Messung, die nicht Salze sind, vor allem O_2, CO_2 und NH_3, wenn die letzten beiden in gut entsalztem Wasser keinen Partner finden.

Die mit diesen Vorsichtsmaßnahmen gemachte Ablesung gibt die Leitfähigkeit, der Salzgehalt liegt dabei nur für ein bestimmtes Salz eindeutig fest, und meist wird die Skala nach Kochsalz NaCl geteilt. Für andere Salze stimmt die Angabe nur ungefähr, denn eine

5%ige Lösung von	NaCl	KCl	$CaCl_2$	$MgCl_2$
hat die Leitfähigkeit $\varkappa =$ 0,067		0,069	0,064	0,068 S/cm.

Diese Werte (D'Ans 392132a) stimmen leidlich überein, anders liegen die Zahlen für Stoffe, die beim Lösen in Wasser H oder OH abspalten; eine

5%ige Lösung von NaOH	HCl
hat $\varkappa =$ 0,197	0,395;

hier wird also ein viel größerer Gehalt vorgetäuscht. Für den Betrieb kommt es auf das in der Turbine abzuscheidende Gewicht (oder Volumen) an; man kann also dem Rat beitreten, das Meßgerät nicht in mg/l, sondern in Siemens oder μS zu beschriften und die weitere Auswertung von der Art des Wassers abhängig zu machen.

Um im Kessel, in Rohren und Apparaten Korrosionen zu vermeiden, sollten das Wasser und später der Dampf frei von Sauerstoff sein. Dabei werden hohe Anforderungen gestellt: es soll nicht mehr als 1 bis 10 μg Sauerstoff im Liter Wasser sein, das erste bedeutet, daß eine Beimengung von 10^{-9}fachen des lösenden Wassers angezeigt werden soll, und zwar aufgeschrieben und alarmierend; so weit geht man allerdings nur in Höchstdruckanlagen. Aber auch hierfür sollen die Geräte dauernd schreiben und gegebenenfalls alarmieren.

Ein Gerät (Abb. 471) erzeugt elektrolytisch Wasserstoff, der zugleich entstehende Sauerstoff geht andere Wege. Der Wasserstoff kommt mit dem Versuchswasser in Kontakt und belädt sich mit Sauerstoff, um so mehr, je mehr im Wasser vorhanden ist. Er verliert durch die Verunreinigung an Wärmeleitfähigkeit, und das läßt sich auf bekannte Weise (S. 392) zur elektrischen Anzeige benutzen. Doch ist der Sauerstoff des Wassers stets mit Stickstoff gekoppelt, denn beide werden durch Absorption der Luft entnommen; beider Verhältnis kann aber immerhin wechseln, je nach der Vorgeschichte des Wassers.

Andere Geräte benutzen den Sauerstoffgehalt des Prüfwassers, um Polarisationserscheinungen an zwei Elektroden zu stören, von denen mindestens die eine ins Prüfwasser eintaucht. Dadurch entsteht ein Diffusionsstrom[1], der innerhalb bestimmter Grenzen (unterhalb des

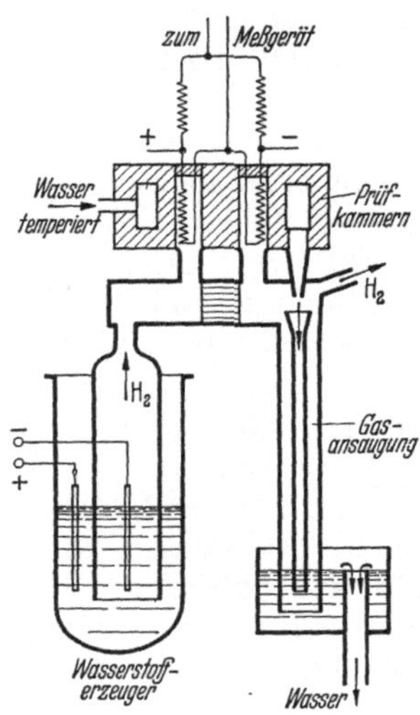

Abb. 471. Sauerstoffbestimmer für Speisewasser. Wasserstoff wird elektrolytisch erzeugt und mit dem Wasser in Berührung gebracht; die Verunreinigung des Wasserstoffs durch Sauerstoff wird nach der Wärmeleitung (Abb. 463, 464) bestimmt und angezeigt. Fa. Cambridge Instrument Co.

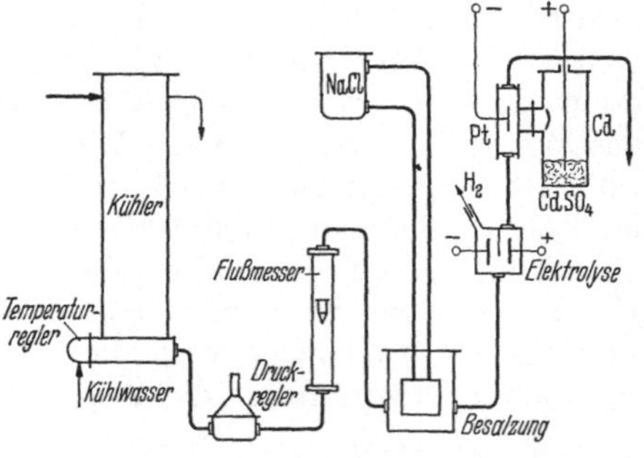

Abb. 472. Sauerstoffprüfer für Speisewasser. Anode Kadmium, in CdSO₄ stehend, unpolarisierbar; Kathode Platin im Prüfwasser, dazwischen Diaphragma. Entstehender Diffusionsstrom wird am Meßgerät angezeigt, ist dem Sauerstoffgehalt in bestimmten Grenzen proportional, der die Polarisation am Platin mehr oder weniger beseitigt. Nebeneinrichtungen: Thermostat; Reglung für Durchflußdruck, Flußmesser; Besalzung, konzentrierte NaCl-Lösung diffundiert ins Prüfwasser, um Leitfähigkeit zu erhöhen und konstant zu machen; Eichung durch elektrisch meßbar beigefügten Sauerstoff, Wasserstoff wird anderweit abgeführt. Fa. Chlorator.

Grenzstromes) dem Sauerstoffgehalt proportional bleibt. Die Theorie der an sich einfachen Apparatur scheint noch nicht im einzelnen klar zu sein. Die Geräte sind noch in der Entwicklung (Abb. 472 bis 474).

Ein großer Teil des chemischen und auch des physikalischen Geschehens wird von der Gegensätzlichkeit: Säure gegen Lauge, sauer gegen alkalisch bestimmt, auch in den physikalischen Ergebnissen dadurch beeinflußt. Der Kesselinhalt soll eine gewisse Alkalität haben, damit er die Kesselwände nicht angreift, auch um Schäumen und Spucken zu verhüten; deshalb soll das Speisewasser passend alkalisch

---

[1] EUCKEN: Grundriß d. Phys. Chemie, 5. Aufl. S. 579.

sein und der Kessel muß in passender Menge abgesalzen (entschlammt) werden. Kesselwasser wie Kesselinhalt müssen also auch auf den Säuregrad überwacht werden; Frischwasser wird mit Alaun oder Eisenchlorid geklärt, deren Flocken die Trüben mitnehmen; die Form der Flockung, die Filtrierbarkeit des Wassers hängt vom Säuregrad ab; zuviel Säure, meist Kohlensäure, gefährdet auch die Rohrleitungen. Aus solchen Gründen empfiehlt es sich oft, den Reaktionszustand von Wässern zu überwachen und nach Befund zu beeinflussen. Beeinflussen läßt er sich durch Beifügen von Kalkwasser oder andererseits von Schwefelsäure, bequemer oft von gasförmiger schwefliger Säure.

Zur Prüfung, ob sauer oder alkalisch, diente meist der Farbumschlag von Farbstoffen; dem Laien war Lackmus am geläufigsten, und es hieß: sauer ist eine Flüssigkeit, in der sich Lackmus rot, alkalisch, worin es sich blau färbt. Das war eine vage Angabe, sie sagte nichts über den Grad des Sauerseins. Und da andere Farbstoffe, Phenolphthalein, Methylorange, den Farbumschlag bei anderer Zusammensetzung erleiden, so war die Bezugnahme auf jeden von ihnen als Begrenzung eine Willkürlichkeit. Hier ist Wandel geschaffen worden durch SÖRENSEN, der die Wasserstoffionenkonzentration, den p_H-Wert als Maß des Säuregrades einführte.

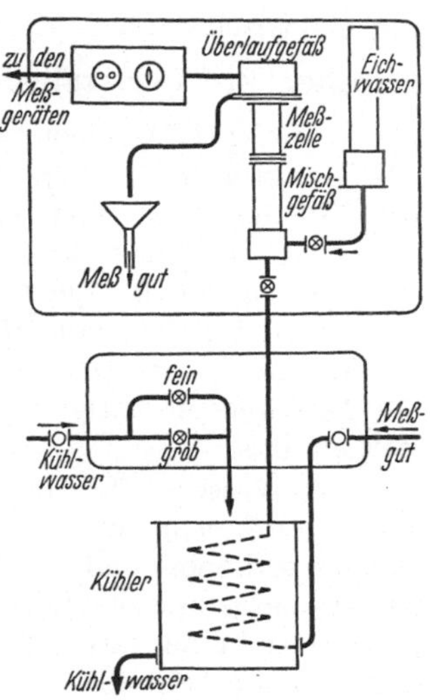

Abb. 473. Prüfgerät für Spuren oder größere Anteile Sauerstoff im Wasser, nach TÖDT. Meßgut wird temperiert (Einfluß 3% je Grad) und geht zur Meßzelle: Platin einerseits, gegen Stahlgefäß mit Zinkelektrode, liefern EMK dem O_2-Gehalt proportional. Zum Eichen wird gleiches Wasser, an der Luft mit Sauerstoff gesättigt, dosiert zugegeben. Fa. Hartmann & Braun.

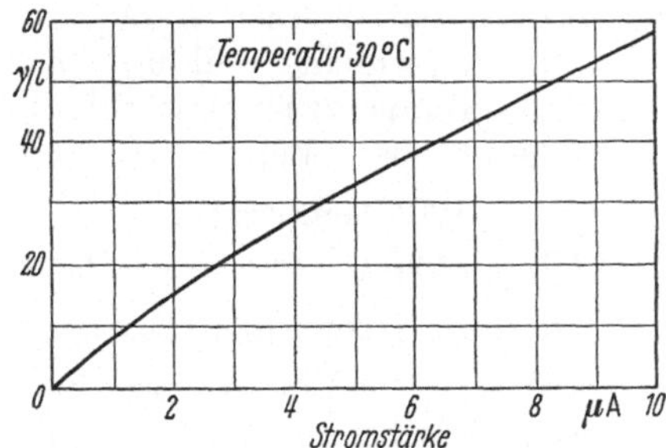

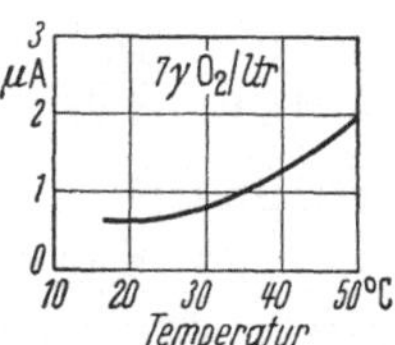

Abb. 474. Diffusionsstrom und Sauerstoffgehalt. Links der etwa lineare Zusammenhang bei bestimmter Temperatur, rechts der Einfluß der Temperatur.

Reines Wasser besteht nicht gänzlich aus H_2O-Molekülen; ein sehr kleiner Teil ist dissoziiert, aufgespalten in Wasserstoff (H^+) und die Hydroxylgruppe (OH'); das Pluszeichen am H deutet an, daß die dissoziierten Wasserstoffteilchen positiv elektrisch geladen, daß sie also Ionen sind, beim Hydroxyl vertritt der Strich, weil bequemer zu schreiben, ein Minuszeichen; beim Zusammentritt ist das Wasser also elektrisch neutral. Freilich sind im Wasser nur wenige Moleküle so gespalten, in 1 Liter kaltem Wasser von 25° sind $\frac{1}{10\,000}$ mg H$^+$, das sind also $1 \cdot 10^{-7}$ g (H$^+$), denen natürlich das äquivalente Gewicht $17 \cdot 10^{-7}$ g (OH′) zugeordnet ist; reines Wasser hat, so sagt man nach Sörensen, bei 25° den Säurewert $p_\mathrm{H} = 7$, und dieser Wert bedeutet bei 25° eine neutrale, weder saure noch alkalische Flüssigkeit. Säuren machen den Wert p_H kleiner; eine Säure mag $p_\mathrm{H} = 3$ haben, das heißt dann, es sind 10^{-3} g [H$^+$] oder 1 mg (H$^+$) in 1 Liter Lösung, Säuren regen das Wasser also zu weiterer Dissoziation an; Basen umgekehrt drängen die Dissoziation zurück, $p_\mathrm{H} = 11$ ist das Kennzeichen einer mittelstarken Base.

Der Wasserstoffexponent p_H bedeutet also einen Gehalt 10^{-p_H} Wasserstoffionen im Liter, er kennzeichnet die Konzentration der Wasserstoffionen und setzt damit eine exakte Zahlenangabe für den Reaktionszustand der Lösung. Nach üblichem Sprachgebrauch bedeutet $p_\mathrm{H} = 0$ bis 3 eine starke, 3 bis < 7 eine schwache Säure; $p_\mathrm{H} = > 7$ bis 11 bedeutet eine schwache, 11 bis 14 eine starke Base; eine neutrale Lösung hat den Wert $p_\mathrm{H} = 7$. Da p_H in der Formel 10^{-p_H} negativ vorkommt, bedeuten kleine p_H-Werte eine starke Dissoziation, eine große Anzahl von Wasserstoffionen im Liter.

Bei der Dissoziation zerfällt das Wasser in zwei einwertige Bestandteile. Für diesen Fall besagt das Massenwirkungsgesetz, bei gegebenem Zustand (Druck und Temperatur) gelte die Regel: H · (OH) : (H$_2$O) = K, sei also konstant; darin sind H . . . die molaren Anteile der betreffenden Bestandteile. Solange die Dissoziation gering ist, kann H$_2$O als unveränderlich, nämlich immer eins oder 100 % angesetzt werden; dann ist H · (OH) = K, das molare Produkt der Zerfallsprodukte ist konstant; ins Logarithmische übersetzt ist also $p_\mathrm{H} + p_\mathrm{OH} = K_\mathrm{W}$ konstant, und bei 25° ist $K_\mathrm{W} = 14$. Ist also bei 25° in einer Säure $p_\mathrm{H} = 6,5$, so ist $p_\mathrm{OH} = 7,5$, doch spricht man von p_OH nicht, weil p_H den Zustand ausreichend kennzeichnet. Steigende Temperatur verstärkt die Dissoziation, läßt also K herauf-, K_W herabgehen. Bei

	0	18	25	50	100° Temperatur
ist $K_\mathrm{W} =$	14,94	14,22	13,96	13,22	12,23 (Eucken, a. a. O. S. 216).

Bei Neutralität ist $p_\mathrm{H} = p_\mathrm{OH}$, also ist bei denselben Temperaturen

$$p_\mathrm{H} = \quad 7,47 \quad 7,11 \quad 6,98 \quad 6,61 \quad 6,12.$$ Ein Wasser, für das bei 25° gemessen wurde $p_\mathrm{H} = 6,98 \sim 7$, läßt bei 100° nur noch $p_\mathrm{H} = 6,12$ messen; das besagt nicht, daß das Wasser nun sauer geworden sei, sondern mit verstärkter Dissoziation hat sich der Neutralpunkt numerisch verschoben, der immer durch $p_\mathrm{H} = p_\mathrm{OH}$ definiert ist. —

Die Wasserstoffionen-Konzentration, kurz genannt der p_H-Wert, noch kürzer: p_H, wird gemessen an dem Potentialunterschied zweier Elektroden gleicher oder verschiedener, aber bekannter Bauart gegeneinander, deren eine, die Meßelektrode, in die fragliche Flüssigkeit, die andere, die Bezugselektrode in eine bekannte Vergleichslösung eintaucht; Elektrode, Meßlösung, Vergleichslösung, Elektrode bilden dann miteinander eine Kette, ein elektrisches Element; sind drei davon bekannt, so folgt die vierte aus der elektromotorischen Kraft des Elementes. Dabei sind Vorsichtsmaßregeln zu beachten: die beiden Lösungen müssen voneinander getrennt bleiben, und vor allem: die Messung des Potentials erfolge stromlos, also mit einer Potentiometerschaltung (Abb. 47) oder einem Röhren-Voltmeter (Abb. 83), sonst mißt man die Klemmenspannung statt der EMK; nur bei verminderten Ansprüchen an die Genauigkeit darf ein hochohmiges Voltmeter benutzt werden.

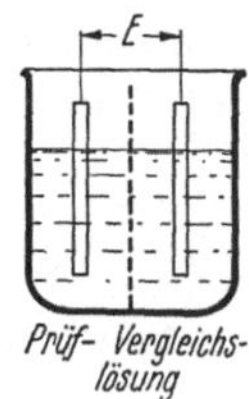

Abb. 475. Konzentrationskette. Prüf- und Vergleichslösung, durch halbdurchlässige Wand getrennt, geben elektromotorische Kraft (EMK) je nach Konzentrationsverhältnis; dienlich zur Bestimmung der einen Konzentration, oder, wenn beide bekannt, zur Eichung der Elektroden.

Die Grundlage der Messung bildet eine Kette aus zwei Wasserstoff-Elektroden, die in zwei Lösungen gleichen Stoffes, aber verschiedener Konzentration eintauchen. Die Wasserstoffelektroden werden verwirklicht als Platinflächen, mit Platinmohr überzogen; das Mohr wird frisch formiert ähnlich dem Bleiakkumulator, es absorbiert dann Wasserstoff und ist dem NERNSTschen Gesetz unterworfen: sind c_1 und c_2 die Konzentrationen der beiden Lösungen an potentialbestimmenden Ionen, so gilt für die Potentialdifferenz $\varDelta P = \dfrac{R\,T}{F} \ln c_1/c_2$ Volt, darin ist die Gaskonstante des Wasserstoffs $R = 8{,}31$ Joule einzusetzen und F ist 1 Faraday $= 96540$ Coulomb, die Elektrizitätsmenge, die von 1 Äquivalent Ionen transportiert wird, wenn sie vom Minuspol zum Pluspol übergehen; es wird $\varDelta P = 0{,}0577 \log c_1/c_2$ Volt oder $\varDelta P = 57{,}7 \log c_1/c_2$ mV. Nehmen wir zwei Lösungen mit den Konzentrationen 10 zu 1, etwa eine Normallösung, eine $^1/_{10}$-Normallösung von Salzsäure HCl, so muß die Potentialdifferenz $57{,}7$ mV entstehen, und sie entsteht. Es sei festgesetzt, daß die Wasserstoffelektrode in einfach-normaler Konzentration c_1 von Wasserstoffionen das Potential Null hat, so ist $\log c_1 = \log 1 = 0$ und weiter: Das Potential (nicht mehr: Differenz) der Elektrode in Lösung 2 wird $P = 57{,}7 (\log c_1 - \log c_2) = 57{,}7 (-\log c_2)$, also $-\log c_2 = P/57{,}7 = p_\mathrm{H}$. Messen wir nun mit Wasserstoffelektroden, deren eine in die normale Lösung, die andere in die unbekannte Meßlösung x taucht, ein Potential P, so ist dies das Potential der Elektrode in der Meßlösung und für diese ist $p_\mathrm{H} = P/57{,}7$ mV.

Wenn die beiden die Elektrode umgebenden Flüssigkeiten, also die Meßlösung und die Vergleichslösung, zu beiden Seiten einer durchlässigen Wand aneinanderstoßen, so entsteht dort ein Diffusionspotential, das die Messung stört, weil Lösungen verschiedener Konzentration verschieden stark diffundieren; man setzt daher zwischen beide eine konzentrierte Lösung von Kaliumchlorid, beiderseits durch eine poröse Wand abgetrennt. Da diese konzentrierte Lösung viel stärker ist als jede der beiden anderen, so diffundiert nur sie hinaus und nicht umgekehrt; da K und Cl fast gleiches Atomgewicht haben, 39 und 35, so entstehen beiderseits fast die gleichen Diffusionspotentiale, aber mit verschiedenen Vorzeichen, beide heben sich also auf (Abb. 476).

Die Platin-Wasserstoffelektroden sind kurzlebig, sie müssen frisch formiert sein, sie dienen nur für wissenschaftliche Untersuchungen. Als Bezugselektrode verwendet man allgemein die *gesättigte Kalomelelektrode*, die dauerhaft ist und konstantes Potential hat. Dies Potential ist gegenüber der Wasserstoffelektrode $+ 250,3$ mV; hat eine Wasserstoffelektrode in der Meßlösung ihr gegenüber das Potential E, so ist der Säuregrad der x-Lösung $p_\mathrm{H} = (E - 250,3) \cdot 57,7$ mV.

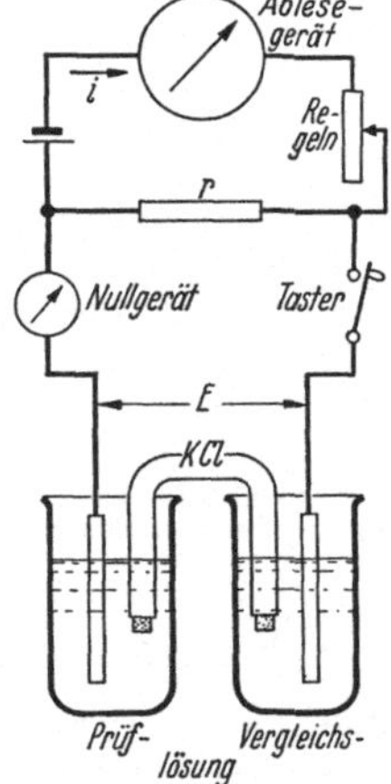

Abb. 476. Konzentrierte Kaliumchloridlösung als Mittler zwischen beiden Lösungen, Abb. 475, vermeidet störende Diffusions-Potentiale; Abschluß beiderseits durch porösen Ton. Dazu Schaltung nach LINDECK-ROTHE, bestimmt stromlos die entstehende EMK. Regler verstellt, bis bei Tasterdruck Nullgerät nicht ausschlägt; dann ist $E = i\,r$; auch selbsttätig, etwa durch lichtelektrische Steuerung. Statt dessen auch Röhrenvoltmeter Abb. 82, 83.

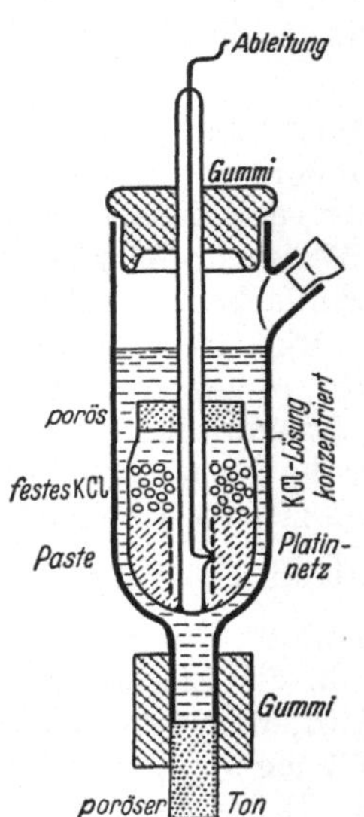

Abb. 477. Kalomel-Elektrode, käuflich, als Vergleichselektrode dienend; Paste aus Kalomel HgO, Ableitung des Potentials durch Platinnetz und -draht; darüber KCl-Lösung, konzentriert gehalten durch feste Stücke im Überschuß; Abschlüsse durch porösen Ton. Fa. Lautenschläger und andere.

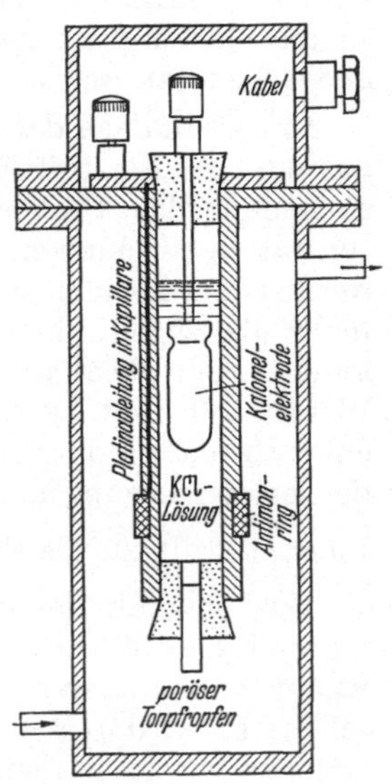

Abb. 478. Antimon-Tauchelektrode, zur p_H-Bestimmung als Durchflußelektrode montiert. Gemessen wird Potential des Antimonringes, eintauchend in Prüflösung, gegen die Kalomel-Normalelektrode; Anschluß an Röhren-Voltmeter. Fa. Hartmann & Braun und andere.

Aber auch als Meßelektrode ist die Wasserstoffelektrode wegen ihrer Unbeständigkeit ungeeignet; man verwendet hier verschiedene Elektroden, und muß deren Potential gegen Wasserstoff in die Rechnung einführen. Im technischen Betrieb bedient man sich häufig der *Antimonelektrode*, für die gegenüber der gesättigten Kalomelelektrode die Beziehung $p_\mathrm{H} = (E - 30)/57,7$ mV gelten sollte; doch liefert die Antimonelektrode im wesentlichen relative Ergebnisse; es treten an ihr Nebenerscheinungen auf, die nicht genügend geklärt sind, so daß man die Beziehung $p_\mathrm{H} = (E - 30)/57,7$ oder eine ähnliche nicht kurzerhand anwenden kann; die Antimonelektrode bedarf der Eichung von Fall zu Fall. Leider ist sie bei Dauermessungen auch nicht genügend unveränderlich, wohl weil die Oberfläche sich verändert, sie ist auch (wie natürlich jede Elektrode) empfindlich gegen Verschmutzung. Man hat sie deshalb mit rotierenden Bürsten versehen, um sie laufend zu säubern, aber durchschlagenden Erfolg bringt auch das nicht.

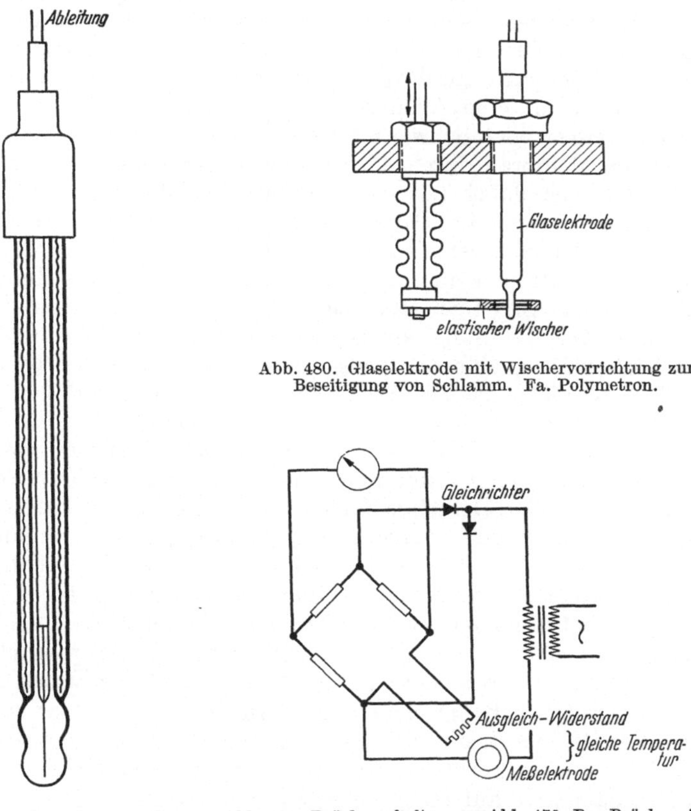

Abb. 480. Glaselektrode mit Wischervorrichtung zur Beseitigung von Schlamm. Fa. Polymetron.

Abb. 479. Hochohmige abgeschirmte Glaselektrode, im Schaft doppelwandig, dazwischen metallische Abschirmung. Fa. Polymetron. Ingold, Chimia 1951, 196.

Abb. 481. Brückenschaltung zu Abb. 479. Das Brückenviereck bekommt je nach dem Widerstand in der Meßelektrode verschiedene Spannung; der Ausgleichwiderstand kompensiert Temperatureinflüsse. Betrieb mit Wechselstrom, Messung mit Gleichstrom.

Die *Glaselektrode* hat oft Form und Größe eines Reagenzglases, außen wird sie vom Prüfwasser umspült, im Innern oder gesondert findet sich die Kalomelelektrode. Das Gefäß ist am Grunde sehr dünn ausgeblasen, und man verwendet Glas von leidlicher elektrischer Leitfähigkeit — Na_2O-Gehalt um 20%, leicht schmelzbar. Durch diesen immerhin großen Widerstand hindurch bildet sich eine Potentialdifferenz ähnlich aus wie durch den Anodenwiderstand der Röhren (S. 60 oben). Für Betriebszwecke scheint die Glaselektrode am zuverlässigsten zu sein, sie gewinnt an Boden. Ihr Nachteil ist natürlich die Zerbrechlichkeit; sie hat sich verringert, indem die elektrischen Meßgeräte empfindlicher wurden und

die Glaswand weniger dünn gemacht werden kann; man kommt dann
auf 1000 Megohm Widerstand. Immerhin wird dadurch die Messung in
zunehmendem Maß subtil; ähnlich wie beim Piezoquarzindikator müssen
die Ableitungen durch Panzerung gegen Störung abgeschirmt werden,
die durch Funken benachbarter Motoren, durch Kapazitätsänderungen
bei Annäherung des Menschen oder selbst durch Luftbewegungen entstehen. Eine weitere Schwierigkeit bei Dauerbetrieb liegt in der An-
greifbarkeit des Glases, zumal in Laugen; bei Jenaer Apparategläsern
ist dieser Fehler stark zurückgedrängt; wird aber für Kesselwasser bei
hoher Temperatur eine Alkalität entsprechend $p_H = 9{,}5$ verlangt, so
entstehen immer noch Schwierigkeiten. Einerseits wird die Lebensdauer
der dünnen Membran durch Ätzwirkung weiter vermindert, vor allem
aber bilden sich dabei Lösungspotentiale, die die Messung fälschen.
Die Frage nach einer im Dauerbetrieb für schwierige Verhältnisse zuverlässigen Elektrode ist also noch im Fluß.

Welche Elektroden man auch verwende, stets hat die Temperatur
Einfluß auf das Ergebnis. Man regelt die Temperatur, dazu bedarf es
im Betrieb einer Kühlung, am besten mit Thermostaten, oder es wird
in die Meßschaltung eine Kompensation gelegt, die aber die Temperatur
des Wassers, nicht die des Meßgerätes zur Geltung bringen soll; es
handelt sich nahe 25° um 0,015 Einheiten je Grad. —

Von alters her wird die saure oder basische Reaktion mit Lack-
muspapier oder -lösung festgestellt, das unterhalb $p_H = 5$ rot und oberhalb $p_H = 8$ blau ist. Derartige Papiere oder Lösungen mit Farbumschlag
bei den verschiedensten Säuregraden in recht enger Stufung, allerdings
mit einem Übergangsintervall sind käuflich zu haben (Lyphanpapiere,
Fa. Kloz; Lösungen Fa. Riedel-de Haen; Kolorimetergeräte Fa. Pusl).
Sie sind, zumal in ungeübter Hand, zur gelegentlichen Bestimmung des
Säuregrades bequemer als die elektrische Methode, aber man kann mit
ihnen nicht aufschreiben oder gar eine Reglung betätigen. Doch läßt sich
mit ihnen wohl auch die elektrische Anzeige kontrollieren; im Übergangsintervall ändert sich die Färbung allmählich von der einen zur
anderen; es werden Farbenvorlagen geliefert, durch Vergleich mit denen
man den Säuregrad auf einige Zehntel abschätzt.

87. Staubgehalt der Rauchgase. Die Rauchgase enthalten auch noch
Staub, namentlich die aus Braunkohlenfeuerungen stammenden und
namentlich die der modernen Hochleistungskessel, die mit Kohlenstaub
arbeiten und einen starken Zug oder Unterwind haben. Der Staub
belästigt die Umwohner und macht das Land steril, deshalb verlangt
die Gewerbeaufsicht, daß der Staubauswurf durch Entstaubungsanlagen
verringert werde. Der Staubdurchsatz wird vor und hinter solcher
Anlage gemessen, der Unterschied, das Abgeschiedene, ins Verhältnis
gesetzt zu dem mit den Rauchgasen Zugeführten, ergibt den Entstaubungsgrad der Anlage, anzugeben in Prozenten. Der Staubdurchsatz
selbst wird in g/cbm oder kg/cbm gegeben; im Sinn der Gewerbeaufsicht
kommt es eigentlich auf den gesamten Staubauswurf in kg/h an, auf
den aber selten Bezug genommen wird.

Oft bestimmt man noch die Stufenentstaubungsgrade, stellt also

Prozentsätze fest nach Teilchen verschiedener Sinkgeschwindigkeit, in Stufen bis 0,5; bis 1,5; 3,5; 6,5 und über 6,5 cm/s Sinkgeschwindigkeit; das entspricht etwa den Teilchengrößen bis 10; 20; 30; 40; und über $40\,\mu$; doch sollen die Angaben in Sinkgeschwindigkeiten gemacht, nicht nach der Größe umgerechnet werden.

Meßtechnisch ergibt sich die Aufgabe, den Staubgehalt von 1 m³ Gas zu bestimmen. Das geschieht an einer Probe, die nach Gehalt und Stufung dem Rauchgas, eigentlich dem Durchschnitt der Gase über den Querschnitt hin, gleichen soll. In den Strom wird eine Sonde eingeführt, mit der Öffnung dem Strom entgegen, so daß keine Ablenkung statt hat. Beim Eintritt in die Sonde soll die Probe aber auch nicht beschleunigt oder verzögert werden, in der Sonde soll das Gas also zunächst die gleiche Geschwindigkeit des Hauptstromes haben; weiterhin allerdings pflegt man die Geschwindigkeit zu erhöhen, um Abscheidungen zu vermeiden, dazu wird also der Querschnitt verengt. So kann man hoffen, an der Entnahmestelle die Probe richtig zu entnehmen; aber die Gasgeschwindigkeit ist über den Querschnitt verschieden, und wie der Staub sich verteilt, ist unsicher. Man läßt wohl die Sonde planmäßig über den Querschnitt wandern. Man entnimmt mindestens fünf Durchmesser hinter einem Hindernis oder Krümmer, und möglichst im senkrechten Rohr, wo der Strom aufwärts geht (wie Feuchtigkeit bei Dampf).

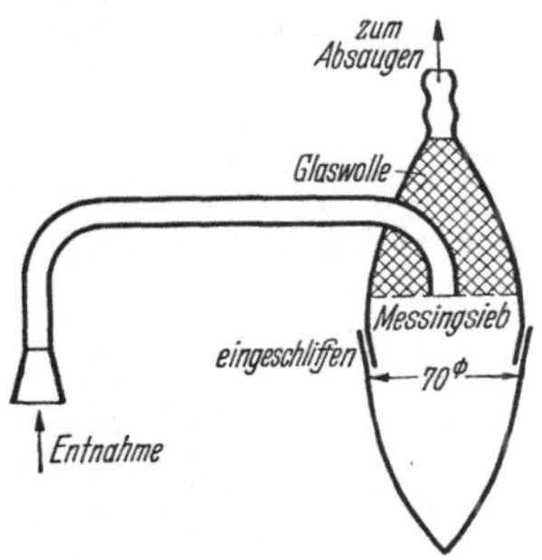

Abb. 482. Entnahmefilter für Staubmessungen an den Schwaden der Braunkohlentrocknung. Wird ganz in den Versuchsraum eingeführt, nur Absaugrohr geht nach außen. MELDAU, L. 446. Fen. Schlüter, Rosenmüller.

Je nach der Sondenöffnung entnimmt man einen aliquoten Teil des gesamten Staubdurchsatzes. Zu seiner Messung bedarf es eines Abscheiders, gewissermaßen einer kleinen Entstaubungsanlage mit dem Entstaubungsgrad 100%; es kommt das auf ein Filter heraus, sei es aus Papier, Tuch, Keramik, oder sei es zwischen zwei Sieben aus Glaswatte oder Schlackenwolle gestopft. Die Filter werden vor und nach dem Versuch gewogen, sie müssen also beidemal gut und gleich trocken sein. Zum Trocknen dient ein Exsikkator, oder man bläst einen mit Schwefelsäure oder Chlorkalzium getrockneten Strom von Luft, besser eines inerten Gases hindurch bis zur Gewichtskonstanz. Ein 105° warmer Strom wirkt besser, wird aber von Tuch und Papier nicht vertragen, die anderseits am besten filtrieren (Porenweite: Papier 2 ... 5, Tuch 20...50, Keramik zweckmäßig 40 ... $50\,\mu$). Doch muß man beim Filtrieren den Filterkopf so warm halten, daß sich keine Feuchte aus den Gasen kondensiert, das ist keinesfalls zulässig. Setzt man den Filterkopf in Stromlinienform in den Hauptstrom, so heizt dieser ihn. Nachschaltung eines zweiten Filters ist zweckmäßig, dessen Gewicht darf sich nicht ändern.

Den Filterwiderstand zu überwinden, genügt bisweilen der Überdruck im untersuchten Kanal; meist muß eine Saugvorrichtung angeschlossen werden. Hinter ihr wird die dem abgefilterten Staub entsprechende Gasmenge bestimmt, mit einem Gaszähler oder mit einer Blende. Man hat auch den Feuchtegrad mit einem Psychrometer und die Feuchtemenge durch Absorbieren bestimmt, die Gasmenge folgt dann aus einem Dreisatz oder aus einer Feuchtebilanz ähnlich wie das Rauchgasvolumen aus einer Kohlenstoffbilanz, § 84.

Soll der Stufen-Entstaubungsgrad bestimmt werden, so hat man Geräte ersonnen, in denen eine Staubprobe herabfällt und in bestimmten Zeiten Schieber geschlossen werden; gewogen wird, was sich auf den einzelnen Schiebern findet. Weiter kann man nach der Art des Staubes fragen, nach der Substanz, aus denen er besteht, ob er Verbrennliches enthält, unter dem Mikroskop erkennt man die Gestalt der Körner. Wir beschränken uns auf das Gesagte, weiteres in MELDAU: Handbuch der Staubtechnik Bd. 1, 1952; VDI 2066, Richtlinien über Leistungsversuche an Entstaubern, 1949.

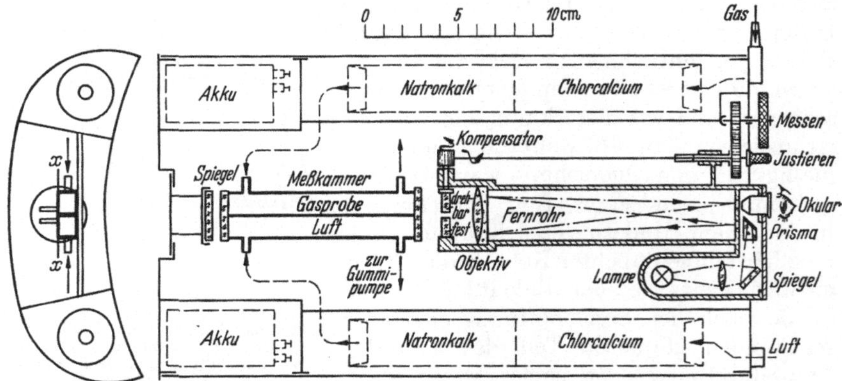

Abb. 483. Tragbares Gasinterferometer. Eine Lampe liefert zwei, daher kohärente (gleichphasige) Lichtbündel, eins durch Luft, eins durch Gasprobe hin und zurück gehend und nun mit Phasenunterschied behaftet je nach Art der Gasprobe; dieser Unterschied wird rückgängig gemacht durch Drehen am Kompensator; die Meßschraube des Kompensators dreht plane Glasscheibe, ändert daher deren optische Dicke. Fa. Zeiß.

88. Verschiedene Hilfsgeräte. Das *Interferometer* bedient sich der Interferenz zweier aus einer (!) Lichtquelle kommender Strahlen; ihnen wird eine Gangdifferenz erteilt, vermöge deren sie sich auslöschen, wo sie in der Fase um 180° versetzt sind, während sie sich bei Fasengleichheit voll addieren, also bei 0°, 360° ..., und dazwischen Übergänge der Helligkeit liefern; diese Erscheinungen folgen aus der Wellennatur des Lichtes. Die Interferenz wird erzeugt, indem das Licht durch zwei benachbarte Spalte geht und an deren Kanten abgebeugt wird; die schräg abgebeugten Strahlen haben vom Spalt zum Schnittpunkt verschiedene Weglängen zurückgelegt, sind also im allgemeinen in ungleicher Fase, sie löschen unter einem gewissen Winkel seitlich einander aus, bei etwa doppeltem Winkel verstärken sie sich, so daß von dem Doppelspalt ein Wechsel von hell und dunkel ausstrahlt, der auf einem Schirm aufgefangen oder mit einem Linsensatz betrachtet werden kann.

Es entsteht also rechts und links vom Hauptstrahl eine Folge von hellen und dunklen Streifen, wenn das Licht einfarbig ist; beim Arbeiten mit weißem Licht entsteht eine Folge von bunten Spektren, mit Dunkelheiten dazwischen oder auch übereinandergreifend. Aus Symmetriegründen ist das ganze Bild symmetrisch, der Hauptstrahl gerade vor den beiden Spalten. Im Interferometer wird nun die Symmetrie gestört, wenn die beiden Strahlen vorher zwei Mittel mit verschiedener Brechungszahl durchlaufen haben; sie haben darin verschiedene Geschwindigkeit, kommen also mit verschiedenen Fasen am Spalt an; dadurch verschiebt sich das Schirmbild aus der Mitte, ohne sich merklich zu verändern. Die Brechzahl läßt sich messen, indem man die Verschiebung der Bildmitte beobachtet, oder indem man sie rückgängig macht, wozu das Einfügen von Glas meßbar wechselnder Dicke ein bequemes Mittel ist. Die Glasdicke wird verändert, bis das seitlich verschobene wieder mit einem zweiten Teilbild übereinander stimmt, das der Unsymmetrie nicht ausgesetzt war; an einer Skala ist dann der Unterschied der Brechzahlen, Probe gegen Luft, abzulesen.

Das Interferometer läßt also den Anteil eines Gases, bei anderer seltener Ausführung auch einer Flüssigkeit, ermitteln, die eine von der Hauptmenge, meist Luft, abweichende Brechzahl haben. Für die Natrium-D-Linie mit der Wellenlänge $\lambda = 5,893\,\mu$ m ist die Brechzahl bei $0°$ 760 Torr:

H_2	139,6	CO	335	Ozon O_3	515
H_2O	252	NH_3	376	Azetylen C_2H_2	598
O_2	271,5	CH_4	442	Aceton C_3H_6O	1079
Luft	293,2	CO_2	449	CS_2	1478
N_2	298,4				

Das Interferometer läßt also Beimengungen gewisser Stoffe zu Luft erkennen, und kann dazu dienen, Explosionen oder Stoffverluste zu vermeiden, das gilt für Azeton, Schwefelkohlenstoff, Azetylen; das Grubengas CH_4 im Bergwerk und der CO_2-Gehalt in Rauchgasen sind gut meßbar. Daß es sich in diesen Fällen um Mischung von 3 Bestandteilen handelt, stört wieder nicht, weil Stickstoff und Sauerstoff in den Rauchgasen je nach der Art des Brennstoffs gesetzmäßig miteinander gehen, in den anderen Fällen sogar das Verhältnis 79 : 21 innehalten; überdies sind die Brechzahlen von N_2 und O_2 wenig voneinander verschieden.

Das Interferometer wird für die Verhältnisse, denen es dienen soll, empirisch geeicht; bei Rauchgasen kann es nur auf einen Brennstoff bestimmten Verhältnisses C : (H − O/8) eingestellt werden, doch spielen die Unterschiede für verschiedene Steinkohlenarten keine Rolle, weil N_2 und O_2 fast gleiche Brechzahl haben. Die Skala läßt sich aus der Kammerlänge und den optischen Daten berechnen, sie wird aber meist empirisch gefunden. CO_2 mit dem Gerät zu bestimmen fordert immerhin einige Übung.

Das folgende von der JG-BASF-Oppau entwickelte Gerät ist recht allgemein verwendbar; der *Ultrarot-Absorptionsschreiber Uras* reagiert nämlich jeweils auf den Gasbestandteil, der konzentriert in zwei zum

Vergleich gestellte Meßkammern eingefüllt ist. Sei etwa Kohlensäure CO_2 in die Meßkammern eingeschlossen und schickt man Strahlung durch die Meßkammern, so werden aus der Strahlung die für CO_2 kennzeichnenden Wellenlängen herausabsorbiert und in Wärme umgesetzt, beide Meßkammern erwärmen sich gleich stark, in beiden steigt der gleiche Druck um denselben (mäßigen) Betrag, und eine zwischen den beiden Kammern ausgespannte Membran bleibt in Ruhe. Ist aber die auf eine der Kammern treffende Strahlung schon vorher in der Analysenkammer durch ein CO_2-haltiges Prüfgas gegangen, so ist der für CO_2 kennzeichnende Strahlenanteil schon ganz oder teilweise herausabsorbiert und in der betreffenden Meßkammer erhöht sich der Druck nicht oder doch weniger als in der anderen; die Membran macht einen Ausschlag, der nach bekannten Methoden gemessen werden kann, diesmal nach der Kondensatormethode: zwei Kondensatorplatten verändern je nach der Wärmewirkung ihren Abstand, und zwar taktmäßig, wenn der Lichtstrom von einem umlaufenden Segmentrad zerhackt wird; im gleichen Takt ändert sich daher die Kapazität des Kondensators, es entsteht ein Wechselstrom, der verstärkt, gleichgerichtet und gemessen wird. Die Vergleichskammer ist mit CO_2-freier Luft oder mit Stickstoff durchflossen, die Filterkammern sollen bei Bedarf die Selektivität des Verfahrens erhöhen.

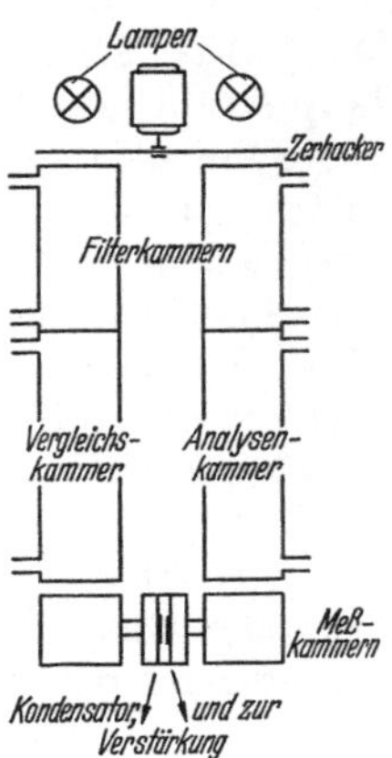

Abb. 484. Uras = Ultrarotabsorptionsschreiber (IG-Oppau). Die beiden Lichtstrahlen werden zerhackt, weil nachher Wechselstrom besser verstärkbar ist. Filter nur bei Bedarf, Länge der Analysen- und Vergleichskammer nach Bedarf. Antrieb des Zerhackers durch Synchronmotor, damit Licht und Verstärkung gleiche Phase haben. In den Meßkammern dasjenige Gas, auf das als Bestandteil der Inhalt der Analysenkammer untersucht werden soll — spezifische Wirkung. Fa. Hartmann & Braun.

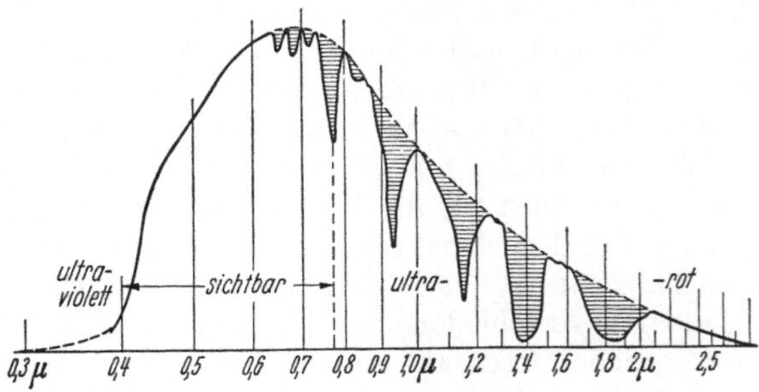

Abb. 485. Intensitätsverteilung im Sonnenspektrum. Sichtbar und Ultraviolett kontinuierlich, also uninteressant; Ultrarot mit Dunkelzonen, kennzeichnend für das Gas, das sie absorbiert. (Grimsehl nach Langley).

An sich gilt diese Überlegung für Strahlung jeder Art; aber die sichtbare Lichtstrahlung hat für viele Gase nicht so kennzeichnende und umfangreiche Absorptionsbereiche wie die ultrarote, auch die ultraviolette ist minder interessant. Im Ultrarot aber sind die Absorptionsbereiche für die Gasarten ausreichend verschieden, um nach dem skizzierten Verfahren einen beliebigen Bestandteil herauszugreifen; überdies ist die ultrarote Strahlung mit jedem schwachglühenden Stromleiter bequem zu erzeugen.

Als Beleg dafür, daß jede physikalische, insbesondere elektrische Erscheinung zu Meßzwecken verwertet wird, sei noch die Bestimmung der Feuchtigkeit aus der Dielektrizitätskonstanten DK erwähnt. Diese Stoffeigenschaft besagt, auf das Wievielfache die Kapazität eines elektrischen Kondensators steigt, wenn statt Luft (oder Vakuum) der fragliche Stoff den Raum zwischen den Kondensatorplatten füllt. Bekanntlich hat Wasser den bei weitem größten Wert von allen Stoffen, DK = 81; in weitem Abstand folgen einige organische Flüssigkeiten mit Werten um 30, die meisten festen und flüssigen Stoffe kommen nur auf Werte zwischen 2 und 7. Zum Bestimmen der wäßrigen Feuchtigkeit

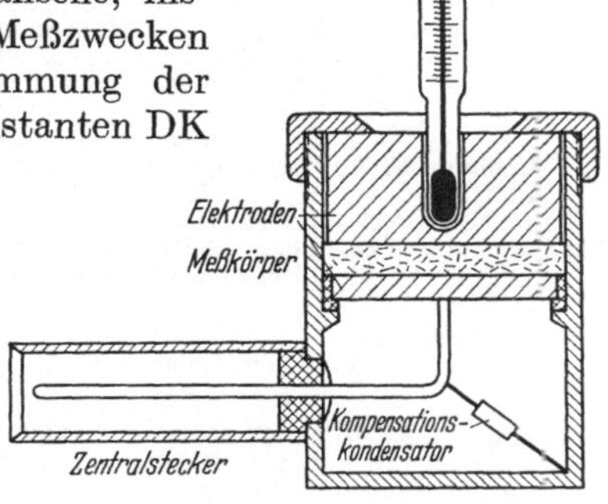

Abb. 486. Meßzelle zur Bestimmung des DK-Wertes, daraus: Feuchtigkeit von Pulvern, Körnern, Blattwerk (Tabak). Kommt als Kondensator in einen Schwingkreis, der durch Drehkondensator gegen zweiten Schwingkreis abgeglichen wird; Röhrenvoltmeter wird Maß für DK-Zahl. Fa. Slevogt.

erscheint die DK-Zahl also prädestiniert zu sein, handle es sich um körniges Gut wie Getreide, um Blattwerk wie Tabak oder um Stoffbahnen, wie sie in der Papier-, Pappen- und Textilindustrie, aber auch bei der Herstellung von Seife oder Nahrungsmitteln vorkommen; überall wo die Ware nach Gewicht gehandelt wird, ist ein höchster Feuchtigkeitsgehalt vorgeschrieben, der eingehalten, aber aus wirtschaftlichen Gründen auch nicht unterschritten werden soll.

Eine vorgeschriebene Menge des Prüflings wird in eine Meßzelle gebracht und als Probe untersucht (Dekameter, Fa. Slevogt); Bahnen

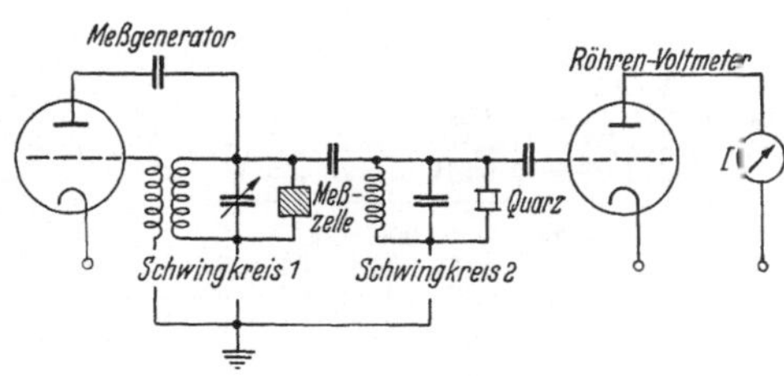

Abb. 487. Schaltschema zu Abb. 486, Stromquelle fortgelassen.

des Stoffes, etwa aus einer Strangpresse kommend, erhalten, vorübergehend oder dauernd eingebaut, Paare von Kondensatorplatten, die entweder polweise abwechselnd unter der Bahn liegen oder ein Pol oben, einer unten (Hygrotester, Fa. Lippke). Die DK-Zahl läßt sich bei mäßiger Frequenz mit Brückenschaltungen messen; meist wird Hochfrequenz um 1 Million Hertz verwendet und die DK-Zahl durch Abgleichen zweier Schwingkreise gefunden. Das Ergebnis läßt sich ablesen, aber auch aufschreiben. Wenn der Prüfling den Strom nicht wesentlich leitet, dürfen die Pole ihn berühren, sonst nicht.

Anhang.

Tabelle A. Einige wichtige Konstanten.

Die zur Zeit wahrscheinlichen Werte und die üblichen Kürzungen. Ausgangszahlen *kursiv*.

		Belegstelle	Gekürzter Wert
1.	Schwerebeschleunigung. Für 45° Breite und 0 m Meereshöhe gilt amtlich $g = 980,665$ cm s^{-2} als normale Schwere. (Vereinbarung d. Allgem. Konf. f. Maß u. Gewicht 1901.) Neueste Werte: Breite 0, Höhe 0: $g = 978,030$ (nach Helmert) 45 0: 980,616 $\Big\}\ \varDelta = 0,6\ \%$ 90 0: 983,216 45 1000: 980,308 Hamburg, Breite 53, Höhe 24: $g = 981,380$ $\Big\}\ \varDelta = 0,07\%$ München, 48, 525: 980,733 Bester Mittelwert für Deutschland: $g = 9,810$ m/s^2 Die Unterschiede begrenzen die Genauigkeit der Angaben im technischen Maßsystem.	Land B. 1923, 25 1923, 29 1923, 30	$g = 9,81$ m/s^2
2.	1 Erg = 1 Dyn · 1 cm 1 Dyn = Kraft der Erdschwere auf $\dfrac{1}{g}$ g$_i$ $= 0,0010193$ g$_p$ Hamburg: 1 Erg = 1 : 981,380 cm g = 0,00101897 cm g München: 1 Erg = 1 : 981,773 cm g = 0,00101965 cm g 1 W = 10^7 Erg/s = 1 Joule/s 1 kW = 10^{10} Erg/s Hamburg: 1 kW = 101,897 mkg/s München: 1 kW = 101,965 mkg/s Mittel: 1 kW = 101,93 mkg/s	Definition Nr. 1	1 kW = 102 mkg/s
3.	1 kcal (15°) = *4184* gesetzl. Joule 1 kW = 1000 : 4184 = 0,2390 kcal/s 1 kWh = 0,2390 · 3600 = 860,40 kcal 1 IT-Kalorie (Internationale Tafelkalorie) = 1/860 kWh, für die Dampftafeln verwendet, weil genauer Wert der Kilokalorie international strittig § 2 des Reichsgesetzes vom 7. August 1924: Die Kilowattstunde ist … 860 Kilokalorien gleich zu erachten	AEF. Satz 1 Land B. 1931, 509 Definition	1 kWh = 860 kcal
4.	1 kcal = 4184 : g mkg = 1/A Hamburg: 1 kcal. = 426,34 mkg München: 1 kcal = 426,63 mkg Mittel: 426,5	Nr. 1 und 3	1 kcal = 427 mkg
5.	1 PS = 75 mkg/s $= 75 \cdot g$ W Hamburg: 1 PS = 75·9,81380 = 736,04·W; 1 kW = 1,3586 PS München: 1 PS = 75·9,80733 = 735,55 W; 1 kW = 1,3595 PS Mittel: 1 PS = 75·9,810 = 735,75 W; 1 kW = 1,3592 PS	Definition Nr. 1	AEF. Satz 4: 1 PS = 735 W 1 kW = 1,360 PS
6.	1 PS · h = 75 · 3600 = 270000 mkg Hamburg: 1 PSh = 270000 : 426,34 = 633,30 kcal München: 1 PSh = 270000 : 426,63 = 632,86 kcal Mittel: 1 PSh = 270000 : 426,5 = 633,06 kcal	Nr. 5 Nr. 4	1 PSh = 633 kcal
7.	Luft trocken, mit 0,04 Vol.-% CO_2 bei 0° 760 mm: 1 m^3 wiegt *1,29307* kg	Land B. 1923, 43	$\gamma_0 = 1,293$ kg/m^3
8.	Bestandteile der trockenen Luft:		

Gewichtsanteil	Molekulargewicht μ	Volumen- bzw. Druckanteil p		
O_2: 0,232	32	0,21007	Kohlrausch Tabelle 6, Atomgewichte 1931 nach Land B.	nach Gewicht. 23% O_2 + 77% N_2 nach Volumen 21% O_2 + 79% N_2
N_2: 0,7545	28,02	0,78022		
Ar: 0,013	39,94	0,00941		
CO_2: 0,00046	44,00	0,00028		

also scheinbares Molekulargewicht der Luft

$$\mu' = 7,424 + 21,141 + 0,5192 + 0,0202 = 29,084$$

9. Allgem. Gaskonstante $R = $ *1,986* kcal/C · Mol (1 Mol = μ kg),   Land B. 1931, 509 $R = 2$ kcal/C · Mol

also

$$R : A = 1,986 \cdot 426,65 = 847,366$$

$$\text{Gaskonstante der Luft} = \sum p \cdot \left(\frac{847,366}{\mu}\right) = R' = 5,5630 +$$

$$+ 23,5956 + 0,2006 + 0,0046 = 29,3638 \text{ m/C}$$

Anm.: Nur angenähert ist $R' = \dfrac{R}{A\,\mu'}$ $R' = 29,27$ m/C

Tabelle A. Einige wichtige Konstanten (Fortsetzung).

	Belegstelle	Gekürzter Wert
$\varkappa = c_p/c_v$ für Luft $= 1{,}403$ } bei 0 C und 760 Torr für H_2 $= 1{,}410$ }	Land B. 1923, 1279; 1927, 700	$\varkappa = 1{,}40$
$c_p - c_v = A \cdot R'$; $c_p = \dfrac{A\,R'\varkappa}{\varkappa - 1}$ für Luft $c_p = \dfrac{29{,}3638 \cdot 1{,}403}{426{,}670 \cdot 0{,}403} = 0{,}2452$	Nr. 9 und 4	$c_p = 0{,}24$
Wasser bei 4 C: 1 dm³ wiegt 1 kg bei normaler Schwere Hamburg: 1 dm³ $= 1{,}00039$ kg München: 1 dm³ $= 0{,}99973$ kg in Luft weniger: 0,00012 kg	Definition	
Quecksilber bei 0 C: 1 dm³ wiegt *13,59546* kg bei 20 C: 13,49933 also: 1 kg/cm² $= 10000 : 13{,}59546 = 735{,}54$ Torr 760 Torr $= 1{,}03326$ kg/cm²	Land B. 1927, 170 Land B. 1927, 687	$\gamma_0 = 13{,}60$ kg/dm³
Nullpunkt der absoluten Temperaturskala—*273,20* C, $\pm\,0{,}1^0/_{00}$	Land B. 1927, 675	$T = 273 + t$
Siedepunkt destillierten Wassers bei 760 Torr: 100 C bei 1 at abs: 99,087 C	Definition Nr. 12 und Land B. 1923, 1322	
Normaltemperatur 20 C, jedoch 0 C für Definition von Meter, Ohm, Atmosphäre sowie Barometerangaben 4 C für Definition des Liter sowie für Wasser bei Dichte- vergleichen	AEF, Satz 7 DIN 524	

Tabelle B. Beziehungen zwischen den metrischen Maßsystemen.

Grundeinheiten im physikalischen Maßsystem: cm, g (als Masse), s
im technischen Maßsystem: m, kg (als Gewicht), s
im wärmetechnischen Maßsystem: m, kg (als Gewicht), h; kcal, ° C.

	cgs	technisch	Wärmetechnisch
Geschwindigkeit	1 cm/s	$= 0{,}01$ m/s	$= 36$ m/h
Beschleunigung	1 cm/s²	$= 0{,}01$ m/s²	
Kraft, Arbeit siehe Tabelle A			
Druck (AEF., Satz 15)	10^6 dyn/cm² $= 1$ Bar	$= 10197{,}2$ kg/m²	
		$= 1{,}01972$ at	
		$= 750{,}06$ Torr	
Dichte und Wichte	1 g/cm³ (oder $\delta = 1$)	$= 1000$ kg/m³	
Spezifische Wärme }	1 cal/g · ° C	$= 1$ kcal/kg · ° C	
Entropie }	1 cal/cm³ · ° C	$= 1000$ kcal/m³ · ° C	
Heizwert, Wärmeinhalt	1 cal/g	$= 1$ kcal/kg	$= 1$ kcal/kg
Wärmeübergang	1 cal/cm² · ° C · s	$= 10$ kcal/m² · ° C · s	$= 36000$ kcal/m² · ° C · h
Wärmeleitzahl	1 cal/cm · ° C · s	$= 0{,}1$ kcal/m · ° C · s	$= 360$ kcal/m · °C · h
Kinematische Zähigkeit ν	1 cm²/s	$= 0{,}0001$ m²/s	$= 0{,}36$ m²/h

Tabelle C. Englisches und metrisches Maß.
Kältemaschinen-Regeln Tabelle 32 ff.

Länge:	1 foot	$= 0,30480$ m	1 m	$= 3,2808'$
	1 inch	$= 25,40005$ mm[1])	1 cm	$= 0,3937''$.
Fläche:	1 square foot	$= 0,09290$ m^2	1 m^2	$= 10,764$ sq. ft.
	1 sq. inch	$= 6,4516$ cm^2	1 cm^2	$= 0,1550$ sq. in.
Raum:	1 cubic foot	$= 28,317$ dm^3	1 m^3	$= 35,31$ cu. ft.
	1 cubic inch	$= 16,387$ cm^3	1 dm^3	$= 61,024$ cu. in.
	1 imp. gallon $= 277,26$ cu. in.	$= 4,546$ ltr^3)	1 m^3	$= 219,97$ imp. gall.
	1 US. gallon	$= 3,785$ ltr^3)	1 m^3	$= 264,2$ US gall.
Masse, Kraft, Gewicht[4])	1 avoirdupois-pound (1 lb) $= 16$ ounces		1 kg	$= 2,205$ lbs. $= 35,274$ oz.
	$= 7000$ grains	$= 0,4536$ kg^2)	1 g	$= 15,432$ gr.
Arbeit:	1 foot pound	$= 0,13826$ m$\cdot$kg	1 mkg	$= 7,233$ ft. lb.
Leistung:	1 horse power $= 550$ ft. lb/s	$= 76,04$ m$\cdot$kg/s $= 0,7457$ kW	1 kW	$= 1,341$ HP
	1 HP electrical	$= 736$ W (Definition)^3)		
Druck:	1 lb. p. sq. in. $= 1$ psi (USA)	$= 0,07031$ kg/cm^2	1 at	$= 14,223$ lb/sq. in.
	1 oz. p. sq. in.	$= 43,942$ mm WS	1 m WS	$= 22,757$ oz/sq. in.
Gew. v. Überzug:	1 oz. p. sq. ft.	$= 305$ g/m^2	1 g/m^2	$= 0,00328$ oz/sq. ft.
Wichte:	1 lb. p. cu. ft.	$= 16,02$ kg/m^3	$= 1$ kg/m^3	$= 0,06243$ lb/cu. ft.
	1 oz. p. cu. ft.	$= 1,0012$ kg/m^3		
	1 lb. p. imp. gall.	$= 99,78$ kg/m^3	1 kg/m^3	$= 0,010022$ lb/imp. gall.
	1 lb. p. US. gall.	$= 119,8$ kg/m^3	1 kg/m^3	$= 0,008345$ lb/US gall.
Festes S(taub) in Flüssigk. u. Gas:	1 gr. p. cu. ft.	$= 2,2884$ g/m^3	1 g/m^3	$= 0,43699$ gr/cu. ft.
	1 gr. p. imp. gall.	$= 14,254$ mg/l	1 mg/l	$= 0,070157$ gr/imp. gall.
	1 gr. p. US. gall.	$= 17,118$ mg/l	1 mg/l	$= 0,058418$ gr/US gall.
Wärmemenge:	1 British Thermal Unit $= 778$ ft. lb.^{2})	$= 0,2520$ kcal	1 kcal	$= 3,968$ BTU
Spez. Wärme Energie	1 BTU p. lb. p. °F	$= 1,0000$ kcal/kg$\cdot$C	1 kcal/kg$\cdot$C	$= 1,$ BTU/lb.$\cdot$°F
	1 BTU p. cu. ft. p. °F	$= 1,6018$ kcal/m$^3\cdot$C	1 kcal/m$^3\cdot$C	$= 0,62428$ BTU/cu. ft.$\cdot$°F
Heizwert, Wärmeinhalt	1 BTU p. lb.	$= 0,5556$ kcal/kg	1 kcal/kg	$= 1,8000$ BTU/lb.
	1 BTU p. cu. ft.	$= 8,8992$ kcal/m^3	1 kcal/m^3	$= 0,11237$ BTU/cu. ft.
Wärme- übergang:	1 BTU p. sq. ft.	$= 2,71$ kcal/m^2	1 kcal/m^2	$= 0,369$ BTU/sq. ft.
	1 BTU p. sq. ft. p. °F	$= 4,883$ kcal/mt$\cdot$C	1 kcal/m$^2\cdot$C	$= 0,2048$ BTU/sq. ft. °F
Wärmeleitzahl:	1 BTU p. ft. p. hr. p. °F	$= 1,488$ kcal/m$\cdot$C$\cdot$h	1 kcal/m$\cdot$C$\cdot$h	$= 0,672$ BTU/ft.$\cdot$hr.$\cdot$°F
	1 BTU$\cdot$inch/sq. ft.$\cdot$hr.$\cdot$°F	$= 0,1240$ kcal/m$\cdot$C$\cdot$h	1 kcal/m$\cdot$C$\cdot$h	$= 8,064$ BTU/ft.$\cdot$br.$\cdot$(°F/inch)

Normaler Luftdruck^3): $1,013250 \times 10^6$ dyn. cm^{-2}, das ist (nach AEF, Satz 15) 760 Torr. Auf diesen
Druck bezieht sich daher auch der 212°-Punkt der Fahrenheit-Skala.
Als normale Temperaturen kommen in Frage:
39° F als Punkt größter Wasserdichte,
60° F $= 15,5$ C für die Definition der BTU,
68° F $= 20$ C als Raumtemperatur, sowie (international) für Passungen, jedoch auch
70° F $= 21,1^\delta$ C als Temperatur einer messenden Wassersäule. [Diederichs(L.1), S. 70.]
Als normaler Gaszustand bei Mengenangaben gilt 760 Torr $= 29,922$ in Hg und 32 F ($= 0$ C)
[Diederichs (L. 1) S. 70, 589].
In der Fahrenheit-Skala ist —459,58° F der absolute Nullpunkt der Temperatur; die von dort aus
mit Fahrenheitgraden gerechnete absolute Temperatur wird in USA. nach Rankine be-
zeichnet: es ist $x°$ Rankine $= \frac{5}{9}\cdot(x - 491.58)°$ C. Gefrierpunkt des Wassers bei 491,58°
Rankine, Siedepunkt bei 671,58° Rankine^3).
In USA. wird die Arbeit von 736,00 W als elektrische Pferdekräfte definiert.

---

[1]) Z. Instrumentenkde. 1927 S. 217; Tätigkeitsbericht Phys. T. R. A. 1926.
[2]) Wert der Amer. Soc. of Mech. Engrs. [Diederichs (L. 1) S. 369].
[3]) International Critical Tabels of numeric data, prepared by the National Research Council of US. 8 Bände, New York 1926, .. 30, McGraw Hill. Bd. I, S. 18 ff., 52.
[4]) Als Kraft oder Gewicht soll das pound den Namen poundal haben; er ist ganz ungebräuchlich. Verwechslungen mit der Masse kommen kaum vor, weil die Wissenschaft mit metrischen Einheiten rechnet.

Literaturverzeichnis.

Im Text ist auf die betreffenden Nummern des Literaturverzeichnisses verwiesen.

Allgemeines.

1. DIEDERICHS u. ANDRAE: Experimental Mechanical Engineering, New York: Wiley 1930. *Band 1 bringt das ganze im vorstehenden behandelte Gebiet sowie die Ölprüfung zur Darstellung.*
2. Archiv für Technisches Messen (ATM). München: Oldenbourg. Umfangreiches Sammelwerk, erscheint monatlich seit 1925 in Heften verschiedenartigen gemischten Inhalts, die Blätter systematisch zum Einordnen numeriert.
3. Forschungsarbeiten auf dem Gebiet des Ingenieurwesens, herausgegeben vom Verein Deutscher Ingenieure seit 1902, *fallweise erwähnt. Vielfach Versuche mit Beschreibung der verwendeten Meßgeräte.*
4. Mitteilungen der Wärmestelle des Vereins Deutscher Eisenhüttenleute. Düsseldorf: Stahleisen. Seit 1919, *vielfach meßtechnischen Inhalts, einzeln erwähnt.*
5. DIETRICH: Bibliographie der Deutschen Zeitschriftenliteratur, seit 1898, *bearbeitet 3600 Zeitschriften, auch viele technische; Schlagworte wie: Meß-, Manometer, MAN, Ultrarot, Temperatur, Psychrometer. Halbjährliche Bände, für 1951 Band 102 und 103.* Osnabrück: Verlag Felix Dietrich.
6. KOHLRAUSCH: Praktische Physik. Band I vergriffen, Band II 19. Aufl. Leipzig: Teubner 1948. *Klassisches Werk über physikalische Messungen, vieles, zumal in Band I, für technische Zwecke wertvoll.*
7. ANGERER-EBERT: Technische Kunstgriffe, 8. Aufl., 364 S. Braunschweig: Vieweg 1952. *Viele Angaben über Materialien, über Thermostaten, über Reinigung von Quecksilber u. dgl. für Ingenieurversuche anwendbar.*
8. KRÖNERT: Physikalische Meßmethoden, 2. Aufl. Leipzig: Akad. Verlagsgesellschaft 1951.
9. FALTIN: Technische Meßgeräte und -verfahren. Halle: Knapp 1949.
10. Der Chemie-Ingenieur. 4 Bände, Leipzig 1933, Akad. Verlagsgesellschaft; Meßtechnischer Teil auch als Handbuch der technischen Betriebskontrolle, Band III, 2. Aufl. 1951, *und* Ullmanns Encyklopädie der Technischen Chemie, 3. Aufl. München: Urban & Schwarzenberg 1951. Bd. 1: Chemischer Apparatebau und Verfahrenstechnik, weitere Bände im Erscheinen. *Beide chemisch-technische Werke enthalten vieles auf das Meßwesen Bezügliche, insbesondere über physikalische Meßmethoden.*
11. LANDOLT-BÖRNSTEIN: Zahlenwerte und Funktionen, 6. Aufl. Berlin/Göttingen/Heidelberg: Springer 1953. Band 4: Technik. 4 Teilbände, im Erscheinen. *Bis dahin ist Band 1 der 5. Aufl. 1923 die wichtigste Quelle zum Auffinden von Zahlenwerten aller Art.*
12. D'ANS u. LAX: Taschenbuch für Chemiker und Physiker, 2. Aufl. Berlin. Springer 1949. 1896 S. *Kleinerer Ersatz für das vorige, für tägliche Zwecke.*
13. HODGMAN: Handbook of chemistry and Physics, 31. ed. 1949. *Ähnlich.*
14. Hütte, des Ingenieurs Taschenbuch. Band I: Grundlagen. 27. Aufl. 1941, in Neudruck.
15. VDI-Regelwerk, meist mit Meßvorschriften oder -ratschlägen. Düsseldorf: Deutscher Ingenieur-Verlag.

    Din 1942, Dampfkesselregeln, 1937;

            1943, Dampfturbinenregeln;

Din 1944, Kreiselpumpenregeln, 2. Aufl. 1943;
　　1945, Verdichterregeln, 3. Aufl. 1934;
　　1946, Lüftungsregeln, 1950;
　　1947, Kühlturmregeln, 1944;
　　1952, Durchflußmeßregeln, 6. Ausg. 1949.
Regeln über Verbrennungskraftmaschinen, 1930, vergriffen (L. 285). Temperaturmeßregeln, 2. Aufl. 1940; 3. Aufl. erscheint demnächst. VDI 2066, Richtlinien für Leistungsversuche an Entstaubern, 2. Ausg. 1949.
Richtlinien für die Bestimmung der Zusammensetzung von Stauben nach Korngröße und Fallgeschwindigkeit. 1936.
16. Kältemaschinen-Regeln des Deutschen Kältetechnischen Vereins, 4. Aufl. Karlsruhe: Müller 1950. *Viele Tabellen.*
17. Deutsche Normen (Din 1 bis 90000 laut Normblatt-Verzeichnis von 1952), erhältlich beim Beuth-Vertrieb, Berlin W 15 und Köln. *Unter Din 1302 bis 1350 findet sich die Normung der Begriffe und Einheiten, herausgegeben zusammen mit dem AEF = Ausschuß für Einheiten und Formelgrößen, z. B. Din 1301 = Einheiten, Kurzzeichen; Din 1306 = Dichte und Wichte; Din 1314 = Druck, Begriffe und Einheiten; Din 1342 = Zähigkeit. — Über den AEF berichtet* STRECKER: Z. techn. Phys. 1929 S. 256.

Kapitel I. Messung und Meßgerät.

18. Wissenschaftlicher Beirat des VDI: Zur Frage der Einführung der Maßeinheiten Kilopond und Joule. Z. VDI 1950 S. 161. *Kilopond abgelehnt.*
19. RAMSAUER: Masse und Gewicht. Z. angew. Phys. 1951 Heft 4.
20. Gesetzliche Grundlagen der Meßtechnik:
　　a) Maß- und Gewichtsgesetz vom 13. 12. 1935;
　　b) Eichordnung vom 24. 1. 1942. 395 S. Großformat;
　　c) Amtsblatt der Physikalisch-Technischen Bundesanstalt (PTB), Fortführung dessen der PTR. Berlin: Deutscher Eichverlag. *Mitteilungen über neue Meßgeräte (soweit eichpflichtig), Anweisungen für die Eichung, ferner Verordnungen, Personalien usw.*
21. BLOCK: Maß- und Gewichtsgesetz vom 13. 12. 1935. Z. VDI 1936 S. 422. *Kurzer Überblick.*
22. STULLA-GÖTZ: Das österreichische Maß- und Eichgesetz 1950. Z. VDI 1950 S. 1015. — *Über das französische Gesetz über Maßeinheiten berichtet* STRECKER: Z. techn. Phys. 1929 S. 258, auch Kältemaschinen-Regeln Tab. 35 ff.
23. EBERT u. MOSER: Die Physikalisch-Technische Bundesanstalt. Z. VDI 1951 S. 710.
24. Din 1319. Grundbegriffe der Meßtechnik. 1942. *Meßgröße, Meßling, Empfindlichkeit, Fehler und Fehlerarten u. a. m.*
25. EICHLER: Gestaltungsarbeit in der Meßgerätetechnik. Z. VDI 1938 S. 257.
26. KOEHLER: Sonderstellung der Feinwerktechnik. Z. VDI 1948 S. 119. *Lagerung.*
27. PFLIER: Lagerung der beweglichen Organe von Meßgeräten. Z. VDI 1940 S. 575. *(Spitzenlagerung.)* Berichtigung Z. VDI 1942 S. 128.
28. STABE: Federgelenke im Meßgerätebau. Z. VDI 1939 S. 1189. *Feinmechanische Beispiele: Pendel der Uhr, Spannband elektrischer Geräte, Meßdose mit 2 Membranen. Vergleiche* WUEST, Feinwerktechnik 1950 167.
29. PALM: Registrierinstrumente. Berlin/Göttingen/Heidelberg: Springer 1950.
30. FREISE: Mechanische Verfahren zum Aufzeichnen mechanischer Größen. Z. VDI 1950 S. 76. Ritzgeräte. Z. VDI 1938 S. 457; 1940 S. 599. *Meßweg einige Zehntel Millimeter.*
31. KLOTTER: Technische Schwingungslehre, 2. Aufl. Berlin/Göttingen/Heidelberg: Springer 1951. Wegzeichnende Geräte S. 203, 281.
32. ZIPPERER: Technische Schwingungslehre. Band 1: Einfache Schwinger, 2. Aufl. Berlin 1953, Sammlung Göschen Bd. 953.
33. OEHLER: Technische Schwingungslehre. Essen: Girardet 1952.
34. JORDAN u. GREINER: Mechanische Schwingungen. 1952.

35. KOCH u. ZELLER: Schwingungsmeßverfahren. Z. VDI 1936 S. 1440. *Überblick.* Auch Z. Instrumentenkde. 1933 S. 64.
36. Entzerrung von Diagrammen: KRÖNERT: Arch. techn. Messen J 030—1; ZÖLLICH: Arch. techn. Messen V 365—6, 1935.
37. WAAS: Messung von Kraftfahrzeugschwingungen. Z. VDI 1935 S. 199. *Ähnlich Seismograph, also wegzeigend.*
38. LEHR: Schwingungstechnische Eigenschaften des Kraftwagens und ihre meßtechnische Ermittlung. Z. VDI 1934 S. 329.
39. GRAMBERG: Wirkweise der Windkessel von Kolbenpumpen. Forsch.-Arb. Bd. 129 S. 49; Z. VDI 1911 S. 851.
40. PALM: Elektrische Meßgeräte und Meßeinrichtungen, 3. Aufl. Berlin/Göttingen/Heidelberg: Springer 1948.
41. Glimmteiler zum Gleichhalten elektrischer Spannungen (Stabilisator). Z. VDI 1935 S. 525 oder ETZ 1933 S. 938.
42. KLAUS: Die Fotozelle und ihre technischen Anwendungen. VDI-Nachr. 22. 10. 1950.
43. MERZ: Kennziffern der Drehspulgalvanometer. Z. Instrumentenkde. 1938 S. 324; Arch. techn. Messen J 014—8, 1938.
44. MOELLER: Empfindlichkeit und Genauigkeit elektrischer Messungen. Z. VDI 1951 S. 464. *Drehspule mit Massezeiger erreicht 1 mm Weg für 0,5 μA oder 0,1 mV.*
45. BRILL: Telefon als Nullindikator. Arch. techn. Messen J 851—1, 1941.
46. GRÜSS: Neue ... Kreuzspulgeräte *(Brücken-Kreuzspulgerät)* Wiss. Veröff. Siemens-Konz. 1931 Heft 1.
47. EGGERS: T-Spulgerät mit Kernmagnet. ETZ 1950 S. 86.
48. Stroboskop GM 6500. Philips Elektronisch Messen Jg. 2 Nr. 6.
49. RICHTER: Kathodenstrahl-Oszillographie. München: Franzis-Verlag 1950.
50. BORRIES: Kathodenstrahl-Oszillograph. Z. VDI 1936 S. 1135. *Teilweise überholt.*
51. DE JUHASZ: An optical Oscillograph. Autom. Engr. 1942 S. 483.
52. FERRONI: Neuerungen in Elektronenstrahl-Oszillographen. Siemens-Z. 1951 S. 233.
53. KLEIN: Über Oszillographen. Meßtechn. 1938 S. 1, 25, 47.
54. KLEIN: Neuer tragbarer Elektronenstrahl-Oszillograph. Siemens-Z. 1939 S. 335.
55. CARLISLE: Elektronentechnik bei Meßgeräten der Eisen- und Stahlindustrie. Engr. Bd. 186 (1948) S. 450, 476.
56. SCHERING: Schleifen-Oszillograph. Handbuch der Physik Bd. 16 S. 304.
57. Oszillograph GM 3152 für die niederen Frequenzen des Maschinenbaus. Philips TR Jg. 2 Heft 5.
58. CZECH: Darstellung abklingender Schwingungen als stehendes Bild. Z. VDI 1940 S. 83. *Ermittlung des Dekrements δ.*
59. PFLIER: Elektrische Messung mechanischer Größen. Berlin/Göttingen/Heidelberg: Springer 1948.
60. KEINATH: Elektrische Messung physikalischer Größen im Maschinenbau und Betrieb. Z. VDI 1937 S. 33.
61. SCHULTZE: Feindraht-Widerstände. Z. VDI 1952 S. 43.
62. PFLIER: Meßwert-Umformer. Siemens-Z. 1940 S. 93.
63. PFLIER: Stand der Fernmessung. Z. VDI 1936 S. 1461, Literatur.
64. DALLMANN: Fernübertragung mit Gleich- und Wechselstrom. ETZ 1937 S. 423.
65. SAMAL: Meßwert-Fernübertragung in Widerstandsgebern. Industr.-Anz. 1952 S. 137.
66. LOHMANN u. SIEBER: Elektrische Ringrohr-Fernübertragung. Siemens-Z. Dez. 1928.
67. GEYGER: Fernübertragung von Meßwerten mit Widerstandsgebern. Arch. techn. Messen V 3821—1 bis —3, 1935/36. *Schaltungen für Strommessung, für Quotientenmessung, letzteres billiger. Auch für Summe usw. oder für Zählung.*
68. KRAMER: Bedeutung des Fernanzeigens in technischen Betrieben. ETZ 1949 S. 168.

69. EGGERS: Elektrische Fernübertragung von Meßwerten mit induktivem Geber. Meßtechn. 1944 S. 97.

70. Numo(Nullmotor)-Fernübertragung von Siemens & Halske. Arch. techn. Messen 3824—1, 1940; Arch. Elektrotechn. 1936 S. 240.

71. Fernzählung von Durchflußmengen mit Motorzähler. Arch. techn. Messen V 389—5, 1933. *Hg-Säule Hallwachs & Langen kann direkt auf Zähler wirken.* Meßtechn. 1930 S. 194.

72. Neuerungen der SSW auf dem Gebiet der Summenfernzählung. Arch. techn. Messen V 388—1, 1950. *Bei Erzeugung und Verteilung elektrischer Energie wichtig: Fernzählung, Summenzählung, Messung des Summenmaximums, Maximum-Überwachung, Baukastensystem.*

73. VILBIG: Lehrbuch der Hochfrequenztechnik, 3. Aufl. Leipzig: Akad. Verlagsgesellschaft 1942.

74. HASSEL: Hilfsbuch für Hochfrequenz-Techniker. Berlin: Schneider 1950.

75. RIEGGER: Methode der halben Resonanz. Z. techn. Phys. 1924 S. 577; Wiss. Veröff. Siemens-Konz. 1924 Heft 2.

76. SCHEIBE: Piezoelektrizität des Quarzes. Leipzig: Steinkopff 1938.

77. BERLIT: Piezoelektrisches Meßverfahren. Z. VDI 1950 S. 96.

78. BARKHAUSEN: Elektronen-Röhren. Bd. 2: Verstärker, 4. Aufl. Leipzig: Hirzel 1933.

79. RATHÄUSER: Rundfunkröhren.

80. KOHLRAUSCH (L. 6) II, 298: Elektronenröhren als Verstärker.

81. ROTHE-KLEEN: Grundlagen und Kennlinien der Elektronenröhren, 3. Aufl. Leipzig: Akad. Verlagsgesellschaft 1948.

82. BARTELS: Grundlagen der Verstärkertechnik, 3. Aufl. Leipzig: Hirzel 1949.

83. SCHLEICHER u. THAL: Verstärker in der elektrischen Meßtechnik. ETZ 1939 S. 257.

84. MOELLER: Verstärkungsgrad elektrischer Meßverstärker. Arch. techn. Messen Z 630—1, 1951. *Spannungs- und Leistungsverstärkung.*

85. SCHALLER: Lichtelektrische Verstärker. Arch. techn. Messen Z 634—7, 1952.

86. MERZ: Lichtelektrische Gleichstromverstärker. Arch. techn. Messen V 65—7, 1938.

87. LIENEWEZ: Temperaturberichtigungs-Schaltungen. Arch. techn. Messen J 023—1, 1938.

88. DÖRING: Meßgeräte für mechanische Arbeit. Z. VDI 1935, 441. *Produktbildung.*

89. LIENEWEG: Darstellung von Parameterfunktion mit elektrischen Meßanordnungen. Wiss. Veröff. Siemens-Konzern Bd. 15 Heft 3. Berlin: Springer 1936; Z. VDI 1937 S. 577. *Eliminierung des Temperatureinflusses bei Messungen.*

90. FRANSSEN: Elektrische Quotientenbildung von mechanischen Kräften. ETZ 1944 S. 113.

91. TOELLER u. KLEE: Radizierungen an Ringwaagen. Arch. techn. Messen V 1245, 1943.

92. Theorie des Planimeters: LAND: Z. VDI 1899 S. 1064; KIRSCH: Z. VDI 1890 S. 1053, *einfach.*

93. OTT: Systematische Entwicklung des Planimeters ... aus der einfachsten Grundform. Meßtechn. 1937 S. 41.

94. BAER: Genauigkeitsuntersuchungen am Polarplanimeter. Z. Instrumentenkde. 1937 S. 177. (Diss. Darmstadt.)

95. WERKMEISTER: Neues Instrument zur Bestimmung der Richtungswinkel von Kurventangenten *(Spiegellupe).* Z. Instrumentenkde. 1937 S. 379.

96. v. HARBOU: Prismenderivator und Differentio-Integraph. Z. angew. Math. Mech. 1930 Nr. 6. (Diss. Königsberg.) Vergleiche Z. techn. Phys. 1932 S. 341.

97. MADER: Einfacher harmonischer Analysator. ETZ 1909 S. 847. BAER: Genauigkeitsuntersuchungen am harmonischen Analysator MADER-OTT. Z. Instrumentenkde. 1937 S. 225. (Diss. Darmstadt.)

98. Neues Verfahren der harmonischen Analyse. Z. VDI 1944 S. 169.

99. LODE: Graphisches Verfahren zum Ausgleich wiederholter Messungen. Z. VDI 1948 S. 89.

100. PLAUT: Wie wächst die Sicherheit durch Wiederholung von Versuchen? Z. techn. Phys. 1929 S. 660.
101. NEUMANN: Dreieckschaubilder für graphische Berechnungen. Z. VDI 1923 S. 231. Dreieckstafel für Funktionen $z_1 + z_2 + z_3 = K$. Handbuch der Physik Bd. 3 S. 583.

Kapitel II. Druck.

102. Din 1314 Druck; Begriffe, Einheiten.
103. EBERT: Konventionelle Druckskale bis 20000 at. Arch. techn. Messen V 1340—1, 1951. *Festsetzungen der 9. Generalkonferenz für Maß und Gewicht, 1948.*
104. Regeln für Ventilatoren und Kompressoren,1925. 3. Aufl. als VDI-Verdichter-Regeln 1934.
105. WUEST: Mechanische Druckmessung. Arch. techn. Messen V 1343—1 1943. *Normale für höchsten Druck. Hg erstarrt bei 0°/7640 at; bei 30° 13715 at.*
106. LORENZ: Theorie der Röhrenfedermanometer. Z. VDI 1910 S. 1865.
107. PTR: Beglaubigungsordnung für Überdruckmesser mit elastischem Meßglied vom 7. 6. 1944.
108. Ringwaage: SCHMIDT, E.: Z. VDI 1936 S. 635; WILDE: Z. VDI 1944 S. 127; WEIDEMANN: Arch. techn. Messen J 1233—8, 1950.
109. Mikromanometer, in Handbuch der Experimentalphysik, Bd. 4, Teil 1. Mikromanometer nach BETZ. Meßtechn. 1931 S. 37.
110. REICHARDT: Druckmesser für kleine Druckunterschiede. Z. VDI 1935 S. 1503.
111. CARLISLE u. SMITH: Differenzdruck-Meßgerät für SM-Öfen. J. Iron Steel Inst. 1949 S. 222.
112. LUDWIEG: Druckverstärker für kleine Drucke. Arch. techn. Messen Z 64—4, 1951.
113. Manometer für Turbinenkondensatoren. Z. VDI 1936 S. 1421. *Füllflüssigkeit phthalsaures Di-n-Butyl, hochsiedend, Dichte etwa 1, aber gasabsorbierend.*
114. WUEST: Neue Bauarten von Kolbendruckmessern. Z. VDI 1950 S. 581.
115. KLEIN: Genauigkeitsgrad von Hochdruckmessern. Z. VDI 1910 S. 792. *Waage-Manometer, Martens-Manometer, Differential-Kolbenwaage u. a.*
116. Manometer des Bureau of Stand. USA zum Ablesen von hohen Drucken. Power 27. 4. 1920.
116a. Druckwaage der PTR bis 5000 at. Z. Instrumentenkde. 1930 S. 349. *Einfluß der Temperatur auf Manometerangaben.*
117. BÜCHNER, Lavalsche Turbinendüsen. Z. VDI 1904 S. 1029.

Kapitel III. Zeit und Geschwindigkeit.

118. NIESIOLOWSKI-GAWIN: Zeit- und Geschwindigkeitsmessung. Handbuch der Physik Bd. 2, Kap. 6, 7.
119. HOFFMANN: Einteilung der Zeitmeßgeräte. Z. Instrumentenkde. 1930 S. 658. *Uhr = Zeitanzeiger, Stechuhr = Zeitdauermesser, Fotoverschluß = Zeitbegrenzer. Einteilung der Genauigkeit in 5 Grade.*
120. KOFLER: Stichdrehzähler mit elektrisch angetriebenem Zeitwerk. Z. VDI 1943 S. 403.
121. WETZER: Druckende Großstoppuhr mit 10 s Laufzeit. Meßtechn. 1941.
122. HOFFMANN: Untersuchungen an Geschwindigkeitsmessern. Forsch.-Arb. 100.
123. HORN: Drehzahlmesser. Z. VDI 1937 S. 1369, 1504. *Überblick.*
124. GOHLKE: Stichdrehzähler für sehr hohe Drehzahlen. Z. VDI 1952 S. 328.
125. BEHRMANN: (Neuer) Zungenfrequenzmesser. Z. VDI 1952 S. 992.
126. Messung kurzzeitiger Drehzahlschwankungen. ECKEL: Z. VDI 1939 S. 381. *Lochkreis, Fotozelle. Ältere Arbeiten.*
127. FRAHM: Resonanzschwingungen in Schiffs-Wellenleitungen. Z. VDI 1902 S. 797.
128. KLÖNNE: Ungleichförmigkeit und Winkelabweichung *(von Kolbenmaschinen).* ETZ 1902 S. 715. *Gleiches Thema:* RIEHM: Z. VDI 1913 S. 1101; Forsch.-Arb. 137, *dort Literatur;* RUNGE: Forsch.-Arb. 181 (1915).

129. Henn: Bemerkungen zur Eichung hydrometrischer Flügel. Wasserkr. u. Wasserwirtsch. 1937 Heft 10 S. 11. Vergleiche L. 173.

130. Schmidt: Messung der Wettergeschwindigkeit. Arch. techn. Messen V 8215—7, 1951.

131. Schrenk: Trägheitsfehler des Schalenkreuzanemometers bei schwankender Windstärke. Z. techn. Phys. 1929 S. 60; Meßtechn. 1928 Heft 10.

132. Kirsten: Windmessung auf Abraumförderbrücken. Z. VDI 1931 S. 1079.

133. Kumbruch: Messung strömender Luft mit Staugeräten. Forschungsheft 240.

134. Winkel: Stauröhren zur Messung des Druckes und der Geschwindigkeit in fließendem Wasser. Z. VDI 1923 S. 568. *Viele Einzelheiten.*

135. Schuster: Strömungsvorgänge in einer Francis-Turbine, *Bestimmung, Geschwindigkeit und Richtung mit Pitotrohr.* Z. VDI 1910 S. 1733. Forsch.-Arb. 82.

136. Seitz: Strömungsmessungen in gekrümmten Kanälen mit der Staukugel. Z. VDI 1935 S. 1537.

137. Strauss: Kugelsonde 3 mm Durchmesser. Z. VDI 1938 S. 52.

138. Kröner: Staurohre zur Bestimmung der Strömrichtung von Luft, als Doppelrohr und Dreirohr. Z. VDI 1917 S. 605. Forsch.-Arb. 222.

139. Bradtke u. Liese: Hilfsbuch für raum- und außenklimatische Messungen, 2. Aufl. Berlin/Göttingen/Heidelberg: Springer 1952.

140. Biedenkopf: Hitzdrahtgerät für Turbulenzmessungen. Z. VDI 1944 S. 523.

141. Richtungsbestimmung von Strömungen mit Dreilochrohr, in Voith-Heidenheim, 40 Jahre Brunnenmühle.

142. Eujen: Messen kleiner Strömgeschwindigkeiten. Z. VDI 1951 S. 669.

143. Wuest: Prüf- und Eicheinrichtungen für thermische Strömungsmesser. Z. VDI 1953 S. 396. *Abkühlungsverfahren, Kalorimetrisches Verfahren = Thomas.*

Kapitel IV. Menge und Fluß.

144. Din 1306, Dichte und Wichte. 1938.

145. Din 1343, Normtemperatur, Normdruck, Normzustand, Normvolum. 1940.

146. Din 12790 bis 12793, Spindeln. 1941.

147. Schiller: Bestimmung der Dichte und Zähigkeit von Gasen mit Schilling-Bunsen-Gerät. Forschung 1933 S. 225.

148. Fritzweiler: Messen von Mehrstoffgemischen in der Spiritusindustrie. Z. VDI 1937 S. 407.

149. Zipperer u. Müller: Bestimmung ... der Zähigkeit von Gasgemischen. Gas- u. Wasserfach 1932 S. 623.

150. Dinse: Waage, Wäger, Wägung. Godesberg, Verlag Joh. Wilh. Schmitz, Wiegekartenfabrik 1939. *Technische und gesetzliche Grundlagen für Arbeit mit Fuhrwerks- und Waggonwaagen.*

151. Zingler: Theorie der zusammengesetzten Waagen. Berlin: Springer 1928. Raudnitz, Theorie der von Hand bedienten Waagen. Leipzig (jetzt: Berlin-Charlottenburg 4): Bernhard Fr. Vogt. *Neuauflage in Vorbereitung.*

152. Schmelzer: Entwicklung der Brückenwaage. Glasers Ann. 1940.

153. Hähndel: Waagen für die Industrie. Z. VDI 1953 S. 356. *Eigenschaften eichfähiger Waagen: Richtigkeit, Empfindlichkeit (Sache der Bauart), Beweglichkeit (hängt nicht von der Bauart, sondern von guter Arbeit ab) Unveränderlichkeit = Reproduzierbarkeit.*

154. Tillmanns: Neuere Entwicklungen im Waagenbau. Z. VDI 1952 S. 616. Literatur.

155. Möller: Behälterstand-Fernmessung. Gas- u. Wasserfach 1931 S. 658.

156. Block: Ausmessen von Lagerbehältern. Meßtechn. 1931 S. 145.

157. Trocknes Ausmessen großer Lagerbehälter. Bericht der PTR 1938. Z. VDI 1939 S. 835. *Eichfähiges Verfahren.*

158. Marcard u. Botzong: Wasserstands-Fernanzeiger für Dampfkessel. Z. VDI 1935 S. 1397. *Übersicht.*

159. Rauschelbach: Selbstschreibender Hochseepegel. Z. VDI 1934 S. 465. *Luft in versenktem Windkessel zusammengedrückt.*

160. TROSSBACH: Abflußmengen-Messungen im Rahmen des gewässerkundlichen Dienstes. Wasserkr. u. Wasserwirtsch. 1937 Heft 11. *Vergleich verschiedener Verfahren.*

161. GRAMBERG, H.: Fesselschwimmer als neues Wassermengen-Meßgerät. Bautechn. 1937 Heft 38 (Fa. Ott).

162. ENGEL: Abflußgleichungen für Venturi-Kanäle. Dtsch. Wasserw. 1937 S. 110. *Literatur. Auch:* Z. VDI 1933 S. 1285.

163. GARTHE: Venturi-Kanalmesser. Arch. techn. Messen V 1253—1, 1934.

164. MÜLLER, W.: Venturi-Kanalmesser einer Kläranlage. Z. VDI 1937 S. 686. *Vergleich mit Flügelmessung, gut.*

165. AICHELEN: Mittlere Geschwindigkeit bei turbulenter Strömung in glatten und rauhen Rohren. Z. Naturforschg. 1947 S. 108. *Stets im Kreis mit 0,762 Halbmesser.*

166. WÜNSCH: Strömungsmessung im Teilstromverfahren. Gas- u. Wasserfach 1928 S. 1107; Stahl u. Eisen 1925 S. 196. Gute Bilder.

167. VDI-Regeln für Wassermengen-Messungen. 1936.

168. Regeln für Wasserturbinen vom 12. 4. 1947 des Schweizerischen Elektrotechn. Vereins. Bull. schweiz. elektrotechn. Ver. 1946 S. 402; 1947 S. 162.

169. MOUSSON: Wassermessungen im Großkraftwerk Safe Harbour. Z. VDI 1934 S. 1343. *Drei Flügelformen benutzt (zwei verschiedene Formen verlangen die USA-Normen). Vergleich mit Gibson; Messung übereinstimmend, Flügel wirtschaftlich besser.*

170. KIRSCHMER: Wassermessung am Walchensee. Z. VDI 1930 S. 521. *Vergleich verschiedener Verfahren. Ähnlich:* KIRSCHMER u. ESTERER: Z. VDI 1930 S. 1499.

171. STAUS: Wassermeßverfahren. Z. VDI 1936 S. 1193.

172. RITTERLI: Erfahrungen bei Wassermessungen an Turbinen. Wasserkr. u. Wasserwirtsch. 1937 Heft 10.

173. HENN: Grundlagen der Wassermessung mit dem Meßflügel. Z. VDI 1938 S. 48, *und* Forschungsheft 385. Vergleiche L. 129.

173a. YARNELL und NAGLER, Effect of turbulence on the registration of current meters (= Flügel). Proc. Am. Soc. Civ. Engrs. 1929 S. 2611.

174. STREIFF u. GERBER: Flügelmessung bei schräger Strömung. Z. VDI 1934 S. 987. Nach: Schweiz. Bauztg. 1934 S. 36. *In sich verengendem Querschnitt.*

174a. SCHMIDTHENNER, Ein neues Wassermeßverfahren (Schirmmessung). Z. VDI 1907 S. 627.

175. REHBOCK: Überfallmessung. Z. VDI 1929 S. 817.

176. PANTELL: Amerikanische Versuche an Meßwehren. Z. VDI 1928 S. 477. Nach: Proc. Amer. Soc. Civ. Engrs. 1927 S. 1395. *(2438 Behältermessungen.)*

177. BARR: Flow of Water Over Triangular Notches. Engineering 1910 S. 435, 470; vgl. WAGENBACH: Z. ges. Turb.-Wesen 1910 S. 561.

178. KIRSCHMER: Salzverdünnungsverfahren. Wasserkr. u. Wasserwirtsch. 1931 Heft 10. Salzgeschwindigkeitsverfahren in Z. VDI 1930 S. 52; *letzteres nach:* ALLEN u. TAYLOR: Trans. Amer. Soc. Mech. Engrs. 1923 S. 285.

178a. ITERSON, Chemical method of watermeasuring. Engineering 1914 S. 743.

179. PANTELL: Das GIBSON-Wassermeßverfahren. Z. VDI 1924 S. 366. *Theorie, Beschreibung, Kritik. Letztere scheint nach den Zuschriften* a. a. O. 1924 S. 662, 840 *anfechtbar.* VOLKHARDT: Druckschreiber für Wassermesser nach dem GIBSON-Verfahren. DECKEL, dasselbe, und Messungen damit; *beide in* Mitt. Hydr. Instituts T.H. München Heft 6; Auszug Z. VDI 1934.

180. VOGELPOHL: Druckschreiber für Wassermessungen nach dem GIBSON-Verfahren. Z. VDI 1934 S. 201. *Kolbenmanometer in Sonderbauart.*

181. UMPFENBACH: Kalorimetrische Wirkungsgrad-Bestimmung an Wasserturbinen. Z. VDI 1937 S. 1203. Diss. T.H. Berlin 1937.

182. FRANKE: Leitfähigkeits-Wasserstrommessung. Z. VDI 1944 S. 109. Nach: Diss. T.H. Berlin 1939.

183. SCHULTES: Großgasmessung. München: Oldenbourg 1951.

184. Verdichter-Regeln Din 1945, 3. Aufl. 1934.

185. VDI-Lüftungsregeln Din 1946, 1950.

186. Wassermesserkombination. Siemens-Z. 1929 S. 613. EGGERS: Arch. techn. Messen J 1235—2, 1938.

187. SCHOLZ u. STEBEL: Mengenabhängig gesteuerter Sammelprobenehmer für Gase. Gas- u. Wasserfach 1950 S. 127.

188. TÄNZLER: Drehkolben-Pumpen und -Kraftmaschinen. Z. VDI 1949 S. 239. *Anwendung: Zähler für Flüssigkeiten und Gas.*

189. SCHULTES: Großgasmessung. München: Oldenbourg 1949.

190. SCHÜTZ: Drehkolben-Gasmesser. Z. VDI 1932 S. 521. Gasmengenmessung in Normalkubikmetern. Z. VDI 1934 S. 875.

191. MEYER: Technik der Haushalt(gas)zähler. Gas- u. Wasserfach 1948 S. 176. Was muß das Gaswerk über Normung und Eichung der Gaszähler wissen? Gas- u. Wasserfach 1949 Heft 6. MÜLLER: Trockne Gasmesser. Z. VDI 1932 S. 699; *kritische Beschreibung, viele Abbildungen.*

192. KRETZSCHMER: Taschenbuch für Durchflußmessung mit Blenden. 4. Aufl. Düsseldorf: Dtsch. Ingenieur-Verlag 1949.

193. HERNING: Grundlagen und Praxis der Mengenstrommessung. Düsseldorf: Dtsch. Ingenieur-Verlag 1950.

194. Din 1952. Durchflußmeßregeln, 6. Aufl. 1948, fast wie 5. Aufl. 1943.

195. REYNOLDSsche Zahl *in ihrer Bedeutung erläutert in* FUCHS u. HOPF: Aerodynamik. Berlin: Schmidt 1922; *auch in* HOPF: Handbuch der Physik Bd. 7 S. 99.

196. Din 1342. Zähigkeit. 1936.

197. WITTE: Durchflußbeiwerte der IG-Meßmündungen für Wasser, Öl, Dampf und Gas. Z. VDI 1928 S. 1493. Berichtigungen Z. VDI 1929 S. 976. WITTE: Durchflußzahlen. Techn. Mech. Thermodyn. 1930 S. 34, 72, 113. WITTE: Strömung durch Düsen und Blenden. Forsch. 1931 S. 245, 291. Referat Z. VDI 1931 S. 1454. *Weitere Literatur in letztgenannten, und in* Regeln, L. 194. Betriebserfahrungen bei der Durchflußmessung. Z. VDI 1937 S. 1243. *Weniger schmutzempfindlich als Volumenmesser.* Durchflußmessung zäher Flüssigkeiten. Z. VDI 1943 S. 289.

198. JAROSCHEK: Vergleichende Durchflußmessungen mit Düsen und Blenden. Z. VDI 1936 S. 643. *Bestätigen die VDI-Regeln.*

199. KESSELS: Durchflußmessung. Arch. Eisenhüttenw. 1949, S. 79. Mitt. 348 der Wärmestelle des VDEh. *Übersichtliche Darstellung von Din 1952, Berücksichtigung des Gehaltes an Feuchtigkeit im Gas.*

200. RUPPEL: Durchflußzahlen von Normblenden bei verschiedener zylindrischer Kantenlänge. Z. VDI 1936 S. 1381. *Muß $\leq 0{,}02\,D$ sein.*

201. KOENECKE: Neue Düsenformen für kleine und mittlere REYNOLDS-Zahlen. Forsch.-Arb. Ing.-Wes. 1938 S. 109; Z. VDI 1939 S. 318. Dasselbe bis herab zu Re = 500. Arch. techn. Messen V 1242—1 und —2, 1938/39.

202. Durchflußmessung bei Ölen, *ob abhängig von Zähigkeit und Schmierfähigkeit? Nein!* Z. VDI 1936 S. 1151.

203. BOSSELMANN: Gas- und Flüssigkeitsmesser. Technik 1947 S. 551. *Mündungsmesser mit veränderlichem Querschnitt, wegen genauer Messung kleiner Flüsse.* LOHMANN: Durchflußmessung. *Erfassung großer Meßbereiche.* Arch. techn. Messen V 1241—4, 1938. *Veränderlicher Querschnitt, mehrere Rohrleitungen usw.*

204. LOHMANN: Segmentblenden. Arch. techn. Messen V 1241—5, 1938.

205. KRETZSCHMER: Messung angreifender oder schwierig zu behandelnder Gase und Flüssigkeiten. Z. VDI 1940 S. 25. *Tafel 1 und 2: Übersicht der Meßlinge (NH_3, C_2H_2 usw.) und der gegen sie nötigen Maßnahmen. Messung nahe Siedepunkt unreiner Flüssigkeiten, staubiger Gase.*

206. HOMANN: Vereinfachte Durchflußmessung mit Halb-Pitotrohren. Z. VDI 1939 S. 866, 1090. *Nach* SHERWOOD: Mech. Engng. 1939 S. 22.

207. GARTHE: Berücksichtigung der Hg-Kapillarität bei radizierenden Schwimmermanometern. Forschung 1935 S. 305; Z. VDI 1936 S. 704.

208. Angenäherte Berechnung von Durchflußmengen durch Dresselgeräte. Z. VDI 1952 S. 505.

209. MESTER: Stetigzähler für Mengenmesser. Z. VDI 1940 S. 71. *Im Gegensatz zur üblichen Tastmessung bei Durchflußgeräten.*

210. Messung pulsierender Ströme: ERK: Z. VDI 1935 S. 77; KRETZSCHMER: Z. VDI 1936 S. 1446 *(interessante Vorrichtung)*; HERNING u. SCHMID: Z. VDI 1938 S. 1107, Literatur; SCHMID: Meßfehler. Z. VDI 1940 S. 596. SCHULTZ-GRUNOW: Z. VDI 1941 S. 117, 164, *Abzweigung und Messung eines Teilstromes.*

211. TEUFERT: Die Stromwaage, neues Meßgerät für Durchflußmessung von Gas, Dampf, Wasser. Energie 1950 Heft 3.

212. HANSEN: Ausflußproblem. VDI-Forsch.-Heft 428. Düsseldorf 1951.

213. LORENZ: Technische Hydrodynamik S. 295. München: Oldenbourg 1908.

214. JAROSCHEK: Vorzahlen von Danaiden nach Re geordnet. Techn. Mech. Thermodyn. = Forschung 1930 S. 423. SCHULTES, JAROSCHEK u. WERKMEISTER: Ausflußmessungen mit scharfkantigen Blenden. Forschung 1938 S. 126.

215. Ausflußzahlen für Wasser und Kochsalzlösungen. SCHNEIDER: Z. VDI 1917, Forsch.-Heft 213. *Werte bestätigt:* Jahresbericht PTR 1923, Z. VDI 1924 S. 611. Das gleiche für $MgCl_2$-Sole: RESCHKE: Z. ges. Kälteind. 1924 S. 53; Diss. Danzig 1924; auch BECKMANN: Diss. Danzig 1927. Zähigkeit von Kühlsolen in Kältemaschinen-Regeln, 4. Aufl. 1950. *Alte Kühlregeln 1929 geben Danaidenformel für kleine Öffnung und Standhöhe.*

216. Din 1942 Dampfkessel-Regeln 1937.

217. HUBER: Verlust durch Verdunstung beim Messen von heißen Dampfwässern. Z. bayer. Rev.-Ver. 1927 S. 57.

218. JORDAN: Mengenmessung von Gasen, Dampf und Flüssigkeiten auf Hüttenwerken. Mitt. 76 der Wärmestelle Düsseldorf (L. 4). *Staub.*

219. KREUZER: Mündungsmesser statisch und dynamisch, besonders Messung pulsierender Gas-, Dampf-, Flüssigkeitsströme. Forsch.-Arb. 297; Z. VDI 1928 S. 984.

220. HODGSON: Measurement of Steam Quantity in Work Practice. J. Inst. Fuel 1928 S. 17.

Kapitel V. Kraft, Drehmoment, Arbeit, Leistung.

221. Elektrische Druckmessung: Übersicht KEINATH: Arch. techn. Messen V 132—1, 1932; verschiedene Ausführungen und Eichung: —2 bis —19, 1931 bis 1942.

222. SACHSENBERG, OSENBERG, GRUNER: Meßverfahren für Werkzeugmaschinen. Z. VDI 1927 S. 1609; 1932 S. 266. *Literatur über Meßdosen u. ä.*

223. SALOMON: Schnittdruck und Temperatur an der Werkzeugschneide. Werkzeugmaschine 1929 S. 477.

224. FAULHABER: Elektrische Druckmessung bei spanloser Formung. Z. VDI 1944 S. 347.

225. Walzdruckmessung. Schrifttum 1929 bis 1948. Bibliographie Nr. 334 Bücherei des VDEh. Maschinenschrift.

226. Flüssigkeitsdruckmesser (für Meßdosen) mit Höhenlage-Ausgleich. Z. VDI 1940 S. 666. *Quecksilbergerät.*

227. LUEG: Druckprüfung an Walzen. Z. VDI 1936 S. 1146. *Druckbiegung der Walze mechanisch gemessen.*

228. GOHLKE: Piezoelektrische Druckmeßgeräte hoher Eigenfrequenz. Z. VDI 1941 S. 164 und Forsch.-Heft 407, Berlin 1941.

228a. FREISE: Mechanischer Zugkraftschreiber mit kleinem Meßweg. Z. VDI 1950 S. 76.

229. HUGGENBERGER: Talsperren-Meßtechnik. Berlin/Göttingen/Heidelberg: Springer 1951.

230. KNOP: Meßeinrichtungen an Staumauern. Arch. techn. Messen V 8233—3, 1949.

231. Messungen auf Kraftwagen-Prüfständen: Arch. techn. Messen V 8294—1 und —2, 1949 und 1950.

232. CURTIUS: Meßwagen der Reichsbahn. Arch. techn. Messen V 8291—1, 1940. Messungen an Dampfloks —2, 1941; an elektrischen Loks —3, 1942.

233. BRAUER: Bremsdynamometer und verwandte Kraftmesser. Z. VDI 1888 S. 56.

234. OESTERLEN: Bremsen für Wasserturbinen. Z. VDI 1909 S. 1876.

235. WILKE: Abmessung und Bauart von Bremszäunen. Ölmotor 1919.

236. OESTERLEN: Reibungsbremse mit selbsttätiger Druckölreglung. Z. VDI. 1938 S. 1435.

237. NÄGEL: Wirbelstrombremse. Forsch.-Arb. 54 S. 52; Z. VDI 1907 S. 1407.

238. RIEDIG: Wasserbremse mit umlaufendem Gehäuse. Z. VDI 1950 S. 355.

239. LANGE: Beschauflung von Wasserbremsen niederer Drehzahl. Z. VDI 1939 S. 936.

240. KLEINSORGE: Leistungsmessung bei hohen Drehzahlen. Z. VDI 1938 S. 477, 717.

241. KLEINSORGE: Fortschritte ... Leistungsprüfmaschinen. Motort. Z. Sept. 1949.

242. VIEWEG u. GOTTWALD: Messung sehr kleiner Drehmomente *(Kugellager)*. Z. VDI 1941 S. 417.

243. WEIDEMANN: Übergangswiderstände an Schleifringen in der Meßtechnik. Z. VDI 1944 S. 453.

244. FÖTTINGER: Effektive Maschinenleistung und effektives Drehmoment. Forsch.-Arb. 25; *Berichte über Fortentwicklung* Jb. schiffbautechn. Ges. 1905; Z. VDI 1904 S. 1825; 1908 S. 937; Werft Reed. Hafen 1929 S. 200.

245. Forderung an Drehmomentmesser in: Verdichter-Regeln (L. 15).

246. FRAHM: Torsionsindikator mit Lichtbildaufzeichnungen. Z. VDI 1918 S. 177.

247. FORD: Drehmomentmesser in Wellen, *optisch und elektrisch*. Engineering Bd. 167 (1949) S. 481, 505.

248. BÖTZ: Drehmoment-Meßkupplung mit stroboskopischer Anzeige, Z. VDI 1951 S. 1018.

249. Direkt anzeigender Leistungsmesser für Schiffswellen. Mar. Engr. Bd. 62 (1939).

250. MERZ u. SCHARWÄCHTER: Verdrehungsmessung. Arch. techn. Messen V 136—1 und 2, 1933/38; 132—9, 1935. *Kapazitiv, induktiv, akustisch nach Schäfer.*

251. GOHLKE: Schleifringloser Drehmomentmesser für sehr hohe Drehzahl. Z. angew. Phys. 1948 S. 161.

252. HIMMLER: Drehmomentmessung von Flugmotoren in Höhenprüfständen. Z. VDI 1940 S. 445. *Zahlreiche Drehmomentmesser, auch für Flug geeignet. Literatur.*

253. BENDEMANN: Pendelaufhängungen zur Messung des Rückdruckes von Flugzeugmotoren. Z. VDI 1912 S. 1848.

254. SCHÜLER: Elektrische Leistungswaage. Z. VDI 1926 S. 1137.

255. CLOSTERHALFEN: Pendelmotor mit Scheibenwaage. Z. VDI 1935 S. 468. Auch: Forsch. Ing.-Wes. 1934 S. 196.

256. NÜLL u. HEINRICH: Prüfstände für Flugmotoren. Z. VDI 1938 S. 714.

257. SEIFERT: Prüfung und Erprobung von Flugmotoren. MTZ 1942 S. 264.

258. KLEINSORGE: Leistungsprüfmaschinen für hohe Drehzahl. Die Technik 1948 S. 135.

259. OESTERLEN: Wasserwiderstände. Z. VDI 1909 S. 1878.

260. Heizleiter-Legierungen. Schrift HL 1 bis 6 der Fa. Vakuumschmelze, Hanau 1950. *Zulässige Querschnitts-, Oberflächenbelastung, Lebensdauer, Löten und Schweißen. Zulässig bis 1350°, Lebensdauer nach Stunden; bis 1000° etwa 1000 Stunden.*

261. KALEP: Experimentelle Bestimmung des Trägheitsmomentes von Maschinenteilen. Zivilingr. 1892 S. 381.

262. TURATSCHEK: Beschleunigungs-Meßgeräte. Arch. techn. Messen J 163—1, 1934.

263. HORN: Beschleunigungsmessung durch Differentiation von Geschwindigkeitsmessungen. Arch. techn. Messen V 146—1, 1952. *Zwei Tachometer hintereinander.*

264. BIRNHEIM: Elektronenröhre für Beschleunigungsmessung. Z. VDI 1950 S. 650. *Röhre mit federnder Anode.*

265. Kayser: Fundamentschwingungen. Z. VDI 1929 S. 1305. *Schwingungsmesser von Schenck, von Sauer.*
266. Allendorff: Meßverfahren ... für mechanische Schwingungen. Z. VDI 1938 S. 569.
267. Waas: Messung von Kraftfahrzeugschwingungen. Z. VDI 1935 S. 199.
268. Morgenroth: Durchbiegung und Biegeschwingungen von Brücken. Forsch. 1938 S. 160.
269. Theis: Bestimmung der Materialbeanspruchung und Untersuchung von Schwingungen mit Streifen- und Ringgebern. Z. techn. Phys. 1941 S. 273. *Streifen aus Graphitaufstrich.*
270. Behrmann: Zungenfrequenzmesser. Z. VDI 1932 S. 993. *Eine Zunge, Länge veränderlich.*
271. Merz: Übersicht über Dehnungsmessungen. Arch. techn. Messen V 91122—12, 1950. *Die älteren Verfahren dürften vielfach durch den Meßstreifen überholt sein.*
272. Lehr: Dynamische Dehnungsmessung an Lok-Pleuelstangen. Z. VDI 1938 S. 541.
273. Berg: Dynamische Spannungsmessungen. Z. VDI 1937 S. 295.
274. Sell u. Turatschek: Quantitative Messung von Erschütterungen. Z. techn. Phys. 1934 S. 644.
275. Thum u. Svenson: Kontakt-Dehnungsmesser zum Messen von Betriebsbeanspruchungen. Z. VDI 1944 S. 153. *Abtasten namentlich der Größt- und Kleinstwerte. Meßlänge 20 mm. Beispiel: umlaufende Welle.*
276. Gadd u. Degriff: Dehnungmesser kurzer Meßlänge, Anwendung in Kurbelwellen. J. applied Mech. 1942 Nr. 1. *Anzeiger der Verdrehung: 2 Siebe geben opake Bänder.*
277. Lehr: Dehnungsmessungen an einer Lokomotiv-Pleuelstange. Z. VDI 1938 S. 541 *Dürfte durch Meßstreifen überholt sein.*
278. Schwaigerer: Experimentelle Ermittlung der Spannungen in Bauteilen. Z. VDI 1952 S. 1025.
279. Fink: Auswahl von Dehnmeßverfahren. Z. VDI 1952 S. 1037. *Nicht nur Meßstreifen.*
280. Fink: Dehnungsmeßstreifen. 219 S. Düsseldorf: Verlag Stahleisen 1952. *Die Streifen behandelt derselbe in:* Z. VDI 1950 S. 89, *Literatur;* 1952 S. 1037; 1953 S. 265, *Literatur;* Arch. Eisenhüttenw. 1952 S. 75.
281. *Dehnungsmeßstreifen behandeln ferner:* Philips: Dehnungsmeßstreifen-Meßtechnik. Eindhoven 1951. Biermass u. Hoekstra: Messung ... mit Dehnungsstreifen. Philips techn. Rdsch. 1949 S. 25. Bühler u. Schreiber: Messung von Eigenspannungen in Stangen und Rohren mit Dehnungsstreifen. Z. VDI 1952 S. 216. *Ausbohren nach* Sachs: Z. Metallkde. 1927 S. 352, *schichtweise, eintretende Deformationen mit Meßstreifen beobachtet.*
282. Oschatz: Auswuchten umlaufender Massen. Z. VDI 1943 S. 761; 1944 S. 357. Federn, Neue Entwicklungen: Z. VDI 1950 S. 701.

Kapitel VI. Indikator.

283. de Juhasz u. Geiger: Der Indikator. Theorie, mechanische, optische, elektrische Ausführungsarten. Berlin: Springer 1938.
284. Diskussion über das Eichverfahren für Indikatorfedern. Eberle: Z. bayer. Rev.-Ver. 1901; Wiebe: Z. VDI 1903 S. 55; Staus, Schwirkus: Forsch.-Arb. 26, 27. *Diese Arbeiten führten zur Aufstellung der* Bestimmungen über Feststellung der Maßstäbe von Indikatorfedern. Z. VDI 1906 S. 709. *Vergleiche* Z. VDI 1902 S. 1582 und Forsch.-Arb. 26, 33 und 34.
285. Diskussion über das Abzugsverfahren beim Berechnen der indizierten Leistung von Brennkraftmaschinen. Z. VDI 1905 S. 331, 517, 814, 1044. *Seitdem ist das Verfahren in den Regeln über Verbrennungskraftmaschinen* (L. 15), *als allein gültig festgelegt.*
286. Fliegner: Dynamische Theorie des Indikators. Schweiz. Bauztg. Bd. 18 S. 27. *Mathematische Entwicklungen über Massenschwingungen, klassisch.* Vergleiche Borth: Forsch.-Arb. 55.

287. Indizieren von Hämmern und Schmiedepressen. Stahl u. Eisen 1931 S. 995; Z. VDI 1943 S. 715; von Lokomotiven: Druckschrift 953 der Fa. Maihak.

288. GAUGER: Bestimmung des Zündzeitpunktes in Verbrennungsmotoren. Arch. techn. Messen V 8234—7, 1952.

289. DE JUHASZ: Pressure Duration Indicator. Tech. Paper 32, Engg. Experiment Station, Pennsylvania State College.

290. MADER: Der Mikroindikator. Dinglers polytechn. J. 1912 S. 420.

291. WILKE: Verwendbarkeit des Indikators bei schnellaufenden Maschinen. Diss. Hannover 1916; Ölmotor 1916.

292. Optische Indikatoren in Z. VDI 1902 S. 365; 1904 S. 1311; 1907 S. 2040 nach Engineering 25. 10. 1907; Forsch.-Arb. 54 S. 4; Z. VDI 1908 S. 246 (NÄGEL); 1914 S. 365 (NUSSELT); 1928 S. 1380 (KLÜSENER); VDI-Nachr. 4. 3. 1931 (MAIHAK). — KIRNER: Optischer Interferenzindikator. Forsch.-Arb. 88; Z. VDI 1909 S. 1675.

293. KALLHARDT: Indizieren schnellaufender Brennkraftmaschinen. VDI-Forsch.-Heft 376. 1936. *Vergleich Stab- und Piezo-Indikator.*

294. SCHNAUFFER: Aufzeichnung von Druckvorgängen nach dem Verfahren der halben Resonanzkurve. Z. VDI 1930 S. 1066; Bericht 162 der Dtsch. Versuchsanstalt für Luftfahrt.

295. Quarz-Indikator. KLUGE u. LINCKH: Z. VDI 1929 S. 1311, 1330, 887; Forsch. 1931 S. 153; Z. Instrumentenkde. 1932 S. 177; Z. VDI 1933 S. 177. JUNGNICKEL: Z. VDI 1936 S. 80. MEURER: Z. VDI 1936 S. 1447; *Übersicht, Literatur.* Forsch. 1937 S. 249. WATZINGER: Z. VDI 1937 S. 1011 (Aufnahme des Kolbenwegs); 1938 S. 899. NIELSEN: Arch. techn. Messen J 137—3.

296. BISANG: Quarzdruckmeßkammern mit Massenausgleich. Z. VDI 1940 S. 676. Nach KLUGE usw.: Dtsch. Kraftfahrforschg. Heft 37. Berlin: VDI-Verlag 1940.

297. BERLIT: Piezoelektrische Meßverfahren. Z. VDI 1950 S. 96, 230. *Literatur.*

298. GOHLKE: Eigenschwingungszahl piezoelektrischer Druckmeßgeräte. Z. VDI 1940 S. 663.

299. EISELE: Eichung von Indikatoren. Arch. techn. Messen J 137—6, 1951 *(statisch)* und —7, 1951 *(dynamisch).*

300. NIER: Messung schnell veränderlicher mechanischer Größen mittels Quarzgeber, Fotozellengeber und Elektronenstahl-Oszillograph. Transactions, Instruments and Measurements Conference, Stockholm 1949. *Darin auch Eichfrage bei Gegendruckeichung besprochen; dies auch in der Arbeitsvorschrift der Fa. Nier für ihre Gegendruckindikatoren.*

301. LICHTENBERGER: Zentrale Indizieranlage für Verbrennungsmotoren. Z. VDI 1943 S. 139, *nach* ETZ 1942 S. 134.

302. FIEBER: Elektrischer Indikator für Brennkraftmaschinen. Z. VDI 1935 S. 1368. *Differential-Kondensator.*

303. GOHLKE: Breitbanddruckmeßgeräte für die Klopfforschung; Druck im klopfenden Motor. Z. angew. Phys. 1949 S. 347, 391. *Klopfmessung ferner:* Arch. techn. Messen V 8234—1 *und* —4, 1940 und 1942.

Kapitel VII. Temperatur.

304. KNOBLAUCH u. HENCKY: Anleitung zu genauen technischen Temperaturmessungen, 2. Aufl. München: Oldenbourg 1926. *Vergriffen.*

305. LINDORF: Technische Temperaturmessungen. Essen: Girardet 1952.

306. LIENEWEG: Temperaturmessung. Leipzig: Akadem. Verlagsgesellschaft 1950.

307. Begriff der absoluten Temperaturskala, in PLANCK: Thermodynamik, 6. Aufl., § 160.

308. Gesetzliche Temperaturskala entwickelt in HENNING: Handbuch der Physik Bd. 9 S. 530.

309. VDI-Temperatur-Meßregeln, 2. Aufl. 1940. *Erscheinen demnächst neu.*

310. Din 16160. Temperaturmessung, Thermometer. 1953. Blatt 1: Allgemeine Begriffe; Blatt 5: Begriffe für elektrische Thermometer.

311. FISCHER: Das Thermometer und seine Herstellung. Uhrmacherkunst 1929 Heft 7, 8, 9.

312. SIEDE: Neuere Entwicklung der Thermometer-Herstellung. Glastechn. Ber. 1949 S. 401.
313. Din 12770 bis 12783 (1949) Thermometer: Stab-, Einschluß-, Betriebs-, Winkel-. *Ähnlich legen die* RWE-*Thermometerregeln Abmessungen und Einbauweise für Kraftwerke fest.*
314. OTTE: Anzeigefehler von Quecksilberthermometern. Brennstoff Wärme Kraft 1950 S. 130.
315. HEUSE: Präzisionsmessungen mit Quecksilberthermometern. Arch. techn. Messen J 212—1, 1943.
316. Metallische Thermometerfüllung bis — 60°: *Eutektikum 8,5 % Thallium in Hg.* Z. VDI 1936 S. 1152.
317. LIENEWEG: Anzeigeverzögerung bei Thermometern. Wiss. Veröff. Siemens-Konz. 1937 S. 112 oder 1938 S. 19; Arch. techn. Messen V 21—1, 1938; —2, 1938.
318. ECKERT: Anzeigeverzögerung von Thermometern. Z. VDI 1941 S. 272.
319. LUEG: Geschwindigkeit von Temperaturänderungen (Abkühlungsgeschwindigkeiten) durch elektrische Differentiation. Mitt. K.-Wilh.-Inst. Eisenforschg. 1943 Lfg. 1; Stahl u. Eisen 1944 S. 167.
320. WUEST: Berechnung von Bimetallen bei ungleicher Schichtdicke der Komponenten. Meßtechn. 1943 S. 183.
321. STEGER: Temperaturmessung mit Segerkegeln. Arch. techn. Messen J 215—1, 1931.
322. BARTHEL: Platin-Widerstandsthermometer zur Messung bis 750°. Z. VDI 1950 S. 726. *Eingesetzt in Sintertonerde mit Deckemail.* Bisher nur 550° in Hartglas. Fa. Degussa.
323. LANG: Peltier-Effekt bei genauer Temperaturmessung. Z. techn. Phys. 1932 S. 494.
324. HUNSINGER: Installation von Temperatur-Meßanlagen. Feinwerkt. 1952 S. 198; ETZ 1940.
325. GEYGER: Temperaturdifferenzmessung mit Widerstandsthermometern bei zwei veränderlichen Temperaturen. Arch. techn. Messen 2166—2, 1931. *Vergleiche DRP 411648 von S. & H., 1924, brauchbar von 0 bis 40°.*
326. SIEBER: Din 43710. Thermoelemente und ihre Spannungen. *Ausgleichleitungen, Zuleitungen, Schreib- und Regelgeräte.* Meßtechn. 1944 S. 28.
327. Din 43733. Thermoelemente. 1952. Din 43724. Schutzrohre dazu. 1953.
328. KUNTZE: Beseitigung des Einflusses der kalten Enden bei Thermoelementen. Z. VDI 1941 S. 703.
329. SCHULZE: Thermoelemente für hohe Temperaturen. Wärme 1939 S. 127; auch Z. VDI 1939 S. 702.
330. Temperaturmessung bei hoher und schnell wechselnder Temperatur *(in Dieselmaschinen), in* SCHMIDT: Z. VDI 1931 S. 585.
331. PFRIEM: Messung schnell veränderlicher Temperaturen. Forsch.-Ing.-Wes 1936 S. 85; Z. VDI 1936 S. 308. Auch: PETERSEN, Forschungsarb. 143; Z. VDI 1914, S. 602 und KANTOROWICZ, Z. techn. Phys. 1930 S. 547.
332. Brückeneinrichtung aus Pt- und Pt–Rh-Draht, als Ganzes der zu messenden Temperatur ausgesetzt. Z. VDI 1939 S. 836. Bericht der PTR 1938. *Hohe Genauigkeit.*
333. WAMSLER: Messung ... der Oberflächentemperatur. Forsch.-Arb. 98/99.
334. PARKER u. MARSHALL: Messung der Temperatur von Gleitflächen (Bremsbacken). Engineering Bd. 165 (1948) S. 21, 45.
335. REICHEL: Temperaturmessung beim Stangen- und Drahtzug. Stahl u. Eisen 1950 S. 1141. *Werkzeug und Werkstück bilden miteinander das Thermoelement.*
336. WINTERGERST: Messung der Oberflächentemperatur umlaufender Walzen. Z. VDI 1935 S. 76.
337. DAHL u. FREEZE: Temperaturmessung an rotierenden Teilen. Motortechn. Z. 1943 S. 289.
338. GOTTWEIN: Schneidtemperatur beim Abdrehen von Flußeisen, *auch abhängig von der Form des Spanes.* Masch.-Bau 1925 S. 1129; 1926 S. 505.
339. HUNSINGER u. GRÖNEGRESS: Trägheitslose Temperaturmessung, insbesondere beim Brennhärten. Z. VDI 1950 S. 285.

432   Literaturverzeichnis.

340. ECKERT u. WEISE: Messung des Temperaturwertes auf der Oberfläche schnell angeströmter unbeheizter Körper. Forsch. 1942 S. 246.

341. BANGERTER: Temperaturmessung im Abgasstrom von Brennkraftmaschinen. Z. VDI 1936 S. 1335.

342. SCHMIDT, H.: Verfahren zur Messung von Gastemperaturen. Z. techn. Phys. 1926 S. 521. *Geheizter Strahlungsschutz.*

343. SCHOEN: Temperaturmessung in strömenden Gasen. Arch. techn. Messen V 2165—1, 1951.

344. ECKERT: Temperaturmessung in schnell strömenden Gasen. Z. VDI 1940 S. 813. Auch Forsch. 1941 Nr. 1.

345. BERG: Thermoelemente zur Messung von Gastemperaturen in Verbrennungsmotoren. Z. VDI 1939 S. 1259.

346. PENZIG: Sichtbarmachen von Temperaturfeldern durch Farbanstriche. Z. VDI 1939 S. 69. *Thermocolor, schönes Farbbild.*

347. SCHALLBROCH u. LANG: Messung der Schnittemperatur mit temperaturanzeigenden Farbanstrichen. Z. VDI 1943 S. 15.

348. GUTHMANN: Temperaturmeßfarben und Meßfarbstifte. Arch. techn. Messen V 215—3, —4 (1943, 1947).

349. PAHLITZSCH u. HELMERDIG: Nichtstationäre Temperaturfelder nach Farbanstrichen. Wärme 1943 S. 160.

350. Temperaturanzeige durch Anlauffarben. Iron Coal Tr. Rev. 1946 S. 785. *Cr–Co-Legierung der General Electric, zeigt Temperaturen 500 bis 900° in Stufen von 25°.*

351. HENCKY u. NEUBERT: Photothermometrie. Arch. techn. Messen V 214—4, 1936. *Oberflächentemperatur, Messung der Photoschwärzung mit Ultrarot.*

352. JACOB (referiert): Photothermometrie, ein neues Temperaturmeßverfahren. Forsch. Juli 1931.

353. ZIMMERMANN: Berührungsthermometer im wärmetechnischen Prüffeld von Dampfbetrieben. Z. VDI 1940 S. 393. *Auswahl der Fühler je nach Zweck.*

354. Eintauchpyrometer. Blast Furn. 1946 S. 620.

355. FRIEDRICH: Absaugepyrometer. Mitt. Forsch.-Anst. Gutehoffnungshütte, Juli 1931 S. 140.

356. Bewegliches Laboratorium für Hüttenwerke. Engineering 1947 S. 341.

357. GUTHMANN: Metallurgische Meßtechnik in den letzten zehn Jahren. Stahl u. Eisen 1949 S. 8. *Thermoelement von Shofield und Grace und andere.* Derselbe: Temperaturüberwachung bei Hochofen-Winderhitzern. Stahl u. Eisen 1952 S. 185. *Absauge-Thermoelement und andere Einbaumöglichkeiten.*

358. WESEMANN: Hochtemperatur-Meßtechnik in der Eisenindustrie. Z. VDI 1949 S. 209.

359. GUTHMANN: Temperaturmessung an Metallschmelzen. Arch. techn. Messen V 2164—1. 1949. *Thermoelemente aus USA Fe–FeCr bis 1450°, den optischen Geräten vorgezogen, weil Schlackenschichten 300° Fehler geben. Schutzrohre.*

360. Temperaturmessung an Glasschmelzöfen. 1. METZGER: Einbau der Meßgeräte. 2. SCHNEEKLOTH: Prüfung von thermoelektrischen Meßanlagen. 3. BÜSSING: Kontrolle und Nacheichung von Thermoelementen und Pyrometern. Fachausschuß 2 der Dtsch. Glastechn. Ges., Bericht Nr. 20. *Literatur.*

361. MRAVEC: Messung von Badtemperaturen. Blast Furn. 1949 S. 1447.

362. GUTHMANN: Metallurgische Meßtechnik des Auslandes. Stahl u. Eisen 1949 S. 8.

363. TOELLER: Temperaturmeßtechnik in Amerika. Z. VDI 1949 S. 209.

364. HASE: Gastemperaturmessungen. Z. VDI 1937 S. 571. *Übersicht, Theorie.*

365. HOFFMANN u. TINGWALDT: Optische Pyrometrie. Braunschweig: Vieweg 1938. *S. 21—22 Ermittlung von E.*

366. EULER: Fortschritte in der optischen Pyrometrie 1940 bis 1950. Z. angew. Phys. 1950 S. 505.

367. EULER u. LUDWIG: Nomogramme zur optischen Pyrometrie. Z. angew. Phys. 1950 S. 362.

368. NAESER u. PEPPERHOFF: Optische Temperaturmessungen an leuchtenden Flammen. Arch. Eisenhüttenw. 1951 S. 9.

369. Rössler: Optische Bestimmung der wahren Temperatur von leuchtenden Flammen. Z. angew. Phys. 1950 S. 161.
370. Naeser, Pepperhoff u. Bähr: Optische Temperaturmessungen an leuchtenden Flammen. Arch. Eisenhüttenw. 1952 S. 335.
371. Hase: Vakuum-Thermoelemente. Z. Phys. 1923 S. 52. Lange u. Eitel: Glastechn. Ber. 10. 78. 1932.
372. Guthmann u. a.: Gewölbetemperatur-Messung ... mit Fotoelement-Pyrometern. Stahl u. Eisen 1952 S. 1418.
373. Guthmann: Farbpyrometer. Arch. techn. Messen V 214—8, 1937 oder Arch. Wärmew. Bd. 18 (1937) S. 49—52.
374. Farbpyrometer. Guthmann: Stahl u. Eisen 1936 S. 481; 1937 S. 1245, 1269; Arch. Wärmew. 1937 S. 49. — Naeser: Stahl u. Eisen 1939 S. 592; Gießerei 1936 S. 363.
375. Haase: Farb-Pyrometrie. Arch. techn. Messen V 214—2, 1933.
376. Naeser u. Engels: Strahlungsanalyse von flüssigem Stahl. Stahl u. Eisen 1949 S. 508. *Verwendung von Bioptix und Gesamtstrahlungs-Pyrometer gemeinsam.*
377. Lieneweg: Oberflächentemperatur, Schnellmessung mit Strahlungspyrometer. Arch. techn. Messen 2162—1, 1937.
378. Hase: Emissionsvermögen am flüssigen Eisen. Stahl u. Eisen 1930 S. 1813. *Von 1200 bis 1600° blank 0,44 ± 0,03, oxydiert 0,95 ± 0,05.*
379. Hase: Temperaturmessung am flüssigen und festen ... Eisen. Z. VDI 1935 S. 1351.
380. Orths: Optische Temperaturmessungen, Strahlungsanalyse des Gußeisens. Stahl u. Eisen 1952 S. 1349. *Verwendung des Bioptix.*
381. Bluethe: Verbesserung der Temperaturmessung. Metal Progr. 1947 S. 591. *Entwicklung eines Elektronenröhrengerätes.*

Kapitel VIII. Wärmemenge.

382. Schack: Messung von Wärmemengen in turbulenten Gasströmen. Z. VDI 1923 S. 807.
383. Geyger, Grüss: Wärmemengenzähler auf elektrischer und mechanischer Grundlage; Heizkosten und ihre Verteilung. Arch. techn. Messen V 221—1 bis —5, 1932 bis 1937.
384. Bongards: Feuchtigkeitsmessung. München: Oldenbourg 1926.
385. Ebert u. Pfeiffer: Das Aspirationspsychrometer. Z. Phys. 1926 S. 689; 1927 S. 335; 1928 S. 420. *Ergänzungen zur Theorie des Psychrometers, gegeben in der 4. Aufl. dieses Buches, 1920.*
386. Wirksamkeit des Psychrometers, in Mollier: *ix*-Diagramm für Dampf-Luft-Gemische. Z. VDI 1929 S. 1013.
387. Psychrometertabellen in d'Ans u. Lax (L. 12) Nr. 615. Regeln für Rückkühlanlagen, Regeln für Kältemaschinen (L. 15, 16), *alles bei 760 Torr;* Hodgman (L. 13) S. 1948 *bei 742,7 Torr.*
388. Lieneweg u. Scriba: Feuchtigkeitsfernmessung. Z. VDI 1932 S. 349.
389. Herstellung von Gas mit bestimmtem Feuchtigkeitsgehalt zum Eichen, *Durchperlen durch Lösungen.* Papierfabrikant 1931 S. 694; Ebert: Z. Instrumentenkde. 1930 S. 43; Meßtechn. 1929 S. 153; 1930 S. 152.
390. Feuchtigkeitsmessung in Gasen nach verschiedenen Methoden, auch bei hohen Temperaturen. Arch. techn. Messen V 1283—1 bis —10, 1931 bis 1950.
391. Schweitzer: Messung der Luftfeuchtigkeit mit Zellulosefolien. Z. VDI 1934 S. 336.
392. Proske: Schaltung zum Messen der relativen und absoluten Luftfeuchtigkeit auf psychrometrischer Grundlage. Diss. Breslau 1942.
393. Koch u. E. Schmidt: VDI-Wasserdampftafeln, 3. Aufl. Mit Mollier: *ix*-Diagramm. München: Oldenbourg; Berlin/Göttingen/Heidelberg: Springer 1952. *Daraus: ix-Diagramm allein erhältlich.*
394. Drosselkalorimeter, in Sendtner: Forch.-Arb. 98/99; Z. VDI 1911 S. 1421;

DEINLEIN: Z. bayer. Rev.-Ver. 1913; HENCKY: a. a. O. 1920 Nr. 21 u. 22; 1921 Nr. 6 u. 7.

395. BACHMANN: Tafeln über Abkühlungsvorgänge einfacher Körper. Berlin 1938.
396. POLZIN: Leistungsmessung an Gebläsen. Z. VDI 1944 S. 118. *Temperaturmessung im Luftstrom.*
397. HENCKY: Einfaches Verfahren zur Bestimmung des Wärmeschutzes verschiedener Bauweisen. Gesundh.-Ing. 1919 S. 469.
398. SCHMIDT, E.: Ein neuer Wärmeflußmesser ... Mitt. Forschungsheim Wärmeschutz, München, Heft 1 1921 und Heft 3 1923. Bayer. Ind.- u. Gewerbeblatt 25. 2. 1922; auch Arch. Wärmew. 1924 S. 9.
399. SCHMIDT, E., u. WERNEBURG: Wärmeflußmesser für hohe Temperaturen. Z. VDI 1934 S. 343. *Aus keramischem Material; Einzelheiten der Eichung.*

Kapitel IX. Heizwert.

400. MEYER, E.: Festlegung des Begriffes Heizwert. Z. VDI 1899 S. 282.
401. ROTH: Thermochemie, 3. Aufl. 1952. Sammlung Göschen Nr. 1057. *Auch Heizwert.*
402. Din 51700 bis 51721, Untersuchung fester Brennstoffe. 1950. 51700 = Übersicht; 51701 = Probenahme körnig; 51702 = Probenahme staubig; 51708 = Verbrennungswärme und Heizwert; auch Harpener Formel; 51712 = Trommelfestigkeit von Koks; 51718 = Wassergehalt fester Brennstoffe; 51719 = Aschegehalt fester Brennstoffe; 51720 = Gehalt an Flüchtigem, Tiegelkoksausbeute; 51721 = Gehalt an C und H.
403. Probenahme von Kohlen. Stahl u. Eisen 1927 S. 411; LEHR: Z. VDI 1931 S. 1408; KINDSCHER: Arch. Wärmew. 1928 S. 283; ROSIN: Z. VDI 1929 S. 9.
404. OTTE: Pyknometrische Ermittlung der Wichte von Steinkohlen. Z. VDI 1949 S. 181.
405. LANGBEIN: Chemische und kalorimetrische Untersuchung von *(festen)* Brennstoffen. Z. angew. Chem. 1900 S. 1227.
406. Temperaturberichtigung beim Bombenkalorimeter: GRAMBERG: Z. VDI 1907 S. 262; SCHULTES u. NÜBEL: Wärme 1935 S. 466; Brennst.-Chemie 1934 S. 102; MOSER: Phys. Z. 1936 S. 529.
407. IMMENKÖTTER: Über den Junkers-Kalorimeter. Eigenschaften und Fehlerquellen. Journ. Gasbel. Wasservers. 19. 8. 1905.
408. DOMMER: Definition und Bestimmung des Heizwertes von Gasen. Gas- u. Wasserfach 1929 S. 180.
409. SANDER: Gasprüfung *(Heizwertbestimmung)*. Z. VDI 1929 S. 531. *Gute Bilder.*
410. Din 1340. Brennbare technische Gase, 1950. Din 1871, 1872. Technische Gase, Normkubikmetergewichte; Heizwerte, 1936.
411. MOYNOT: Heizwert von Generatorgasen. Ann. Mines Carb. 1943 S. 259. *Kalorimeter von Roux.*

Kapitel X. Analyse.

412. WINCKLER-BRUNCK: Lehrbuch der technischen Gasanalyse, 5. Aufl. Leipzig: Felix 1927.
413. OTT: Exakte gasanalytische Methoden. Journ. Gasbel. Wasservers. 1920 S. 198, 213, 246, 267. *Kritischer experimenteller Vergleich von Methoden.*
414. OTT: Exakte und technische Gasanalyse. Schweiz. Ver. Gas- u. Wasserfachm. Monatsbull. 1926 Nr. 1; neue gasanalytische Apparate. Gas- u. Wasserfach 1926 Nr. 15; Geschlossene Vorrichtung für vollständige technische Gasanalyse unter Vermeidung der schädlichen Räume. Schweiz. V. G. Wfm. Monatsbull. 1928 Nr. 2; Gasanalytisches. A. Vollständige technische Gasanalyse. B. Bestimmung des Unverbrennbaren (CO_2 und N_2) in Gasen. Gas- u. Wasserfach 1929 Heft 35.
415. STRÄHUBER: Orsat-Gasanalyse bei Öfen-, Brenner- und Kesselversuchen. Arch. techn. Messen V 723—11, 1934. *Wo, wie entnimmt man, wie analysiert man die Gasprobe.*

416. KALLENBACH: Genaue Ermittlung des CO_2-Gehaltes aus Gichtgas-Sammel-proben. Arch. Eisenhüttenw. 1950 S. 13. *Vorabsorption im Sperrwasser des sammelnden Aspirators beachten.*
417. WOLF u. KRAUSE: Absorptionsflüssigkeiten für technische Gasuntersuchun-gen. Arch. Wärmew. 1929 S. 19.
418. HOFFMANN: Gasanalytische Sperrflüssigkeiten. Feuerungstechn. 1926 S. 98. Vgl. Gas- u. Wasserfach 26. 2. 1927; Z. angew. Chem. 1926 Nr. 12 u. 23; Feuerungstechn. 1931 S. 142.
419. CONSTAM u. SCHLAEPFER: Untersuchung der Verbrennungsgase von Stein-kohlen. Forsch.-Arb. 103. *Zahlreiche Einzelheiten, auch bezüglich schwerer Kohlenwasserstoffe.*
420. SCHLÄPFER u. HOFMANN: Bestimmung des Kohlenoxydes mit Jodpentoxyd. Schweiz. Ver. Gas- u. Wasserfachm. Monatsbull. 1927 Nr. 10 und 12. *Referat* BORINSKI u. MURSCHHAUSEN: Chem. Fabrik 10. 2. 1932: *Pentoxydmethode ganz zuverlässig, wenn genau nach Vorschrift verfahren wird.*
421. THIEDE: Messung kleiner CO'-Konzentrationen. Arch. techn. Messen V 723—12, 1935. *Wegen Giftwirkung in Autotunnels.*
422. SCHMITT: Gerät zur Bestimmung von CO_2, CO, CH_4, H_2S in kleinsten Konzentrationen. Glückauf 1950 S. 792.
423. Wärmestelle des Gasinstituts, Orsat-Apparat zur kompletten Gasanalyse. Gas- u. Wasserfach 1929 S. 59.
424. PAUSCHARDT: Wasserstoff- und Methanbestimmung im Orsat über Kupfer-oxyd. Gas- u. Wasserfach 1931 S. 613; vgl. HOFSÄSS: Gas- u. Wasserfach 1921 S. 461; Gasinstitut, Gas- u. Wasserfach 1929 S. 59; OTT: Gas- u. Wasser-fach 1928 S. 590 und 1929 S. 862; BAHR: Gas- u. Wasserfach 1930 S. 440.
425. BULLE: Hochofenuntersuchungen. Stahl u. Eisen 1928 S. 433. *Kaltwarmes Rohr 6600 lang, 50 Durchmesser, Abb. 12 auf S. 440.*
426. WILLACH: Messung an Gaserzeugern. Arch. techn. Messen V 8214—1, 1932.
427. HANSZEL u. BERGER: Graphische Hilfsmittel zur Verbrennungsrechnung. Masch.-Bau u. Wärmew. 1951 S. 171.
428. GRAMBERG: Verbrennung von Koks. Feuerungstechn. 1917 Nr. 1, 2, 3.
429. Abgasverlust durch unvolllkommene Verbrennung bei festen Brennstoffen. BWK, Arbeitsblatt 23.
430. WERKMEISTER: Wirkungsgradmesser für Dampfkessel. Z. VDI 1940 S. 129. *Verfahren von Germer, s. o. S. 385.*
431. EGGERS: Zweckmäßige Ausführung des Kesselwirkungsgradmessers. Elektri-zitätswirtsch. 1942 S. 486.
432. BÖTTGER: Physikalische Methoden der analytischen Chemie.
433. STURM: Neuzeitliche physikalische Gasanalysengeräte. BWK 1951 S. 374.
434. HEIDTKAMP: Gasvorbereitung bei physikalischen Rauchgasprüfern. Z. VDI 1938 S. 709.
435. RANAREX: Meßtechn. 1938 S. 158.
436. DOBENECKER: Leitfähigkeitsmessungen in der Betriebskontrolle. Z. techn. Phys. 1937 S. 387.
437. Gasanalyse aus der Wärmeleitfähigkeit. Arch. techn. Messen V 723—1 bis —16, 1931 bis 1943. *Auch* Chemie-Ingenieur (L. 10) Bd. II.
438. JUSTI: Sauerstoffbestimmung auf physikalischem Wege. Z. VDI 1940 S. 580, nach Schr. Dtsch. Akad. Luftf.-Forschg. Heft 11, München: Oldenbourg 1940. *O_2 paramagnetisch, dadurch Wärmeleitfähigkeit beeinflußt, nach Abb. 463 ge-messen.*
439. TOELLER: Überwachung der Speisewasserpflege. Mitt. Ver. Großkesselbes. 1952.
440. FREIER, TÖDT u. WICKERT: Chemie-Ing.-Technik 1951 S. 325.
441. TÖDT: Neues kontinuierliches Sauerstoffmeßverfahren (für Wasser). Dechema-Monographien Bd. 21 (1952) S. 187.
442. KORDATZKI: Taschenbuch der praktischen p_H-Messung. München 1938.
443. p_H-Messung. Arch. techn. Messen V 332—1 bis —14, 1932 bis 1941.
444. Physikalische Meßverfahren der Technik. Z. techn. Phys. 1937 S. 349: GMELIN: ...in chemischen Betrieben S. 349; WITTE: Mengenstrom-Meß-verfahren S. 375; LIENEWEG: Temperatur-Kompensationsschaltungen bei

p_H- und Leitfähigkeitsmessungen S. 382; DOBENECKER, Leitfähigkeitsmessungen S. 387.

444a. GMELIN, Technische Physik in der chemischen Industrie; KÖRBER: ... in
der Eisenindustrie. Z. techn. Phys. 1929 S. 241, 248. *Historisch lehrreich.*

445. Leitfähigkeitsmessung. Arch. techn. Messen V 3514—1 bis —5, 1933 bis 1950.

446. MELDAU: Handbuch der Staubtechnik. Bd. I: Grundlagen, Bd. II: Staub-
technologie. Düsseldorf, D. Ingenieur-Verlag 1953.

447. GAST: Grundzüge der Staubmessung. Z. angew. Phys. 1950 S. 301.

448. KOHN: Entwicklung im Staubmeßwesen. Z. VDI 1950 S. 1002.

449. Staubtechnische Begriffsbestimmungen mit Erläuterungen. Z. VDI 1932
S. 781; Meßtechn. 1935 Heft 2.

450. NOSS: Meßverfahren und Meßgeräte zur Staubgehaltbestimmung in strömenden Gasen. BWK Bd. 4 (1952) S. 227.

451. BARTH: Bestimmung der Feinheit und des Widerstandes schwebender
Staubteilchen. Ing.-Arch. 1948 S. 148.

452. WEG: Photoelektrischer Rauchdichtemesser. Engineering 1942 S. 283, 300,
320, 342; Stahl u. Eisen 1944 S. 149.

453. Process Gas Stream Continuously Measured By Leeds & Northrup Infrared
Analyser L & N Vol. 12 Nr. 3, Autumn 1952. *Ähnlich dem Uras, Abb. 484.*

454. SCHAEFER-MATOSSI: Das ultrarote Spektrum. (Struktur der Materie, Bd. 10.)
Berlin: Springer 1930.

455. LUFT, Neue Methode der registrierenden Gasanalyse mit Absorption ultra-
roter Strahlen ohne spektrale Zerlegung. Z. techn. Phys. 1943 S. 97. Angew.
Chem. Ausg. B, 1947 S. 12.

Verzeichnis der Stellen, die Material für dieses Buch hergegeben haben.

Ados Apparatebau GmbH. Aachen. Selbsttätige chemische Analysatoren.
AEG = Allgemeine Elektricitäts-Gesellschaft. Elektrische Meßgeräte aller Art.
Alfred J. Amsler & Co., Schaffhausen. Planimeter, Dehnungsmesser, Zugkraftmesser.
Aerzener Maschinenfabrik, Aerzen bei Hameln. Drehkolben-Gaszähler.
Askania-Werke AG., Berlin-Friedenau, Kaiser-Allee 86. Meßgeräte, Minimeter, Schwingungsmesser.
Austro-Thermo-Technik, Kapfenberg, Steiermark. Gasuntersucher, wärmetechnische Meßgeräte.
Max Baermann, 22c, Bensberg-Wulfshof (Bez. Köln). Magnetmaterial.
BASF = Badische Anilin- u. Soda-Fabrik, Ludwigshafen (Rh.). Uras, Gasdichteschreiber u. a.; Thermocolorfarben.
Bayerwerke, Leverkusen (Ingenieur-Büro Heuser). Dampfmesser.
Dr. Martin Böhme, Berlin-Schöneberg. Rauchgasprüfer, Mengenmesser.
Bopp & Reuther GmbH., Mannheim-Waldhof. Flüssigkeitszähler und Strömungsmesser.
G. Coradi, Zürich. Mathematische Geräte.
Debro = Apparatebauanstalt Paul de Bruyn, Düsseldorf. Meßgeräte aller Art.
Deuta-Werke, München 38. Tachometer.
Erich Dinse, Berlin (West) N 65, Müllerstr. 10—11. Waagen, insbesondere Schaltgewichtswaagen.
Emil Dittmar & Vierth, Hamburg 1, Spaldingstr. 160. Aspiratoren.
Dreyer, Rosenkranz & Droop AG, Hannover, Leisewitzstr. 4. Indikatoren, Manometer, Kolbenpressen.
J. C. Eckardt, Stuttgart-Bad Cannstadt. Meßgeräte aller Art.
Ernst Eickhoff & Co., Wuppertal. Gas- und Wasserzähler.
Elster & Co. AG, Mainz, Leibnizstr. 20. Gaszähler.
Albert Essmann & Co., Hamburg-Altona 1, Barner Str. 46. Waagen (Alesco).
A. W. Faber AG, Stein bei Nürnberg. Thermocolor-Stifte.
W. Feddeler, Essen, Michaelstr. 24. Laboratoriumsbedarf, Glasbläserei.
August Fischer, Göttingen, Obere Karspüle 47. Oszillographen, Feinmechanik.
Forschungsheim für Wärmeschutz, München, Bayerstr. 3. Wärmeflußmesser.
R. Fueß, Berlin-Steglitz, Düntherstr. 8. Präzisions-Meßgerät, Anemometer, Psychrometer.
Garvenswerke, Wülfel bei Hannover. Waagen.
Wilhelm E. Germer, Düsseldorf, Prinz-Georg-Str. 89. Wirkungsgrad-Meßanlagen für Dampfkessel.
Gossen, Erlangen (Bayern). Elektrisches Meßgerät.
Paul Gothe, Bochum, Wittener Str. 82. Strömungsmesser, Staubmeßgeräte, wärmetechnische Meßgeräte.
Ludwig Grefe, Lüdenscheid (Westf.). Durchflußmesser.
Arthur Grillo, Düsseldorf-Oberkassel. p_H-Messer, auch für Medizin, Meß- und Regelgerät.
Hagenuk = Hanseatische Apparatebau-Gesellschaft Neufeldt & Kuhnke GmbH., Kiel, Westring 431—451. Fernanzeige-Geräte und anderes, zumal nach dem Impuls-Abstandsverfahren.

Hallwachs & Morckel, Bensheim. Durchflußmesser.

Hartmann & Braun, Frankfurt a. M., Falkstr. 5. Elektrische und wärmetechnische Meßgeräte.

Julius Heer, Dortmund, Posthof, Hiltropwall 2. Wärmetechnisches Meßgerät, Junkers-Kalorimeter.

Physikalisch-Technische Werkstätten Prof. Dr.-Ing. Walter Heimann, Wiesbaden-Dotzheim. Photozellen.

Heinrichs Apparatebau, Köln-Lindenthal. Strömungsmesser.

W. C. Heraeus GmbH., Hanau. Platin- und andere Thermodrähte, Ausgleichleitungen dazu, Widerstandsdrähte, Temperatur-Meßanlagen.

Heraeus Vakuumschmelze siehe V.

Ingenieurbüro G. J. Heuser, Leverkusen-Wiesdorf, Gellertstr. 14. Bayer-Dampfmesser.

Emil Holtzmann, Speyer (Rh.), Postfach 41. Technische Papiere.

Dr. Arnold U. Huggenberger, Zürich 49, Ackersteinstr. 119. Dehnungs-Meßstreifen.

Hydro-Apparate-Bauanstalt, Düsseldorf-Rath, Westfalenstr. 49. Verschiedene Sondergeräte.

Industrie-Werke Karlsruhe AG., Karlsruhe, Gartenstr. 71. Faltenbälge.

Institut für Instrumentenkunde der Max-Planck-Gesellschaft, Göttingen, Bunsenstr. 10. Mechanische Beschleunigungs- und Zugmesser, Ritzschreiber.

Irion & Vosseler, Schwenningen am Neckar. Drehzähler.

W. H. Joens & Co. = Whico Apparate-Gesellschaft mbH., Düsseldorf, Martinstr. 47. Elektrische und Wärmezähler.

Dr.-Ing. H. Jung, Garmisch-Partenkirchen. Glimmlampen-Indikatoren.

M. K. Juchheim, Fulda. Thermometer auch mit Kontakt und anderen Sonderheiten.

Hugo Junkers Werke, Dessau, jetzt Mechanik-Kalorimeter- und Kalorifer-Werk VEB. Junkers-Kalorimeter, Zähler. Vgl. Heer.

Kaiser-Werke, Villingen (Schwarzwald) und Kenzingen (Baden). Fotozellen.

Dr.-Ing. Paul E. Klein, Stuttgart-Bad Cannstadt, Lütticher Str. 2. Elektronenstrahl-Sichtgeräte.

Jacob Klein & Co., Köln-Ehrenfeld, Hospeltstr. 44. Strömungsmesser.

Walter Kleinsorge, Detmold, Vor den Eichen 2. Wasserwirbelbremsen, Prüfstände.

Dr. Gerh. Kloz, Leipzig. Lyphan-Streifen zur p_H-Bestimmung.

te Kock & Co., Hannover, Gernsstr. 18. Meß- und Regelgeräte.

Ludwig Krohne, Duisburg, Felsenstr. 65. Durchflußmesser.

G. Kromschröder AG., Osnabrück. Gaszähler.

C. Kuhbier & Sohn, Dahlerbrück (Westf.). Magnete, Bimetall, Kruppsches Indilatans.

Dipl.-Ing. Laaser, Berlin-Steglitz, Grunewaldstr. 9. Meß- und Regelgerät, Niveauregler.

Wilh. Lambrecht, Göttingen. Meteorologisches Gerät, Hygrometer, Psychrometer.

Dr. B. Lange, Berlin-Zehlendorf, Hermannstr. 14. p_H-Acidometer, Fotozellen.

F. & M. Lautenschläger, München 15, Lindwurmstr. 29. Medizinisches Gerät, p_H-Messer.

Meßgerätewerk Treuenbrietzen VEB, Treuenbrietzen (früher Kroeber), Wärme-Meßgeräte.

Lehmann & Michels KG, Hamburg-Altona, Gefionstr. 1—3. Indikatoren, Torsiographen u. a.

E. Leybold's Nachfolger, Köln-Bayenthal, Bonner Str. 504. Physikalisches Gerät.

Paul Lippke, Neuwied (Rhein). Hygrotester; Meß- und Regelgerät.

Albert Lob GmbH., Düsseldorf, Suitbertusstr. 149. Heißdampfkühler.

C. Lorenz AG., Pforzheim, Frankstr. 60. Fotozellen.

Losenhausenwerk, Düsseldorf-Grafenberg, Schlüterstr. 19. Waagen aller Art für Menge und Fluß, Meßdosen, Erschütterungsmesser.

H. Maihak AG., Hamburg 39, Semperstr. 26. Indikatoren, Dehnungsmesser, Analysengerät Mono.

MAN = Maschinenfabrik Augsburg-Nürnberg, Nürnberg 24. Meßdosen, Materialprüfgerät.

C. O. Mangels GmbH., Wilhelmshaven, Rheinstr. 39. Meß- und Regelgerät.

Helmut März, Hanau (Main), Hahnenkammstr. 24. Thermometer und anderes Glasgerät.

MECI = Metallurgische und Elektrochemische Instrumente, Düsseldorf, Kölner Str. 44, Vertreter von Leeds & Northrup Co., Philadelphia. Regel- und Schreibgerät.

H. Meinecke AG., Hannover, Leisewitzstr. 50 (früher Breslau). Groß-Wasserzähler.

E. Merck, Darmstadt. Reagenzien, Absorptionsmittel.

Dr.-Ing. Egon Mühlner, Braunschweig, Siegfriedstr. 56. Meßgerät für Kraftfahrzeuge, Trübungsmesser, Smokemeter.

Manfred Nier, Frankfurt a. M.-Süd 10, Diesterwegstr. 16. Quarz-Indikatoren.

A. Ott, Kempten (Bayern). Planimeter, Pegel, Woltman-Flügel, Derivator, harmon Analysatoren.

Julius Peters, Berlin NW 21, Stromstr. 39. Bomben-Kalorimeter.

N. V. Philips' Gloeilampenfabrieken, Eindhoven (Niederlande) (Philips Valvo Werke GmbH., Hamburg 1, Mönckebergstr. 7). Kathodenstrahl-Oszillographen, Strom-Zeitrelais; Dehnungs-Meßstreifen.

Phywe AG = Physikalische Werkstätten, Göttingen. Lehrgerät, auch Kathodenstrahl-Oszillographen.

Julius Pintsch, Düsseldorf, Lindemannstr. 34; oder Gaselan VEB, Berlin O 17, Andreasstr. 71 (früher Pintsch). Drehkolben- und andere Gaszähler, Mengenumwerter.

Pollux GmbH., Ludwigshafen (Rh.). Wasserzähler, Venturi-Rohre und -Kanäle; Gerät für Gaswerke, Gasdichtemesser.

Polymetron AG., Zürich 45, Grubenstr. 11 (W. Ingold GmbH., Frankfurt a. M., Wiesenstr. 12). p_H-Meßgerät und anderes.

PS Tachometer-Gesellschaft mbH. (Peerbohm & Schürmann), Düsseldorf, Hoffeldstr. 86. Tachometer, besonders für Auto, und Zubehör.

Ludwig Pusl, München 25, Kössener Str. 19. Herstellung von p_H-Gerät.

Pyro-Werk GmbH., Wennigsen (Deister).

Josef Heinz Reineke, Bad Lippspringe. Regel- und Meßgerät.

Dr. Reutlinger & Söhne, Darmstadt, Heinrichstr. 152. Schwingungs-Meßgerät, elektrisch.

Riedel-de Haen, Seelze bei Hannover. Reagenzien für Gasanalyse, für p_H-Messung.

Georg Rosenmüller, Dresden N 6, Querallee 5. Anemometer, Staurohre, Mikromanometer, Staubmesser und anderes.

Rota KG., Aachen. Strömungsmesser.

Dr.-Ing. Hans Rumpff, Bonn, Händelstr. 13. Schleifen-Oszillographen, Kraftmeßgerät.

Samson-Apparatebau AG., Frankfurt a. M 1, Schielestr. 11. Zeigerthermometer, Regelgerät, Durchflußmesser.

Geräte- und Armaturenwerk vorm. Schäffer & Budenberg, Magdeburg-Buckau (Sowjetische AG.). Meßgerät fast aller Art: Manometer, Tachometer, Zähler, Druckwaagen, Mengenmesser, Glasthermometer u. a. m.

Schäffer & Budenberg GmbH., Hanau (Main), Lamboystr. 54. Gleiches Programm.

Carl Schenck, Darmstadt, Landwehrstr. 55. Waagen aller Art für Menge und Fluß, Leistungsbremsen, Umwuchtmesser, Erschütterungsmesser.

E. Schiltknecht SIA, Zürich 32. Mikrometer, Jodpentoxyd nach Schläpfer.

Kurt Schlüter, Stuttgart-Feuerbach, Happoldstr. 49. Staukugeln nach Hegge-Zijnen; Staubmesser.

Schoppe & Faeser GmbH., Minden (Westf.), Schwarzer Weg 10. Fernübertragung von Meßwerten.

Schumacher'sche Fabrik, Bietigheim (Wttbg.). Keramische Filter für Staubmessung.

Seppeler-Stiftung für Flug- und Fahrwesen, Berlin-Neukölln, Niemetzstr. 47. Stichprober.

Siebert & Kühn, Oberkaufungen-Kassel. Thermometer.

AG. vormals B. Siegfried, Zofingen (Schweiz), (Apotheker Jacoby, Hamburg 11, Holzbrücke 8). Komplexon zum Enthärten und Prüfen von Speisewasser.

Siemens & Halske AG., Karlsruhe und Berlin-Siemensstadt. Elektrisches und Wärmemeßgerät aller Art: Schleifen-Oszillographen, Gasanalysatoren, Elektro-

Thermometer und Pyrometer, p_H-Messer usw.; Wasserzähler, Flußmesser, Wärmemengenzähler.

Siemens & Halske, Werk Zwönitz der SAG Kabel, Zwönitz (Sachsen). Schleifen-Oszillographen.

Hans Skodock, Hannover-Herrenhausen, Entenfangweg 21. Faltenbälge (Metall).

Wissenschaftlich-Technische Werkstätten Dr. Slevogt, Wessobrunn (Obb.), Meßgerät für Feuchtigkeit aus der DK (Dekameter).

Meß-Physik Dr. Sörensen GmbH., Zernsdorf b. Berlin. Schleifen-Oszillographen.

Dr. Staiger & Mohilo, Stuttgart-Bad Cannstadt. Quarz-Indikatoren, Verstärker, Oszillographen; Motor-Prüfstände.

Dr. Steeg & Reuter GmbH., Bad Homburg. Piezokristalle.

Ströhlein & Co., Düsseldorf, Adersstr. 93. Chemische Apparate: p_H-Messer, Analysengerät.

Süddeutsche Apparate-Fabrik GmbH. SAF, Nürnberg 2. Synthetische piezoelektrische Kristalle, Selen-Gleichrichter.

Tacho Schnellwaagenfabrik GmbH., Duisburg-Großenbaum. Neigungswaagen.

Technolog siehe Vibrometer.

Toledo-Werk, Köln-Sülz, Berrenrather Str. 186. Neigungswaagen.

Union-Apparatebau GmbH., Karlsruhe, Griesbachstr. 4. Heizwertmesser, Rauchgasprüfer und anderes Gerät, zumal für Gaswerke.

Vakuumschmelze AG., Hanau, Grüner Weg 37. Metalle für Thermoelemente und Schutzrohre, Einschmelzwerkstoffe, Metalle bestimmter Dehnung, Bimetall, Elektroheizleiter.

VDO-Tachometer, Frankfurt a. M., Königsstr. 103. Tachometer, besonders für Auto.

Vibrometer GmbH., Fribourg (Schweiz) (Technolog GmbH., Hamburg, Mönckebergstr. 13). Piezoelektrische Druckindikatoren, Beschleunigungsgeber, Drehwinkelgeber, Dehnungsgeber; Verstärker.

Hermann Wetzer, Pfronten (Allgäu). Zeitmesser, Telegraphen.

Heinrich Wösthoff, Bochum, Wittener Str. 164. Leitfähigkeitsmesser für Wasser, Gasanalysengerät.

Carl Zeiss VEB, Jena. Gas-Interferometer.

Zeiss-Ikon VEB, Dresden A 21. Piezoelektrische Geräte.

Zeiss Opton, Oberkochen (Wttbg.). Optische Geräte aller Art.